《机械设计手册》（第六版）单行本卷目

●常用设计资料	第 1 篇　一般设计资料
●机械制图·精度设计	第 2 篇　机械制图、极限与配合、形状和位置公差及表面结构
●常用机械工程材料	第 3 篇　常用机械工程材料
●机构·结构设计	第 4 篇　机构 第 5 篇　机械产品结构设计
●连接与紧固	第 6 篇　连接与紧固
●轴及其连接	第 7 篇　轴及其连接
●轴承	第 8 篇　轴承
●起重运输件·五金件	第 9 篇　起重运输机械零部件 第 10 篇　操作件、五金件及管件
●润滑与密封	第 11 篇　润滑与密封
●弹簧	第 12 篇　弹簧
●机械传动	第 14 篇　带、链传动 第 15 篇　齿轮传动
●减（变）速器·电机与电器	第 17 篇　减速器、变速器 第 18 篇　常用电机、电器及电动（液）推杆与升降机
●机械振动·机架设计	第 19 篇　机械振动的控制及应用 第 20 篇　机架设计
●液压传动	第 21 篇　液压传动
●液压控制	第 22 篇　液压控制
●气压传动	第 23 篇　气压传动

HANDBOOK OF MECHANICAL DESIGN

机械设计手册

第六版

单行本

气压传动

主编单位　中国有色工程设计研究总院
主　　编　成大先
副 主 编　王德夫　姬奎生　韩学铨
　　　　　姜　勇　李长顺　王雄耀
　　　　　虞培清　成　杰　谢京耀

HANDBOOK OF MECHANICAL DESIGN

化学工业出版社
·北京·

《机械设计手册》第六版单行本共16分册，涵盖了机械常规设计的所有内容。各分册分别为《常用设计资料》《机械制图·精度设计》《常用机械工程材料》《机构·结构设计》《连接与紧固》《轴及其连接》《轴承》《起重运输件·五金件》《润滑与密封》《弹簧》《机械传动》《减（变）速器·电机与电器》《机械振动·机架设计》《液压传动》《液压控制》《气压传动》。

本书为《气压传动》。主要介绍了气压传动基础理论，压缩设备的组成、管道网络的布局和尺寸配备以及相关产品的技术参数，压缩空气净化处理装置（过滤器、油雾器、减压阀、溢流阀、气源处理装置）的工作原理、性能参数、选择与使用，气动执行元件及产品的结构原理和应用，方向控制阀、流体阀、流量控制阀及阀岛的原理、技术参数和选用，电-气比例/伺服系统及产品的组成及原理，真空元件（真空发生器、真空吸盘、真空辅件）的技术参数和选用，传感器和气动辅件的原理、参数、应用，气动技术节能，模块化电/气混合驱动技术，气动系统的基本回路、控制方法及设计、相关技术标准及资料和气动系统的维护及故障处理等。

本书可作为机械设计人员和有关工程技术人员的工具书，也可供高等院校有关专业师生参考使用。

图书在版编目（CIP）数据

机械设计手册：单行本. 气压传动/成大先主编. —6版. —北京：化学工业出版社，2017.1（2021.1重印）

ISBN 978-7-122-28701-4

Ⅰ.①机… Ⅱ.①成… Ⅲ.①机械设计-技术手册②气压传动-技术手册 Ⅳ.①TH122-62②TH138-62

中国版本图书馆CIP数据核字（2016）第305185号

责任编辑：周国庆 张兴辉 贾 娜 曾 越　　装帧设计：尹琳琳

责任校对：王 静

出版发行：化学工业出版社（北京市东城区青年湖南街13号 邮政编码100011）

印 装：北京七彩京通数码快印有限公司

787mm×1092mm 1/16 印张37 字数1321千字 2021年1月北京第1版第2次印刷

购书咨询：010-64518888　　售后服务：010-64518899

网 址：http://www.cip.com.cn

凡购买本书，如有缺损质量问题，本社销售中心负责调换。

定 价：98.00元

撰稿人员

成大先　中国有色工程设计研究总院
王德夫　中国有色工程设计研究总院
刘世参　《中国表面工程》杂志、装甲兵工程学院
姬奎生　中国有色工程设计研究总院
韩学铨　北京石油化工工程公司
余梦生　北京科技大学
高淑之　北京化工大学
柯蕊珍　中国有色工程设计研究总院
杨　青　西北农林科技大学
刘志杰　西北农林科技大学
王欣玲　机械科学研究院
陶兆荣　中国有色工程设计研究总院
孙东辉　中国有色工程设计研究总院
李福君　中国有色工程设计研究总院
阮忠唐　西安理工大学
熊绮华　西安理工大学
雷淑存　西安理工大学
田惠民　西安理工大学
殷鸿樑　上海工业大学
齐维浩　西安理工大学
曹惟庆　西安理工大学
吴宗泽　清华大学
关天池　中国有色工程设计研究总院
房庆久　中国有色工程设计研究总院
李建平　北京航空航天大学
李安民　机械科学研究院
李维荣　机械科学研究院
丁宝平　机械科学研究院
梁全贵　中国有色工程设计研究总院
王淑兰　中国有色工程设计研究总院
林基明　中国有色工程设计研究总院
王孝先　中国有色工程设计研究总院
童祖楹　上海交通大学
刘清廉　中国有色工程设计研究总院
许文元　天津工程机械研究所
孙永旭　北京古德机电技术研究所
丘大谋　西安交通大学
诸文俊　西安交通大学
徐　华　西安交通大学
谢振宇　南京航空航天大学
陈应斗　中国有色工程设计研究总院
张奇芳　沈阳铝镁设计研究院
安　剑　大连华锐重工集团股份有限公司
迟国东　大连华锐重工集团股份有限公司
杨明亮　太原科技大学
邹舜卿　中国有色工程设计研究总院
邓述慈　西安理工大学
周凤香　中国有色工程设计研究总院
朴树寰　中国有色工程设计研究总院
杜子英　中国有色工程设计研究总院
汪德涛　广州机床研究所
朱　炎　中国航宇救生装置公司
王鸿翔　中国有色工程设计研究总院
郭　永　山西省自动化研究所
厉海祥　武汉理工大学
欧阳志喜　宁波双林汽车部件股份有限公司
段慧文　中国有色工程设计研究总院
姜　勇　中国有色工程设计研究总院
徐永年　郑州机械研究所
梁桂明　河南科技大学
张光辉　重庆大学
罗文军　重庆大学
沙树明　中国有色工程设计研究总院
谢佩娟　太原理工大学
余　铭　无锡市万向联轴器有限公司
陈祖元　广东工业大学
陈仕贤　北京航空航天大学
郑自求　四川理工学院
贺元成　泸州职业技术学院
季泉生　济南钢铁集团

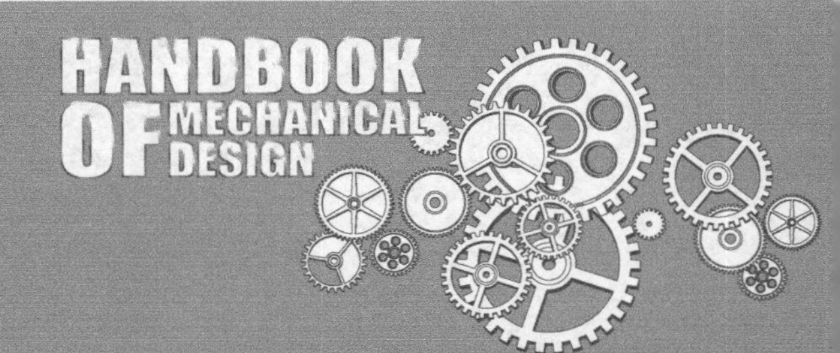

方　正　中国重型机械研究院
马敬勋　济南钢铁集团
冯彦宾　四川理工学院
袁　林　四川理工学院
孙夏明　北方工业大学
黄吉平　宁波市镇海减变速机制造有限公司
陈宗源　中冶集团重庆钢铁设计研究院
张　翌　北京太富力传动机器有限责任公司
陈　涛　大连华锐重工集团股份有限公司
于天龙　大连华锐重工集团股份有限公司
李志雄　大连华锐重工集团股份有限公司
刘　军　大连华锐重工集团股份有限公司
蔡学熙　连云港化工矿山设计研究院
姚光义　连云港化工矿山设计研究院
沈益新　连云港化工矿山设计研究院
钱亦清　连云港化工矿山设计研究院
于　琴　连云港化工矿山设计研究院
蔡学坚　邢台地区经济委员会
虞培清　浙江长城减速机有限公司
项建忠　浙江通力减速机有限公司
阮劲松　宝鸡市广环机床责任有限公司
纪盛青　东北大学
黄效国　北京科技大学
陈新华　北京科技大学
李长顺　中国有色工程设计研究总院
申连生　中冶迈克液压有限责任公司
刘秀利　中国有色工程设计研究总院
宋天民　北京钢铁设计研究总院
周　堉　中冶京城工程技术有限公司
崔桂芝　北方工业大学
佟　新　中国有色工程设计研究总院
禤有雄　天津大学
林少芬　集美大学
卢长耿　厦门海德科液压机械设备有限公司
容同生　厦门海德科液压机械设备有限公司
张　伟　厦门海德科液压机械设备有限公司
吴根茂　浙江大学
魏建华　浙江大学
吴晓雷　浙江大学
钟荣龙　厦门厦顺铝箔有限公司
黄　畲　北京科技大学
王雄耀　费斯托（FESTO）（中国）有限公司
彭光正　北京理工大学
张百海　北京理工大学
王　涛　北京理工大学
陈金兵　北京理工大学
包　钢　哈尔滨工业大学
蒋友谅　北京理工大学
史习先　中国有色工程设计研究总院

审稿人员

刘世参　成大先　王德夫　郭可谦　汪德涛　方　正　朱　炎　李钊刚
姜　勇　陈谌闻　饶振纲　季泉生　洪允楣　王　正　詹茂盛　姬奎生
张红兵　卢长耿　郭长生　徐文灿

《机械设计手册》（第六版）单行本

出版说明

重点科技图书《机械设计手册》自1969年出版发行以来，已经修订至第六版，累计销售量超过130万套，成为新中国成立以来，在国内影响力最大的机械设计工具书，多次获得国家和省部级奖励。

《机械设计手册》以其技术性和实用性强、标准和数据可靠、便于使用和查询等特点，赢得了广大机械设计工作者和工程技术人员的首肯和好评。自出版以来，收到读者来信数千封。广大读者在对《机械设计手册》给予充分肯定的同时，也指出了《机械设计手册》装帧太厚、太重，不便携带和翻阅，希望出版篇幅小些的单行本，诸多读者建议将《机械设计手册》以篇为单位改编为多卷本。

根据广大读者的反映和建议，化学工业出版社组织编辑人员深入设计科研院所、大中专院校、制造企业和有一定影响的新华书店进行调研，广泛征求和听取各方面的意见，在与主编单位协商一致的基础上，于2004年以《机械设计手册》第四版为基础，编辑出版了《机械设计手册》单行本，并在出版后很快得到了读者的认可。2011年，《机械设计手册》第五版单行本出版发行。

《机械设计手册》第六版（5卷本）于2016年初面市发行，在提高产品开发、创新设计方面，在促进新产品设计和加工制造的新工艺设计方面，在为新产品开发、老产品改造创新提供新型元器件和新材料方面，在贯彻推广标准化工作等方面，都较第五版有很大改进。为更加贴合读者需求，便于读者有针对性地选用《机械设计手册》第六版中的部分内容，化学工业出版社在汲取《机械设计手册》前两版单行本出版经验的基础上，推出了《机械设计手册》第六版单行本。

《机械设计手册》第六版单行本，保留了《机械设计手册》第六版（5卷本）的优势和特色，从设计工作的实际出发，结合机械设计专业具体情况，将原来的5卷23篇调整为16分册21篇，分别为《常用设计资料》《机械制图·精度设计》《常用机械工程材料》《机构·结构设计》《连接与紧固》《轴及其连接》《轴承》《起重运输件·五金件》《润滑与密封》《弹簧》《机械传动》《减（变）速器·电机与电器》《机械振动·机架设计》《液压传动》《液压控制》《气压传动》。这样，各分册篇幅适中，查阅和携带更加方便，有利于设计人员和广大读者根据各自需要

灵活选购。

《机械设计手册》第六版单行本将与《机械设计手册》第六版（5卷本）一起，成为机械设计工作者、工程技术人员和广大读者的良师益友。

借《机械设计手册》第六版单行本出版之际，再次向热情支持和积极参加编写工作的单位和个人表示诚挚的敬意！向长期关心、支持《机械设计手册》的广大热心读者表示衷心感谢！

由于编辑出版单行本的工作量较大，时间较紧，难免存在疏漏，恳请广大读者给予批评指正。

化学工业出版社

2017 年 1 月

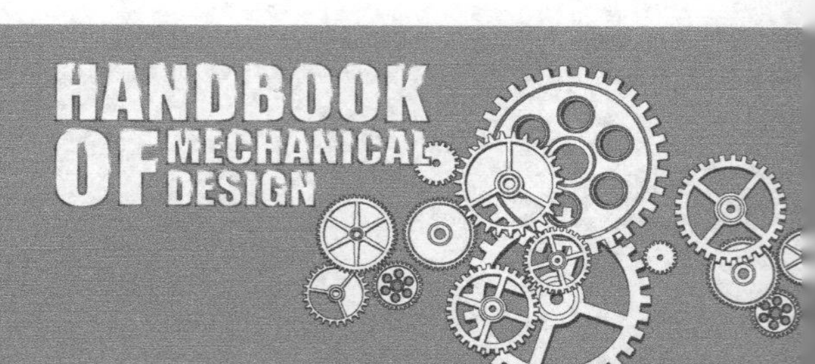

第六版前言

Sixth Edition Preface

《机械设计手册》自1969年第一版出版发行以来，已经修订了五次，累计销售量130万套，成为新中国成立以来，在国内影响力强、销售量大的机械设计工具书。作为国家级的重点科技图书，《机械设计手册》多次获得国家和省部级奖励。其中，1978年获全国科学大会科技成果奖，1983年获化工部优秀科技图书奖，1995年获全国优秀科技图书二等奖，1999年获全国化工科技进步二等奖，2002年获石油和化学工业优秀科技图书一等奖，2003年获中国石油和化学工业科技进步二等奖。1986~2015年，多次被评为全国优秀畅销书。

与时俱进、开拓创新，实现实用性、可靠性和创新性的最佳结合，协助广大机械设计人员开发出更好更新的产品，适应市场和生产需要，提高市场竞争力和国际竞争力，这是《机械设计手册》一贯坚持、不懈努力的最高宗旨。

《机械设计手册》（以下简称《手册》）第五版出版发行至今已有8年的时间，在这期间，我们进行了广泛的调查研究，多次邀请机械方面的专家、学者座谈，倾听他们对第六版修订的建议，并深入设计院所、工厂和矿山的第一线，向广大设计工作者了解《手册》的应用情况和意见，及时发现、收集生产实践中出现的新经验和新问题，多方位、多渠道跟踪、收集国内外涌现出来的新技术、新产品，改进和丰富《手册》的内容，使《手册》更具鲜活力，以最大限度地提高广大机械设计人员自主创新的能力，适应建设创新型国家的需要。

《手册》第六版的具体修订情况如下。

一、在提高产品开发、创新设计方面

1. 新增第5篇“机械产品结构设计”，提出了常用机械产品结构设计的12条常用准则，供产品设计人员参考。

2. 第1篇“一般设计资料”增加了机械产品设计的巧（新）例与错例等内容。

3. 第11篇“润滑与密封”增加了稀有润滑装置的设计计算内容，以适应润滑新产品开发、设计的需要。

4. 第15篇“齿轮传动”进一步完善了符合ISO国际标准的渐开线圆柱齿轮设计，非零变位锥齿轮设计，点线啮合传动设计，多点啮合柔性传动设计等内容，例如增加了符合ISO标准的渐开线齿轮几何计算及算例，更新了齿轮精度等。

5. 第23篇“气压传动”增加了模块化电/气混合驱动技术、气动系统节能等内容。

二、在为新产品开发、老产品改造创新，提供新型元器件和新材料方面

1. 介绍了相关节能技术及产品，例如增加了气动系统的节能技术和产品、节能电机等。

2. 各篇介绍了许多新型的机械零部件，包括一些新型的联轴器、离合器、制动器、带减速器的电机、起重运输零部件、液压元件和辅件、气动元件等，这些产品均具有技术先进、节能等特点。

3. 新材料方面，增加或完善了铜及铜合金、铝及铝合金、钛及钛合金、镁及镁合金等内容，这些合金材料由于具有优良的力学性能、物理性能以及材料回收率高等优点，目前广泛应用于航天、航空、高铁、计算机、通信元件、电子产品、纺织和印刷等行业。

三、在贯彻推广标准化工作方面

1. 所有产品、材料和工艺均采用新标准资料，如材料、各种机械零部件、液压和气动元件等全部更新了技术标准和产品。

2. 为满足机械产品通用化、国际化的需要，遵照立足国家标准、面向国际标准的原则来收录内容，如第 15 篇“齿轮传动”更新并完善了符合 ISO 标准的渐开线齿轮设计等。

《机械设计手册》第六版是在前几版的基础上编写而成的。借《机械设计手册》第六版出版之际，再次向参加每版编写的单位和个人表示衷心的感谢！同时也感谢给我们提供大力支持和热忱帮助的单位和各界朋友们！

由于编者水平有限，调研工作不够全面，修订中难免存在疏漏和缺点，恳请广大读者继续给予批评指正。

主　编

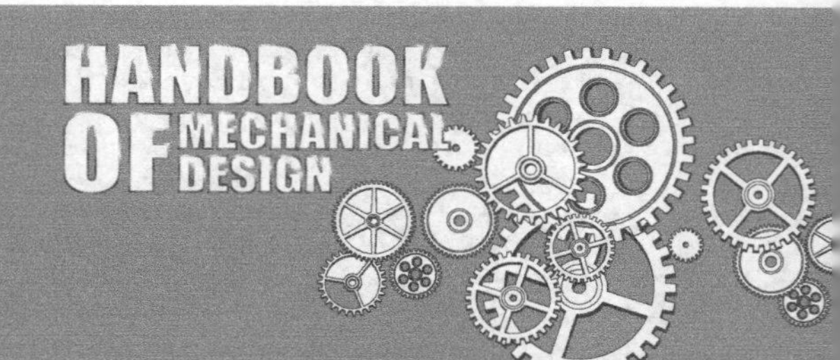

目录
CONTENTS

第23篇 气压传动

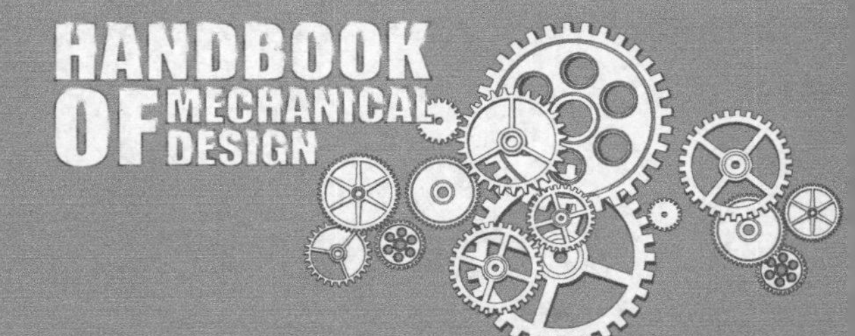

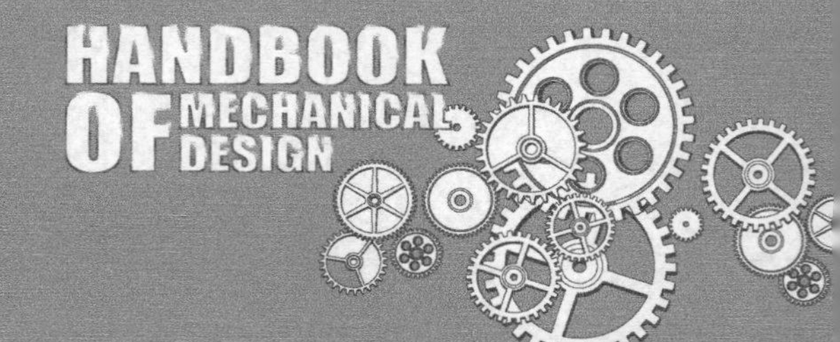
HANDBOOK
OF MECHANICAL
DESIGN

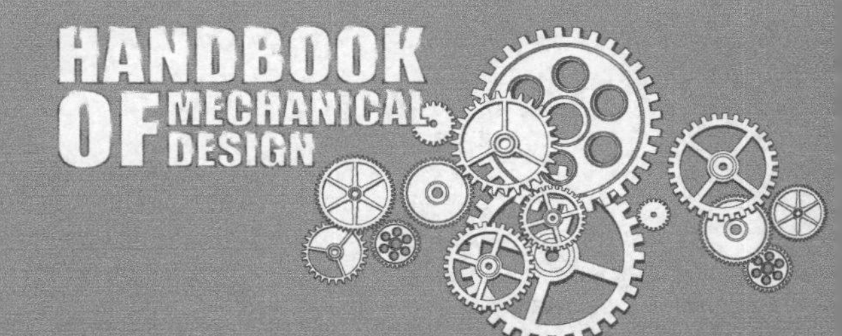

HANDBOOK
OF MECHANICAL
DESIGN

HANDBOOK
OF MECHANICAL
DESIGN

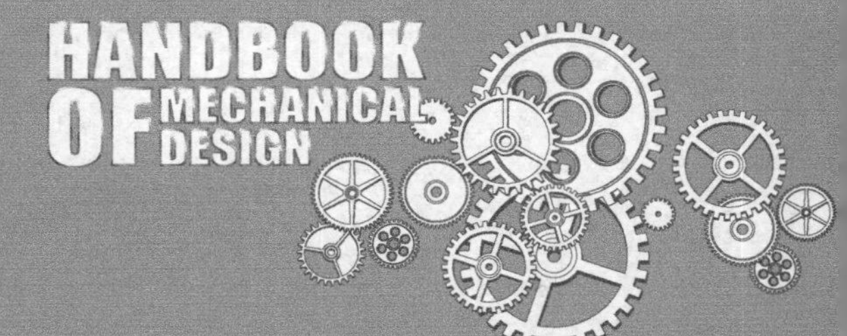
HANDBOOK
OF MECHANICAL
DESIGN

HANDBOOK
OF MECHANICAL
DESIGN

第12章 气动系统

第13章 气动相关技术标准及资料

第14章 气动系统的维护及故障处理

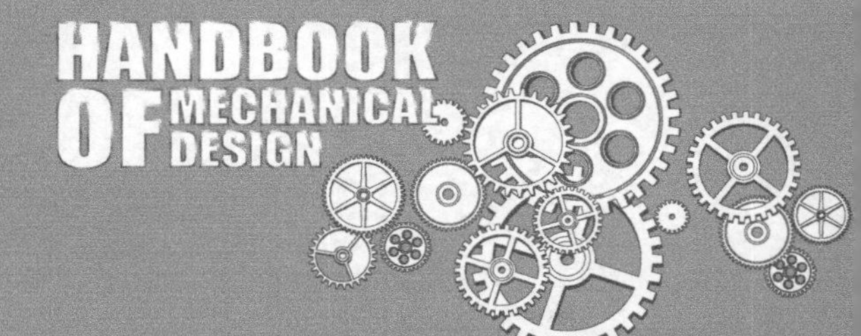

HANDBOOK OF MECHANICAL DESIGN

第23篇 气压传动

主要撰稿 王雄耀 彭光正 张百海 王涛 陈金兵
审稿 吴筠 徐文灿 房庆久 成大先

第1章 基础理论

1 各国液压、气动符号对照

表 23-1-1

国别		中国 GB/T 786. 1—2009	日本 JIS B 0125—1984	国际[①] ISO 1219-1:1991	美国 ANSI/Y32. 10—1967 (R 1979)[②]
1. 基本符号					
线	实线	表示工作管路、控制供给管路、回油管路、电气线路	表示主管路、控制供给管路、电气线路	表示工作管路、回油管路和馈线	表示主管路、轴
	虚线	表示控制管路、泄油管路或放气管路、过滤器、过渡位置			表示先导控制管路 表示泄油或放气管路
	点画线(表示组合元件框线)				
	双线	表示机械连接的轴、操纵杆、活塞杆等			
圆、半圆和圆点	大圆、半圆	表示一般能量转换元件(泵、马达、压缩机)		表示限定旋转角度的马达或泵	尺寸可视重要性和清晰度而变
	中圆	表示测量仪表	表示测量仪表、回转接头	表示测量仪表	
	小圆	表示单向元件、旋转接头、机械铰链、滚轮	表示单向元件、滚轮、机械铰链	表示单向阀、回转接头等	
	小小圆和圆点	表示管路连接点、滚轮轴			
箭头	直箭头或斜箭头	表示直线运动、流体流过阀的通路和方向、热流方向			箭头在符号内平行于符号的短边,表示该元件是压力补偿的
	长斜箭头(可调性符号)	可调节的泵、弹簧、电磁铁等			箭头以约45°的方向贯穿符号(注:向右或左均可)

续表

国　别	中国 GB/T 786.1—2009	日本 JIS B 0125—1984	国际[1] ISO 1219-1:1991	美国 ANSI/Y32.10—1967 (R 1979)[2]
弧线箭头和轴转动方向				
弹簧				同 GB/T 786.1
电气符号				
节流符号				
封闭油，气路或油、气口				
正方、长方形符号	1 2 3 4 5 6 7 8			
	1—控制元件、除电动机外的原动机；2—调节器件（过滤器、分离器、油雾器和热交换器等）；3—缸、阀；4—蓄能器重锤；5—执行器中的缓冲器；6—二位阀；7—三位阀；8—虚线表示过渡位置，图为二位阀			1、2、3—基本符号，尺寸可视重要性和清晰度而变
电磁操纵器				
正三角形（实心为液压；空心为气动）				
	传压方向、流体种类、能源			
单向阀简化符号的阀座				
油箱				
固定符号				
原动机	M			
温度指示或温度控制				
2. 管路连接及接头				
连接管路				同 GB/T 786.1 或
交叉管路				同 GB/T 786.1 或 JIS 或
软管连接				
放气装置	连续放气　间断放气　单向放气			排放总管
排气口	不带连接措施 带连接措施			

续表

国别			中国 GB/T 786.1—2009	日本 JIS B 0125—1984	国际[1] ISO 1219-1:1991	美国 ANSI/Y32.10—1967 (R 1979)[2]
堵头						
供测压、输出动力的可卸堵头						
快换接头	不带单向阀	卸开状态	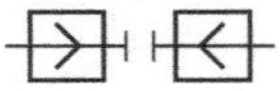			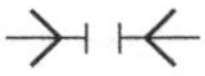
		接头组				
	带单向阀	卸开状态				
		接头组				
回转接头	单通路			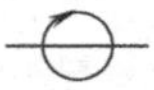 单向回转	同 GB/T 786.1	
	三通路			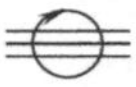 双向回转	同 GB/T 786.1	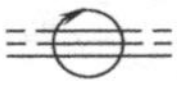
3. 泵和马达						
液压泵	单向（栏中左图）和双向（栏中右图）定量液压泵			B A M		
	单向（栏中左图）和双向（栏中右图）变量液压泵			φM B M O N A M		
液压泵	压力补偿变量泵		M φ	M O	M φ	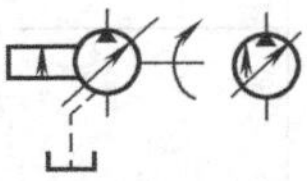 详细符号 简化符号
空气压缩机和真空泵						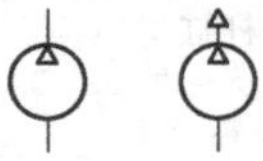 空气压缩机 真空泵
定量马达	单向					
	双向			B A		

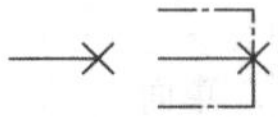

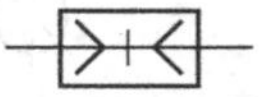

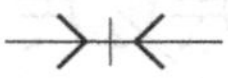

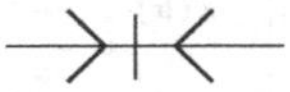

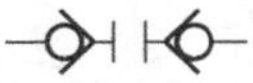

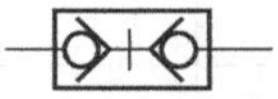

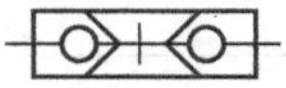

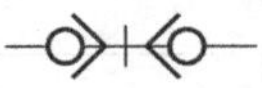

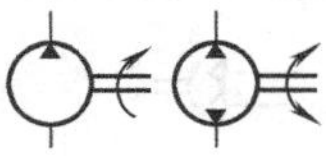

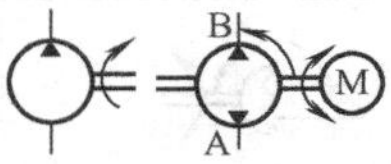

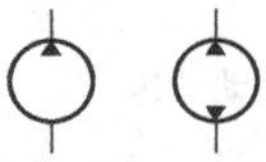

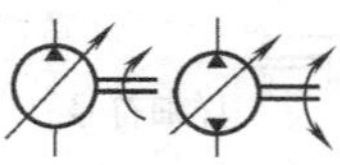

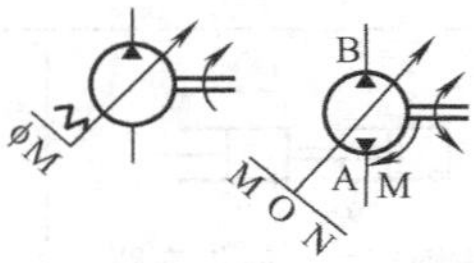

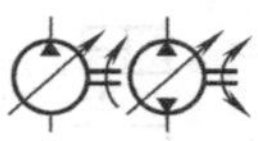

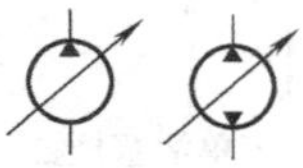

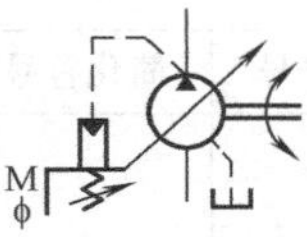

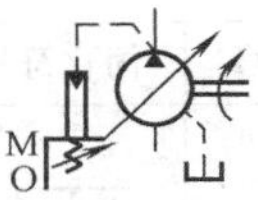

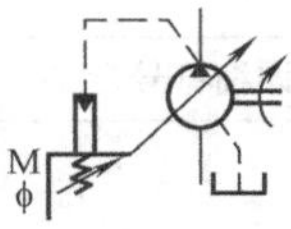

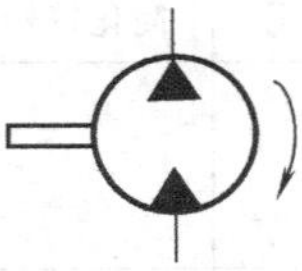

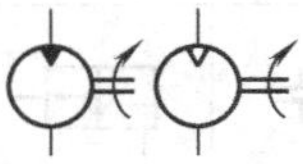

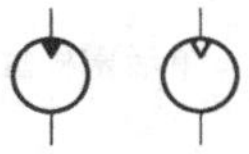

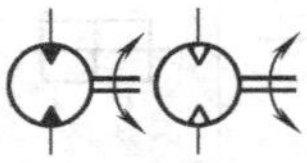

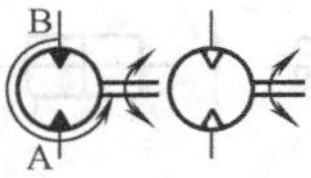

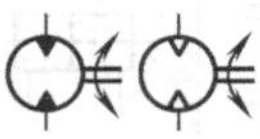

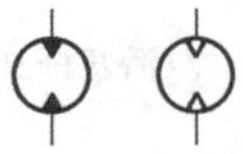

续表

国别		中国 GB/T 786.1—2009	日本 JIS B 0125—1984	国际[1] ISO 1219-1:1991	美国 ANSI/Y32.10—1967 (R 1979)[2]
变量马达	单向	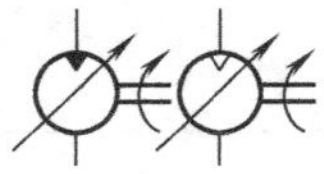	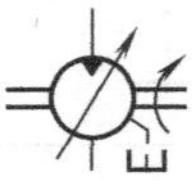	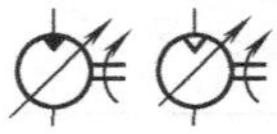	
	双向	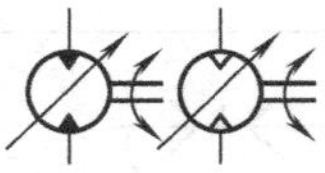	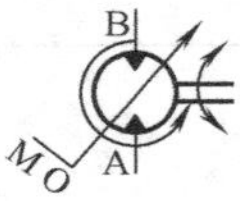 B MO A		
液压泵-马达	定量	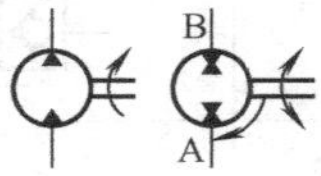	B A		
	变量		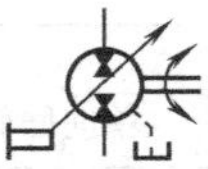	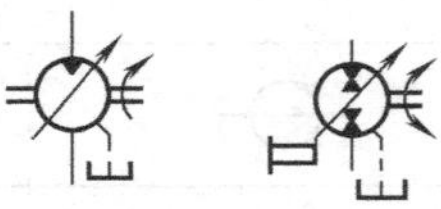	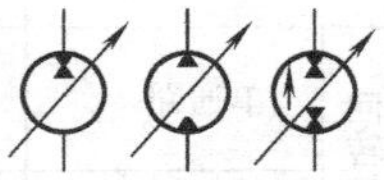
液压整体式传动装置					
摆动马达			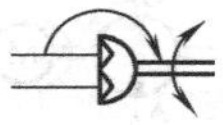	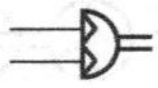	

4. 缸

		中国	日本	国际	美国
单作用缸	单活塞杆缸	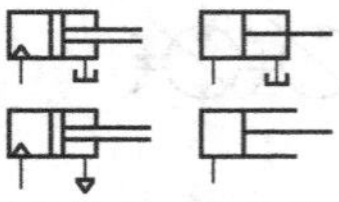 详细符号 简化符号	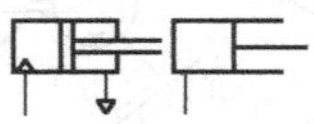 详细符号 简化符号	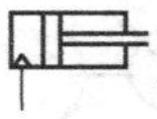 详细符号 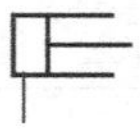 简化符号	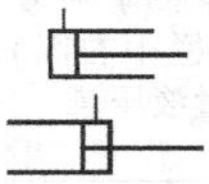
单作用缸	弹性件作用复位单活塞杆缸	详细符号	详细符号 简化符号	详细符号 简化符号	
双作用缸	单活塞杆缸	详细符号	详细符号 简化符号	详细符号 简化符号	
	双活塞杆缸	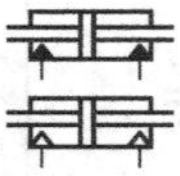 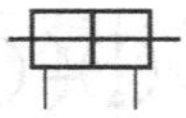	 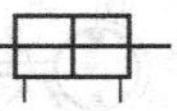	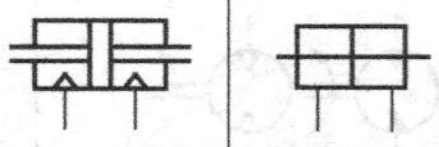	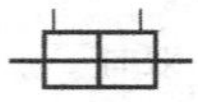

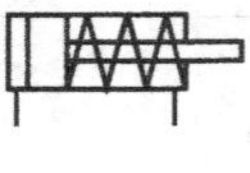

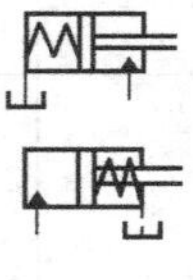

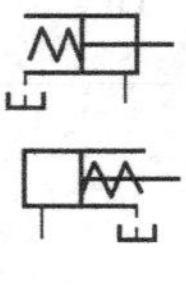

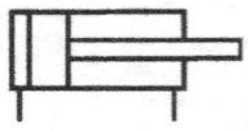

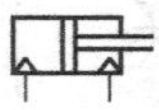

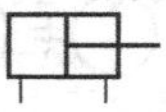

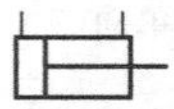

续表

国别		中国 GB/T 786. 1—2009		日本 JIS B 0125—1984		国际[1] ISO 1219-1:1991		美国 ANSI/Y32. 10—1967 (R 1979)[2]
		单向缓冲	双向缓冲	详细符号	简化符号	详细符号	简化符号	
双作用缓冲缸	不可调缓冲缸							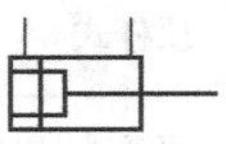 双向缓冲
	可调缓冲缸	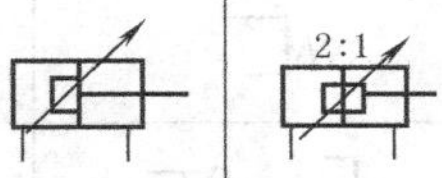	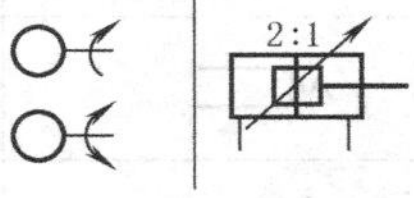 2:1	2:1为活塞面积比	2:1	2:1	2:1	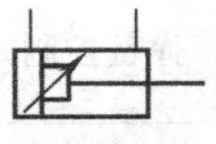 单向缓冲
缸的杆径与缸孔径之比对回路功能有特殊意义时使用的符号								不带缓冲　带双向缓冲 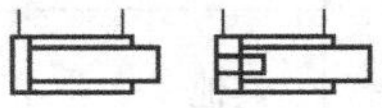
伸缩缸	单作用式							
	双作用式							
增压器		单程作用	连续作用	单程作用	连续作用	单程作用	连续作用	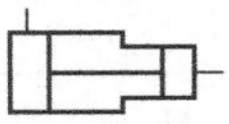
	相同介质							
	不同介质	X Y	X Y	1 2	1 2	X Y	X Y	
气-液转换器				同 GB/T 786. 1	同 GB/T 786. 1			
5. 控制方法								
人力控制	不指明控制方式时的一般符号							
	按钮式							
	拉钮式							
	按拉式							
	手柄式							
	踏板式	单向控制	双向控制					

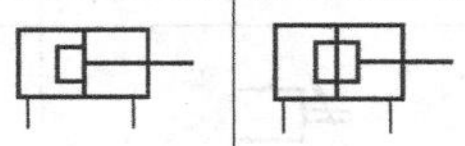

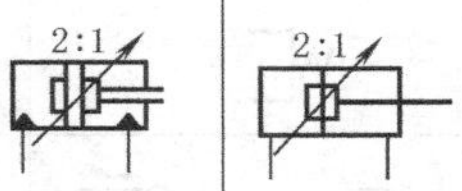

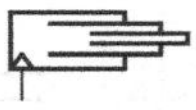

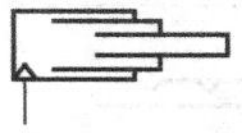

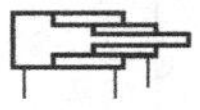

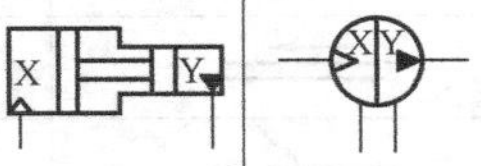

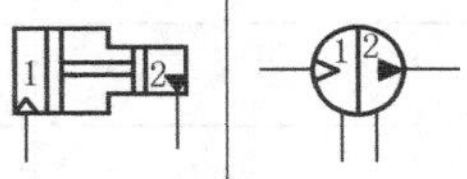

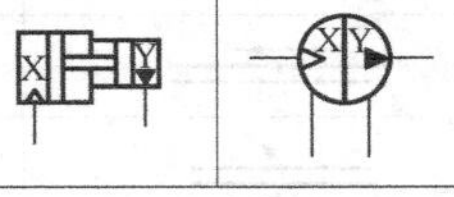

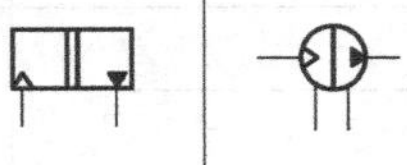

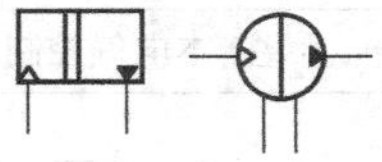

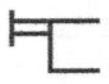

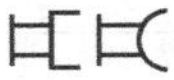

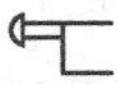

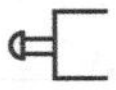

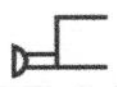

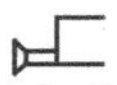

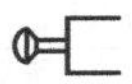

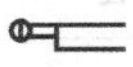

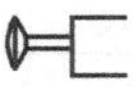

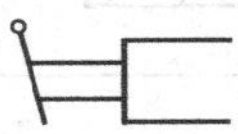

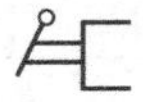

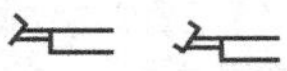

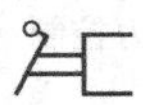

续表

国别		中国 GB/T 786.1—2009	日本 JIS B 0125—1984	国际[①] ISO 1219-1:1991	美国 ANSI/Y32.10—1967 (R 1979)[②]
机械控制	顶杆式		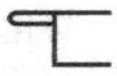		
	可变行程控制式				
	弹簧控制式		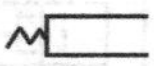		
	滚轮式	两个方向操纵 单向操纵	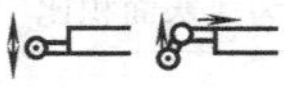	 可通过滚轮式	
	其他				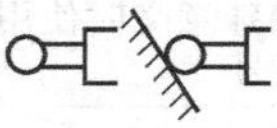
机械控制装置	定位装置	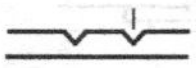	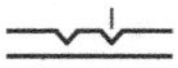		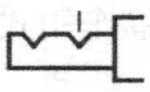
	锁定装置	 *为开锁控制方法的符号			
	弹跳机构		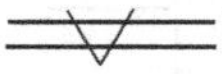		
	杆				
	轴				
直线运动电气控制		注:本电气控制以下各栏,右图为可调节式			
	单线圈式	 比例电磁铁、力矩马达等			
	双线圈式	力矩马达			
旋转运动电气控制-电动机控制		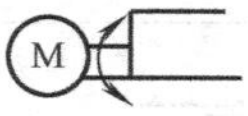 M			 M
直接压力控制	加压或卸压控制	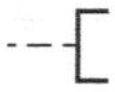			
	差动控制	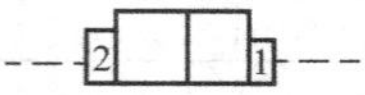 2 1		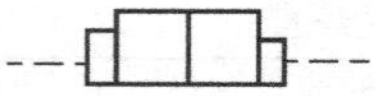	
	外部或内部压力控制	内部压力控制 外部压力控制		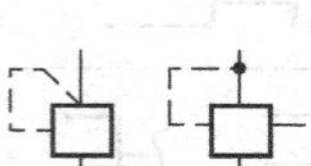	

续表

国别		中国 GB/T 786.1—2009	日本 JIS B 0125—1984	国际[①] ISO 1219-1:1991	美国 ANSI/Y32.10—1967 (R 1979)[②]
先导压力控制(间接压力控制)	加压控制	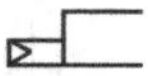 内部压力控制 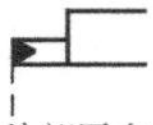 外部压力控制		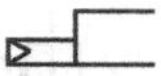 内部压力控制	外部供给 内部供给
	卸压控制	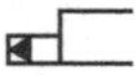 内部压力控制 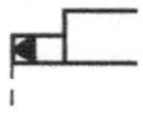 外部压力控制		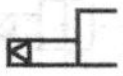	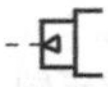 外部卸压控制 内部卸压控制
	差动控制				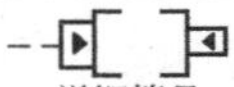 详细符号 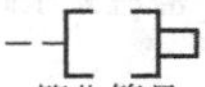 简化符号
伺服控制					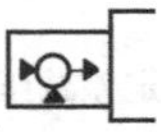
反馈	电反馈	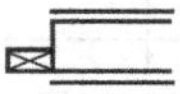		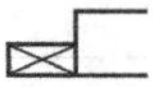 一般符号	
	机械反馈	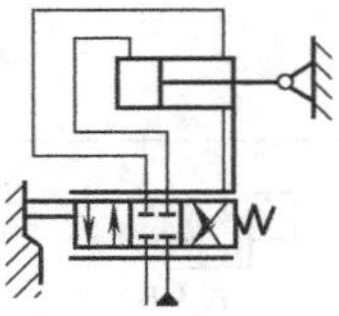	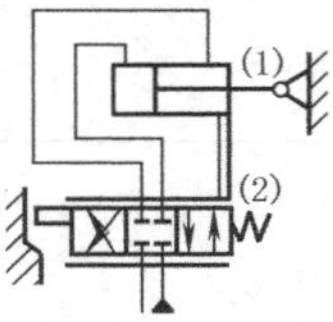 (1) (2)	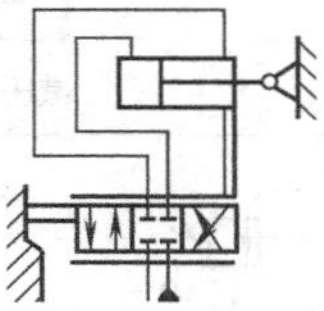	
复合控制	顺序控制(先导"与"控制)	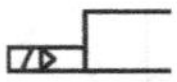 电-气控制		 电-液控制 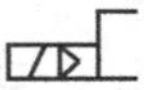 电-气控制	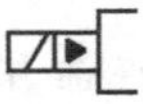 电-液控制
	选择控制("或"控制)		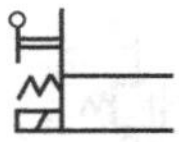	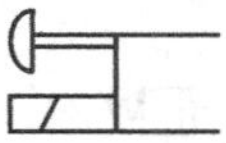	
6. 压力控制阀					
溢流阀	内部压力控制(直动型)	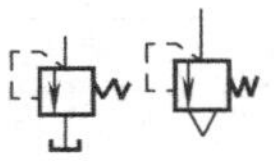	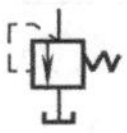	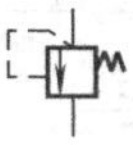	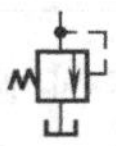
	外部压力控制(直动型)	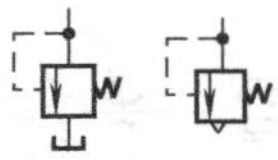			
	先导型溢流阀	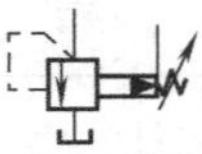	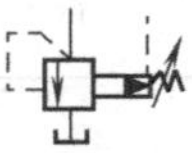	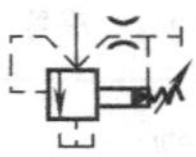	
	比例溢流阀和定比溢流阀	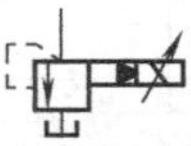 先导型比例电磁溢流阀			

续表

国别		中国 GB/T 786.1—2009	日本 JIS B 0125—1984	国际[①] ISO 1219-1:1991	美国 ANSI/Y32.10—1967 (R 1979)[②]
减压阀	定压减压阀	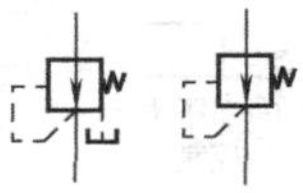	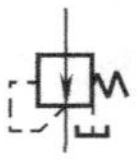		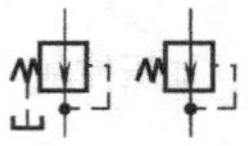
	外控减压阀、先导型减压器	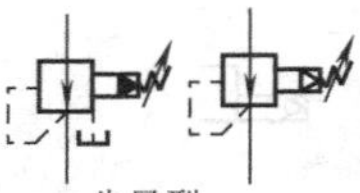 先导型	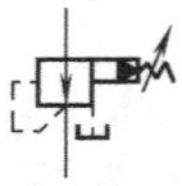 先导型	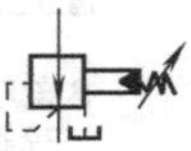	
	溢流减压阀	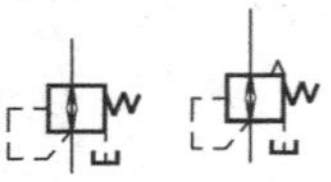	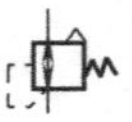		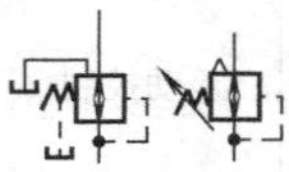
	定差减压阀	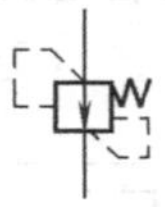			
定比减压阀(栏中未注明者)、定比调压阀(栏中注明)		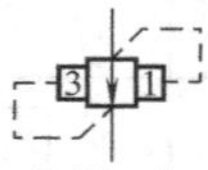 减压比:1/3			
顺序阀	内部压力控制	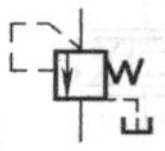		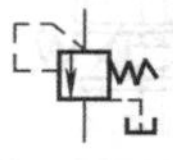	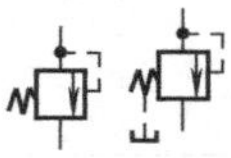
	外部压力控制	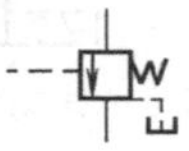	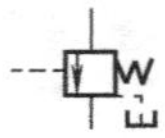		
卸荷阀		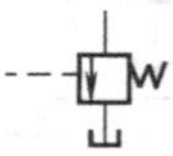	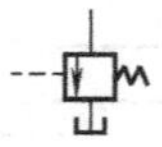		
7. 流量控制阀					
节流阀	不可调节流阀				
	可调节流阀	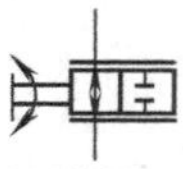 详细符号  简化符号	 详细符号  简化符号	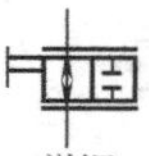 详细符号  简化符号	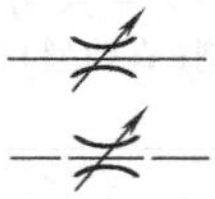
减速阀		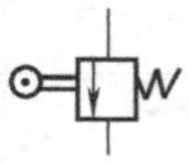	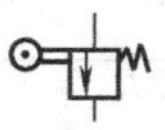	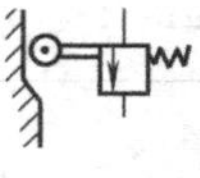	
截止阀					

续表

国别		中国 GB/T 786.1—2009	日本 JIS B 0125—1984	国际[1] ISO 1219-1:1991	美国 ANSI/Y32.10—1967 (R 1979)[2]
调速阀	一般调速阀和带单向阀的调速阀	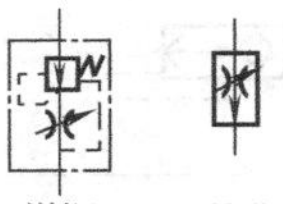 详细符号 简化符号	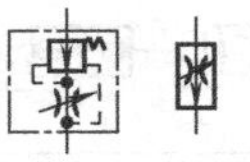 详细符号 简化符号	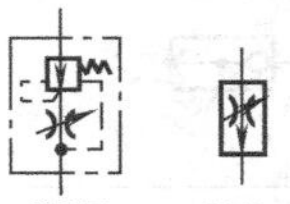 详细符号 简化符号	 带单向阀的调速阀
	带温度补偿的调速阀和带单向阀的温度补偿调速阀	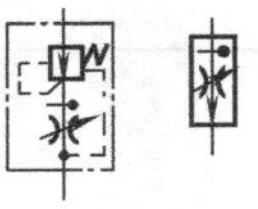 详细符号 简化符号	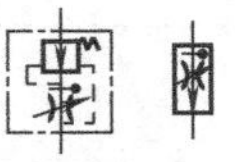 详细符号 简化符号	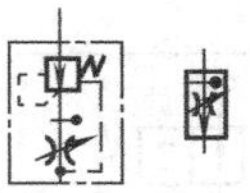 详细符号 简化符号	 带单向阀的温度补偿调速阀
	旁通型调速阀	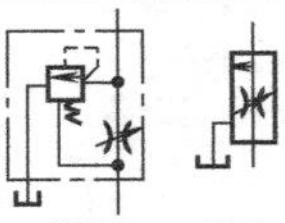 详细符号 简化符号	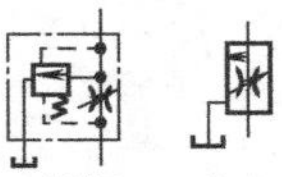 详细符号 简化符号	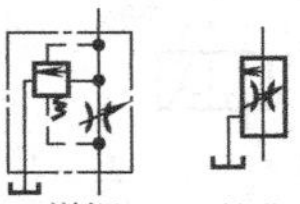 详细符号 简化符号	
分集流阀	分流阀				
	集流阀				
	分流-集流阀				

8. 方向控制阀

国别	中国	日本	国际	美国
单向阀	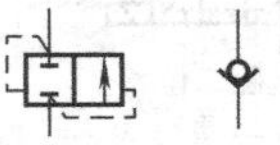 详细符号 简化符号			
	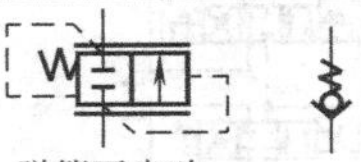 弹簧可省略 详细符号 简化符号	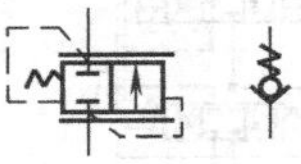 详细符号 简化符号		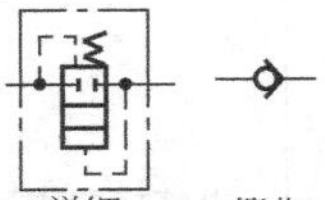 详细符号 简化符号
液(气)控单向阀	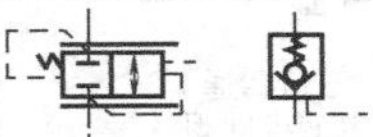 弹簧可省略 详细符号 简化符号	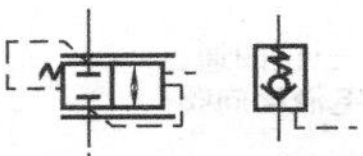 详细符号 简化符号	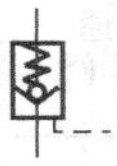	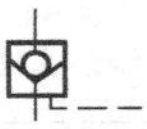
	详细符号 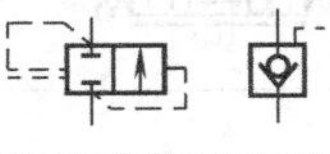 简化符号			
高压优先(或门型)梭阀	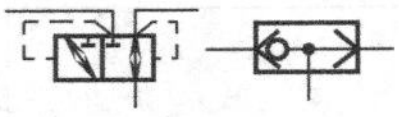 详细符号 简化符号			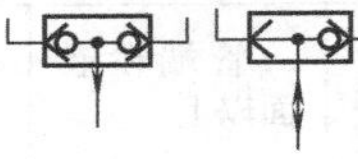 单向流动 允许反流
低压优先(与门型)梭阀	详细符号 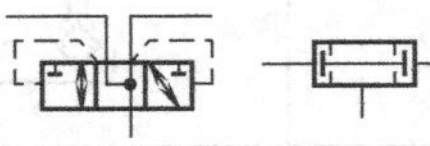 简化符号		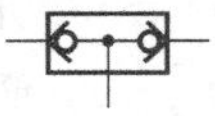	

续表

国别			中国 GB/T 786. 1—2009	日本 JIS B 0125—1984	国际[1] ISO 1219-1:1991	美国 ANSI/Y32. 10—1967 (R 1979)[2]
快速排气阀						
换向阀	二位二通阀	常闭式				
		常开式				
	二位三通阀					分配器 双压(转换器)
	二位四通阀			电磁二位四通		同 GB/T 786. 1
	二位五通阀			液控	液控	
	带中间过渡位置的二位阀		电磁二位三通	电磁二位三通	电磁二位三通	电磁二位四通
	电液换向阀		三位四通电液换向阀	三位四通电液换向阀	三位四通电液换向阀	
四通伺服阀						
9. 辅件和其他装置						
通大气式油箱	管端在液面以上					
	管端在液面以下		带空气滤清器			

续表

国 别		中国 GB/T 786.1—2009	日本 JIS B 0125—1984	国际[①] ISO 1219-1:1991	美国 ANSI/Y32.10—1967 (R 1979)[②]
通大气式油箱	管端连接于油箱底部				*表示管路在油箱之下进入或引出的
	局部泄油或回油使用符号				
密闭式或加压油箱					
气罐					
辅助气瓶					
蓄能器	蓄能器一般符号				
	弹簧式				
	气体式	隔离式			
	重锤式				同 GB/T 786.1
油温调节器					使温度保持在两个预设界限之内
加热器					
冷却器					
过滤器		一般符号 带磁性滤芯 带污染指示器			
分水排水器		人工放水 自动放水			
空气过滤器		人工排出 自动排出			同 GB/T 786.1
除油器		人工排出 自动排出			

续表

国别		中国 GB/T 786.1—2009	日本 JIS B 0125—1984	国际[①] ISO 1219-1:1991	美国 ANSI/Y32.10—1967 (R 1979)[②]
空气干燥器					
油雾器					无排放装置 带人工排放
消声器					
检测器或指示器	压力指示器				
	压力表(计)				
	压差计				
	温度计				
	液面计				
	检流计				
	流量计	一般符号 累计流量计			
	转速表				
	转矩仪				
压力继电器		详细符号 一般符号	详细符号 一般符号		
行程开关		详细符号 一般符号			
模拟传感器					
电动机					
原动机(电动机除外)					
气源调节装置		垂直箭头表示分离器			

续表

国　别	中国 GB/T 786.1—2009	日本 JIS B 0125—1984	国际[①] ISO 1219-1:1991	美国 ANSI/Y 32.10—1967 (R 1979)[②]
压力源		▶—— ▷——		——▶—— ——▷——

① 德国标准 DIN ISO 1291-1—1996、英国标准 BS 2917-1—1993 与 ISO 1219-1：1991 同，本表不再另列栏目。
②"R 1979"表示该标准于 1979 年予以确认继续有效。这种确认对标准文本的内容未作任何修改。

2　气动技术特点与流体基本公式

2.1　气动基础理论的研究与气动技术特点

2.1.1　气动基础理论、气动技术的研究内容

① 力的研究

- 气缸力与速度的关系（气缸动态时的推力变化及仿真）。
- 气缸的受力分析（侧向力、转矩、转动惯量等）。
- 气动压力的比例控制。
- 气动冲击力的研究和解决（缓冲力的分析与缓冲器的配置）。
- 气动摩擦力的分析与综合解决（新材料、新结构、密封件、润滑脂）等。

② 速度的研究

- 气缸高速和低速特性。
- 气缸的速度调节（用单向节流阀、气动伺服定位技术）。
- 高速软制动（气动 ABS 系统）。

③ 位置（行程）

- 多位控制和气动伺服定位控制技术。
- 模块化多轴系统的位置控制与气动机械手定位控制。

④ 信号转换

- 不同介质的信号转换（气/电、真空/电、电/真空、电/气）。
- 同种介质的各功率之间的放大（气先导控制、电先导控制等）。

⑤ 新材料、新工艺、新技术的开发应用（纳米涂层、油脂等）。

⑥ 气动应用计算、仿真软件、控制/诊断技术等。

⑦ 低功耗、高寿命、微型化（包括微气动技术的开发、硅工艺）、密封技术。

⑧ 标准化、模块化、功能集成并更加灵活（机电一体化、通信、传感技术、生物技术等）、即插即用（包括机电混合解决方案）。

2.1.2　气动技术的特点

① 无论从技术角度还是成本角度来看，气缸作为执行元件是完成直线运动的最佳形式。如同用电动机来完成旋转运动一样，气缸作为线性驱动可在空间的任意位置组建它所需要的运动轨迹，运动速度可无级调节。

② 工作介质是取之不尽、用之不竭的空气，空气本身无须花钱（但与电气和液压动力相比产生气动能量的成本最高），排气处理简单，不污染环境，处理成本低。

③ 空气的黏性小，流动阻力损失小，便于集中供气和远距离的输送（空压机房到车间各使用点）；利用空气的可压缩性可储存能量；短时间释放以获得瞬时高速运动。

④ 气动系统的环境适应能力强，可在-40～+50℃的温度范围、潮湿、溅水和有灰尘的环境下可靠工作。纯

气动控制具有防火、防爆的特点。

⑤ 对冲击载荷和过载载荷有较强的适应能力。

⑥ 气缸的推力在1.7~48230N，常规速度在50~500mm/s范围之内，标准气缸活塞可达到1500mm/s，冲击气缸达到10m/s，特殊状况的高速甚至可达32m/s。气缸的低速平稳目前可达3mm/s，如与液压阻尼缸组合使用，气缸的最低速度可达0.5mm/s。

⑦ 气动元件可靠性高、使用寿命长。阀的寿命大于3000万次，高的可达1亿次以上；气缸的寿命在5000km以上，高的可超过10000km。

⑧ 气动技术在与其他学科技术（计算机、电子、通信、仿生、传感、机械等）结合时有良好的相容性和互补性，如工控机、气动伺服定位系统、现场总线、以太网AS-i、仿生气动肌腱、模块化的气动机械手等。

2.1.3 气动与其他传动方式的比较

表23-1-2 气动、液压、电气三种传动与控制的比较

	气动	液压	电气
能量的产生和取用	(1)有静止的空压机房(站)或可移动的空压机 (2)可根据所需压力和容量来选择压缩机的类型 (3)用于压缩机的空气取之不尽	(1)有静止的空压机房(站)或可移动的液压泵站 (2)可根据所需压力和容量来选择泵的类型	主要是水力、火力和核能发电站
能量的储存	(1)可储存大量的能量,而且是相对经济的储存方式 (2)储存的能量可以作驱动甚至作高速驱动的补充能源	(1)能量的储存能力有限,需要压缩气体作为辅助介质,储存少量能量时比较经济 (2)储存的能量可以作驱动甚至作高速驱动的补充能源	(1)能量储存很困难,而且很复杂 (2)电池、蓄电池能量很小,但携带方便
能量的输送	通过管道输送较容易,输送距离可达1000m,但有压力损失	可通过管道输送,输送距离可达1000m,但有压力损失	很容易实现远距离的能量传送
能量的成本	与液压、电气相比,产生气动能量的成本最高	介于气动和电气之间	成本最低
泄漏	(1)能量的损失 (2)压缩空气可以排放在空气中,一般无危害	(1)能量的损失 (2)液压油的泄漏会造成危险事故并污染环境	与其他导电体接触时,会有能量损失,此时碰到高压有致命危险并可能造成重大事故
环境的影响	(1)压缩空气对温度变化不敏感,一般无隔离保护措施,-40~+80℃(高温气缸+150℃) (2)无着火和爆炸的危险 (3)湿度大时,空气中含水量较大,需过滤排水 (4)对环境有腐蚀作用的气缸或阀应采取保护措施,或用耐腐蚀材料制成气缸或阀 (5)有扰人的排气噪声,但可通过安装消声器大大降低排气噪声	(1)油液对温度敏感,油温升高时,黏度变小,易产生泄漏,-20~+80℃(高温油缸+220℃) (2)泄漏的油易燃 (3)液压的介质是油,不受温度变化的影响 (4)对环境有腐蚀作用的油缸和阀应采取保护措施或采用耐蚀材料制成油缸或阀 (5)高压泵的噪声很大,且通过硬管传播	(1)当绝缘性能良好时,对温度变化不敏感 (2)在易燃、易爆区域应采用保护措施 (3)电子元件不能受潮 (4)在对环境有腐蚀作用的环境下,电气元件应采取隔离保护措施。就总体而言,电子元件的抗腐蚀性最差 (5)在较多电流线圈和接触电气频繁的开关中,有噪声和激励噪声,但可控制在车间范围内
防振	稍加措施,便能防振	稍加措施,便能防振	电气的抗振性能较弱,防振也较麻烦
元件的结构	气动元件结构最简单	油压元件结构比气动稍复杂(表现在制造加工精度)	电气元件最为复杂(主要表现在更新换代)
与其他技术的相容性	气动能与其他相关技术相容,如电子计算机、通信、传感、仿生、机械等	能与相关技术相容,比气动稍差一些	与许多相关技术相容

续表

	气　动	液　压	电　气
操作难易性	无需很多专业知识就能很好地操作	与气动相比,液压系统更复杂,高压时必须要考虑安全性,应严格控制泄漏和密封问题	(1)需要专业知识,有偶然事故和短路的危险 (2)错误的连接很容易损坏设备和控制系统
推力	(1)由于工作压力低,所以推力范围窄,推力取决于工作压力和气缸缸径,当推力为 1N ~ 50kN 时,采用气动技术最经济 (2)保持力(气缸停止不动时),无能量消耗	(1)因工作压力高,所以推力范围宽 (2)超载时的压力由溢流阀设定,因此保持力时也有能量消耗	(1)推力需通过机械传动转换来传递,因此效率低 (2)超载能力差,空载时能量消耗大
力矩	(1)力矩范围小 (2)超载时可以达到停止不动,无危害 (3)空载时也消耗能量	(1)力矩范围大 (2)超载能力由溢流阀限定 (3)空载时也消耗能量	(1)力矩范围窄 (2)过载能力差
无级调速	容易达到无级调速,但低速平稳调节不及液压	容易达到无级调速,低速也很容易控制	稍困难
维护	气动维护简单方便	液压维护简单方便	比气动、液压要复杂,电气工程师要有一定技术背景
驱动的控制(直线、摆动和旋转运动)	(1)采用气缸可以很方便地实现直线运动,工作行程可达 2000mm,具有较好的加速度和减速特性,速度约为 10 ~ 1500mm/s,最高可达 30m/s (2)使用叶片、齿轮齿条制成的气缸很容易实现摆动运动。摆动角度最大可达 360° (3)采用各种类型气动马达可很容易实现旋转运动,实现反转方便	(1)采用液压气缸可以很方便地实现直线运动,低速也很容易控制 (2)采用液压缸或摆动执行元件可很容易地实现摆动运动。摆动角度可达 360°或更大 (3)采用各种类型的液压马达可很容易地实现旋转运动。与气动马达相比,液压马达转速范围窄,但在低速运行时很容易控制	(1)采用电流线圈或直线电动机仅做短距离直线移动,但通过机械机构可将旋转运动变为直线运动 (2)需通过机械机构将旋转运动转化为摆动气缸 (3)对旋转运动而言,其效率最高

自动线高节拍的运行控制中很多采用了气动技术。就机械、液压、气动、电气等众多控制技术而言,究竟应该选用哪一门技术作驱动控制,首先应考虑从信号输入到最后动力输出的整个系统,尽管在考虑某个环节时往往会觉得采用某一门技术较合适,但最终决定选用哪一个控制技术还基于诸多因素的总体考虑,如:成本、系统的建立和掌握程度的难易,结构是否简单,尤其是对力和速度的无级控制等因素。除此之外,系统的维修保养也是不可忽视的因素之一。目前很多制造厂商要求自己的生产流水线对市场变化的响应时间要快,即要允许在自己的生产流水线上方便改动某些部件或在短时间内重新设置其少量部件后,便能很快投入生产,使产品生产厂商在短时间内或在该产品的市场数量需求不是很大的情况下,也能保证市场需求,保证新产品的供应。

2.1.4 气动系统的组成

气动系统组成按控制过程分,包括气源、信号输入、信号处理及最后的命令执行四个步骤(见图 23-1-1)。

① 气源部分　是以空气压缩机、储气罐开始。一些气动专业人员接触更多的是气源处理单元(过滤、干燥、排气、减压和油雾这一工序)。

② 信号输入部分　主要考虑被控对象能采用的信号源。在简单的气动控制系统中,其中手动按钮操作阀可作为控制运动起始的主要手段。在复杂的气动控制系统中,压力开关、传感器的信号、光电信号和某些物理量转换信号等都列入信号输入这一部分。

③ 信号处理有两种方式　气控和电控。气动以气动逻辑元件为主题,通过梭阀、双压阀或顺序阀组成逻辑控制回路。有些气动制造厂商已制造出气动逻辑控制器(如十二步顺序动作的步进器),更多地使用 PLC 或工控机控制。目前大多数气动制造厂商通过内置 PLC 的阀岛产品把信号处理和命令执行合并为一个控制程序。列入这部分的气动辅件有消声器、气管、接头等。

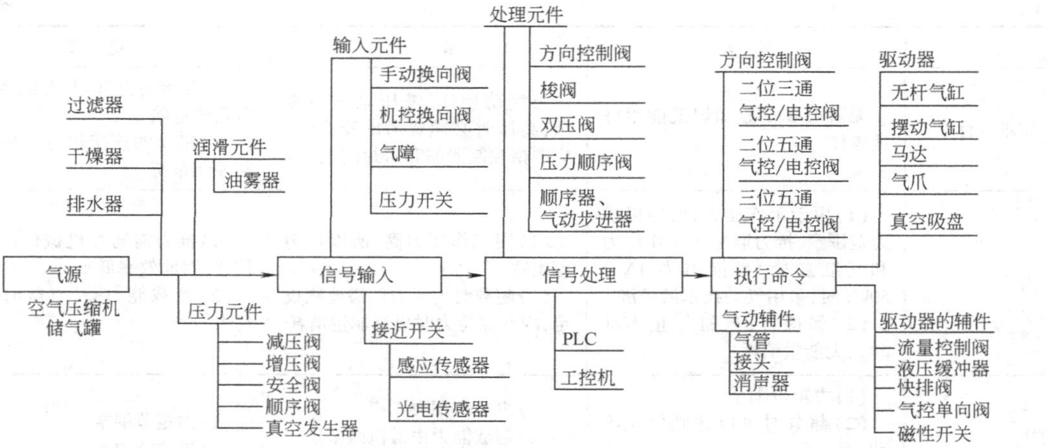

图 23-1-1　气动系统组成及控制过程

④ 命令执行　主要包括方向控制阀和驱动器。这里提到的方向控制阀是指接受了信号处理后被命令去控制驱动器，与信号处理过程中的方向控制阀原理是一致的，只是所处地位不同。驱动器是气动系统中最后要完成的主要目标，包括气缸、无杆气缸、摆动气缸、马达、气爪及其空吸盘。这部分的辅件有控制气缸速度的流量控制阀、快排阀，其他辅件有液压缓冲器和磁性开关。

2.1.5　气动系统各类元件的主要用途

表 23-1-3　　各类元件的主要用途

类别	名称		用途特点
气源设备	空气压缩机		是气压传动与控制的动力源，常用 1.0MPa 压力等级的气压
	后冷却		消除压缩空气中大部分的水分、油污和杂质等
	气罐		稳压和储能用
气源处理元件	过滤器		在气源设备之后继续消除压缩空气中的残留水分、油污和灰尘等，可选择 40μm、10μm、5μm、1μm、0.01μm
	干燥器、油雾器		进一步清除空气中的水分
	自动排水器、三联件		常与过滤器合并使用，自动排除冷凝水
气动控制元件	压力控制	减压阀	压力调节、稳压之用
		增压阀	增压(常用于某一支路的增压)
	流量控制	单向节流阀	控制气缸的运动速度
		快速排气阀	可使气动元件或气缸腔室内的压力迅速排出
	方向控制	人控阀	用人工方式改变气体流动方向或通断的元件
		机控阀	用机械方式改变气体流动方向或通断的元件
		单向阀	气流只能从一个方向流动，反方向不能通过的元件
		梭阀	两个入口中只要一个入口有输入，便有输出
		双压阀	两个入口都有输入时，才能有输出
		气控阀	用气控改变气体流动方向的元件
		电磁阀	用电控改变
		阀岛	阀岛是一种集气动电磁阀、控制器(可内置 PLC 或带多针的整套系统控制单元的现场总线协议接口的控制器)、电输入/输出模块
气动执行元件	通用气缸	气缸	做直线运动的执行机构
		摆动气缸	小于 360°角度范围内做往复摆动的气缸
		气马达	把压缩空气的压力能转换成机械能的转换装置。输出力矩和转速
	导向驱动装置	内置导轨气缸	气缸内置机械轴承或滚珠轴承，具有较高的转矩或承载能力
		模块化导向驱动装置	内置轴承或滚珠轴承的气缸，具有模块化拼装结构，可组成二维、三维的运动
		气动机械手	内置滚珠轴承与其他模块化气缸接口的直线驱动器，可承受 500N 径向负载和 50N·m 转矩
		气爪	具有抓取功能，与其他气缸组合成为一个抓取装置
		液压缓冲器	有缓冲功能

续表

类别	名称	用途特点
真空元件	真空发生器	利用压缩空气、文丘里原理产生一定真空度的元件
	真空吸盘	利用真空来吸物体的元件
	真空压力开关	利用真空度转换成电信号的触头开关元件
	真空过滤器	能过滤进入真空发生器入口的大气中灰尘的元件
其他辅助元件	气管	连接管路用
	接头	连接管路用
	传感器	信号转换元件
	接近开关	大多用于探测气缸位置
	压力传感器	压力与电信号转换元件,用于探测某个压力
	光电传感器	光与电的转换元件,用于探测某个物体的存在
	气动传感器	利用空气喷射对接近某一物体的感测所产生压力变化后发出的信号,显示一个对象的存在及距离

2.2 空气的性质

2.2.1 空气的密度、比容、压力、温度、黏度、比热容、热导率

表 23-1-4　　空气的物理性质

名称	符号	含义、公式、数据	符号意义
密度	ρ	单位体积空气所具有的质量称为密度 $\rho=\dfrac{M}{V}=\dfrac{1}{v}$　(kg/m³) 单位质量气体所占的体积称为比容 $v=\dfrac{V}{M}=\dfrac{1}{\rho}$　(m³/kg) 空气的密度与其所处的状态有关 对于干空气 $\rho=3.482\times10^{-3}p/T$　(kg/m³) 对于湿空气 $\rho=3.482\times10^{-3}(p-0.378\varphi p_b)/T$　(kg/m³)	M——均质气体的质量,kg V——均质气体的体积,m³ p——空气的绝对压力,Pa T——空气的热力学温度,K φ——相对湿度,% p_b——湿度为 273K 时饱和水蒸气分压力,Pa

比容 v

a. 干空气的密度和比容(1 个大气压下)

温度 t/℃	密度 ρ/kg·m^{-3}	比容 v/m³·kg^{-1}	绝对黏度/Pa·s	运动黏度/m²·s^{-1}
-10	1.3425	0.7449	1.67×10^{-5}	1.24×10^{-5}
-5	1.3170	0.7593	1.695×10^{-5}	1.29×10^{-5}
0	1.2935	0.7731	1.716×10^{-5}	1.33×10^{-5}
5	1.270	0.7874	1.74×10^{-5}	1.37×10^{-5}
10	1.2474	0.8017	1.77×10^{-5}	1.42×10^{-5}
15	1.2258	0.8158	1.79×10^{-5}	1.46×10^{-5}
20	1.2052	0.8279	1.82×10^{-5}	1.51×10^{-5}
25	1.1846	0.8442	1.84×10^{-5}	1.55×10^{-5}
30	1.1650	0.8583	1.86×10^{-5}	1.60×10^{-5}
35	1.1464	0.8723	1.88×10^{-5}	1.64×10^{-5}
40	1.1278	0.8867	1.91×10^{-5}	1.69×10^{-5}

压力(压强) p

含义、公式、数据	符号意义
由于气体分子热运动而互相碰撞,在容器的单位面积上产生的力的统计平均值为气体的压力,用 p 表示 工程上有两种计压方法:以绝对真空为计压起点所计压力称为绝对压力,以 p_{abs} 表示;以"大气压力"为计压起点所计压力称为表压力。压力表所测得的压力就是表压力,用符号 p_a 表示。设"大气压"为 p_a,则 $p_{abs}=p_g+p_a$	国际单位制中,压力单位为 Pa,1Pa=1N/m² 工程计算中,为简化计算,常取 p_a=0.1MPa

b. 各种压力单位的换算关系

帕 Pa	巴 bar	标准大气压 atm	千克力/厘米² kgf/cm²	米水柱 mH_2O	毫米汞柱 mmHg	磅力/英寸² lbf/in²
1	10^{-5}	0.99×10^{-5}	1.02×10^{-5}	10.2×10^{-5}	75×10^{-4}	14.5×10^{-5}
10^5	1	0.986	1.02	10.2	750.2	14.5
101325	1.013	1	1.033	10.33	760	14.7
98070	0.981	0.968	1	10	736	14.22
6894.8	0.0689	0.068	0.07	0.703	51.71	1

续表

名称	符号	含义、公式、数据	符号意义
温度	t或T	表示气体分子热运动动能的统计平均值称为气体的温度。国际上常用两种温标 (1)摄氏温度　这是热力学百分度温标,规定在标准大气压下纯水的凝固点是0℃,沸点是100℃ (2)热力学温度　热力学温度的间隔与摄氏温度相同 $T=273+t$　(K)	t——摄氏温度,℃ T——热力学温度,K
黏度	μ、ν	流体流动时,在流体中产生摩擦阻力的性质称为黏度,黏性的大小用黏度表示。根据牛顿定律,流体流动时产生的内摩擦力或切应力τ与速度梯度成正比,即 $\tau=\mu\dfrac{dw}{dy}$ 气体的绝对黏度随其温度升高而增加。流体的绝对黏度μ与其密度ρ之比,称为运动黏度ν $\nu=\mu/\rho$　(m^2/s)	μ——绝对黏度(或动力黏度) dw——相邻两层流体间的相对滑动速度 dy——相邻两层流体间的法向距离 dw/dy——流体相对滑动的速度梯度 绝对黏度μ的SI单位为Pa·s $1Pa\cdot s=1N\cdot s/m^2$ 在标准大气压下空气的黏度见本表中a
比热容	c	1kg流体温度变化1K时与外界交换的热量,称为气体的比热容。气体的比热容与过程进行的条件有关。当过程是在容积不变条件下进行时,其比热容为比定容热容c_V;在定压条件下进行时,其比热容为比定压热容c_p $\begin{cases}c_p-c_V=R\\c_p/c_V=\gamma\end{cases}$	c——流体的比热容,kJ/(kg·K) R——气体常数,N·m/(kg·K) γ——比热容比。对完全气体$\gamma=\kappa$(κ为等熵指数),其值只与气体分子的原子数有关,单原子气体为1.66,双原子气体为1.4,三原子以上的气体常数近似为1.33

c. 各种气体的气体常数和比热容

气体	分子式	原子数	分子量	气体常数R /$N\cdot m\cdot kg^{-1}\cdot K^{-1}$	低压时的比热容 /$kJ\cdot kg^{-1}\cdot K^{-1}$		比热容比 $\gamma=\dfrac{c_p}{c_V}$
					c_p	c_V	
氦	He	1	4.003	2077	5.200	3.123	1.67
氢	H_2	2	2.016	4124.5	14.32	10.19	1.4
氮	N_2	2	28.02	296.8	1.038	0.742	1.4
氧	O_2	2	32.00	260	0.917	0.657	1.39
空气	—		28.97	287.1	1.004	0.718	1.4
二氧化碳	CO_2	3	44.01	188.9	0.845	0.656	1.29
水蒸气	H_2O	3	18.016	461.4	1.867	1.406	1.33

名称	符号	含义、公式、数据	符号意义
热导率	λ	从温度为T_1(K)的部分,通过截面积A(m^2)、长l(m)的导热体向温度为T_2(K)的另一部分导热时,单位时间所传递的热量为Q $Q=\lambda A(T_1-T_2)/t$　(kJ/h)	λ——热导率,kJ/(m·h·K)

d. 空气的热导率

温度/℃	−50	0	20	50	100
热导率/$kJ\cdot m^{-1}\cdot h^{-1}\cdot K^{-1}$	0.074	0.087	0.092	0.100	0.112

2.2.2 气体的状态变化

表 23-1-5

气体的状态变化		
	用以表示气体在某一瞬间物理特性的总标志称为气体的状态。在给定状态下表示物理特性所用的参数称为状态参数。常用温度、绝对压力和比容(或密度)作为气体的基本状态参数。此外,还有内能、焓和熵也是气体的状态参数	
	(1)基本状态和标准状态	在温度为273K,绝对压力在标准大气压条件下,干空气的状态称为基准状态 在温度为293K,绝对压力在标准大气压,相对湿度为65%条件下,空气的状态称为标准状态

续表

气体的状态变化	(2)完全气体和完全气体的状态方程	假想一种气体,它的分子是一些弹性的、不占据体积的质点,各分子之间无相互作用力,这样一种气体称为完全气体。完全气体在任一平衡状态时,各基本状态参数之间的关系为 $pV=RT$ 或$pV=mRT$(称为完全气体的状态方程式)
	(3)实际气体与完全气体的差别	上述完全气体实际上是不存在的。任何实际气体,各分子间有相互作用力,且分子占有体积,因而具有内摩擦力和黏性,实际气体的密度越大,与完全气体的差别也越大。实际气体不遵循完全气体的状态方程式,它只在温度不太低、压力不太高的条件下近似地符合完全气体的状态方程式 在工程计算中,为考虑实际气体与完全气体的差别,常引入修正系数Z(称为压缩率),这时实际气体的状态方程式可写成 $pV=ZRT$

下表为奥托(Otto)等测定的空气的压缩率值。由该表可知,在气动技术所使用的压力范围(≤2MPa)内,压缩率值几乎等于1。因此,在气动系统的计算中,可以把压缩空气看作完全气体

空气的压缩率 $Z=pV/RT$ 值

温度 t/℃	压力 p/MPa					
	0	1	2	3	5	10
0	1	0.9945	0.9895	0.9851	0.9779	0.9699
50	1	0.9990	0.9984	0.9981	0.9986	1.0057
100	1	1.0012	1.0027	1.0045	1.0087	1.0235
200	1	1.0031	1.0064	1.0097	1.0168	1.0364

2.2.3 干空气与湿空气

表 23-1-6

名称		含义、公式、数据	符号意义
干空气与湿空气		完全不含水蒸气的空气称为干空气。大气中的空气或多或少总含有水蒸气,由干空气与水蒸气组成的混合气体,称为湿空气	

在基准状态下,干空气的标准组成成分

物质	氮(N_2)	氧(O_2)	氩(Ar)	二氧化碳(CO_2)
体积/%	78.09	20.95	0.93	0.03
质量/%	75.53	23.14	1.28	0.05

名称	含义、公式、数据	符号意义
湿空气中的水分	一般情况下的湿空气中,水蒸气含量较少,水蒸气分压力较低,而其相应的饱和温度低于当时的空气温度,因而湿空气中的水蒸气大多处于过热状态。这种由空气和过热水蒸气组成的混合气体,称为未饱和湿空气,它可作为理想混合气体处理 在某温度下的湿空气中,若水蒸气分压力高于该温度下的饱和水蒸气分压力或湿空气的温度低于该水蒸气分压力下的露点温度时,湿空气中水蒸气的含量达到最大值,这时的湿空气就称为饱和湿空气。若在饱和湿空气中再增加水蒸气或使温度低于露点温度,均将会有水滴析出	
空气干湿的程度表示法	(1)绝对湿度 1m³ 湿空气中所含水蒸气的质量称为湿空气的绝对湿度,以x表示。它即湿空气中水蒸气的密度ρ_s $x=\rho_s=m_s/V$ (kg/m³)	m_s——水蒸气的质量,kg V——湿空气的体积,m³
	(2)相对湿度 湿空气中水蒸气密度与同温度下饱和水蒸气密度之比,也就是湿空气中水蒸气分压力与同温度下饱和水蒸气分压力之比,称为相对湿度,用符号φ以百分数表示 $\varphi=\frac{p_s}{p_b}=\frac{p_s}{p_b}$ 绝对湿度不能说明湿空气的吸水能力。相对湿度说明湿空气中水蒸气接近饱和的程度,又称为饱和度。它能说明吸水能力,值越小,吸收水蒸气的能力越大;值越大,吸收水蒸气的能力越小 当$\varphi=0$时,$p_s=0$,空气绝对干燥 当$\varphi=100\%$时,$p_s=p_b$,空气中水蒸气已达饱和,再无吸收水蒸气的能力	
	(3)含湿量 在含有1kg干空气的湿空气中所含有水蒸气的质量(g),称为含湿量,以d表示 $d=622p_s/p_g=622\varphi p_b/(p-\varphi p_b)$ (g/kg 干空气) 式中,空气压力p、水蒸气分压p_s、干空气分压p_g和饱和水蒸气分压p_b的单位均为Pa。当相对湿度$\varphi=100\%$时,即得该温度下最大含湿量,称为饱和含湿量d_b $d_b=622p_b/(p-p_b)$ (g/kg 干空气)	

续表

名称	含义、公式、数据									符号意义
干空气与湿空气	饱和湿空气									
	温度 t/℃	饱和水蒸气分压力 p_b /MPa	饱和水蒸气密度 ρ_b /g·m^{-3}	温度 t/℃	饱和水蒸气分压力 p_b /MPa	饱和水蒸气密度 ρ_b /g·m^{-3}	温度 t/℃	饱和水蒸气分压力 p_b /MPa	饱和水蒸气密度 ρ_b /g·m^{-3}	
	100	0.1013		29	0.004	28.7	13	0.0015	11.3	
	80	0.0473	290.8	28	0.0038	27.2	12	0.0014	10.6	
	70	0.0312	197.0	27	0.0036	25.7	11	0.0013	10.0	
	60	0.0199	129.8	26	0.0034	24.3	10	0.0012	9.4	
	50	0.0123	82.9	25	0.0032	23.0	8	0.0011	8.27	
	40	0.0074	51.0	24	0.0030	21.8	6	0.0009	7.26	
	39	0.0070	48.5	23	0.0028	20.6	4	0.0008	6.14	
	38	0.0066	46.1	22	0.0026	19.4	2	0.0007	5.56	
	37	0.0063	43.8	21	0.0025	18.3	0	0.0006	4.85	
	36	0.0059	41.6	20	0.0023	17.3	−2	0.0005	4.22	
	35	0.0056	39.5	19	0.0022	16.3	−4	0.0004	3.66	
	34	0.0053	37.5	18	0.0021	15.4	−6	0.00037	3.16	
	33	0.0050	35.6	17	0.0019	14.5	−8	0.0003	2.73	
	32	0.0048	33.8	16	0.0018	13.6	−10	0.00026	2.25	
	31	0.0045	32.0	15	0.0017	12.8	−16	0.00015	1.48	
	30	0.0042	30.3	14	0.0016	12.1	−20	0.0001	1.07	

2.2.4 压缩空气管道水分计算举例

例 一台空压机在大气温度 $t_1=20$℃，相对湿度 $\varphi_1=80\%$的空压机房条件下工作，空气被压缩至 0.7 MPa（表压），通过后冷却器进入一个大储气罐。储气罐的压缩空气通过管道送至各车间使用。由于管道与外界的热交换，使进入车间的压缩空气$t_2=24$℃。各车间的平均耗气量 $Q=3\text{m}^3/\text{min}$（自由空气），求整个气源系统每小时冷凝水的析出量。

已知：$p_1=0.1013\text{MPa}$，$p_2=(0.7+0.1013)\ \text{MPa}=0.8013\text{MPa}$；$t_1=20$℃（$T_1=273\text{K}+20\text{K}=293\text{K}$）时，查表 23-1-6 可得到：$p_{b1}=0.0023\ \text{MPa}$，$\rho_{b1}=17.3\text{g/m}^3$；$t_2=24$℃（$T_2=273\text{K}+24\text{K}=297\text{K}$）时，$p_{b2}=0.003\ \text{MPa}$，$\rho_{b2}=21.8\text{g/m}^3$。

解：

(1) 计算吸入相对湿度 $\varphi_1=80\%$的 1 m³ 自由空气时实际水蒸气密度 ρ_{s1}和干空气分压力 p_{g1}

$$\rho_{s1}=\varphi_1\rho_{b1}=80\%\times17.3=13.84\ \text{g/m}^3$$

$$p_{g1}=p_1-\varphi_1 p_{b1}=0.1013-0.8\times0.0023=0.09946\text{MPa}$$

(2) 进入车间压缩空气（$p_2=0.8013$ MPa）的干空气分压力

$$p_{g2}=p_2-p_{b2}=0.8013-0.003=0.7983\text{MPa}$$

(3) 根据表 23-1-5 理想气体的状态方程：$pV=RT$，对于一定质量的气体，压力和体积的积与热力学温度的商是个常数。理想气体的状态方程可写成 $p=\rho RT=\frac{m}{V}RT$（ρ—密度，kg/m³；m—质量，kg；V—体积，m³），得出$\frac{p_1V_1}{T_1}=\frac{p_2V_2}{T_2}$，则

$$V_2=\frac{p_{g1}V_1T_2}{p_{g2}T_1}\quad（V_2：24℃时湿空气体积）$$

计算 1m³ 自由空气经压缩至 0.8 MPa（绝对压力）进入车间时体积 V_2

$$V_2=\frac{p_{g1}V_1T_2}{p_{g2}T_1}=\frac{0.09946\times1\times297}{0.7983\times293}=0.1263\text{m}^3$$

(4) 车间整个气源系统每小时冷凝水的析出量为

$$m=60Q(\rho_{s1}V_1-\rho_{b2}V_2)=60\times3\times(13.84\times1-21.8\times0.1263)=1995.6\text{g/h}\approx2\text{kg/h}$$

2.3 空气热力学和流体动力学规律

2.3.1 闭口系统热力学第一定律（表 23-1-7）

2.3.2 闭口系统热力学第二定律

热力学第一定律只说明能量在传递和转换时的数量关系。热力学第二定律则要解决过程进行的方向、条件和

表 23-1-7

能量	含义	符号及单位
热力学第一定律确定了各种形式的能量(热能、功、内能)之间相互转换关系,该定律指出:当热能与其他形式的能量进行转换时,总能量保持恒定。对于任何系统,各项能量之间的一般关系式为 进入系统的能量-离开系统的能量=系统中储存能量的变化		
热量	由于温度不同,在系统与外界之间穿越边界而传递的能量称为热量。热量是通过物体相互接触处的分子碰撞或热辐射方式所传递的能量,其结果是高温物体把一部分能量传给了低温物体。热量传递过程并不需要物体的宏观运动。热量是过程量,不是状态参数	
功	系统与外界之间通过宏观运动发生相互作用而传递的能量称为功 容积变化功计算图 左图所示气缸中,密封一定质量 M 的气体,可动边界活塞的面积 A,活塞所受外力 F。当系统克服外力进行一个准平衡的膨胀过程,即由状态 1 变到状态 2 时,若不计摩擦,系统对外所做的功为 $W=\int_1^2 F\mathrm{d}x=\int_1^2 pA\mathrm{d}x=\int_1^2 p\mathrm{d}V$ 在 p-V 图上,功是过程曲线下的面积。可见,即使始态、终态相同的两个过程,若过程曲线不同,功的大小也不同,这说明功不是状态参数而是一个过程量	Q——热量,J 或 kJ W——功,J 或 kJ
内能	气体内部的分子、原子等微粒总在不停地运动,这种运动称为热运动。气体因热运动而具有的能量称为内能,它是储存于气体内部的能量 对于完全气体,分子间没有相互作用力,内位能为零,完全气体只有内功能。这时内能只是温度的函数。1kg 气体的内能称为比内能 $U=f(T)$ 在气体的状态一定时,内能也有一定值,因而内能也是气体的状态参数	u——比内能,J/kg 或 kJ/kg U——内能,J 或 kJ q——1kg 工质与外界变换的热量,J/kg 或 kJ/kg
闭口系统的能量平衡方程式	上图所示气缸中密闭一定质量气体的系统为闭口系统。设系统由状态 1 变到状态 2 为一个准平衡过程,在此过程中系统吸热量为 Q,膨胀对外做功 W,系统内能变化 ΔU。对于这种闭口系统,热力学第一定律可表述为:给予系统的热量应等于系统内能增量与对外做功之和。热力学第一定律方程式的微分形式为 $\mathrm{d}Q=\mathrm{d}U+\mathrm{d}W$ 对 1kg 气体而言,有 $\mathrm{d}q=\mathrm{d}u+\mathrm{d}w=\mathrm{d}u+p\mathrm{d}v$	
焓	焓 H 的定义为 $H=U+pV$ 1kg 气体的比焓 h 的定义为 $h=u+pv=u+RT$ 在气动系统中,压缩空气从一处流到另一处,随着压缩空气移动而转移的能量就等于它的焓。当 1kg 气体流进系统时系统获得的总能量就是其内能 u 与 1kg 气体的推动功 pv 之和,即为比焓 h 在 u、p、v 为定值时,h 亦为定值,故焓为一个状态参数	H——焓 h——比焓

深度等问题。其中最根本的是关于过程的方向问题。

若一个系统经过一个准平衡过程，由始态变到终态，又能经过逆向过程由终态变到始态，不仅系统没有改变，环境也恢复原状态，即在系统和环境里都不留下任何影响和痕迹，这种过程在热力学中称为可逆过程。否则称为不可逆过程。

可逆过程必为准平衡过程，而准平衡过程则是可逆过程的条件之一。对于不平衡过程，因为中间状态不可能确定，当然是不可逆过程。

于是，热力学第二定律可表述为：一切自发地实现的过程都是不可逆的。

熵是从热力学第二定律引出的，是一个状态参数。

熵用符号 S (s) 表示，其定义为

$$\mathrm{d}S=\mathrm{d}Q/T \quad (\mathrm{J/K}) \tag{23-1-1}$$

1kg 气体的比熵为

$$\mathrm{d}s=\mathrm{d}q/T \quad (\mathrm{J\cdot kg^{-1}\cdot K^{-1}}) \tag{23-1-2}$$

在可逆过程中熵的增量等于系统从外界传入的热量除以传热当时的热力学温度所得的商。

熵的作用可从传热过程和做功过程对比看出。在表 23-1-7 p-V 图上，功是过程曲线下的面积。同样，可作

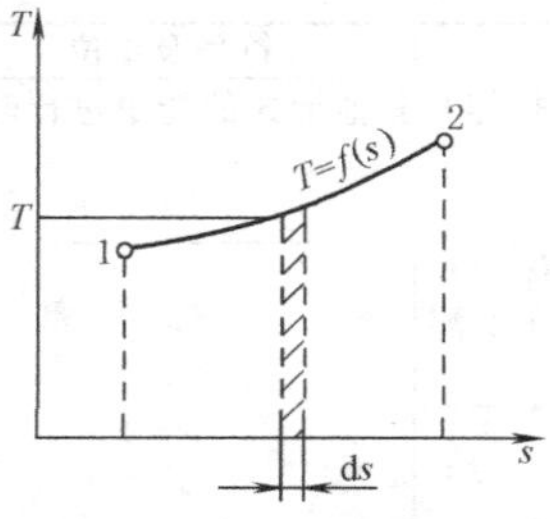

T-s 图，如图 23-1-2 所示。图中曲线 1-2 代表一个由状态 1 变到状态 2 的可逆过程，曲线上的点代表一个平衡状态。在此过程中对工质加入的热量为

$$q = \int_1^2 T\mathrm{d}s = \int_1^2 f(s)\mathrm{d}s \tag{23-1-3}$$

图 23-1-2　T-s 图

可见，在 T-s 图上，过程曲线下的面积就代表过程中加入工质的热量。s 有无变化就标志着传热过程有无进行。

从式 (23-1-2) 知，当工质在可逆过程中吸热时，熵增大；放热时，熵减小。因此，根据工质在可逆过程中熵是增大还是减小，就可判断工质在过程中是吸热还是放热。若系统与外界绝热，$\mathrm{d}q=0$，则必有 $\mathrm{d}s=0$，即熵不变，这样一个可逆的绝热过程称为等熵过程。

对于完全气体，比熵变化只与始态和终态参数有关，与过程性质无关，故完全气体的熵是一个状态参数。

在不可逆过程，总的比熵的变化应等于系统从外界传入的热量以及摩擦损失转化成的热量之和除以传热当时的热力学温度所得的熵。由于存在摩擦损失转换的热量，不可逆的绝热过程是增熵过程，即 $\mathrm{d}s>0$。

2.3.3　空气的热力过程

表 23-1-8

典型过程	含　义
在气动技术中，为简化分析，假定压缩空气为完全气体，实际过程为准平衡过程或近似可逆过程，且在过程中工质的比热容保持不变，根据环境条件和过程延续时间不同，将过程简化为参数变化，具有简单规律的一些典型过程，即定容过程、定压过程、等温过程、绝热过程和多变过程，这些典型过程称为基本热力过程	
定容过程	一定质量的气体，若其状态变化是在体积不变的条件下进行的，则称为定容过程。由完全气体的状态方程式 $pV=MRT$，可得定容过程的方程为 $\frac{p_1}{T_1}=\frac{p_2}{T_2}$
定压过程	一定质量的气体，若其状态变化是在压力不变的条件下进行的，则称为定压过程。由 $pV=MRT$，可得定压过程的方程为 $\frac{V_1}{V_2}=\frac{T_1}{T_2}$
等温过程	一定质量的气体，若其状态变化是在温度不变的条件下进行的，则称为等温过程。由式 $pV=MRT$，可得等温过程的方程为 $p_1V_1=p_2V_2$
绝热过程	一定质量的气体，若其状态变化是在与外界无热交换的条件下进行的，则称为绝热过程。由热力学第一定律式 $\mathrm{d}q=\mathrm{d}u+p\mathrm{d}V$ 和完全气体的状态方程 $pV=RT$ 整理可得绝热过程的方程为 $pV^{\gamma}=$常数 或 $p/\rho^{\gamma}=$常数，$p/T^{\frac{\gamma}{\gamma-1}}=$常数　γ——比热容比
多变过程	一定质量的气体，若基本状态参数 p、V 和 T 都在变化，与外界也不是绝热的，这种变化过程称为多变过程。由热力学第一定律式 $\mathrm{d}q=\mathrm{d}u+p\mathrm{d}V$ 和完全气体的状态方程 $pV=RT$ 整理可得多变过程的方程为 $pV^n=$常数 式中，n 称为多变指数 当多变指数值为±∞、0、1、k 时，则多变过程分别为定容、定压、定温和绝热过程。将这些过程曲线作在右图所示同一 p-V 和 T-s 图上，可以看出 n 值的变化趋势 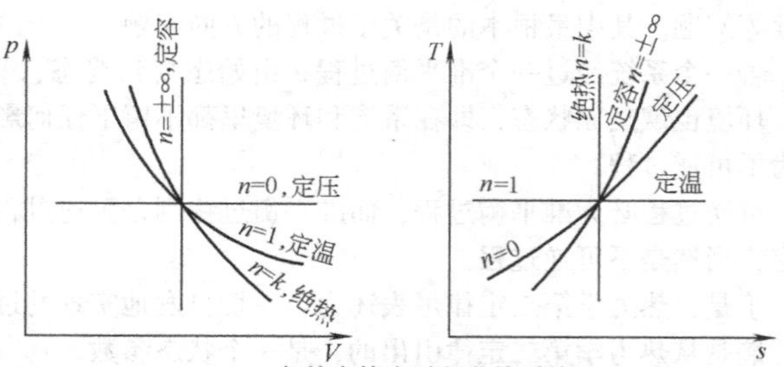 各基本热力过程曲线对比

2.3.4　开口系统能量平衡方程式

对图 23-1-3 所示的开口系统，取控制体如图中虚线所示。设过程开始前，气缸内无工质，初始储存能量为零，状态为 p_1、V_1、T_1 的 1kg 工质流入气缸时，带入系统的总能量为 $h_1=u_1+p_1V_1$。工质在气缸内状态变化后终

态参数为 p_2、V_2、T_2。排出气缸时带出系统总能量为 $h_2=u_2+p_2V_2$。流经气缸时从热源获得热量 q，并对机器做功 w_1。设过程结束时，工质全部从气缸排出，系统最终储存能量又为零。于是由热力学第一定律得

$$w_1=(q-\Delta u)+(p_1V_1-p_2V_2)=w+(p_1V_1-p_2V_2) \tag{23-1-4}$$

式中，w_1 是工质流经开口系统时工质对机器所做的功，即机器获得的机械能，称为技术功。若过程是可逆的，则过程可用连续曲线 1-2 示于图 23-1-3 上，式（23-1-4）可化成

$$w_1 = p_1V_1+\int_1^2 p\mathrm{d}V-p_2V_2 = -\int_1^2 V\mathrm{d}p \tag{23-1-5}$$

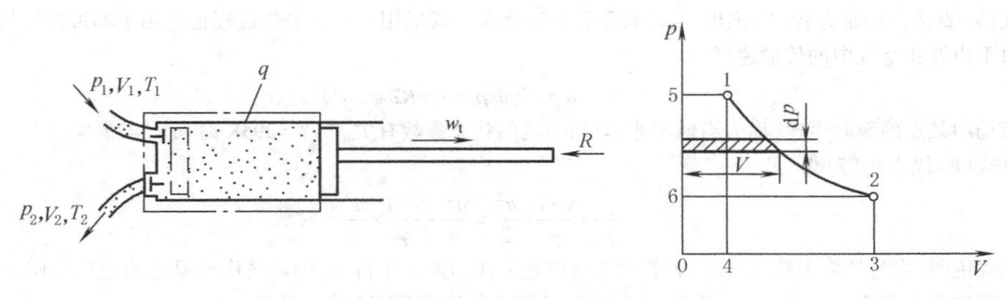

图 23-1-3　开口系统 w_t 计算图

可逆过程的技术功可用式（23-1-5）计算，即是 p-V 图上过程曲线左方的面积，若 dp 为负，过程中工质的压力下降，则技术功 w_1 为正，此时工质对机器做功，如蒸汽机、汽轮机、气缸和气马达等是这种情况；反之，若 dp 为正，过程中工质的压力升高，则 w_1 为负，这时机器对工质做功，如空气压缩机就是这种情况。

2.3.5　可压缩气体的定常管内流动

表 23-1-9

(1) 基　本　方　程		
气体在管内作一维定常流动的特性可由四个基本方程即连续性方程、能量方程(伯努利方程)、状态方程和动量方程来描述		
连续性方程	连续性方程是质量守恒定律在流体流动中的应用，即 $\left.\begin{array}{l}Q_m=\rho uA=常数\\ \mathrm{d}(\rho uA)=0\end{array}\right\}$ Q_m——流动每个截面的气体质量流量 ρ、u——气体的密度和平均流速 A——管道的截面积	(1)
动量方程	气体在管内作定常流动时，各能量头之间遵循如下方程 $\mathrm{d}\left(\dfrac{u^2}{2}\right)+\dfrac{\mathrm{d}p}{\rho}+\lambda\dfrac{\mathrm{d}x}{d}\times\dfrac{u^2}{d}=0$ (2) 上式进行积分时，得 $\dfrac{u^2}{2}+\dfrac{p}{\rho}+\dfrac{\lambda l u^2}{2d}=常数$ (3) λ——管道中的摩擦因数 d、l——管道内径和计算长度	(2) (3)
能量方程	气体在管内流动时除了与外界交换热量 dq 之外，还应该考虑气体摩擦所产生的热量 dq_T。假定气体分子以热能的形式全部吸收了摩擦损失的能量，可得能量方程式 $\mathrm{d}q=\mathrm{d}h+\mathrm{d}\left(\dfrac{w^2}{2}\right)$	(4)
(2) 热　力　学　过　程　性　质		
当将气体从外界吸收的热量写成 dq=cdT	将 dq=cdT 代入式(4)积分，并考虑 $T=p/\rho R$，$c_p-c_V=R$，可得 $\dfrac{p}{\rho}+\dfrac{\gamma-1}{\gamma-\gamma_*}\times\dfrac{u^2}{2}=常数$ $\gamma_*=c/c_V$ 从式(5)可得结论，当气体管流速度 u 越低时，其状态变化过程就越接近等温过程	(5)

续表

<table>
<tr><th colspan="2">(2) 热力学过程性质</th></tr>
<tr><td>当气体与外界无热交换时 $dq=0$</td><td>当 $dq=0$，由式(4)可得
$$h_1+\frac{u_1^2}{2}=h_2+\frac{u_2^2}{2}=常数 \quad (6)$$
对于完全气体，应有
$$\frac{\gamma}{\gamma-1}\times\frac{p_1}{\rho_1}+\frac{u_1^2}{2}=\frac{\gamma}{\gamma-1}\times\frac{p_2}{\rho_2}+\frac{u_2^2}{2}=常数 \quad (7)$$
式(7)直接由能量方程(5)推出，与过程是否可逆无关。既适用于可逆绝热过程也适用于不可逆绝热过程
由于声波在空气中的传播速度
$$a=\sqrt{\gamma p/\rho}=\sqrt{\gamma RT}=20\sqrt{T} \quad (8)$$
流场中某点的瞬时声速，称为当地声速，只与当地的状态参数有关，当 $T=293\text{K}$ 时，$a=343\text{m/s}$
将式(8)代入式(7)得
$$\frac{p}{\rho}+\frac{\gamma-1}{\gamma}\times\frac{u^2}{2}=\frac{a^2}{\gamma}+\frac{\gamma-1}{\gamma}\times\frac{u^2}{2}=常数 \quad (9)$$
上式说明：当与外界无热交换时，若管内空气流速 u 比声速 a 小得多，则可看作等温流动过程。例如，当 $u=0.3a$ 时，式中第二项不到第一项的2%。只在 u 较大时，温度才会升高而偏离等温过程</td></tr>
<tr><td colspan="2">在工厂条件下，空气都是在非绝热管道中流动，且流速较低($u\leqslant 0.1a$)。因此，在长的输气管道系统中，均可把空气的定常管内流动看作等温流动</td></tr>
</table>

2.3.6 气体通过收缩喷嘴或小孔的流动

在气动技术中，往往将气流所通过的各种气动元件抽象成一个收缩喷嘴或节流小孔来计算，然后再作修正。

在计算时，假定气体为完全气体，收缩喷嘴中气流的速度远大于与外界进行热交换的速度，且可忽略摩擦损失。因此，可将喷嘴中的流动视为等熵流动。

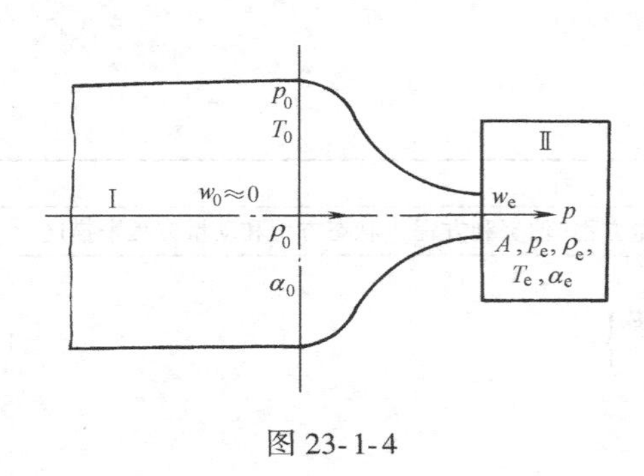

图 23-1-4

图 23-1-4 为空气从大容器（或大截面管道）Ⅰ经收缩喷嘴流向腔室Ⅱ。相比之下容器Ⅰ中的流速远小于喷嘴中的流速，可视容器Ⅰ中的流速 $u_0=0$。设容器Ⅰ中气体的滞止参数 p_0、ρ_0、T_0 保持不变，腔室Ⅱ中参数为 p、ρ、T，喷嘴出口截面积为 A，出口截面的气体参数为 p_e、ρ_e、T_e。改变 p 时，喷嘴中的流动状态将发生变化。

当 $p=p_0$ 时，喷嘴中气体不流动。

当 $p/p_0>0.528$ 时，喷嘴中气流为亚声速流，这种流动状态称为亚临界状态。这时室Ⅱ中的压力扰动波将以声速传到喷嘴出口，使出口截面的压力 $p_e=p$，这时改变压力 p 即改变了 p_e，影响整个喷嘴中的流动。在这种情况下，由能量方程式［表 23-1-9 中式（5）］得出口截面的流速为

$$u_e=\sqrt{\frac{2\gamma}{\gamma-1}R(T_0-T)}=\sqrt{\frac{2\gamma}{\gamma-1}RT_0\left[1-\left(\frac{p}{p_0}\right)^{\frac{\gamma-1}{\gamma}}\right]} \quad (\text{m/s}) \tag{23-1-6}$$

由连续性方程和关系式 $\rho_e=\rho_0\left(\frac{p_e}{p_0}\right)^{\frac{1}{\gamma}}$ 可得流过喷嘴的质量流量计算公式

$$Q_m=SP_0\sqrt{\frac{2\gamma}{RT_0(\gamma-1)}\left[\left(\frac{p}{p_0}\right)^{\frac{2}{\gamma}}-\left(\frac{p}{p_0}\right)^{\frac{\gamma+1}{\gamma}}\right]} \quad (\text{kg/s}) \tag{23-1-7}$$

式中　S——喷嘴有效面积，m^2，$S=\mu A$；

μ——流量系数，$\mu<1$，由实验确定；

p_0，p_e，p——分别为喷嘴前、喷嘴出口截面和室Ⅱ中的绝对压力，Pa，对于亚声速流，$p_e=p$；

T_0——喷嘴前的滞止温度，K。

式（23-1-7）中可变部分

$$\varphi\left(\frac{p}{p_0}\right)=\sqrt{\left(\frac{p}{p_0}\right)^{\frac{2}{\gamma}}-\left(\frac{p}{p_0}\right)^{\frac{\gamma+1}{\gamma}}} \tag{23-1-8}$$

称为流量函数。它与压力比（p/p_0）的关系曲线如图23-1-5所示，其中 p/p_0 在0~1范围内变化，当流量达到最大值时，记为 Q_{m*}，此时临界压力比为 σ_*

$$\sigma_*=\frac{p_*}{p_0}=\left(\frac{2}{\gamma+1}\right)^{\frac{\gamma}{\gamma+1}} \tag{23-1-9}$$

对于空气，$\gamma=1.4$，$\sigma_*=0.528$。

当 $p/p_0\leqslant\sigma_*$ 时，由于 p 减小产生的扰动是以声速传播的，但出口截面上的流速也是以声速向外流动，故扰动无法影响到喷嘴内。这就是说，p 不断下降，但喷嘴内流动并不发生变化，则 Q_{m*} 也不变，这时的流量也称为临界流量 Q_{m*}。当 $p/p_0=\sigma_*$ 时的流动状态为临界状态。临界流量 Q_{m*} 为

$$Q_{m*}=Sp_0\sqrt{\frac{\gamma}{RT_0}}\left(\frac{2}{\gamma+1}\right)^{\frac{\gamma+1}{2(\gamma-1)}}\quad(\mathrm{kg/s}) \tag{23-1-10}$$

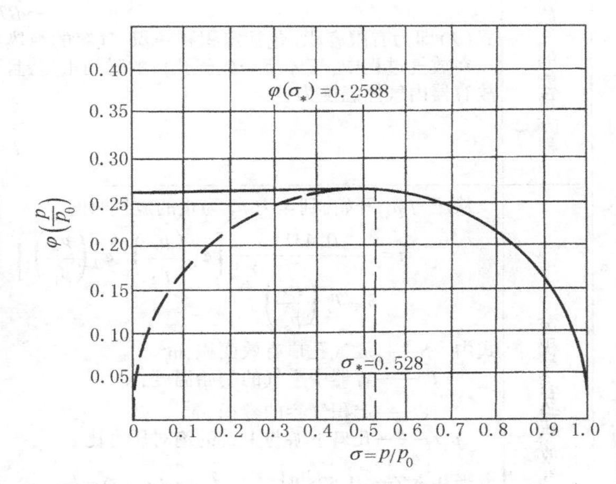

图23-1-5　流量函数与压力比关系曲线

声速流的临界流量 Q_{m*} 只与进口参数有关。

若考虑空气的 $\gamma=1.4$，$R=287.1\mathrm{J/(kg\cdot K)}$，则在亚声速流（$p/p_0>0.528$）时的质量流量为

$$Q_m=0.156Sp_0\varphi(p/p_0)/\sqrt{T}\quad(\mathrm{kg/s}) \tag{23-1-11}$$

在 $p/p_0\leqslant0.528$，即声速流的质量流量为

$$Q_m=4.04\times10^{-2}Sp_0/\sqrt{T}\quad(\mathrm{kg/s}) \tag{23-1-12}$$

在工程计算中，有时用体积流量，其值因状态不同而异。为此，均应转化成标准状态下的体积流量。

当 $p/p_0>0.528$ 时，标准状态下的体积流量为

$$Q_V=454Sp_0\varphi\left(\frac{p}{p_0}\right)\sqrt{\frac{293}{T_0}}\quad(\mathrm{L/min}) \tag{23-1-13}$$

当 $p/p_0\leqslant0.528$ 时，标准状态下的体积流量为

$$Q_{V*}=454Sp_0\sqrt{\frac{293}{T_0}}\quad(\mathrm{L/min}) \tag{23-1-14}$$

各式中符号的意义和单位与式（23-1-7）相同。

2.3.7　充、放气系统的热力学过程

表23-1-10

充放气系统模型	图a为充放气系统模型，设从具有恒定参数的气源向腔室充气，同时又有气体从腔室排出，腔室中参数为 p、ρ、T，由热力学第一定律可写出 $$\mathrm{d}Q+h_s\mathrm{d}M_s=\mathrm{d}U+\mathrm{d}W+h\mathrm{d}M \quad (1)$$ 式中　h_s,h——分别为流进、流出腔室1kg气体所带进、带出的能量（即比焓） $\mathrm{d}M_s$——气源流进腔室的气体质量 $\mathrm{d}M$——从腔室流出的气体质量 $\mathrm{d}U$——室内气体内能增量 $\mathrm{d}W$——室内气体所做的膨胀功 $\mathrm{d}Q$——室内气体与外界交换的热量	p_s,ρ_s,T_s　$\mathrm{d}M$　$\mathrm{d}M_s$　p,ρ,T　$\mathrm{d}W$　$\mathrm{d}Q$ (a) 变质量系统模型
气容的放气过程	在气动系统中，有容积可变的变积气容，如活塞运动时的气缸腔室、波纹管腔室等；也有容积不变的定积气容，如储气罐、活塞不动时的气缸腔室等 图b所示为容积 $V(\mathrm{m^3})$ 的容器向大气放气过程。设放气开始前容器已充满，其初始气体参数 p_s、ρ_s、T_s，放气孔口的有效面积 $S=\mu A(\mathrm{m^2})$，放气过程中容器内气体状态参数用 p、ρ、T 表示	当 $t=0$ 时 $p=p_s$ $\rho=\rho_s$ $T=T_s$ V $S=\mu A$　p_a (b) 定积气容放气

续表

气容的绝热放气过程	绝热放气的能量方程	若放气时间很短，室内气体来不及与外界进行热交换，这种放气过程称为绝热放气。对于绝热放气，$\mathrm{d}Q=0$，若只放气无充气，则 $\mathrm{d}M_s=0$，由式(1)可得 $$-\gamma RT\mathrm{d}M=\gamma p\mathrm{d}V+V\mathrm{d}p \quad (2)$$ 式(2)即为有限容积（包括定积和变积）气容的绝热放气能量方程式 在放气过程中，气体流经放气孔口的时间很短，且不计其中的摩擦损失，可认为放气孔口中的流动为等熵流动，故容器内气体温度为 $$T=T_s\left(\frac{p}{p_s}\right)^{\frac{\gamma-1}{\gamma}} \quad (3)$$
	定积气容绝热放气时间计算	从压力 p_1 开始，到压力 p_2 为止的放气时间 $$t=\frac{0.431V}{S\sqrt{T_s}\left(\frac{p_a}{p_s}\right)^{\frac{\gamma-1}{2\gamma}}}\left[\varphi_1\left(\frac{p_a}{p_2}\right)-\varphi_1\left(\frac{p_a}{p_1}\right)\right]\ (\mathrm{s}) \quad (4)$$ 式中 S——放气孔口有效面积，m^2 T_s——容器中空气的初始温度，K V——定积气容的容积，m^3 p_a/p——孔口下游与上游的绝对压力比 当 $0<p_a/p\leqslant 0.528$ 时 $\varphi_1(p_a/p)=(p_a/p)^{\frac{\gamma-1}{2\gamma}}$ 当 $0.528<p_a/p<1$ 时 $$\varphi_1\left(\frac{p_a}{p}\right)=\sigma_*^{\frac{\gamma-1}{2\gamma}}+0.037\int_{p_a/p_*}^{p_a/p}\frac{\mathrm{d}(p_a/p)}{(p_a/p)^{\frac{\gamma+1}{2\gamma}}\varphi(p_a/p)}$$ 与计时起点和终点压力比对应的值，均可由图 c 直接得出。若 $p_a/p_s<0.528$，式中分母 $(p_a/p_s)^{\frac{\gamma-1}{2\gamma}}=\varphi_1(p_a/p_s)$ 亦可由图 c 确定 (c) 定积气容放气时间计算用曲线 $\varphi_1(p_a/p)$ 和 $\varphi_2(p_a/p)$
	定积气容等温放气时间计算	当气容放气很缓慢，持续时间很长，室内气体通过器壁能与外界进行充分的热交换，使得容器内气体温度保持不变，即 $T=T_s$，这种放气过程称为等温放气过程。在等温放气条件下，气流通过放气孔口的时间很短，来不及热交换，且不计摩擦损失，仍可视为等熵流动 在等温条件下，从压力 p_1 到压力 p_2 为止的等温放气时间为 $$t=\frac{0.08619V}{S\sqrt{T_s}}\left[\varphi_2\left(\frac{p_a}{p_2}\right)-\varphi_2\left(\frac{p_a}{p_1}\right)\right]\ (\mathrm{s}) \quad (5)$$ 式中，V、S、T_s、p_a/p 的意义和单位同式(4) 当 $0<p_a/p<0.528$ 时 $\varphi_2(p_a/p)=\ln(p_a/p)$ 当 $0.528<p_a/p<1$ 时 $$\varphi_2\left(\frac{p_a}{p}\right)=\ln\frac{p_a}{p_*}+0.2588\int_{p_a/p_*}^{p_a/p}\frac{\mathrm{d}(p_a/p)}{(p_a/p)\varphi(p_a/p)}$$ 与计时起点和终点压力比对应的 $\varphi_2(p_a/p)$ 值均可由图 c 直接确定
气容绝热的充气过程		如图 d 所示容积的容器，由具有恒定参数 p_s、ρ_s、T_s 的气源，经过有效面积 S 的进气孔口向容器充气，充气过程中容器内气体状态参数用 p、ρ、T 表示 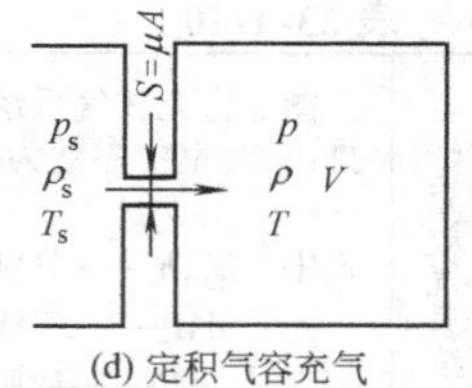 (d) 定积气容充气
	绝热充气的能量方程	假定容器的充气过程进行得很快，室内气体来不及与外界进行热交换，这样的充气过程称为绝热充气过程 对绝热充气，$\mathrm{d}Q=0$，若只充气无放气，则 $\mathrm{d}M=0$，由式(1)可得 $$\gamma RT_s\mathrm{d}M_s=V\mathrm{d}p+\gamma p\mathrm{d}V \quad (6)$$ 此式即为恒定气源向有限容积（包括定积和变积）气容绝热充气的能量方程。此式与式(2)有很大区别，由此式不能得出充气过程为等熵过程的结论 绝热充气过程中，多变指数 $n=\gamma T_s/T$。当充气开始时，容器内气体和气源温度均为 T_s，多变指数 $n=\gamma$，接近于等熵过程；随着充气的继续进行，容器内压力和温度升高，n 减小，当压力和温度足够高时，$n\to 1$，接近等温过程 对于定积过程，若容器内初始压力 p_0，初始温度 T_s，则绝热充气至压力 p 时容器内的温度为 $$T=\gamma T_s\Big/\left[1+\frac{p_0}{p}(\gamma-1)\right] \quad (7)$$

续表

气容绝热的充气过程	定积气容绝热充气时间计算	对于定积气容，在充气过程中，气体流经气孔口的时间很短，且不计摩擦影响，可认为气体在进气孔口中的流动为等熵流动，可得从压力 p_1 开始，到压力 p_2 为止的绝热充气时间为 $$t=\frac{6.156\times10^{-2}V}{\sqrt{T_s}S}\left[\varphi_1\left(\frac{p_2}{p_s}\right)-\varphi_1\left(\frac{p_1}{p_s}\right)\right]\ (\mathrm{s}) \qquad (8)$$ 当 $0<p/p_s<0.528$ 时　　$\varphi_1(p/p_s)=p/p_s$ 当 $0.528<p/p_s<1$ 时 $$\varphi_1\left(\frac{p}{p_s}\right)=0.528+1.8116\left[\sqrt{1-\left(\frac{p_*}{p_s}\right)^{\frac{\gamma-1}{\gamma}}}-\sqrt{1-\left(\frac{p}{p_s}\right)^{\frac{\gamma-1}{\gamma}}}\right]$$ 函数 $\varphi_1(p/p_s)$ 的值可由图 e 直接确定 式中 V——定积气容的容积，m^3 S——进气孔口有效面积，m^2 T_s——充气气源的温度，K p/p_s——进气孔口下游与上游的绝对压力比	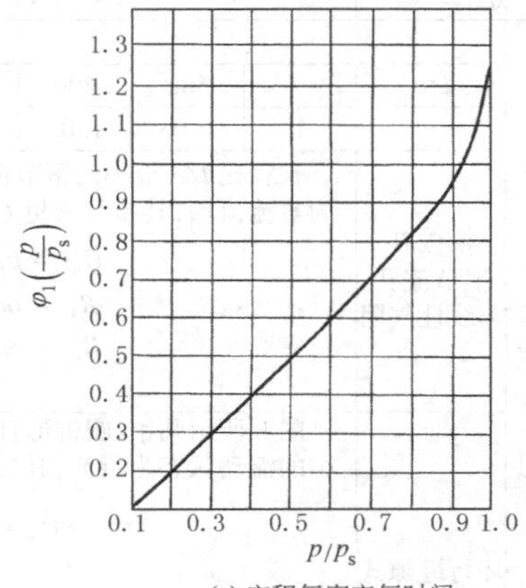 (e) 定积气容充气时间计算用曲线 $\varphi_1(p/p_s)$
	定积气容等温充气时间计算	当充气过程持续时间很长，腔内气体可与外界进行充分的热交换，使腔内气体温度保持不变，$T=T_s$ 时，这种充气过程称为等温充气过程。在等温充气过程中，气流通过进气孔口时间很短，来不及热交换，且不计摩擦影响，仍可视为等熵流动 定积气容等温充气过程从压力 p_1 开始至压力 p_2 为止的等温充气时间 $$t=\frac{0.08619V}{\sqrt{T_s}S}\left[\varphi_1\left(\frac{p_2}{p_s}\right)-\varphi_1\left(\frac{p_1}{p_s}\right)\right]\ (\mathrm{s}) \qquad (9)$$ 式中各符号的意义和单位与式(8)同，函数值 $\varphi_1(p/p_s)$ 亦可由图 e 直接确定	

2.3.8 气阻和气容的特性及计算

表 23-1-11

分类				特性及计算公式	符号意义
气阻	气阻结构型式	按工作特征	恒定	气阻	如毛细管、薄壁孔	常用气阻型式 (a)毛细管；(b)圆锥-圆锥形针阀；(c)薄壁孔；(d)圆锥-圆柱形针阀；(e)球阀；(f)喷嘴-挡板阀
			可变		喷嘴-挡板阀、球阀	
			可调		针阀	
		按流量特征	线性		流动状态为层流，其流量与压力降成正比，因而气阻 $R=\Delta p/Q_m$ 为常数	
			非线性		流动状态为紊流，其流量与压力降的关系是非线性的	
	毛细管恒节流孔线性气阻			压缩空气流经毛细管时为层流流动，其质量流量 Q_m、体积气阻 R_V 和质量气阻 R_m 为 $$Q_m=\frac{\pi d^4\rho}{128\mu l\varepsilon}\Delta p\quad(\mathrm{kg/s})$$ $$R_V=\frac{128\varepsilon\mu l}{\pi d^4}\quad(\mathrm{N\cdot s/m^5})\qquad R_m=\frac{128\varepsilon\mu l}{\pi d^4\rho}\quad(\mathrm{Pa\cdot s/kg})$$		Δp——气阻前后压力降，Pa $\Delta p=p_1-p_2$ d,l——气阻直径和长度，m ε——修正系数，其值见下表

续表

<table>
<tr><th colspan="2">分　类</th><th>特性及计算公式</th><th>符号意义</th></tr>
<tr><td rowspan="4">气
阻</td><td colspan="3">
毛细管气阻修正系数 ε

l/d		500	400	300	200	100	80	60	40	30	20	15	10
ε	1	1.03	1.05	1.06	1.09	1.16	1.25	1.31	1.47	1.59	1.86	2.13	2.73
</td></tr>
<tr><td>薄壁孔
恒节流孔
非线性气阻</td><td>
长径比 l/d 很小的恒节流孔称为薄壁孔，压缩空气流过薄壁孔时为紊流流动，其质量流量 Q_m、体积气阻 R_V 和质量气阻 R_m 为

$$Q_m = \mu A\sqrt{2\rho\Delta p} \quad (\mathrm{kg/s})$$

$$R_V = \rho\omega/(2\mu A) \quad (\mathrm{N\cdot s/m^5})$$

$$R_m = \omega/(2\mu A) \quad (\mathrm{Pa\cdot s/kg})$$
</td><td>
ω——薄壁孔中的平均流速，m/s
A——薄壁孔流通面积，$\mathrm{m^2}$
μ——流量系数，由实验确定。在一般估算时，若取 p_1 为上游压力，p_2 为节流孔下游较远处的压力，可取$\mu=0.6$
</td></tr>
<tr><td>环行缝隙式
可调线性
气阻</td><td>
图b所示圆锥-圆锥形针阀的流通通道为一环形缝隙，流体在其中的流动状态为层流，其质量流量、体积气阻和质量气阻为

$$Q_m = \frac{\pi d\delta^3\rho\varepsilon}{12\mu l}\Delta p \quad (\mathrm{kg/s})$$

$$R_V = \frac{128\mu l}{\pi d\delta^3\varepsilon} \quad (\mathrm{N\cdot s/m^5})$$

$$R_m = \frac{128\mu l}{\pi d\delta^3\rho\varepsilon} \quad (\mathrm{Pa\cdot s/kg})$$

质量流量 Q_m 计算式也适用于气缸与活塞、滑阀等环行缝隙的泄漏量计算
</td><td>
ε——偏心修正系数，$\varepsilon=l+1.5e/\delta$
e——阀芯与阀孔的偏心量，m
δ——缝隙的平均径向间隙，m
d,l——缝隙的平均直径和长度，m
μ——空气的绝对黏度，Pa·s
</td></tr>
<tr><td colspan="3"></td></tr>
<tr><td colspan="2">气
容</td><td>
由于气体可压缩，在一定容积腔室中所容的气体量将因压力不同而异。因而在气动系统中，凡能储存或放出气体的空间（各种腔室、容器和管道）均有气容的性质，有定积气容和可调气容之分。而可调气容在调定后的工作过程中，其容积也是不变的

一气室的气容在数量上就等于气室内发生单位压力变化所允许的气量变化值

$$C_m = \frac{\int Q_m \mathrm{d}t}{\Delta p} = \frac{\mathrm{d}M}{\mathrm{d}p}$$

工作过程中容积不变的多变质量气容和体积气容为

$$C_m = \frac{V}{nRT} \quad (\mathrm{s^2\cdot m})$$

$$C_V = \frac{V}{\rho nRT} \quad (\mathrm{m^5/N})$$
</td><td>
V——气室的容积，$\mathrm{m^3}$
n——多变指数。多变指数依压力变化快慢而定。如变化很慢，能充分热交换时，视为等温过程$n=1$；当变化很快，来不及进行热交换时，视为绝热过程$n=\gamma=1.4$。实际气容的在1～1.4之间，低频信号可取 $n=1$，高频信号可取 $n=1.4$
</td></tr>
</table>

第 2 章　压缩空气站、管道网络及产品

1　压缩空气设备的组成

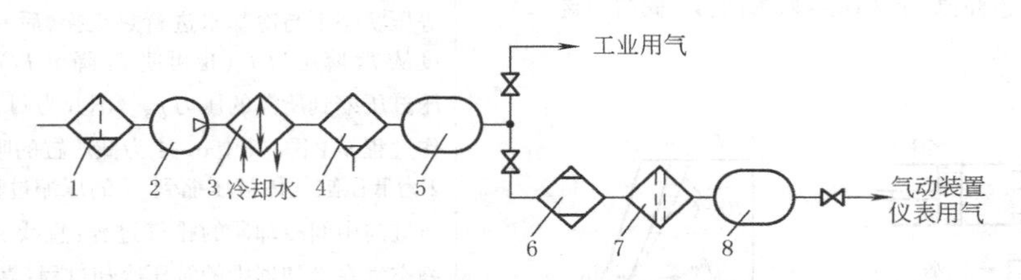

图 23-2-1　压缩空气设备

1—空气过滤器；2—空气压缩机；3—后冷却器；4—油水分离器；5,8—储气罐；6—空气干燥器；7—空气精过滤器

压缩空气系统通常由压缩空气产生和处理两部分组成。压缩空气产生是指空气压缩机提供所需的压缩空气流量。压缩空气的处理是指主管道空气过滤、后冷却器、油水分离器、储气罐、空气干燥器对空气的处理。当大气中的空气进入空压机进口时，空气中的灰尘、杂质也一并进入空压机内。因此需在空压机进口处安装主管道空气过滤机，尽可能减少、避免空压机中的压缩气缸受到不当磨损。经空压机压缩后的空气可达 140~180℃，并伴有一定量的水分、油分，必须对压缩机压缩后的气体进行冷却、油水分离、过滤、干燥等处理。

1.1　空压机

表 23-2-1　　空压机的分类、工作原理和选用计算

<table>
<tr><td>项目</td><td colspan="4">简　　图</td><td colspan="5">说　　明</td></tr>
<tr><td>作用</td><td colspan="9">空气压缩机(简称空压机)的作用是将电能转换成压缩空气的压力能,供气动机械使用</td></tr>
<tr><td rowspan="4">分类</td><td rowspan="4">按压力大小分类</td><td>低压型(0.2~1.0MPa)</td><td rowspan="4">按流量等级分类</td><td>微型<1m³/min</td><td rowspan="4">按工作原理分类</td><td rowspan="2">容积型</td><td rowspan="2">按结构原理分类</td><td>往复式</td><td>活塞式和叶片式</td></tr>
<tr><td>中低压型(1.0~10MPa)</td><td>小型 1~10m³/min</td><td>旋转式</td><td>滑片式和螺杆式</td></tr>
<tr><td>高压型(10~100MPa)</td><td>中型 10~100m³/min</td><td rowspan="2">速度型</td><td colspan="3" rowspan="2">离心式和轴流式</td></tr>
<tr><td>超高压型(>100MPa)</td><td>大型>100m³/min</td></tr>
</table>

续表

项目		简　　图	说　　明
工作原理	活塞式空压机	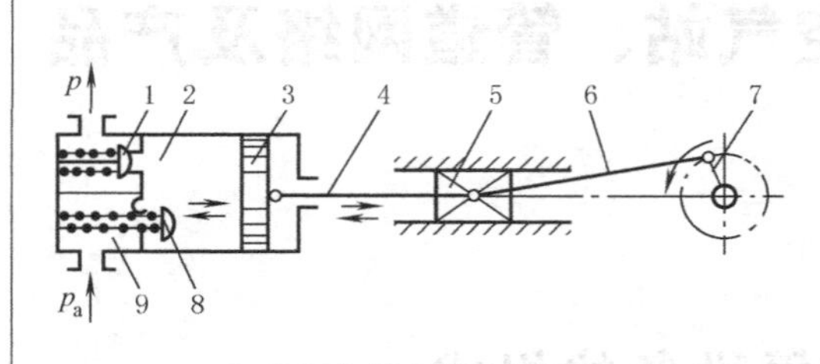 (a) 活塞式空压机工作原理 1—排气阀；2—气缸；3—活塞；4—活塞杆；5—滑块；6—连杆；7—曲柄；8—吸气阀；9—阀门弹簧 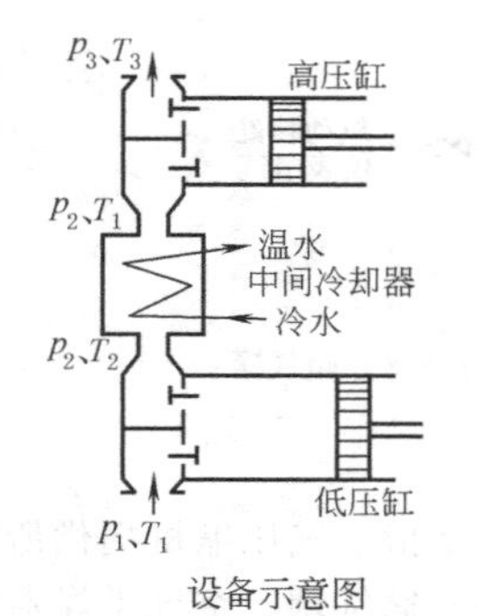 设备示意图 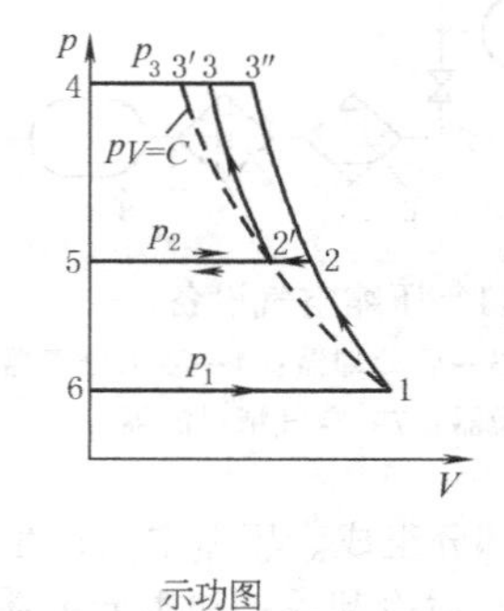 示功图 (b) 二级活塞式空压机压缩示意图	这是最常用的空压机形式。当活塞向右移动时，气缸内活塞左腔的压力低于大气压力，吸气阀开启，外界空气进入缸内，这个过程称为“吸气过程”。当活塞向左移动，缸内气体被压缩，这个过程称为“压缩过程”。当缸内压力高于输出管道内压力后，排气阀被打开，压缩空气输送至管道内，这个过程称为“排气过程”。活塞的往复运动是由电动机带动曲柄转动，通过连杆带动滑块在滑道内移动，这样活塞杆便带动活塞作直线往复运动 单级活塞式空压机在超过 0.6MPa 时，产生热量很大，其工作效率太低，故常采用两级活塞式空压机，其工作原理详见图 a。当空气经第Ⅰ级低压缸压缩后，压力由 p_1 提高到 p_2，温度也由 T_1 升到 T_2，然后经过中间冷却器在等压状态下与冷却水进行热交换，后一级压缩空气的温度从 T_2 降至为 T_3（也可使 T_3 降至 T_1），再进入第Ⅱ级高压缸压缩到所需的压力 p_3。图 b 为两级空压机设备的工作过程 p-V 图，其中 6—1 为低压缸的吸气过程；曲线 1—2 为低压缸气体被压缩到 p_2 的压缩过程；直线 2—5 为低压缸向中间冷却器的排气过程；直线 2—2′表明 p_2 的压缩空气在冷却器中的等压冷却过程；直线 5—2′为冷却后的气体 p_2 被再次吸入第Ⅱ级缸的吸气过程；曲线 2′—3 为在高压缸中气体被压缩到 p_3 的压缩过程；直线 3—4 为高压缸的排气过程；曲线 1—2—3″表明如采用单级空压机压缩到 p_3 时的压缩过程；曲线 1—2 和 2′—3 为两级空压机压缩到 p_3 压力时的两次压缩过程。若最终压力为 1.0MPa，则第Ⅰ级通常压缩到 0.3MPa。设置中间冷却器是为了降低第Ⅰ级压缩空气出口的温度，以提高空压机的工作效率。活塞式空压机的功率为 2.2kW 和 7.5kW 时，其出口空气温度在 70℃左右；功率在 15kW 或以上时，其出口空气温度在 180℃左右
	滑片式空压机	滑片式空压机工作原理 1—机体；2—转子；3—叶片	滑片式空压机的转子偏心地安装在定子内（气缸内壁），当转子旋转时，插在转子径向槽中的滑片在离心力的作用下，紧贴气缸内壁作回旋运动。此时由气缸内壁（定子）、两个相邻滑片及两个相邻滑片之间的一段、转子外表面围成的一个密封容积也逐渐变小。转子在经过左半部时吸入的空气经过压缩从右半部排气口排出，滑片式压缩机的进排气口不需吸气阀和排气阀。由于转子上安有多个滑片，转子每旋转一次将产生多次的吸气、排气，所以输出压力的脉动较小 目前，大多数滑片式空压机采用无油压缩的方式，即滑片选用非金属的自润滑材质（聚己酰亚胺）。转子在旋转时无须添加润滑油，压缩空气也不会被污染 滑片式空压机结构简单、制造容易、操作维修方便，适用于中小型压缩气源场合。但由于滑片和气缸内壁有较大的摩擦，能量损失较大、效率低（比同参数螺杆式空压机低 10%，比同参数活塞式空压机低 20%）。一般滑片式空压机的转速为 300～3000r/min，输出压力为 0.5～1MPa

续表

项目			简图	说明
工作原理	螺杆式空压机		(a)吸气　(b)压缩　(c)排气	两个啮合的螺旋转子以相反方向转动，它们当中自由空间的容积沿轴向逐渐减小，从而两转子间的空气逐渐被压缩。它可连续输出无脉动的大流量的压缩空气，无须设置储气罐，出口温度为60℃左右；加工精度要求高，有较强的中高频噪声，适用于中低压（0.7～1.5MPa）范围
		螺杆式空压机是否需润滑可分为以下两种类型		
		无油式螺杆空压机	螺杆间并不直接接触，相互之间存在一定间隙。运转靠一对斜齿轮的高速同步反向旋转传输动力，同时确保螺杆间的间隙，不需润滑，可输出不含油的压缩空气	
		喷油式螺杆空压机	喷入到壳体内的润滑油起润滑、冷却、密封和降低噪声的作用。此种型式没有同步齿轮。它的传输运动是靠阳螺杆直接拖动阴螺杆。润滑油在阴阳螺杆之间起密封作用（油膜）	

特性比较	类型	输出压力/MPa	吸入流量/$m^3 \cdot min^{-1}$	功率/kW	振动	噪声	维护量	排气压力脉动	价格	排气方式
	活塞式	1.0	0.1～30	0.75～220	大	大	大	大	较低	断续排气，需设气罐
	螺杆式	1.0	0.2～67	1.5～370	小	小	小	无	高	连续排气，不需气罐，排出气体可不含油

选用计算			
	首先按空压机的特性要求，选择空压机类型。再根据气动系统所需的工作压力和流量两个参数，确定空压机的输出压力 p_c 和吸入流量 q_c，最终选取空压机的型号		
	（1）空压机的输出压力	$p_c = p + \sum \Delta p$　（MPa） 一般情况下，令 $\sum \Delta p = 0.15 \sim 0.2$MPa	p——气动执行元件的最高使用压力，MPa $\sum \Delta p$——气动系统的总压力损失，MPa q_b——向气动系统提供的流量，m^3/min（标准状态） g_{max}——气动系统的最大耗气量，m^3/min（标准状态） q_{sa}——气动系统的平均耗气量，m^3/min（标准状态） k——修正系数，主要考虑气动元件、管接头等各处的漏损、多台气动设备不一定同时使用的利用率以及增添新的气动设备的可能性等因素。一般可令 $k=1.3 \sim 1.5$ p_1——吸入空气的绝对压力，MPa p_c——输出空气的绝对压力，MPa q_c——空压机的吸入流量，m^3/min（标准状态） κ——等熵指数，$\kappa=1.4$ n——中间冷却器个数
	（2）空压机的吸入流量	不设气罐，$q_b = g_{max}$ 设气罐，$q_b = q_{sa}$ $q_c = kq_b$　（m^3/min）（标准状态）	
	（3）空压机的功率	$N = \frac{(n+1)\kappa}{\kappa-1} \times \frac{p_1 q_c}{0.06}\left[\left(\frac{p_c}{p_1}\right)^{\frac{\kappa-1}{(n+1)\kappa}} - 1\right]$　（kW）	

1.2 后冷却器

表 23-2-2　后冷却器的分类、原理及选用

项目		简图及说明
作用		空压机输出的压缩空气温度可达120℃以上，在此温度下，空气中的水分完全呈气态。后冷却器的作用就是将空压机出口的高温空气冷却至40℃以下，将大量水蒸气和变质油雾冷凝成液态水滴和油滴，以便将它们消除掉
分类	风冷式	不需冷却水设备，不用担心断水或水冻结。占地面积小、重量轻、紧凑、运转成本低、易维修，但只适用于入口空气温度低于100℃，且处理空气量较少的场合
	水冷式	散热面积是风冷式的25倍，热交换均匀，分水效率高，故适用于入口空气温度低于200℃，且处理空气量较大、湿度大、尘埃多的场合

续表

项目	简 图 及 说 明
工作原理	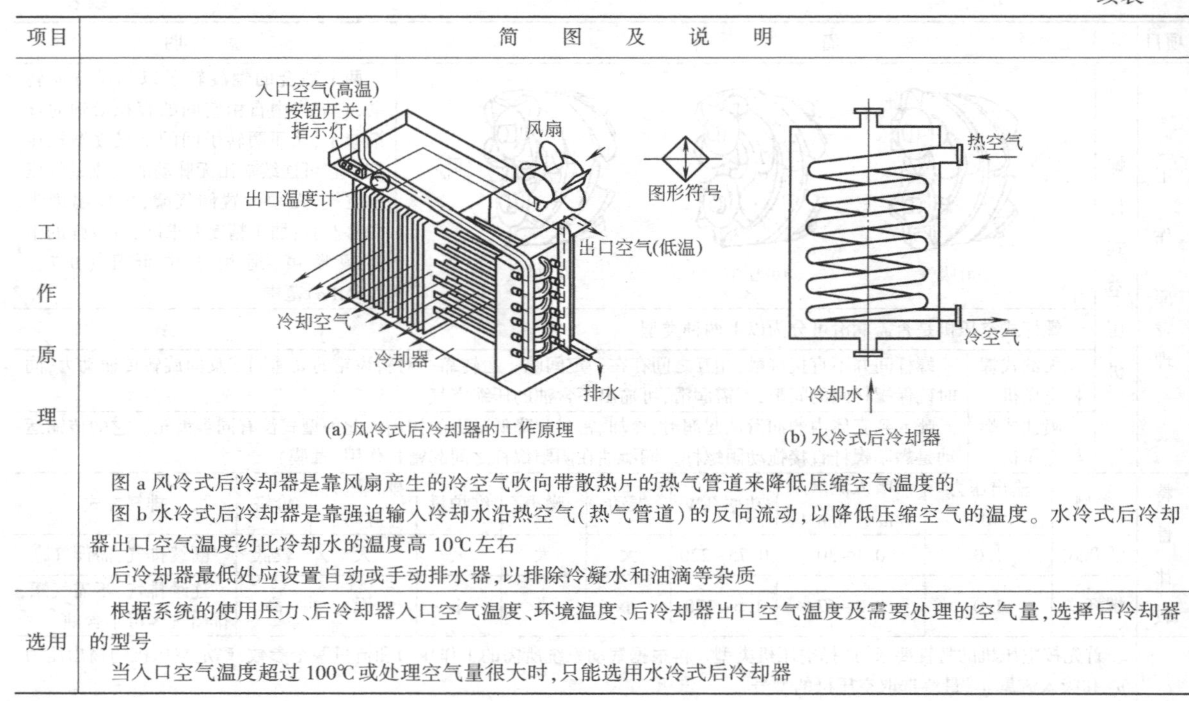 (a) 风冷式后冷却器的工作原理　(b) 水冷式后冷却器 图 a 风冷式后冷却器是靠风扇产生的冷空气吹向带散热片的热气管道来降低压缩空气温度的 图 b 水冷式后冷却器是靠强迫输入冷却水沿热空气(热气管道)的反向流动,以降低压缩空气的温度。水冷式后冷却器出口空气温度约比冷却水的温度高 10℃左右 后冷却器最低处应设置自动或手动排水器,以排除冷凝水和油滴等杂质
选用	根据系统的使用压力、后冷却器入口空气温度、环境温度、后冷却器出口空气温度及需要处理的空气量,选择后冷却器的型号 当入口空气温度超过 100℃或处理空气量很大时,只能选用水冷式后冷却器

1.3 主管道过滤器

表 23-2-3　　过滤器的结构原理和选用

项目	说 明
作用	安装在主管路(空压机及冷冻干燥器的前级)中。清除压缩空气中的油污、水分和粉尘等,以提高下游干燥器的工作效率,延长精密过滤器的使用时间
结构原理图	(a) 螺纹连接型　(b) 法兰连接型 主管路过滤器 AFF 系列的结构原理图 1—主体;2—过滤元件;3—外罩;4—手动排水器;5—观察窗;6—上盖;7—密封垫

续表

项目	说　　明
结构原理图	上图是主管路过滤器的结构原理图。通过过滤元件分离出来的油、水和粉尘等,流入过滤器下部,由手动(或自动)排水器排出 对于小型空压机,主管道过滤器可直接安装在空压机的吸气管上;对于大、中型空压机,可安装在室外空压机的进气管上,但与空压机主机距离不超过 10m,进气的周围环境应保持清洁、干燥、通风良好。该类过滤器进出口的阻力不大于 500Pa,过滤器容量为 1mg/m^3。通常主管道过滤的空气质量仅作一般工业供气使用,如需用于气动设备、气动自动化控制系统,还需在冷冻式干燥器后面添置所需精度等级的过滤器。目前,国外一些空压机制造厂商提高了主管道过滤器的过滤精度(3μm、0.01μm),但在主管道采用高等级的过滤器不符合经济原则
选用	应根据通过主管路过滤器的最大流量不得超过其额定流量,来选择主管路过滤器的规格,并检查其他技术参数也要满足使用要求

1.4 主管道油水分离器

主管道油水分离器是指安装在后冷却器下游的主管道，它与气动系统中除油型过滤器（俗称：油雾分离器）在用途上有所区别。主管道油水分离器（液气分离器）是压缩空气产生后的第一道过滤装置。特别是采用有油润滑空压机，在压缩过程中需要有一定量的润滑油，空气被压缩后产生高温、焦油碳分子以及颗粒物。为了减少对其下游的冷冻式干燥器（或吸附式干燥器）、标准过滤器等设施的污染程度，经过后冷却器之后，压缩空气（含冷凝水）必须在进入干燥器之前进行一次粗过滤。

表 23-2-4　　主管道油水分离器结构及原理

形式	结构原理图	说　　明
旋转分离式	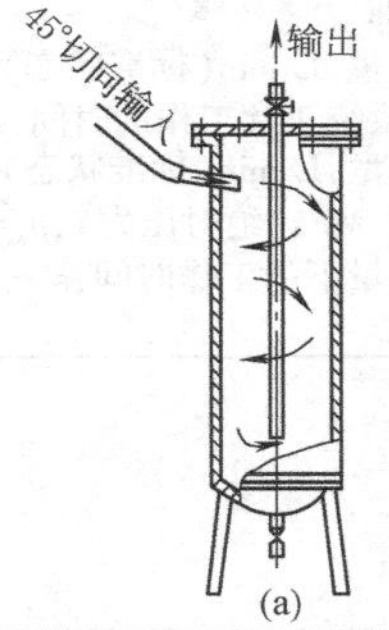 45°切向输入；输出 (a)	压缩空气从上部沿容器的切线方向进入油水分离器,气流沿着容器圆周做强烈旋转。油滴、油污、水等杂质在离心惯性力作用下被甩到壁面上,并随壁面沉落分离器底部。气体沿圆心轴线上的空心管而输出
阻挡式	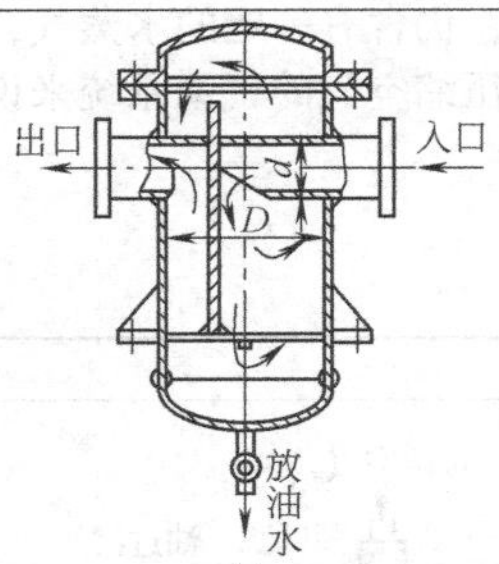 出口；入口；d；D；放油水 (b)	压缩空气进油水分离器时,受隔板阻挡产生局部环形内流。由于重力作用,油水、水分等被分离。该分离要求压缩空气在低压时速度不超过 1m/s,中压时速度不超过 0.5m/s,高压时速度不超过 0.3m/s
水溶分离式	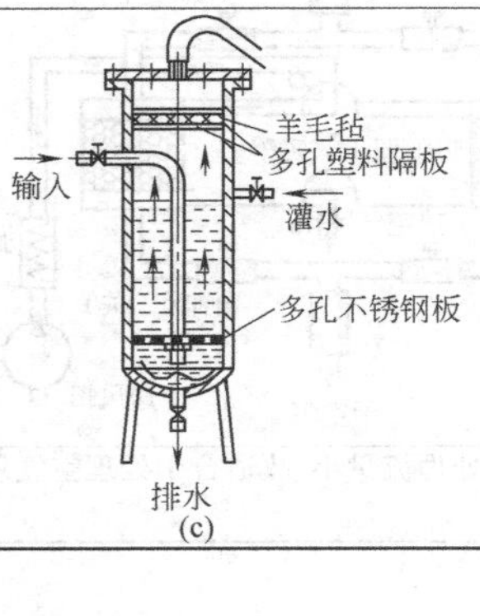 羊毛毡；多孔塑料隔板；输入；灌水；多孔不锈钢板；排水 (c)	压缩空气管道安装于装有水的分离器的底部位置。用水过滤压缩空气中的油水、水、杂质等,清洗效果较好。该分离器使用一定时间后在容器水面上会漂浮一层油污、杂质,需定期清洗

1.5 储气罐

表 23-2-5　　储气罐的组成及选用

项目	简　图　及　说　明
作用	储气罐是为消除活塞式空气压缩机排出气流的脉动，同时稳定压缩空气气源系统管道中的压力和缓解供需压缩空气流量。此外，还可进一步冷却压缩空气，分离压缩空气中所含油分和水分
类别及组成	右图是储气罐的外形图。气管直径在1½in以下为螺纹连接，在2in以上为法兰连接。排水阀可改装为自动排水器。对容积较大的气罐，应设人孔或清洁孔，以便检查或清洗 储气罐与冷却器、油水分离器等，都属于受压容器，在每台储气罐上必须配套有以下装置 (1)安全阀是一种安全保护装置，使用时可调整其极限压力比正常工作压力高约10% (2)储气罐空气进出口应装有闸阀，在储气罐上应有指示管内空气的压力表 (3)储气罐结构上应有检查用人孔或手孔 (4)储气罐底端应有排放油、水的接管和阀门 储气罐有立式和卧式两种型式，使用时，数台空压机可合用一个储气罐，也可每台单独配用，储气罐应安装在基础上。通常，储气罐可由压缩机制造厂配套供应 4　3　空气出口　2　空气入口　排水　1 1—排水阀；2—气罐主体；3—压力表；4—安全阀
选用计算	(1)当空压机或外部管网突然停止供气(如停电)，仅靠气罐中储存的压缩空气维持气动系统工作一定时间，则气罐容积V的计算式为 $V \geq \frac{p_a q_{max} t}{60(p_1-p_2)}$　(L) (2)若空压机的吸入流量是按气动系统的平均耗气量选定的，当气动系统在最大耗气量下工作时，应按下式确定气罐容积 $V \geq \frac{(q_{max}-q_{sa})p_a}{p} \times \frac{t'}{60}$　(L) p_1——突然停电时气罐内的压力，MPa p_2——气动系统允许的最低工作压力，MPa p_a——大气压力，$p_a=0.1$MPa q_{max}——气动系统的最大耗气量，L/min(标准状态) t——停电后，应维持气动系统正常工作的时间，s q_{sa}——气动系统的平均耗气量，L/min(标准状态) p——气动系统的使用压力，MPa(绝对压力)，$p_s=0.1$MPa t'——气动系统在最大耗气量下的工作时间，s

1.6 干燥器

压缩空气经后冷却器、油水分离器、气罐、主管路过滤器得到初步净化后，仍含有一定的水蒸气，其含量的多少取决于空气的温度、压力和相对湿度的大小。对于某些要求提供更高质量压缩空气的气动系统来说，还必须在气源系统设置压缩空气的干燥装置。

在工业上，压缩空气常用的干燥方法有：吸附法、冷冻法和膜析出法。

表 23-2-6　　干燥器的分类、工作原理和选用

分类		简　图　及　说　明
吸附式干燥器	工作原理	加热再生式干燥器的工作原理采用两个吸附干燥筒，筒内放置硅胶干燥剂。利用硅胶在常温下吸附水分、在高温下脱附水分的特性，当第一个干燥筒的硅胶已经饱和时，将空气切换到第二个干燥筒内进行干燥，而第一个筒通过热风干燥法使硅胶干燥，以备下一次再用。两个筒交替进行干燥 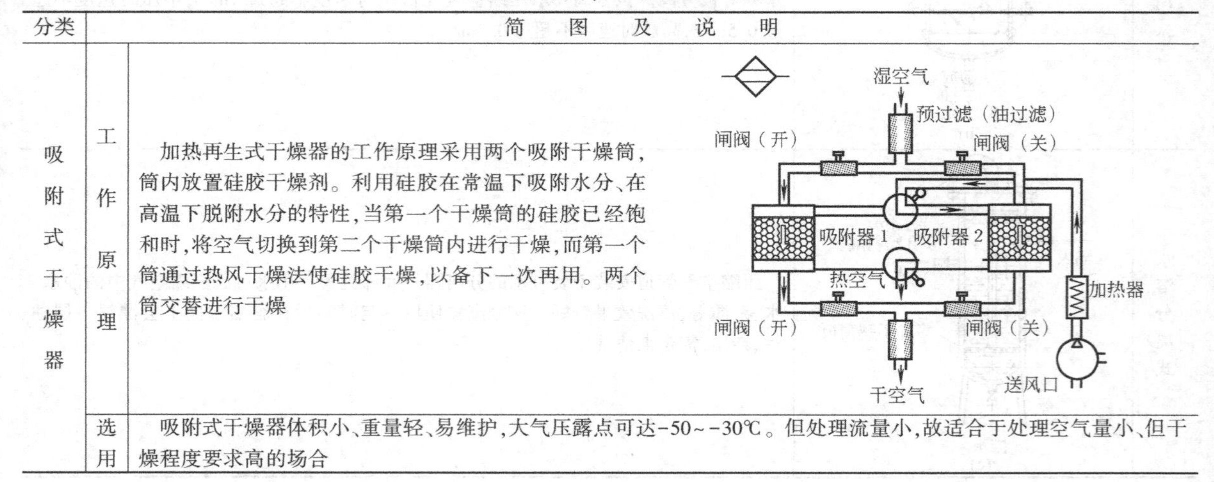
吸附式干燥器	选用	吸附式干燥器体积小、重量轻、易维护，大气压露点可达-50～-30℃。但处理流量小，故适合于处理空气量小、但干燥程度要求高的场合

续表

分类	简　图　及　说　明

冷冻式干燥器

工作原理

压缩空气通过一个有制冷剂的热交换系统，把空气的温度降至露点温度。当需冷却的压缩空气通过干燥器内的热交换器外筒被预冷，再流入内筒被空气冷却到压力露点 2~5℃时，此时空气中的水蒸气被冷凝成水滴，从自动排水器排出。经过制冷干燥后的压缩空气再次于热交换器内侧加热，使其温度回复到周围环境的温度以避免输出口结霜，由温差出现发汗现象而锈蚀管道

排气口
进气口
制冷元件
热交换器
分离器
制冷剂
分离器
制冷机

选用

修正后的处理空气量不得超过冷冻式干燥器产品所给定的额定处理空气量，依此来选择干燥器的规格

修正后的处理空气量由下式确定

$$q=q_c/(C_1C_2)\quad [\mathrm{L/min}(标准状态)]$$

式中　q_c——干燥器的实际处理空气量，L/min(标准状态)

C_1——温度修正系数，见下表

C_2——入口空气压力修正系数，见下表

冷冻式干燥器适用于处理空气量大、压力露点温度 2~10℃的场合。具有结构紧凑、占用空间较小、噪声小、使用维护方便和维护费用低等优点

温度修正系数 C_1	入口空气温度/℃	45			50			55			65			75		
	出口空气压力露点/℃	5	10	15	5	10	15	5	10	15	5	10	15	5	10	15
环境温度/℃	25	0.6	1.35	1.35	0.6	1.35	1.35	0.6	1.35	1.35	0.6	1.35	1.35	0.6	1.35	1.35
	30	0.6	1.25	1.35	0.55	1.20	1.35	0.5	1.05	1.35	0.5	1.05	1.35	0.5	1.05	1.35
	32	0.6	1.25	1.35	0.55	1.15	1.35	0.45	0.95	1.25	0.45	0.95	1.25	0.45	0.95	1.25
	35	0.5	0.95	1.25	0.45	0.85	1.15	0.3	0.7	1.0	0.3	0.7	1.0	0.3	0.7	1
	40	0.25	0.70	1.0	0.2	0.65	0.9	0.1	0.5	0.8	0.1	0.5	0.8	0.1	0.5	0.8

入口空气压力修正系数 C_2	入口空气压力/MPa	0.15	0.2	0.3	0.4	0.5	0.6	0.7	0.8	0.9	1.0
	修正系数 C_2	0.65	0.68	0.77	0.84	0.9	0.95	1	1.03	1.06	1.08

膜式干燥器

工作原理

湿空气从中空的分子纤维膜内部流过时，空气中的水分透过分子膜向外壁析出。由此排除了水分的干燥空气得以输出。同时，部分干燥空气与透过分子膜外壁的水分一起排向大气，使分子膜能连续地排除湿空气中的水分

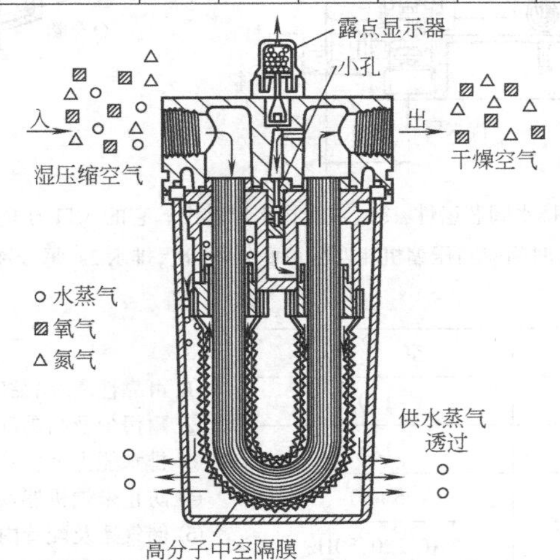

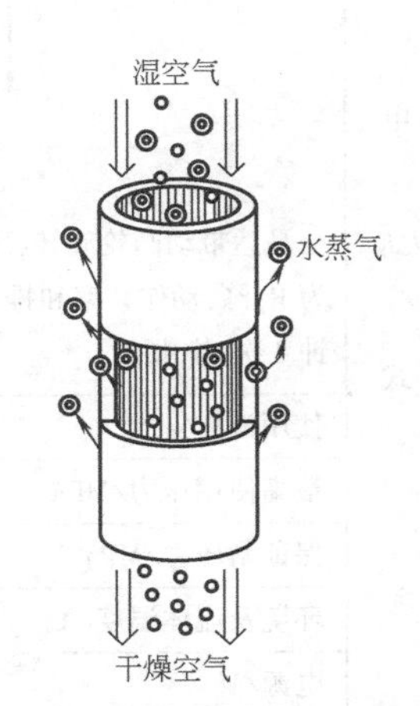

选用

采用高分子膜作为分离空气中水分的膜式空气干燥器，其优点是：无机械可动件，不用电源，无须更换吸附材料，重量轻，使用简便，可在高温、低温、腐蚀性和易燃易爆等恶劣环境中使用，工作压力范围广（0.4~2MPa），大气露点温度可达-70℃。但膜式空气干燥器的耗气量较大，达 20%~40%。目前膜式干燥器输出流量较小。当需要大流量输出时，可将若干个干燥器并联使用

1.7 自动排水器

表 23-2-7

形式：气动高负载型

结构原理及技术参数

(a) 单个使用　　(b) 集中排水

① 高负载型自动排水器为浮子式设计，不需要电源，不会浪费压缩空气
② 可靠、耐用、适合水质带污垢的情况下操作
③ 不会受背压影响，适合集中排水
④ 内置手动开关，操作及维修方便

使用流体	压缩空气	最高使用压力/MPa	1.6
接管口径	R_c(PT)½	最低使用压力/MPa	0.05
排水形式	浮子式	环境及流体温度/℃	5~60
自动排水阀形式	常开（在无压力下阀门打开）	最大排水量/(L/min)	400（水在压力 0.7MPa 的情况下）
保证耐压力/MPa	2.5	质量/kg	1.2

形式：电动式

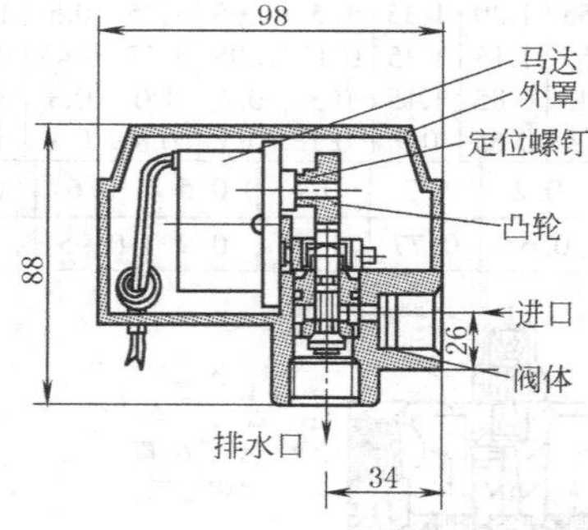

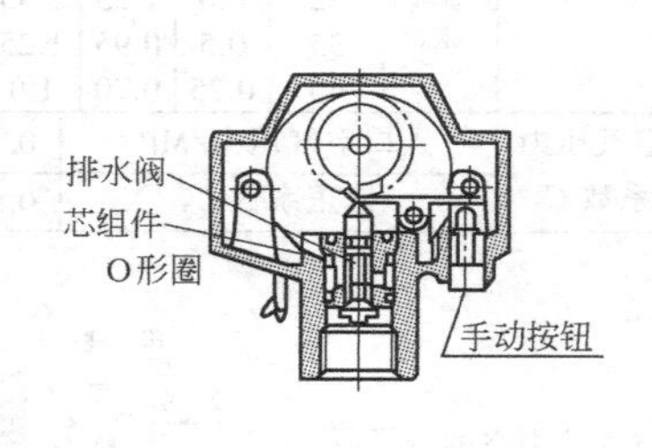

马达带动凸轮旋转，压下排水阀芯组件，冷凝水从排水口排出。它的入口为 R_c½（便于与压缩机输气管连接），排水口为 R_c⅜，动作频率和排水的时间应与压缩机相匹配（每分钟 1 次，排水 2s；每分钟 2 次，排水 2s；每分钟 3 次，排水 2s；每分钟 4 次，排水 2s）

使用流体	空　气
最高使用压力/MPa	1.0
保证耐压力/MPa	1.5
环境及流体温度/℃	5~60
电源/V	AC 220,50Hz
耗电量/W	4
质量/kg	0.55

① 可靠性高/高黏度流体亦可排出
② 耐污尘及高黏度冷凝水，可准确开闭阀门排水
③ 排水能力大，一次动作可排出大量的水
④ 防止末端机器发生故障
⑤ 储气罐及配管内部无残留污水，因此可防止锈及污水干后产生的异物损害后面的机器，排水口可装长配管
⑥ 可直接安装在压缩机上

注：参考 SMC 样本资料。

2　空气管道网络的布局和尺寸配备

2.1　气动管道最大体积流量的计算因素

决定气动管道最大体积流量的因素是：耗气设备的数量以及它们所需的空气消耗量，耗气的程度（并非所有设备都在同一时间内消耗空气），耗气设备和网络中的损耗泄漏，以及耗气设备的负载循环。

2.2　空气设备最大耗气均值的计算

耗气均值 V_m（L/s）可以通过下面的公式得出

$$V_m=\sum_{i=1}^{n}\left(A_i \times V_i \times \frac{CD_i}{100} \times SF_i\right) \tag{23-2-1}$$

式中　i——操作变量；

n——不同耗气设备的数量；

A_i——耗气设备数量；

V_i——每台设备的耗气量，L/s；

CD_i——负载循环，%，见表 23-2-8；

SF_i——同时性因数，见表 23-2-9；

V_m——耗气均值，L/s。

对上式进行修正后得到空气设备最大耗气量计算式

$$V_{最大}=\left[V_m+\left(V_m \times \frac{E_r}{100}\right)+\left(V_m \times \frac{E_r}{100} \times \frac{L_e}{100}\right)\right] \times 2$$

式中　E_r——为将来系统扩容预留出的消耗量，如 35%；

L_e——容许的泄漏值，如 10%；

$V_{最大}$——最大耗气量。

流量翻一番（×2）的目的是平衡设备在高峰负载时的耗气值。经验表明，空气的耗气均值在其最大耗气量的 20%~60%之间。

表 23-2-8

耗气设备	钻头	研磨机	凿锤	冲压机	注塑机	发爆机	气动拧紧工具
CD/%	30	40	30	15	20	10	80

表 23-2-9

耗气设备数量	1	2	3	4	5	6	7	8	9	10	11	12	13	14	15	100
SF	1	0.94	0.89	0.86	0.83	0.80	0.77	0.75	0.73	0.71	0.69	0.68	0.67	0.66	0.65	0.20

2.3　气动管道网络的压力损失

2.3.1　影响气动管道网络的压力损失的主要因素

影响气动管道网络的压力损失的因素有：管道长度、管道直径、管接件的数量及类型（变径、弯道）、管道中压力流量及管道泄漏等。

管道越长，损失就越大，这主要是由于管壁粗糙和流速引起的。表 23-2-10 反映了管径 $\phi=25$mm，管长 $l=$ 10m 的管道内不同的压缩空气流量的压力损失情况。

管道中闸阀、L形、T形接头、变径等连接件对流动阻力具有很大影响。为了方便工程计算，不同的管接件在不同直径情况下都有一个相应的转换成该直径的等效长度，见表 23-2-11。

表 23-2-10

流量/L·s^{-1}	压力损失 Δp/bar	流量/L·s^{-1}	压力损失 Δp/bar
10	0.005	30	0.04
20	0.02		

表 23-2-11

名　称	管接头	管道直径/mm								
		9	12	14	18	23	40	50	80	100
闸阀	全开	0.2	0.2	0.2	0.3	0.3	0.5	0.6	1.0	1.3
	半开					5	8	10	16	20
L形接头		0.6	0.7	1.0	1.3	1.5	2.5	3.5	4.5	6.5
T形接头		0.7	0.85	1.0	1.5	2.0	3.0	4.0	7.0	10
变径(2d-d)		0.3	0.4	0.45	0.5	0.6	0.9	1.0	2.0	2.5

2.3.2 气动管道网络的压力损失的计算举例

例 1 下列的管接件要安装在内径为 23mm 的压缩空气管线内：2 个闸阀、4 个 L 形接头、1 个变径接头、2 个 T 形接头。要获得正确有效的管道长度，计算需增加多少同等直径长度的管道？

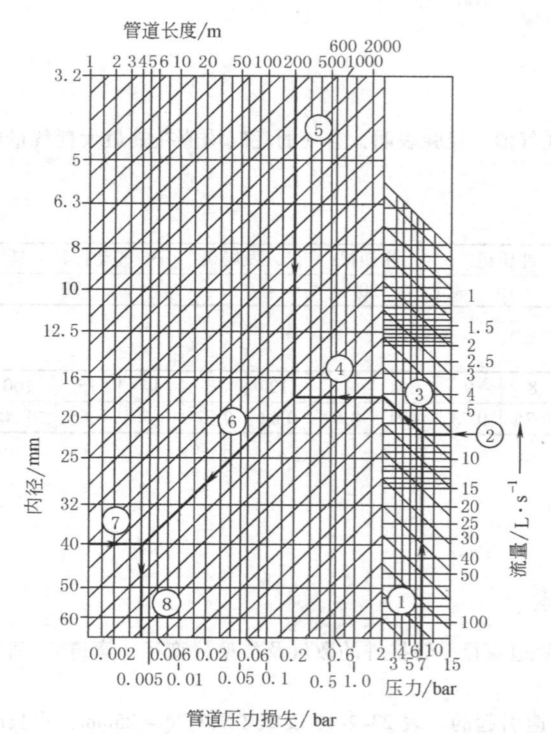

图 23-2-2　管道压力损失的解析图

解：

$$L_{等效长度}=2\times0.3+4\times1.5+1\times0.6+2\times2.0=11.2\text{m}$$

$$L_{总长}=L_{实际}+\sum_{i=1}^{n}L_{等效长度}$$

式中　n——管接件的数目；

$L_{实际}$——实际等效长度；

$L_{总长}$——计算压力损失的管道计算长度。

凭经验简化得出公式的近似值为 $L_{总长}=1.6L_{实际}$。

工程设计中，管道的直径和长度（包括由球阀、管接件引起的等效长度）、实际工作压力和流量是已知的，通过图 23-2-2 可求得管道压力损失。

例 2 当压缩空气通过长度为 200m、内径估计为 40mm 的管道时会丧失多少压力？

解： 假设体积流量为 6L/s，操作压力为 7bar，如图 23-2-2 所示，如果按照①到⑦的顺序依次键入输入值，那么⑧就代表损失的压力 $\Delta p=0.00034$bar。

2.4 泄漏的计算及检测

2.4.1 在不同压力下，泄漏孔与泄漏率的关系

在不同的压力下，泄漏孔与泄漏率的关系见图 23-2-3。

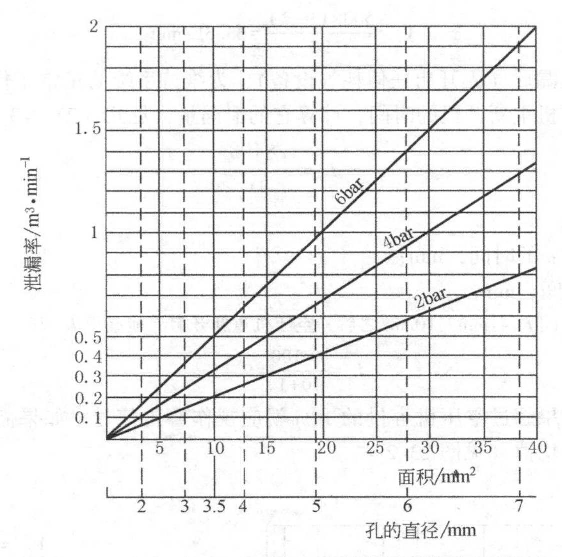

图 23-2-3　在不同压力下，泄漏孔与泄漏量的关系

压缩空气的成本上升，需要十分注意。管道方面小小的泄漏将导致成本急剧增加。图 23-2-3 表明在不同的压力条件下，泄漏孔与泄漏率的关系：一个直径为 3.5mm 的小孔在 6bar 压力下，它的泄漏量为 $0.5m^3/min$，相当于 $30m^3/h$。

2.4.2　泄漏造成的经济损失

泄漏的定义是因裂缝而导致的压缩空气的损耗，如表 23-2-12 所示。对于 $\phi=1mm$ 的泄漏孔，每年将造成 1143 元的电费损失（电费以 0.635 元/kW 计算）。

表 23-2-12

漏孔直径/mm	6bar 时的空气损耗/$L\cdot s^{-1}$	每小时功率耗电/kW	每年电费损失(每年以 6000h 计算)/元
1	1.3	0.3	1143
3	11.1	3.1	11811
5	31.0	8.3	31623
10	123.8	33	125730

2.4.3　泄漏率的计算及举例

与漏油、漏电不同的是，泄漏的压缩空气不会对环境造成危害。因此，人们通常不太重视被漏掉的压缩空气。

常见的计算泄漏的方法有两种：一种是在不开启任何耗气设备的情况下，经过一段时间，根据储气罐的压力下降来计算它的泄漏量，见式（23-2-2）

$$V_L=\frac{V_B(p_A-p_B)}{t} \tag{23-2-2}$$

式中　V_L——泄漏量，L/min；

V_B——储气筒的容量，L；

p_A——储气筒内的原始压力，bar；

p_B——储气筒内的最终压力，bar；

t——时间，min。

例 1　经测量，容积 V_B 为 500L 的储气筒在 30min 的时间内压力 p_a 从 9bar 下降到 7bar。请问该系统的泄漏率是多少？

根据式（23-2-2），系统泄漏率 V_L 为

$$V_L=\frac{500\times(9-7)}{30}=33.3\text{L/min}$$

另一种是当系统产生了泄漏后（无开启任何耗气设备），为维持系统的正常工作压力，空压机需间断性地向系统补充压缩空气，通过空压机重新开机的时间，计算它的泄漏量，见式（23-2-3）

$$L_v=\frac{t_1\times100}{t_1+t_2} \tag{23-2-3}$$

式中 L_v——泄漏损耗率，%；

t_1——重新填满系统所需的时间，min；

t_2——空压机关闭的时间，min。

例 2　重新填满系统所需的时间 $t_1=1\text{min}$。10min 之后，空压机重新开启，泄漏率 L_v 为

$$L_v=\frac{1\times100}{10+1}=9.1\%$$

值得注意的是，泄漏率如果超过空压机容量的 10%就应视作警告信号。如果需更精确计算泄漏率，可考虑取空压机若干个补充周期的平均值（见图 23-2-4）。

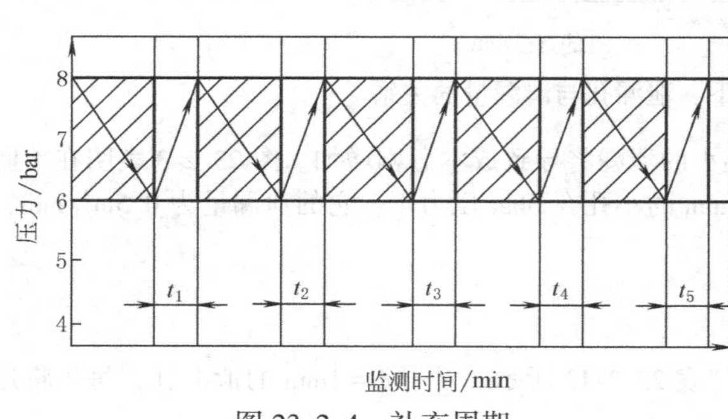

图 23-2-4　补充周期

$$V_L=\frac{V_k\times\sum_{i=1}^{n}t_i}{T} \tag{23-2-4}$$

式中 V_k——空压机的容量，m^3/min；

t_i——1 个周期所需的时间，min；

n——补充周期的次数；

T——测量总时间，min。

例 3　经测量，在 10min 内，空压机的容量 V_k 为 $3m^3$/min，n 为 5 次，总的补充时间是 2min，这就产生了下面的泄漏率。

根据式（23-2-4），得知 V_k 为 $3m^3$/min，

$$V_L=\frac{3\times2}{10}=0.6m^3/\text{min}$$

事实上，$0.6m^3$/min 的泄漏相当于空压机容量（$3m^3$/min）的 20%，应视作一个警告信号。

2.4.4　泄漏检测系统

常规检测泄漏的方法是用肥皂溶液刷洗可能泄漏的部位，有气泡就表示有泄漏。还有一种用于压缩空气网络系统的检测方法，见图 23-2-5，通过压力传感器测得压力数据，再通过信号转换由电脑作出数据评估。

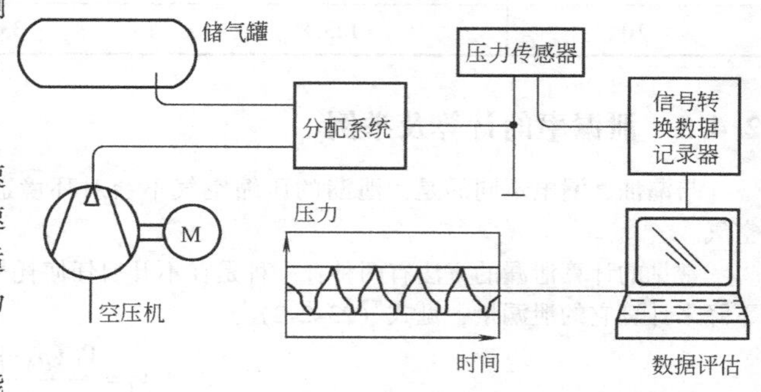

图 23-2-5　用于压缩空气网络系统的泄漏检测系统

2.4.5　压缩空气的合理损耗

不漏气的理论定义是 10mbar/s、10L/s 的泄漏速度。然而，在实际操作中并没有这种要求。泄漏速度在 10mbar/s、2L/s 到 10mbar/s、5L/s 是比较合适的。0.6bar 的压力损耗对操作压力在消耗点时为 7bar 的系统来说时一个可以接受的数值。

在自然界中，尽管空气取之不尽，但通过电能转换成压缩空气能源的代价是昂贵的。合理地使用压缩空气能源是工业界重要经济指标之一。目前，在气动系统中，应用的压缩机往往是现代的，但采用的压缩空气网络却仍然是陈旧、粗糙的，经常有 50%的电能被浪费了。因此解决泄漏、节约能耗是工程师需要关心并完成的重要工作之一。

0.03bar 在空气网络管道中压力损失是不可避免的。我们期望压力损失的值控制在：

主气管道　　0.03bar
分气管道　　0.03bar

连接管道	0.04bar
干燥管道	0.3bar
过滤管道	0.4bar
三联件及管道	0.6bar
总压力降	1.4bar

2.5 压缩空气网络的主要组成部分

① 主管道　它将压缩空气从压缩机输送给有需要的车间（见图 23-2-6）。

② 分气管道（单树枝状、双树枝状、环状网络管道）　通常是一个环路。它把车间里的压缩空气分配到各工作场所。

③ 连接管道　它是永久分配网中的最后一环，通常是一根软管。

④ 分支管道　这根管道从分气管道通到某一地方。它的终端是一个死结，这样做的好处是节约管道。

⑤ 环路　这种类型的管道呈封闭环状。它的好处是在管道中某些单独部分堵塞的情况下仍然可以向其他地方提供压缩空气，当邻近地方（如 A 处）消耗压缩空气的同时，其他位置（如 B 处）仍然有足够的压力；公称通径也很小。

⑥ 管接头和附件　如图 23-2-6 所示为配备了最重要元件的系统示意图，包括系统中用来控制压缩空气流动和元件装配的部分。需要强调的是，因为冷凝水的缘故，各条连接管路应该连接在分配管路的顶端，这就是所谓的“天鹅颈”。排除冷凝水的分支管道安装在气动网络中位置最低处的管道底部。如果冷凝水排水管和管道直接连接，则必须确保冷凝水不会因压缩空气的流动而被一起吹入管道。

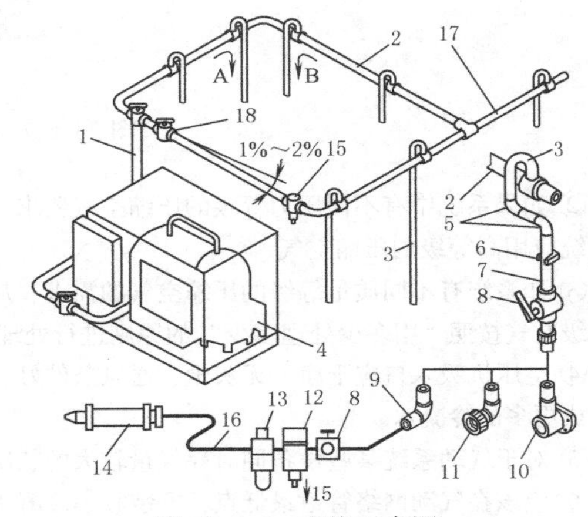

图 23-2-6　系统示意图

1—主管道；2—环状网络管道（分气管）；3—连接管道；4—空压机站；5—90°的肘接管道；6—墙箍；7—管道；8—球阀；9—90°肘接接头；10—墙面安装件；11—管道件（缩接）；12—过滤器；13—油雾器；14—驱动器；15—排水装置；16—软管；17—分气管道；18—截止阀（闸阀）

2.5.1 压缩空气管道的网络布局

压缩空气供气网络有三种供气系统：

① 单树枝状网络供气系统；

② 双树枝状网络供气系统；

③ 环状网络供气系统。

图 23-2-7 所示的环状网络供气系统阻力损失最小，压力稳定，供气可靠。

2.5.2 压缩空气应用原则

压缩空气的应用原则：应对系统消耗的总量进行准确的计算，选择合适的空压设备用量及压缩空气的质量等级。为了确保压缩空气的质量，应从大气进入空压机开始，直至输送到所需气动系统及设备之前，每一过程都需对压缩空气进行必要的预处理。对于空气质量等级要求的一个原则：如果系统中某一个系统和气动设备需要高等级的压缩空气，则必须向该系统提供与其所需等级相适应的压缩空气，如无需高等级压缩空气，则提供与它相应等级的压缩空气便可。即使同一个气动设备有不同空气质量等级需求，也应该遵守这一经济原则。追求压缩空气清洁的愿望是无止境的，但应注意如下事项。

① 选择系统所需的足够的压缩空气容量和压缩空气的质量等级标准。

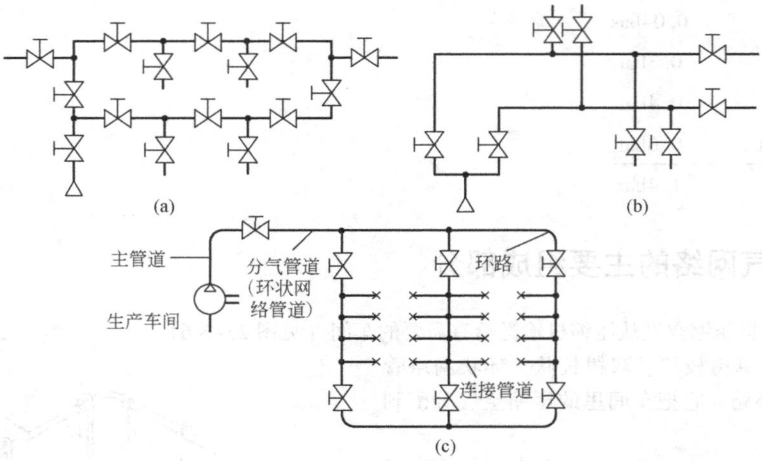

图 23-2-7　环状网络供气系统

② 如果系统中有不同压力等级的压缩空气要求，从经济角度出发，可考虑局部压力放大（增压器），避免整个系统应用高等级的压缩空气。

③ 如系统有不同质量等级的压缩空气的需求，从经济角度出发，压缩空气还是必须集中筹备，然后对所需高等级空气按照“用多少处理多少”的原则进行处理。

④ 空压机吸入口应干净、无灰尘、通风条件好、干燥。应充分注意：温暖潮湿的气候，空气在压缩过程中将生成更多的冷凝水。

⑤ 对于气动系统某些设备同时耗气量较大的状况，应在该气动支路安装一个小型储气罐，以避免压力波动。

⑥ 应该在气动网络管道最低点，安装收集冷凝水的排除装置。

⑦ 选择合理的空气网络管路、管接件和附件。

⑧ 应为将来系统扩容预留一定的压缩空气用量。

2.6　管道直径的计算及图表法

(1) 管道直径的计算

气源系统中的管道直径与其通过的流量、工作压力、管道长度和压力损失等因素有关。

$$d=\sqrt[5]{1.6\times10^{3}\times V^{1.85}\times\frac{L}{\Delta p\times p_1}} \tag{23-2-5}$$

式中　d——管道内径，m；

p_1——工作压力，bar；

Δp——压力损失，Pa，应该不超过 0.1bar；

L——管道的名义长度，m，经过综合计算修正后；

V——流量，m^3/s。

例　在一个 300m 长的直管道，流量为 $21m^3/min$（$0.350m^3/s$），工作压力为 7bar（等于 700000Pa）时，管道直径 d 应是多少？

$$d=\sqrt[5]{\frac{1.6\times10^{3}\times0.35^{1.85}\times300}{10000\times700000}}=0.099m\approx100mm$$

(2) 利用 J Guest Gmbh 表查管道直径

根据 J Guest Gmbh 表（见表 23-2-13），可以管道长度和流量求聚酰胺管道外径（单位 mm）的近似值。

表 23-2-13　　J Guest Gmbh 表

直径/mm 长度/mm 流量/L·min^{-1}	25	50	100	150	200	250	300
200	12	12	12	15	15	15	18
400	12	12	15	15	15	18	18
500	15	15	15	18	18	18	18
750	15	15	18	18	18	22	22
1000	15	15	18	18	22	22	22
1500	18	18	18	22	22	22	22
2000	18	18	22	22	22	28	28
3000	22	22	28	28	28	28	28
4000	28	28	28	28	28	28	28

注：对于环状的管道来说，它的流量将被分流，管道长度也将减为原来的一半。

例　在有效长度为300m的环状管路中，流量为2m^3/min，工作压力为7bar时，管道直径d应是多少？

解：因为管道是环状管路，因此它的流量和管道长度均减半，分别为1000L/min及150m，按表23-2-13可查得管道直径为18mm。

(3) 利用管道直线列线图查管道直径

当已知管道长度（包括管接件的压力损失转换成管道长度）、流量、工作压力和管道的压力降，可用图23-2-8查找相应的管道直径d。

如管长300m，流量1m^3/h，工作压力8bar，压力损失Δp为0.1bar，按步骤①到⑧得到D轴上的交点，管道直径等于100mm。

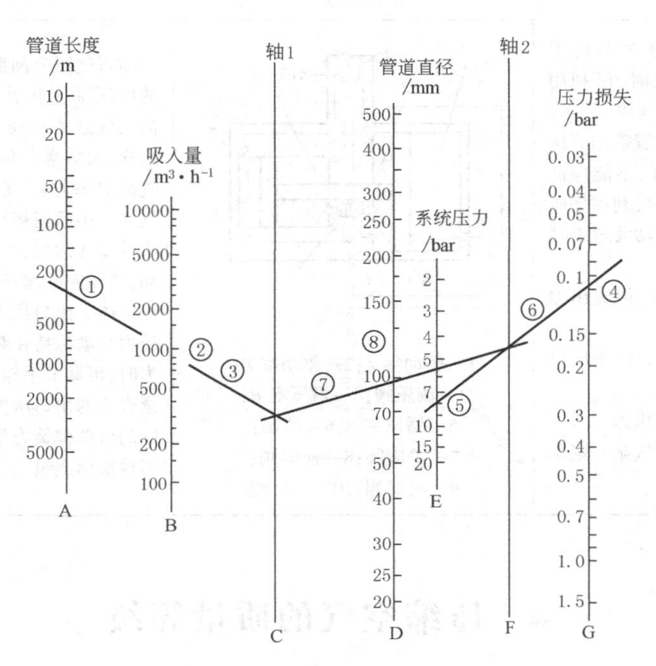

图 23-2-8　管道直线列线图

2.7 主管道与支管道的尺寸配置

主管道与支管道的配置可参照表23-2-14。

表 23-2-14　　主管道与支管道的配置

主管道(环状网络管道)		支管路数量(支管道)								
		内径/mm								
in	mm	3	6	10	13	19	25	38	51	76
½	13	20	4	2	1	—	—	—	—	—
¾	19	40	10	4	2	1	—	—	—	—
1	25	—	18	6	4	2	1	—	—	—
1½	38	—	—	16	8	4	2	1	—	—
2	51	—	—	—	16	8	4	2	1	—
3	76	—	—	—	—	16	8	4	2	1

例如：内径为 51mm 的主管道能提供 16 根直径为 13mm 的支管道、或 8 根直径为 19mm 的支管道、或 4 根直径为 25mm 的支管道、或 2 根直径为 38mm 的支管道、或 1 根直径为 51mm 的支管道。

如果提供给耗气设备的压力太低，原因可能是以下某种：

① 分配网络的设计不当，或压缩机容量不够；

② 气路管道过细；

③ 泄漏率大；

④ 过滤器被堵住了；

⑤ 接头和过渡连接件的尺寸太小；

⑥ 太多的 L 形接头（增加了压力损失）。

3　增　压　器

表 23-2-15

功　　能	工作原理图	工作原理说明
工厂气路中的压力，通常不高于 1.0MPa。因此在下列情况时，可利用增压阀提供少量、局部高压气体 (1)气路中个别或部分装置需用高压 (2)工厂主气路压力下降，不能保证气动装置的最低使用压力时，利用增压阀提供高压气体，以维持气动装置正常工作 (3)不能配置大口径气缸，但输出力又必须确保 (4)气控式远距离操作，必须增压以弥补压力损失 (5)需要提高联动缸的液压力 (6)希望缩短向气罐内充气至一定压力的时间	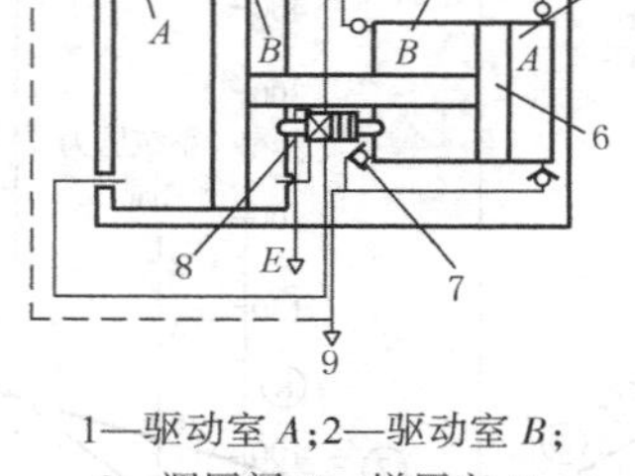 1—驱动室 A；2—驱动室 B； 3—调压阀；4—增压室 B； 5—增压室 A；6—活塞； 7—单向阀；8—换向阀； 9—出口侧；10—入口侧	输入气压分两路，一路打开单向阀小气缸的增压室 A 和 B，另一路经调压阀及换向阀向大气缸的驱动室 B 充气。驱动室 A 排气。这样，大活塞左移，带动小活塞也左移，使小气缸 B 室增压，打开单向阀从出口选出高压气体。小活塞移动到终端，使换向阀切换，则驱动室 A 进气，驱动室 B 排气，大活塞反向运动，增压室 A 增压，打开单向阀从出口送出高压气体。出口压力反馈到调压阀，可使出口压力自动保持在某一值。当需要改变出口压力时，可调节手轮，便得到在增压范围内的任意设定的出口压力。若出口反馈压力与调压阀的可调弹簧力相平衡，增压阀就停止工作，不再输出流量

4　压缩空气的质量等级

4.1　影响压缩空气质量的因素

压缩空气可分为过滤干燥压缩空气及过滤干燥经油雾润滑的压缩空气。为了确保气动控制系统和气动元器件正常工作，必须使压缩空气在一个压力稳定、干燥和清洁的状态。任何情况下，要求过滤器去除大于 40μm 的污染物（标准滤芯）。压缩空气经处理后应为无油压缩空气。当压缩空气润滑时，必须采用 DIN 51524-HLP32 规定的油：40℃时油的黏度为 32cSt。油雾不能超过 25mg/m^3（DIN ISO8573-1 第 5 类）。一旦阀使用润滑的压缩空气，以后工作时，就必须一直使用，因为油雾气体将冲走元件内基本润滑剂，从而导致故障。另外，系统千万不能过度润滑。为了确定正确的油雾设定，可进行以下简单的“油雾测试”：手持一页白纸，在控制气缸最远阀的排气口（不带消声器）约 10cm 距离，经一段时间后，白纸呈现淡黄色，上面的油滴可确定是否过度润滑。排气消声器的颜色和状态则提供了过度润滑的证据。醒目的黄色和滴下的油都表明润滑设置设定的油量太大。受污染或不正确润滑的压缩空气会导致气动元件的寿命缩短，必须至少每周对气源处理单元的冷凝水和润滑设定检查两次。这些操作必须列入机器的保养说明书中。即使需使用润滑的压缩空气，油雾器也应尽可能直接安装在气缸的上游，以避免整个系统都使用油雾空气。为了保护环境，尽可能不用油雾器。特殊应用场合有可能需要精细压缩空气过滤器。

不良的压缩空气将造成气缸和阀的密封圈以及移动部件迅速磨损，阀受到油污，消声器受到污染，管道、阀、气缸和其他元件受到腐蚀，润滑剂被破坏等。对某些特殊加工领域，如医药、食品、电子等行业，逃逸出去的压缩空气会损坏其产品。

影响压缩空气的质量有两个方面：压缩空气的来源与压缩空气的产生及储存设备。

① 压缩空气的来源　正确选择压缩机的安放地点是很重要的。压缩空气的进气口应选在温度低、无尘埃的地方。如将压缩机房建在通风良好而宽敞处，避免空压机的吸气口面对锅炉房蒸气泄漏处。

② 压缩空气的产生与储存设备　选择合适的压缩机（有油还是无油润滑）；注意压缩机进气口过滤器的过滤状况、储气罐和管道中的铁锈、管道密封剂；管道件加工残留的固态颗粒及储存设备中是否有水。压缩空气质量等级见表 23-2-16（空气微粒含量的等级）。

4.2 净化车间的压缩空气质量等级

表 23-2-16　　ISO 14644.1 空气微粒含量的等级、颗粒度限制　　微粒·m^{-3}

粒径/μm 等级	0.1	0.2	0.3	0.5	1	5	最大含油量/mg·m^{-3}	压力露点最大值/℃
ISO 第一级	10	2	—	—	—	—	0.01	−70
ISO 第二级	100	24	10	4	—	—	0.1	−40
ISO 第三级	1.000	237	102	35	8	—	1.0	−20
ISO 第四级	10.000	2.370	1.020	352	83	3	5	+3
ISO 第五级	100.000	23.700	10.200	3.520	832	29	25	+7
ISO 第六级	1000.000	237.000	102.000	35.200	8.320	293	—	+10
ISO 第七级				352.000	83.200	2.930	—	不规定
ISO 第八级				3520.000	832.000	29.300		
ISO 第九级				35200.000	8320.000	293.000		

4.3 不同行业、设备对空气质量等级要求

对不同种类的设备，推荐不同质量等级的压缩空气，见表 23-2-17。

表 23-2-17

应用场合	悬浮固体/μm	水分的露点/℃	最大含油量/mg·m^{-3}	推荐的过滤度/μm
采矿	40	—	25	40
清洗	40	+10	5	40
焊机	40	+10	25	40
机床	40	+3	25	40
气缸	40	+3	25	40
阀	40 或 50	+3	25	40 或 50
包装领域	40	+3	1	5~1
精确减压阀	5	+3	1	5~1
测量空气领域	1	+3	1	5~1
储存空气领域	1	−20	1	5~1
喷漆空气领域	1	+3	0.1	5~1
传感器	1	−20 或−40	0.1	5~1
纯呼吸用空气	0.01	—	—	−0.01

5 压缩空气站、增压器产品

5.1 环保冷媒冷冻式干燥器（SMC）

型号标记：IDFA [8] E — [23] — [ ]

规格号 电压 可选项

无记号	无
A	冷却压缩空气
C	铜管防锈处理
K	中压空气用（带液量比的金属杯）
L	带重载型自动排水器
R	带漏电自动断路器
T	带运行、异常信号检出端子台

表 23-2-18

主要技术参数

规格形式 \ 型号		IDFA3E-23	IDFA4E-23	IDFA6E-23	IDFA8E-23	IDFA11E-23	IDFA15E-23	IDFA22E-23	IDFA37E-23
空气流量(ANR)① /m³·h⁻¹	出口压力露点 3℃	12	24	36	65	80	120	182	273
	出口压力露点 7℃	15	31	46	83	101	152	231	347
	出口压力露点 10℃	17	34	50	91	112	168	254	382
额定值	使用压力/MPa	0.7							
	进口空气温度/℃	35							
	周围温度/℃	25							
	电压/V	230 50Hz							
使用范围	使用流体	压缩空气							
	进口空气温度/℃	5~50							
	最小进口空气压力/MPa	0.15							
	最大进口空气压力/MPa	1.0							
	周围温度/℃	2~40(相对湿度不大于 85%)							
电气规格	电源/V	单相 AC220~240(50Hz)电压可变范围-10%④							
	启动电流②/A	8	8	9	11	19	20	22	22
	运转电流②/A	1.2	1.2	1.2	1.4	2.7	3.0	4.3	4.3
	耗电量②/W	180	180	180	208	385	470	810	810
	电流保护器③/A	5					10		
噪声(在 50Hz 电压下)/dB		50							
冷凝器		散热板管型冷却方式							
冷媒		HFC134a						HFC407C	
冷媒填充量/g		150~5	200~5	230~5	270~5	290~5	470~5	420~5	730~5
空气进出口口径		3/8	1/2	3/4			1	1	1½
排水口口径(管外壁尺寸)/mm		10							
涂装规格		密胺树脂烘烤涂装							
颜色		本体外壳:10Y8/0.5(白色)							
质量/kg		18	22	23	27	28	46	54	62
对应空压机(标准型)/kW		2.2	3.7	5.5	7.5	11	15	22	37

① ANR 是指温度 20℃,1 个大气压和相对湿度 65%的状态

② 此数值是在额定状态下的

③ 请安装漏电保护器(感度 30mA)

④ 出现短期电力不足(包括连续电力不足时,再启动可能比正常情况下所用的时间要长,或由于有保护电路,即使来电也有可能不能正常启动)

续表

IDFA3E

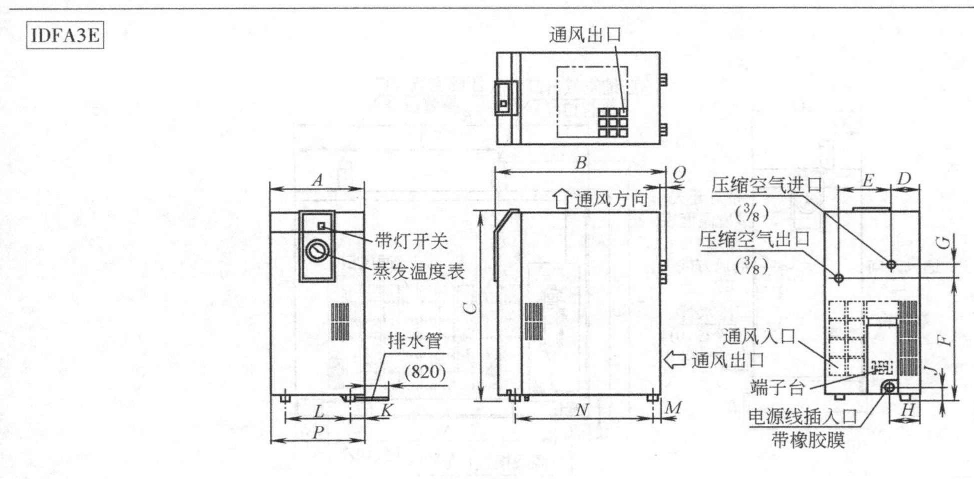

mm

型　号	口径尺寸	A	B	C	D	E	F	G	H	J	K	L	M	N	P	Q
IDFA3E	3/8	226	410	473	67	125	304	33	73	31	36	154	21	330	231	16

IDFA4E～11E

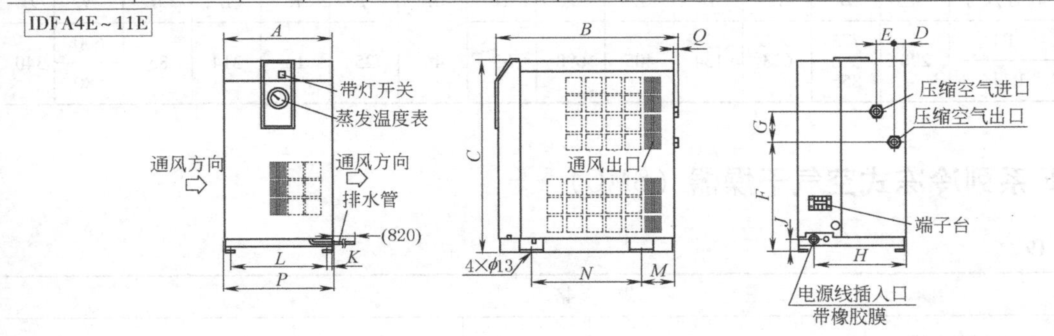

mm

型　号	口径尺寸	A	B	C	D	E	F	G	H	J	K	L	M	N	P	Q
IDFA4E	1/2	270	453	498	31	42	283	80	230	32	15	240	80	275	275	13
IDFA6E	3/4	270	455	498	31	42	283	80	230	32	15	240	80	275	275	15
IDFA8E	3/4	270	485	568	31	42	355	80	230	32	15	240	80	300	275	15
IDFA11E	3/4	270	485	568	31	42	355	80	230	32	15	240	80	300	275	15

IDFA15E

通风出口　A　B　Q　E　D　带灯开关　压缩空气出口 R_c1　压缩空气进口 R_c1　蒸发温度表　水分离器　G　通风方向　通风方向　C　通风口　端子台　F　排水管　(820)　J　L　K　4×ϕ13　N　M　H　P　电源线插入口　带橡胶膜

mm

型　号	口径尺寸	A	B	C	D	E	F	G	H	J	K	L	M	N	P	Q
IDFA15E	1	300	603	578	41	54	396	87	258	43	15	270	101	380	314	16

续表

外 形 尺 寸

IDFA22E～37E

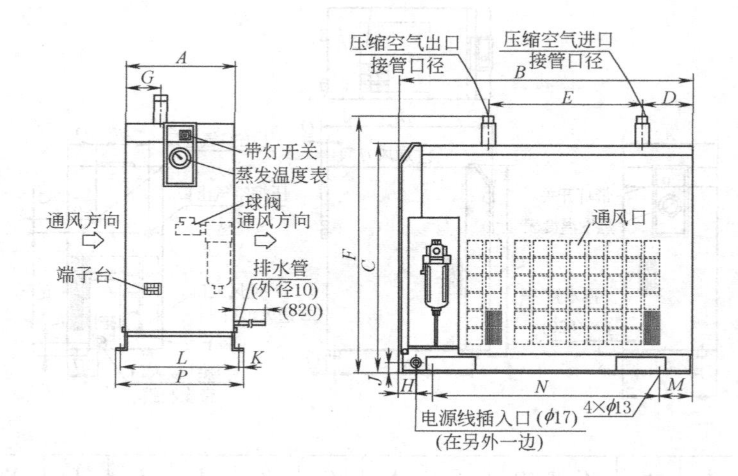

mm

型　号	口径尺寸	A	B	C	D	E	F	G	H	J	K	L	M	N	P
IDFA22E	R1	290	775	623	134	405	698	93	46	25	13	314	85	600	340
IDFA37E	R1½		855											680	

5.2 IDF系列冷冻式空气干燥器（SMC）

表 23-2-19

规格								
干燥器型号		处理空气量(ANR)① /$m^3 \cdot min^{-1}$	适合空压机功率 /kW	消耗功率 /W	接管口径	自动排水器型号	使用电压	漏电开关容量 /A
中型	IDF55C	7.65	55	1400	2	AD44-X445	三相 AC220V	15
	IDF75C	10.5	75	2100				
大型	IDF120D	20	120	2500	法兰 2½B	ADH4000-04		30
	IDF150D	25	150	4000	法兰 3B			45
	IDF190D	32	190	4900				50
	IDF240D	43	240	6300	法兰 4B			60
	IDF370B②	54	370	8100	法兰 6B	ADM200-042-8		80

① 在下列条件下：

系　列	进口空气压力 /MPa	进口空气温度 /℃	环境温度 /℃	出口空气压力露点 /℃
IDF55C-240D	0.7	40	32	10
IDF370B		35		

② IDF370B 为水冷式冷凝器，其余系列为风冷式冷凝器

续表

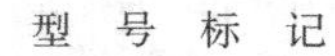

型 号 标 记

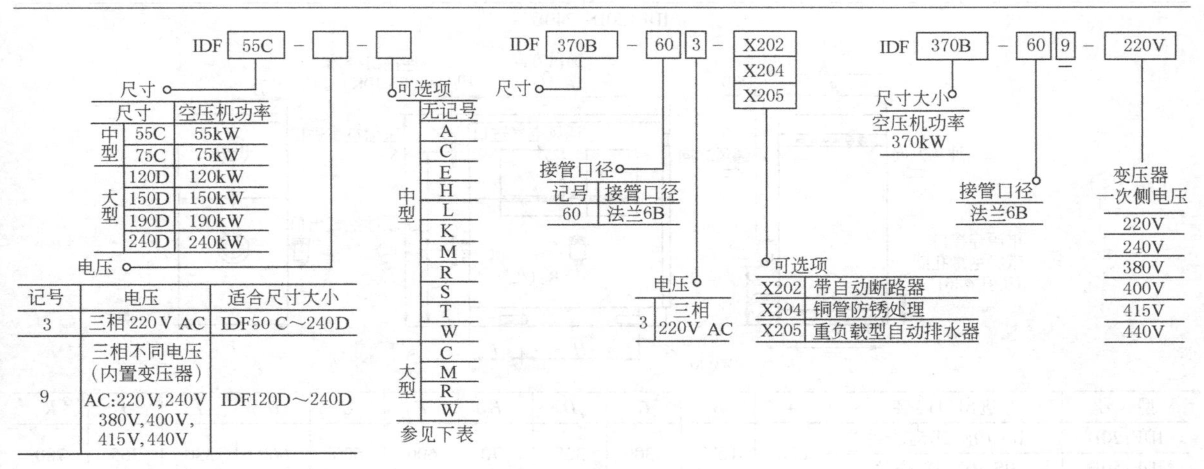

可选项

尺寸大小 \ 记号 / 内容	A	C	E	H	K	L	M	R	S	T	W	无记号
	冷却压缩空气	铜管防锈处理	带蒸发温度计	中压空气用	中压空气用（自动排水器带液位计的金属杯）	带重载型自动排水器	带电动式自动排水器	带涡电自动断路器	电源端子台连接	带信号远距离操作用端子台	水冷式冷凝器	无
55C	○	○	标准装备	○	—	○	—	○	标准装备	○	○	○
75C	○	○	标准装备	○	—	○	—	○	标准装备	○	○	○
120D	—	○	标准装备	—	—	—	—	○	—	—	○	○
150D	—	○	标准装备	—	—	—	○	○	—	—	○	○
190D	—	○	标准装备	—	—	—	○	○	—	—	○	○
240D	—	○	标准装备	—	—	—	○	○	—	—	○	○

注：H 和 M、R 和 S、S 和 T、A 和 H、L 和 M 不能组合，其他多个可选项的组合，按字母顺序排列表示

外 形 尺 寸

IDF15C～75C

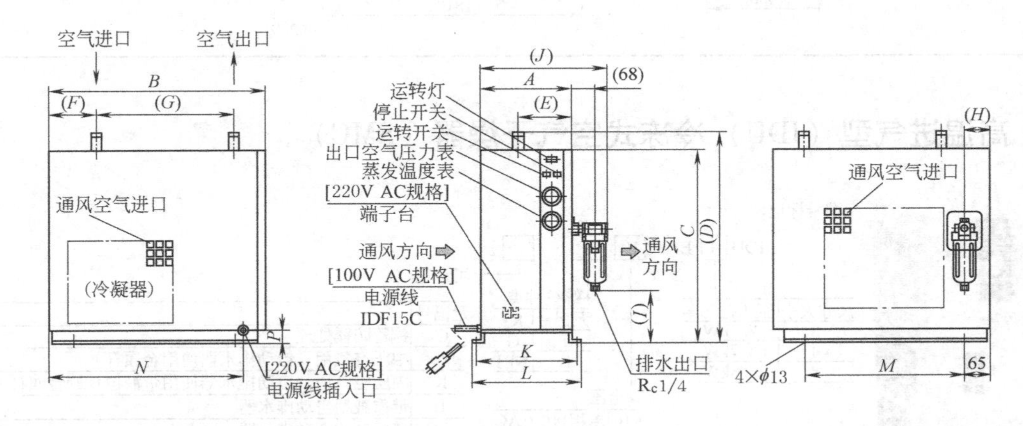

型 号	接管口径	A	B	C	D	E	F	G	H	I	J	K	L	M	N	P
IDF55C	R2	405	850	850	930	85	98	405(610)	722	247	508	433	461	700	800	30
IDF75C	R2	425	850	900	980	85	98	405(610)	722	297	528	433	481	700	800	30

注：(　)是可选项规格的冷却压缩空气用的尺寸

续表

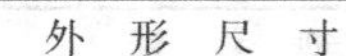

外 形 尺 寸

IDF120D～240D

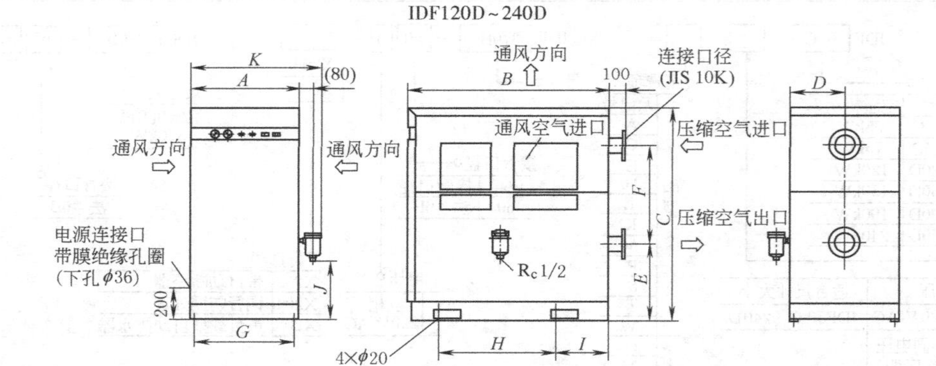

型　号	进出口连接	A	B	C	D	E	F	G	H	I	J	K
IDF120D	JIS 10K 2B½法兰	650	1200	1300	325	470	600	600	660	330	365	780
IDF150D	JIS 10K 3B 法兰											
IDF190D	JIS 10K 3B 法兰	750	1510	1320	375	480	600	700	800	355	427	880
IDF240D	JIS 10K 4B 法兰	770	1550	1640	385	703	730	700	800	355	592	900

IDF370B

空气进口 空气出口
接管口径
(JIS 10K 6B)
(280)
(310)
(400)
电源线插入口
1670
100
(250)
冷却水出口
(R_c 1 1/4)
冷却水进口
(R_c 1 1/4)
190
75
650
(800)
(90)
(390)
1050
1810
(210)
R_c3/8
4×ϕ20

5.3　高温进气型（IDU）冷冻式空气干燥器（SMC）

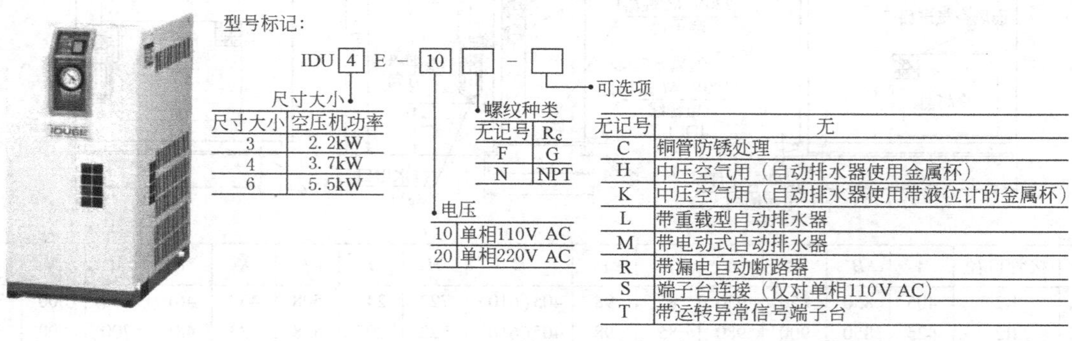

尺寸大小	空压机功率
3	2.2kW
4	3.7kW
6	5.5kW

无记号	R_c
F	G
N	NPT

电压	
10	单相110V AC
20	单相220V AC

无记号	无
C	铜管防锈处理
H	中压空气用（自动排水器使用金属杯）
K	中压空气用（自动排水器使用带液位计的金属杯）
L	带重载型自动排水器
M	带电动式自动排水器
R	带漏电自动断路器
S	端子台连接（仅对单相110V AC）
T	带运转异常信号端子台

注：R和S不能组合（因R上含S功能），S和T不能组合（因T上含S功能），其他可选项多个组合的场合，按字母顺序排列表示

第 23 篇

表 23-2-20

规格											
干燥器型号	处理空气量(ANR)① /$m^3 \cdot min^{-1}$	进口空气温度/℃	使用压力范围/MPa	环境温度/℃	电源电压/V AC	消耗功率/W	漏电开关容量/A	自动排水器型号	冷媒	接管口径	适合空压机功率/kW
IDU3E	0.32	5~80	0.15~1.0	2~40	单相 110 220	180	10 (110V AC) 5 (220V AC)	AD48	HFC 134a	R_c⅜	2.2
IDU4E	0.52					208				R_c½	3.7
IDU6E	0.75					350				R_c¾	5.5

① 测定条件:进口空气压力为0.7MPa,进口空气温度为55℃,环境温度为32℃,出口空气压力露点为10℃

外 形 尺 寸

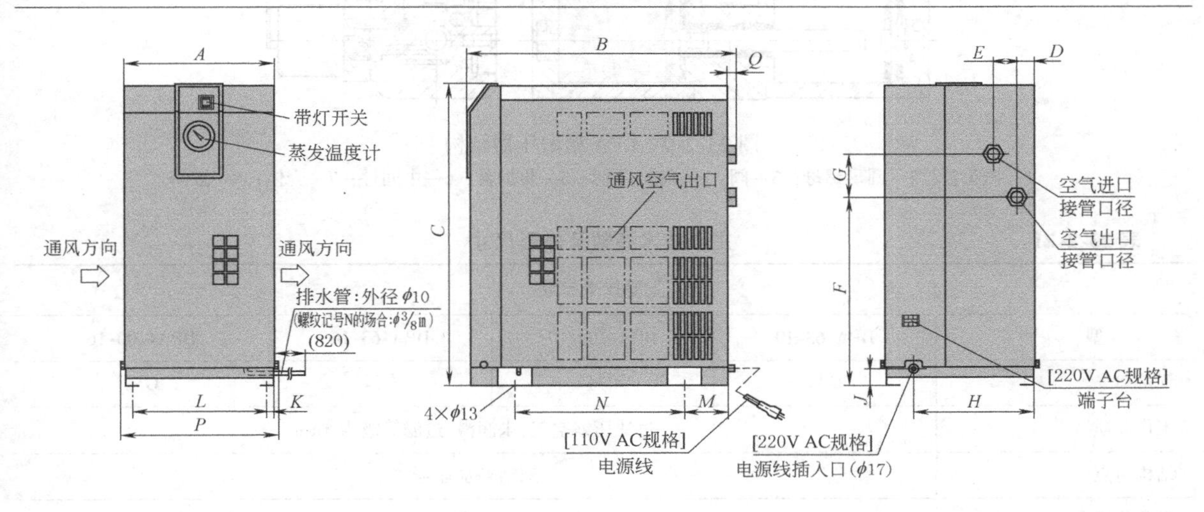

mm

型号	接管口径	A	B	C	D	E	F	G	H	J	K	L	M	N	P	Q
IDU3E	R_c⅜	270	455	498	31	42	283	80	230	32	15	240	80	275	284	15
IDU4E	R_c½		483	568			355							300		13
IDU6E	R_c¾		485													15

构 造 原 理

压缩空气进口
压缩空气出口
热交换器
水分分离器
蒸发温度计
排水出口
容量调整阀
毛细管
冷冻用压缩机
冷凝器
压力开关
风扇电机

5.4 DPA 型增压器（Festo）

增压器是一种带双活塞，能压缩空气的压力增强器。当对 DPA 进行加压时，根据流量的大小，内置换向阀和单向阀能自动地把输出端的压力提高两倍。两端活塞的驱动气源是由换向阀控制的。当到达一定的行程终端位置，换向阀能自动换向，能在系统压力和最大的两倍系统压力之间随意地选择输出压力。

其参考值是通过一个手动操作的减压阀来设置的。该减压阀给输出端的运动活塞提供压缩空气，并确保增压器的稳定工作。当使用的系统压力未达到要求的输出压力时，增压器能自动启动。当达到输出压力时，增压器就自动停止工作，但是当压力下降时，增压器就又会动作。

优点：任意位置安装、使用寿命长、结构紧凑、完美设计、安装时可选择气缸 ADVU 的标准附件、通过阀驱动、用气量少、安装时间短。结构图见图 23-2-9。

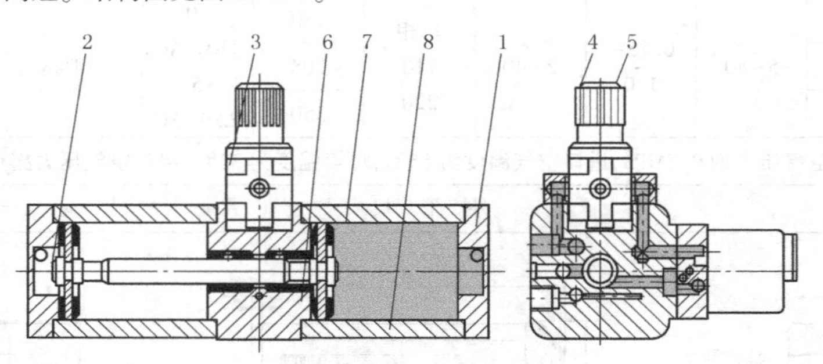

图 23-2-9　DPA 型增压器结构

1—插头盖；2—圆形螺母；3—阀；4—旋转手柄；5—防护盖；6—中间件；7—壳体；8—缸筒

表 23-2-21　　主要技术参数及外形尺寸

主要技术参数				
型　号	DPA-63-10	DPA-100-10	DPA-63-16	DPA-100-16
气接口	G⅜	G½	G⅜	G½
工作介质	过滤压缩空气,未润滑,过滤等级为 5μm			
结构特点	双活塞加压器			
安装位置	任意			
输入压力 p_1/bar	2~8		2~10	
输出压力 p_2/bar	4~10①		4~16①	
压力显示器	G⅛(供货时)	G¼(供货时)	G⅛(供货时)	G¼(供货时)
环境条件:环境温度+5~+60℃;耐腐蚀等级 2				

① 输入压力和输出压力之间的压差至少要达到 2bar

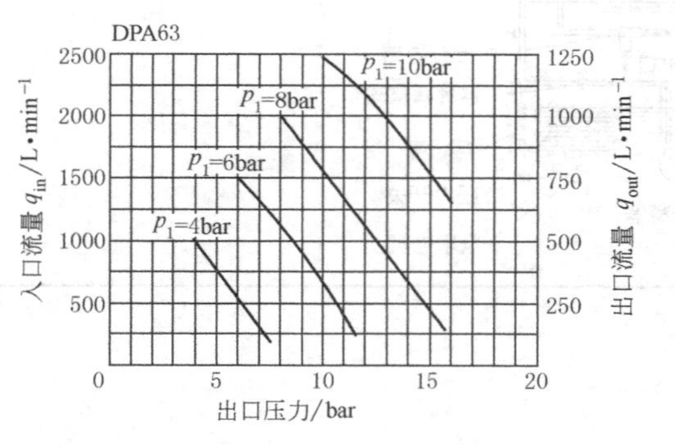

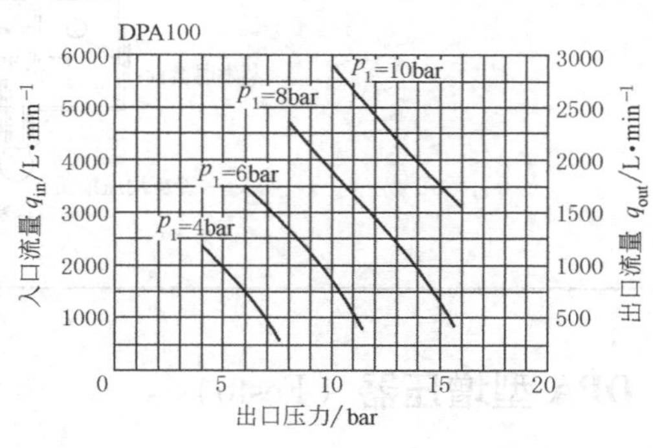

续表

外 形 尺 寸/mm

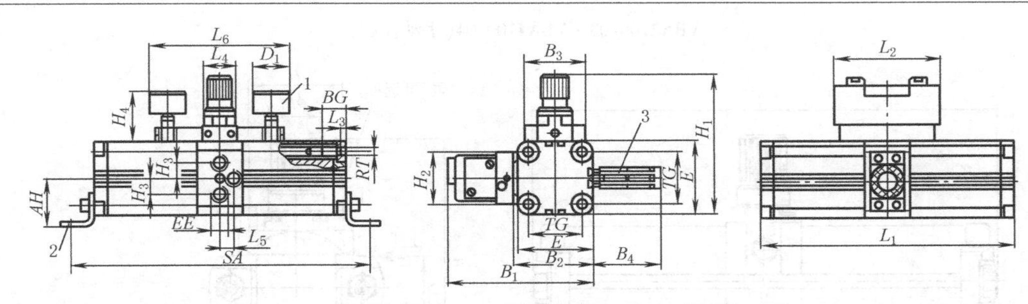

1—压力表组件；2—脚架安装件HUA；3—消声器U

型 号	AH	B_1	B_2	B_3	B_4	BG	D_1	E	EE	H_1	H_2
DPA-63-10	56.5	168	92.5	70	78	27	41	88	G⅜	167	62
DPA-63-16											
DPA-100-10	81	221	133	102	106	33		128	G½	244	71
DPA-100-16											

型 号	H_3	H_4	L_1	L_2	L_3	L_4	L_5	L_6	RT	TG	SA
DPA-63-10	18.4	60	289	123.5	6	40	16	160.5	M10	62	343
DPA-63-16											
DPA-100-10	27	73	367	145.5		55	11	175		103	433
DPA-100-16											

5.5 VBA 型增压器（SMC）

表 23-2-22

使 用 条 件			
使用气体	空气	润滑	不需要[如需要，则可用透平 1 号油(ISO VG32)]
最高供应压力	1.0MPa	安装	水平
先导管接管口径	R_c(PT)⅛	减压形式	溢流型
先导压力范围	0.1~0.5MPa	环境和流体温度	0~50℃

规 格

型 号	规 格					配件(可选项)			
	类型	最大增压比	调节压力范围/MPa	最大流量(ANR)①/L·min^{-1}	接管口径 R_c	压力表②	消声器	气 容	
VBA1110-02	手动控制型	2倍	0.2~2	400	¼	G27-20-R1	AN200-02	VBAT05A	VBAT10A
VBA1111-02		4倍		80	¼				
VBA2100-03		2倍	0.2~1	1000	⅝	G27-10-R1-X209	AN300-03	VBAT20A	
VBA4100-04		2倍		1900	½	G46-10-01	AN400-04		—
VBA2200-03	先导压力控制型	2倍		1000	⅝	G27-10-R1-X209	AN300-03		VBAT10A
VBA4200-04		2倍		1900	½	G46-10-01	AN400-04		—

① 流量条件：VBA1110 为进=出=1.0MPa，VBA1111、VBA2100、VBA4100 为进=出=0.5MPa

② 每只增压阀需要压力表两个

续表

外 形 尺 寸/mm

VBA2100-03・VBA4100-04(手动控制)

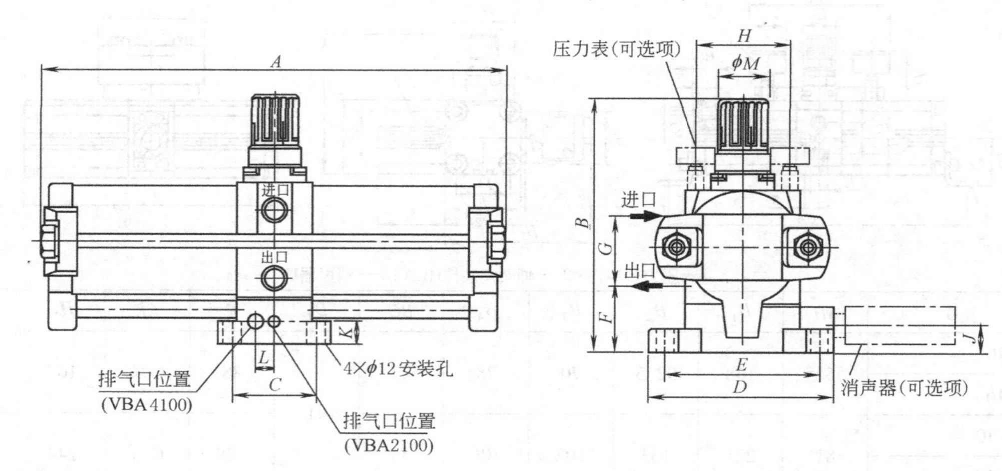

型 号	接管口径	A	B	C	D	E	F	G	H	J	K	L	ϕM
VBA2100-03	R_c⅜	300	170	53	73	118	98	46	43	18	15	—	31
VBA4100-04	R_c½	404	207.5	96	116	150	130	62.8	62	17	15	20	40

VBA2200-03・VBA4200-04(气控型)

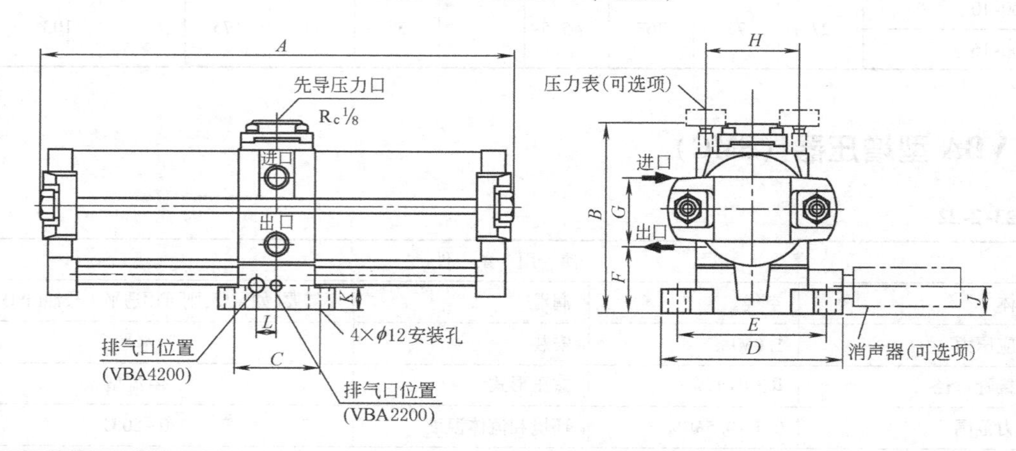

型 号	接管口径	A	B	C	D	E	F	G	H	J	K	L
VBA2200-03	R_c⅜	300	128.5	53	118	98	46	43	60.5	18	15	—
VBA4200-04	R_c½	404	167	96	150	130	62.8	62	90	17	15	20

第3章 压缩空气净化处理装置

1 空气净化处理概述

1.1 压缩空气处理

压缩空气是由经过压缩的大气组成的，大气有78%的氮、21%的氧和1%的其他气体（主要是氩）。大气压力的值取决于其所处地理位置是高于海平面还是低于海平面。海平面上的大气可取 $p_0=1.013\text{bar}$。

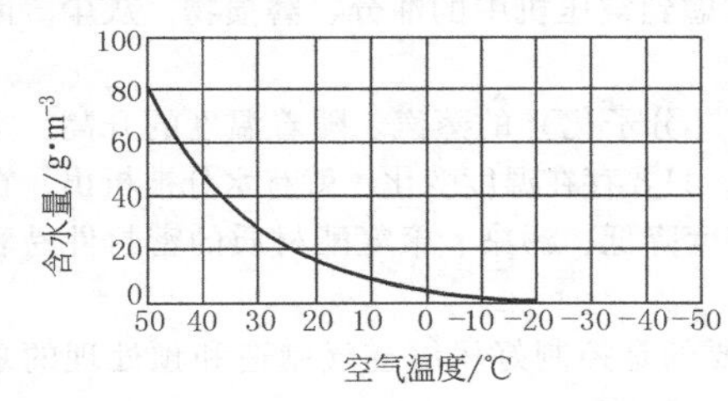

图 23-3-1　空气温度与含水量的关系

空气的最大含水量（100% 相对湿度）与温度有很大关系。不考虑气压，单位体积的空气可吸收一定量的水分。热空气可吸收更多的水分。湿度过高时，空气中的水分会凝结成水滴，见图23-3-1。如果气温下降，如从20℃降至3℃，压缩空气的最大含水量将会从 18g/m^3 降至 6g/m^3，压缩空气的含水量只有原来的1/3，多余的水分（12g/m^3）以水滴（露珠）的形式析出。因此，空气中存有含水量，必须把水尽可能从压缩空气中除去，以免引起故障。

由于水以空气湿度的形式存在于空气中。在压缩空气冷却的过程中，有大量水分被析出。对压缩空气的干燥处理可防止对气动系统和设备的腐蚀及损坏。在加热的室内（<15℃）工作时，必须对压缩空气进行干燥，使之压力露点为3℃（压力露点必须比介质的温度至少低10℃，否则，就会在膨胀的压缩空气中结冰）。

在无油压缩机中，空气中吸入的油雾会导致油污残渣。这些油污不能起到润滑驱动器的作用，反而会造成敏感部件的阻塞。同样，对有油润滑的压缩机，在高温压缩下，油污将产生焦油和炭的颗粒，会对元件造成更大的伤害。

尘埃、铁锈颗粒：尘埃（如炭黑、研磨和腐蚀微粒）在凝结点会形成固体颗粒。海滨区域一般含尘量较低，但从海水中蒸发的水滴导致空气中的盐量较大。

尘埃按尺寸分类：粗尘>10μm，1μm<细尘<10μm 和尘雾<1μm。

1.2 压缩空气要求的净化程度

压缩空气必须净化，使之不会对系统造成故障和损坏。污染物会加速对滑动表面和密封件的磨损，会影响气动元件的功能和使用寿命。由于过滤器会增加气流的阻力，从经济角度出发，压缩空气应尽可能干净。压缩空气质量根据 DIN ISO 8573-1 标准分类（见表 23-3-1），按级别规定了压缩空气允许的污染程度。

不同的应用场合采用不同质量的压缩空气。如需高质量的压缩空气，必须采用多个过滤器。如果仅采用一个精细过滤器，则使用寿命不长。

气源质量包括以下几部分：固态颗粒含量、水含量和油含量（油滴、油雾和油气）。

表 23-3-1　　DIN ISO 8573-1 标准空气质量分类

分　类	固态颗粒		含水量	含油量
	最大颗粒尺寸/mm	最大颗粒密度/mg·m^{-3}	最大压力露点/℃	最大含油浓度/mg·m^{-3}
1	0.1	0.1	-70	0.01
2	1	1	-40	0.1
3	5	5	-20	1
4	15	8	3	5
5	40	10	7	25
6	—	—	10	—
7	—	—	不定义	—

1.3　压缩空气预处理

工厂中相当大的一部分能源费用花在压缩空气的供气和预处理方面。尽管如此，目前压缩空气预处理系统仍然没有受到重视。如今，现代化的压缩空气预处理系统的规格都非常精确，对改进操作结果做出了积极的贡献。

（1）环境因素

压缩空气供气成本上涨的一个原因就在于我们所处的环境（据资料报道，在德国汽车每年排放在空气中的污染物达 1.6 千万吨）。如果不对这类压缩空气进行过滤和清洁，后果是显而易见的，系统故障、机器故障以及生产停顿，更不要说对员工健康以及工作卫生状况的严重危害了。

三大污染物主要是一氧化碳、二氧化硫、氧化氮，其中一氧化碳约占 8.2 百万吨，二氧化硫占 3 百万吨，氧化氮占 3.1 百万吨。除了空气中悬浮的所有灰尘等杂质外，还必须考虑到空压机中的油分、磨损物、灰尘。因此，压缩空气最佳的预处理意味着在最大程度上除去所有有害的杂质。

除了固体和残余油分之外，环境空气中还含有大量的、完全分解（分子化）的蒸汽。随着温度的升高，空气可吸纳越来越多的湿气。这也意味着随着温度下降，水分将会析出。只要存在温度变化，就有水分被析出。在气动系统中，其后果就是：元件腐蚀、影响换向操作、磨损加剧、速度降低、污染、聚氨酯材质的密封件易乳化、元件寿命缩短。

实际上，并不可能除去压缩空气中所有的杂质和冷凝水，但重要的是控制好压缩空气制造和预处理的总成本。

（2）制造与预处理总成本的控制

1）系统的选择

系统选择时要基于如下考虑：吸入空气的水分含量（压缩空气在不同压力下吸收水分的能力），油雾润滑或无油润滑，压缩空气元件的结构与设计，压缩空气的生产（空压机的类型），集中式压缩空气站与分散式压缩空气站，集中式供气与分散式供气的比较，空压机的操作模式（中断型操作、闲置操作），二次冷却器（空气冷却与水冷却器）。如果系统中有不同压力等级的压缩空气要求，从经济角度出发，可考虑局部压力放大（增压器），避免整个系统应用高等级的压缩空气。如系统有不同质量等级的压缩空气的需求，从经济角度出发，压缩空气还是必须集中筹备，然后对所需高等级空气按照“用多少处理多少”的原则进行处理，应为将来系统扩容预留一定的压缩空气用量。

2）对不同净化处理装置的成本比较

比较的内容包括：压缩空气的干燥［冷凝式干燥、吸附式干燥器（加热再生法）、吸附式干燥器（冷却再生法）］中不同干燥系统的成本比较；压缩空气过滤［固体的过滤、预过滤器、精密过滤器、微型过滤器、亚微米级过滤器、活性炭过滤器（活性炭吸附装置）］；压缩空气的分配（管道材料、压力降和成本）。

2　过　滤　器

2.1　过滤器的分类与功能

标准型过滤器是最主要的气源净化装置之一。根据不同的空气质量等级要求，形成除水滤灰型的过滤器、除油型的过滤器及除臭型过滤器。除水滤灰型过滤器又可分成普通等级（5~20μm）、精细等级（0.1~1μm）和超精细等级（0.01μm）。表23-3-2是针对不同应用场合、不同空气质量要求的几种过滤系统，如系统A、B、C、D、E、F、G。

表23-3-2　　不同场合、不同空气质量要求的几种过滤系统

系　统	空气质量	应用场合	过滤后状况
A 普通级	过滤：(5~20μm)，排水99%以下，除油雾(99%)	一般工业机械的操作、控制，如气钳、气锤、喷砂等	
B 精细过滤	过滤(0.3μm)，排水99%以下，除油雾(99.9%)	工业设备，气动驱动，金属密封的阀、马达	主要排除灰尘和油雾，允许有少量的水
C 不含水，普通级	过滤：(5~20μm)，排水：压力露点在-17℃以内，除油雾(99%)	类似A过滤系统，所不同的是它适合气动输送管道中温度变化很大的耗气设备，适用于喷雾、喷镀	对除水要求较严，允许少量的灰尘和油雾
D 精细级	过滤(0.3μm)，排水：压力露点在-17℃以内，除油雾(99.9%)	测试设备，过程控制工程，高质量的喷镀气动系统，模具及塑料注塑模具冷却等	对除水、灰尘和油雾要求较严
E 超精细级	过滤(0.01μm)，排水：压力露点在-17℃以内，除油雾(99.9999%)	气动测量、空气轴承、静电喷镀。电子工业用于净化、干燥的元件。主要特点：对空气要求相当高，包括颗粒度、水分、油雾和灰尘	对除灰、除油雾和水都要求很严
F 超精细级	过滤(0.01μm)，排水：压力露点在-17℃以内，除油雾(99.9999%)，除臭气99.5%	除了满足E系统要求外，还须除臭，用于医药工业、食品工业(包装、配置)、食品传送、酿造、医学的空气疗法、除湿密封等	同E系统，此外对除臭还有要求
G	过滤(0.01μm)，排水：压力露点在-30℃以内，除油雾(99.9999%)	该类过滤空气很干燥，用于电子元件、医药产品的存储、干燥的装料罐系统，粉末材料的输送、船舶测试设备	在E系统的基础上对除水要求最严，要求空气绝对干燥

2.2　除水滤灰过滤器

除水滤灰型过滤器是应用最广泛的过滤器，俗称过滤器。随着无油润滑技术的发展（无油润滑的空压机的崛起），除了在主管道配有油水分离装置，在大多数气动设备系统中都已采用除水型过滤器而省略了除油型过滤器。除水滤灰过滤器工作原理和性能参数如表23-3-3所示。

表23-3-3

工作原理	当压缩空气通过入口进入过滤器内腔作用于旋转叶片上，旋转叶片上有许多成一定角度的缺口，使空气沿切线方向产生强烈的旋转，空气中的固态杂质、水及油滴受离心力作用被甩至存水杯的内壁，并从空气中分离出来，沉至存水杯杯底。未过滤的压缩空气经过滤芯，使灰尘、杂质被过滤芯挡在圆周外部，并随旋转气流再次被甩在存水杯内壁，压缩空气直接从滤芯内部向出口排出。为了防止气体旋转将存水杯底积存的冷凝水卷起污染滤芯，在滤芯下部设有挡水板。存水杯中的冷凝水可通过操作排水阀被排出（排水阀底部可安装自动排水器）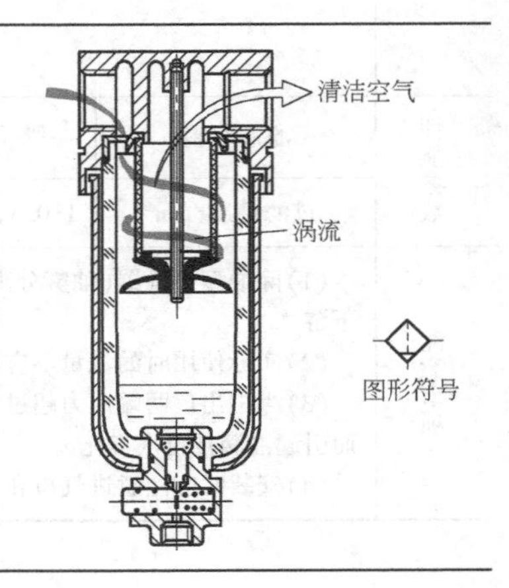

续表

性能参数	流量特征	指压缩空气经过过滤器造成的压力降与经过该过滤器流量之间的关系。通常,压力降随流量和过滤精度的增大而增加,合适的压力降的值应小于0.05MPa
	过滤精度	指通过滤芯的最大颗粒的直径。常规的滤芯精度分普通级(约为5~10μm、20μm、40μm)、精细级(约为0.1μm、0.3μm)、超精细级(约为0.01μm,用于气动伺服、比例系统或气动组表,含喷嘴挡板结构)
	过滤精度选择原则	应根据系统要求,下游气动阀门的结构特性[滑阀型、截止型、金属密封(硬配阀)],不影响流量和压力,滤芯不被经常堵塞
	分水效率	指通过过滤器后分离出的水分与进入过滤器前的压缩空气中所含水分之比(用%表示)。通常,分水效率在0.8以上
注意事项	除水型过滤器主要去除空气中的杂质、水滴,却不能滤去空气中的水蒸气。因此,除水型过滤器应安装在干燥器下游,尽可能靠近耗气设备的进口处。如无自动排水装置,应定期(每天两次以上)进行手动操作排水。定期检查滤芯的堵塞情况,当进出气两端的压力降大于0.5MPa时,应及时予以更换。存水杯清洗应采用中性清洁剂,严禁使用有机溶剂清洗	

2.3 除油型过滤器(油雾分离器)

除油型过滤器俗称油雾分离器,主要用于主管道过滤器和空气过滤器难以分离的(0.3~5μm)焦油粒子及大于0.3μm的锈末、碳类微粒。除油型过滤器工作原理如表23-3-4所示。

表23-3-4

工作原理	当含有油雾(0.3~5μm焦油粒子等)的压缩空气通过聚凝式滤芯内部向外输出,微小的例子同布朗运动受阻产生相互之间的碰撞。粒子逐渐变大,合成较大油滴而进入多孔质的泡沫塑料层表面。由于重力的作用,油滴沉落到滤杯底部,以便清除,详见右图 I放大 1 2 3 4 I 图形符号 1—多孔金属筒;2—纤维层(0.3μm);3—泡沫塑料;4—过滤纸	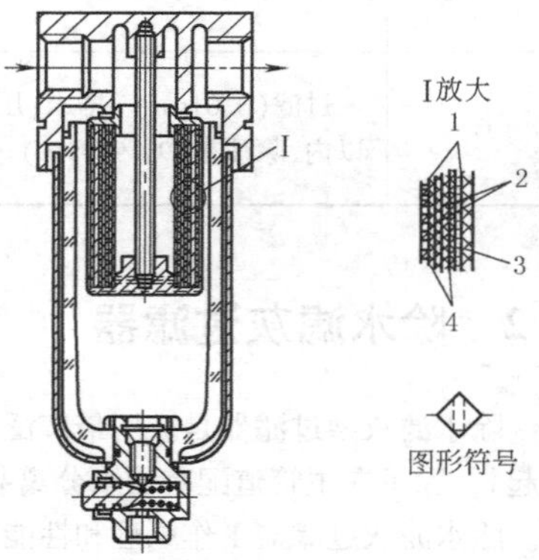
性能参数	滤芯材料	一般采用与油脂有较好糅合性的玻璃纤维、纤维素、陶瓷材料
	过滤精度/μm	1、0.3、0.01
注意事项	(1)除油型过滤器(油雾分离器)应安装在除水滤灰型(过滤器)的下游,高精度的油雾过滤器应安装在干燥器的下游 (2)实际使用时的流量不应超过最大允许流量,以防止油滴再次被雾化 (3)当进出口两端压力超过0.07MPa时,表明其滤芯堵塞严重,应及时更换,避免已被减少滤芯的通道,其流速增大而引起油滴被再次雾化 (4)安装时应注意进气口和出气口的位置,它与除水滤灰型过滤器有所不同	

2.4 除臭过滤器

表 23-3-5

<table>
<tr><td>工作原理</td><td>除臭型过滤器用于清除压缩空气中的臭味粒子(气味及有害气体)。其结构类同于油雾分离器。压缩空气从进口处进入即直接通入滤芯的内侧容腔,在透过滤芯输出时,压缩空气中的臭味粒子(颗粒直径为 0.002~0.003μm)被填充在超细纤维层内的活性炭所吸收
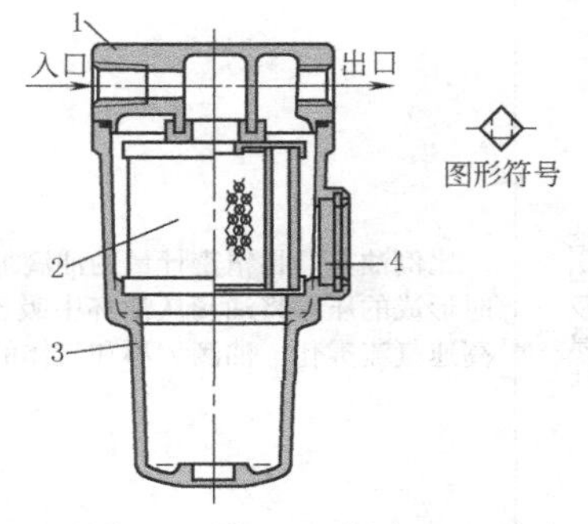

1—主体;2—滤芯;3—外罩;4—观察窗</td></tr>
<tr><td>使用注意事项</td><td>(1)除臭型过滤器应安装在油雾分离器或高精度的油雾分离器下游,使用干燥的空气
(2)为了确保除臭特性,应定期更换滤芯,进出口两端的压力降超过 0.1MPa 时,应进行更换
(3)活性炭过滤滤芯对含有一氧化碳、二氧化碳、甲烷气体的气味难以去除</td></tr>
</table>

2.5 自动排水器

由空压机产生的压缩空气需经过许多气源处理过程（后冷却器、储气罐、干燥器等）。经过的每一道气源处理设备都将有一定量的污水（含混合在内的灰尘颗粒等杂质）需被及时排出，以免它重新被气流带入空气进入下一道处理设备以至前功尽弃。同时，气动管道在安装时成一定的斜度，在管线的低淌处（或拐弯处）也会积聚污水，需及时排出。通常人们见到的是气动设备进口处装有气源三大件（过滤、减压、油雾装置）。在过滤器下端装有自动排水器。在气源设备进口处及时排除冷凝水对系统的正常工作和提高气动元件的寿命具有重要意义。

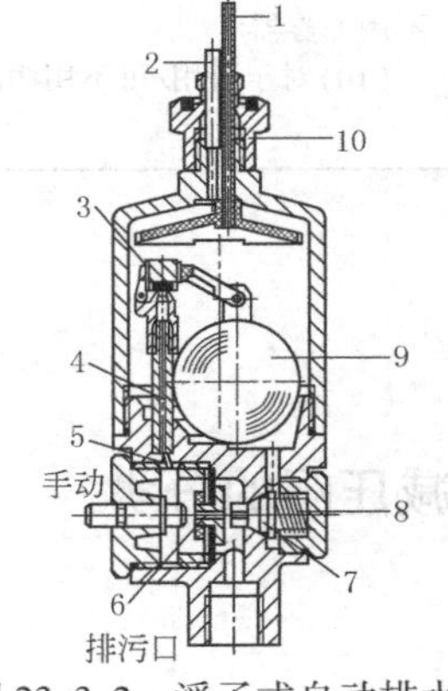

图 23-3-2　浮子式自动排水器
1—连接气管；2—排污管；3—密封堵头；4—通气管；5—节流通道；6—带膜片活塞；7—阀芯；8—弹簧；9—浮子；10—接口

自动排水器一般可分气动式和电动式两大类。气动式用于气动系统（流水线）和气动设备较多的情况，也可用于主管道气源设备。电动式可用于主管道气源处理设备，很少见到用于气动系统（流水线）和气动设备。

气动式自动排水可分为浮子式、弹簧式、差压式。下面简要介绍浮子式自动排水装置。

图 23-3-2 为浮子式自动排水器。由接口 10 连接在需排冷凝水的容器下部（过滤器、储气罐等）。上部容器的气压、冷凝水分别通过上连接气管 1、排污管 2 与自动排水器内部相连。当冷凝水积累一定高度，浮子上浮，密封堵头 3 被提起，自动排水器内部的气压通过通气管 4、节流通道 5 作用于带膜片活塞 6，并使阀芯 7 克服弹簧 8 作用向右移动，冷凝水可从排污口排出。当冷凝水被排出，浮子在自重作用下下垂，堵死密封堵头，阀芯 7 在弹簧 8 的作用下堵住冷凝水与排污口的通道。该自动排水器也可用人力方式，按动手动按钮进行排污。

3 油 雾 器

表 23-3-6

结构及原理	比例油雾器将精密计量的油滴加入至压缩空气中。当气体流经文丘里喷嘴时形成的压差将油滴从油杯中吸出至滴盖。油滴通过比例调节阀滴入,通过高速气流雾化。油滴大小和气体的流量成正比 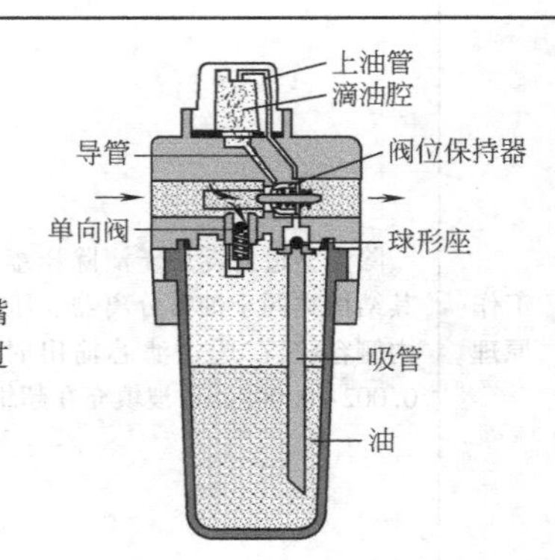
使用注意事项	压缩空气油雾润滑时应注意以下事项 (1)可使用专用油(必须采用 DIN 51524-HLP32 规定的油;40℃时油的黏度为 $32\times10^{-6}m^2/s$) (2)当压缩空气润滑时,油雾不能超过 $25mg/m^3$(DIN ISO 8573-1 第 5 类)。压缩空气经处理后应为无油压缩空气 (3)采用润滑压缩空气进行操作将会彻底冲刷未润滑操作所需的终身润滑,从而导致故障 (4)油雾器应尽可能直接安装在气缸的上游,以避免整个系统都使用油雾空气 (5)系统切不可过度润滑。为了确定正确的油雾设定,可进行以下简单的"油雾测试":手持一页白纸距离最远的气缸控制阀的排气口(不带消声器)约 10cm,经一段时间后,白纸呈现淡黄色,上面的油滴可确定是否过度润滑 (6)排气消声器的颜色和状态进一步提供了过度润滑的证据。醒目的黄色和滴下的油都表明润滑设置得太大 (7)受污染或不正确润滑的压缩空气会导致气动元件的寿命缩短 (8)必须至少每周对气源处理单元的冷凝水和润滑设定检查两次。这些操作必须列入机器的保养说明书中 (9)目前各气动元件厂商均生产无油润滑的气缸、阀等气动元件,为了保护环境或符合某些行业的特殊要求,尽可能不用油雾器 (10)对于可用/可不用润滑空气的工作环境,如果气缸的速度大于 1m/s,建议采用给油的润滑方式

4 减 压 阀

4.1 减压阀的分类

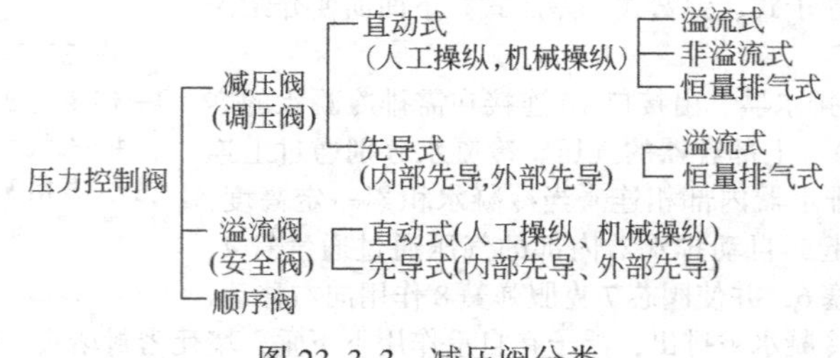

图 23-3-3 减压阀分类

4.2 减压阀基本工作原理

表 23-3-7

<table>
<tr><td rowspan="1">膜片式减压阀</td><td colspan="2">图 a 所示为应用最广的一种普通型直动溢流式减压阀，其工作原理是：顺时针方向旋转手柄（或旋钮）1，经过调压弹簧 2、3 推动膜片 5 下移，膜片又推动阀杆 7 下移，进气阀芯 8 被打开，使出口压力 p_2 增大。同时，输出气压经反馈导管 6 在膜片 5 上产生向上的推力。这个作用力总是企图把进气阀关小，使出口压力下降，这样的作用称为负反馈。当作用在膜片上的反馈力与弹簧的作用力相平衡时，减压阀便有稳定的压力输出
当减压阀输出负载发生变化，如流量增大时，则流过反馈导管处的流速增加，压力降低，进气阀被进一步打开，使出口压力恢复到接近原来的稳定值。反馈导管的另一作用是当负载突然改变或变化不定时，对输出的压力波动有阻尼作用，所以反馈管又称阻尼管
当减压阀的进口压力发生变化时，出口压力直接由反馈导管进入膜片气室，使原有的力平衡状态破坏，改变膜片、阀杆组件的位移和进气阀的开度及溢流孔 10 的溢流作用，达到新的平衡，保持其出口压力不变
逆时针旋转手柄（旋钮）1 时，调压弹簧 2、3 放松，气压作用在膜片 5 上的反馈力大于弹簧作用力，膜片向上弯曲，此时阀杆的顶端与溢流阀座 4 脱开，气流经溢流孔 10 从排气孔 11 排出，在复位弹簧 9 和气压作用下，阀芯 8 上移，减小进气阀的开度直至关闭，从而使出口压力逐渐降低直至回到零位状态
由此可知，溢流式减压阀的工作原理是：靠近气阀芯处节流作用减压；靠膜片上力的平衡作用和溢流孔的溢流作用稳定输出压力；调节手柄可使输出压力在规定的范围内任意改变</td><td>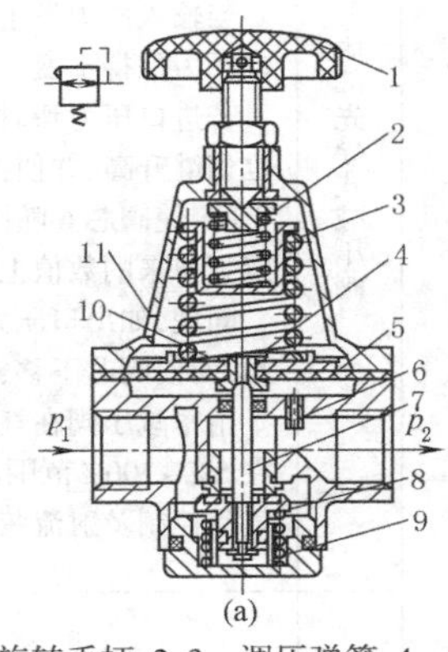

(a)
1—旋转手柄；2，3—调压弹簧；4—阀座；5—膜片；6—反馈导管；7—阀杆；8—阀芯；9—复位弹簧；10—溢流孔；11—排气孔</td></tr>
<tr><td>活塞式减压阀</td><td colspan="2">活塞式减压阀工作原理与膜片式减压阀工作原理大致相同，其区别在于膜片式的调压弹簧作用在膜片上，而活塞式减压阀的调压弹簧作用在活塞上。活塞式减压阀灵敏度不及膜片式的高，但活塞式减压阀能承受较高的工作压力</td><td>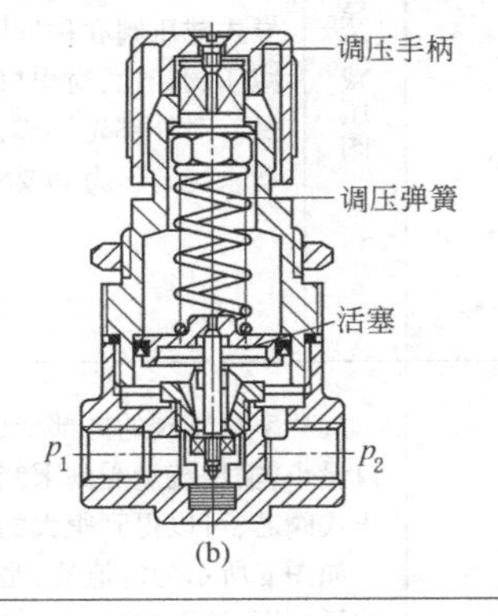

(b)</td></tr>
<tr><td>精密减压阀</td><td>内部先导式减压阀</td><td>内部先导式减压阀亦被称为精密型减压阀，由于先导级放大功能，压力调节灵敏
由图 c 可知，内部先导式减压阀比直动式减压阀增加了由喷嘴 4、挡板 3（在膜片 11 上）、固定节流孔 9 及气室 B 所组成的喷嘴挡板放大环节；由于先导气压的调节部分采用了具有高灵敏度的喷嘴挡板结构，当喷嘴与挡板之间的距离发生微小变化时（零点几毫米），就会使 B 室中压力发生很明显的变化，从而引起膜片 10 有较大的位移，并控制阀芯 6 的上下移动，使阀口 8 开大或关小，提高了对阀芯控制的灵敏度，故有较高的调压精度
工作原理：当气源进入输入端后，分成两路，一路经进气阀口 8 到输出通道；另一路经固定节流孔 9 进入中间气室 B，经喷嘴 4、挡板 3、孔道 5 反馈至下气室 C，再由阀芯 6 的中心孔从排气口 7 排至大气</td><td>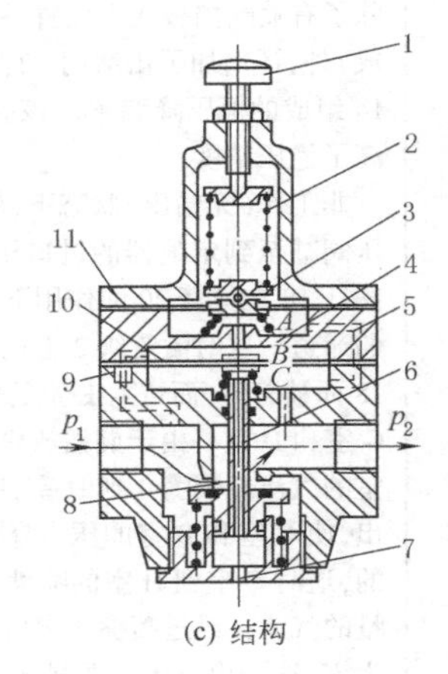

(c) 结构</td></tr>
</table>

续表

<table>
<tr>
<td rowspan="2">精密减压阀</td>
<td>内部先导式减压阀</td>
<td>当顺时针旋转手柄(旋钮)1 到一定位置,使喷嘴挡板的间距在工作范围内,减压阀就进入工作状态,中间气室 B 的压力随间距的减小而增加,于是推动阀芯打开进气阀口 8,即有气流流到输出口,同时经孔道 5 反馈到上气室 A,与调压弹簧 2 的弹簧力相平衡
当输入压力发生波动时,靠喷嘴挡板放大环节的放大作用及力平衡原理稳定出口压力保持不变
若进口压力瞬时升高,出口压力也升高。出口压力的升高将使 C、A 气室压力也相继升高,并使挡板 3 随同膜片 11 上移一微小距离,而引起 B 室压力较明显地下降,使阀芯 6 随同膜片 10 上移,直至使阀口 8 关小为止,使出口压力下降,又稳定到原来的数值上
同理,如出口压力瞬时下降,经喷嘴挡板的放大也会引起 B 室压力较明显地升高,而使阀芯下移,阀口开大,使出口压力上升,并稳定到原数值上
精密减压阀在气源压力变化±0. 1MPa 时,出口压力变化小于 0. 5%。出口流量在 5%~100%范围内波动时,出口压力变化小于 0. 5%。适用于气动仪表和低压气动控制及射流装置供气用
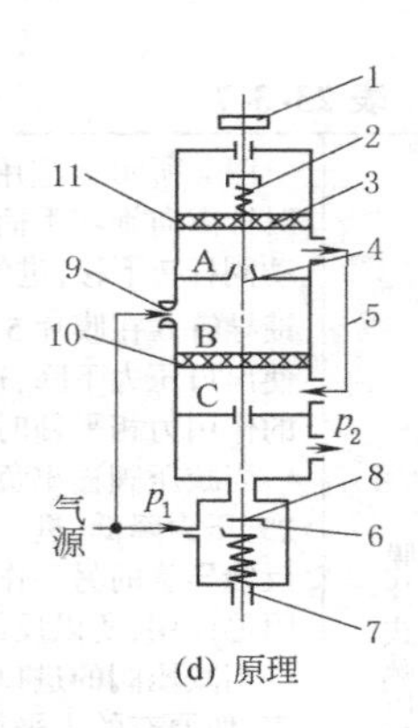

(d) 原理</td>
</tr>
<tr>
<td>外部先导式减压阀</td>
<td>外部先导式减压阀也被称为远控型减压阀
图 e 为外部先导式减压阀,主阀的工作原理与直动式减压阀相同,在主阀的外部还有一只小型直动溢流式减压阀,由它来控制主阀,所以外部先导式减压阀亦称远距离控制式减压阀,外部先导式和内部先导式与直动式减压阀相比,对出口压力变化时的响应速度稍慢,但流量特性、调压特性好。对外部先导式,调压操作力小,可调整大口径如通径在 20mm 以上气动系统的压力和要求远距离(30m 以内)调压的场合
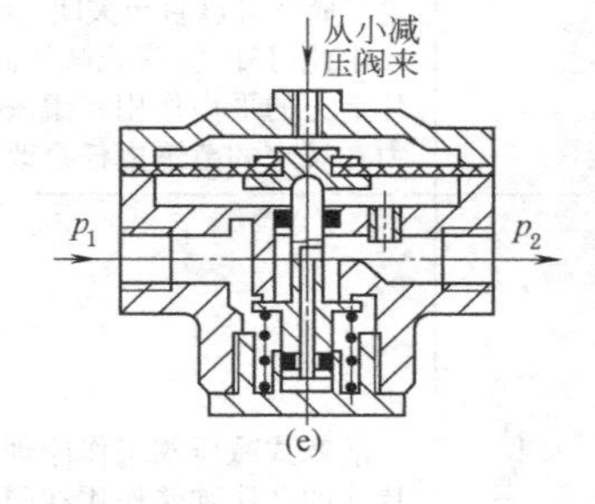

(e)</td>
</tr>
<tr>
<td>大功率减压阀</td>
<td colspan="2">大功率减压阀的内部受压部分通常都使用膜片式结构,故阀的开口量小,输出流量受到限制。大功率减压阀的受压部分使用平衡截止式阀芯,可以得到很大的输出流量,故称为大容量精密减压阀
如图 g 所示为定值器,是一种高精度的减压阀,图 h 是其简化后的原理图,该图右半部分就是直动式减压阀的主阀部分,左半部分除了有喷嘴挡板放大装置(由喷嘴 4、挡板 8、膜片 5、气室 G、H 等组成)外,还增加了由活门 12、膜片 3、弹簧 13、气室 E、F 和恒节流孔 14 组成的恒压降装置。该装置可得到稳定的气源流量,进一步提高了稳压精度
非工作(无输出)状态下,旋钮 7 被旋松,净化过的压缩空气经减压阀减至到定值器的进口压力,由进口处经过滤网进入气室 A、E,阀杆 18 在弹簧 20 的作用下,关闭进气阀 19,关闭了 A 和 B 室之间的通道。这时溢流阀 2 上的溢流孔在弹簧 17 的作用下,离开阀杆 18 而被打开,而进入 E 室的气流经活门 12、F 室、恒节流孔 14 进入 G 室和 D 室。由于旋钮放松,膜片 5 上移,并未封住喷嘴 4,进入 G 室的气流经喷嘴 4 到 H 室,B 室,经溢流阀 2 上的孔及排气孔 16 排出,使 G 室和 D 室的压力降低。H 和 B 是等压的,G 和 D 也是等压的,这时 G 室到 H 室的喷嘴 4 很畅通,从恒节流孔 14 过来的微小流量的气流在经过喷嘴 4 之后的压力已很低,使 H 室的出口压力近似为零(这一出口压力即漏气压力,要求越小越好,不超过 0. 002MPa)
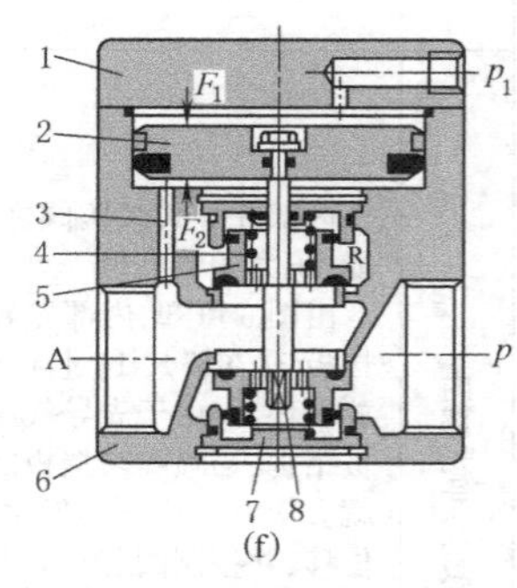

(f)
1—阀盖;2—调压活塞;3—反馈通道;4—弹簧;5—截止阀芯;6—阀体;7—阀套;8—阀轴</td>
</tr>
</table>

续表

定值器	工作(即有输出)状态下(顺时针拧旋钮7时),压缩弹簧6,使挡板8靠向喷嘴4,从恒节流孔过来的气流使G和D的压力升高。因D室中的压力作用,克服弹簧17的反力,迫使膜片15和阀杆18下移,首先关闭溢流阀2,最后打开进气阀19,于是B室和大气隔开而和A室经气阻接通(球阀与阀座之间的间隙大小反映气阻的大小),A室的压缩空气经过气阻降压后再从B室到H室而输出。但进入B、H室的气体有反馈作用,使膜片15、5又都上移,直到反馈作用和弹簧6的作用平衡为止,定值器便可获得一定的输出压力,所以弹簧6的压力与出口压力之间有一定的关系 假定负载不变,进口压力因某种原因增加,而且活门12和进气阀19开度不变,则B、H、F室的压力增加。其中H室的压力增加将使膜片5上抬,喷嘴挡板距离加大,G、D室的压力下降,E、F室的压力增加,将使活门12,膜片3向上推移,使活门12的开度减小,F室的压力回降。D室压力下降和B室压力升高,使膜片15上移,进气阀19的开度减小,即气阻加大,使H室的压力回降到原来的出口压力。同样,假设输入压力因某种原因减小时,与上述过程正好相反,将使H室的压力回升到原先的输出压力 假设进口压力不变,出口压力因负载加大而下降,即H、B室压力下降,将使膜片5下移,挡板靠向喷嘴,G、D室压力上升,活门12和进气阀19的开度增加,出口压力回升到原先的数值。相反,出口压力因负载减小而上升时,与上述正好相反,将使出口压力回降到原先的数值 对于定值器来说,气源压力在±10%范围内变化时,定值器的出口压力的变化不超过最大出口压力的0.3%。当气源压力为额定值,出口压力为最大值的80%时,出口流量在0~600L范围内变化,所引起的出口压力下降不超过最大出口压力的1% 在气动检测、调节仪表及低压、微压装置中,定值器作为精确给定压力之用 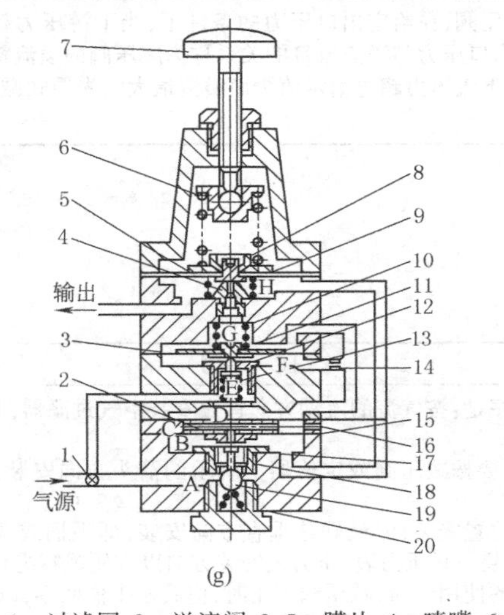 (g) 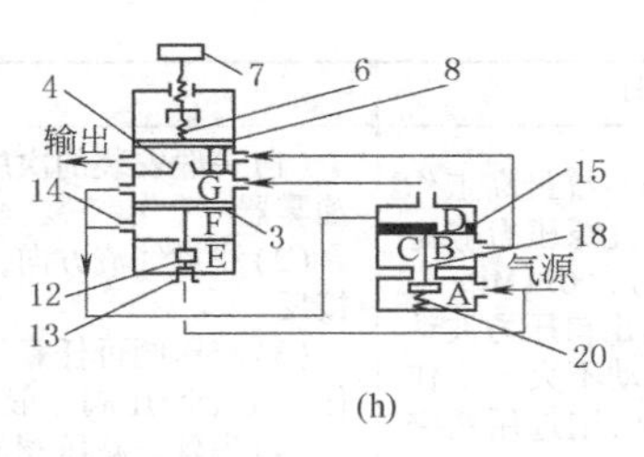 (h) 1—过滤网;2—溢流阀;3,5—膜片;4—喷嘴;6—调压弹簧;7—旋钮;8—挡板;9,10,13,17,20—弹簧;11—硬芯;12—活门;14—恒节流孔;15—膜片(上有排气孔);16—排气孔;18—阀杆;19—进气阀

4.3 减压阀的性能参数

表 23-3-8

项　目	性 能 参 数
进口压力 p_1	气压传动回路中使用的压力多为0.25~1.00MPa,故一般规定最大进口压力为1MPa
调压范围	调压范围是指减压阀出口压力 p_2 的可调范围,在此范围内,要求达到规定的调压精度。一般进口压力应在出口压力的80%范围内使用。调压精度主要与调压弹簧的刚度和膜片的有效面积有关 在使用减压阀时,应尽量避免使用调压范围的下限值,最好使用上限值的30%~80%,并希望选用符合这个调压范围的压力表,压力表读数应超过上限值的20%

续表

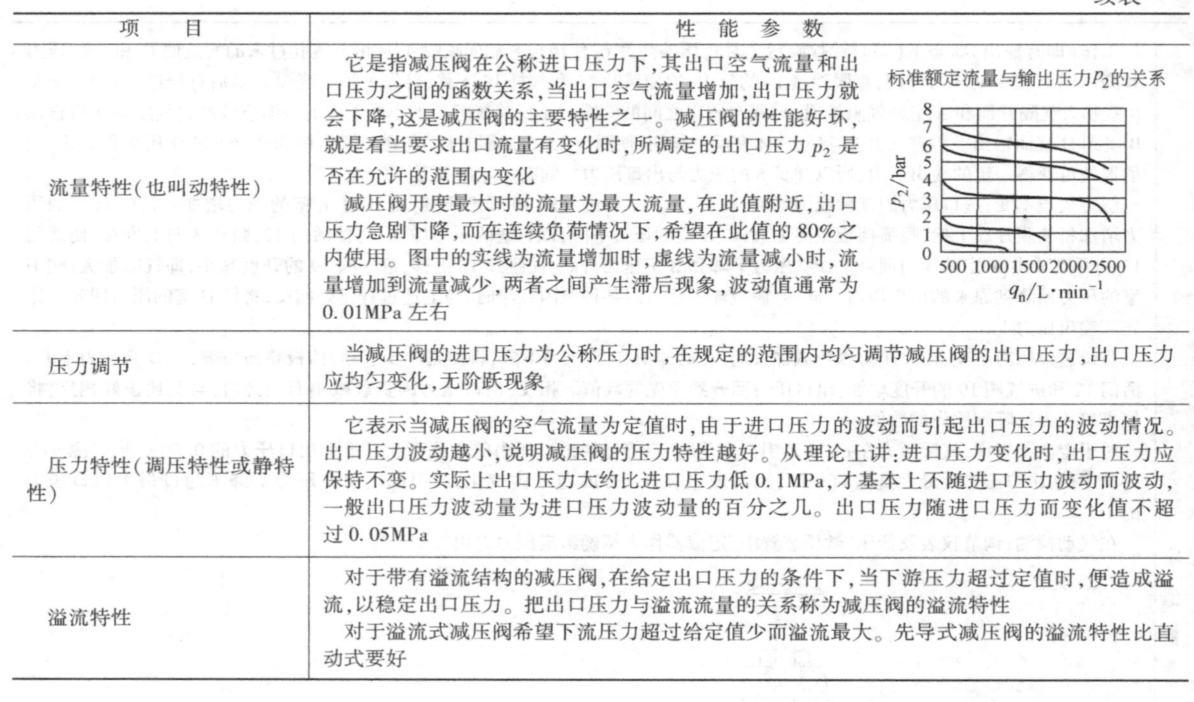

项　目	性 能 参 数
流量特性(也叫动特性)	它是指减压阀在公称进口压力下,其出口空气流量和出口压力之间的函数关系,当出口空气流量增加,出口压力就会下降,这是减压阀的主要特性之一。减压阀的性能好坏,就是看当要求出口流量有变化时,所调定的出口压力 p_2 是否在允许的范围内变化 减压阀开度最大时的流量为最大流量,在此值附近,出口压力急剧下降,而在连续负荷情况下,希望在此值的 80%之内使用。图中的实线为流量增加时,虚线为流量减小时,流量增加到流量减少,两者之间产生滞后现象,波动值通常为 0.01MPa 左右 标准额定流量与输出压力 p_2 的关系 p_2/bar: 0 1 2 3 4 5 6 7 8 500 1000 1500 2000 2500 q_n/L·min^{-1}
压力调节	当减压阀的进口压力为公称压力时,在规定的范围内均匀调节减压阀的出口压力,出口压力应均匀变化,无阶跃现象
压力特性(调压特性或静特性)	它表示当减压阀的空气流量为定值时,由于进口压力的波动而引起出口压力的波动情况。出口压力波动越小,说明减压阀的压力特性越好。从理论上讲:进口压力变化时,出口压力应保持不变。实际上出口压力大约比进口压力低 0.1MPa,才基本上不随进口压力波动而波动,一般出口压力波动量为进口压力波动量的百分之几。出口压力随进口压力而变化值不超过 0.05MPa
溢流特性	对于带有溢流结构的减压阀,在给定出口压力的条件下,当下游压力超过定值时,便造成溢流,以稳定出口压力。把出口压力与溢流流量的关系称为减压阀的溢流特性 对于溢流式减压阀希望下流压力超过给定值少而溢流最大。先导式减压阀的溢流特性比直动式要好

4.4　减压阀的选择与使用

表 23-3-9

选　择	使　用
(1)根据气动控制系统最高工作压力来选择减压阀,气源压力应比减压阀最大工作压力大 0.1MPa (2)要求减压阀的出口压力波动小时,如出口压力波动不大于工作压力最大值的±0.5%,则选用精密型减压阀 (3)如需遥控时或通径大于 20mm 以上时,应尽量选用外部先导式减压阀	(1)一般安装的次序是:按气流的流动方向首先安装空气过滤器,其次是减压阀,最后是油雾器 (2)注意气流方向,要按减压阀或定值器上所示的箭头方向安装,不得把输入、输出口接反 (3)减压阀可任意位置安装,但最好是垂直方向安装,即手柄或调节帽在顶上,以便操作。每个减压阀一般装一只压力表,压力表安装方向以方便观察为宜 (4)为延长减压阀的使用寿命,减压阀不用时,应旋松手柄回零,以免膜片长期受压引起塑性变形,过早变质,影响减压阀的调压精度 (5)装配前应把管道中铁屑等脏物吹洗掉,并洗去阀上的矿物油,气源应净化处理。装配时滑动部分的表面要涂薄层润滑油。要保证阀杆与膜片同心,以免工作时,阀杆卡住而影响工作性能

4.5　过滤减压阀

过滤减压阀的工作原理见图 23-3-4，过滤减压阀是将空气过滤器和减压阀组成一体的装置，它基本上分两种，一种如图 a 所示，用于气动系统中的压力控制及压缩空气的净化。调压范围：0~0.80MPa 及 0~1.00MPa。随着工业的发展，要求气动元件小型化、集成化，这种形式的气动元件广泛用于轻工、食品、纺织及电子工业。另一种如图 b 所示，用于气动仪表、气动测量及射流控制回路，输出压力有 0~0.16MPa、0~0.25MPa 及 0~0.60MPa 三种。最大输出流量有 $3m^3/h$、$12m^3/h$、$30m^3/h$ 三种。过滤元件微孔直径是 40~60μm，有的可达 5μm。这两种形式的空气过滤减压阀的工作原理基本相同；压缩空气由输入端进入过滤部分的旋风叶片和滤芯，使压缩空气得到净化，再经过减压部分减压至所需压力，而获得干净的空气输出。这样既起到净化气源又起到减压作用。其减压部分的工作原理与膜片式减压阀相同。

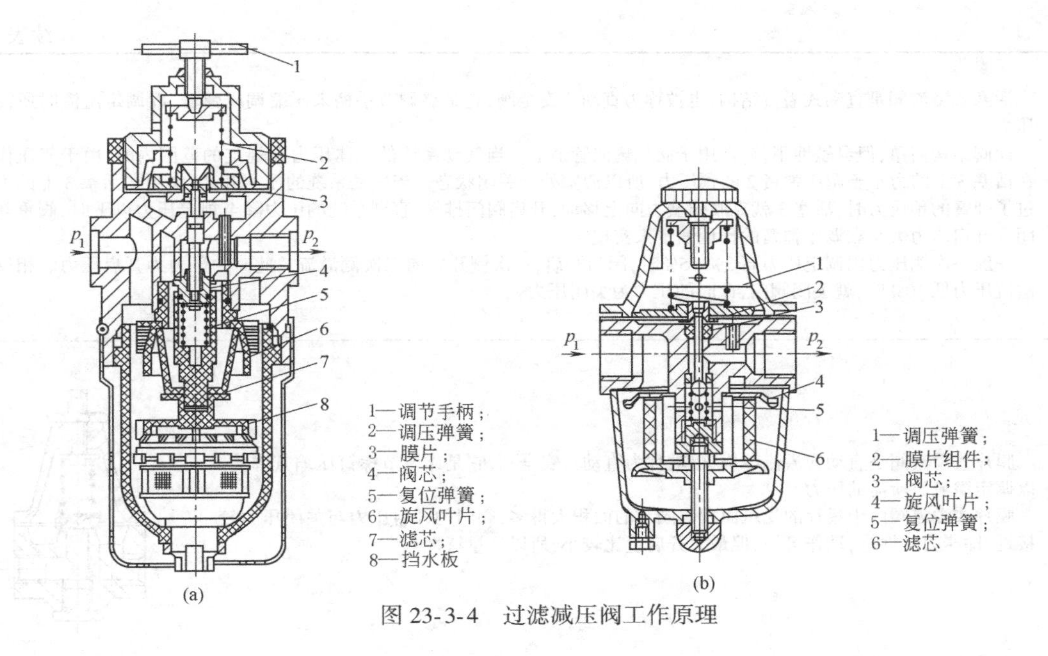

图 23-3-4　过滤减压阀工作原理

5　溢　流　阀

5.1　溢流阀的功能

溢流阀的作用是当压力上升到超过设定值时，把超过设定值的压缩空气排入大气，以保持进口压力的设定值，因此溢流阀也称安全阀。溢流阀除用在储气罐上起安全保护作用外，也可装在气缸操作回路中起溢流作用。所以溢流阀是防止储气罐或气动装置及回路过载的安全保护装置。

5.2　溢流阀的分类、结构及工作原理

溢流阀分类：直动式（活塞式溢流阀、膜片式溢流阀、手拉式溢流阀）；先导式

图 23-3-5　溢流阀的分类

5.2.1　溢流阀的分类

溢流阀的分类如图 23-3-5 所示。

5.2.2　溢流阀的结构、工作原理及选用

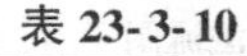

表 23-3-10　　溢流阀结构、工作原理及选用

直动式溢流阀	活塞式溢流阀	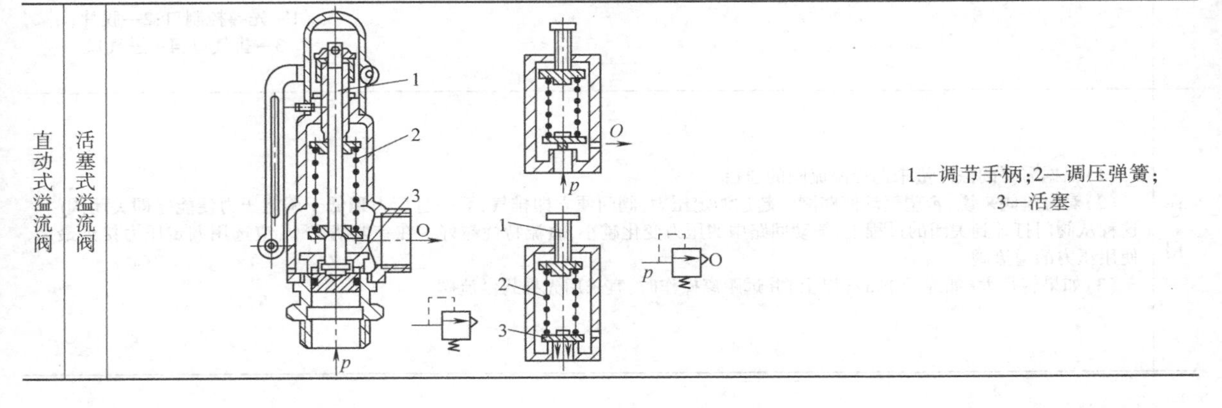	1—调节手柄;2—调压弹簧; 3—活塞

第 23 篇

续表

直动式溢流阀	活塞式溢流阀	活塞式溢流阀是直动式溢流结构，也被称为直动式安全阀，它是靠调节手柄来压缩调压弹簧，以调定溢流时所需的压力 此阀结构简单，但灵敏性稍差，常用于储气罐或管道上。当气动系统的气体压力在规定的范围内时，由于气压作用在活塞3上的力小于调压弹簧2的预压力，所以活塞处于关闭状态。当气动系统的压力升高，作用在活塞3上的力超过了弹簧的预压力时，活塞3就克服弹簧力向上移动，开启阀门排气，直到系统的压力降至规定压力以下时，阀重新关闭。开启压力大小靠调压弹簧的预压缩量来实现 一般一次侧压力比调定压力高3%~5%时，阀门开启，一次侧开始向二次侧溢流。此时的压力为开启压力。相反比溢流压力低10%时，就关闭阀门，此时的压力为关闭压力
	膜片式溢流阀	膜片式溢流阀是直动式溢流结构，也被称为直动式安全阀，它是靠调节螺钉压缩其弹簧，以调定溢流时所需的压力 膜片式溢流阀由于膜片的受压面积比阀芯的面积大得多，阀门的开启压力与关闭压力较接近，即压力特性好，动作灵敏，但最大开启量比较小，所以流量特性差 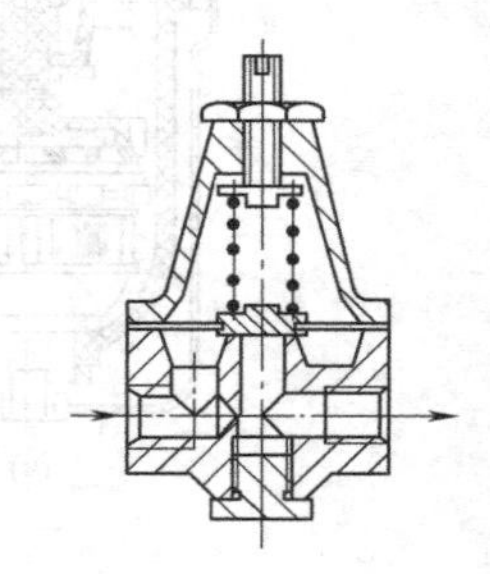
	手拉式安全阀	手拉式安全阀是直动式溢流结构，也被称为直动式安全阀，它是靠人工直接手拉圆环释放压力 手拉式安全阀（亦称突开式安全阀），阀芯为球阀，钢球外径和阀体间略有间隙，若超过压力调定值，则钢球略微上浮，而受压面积相当于钢球直径所对应的圆面积。阀为突开式开启，故流量特性好。这种阀的关闭压力约为开启压力的一半，即 $p_{并}/p_{阀}\approx 1.9\sim 2.0$，所以溢流特性好。因此阀在迅速排气后，当回路压力稍低于调定压力时阀门便关闭。这种阀主要用于储气罐和重要的气路中 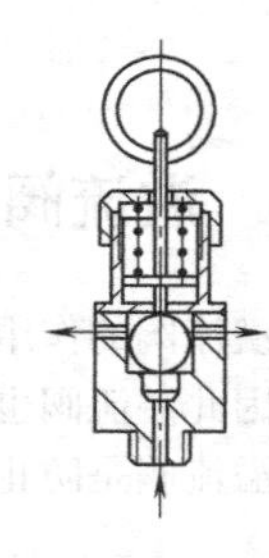
先导式安全阀		这是一种外部先导式溢流阀，安全阀的先导阀为减压阀，由减压阀减压后的空气从上部先导控制口进入，此压力称为先导压力，它作用于膜片上方所形成的力与进气口进入的空气压力作用于膜片下方所形成的力相平衡。这种结构形式的阀能在阀门开启和关闭过程中，使控制压力保持不变，即阀不会产生因阀的开度引起的设定压力的变化，所以阀的流量特性好。先导式溢流阀适用于管道通径大及远距离控制的场合 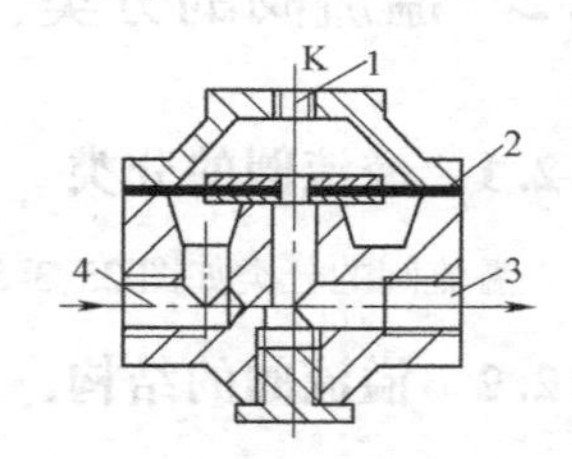 先导式溢流阀 1—先导控制口；2—膜片； 3—排气口；4—进气口
选用		（1）根据需要的溢流量来选择溢流阀的通径 （2）对溢流阀来说，希望气动回路刚一超过调定压力，阀门便立即排气，而一旦压力稍低于调定压力便能立即关闭阀门。这种从阀门打开到关闭的过程中，气动回路中的压力变化越小，溢流特性越好。在一般情况下，应选用调定压力接近最高使用压力的溢流阀 （3）如果管径大（如通径15mm以上）并远距离操作时，宜采用先导式溢流阀

6 气源处理装置

6.1 GC系列三联件的结构、材质和特性（亚德客）

表 23-3-11

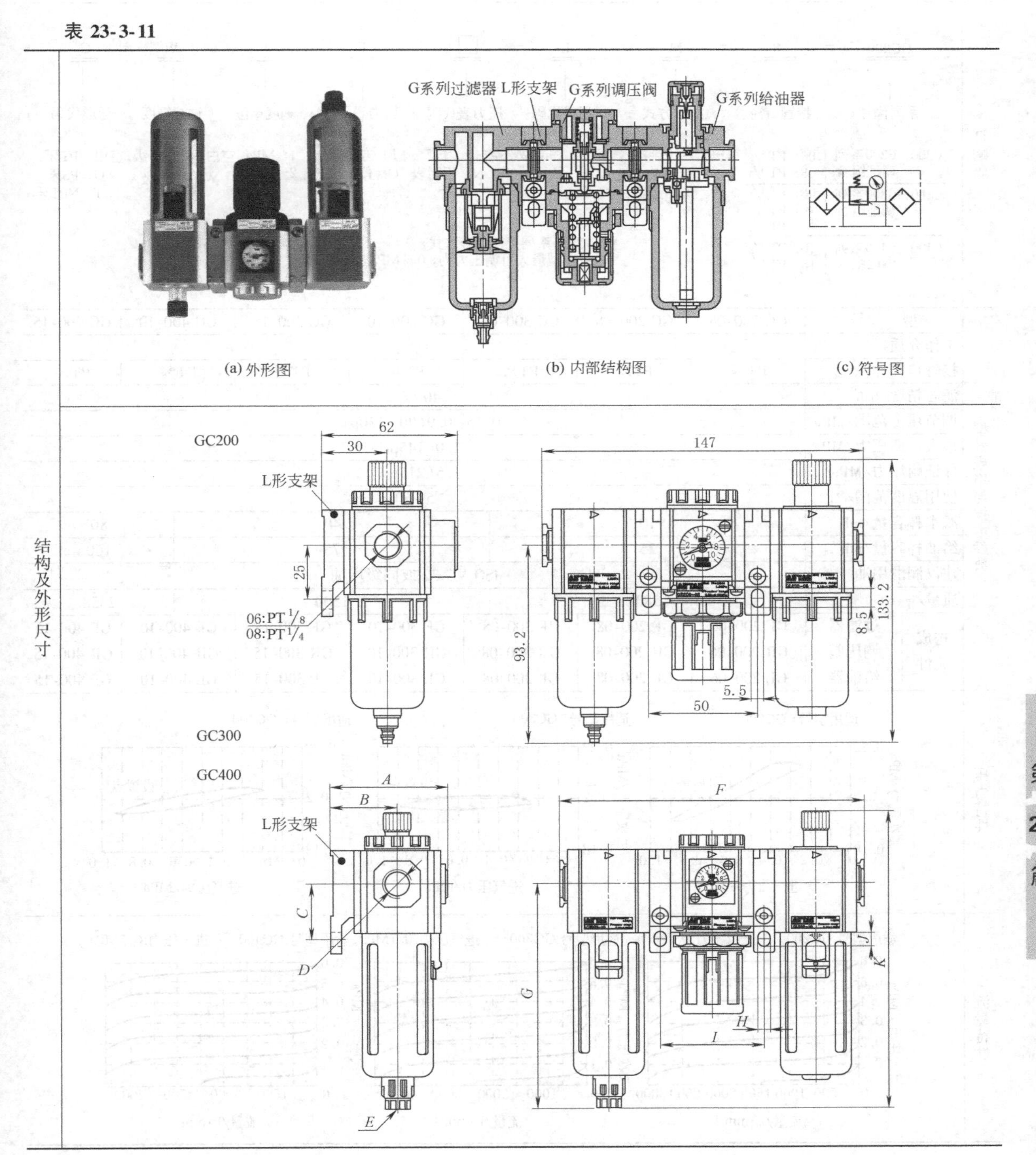

续表

结构及外形尺寸

型号 \ 尺寸	A	B	C	D	E	F	G	H	I	J	K
GC 300-08	71	41.5	35	PT1/4	PS1/8	188	143	6.5	64	9	188
GC 300-10	71	41.5	35	PT3/8	PS1/8	188	143	6.5	64	9	188
GC 300-15	71	41.5	35	PT1/2	PS1/8	188	143	6.5	64	9	188
GC 400-10	85.5	50	40	PT3/8	PS1/4	248	166.5	8.6	84	12	216
GC 400-15	85.5	50	40	PT1/2	PS1/4	248	166.5	8.6	84	12	216

订购码

GC200 — 08 — M — L — □ F 1 — W — G

代码位	含义	选项
GC200	系列代号	C200：G200系列调理组合；C300：G300系列调理组合；C400：G400系列调理组合
08	接管口径	C200：06：PT1/8，08：PT1/4；C300：08：PT1/4，10：PT3/8，15：PT1/2；C400：10：PT3/8，15：PT1/2
M	排水方式	空白：差压排水式；M：标准手排式；A：自动排水式*
L	形式代码	空白：标准型；L：低压型**
□	压力表代码	空白：附表；N：不附表
F	压力表形式	F：方形表；C：传统表
1	刻度单位	1：MPa；2：psi
W	过滤精度	空白：40μm级；W：5μm级
G	牙形代码	空白：PT牙；G：PS牙；T：NPT牙

*：GC200系列无自动排水式；

**：低压型最大可调压力为：0.4MPa(58psi)

型号规格与技术参数

型号	GC 200-06	GC 200-08	GC 300-08	GC 300-10	GC 300-15	GC 400-10	GC 400-15
工作介质	空气						
接管口径	PT1/8	PT1/4	PT1/4	PT3/8	PT1/2	PT3/8	PT1/2
滤芯精度/μm	40或5						
调节压力范围/MPa	0.15～0.9(20～130psi)						
最大可调压力/MPa	1.0(145psi)						
保证耐压力/MPa	1.5(215psi)						
使用温度范围/℃	5～60						
滤水杯容量/mL	10		40			80	
给油杯容量/mL	25		75			160	
建议润滑用油	ISO VG 32或同级用油						
质量/g	580		1300			2358	
构成元件 过滤器	GF 200-06	GF 200-08	GF 300-08	GF 300-10	GF 300-15	GF 400-10	GF 400-15
构成元件 调压阀	GR 200-06	GR 200-08	GR 300-08	GR 300-10	GR 300-15	GR 400-10	GR 400-15
构成元件 给油器	GL 200-06	GL 200-08	GL 300-08	GL 300-10	GL 300-15	GL 400-10	GL 400-15

压力特性

适用型号：GC200　　适用型号：GC300 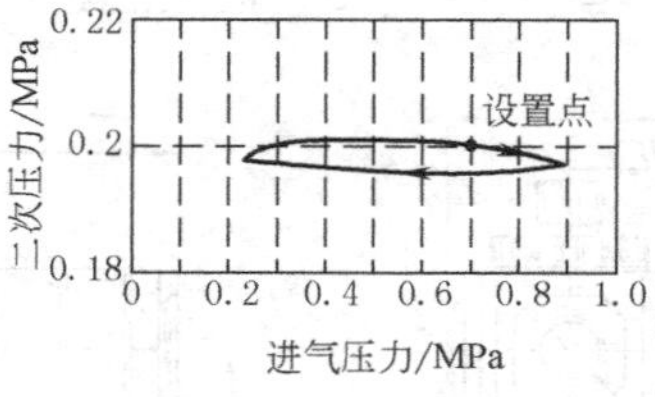　　适用型号：GC400

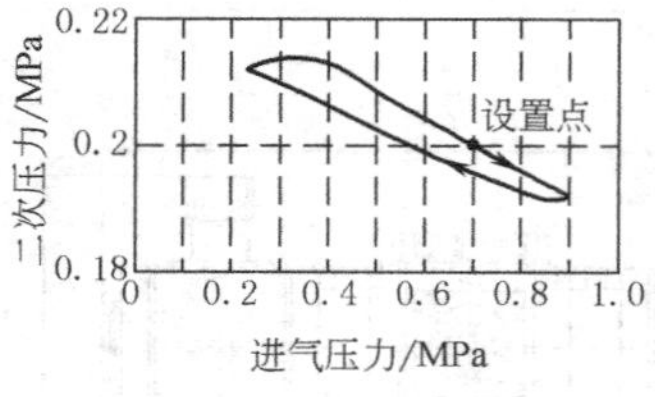

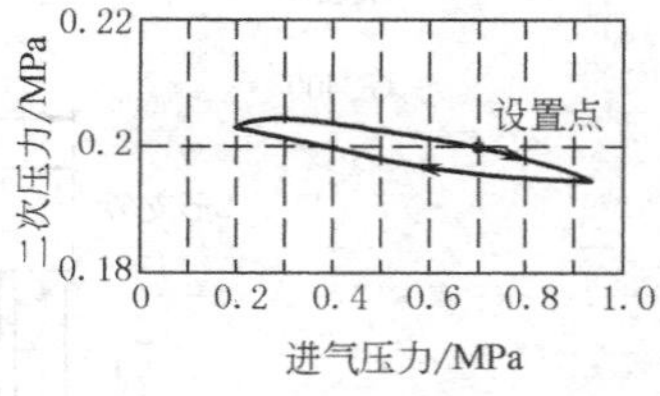

二次压力/MPa（0.18、0.2、0.22）；设置点；进气压力/MPa（0、0.2、0.4、0.6、0.8、1.0）

流量特性

适用型号:GC200　进气压力:0.7MPa

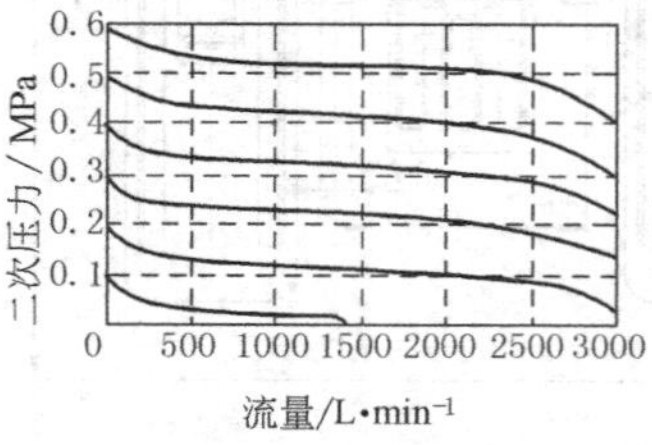

适用型号:GC300　进气压力:0.7MPa

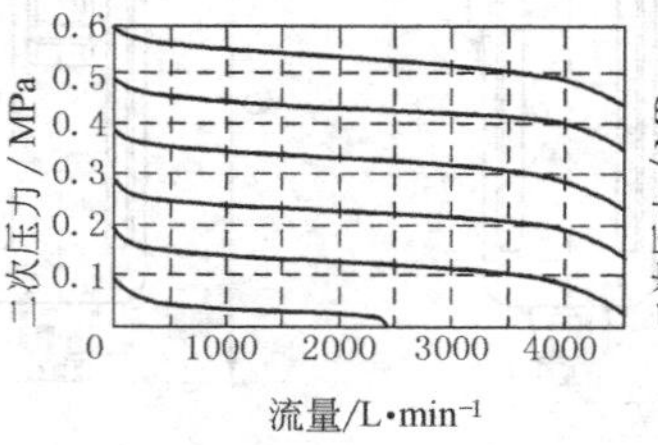

适用型号:GC400　进气压力:0.7MPa

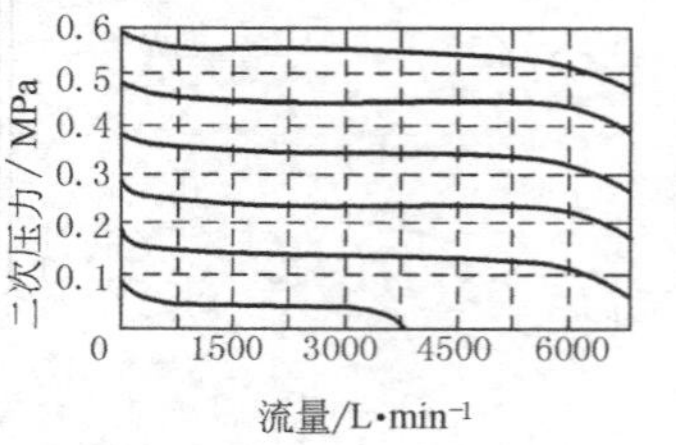

二次压力/MPa（0、0.1、0.2、0.3、0.4、0.5、0.6）

流量/L·min⁻¹：GC200：0、500、1000、1500、2000、2500、3000；GC300：0、1000、2000、3000、4000；GC400：0、1500、3000、4500、6000

6.2 GFR 系列过滤减压阀结构、尺寸及特性（亚德客）

表 23-3-12

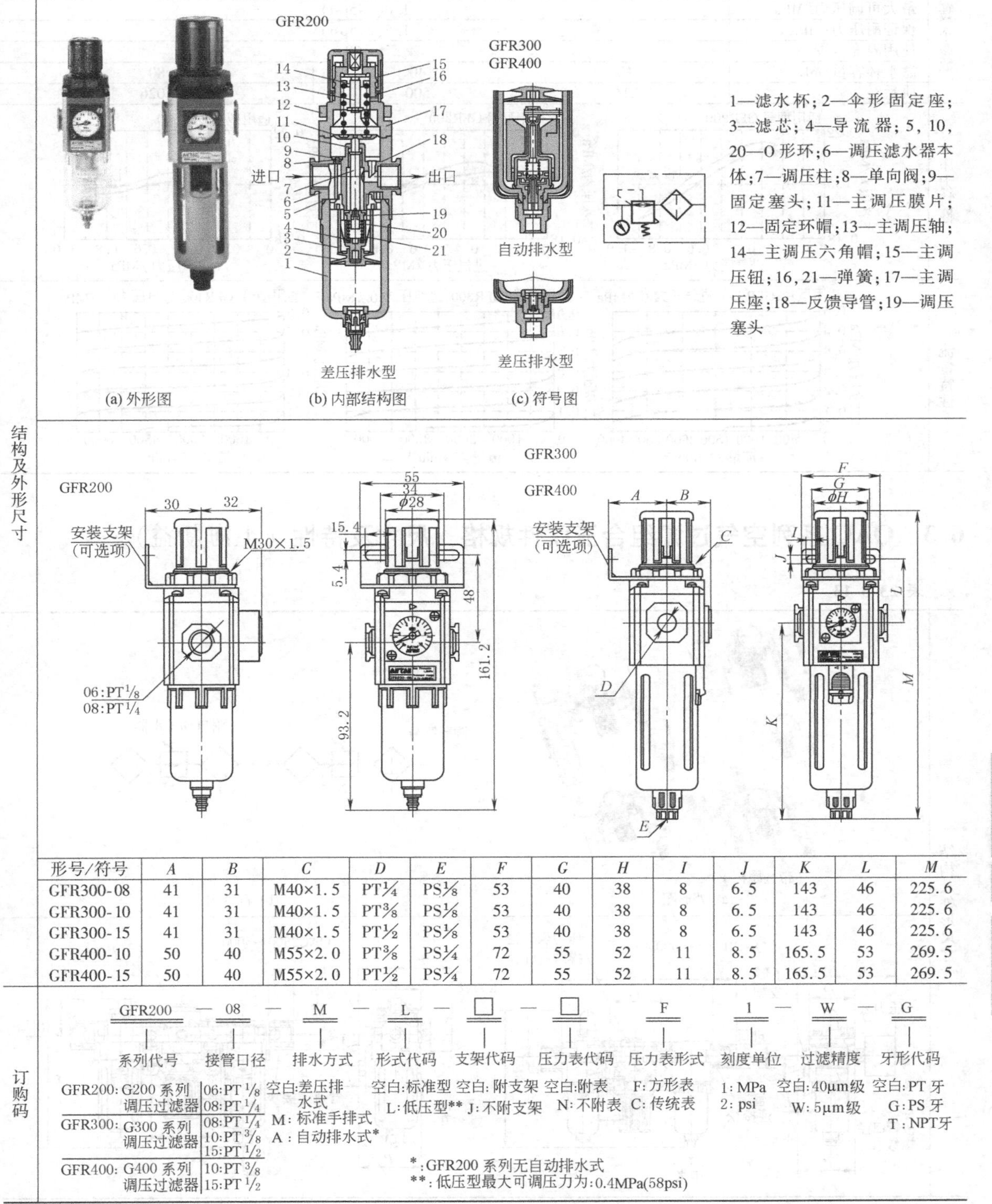

形号/符号	A	B	C	D	E	F	G	H	I	J	K	L	M
GFR300-08	41	31	M40×1.5	PT¼	PS⅛	53	40	38	8	6.5	143	46	225.6
GFR300-10	41	31	M40×1.5	PT⅜	PS⅛	53	40	38	8	6.5	143	46	225.6
GFR300-15	41	31	M40×1.5	PT½	PS⅛	53	40	38	8	6.5	143	46	225.6
GFR400-10	50	40	M55×2.0	PT⅜	PS¼	72	55	52	11	8.5	165.5	53	269.5
GFR400-15	50	40	M55×2.0	PT½	PS¼	72	55	52	11	8.5	165.5	53	269.5

订购码

GFR200 — 08 — M — L — □ — □ F 1 — W — G

系列代号	接管口径	排水方式	形式代码	支架代码	压力表代码	压力表形式	刻度单位	过滤精度	牙形代码
GFR200：G200 系列调压过滤器	06:PT⅛ 08:PT¼	空白:差压排水式 M：标准手排式 A：自动排水式*	空白:标准型 L：低压型**	空白：附支架 J：不附支架	空白:附表 N：不附表	F：方形表 C：传统表	1：MPa 2：psi	空白：40μm级 W：5μm级	空白：PT 牙 G：PS 牙 T：NPT牙
GFR300：G300 系列调压过滤器	08:PT¼ 10:PT⅜ 15:PT½								
GFR400：G400 系列调压过滤器	10:PT⅜ 15:PT½								

*：GFR200 系列无自动排水式

**：低压型最大可调压力为：0.4MPa(58psi)

续表

	型号	GFR200-06	GFR200-08	GFR300-08	GFR300-10	GFR300-15	GFR400-10	GFR400-15
型号规格与技术参数	工作介质	空气						
	接管口径	PT⅛	PT¼	PT¼	PT⅜	PT½	PT⅜	PT½
	滤芯精度/μm	40 或 5						
	调节压力范围/MPa	0.15~0.9(20~130psi)						
	最大可调压力/MPa	1.0(145psi)						
	保证耐压力/MPa	1.5(215psi)						
	使用温度范围/℃	5~60						
	滤水杯容量/mL	10		40		80		
	质量/g	216		500		1026		
压力特性	适用型号:GFR200 二次压力/MPa 0.18 0.2 0.22 设置点 进气压力/MPa 0 0.2 0.4 0.6 0.8 1.0		适用型号:GFR300 二次压力/MPa 0.18 0.2 0.22 设置点 进气压力/MPa 0 0.2 0.4 0.6 0.8 1.0			适用型号:GFR400 二次压力/MPa 0.18 0.2 0.22 设置点 进气压力/MPa 0 0.2 0.4 0.6 0.8 1.0	
流量特性	适用型号:GFR200 进气压力:0.7MPa 二次压力/MPa 0.1 0.2 0.3 0.4 0.5 0.6 流量/L·min⁻¹ 0 500 1000 1500 2000 2500 3000		适用型号:GFR300 进气压力:0.7MPa 二次压力/MPa 0.1 0.2 0.3 0.4 0.5 0.6 流量/L·min⁻¹ 0 1000 2000 3000 4000			适用型号:GFR400 进气压力:0.7MPa 二次压力/MPa 0.1 0.2 0.3 0.4 0.5 0.6 流量/L·min⁻¹ 0 1500 3000 4500 6000	

6.3 QAC 系列空气过滤组合三联件规格、尺寸及特性（上海新益）

表 23-3-13

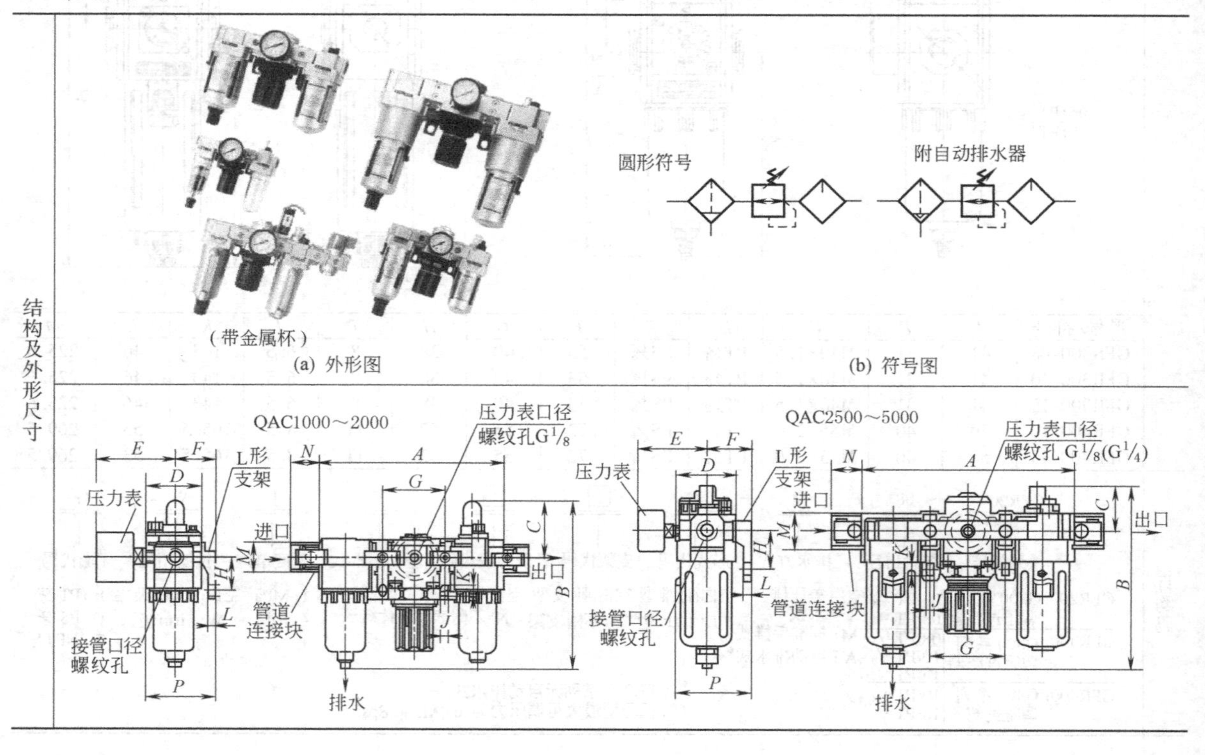

续表

结构及外形尺寸

型号	口径(G)	A	B	C	D	E	F	G	H	J	K	L	M	N	P	连自动排水器 B
QAC1000	M5~0.8	91	84.5	25.5	25	26	25	33	20	4.5	7.5	5	17.5	16	38.5	105
QAC2000	1/8~1/4	140	125	38	40	56.8	30	50	24	5.5	8.5	5	22	23	50	159
QAC2500	1/4~3/8	181	156.5	38	53	60.8	41	64	35	7	11	7	34.2	26	70.5	194.5
QAC3000	1/4~3/8	181	156.5	38	53	60.8	41	64	35	7	11	7	34.2	26	70.5	194.5
QAC4000	3/8~1/2	238	191.5	41	70	65.5	50	84	40	9	13	7	42.2	33	88	230.5
QAC4000-06	3/4	253	193	40.5	70	69.5	50	89	40	9	13	7	46.2	36	88	232
QAC5000	3/4~1	300	271.5	48	90	75.5	70	105	50	12	16	10	55.2	40	115	310.5

型号规格及技术参数

项目	参数
耐压试验压力/MPa	1.5
最高使用压力/MPa	1.0
环境及介质温度/℃	5~60
过滤孔径/μm	25
建议用油	透平 1 号油(ISO VG32)
杯材料②	PC/铸铝(金属杯)
杯防护罩	QAC1000~2000(无) QAC2500~5000(有)
调压范围/MPa	QAC 1000:0.05~0.7 QAC2000~5000:0.05~0.85
阀型	带溢流型

型号		规格								配件
		组件			额定流量① /L·min⁻¹	接管口径(G)	压力表口径(G)	质量/kg	支架/2个	压力表
手动排水型	自动排水型	过滤器	减压阀	油雾器						
QAC1000-M5	—	QAF1000	QAR1000	QAL1000	90	M5×0.8	1/16	0.26	Y10L	QG27-10-R1
QAC2000-01	QAC2000-01D	QAF2000	QAR2000	QAL2000	500	1/8	1/8	0.74	Y20L	QG36-10-01
QAC2000-02	QAC2000-02D	QAF2000	QAR2000	QAL2000	500	1/4	1/8	0.74	Y20L	
QAC2500-02	QAC2500-02D	QAF3000	QAR2500	QAL3000	1500	1/4	1/8	1.04	Y30L	
QAC2500-03	QAC2500-03D	QAF3000	QAR2500	QAL3000	1500	3/8	1/8	1.04	Y30L	
QAC3000-02	QAC3000-02D	QAF3000	QAR3000	QAL3000	2000	1/4	1/8	1.18	Y30L	
QAC3000-03	QAC3000-03D	QAF3000	QAR3000	QAL3000	2000	3/8	1/8	1.18	Y30L	
QAC4000-03	QAC4000-03D	QAF4000	QAR4000	QAL4000	4000	3/8	1/4	2.14	Y40L	QG46-10-02
QAC4000-04	QAC4000-04D	QAF4000	QAR4000	QAL4000	4000	1/2	1/4	2.14	Y40L	
QAC4000-06	QAC4000-06D	QAF4000	QAR4000	QAL4000	4500	3/4	1/4	2.47	Y50L	
QAC5000-06	QAC5000-06D	QAF5000	QAR5000	QAL5000	5000	3/4	1/4	3.82	Y60L	
QAC5000-10	QAC5000-10D	QAF5000	QAR5000	QAL5000	5000	1	1/4	3.82	Y60L	

流量特性曲线(进口压力 p_1 = 0.7 MPa)

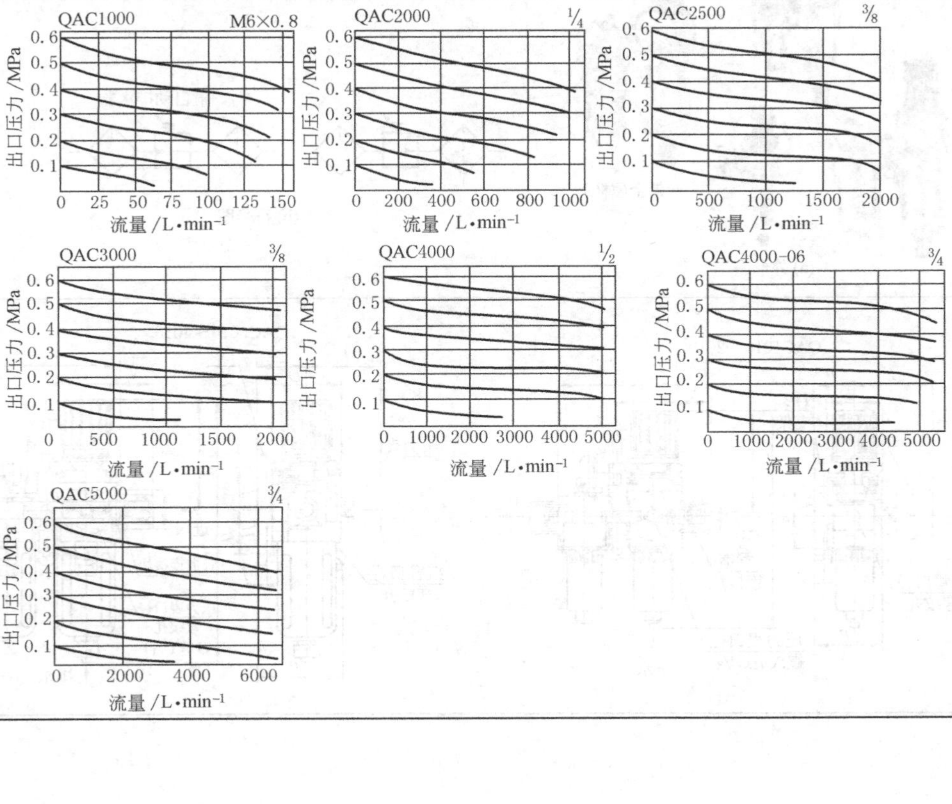

续表

压力特性曲线

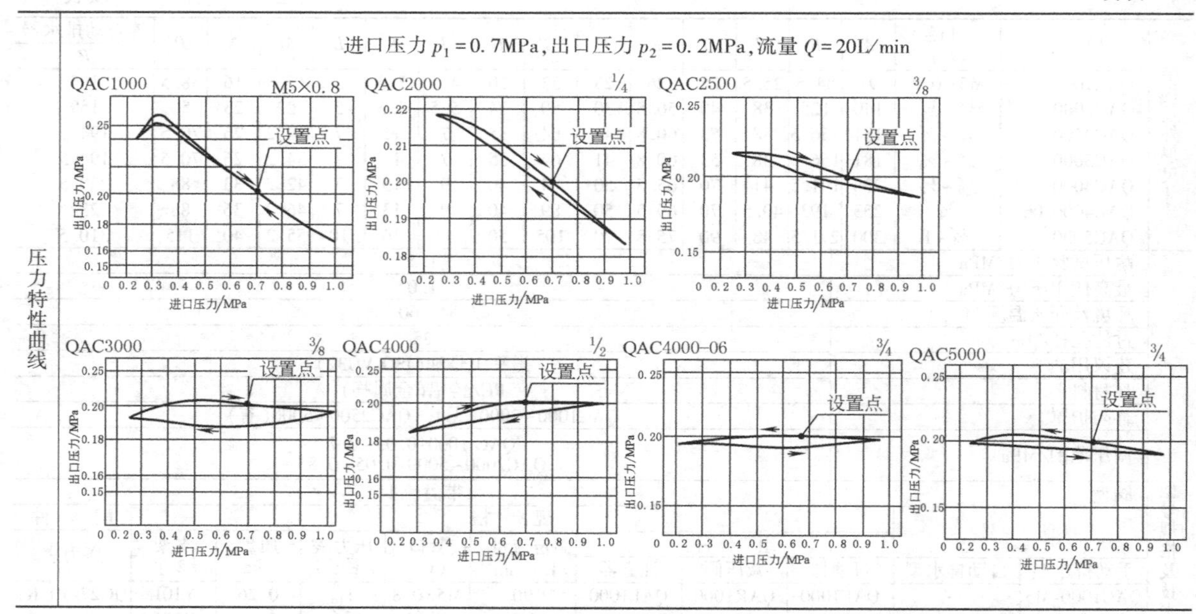

① 进口压力为 0.7MPa、出口压力为 0.5MPa 的情况下。② QAC2000~5000 空气过滤组合带有金属杯可供选择。

6.4 QAC 系列空气过滤组合（二联件）结构尺寸及产品型号（上海新益）

表 23-3-14

结构及外形尺寸

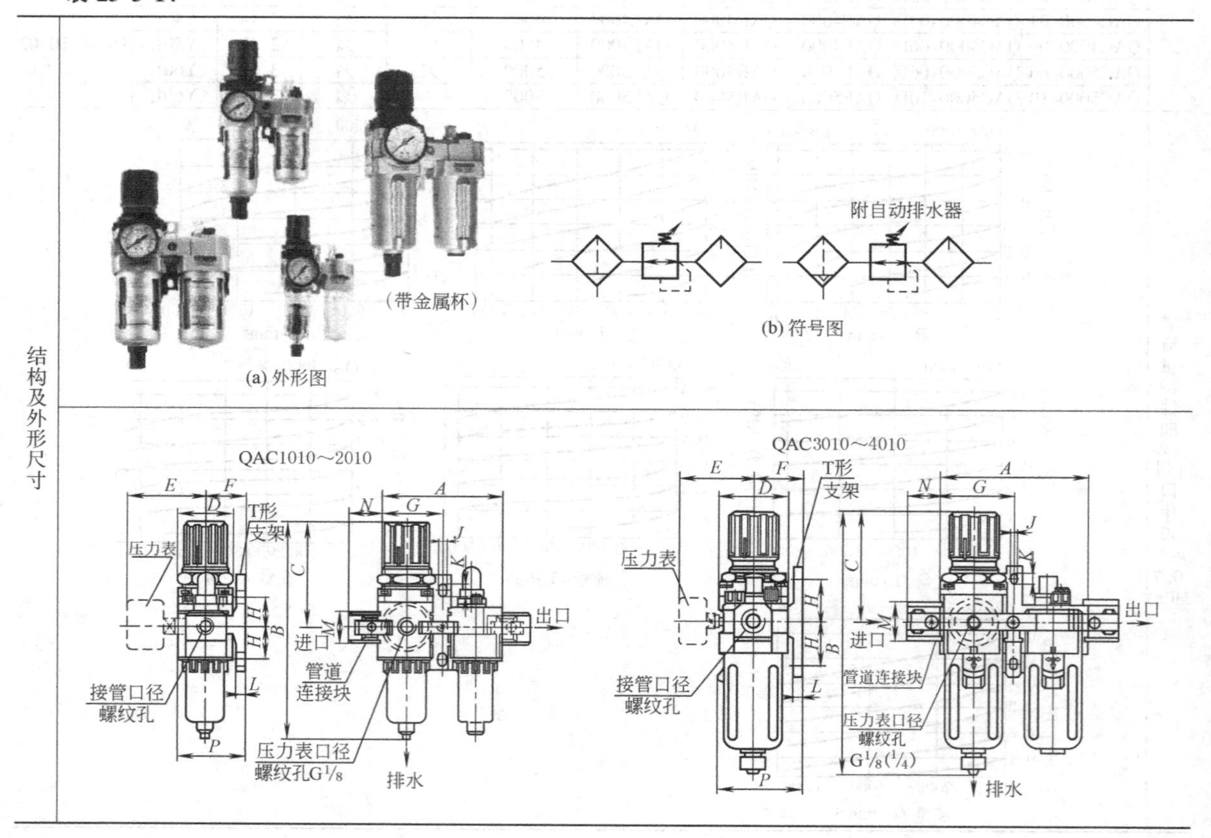

(a) 外形图

(带金属杯)

(b) 符号图

续表

	型号	口径(G)	*A*	*B*	*C*	*D*	*E*	*F*	*G*	*H*	*J*	*K*	*L*	*M*	*N*	*P*	连自动排水器 *B*
结构及外形尺寸	QAC1010	M5×0.8	58	109.5	50.5	25	26	25	29	20	4.5	7.5	5	17.5	16	38.5	130
	QAC2010	⅛~¼	90	164.5	78	40	56.8	30	45	24	5.5	8.5	5	22	23	50	198.5
	QAC3010	¼~⅜	117	211	92.5	53	60.8	41	58.5	35	7	11	7	34.2	26	70.5	249
	QAC4010	⅜~½	154	262	112	70	70.5	50	77	40	9	13	7	42.2	33	88	310.5
	QAC4010-06	¾	164	267	114	70	70.5	50	82	40	9	13	7	46.2	36	88	306

型号规格及技术参数	项目	参数
	耐压试验压力/MPa	1.5
	最高使用压力/MPa	1.0
	环境及介质温度/℃	5~60
	过滤孔径/μm	25
	建议用油	透平1号油(ISO VG32)
	杯材料[2]	PC/铸铝(金属杯)
	杯防护罩	QAC 1010~2010(无) QAC3010~4010(有)
	调压范围/MPa	QAC1010:0.05~0.7 QAC2010~4010:0.05~0.85
	阀型	带溢流型

型号		规格							配件
		组件		额定流量[1]	接管口径	压力表	质量	支架	压力表
手动排水型	自动排水型	过滤器连减压阀	油雾器	/L·min^{-1}	(G)	口径(G)	/kg	2个	
QAC1010-M5	—	QAW1000	QAL1000	90	M5×0.8	1/16	0.22	Y10T	QG27-10-R1
QAC2010-01	QAC2010-01D	QAW2000	QAL2000	500	⅛	⅛	0.66	Y20T	QG36-10-01
QAC2010-02	QAC2010-02D	QAW2000	QAL2000	500	¼	⅛	0.66	Y20T	
QAC3010-02	QAC3010-02D	QAW3000	QAL3000	1700	¼	⅛	0.98	Y30T	
QAC3010-03	QAC3010-03D	QAW3000	QAL3000	1700	⅜	⅛	0.98	Y30T	
QAC4010-03	QAC4010-03D	QAW4000	QAL4000	3000	⅜	¼	1.93	Y40T	QG46-10-02
QAC4010-04	QAC4010-04D	QAW4000	QAL4000	3000	½	¼	1.93	Y40T	
QAC4010-06	QAC4010-06D	QAW4000	QAL4000	3000	¾	¼	1.99	Y50T	

① 进口压力为0.7MPa、出口压力为0.5MPa情况下。

② QAC2010~4010空气过滤组合带有金属杯可供选择。

6.5 费斯托精密型减压阀

表 23-3-15

项目	内容
结构	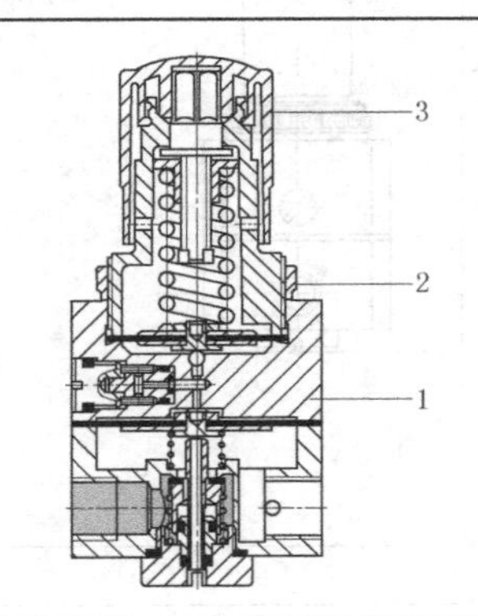 1—壳体,材料:铝; 2—滚花螺母,材料:聚碳酸酯/聚酰胺; 3—旋转手柄,材料:LRP为聚醋酸酯 LRPS为铝 密封材料:丁腈橡胶
特性	该精密减压阀通过膜片式的先导控制,作用于主阀芯调节工作压力(出口),因而具有良好的调压特性。在静态和动态使用时,压力精密调节;流量压力特性曲线的压力迟滞<0.02bar;当输入压力和流量改变时,具有快速响应的良好特性;输入压力的波动几乎全得到补偿

续表

环境条件	环境温度/℃	−10~60			
	耐腐蚀等级(CRC)	2			
主要技术参数	型号	精密减压阀 LRP		可锁定式精密减压阀 LRPS	
	气接口	G¼			
	工作介质	过滤压缩空气,润滑或未润滑,过滤等级≤40μm			
	结构特点	先导驱动精密膜片式减压阀			
	安装形式	通过附件安装			
		面板安装			
		管式安装			
	安装位置	任意			
	最大迟滞量/mbar	20			
	输入压力/bar	1~12			
	压力调节范围/bar				
	0.7	0.05~0.7			
	2.5	0.05~2.5			
	4	0.05~4			
	10	0.1~10			
订货数据	压力调节范围/bar	精密减压阀 LRP		可锁定式精密减压阀 LRPS	
		代号	型号	代号	型号
	0.05~0.7	159 500	LRP-1/4-0,7	194 690	LRPS-1/4-0,7
	0.05~2.5	162 834	LRP-1/4-2,5	194 691	LRPS-1/4-2,5
	0.05~4	159 501	LRP-1/4-4	194 692	LRPS-1/4-4
	0.1~10	159 502	LRP-1/4-10	194 693	LRPS-1/4-10

结构及外形尺寸

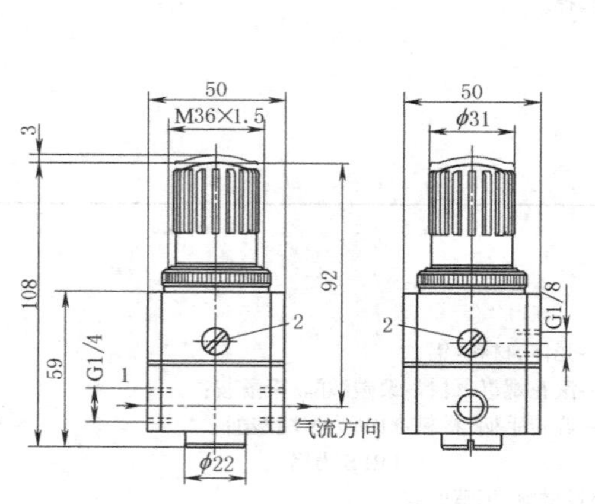

可锁定

min.60

≈138

16

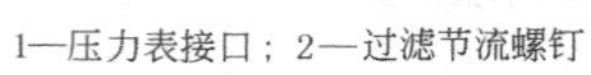
1—压力表接口；2—过滤节流螺钉

标准额定流量 q_n /L·min^{-1}	压力调节范围/bar	LRP/LRPS
	0.7	800
	2.5	1800
	4	2000
	10	2300

续表

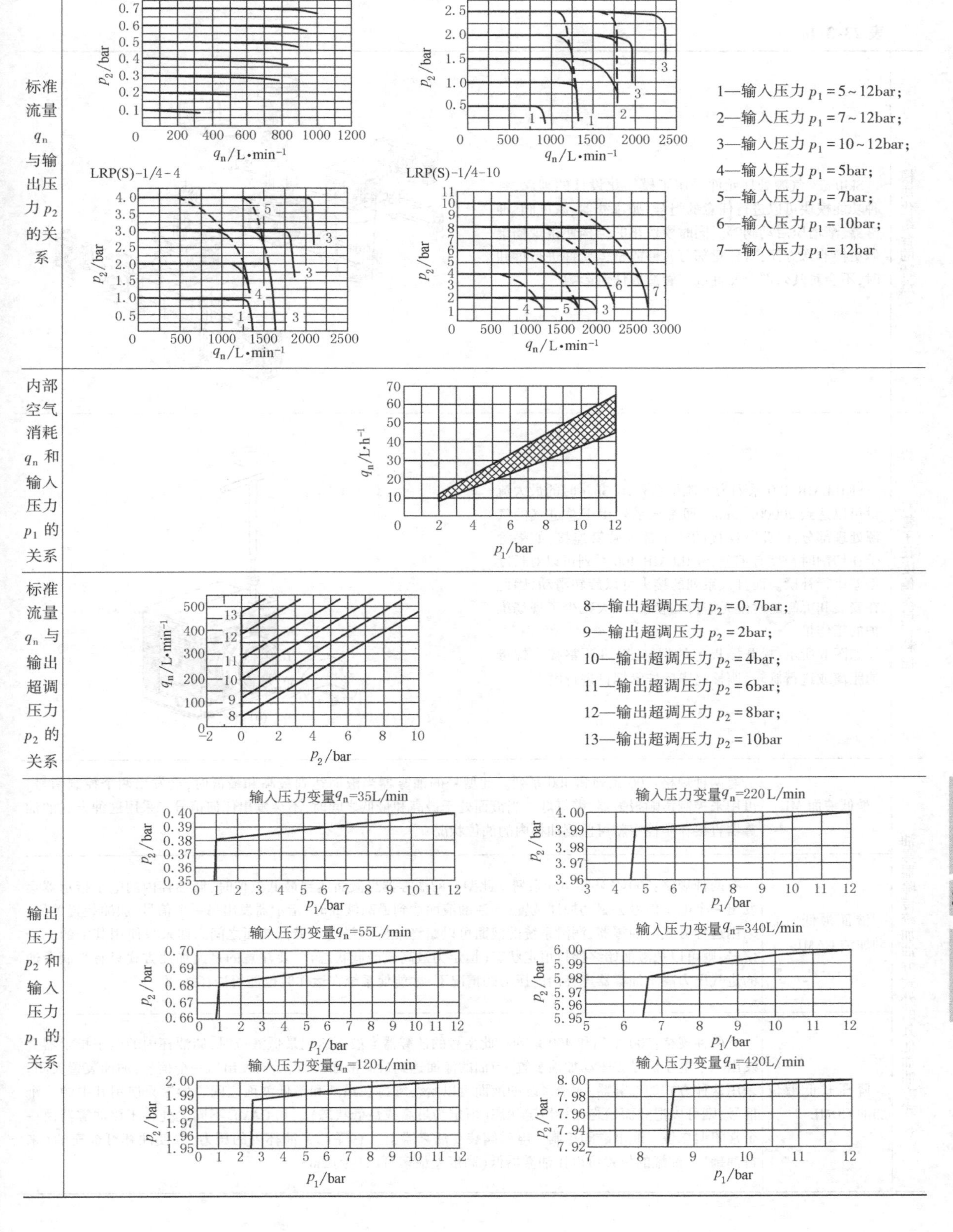

标准流量q_n与输出压力p_2的关系
LRP(S)-1/4-0.7
LRP(S)-1/4-2.5
LRP(S)-1/4-4
LRP(S)-1/4-10
p_2/bar
q_n/L·min^{-1}
1—输入压力 p_1=5~12bar;
2—输入压力 p_1=7~12bar;
3—输入压力 p_1=10~12bar;
4—输入压力 p_1=5bar;
5—输入压力 p_1=7bar;
6—输入压力 p_1=10bar;
7—输入压力 p_1=12bar
内部空气消耗q_n和输入压力p_1的关系
q_n/L·h^{-1}
p_1/bar
标准流量q_n与输出超调压力p_2的关系
q_n/L·min^{-1}
p_2/bar
8—输出超调压力 p_2=0.7bar;
9—输出超调压力 p_2=2bar;
10—输出超调压力 p_2=4bar;
11—输出超调压力 p_2=6bar;
12—输出超调压力 p_2=8bar;
13—输出超调压力 p_2=10bar
输出压力p_2和输入压力p_1的关系
输入压力变量q_n=35L/min
输入压力变量q_n=220L/min
输入压力变量q_n=55L/min
输入压力变量q_n=340L/min
输入压力变量q_n=120L/min
输入压力变量q_n=420L/min
p_2/bar
p_1/bar

6.6 麦特沃克 Skillair 三联件（管道补偿）

表 23-3-16

<table>
<tr><td>模块化组合的特点</td><td colspan="2">Skillair®气源处理元件采用了模块化设计的理念，各种功能模块可以进行任意的组合，如过滤器、减压阀、油雾器、渐增压启动阀等。同时模块化的结构使得现场维修更换非常方便，对任意部分元件或整体元件进行拆卸时，不会对其余部分元件或气管造成任何影响
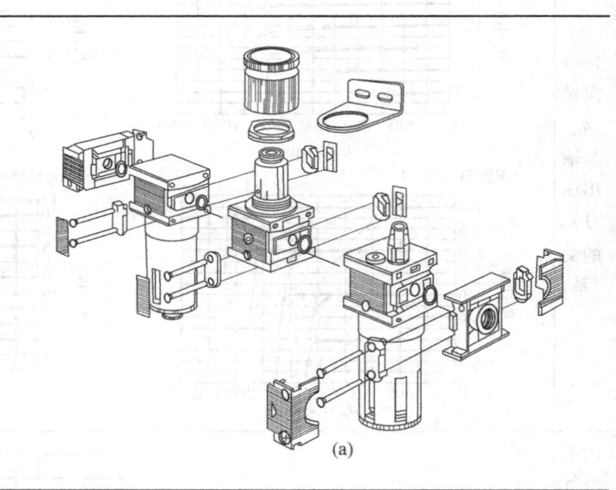
(a)</td></tr>
<tr><td>对管子长度偏差进行补偿</td><td colspan="2">SKILLAIR 400 系列为大流量系列，6.3bar 时的最大流量可以达到 20000L/min。通常该系列用于总进气的气源处理部分，因此所连接的管子都为硬管连接，如果管子在切割时长度有偏差，SKILLAIR 400 系列可以对长度偏差进行补偿。而且该系列的接头可以旋转滑动，因此在安装和拆卸的时候无需拆卸管子，大大减少了现场维护的工作量
如图 b 所示，松开端板上的螺钉，即可调整接头螺母的距离或进行旋转，调整完毕后拧紧螺钉进行固定
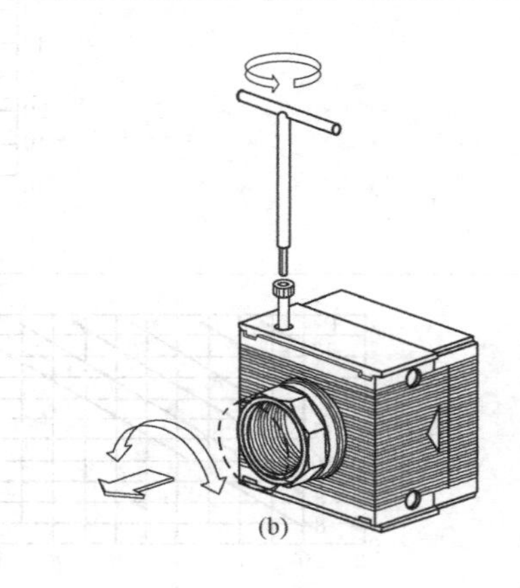
(b)</td></tr>
<tr><td rowspan="3">油雾器除传统加油方式外的其他加油方式</td><td>最低液面 ML</td><td>有两种规格：300 系列和 400 系列。此型号的油雾器当液面达到最高和最低时，会发出两个控制信号，可用来控制声响报警器、警灯灯。当液面处于最高和最低之间时，不会发出任何信号。采用这种方式的油雾器直接在中控室就可监测油杯内的油位状况</td></tr>
<tr><td>液面最低时自动加油 CAML</td><td>有两种规格：300 系列和 400 系列。此型号的油雾器当液面达到最低液位时，储油杯内的电子指示器会发出一个电子信号去驱动加油装置，当油的液面达到最高液面时，指示器发出另一个信号，加油装置关闭。采用这种方式的油雾器，润滑系统的液面可以始终维持在最高和最低液面之间。如果只使用其中的一个信号，则可以把液面始终保持恒定状态（恒定为最高或最低状态）。要注意的是此加油方式只有当润滑油的进气压力高于油雾器虑杯内的压力的情况下，才能使系统在运作时也能给油杯加油</td></tr>
<tr><td>降压式低液位加油 CDML</td><td>有两种规格：300 系列和 400 系列。此型号的油雾器当液面达到最低液位时，储油杯内的电子指示器会发出一个电子信号去驱动加油装置，当油的液面达到最高液面时，指示器发出另一个信号，加油装置关闭。采用这种方式的油雾器，润滑系统的液面可以始终维持在最高和最低液面之间。如果只使用其中的一个信号，则可以把液面始终保持恒定状态（恒定为最高或最低状态）。和 CAML 不同之处在于该油雾器由一个常闭型二位二通电磁阀控制。电磁阀装在油雾器上。它降低了油杯内的压力，并使油杯可被充油（来自油罐）。油罐的位置可以比油雾器低（高度差最多可以达到 2m）</td></tr>
</table>

6.7 不锈钢过滤器、调压阀、油雾器（Norgren公司）

Norgren公司采用不锈钢材质制作的过滤器、调压阀、油雾器产品在一些特定场合有良好的应用，如油田井口、海船、近海作业、食品工业和其他腐蚀环境，它的最高进口工作压力为17bar、20bar，输出工作压力为0~10bar，过滤器的流量为3420L/min，调压阀的流量为3000L/min，油雾器的流量为2880L/min。

1/2″NPTF螺纹为美国斜牙管螺纹。不锈钢过滤器、调压阀及油雾器的规格及性能参数见表23-3-17。

表 23-3-17

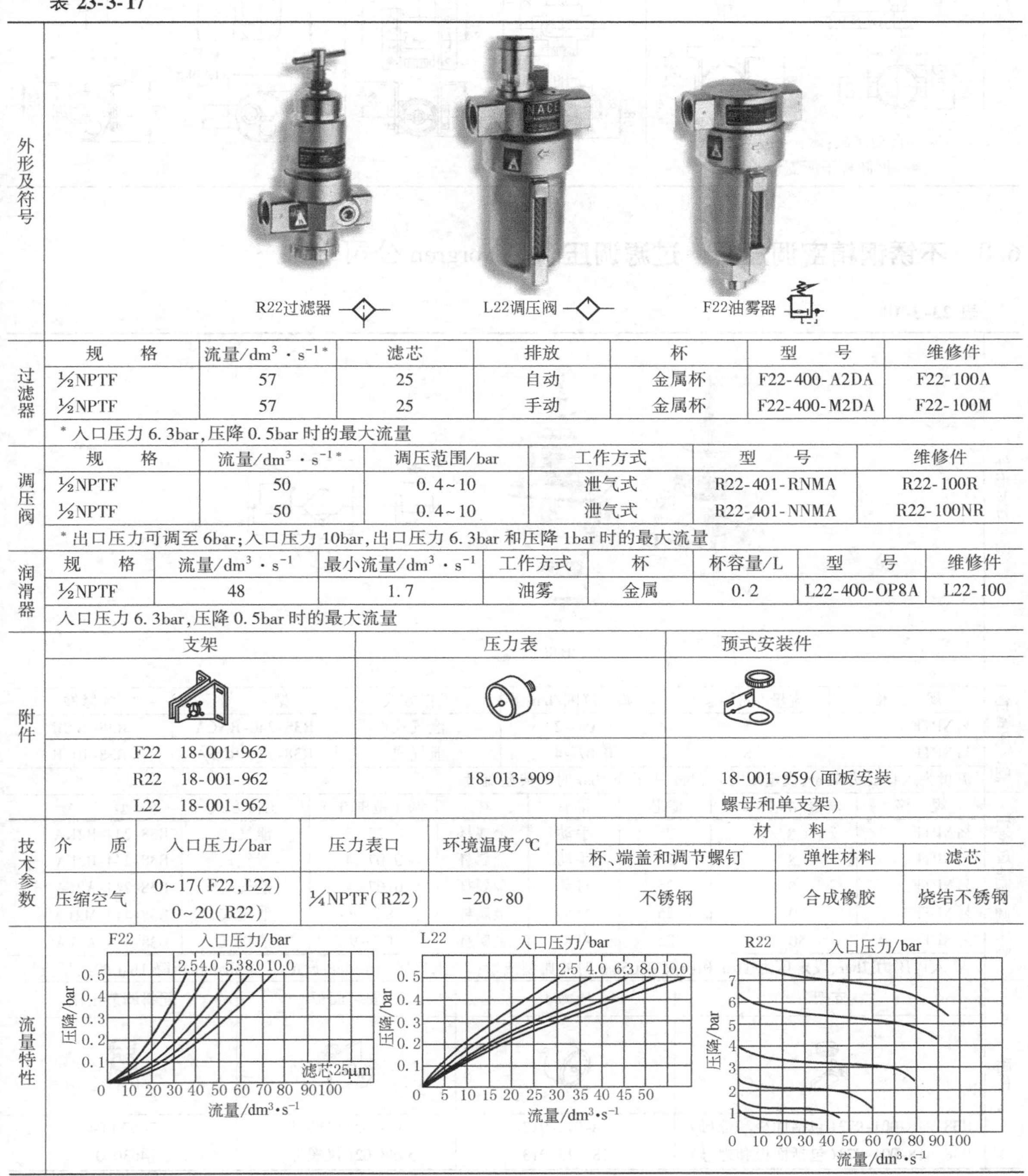

外形及符号

过滤器

规　格	流量/$dm^3 \cdot s^{-1}$*	滤芯	排放	杯	型　号	维修件
½NPTF	57	25	自动	金属杯	F22-400-A2DA	F22-100A
½NPTF	57	25	手动	金属杯	F22-400-M2DA	F22-100M

* 入口压力6.3bar,压降0.5bar时的最大流量

调压阀

规　格	流量/$dm^3 \cdot s^{-1}$*	调压范围/bar	工作方式	型　号	维修件
½NPTF	50	0.4~10	泄气式	R22-401-RNMA	R22-100R
½NPTF	50	0.4~10	泄气式	R22-401-NNMA	R22-100NR

* 出口压力可调至6bar;入口压力10bar,出口压力6.3bar和压降1bar时的最大流量

润滑器

规　格	流量/$dm^3 \cdot s^{-1}$	最小流量/$dm^3 \cdot s^{-1}$	工作方式	杯	杯容量/L	型　号	维修件
½NPTF	48	1.7	油雾	金属	0.2	L22-400-OP8A	L22-100

入口压力6.3bar,压降0.5bar时的最大流量

附件

支架	压力表	预式安装件
F22　18-001-962 R22　18-001-962 L22　18-001-962	18-013-909	18-001-959(面板安装螺母和单支架)

技术参数

介　质	入口压力/bar	压力表口	环境温度/℃	材　料		
				杯、端盖和调节螺钉	弹性材料	滤芯
压缩空气	0~17(F22,L22) 0~20(R22)	¼NPTF(R22)	-20~80	不锈钢	合成橡胶	烧结不锈钢

流量特性

续表

	F22	R22	L22
外形尺寸			

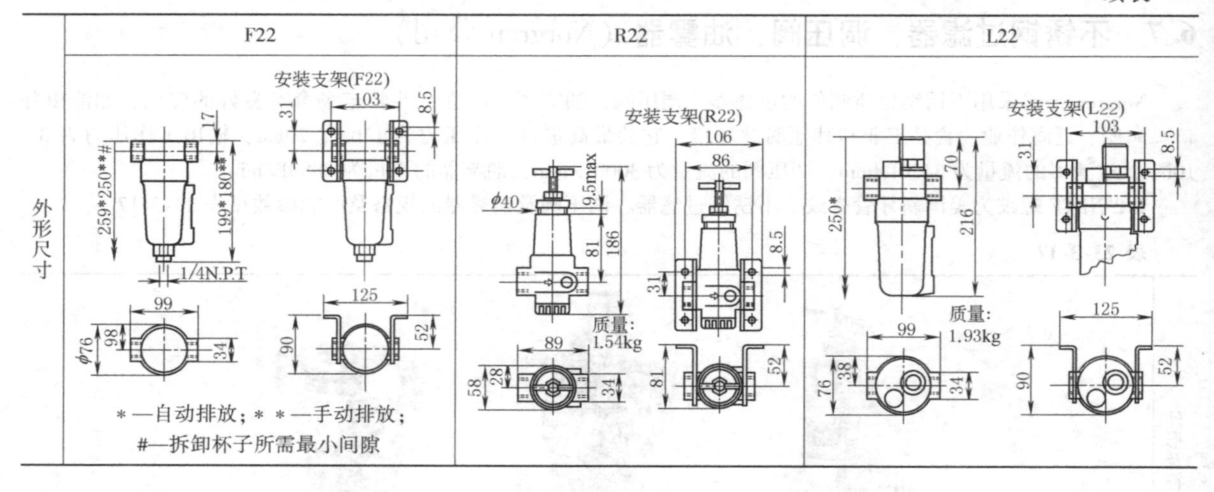

6.8 不锈钢精密调压阀、过滤调压阀（Norgren 公司）

表 23-3-18

外形及符号图

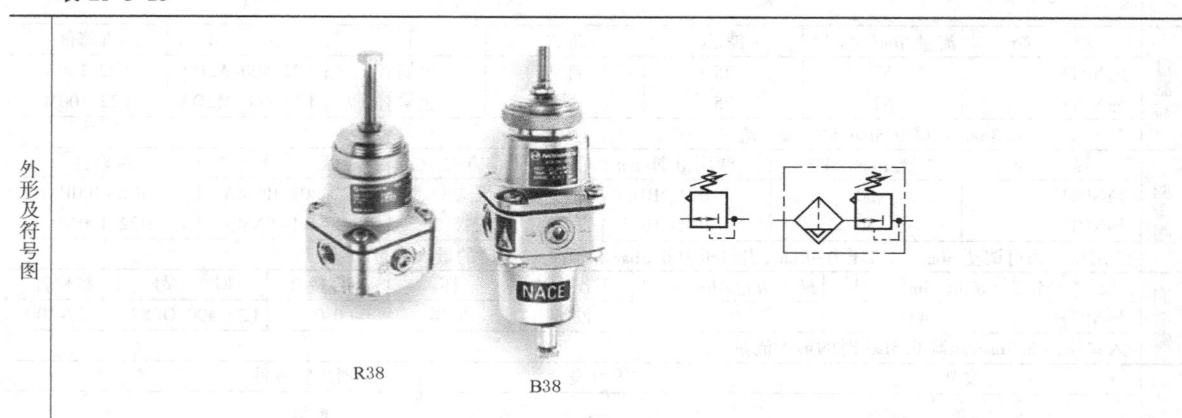

R38　　B38

精密压力阀

规格	流量/$dm^3 \cdot s^{-1}$	调压范围/bar	工作方式	型号	维修件
¼NPTF	8	0.04~2	泄气式	R38-240-RNCA	R38-100R
¼NPTF	8	0.07~4	泄气式	R38-240-RNFA	R38-101R

流量为入口压力 7bar、设定压力 6.3bar 和压降 1bar 时的典型流量

精密过滤阀/调压阀

规格	流量/$dm^3 \cdot s^{-1}$	滤芯	排放	杯	调压范围/bar	工作方式	型号
¼NPTF	8*	25	手动	金属杯	0.25~7	泄气式	B38-244-B2KA
¼NPTF	8*	25	手动	金属杯	0.07~4	泄气式	B38-244-B2FA
¼NPTF	8*	25	自动	金属杯	0.07~4	泄气式	B38-244-A2FA
½NPTF	50**	25	自动	金属杯	0.3~9	泄气式	B38-444-M2LA#
½NPTF	50**	25	自动	金属杯	0.3~9	泄气式	B38-444-A2LA#

*入口压力 7bar、设定压力 1bar 和压降 0.05bar 时的典型流量；**入口压力 12bar，设定压力 8bar 和压降 1bar 的典型流量

附件

	支架	压力表	安装面板	配料调节按钮
R38	18-001-973(包括面板和螺母)	18-013-913	5988-02(仅螺母)	74630-04
B38	18-001-973(包括面板和螺母)	18-013-913	5988-02(仅螺母)	74630-04

第 23 篇

续表

<table>
<tr><td rowspan="3">技术参数</td><td rowspan="2">介质</td><td rowspan="2">入口压力/bar</td><td rowspan="2">环境温度/℃</td><td colspan="3">材　　料</td></tr>
<tr><td>壳体、杯、端盖和调节旋钮</td><td>弹性材料</td><td>滤芯</td></tr>
<tr><td>压缩空气</td><td>0~17
0~31(R38,B38)</td><td>-40~80</td><td>不锈钢</td><td>合成橡胶</td><td>高密聚丙烯(25μm)/烧结陶瓷(5μm)</td></tr>
<tr><td>流量特性</td><td colspan="6">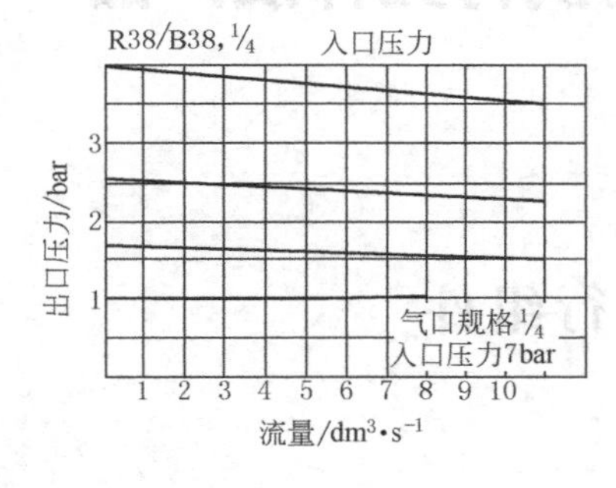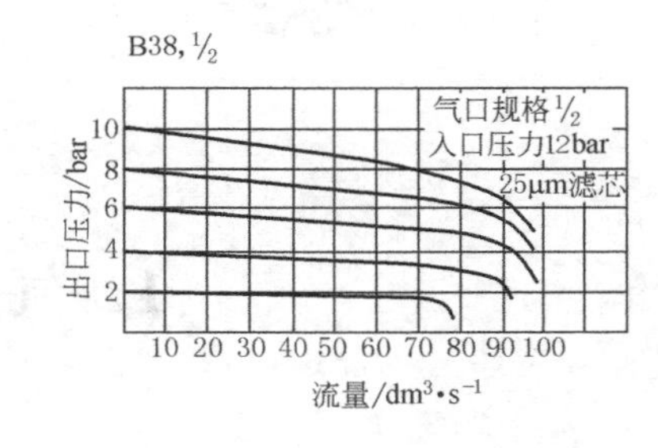</td></tr>
<tr><td>外形尺寸</td><td colspan="6">R38(¼)
质量:0.48kg
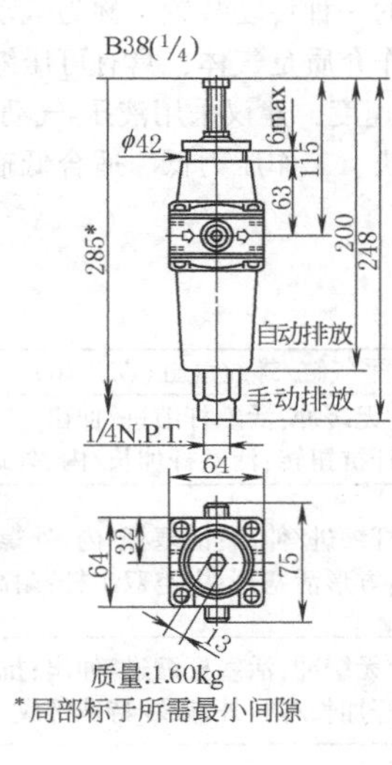质量:1.60kg
*局部标于所需最小间隙
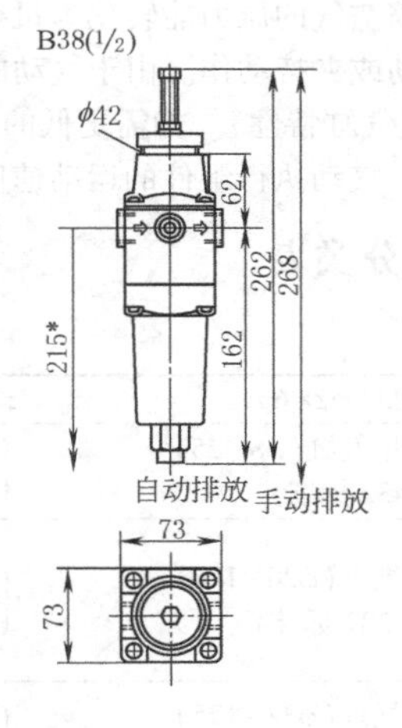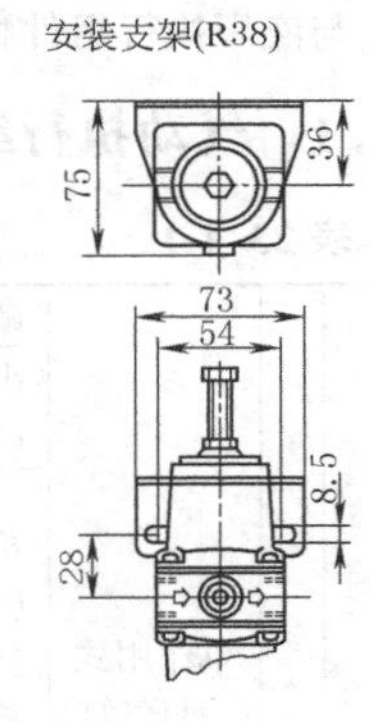</td></tr>
<tr><td>应用</td><td colspan="6">Norgren公司采用不锈钢材质制作的调压阀、过滤器调压阀产品在一些特定场合有良好的应用,如油田井口、海船、近海作业、食品工业等行业,它的最高进口工作压力为17bar、31bar,不锈钢精密调压阀调压范围¼NPTF为0.04~2bar、0.07~4bar,精密过滤器调压阀调压范围¼NPTF为0.07~4bar、0.25~7bar,½NPTF调压范围为0.3~9bar,精密调压阀(¼)的流量为480L/min,精密过滤器调压阀流量为1500L/min</td></tr>
</table>

第4章 气动执行元件及产品

1 气动执行组件

1.1 气动执行组件的分类

在气动系统中，将压缩空气的压力能转化为机械能的一种传动装置，称为气动执行组件。它能驱动机械实现往复运动、摆动、旋转运动或夹持动作。由于气动的工作介质是气体，具有可压缩性，因此它的低速平稳运行速度在3~5mm/s以上（低速气缸特性）。如需更低的平稳速度，建议采用液压-气动联合装置来完成。

与液压执行组件相比，气动执行组件的运动速度更快、工作压力低、适合低输出力的场合。

1.1.1 气动执行组件分类表

表 23-4-1

<table>
<tr><td rowspan="10">气缸</td><td rowspan="10">普通类气缸</td><td rowspan="10">直线运动</td><td rowspan="7" colspan="2">单作用式(有杆气缸)</td><td>微型气缸(ϕ2~6)</td><td>微型扁平气缸/螺纹气缸(ϕ2~16)</td></tr>
<tr><td>小型圆形气缸(ϕ8~25)
(ISO 6432 标准)</td><td>缓冲/无缓冲;活塞杆缩进/伸出
活塞杆抗扭转;活塞杆加长/内、外螺纹</td></tr>
<tr><td>紧凑型气缸(ϕ20~100)
(ISO 21287 标准)</td><td>活塞杆缩进/伸出;活塞杆/内、外螺纹
派生:方形活塞杆;中空双出杆;耐高温;耐腐蚀;不含铜及 PTFE 材质</td></tr>
<tr><td>普通型气缸(ϕ32~125)
(ISO 15552 标准)</td><td>缓冲/无缓冲;活塞杆缩进/伸出;抗扭转
活塞杆加长/内、外螺纹/特殊螺纹</td></tr>
<tr><td>膜片式气缸</td><td>膜片气缸
橡胶夹紧模块气缸</td></tr>
<tr><td colspan="2">气囊式气缸</td></tr>
<tr><td colspan="2">气动肌肉</td></tr>
<tr><td rowspan="3">双作用式</td><td rowspan="3">有杆气缸</td><td>小型圆形气缸(ϕ8~25)
(ISO 6432 标准)</td><td>缓冲/无缓冲
派生:活塞杆抗扭转;活塞杆加长/内、外螺纹/特殊螺纹;双出杆;中空双出杆;行程可调;耐腐蚀;活塞杆锁紧;不含铜及 PTFE 材质;可配用导向装置</td></tr>
<tr><td>紧凑型气缸(ϕ20~100)
(ISO 21287 标准)</td><td>派生:活塞杆抗扭转;活塞杆加长/内、外螺纹/特殊螺纹;双出杆/中空双出杆;耐高温;耐腐蚀;不含铜及 PTFE 材质;倍力、多位置</td></tr>
<tr><td>普通型气缸(ϕ32~320)
(ISO 15552 标准)</td><td>缓冲/无缓冲
派生:加长缓冲;活塞杆抗扭转;活塞杆加长螺纹/内、外螺纹/特殊螺纹;双出杆;中空双出杆;行程可调;阳极氧化铝质活塞杆/带皮囊保护套活塞杆;活塞杆防下坠;活塞杆锁紧;耐高温;耐腐蚀;低摩擦;低速;不含铜及 PTFE 材质;倍力;多位置;带阀;带阀及现场总线接口;清洁型气缸(易清洗);可配用导向装置</td></tr>
</table>

续表

气缸	普通类气缸	直线运动	双作用式	有杆气缸	其他功能气缸	扁平型气缸/多面安装型气缸 伸缩气缸/进给分离装置 冲击气缸/止动气缸/气动增压/气
				无杆气缸		绳索气缸;钢带气缸 磁耦合无杆气缸;无杆气缸/带导轨无杆气缸/带锁紧机构无杆气缸
		摆动运动	叶片式			
			齿轮齿条式			
			直线摆动夹紧/直线摆动组合式			
	导向驱动装置	直线导向驱动单元	导向装置(配普通气缸);导杆止动气缸;高精度导杆气缸			
			小型短行程滑块驱动器(紧凑/狭窄/扁平线性滑台);扁平型无杆直线驱动器(带导轨无杆气缸;带锁紧机构无杆气缸/内置位移传感器无杆气缸)			
		模块化导向系统装置	模块化驱动单元(*X-Y*/*X-Y-Z* 运动)	[扁平型无杆直线驱动器/微型滑块驱动器(*X-Y* 运动)] 双活塞气缸/双缸滑台驱动器(活塞杆运动/滑块运动)(*X-Y* 运动)		
				组合直线驱动器(活塞杆运动)/组合滑块驱动器(滑块运动)(*X-Y-Z* 运动)		
			气动机械手(抓取与放置、线性门架、悬臂轴、三维门架)(*X-Y*/*X-Y-Z* 运动)	驱动器	直线坐标气缸/轻型直线坐标气缸(扁平型无杆直线驱动器;带导轨无杆气缸;小型短行程滑块式驱动器;高速抓取单元;齿轮齿条摆动气缸)	
					气爪/比例气爪	
					真空吸盘	
				辅件	立柱 重载导轨 导轨角度转接板 液压缓冲器	
气马达	容积式	叶片式	单向回转式 双向回转式 双作用双向式			
		活塞式	轴心活塞式			
			径向活塞式	有连接杆式 无连接杆式 滑杆式		
		齿轮式	双齿轮式 单齿轮式			
	涡轮式					

1.1.2 气动执行组件的分类说明

气动执行组件的分类主要以气缸结构(活塞式或膜片式)、缸径尺寸(微型、小型、中型、大型)、安装方式(可拆式或整体式)、缓冲方式(缓冲或无缓冲)、驱动方式(单作用或双作用)、润滑方式(给油或无给油)等来进行的。同时对一些低摩擦、低速、耐高温、磁性气缸(是否具备位置检测功能)及带阀气缸等均作为新产品来归类。

表 23-4-2　　主要气动执行组件的说明

结　构　图	说　　明

(a)直线驱动器与直线驱动器的组合

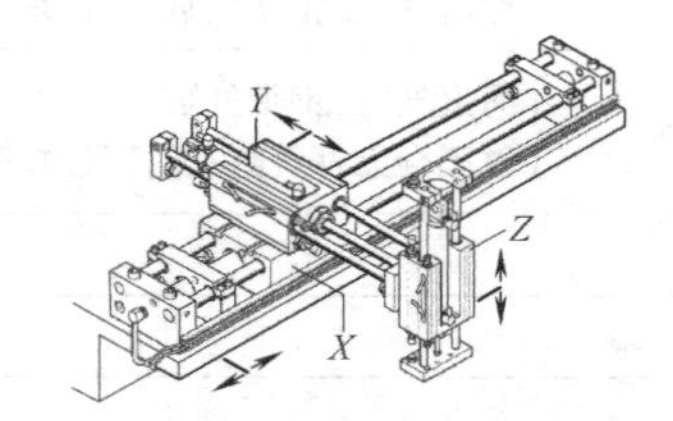

(b)直线驱动器与长行程滑块驱动

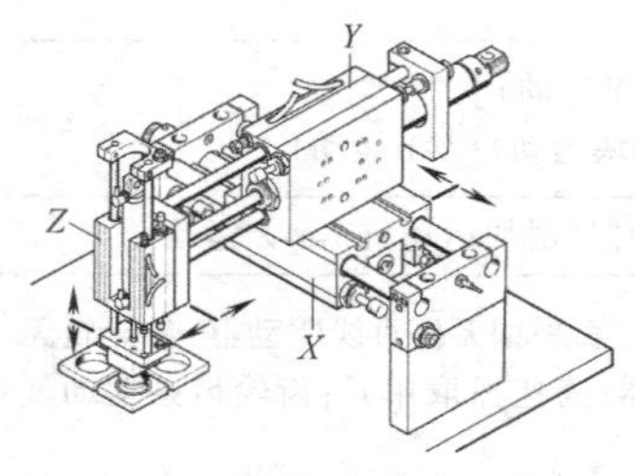

(c)直线驱动器与滑块驱动器组合

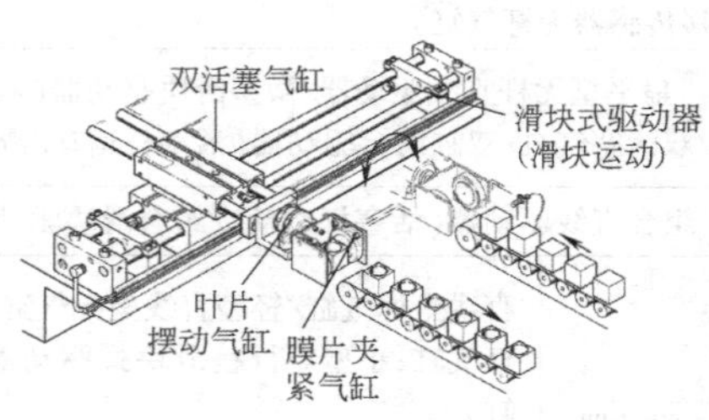

(d)滑块驱动器与双活塞气缸等组合

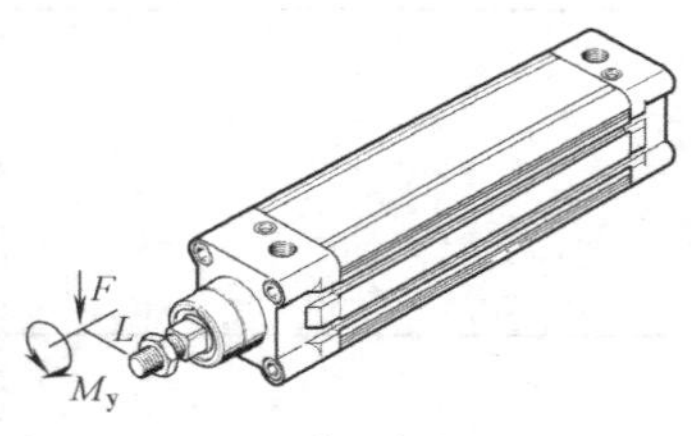

(e)普通气缸

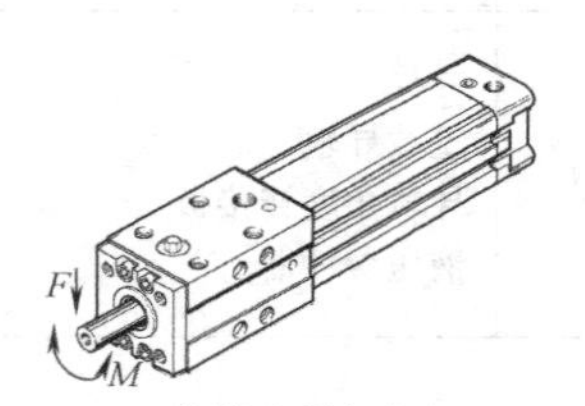

(f)高精度导杆气缸

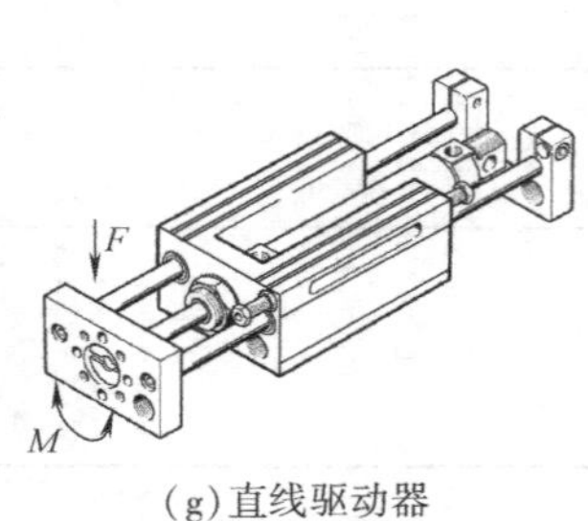

(g)直线驱动器

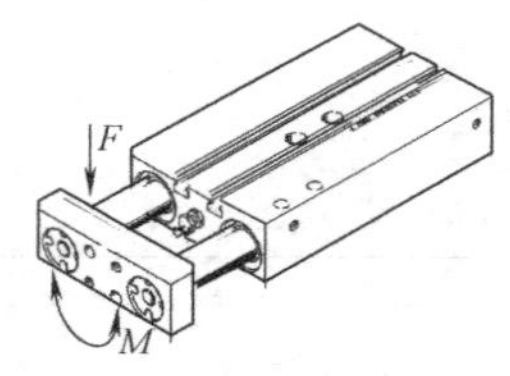

(h)双活塞驱动器

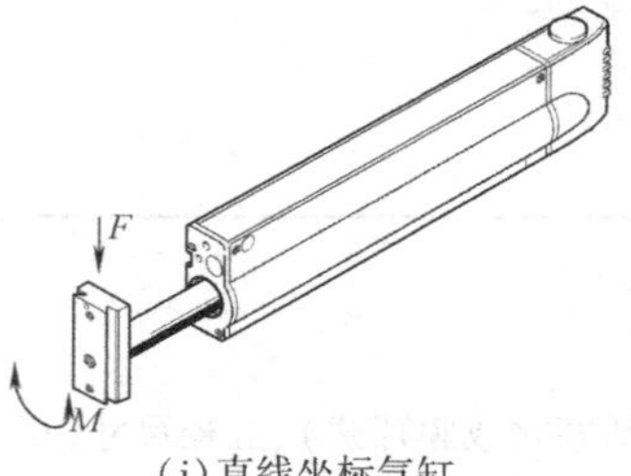

(i)直线坐标气缸

随着气动技术的发展和标准化的深入，一个普通双作用气缸（在外部连接尺寸没有变化的情况下）均可派生（如图 e 所示）：耐高温、耐低温、耐腐蚀、低摩擦、低速、不含铜及 PTFE 材质气缸（适用某些特殊电子行业场合）、倍力、多位置、活塞杆锁紧（气缸长度有些增加）、防下坠（气缸长度有些增加）、带阀及现场总线接口等一系列特性气缸。气动执行元件向模块化的发展已成为一种趋势（见图 a、图 b、图 c），这是现代自动化生产对市场快速反应的一种迫切需求。商品生产厂家需要在最短的时间内，针对不同的批量、尺寸、型号的商品能方便地改动或重新设置某些模块化的驱动部件，即能快速地投入生产，不用技术设计人员重新设计、制造。如图 d 所示，选用一个滑块式驱动器（滑块运动）、双活塞气缸、叶片式气缸和两个橡胶膜片气缸便可组成模块化的自动化驱动系统，完成两条流水线中的工件搬运工作。因此，设计人员所关心的是如何方便地选择现成已优化的气动机构

目前，气动执行组件可分为普通气缸和导向驱动装置。普通气缸需设计人员重新设计辅助导向机构。导向驱动装置（包括直线导向单元及模块化导向系统装置）则已内置了高精度导轨，大大强化了气缸径向承载和抗扭转的能力，设计人员不必再为自动流水线专门设计气缸的辅助导向机构及一系列与驱动有关的零部件（甚至于包括安装连接部件）。表 23-4-3 反映了普通气缸、高精度导杆气缸、直线驱动器、双活塞驱动器或直线坐标气缸不同的许用径向力 *F*、许用扭矩 *M*，而设计人员只需要去查找产品样本中驱动器允许的推力、某行程下的许用径向力 *F*、许用扭矩 *M* 等数据，分析是否能满足实际工况要求（见图 e、图 f、图 g、图 h、图 i）。如满足条件可直接选用，极大缩短了设计人员在自动流水线设计制造、调试及加工的周期，既保证了市场需求，方便生产厂商，也大大降低了安装、转换生产和维修所花费的时间、费用，并确保生产质量

通常直线导向驱动单元是指单轴的导向机构。如：配普通气缸的导向装置、导杆止动气缸、高精度导杆气缸（见图 f）、小型短行程驱动器或带导轨的无杆气缸等。它也可组成模块化结构，如图 a 所示的直线驱动器与直线驱动器的组合

模块化导向系统装置分为模块化驱动单元以及气动机械手。通常从一开始设计时，便体现从系列化、自身系列的模块化及与其他执行驱动器相容的模块化设计思想

模块化驱动单元不仅可用于单轴的导向机构，更主要的功能则可组成 *X-Y* 二轴（见图 a）或 *X-Y-Z* 三轴运动机构（图 b、图 c、图 d）

表 23-4-3　　主要气缸和驱动器的许用径向负载及许用扭矩

名　　称	(推力/拉力)/N	许用径向负载/N	扭矩/N·m	重复精度/mm
普通气缸 DNC-32-100	483/415	35	0.85	±0.1
高精度导杆气缸 DFP-32-100	483/365	45	8.5	±0.05
直线驱动器 SLE-32-100	483/415	140	5.7	±0.05
双活塞驱动器 DPZ-32-100	966/724	42 105(双出杆)	1.3 3.0(双出杆)	±0.05
直线坐标气缸 HMP-32-100	483/415	500	50	±0.01

1.2 普通气缸

1.2.1 普通气缸的工作原理

(1) 双作用气缸工作原理

表 23-4-4

结构原理图	工　作　原　理
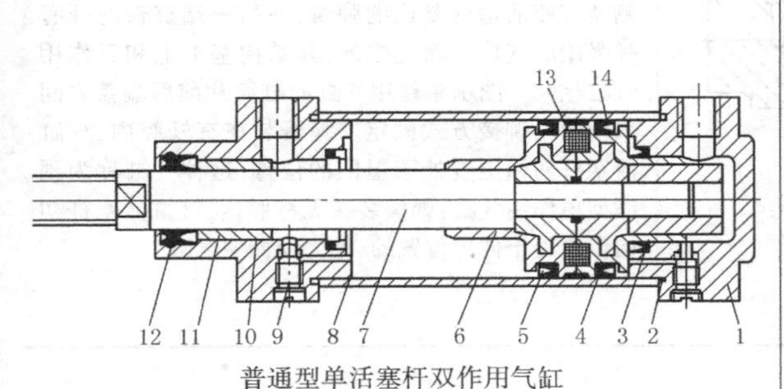 普通型单活塞杆双作用气缸 1—后缸盖;2—密封圈;3—缓冲密封圈;4—活塞密封圈;5—活塞;6—缓冲柱塞;7—活塞杆;8—缸筒;9—缓冲节流阀;10—导向套;11—前缸盖;12—防尘密封圈;13—磁铁;14—导向环	缸筒与前后端盖(配有密封圈)连接后,内腔形成一个密封的空间,在这个密封的空间内有一个与活塞杆相连的活塞,活塞上装有密封圈。活塞把这个密封的空间分成两个腔室,对有活塞杆一边腔室称有杆腔(或前腔),对无活塞杆的腔室称无杆腔(或后腔) 当从无杆腔端的气口输入压缩空气时,气压作用在活塞右端面上的力克服了运动摩擦力、负载等各种反作用力,推动活塞前进,有杆腔内的空气经该前端盖气口排入大气,使活塞杆伸出。同样,当有杆腔端气口输入压缩空气,活塞杆退回至初始位置。通过无杆腔和有杆腔的交替进气和排气,活塞杆伸出和退回,气缸实现往复直线运动 气缸端盖上未设置缓冲装置的气缸称为无缓冲气缸,缸盖上设置缓冲装置的气缸称为缓冲气缸。左图所示为缓冲气缸。缓冲装置由缓冲节流阀9、缓冲柱塞6和缓冲密封圈3等组成。当气缸行程接近终端时,由于缓冲装置的作用,可以防止高速运动的活塞撞击缸盖的现象发生

(2) 单作用气缸工作原理

这种气缸在端盖一端气口输入压缩空气使活塞杆伸出（或退回），而另一端靠弹簧、自重或其他外力等使活塞杆恢复到初始位置。

表 23-4-5　　单作用气缸工作原理

	原　理　图	工　作　原　理
工作原理	(a)	靠外力复位
	(b)	靠弹簧力复位
	(c) p	靠弹簧力复位

续表

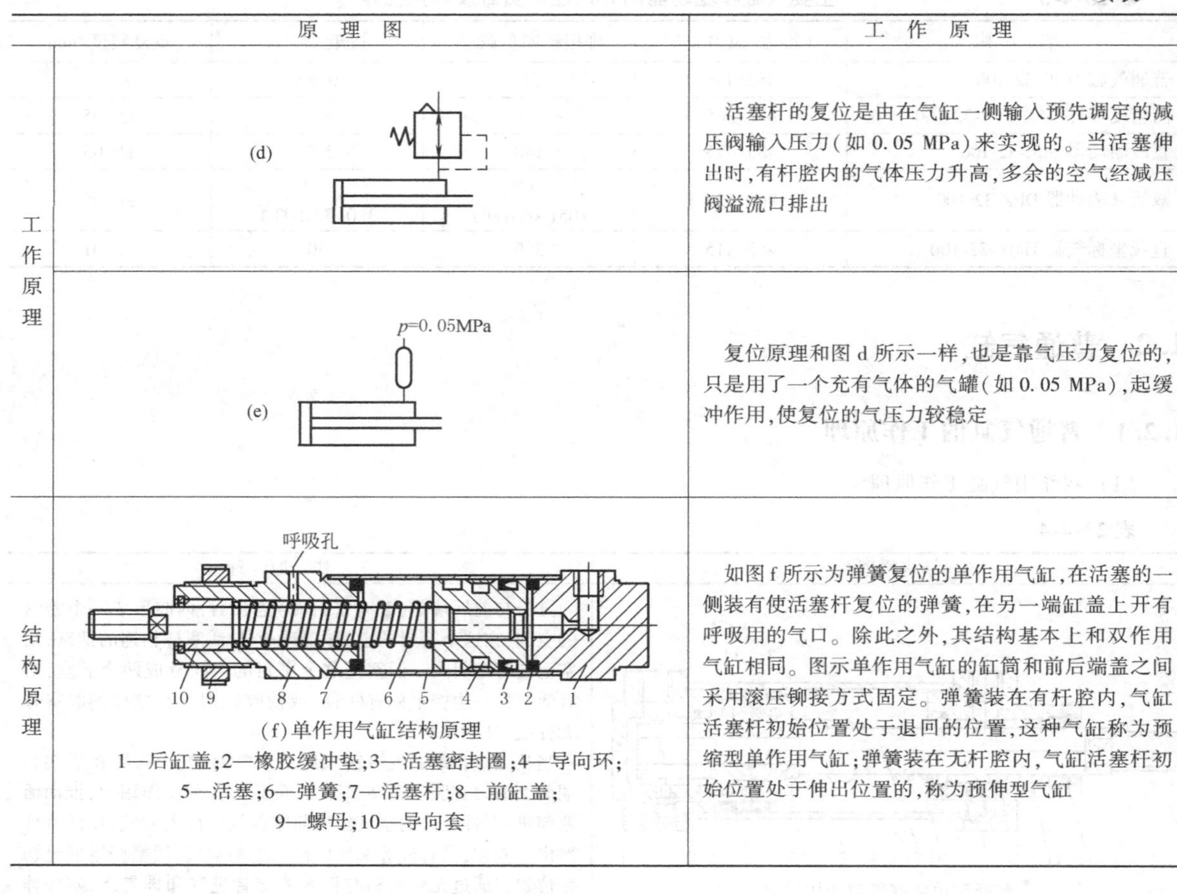

	原理图	工作原理
工作原理	(d)	活塞杆的复位是由在气缸一侧输入预先调定的减压阀输入压力（如 0.05 MPa）来实现的。当活塞伸出时，有杆腔内的气体压力升高，多余的空气经减压阀溢流口排出
	p=0.05MPa (e)	复位原理和图 d 所示一样，也是靠气压力复位的，只是用了一个充有气体的气罐（如 0.05 MPa），起缓冲作用，使复位的气压力较稳定
结构原理	呼吸孔 10 9 8 7 6 5 4 3 2 1 (f) 单作用气缸结构原理 1—后缸盖；2—橡胶缓冲垫；3—活塞密封圈；4—导向环；5—活塞；6—弹簧；7—活塞杆；8—前缸盖；9—螺母；10—导向套	如图 f 所示为弹簧复位的单作用气缸，在活塞的一侧装有使活塞杆复位的弹簧，在另一端缸盖上开有呼吸用的气口。除此之外，其结构基本上和双作用气缸相同。图示单作用气缸的缸筒和前后端盖之间采用滚压铆接方式固定。弹簧装在有杆腔内，气缸活塞杆初始位置处于退回的位置，这种气缸称为预缩型单作用气缸；弹簧装在无杆腔内，气缸活塞杆初始位置处于伸出位置的，称为预伸型气缸

1.2.2 普通气缸性能分析

表 23-4-6

理论输出力	公式	普通双作用气缸的理论推力 F_0 为 $F_0=\frac{\pi}{4}D^2p(\mathrm{N})$ 式中 D——缸径，m p——气缸的工作压力，Pa 其理论拉力 F_0 为 $F_0=\frac{\pi}{4}(D^2-d^2)p$ 式中 d——活塞杆直径，m，估算时可令 $d=0.3D$ 下图计算曲线列出了气缸在不同压力下的理论推力。计算参数表所示为普通双作用气缸的理论输出力 普通单作用气缸（预缩型）理论推力为 $F_0=\frac{\pi}{4}D^2p-F_{t2}$ 其理论拉力为 $F_0=F_{t1}$ 普通单作用气缸（预伸型）理论推力为 $F_0=F_{t1}$ 其理论拉力为 $F_0=\frac{\pi}{4}(D^2-d^2)p-F_{t2}$ 式中 D——缸径，m d——活塞杆直径，m p——工作压力，Pa F_{t1}——单作用气缸复位弹簧的预紧力，N F_{t2}——复位弹簧的预压量加行程所产生的弹簧力，N

续表

理论输出力 — 计算曲线

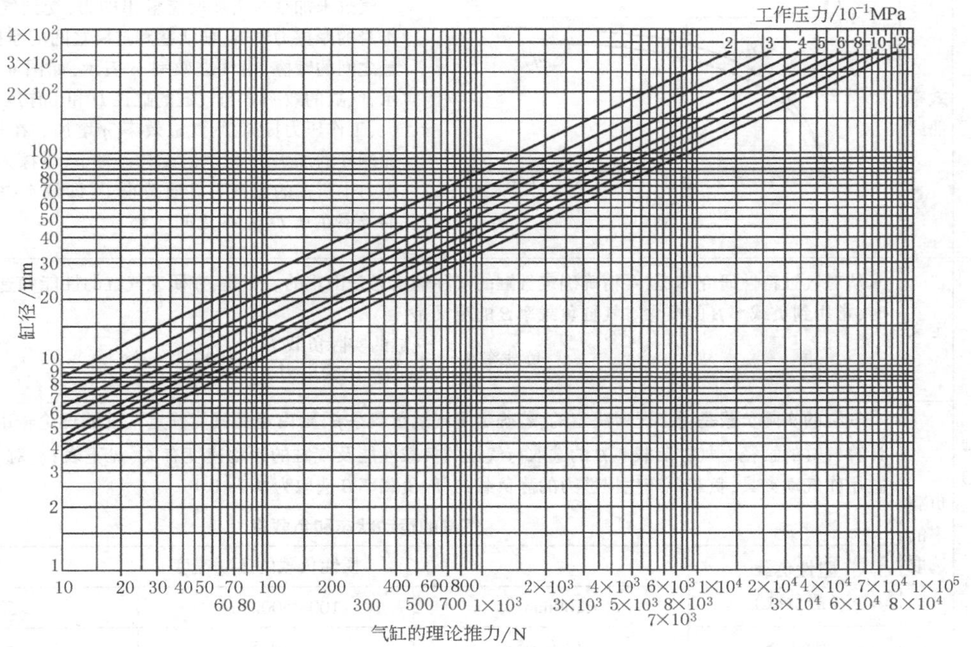

工作压力/10^{-1}MPa：2、3、4、5、6、8、10、12

缸径/mm：1、2、3、4、5、6、7、8、9、10、20、30、40、50、60、70、80、90、100、2×10^2、3×10^2、4×10^2

10　20　30　40　50　60　70　80　100　200　300　400　500　600　700　800　1×10^3　2×10^3　3×10^3　4×10^3　5×10^3　6×10^3　7×10^3　8×10^3　1×10^4　2×10^4　3×10^4　4×10^4　6×10^4　7×10^4　8×10^4　1×10^5

气缸的理论推力/N

气缸的理论推力

理论输出力 — 计算参数

压力/10^{-1}MPa	1	2	3	4	5	6	7	8	9	10
缸径/mm	气缸理论输出力/N									
8	5.0	10.0	15.0	20.0	25.1	30.1	35.1	40.1	45.2	50.2
10	7.8	15.7	23.5	31.4	39.2	47.1	54.9	62.8	70.6	78.5
12	11.3	22.6	33.9	45.2	56.5	67.8	79.1	90.4	102	113
16	20.0	40.1	60.2	80.3	100	121	141	161	181	200
20	31.4	62.8	94.2	126	156	188	219	251	283	314
25	49	98.1	147	196	245	294	343	393	442	490
32	80	160	241	322	402	482	562	643	723	803
40	125	251	376	502	628	753	879	1000	1130	1260
50	196	392	588	785	981	1180	1370	1570	1770	1960
63	311	623	934	1246	1560	1870	2180	2490	2800	3120
80	502	1000	1510	2010	2510	3010	3520	4020	4520	5020
100	785	1570	2350	3140	3920	4710	5490	6280	7060	7850
125	1230	2450	3680	4910	6130	7360	8590	9810	11000	12300
160	2010	4020	6030	8040	10100	12100	14100	16100	18100	20100
200	3140	6280	9240	12600	15600	18800	22000	25100	28300	31400
250	4910	9800	14700	19600	24500	29400	34300	39300	44200	49100
320	8040	16100	24100	32200	40200	48200	56300	64300	72300	80400

实际输出力 — 计算公式

普通双作用气缸的实际输出推力 F_e 为　$F_e=\frac{\pi}{4}D^2p\eta$

实际输出拉力 F_e 为　$F_e=\frac{\pi}{4}(D^2-d^2)p\eta$

普通单作用气缸的实际输出推力 F_e 为　$F_e=\frac{\pi}{4}D^2p\eta-F_t$

续表

实际输出力 — 效率曲线

η
1.0
0.5
η_1
η_2
D
0　0.1　0.2　0.3　0.4　0.5　0.6　0.7
p/MPa
(a)

气缸未加载时实际所能输出的力，受到气缸活塞和活塞杆本身的摩擦力影响，如活塞和缸筒之间的摩擦、活塞杆和前缸盖之间的摩擦，用气缸效率 η 表示，如图 a 气缸效率曲线所示，气缸的效率 η 与气缸的缸径 D 和工作压力 p 有关，缸径增大，工作压力提高，则气缸效率 η 增加。在气缸缸径增大时，在同样的加工条件、气缸结构条件下，摩擦力在气缸的理论输出力中所占的比例明显地减小了，即效率提高了。一般气缸的效率在 0.7~0.95 之间

负载率 β — 定义

从对气缸特性研究知道，要精确确定气缸的实际输出力是困难的。于是，在研究气缸的性能和选择确定气缸缸径时，常用到负载率 β 的概念。气缸负载率 β 的定义是

$$负载率\ \beta=\frac{气缸的实际负载\ F}{气缸的理论输出力\ F_0}\times100\%$$

负载率 β — 负载率的选取

气缸的实际负载是由工况所决定的，若确定了气缸负载率 β，则由定义就能确定气缸的理论输出力 F_0，从而可以计算气缸的缸径。气缸负载率 β 的选取与气缸的负载性能及气缸的运动速度有关（见下表）。对于阻性负载，如气缸用作气动夹具，负载不产生惯性力的静负载，一般负载率 β 选取为 0.7~0.8

气缸的运动状态和负载率

阻性负载（静负载）	惯性负载的运动速度 v		
	<100mm/s	100~500mm/s	>500mm/s
$\beta\leqslant0.8$	$\beta\leqslant0.65$	$\leqslant0.5$	$\leqslant0.35$

气缸瞬态特性

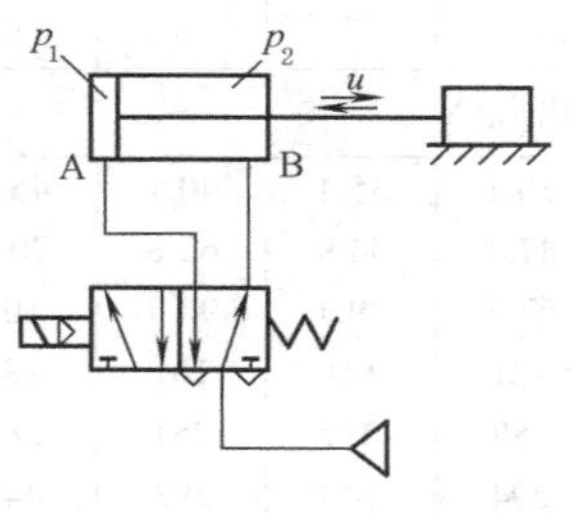

(b) 单杆双作用气缸的运动状态示意图

电磁换向阀换向，气源经 A 口向气缸无杆腔充气，压力 p_1 上升。有杆腔内气体经 B 口通过换向阀的排气口排气，压力 p_2 下降。当活塞的无杆侧与有杆侧的压力差达到气缸的最低动作压力以上时，活塞开始移动。活塞一旦启动，活塞等处的摩擦力即从静摩擦力突降至动摩擦力，活塞稍有抖动。活塞启动后，无杆腔为容积增大的充气状态，有杆腔为容积减小的排气状态。由于外负载大小和充排气回路的阻抗大小等因素的不同，活塞两侧压力 p_1 和 p_2 的变化规律也不同，因而导致活塞的运动速度及气缸的有效输出力的变化规律也不同

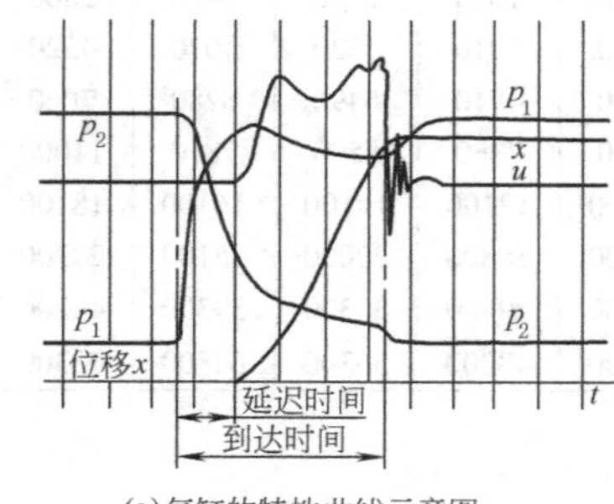

(c) 气缸的特性曲线示意图

图 c 是气缸的瞬态特性曲线示意图。从电磁阀通电开始到活塞刚开始运动的时间称为延迟时间。从电磁阀通电开始到活塞到达行程末端的时间称为到达时间

从图 c 可以看出，在活塞的整个运动过程中，活塞两侧腔室内的压力 p_1 和 p_2 以及活塞的运动速度 u 都在变化。这是因为有杆腔虽排气，但容积在减小，故 p_2 下降趋势变缓。若排气不畅，p_2 还可能上升。无杆腔虽充气，但容积在增大，若供气不足或活塞运动速度过快，p_1 也可能下降。由于活塞两侧腔内的压差力在变化，又影响到有效输出力及活塞运动速度的变化。假如外负载力及摩擦力也不稳定的话，则气缸两腔的压力和活塞运动速度的变化更复杂

从气缸的瞬态特性可见，当气动系统的工作压力为 0.6MPa 时，对气缸的选型计算应采用 0.4MPa；对于速度大于 500mm/s，气缸的工作压力还要更低（类似于负载率 β 中运动速度与阻性负载的关系）

续表

活塞运动速度特性	理论基准速度		气缸在没有外负载力，并假定气缸排气侧以声速排气，且气源压力不太低的情况下，求出的气缸速度 u_0 称为理论基准速度 $$u_0=1920\frac{S}{A}(\mathrm{mm/s})$$ 式中　S——排气回路的合成有效截面积，mm^2； 　　　A——排气侧活塞的有效面积，cm^2 理论基准速度 u_0 与无负载时气缸的最大速度非常接近，故令无负载时气缸的最大速度等于 u_0。随着负载的加大，气缸的最大速度将减小
	平均速度		气缸的平均速度是气缸的运动行程 L 除以气缸的动作时间（通常按到达时间计算）t。通常所指气缸使用速度都是指平均速度
	标准气缸的使用速度		标准气缸的使用速度范围大多是 50~500mm/s。当速度小于 50mm/s 时，由于气缸摩擦阻力的影响增大，加上气体的可压缩性，不能保证活塞作平稳移动，会出现时走时停的现象，称为“爬行”。当速度高于 1000mm/s 时，气缸密封圈的摩擦生热加剧，加速密封件磨损，造成漏气，寿命缩短，还会加大行程末端的冲击力，影响机械寿命。要想气缸在很低速度下工作，可采用低速气缸。缸径越小，低速性能越难保证，这是因为摩擦阻力相对气压推力影响较大的缘故，通常 ϕ32mm 气缸可在低速 5mm/s 无爬行运行。如需更低的速度或在外力变载的情况下，要求气缸平稳运动，则可使用气液阻尼缸，或通过气液转换器，利用液压缸进行低速控制。要想气缸在更高速度下工作，需加长缸筒长度、提高气缸筒的加工精度，改善密封圈材质以减小摩擦阻力，改善缓冲性能等，同时要注意气缸在高速运动终点时，确保缓冲来减小冲击
气缸工作压力、耐压及泄漏	工作压力		气缸使用压力范围是指最低工作压力至最高工作压力的范围 最低工作压力是指保证气缸正常工作的最低供给压力。正常工作是指气缸能平稳运动且泄漏量在允许指标范围内，双作用气缸的最低工作压力一般为 0.05~0.1MPa，单作用气缸的最低工作压力一般为 0.15~0.25MPa，在确定气压最低工作压力时，应考虑换向阀的最低工作压力特性，一般换向阀的工作压力范围为 0.05~0.8MPa，或 0.25~1.0MPa（也有硬配阀为 0~1.0MPa） 最高工作压力是指气缸长时间在此压力作用下能正常工作而不损坏的压力
	泄漏测试	供气压力不大于 150kPa 条件下的功能测试	试验时，气缸如有缓冲调节装置应完全打开，并将气缸水平放置，进行全行程的往复动作，活塞杆应平稳伸缩运行，并无爬行和振颤现象
		150kPa 和 630kPa 供气压力下的泄漏测试	将气缸循环动作几次后，从无杆腔气口分别先后通入 150kPa 和 630kPa 的气体，使有杆腔气口与大气相通。采用能满足检测要求的测试方法和设备，记录气缸无杆腔的全部泄漏量。该泄漏量为以下部位的总泄漏量 a）有杆腔气口； b）后端盖和气缸缸筒连接处； c）无杆腔缓冲调节装置和单向阀的周围； d）后端盖上的孔隙； e）其他外部连接 当气缸循环动作几次后，从有杆腔气口分别先后通入 150kPa 和 630kPa 的气体，无杆腔气口与大气相通。采用能满足检测要求的测试方法和设备，测量气缸有杆腔的全部泄漏量。该泄漏量为以下场所的总泄漏量 a）无杆腔气口； b）前端盖和气缸缸筒连接处； c）有杆腔缓冲调节装置和单向阀周围； d）前端盖上的孔隙； e）任何其余外部连接； f）活塞杆突出部位的密封圈周围； g）前端盖和支承之间的连接处 泄漏量应不超过下表给出的规定值

续表

<table>
<tr><td rowspan="3">气缸工作压力、耐压及泄漏</td><td rowspan="3">泄漏测试</td><td>气缸直径/mm</td><td>8,10,12</td><td>16,20,25</td><td>32,40,50</td><td>63,80,100</td><td>125,160,200</td><td>250,320</td></tr>
<tr><td>泄漏量(ANR*)/$dm^3 \cdot h^{-1}$</td><td>0.6</td><td>0.8</td><td>1.2</td><td>2</td><td>3</td><td>5</td></tr>
<tr><td colspan="7">*见 ISO 8778
注:若用户对泄漏量有特定的限制,用户应同制造商协商相应的泄漏量和测试方法</td></tr>
<tr><td>630kPa供气压力下的缓冲测试</td><td colspan="8">在630kPa供气压力下使气缸往复工作,调节缓冲节流装置,使活塞在任何方向上到达行程终点前都应该得到有效减速,与端盖没有明显的撞击现象(仅适用于缓冲气缸)</td></tr>
<tr><td>耐压性能试验</td><td colspan="8">气缸通入1.5倍公称压力的气体,保压1min,各部件不得有松动、永久性变形及其他异常现象
气缸做出厂检验和产品交付验收时,用户和制造商协商决定是否进行耐压试验;属于以下情况者必须进行耐压试验
a) 新产品研制;
b)设计和工艺的改进或材质变更,可能使其耐压性能受影响时;
c)产品质量仲裁;
d)监督抽查等执法检查时</td></tr>
<tr><td rowspan="2">温度</td><td colspan="4">环 境 温 度</td><td colspan="4">介 质 温 度</td></tr>
<tr><td colspan="4">环境温度是指气缸所处工作场所的温度
通常,气动制造厂商根据不同类型的气缸将提供不同的环境温度参数。如:对于普通气缸的环境温度为0~+60℃或-20~+80℃。而对于带现场总线接口的带阀气缸仅限于-5~+50℃。对于大于或小于环境温度的气缸,应注意气缸磁性开关所处环境是否在允许值之下。缸内密封件材料在高温下会软化、低温下会硬化脆裂,都会影响密封性能</td><td colspan="4">介质温度是指流入气缸内的气体温度
对于高于+80℃或低于-20℃的气缸,称为耐高温气缸或耐超低温气缸。目前气动制造厂商制造的高温气缸可耐150℃,耐超低温气缸可达-55℃。同样,介质温度也会影响气缸正常工作。虽然气源经冷冻式干燥器清除了大部分水分,但空气中还会有残留的少量水蒸气冷凝成水,如温度太低时,以致结冰,将破坏气缸密封件</td></tr>
<tr><td rowspan="3">耐久性</td><td colspan="2">定义</td><td colspan="6">气缸耐久性是指气缸正常工作的寿命。对于普通气缸耐久性是以它运行行程的累积,是以公里数为技术指标。对于紧凑性气缸(指短行程气缸或夹紧功能的短行程气缸)耐久性是以它运行的频率次数的累积</td></tr>
<tr><td colspan="2">耐久性技术参数</td><td colspan="6">通常,气动制造厂商在其产品样本中不提供耐久性技术参数,如提供其寿命的话,往往根据其实验室的测试报告,换而言之,该测试条件是苛刻的,比如:对于压缩空气要求其压力露点为-40℃的干燥空气,过滤精度小于40μm,进口空气约1000L应有3~5滴润滑油,测试空气介质温度在23℃±5℃,压力在0.6MPa±0.03MPa,负载为某一值(如直径ϕ16mm不锈钢材质的缸筒、行程为100mm的圆形缓冲气缸在水平测试时的负载0.05kg),频率为0.5Hz,运行速度为1m/s时,测得它的耐久性为5000km(或2000万次循环)。由于各气动厂商测试条件不同,与用户实际使用有较大差别,实际运行的耐久性与它的工作状况(负载、受力状况、是否柔性连接)、活塞速度、压缩空气的过滤等级、润滑状况等许多因素有关</td></tr>
<tr><td colspan="2">最高耐久性</td><td colspan="6">目前,根据国际上先进国家气动制造厂商实验室的检测报告资料查得:普通气缸的最高耐久性指标在2000~10000km之间,短行程紧凑气缸的最高耐久性指标在1000~3000万次循环之间(注意:由于测试条件、状况、负载等因素,气缸的耐久性指标是气动制造厂商实验室的检测报告资料数据乘0.5~0.6的系数)</td></tr>
<tr><td>气缸派生特性</td><td colspan="8">气缸的派生是指气缸在连接界面尺寸不变的情况下,仅改变某个零件的材料(如改变某密封件的材料和润滑脂使其成为耐高温气缸、改变活塞杆材质或镀层使其成为防焊渣或耐腐蚀气缸),增加某些零部件(如在前端盖上添置一个锁紧装置成为活塞杆锁紧气缸)</td></tr>
</table>

1.2.3 气缸设计、计算

1.2.3.1 缸径、壁厚、活塞杆直径与负载、弯曲强度和挠度的计算

表 23-4-7

缸径 — 计算步骤与计算公式

根据气缸所带的负载、运动状况及工作压力，气缸计算步骤如下

(1)根据气缸的负载，计算气缸的轴向负载力 F，常见的负载实例见下图

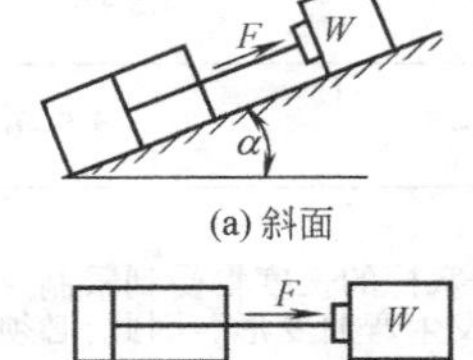

(a) 斜面　　(c) 滚动

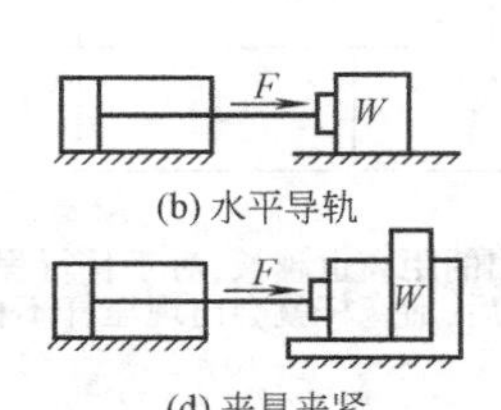

(b) 水平导轨　　(d) 夹具夹紧

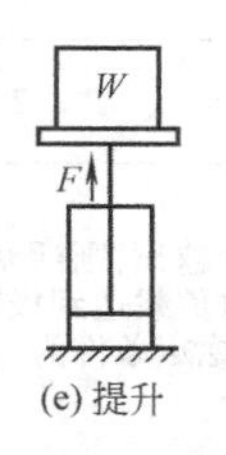

(e) 提升

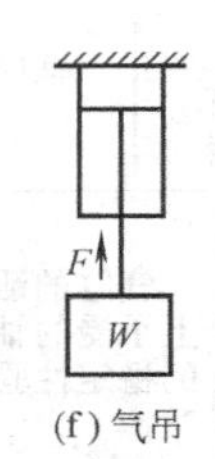

(f) 气吊

(2)根据气缸的平均速度来选气缸的负载率 β。气缸的运动速度越高，负载率应选得越小

(3)假如系统的工作压力为 0.6MPa，气缸的工作压力计算应选为 0.4MPa。当系统的工作压力低于 0.6MPa 时，气缸的工作压力也应该调低

(4)由气缸的理论输出力计算公式(见下表)、负载率 β、工作压力 p 即能计算缸径，然后再圆整到标准缸径

气缸的理论输出力 F_0 计算公式

形式	双作用气缸	单作用气缸	
		预缩型	预伸型
推力	$\frac{\pi}{4}D^2p$	$\frac{\pi}{4}D^2p-F_{t2}$	F_{t1}
拉力	$\frac{\pi}{4}(D^2-d^2)p$	F_{t1}	$\frac{\pi}{4}(D^2-d^2)p-F_{t2}$
活塞杆直径取 $d=0.3D$			

缸径 — 例题

例　气缸推动工件在导轨上运动，如上图所示。已知工件等运动件质量 $m=250$kg，工件与导轨间的摩擦因数 $\mu=0.25$，气缸行程 300mm，动作时间 $t=1$s，工作压力 $p=0.4$MPa，试选定缸径

解：气缸的轴向负载力　　$F=\mu mg=0.25\times250\times9.8=612.5$N

气缸平均速度 $v=\frac{s}{t}=300/1=300$mm/s，选负载率 $\beta=0.5$

理论输出力　　$F_0=\frac{F}{\beta}=612.5/0.5=1225$N

由上表可得双作用气缸缸径　　$D=\sqrt{\frac{4F_0}{\pi p}}=\sqrt{\frac{4\times1225}{\pi\times0.4}}=62.4$mm

故选取双作用气缸缸径为 63mm

壁厚

一般气缸缸筒壁厚与内径之比 $\frac{\delta}{D}\leqslant\frac{1}{10}$

气缸缸筒承受压缩空气的压力，其壁厚可按薄壁筒公式计算

$$\delta=\frac{Dp_p}{2\sigma_p}$$

式中　δ——缸筒壁厚，m

p_p——试验耐压力，Pa，取 $p_p=1.5p_{max}$

σ_p——缸筒材料许用应力，Pa，其计算公式为

$$\sigma_p=\frac{\sigma_b}{n}$$

σ_b——缸筒材料抗拉强度，Pa

n——安全系数，一般取 $n=6\sim8$

按公式计算出的壁厚通常都很薄，加工比较困难，实际设计过程中一般都需按照加工工艺要求，适当增加壁厚，尽量选用标准钢管或铝合金管

缸筒材料常用 20 钢无缝钢管、铝合金 2Al2、铸铁 HT150 和 HT200 等

国外缸径 8～25mm 的小型气缸缸筒与缸盖的连接为不可拆的滚压结构，缸筒材料选用不锈钢，壁厚为 0.5～0.8mm

下表列出了铝合金管和无缝钢管生产厂供应的管壁厚和气缸采用的壁厚

续表

壁厚/mm	材料	缸径	20	25	32	40	50	63	80	100	125	160	200	250	320
	铝合金 2Al2	壁厚	2.5			2.5~3			3.5~4		4.5~5				
	20 钢无缝钢管		2.5				3		3.5	4.5~5		5.5~6			

活塞杆稳定性及挠度验算 — 压杆稳定性验算 — 计算公式

气缸的活塞行程越长，则活塞杆伸出的距离也越长，对于长行程的气缸，活塞杆的长度将受到限制。若在活塞杆上承受的轴向推力负载达到极限力之后，活塞杆就会出现压杆不稳定现象，发生弯曲变形。因此，必须进行活塞杆的稳定性验算，其稳定条件为

$$F \leqslant \frac{F_k}{n_k}$$

式中 F——活塞杆承受的最大轴向压力，N；

F_k——纵向弯曲极限力，N；

n_k——稳定性安全因数，一般取 1.5~4

极限力 F_k 不仅与活塞杆材料、直径、安装长度有关，还与气缸的安装支承条件决定的末端因素 m（见下表）有关

安装长度 L 和末端因数 m

安装方式	简图		
铰支-铰支 $m=1$	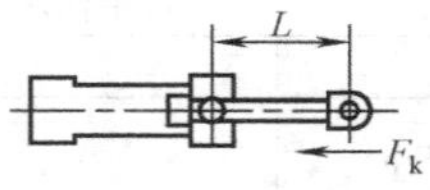	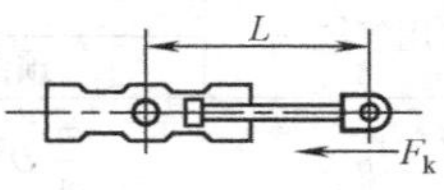	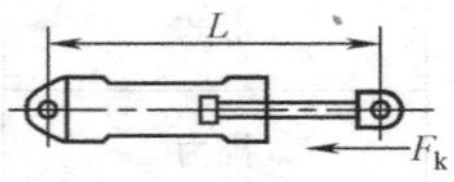
固定-自由 $m=1/4$	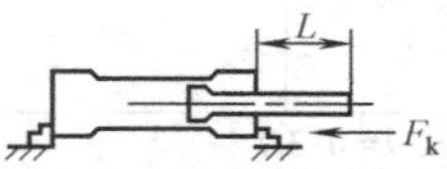	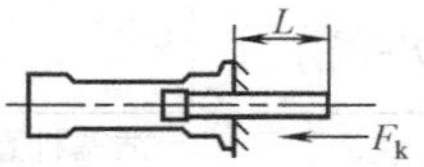	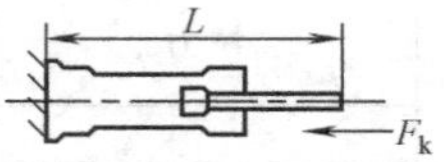
固定-铰支 $m=2$	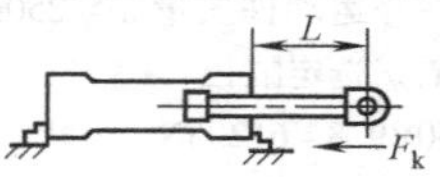	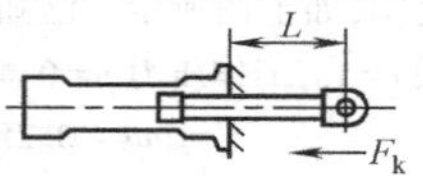	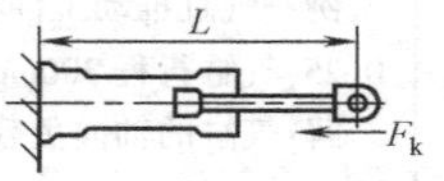
固定-固定 $m=4$	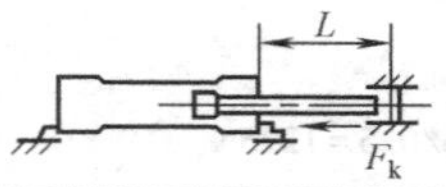	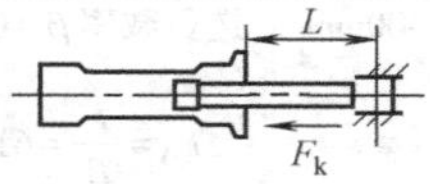	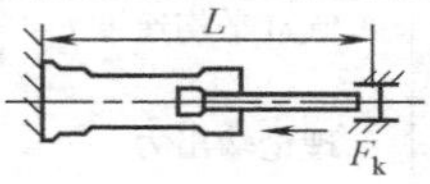

当细长比 $L/k \geqslant 85\sqrt{m}$ 时（欧拉公式） $F_k = \dfrac{m\pi^2 EJ}{L^2}$

式中 m——末端因数

E——材料弹性模量，钢材 $E=2.1\times10^{11}$ Pa

J——活塞杆横截面惯性矩，m^4

L——气缸的安装长度，m

空心圆杆 $$J=\frac{\pi(d^4-d_0^4)}{64}$$

实心圆杆 $$J=\frac{\pi d^4}{64}$$

式中 d——活塞杆直径，m

d_0——空心活塞杆内径，m

当细长比 $L/k<85\sqrt{m}$ 时（戈登-兰肯公式）

$$F_k=\frac{fA}{1+\dfrac{\alpha}{m}\left(\dfrac{L}{k}\right)^2}$$

式中 f——材料抗压强度，钢材 $f=4.8\times10^8$ Pa

A——活塞杆横截面积，m^2

空心圆杆 $$A=\frac{\pi}{4}(d^2-d_0^2)$$

空心圆杆 $$A=\frac{\pi}{4}d^2$$

续表

活塞杆稳定性及挠度验算 — 压杆稳定性验算

计算公式

α——实验常数，钢材 $\alpha=\frac{1}{5000}$

k——活塞杆横截面回转半径，m

空心圆杆　　$k=\frac{\sqrt{d^2-d_0}}{4}$

实心圆杆　　$k=\frac{d}{4}$

对于制造厂来说，按照上式可计算出气缸系列（缸径、活塞杆直径已确定）在最差的安装条件下，最大理论输出力时的最大安全行程（不是安装长度）。用户可按实际使用条件验算气缸活塞杆的稳定性。若计算出的极限力 F_k 不能满足稳定性条件要求，则需更改气缸参数重新选型，或者与制造厂协商解决。也就是说，选用长行程气缸需考虑活塞杆的弯曲稳定性，活塞杆所带负载应小于弯曲失稳时的临界压缩力（取决于活塞杆直径和行程）

注：对于气缸的支承长度 L 为两倍行程，其安装型式见上表（$m=1$），安全因数 N_k 将取 5

用图表法查活塞杆直径与行程、最大径向负载及弯曲挠度，是一种简单的图示法，见右图。它是活塞杆直径、行程、径向负载和挠度的关系图

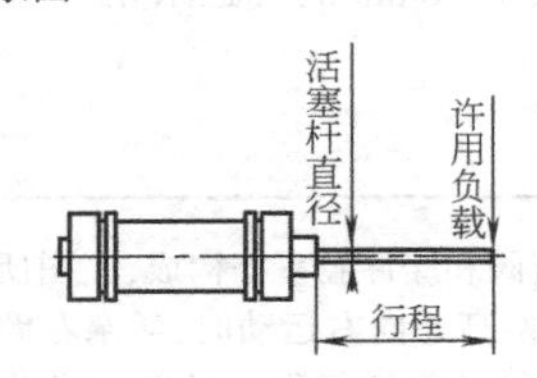

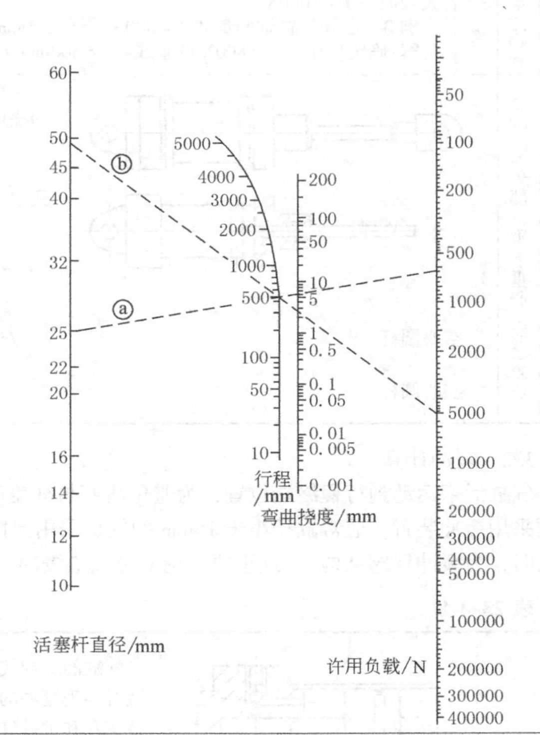

例题

例 1　一个气缸，其活塞杆直径为 ϕ25mm，行程为 500mm

（a）它的最大径向负载及挠度为多少？

（b）如果要满足 5000N 的径向负载，它的活塞杆直径为多少？

解：（a）通过活塞杆直径为 ϕ25mm 这一点，穿过行程为 500mm，画一条延长直线，分别与弯曲挠度与许用负载两个坐标轴相交，可得出其弯曲挠度为 7mm，最大的许用负载为 640N，因此无法满足要求

（b）通过许用负载 5000N 这一点，穿过行程为 500mm，画一条延长直线，分别与活塞杆直径和弯曲挠度两个坐标轴相交，可得出其弯曲挠度为 2.8mm，活塞杆直径为 ϕ50mm

注：图示法表明的是理论上活塞杆直径与行程长度、最大径向负载及弯曲挠度的计算结果。当（a）的计算结果为活塞杆全部伸出时，弯曲挠度为 7mm（视工作实际状况能否接受）。通常公司产品样本中规定的径向力对活塞杆直径与行程、最大径向负载及弯曲挠度的计算、活塞杆稳定性计算，如下图所示

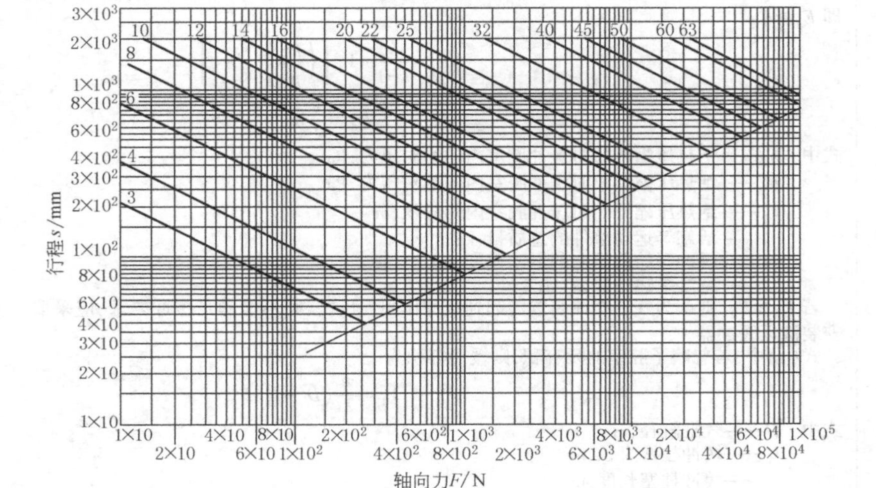

第23篇

续表

<table>
<tr><td rowspan="3">活塞杆稳定性及挠度验算</td><td>压杆稳定性验算</td><td>例题</td><td>例 2　已知某普通气缸的缸径为 50mm，活塞杆直径 20mm，行程 500mm，求活塞杆所能承受的最大轴向力
解：确定行程 $s=500$mm 与活塞杆 $d=20$mm 处直线的交点，至作用力 F 的垂线，从而可确定该气缸所能承受的最大轴向力 $F=3000$N
例 3　已知气缸轴向负载 $F=800$N，行程 500mm，缸径 50mm，求活塞杆直径
解：确定作用力 $F=800$N 的垂线与 $s=500$mm 处直线的交点。从图中所得最小的活塞杆直径为 16mm</td></tr>
<tr><td rowspan="2">挠度（因头部自重下垂产生的）验算</td><td colspan="2">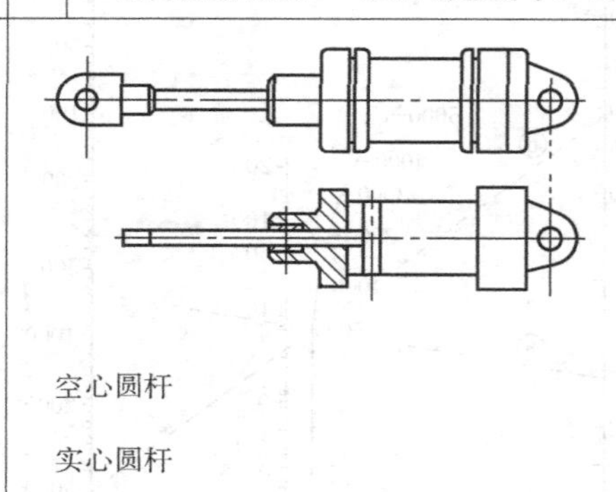
活塞杆水平伸出时为悬臂梁，如左图所示，其头部因自重下垂产生的挠度用下式计算
$$\delta=\frac{qs^4}{8EJ}$$
式中　δ——挠度，cm
s——活塞杆伸出长度，cm
E——材料横向弹性模量，Pa
q——活塞杆 1cm 长的当量质量，kg
J——活塞杆横截面惯性矩，cm^4</td></tr>
<tr><td colspan="2">空心圆杆　　$J=\frac{\pi}{64}(d^4-d_0^4)$
实心圆杆　　$J=\frac{\pi}{64}d^4$</td></tr>
</table>

1.2.3.2　缓冲计算

气缸活塞运动到行程终端位置，为避免活塞与缸盖产生机械碰撞而造成机件变形、损坏及极强的噪声，气缸必须采用缓冲装置。通常缸径小于 16mm 的气缸采用弹性缓冲垫，缸径大于 16mm 的气缸采用气垫缓冲结构（可调式时，为缓冲针阀结构）。这里要讨论的是气垫缓冲。

表 23-4-8

<table>
<tr><td>缓冲原理</td><td>排气
缓冲结构
1—缓冲柱塞；2—活塞；
3—缓冲气室；4—节流阀

气缸的缓冲装置由缓冲柱塞、节流阀和缓冲腔室等构成，左图所示为气缸缓冲装置实现缓冲的工作原理图。在活塞高速向右运动时，活塞右腔的空气经缸盖柱塞孔和进排气口排向大气。当气缸活塞杆行程一旦进入终端端盖内孔腔室时，缓冲柱塞依靠缓冲密封圈将终端端盖内孔腔室堵住。于是，封闭在活塞和缸盖之间的环形腔室内的空气只能通过节流阀排向大气。由于节流阀流通面积很小，环形腔室内的空气背压升高行程气垫作用，迫使活塞迅速减速，最后停下来。改变节流阀的开度，就可以调节缓冲速度
从缓冲柱塞封闭柱塞孔起，到活塞停下来为止，活塞所走的行程称为缓冲行程。缓冲装置就是利用形成的气垫（即产生背压阻力）和节流阻尼来吸收活塞运动产生的能量，达到缓冲的目的</td></tr>
<tr><td>计算公式</td><td>为了达到缓冲作用，缓冲腔室内空气绝热压缩所能吸收的压缩能 E_p 必须大于活塞等运动部件所具有的功能 E_d，即 $E_p \geqslant E_d$
$$E_p=\frac{k}{k-1}p_1V_1\left[\left(\frac{p_2}{p_1}\right)^{\frac{k-1}{k}}-1\right] \quad (1)$$
$$E_d=\frac{1}{2}mv^2 \quad (2)$$
式中　p_1——绝热压缩开始时缓冲腔室内的绝对压力，Pa
p_2——绝热压缩结束时缓冲腔室内的绝对压力，Pa
V_1——绝热压缩开始时缓冲腔室内的容积，m^3
m——活塞等运动部件的总质量，kg
v——缓冲开始前活塞的运动速度，m/s
k——空气绝热指数，$k=1.4$
若 $E_p \geqslant E_d$，则认为气缸缓冲装置能起到缓冲作用。反之，则不能满足缓冲要求，应采取一定措施，如在气缸外部安装液压缓冲器
式(1)中，若忽略了腔室的死容积，则缓冲容积为
$$V_1=\frac{\pi}{4}(D^2-d_1^2)l \quad (3)$$
式中　D——气缸缸径，m
d_1——缓冲柱塞直径，m
l——缓冲柱塞长度，m</td></tr>
</table>

续表

<table>
<tr><td>计算公式</td><td colspan="6">将 $\frac{p_2}{p_1}=5$，空气绝热系数 $k=1.4$ 及 V_1 代入式(1)
得 $$E_p=3.19p_1(D^2-d_1^2)l \quad (4)$$
式(4)是缓冲气缸缓冲装置所能吸收的缓冲能量的计算公式</td></tr>
<tr><td rowspan="6">国产气缸常用柱塞直径和缓冲长度/mm</td><td>缸径</td><td>柱塞直径</td><td>缓冲长度</td><td>缸径</td><td>柱塞直径</td><td>缓冲长度</td></tr>
<tr><td>32</td><td>16</td><td>10~15</td><td>100</td><td>32</td><td>25~30</td></tr>
<tr><td>40</td><td>20</td><td>15</td><td>125</td><td>38</td><td>25~30</td></tr>
<tr><td>50</td><td>24</td><td>20</td><td>160,200</td><td>55</td><td>25~30</td></tr>
<tr><td>63</td><td>25</td><td>20</td><td>250,320</td><td>63</td><td>30~35</td></tr>
<tr><td>80</td><td>30</td><td>25~30</td><td></td><td></td><td></td></tr>
<tr><td>普通缓冲气缸所能吸收的动能示意图</td><td colspan="6">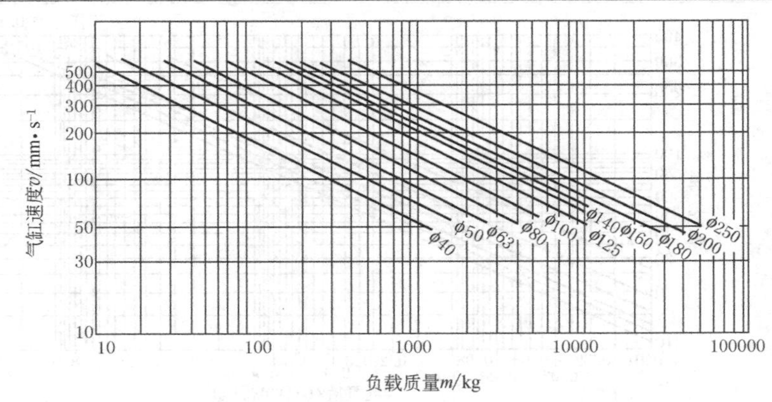</td></tr>
</table>

最后要特别指出，对于气缸之所以要讨论缓冲性能及其计算，是因为要防止气缸运动到行程末端时撞击缸盖，即气缸活塞具有运动速度。若活塞在末端处于静止状态时，无论加了再大的气压（能）都不必关心其会撞击缸盖（除强度问题外）。同样，气缸运动的速度决定于作用在活塞两侧的压力差 Δp 产生的气压作用力克服了摩擦力（总阻力）的大小。因此，气缸缓冲计算时，只要考虑气缸运动的动能，而不必须计算活塞上作用的气压能、重力能及摩擦能。

1.2.3.3 进、排气口计算

表 23-4-9

<table>
<tr><td rowspan="4">标准尺寸</td><td colspan="11">通常气缸的进、排气口的直径大小与气缸速度有关，根据 ISO-15552、ISO-7180 规定（进排气口的公制尺寸按照 ISO 261，英制按 ISO 228-1 规定），气缸的进、排气口的直径见下表（ISO 标准规定）</td></tr>
<tr><td colspan="11">mm</td></tr>
<tr><td>气缸直径</td><td>32</td><td>40</td><td>50</td><td>63</td><td>80</td><td>100</td><td>125</td><td>150</td><td>200</td><td>250</td><td>320</td></tr>
<tr><td>气口尺寸</td><td>M10×1 (G⅛)</td><td>M14×1.5 (G¼)</td><td>M14×1.5 (G¼)</td><td>M18×1.5 (G⅜)</td><td>M18×1.5 (G⅜)</td><td>M22×1.5 (G½)</td><td>M22×1.5 (G½)</td><td>M27×2 (G¾)</td><td>M27×2 (G¾)</td><td>M33×2 (G1)</td><td>M33×2 (G1)</td></tr>
<tr><td>特殊设计</td><td colspan="12">如特殊设计的气缸，可按照下式进行计算
$$d_0=2\sqrt{\frac{Q}{\pi v}}\ (\mathrm{m})$$
式中，Q 为工作压力下气缸的耗气量，m^3/s；v 为空气流经进排气口的速度，一般取 $v=10\sim15m/s$。把计算的进排气口当量直径进行圆整后，按照 ISO 7180 进行调整</td></tr>
</table>

1.2.3.4 耗气量计算

耗气量是指气缸往复运动时所消耗的压缩空气量，耗气量大小与气缸的性能无关，但它是选择空压机排量的重要依据。

表 23-4-10

最大耗气量 Q_{max}	定义	指气缸活塞完成一次行程所需的耗气量
	计算公式	$$Q_{max}=0.047D^2S\frac{p+0.1}{0.1}\times\frac{1}{t}$$ 式中 Q_{max}——最大耗气量，L/min（ANR） D——缸径，cm S——气缸行程，cm t——气缸一次往复行程所需的时间，s p——工作压力，MPa
平均耗气量	定义	是由气缸内部容积和气缸每分钟的往复次数算出的耗气量平均值
	计算公式	$$Q=0.00157ND^2S\frac{p+0.1}{0.1}(\text{L/min})(\text{ANR})$$ 式中 N——气缸每分钟的往复次数
耗气量计算曲线图	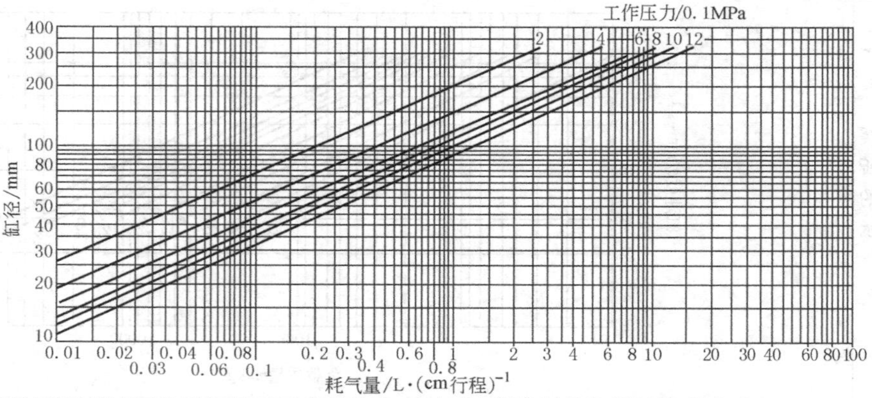	工作压力/0.1MPa：2、4、6、8、10、12 缸径/mm：10、20、30、40、50、60、80、100、200、300、400 耗气量/L·(cm行程)$^{-1}$：0.01、0.02、0.03、0.04、0.06、0.08、0.1、0.2、0.3、0.4、0.6、0.8、1、2、3、4、6、8、10、20、30、40、60、80、100 上图表示了耗气量与工作压力和缸径之间的关系。耗气量用单位行程的当量耗气量表示
例题		**例** 有一缸径为50mm的普通型双作用气缸，缸径20mm，行程500mm，工作压力0.45MPa，求耗气量 **解**：根据上图所示，确定选定缸径处的横线与工作压力处直线之间的交点，然后确定耗气量，但所得的值必须乘以气缸行程（cm）。这里，对于无杆腔的耗气量近似为0.09L/cm×50cm=4.5L。对于有杆腔，计算耗气量时，还应用行程体积减去活塞杆的体积，若活塞杆直径为20mm，其对应的耗气量应近似为0.014L/cm×50cm=0.7L。因此，有杆腔实际的耗气量为3.8L，则对于一次往复行程气缸的总耗气量为4.5L+3.8L=8.3L 利用上述公式计算的耗气量仅为近似值，因为有时气缸内的空气并没有完全排放掉（特别是高速状况下），实际所需耗气量可能低于图上所读的数据

1.2.3.5　连接与密封

表 23-4-11

	连接形式	简　图	说　明
缸筒与缸盖的连接	拉杆式螺栓连接	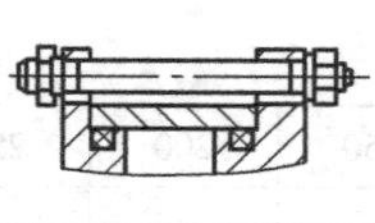	用拉杆式螺栓连接的结构应用很广，结构简单，易于加工，易于装卸 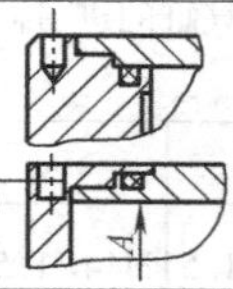
			法兰尺寸比螺纹和卡环连接大，重量较重；缸盖与缸筒的密封可用橡胶石棉板或O形密封圈
	螺钉式		法兰尺寸比螺纹和卡环连接大，重量较重；缸盖与缸筒的密封可用橡胶石棉板或O形密封圈。缸筒为铸件或焊接件。焊后需进行退火处理
	缸筒螺纹	δ_A　A	气缸外径较小，重量较轻，螺纹中径与气缸内径要同心，拧动端盖时，有可能把O形圈拧扭
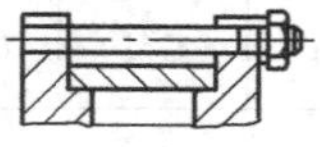 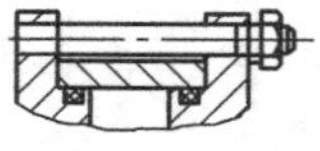	卡环	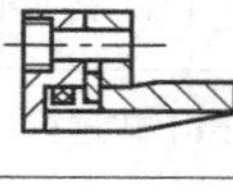	重量比用螺栓连接的轻，零件较多，加工较复杂，卡环槽削弱了缸筒，相应地要把壁厚加大
			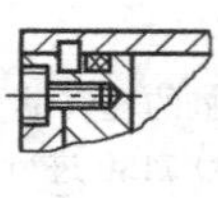 结构紧凑，重量轻，零件较多，加工较复杂；缸筒壁厚要加大；装配时O形圈有可能被进气孔边缘擦伤
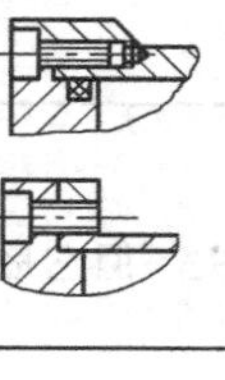	卡环尺寸	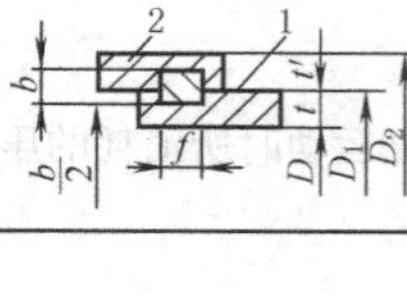 2　1　h　t　t'　l　$\frac{h}{2}$　D　D_1　D_2	一般取 $h=l=t=t'$ 1—缸筒；2—缸盖

第23篇

续表

缸筒与缸盖的连接

拉杆式螺栓连接、螺钉式连接的螺栓允许静载荷/N

材料	螺栓直径/mm											
	M6	M8	M10	M12	M14	M16	M18	M20	M22	M24	M27	M30
Q235	736	1373	2354	3530	4903	7355	9807	13729	18633	22555	32362	44130
35	1177	2158	3727	5688	8336	11768	15691	23536	31381	39227	51975	72569

对于双头螺栓和螺栓连接，一般是四根螺栓，但是对于工作压力高于1MPa时，一定要校核螺栓强度，必要时增加螺栓数量，例如6根

密封

气缸的密封件选择，直接影响了气缸的性能及寿命。正确的设计选择和使用密封装置对保证气缸的正常工作非常重要

密封件选择与使用条件

运动速度	温度	介质	侧向负载	润滑脂及支承环
当气缸的运动速度很低(<3mm/s)时，要考虑设备运行是否出现“爬行”现象 当运动速度很高(>1m/s)时，要考虑起润滑作用的油膜可能被破坏，密封件因得不到很好的润滑而摩擦发热，导致寿命大大降低 建议聚氨酯或橡塑密封件在0.15~1m/s速度范围内工作比较适宜。当活塞速度大于1m/s时，应选用专用的润滑脂，并采用有油润滑的压缩空气	过低低温会使聚氨酯或橡塑密封件弹性降低，造成泄漏，甚至整个密封件变得发硬发脆。高温会使密封件体积膨胀、变软，造成运动时密封件摩擦阻力迅速增加 建议：聚氨酯或橡塑密封件工作温度范围-20~+80℃	工作介质应采用干燥、已被过滤的清洁压缩空气。对于南方潮湿地区，如过滤后压缩空气中仍水分较多时，不易采用聚氨酯材质的密封件，聚氨酯材质长时间遇水易产生乳化（注意选能耐水解聚氨酯材质）	密封件加剧磨损破坏的一个重要因素是受侧向负载，通常，标准气缸活塞上一般装支承环，一般由自润滑耐磨材料制成，以保证气缸活塞杆能承受较大的负载。密封件和支承环起完全不同的功能，密封件作密封功能，支承环作活塞/活塞杆的支承定位（包括承受径向、侧向等负载）。密封件不能代替支承环承受负载。对于受侧向力大的气缸，必须采用承载能力较强的支承环，或采用含油铜烧结的支承环，或采用加宽支承环宽度，以防密封件在偏心的条件下工作引起泄漏和异样磨损	根据实际工况选择合适的润滑脂（高温、低温、低摩擦、低速），并选择含油铜轴承还是自润滑轴承作支承环

几种密封件形式

	图形	说明
孔用Yx密封件	H　$L_{0}^{+0.2}$　$R\leqslant0.2$　ϕD　ϕd　$\phi DH11$　$\phi dh9$　ϕd_1	Yx密封件的横截面（H和ϕD-ϕd尺寸）很小，但密封性能却很好。真正与缸筒内壁面相接触而密封的表面面积较短，故摩擦力小。密封唇口的几何形状设计使它可以在含油润滑的空气以及无油空气中工作，并保持初始的储油进行润滑，具有较好的耐磨结构，安装时容易装入简单的沟槽中，无需挡圈或支撑件 工作压力：≤16bar；工作温度：丁腈橡胶-30~+80℃，聚氨酯-35~+80℃，氟橡胶-25~+200℃；表面速度：≤1m/s；介质：含油润滑的空气以及无油空气（装配时含润滑脂） 聚氨酯材质具有高强度低摩擦，长寿命等优点，但耐水解情况不如丁腈橡胶

续表

				图形	说明
密封	几种密封件形式	孔用密封件	低摩擦密封件	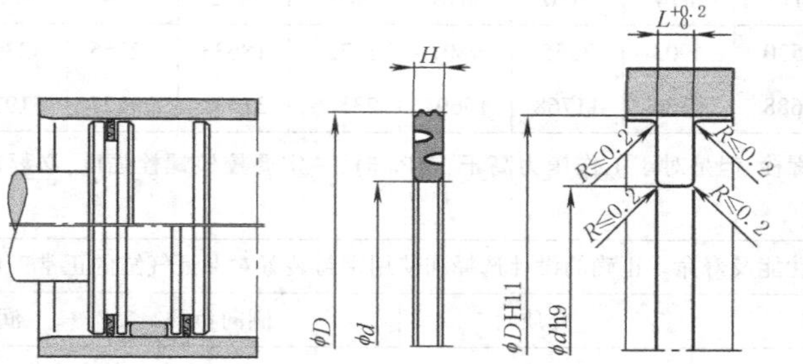	低摩擦密封件的横截面(尤其是 H 尺寸)更小,结构更紧凑,可用于气缸和阀。它有两个微型的密封唇边,分别对其缸筒摩擦滑动面及活塞沟槽安装面起密封功能。上下两个密封唇边之间储有润滑脂。由于特殊密封几何形状,仅在 H 长度尺寸有两个齿形突出物与缸筒内壁作摩擦滑动的密封(配置特殊润滑脂),因此静、动摩擦因数都很低,两个 V 形可使密封件具双向密封且运行平稳 工作压力:≤12bar;工作温度:-20~+100℃;表面速度:≤1m/s;介质:含油润滑的空气以及无油空气(装配时含特殊润滑脂)
			低速密封件	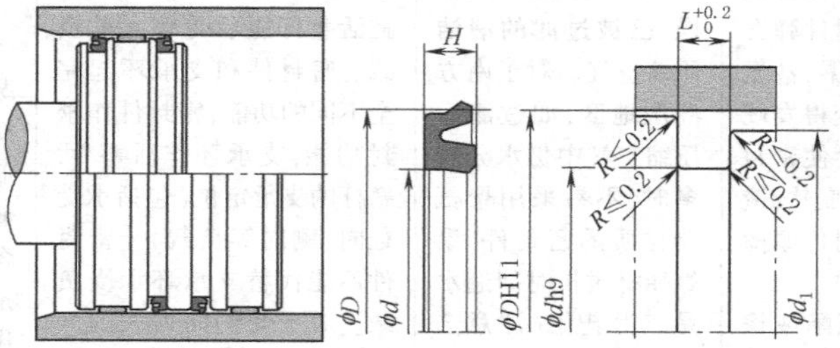	低摩擦密封件的横截面(H 尺寸)比 Yx 密封件更小,与缸筒内壁作摩擦滑动的接触面更少,静、动摩擦因数也都很低,当选用某特种材质作密封时(配置特殊润滑脂),运动非常平稳 工作压力:≤16bar;工作温度:丁腈橡胶 -20~+80℃,聚氨酯 -35~+80℃;表面速度:≤1m/s;介质:含油润滑的空气以及无油空气(装配时含低速用特殊润滑脂)
			三合一整体式密封件(密封、导向、缓冲)	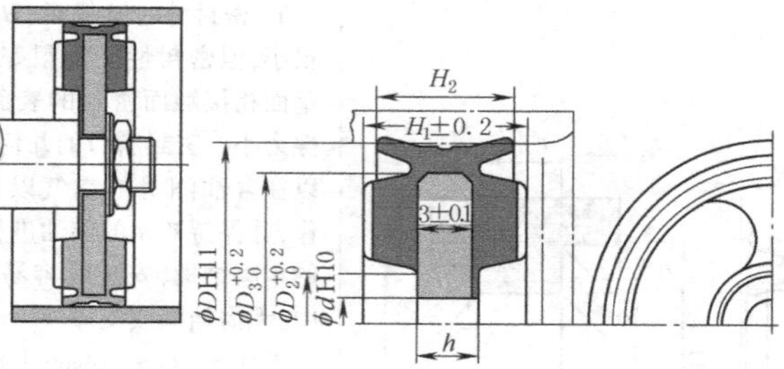	三合一整体式密封件是带双 U 形密封件和活塞整体硫化在一起。它有三个功能:密封、导向、缓冲。该密封件结构极其紧凑,从 H 方向横平面(H_1 为与缸筒密封件尺寸、H_2 为缓冲平面尺寸)可以看出,该类密封件可使气缸轴向方向尺寸缩短,较多应用在紧凑型气缸上。整体活塞有以下的优点,不必自己加工活塞零件,购买后在活塞杆上简单固定即可应用,而无需其他的密封要求。三合一整体式密封件两端平面为橡胶材质(不必再配备弹性橡胶缓冲垫),该端平面上弹性橡胶缓冲垫有轮轴式的凹槽,通气时可立即启动(即使该活塞体端平面与前、后端盖平面紧贴)。密封唇口的几何形状,可储有润滑脂,大大改善摩擦条件,运行平稳。使用该三合一整体式密封件时无专用导向套,故活塞杆端处不易受径向负载(尤其在长行程情况下) 工作压力:≤16bar;工作温度:-30~+100℃(合成橡胶材料);表面速度:≤1m/s;介质:含油润滑的空气以及无油空气(装配时含润滑脂)

续表

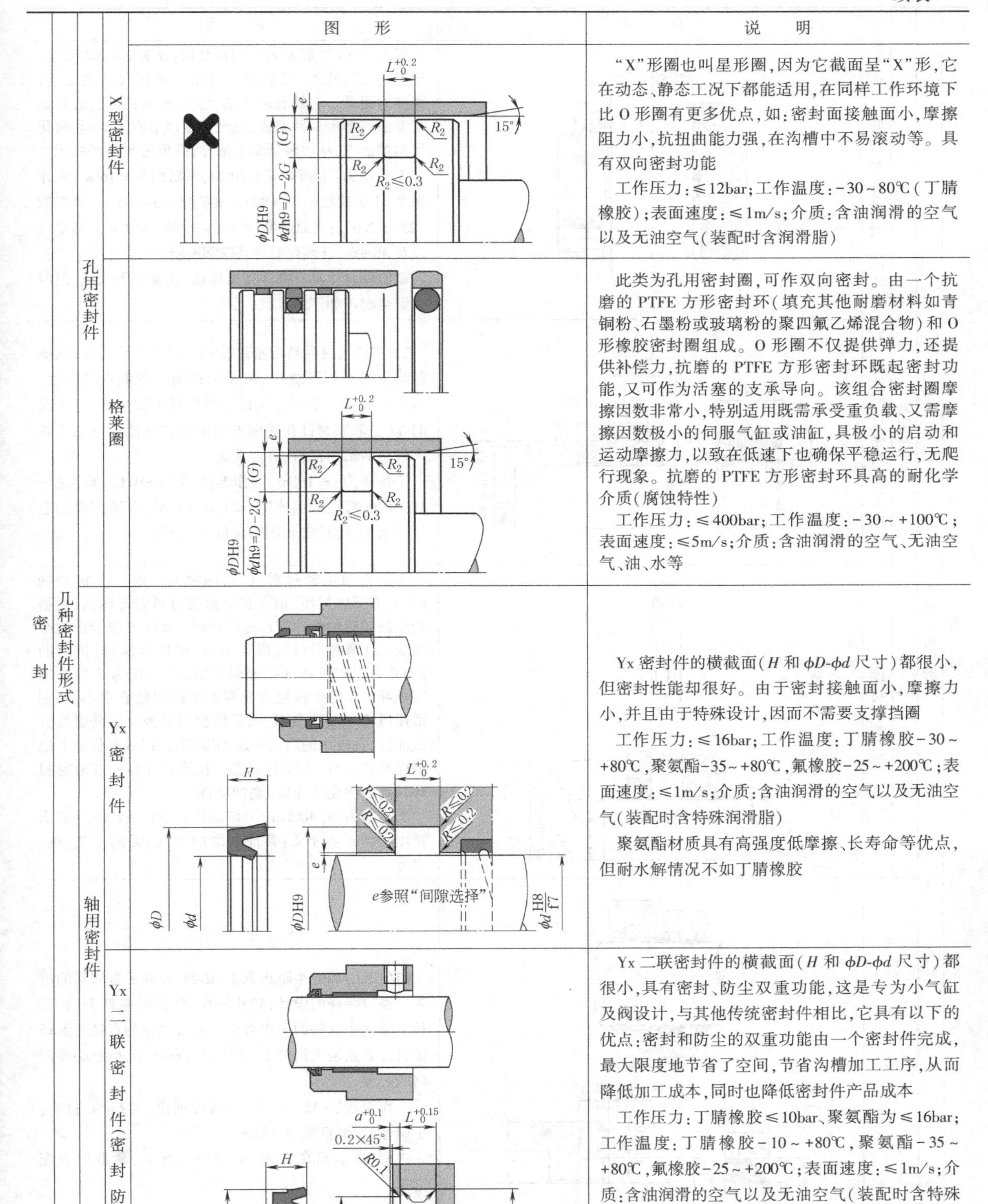

				图形	说明
密封	几种密封件形式	孔用密封件	X型密封件	$L^{+0.2}_{0}$ e (G) R_2 15° $R_2\leqslant0.3$ $\phi DH9$ $\phi dh9=D-2G$	“X”形圈也叫星形圈，因为它截面呈“X”形，它在动态、静态工况下都能适用，在同样工作环境下比O形圈有更多优点，如：密封面接触面小，摩擦阻力小，抗扭曲能力强，在沟槽中不易滚动等。具有双向密封功能 工作压力：≤12bar；工作温度：-30～80℃（丁腈橡胶）；表面速度：≤1m/s；介质：含油润滑的空气以及无油空气（装配时含润滑脂）
			格莱圈	$L^{+0.2}_{0}$ e (G) R_2 15° $R_2\leqslant0.3$ $\phi DH9$ $\phi dh9=D-2G$	此类为孔用密封圈，可作双向密封。由一个抗磨的PTFE方形密封环（填充其他耐磨材料如青铜粉、石墨粉或玻璃粉的聚四氟乙烯混合物）和O形橡胶密封圈组成。O形圈不仅提供弹力，还提供补偿力，抗磨的PTFE方形密封环既起密封功能，又可作为活塞的支承导向。该组合密封圈摩擦因数非常小，特别适用既需承受重负载、又需摩擦因数极小的伺服气缸或油缸，具极小的启动和运动摩擦力，以致在低速下也确保平稳运行，无爬行现象。抗磨的PTFE方形密封环具高的耐化学介质（腐蚀特性） 工作压力：≤400bar；工作温度：-30～+100℃；表面速度：≤5m/s；介质：含油润滑的空气、无油空气、油、水等
		轴用密封件	Yx密封件	H $L^{+0.2}_{0}$ R≤0.2 e ϕD ϕd $\phi DH9$ e参照“间隙选择” $\phi d\frac{H8}{f7}$	Yx密封件的横截面（H和φD-φd尺寸）都很小，但密封性能却很好。由于密封接触面小，摩擦力小，并且由于特殊设计，因而不需要支撑挡圈 工作压力：≤16bar；工作温度：丁腈橡胶-30～+80℃，聚氨酯-35～+80℃，氟橡胶-25～+200℃；表面速度：≤1m/s；介质：含油润滑的空气以及无油空气（装配时含特殊润滑脂） 聚氨酯材质具有高强度低摩擦、长寿命等优点，但耐水解情况不如丁腈橡胶
			Yx二联密封件（密封防尘）	H $a^{+0.1}_{0}$ $L^{+0.15}_{0}$ 0.2×45° R0.1 R≤0.2 ϕD ϕd $\phi d_1\pm0.1$ $\phi dn9$ $\phi D^{+0.1}_{0}$	Yx二联密封件的横截面（H和φD-φd尺寸）都很小，具有密封、防尘双重功能，这是专为小气缸及阀设计，与其他传统密封件相比，它具有以下的优点：密封和防尘的双重功能由一个密封件完成，最大限度地节省了空间，节省沟槽加工工序，从而降低加工成本，同时也降低密封件产品成本 工作压力：丁腈橡胶≤10bar、聚氨酯为≤16bar；工作温度：丁腈橡胶-10～+80℃，聚氨酯-35～+80℃，氟橡胶-25～+200℃；表面速度：≤1m/s；介质：含油润滑的空气以及无油空气（装配时含特殊润滑脂） 聚氨酯材质具有高强度低摩擦、长寿命等优点，但耐水解情况不如丁腈橡胶

续表

				图形	说明
密封	几种密封件形式	轴用密封件	紧凑型Yx二联密封件(密封、防尘)	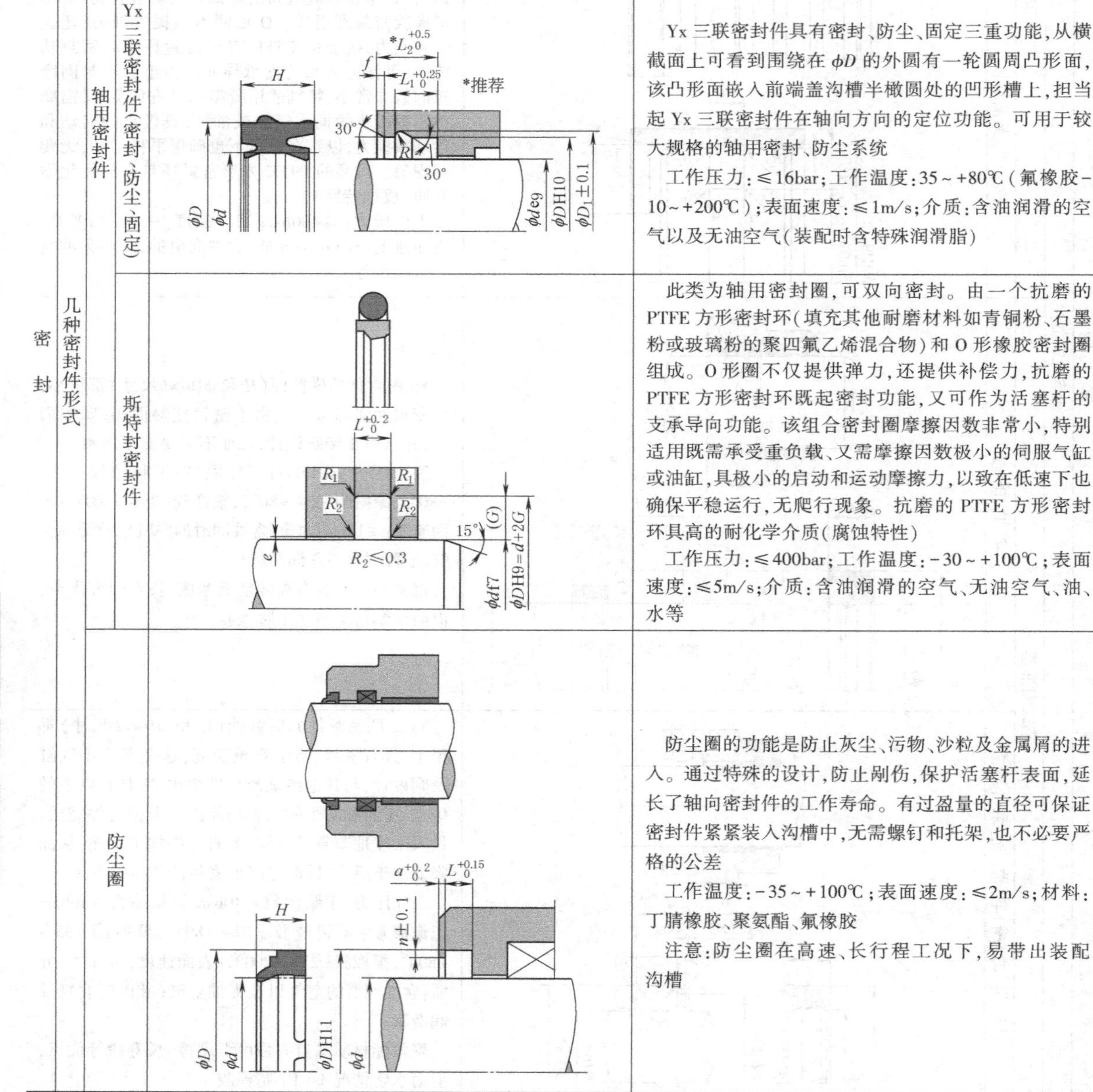	紧凑型 Yx 二联密封件的横截面(*H* 和 *ϕD*-*ϕd* 尺寸)比上述提到的 Yx 二联密封件空间物理尺寸更紧凑，摩擦力更低。它具有以下的优点：密封和防尘的双重功能由一个密封件完成，最大限度地节省了空间，简化了沟槽加工，从而降低加工成本，降低密封件产品成本 工作压力：丁腈橡胶≤10bar、聚氨酯为≤16bar；工作温度：丁腈橡胶-10～+80℃，聚氨酯-35～+80℃，氟橡胶-25～+200℃；表面速度：≤1m/s；介质：含油润滑的空气以及无油空气(装配时含特殊润滑脂) 聚氨酯材质具有高强度低摩擦、长寿命等优点，但耐水解情况不如丁腈橡胶
			Yx三联密封件(密封、防尘、固定)		Yx 三联密封件具有密封、防尘、固定三重功能，从横截面上可看到围绕在 *ϕD* 的外圆有一轮圆周凸形面，该凸形面嵌入前端盖沟槽半橄圆处的凹形槽上，担当起 Yx 三联密封件在轴向方向的定位功能。可用于较大规格的轴用密封、防尘系统 工作压力：≤16bar；工作温度：35～+80℃（氟橡胶-10～+200℃）；表面速度：≤1m/s；介质：含油润滑的空气以及无油空气(装配时含特殊润滑脂)
			斯特封密封件		此类为轴用密封圈，可双向密封。由一个抗磨的 PTFE 方形密封环(填充其他耐磨材料如青铜粉、石墨粉或玻璃粉的聚四氟乙烯混合物)和 O 形橡胶密封圈组成。O 形圈不仅提供弹力，还提供补偿力，抗磨的 PTFE 方形密封环既起密封功能，又可作为活塞杆的支承导向功能。该组合密封圈摩擦因数非常小，特别适用既需承受重负载、又需摩擦因数极小的伺服气缸或油缸，具极小的启动和运动摩擦力，以致在低速下也确保平稳运行，无爬行现象。抗磨的 PTFE 方形密封环具高的耐化学介质(腐蚀特性) 工作压力：≤400bar；工作温度：-30～+100℃；表面速度：≤5m/s；介质：含油润滑的空气、无油空气、油、水等
		防尘圈			防尘圈的功能是防止灰尘、污物、沙粒及金属屑的进入。通过特殊的设计，防止剐伤，保护活塞杆表面，延长了轴向密封件的工作寿命。有过盈量的直径可保证密封件紧紧装入沟槽中，无需螺钉和托架，也不必要严格的公差 工作温度：-35～+100℃；表面速度：≤2m/s；材料：丁腈橡胶、聚氨酯、氟橡胶 注意：防尘圈在高速、长行程工况下，易带出装配沟槽

续表

				图形	说明
密封	几种密封件形式	防尘圈	金属骨架防尘圈	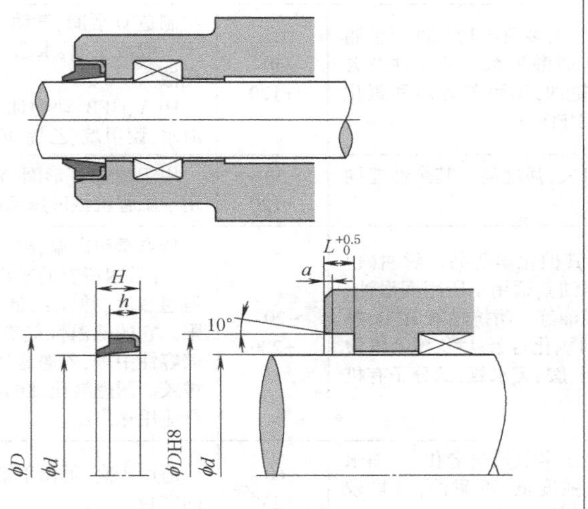	金属骨架防尘圈是防尘密封件与金属骨架硫化合成一体化结构防尘圈。安装时，将有过盈的直径金属骨架镶入前端盖沟槽内孔，并使其处于紧配合，防止在高速、长行程工况下，被带出装配沟槽。该防尘圈可防粉尘、脏物、砂粒和金属碎屑的侵入，在很大程度上可以防止剐伤，保护活塞杆表面滑动面，工作寿命长 工作温度：-35～+80℃；表面速度：<2m/s；材料：丁腈橡胶、聚氨酯、氟橡胶
			双唇防尘圈	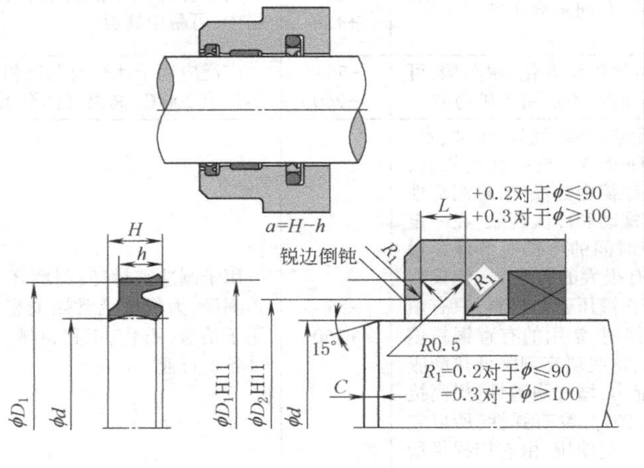	双唇防尘圈主要功能是防止粉尘、污物、砂粒及金属屑的进入轴向导向轴承处，这种特殊的设计使活塞杆在未伸出端盖内处于封闭状态，对活塞杆及轴向导向轴承（轴套）起了保护作用，大大地防止活塞杆被剐伤，也延长了轴用密封件的使用寿命 工作温度：-35～+80℃；表面速度：≤2m/s
		缓冲密封垫圈		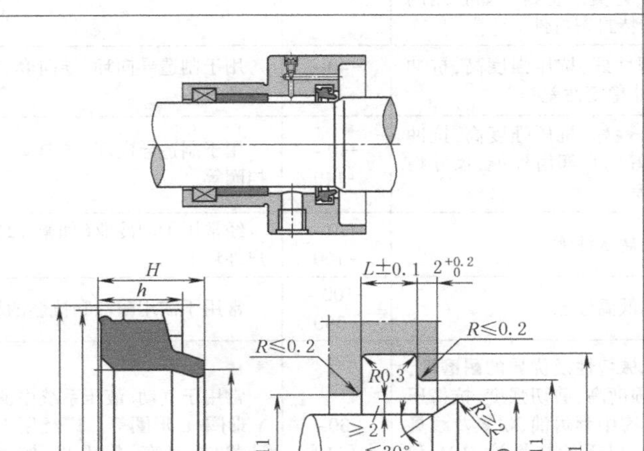	缓冲密封圈用途是：当缓冲小活塞在进入缓冲行程时，被压缩腔内的压缩空气只能通过小通孔（小通孔配有调节流量的针阀）向外排出，而不能通过活塞杆周围环形空间向排气口排出。该缓冲密封圈被安装在气缸端盖体内，即使在略有偏心的情况下，也可以自动对中，所以具有极佳的缓冲效果 压力：≤16bar（由于缓冲过程引起的压力上升已考虑在内）；工作温度：丁腈橡胶-20～+80℃，聚氨酯-35～+80℃；速度：≤1m/s；介质，含油润滑的空气以及无油空气（装配时含润滑脂）

续表

		名称	代号	主要特点	工作温度/℃	主要用途
密封	几种密封材料	丁腈橡胶	NBR	耐油性能好,能和大多数矿物基油及油脂相容。但不适用于磷酸酯系列液压油及含极性添加剂的齿轮油,不耐芳香烃和氯化烃、酮、胺、抗燃液 HFD	-40~+120	制造 O 形圈、气动、液压密封件等。适用于一般液压油、水乙二醇 HFC 和水包油乳化液 HFA、HFB、动物油、植物油、燃油,沸水、海水,耐甲烷、乙烷、丙烷、丁烷
		橡塑复合	RP	材料的弹性模量大,强度高。其余性能同丁腈橡胶	-30~+120	用于制造 O 形圈、Y 形圈、防尘圈等。应用于工程机械液压系统的密封
		氟橡胶	FKM 或 FPM	耐热、耐酸碱及其他化学药品。耐油(包括磷酸酯系列液压油),适用于所用润滑油、汽油、液压油、合成油等。耐抗燃液 HFD、燃油、链烃、芳香烃和氯化烃及大多数无机酸混合物。但不耐酮、胺、无水氨、低分子有机酸,例甲酸和乙酸	-20~+200	特点是耐高温、耐天候、耐臭氧和化学介质,几乎耐所有的矿物基和合成基液压油。但遇蒸汽、热水或低温场合,有一定的局限。它的低温性能有限,与蒸汽和热水的兼容性中等,若遇这种场合,要选用特种氟橡胶。耐燃液压油的密封,在冶金、电力等行业用途广泛
		硅橡胶	PMQ 或 MVQ	耐热、耐寒性好、耐臭氧及耐老化,压缩永久变形小,但机械强度低,不耐油,价格较贵,不易作耐油密封件	-60~+230	适用于高、低温下食品机械、电子产品上的密封
		聚丙烯酸酯橡胶	ACM	耐热优于丁腈橡胶,可在含极性添加剂的各种润滑油、液压油、石油系液压油中工作,耐水较差	-20~+150	用于各种汽车油封及各种齿轮箱、变速箱中,可耐中高温
		乙丙橡胶	EPDM 或 EPM	耐气候性好,在空气中耐老化、耐弱酸,可耐氟里昂及多种制冷剂,不适用于矿物油	-55~+260	广泛应用于冰箱及制冷机械的密封。耐蒸汽至 200℃、高温气体至 150℃
		聚四氟乙烯	PTFE	化学稳定性好,耐热、耐寒性好,耐油、水、气、化学药品等各种介质。机械强度较高,耐高压、耐磨性好,摩擦因数极低,自润滑性好。聚四氟乙烯有蠕动和冷流现象,在一定负荷的持续作用下时间的增长变形继续增加(该现象与温度有很大的关系)。纯聚四氟乙烯一般不能用作液压密封材料,只有填充型的 PTFE 才能使用,常用的有青铜粉填充和玻璃纤维填充,这些填充剂降低热膨胀系数,改善热传导能力,增加耐磨性,提高抗冷流(蠕变)性能。PTFE 没有弹性,所以它总是与橡胶弹性体一起使用,由它们提供所需的预紧力来完成完美的密封。如孔用的格莱圈或轴用的斯特封密封件	-55~+260	用于制造密封环、耐磨环、导向环(带)、挡圈等,为机械上常用的密封材料。广泛用于冶金、石化、工程机械、轻工机械等几乎各个行业
		尼龙	PA	耐油、耐温、耐磨性好,抗压强度高,抗冲击性能较好,但尺寸稳定性差	-40~+120	用于制造导向环、导向套、支承环、压环、挡圈等
		聚甲醛	POM	耐油、耐温、耐磨性好,抗压强度高,抗冲击性能较好,有较好的自润滑性能,尺寸稳定性好,但曲挠性差	-40~+140	用于制造导向环、导向套、支承环、压环、挡圈等
		氯丁橡胶	CR	良好的耐老化及盐水性能	-30~+160	经常用于制冷业(如氟 12)、黏合场合和户外环境
		氟硅橡胶	MFQ 或 FVMQ	良好的耐高温和低温性能	-100~+350	常用于需用耐油和抗燃的场合,如航天
		聚氨酯	PU 或 AU	具有非常好的机械特性及优异的耐磨性,压缩变形小,拉伸强度高,剪切强度、抗挤压强度都非常高。具有中等耐油、耐氧及耐臭氧老化特性,+50℃以下的抗燃液 HFA 和 HFB。但不耐+50℃以上的水、酸、碱(耐水解聚氨酯例外)	-30~+110	常用于气动、液压系统中的往复密封,如 Y 形圈、U 形圈等。广泛用于工程机械,如装载机、叉车、推土机、挖掘机液压缸的密封

续表

<table>
<tr><td rowspan="4">密
封</td><td rowspan="4">支承环的选择</td><td>含油铜轴承支承环</td><td colspan="2">无油润滑轴承</td></tr>
<tr><td rowspan="3">含油铜轴承是由颗粒铜粉或青铜粉末经模具压制，在高温中烧结后整形，再经过润滑油真空浸润，成为孔隙中含浸有润滑油的多孔性合金制品。当轴与含油铜轴承作相对运动时，因轴与含油铜轴承之间的摩擦，使含油轴承的温度升高。润滑油渗出于其内径的摩擦表面，当轴停止相对运动时，润滑油又回流于含油铜轴承内部。因此，润滑油的消耗量非常小，可在不从外部供给润滑油的情况下，长期运转使用，非常适合于供油困难与避免润滑油污染的场合
含油铜轴承最大承载：150N/mm；最大滑动速度 2.5m/s
注：含油轴承可由铁基粉末等制成，考虑含油铜轴承作活塞杆支承环是出于两种金属材料相对摩擦运动，活塞杆不会被咬死</td><td colspan="2">该产品是以钢板为基体，中间烧结球形青铜粉，表面轧制聚四氟乙烯 PTFE 混合物、聚甲醛 POM、尼龙 PA 或酵醛树脂（加强纤维），由卷制而成的滑动轴承</td></tr>
<tr><td>应　用　特　点</td><td>产　品　特　性</td></tr>
<tr><td>a）无油润滑或少油润滑，适用于无法加油或很难加油的场所，可在使用时不保养或少保养
b）耐磨性能好，摩擦因数小，使用寿命长
c）有适量的弹塑性，能将应力分布在较宽的接触面上，提高轴承的承载能力
d）静动摩擦因数相近，能消除低速下的爬行，从而保证机械的工作精度
e）能抑制或减少机械振动、降低噪声
f）在运转过程中能形成转移膜，起到保护对磨轴的作用，避免金属间的接触，无咬轴现象
g）对轴的硬度要求低，未经调质处理的轴都可使用，从而降低了相关零件的加工难度
h）薄壁结构、重量轻，可减少机械体积
i）钢背面可电镀多种金属，可在腐蚀介质中使用；目前已广泛应用于各种机械的滑动部位</td><td>最大承载压力　$140N/mm^2$
适用温度范围　$-195 \sim +270°C$
最高滑动速度　$5 \sim 15m/s$
摩擦因数 μ　$0.04 \sim 0.20$</td></tr>
</table>

1.2.3.6　活塞杆的承载能力

活塞杆的承载能力，在 1.2.3.1“缸径、壁厚、活塞杆直径与挠度计算”章节中已有阐述，并有气缸活塞杆直径、行程、最大径向负载及弯曲挠度的图表法。这是理论上气缸活塞杆直径、行程、最大径向负载及弯曲挠度的计算结果。事实上，各个生产厂商产品样本中均提供气缸的行程与径向力关系的图表。这个数值比图表法得出的结果要精准得多。一般径向力负载的数值小于理论计算结果。举例说明见表 23-4-12。

表 23-4-12

<table>
<tr><td>标准气缸的负载特性</td><td>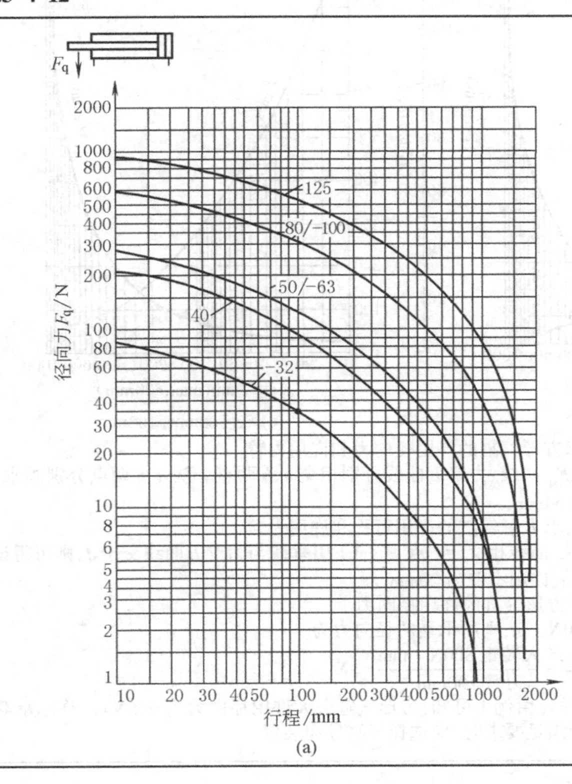

(a)</td><td>图 a 为某一气动厂家提供的符合 ISO 15552 标准的气缸（直径为 $\phi32 \sim 125mm$）的径向力与行程关系表。当缸径为 $\phi32mm$，行程为 100mm 时，它的许用径向力 $F_q = 35N$</td></tr>
</table>

续表

方形活塞杆标准气缸的负载特性

以缸径 32mm 的方形活塞杆标准气缸为例说明气缸负载特性曲线的应用

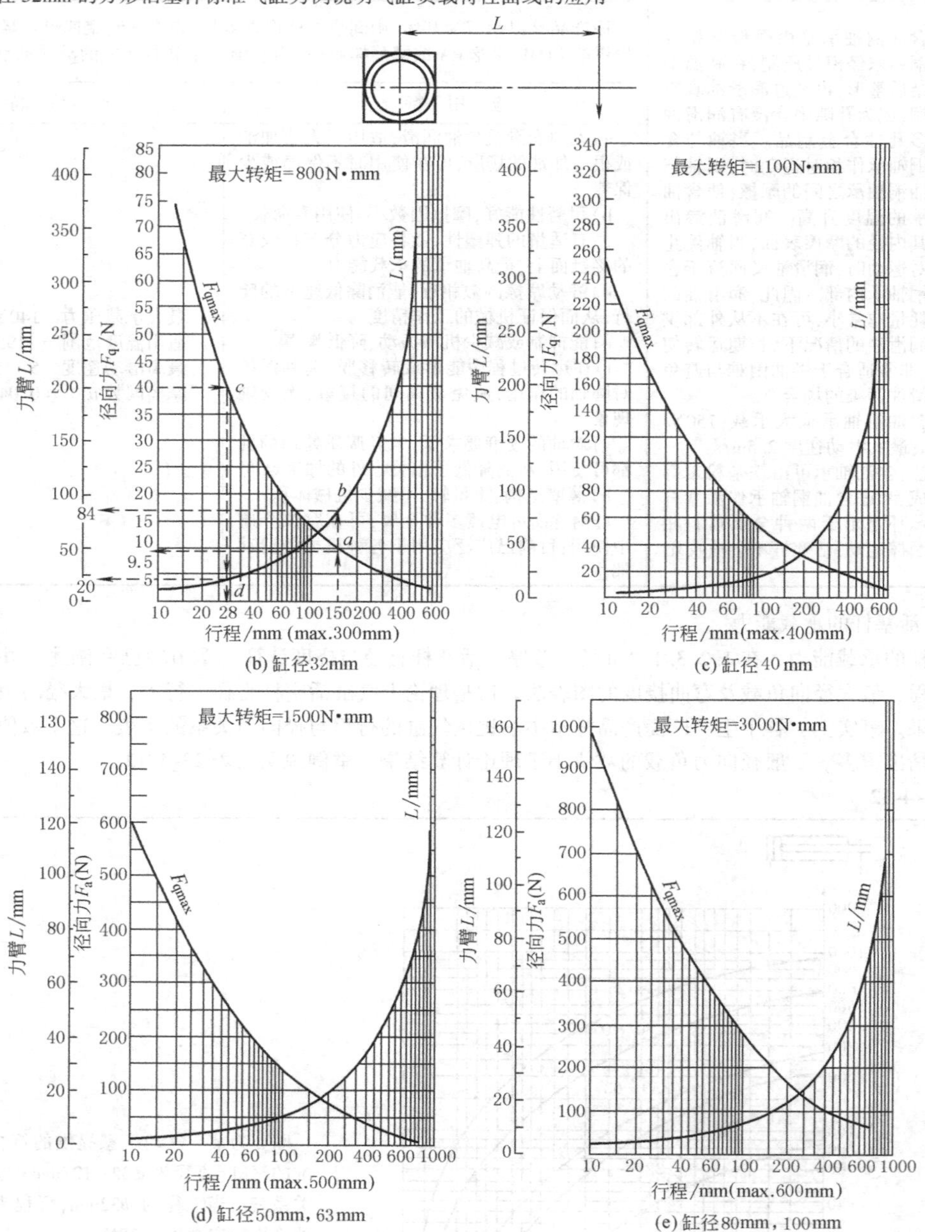

(b) 缸径32mm　(c) 缸径40 mm

(d) 缸径50mm，63mm　(e) 缸径80mm，100mm

例 1　若气缸直径为 ϕ32mm，行程为 150mm，求方形气缸的许用径向力和许用力臂

查图 b，在行程 150mm 处向上引垂线与径向力 F_q 曲线、力臂 L 曲线分别相交 a、b 两点。从 a、b 两点分别画水平线，则可查得该气缸的许用径向力为 9.5N，许用力臂为 54mm

例 2　若气缸活塞杆上所承受的径向力为 40N，求方形气缸的许用行程和许用力臂

查图 b，在径向力 40N 处画一水平线与径向力 F_q 曲线相交于 c 点，并向下引垂线与力壁 L 曲线交于 d，则可得该气缸活塞杆上受了径向力 40N 后，其许用行程仅为 28mm，许用力臂为 20mm

例 3　若气缸行程为 150mm，力臂为 100mm，求方形气缸的许用径向力

从图 b 上方得知缸径 ϕ32mm 的最大转矩为 800N · m，则所承受的径向力为

$$F_0=\frac{\text{最大转矩 } 800\text{N}\cdot\text{mm}}{\text{力臂 } 100\text{mm}}=8\text{N}$$

即气缸活塞杆上可承受的径向力为 8N，是许可的（由例 1 可知，方形气缸最大许用径向力为 9.5N）。许用承载能力是一个非常重要的指标。当所选气缸的径向力不能满足要求时，应选择气缸导向装置

1.2.4 普通气缸的安装形式

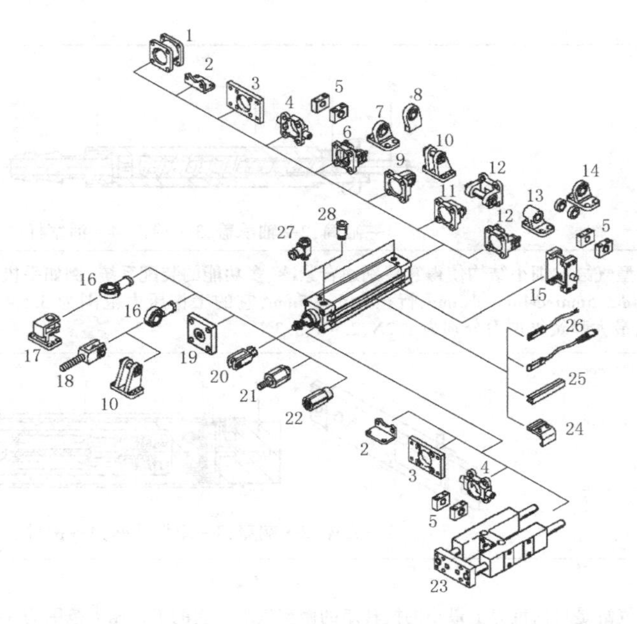

表 23-4-13

序号	名　称	说　明
1	连接组件	用于连接两个活塞直径相同的气缸,使之组成一个多位气缸
2	脚架安装件	用于轴承和端盖
3	法兰安装件	用于轴承或端盖
4	双耳轴	用于轴承或端盖
5	耳轴支座	—
6	双耳环安装件	用于端盖
7	球铰耳环支座	带球面轴承
8	球铰耳环支座	焊接合成,带球面轴承
9	双耳环安装件	带球面轴承,用于端盖
10	双耳环支座	—
11	双耳环安装件	用于端盖
12	双耳环安装件	用于端盖
13	单耳环支座	—
14	球铰耳环支座	带球面轴承
15	耳轴安装组件 Z-NCM	用于安装到缸筒任意位置
16	关节轴承 SGS/C-RSGS	带球面轴承
17	直角双耳环支座 LQG	—

序号	名　称	说　明
18	双耳环 SGA	带外螺纹
19	连接法兰 KSG	用于补偿径向偏差
	连接法兰 KSZ	用于补偿带抗扭转活塞杆气缸的径向偏差
20	双耳环 SG/CRSG	允许气缸在一个平面内转动
21	自对中连接件 FK	用于补偿径向和角度偏差
22	连接件 AD	用于真空吸盘
23	导向装置 FENG	防止在大转矩情况下气缸被扭转
24	安装组件 SMB-8-FENG	用于接近传感器 SMT-8(和导向装置 FENG 一起安装到气缸上时)
25	传感器槽盖 ABP-5-S	保护传感器电缆,防止灰尘进入传感器槽
26	接近传感器 SME/SMT-8	可集成在缸筒内
27	单向节流阀 GRLA	用于调节速度
28	快插接头 QS	用于连接具有标准外径(符合 CETOP RP 54 P 标准)的气管

对于直线驱动气缸而言，它的运动轨迹受制于气缸缸筒内与端盖活塞杆处两对摩擦副。它是否能与要求的运动方向完全一致，取决于安装形式及安装时的误差。如果安装时的误差无法保证气缸的运动与实际要求一致，将损坏气缸的内壁及活塞杆，造成气缸漏气或无法使用。因此，对于在选择任何直线驱动气缸时，必须选择适合的柔性连接件。

1.2.5 气动执行件的结构、原理

表 23-4-14

<table>
<tr><td rowspan="2"> 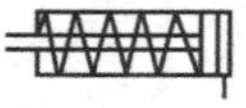单作用微型气缸</td><td>结构图</td><td> 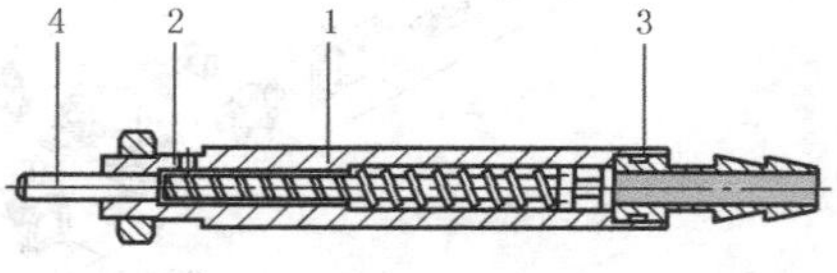4 2 1 3
1—缸筒；2—轴承盖；3—端盖；4—活塞杆</td></tr>
<tr><td>说明</td><td>小型气缸的细小结构使得它特别适合紧凑、多功能的装配系统，例如手机键盘测试系统。微型气缸直径为 ϕ2.5mm、ϕ4mm、ϕ6mm，行程为 5～25mm，它的工作压力范围为 3.5～7bar，推力分别为 1.7N、6N、14N，最大弹簧复位力分别为 1.2N、2.9N、5.3N</td></tr>
<tr><td rowspan="2"> 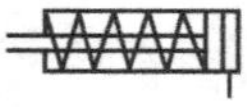微型扁平气缸</td><td>结构图</td><td> 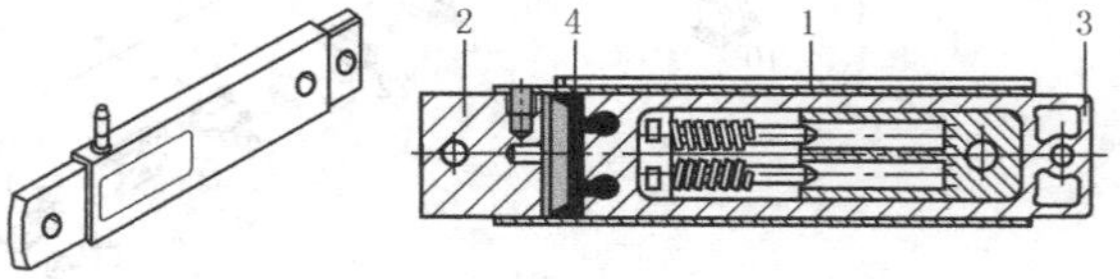2 4 1 3
1—壳体；2—端盖；3—矩形活塞；4—密封</td></tr>
<tr><td>说明</td><td>该气缸是目前世界上最小的抗转矩的微型气缸。它的工作压力范围为 3～6bar
活塞面积为 1.5mm×6.5mm 时，行程为 10mm；推力为 3N，弹簧复位力为 1N
活塞面积为 2.5mm×9mm 时，行程为 10mm 或 20mm；推力为 7.5～6N，弹簧复位力为3～2.8N
活塞面积为 5mm×20mm 时，行程为 25mm 或 50mm；推力为 42～38N，弹簧复位力为8～10.6N
活塞面积为 10mm×40mm 时，行程为 40mm（可安装接近传感器）；推力为 205N，弹簧复位力为 28N</td></tr>
<tr><td rowspan="2"> 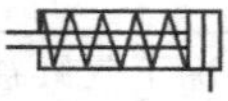螺纹气缸</td><td>结构图</td><td> 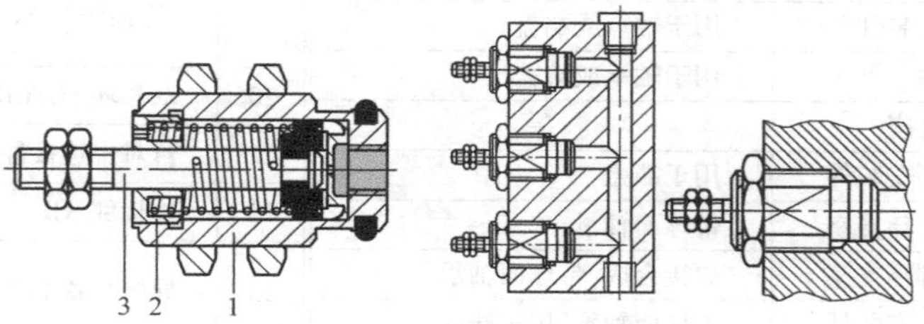3 2 1
1—壳体；2—端盖；3—活塞杆</td></tr>
<tr><td>说明</td><td>该微型螺纹气缸直径为 ϕ6mm、ϕ10mm、ϕ16mm；行程为 5mm、10mm、15mm。工作压力范围为 1.5～8bar。6bar 时，推力分别为 14N、42N、109N，最大弹簧复位力分别为 2N、4N、10N。气缸外表面为螺纹，可直接旋入带有进气孔的部件中，也可通过壳体外部两个拼紧螺母与气缸支架或耳轴连接</td></tr>
<tr><td rowspan="2"> 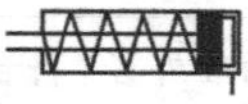单作用小型圆形气缸</td><td>结构图</td><td> 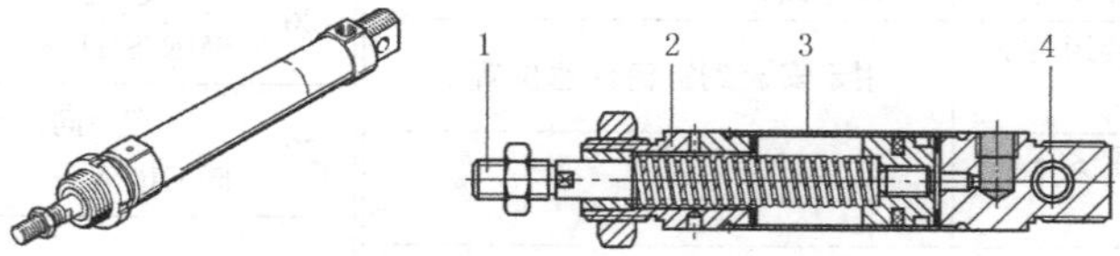1 2 3 4
1—活塞杆；2—轴承端盖；3—缸筒；4—端盖</td></tr>
<tr><td>说明</td><td>该气缸符合 ISO 6432 标准，直径范围 ϕ8mm、ϕ10mm、ϕ16mm、ϕ20mm、ϕ25mm。对于单作用气缸而言，它的工作压力范围为 1.5～10bar，行程在 10～50mm 之间。最大推力分别为 24N、41N、61N、107N、169N 及 270N。弹簧返回力（行程在 50mm 时）分别为 2.8N、4.8N、3.9N、9.8N、13.6N、18.5N。目前已派生了 ϕ32mm、ϕ40mm、ϕ50mm、ϕ63mm。根据力平衡原理，单作用气缸输出推力必须克服弹簧的反作用力和气缸工作时的总阻力。为了防止活塞杆扭转，可采用方形活塞杆</td></tr>
</table>

续表

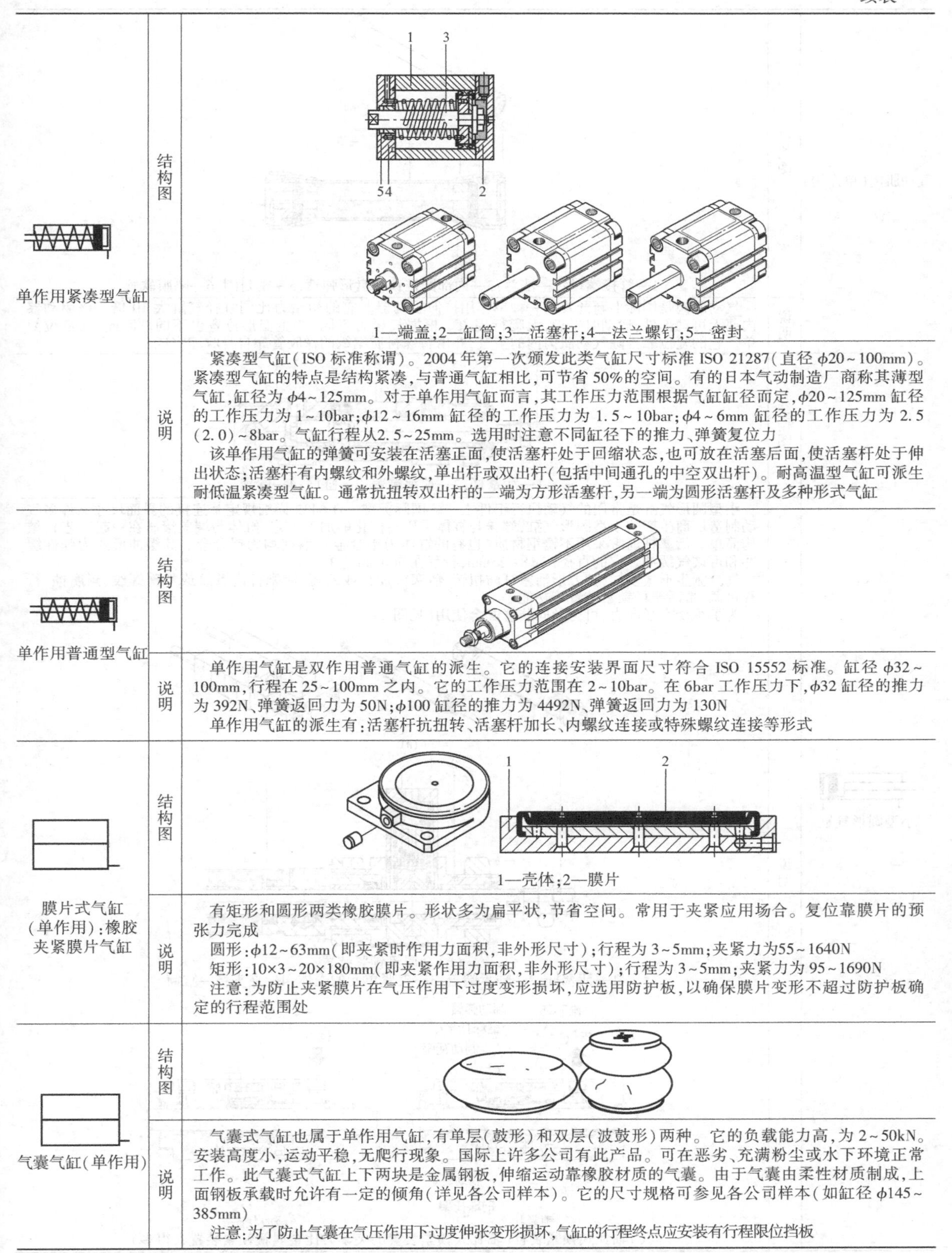

名称		内容
单作用紧凑型气缸	结构图	1—端盖;2—缸筒;3—活塞杆;4—法兰螺钉;5—密封
	说明	紧凑型气缸(ISO 标准称谓)。2004 年第一次颁发此类气缸尺寸标准 ISO 21287(直径 ϕ20~100mm)。紧凑型气缸的特点是结构紧凑,与普通气缸相比,可节省 50%的空间。有的日本气动制造厂商称其薄型气缸,缸径为 ϕ4~125mm。对于单作用气缸而言,其工作压力范围根据气缸缸径而定,ϕ20~125mm 缸径的工作压力为 1~10bar;ϕ12~16mm 缸径的工作压力为 1.5~10bar;ϕ4~6mm 缸径的工作压力为 2.5(2.0)~8bar。气缸行程从2.5~25mm。选用时注意不同缸径下的推力、弹簧复位力 该单作用气缸的弹簧可安装在活塞正面,使活塞杆处于回缩状态,也可放在活塞后面,使活塞杆处于伸出状态;活塞杆有内螺纹和外螺纹,单出杆或双出杆(包括中间通孔的中空双出杆)。耐高温型气缸可派生耐低温紧凑型气缸。通常抗扭转双出杆的一端为方形活塞杆,另一端为圆形活塞杆及多种形式气缸
单作用普通型气缸	结构图	
	说明	单作用气缸是双作用普通气缸的派生。它的连接安装界面尺寸符合 ISO 15552 标准。缸径 ϕ32~100mm,行程在 25~100mm 之内。它的工作压力范围在 2~10bar。在 6bar 工作压力下,ϕ32 缸径的推力为 392N、弹簧返回力为 50N;ϕ100 缸径的推力为 4492N、弹簧返回力为 130N 单作用气缸的派生有:活塞杆抗扭转、活塞杆加长、内螺纹连接或特殊螺纹连接等形式
膜片式气缸(单作用):橡胶夹紧膜片气缸	结构图	1—壳体;2—膜片
	说明	有矩形和圆形两类橡胶膜片。形状多为扁平状,节省空间。常用于夹紧应用场合。复位靠膜片的预张力完成 圆形:ϕ12~63mm(即夹紧时作用力面积,非外形尺寸);行程为 3~5mm;夹紧力为55~1640N 矩形:10×3~20×180mm(即夹紧作用力面积,非外形尺寸);行程为 3~5mm;夹紧力为 95~1690N 注意:为防止夹紧膜片在气压作用下过度变形损坏,应选用防护板,以确保膜片变形不超过防护板确定的行程范围处
气囊气缸(单作用)	结构图	
	说明	气囊式气缸也属于单作用气缸,有单层(鼓形)和双层(波鼓形)两种。它的负载能力高,为 2~50kN。安装高度小,运动平稳,无爬行现象。国际上许多公司有此产品。可在恶劣、充满粉尘或水下环境正常工作。此气囊式气缸上下两块是金属钢板,伸缩运动靠橡胶材质的气囊。由于气囊由柔性材质制成,上面钢板承载时允许有一定的倾角(详见各公司样本)。它的尺寸规格可参见各公司样本(如缸径 ϕ145~385mm) 注意:为了防止气囊在气压作用下过度伸张变形损坏,气缸的行程终点应安装有行程限位挡板

续表

气动肌肉(单作用)	结构图	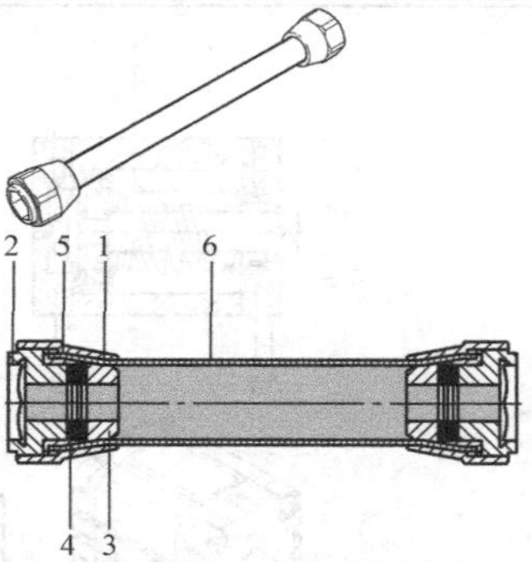 2 5 1 6 4 3 1—管接螺母;2—法兰;3—内部圆锥;4—盘形弹簧;5—密封圈;6—隔膜软管
	说明	气动肌肉是国际上新开发的一种单作用拉伸驱动器。它的初始力比同缸径气缸大10倍。该驱动器内部无可动部件,运动时平稳,无爬行现象。根据气压力不同,产生变形位置也不同。因此,其定位简单。它的复位靠排除气动肌肉内的空气,并由特殊材质编织的橡胶管靠自身收缩完成
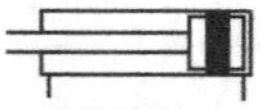 小型圆形气缸	结构图	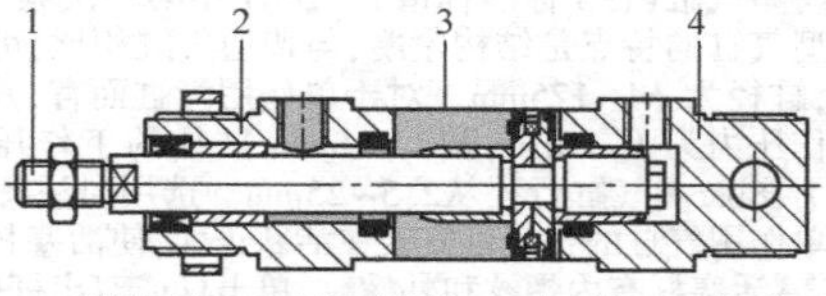 1 2 3 4 1—活塞杆;2—轴承端盖;3—缸筒;4—端盖
	说明	小型圆形气缸是常用的气动执行组件之一。国际标准ISO 6432详细规定其连接的界面尺寸。许多气动制造厂商生产的小型圆形气缸,端盖与缸体采用一体化的加工工艺(缸体与端盖滚压在一起工艺),结构简单。活塞杆通常采用不锈钢材质(也有的缸体为铝合金),活塞均为铝合金。其缓冲形式为弹性缓冲和可调气缓冲。它的直径在 $\phi 8\sim25$mm,行程在500mm左右 气缸派生形式多样,如方形活塞杆防扭转、活塞杆加长或缩短、活塞杆内螺纹或特殊螺纹、耐腐蚀、行程可调、带活塞杆锁紧装置等功能 为了承受大径向力,可与导向装置配合使用(见图a) 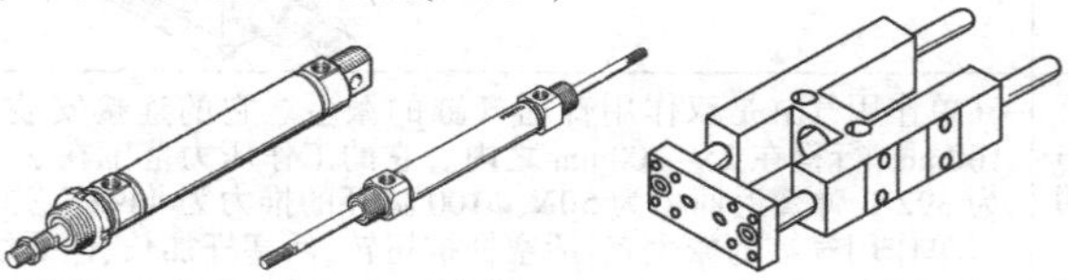 (a) 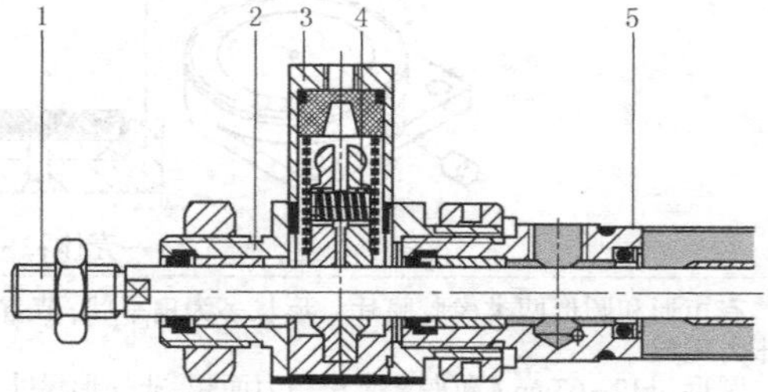 1 2 3 4 5 (b)金属箍锁紧装置 1—活塞杆;2—轴承端盖;3—夹紧单元的壳体;4—夹头;5—缸筒 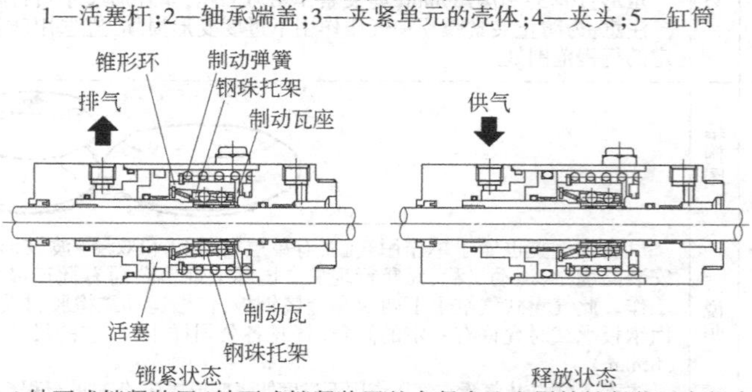 锥形环 制动弹簧 钢珠托架 制动瓦座 排气 供气 活塞 制动瓦 钢珠托架 锁紧状态 释放状态 (c)轴瓦式锁紧装置(轴瓦式锁紧装置的夹紧力比金属箍锁紧装置大得多)

续表

小型圆形气缸	说明	锁紧形式	活塞速度/mm·s^{-1}			
			100	300	500	1000
		弹簧锁紧/mm	±0.3	±0.6	±1.0	±2.0
		最大静态负载	无气压时弹簧锁紧			
		缸径/mm	ϕ20	ϕ25	ϕ32	ϕ40
		夹紧保持力/N	215	335	550	860
		备注:水平安装。电磁阀直接安装在锁紧装置气口(或附近)。负载在允许范围内				

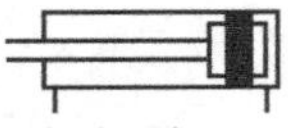

紧凑型气缸

结构图

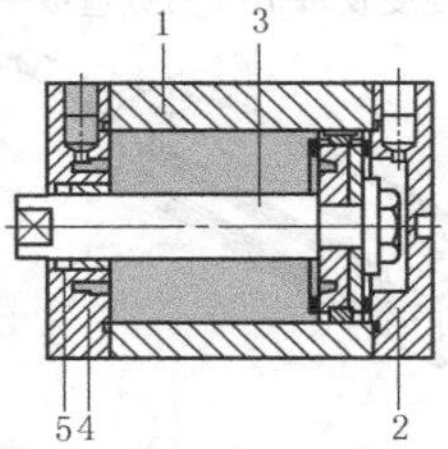

1—缸筒;2—端盖;3—活塞杆;4—法兰螺钉;5—动态密封

说明

紧凑型气缸的特点是结构紧凑,在相同的驱动力情况下(与同缸径普通气缸相比),可节省50%的空间。但它的径向承载能力比普通气缸小

紧凑型气缸的国际标准是ISO 21287,有的日本气动制造厂商称其薄型气缸。需要注意的是以夹紧为主要功能的短行程气缸(行程为10~30mm)与紧凑型气缸的区别,短行程气缸并不受ISO 21287紧凑型气缸标准关于连接、安装界面尺寸规定的限制

紧凑型气缸派生形式多,有防扭转方形活塞杆、前端连接板附导向轴(见图d)、中空双出杆(活塞杆中芯为通孔形式)、耐高温、耐腐蚀、不含铜及聚四氟乙烯材质,并可组成倍力气缸(见图d)和多位置气缸(见图e)

ϕ32~100mm紧凑型气缸在前后端盖处的连接附件可与ISO 15552标准的普通气缸的连接安装附件通用

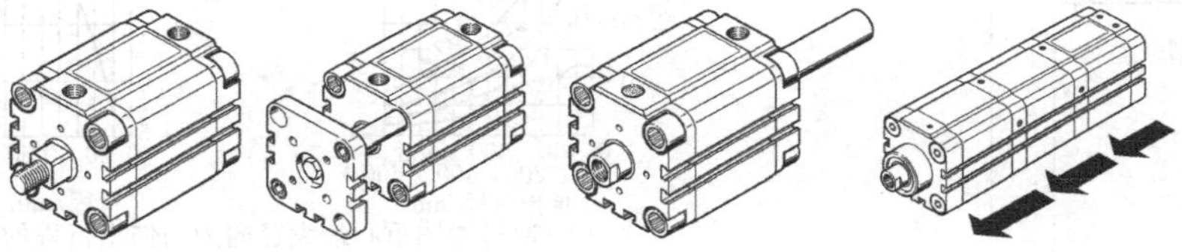

方形活塞杆　前端连接板　中空双出杆　倍力气缸

(d) 附导向轴(抗扭转)

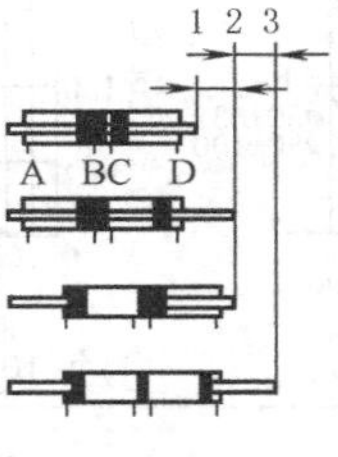

(e)多位置气缸原理(三个位置两个相同行程长度气缸终端相连)

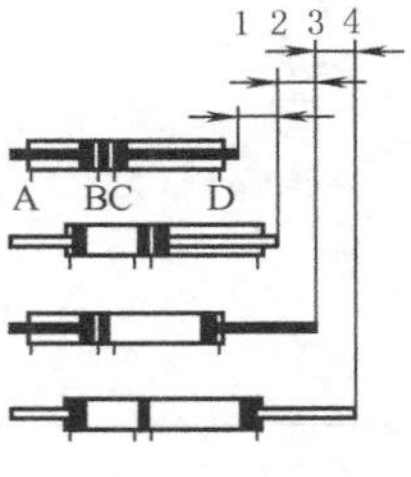

(f)四个位置(两个不同行程长度气缸终端相连)

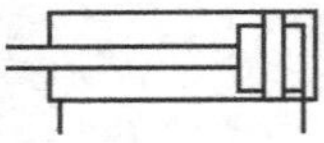

普通型气缸

结构图

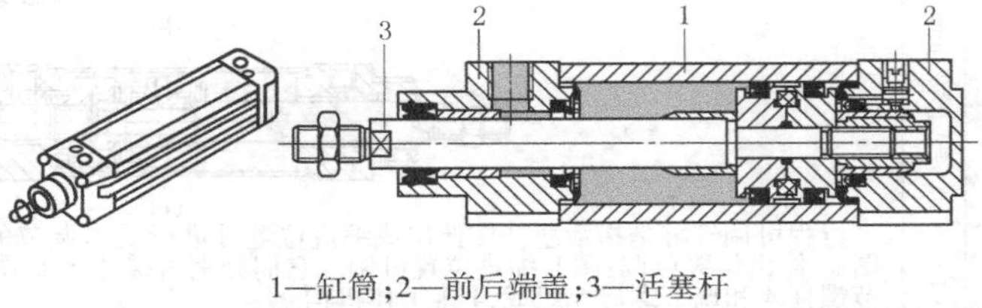

1—缸筒;2—前后端盖;3—活塞杆

续表

普通型气缸	说明	普通型气缸是气动系统中应用最广泛的气动执行器之一。普通型气缸的国际标准是 ISO 15552(取代原有的 ISO 6431 标准),缸径在ϕ32~320mm,行程最长在 2000mm 左右。目前国际上应用最多的是ϕ32~125mm 气缸。该标准还规定双出杆的连接尺寸界面,其缸筒均采用铝合金材质。普通型气缸在缓冲形式上有固定缓冲、带可调气缓冲及不带缓冲。常用的是带可调的气缓冲,以防运动终点冲击力。目前普通型气缸从外形轮廓来看,有型材气缸(端盖通过螺钉与缸体连接),也有四拉杆气缸(包括外形看似型材气缸,实质上型材内部均采用四拉杆形式)。当普通型气缸外表面具有沟槽型材均可直接安装位置行程开关。对圆筒形缸体、则需四拉杆连接,拉杆上需要配置位置行程开关附件和传感器。位置行程开关有气动舌簧行程开关、电子舌簧式行程开关、电感式行程开关。普通型气缸的派生形式很多,有活塞杆抗扭转、活塞杆加长、内螺纹连接或特殊螺纹连接、阳极氧化铝质活塞杆(防焊接飞溅)、活塞杆防下坠、活塞杆带锁紧装置、低速(3mm/s)、低摩擦、耐高温(150℃)、耐低温(-40℃)、耐腐蚀、不含铜及聚四氟乙烯材质(电子行业特殊场合)或带阀气缸等。为了承受大径向力,可与导向装置配合使用。多个普通气缸组合可形成倍力气缸、多位置气缸 注意:合适的使用气缸连接件(即活塞杆连接采用柔性连接杆)与导向装置配合使用(径向负载、修正系数、自重造成挠度及每 10N 负载造成变形挠度见下列图 h~图 j) 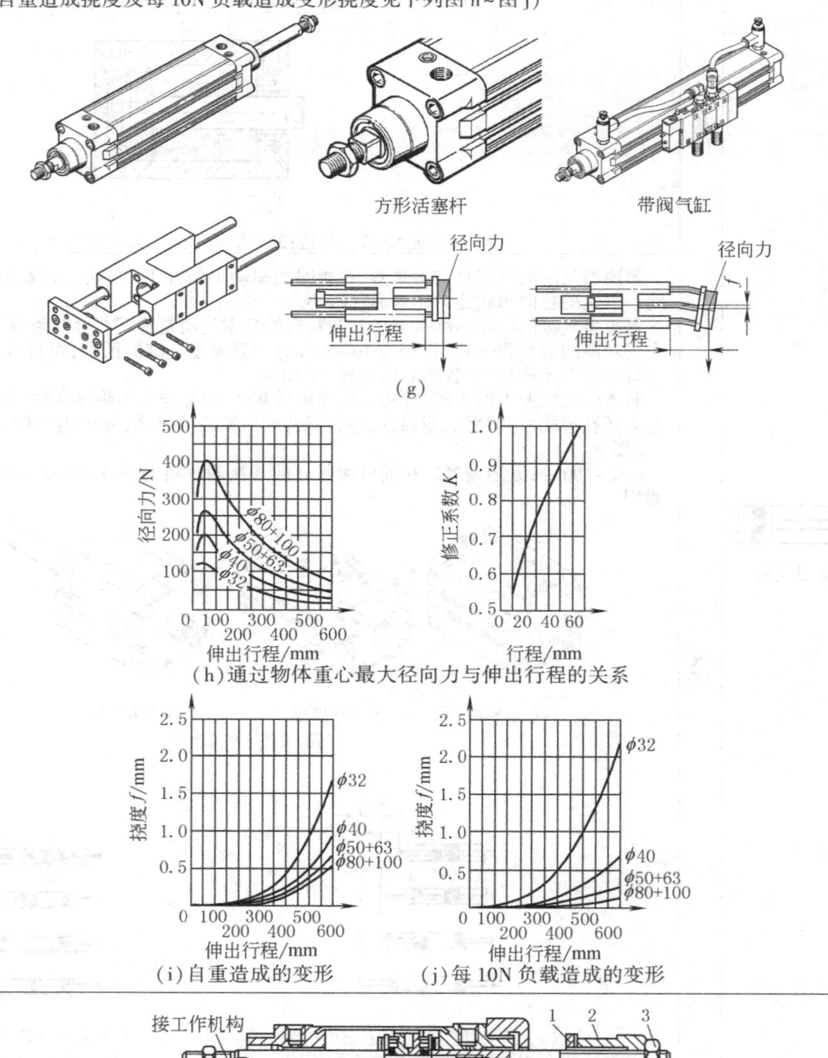 (g) (h)通过物体重心最大径向力与伸出行程的关系 (i)自重造成的变形 (j)每 10N 负载造成的变形
	行程可调气缸	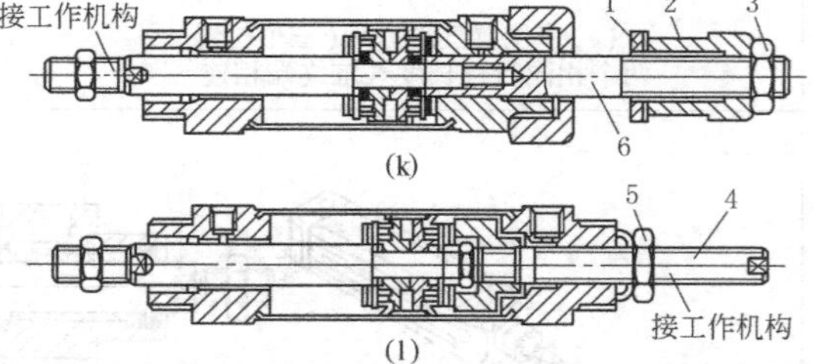 (k) (l) 行程可调气缸是指活塞杆在伸出或缩进位置可进行适当调节的一种气缸。其调节结构有两种形式:图 k,伸出位置可调;图 l,缩进位置可调。它们分别由缓冲垫 1、调节螺母 2、锁紧螺母 3 和调节杆 6 或调节螺杆 4 和调节螺母 5 组成,4 接工作机构

续表

	带皮囊保护装置气缸	保护活塞杆不受尘埃、焊渣飞溅等影响。一些日本气动制造厂商称其为带伸缩防护套型,耐热帆布防护套的耐温可达110℃
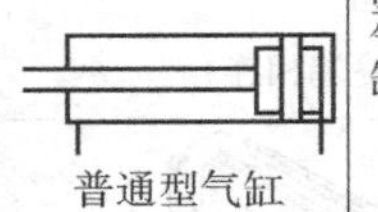 普通型气缸	活塞杆防下坠气缸	(m) 活塞杆伸出防下坠气缸工作原理 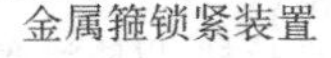 (n) 坠落销子抬起　　(o) 坠落销子锁住活塞 活塞杆防下坠气缸可分为活塞杆伸出时防下坠(图m)、活塞杆缩回时防下坠或活塞杆伸出/缩回都需要防下坠三种状况。下面以活塞杆伸出防下坠为例 活塞杆伸出防下坠气缸的工作原理图如下(图m):当活塞杆在伸出状态下,坠落装置内的坠落销子在弹簧的作用下,插入气缸缓冲活塞的沟槽。用人力推活塞杆缩回无效。只有当前端盖进口处进入压缩空气后(如图n),使防坠落装置壳体内活塞往上运动,带动坠落销子抬起,使坠落销子与气缸的缓冲活塞沟槽脱离,活塞杆才能缩回。同样,当活塞杆伸出运动时,缓冲活塞左端面的倾斜倒角帮助其继续向左移动。一旦缓冲活塞的沟槽处于坠落销子位置时,坠落销子在弹簧作用下,使坠落销子卡入缓冲活塞 图n表明防坠销子脱开、活塞杆缩回的运动状态。当压缩空气进入前端盖进气口1时,单向阀2处于关闭状态,压缩空气进入通道3,进入防坠装置壳体的腔内,推动活塞4上移,使坠落销子5抬起,并使坠落销子5的十字通孔与压缩空气相通。此时压缩空气便进入气缸的进气腔室,推动气缸活塞运动 图o表明活塞杆伸出运动时,气缸腔内压缩空气通过单向阀快速排气的状态
	活塞杆锁气缸	金属箍锁紧装置 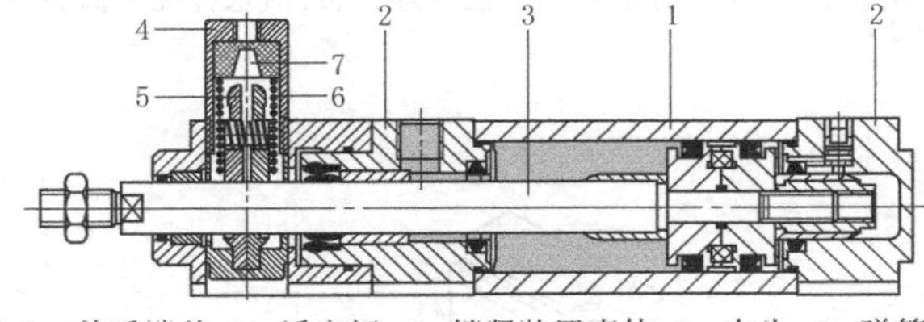 1—缸筒;2—前后端盖;3—活塞杆;4—锁紧装置壳体;5—夹头;6—弹簧;7—活塞 当锁紧装置内无压缩空气时,活塞7在弹簧的作用下处于复位状态,夹头5在其内部弹簧作用下,夹头呈开启状态,此时夹头5与活塞杆相接触的配合夹头部件夹紧其活塞杆,活塞杆不能运动 当压缩空气进入锁紧装置4时,活塞7向下运动,夹头5合拢。其夹头5与活塞杆相配的夹头部件与活塞杆脱开,活塞杆可自由移动。当压缩空气消失后,弹簧6使其活塞向上移动,夹头5再次呈开启状态,活塞杆再次被夹紧不能运动

续表

普通型气缸	活塞杆锁紧气缸	活塞杆锁紧气缸与活塞杆防下坠气缸之间的区别：活塞杆防下坠气缸是指活塞杆的锁紧只能在活塞杆伸出到终点或活塞杆缩回到终点时才有效。而活塞杆锁紧气缸可以在活塞的整个行程中有效。当活塞杆锁紧气缸用于运动中间位置刹车时，其定位精度、重复精度取决于气缸的运动速度、运动惯量、控制锁紧装置的电磁阀的换向时间及活塞杆的硬度、润滑状况等因素 轴瓦式锁紧装置(轴瓦式锁紧装置的夹紧力比金属箍锁紧装置大得多) 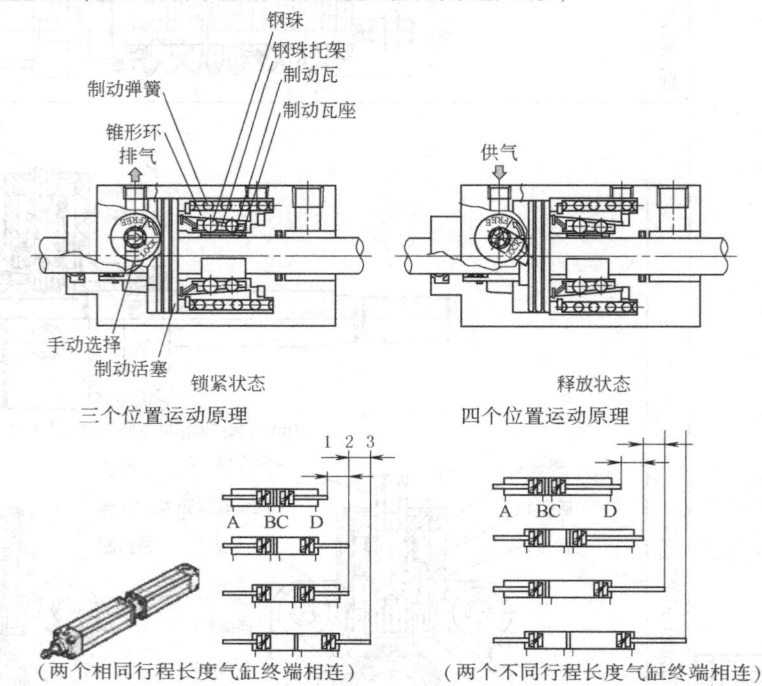
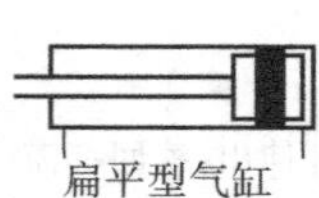 扁平型气缸		扁平型气缸的特点是采用了特殊活塞形状，如椭圆形活塞结构，以达到活塞杆抗扭转效果。有的日本气动制造厂商称其为椭圆活塞气缸。通常该类气缸的缸径在 ϕ12～63mm，气缸行程在 1000mm 以下，最大抗转矩为 2N·m 扁平型气缸可派生双出杆(活塞杆中芯为通孔形式)、耐高温(150℃) 扁平型气缸有前、后法兰，双耳环支座，直角双耳环支座等连接件配用 注意：当扁平型气缸并列安装时，要注意其中某一气缸运动时，其活塞内磁铁会影响附近其他气缸的位置行程开关，因此要注意两气缸的安全间隔距离 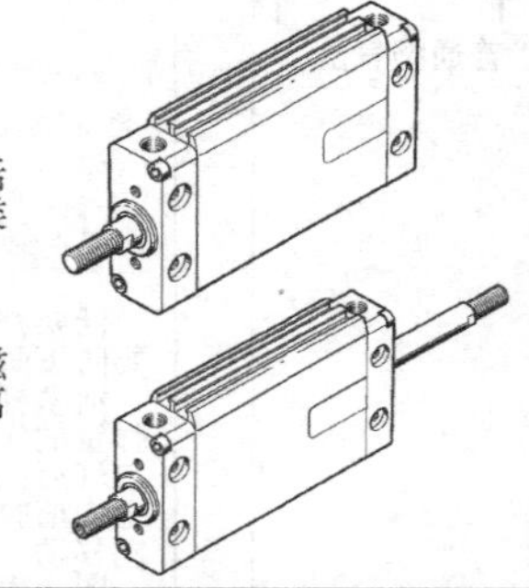
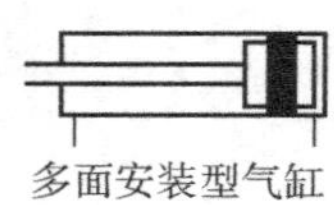 多面安装型气缸		多面安装型气缸的特点是结构紧凑。带多面安装功能的气缸，通常不通过气缸连接件安装，往往被直接安装在所需位置上。有的日本气动制造厂商称其为自由安装气缸。此类气缸直径一般在 ϕ6～32mm，行程在 50mm 之内。多面安装型气缸可有单作用或双作用之分 对于单作用气缸，应注意弹簧预紧力，参见下列图表 多面安装型气缸可派生双出杆(活塞杆中芯为通孔形式)、耐高温(150℃) 有些公司在活塞杆前端装有法兰连接板，活塞杆配备简易导向拉杆，以防活塞杆扭转(最大抗转矩为 0.02N·m) 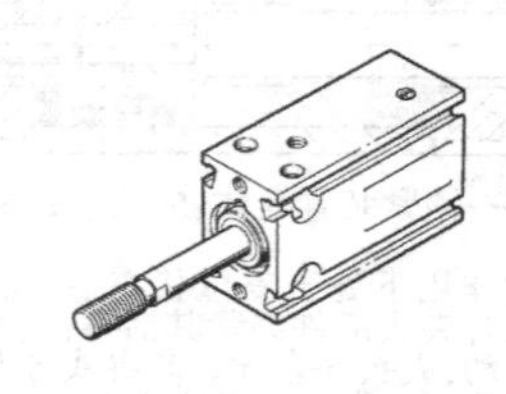 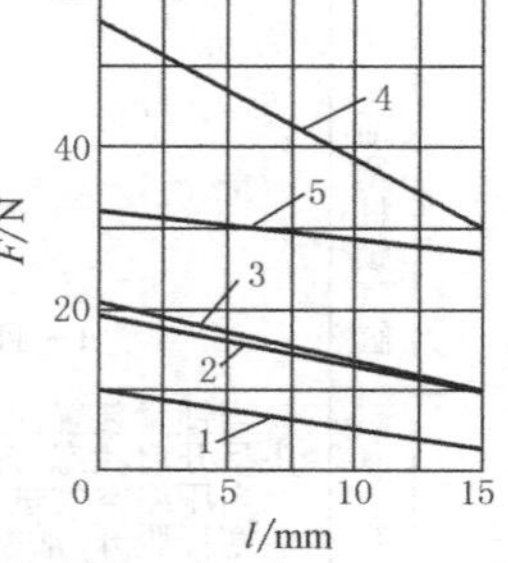 1—ϕ10；2—ϕ16；3—ϕ20；4—ϕ25；5—ϕ32

续表

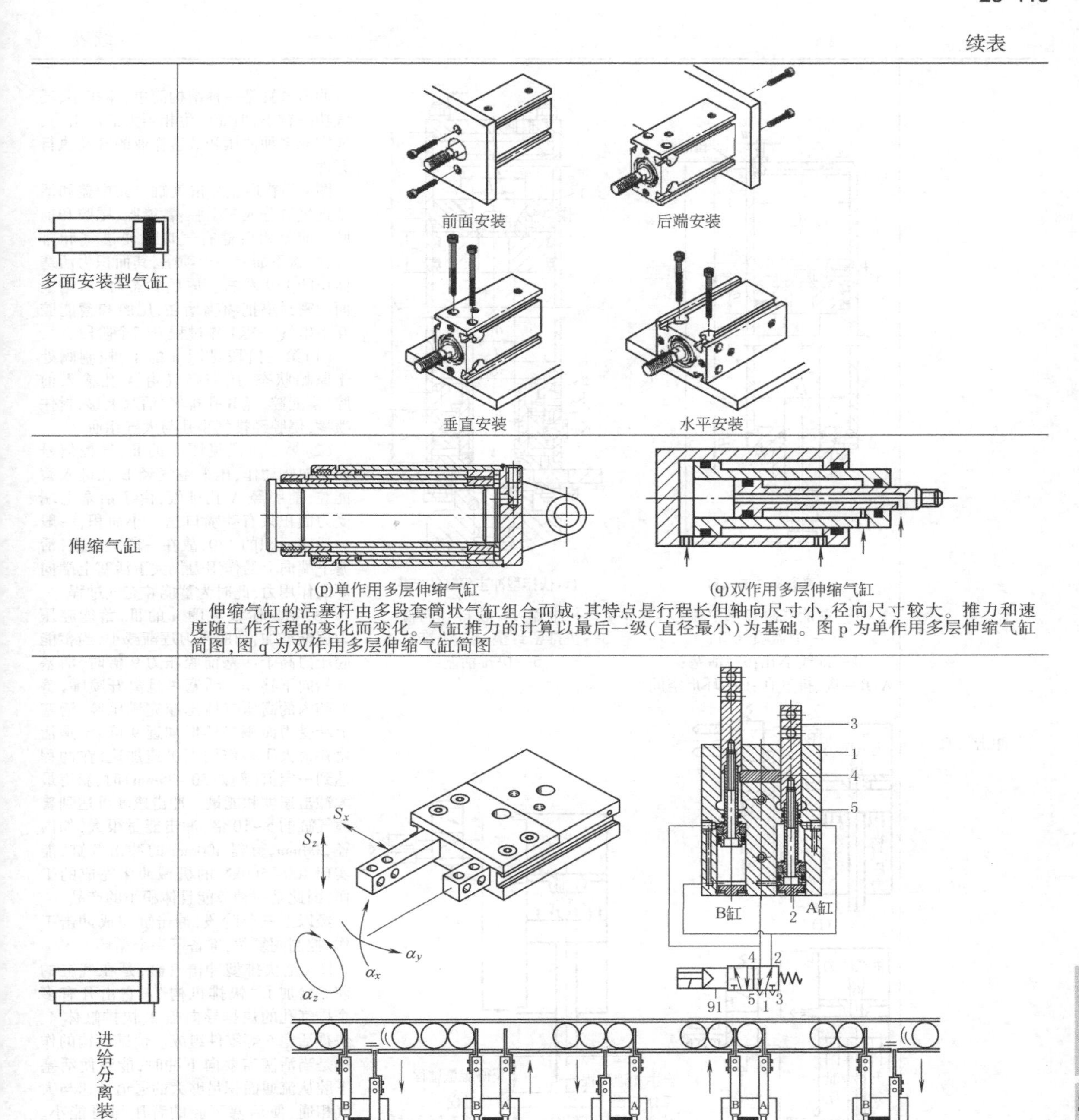

(p)单作用多层伸缩气缸

(q)双作用多层伸缩气缸

伸缩气缸的活塞杆由多段套筒状气缸组合而成，其特点是行程长但轴向尺寸小，径向尺寸较大。推力和速度随工作行程的变化而变化。气缸推力的计算以最后一级（直径最小）为基础。图 p 为单作用多层伸缩气缸简图，图 q 为双作用多层伸缩气缸简图

(r)

1—壳体；2—端盖；3—活塞；4—挡块；5—活塞杆

进给分离装置是一个在自动化输送过程中间隔分离工件的驱动装置。有的日本气动厂商称之为挡料气爪。该装置内集成了两个驱动器，以确保其中一个活塞杆挡板在完成一个往复运动之后，另一个活塞杆挡板才能开始运动，如图 r 所示。采用一个电磁阀和两个接近开关构成的气动系统，无需编程

原理介绍：电磁阀输出分两路，一路作用在 B 缸下端，另一路在 A 缸上端。作用在 A 缸上端的压缩空气使 A 缸活塞杆回缩。回缩后锁紧挡块 4 的一端作用在 A 缸粗活塞杆表面，另一端紧贴在 B 缸细活塞杆表面（嵌入 B 缸粗、细分界端面上），阻止 B 缸的活塞杆向下运动（挡块 4 的长度＝两个气缸中心距−½粗活塞杆−½细活塞杆）。此时工件在输送带作用下向右移动，当电磁阀换向，压缩空气一路作用在 B 缸上端，另一路作用在 A 缸下端。B 缸上端得到压缩空气也不能立即使其活塞杆向下运动，此时，活塞杆被锁紧挡块 4 锁住，必须待 A 缸活塞杆伸出，挡块 4 的一边靠在 A 缸细活塞杆表面时，B 缸活塞杆才能回缩

进给分离装置一般应用在小工件的流水线上，一般被分离的工件最大重达 1. 5kg，在 6bar 时的驱动推力最大为 200N 左右，驱动时间最长为 20ms，最大力矩为 9N · m 左右。进给分离装置外壳有装位置传感器的沟槽

续表

冲击气缸

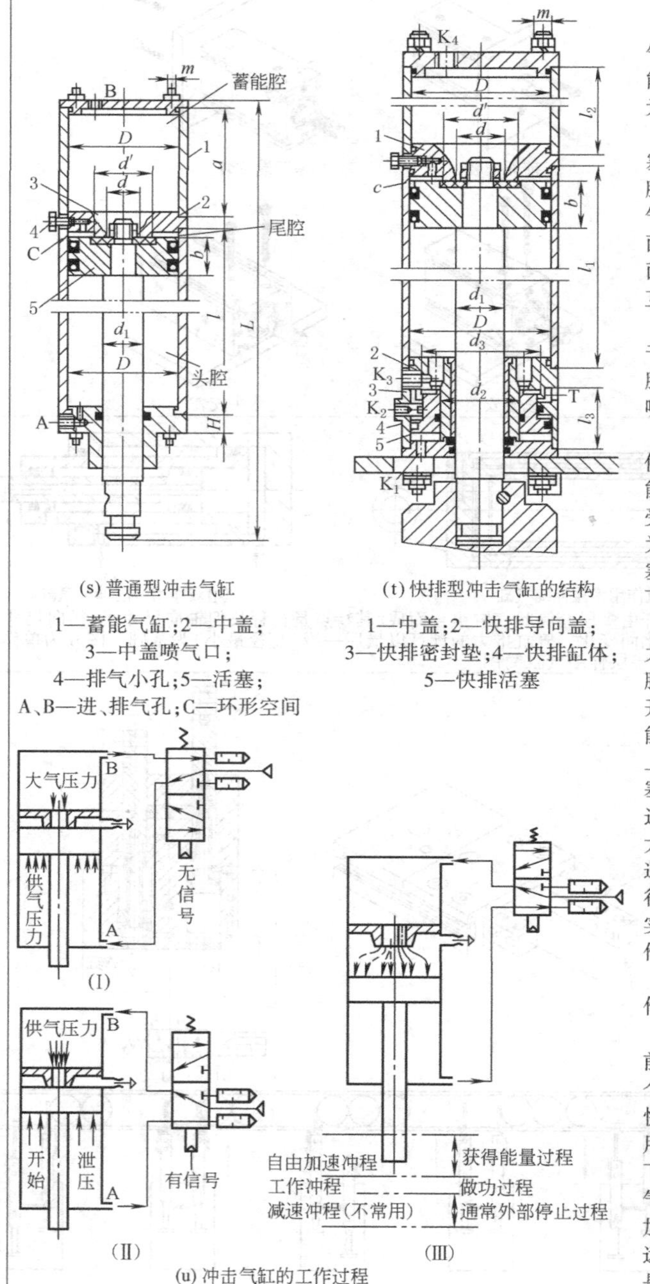

(s) 普通型冲击气缸

1—蓄能气缸；2—中盖；3—中盖喷气口；4—排气小孔；5—活塞；A、B—进、排气孔；C—环形空间

(t) 快排型冲击气缸的结构

1—中盖；2—快排导向盖；3—快排密封垫；4—快排缸体；5—快排活塞

(Ⅰ) (Ⅱ) (Ⅲ)

(u) 冲击气缸的工作过程

冲击气缸是一种结构简单、体积小、耗气功率较小，但能产生相当大的冲击力，能完成多种冲压和锻造作业的气动执行元件

图 s 为普通型冲击气缸。其中盖和活塞把气缸分成三个腔：蓄能腔、尾腔和前腔。前盖和后盖有气口以便进气和排气；中盖下面有一个喷嘴，其面积为活塞面积的 1/9 左右。原始状态时，活塞上面的密封垫把喷嘴堵住，尾腔和蓄能腔互不串气。其工作过程分三个阶段

(1)第一阶段见图 u 的Ⅰ，控制阀处于原始状态，压缩空气由 A 孔输入前腔、蓄能腔，经 B 孔排气，活塞上移，封住喷嘴，尾腔经排气小孔与大气相通

(2)第二阶段见图 u 的Ⅱ，气控信号使换向阀动作，压缩空气经 B 孔进入蓄能腔，前腔经 A 孔排气，由于活塞上端受力面积只有喷嘴口这一小面积，一般为活塞面积的 1/9，故在一段时间内，活塞下端向上的作用力仍大于活塞上端向下的作用力，此时为蓄能腔充气过程

(3)第三阶段见图 u 的Ⅲ，蓄能腔压力逐渐增加，前腔压力逐渐减小，当蓄能腔压力高于活塞前腔压力 9 倍时，活塞开始向下移动。活塞一旦离开喷嘴，蓄能腔内的高压气体迅速充满尾腔，活塞上端受力面积突然增加近 9 倍，于是活塞在很大压差作用下迅速加速，在冲程达到一定值(例如 50~75mm)时，获得最大冲击速度和能量。冲击速度可达到普通气缸的 5~10 倍，冲击能量很大，如内径 200mm、行程 400mm 的冲击气缸，能实现 400~500kN 的机械冲床完成的工作，因此是一种节能且体积小的产品

经以上三个阶段，冲击缸完成冲击工作，控制阀复位，准备下一个循环

图 t 是快排型冲击气缸，是在气缸的前腔增加了“快排机构”。它由开有多个排气孔的快排导向盖 2、快排缸体 4、快排活塞 5 等零件组成。快排机构的作用是当活塞需要向下冲时，能够使活塞下腔从流通面积足够大的通道迅速与大气相通，使活塞下腔的背压尽可能小。加速冲程长，故其冲击力及工作冲程都远远大于普通型冲击气缸。其工作过程是：(1)先使 K_1 孔充气，K_2 孔通大气，快排活塞被推到上面，由快排密封垫 3 切断从活塞下腔到快排口 T 的通道。然后 K_2 孔充气，K_3 孔排气，活塞上移。当活塞封住中盖 1 的喷气孔后，K_4 孔开始充气，一直充到气源压力。(2)先使 K_2 孔进气，K_1 孔排气，快排活塞 5 下移，这时活塞下腔的压缩空气通过快排导向盖 2 上的八个圆孔，再经过快排缸体 4 上的八个方孔 T 直接排到大气中。因为这个排气通道的流通面积较大(缸径为 200mm 的快排型冲击气缸快排通道面积是 $36cm^2$，大于活塞面积的 1/10)，所以活塞下腔的压力可以在较短的时间内降低，当降到低于蓄气孔压力的 1/9 时，活塞开始下降。喷气孔突然打开，蓄能气缸内压缩空气迅速充满整个活塞上腔，活塞便在最短压差作用下以极高的速度向下冲击

这种气缸活塞下腔气体已经不像非快排型冲击气缸那样被急剧压缩，使有效工作行程可以加长十几倍甚至几十倍，加速行程很大，故冲击能量远远大于非快排型冲击气缸，冲击频率比非快排型提高约一倍

续表

<table>
<tr><td>冲击气缸</td><td>
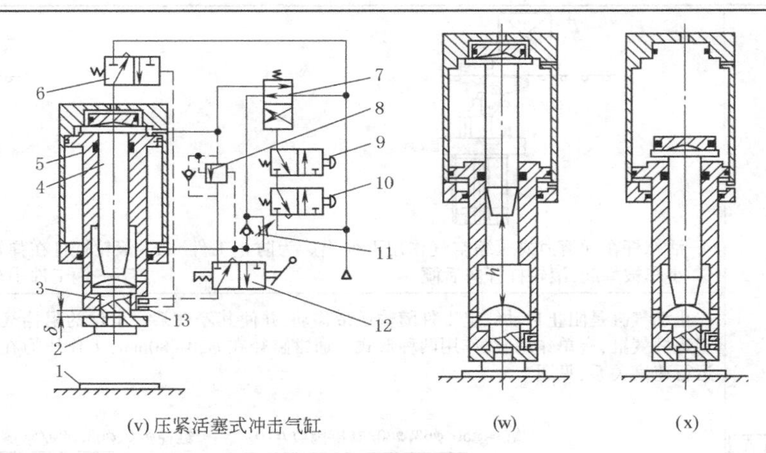

(v) 压紧活塞式冲击气缸　　(w)　　(x)

1—工件；2—模具；3—模具座；4—打击柱塞；
5—压紧活塞；6，7—气控阀；8—压力顺序阀；
9，10—按钮阀；11—单向节流阀；
12—手动选择阀；13—背压传感器

图 v 是压紧活塞式冲击气缸，它有一个压紧工件用的压紧活塞和一个施加打击力的打击柱塞。压紧活塞先将模具压紧在工件上，然后打击柱塞以很大的能量打击模具进行加工。由于它有压紧工件的功能，打击时可避免工件弹跳，故工作更加安全可靠
其工作原理为：图示状态压紧活塞处于上止点位置，打击柱塞被压紧活塞弹起。若同时操作按钮阀 9 和 10，使其换向，则主控阀 7 换向，使压紧活塞下降，下降速度可用单向节流阀 11 适当调节
打击柱塞的上端是一个直径较大的头部，插入气缸上端盖的凹室内，凹室内此时为大气压力。当压紧活塞的上腔充气时，气压也作用在打击柱塞头部的下端面上，使它仍保持在上止点。这样打击柱塞保持不动，压紧活塞下降直到模具 2 压紧工件为止，如图 w 所示
当压紧活塞上腔压力急剧上升，下腔压力急剧下降，压紧力达到一定值时，差压式压力顺序阀 8 接通，如果事先已将手动阀 12 置于接通位置，则差压顺序阀的输出压力就加到背压式传感器 13 上，如工件已被压紧，背压传感器的排气孔被工具座封住，传感器的输出压力使换向阀 6 换向，这时，压缩空气充入气缸上端盖的凹室，使打击柱塞启动，打击柱塞的头部一脱离凹室，预先已充入压紧活塞上腔的压缩空气就作用在它的上端面上，即压紧活塞的内部为大气压力，在很大的压差力作用下，打击柱塞便高速运动，获得很大的动能来打击模具而做功，如图 x 所示
打击完毕，松开阀 9、10、12，则气控阀 6、7 复位，压紧活塞就托着打击柱塞一起向上，恢复到图 v 所示状态
若在压紧活塞下降和压紧过程中，放开任一个按钮阀，压紧活塞能立即返回到起始状态，如果手动阀 12 置于断开位置，则只有压紧动作，而无打击动作。特别是设置了判别工件是否已被压紧用的背压传感器，当模具与工件不接触时，阀 6 不能换向，故没有空打的危险
</td></tr>
<tr><td>止动气缸
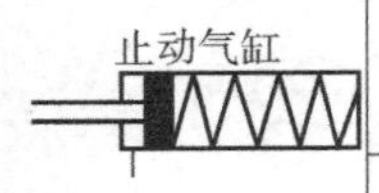</td><td>
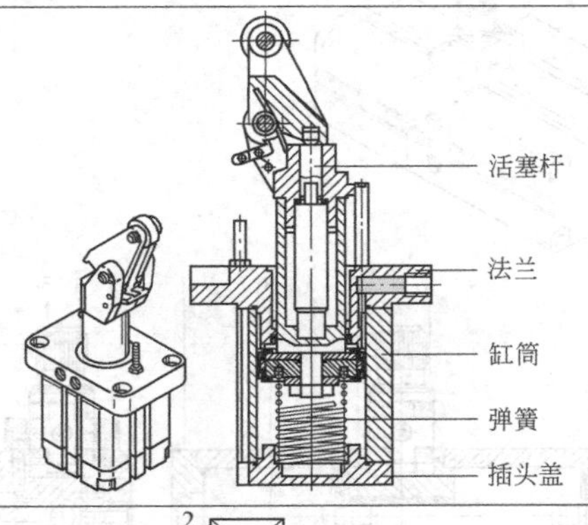

</td></tr>
<tr><td></td><td>
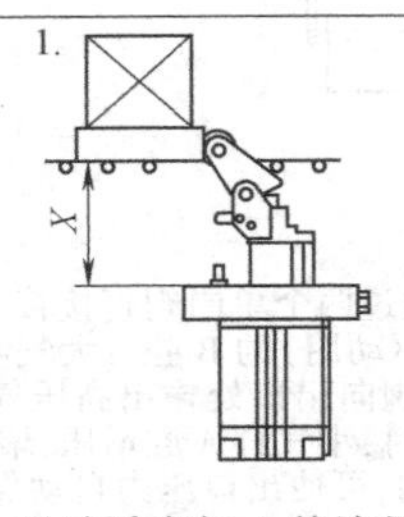

1. 通过活塞杆上的液压缓冲器，重物轻柔地止动

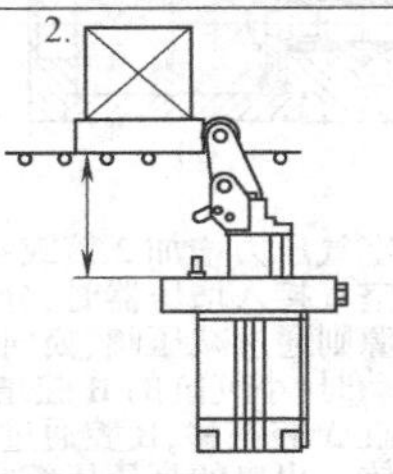

2. 滚轮杠杆缩回到终端位置时被卡紧，使得工件小车不会被缓冲器推回

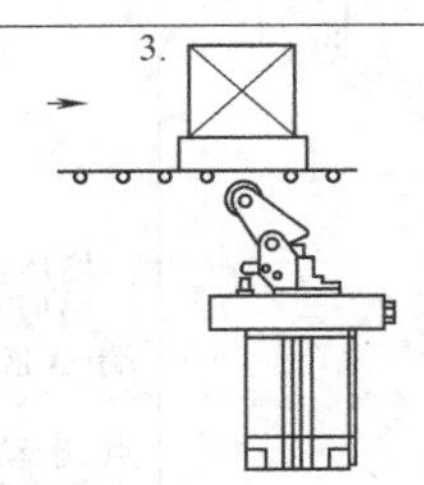

3. 在压缩空气作用下，工件小车被释放，滚轮杠杆同时被释放
</td></tr>
</table>

续表

4.

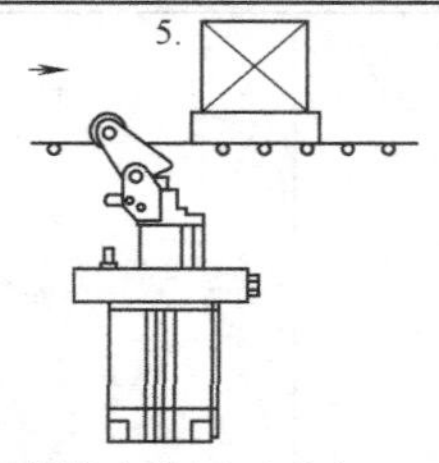

4. 活塞杆在弹簧力或压缩空气作用下伸出。为防止工件小车被举起，滚轮杠杆向后倾

5. 滚轮杠杆在弹簧力作用下升起，以准备阻挡下一辆工件小车

止动气缸

止动气缸是阻止自动线上工件随输送带移动，并使其停在某一工位的阻挡气缸，有的日本气动厂商称其为定程杆气缸，有单作用、双作用两种形式。通常缸径在 ϕ20～80mm，工作压力在 10bar。被阻挡的工件质量与运行速度关系，见图 y

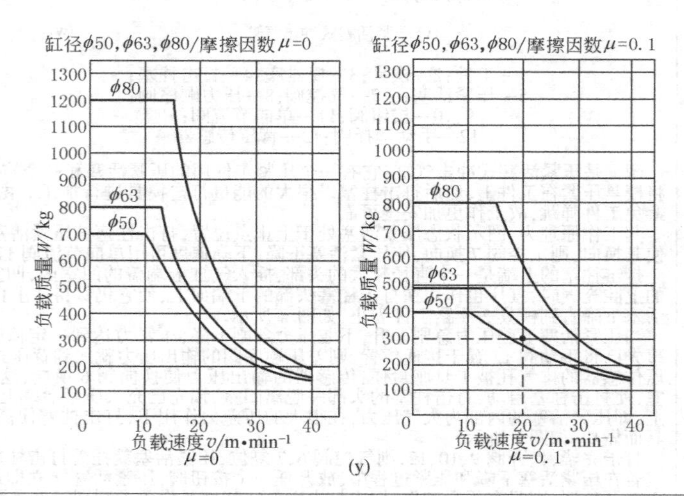

(y)

气动增压器

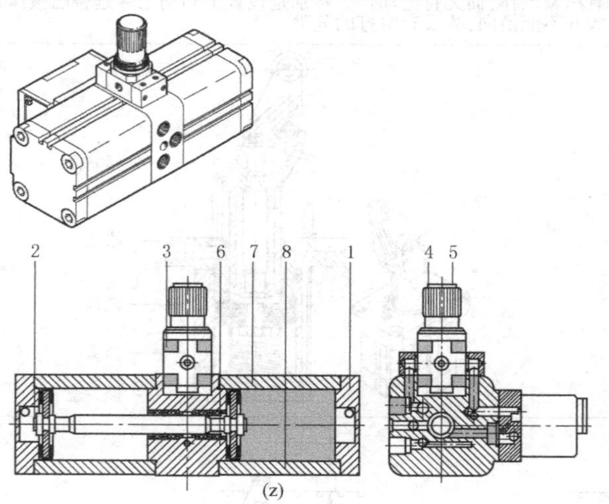

(z)

1—插头盖；
2—圆形螺母；
3—阀；
4—旋转手柄；
5—防护盖；
6—中间件；
7—壳体；
8—缸筒

增压器是将原来的压缩空气压力增加 2 倍或 4 倍

当原来某一压力的压缩空气接入增压器时，分两路：一路气源通过两个单向阀直接接入小气缸（增压用）两端（A 腔、B 腔），另一路气源则通过减压阀、换向阀通入大气缸（驱动用）的 B 腔。大气缸 A 腔通过电磁阀排气。当大气缸活塞向左移动时，小气缸的 B 腔增压，并通过单向阀向出口处输出高压气体；小活塞运动到终点，触动换向阀换向，大气缸 A 腔右移，B 腔通过换向阀排气。同时，小气缸 A 腔增压，增压的压缩空气通过单向阀向出口处输出高压气体。出口的高压压缩空气反馈到调压阀，可使出口压力自动保持在某一值，调节减压阀手柄，便能得到增压范围内的任意设定的出口压力

若出口反馈压力与调压阀的可调弹簧力相平衡，增压阀就停止运转，不再输出流量

续表

气液增压缸

(a′) 气液增压缸原理

1—气缸；2—柱塞；3—油缸

气液增压缸是以低压压缩空气为动力，按增压比转换为高压油的装置。其工作原理如图 a′所示。压缩空气从气缸 a 口输入，推动活塞带动柱塞向前移动，当与负载平衡时，根据帕斯卡原理："封闭的液体能把外加的压强大小不变地向各个方向传递"，如不计摩擦阻力及弹簧反力，则由气缸活塞受力平衡求得输出的油压 p_2

$$\frac{\pi}{4}D^2p_1\times10^6=\frac{\pi}{4}d^2p_2\times10^6$$

$$p_2=\frac{D^2}{d^2}p_1$$

式中　p_1——输入气缸的空气压力，MPa

p_2——缸内的油压力，MPa

D——气缸活塞直径，m

d——气缸柱塞直径，m

D^2/d^2 称为增压比，由此可见油缸的油压为气压的 D^2/d^2 倍，D/d 越大，则增压比也越大。但由于刚度和强度的影响，油缸直径不可能太小。因此通常取 $D/d=3.0\sim5.5$，一般取 $d=30\sim50$mm。机械效率为 80%～85%

气液增压缸的优点如下

(1) 能将 0.4～0.6MPa 低压空气的能量很方便地转换成高压油压能量，压力可达 8～15MPa，从而使夹具外形尺寸小，结构紧凑，传递总力可达 $(1\sim8)\times10^3$N，可取代用液压泵等复杂的机械液压装置

(2) 由于一般夹具的动作时间短，夹紧工作时间长，采用气液增加装置的夹具，在夹紧工作时间内，只需要保持压力而无需消耗流量，在理论上是不消耗功率的，这一点是一般液压传动夹具所不能达到的

(3) 油液只在装卸工件的短时间内流动一次，所以油温与室温接近，且漏油很少

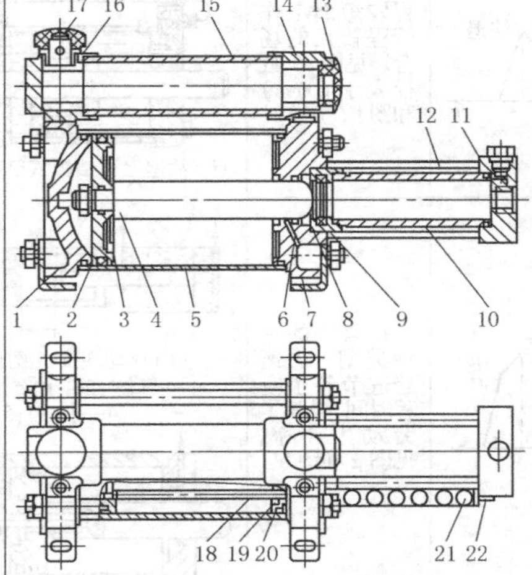

(b′) 直动式气液增压缸结构

1—气缸体后盖；2—活塞；3—显示杆支承板；4—活塞杆；5—气缸体；6—防尘密封圈；7—气缸体前盖；8—油缸端套；9—Y 形密封圈；10—油缸体；11—油缸端盖；12—螺栓；13—圆形油标；14—油缸前座；15—油筒；16—油筒后座；17—加油口盖；18—行程显示杆；19—O 形密封圈；20—压板；21—行程显示管；22—显示管支架

图 b′是直动式气液增压缸。由气缸和油缸两部分组成，气缸由气动换向阀控制前后往复直线运动，气缸活塞杆就是油缸活塞。气缸活塞处于初始位置(缸压位置)时，油缸活塞处油缸脱开，此时增加缸上部的油筒内油液与夹具油路沟通，使夹具充满压力油，电磁阀通电后，压缩空气进入增压腔内，使气缸活塞 2 前进，先将油筒与夹具的油路封闭，活塞继续前进，就使夹具体内的油压逐步升高，起到增压、夹紧工件的作用。电磁阀失电后，增压缸活塞返回到初始位置，油压下降，气液夹具在弹簧力作用下使液压油回到油筒内

气液阻尼缸

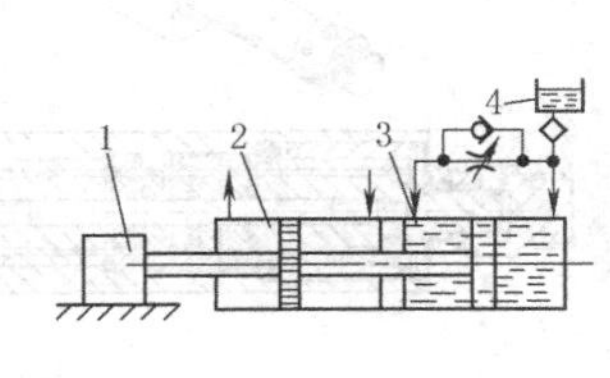

(c′) 串联式气液阻尼缸

1—负载；2—气缸；3—油缸；4—信号油杯

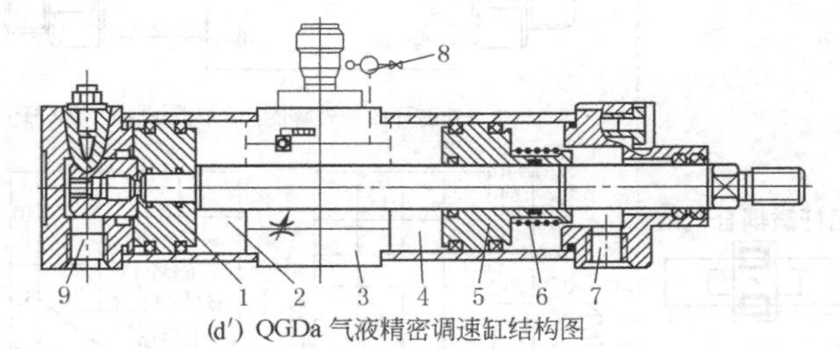

(d′) QGDa 气液精密调速缸结构图

1,5—活塞；2,4—油腔；3—控制装置；6—补偿弹簧；7,9—进排气口；8—压力容器

气缸的工作介质通常是可压缩的空气，气缸动作快，但速度较难控制，当负载变化较大时，容易产生"爬行"或"自走"现象。油缸的工作介质通常是不可压缩的液压油，动作不如气缸快，但速度易于控制，当负载变化较大时，不易产生"爬行"或"自走"现象。充分利用气动和液压的优点，用气缸产生驱动力，用油缸进行阻尼，可调节运动速度。工作原理是：当气缸活塞左行时，带动油缸活塞一起运动，油缸左腔排油，单向阀关闭，油只能通过节流阀排入油缸的右腔内，调节节流阀开度，控制排油速度，达到调节气-液阻尼气缸活塞的运动速度。液压单向节流阀可以实现慢速前进及快速退回。气控开关阀可在前进过程中的任意段实现快速运动

续表

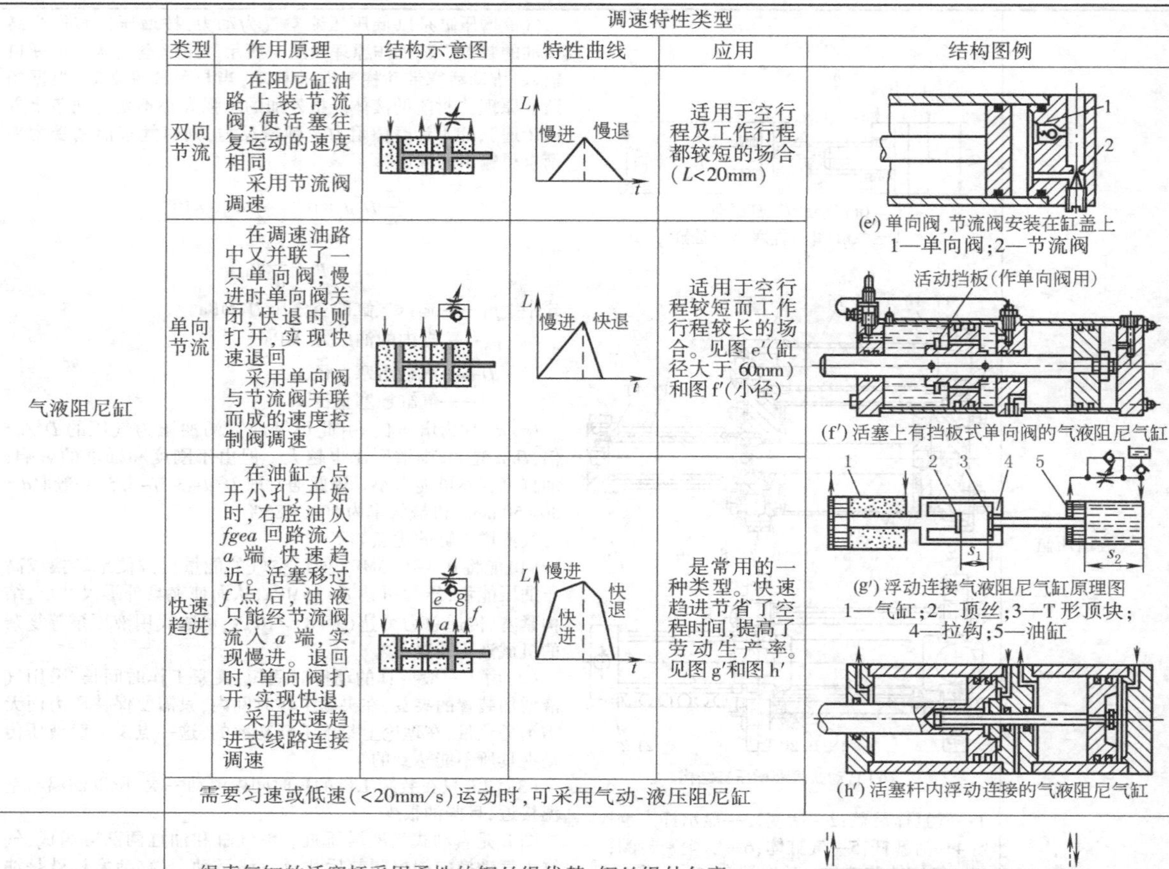

类型	调速特性类型					
	类型	作用原理	结构示意图	特性曲线	应用	结构图例
气液阻尼缸	双向节流	在阻尼缸油路上装节流阀，使活塞往复运动的速度相同 采用节流阀调速		L 慢进 慢退 t	适用于空行程及工作行程都较短的场合（$L<20$mm）	1 2 (e′) 单向阀，节流阀安装在缸盖上 1—单向阀；2—节流阀
	单向节流	在调速油路中又并联了一只单向阀；慢进时单向阀关闭，快退时则打开，实现快速退回 采用单向阀与节流阀并联而成的速度控制阀调速		L 慢进 快退 t	适用于空行程较短而工作行程较长的场合。见图e′（缸径大于60mm）和图f′（小径）	活动挡板（作单向阀用） (f′) 活塞上有挡板式单向阀的气液阻尼气缸
	快速趋进	在油缸 f 点开小孔，开始时，右腔油从 $fgea$ 回路流入 a 端，快速趋近。活塞移过 f 点后，油液只能经节流阀流入 a 端，实现慢进。退回时，单向阀打开，实现快退 采用快速趋进式线路连接调速	e g a f	L 慢进 快退 快进 t	是常用的一种类型。快速趋进节省了空程时间，提高了劳动生产率。见图g′和图h′	1 2 3 4 5 s_1 s_2 (g′) 浮动连接气液阻尼气缸原理图 1—气缸；2—顶丝；3—T 形顶块；4—拉钩；5—油缸 (h′) 活塞杆内浮动连接的气液阻尼气缸
	需要匀速或低速（<20mm/s）运动时，可采用气动-液压阻尼缸					

无杆绳索气缸

绳索气缸的活塞杆采用柔性的钢丝绳代替，钢丝绳外包裹一层尼龙，表面光洁，尺寸均匀，以确保绳索与气缸端盖的密封。当外部气压作用在活塞上时，绳索带动移动连接件运动

绳索气缸可采用小径径、长行程的形式

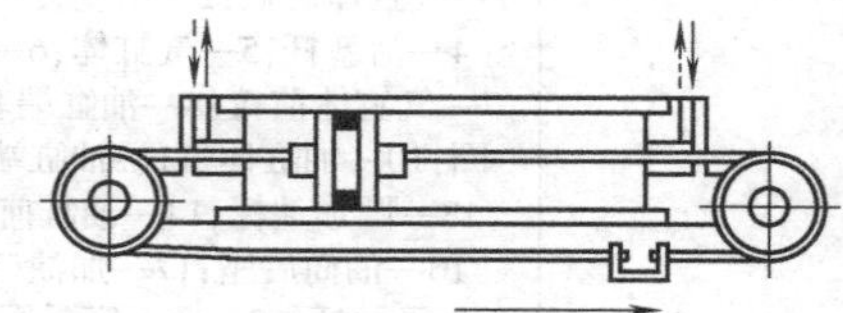

无杆磁耦合气缸

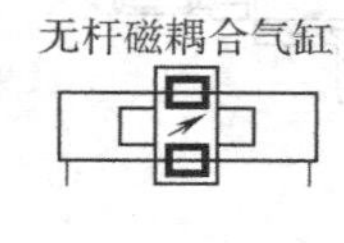

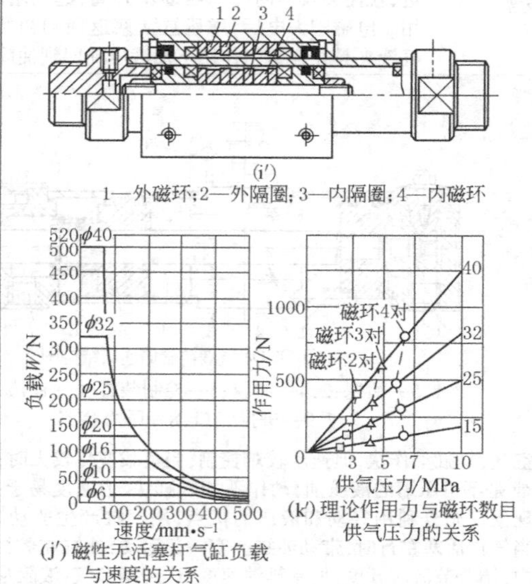

(i′)

1—外磁环；2—外隔圈；3—内隔圈；4—内磁环

(j′) 磁性无活塞杆气缸负载与速度的关系

(k′) 理论作用力与磁环数目供气压力的关系

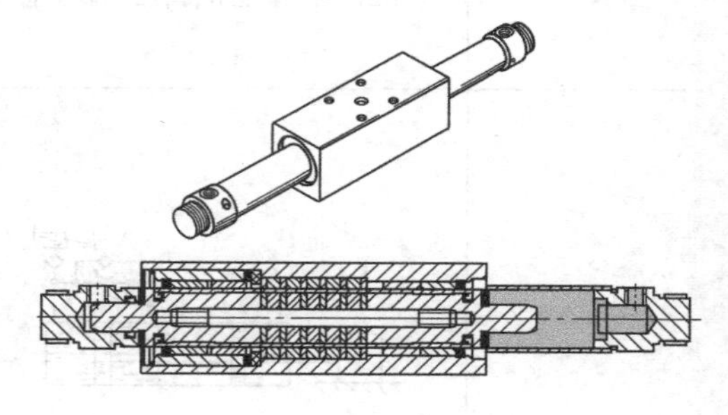

主要技术参数

气缸直径/mm			φ15	φ25	φ32	φ40
磁铁吸力/N	磁铁数目	4	112	300	470	800
		3	69	210	340	600
		2	20	130	230	400
行程长度/mm			5~1000	5~2000	5~2000	5~2000

续表

无杆磁耦合气缸	是在活塞上安装一组强磁性的永久磁环,一般为稀土磁性材料。磁力线通过薄壁缸筒(不锈钢或铝合金无导磁材料等)与套在外面的另一组磁环作用,由于两组磁环极性相反,具有很强的吸力。当活塞在缸筒内被气压推动时,则在磁力作用下,带动缸筒外的磁环套一起移动。因此,气缸活塞的推力必须与磁环的吸力相适应。为增加吸力可以增加相应的磁环数目,磁力气缸中间不可能增加支撑点,当缸径≥25mm时,最大行程只能≤2m;当速度快、负载重时,内外磁环易脱开,因此必须按图j′所示的负载和速度关系选用。这种气缸重量轻、体积小、无外部泄漏,适用于无泄漏的场合,维修保养方便,但只限用于小缸径(6～40mm)的规格,可用于开闭门(如汽车车门,数控机床门)、机械手坐标移动定位、组合机床进给装置、无心磨床的零件传送,自动线输送料、切割布匹和纸张等	
带导轨无杆气缸 	在气缸缸管轴向开有一条槽,活塞与滑块在槽上部移动。为了防止泄漏及防尘需要,在开口部采用聚氨酯密封带和防尘不锈钢带固定在两端缸盖上,活塞与滑块连接为一体,带动固定在滑块上的执行机构实现往复运动。无活塞杆气缸最小缸径为 ϕ8mm,最大为 ϕ80mm,工作压力在1MPa以下,行程小于10m。其输出力比磁性无活塞杆气缸要大,标准型速度可达0.1～1.5m/s;高速型可达0.3～3.0m/s。但因结构复杂,必须有特殊的设备才能制造,密封带1及2的材料及安装都有严格的要求,否则不能保证密封及寿命。受负载力小,为了增加负载能力,必须增加导向机构	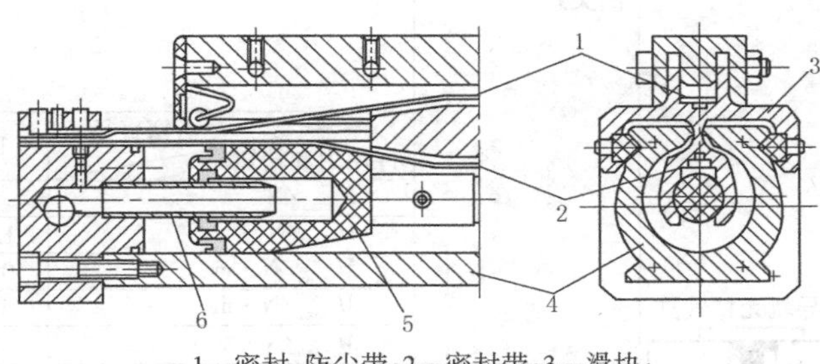 1—密封、防尘带;2—密封带;3—滑块; 4—缸筒;5—活塞;6—缓冲柱塞
	最大许用支撑跨距 L 和负载 F 的关系	在气缸行程较长的情况下,需要中间支撑件以提高最大许用负载力 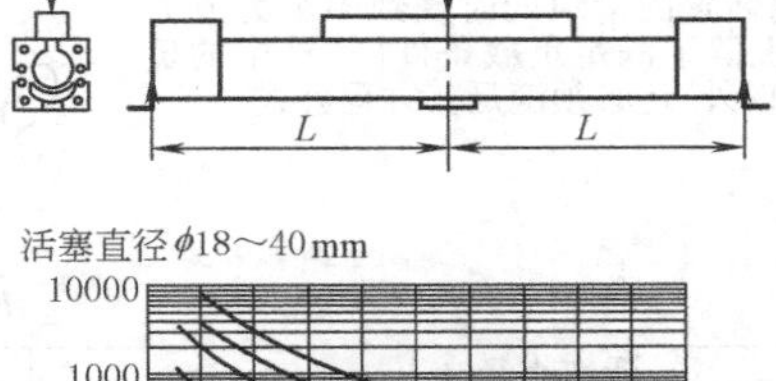 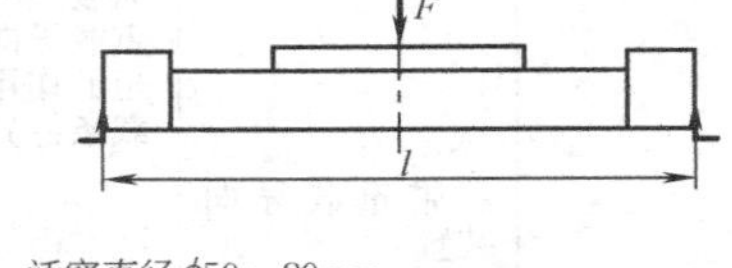 活塞直径 ϕ18～40mm 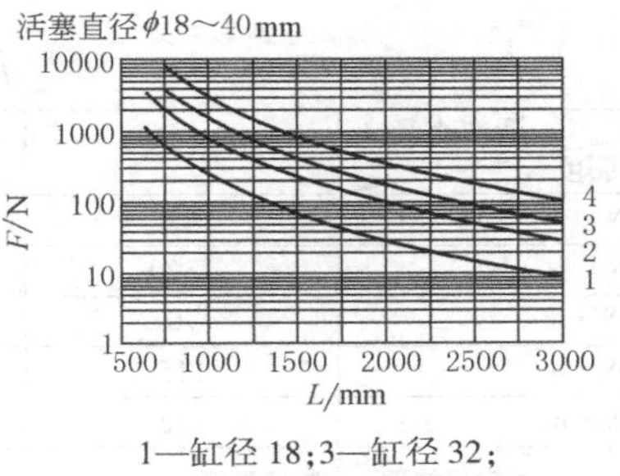 1—缸径18;3—缸径32; 2—缸径25;4—缸径40 活塞直径 ϕ50～80mm 100000 10000 1000 100 F/N 1000 1400 1800 2200 2600 3000 L/mm 3 2 1 1—缸径50;3—缸径80; 2—缸径63
	最大许用活塞速度 v 与移动负载 m 的关系	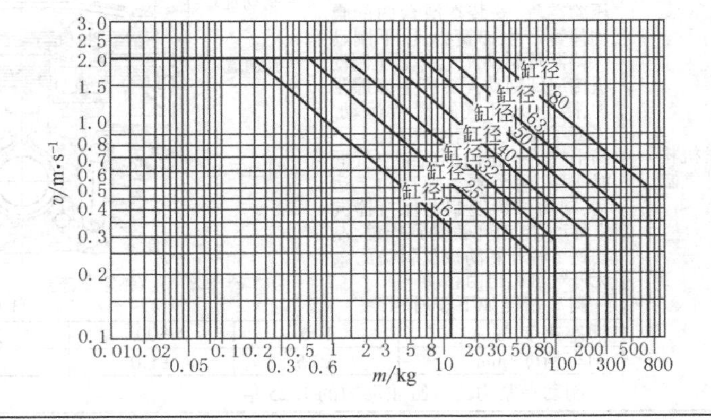

续表

带导轨无杆气缸

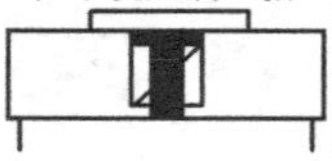

许用力与转矩的关系

气动制造厂商通常会提供该产品许用力与转矩的技术参数，如下表所示。无杆气缸的选择必须考虑其受力情况。当无杆气缸同时受到多个力或力矩的作用，除了满足负载条件（表格中的负载条件）以外，还必须满足其方程公式。当力和力矩不能满足要求时，可采用带重载导向装置

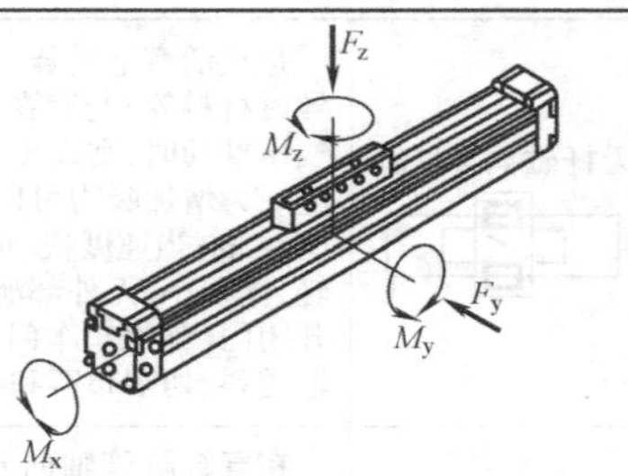

$$0.4\times\frac{F_z}{F_{zmax}}+\frac{M_x}{M_{xmax}}+\frac{M_y}{M_{ymax}}+0.2\times\frac{M_z}{M_{zmax}}\leqslant 1$$

$$\frac{F_z}{F_{zmax}}\leqslant 1 \quad \frac{M_z}{M_{zmax}}\leqslant 1$$

许用力和转矩 \ 活塞直径 ϕ	18	25	32	40	50	63	80
F_{ymax}/N				—			
F_{zmax}/N	120	330	480	800	1200	1600	5000
M_{xmax}/N·m	0.5	1	2	4	7	8	32
M_{ymax}/N·m	11	20	40	60	120	120	750
M_{zmax}/N·m	1	3	5	8	15	24	140

带重载导向装置

气动制造厂商通常会提供该产品许用力与转矩的技术参数，如下表所示。带重载导向装置的选择，必须考虑其受力情况。当带重载导向装置的滑块同时受到多个力或力矩的作用，除了满足负载条件（表格中的负载条件）以外，还必须满足其方程公式

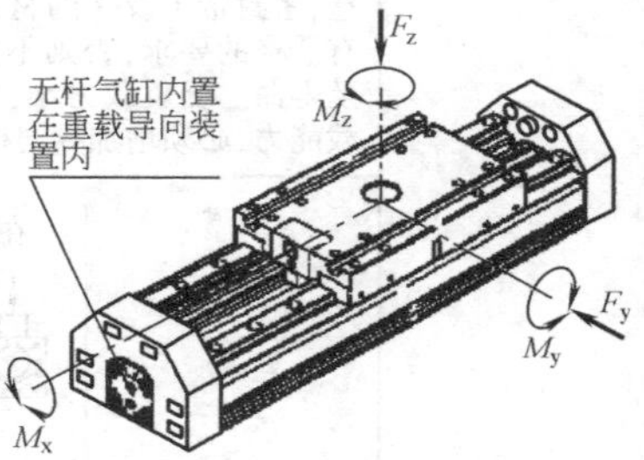

$$\frac{F_y}{F_{ymax}}+\frac{F_z}{F_{zmax}}+\frac{M_x}{M_{xmax}}+\frac{M_y}{M_{ymax}}+\frac{M_z}{M_{zmax}}\leqslant 1$$

许用力和转矩 \ 活塞直径 ϕ	HD18	HD25	HD40
F_{ymax}/N	1820	5400	5400
F_{zmax}/N	1820	5600	5600
M_{xmax}/N·m	70	260	375
M_{ymax}/N·m	115	415	560
M_{zmax}/N·m	112	400	540

带锁紧机构的无杆气缸

带锁紧机构的无杆气缸在无锁紧状态下，如图 m′所示。图 l′为锁紧状态。此时管子内无压缩空气，安装在滑台内的自动弹簧产生弹簧力，压下制动保持器及制动瓦 1，并紧压制动板传递到制动瓦 2 产生摩擦阻力，阻止无杆气缸滑台运动。当管子接入压缩空气后，上下两个气流通道内的压缩空气同时作用，两个制动膜片向上运动，制动膜片使制动保持器向上移动，制动弹簧受到压缩，制动瓦 1 脱开制动板及制动瓦 2，无杆气缸可自由移动

(锁紧状态)　(释放状态)

(l′)

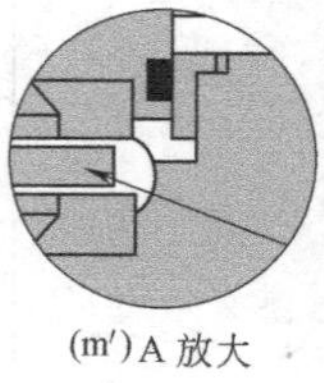

(m′) A 放大

刹车精度如下表所示

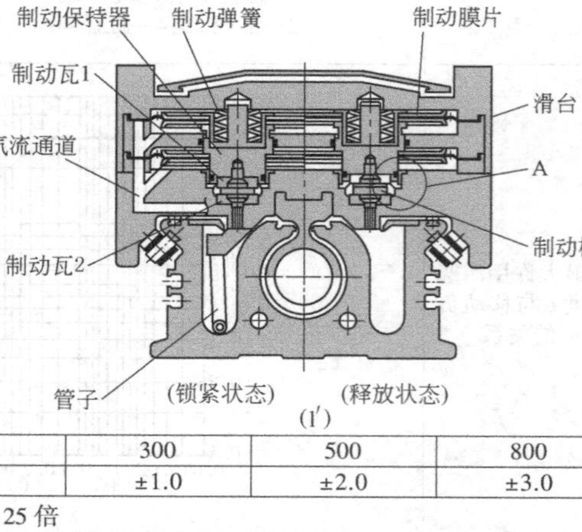

活塞速度/mm·s^{-1}	100	300	500	800	1000
刹车精度/mm	±0.5	±1.0	±2.0	±3.0	±4.0

制动夹紧力为气缸驱动力的 1.25 倍

续表

<table>
<tr>
<td>叶片式摆动气缸</td>
<td>
(n′) 单叶片式
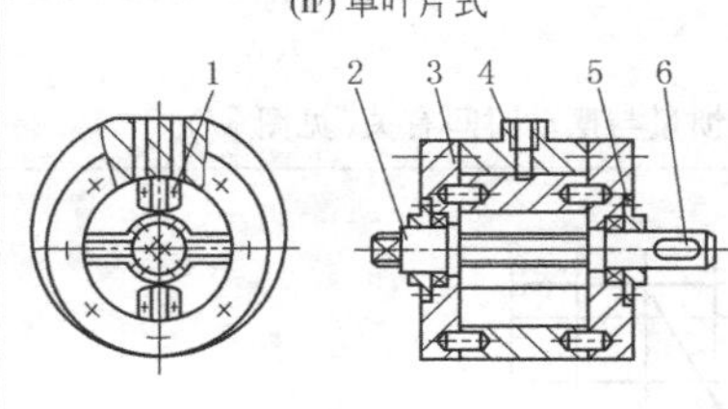

(o′) 双叶片式
叶片式摆动气缸
1—定块;2—叶片轴;3—端盖;
4—缸体;5—轴承盖;6—键
叶片式摆动气缸分为单叶片式和双叶片式两种。单叶片输出轴摆动角度大,小于 360°,双叶片输出轴摆动角小于 180°
它是由叶片轴转子(输出轴)、定子、缸体和前后端盖等组成。定子和缸体固定在一起,叶片轴密封圈整体硫化在叶片轴上,前后端盖装有滑动轴承。这种摆动气缸输出效率 η 较低,因此,在应用上受到限制,一般只用在安装受到限制的场合,如夹具的回转、阀门开闭及工作转位等
</td>
<td>
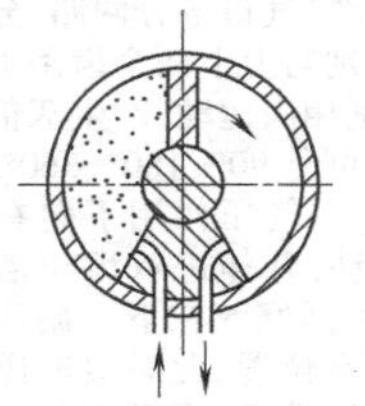
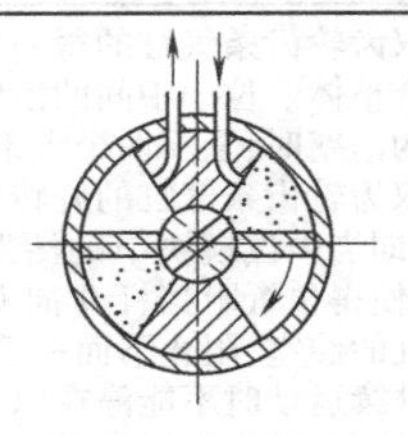
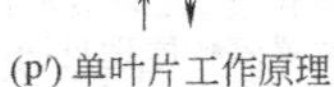
(p′) 单叶片工作原理 (q′) 双叶片工作原理
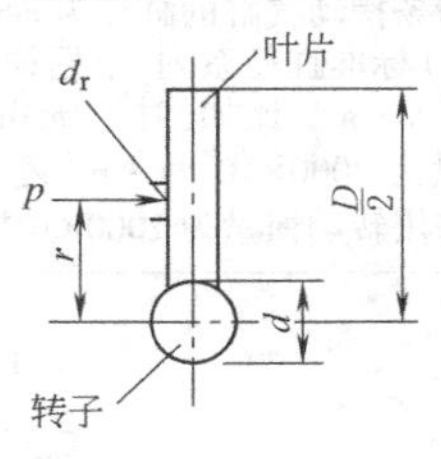

(r′) 单叶片摆动气缸
输出转矩计算图
在定子上有两条气路,单叶片左路进气时,右路排气,双叶片右路进气时,左路排气,压缩空气推动叶片带动转子顺时针摆动,反之,作逆时针摆动。通过换向阀改变进排气。因为单叶片式摆动气缸的气压力 p 是均匀分布作用在叶片上(图 r′),产生的转矩即理论输出转矩 T
$$T=\frac{p\times10^6 b}{8}(D^2-d^2)(\mathrm{N\cdot m})$$
式中 p——供气压力,MPa
b——叶片轴向长度,m
d——输出轴直径,m
D——缸体内径,m
在输出转矩相同的摆动气缸中,叶片式体积最小,重量最轻,但制造精度要求高,较难实现理想的密封,防止叶片棱角部分泄漏是困难的,而且动密封接触面积大,阻力损失较大,故输出效率 η 低,小于 80%
实际输出转矩
$$T_{实}=\eta(T)(\mathrm{N\cdot m})$$
</td>
</tr>
<tr>
<td>齿轮齿条式气缸</td>
<td colspan="2">
齿轮齿条式气缸可分为单活塞齿轮齿条式气缸(单活塞齿条、单齿轮)和双活塞齿轮齿条式气缸(双活塞齿条、单齿轮)
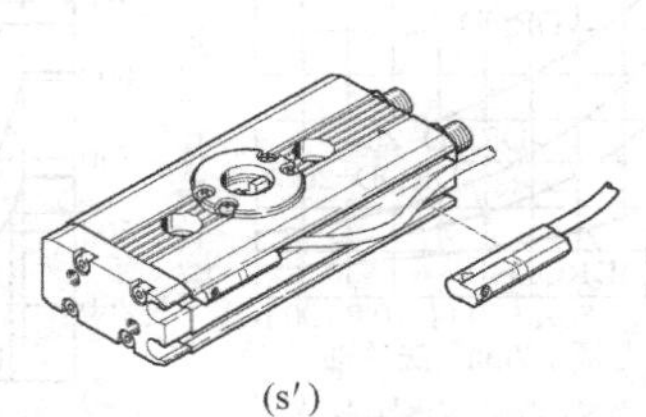
(s′) (t′)
由于双齿轮齿条式气缸体积小,输出转矩比单齿轮齿条式气缸大得多。目前工业上较多采用双齿轮齿条式气缸,双齿轮齿条式气缸的原理见图 u′
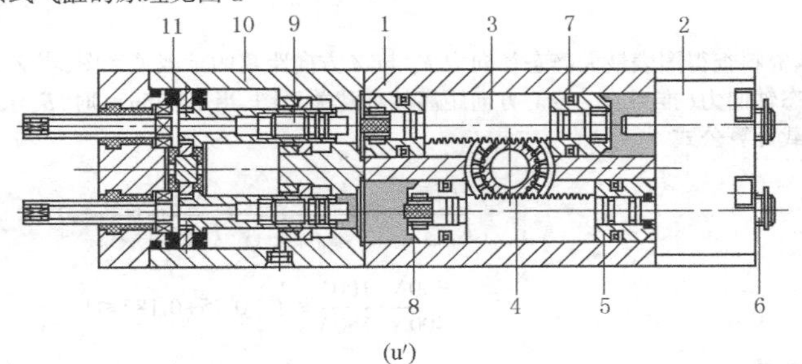

(u′)
1—缸筒(中心部分);2—连接件端盖;3—齿轮齿条;4—小齿轮;5—活塞;6—可调节轴套;7—活塞密封;8—终端位置缓冲橡胶;9—中位模块位置阻挡杆;10—中位模块缸筒;11—中位模块大活塞
</td>
</tr>
</table>

续表

齿轮齿条式气缸

双齿轮齿条气缸的每一个进/排气口各分两路，分别交叉作用于两个气缸的活塞腔室。上下两齿条均与左右活塞组合成一个整体。位于中间的齿轮分别与上下两个齿条啮合，因此当外部电磁阀其中一路输出工作压力分两路交叉进入两个气缸的活塞时，上下两个齿条分别相向运动，产生双倍的推力，使得齿轮旋转

双齿轮齿条气缸的旋转角度可分90°、180°、360°。如与中位模块组合使用，可使原旋转角度在中间位置时产生停顿功能，即当中位模块中的活塞11在气压作用下向右推进，使得位置阻挡杆9向右移动，并伸进双齿轮齿条气缸的腔室，阻止下面一组齿条活塞5在下一循环向左继续运动时不能停在原来终端位置，此时缓冲橡胶接触到9即为中间位置。中间位置停顿原理见图v′

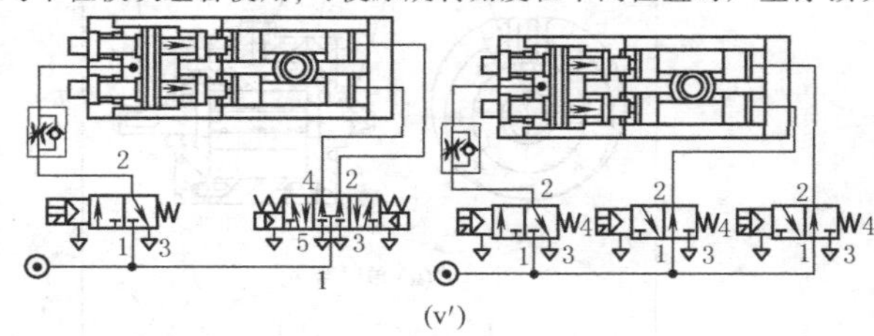

(v′)

双活塞齿轮齿条摆动气缸的缸径为ϕ6~50mm，共9个系列，符合ISO标准缸径系列，根据样本资料，它的转矩为0.16~50N·m。比如，对于ϕ50mm缸径的最大许用转动惯量为2000×10^{4}kg·m^{2}左右，指选用液压缓冲器最大许用转动惯量为2000×10^{4}kg·m^2，最大许用转动惯量与摆动时间有关（见图w′）

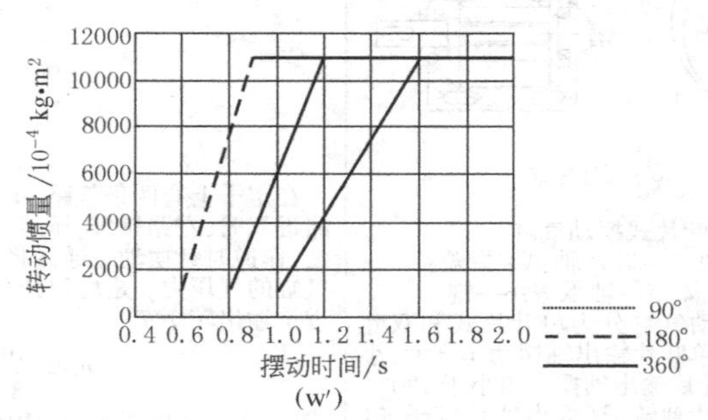

(w′)

通常制造厂商提供该产品的最大许用转动惯量、最大径向力、最大动态径向力等具体的技术参数

例　以ϕ16mm齿轮齿条摆动气缸为例，现有两个静态负载，一个是作用于离开法兰平面朝Z方向15mm的径向力F_y=300N；另一个是作用于离X轴中心朝V方向25mm的轴向力（推力）F_x=100N，ϕ16mm缸径的齿轮齿条气缸是否满足上述负载

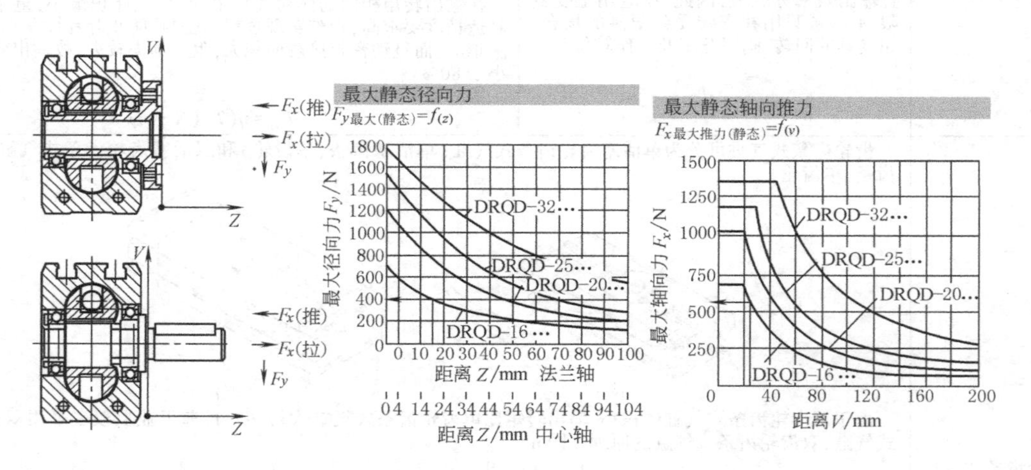

解：根据样本资料查得图表最大静态径向力F_y与Z方向距离的承载关系图，当Z=15mm时，F_y=400N

图表最大静态轴向力（推力）F_x与V方向距离的承载关系图，当V=25mm时，F_y=550N

根据合力负载计算公式

$$\frac{F_{y(Z)}}{F_{y\max(Z)}}+\frac{F_{x推力(V)}}{F_{x推力最大(V)}}+\frac{F_{x拉力(V)}}{F_{v拉力最大(V)}}\leqslant 1$$

$$\frac{300N}{400N}+\frac{100N}{550N}\leqslant 1 \quad 0.75+0.182\leqslant 1$$

该气缸可以承受上述静态合力

续表

直线摆动夹紧气缸/直线摆动组合式气缸

直线摆动夹紧气缸

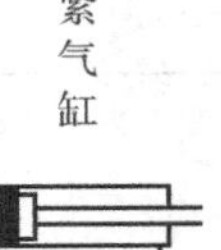

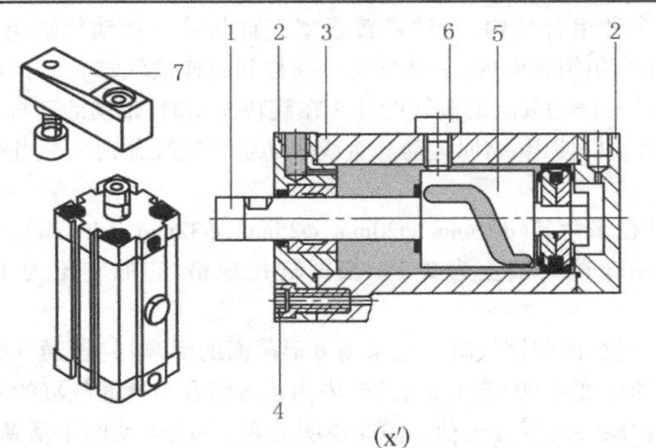

(x′)

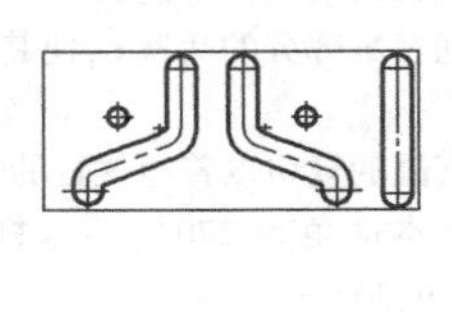

(y′)

1—活塞杆；2—轴承和端盖；3—缸筒；4—法兰螺钉；5—导向套筒；6—销钉；7—压紧块

图 y′为导向套筒三种槽形：左旋运动、右旋运动或直线运动

通常导向套筒 5 具有两条导向螺旋槽，通过销钉与活塞杆 1 固定连接，气缸缸筒 3 上旋入法兰螺钉 4，并使法兰螺钉 4 嵌入导向套筒的螺旋槽内。当压缩空气进入前腔(或后腔)时，推动活塞运动，使得活塞杆及导向套筒一起运动。由于法兰螺钉 4 在缸体上处于固定状态，迫使导向套筒的螺旋槽相对法兰螺钉 4 做旋转/直线组合运动。此时，固定在活塞杆前端的压紧块 7 便可完成直线或螺旋旋转运动

导向套筒有左旋和右旋两个螺旋槽。如果选定某一旋转方向，只需松开法兰螺钉，重新确认所需旋转方向的螺旋槽，然后使法兰螺钉嵌入该螺旋槽便可。下表为直线摆动夹紧气缸的夹紧行程和夹紧力

缸径/mm	12	16	20	25	32	40	50	63
总的滑动行程/mm	19/29	20/30	22/32	22/32	28/38	28/38	41/71	41/71
夹紧行程/mm	10/20	10/20	10/20	10/20	10/20	10/20	20/50	20/50
夹紧力/N	51	90	121	227	362	633	990	1682
转动角度/(°)	90±1	90±1	90±1	90±1	90±1	90±1	90±1	90±1

直线摆动组合式气缸

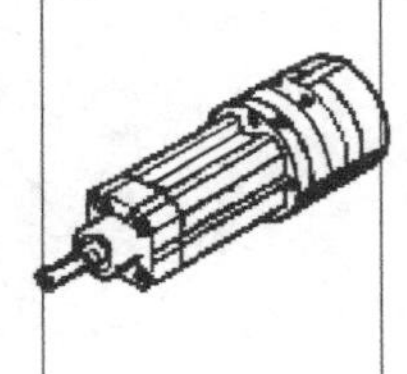

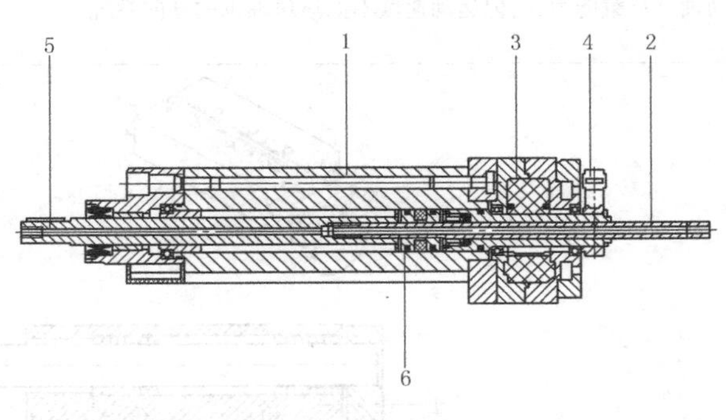

(a″) 直线摆动组合式气缸

1—缸筒；2—叶片摆动气缸方形主轴；3—旋转叶片；
4—止动挡块；5—活塞杆；6—活塞轴承

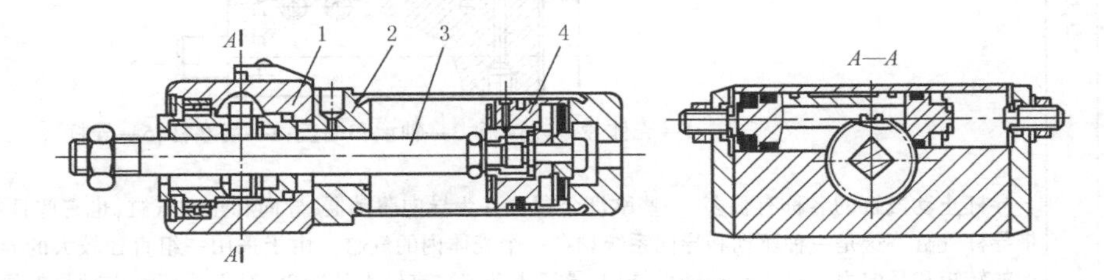

(b″) 伸摆气缸

1—齿轮齿条摆动气缸；2—气缸盖；3—方形活塞杆；4—主活塞

第 23 篇

续表

直线摆动夹紧气缸/直线摆动组合式气缸	直线摆动组合式气缸	图a″为直线摆动组合气缸，有多种组合结构，一种是普通型气缸与叶片摆动气缸组合而成(称直线摆动组合式气缸)；另一种是普通型气缸和齿轮齿条组合而成(有些气动厂商称其为伸摆气缸)。叶片摆动气缸的主轴2为方形，与普通气缸的活塞杆5连成一体，叶片摆动气缸的旋转叶片3在旋转摆动时，带动活塞杆5使之摆动。它的直线靠作用在普通气缸部分的活塞6，使其活塞杆伸出、缩回运动。直线摆动组合气缸分别由两组进、排气口控制直线和旋转摆动运动 该气缸的规格以普通气缸的缸径来命名(ϕ16mm、ϕ20mm、ϕ25mm、ϕ32mm、ϕ40mm)。直线行程在20~160mm之间，最大基本摆角为270°(活塞杆回转最大偏差为2°)。根据缸径规格，它的转矩为1.25N·m、2.5N·m、5N·m、10N·m、20N·m。 图b″为普通型气缸与齿轮齿条组合的伸摆气缸。它采用方形截面的活塞杆(普通气缸活塞杆)，在气缸前端盖处设计一个齿轮齿条摆动气缸，其摆动角度为90°或180°，齿轮内为正方形孔与普通气缸的方形活塞杆相配。因此，该驱动器的活塞杆上便可得到一个直线/旋转的复合运动。需要说明的是，直线运动的主活塞与方形活塞杆为铰接连接，即方形活塞杆作旋转摆动时，主活塞本身不作旋转运动，它的直线行程在5~100mm之间，缸径ϕ32的转矩为1N·m，缸径ϕ40的转矩为1.9N·m
导向装置(配普通气缸)/导杆止动气缸/高精度导杆气缸	导向装置(配普通气缸)	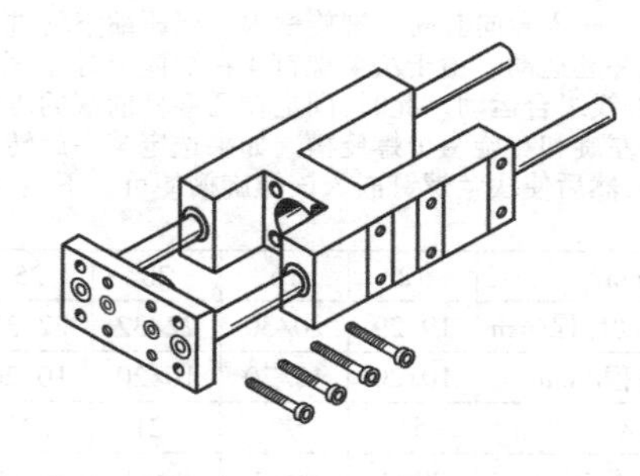 导向装置可防止活塞杆产生旋转并能承受较高的负载和转矩，所以与普通气缸配合使用十分广泛，符合ISO 15552的气缸连接界面尺寸。有的欧洲气动厂商也称其为气缸导向架。导向装置内的两个导杆的导向系统可采用滑动轴承或滚珠轴承，滑动轴承承载能力大，但运动速度不如滚珠轴承的导向系统
导向装置(配普通气缸)/导杆止动气缸/高精度导杆气缸	导杆止动气缸	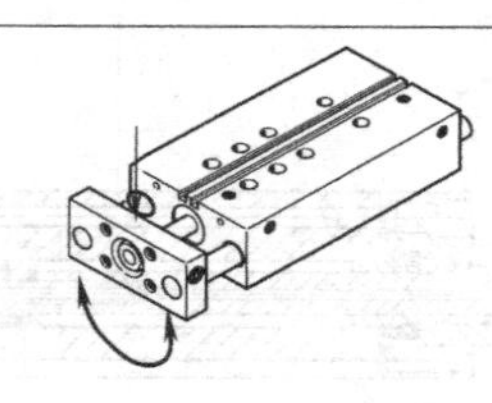 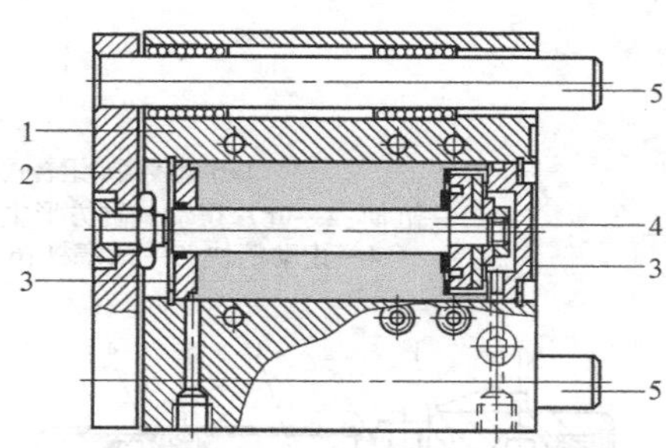 1—壳体；2—连接板；3—轴承和端盖；4—活塞杆；5—导杆 导杆止动气缸的名称有很多，一些欧洲公司称其为导向驱动器、导向和止动气缸，也有些日本气动厂商称其为新薄型带导杆气缸。这是一种驱动和导向系统均在一个壳体内的气缸。由于采用一组直径较大的导杆作导向系统，可承受较大的转矩和径向力。对于滑动轴承结构，导杆止动气缸有较大的刚度；对于循环滚珠轴承的导向系统，适用于低摩擦或速度特别高的运动状态。此类气缸直径在ϕ12~100mm之间，行程在10~200mm之间。一些公司派生出小型导杆止动气缸，直径在ϕ4~10mm之间，行程在5~30mm之间。通常气动组件制造厂商会提供它的最大负载、转矩及耐冲击能量，见下表

第23篇

续表

导向装置（配普通气缸）/导杆止动气缸/高精度导杆气缸

导杆止动气缸

滑动轴承GF和循环滚珠轴承KF导向装置的最大有效负载F（N）图表

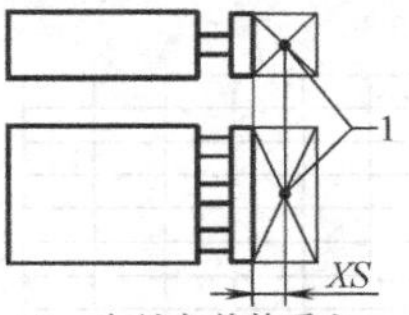

1

XS

1—有效负载的重心

N

活塞直径 ϕ /mm		XS /mm	行程/mm										
			10	20	25	30	40	50	80	100	125	160	200
12	GF	25	28	24	23	21	31	28	22	19	—	—	—
	KF		27	23	21	20	23	22	20	19	—	—	—
16	GF	50	63	56	53	51	73	67	55	49	—	—	—
	KF		45	31	27	24	58	56	51	48	—	—	—
20	GF	50	—	67	64	61	110	103	86	77	—	—	—
	KF		—	45	39	35	91	88	80	75	—	—	—
25	GF	50	—	121	116	112	123	115	96	86	—	—	—
	KF		—	88	86	84	100	97	89	85	—	—	—
32	GF	50	—	188	180	173	161	150	166	150	168	146	127
	KF		—	120	118	116	112	109	134	128	144	135	126
40	GF	50	—	—	180	—	—	150	166	150	168	146	127
	KF		—	—	118	—	—	109	134	128	144	135	126
50	GF	50	—	—	257	—	—	216	234	212	229	200	174
	KF		—	—	182	—	—	168	201	193	211	199	188
63	GF	50	—	—	257	—	—	216	234	212	229	200	174
	KF		—	—	182	—	—	168	201	193	211	199	188
80	GF	125	—	—	276	—	—	311	352	329	304	274	245
	KF		—	—	220	—	—	275	329	318	306	291	277
100	GF	125	—	—	452	—	—	509	568	533	494	446	400
	KF		—	—	332	—	—	415	495	480	463	442	422

滑动轴承GF和循环滚珠轴承KF导向装置的许用转矩负载

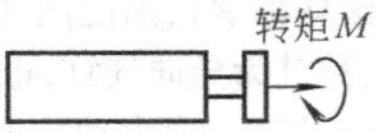

转矩 M

N·m

活塞直径 ϕ /mm		行程/mm										
		10	20	25	30	40	50	80	100	125	160	200
12	GF	0.60	0.50	0.48	0.45	0.65	0.60	0.45	0.40	—	—	—
	KF	0.55	0.47	0.44	0.42	0.47	0.45	0.41	0.38	—	—	—
16	GF	1.44	1.30	1.23	1.18	1.68	1.56	1.28	1.14	—	—	—
	KF	1.03	0.71	0.62	0.55	1.34	1.29	1.18	1.12	—	—	—
20	GF	—	1.85	1.75	1.70	3.00	2.80	2.35	2.10	—	—	—
	KF	—	1.30	1.13	1.01	2.64	2.56	2.34	2.23	—	—	—
25	GF	—	4.15	3.95	3.80	4.20	3.90	3.25	2.90	—	—	—
	KF	—	3.00	2.92	2.85	3.40	3.30	3.02	2.89	—	—	—
32	GF	—	7.30	7.00	6.70	6.20	5.80	6.40	5.80	6.50	5.70	5.00
	KF	—	4.70	4.60	4.55	4.40	4.25	5.25	5.00	5.60	5.25	4.90
40	GF	—	—	7.90	—	—	6.55	7.25	6.55	7.35	6.40	5.55
	KF	—	—	5.20	—	—	4.80	5.90	5.65	6.35	5.95	5.55
50	GF	—	—	14.15	—	—	11.85	12.85	11.65	12.55	11.00	9.60
	KF	—	—	10.00	—	—	9.30	11.00	10.60	11.60	11.00	10.30
63	GF	—	—	15.90	—	—	13.30	14.45	13.10	14.10	12.30	10.70
	KF	—	—	11.30	—	—	10.50	12.50	12.00	13.20	12.40	11.70
80	GF	—	—	21.40	—	—	24.20	27.20	25.50	23.50	21.30	19.00
	KF	—	—	17.10	—	—	21.30	25.50	24.70	23.70	22.60	21.50
100	GF	—	—	42.40	—	—	47.80	53.40	50.10	46.40	42.00	37.60
	KF	—	—	25.70	—	—	32.20	38.40	37.20	35.90	34.20	32.70

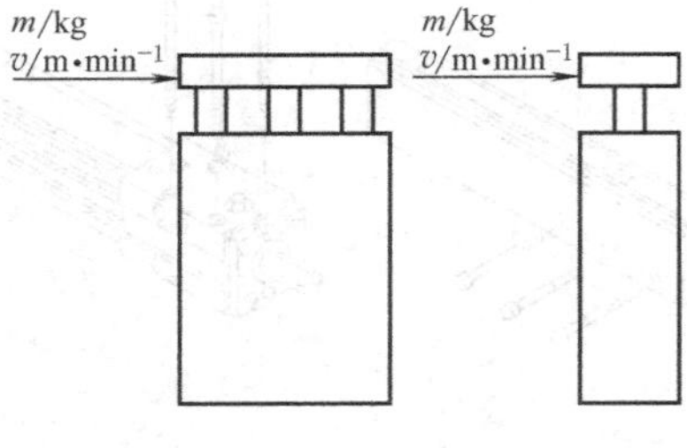

m/kg
v/m·min^{-1}

m/kg
v/m·min^{-1}

续表

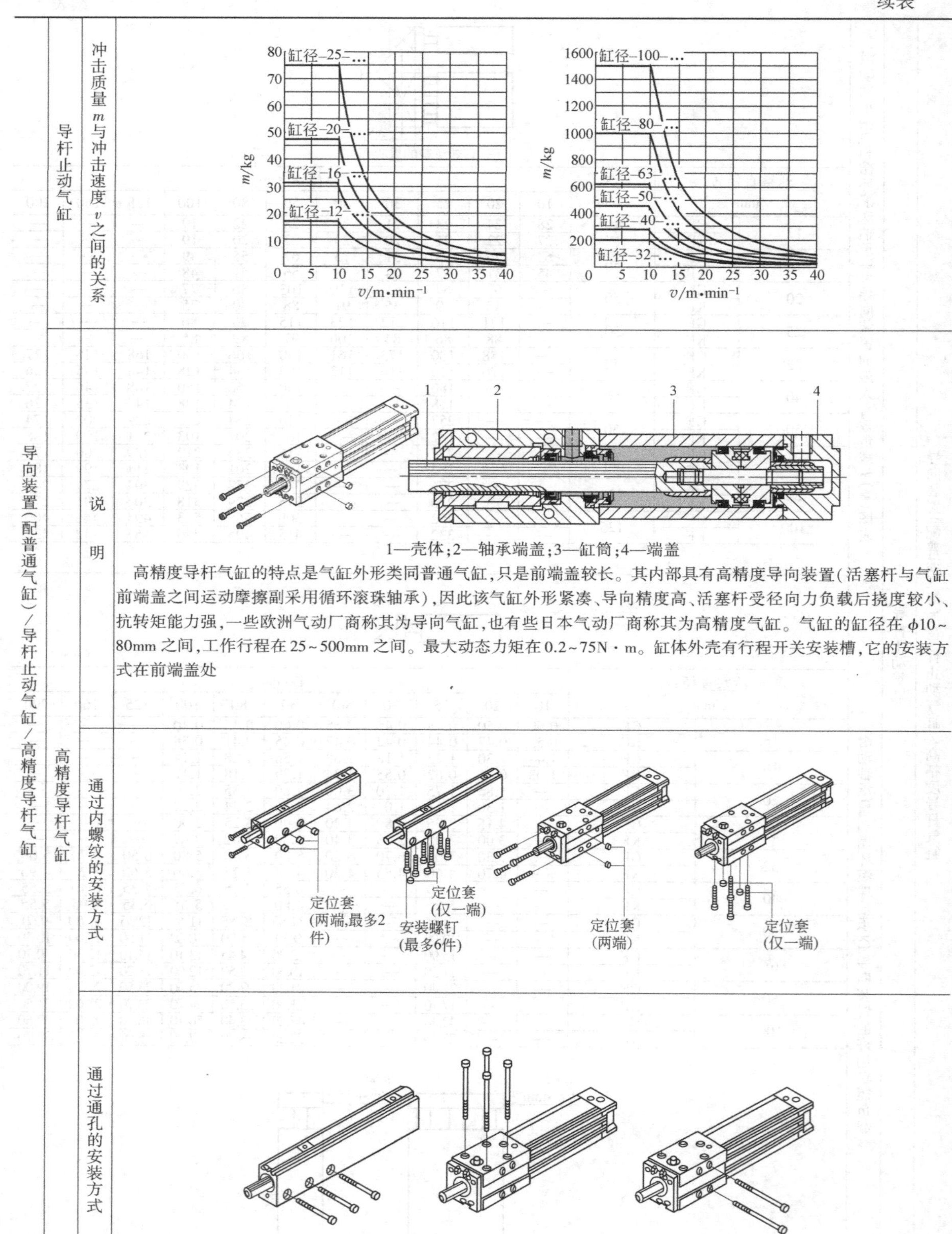

1—壳体;2—轴承端盖;3—缸筒;4—端盖

高精度导杆气缸的特点是气缸外形类同普通气缸,只是前端盖较长。其内部具有高精度导向装置(活塞杆与气缸前端盖之间运动摩擦副采用循环滚珠轴承),因此该气缸外形紧凑、导向精度高、活塞杆受径向力负载后挠度较小、抗转矩能力强,一些欧洲气动厂商称其为导向气缸,也有些日本气动厂商称其为高精度气缸。气缸的缸径在ϕ10~80mm之间,工作行程在25~500mm之间。最大动态力矩在0.2~75N·m。缸体外壳有行程开关安装槽,它的安装方式在前端盖处

续表

导向装置(配普通气缸)/导杆止动气缸/高精度导杆气缸	高精度导杆气缸	实例	下面以缸径 ϕ50mm 的高精度导杆气缸为例。气动制造厂商提供的活塞杆上最大许用动态径向力 F_q 和力臂 L、活塞杆的挠度 f 和径向力 F_q 及活塞杆的扭转角度 α 和转矩 M 的关系 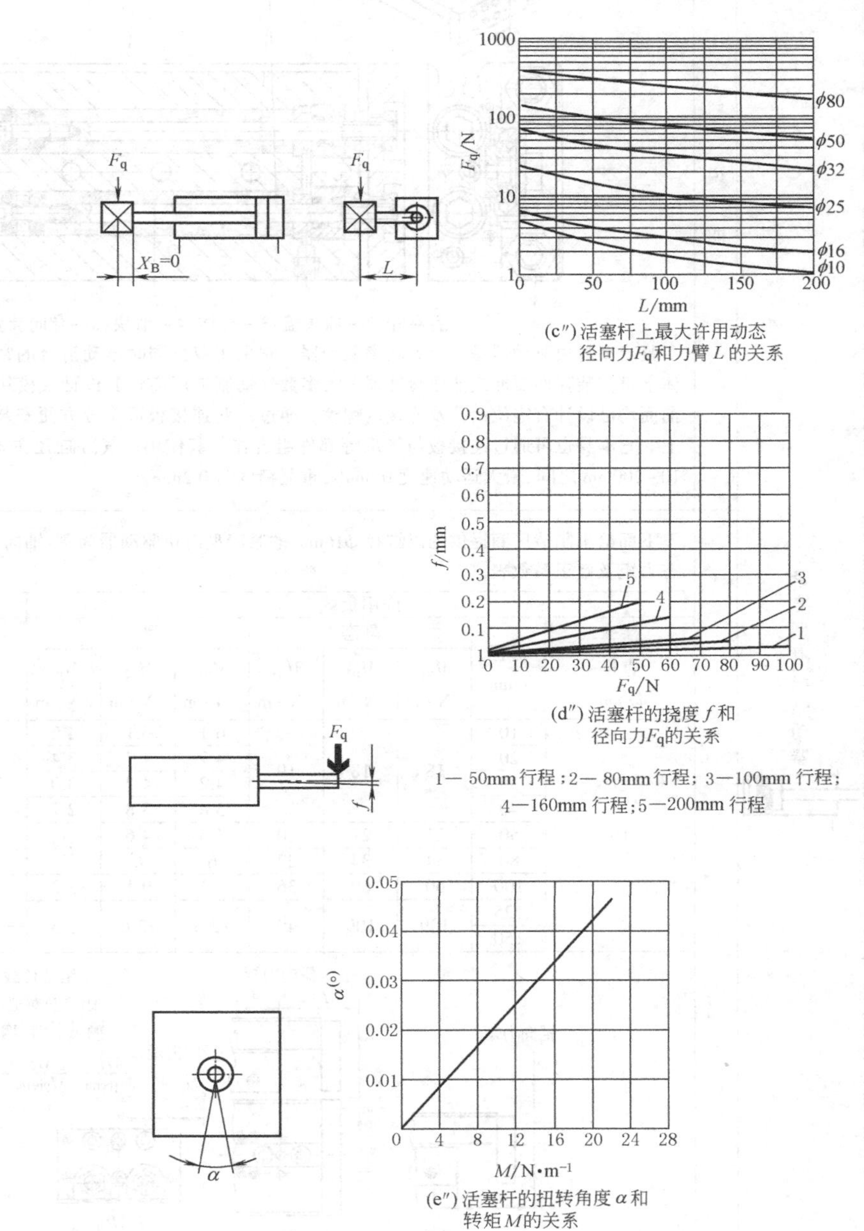 (c″) 活塞杆上最大许用动态径向力F_q和力臂 L 的关系 (d″) 活塞杆的挠度 f 和径向力F_q的关系 1— 50mm 行程；2— 80mm 行程；3—100mm 行程；4—160mm 行程；5—200mm 行程 (e″) 活塞杆的扭转角度 α 和转矩M的关系
小型短行程滑块驱动器/扁平型无杆直线驱动器	小型短行程滑块驱动器(紧凑/狭窄/扁平)	概述	小型短行程滑块驱动器根据其外廓形状可分为紧凑型、狭窄型和扁平型滑块驱动器。一些欧美气动厂商统称其为小型滑台(精密/精巧性线性滑台)；一些日本气动厂商称其为气动滑台(窄型气动滑台、气动滑台、双缸型、分直线导轨、十字滚珠导轨、循环直线导轨等)。小型短行程滑块驱动器主要特性是滑块相对运动无间隙，并具有高转矩和高负载。由于小型短行程滑块驱动器为模块化设计，外形结构十分紧凑，不仅在普通场合下有良好的应用特性，在模块化的导向装置、气动机械手上均是不可缺少的重要组件之一

小型短行程滑块驱动器/扁平型无杆直线驱动器

小型短行程滑块驱动器（紧凑/狭窄/扁平）

紧凑型滑块驱动器

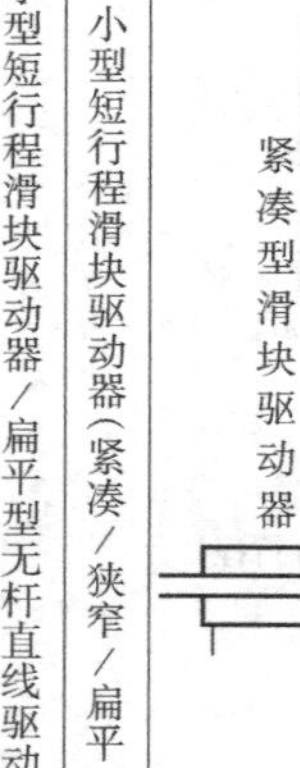

说明

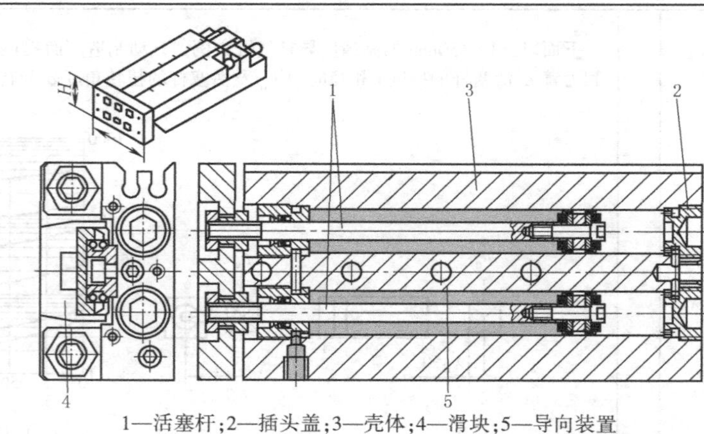

1—活塞杆；2—插头盖；3—壳体；4—滑块；5—导向装置

紧凑型滑块驱动器是一个大功率驱动器。它采用双缸同时推动滑台的紧凑型结构型式，气缸缸体上可安装弹性缓冲或液压缓冲器。大多数气动制造厂商将其设计成模块化结构，即滑台平面和前面均已设计有定位销孔及连接内螺纹。通过一些连接板可十分方便安装/被安装在其他驱动器上。它本身也可通过连接板与气爪等部件组合在一起使用。气缸缸径在 ϕ6~25mm 之间，行程在10~200mm 之间，最大运动速度 0.8m/s，重复精度为 0.2mm

实例

下面给出制造厂商提供的以缸径 ϕ16mm 的紧凑型滑块驱动器为例：轴向、侧向和径向的动态、静态力矩及修正系数表

活塞直径 ϕ/mm	行程 /mm	许用负载 静态 M_{01} /N·m	静态 M_{02} /N·m	静态 M_{03} /N·m	动态 M_{01} /N·m	动态 M_{02} /N·m	动态 M_{03} /N·m	修正系数 A /mm	B /mm	C /mm
16	10	18	18	19	6.1	6.1	4.2	20.7	33	15.3
	20				4.7	4.7	3.4			
	30				4.2	4.2	3.0			
	40				3.8	3.8	2.7			
	50	21	21	20	4.6	4.6	2.8			
	80	34	34	27	6	6		24		
	100	60	60	36	9.1	9.1	3.2	31		
	125	109	109	49	12.6	12.6	3.5	41		
	150							54		

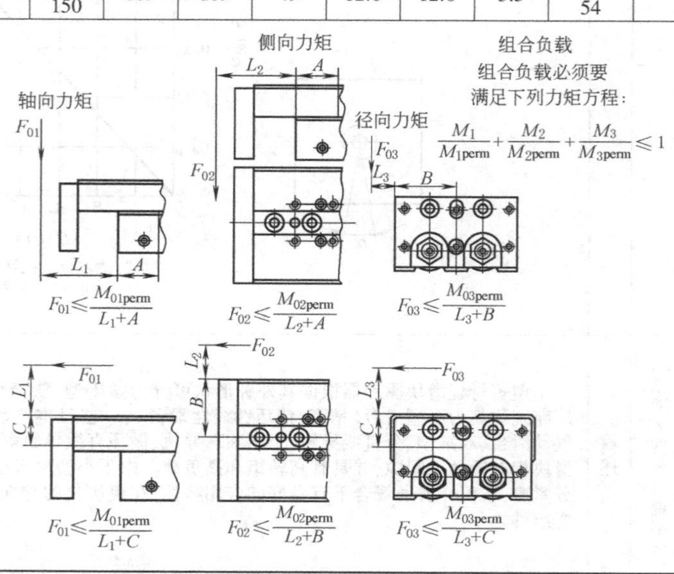

续表

小型短行程滑块驱动器/扁平型无杆直线驱动器	小型短行程滑块驱动器(紧凑/狭窄/扁平)	紧凑型滑块驱动器 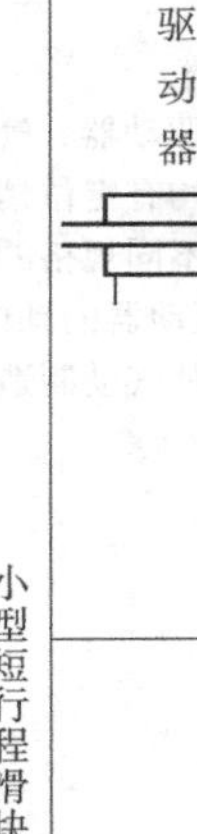	实例	以 ϕ16mm 的紧凑型滑块驱动器为例：当该驱动器行程为 30mm，力臂 $L_1=40$mm，需知道其 F_{01} 最大负载力 **解**：根据表格中的技术参数查得，$M_{01}=18\text{N}\cdot\text{m}$，修正系数 $A=20.7$mm 根据公式 $F_{01}\leqslant\frac{M_{01\text{perm}}}{L_1+A}$，$F_{01}\leqslant\frac{18N_m}{0.04m+0.0207m}$，$F_{01}\leqslant 296.54$N 由此得出，$\phi$16mm 的紧凑型滑块驱动器的轴向最大负载 F_{01} 不得大于 296.54N 图 f″给出制造厂商提供不同规格的活塞速度与工作负载质量的关系 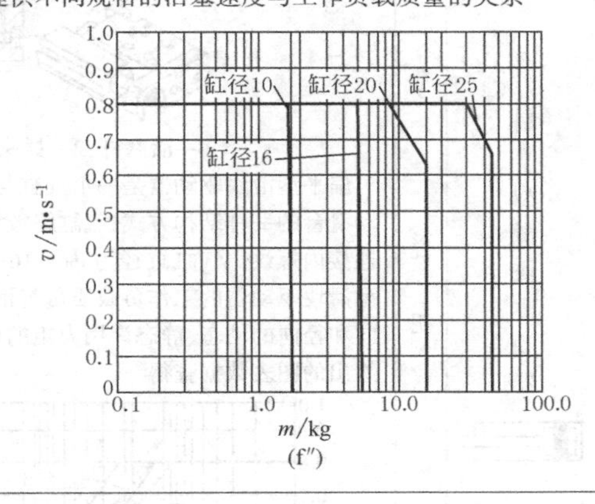 (f″)
		狭窄型滑块驱动器 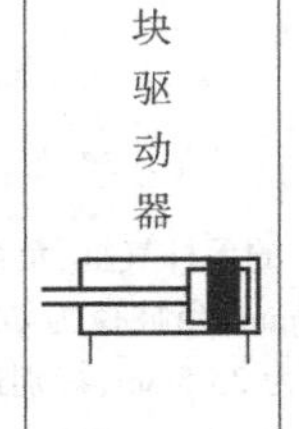	说明	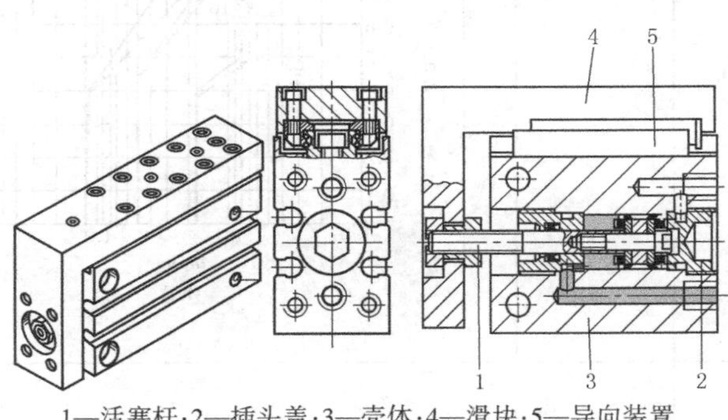 1—活塞杆；2—插头盖；3—壳体；4—滑块；5—导向装置 狭窄型滑块驱动器是一个单气缸与滑台（内置精密滚珠轴承）组合的驱动器，是由气缸推动滑台的一种结构方式，气缸终端为固定弹性缓冲。滑台平面和前面均有定位销孔和连接内螺纹。气缸缸径在 ϕ6~16mm 之间，行程在 5~30mm 之间。下图给出不同规格的狭长形驱动器的工作负载与活塞速度的关系。该狭窄型滑块驱动器的轴向、侧向和径向的动态、静态许用力矩的计算与紧凑型滑块驱动器一样，可从气动制造厂商给出的图表数据查得 图 g″给出制造厂商提供不同规格的活塞速度与工作负载质量的关系 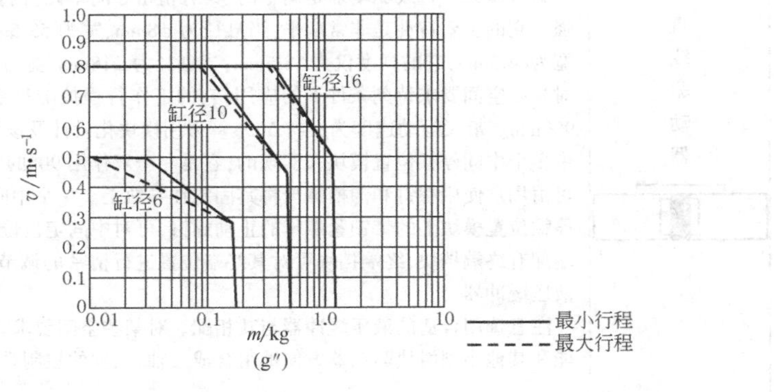 (g″)

续表

<table>
<tr>
<td rowspan="2">小型短行程滑块驱动器/扁平型无杆直线驱动器</td>
<td>小型短行程滑块驱动器(紧凑/狭窄/扁平)</td>
<td>扁平型滑块驱动器</td>
<td>说明</td>
<td>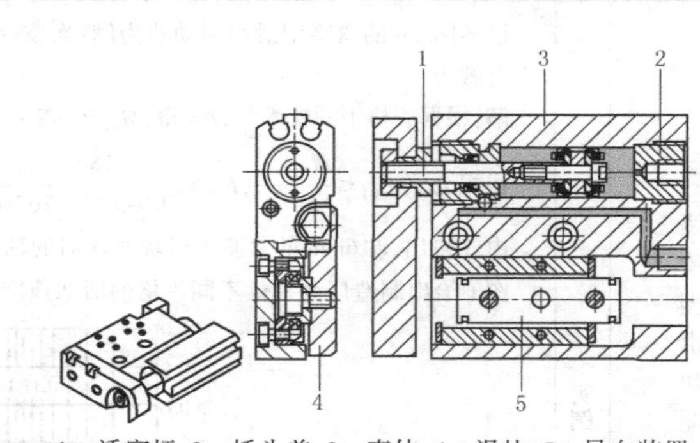

1—活塞杆;2—插头盖;3—壳体;4—滑块;5—导向装置
扁平型滑块驱动器是一个气缸与滑台(内置精密滚珠轴承)结合的驱动器。气缸推动滑台的一种结构方式,气缸终端为固定弹性缓冲,滑台平面及前面均有定位销孔和连接内螺纹。气缸缸径为 $\phi6\sim16$mm,行程在 10~80mm。图 h″给出不同规格的扁平型滑块驱动器的工作负载质量与活塞速度的关系。该扁平型滑块驱动器的轴向、侧向和径向的动态、静态许用力矩的计算与紧凑型滑块驱动器一样,可从气动制造厂商给出的图表数据查得
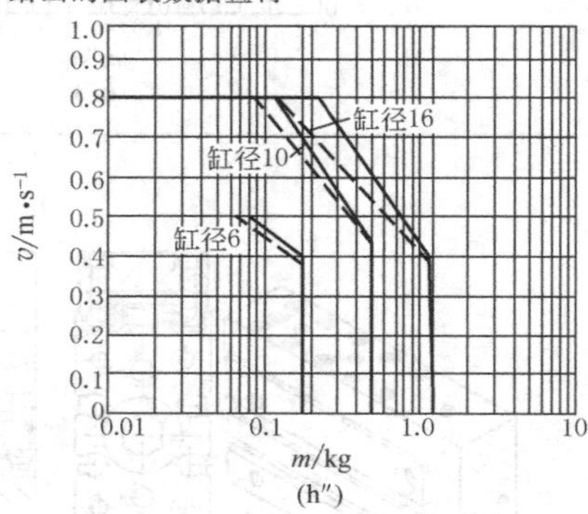

(h″)
—— 最小行程
– – – 最大行程</td>
</tr>
<tr>
<td>扁平型无杆直线驱动器</td>
<td colspan="3">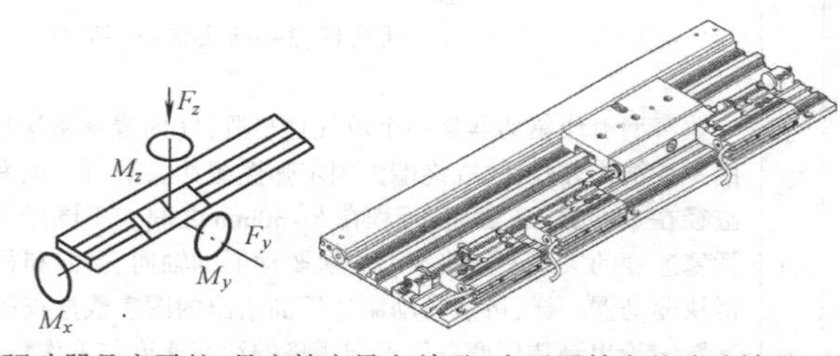

扁平型无杆直线驱动器是扁平的、具有精密导向单元(内置了精密的滚珠轴承)的无杆气缸,负载能力强。它的主要特性是非常扁平:当缸径为 ϕ8mm、宽为 53.5mm,它的高度仅为 15mm;当缸径为 ϕ12mm、宽为64.5mm,它的高度仅为 18.5mm;当缸径为 ϕ18mm、宽为 85.5mm,它的高度仅为 25.5mm,特别适合于对高度空间要求苛刻条件下的应用,它的工作行程按缸径系列分别为 100~500mm、100~700mm、100~900mm。最大运动速度为 1~1.5m/s。采用模块化设计及该驱动器具有多个中间停顿位置。停顿位置是由多个中间停顿位置模块来实现的,它是一个双作用 90°的摆动气缸(齿轮齿条原理制成);停顿的位置可由用户使用螺钉和沟槽螺母将其固定在导轨上。一个中间停顿模块可实现一个中间位置。通过中间停顿位置模块上的带锁紧螺母的止动螺钉,可对中间定位位置进行精密微调,扁平型无杆直线驱动器两端配有终端挡块,终端挡块可对其终端位置进行精密的调节。该驱动器滑块两边装有带橡胶缓冲器或液压缓冲器
注意选用合适的液压缓冲器与其相配。对某些空间要求苛刻的场合(如电子工业、小零件输送线),它能和其他小型滑块驱动器方便地组合成二轴、三轴的控制系统</td>
</tr>
</table>

双活塞气缸/双缸滑台驱动器

双活塞气缸和双缸滑台驱动器都是由两缸并列安装而成，驱动力增加一倍，空间节省一半。双活塞气缸的运动特征是缸体固定，活塞杆（含前法兰或后法兰）移动；对于双活塞气缸，一些欧洲公司称其为双活塞滑块驱动单元，一些日本气动制造厂商把两端方向出杆称为滑动装置气缸、单端方向出杆称为双联气缸。双活塞气缸和双缸滑台驱动器可组成两维运动

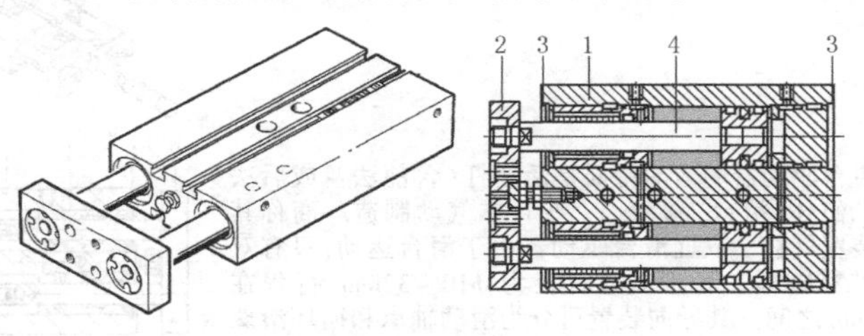

1—壳体；2—连接板；3—插头盖；4—活塞杆

双活塞气缸

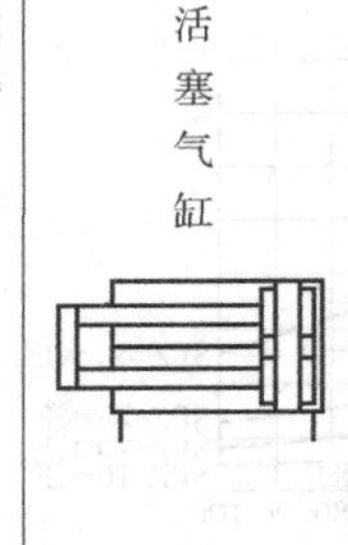

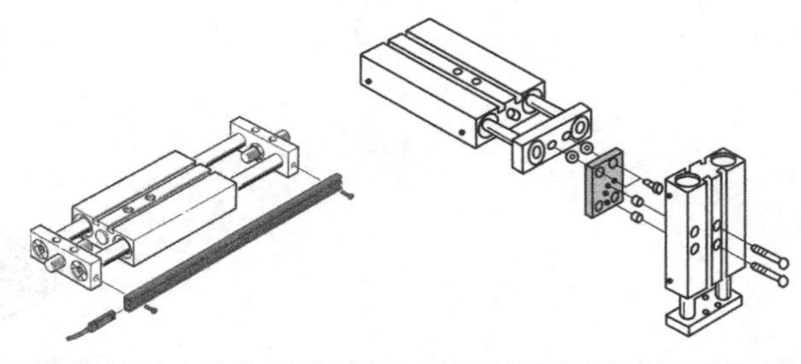

双活塞气缸可分为活塞杆单方向伸出（含前法兰），或活塞杆贯穿缸体两端伸出（含前、后法兰）。缸径为 ϕ10～32mm，行程在 10～100mm 之间。活塞杆贯穿缸体的双活塞气缸的承载能力比活塞杆单方向伸出的高。由于该类驱动器可组成两维空间运动，主要技术特性是负载的径向力 F_g（由径向力作用下，不同行程产生的活塞杆挠度）及其许用转矩 M。双活塞气缸的导向装置可分为滑动轴承和循环滚珠轴承两种形式，滑动轴承的承载能力比循环滚珠轴承高，但循环滚珠轴承的运动阻力小，适用于高速运动

许用转矩 M 和行程 l 的关系

图 i″中曲线参考了 FESTO 公司的 DPZ 单向伸出杆、DPZJ 两端伸出杆产品（GF 为滑动轴承导轨、KF 为滚珠球轴承导轨）

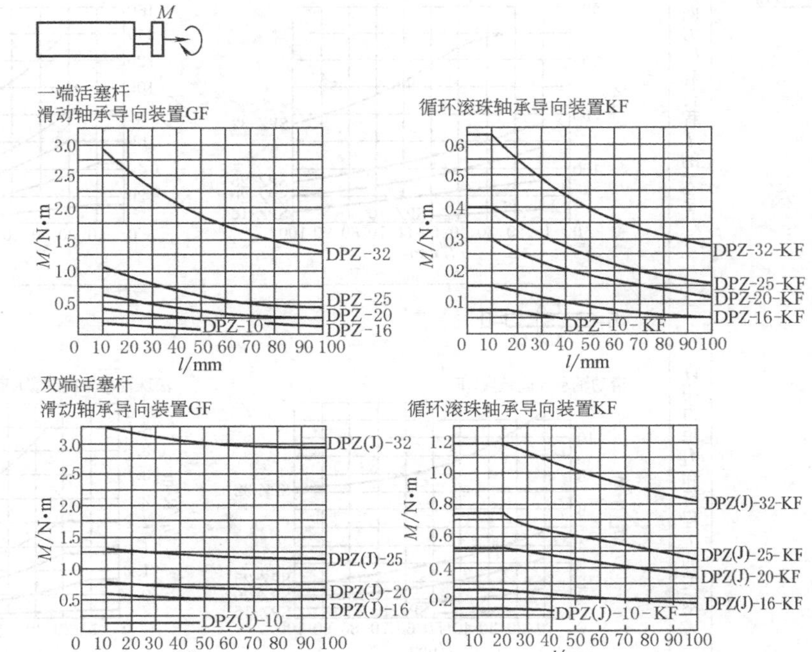

(i″)

续表

双活塞气缸/双缸滑台驱动器	双缸滑台驱动器 	双缸滑台驱动器的运动特征是活塞杆(含前法兰或后法兰)固定,缸体(滑台)移动。一些日本气动制造厂商称其为滑动装置气缸。双缸滑台驱动器由于滑台运动,只有双活塞杆贯穿缸体一种形式。缸径为 ϕ10~32mm,行程在10~100mm之间。其导向装置可分为滑动轴承和循环滚珠轴承两种形式,滑动轴承的承载能力比循环滚珠轴承高,但循环滚珠轴承的运动阻力小,适用于高速运动 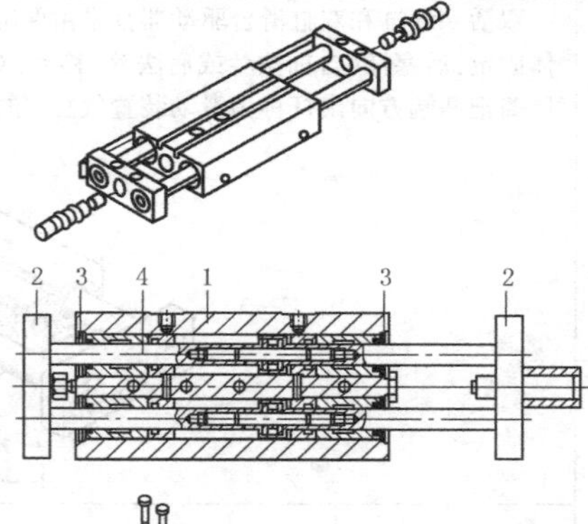 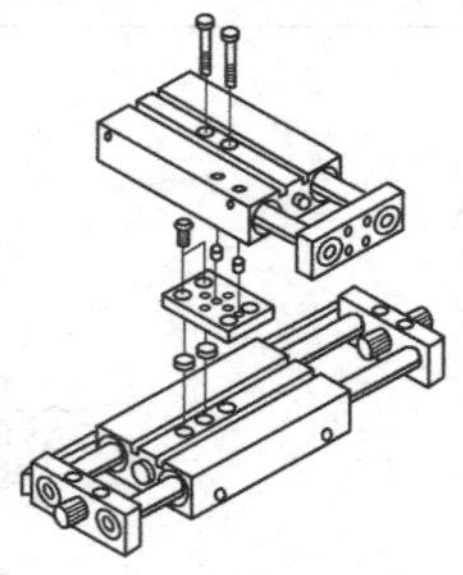 1—壳体;2—连接板;3—插头盖;4—活塞杆
		许用承载能力与行程之间的关系详见图 j″ 下列曲线参考了 FESTO 公司的 SPZ 产品(GF 为滑动轴承导轨,KF 为滚珠轴承导轨)
		许用径向力 F_q 和行程 l 的关系: 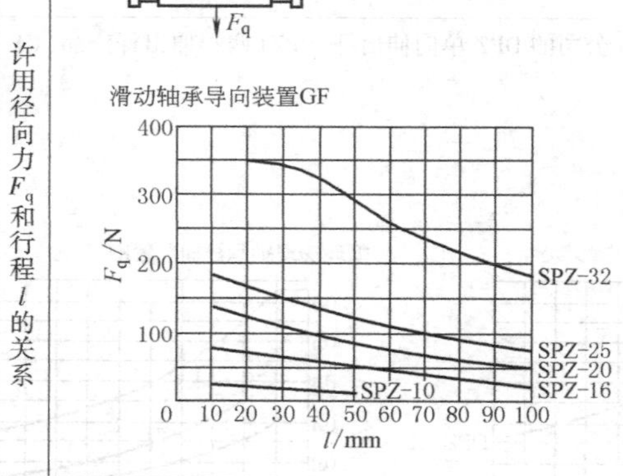 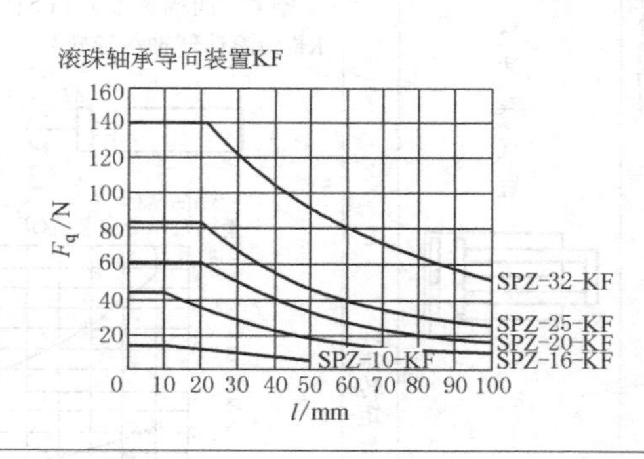
		许用力矩 M_L 和行程 l 的关系: 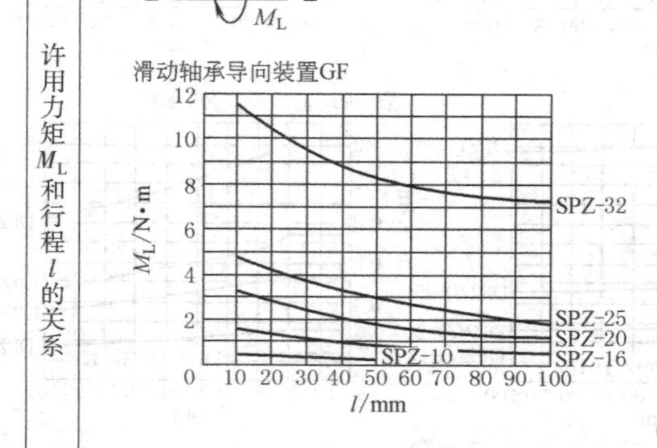 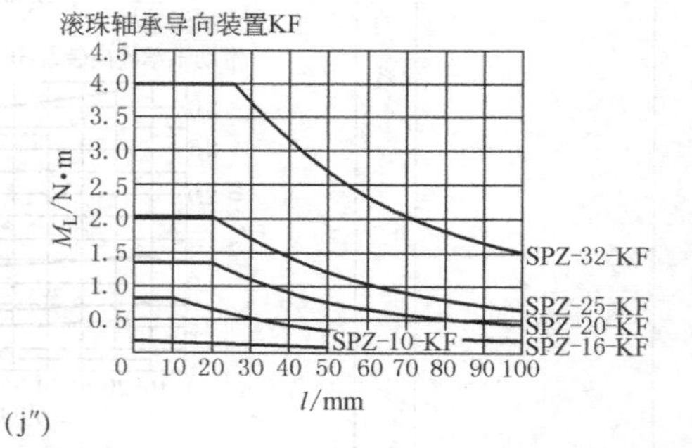 (j″)

续表

组合型直线驱动器/组合型滑台驱动器/组合型长行程滑台驱动器

概述

组合型直线驱动器、组合型滑台驱动器、组合型长行程滑台驱动器既可根据需要单独选用，又可以相互组合成两维、三维驱动的模块化装置。它与双活塞气缸/双缸滑台驱动器所组成的模块化系统相比，其行程活动范围更长。它的组合见下图 k″

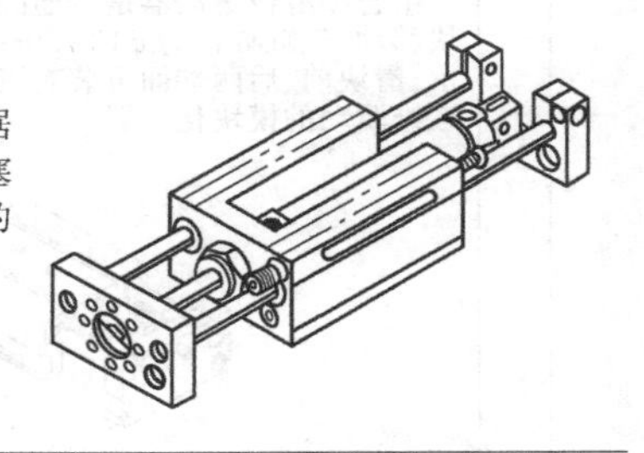

组合型直线驱动器

组合型直线驱动器是普通圆形气缸和直线导向单元的组合，气缸活塞运动推动前法兰，气缸缸径为 ϕ10～50mm，符合缸径标准系列，行程在 10～500mm 之间。直线导向单元的导向系统采用循环滚珠轴承，它的前端盖、后端盖可安装液压缓冲装置，组合式直线驱动器除了直接与另一个组合式直线驱动器及组合型长行程滑台驱动器直接连接组成两维、三维驱动的模块化装置之外，也可通过连接板与组合型滑台驱动器和其他驱动器连接成两维、三维驱动的模块化装置

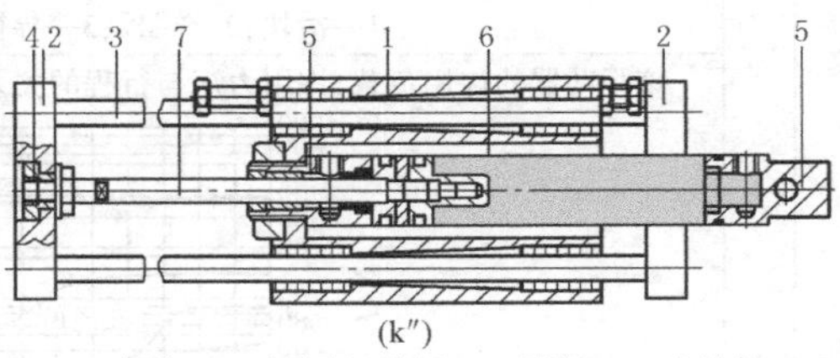

(k″)

1—壳体；2—连接板/端板；3—导杆；4—连接件；5—轴承和端盖；6—缸筒；7—活塞杆

该驱动器的许用负载、许用力矩与行程的关系详见图 l″和图 m″

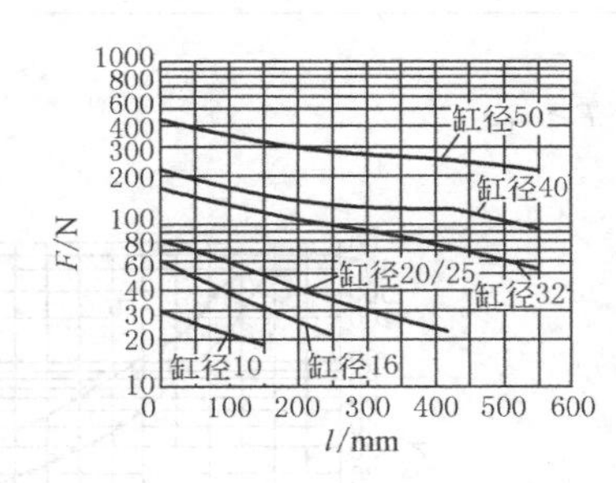

(l″) 许用有效负载 F 和行程 l 的关系

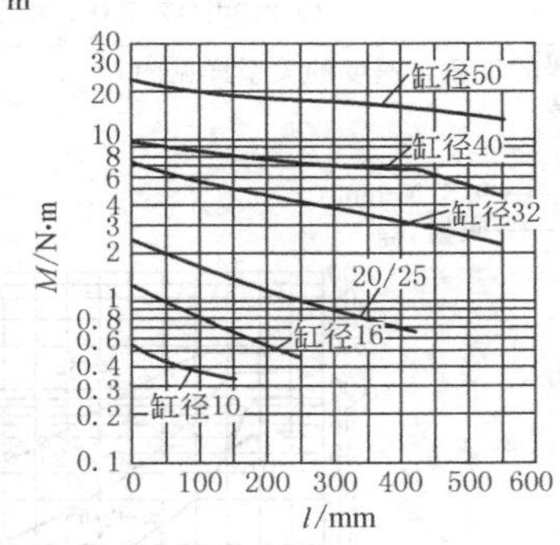

(m″) 许用力矩 M 和行程 l 的关系

该驱动器的负载与速度的关系详见图 n″

水平安装

$$F \geqslant m_L g$$

式中　g——9.81N/mm²

m_L——质量，kg

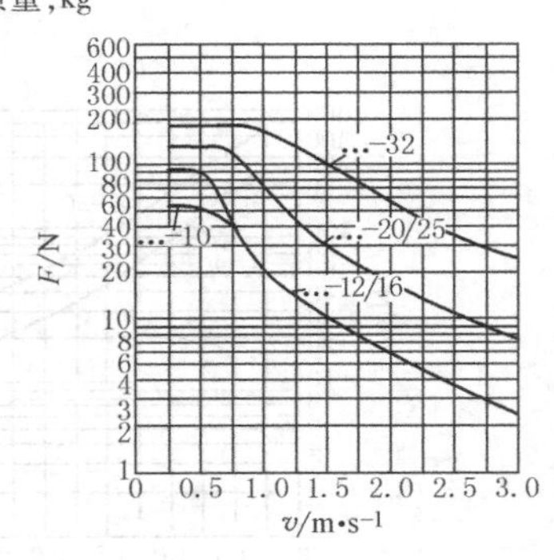

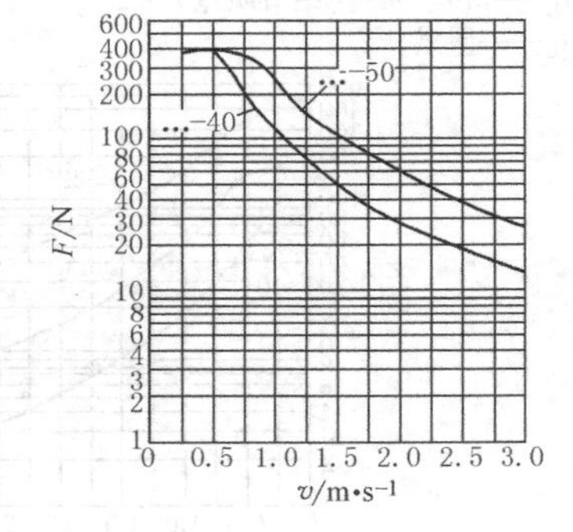

(n″) 许用缓冲器负载 F 和冲击速度 v 的关系

续表

组合型直线驱动器/组合型滑台驱动器/组合型长行程滑台驱动器 | 组合型滑台驱动器

组合型滑台驱动器是普通圆形气缸和一个滑块装置组合而成，气缸活塞杆与滑块连接在一起；气缸活塞运动推动滑块移动，气缸缸径为 ϕ10～50mm，符合 ISO 缸径标准系列，行程在 10～500mm 之间。滑块与导杆之间采用循环滚珠轴承，滑块前、后两端面可装有液压缓冲器。通过滑块平面二沟槽、中心定位孔及连接过渡板，可与其他驱动器组成二维、三维驱动的模块化装置

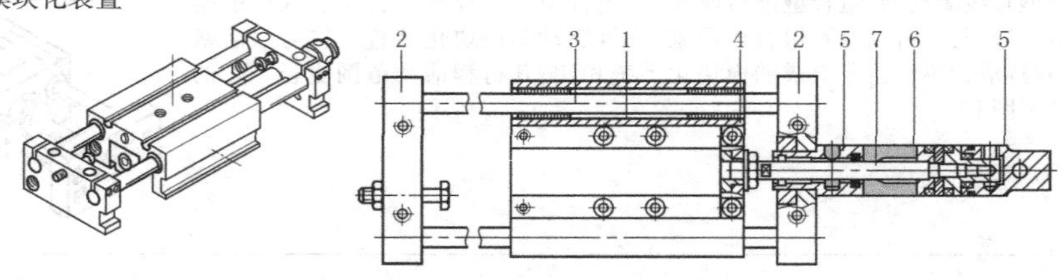

1—滑块；2—端板；3—导杆；4—连接件；5—轴承和端盖；6—缸筒；7—活塞杆

该驱动器的许用负载、许用力矩与行程的关系详见图 o″和图 p″

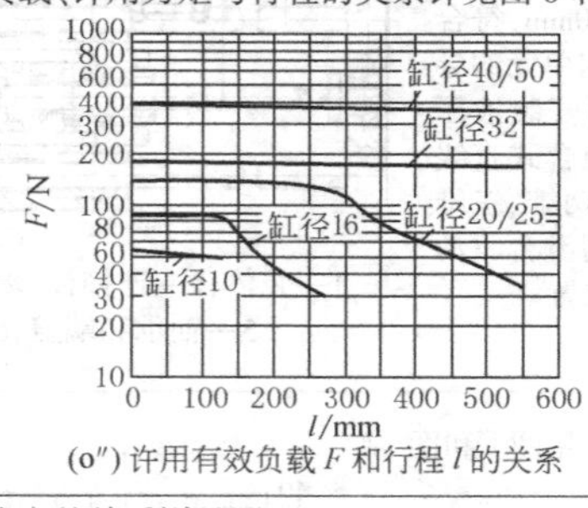

(o″) 许用有效负载 F 和行程 l 的关系

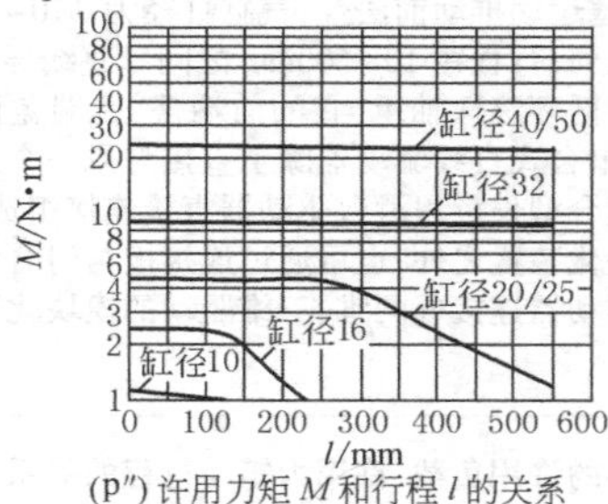

(p″) 许用力矩 M 和行程 l 的关系

该驱动器的负载与速度的关系详见图 q″

水平安装

$$F \geqslant m_L g$$

式中　g——9.81N/mm²

m_L——质量，kg

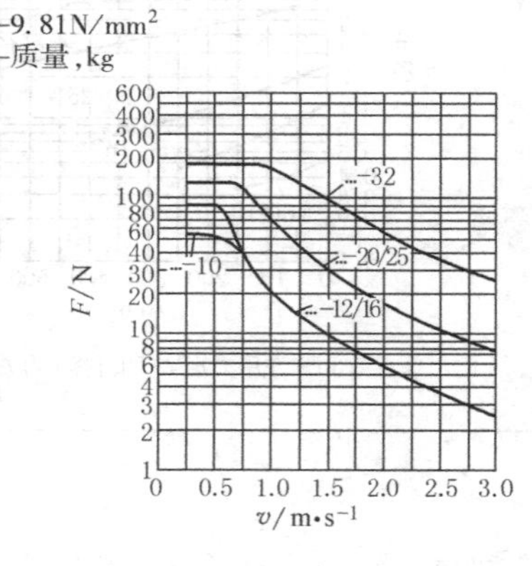

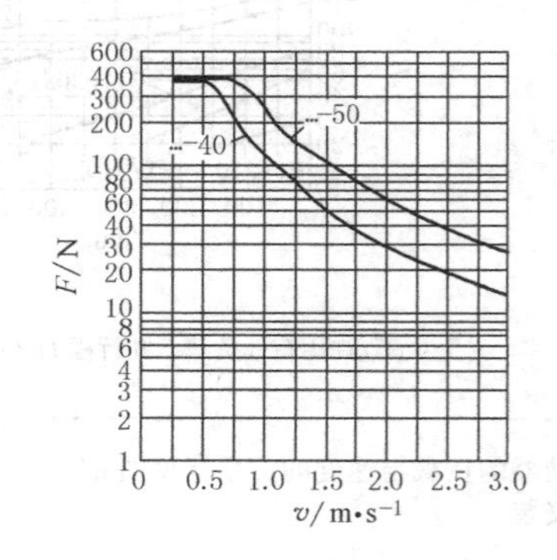

垂直安装

$$F \geqslant (m_L + m_E) g$$

式中　g——9.81N/mm²

m_E——移动质量(绝对质量)，kg

m_L——质量，kg

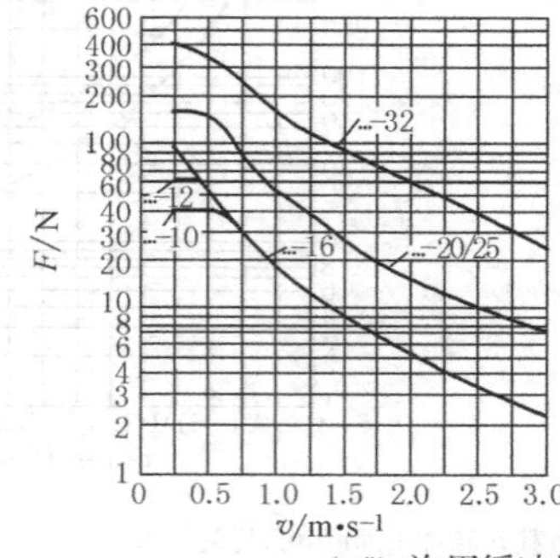

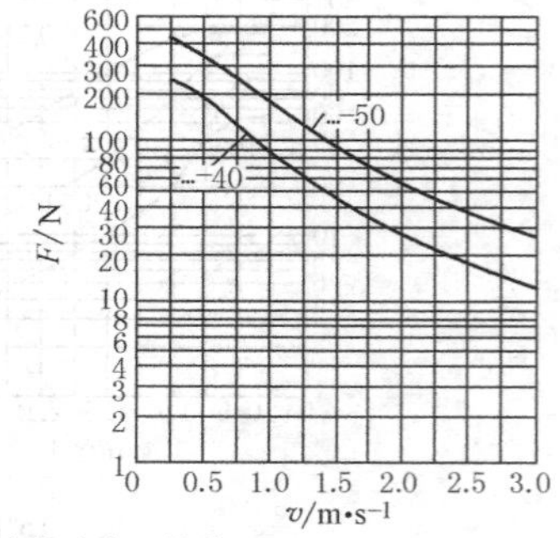

(q″) 许用缓冲器负载 F 和冲击速度 v 的关系

续表

组合型直线驱动器/组合型滑台驱动器/组合型长行程滑台驱动器	组合型长行程滑台驱动器	组合型长行程滑台驱动器是一个磁耦合的无杆气缸与一个滑台装置组合而成,无杆气缸的活塞磁性材料与围绕在无杆气缸的滑块内径处的磁性材料形成一对磁极。压缩空气推动气缸活塞移动,滑台装置也随之移动,所以往往是端板2固定,滑台1可被驱动。由于圆形气缸采用磁耦合式无杆气缸,故该类驱动器的工作行程较长,最长可达1500mm。磁耦合无杆气缸的缸径为ϕ10~40mm。滑台前、后两端面可安装液压缓冲器。通过滑台平面的沟槽、中心定位孔及连接过渡板可与其他驱动器组成两维、三维驱动的模块化装置。由于该驱动器的驱动气缸采用磁耦合无杆气缸,因此,它的运动速度比组合型滑台驱动器小 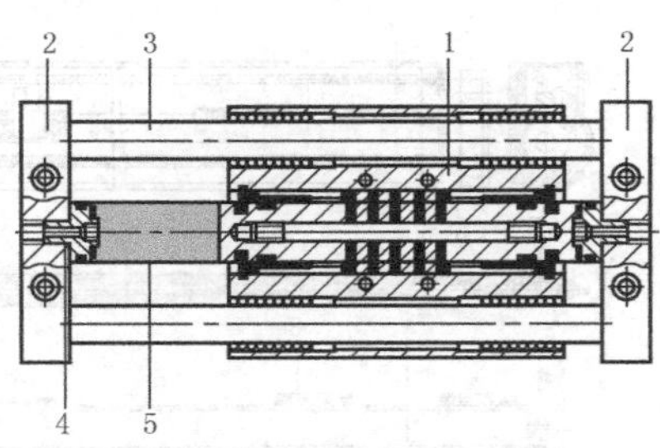 1—滑台;2—端板;3—导杆;4—缸筒附件;5—缸筒
		图r″~图t″表明该驱动器许用负载、许用力矩与行程的关系及负载与速度的关系 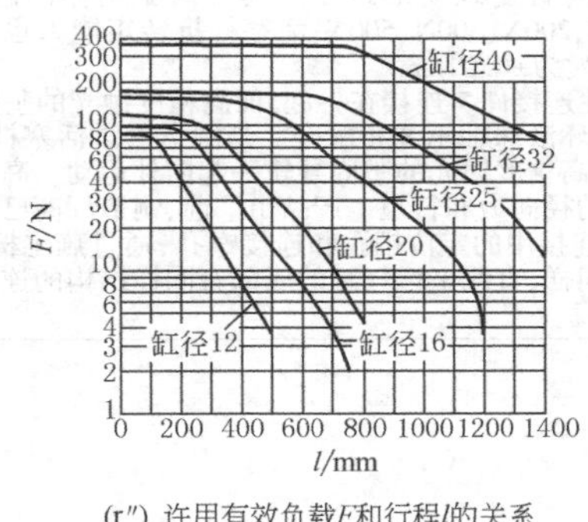 (r″) 许用有效负载F和行程l的关系 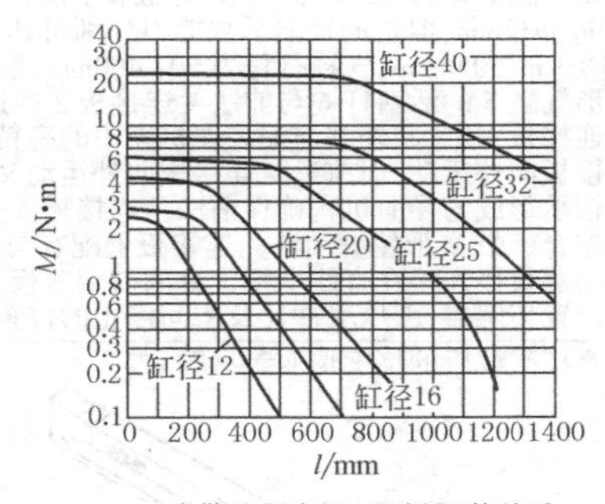 (s″) 许用力矩M和行程l的关系 水平安装 $$F \geqslant m_L g$$ 式中 g——9.81N/mm^2 m_L——质量,kg 垂直安装 $$F \geqslant (m_L+m_E)g$$ 式中 g——9.81N/mm^2 m_E——移动质量(静质量),kg m_L——质量,kg 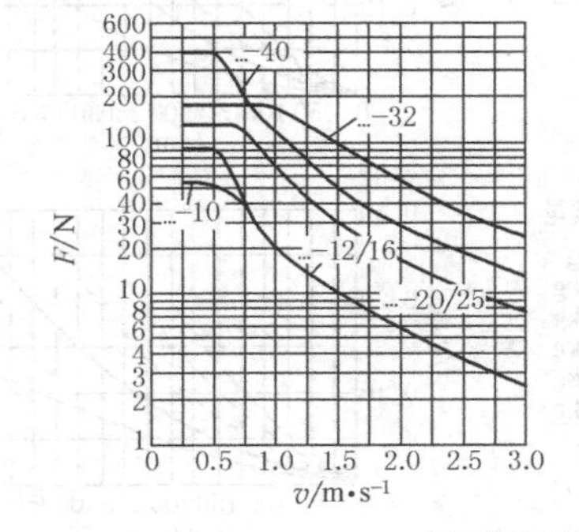 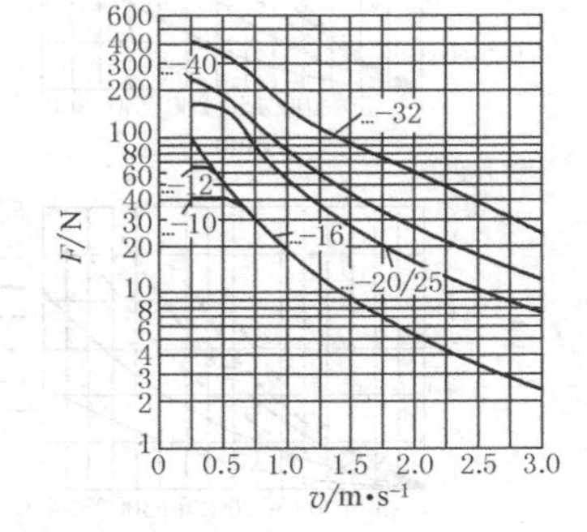 (t″) 缓冲器许用负载F和冲击速度v的关系

续表

直线坐标气缸/轻型直线坐标气缸	直线坐标气缸	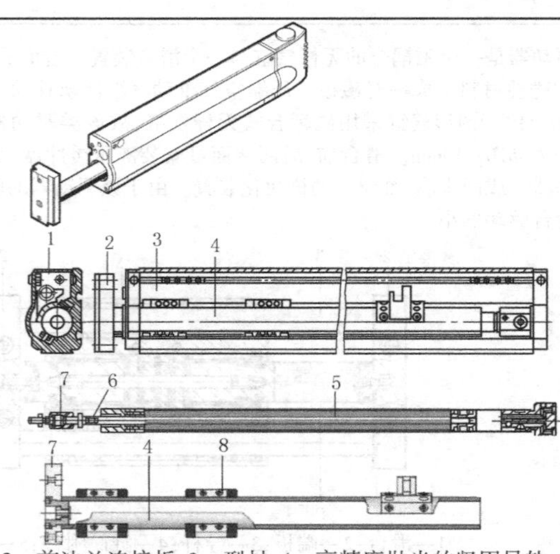 1—外壳盖;2—前法兰连接板;3—型材;4—高精度抛光的坚固导轨;5—圆形气缸; 6—活塞杆;7—柔性连接件;8—高精度循环滚珠轴承 直线坐标气缸是典型的模块化、集成化产品,是气动与机械结合完美的气动驱动器之一。依靠高精度抛光的坚固导轨和无间隙滚珠轴承,确保气缸有极高的刚性,导向管受载变形最小。其气动驱动器的缸径为 ϕ16mm、ϕ20mm、ϕ25mm、ϕ32mm,但它的径向承载能力分别可达 100N、200N、300N、500N;活塞杆抗转矩能力也分别为 20N · m、30N · m、40N · m、50N · m;气缸行程为 50~400mm,重复精度为±0. 01mm 圆形气缸 5 的活塞杆 6 与前法兰连接板 2 通过柔性连接件 7 连接在一起,而高精度抛光的坚固导轨 4 一端面与前端法兰连接板固定,其外圆与安装在机壳中的高精度循环滚珠轴承 8 相配合。当圆形气缸活塞杆伸出运动时,带动前法兰连接板向外运动,而前法兰连接板向外运动又使得高精度抛光的坚固导轨一起向外运动。高精度抛光的坚固导轨与滚珠轴承形成的导向机构确保前法兰连接板承受高的径向力和转矩。产品出厂前,制造厂商已调整好循环滚珠轴承的间隙配合。带 V 形轮廓前法兰连接板上配有与外部连接用的定位销孔和连接螺孔,通过燕尾槽形的连接组件,可把其他驱动器直接连接在直线坐标气缸的前端盖板上。同样,直线坐标气缸的底部有同样结构的连接形式。直线坐标气缸配有位置传感器,液压缓冲器及中间停止的位置模块
		活塞杆受载后的挠度形变参见图 u″ 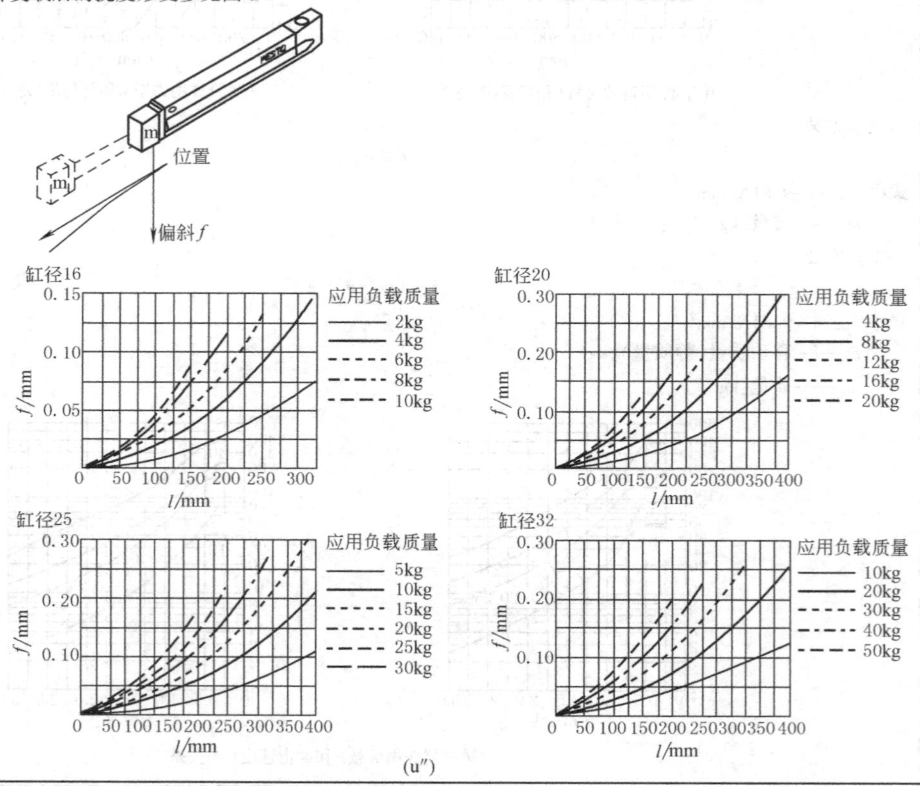 (u″)

续表

<table>
<tr>
<td rowspan="2">直线坐标气缸/轻型直线坐标气缸</td>
<td>直线坐标气缸</td>
<td>
最佳缓冲器行程条件下，许用垂直推进时间 t 与行程长度和应用负载质量 m 的关系见图 v″
缸径 16/20/25/32 *
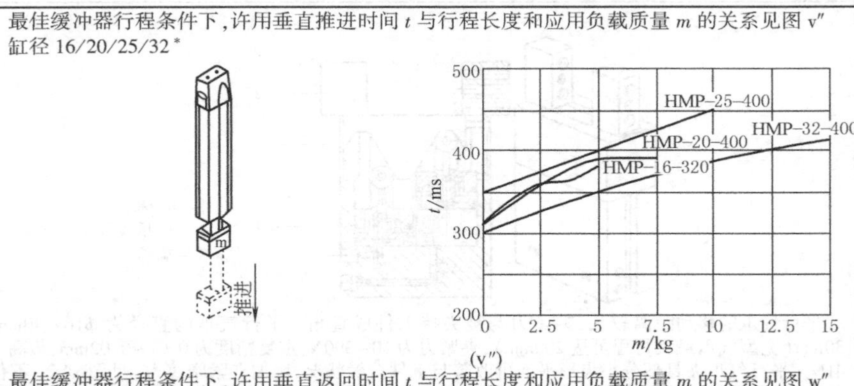

(v″)
最佳缓冲器行程条件下，许用垂直返回时间 t 与行程长度和应用负载质量 m 的关系见图 w″
缸径 16/20/25/32 *
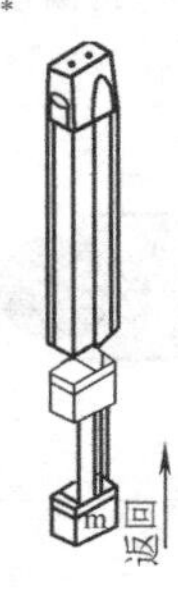

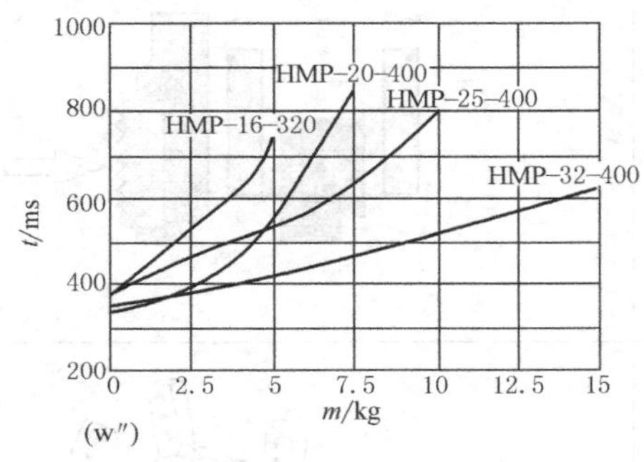

(w″)
* 其他额定行程在准备阶段
</td>
</tr>
<tr>
<td>轻型直线坐标气缸</td>
<td>
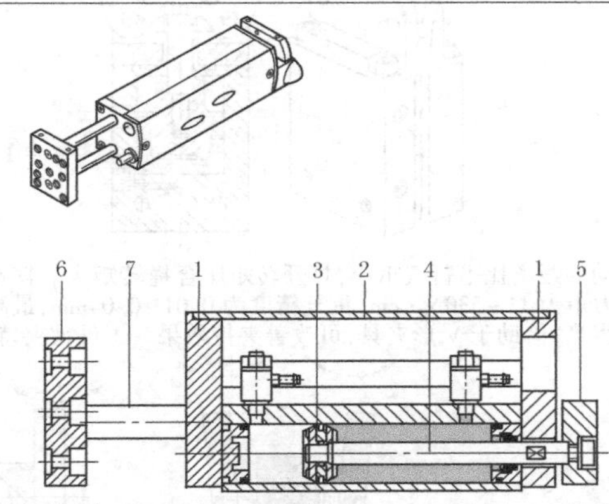

1—壳体端板；2—罩壳；3—活塞；4—活塞杆；5—后法兰板；6—前法兰板；7—导杆
轻型直线坐标气缸是直线坐标气缸的派生产品，它与坐标气缸的主要区别在于重量非常轻，在抓取和放置等机械手操作系统中，它作为垂直运动（Y 轴）的驱动单元，被安装在水平运动（X 轴）驱动器的前法兰板上，大大减轻了水平运动方向驱动器的径向负载，动态性能极好。在带有一个附加安装气缸和一套附加制动组件的情况下可到达中间位置，或直线模块两终端位置之间任意位置的制动
缸径为 ϕ12mm、ϕ16mm、ϕ20mm，径向承载能力分别可达 20N、50N、100N；活塞杆抗转矩能力也分别为 0.7N·m、1.4N·m、2.4N·m；气缸行程为 30~200mm，重复精度为±0.02mm
轻型直线坐标气缸由两个壳体端板 1、前法兰板 6、后法兰板 5、两根导杆 7、圆形气缸及壳体罩壳 2 等组成。两个壳体端板内侧分别固定两组滚珠轴承，两根导杆 7 通过两组滚珠轴承与前法兰板 6、后法兰板 5 构成一体。在两个壳体端板内还装有圆形气缸，当活塞 3 运动时，活塞杆 4 推动后法兰板 5 运动，则两个导杆 7 及前法兰板 6 也随之运动
该驱动器许用负载、许用力矩与行程的关系及负载与速度的关系、活塞杆受载后的挠度形变与直线坐标气缸章节中所写一样，可参照气动组件制造厂商提供的产品样本
</td>
</tr>
<tr>
<td>气爪/比例气爪</td>
<td>气爪</td>
<td>常规的气爪一般可分为平行气爪、摆动气爪、旋转气爪、三点气爪。有些日本气动厂商将气爪分为两大类：平行气爪（平行开闭型）和支点开闭型气爪。平行开闭型气爪再可分为一般行程的平行气爪、宽型平行气爪、圆柱形爪体两气爪、圆柱形爪体三气爪、圆柱形爪体四气爪。支点开闭型气爪也再可分为肘接式开闭型气爪、凸轮式 180° 开闭气爪、齿轮式 180° 开闭气爪</td>
</tr>
</table>

续表

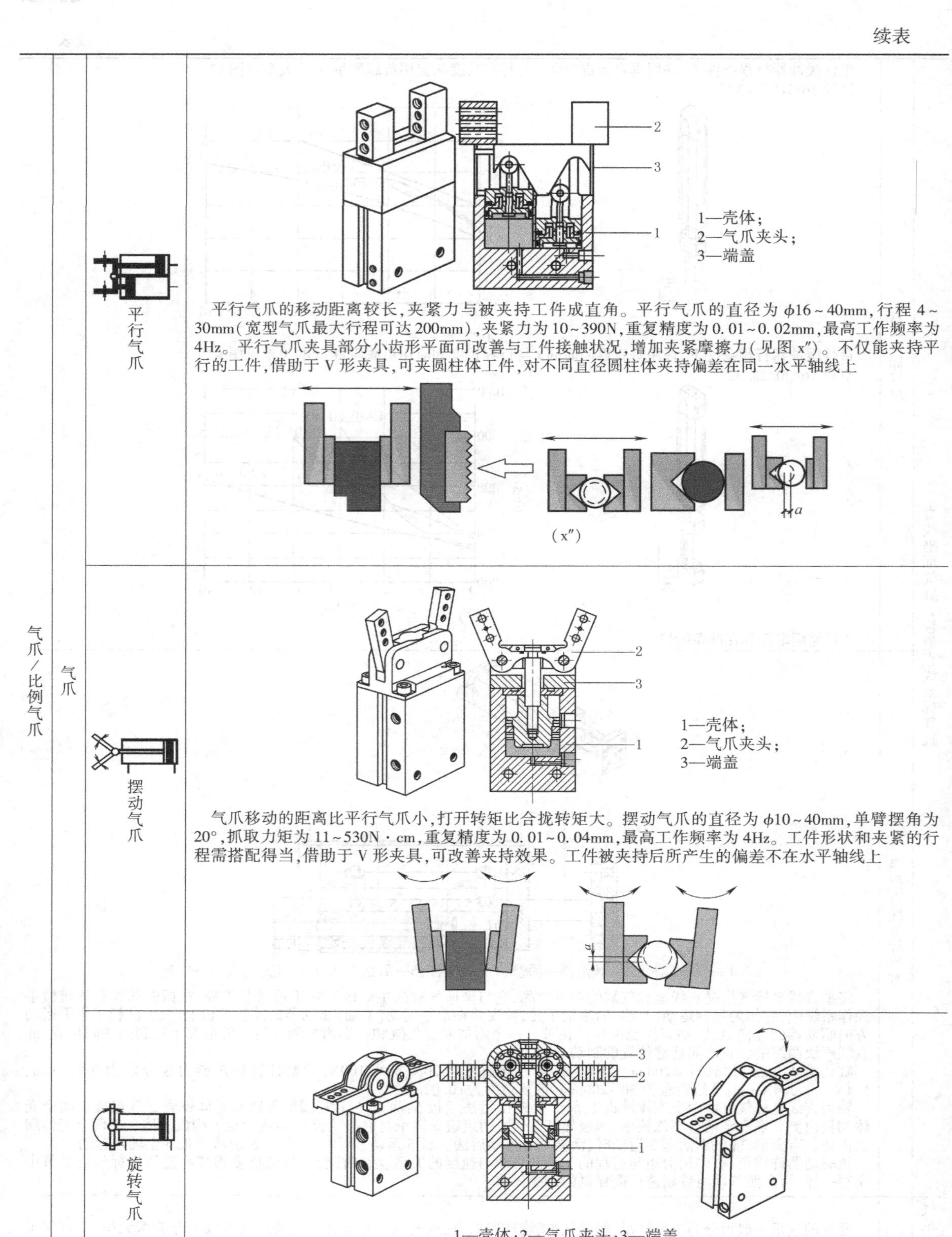

气爪/比例气爪	气爪	平行气爪	1—壳体；2—气爪夹头；3—端盖 平行气爪的移动距离较长，夹紧力与被夹持工件成直角。平行气爪的直径为 ϕ16~40mm，行程 4~30mm（宽型气爪最大行程可达 200mm），夹紧力为 10~390N，重复精度为 0.01~0.02mm，最高工作频率为 4Hz。平行气爪夹具部分小齿形平面可改善与工件接触状况，增加夹紧摩擦力（见图 x″）。不仅能夹持平行的工件，借助于 V 形夹具，可夹圆柱体工件，对不同直径圆柱体夹持偏差在同一水平轴线上 （x″）
		摆动气爪	1—壳体；2—气爪夹头；3—端盖 气爪移动的距离比平行气爪小，打开转矩比合拢转矩大。摆动气爪的直径为 ϕ10~40mm，单臂摆角为 20°，抓取力矩为 11~530N·cm，重复精度为 0.01~0.04mm，最高工作频率为 4Hz。工件形状和夹紧的行程需搭配得当，借助于 V 形夹具，可改善夹持效果。工件被夹持后所产生的偏差不在水平轴线上
		旋转气爪	1—壳体；2—气爪夹头；3—端盖 旋转气爪与工件在径向间的范围最广，气爪可越过工件上方。旋转气爪的直径为 ϕ10~40mm，气爪开度为 180°，抓取力矩为 6.6~250N·cm（内抓取时为 7.5~300N·cm），重复精度为±0.05mm，最高工作频率为 4Hz

第 23 篇

续表

<table>
<tr><td rowspan="2">气爪/比例气爪</td><td>气爪
三点气爪</td><td colspan="3">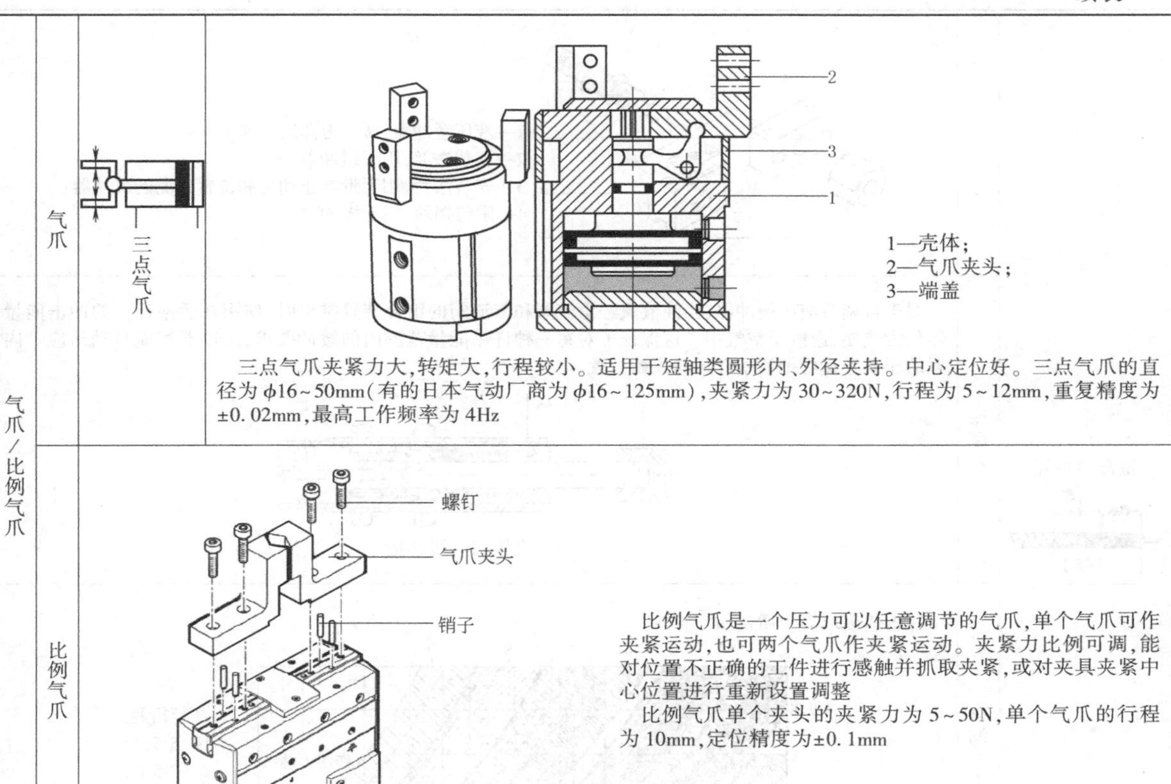
三点气爪夹紧力大,转矩大,行程较小。适用于短轴类圆形内、外径夹持。中心定位好。三点气爪的直径为 $\phi16 \sim 50mm$(有的日本气动厂商为 $\phi16 \sim 125mm$),夹紧力为 30~320N,行程为 5~12mm,重复精度为 ±0.02mm,最高工作频率为 4Hz</td></tr>
<tr><td>比例气爪</td><td colspan="3">比例气爪是一个压力可以任意调节的气爪,单个气爪可作夹紧运动,也可两个气爪作夹紧运动。夹紧力比例可调,能对位置不正确的工件进行感触并抓取夹紧,或对夹具夹紧中心位置进行重新设置调整
比例气爪单个夹头的夹紧力为 5~50N,单个气爪的行程为 10mm,定位精度为±0.1mm</td></tr>
<tr><td rowspan="2">真空吸盘</td><td colspan="4">真空吸盘可分单层、双波纹、多波纹及其他几何形状。吸盘最小直径为 $\phi1mm$,最大直径可达 $\phi200mm$。适合不同形状工件的传送。负载转矩较小,简单方便。真空吸盘的材质有:丁腈橡胶、聚氨酯、Vulkollan 橡胶、硅橡胶、氟橡胶、丁腈橡胶(抗静电)
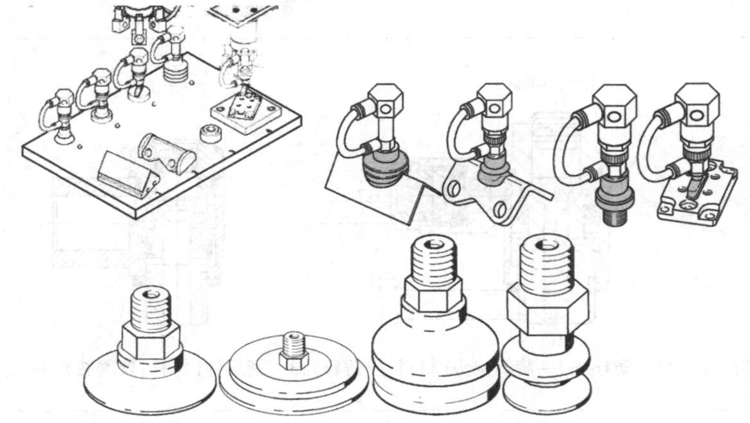</td></tr>
<tr><td>波纹状圆形吸盘,两个褶</td><td>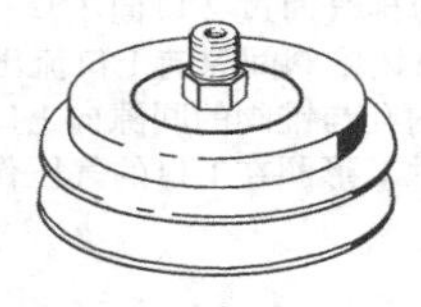</td><td>椭圆形吸盘
</td><td>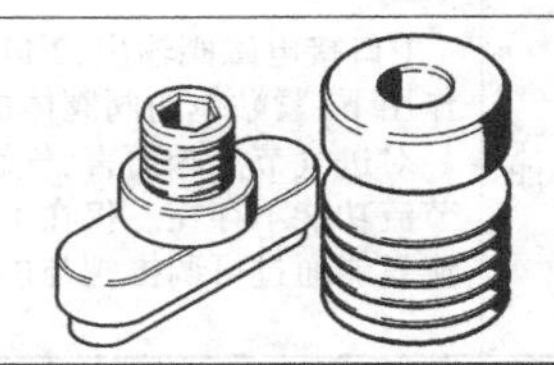</td></tr>
</table>

续表

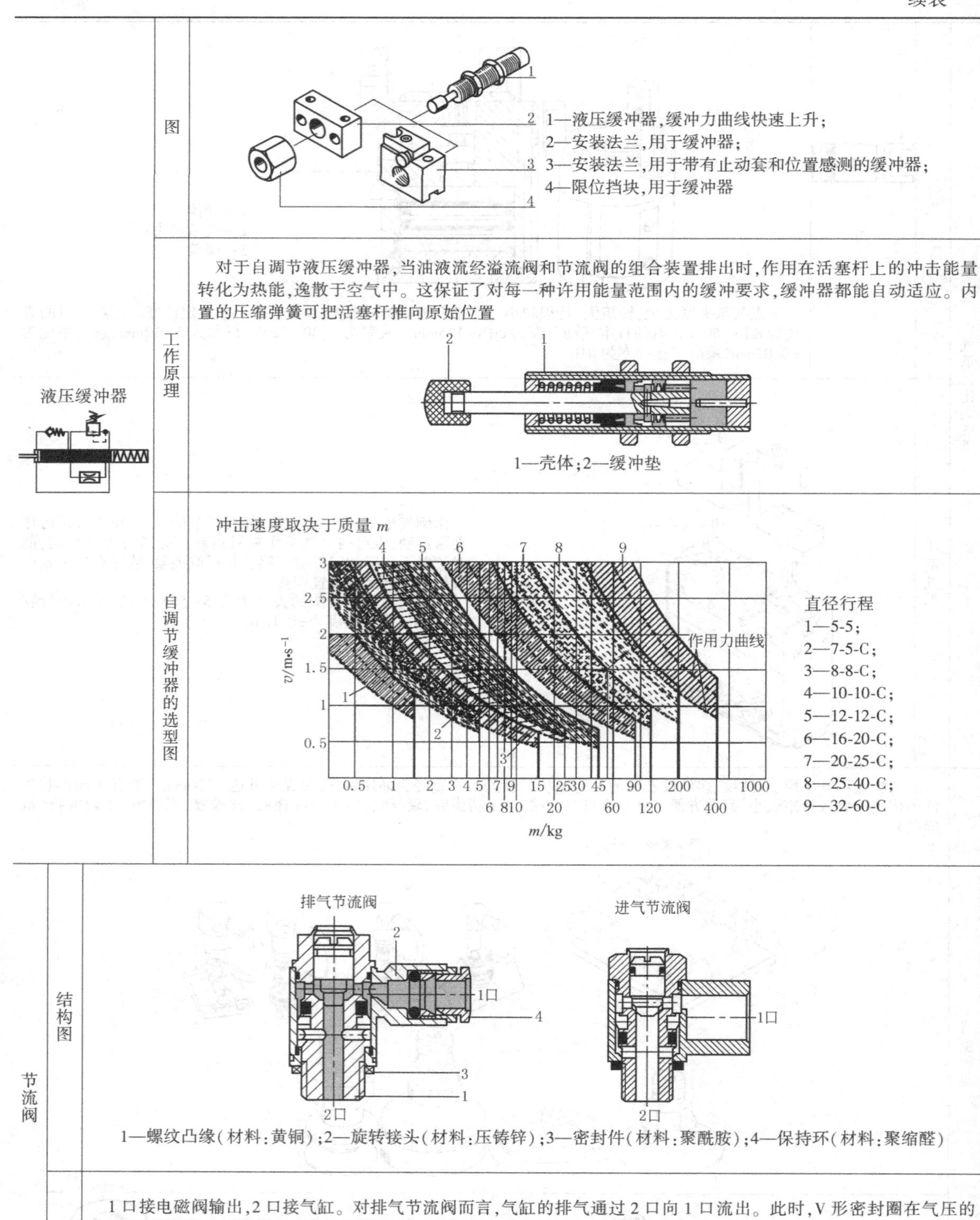

液压缓冲器	图	1—液压缓冲器,缓冲力曲线快速上升; 2—安装法兰,用于缓冲器; 3—安装法兰,用于带有止动套和位置感测的缓冲器; 4—限位挡块,用于缓冲器
	工作原理	对于自调节液压缓冲器,当油液流经溢流阀和节流阀的组合装置排出时,作用在活塞杆上的冲击能量转化为热能,逸散于空气中。这保证了对每一种许用能量范围内的缓冲要求,缓冲器都能自动适应。内置的压缩弹簧可把活塞杆推向原始位置 1—壳体;2—缓冲垫
	自调节缓冲器的选型图	冲击速度取决于质量 m 直径行程 1—5-5; 2—7-5-C; 3—8-8-C; 4—10-10-C; 5—12-12-C; 6—16-20-C; 7—20-25-C; 8—25-40-C; 9—32-60-C
节流阀	结构图	排气节流阀　进气节流阀 1—螺纹凸缘(材料:黄铜);2—旋转接头(材料:压铸锌);3—密封件(材料:聚酰胺);4—保持环(材料:聚缩醛)
	说明	1 口接电磁阀输出,2 口接气缸。对排气节流阀而言,气缸的排气通过 2 口向 1 口流出。此时,V 形密封圈在气压的作用下,紧贴单向阀阀体的内壁气流只能通过中间的圆孔与可调锥阀间隙向 1 口流出 对进气节流阀而言,气缸的排气可通过 V 形密封圈及中间内孔与锥阀的间隙向 1 口流出。因此,气缸在排气状态下,节流功能不存在。仅在 1 口流入进气节流阀时才起作用(此时 V 形圈在 1 口的气压作用下,紧贴单向阀阀体的内壁,气流只能通过可调锥阀与内孔的间隙进入)

续表

		气路符号	说　明	气路符号	说　明
节流阀	节流功能和应用范围	双作用气缸，单向节流阀			
		排气流量控制	进气流量控制	排气流量控制	进气流量控制
			通过控制排气流量调节速度，进气流量不受控制而只对排气流量进行控制，这使得活塞保持在气垫之间移动（即使负载变化，也能改善动作特性）		前进和返回行程速度可调，两个方向上空气流量相同

气控单向阀

通常情况下，当气流从 2→1 时，截止针阀底部弹簧力使密封件封死通道口，从 2→1 气流越大，密封性能越好，气流 2→1 处于截止（关闭状态）。相反，当气流从 1→2 时，气流压力克服密封件下面的弹簧力，截止针阀被导通，气流从 1→2 被导通。如要使气流从 2→1 被导通，则需在 21 气信号口给一个气压信号

如图 y″所示，只要对 21 口施加控制信号，压缩空气即可流入或流出气缸。换而言之，如果 21 口没有信号，单向阀关闭气缸排气，气缸停止运动

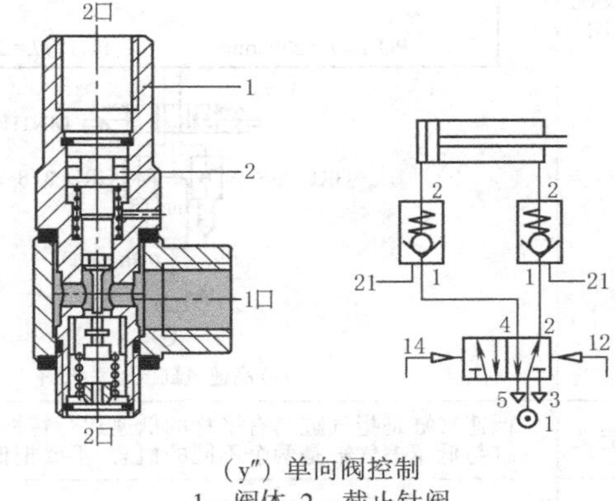

（y″）单向阀控制
1—阀体；2—截止针阀

快排阀

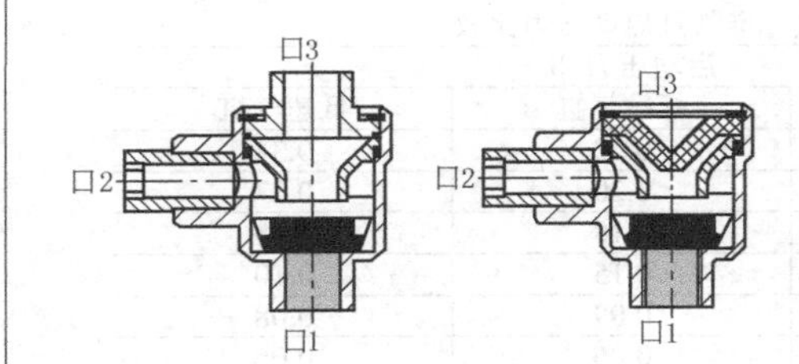

这类组件可增加单作用和双作用气缸回程时的活塞速度。压缩空气从控制阀输出，流入快排阀进气口 1，并通过快排阀输出口 2 接气缸，此时，快排阀排气口 3 被密封件封死，气缸运动。当气缸返回运动时，压缩空气通过快排阀输出口 2 流出，此时，密封圈封死快排阀进气口 1，压缩空气直接从排气口 3 排入大气（压缩空气不再经过气管从控制阀的排气口排出，大大缩短了排气的速度和流量）

气缸用接近开关

舌簧式接近开关：当磁场靠近时，触点闭合，从而产生开关信号

电感式接近传感器：当磁场靠近时，流过的电流发生变化，从而产生开关信号

气动式接近传感器：当磁场靠近时，阀被驱动，气动式接近传感器切换时产生气动输出信号，可作为下一步的驱动信号（气动输出信号）

焊接屏蔽式接近传感器：和电感式传感器的工作方式相同，但它有一个特点，当接近开关检测到交变磁场时，开关信号会被冻结，这样可防止焊接操作中的错误切换。可用于焊接操作产生很强的交变磁场场合

注意：气缸在高温和低温的应用场合下，请注意传感器工作的最高温度和环境温度

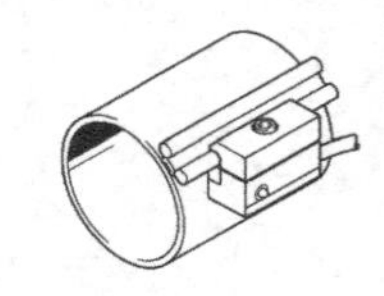
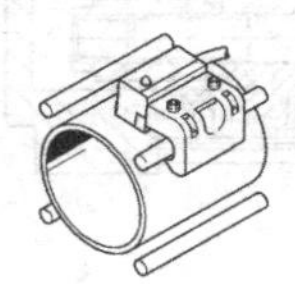
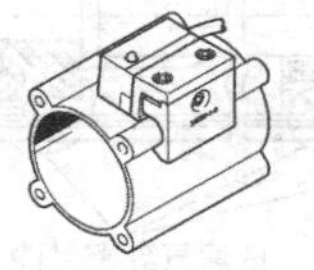
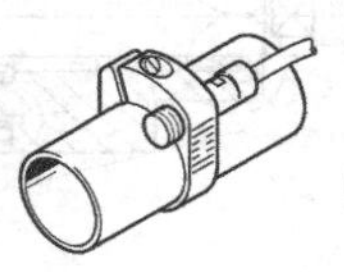
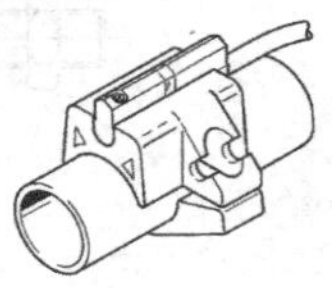
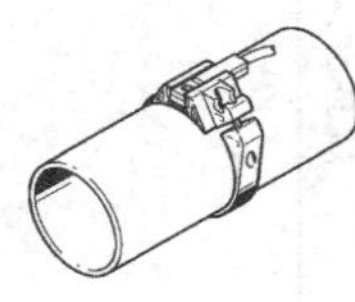

注：本栏示意图、表格数据参考 FESTO 公司、SMC 公司、NORGREN 公司。

1.2.6 高速气缸与低速气缸

表 23-4-15

<table>
<tr><td rowspan="2">高速气缸</td><td>定义</td><td>目前还未统一标准来定义何谓高速气缸。人们普遍认为当气缸运行速度大于 1m/s，可认为该气缸是作高速运动。实际上，气缸最高速度可达 60m/s。确切地说，60m/s 是不包括气缸开始启动及终点缓冲这两阶段的速度</td></tr>
<tr><td>高速气缸试验系统及说明</td><td>图 a、图 b 分别是以 17m/s 高速气缸的试验系统图及速度曲线图为例，说明高速气缸运行的条件和可行性。实验条件是以 FESTO 公司 DGP25 无杆气缸、行程为 3300mm（直径 ϕ25 为样机并作修改），采用中泄式三位五通电磁阀（流量为 4600L/min，阀的换向时开 33ms/关 80ms，三位五通电磁阀的排气口安装 GRU 3/8 消声节流阀（最大流量 1800L/s），采用 PU13 气管（内径为 ϕ13mm）长度为 2300mm，及液压缓冲器 YSR-16-20 作活塞终点缓冲（缓冲行程 20mm，最大缓冲能量 W_{max} 为 32J、每小时为 130000J、最大残余能量为 0.16J、最大冲击负载为 160kg）。它的运动速度见图 b，在此曲线图中可见活塞开始速度为 0，在 0.5m 处活塞速度可达 17m/s 左右，在 1.7m 处活塞速度可达 23m/s 左右，当活塞运行在 3m 处，活塞速度降为 14m/s 左右，当活塞运行在 3.3m 时，此时在液压缓冲器的作用下，活塞速度被降为 0。为了满足高速运行需要足够流量，在三位五通进口处安装一个 10L 的储气灌，气缸的进排气口的位置在两个端盖轴心线上（见图 a），气缸活塞密封件采用聚四氟乙烯材质及特殊润滑脂，必须强调这里的高速运行是指整个行程中的中间平均速度（不包括启动和终点两个阶段速度），因此，必须是一个长行程（足够长的行程）的气缸。当气缸速度达到 60m/s 时，缓冲技术是需考虑的另一重要内容
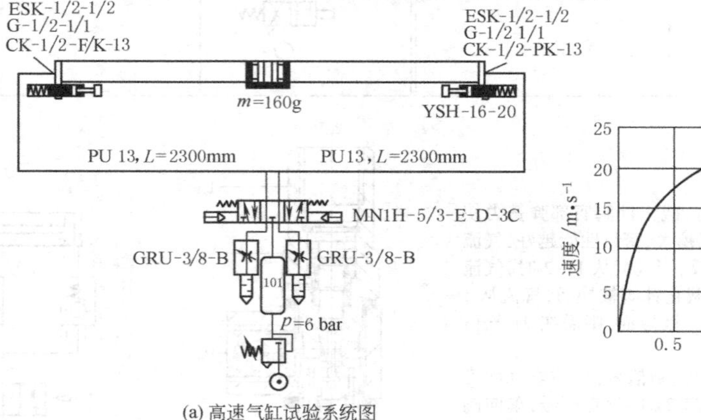

(a) 高速气缸试验系统图
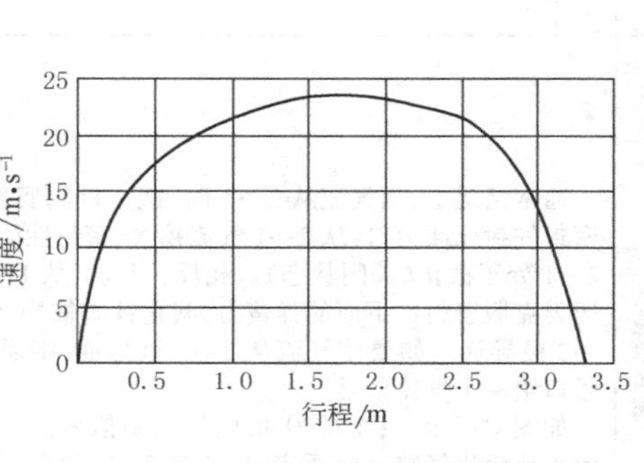

(b) 高速气缸速度曲线图</td></tr>
<tr><td rowspan="3">低速气缸</td><td>定义</td><td>低速气缸是指气缸具有平稳的低速运行特性，如最低速度约在 3mm/s 时，运行仍无爬行现象，需要说明的是：低速气缸与低摩擦气缸是两个不同的概念，不要把低摩擦气缸视作低速气缸，也不要把低速气缸误解为摩擦力低</td></tr>
<tr><td>低摩擦气缸、低速气缸与标准气缸的启动压力比较</td><td>从下表中可以看到低摩擦气缸、低速气缸与标准气缸在启动压力方面的比较，对于小缸径气缸，如 ϕ32mm、ϕ40mm 时，低速气缸的启动压力比标准气缸还要高
低摩擦气缸、低速气缸、标准气缸启动压力比较
<table>
<tr><td rowspan="2">气缸缸径 ϕ/mm</td><td colspan="3">启动压力/bar</td></tr>
<tr><td>低摩擦气缸</td><td>标准气缸</td><td>低速气缸</td></tr>
<tr><td>32</td><td>0.12</td><td>0.22</td><td>0.34</td></tr>
<tr><td>40</td><td>0.09</td><td>0.20</td><td>0.27</td></tr>
<tr><td>50</td><td>0.07</td><td>0.18</td><td>0.18</td></tr>
<tr><td>63</td><td>0.05</td><td>0.15</td><td>0.10</td></tr>
<tr><td>80</td><td>0.04</td><td>0.09</td><td>0.08</td></tr>
<tr><td>100</td><td>0.03</td><td>0.06</td><td>0.06</td></tr>
<tr><td>125</td><td>0.03</td><td></td><td></td></tr>
</table></td></tr>
<tr><td>低速气缸与标准气缸的结构比较</td><td>从图 c 可以比较低速气缸与标准气缸结构上的主要差异表现在密封件，低速气缸的活塞密封件比标准气缸的密封件小，但它与缸壁的接触面比标准气缸的密封件要大，密封件的材质、润滑油脂与标准气缸有所不同，可采用氟橡胶材质的密封件及 KLUBER 公司生产的特殊油脂
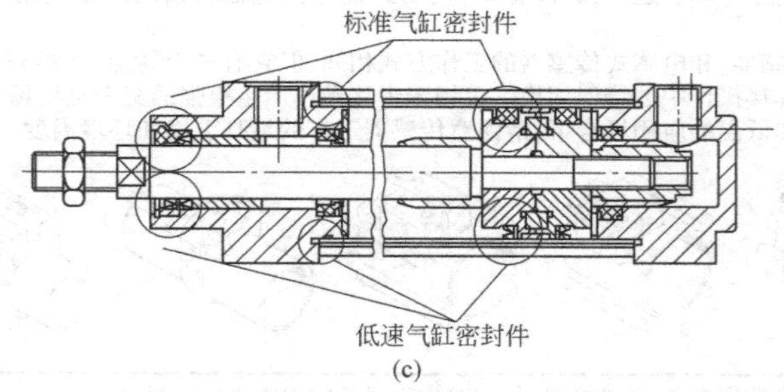

(c)</td></tr>
</table>

1.2.7 低摩擦气缸

表 23-4-16

密封结构	低摩擦气缸如图 a 所示，缸内的密封圈和活塞杆的密封圈与普通型气缸（见表 23-4-15）相比，有很大的不同。密封圈与缸筒的接触面非常狭小，密封件的材质、润滑油脂与标准气缸有所不同，可采用氟橡胶材质的密封件及 KLUBER 公司生产的特殊油脂，确保低摩擦 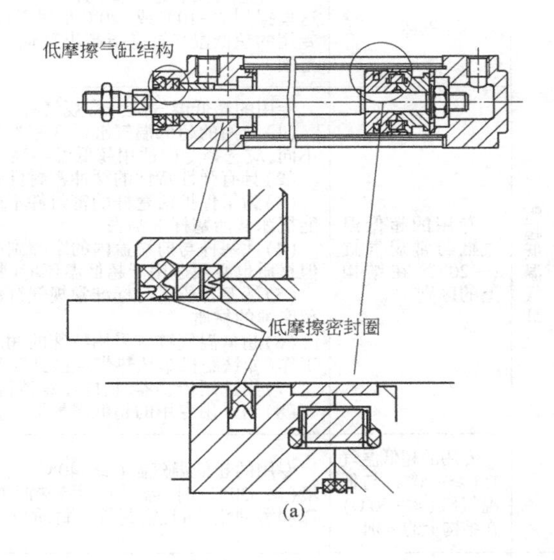 (a)
技术特性	低摩擦气缸的特性是在确保不产生泄漏的条件下，尽量减少气缸的启动压力，它的特性并不表现在低速、恒速运行，而是表示气缸活塞的低摩擦阻力，灵敏的跟随能力，低的启动压力。在表 23-4-15 中可以看到低摩擦气缸的启动压力比标准气缸低一半左右，在小缸径方面（如 ϕ32mm、ϕ40mm 时），它的启动压力比标准气缸要低得多。如此低的启动压力能使气缸在任何时刻启动均具有灵敏的跟随特性。低摩擦气缸的低摩擦及灵敏的跟随特性，在气动伺服系统、纺织机、纺纱机、造纸机械中的应用非常重要。低摩擦气缸的另一个特性是气缸的摩擦力不会随着工作压力的变化而产生大的波动（见图 b） 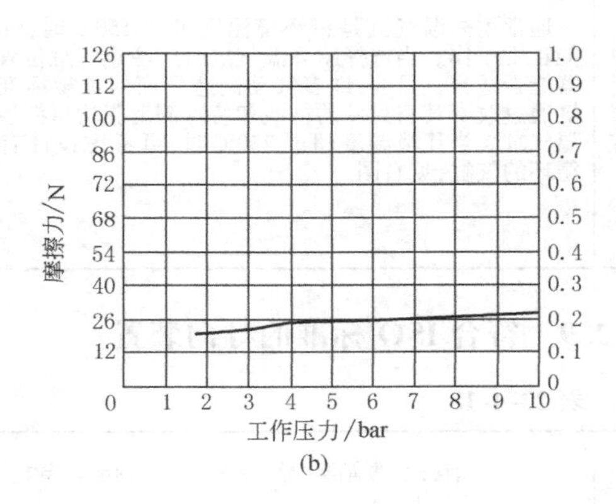 (b)
应用实例	在纸张、纺织等许多卷绕行业应用中，由于气缸活塞在两侧压力相差很小的情况下仍能运动，表示此时活塞杆产生的推力或拉力均很小，使纸张、薄膜等产品在卷绕过程中不会被拉断。图 c 是低摩擦气缸在造纸行业上应用。当大卷筒的纸越卷越大时，单作用气缸活塞向右移动，由于该气缸采用单作用型式，活塞的另一端不是采用弹簧复位，而是采用精密减压阀，设定一个恒定的低压，使气缸另一侧既有背压，两侧压力又相差甚微，即相当于气缸低摩擦力，并使这个摩擦力趋于一个常量，避免纸张在卷绕过程中被拉断。低摩擦气缸的调速不应采用排气节流方式，排气节流将在活塞背部产生背压，使摩擦阻力加大 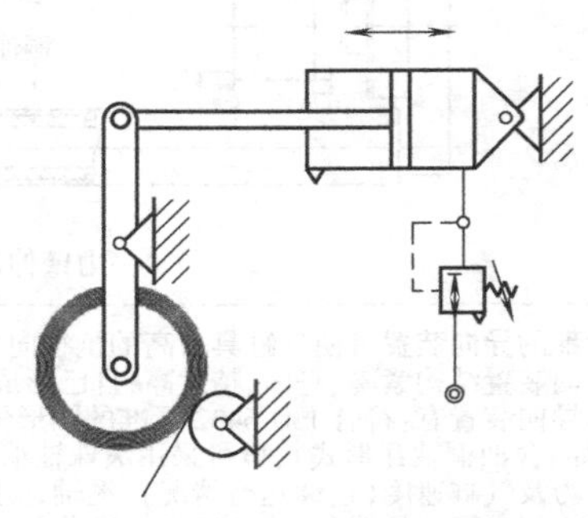 (c) 低摩擦气缸在纸张卷绕上应用

1.2.8 耐超低温气缸与耐高温气缸

表 23-4-17

<table>
<tr><td rowspan="3">耐超低温气缸</td><td>概述</td><td>在一些气动制造厂商的样本中，可以看到技术参数中工作温度范围一栏为-10～70℃或-20～80℃等。这里提到的-10℃或-20℃是属于该气缸在正常工作范围内的最低区域，并不是指专用的超低温气缸。专用的超低温气缸是指超出普通气缸样本的技术数据，比如：最低工作温度在-40℃或-55℃的区域范围</td></tr>
<tr><td>专用的超低温气缸与常规气缸（-20℃）在结构上的区别</td><td>专用的超低温气缸与常规气缸（-20℃）之间在结构上的区别如下
（1）专用的超低温气缸活塞密封件直径尺寸与标准常规气缸活塞密封件直径尺寸一样，但橡胶材质不同，应选择专门适用超低温特性
（2）具有弹性特性的缓冲密封件必须适合于超低温特性的材质
（3）为了保护活塞杆的密封件不受结霜、冰的侵害，采用特殊的防尘圈（或采用铜质的防尘圈），使它能把冰从活塞杆上刮去
（4）活塞杆与前端盖内的摩擦副（导向衬套）长度可与标准常规气缸的摩擦副（导向衬套）尺寸一样，但材质也必须适用于超低温环境（特殊塑制摩擦副）
（5）活塞材质可与标准常规气缸活塞材质相同，如需在某些特殊行业（如冷冻食品加工、储存）可采用耐腐蚀的材质
（6）超低温气缸应采用特殊的润滑剂，它不仅仅要适合于超低温，同时也要考虑到在+80℃的环境下工作（如铁路机车从热带地区到寒冷地区等）
（7）当选用传感器时，应注意该传感器的环境使用温度范围
（8）当采用专用的超低温气缸时，需干燥、过滤精度为 40μm 的空气介质，压力露点</td></tr>
<tr><td>专用的超低温气缸（≥-40℃）与低温气缸（≤-30℃）在结构上的区别</td><td>专用的超低温气缸（≥-40℃）与低温气缸（≤-30℃）之间在结构上的区别为：当气缸在低温工作环境（≤-30℃）时，需要采用特殊润滑油脂。但当气缸在超低温工作环境（≥-40℃）时，不仅需要采用特殊润滑油脂，而且密封件的材质也必须改变</td></tr>
<tr><td>耐高温气缸</td><td colspan="2">通常耐高温气缸是指环境温度可达 150℃时，气缸仍能正常工作。当选择耐高温气缸时应注意气缸位置传感器能否适合。目前，许多气动制造厂商的常规标准化气缸通过改变其密封件的材质和特殊润滑脂均可派生耐高温气缸。当环境温度超过 250℃时，可考虑设计有水冷循环的气缸，见右图
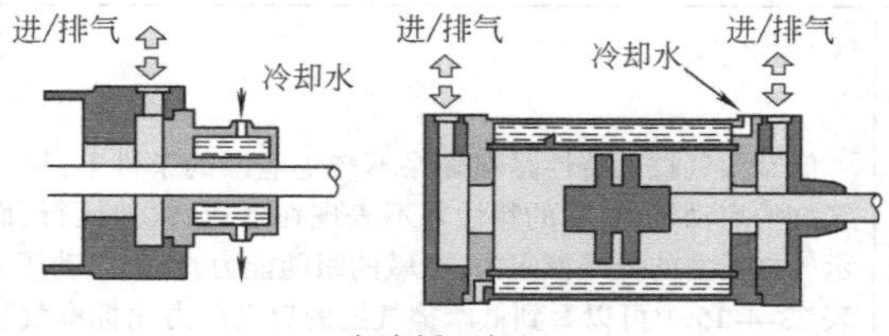

水冷循环气缸</td></tr>
</table>

1.2.9 符合 ISO 标准的导向装置

表 23-4-18

<table>
<tr><td>结构图</td><td>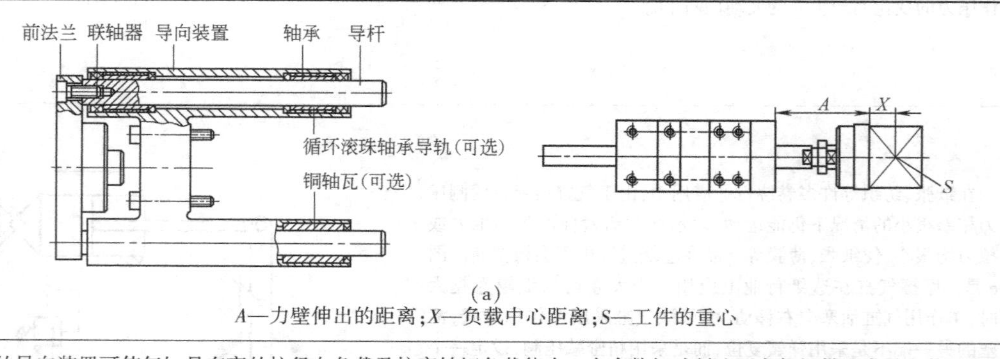

(a)
A—力壁伸出的距离；X—负载中心距离；S—工件的重心</td></tr>
<tr><td>说明</td><td>标准的导向装置可使气缸具有高的抗径向负载及抗高转矩负载能力。大多数气动制造厂商都提供此类导向装置，由于该类导向装置结构紧凑、坚固、精度高，且已形成符合 ISO 标准的系列产品，设计工程师不必自行设计辅助导向机构。该类标准的导向装置有：符合 ISO 6432 标准的圆形气缸及符合 ISO 15552 标准的普通型气缸。标准的导向装置可采用普通滑动轴承（如：含油铜轴瓦形式），也可采用滚珠轴承（循环滚珠轴承）如图 a 所示。铜轴瓦与滚珠轴承的区别在于导向装置承受负载能力及气缸速度（连续运行情况），铜轴瓦承受负载能力比循环滚珠轴承要大，但它运行速度或连续运行情况没有循环滚珠轴承好。图 a 是符合 ISO 15552 标准的普通型气缸的导向装置，它主要连接界面尺寸：活塞杆头部连接螺纹 KK、气缸前端颈部处外圆尺寸 ϕB、前（后）端盖四个连接螺钉位置尺寸 TG 及该连接内螺纹尺寸（包括其内螺纹深度），可参见本章 ISO 15552 标准普通型气缸简介</td></tr>
</table>

续表

负载与力臂伸出距离的关系	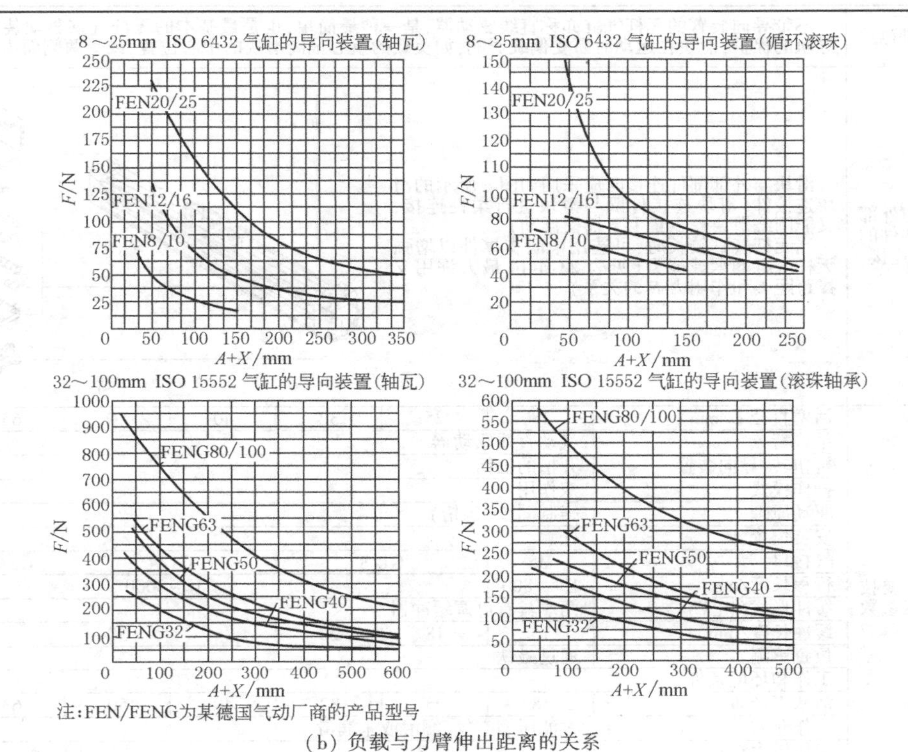 注:FEN/FENG为某德国气动厂商的产品型号 (b) 负载与力臂伸出距离的关系

1.2.10 无杆气缸

表 23-4-19

定义及应用	无杆气缸是一种无活塞杆伸出在外的特殊结构气缸(与普通标准气缸相比)。由于无活塞杆伸出在外,它运动时所占的空间比普通标准型气缸减少一半,在目前自动化生产线,尤其是组建模块化搬运、加工流水线中起着十分重要的作用
结构与工作原理	如图 a 所示,无杆气缸的缸筒形状是一个带开口槽的内孔为圆形的铝合金型材,见图 b 剖面图。无杆气缸的活塞/滑块为一个整体结构的部件,为了使活塞在缸筒内部运动有一个密闭的空间,在缸筒型材内孔开槽处采用了一根稍长于缸筒长度的密封带,穿过活塞/滑块部件,密封带两端固定在前后端盖顶部上方。同时,在型材开口处的外表面上,同样还有一根稍长于缸筒长度的钢带,也穿过活塞/滑块部件,钢带的两端固定在前后端盖顶部上方(在密封件上方)。钢带的功能是保护其内层的密封带不受外部脏物、灰尘的侵入。当压缩空气进入无杆气缸内部推动活塞时,滑块也随之运动。活塞运动的长度就是滑块运动的行程长度 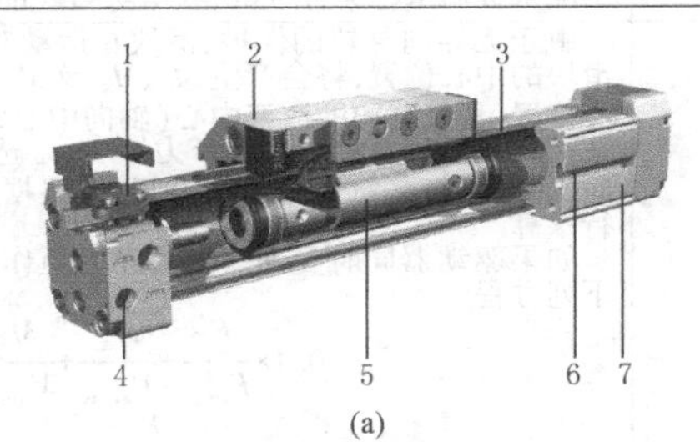 (a) 1—可调终端缓冲,可选,液压缓冲器,终端控制器 SPC11;2—滑块,永久地附加在驱动器上;3—封条,防止灰尘进入;4—供气口位置选择,端盖的三个面上可供选择;5—活塞;6—安装/传感器沟槽,用于集成接近传感器,附加沟槽用于沟槽螺母(气缸活塞直径大于等于 32mm);7—固定型材 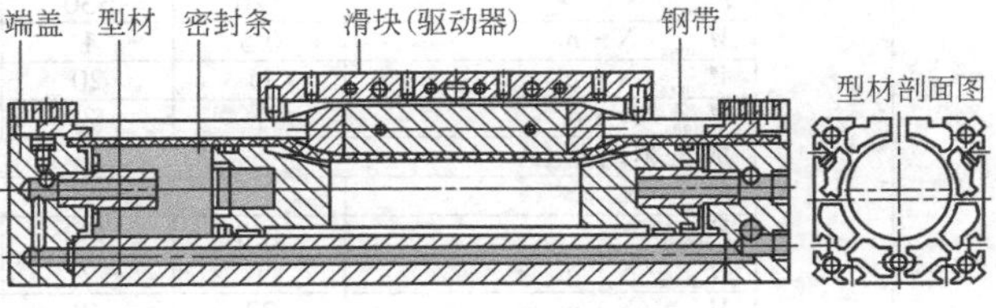 (b)

续表

不带导向装置的无杆气缸	特点	不带导向装置的无杆气缸亦称直线驱动器，是一种最简单，也是最基本的无杆气缸驱动装置。由于无导向导轨的保护，滑块在运动时易受偏载影响，如负载的重心偏离滑块的中心位置，或受两侧面横向力及转矩破坏
	与外部部件的连接	滑块与外部部件连接时应采用如图c所示的滑块连接件（滑块连接件既与滑块进行柔性连接，又能围绕滑块作少量上下摇摆浮动） 当无杆气缸较长时，可选用中间支撑件以增强无杆气缸的承载能力（见表23-4-14最大许用支撑跨距L和作用力F的关系） 直线驱动器 负载转换器 滑块连接件 沟槽盖 接近传感器 沟槽螺母 中间支撑件 脚架安装件 (c)

不带导向装置的无杆气缸 — 主要技术参数

活塞直径 ϕ/mm	18	25	32	40	50	63	80
结构特点	气动直线驱动器						
抗扭转/导向装置	开槽的缸筒						
操作模式	双作用						
驱动原理	强制同步（沟槽）						
安装位置	任意						
气接口	M5	G1/8		G1/4		G3/8	G1/2
行程长度/mm	10~1800	10~3000					
缓冲形式(PPV)	两端具有可调缓冲器						
缓冲长度/mm	16	18	20	30			83
位置感测	通过磁铁						
工作和环境条件							
活塞直径 ϕ	18	25	32	40	50	63	80
工作介质	过滤压缩空气，润滑或未润滑						
工作压力/bar	2~8			1.5~8			
环境温度/℃	-10~60						

力学分析

受力分析：不带导向装置的无杆气缸（亦称直线驱动器），如缸筒（或活塞）为圆形时，当滑块两侧面受大横向力时，活塞/滑块部件的剪切应力全部集中在其中间细腰部（即为缸筒开槽槽口的窄长部位），活塞/滑块部件易折断。因此，不带导向装置的无杆气缸抗横向力能力较差，选用时应参照表23-4-14，尤其是表中的M_{xmax}、M_{zmax}。如采用加长驱动器GV（即对活塞/滑块部件长度加长一倍），其滑块两侧面受横向力能力及转矩可有所提高。如果缸筒（或活塞）为椭圆形，滑块两侧面受横向力能力比缸筒（或活塞）为圆形要好，但也不易受大横向力或力矩。通常，选用无杆气缸并非让其滑块直接驱动外部某一部件，或让其滑块直接承受力或力矩负载，而是需要有一套导轨系统来承受负载及转矩。否则，可选用带导向装置的无杆气缸。如果由于负载小、横向力小的工况条件而采用无杆气缸，其滑块与外部被驱动部件必须采用柔性连接（如滑块连接件）

许用力与转矩：由于无导向导轨的保护，滑块在运动时易受偏载影响，如负载的重心偏离滑块的中心位置，将会产生M_x、M_y及M_z转矩。即使负载的重心在滑块动中心位置，从气缸内的活塞中心（轴向中心线）至工件负载的重心之间的距离，在活塞运行时也将产生一个力矩M_Y。选用何种型式、何种规格的无杆气缸时，应对无杆气缸进行受力分析，并根据气动制造厂商样本中提供的数据进行核算

如果驱动器同时受到多个力和力矩作用，除满足负载条件外，还必须满足下列方程

$$0.4\times\frac{F_z}{F_{zmax}}+\frac{M_x}{M_{xmax}}+\frac{M_y}{M_{ymax}}+0.2\times\frac{M_z}{M_{zmax}}\leqslant 1$$

$$\frac{F_z}{F_{zmax}}\leqslant 1\quad \frac{M_z}{M_{zmax}}\leqslant 1$$

F_z M_z F_y M_y M_x

许用力和转矩

活塞直径 ϕ/mm	18	25	32	40	50	63	80
标准驱动器GK							
F_{ymax}/N	—						
F_{zmax}/N	120	330	480	800	1200	1600	5000
M_{xmax}/N·m	0.5	1	2	4	7	8	32
M_{ymax}/N·m	11	20	40	60	120	120	750
M_{zmax}/N·m	1	3	5	8	15	24	140
加长驱动器GV							
F_{ymax}/N	—						
F_{zmax}/N	120	330	480	800	1200	—	—
M_{xmax}/N·m	1	2	4	8	14	16	—
M_{ymax}/N·m	22	40	80	120	240	240	—
M_{zmax}/N·m	2	6	10	16	30	48	—

续表

不带导向装置的无杆气缸

最大许用活塞速度 v 和移动负载质量 m 的关系

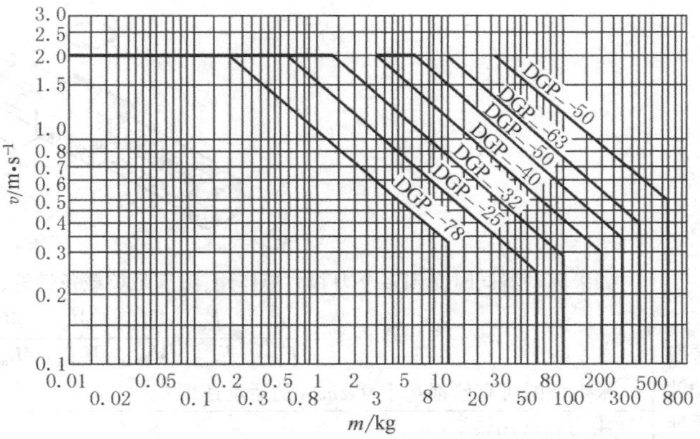

（d）最大许用活塞速度 v 和移动负载质量 m 的关系

最大许用支撑跨距 L 和作用力 F 的关系

作用在滑块表面的力

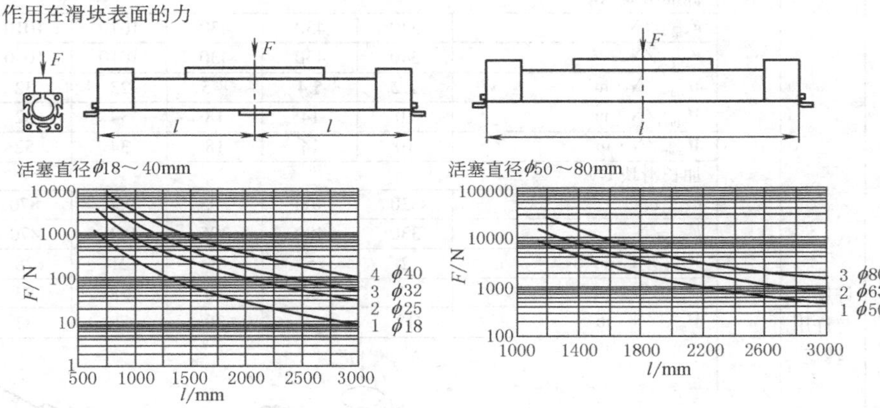

（e）

带导向装置无杆气缸

概述

带导向装置无杆气缸的导向有两种系统：一种导向系统采用滑动轴承（铜轴瓦），另一种采用带循环滚珠轴承。滑动轴承活塞许用速度比带循环滚珠轴承小，滑动轴承活塞最大许用速度为 1m/s，带循环滚珠轴承最大活塞许用速度可达 2m/s

带导向装置无杆气缸的最大许用支撑跨距 L 和作用力 F 的关系，与无杆气缸最大许用支撑跨距 L 和作用力 F 的关系是相同的

技术参数

活塞直径 ϕ/mm		18	25	32	40	50	63	80
结构特点		气动直线驱动器，带滑块						
抗扭转/导向装置		带滑块的导轨和滑动轴承导向装置 GF 或循环滚珠轴承导向装置 KF						
操作模式		双作用						
驱动原理		强制同步（沟槽）						
安装位置		任意						
气接口		M5	G1/8		G1/4		G3/8	G1/2
行程长度/mm		10～1800	10～3000					
缓冲形式		两端具有可调缓冲器						
		两端具有自调节缓冲器						
缓冲长度(PPV)/mm		16	18	20	30			83
位置感测		通过磁铁						
最大速度	GF/m·s^{-1}	1						
	KF/m·s^{-1}	3						
	GA/m·s^{-1}	—	3			—		
活塞直径 ϕ/mm		18	25	32	40	50	63	80
工作介质		过滤压缩空气，润滑或未润滑						
工作压力/bar		2～8			1.5～8			
环境温度/℃		−10～60						
派生型 GF 的耐腐蚀等级 CRC		2						

续表

带导向装置的无杆气缸 — 许用力与许用转矩

带滑动轴承导向装置

如果驱动器同时受到多个力和力矩作用，除满足负载条件外，还必须满足下列方程

$$\frac{F_y}{F_{ymax}}+\frac{F_z}{F_{zmax}}+\frac{M_x}{M_{xmax}}+\frac{M_y}{M_{ymax}}+\frac{M_z}{M_{zmax}}\leqslant 1$$

派生型的所有值都基于 0.2m/s 的运动速度

许用力和许用转矩

活塞直径 φ/mm	18	25	32	40	50	63	80
标准滑块 GK							
$F_{y最大}$/N	340	430	430	1010	1010	2000	2000
$F_{z最大}$/N	340	430	430	1010	1010	2000	2000
M_{xmax}/N·m	2.2	5.4	8.5	23	32	74	100
M_{ymax}/N·m	10	14	18	34	52	140	230
M_{zmax}/N·m	10	14	18	34	52	140	230
加长滑块 GV							
F_{ymax}/N	330	400	395	930	870	1780	—
F_{zmax}/N	330	400	395	930	870	1780	—
M_{xmax}/N·m	2	5	8	21	28	66	—
M_{ymax}/N·m	18	25	30	58	83	235	—
M_{zmax}/N·m	18	25	30	58	83	235	—

带循环滚珠轴承导向装置

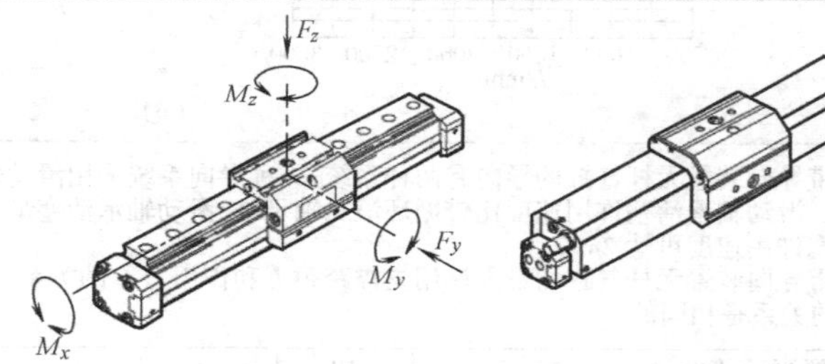

如果驱动器同时受到多个力和力矩作用，除满足负载条件外，还必须满足下列方程

$$\frac{F_y}{F_{ymax}}+\frac{F_z}{F_{zmax}}+\frac{M_x}{M_{xmax}}+\frac{M_y}{M_{ymax}}+\frac{M_z}{M_{zmax}}\leqslant 1$$

许用力和许用转矩

活塞直径 φ/mm	18	25	32	40	50	63	80
标准滑块 GK							
F_{ymax}/N	930	3080	3080	7300	7300	14050	14050
F_{zmax}/N	930	3080	3080	7300	7300	14050	14050
M_{xmax}/N·m	7	45	63	170	240	580	745
M_{ymax}/N·m	23	85	127	330	460	910	1545
M_{zmax}/N·m	23	85	127	330	460	910	1545
加长滑块 GV							
F_{ymax}/N	930	3080	3080	7300	7300	14050	—
F_{zmax}/N	930	3080	3080	7300	7300	14050	—
M_{xmax}/N·m	7	45	63	170	240	580	—
M_{ymax}/N·m	45	170	250	660	920	1820	—
M_{zmax}/N·m	45	170	250	660	920	1820	—

续表

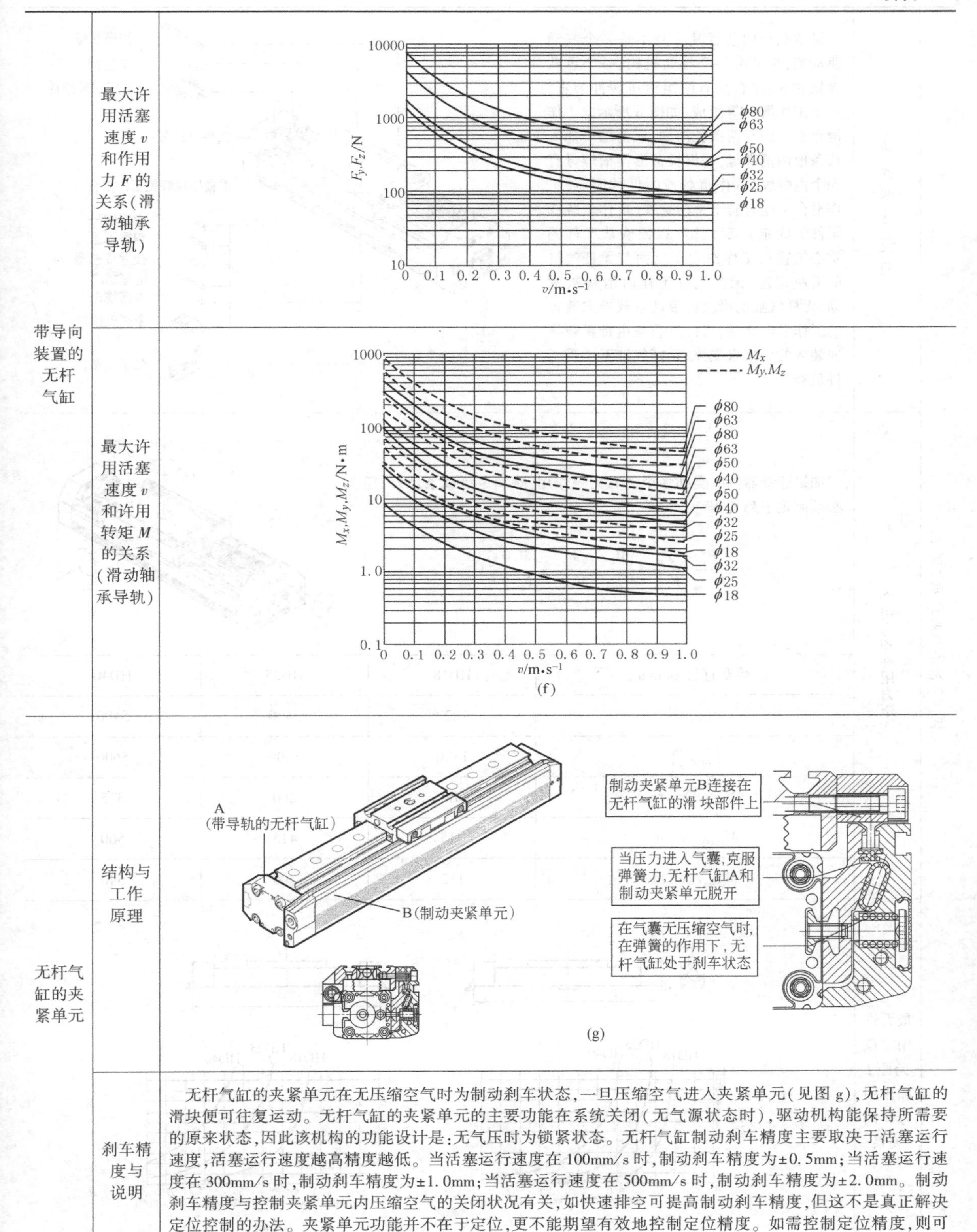

带导向装置的无杆气缸	最大许用活塞速度 v 和作用力 F 的关系（滑动轴承导轨）	
	最大许用活塞速度 v 和许用转矩 M 的关系（滑动轴承导轨）	(f)
无杆气缸的夹紧单元	结构与工作原理	(g)
	刹车精度与说明	无杆气缸的夹紧单元在无压缩空气时为制动刹车状态，一旦压缩空气进入夹紧单元（见图 g），无杆气缸的滑块便可往复运动。无杆气缸的夹紧单元的主要功能在系统关闭（无气源状态时），驱动机构能保持所需要的原来状态，因此该机构的功能设计是：无气压时为锁紧状态。无杆气缸制动刹车精度主要取决于活塞运行速度，活塞运行速度越高精度越低。当活塞运行速度在 100mm/s 时，制动刹车精度为±0.5mm；当活塞运行速度在 300mm/s 时，制动刹车精度为±1.0mm；当活塞运行速度在 500mm/s 时，制动刹车精度为±2.0mm。制动刹车精度与控制夹紧单元内压缩空气的关闭状况有关，如快速排空可提高制动刹车精度，但这不是真正解决定位控制的办法。夹紧单元功能并不在于定位，更不能期望有效地控制定位精度。如需控制定位精度，则可采用气动伺服控制，它的定位精度可在±0.2mm

续表

带重载导向装置的无杆气缸

装置图及说明

带重载导向装置其本身不是一个气动驱动器，它是由一个导向机构、一个重载导轨装置、左右配有两组液压缓冲装置、一个工作滑台等组成，如图 h 所示。工作滑台正上面有两条长沟槽，该沟槽可插入长条形沟槽螺母，每根长条形沟槽螺母有四个内螺纹，可作负载或附件的固定，工作滑台上还有若干个内螺纹（可作负载或附件的固定）、定位销（以便确认工件的重心位置），工作滑台正反面与无杆气缸的滑块相连，无杆气缸工作时滑块被驱动，无杆气缸的滑块将带动重载导向装置的工作滑台移动，工件负载是由带重载导向装置的导轨来支撑，无杆气缸不承受工件负载

沟槽螺母
定位销
液压缓冲组件
重载导轨装置
重载导轨装置工作滑台
沟槽螺母
沟槽罩盖
接近传感器
电缆插座
沟槽螺母
中间支撑件
脚架安装件
无杆气缸

(h)

许用力和许用力矩

如果驱动器同时受到多个力和力矩作用，除满足负载条件外，还必须满足下列方程

$$\frac{F_y}{F_{ymax}}+\frac{F_z}{F_{zmax}}+\frac{M_x}{M_{xmax}}+\frac{M_y}{M_{ymax}}+\frac{M_z}{M_{zmax}}\leqslant 1$$

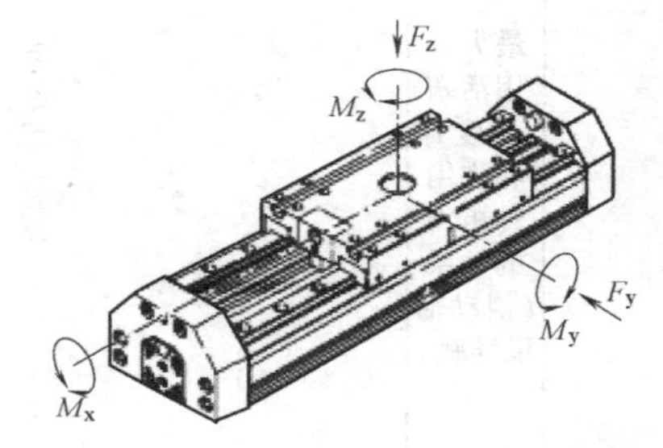

活塞直径 ϕ/mm	HD18	HD25	HD40
F_{ymax}/N	1820	5400	5400
F_{zmax}/N	1820	5600	5600
M_{xmax}/N·m	70	260	375
M_{ymax}/N·m	115	415	560
M_{zmax}/N·m	112	400	540

最大许用支撑跨距 l 和作用力 F 的关系

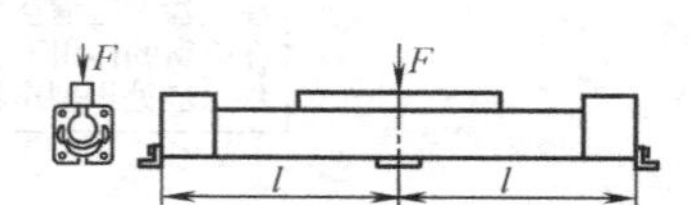

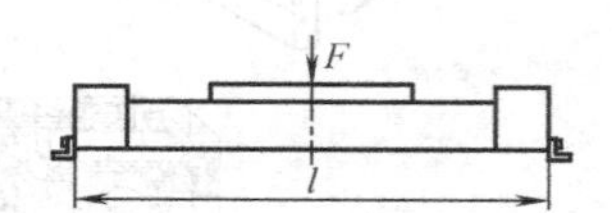

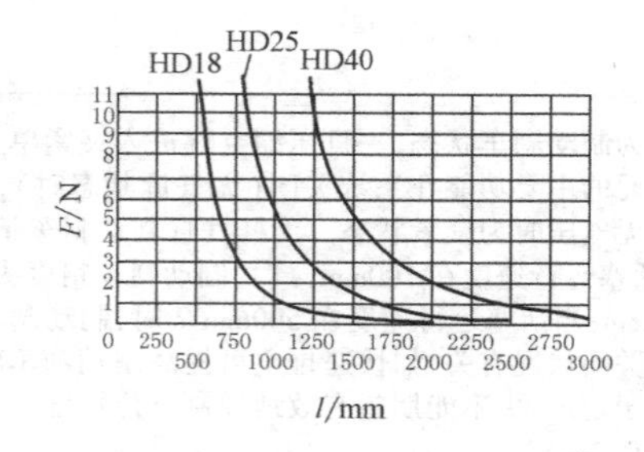

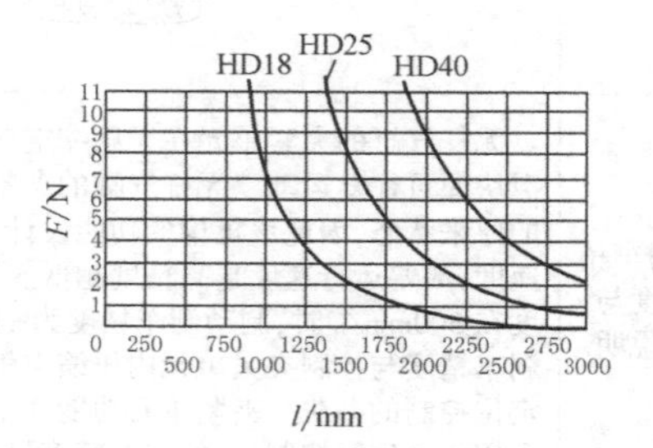

1.2.11 叶片式摆动气缸

表 23-4-20

概述

叶片式摆动气缸使活塞杆作旋转摆动运动，与单齿轮齿条摆动气缸相比，它的工作转矩大，旋转摆动角度最大为 270°（见图 a），与棘轮装置配用可制成气分度工作台

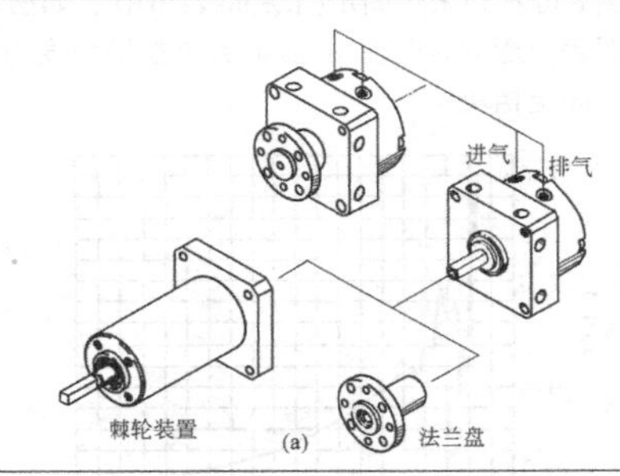

(a)

工作原理

原理图

(b)

说明

叶片式摆动气缸工作原理如图 b 所示，旋转叶片、输出轴及旋转角度调整杆三者固定在一起，当外部压缩空气推动旋转叶片时，则使输出轴及旋转角度调整杆一起旋转摆动。旋转摆动角度是靠调整外部的可调挡块（止动挡块），在叶片式摆动气缸后壳体离轴中心半径方向有一圈沟槽，可调挡块（止动挡块）通过螺钉被固定在沟槽上，如要改变旋转摆动的角度，则在沟槽内调整可调挡块（止动挡块）位置便可。有一定厚度的叶片只能作小于 360°的旋转摆动，由于两个可调挡块的物理尺寸的缘故，因此叶片式摆动气缸的最大旋转摆动可设定在 270°。叶片式摆动气缸的缓冲是靠外部的液压缓冲器来实现，它的位置检测也是通过安装在外部的电感式接近传感器来获取

技术参数

叶片式摆动气缸目前还无 ISO 国际标准（指安装界面、外形尺寸），因此各国气动厂商根据自己的设计的结构，如叶片活塞的臂长，会产生不同的力矩，也会有不同的转动惯量和速度特性等

活塞直径 ϕ/mm		12	16	25	32	40
气接口		M5			G1/8	
结构特点		叶片驱动的摆动气缸				
工作介质		过滤压缩空气，润滑或未润滑				
缓冲形式		任意一端具有不可调缓冲；一端自调节缓冲器；双滚自调节缓冲器				
最大摆角/(°)	不带缓冲器	270	270	270	270	270
	带缓冲器(CR/CL)	254	254	258	258	255
	带两个缓冲器(CC)	238	238	246	246	240
最大许用频率（最大摆角情况）/Hz	不带缓冲器	2				
	带缓冲器	1.5	1		0.7	
外部挡块限制摆动角度的条件	最小许用止动半径/mm	15	17	21	28	40
	最大许用冲击力/N	90	160	320	480	650
缓冲角度/(°)	不带缓冲器	1.8~2.1	1.3~2.1	1.1~1.9	0.9~1.7	1.4~2.1
	带缓冲器	13	12	10	12.5	15
摆角可调/(°)		不带缓冲器-5~1；带缓冲器→1/4.2~28				
在最大摆角，压力为 6bar 时的耗气量（理论值）/cm^3		82	163	288	632	1168
工作压力/bar		2~10		1.5~10		
温度范围/℃		-10~60				
力和力矩						
6bar 时的力矩/N·m		1.25	2.5	5	10	20
最大许用轴上径向负载/N		45	75	120	200	350
最大许用轴上轴向负载/N		18	30	50	75	120
最大许用轴上转动惯量/kg·m^2	不带缓冲器	0.35×10^{-4}	0.7×10^{-4}	1.1×10^{-4}	1.1×10^{-4}	2.4×10^{-4}
	带缓冲器	7×10^{-4}	12×10^{-4}	16×10^{-4}	21×10^{-4}	40×10^{-4}

续表

缓冲角度与旋转摆动时间的关系	上表中提到的缓冲角度(带缓冲器与不带缓冲器)一栏,其本质表现在缓冲距离,缓冲角度越大则说明缓冲距离也越长,对于无液压缓冲器制动形式,当旋转摆动速度很高时(摆动时间越小时),其终点动能越大,会对输出轴/旋转角度调整杆造成损毁。从图 c 可看到采用固定挡块曲线的图内,如摆动时间在 10ms 时允许的摆动角度为 0.6°~0.7°,而采用内置液压缓冲器曲线的图表内摆动时间在 10ms 时允许摆动角度为 4.2° 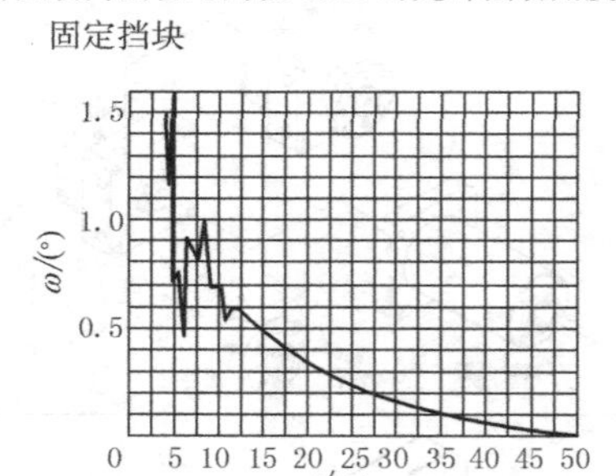 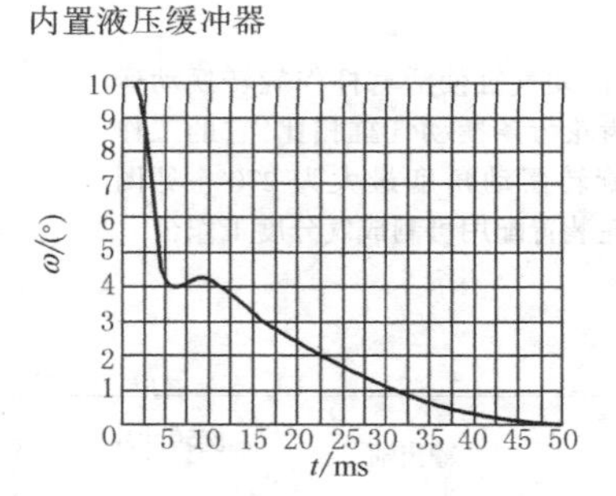 (c)缓冲(缓冲角度 ω 和摆动时间 t 的关系)
转动惯量与摆动时间的关系	叶片式摆动气缸作旋转摆动时旋转输出轴便产生转动惯量(见力和力矩表),表中描述某气动生产厂商的叶片式摆动气缸的输出轴允许最大的转动惯量,输出轴运动至终点时,有液压缓冲器结构比无液压缓冲器结构,其缓冲承受的惯量要大得多,而旋转摆动时间越短,能承受的转动惯量越小(见图 d),如叶片式摆动气缸旋转输出轴承能承受转动惯量不够大时,意味着需加装单向节流阀,调慢旋转速度,把转动惯量降下来 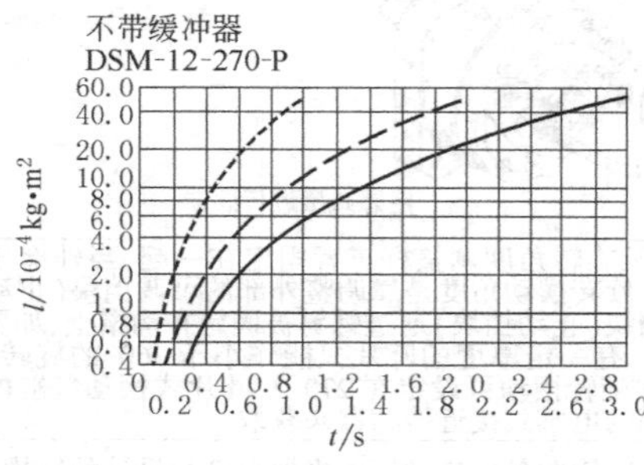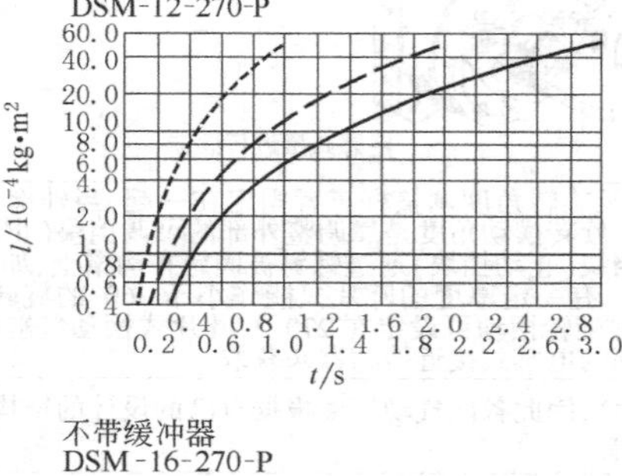 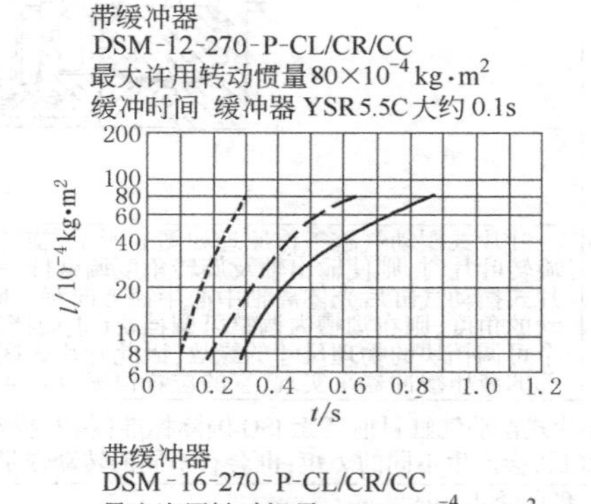 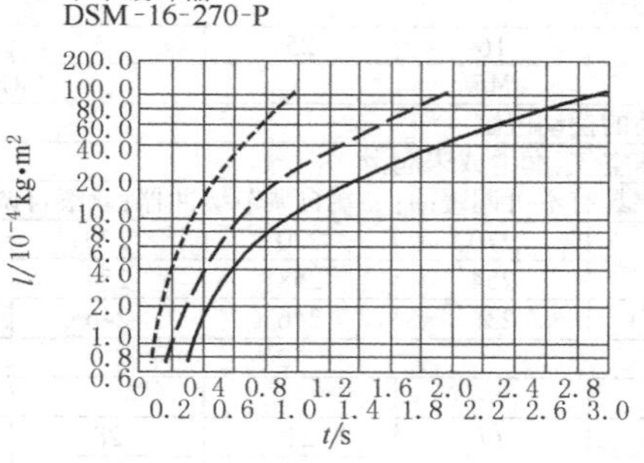 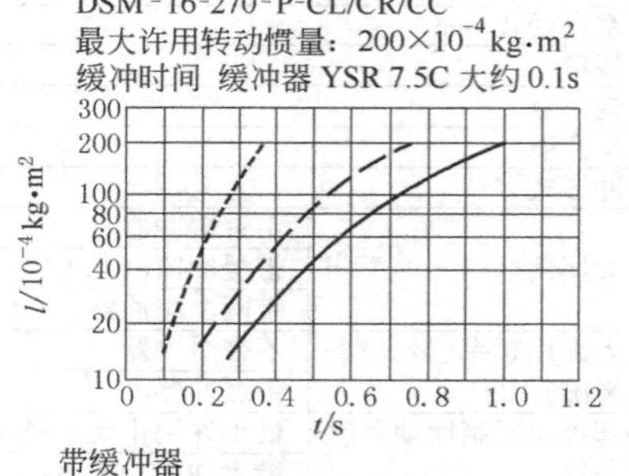 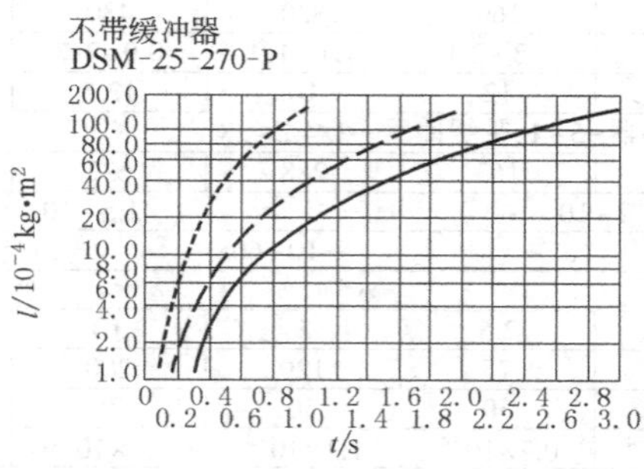 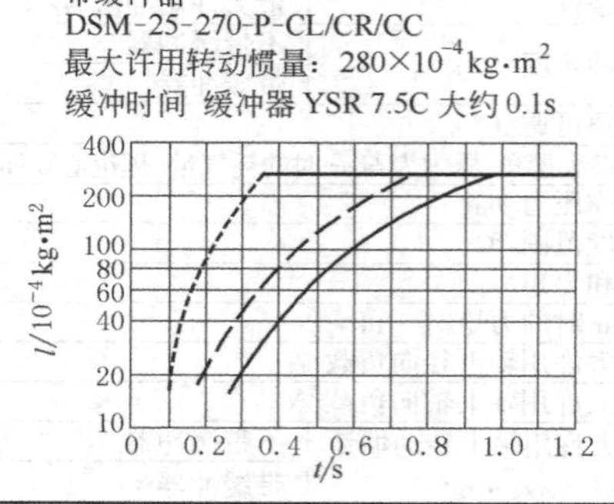

续表

转动惯量与摆动时间的关系

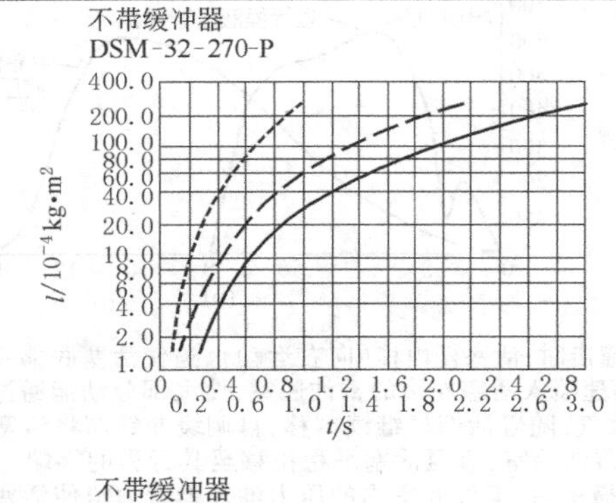

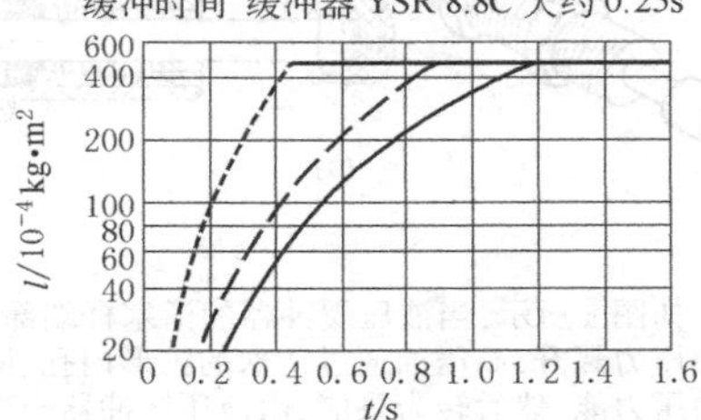

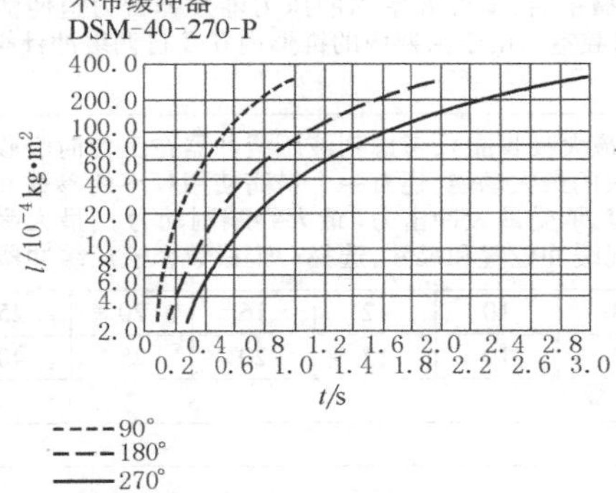

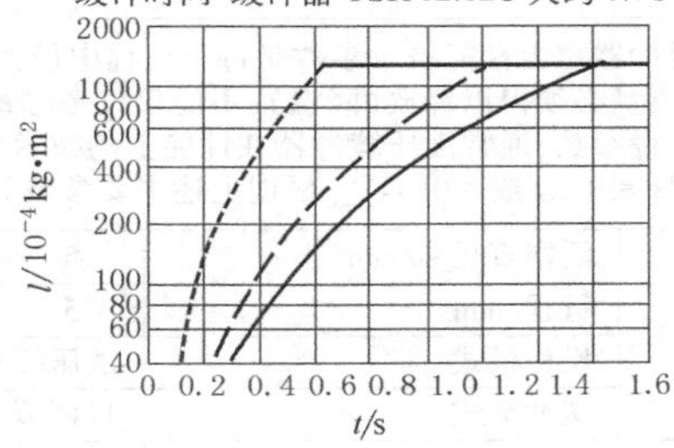

----90°
— — —180°
——270°

(d)

注：DSM 为某德国气动厂商叶片式摆动气缸的型号
YSR 为某德国气动厂商液压缓冲器的型号

例题

一个 DSM-25-270-P 的叶片式摆动气缸在旋转的时候，0.4s 内旋转 180°，气爪和负载的转动惯量为 4.5×10^{-4} kg·m²，问是否需要使用单向节流阀或带液压缓冲器

解：从图 d 中查 DSM-25-270-P 的图表，许用转动惯量为 6.5×10^{-4} kg·m²，因此叶片式摆动气缸可不用单向节流阀，也不需要液压缓冲器

叶片式摆动气缸作旋转分度

鉴于叶片式摆动气缸能产生大的转矩，它的旋转角度可任意设置调整（不带缓冲的调节角度可从-5°~1°），因此，它具备分度的条件，叶片式摆动气缸与棘轮装置（见图 e）组合在一起便可作为专用的工作台分度，该分度装置的最小分度角度为 3°，它的分度精度取决于摆动速度和负载。叶片式摆动气缸作旋转分度在自动流水线上应用广泛

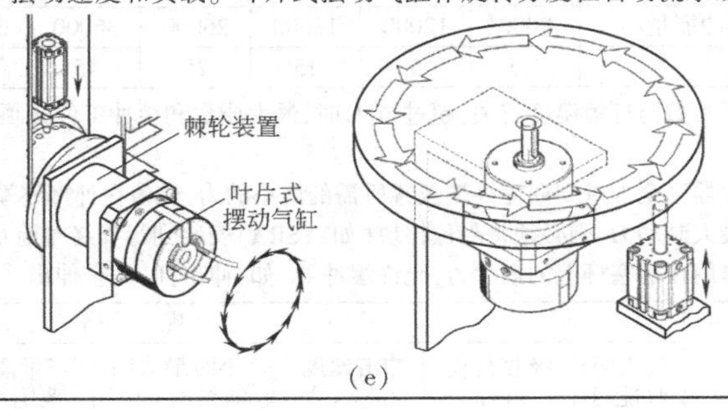

(e)

1.2.12 液压缓冲器

表 23-4-21

概述

液压缓冲器用于吸收冲击动能，并减小撞击时产生的振动和噪声的液压组件。液压缓冲不需要外部供油系统，之所以称液压组件是因为其内部储有液压油，当外部有一个冲击能（某质量物体以一定的速度）作用时，液压油受挤压并通过节流流入储能油腔起到缓冲功能。液压缓冲器在气动驱动中地位越来越重要，它不再仅仅充当普通气缸在缓冲能力不足时的缓冲辅助装置，更在开发导向驱动装置中应用广泛。对于带导轨的导向驱动装置而言，由于导轨的导向驱动装置结构极其紧凑，很少再能在驱动活塞空间里设有缓冲的物理空间尺寸，因此，当驱动器承载且运动速度高时，驱动器运动终点的缓冲往往由液压缓冲器来承担。总之液压缓冲器在提高生产效率、延长机械寿命、简化机械设计、降低维护成本、降低振动噪声等方面应用广泛

续表

工作原理

(a)

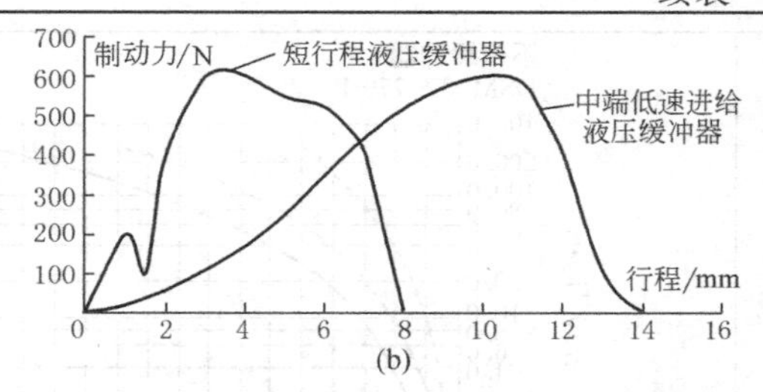

(b)

如图 a 所示，当液压缓冲器的活塞杆端部受到运动物体撞击时，活塞杆内移（向右运动），迫使活塞底部腔室的液压油压力骤升，高压油通过活塞的锥形内孔、固定节流小孔高速喷入活塞左边的蓄油腔室，使大部分动能通过液压油转为压力能，然后转为热能，由液压缓冲器金属外壳逸散至大气，随着活塞杆继续内移，自调缓冲针阀将活塞内孔越关越小，高压油只能通过活塞固定节流小孔喷入活塞左边的蓄油腔室，直至活塞平稳位移至其行程的终端（注意：不要使液压缓冲器内的活塞运动至缓冲器底端盖上）。当外力撤销后，蓄油腔室内的压力油及弹簧力迫使活塞杆再次伸出，活塞底部腔室扩张产生负压，蓄油腔室又返至活塞底部腔室。由于活塞内的锥形内孔及自调缓冲针阀在关闭过程呈压力线性递增过程，使液压缓冲器的制动力如图 b 所示

液压缓冲器主要性能技术参数是每个行程中最大的缓冲能量（最大吸收能），考虑到液压缓冲器在工作时吸收动能转换成热量，该热量必须得以释放（降温），不能仅仅考虑每次行程能吸收的最大动能，还有一个最高使用频率的参数和每小时最大的缓冲能量参数，通常液压缓冲器在性能上的技术参数还须表明其承受最大冲击力（最大终端制动力）、最大耐冲击速度和复位时间（≤0.2s 或≤0.4s）。根据上述主要参数数据及实际工况缓冲位置和尺寸，选择一个或数个液压缓冲器

主要技术参数

FESTO自调式液压缓冲器YSR系列技术参数

活塞直径 φ/mm	5	7	8	10	12	16	20	25	32
行程/mm	5	5	8	10	12	20	25	40	60
操作模式	液压缓冲器，带复位弹簧								
缓冲形式	自调节								
安装形式	带锁紧螺母的螺纹								
冲击速度/m·s^{-1}	0.05~2	0.05~3							
产品质量/g	9	18	30	50	70	140	240	600	1250
环境温度/℃	−10~+80								
复位时间①/s	≤0.2							≤0.4	≤0.5
最小插入力②/N	5.5	8.5	15	20	27	42	80	143	120
最大终端制动力③/N	200	300	500	700	1000	2000	3000	4000	6000
最小复位力④/N	0.7	1	3.1	4.5	6	6	14	14	21
每次行程的最大缓冲能量/J	1	2	3	6	10	30	60	160	380
每小时的最大缓冲能量/J	8000	12000	18000	26000	36000	64000	92000	150000	220000
许用质量范围/g	1.5	5	15	25	45	90	120	200	400

① 规定的技术参数与环境温度有关，超过 80℃时，最大质量和缓冲工件必须下降约 50%，在−10℃时，复位时间可能长达 1s

② 这是将缓冲器完全推进到回缩终端位置所需的最小的力，该值在外部终端位置延伸的情况下相应减小

③ 如果超出最大制动力，则必须将限位挡块（如：YSRA）安装到行程终端前 0.5mm 处

④ 这是可以作用在活塞杆上的最大力，允许缓冲器（如：伸出杆）完全伸出

SMC可调型液压缓冲器RBOEM系列（大型）

型号	规格								
	最大吸收能/J	吸收行程/mm	冲击速度/m·s^{-1}	每小时最大吸收能量/J·h^{-1}	当量质量范围/kg	最大推进力/N	环境温度/℃	弹簧力/N	
								伸出	压回
RB-OEM1.5M×1	260	25	0.3~3.6	126000	25~3400	2890	−10~+80	49	68
RB-OEM1.5M×2	520	50		167000	45~6500	2890		32	68
RB-OEM1.5M×3	780	75		201000	54~9700	2890		32	78
RB-OEM2.0M×2	1360	50		271000	75~12700	6660		76	155
RB-OEM2.0M×4	2710	100		362000	118~18100	6660		69	160
RB-OEM2.0M×6	4070	150		421000	130~23600	6660		90	285
RB-OEM3.0M×2	2300	50	0.3~4.3	372000	195~31700	12000		110	200
RB-OEM3.0M×3.5	4000	90		652000	215~36000	12000		110	200
RB-OEM3.0M×5	5700	125		933000	220~51000	12000		71	200
RB-OEM3.0×6.5	7300	165		1215000	300~56700	12000		120	330

续表

<table>
<tr><td rowspan="7">液压缓冲器类型</td><td rowspan="4">自调式</td><td>标准型</td><td>这种自调节液压缓冲器，当油液流经溢流阀和节流阀的组合装置时，作用在活塞杆上的冲击能量转化为热能，逸散于空气中。这保证了对每一种许用能量范围内的缓冲要求，缓冲器都能自动适应。内置的压缩弹簧可把活塞杆推回原始位置</td></tr>
<tr><td>耐冷却液型</td><td>它的主要技术性能与标准型液压缓冲器一样，只是在有活塞杆伸出端的液压缓冲器头部加装双层密封结构，在冷却液飞溅的工作区域内，防止外部切削液(油性溶液)导入其内部</td></tr>
<tr><td>短行程型</td><td>它是标准型液压缓冲器的派生，尽管缓冲行程较短，缓冲过程力的上升较急骤，短行程液压缓冲器在短行程条件下，仍具足够缓冲特性，较适合在当缓冲空间尺寸有限及旋转装置(有旋转角度如下例 2)的状况下进行缓冲</td></tr>
<tr><td>终端低速进给型</td><td>它的缓冲行程比短行程液压缓冲器长，缓冲过程力的上升较慢且平稳，尤其可应用于抓取和装配技术系统中的各种应用场合。具有以下功能：通过自调节的液压缓冲器具有低速进给特性进行缓冲，它的耐冲击速度范围较大，可达到 0.05~3m/s</td></tr>
<tr><td rowspan="3">可调型</td><td colspan="2">对于可调型液压缓冲器，当油液通过压力控制阀排出时，冲击能量转化为热能，逸散于空气中。内置的压缩弹簧把活塞杆推回原始位置。通过调节圈数可以无级调节缓冲动作，调节可在工作过程中进行。缓冲器可用作终端制动装置，承受规定的最大冲击力。在其外部安装接近传感器进行终端位置感测，终端位置精密调节，其重复精度可达±0.02mm</td></tr>
<tr><td>耐冲击力型</td><td>耐冲击力型液压缓冲器，通常有内置弹簧调节及外部安置弹簧调节，通过调节圈数来完成对大负载的冲击缓冲</td></tr>
<tr><td>低速进给型</td><td>低速进给型液压缓冲器主要用于气动进给单元的低速缓冲，使进给运动平稳，它最大耐冲击速度仅为 0.3m/s，速度快慢可进行调节。通过调节圈可无级调节制动速度。适用于 0.1m/s 以下的低进给速度</td></tr>
<tr><td rowspan="2">计算与举例</td><td>计算公式</td><td colspan="2">对液压缓冲器计算时，应确定下列值，即冲击时的有效值：作用力 A、等效质量 m_{equiv}、冲击速度 v。为了选择合适的缓冲器，在缓冲器最大缓冲能量选择上确保不超出下列值：如每一次行程内所允许的能量负载在 $W_{min}=25\%$、$W_{max}=100\%$，推荐每一次行程 $W_{opt}=50\%\sim100\%$，同时，还要确保每小时最大缓冲能量、最大残余能量、最大终端制动力均不能超过液压缓冲器实际数值
直线运动计算公式
$$W_{total}=\frac{1}{2}mv^2+As<W_{max}$$
$$W_h=W_{total}N<W_{hmax}$$
旋转运动计算公式
$$m_{equiv}=\frac{J}{R^2}$$
$$v=\omega R$$
$$A=\frac{M}{R}+mg\sin\alpha\frac{a}{R}$$
$A=F+G$(水平运动)
$A=F+mg\sin\alpha$(斜面运动)
$G=mg\sin\alpha$
特殊情况：$\alpha=0°$时水平运动，$G=0$
$\alpha=90°$时向下运动，$G=mg$
$\alpha=90°$时向上运动，$G=-mg$
式中，v 为冲击速度，m/s；m_{equiv} 为等效质量，kg；g 为重力加速度，9.81m/s²；s 为缓冲器行程，m；α 为冲击角，(°)；W_{total} 为缓冲功/行程，J；W_h 为每小时缓冲功，J；J 为转动惯量，kg·m²；R 为质量中心与缓冲器间的距离，m；ω 为角速度，rad/s；M 为驱动力矩，N·m；a 为重心与质量中心之间的距离；N 为每小时行程数；A 为附加作用力，N；F 为气缸作用力与摩擦力之差，N；G 为质量产生的力</td></tr>
<tr><td>例题</td><td colspan="2">例 1　已知：$m_{equiv}=m=50$kg，$m=50$kg，$v=1.5$m/s，$\alpha=45°$，$F=190$N，ϕ20mm，$p=6$bar 时，每小时行程数 N 为 1800
求：每个行程所需的缓冲能量 W_{total} 及每小时所需的缓冲能量 W_h，并选择液压缓冲器的规格
解：$A=F+mg\sin\alpha=190\text{N}+50\times9.81\times\sin\alpha\text{N}=537\text{N}$
$m_{equiv}=m=50$kg
$W_{total}=1/2mv^2+As=1/2\times50\times1.5^2+537\times0.04=78\text{J}$
$W_h=W_{total}N=78\times1800=140000\text{J}$
如果选择 FESTO 公司 YSR-25-40 或 YSR-25-40-C 规格液压缓冲器(ϕ25mm、行程 40mm)，根据样本查得：YSR-25-40 每次行程的最大缓冲能量 $W_{max}=160$J 及每小时最大缓冲能量 $W_h=293000$J；YSR-25-40 每次行程的最大缓冲能量 $W_{max}=160$J 及每小时最大缓冲能量 $W_h=150000$J。对上述应用，两种缓冲器都适用。进一步的选择以调节装置和规格为依据。两种情况的利用率为 49%
如果选择 SMC 公司 RB-OEM-1.5×2 规格液压缓冲器(外径 M42×1.5mm、行程 50mm)，它每次行程的最大缓冲能量 $W_{max}=520$J 及每小时最大缓冲能量 $W_h=167000$J。该液压缓冲器适用</td></tr>
</table>

续表

计算与举例	例题	**例 2** 已知：$J=2\text{kg}\cdot\text{m}^2$，$\omega=4\text{rad/s}$，$R=0.5\text{m}$，$M=20\text{N}\cdot\text{m}$，每小时行程数 N 为 900 **求**：每个行程所需的缓冲能量 W_{total} 及每小时所需的缓冲能量 W_h，并选择液压缓冲器的规格 **解**：$m_{equiv}=J/R^2=8\text{kg}$，$v=\omega R$，$A=M/R=40\text{N}$ $W_{total}=1/2mv^2+As=1/2\times8\times2^2+40\times0.02=17\text{J}$ $W_h=W_{total}N=17\times900=15300\text{J}$ 如果选择 FESTO 公司 YSR-16-20 或 YSR-16-20-C 规格液压缓冲器（ϕ16mm、行程 20mm），根据样本查得：YSR-16-20 每次行程的最大缓冲能量 $W_{max}=32\text{J}$ 及每小时最大缓冲能量 $W_h=130000\text{J}$ YSR-16-20-C 每次行程的最大缓冲能量 $W_{max}=30\text{J}$ 及每小时最大缓冲能量 $W_h=64000\text{J}$。对上述应用，两种缓冲器都适用。进一步的选择以调节装置和规格为依据。两种情况的利用率分别为 53%和 57% 如果选择 SMC 公司 RB-OEM-0.5 规格液压缓冲器（外径 M20×1.12mm），它每次行程的最大缓冲能量 $W_{max}=29.4\text{J}$ 及每小时最大缓冲能量 $W_h=32000\text{J}$，利用率为 58%。该缓冲器适用。如选择 RB1412（外径 M14×1.5mm、行程 12mm），它每次行程的最大缓冲能量 $W_{max}=19.6\text{J}$，运动频率 45 次/分，可得出每小时最大缓冲能量可 $W_h=52920\text{J}$，利用率为 87%。该液压缓冲器适用
选用液压缓冲器注意事项		（1）安装液压缓冲器时，应注意缓冲器行程稍留有余量，不能让缓冲器内的活塞撞击其底座。如要求终点位置精确时，应让缓冲器内置于空心的金属圆柱体挡块内，以提高定位精度 （2）安装液压缓冲器时，应注意其轴心线与负载运动的轴心线一致，轴心偏角不得大于 3°，对于旋转角度的缓冲角度而言，应选择短行程液压缓冲器，并使缓冲行程与旋转摆动半径之比小于 0.05 （3）如果需安装两个以上的液压缓冲器时，注意同步动作 （4）严禁在液压缓冲器外部螺纹喷漆、校压，以避免影响散热效果及发生壁薄漏油 （5）液压缓冲器的机架有足够的刚度，液压缓冲器的锁紧螺母按其使用说明书的力矩操作，过紧易损坏其外部螺纹，过松易使其松动而被撞坏 （6）液压缓冲器不能在有腐蚀的环境下工作，避免与切削油、水、灰尘、脏物等接触

1.2.13 气动肌肉

表 23-4-22

原理	结构图	
原理	说明	气动肌腱是一种拉伸驱动器，它模仿自然肌腱的运动。气动肌腱由一个收缩系统和合适的连接器组成。这个收缩系统由一段被高强度纤维包裹的密封橡胶管组成。纤维形成了一个三维的菱形网状结构。当内部有压力时，管道就径向扩张，轴向方向产生收缩，因此产生了拉伸力和肌腱纵向的收缩运动。拉伸力在收缩开始时最大，并与行程成线性比例关系减小。气动肌腱的收缩最大可达 25%，即它的工作行程就是气动肌腱额定长度的 25%
连接结构	连接件示意图	(a) 1—N 快插接头，用于连接具有标准内径的气管； 2—QS 快插接头，用于连接具有标准外径（符合 CEOOP RP SAP 标准）的气管； 3—CK 快拧接头，用于连接具有标准内径的气管； 4—GRLA 单向节流阀，用于调节速度； 5—SG 双耳环，允许气动肌腱在一个平面内转动安装； 6—SGS 关节轴承，带球面轴承； 7—KSG/KSZ 连接件，用于补偿径向偏差； 8—MXAD-T 螺纹销，用于连接驱动器附件； 9—MXAD-R 径向连接件，用于连接驱动器附件和径向供气口； 10—SGA 双耳环，带外螺纹，用于直接安装到气动肌腱上； 11—MXAD-A 轴向连接件，用于连接驱动器附件和轴向供气口
连接结构	说明	气动肌肉作为驱动器，与普通气缸一样，图 a 是其与各种连接辅件的示意图。通过径向连接件 9 可与螺纹销 8 连接，并通过螺纹销 8 可与双耳环 5、关节轴承 6、连接件 7 和外部运动部件形成柔性驱动结构。气动肌肉的进/排气口，可采用快插接头 1、2，或快拧接头 3，或单向节流阀 4 与径向连接件 9 连接，并将压缩空气输进气动肌肉腔内。进/排气气口可采用单端进/出方式，也可采用两端进/出方式

续表

		规格	10	20	40
气动肌肉的技术参数与特性	主要技术参数	气接口	➡连接件 MXAD-…,从 1/5.6-18 起		
		工作介质	过滤压缩空气,润滑或未润滑(其他介质根据要求而定)		
		结构特点	高强度纤维收缩隔膜		
		工作方式	单作用,拉		
		内径/mm	10	20	40
		额定长度/mm	40~9000	60~9000	120~9000
		最大附加负载,自由悬挂/kg	30	80	250
		可从地面提起的最大附加负载,开始位置并未受到预拉伸/kg	68	160	570
		最大许用收缩(行程)/mm	额定长度的 20%		额定长度的 25%
		室温下的放松长度/mm	气管长度的 3%		
		重复精度/mm	小于等于额定长度的 1%		
		最大许用预拉伸①/mm	额定长度的 3%		
		最大收缩时的直径扩张量②/mm	23	40	75
		迟滞,不带/带负载	小于等于额定长度的 5%/2.5%	小于等于额定长度的 4%/2%	
		最大角度误差	±1°,两个固定接口的轴之间		
		最大平行度误差	两接口之间每 100mm 长度的误差是 2mm		
		不带附加负载时的速度(6bar 时)/m·s^{-1}	0.001~1.5	0.001~2	
		安装型式	带附件		
		安装位置	任意(如果出现径向力则需要外部导向装置)		
		工作压力/bar	0~8	0~6	
		环境温度/℃	5~60		
		耐腐蚀等级 CRC③	2		
		理论值/N	650	1600	5700
		达到预拉伸时要求的力/N	300	800	2500
		力的补偿/N	400	1200	4000

①当附加有效的最大许用自由悬挂负载时,也相应得到了最大拉伸

②直径上的扩张决不能用于夹紧

③耐腐蚀等级 2,符合 Festo 960070 标准

元件必须具备一定的耐腐蚀能力,外部可视元件具备基本的涂层表面,直接与工业环境或与冷却液、润滑剂等介质接触

特性

气动肌肉产生的收缩力(拉伸力)很大,是同径气缸的 10 倍,与普通气缸不同的是,气动肌肉在开始受到压缩空气作用后产生的收缩力(拉伸力)很大,收缩行程越大收缩产生的作用力越小(见图 g 作用力/收缩位移),不像普通气缸产生的力与行程无关(理论上),见图 b。另外一个特性是气动肌肉产生的收缩力与供气压有关,供气压力越高收缩行程也越长,这一特性可使气动肌肉用作简单的定位用途。气动肌肉内部无机械零部件,运动平滑,无爬行、无颤抖现象,它的收缩行程改变与供气压力见图 c。气动肌肉重量轻,所占空间很小,具高动态特性,频率高达 100Hz。由于它无活塞杆裸露在外,可在肮脏环境下运转。它与普通类气缸相比,在低速 0.001mm/s、加速度 100m/s^2 下具有很大优势。无论在夹紧、高加速、振荡、定位、运动无爬行等应用领域越来越能发挥其优越特性。对于频率大于 2Hz 的气动系统,采取的措施是两端供气、一端装快排阀,如图 d 所示。对于频率大于 10Hz 的系统配置,可采用二位三通高速换向阀。二位三通高速换向阀的进气口处配置储气罐,储气罐与阀尽可能接近,阀与气动肌肉的安装也尽可能接近,接头和管路的尺寸尽可能大些。尽可能采用轴向供气的方式,如图 e 所示。对于需作简单定位的气动系统,可在二位三通供气处与一个气动比例阀相连,控制/调节气动比例阀压力则可获得定位位置,如图 f 所示

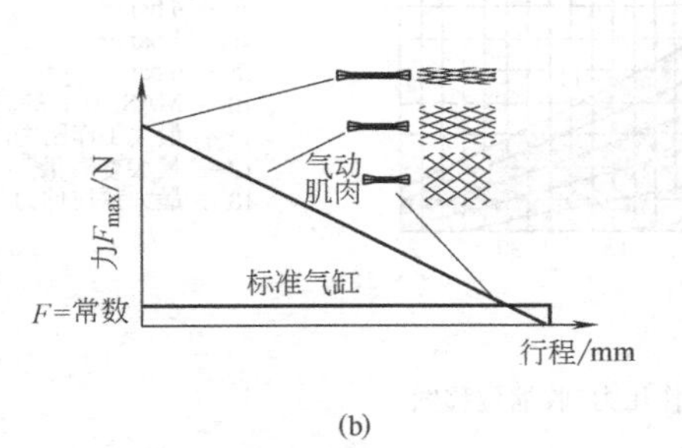

(b)

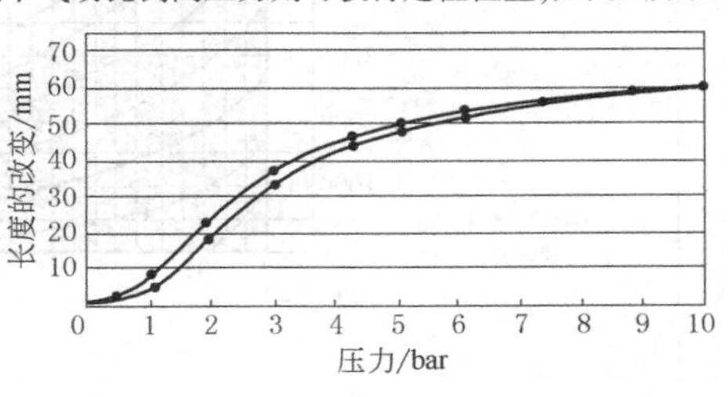

(c) 气动肌腱压力行程及滞后关系

第 23 篇

续表

气动肌肉的技术参数与特性	特性	见下列图示

两位三通电磁阀　单向阀　快排阀

2　1　3　A　P　R

(d)

2　1　3　2　1　3

(e)

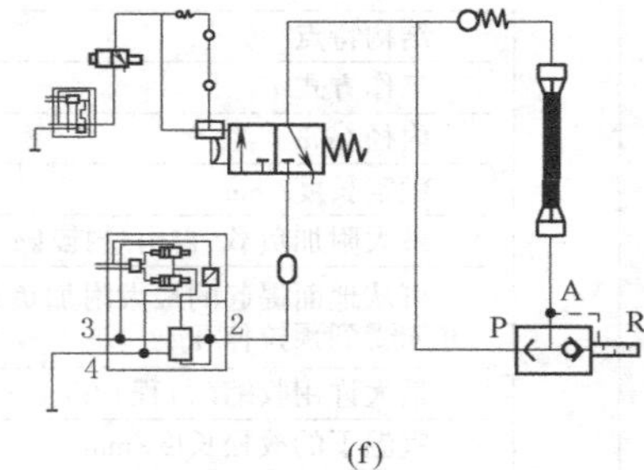

(f)

工作范围 MAS-10…

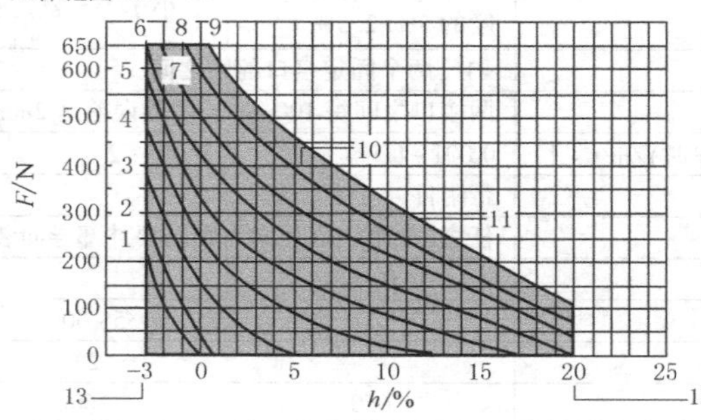

1— 0 bar;
2— 1 bar;
3— 2 bar;
4— 3 bar;
5— 4 bar;
6— 5 bar;
7— 6 bar;
8— 7 bar;
9— 8 bar;
10— MAS-10-K的力的补偿;
11— 最大工作压力;
12— 最大变形量;
13— 最大预拉伸力

工作范围 MAS-20…

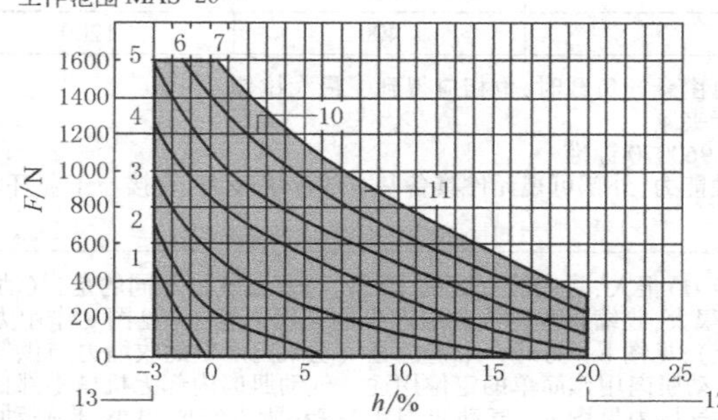

1— 0 bar;
2— 1 bar;
3— 2 bar;
4— 3 bar;
5— 4 bar;
6— 5 bar;
7— 6 bar;
10— MAS-20-K的力的补偿;
11— 最大工作压力;
12— 最大变形量;
13— 最大预拉伸力

工作范围 MAS-40…

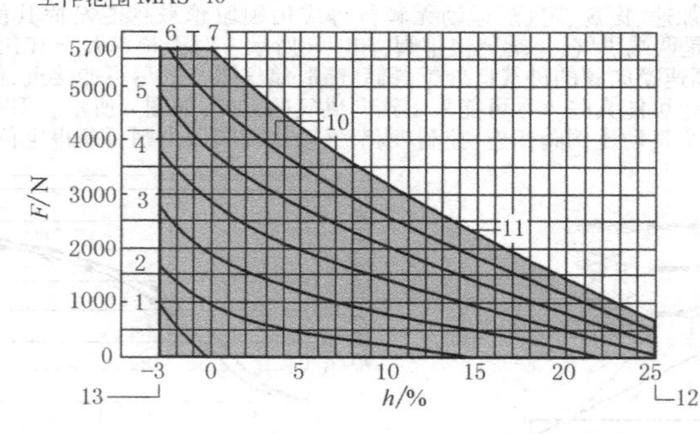

1— 0 bar;
2— 1 bar;
3— 2 bar;
4— 3 bar;
5— 4 bar;
6— 5 bar;
7— 6 bar;
10— MAS-40-K的力的补偿;
11— 最大工作压力;
12— 最大变形量;
13— 最大预拉伸力

(g) 作用力/收缩位移图

续表

计算举例

例 1　已知：一个气动肌肉在静止状态时拉伸力为 0N，气动肌腱把一个 80kg 的恒定负载从支撑面提升到 100mm 处。工作压力为 6bar

求：合适的气动肌腱的尺寸（直径和额定长度）

解：(1) 确定所需肌腱的规格

根据拉力来确定合适的气动肌腱直径。如所需提起 80kg 的负载，即拉伸力为 800N，根据图 g 中的拉力，就可选择 MAS-20⋯，即为图 h 所示的作用力/位移表

(2) 标出负载作用点 1

在 MAS-20-⋯的作用力/位移图表上标出负载作用点 1，当拉伸力 $F=0$N 时，压力 $p=0$bar

(3) 标出负载作用点 2

在作用力/位移图表上标出负载用点 2，作用力 $F=800$N，压力 $p=6$bar

(4) 读取长度变化

读取 X 轴上两负载作用点之间肌腱的长度变化（收缩量以%表示）。结果：10.7%的收缩量

(5) 计算额定长度

如果行程为 100mm，肌腱的额定长度就是把该行程除以上述收缩量的百分比。结果：100mm/10.7%=935mm

(6) 结论

应订购额定长度为 953mm 的气动肌腱。在无外力作用下，为了将 80kg 的负载提升到 100mm，则需要气动肌腱 MAS-20-N935-AA-⋯（N 表示气动肌腱的额定长度，未包括安装所需长度，气动肌腱被剪下长度大于额定长度。AA 表示标准材料为氯丁二烯）

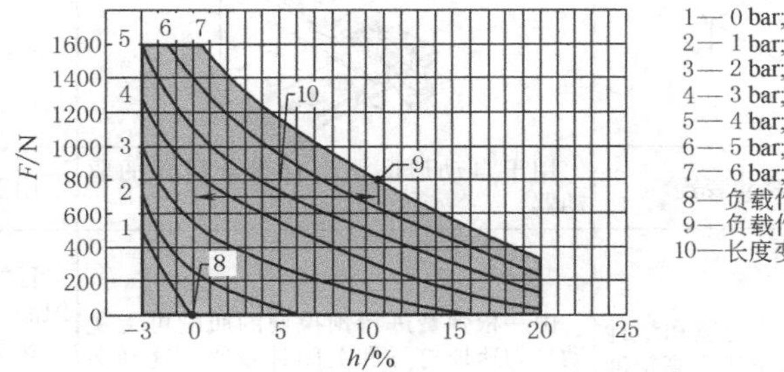

(h) 作用力/位移表

例 2　已知：需气动肌肉作张力弹簧功能，当被拉伸状态时它的力为 2000N，收缩状态时它的力为 1000N，所需行程（弹簧长度）为 50mm，气动肌肉的工作压力为 2bar

求：合适的气动肌腱的尺寸（直径和额定长度）

解：(1) 确定所需肌腱的规格

确定最合适的气动肌腱直径。如所需的力为 2000N，根据图 g 中的拉力，就可选择 MAS-40-，即为图 i 作用力/位移表

(2) 标出负载作用点 1

在 MAS-40-⋯的作用力/位移图表上标出负载作用点 1，作用力 $F=2000$N，压力 $p=2$bar

(3) 标出负载作用点 2

在作用力/位移图表上标出负载作用点 2，作用力 $F=1000$N，压力 $p=2$bar

(4) 读取长度变化

读取 X 轴上两负载作用点之间肌腱的长度变化（收缩量以%表示）。结果：7.5%的收缩量

(5) 计算额定长度

如果行程为 50mm，肌腱的额定长度就是把该行程除以上述收缩量的百分比。结果：50mm/7.5%=667mm

(6) 结论

应订购额定长度为 667mm 的气动肌腱。当把气动肌腱作为张力弹簧时，如果力的大小为 2000N，弹簧的行程是 50mm，那么所需的气动肌腱是 MAS-40-N667-AA-⋯

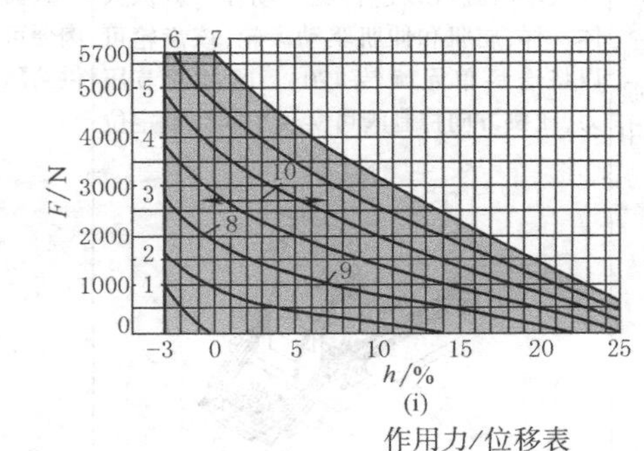

(i)

作用力/位移表

续表

应用举例	概述	气动肌肉的初始力与加速度大，无摩擦，运动频率高，停止柔和，可应用在钻孔、切削、压榨、冲压、印刷等行业；气动肌肉的夹紧力大，重量轻，容易调整，也可应用在大负载机械手等行业；气动肌肉的动态性能非常好，动作频率高，维护方便，还可应用在送料带、排序、振动料斗器等行业；气动肌肉的运动平滑，低速运行无爬行，可控性好，可应用在张力控制、磨、抛光、焊接、定量给料设备、传送带纠偏等行业；气动肌肉的密封结构，耐恶劣环境，无泄漏，可应用在木材加工、铸造、采矿、建筑业（混凝土）、陶瓷等行业		
	作用力大	用于纸板箱打孔的驱动器	用于标签冲孔的驱动器	用于切割塑料型材的飞刀的驱动器
		气动肌腱动态性好，加速度大，运动频率高，动力强劲，能产生很好的打孔效果。使用偏心杆可进一步增强这些特性。通过两根机械弹簧实现耐磨系统的复位	气动肌腱重量轻，且没有移动部件（如：活塞），因此具备很高的循环速率。这种简单的结构（使用两个弹簧和一个肌腱进行预拉伸）替代了使用气缸时要用到的复杂的滚轮杠杆夹紧系统。在可能的范围内将频率从 3Hz 提高到 5Hz。迄今为止已达到五千多万次工作循环	气动肌腱的各种性能在该应用中得到了理想的运用：行程开始时能立即迅速加速，确保有足够大的力分割塑料型材，同时柔和软停止可使飞刀平稳到达终端位置 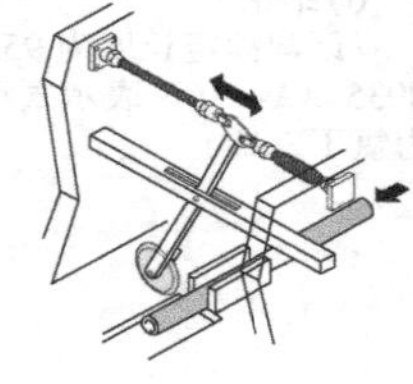
	无爬行移动	用于卷绕设备的制动驱动装置	用于自动研磨机上计量分配器的驱动器	用于卷绕过程中的走带纠偏控制
		无摩擦的肌腱可使卷轴匀速和缓地制动，以确保在恒定速度下进行高精度卷带。使用比例控制阀（它的信号由力传感器调节）进行控制 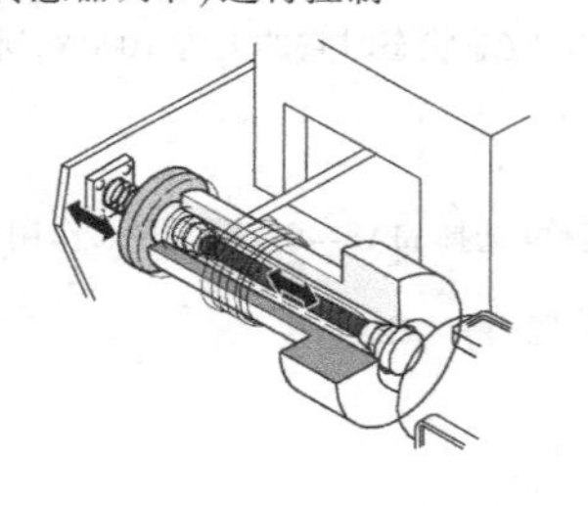	由一根弹簧进行预拉伸的肌腱可无跳动且匀速地打开和关闭计量阀。这确保了研磨材料的正确计量。使用比例控制阀进行控制，它可以根据研磨机的皮带速度调节颗粒数量 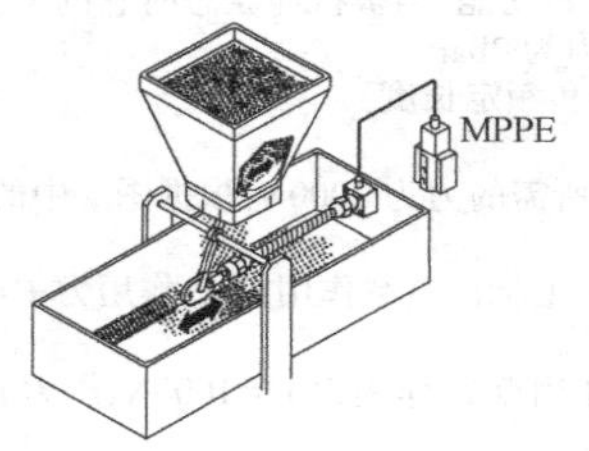	目的：匀速卷起纸、金属薄片或纺织品 要求：无摩擦驱动器，具有快速响应特性 解决方法：气动肌腱。传感器一检测到边缘不对齐就用 2 个气动肌腱替代活动标架上的转轴。这意味着走带边缘是 100%对齐的 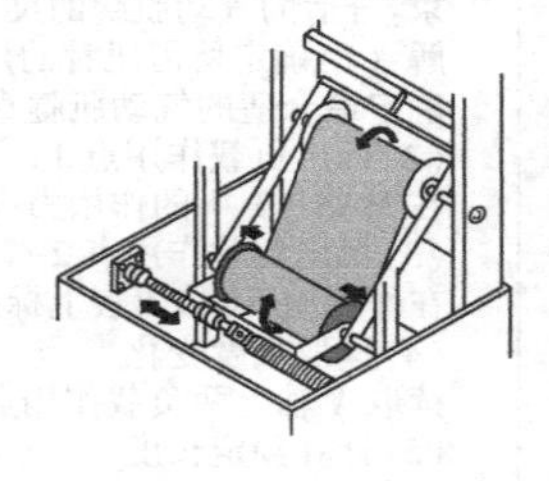
	简单的定位系统	简单的提升设备，用于处理混凝土板和车轮辋	用于自动洗衣机送料单元的驱动器	用于提升设备
		只需调节压力即可实现中间位置。通过手柄式阀为气动肌腱加压或泄压，使工件按要求提升或者下降。气动肌腱长度可长达 9m，适用于各种应用场合 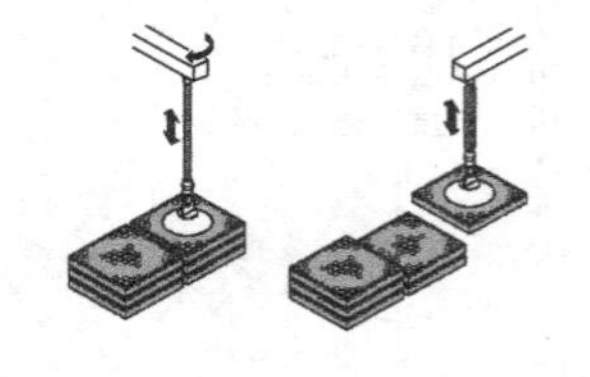	气动肌腱可以进行旋转动作。就像人体一样，屈肌和伸肌驱动齿轮，该齿轮可以将送料单元旋转 120°。通过调节压力，比例方向控制阀可实现中间位置定位 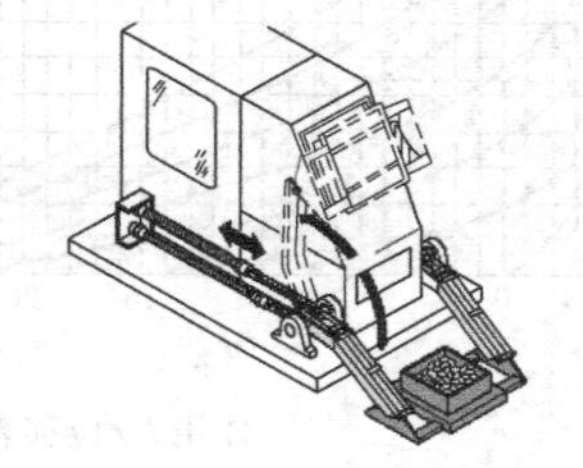	只需若干个滑轮及若干根气动肌肉便可提升重物，控制气动肌肉的供给压力便可控制提升所需高度 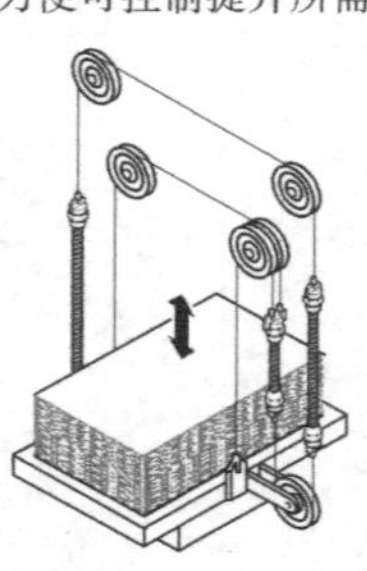

续表

应用举例	作比例定位控制	辊轴张力控制	进料闸门的控制	
		辊轴张力控制在纸张、薄膜、布料等行业是常见的控制方式之一，气动肌肉可根据压力变化形成位移变化，气动肌肉无爬行，动态频响高，可灵敏地反馈到辊轴间的位移 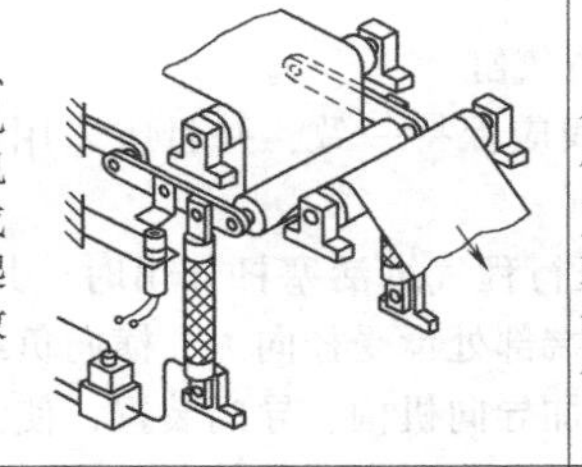	当料斗内装满原料时，料斗仓门的开启需很大的力，此时气动肌肉既要随时打开仓门，又要快速关小仓门（MPPE 为 Festo 气动比例阀，可调节气动肌肉腔内压力，即调节料斗仓门开口度） 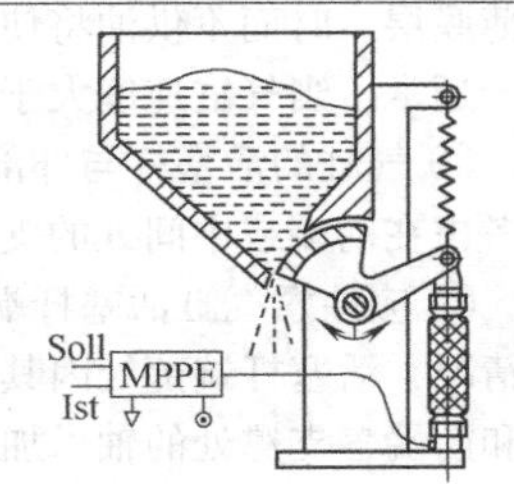	
	恶劣的环境条件	棘爪的驱动装置	抛光机上应用	
		不受污垢影响的气动肌腱因其重量轻、关闭夹头时作用力大而成为棘爪的理想驱动装置。气动肌键完全封闭的系统适用于仓库环境，甚至在恶劣的条件下使用也不会影响其寿命 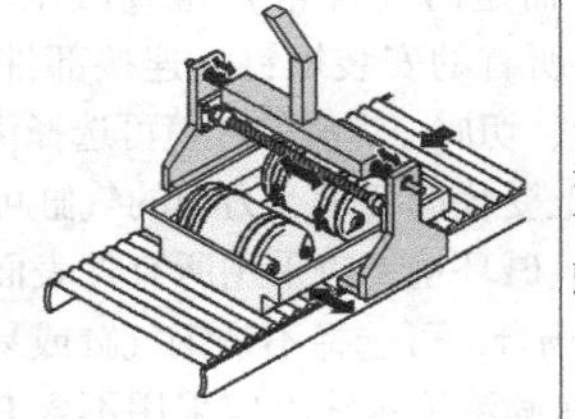	不受抛光后污物影响的气动肌腱。其作用力大，且易调节抛光压力，压紧抛光时无振颤，是抛光机的理想驱动装置 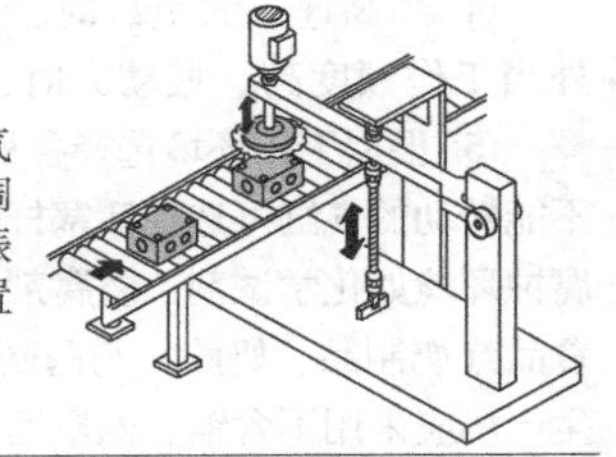	
	动态特性	用于分类/止动装置的驱动器	用于振动送料斗的驱动器	用于检测不合格产品
		气动肌腱速度快，加速性能好，是传输过程中实现分类和止动功能的理想驱动器。由于响应时间短，因此环速率大幅度提高 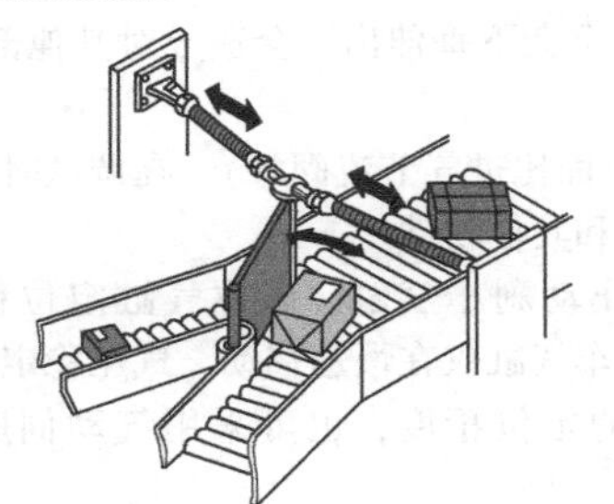	在送料过程中，送料斗和贮存仓容易发生堵塞问题。气动肌腱可方便地在 10~90Hz 之间无级调节一个气动振动器，这样就确保了持续传送 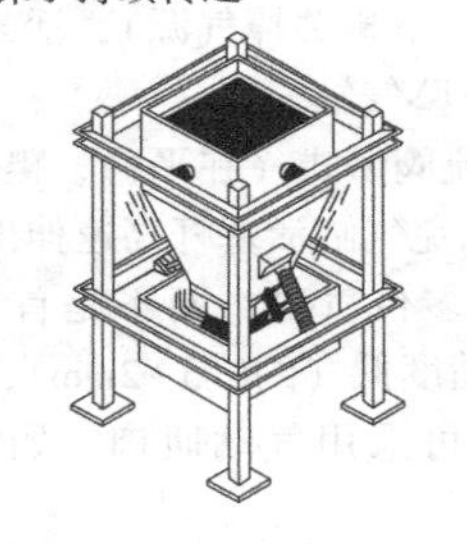	当生产流水线在高速输送时，传感器上检测到不合格产品需立即被分拣出，气动肌腱速度快，加速性能好，可较好适应流水线高速输送特性 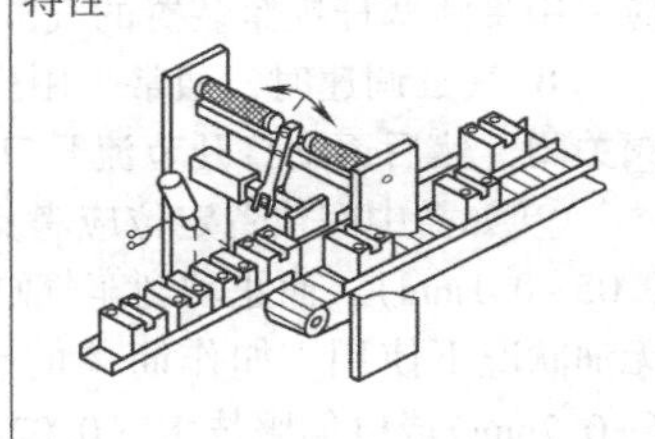
	注意事项	(1)如气动肌肉长时间内部充压，且位置不变，会因此变松弛，作用力会减弱。或虽内部无施压，也不能长时间承担一个静态的负载（譬如超过 500h），否则气动肌肉比原来会有明显的松弛 (2)气动肌肉最大收缩率不得超过 25%，收缩率越大时，寿命越短且此时产生的拉伸力越小 (3)气动肌肉使用寿命在 10 万~1000 万次，收缩率越小寿命越长，压力越低寿命越长，负载越小寿命越长，温度在20~60℃时，寿命越长 (4)大于 60℃的情况下持续使用，会使橡胶过早老化，但短时间的使用是允许的(譬如十几秒)。当温度低于 5℃的情况时，气动肌肉可动态应用，由于压缩空气在气动肌肉腔内运动会产生热量，但不能期望等待此运动的热量升到 20℃，如果需要在低于 20℃或高于 60℃范围下应用，则要对橡胶的成分进行改变，其他特性(材料的耐久性)也会有所变化 (5)影响频率的因素有：收缩行程、负载、压力、温度、阀、气源管路等。气动肌肉的最高频率可达 100Hz，但收缩率在很小的情况可达 10 亿次。对于高频率气动肌肉通常采用高速阀，高速阀进口处装有储气筒，气动肌肉供气采用两端轴向进/排气方式，以利于其均匀受压力及保持气流通畅、冷却 (6)气动肌肉受压径向膨胀，但不能用其径向作为夹紧使用。因为在收缩时，会与被夹物体之间产生磨损，导致气动肌肉的损坏 (7)气动肌肉沿着滑轮绕过时，会发生弯曲变形，滑轮的直径应至少是气动肌腱内径的 10 倍 (8)气动肌肉安装时应避免扭曲或受偏心负载，见图 j (j)		

1.3 普通气缸应用注意事项

① 使用清洁干燥的压缩空气。对给油润滑气缸，则需提供经过过滤、润滑的压缩空气，并保持长期得到润滑的压缩空气，润滑油应采用专用油（1 号透平油），不得使用机油、淀子油等，避免对 NBR 橡胶件的损坏。对不给油润滑气缸，既可适应过滤、无润滑油的压缩空气，也可适应长期得到润滑的压缩空气（作为给油气缸一

样来应用），但不应该有时供油，有时又不供油，因为无给油气缸活塞活塞杆处的摩擦副采用自润滑材料，气缸经过一定时间的运行磨合，已在其运动部件的接触表面形成一层自润滑的薄膜，时而供油将冲掉已形成的自润滑的薄膜层，时而不供油将使其摩擦副再次磨合。

通常，当气缸速度大于 1m/s 时，应采用给油润滑气缸。

② 气缸的活塞杆与外部被连接负载运动时轴心线应保持一致，并且应采用柔性连接件，对于长行程气缸，应考虑在前端或中间处的支承连接方式。

③ 应注意气缸活塞杆端部的受力情况，尤其当长行程气缸活塞杆伸出时，其活塞杆实质上是一个悬臂梁受力情况，活塞杆端部处因其自重而下垂，如在活塞杆端部处承受径向力、横向负载或偏心负载，会使气缸缸筒内壁和前端盖支撑处的轴承加剧磨损而漏气。应采用附加导向机构、导向装置，使活塞杆只提供驱动动力，让导向机构来承受力和力矩。或采用高精度导杆气缸、导向驱动装置内合适的驱动器。

④ 当高速、大负载时，应考虑增设液压缓冲器，需定时（经常）检查液压缓冲器的锁紧螺母是否松动。另外当工作频度高、振动大时，也需定时（经常）检查所有的安装螺钉、连接部件是否松动。

⑤ 根据工作环境选择各种类型气缸，对肮脏、灰尘、切屑、焊渣的环境可选择活塞杆带保护罩的气缸。对活塞杆不能转动的气缸可选择活塞杆防旋转的气缸。对活塞杆上受径向负载、力矩的气缸可选择带导轨的导向驱动器。对有腐蚀环境如化学试剂、防腐剂、清洗剂、切屑液以及酸、碱环境，应采用所有外表面和活塞杆均防腐处理的气缸。对食品（奶制品、奶酪）与医药相接触或接近的工作环境场合，可选择不锈钢气缸或易清洗气缸。对电子行业的显像管生产厂应采用不含铜、四氟乙烯及硅材质的气缸。对汽车喷漆流水线上应采用不含 PWIS（油漆润湿缺陷物质，如硅、脂肪、油、蜡等）特殊气缸。对防爆环境下应选择符合专门用于机械设备防爆等级标准的气缸。

⑥ 注意气缸位置传感器（干簧式、电感式磁性开关）的工作环境是否适合，如高温、低温、强磁场。对于四拉杆式气缸，气缸位置传感器安装在某个四拉杆上，应注意因气缸长期运转振动后四拉杆被旋转一角度，造成气缸位置传感器测不到磁性活塞的位置信号。

⑦ 垂直安装气缸在无压缩空气时（下班关掉气源），活塞杆因自重会下垂伸出，会造成对其他部件的损坏，应采用带活塞杆锁紧装置的气缸或防下坠气缸。

⑧ 气缸调速时，通常采用排气节流阀型式（在平稳、爬行特性方面比进气节流阀好）。在调试时应先将节流阀关闭，然后逐渐打开节流开口度，以免气缸活塞杆高速伸出伤及人和其他物件。

⑨ 如需中间位置定位应考虑采用多位气缸，而不是首先考虑止动刹车气缸，多位气缸定位精度高（约 0.05~0.1mm），而止动刹车气缸定位精度低（约0.5~2mm），止动刹车气缸仅在慢速移动、气压稳定、活塞杆上无油状况下使用。如作简单的定位也可采用气动肌肉。如需有高的定位精度，也可采用气动伺服定位技术（±0.2mm）或电伺服技术（0.02mm）。

2 气动产品的应用简介

2.1 防扭转气缸在叠板对齐工艺上的应用

表 23-4-23

应用原理	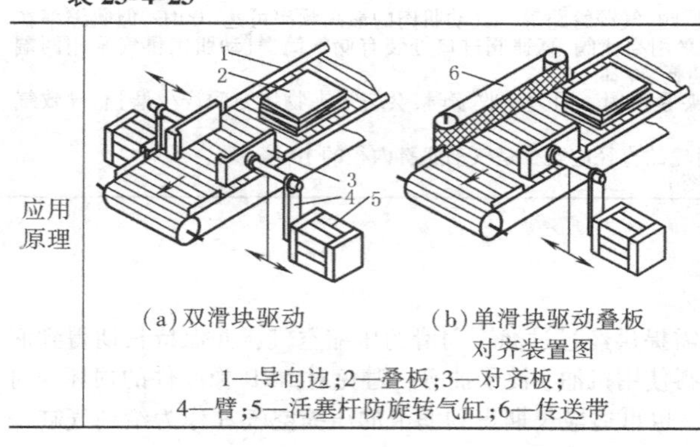 (a)双滑块驱动　(b)单滑块驱动叠板对齐装置图 1—导向边；2—叠板；3—对齐板； 4—臂；5—活塞杆防旋转气缸；6—传送带	在板料工件包装、传送、打包之前，必须排列整齐。以前往往通过传送带上的阻挡滚轮来实现在连续输送过程中的工件的排列。然而，在该实例中，则采用了一对活塞杆防旋转气缸制成的气动滑块（对齐板），使得工件不仅能对齐，而且能调整工件的纵向位置。防扭转气缸带角尺的前端形挡块（对齐板 4），使工件在传送带运转时在此位置被停止，可以调整传送带上工件在横向位置之间的间距，由于采用活塞杆防扭转气缸制成的气动滑块，气缸在伸出运动时活塞杆不会旋转，因此对齐板在伸出作横向驱动对齐时，也不会作旋转而损坏输送。图 b 在单滑块驱动中，在常用的滚轮对齐中，则需要良好的工作条件，在对齐方向（纵向和横向）上工件必须光滑，以免工件损坏另一侧传送带。在此例中，对活塞杆防扭转气缸的用途作了很好的诠释。对齐操作由检测工件的传感器触发驱动（图中未显示）

续表

适用组件	①活塞杆防扭转气缸：扁平气缸或方活塞杆气缸，防扭转气缸或双活塞气缸；②单气控阀；③接近开关；④漫射式传感器；⑤气动增计数器

2.2 气动产品在装配工艺上的应用

2.2.1 带导轨气缸/中型导向单元在轴承衬套装配工艺上的应用

表 23-4-24

应用原理	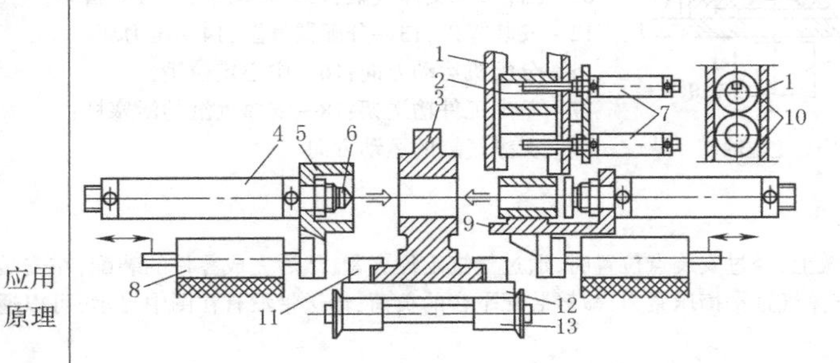 1—料架；2—连接件（轴承轴衬）；3—工件； 4—中心棒对中气缸；5—反向支撑和夹紧套筒； 6—对中顶针；7—分配器驱动气缸； 8—导向单元（带导轨气缸/中型导向单元）； 9—连接件的V形支撑；10—分配器销； 11—工件的夹紧爪；12—工件托架； 13—滚子传送带 在使用纵向施压的轴套装配中（把轴承轴衬2装配在工件3的内孔），两个被装配的组件必须保证同轴度要求，这一点相当重要。在这个例子中，为了达到这一点，采用了一个反支撑夹紧套筒5固定在气缸上，通过中心芯棒对中气缸进给，将对中顶针6（中心芯棒）定位在工件3另一边的内孔上，这个操作可提高装配同轴度，然后通过气缸将衬套压入到轴承中。所有这些动作都是由气动完成的，包括衬套的分离、夹紧，安装完成后，对中机构和压紧机构退回，工件托架进入到下一道工序 带导轨气缸/中型导向单元可承受较大的径向负载，活塞杆伸出受载时，挠度变形小，能确保左、右两边的同轴度
适用组件	①标准圆形气缸；②中型导向驱动单元；③单气控阀；④接近开关；⑤管接头；⑥安装附件

2.2.2 三点式气爪/防扭转紧凑型气缸在轴类装配卡簧工艺上的应用

表 23-4-25

应用原理	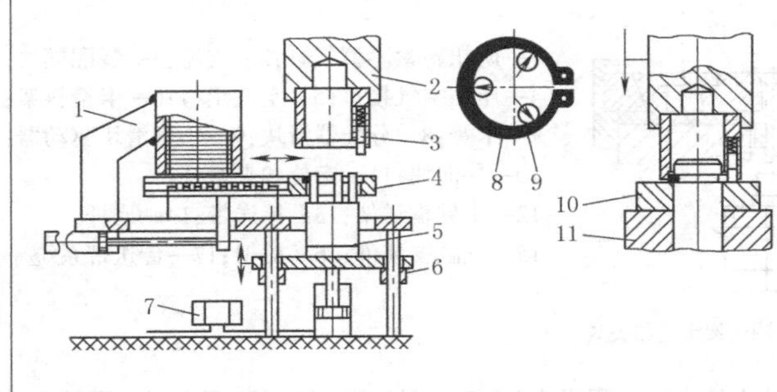 1—卡簧料架；2—装配头；3—带锥；4—供料滑； 5—三点气爪；6—升降台；7—张紧力调压阀； 8—卡簧；9—夹具手指；10—连接件； 11—基本工件 在机械工程的设备当中，经常采用卡簧来固定组件，目前已有多种装置可安装卡簧。在上面的例子中，卡簧从物料架中分离出来，并被输送到平台上，一旦卡簧被分离出来后，就通过三点气爪将其撑开，然后通过带锥销夹住，输送到安装位置，松开带锥销，卡簧即可固定到需要的轴上。在这个操作中，要注意卡环不能被过分地拉伸，不然要导致塑料变形，三点气爪的张紧力通过一个调压阀调整，径向气爪的特点可十分精确地定位于轴的中心，与工件定位中心对齐。防扭转紧凑型气缸能确保卡簧与三点气爪的垂直精度。装配头采用气压驱动
适用组件	①三点气爪；②紧凑型气缸；③调压阀；④单气控阀；⑤防旋转紧凑型气缸或小型短行程滑块驱动器；⑥接近开关；⑦管接头；⑧安装附件

2.2.3 特殊轴向对中气缸/紧凑型气缸等在轴类套圈装配工艺上的应用

表 23-4-26

应用原理	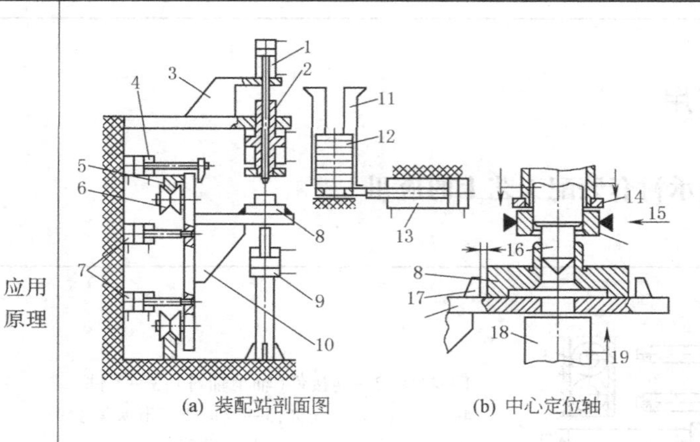 (a) 装配站剖面图　(b) 中心定位轴 1—特殊轴向对中气缸;2—压紧气缸;3—支撑机架;4—紧凑型气缸(夹紧)或摆动夹紧气缸;5—导向架;6—支撑滚子;7—止动气缸;8—工件;9—支撑气缸;10—移动平台;11—料架;12—安装零件;13—分配器气缸;14—压力环;15—分配机运动方向;16—中心定位销;17—基本工件输送架;18—支撑气缸的活塞杆;19—支撑气缸的运动方向 这种装配设备的传送系统往往分布在循环导轨上,经过安装点位置时,通过气缸定位夹紧,然后完成零件的装配,在安装前通过特殊轴向对中气缸定位轴的对中,同时支撑气缸平衡压紧力,减轻装配平台的负荷,传送带没有在图中显示,可以通过链传动,也可以通过自带的单独电机驱动
适用组件	①标准圆形气缸;②紧凑型气缸;③紧凑型气缸或摆动夹紧气缸;④接近开关;⑤安装附件;⑥管接头

2.2.4 小型滑块驱动器/防扭转紧凑型气缸在内孔装配卡簧工艺上的应用

表 23-4-27

应用原理	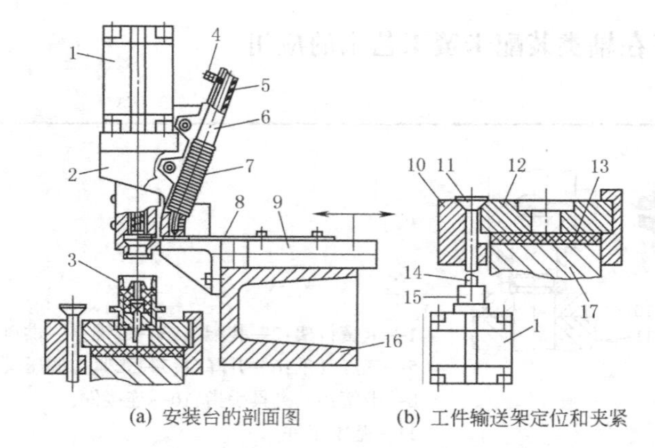 (a) 安装台的剖面图　(b) 工件输送架定位和夹紧 1—防扭转紧凑型气缸;2—支座;3—装配模块;4—压缩空气接口;5—空气出口;6—卡簧料架;7—卡簧;8—分配器滑块;9—小型滑块驱动器;10—导向块;11—定位和夹紧杆;12—工件输送架;13—传送带;14—连杆;15—气缸安装件;16—机架;17—传送带系统 卡簧料架为一管子状的芯棒,为了防止在移动时粘在一起,采用压缩空气喷入料架管,然后通过侧壁的小孔排出,从而保证卡簧和料架管间的低摩擦。分配器滑块在压力推杆作用下带动每个卡簧,由于往下运动,卡簧和平面互相接触,当卡簧到达定位后,卡簧分离进入工件的环形槽中,由小型滑块驱动器驱动分配器滑块移至装配模块上方。同时,工件输送架被定位夹紧(IF Werner 系统),最后完成卡簧的装配。定位夹紧杆用于工件输送架的固定和释放,通过短行程气缸完成
适用组件	①防扭转紧凑型气缸;②接近开关;③单气控阀;④紧凑型气缸;⑤安装附件;⑥管接头

2.2.5 防扭转气缸、倍力气缸对需内芯插入部件进行的预加工工艺装配上的应用

表 23-4-28

应用原理	一些工件在加工和夹紧的过程中很容易变形，为了防止变形、保证加工精确性，必须要给工件装一个临时的芯棒以便进行加工处理，利用图示的系统可以达到这个目的。这个系统采用部分自动化。芯棒首先用人工方式放到送料器上，然后将工件移到夹紧位置，通过左、右边的气缸夹住，然后进行轴向气缸的定位加工操作。之后，轴向气缸退回，另一气缸(本图未画出)将加工好的工件输送到出料传送带上。夹套必须在加工完成以后去掉。通过手工将工件传送到下一工位 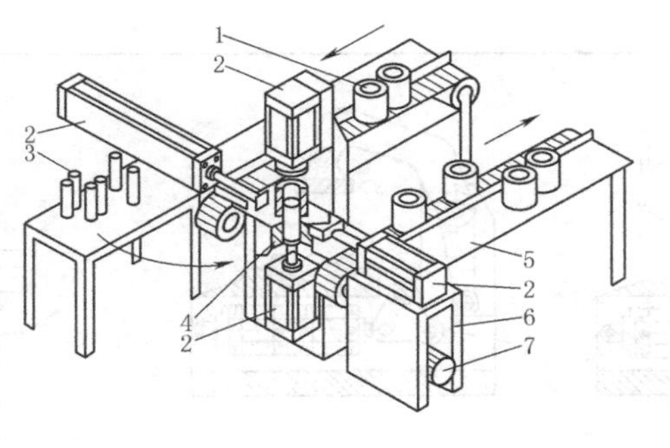 1—工件；2—轴向气缸：倍力气缸，水平气缸(防扭转紧凑型气缸或扁平气缸)；3—芯棒(安装)；4—支撑台；5—成品出料；6—传送带驱动；7—驱动马达
适用组件	①扁平气缸；②安装附件；③倍力气缸；④双手安全启动模块；⑤单气控阀；⑥接近开关；⑦管接头；⑧标准气缸；⑨安装脚架

2.2.6 标准气缸/倍力气缸在木梯横挡的装配工艺的应用

表 23-4-29

应用原理	虽然铝型材的梯子已变得越来越流行，但传统的木头梯子依然在生产。安装横挡条的工作可通过气缸实现，并能做到压力均衡。为了能较好地完成该工作，特别需要注意的是工件(横挡)必须被安装在一条直线上，支撑架由弹簧钢制成。完成这一操作的方法很简单，而且还可以将这一方法用于其他同类的操作。例如，多个气缸冲压能被用来制作家具。也可将此方法推广，例如，通过一个钻模用于安装气缸，或用于安装侧面托架 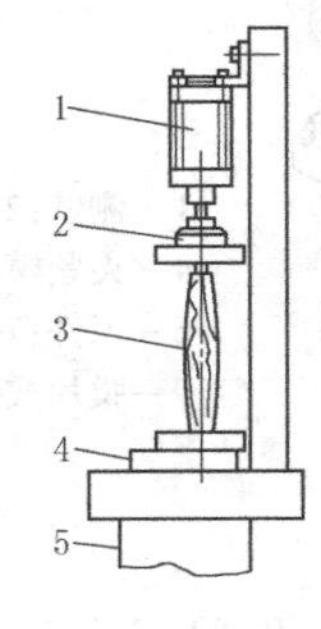 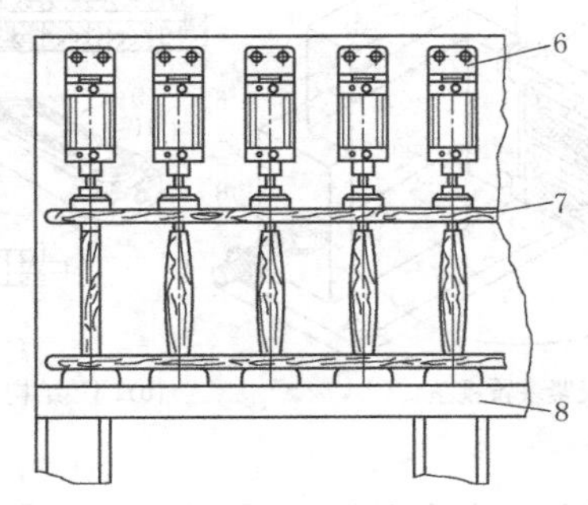 1—气缸或倍力气缸；2—压块；3—木制横挡；4—支撑；5—基架；6—安装脚架；7—梯子侧板；8—压合工作台
适用组件	①标准气缸或倍力气缸；②接近开关；③单气控阀；④安装脚架；⑤双手安全启动模块；⑥安装附件；⑦管接头

2.3 夹紧工艺应用

2.3.1 倍力气缸/放大曲柄机构对工件的夹紧工艺的应用

表 23-4-30

应用原理	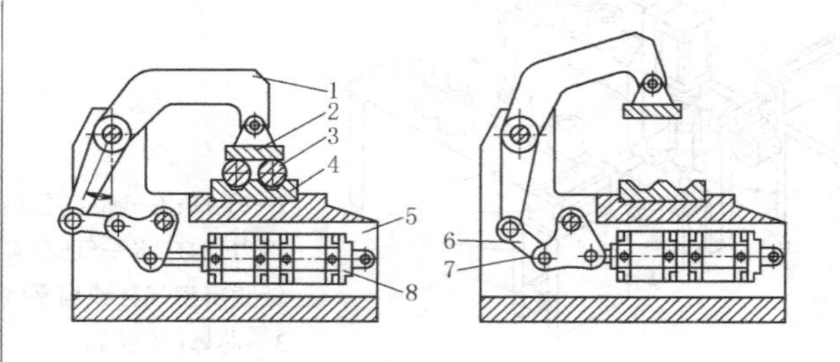 1—夹紧臂;2— 压紧块;3— 工件; 4—V 形夹具;5—设备体;6—杠杆; 7—连杆;8—倍力气缸 在产品加工中,夹紧是一个基本的功能。正确的夹紧在保证高质量工件中扮演着很重要的角色。一个浮动压块保证把工件夹紧在 V 形夹具中的力是固定不变的,可以看到力传递路径中包含杠杆,该杆能在完全伸展的时候产生一个很大的面向夹具的压紧力 F,该力被两个工件分配,所以每个工件所受的力为 $F/2$。当夹紧装置打开的时候,必须要有足够的空间来放入工件,同时有必要用吹气清洁夹具,虽然如此,在加工完 5~20 个工件以后,夹紧点必须清理一下,必要时在无损伤的情况下把工件取出,为此目的,也可以使用直线摆动夹紧气缸。这些设备都有很好的保护措施,而且已经实现模块化,可大大简化系统的设计工作。夹紧臂的打开角可以在 15°~135°之间调节
适用组件	①倍力气缸;②接近开关;③单气控阀;④双耳环;⑤安装脚架;⑥安装附件;⑦管接头

2.3.2 膜片气缸对平面形工件的夹紧工艺的应用

表 23-4-31

应用原理	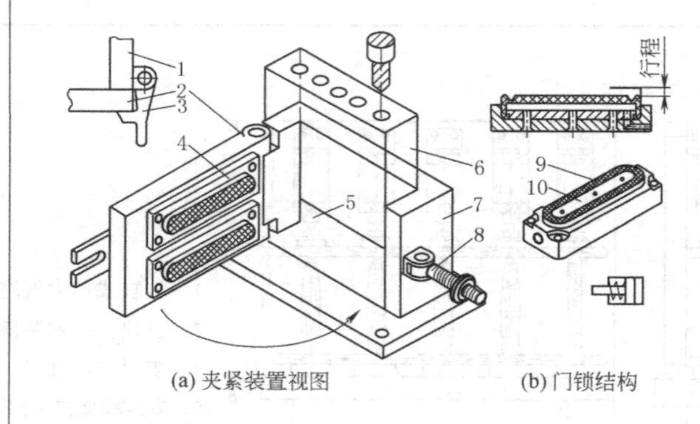 (a) 夹紧装置视图 (b) 门锁结构 1—侧壁;2—夹紧门;3—门锁; 4—夹紧模块(膜片气缸);5—清洁孔(未画出); 6—工件;7—夹具箱体;8—紧固螺栓; 9—膜片式夹紧气缸;10—膜片式夹紧气缸的压紧面 夹紧装置不仅能很好地夹紧,而且也需要进出料方便。图 a 和图 b 展示了一个为 V 形工件钻孔的夹紧装置,夹紧力是由气动产生的,这些气动部件是和夹紧闸门连在一起的,闸门开得很大,这样就允许工件从闸门处送进或移出,而没有碰撞的危险。通过一个简单的紧固螺栓将门关闭或打开,如图所示,夹紧装置设备下面的支撑面的特点是应有一个易清除切屑的通口,它允许加工后的碎片很有效地被移除。膜片式夹紧气缸上带有金属压力盘来保护橡胶膜片过度变形并免受磨损(如图中的 10)。膜片式夹紧气缸的使用使夹具设计变得简单。这些气缸可以是圆形和矩形的,而且可以是不同的尺寸
适用组件	①膜片式夹紧气缸;②单气控阀;③安装附件;④管接头

2.3.3 防扭转紧凑型气缸配合液压系统的多头夹紧系统的应用

表 23-4-32

应用原理	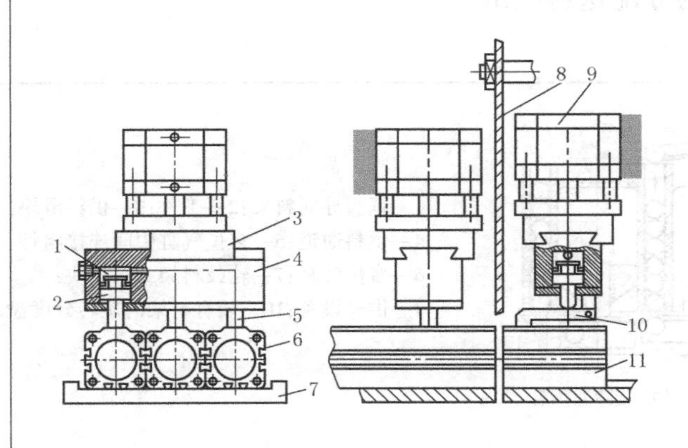 1—油腔;2—压力活塞;3—夹具体; 4—适配器;5—压力活塞杆;6—工件(型材); 7—夹具支撑;8—圆形锯片;9—气缸; 10—夹紧杠杆;11—锯开的工件 多头夹紧系统在切断加工中有一定优势。上图所示为将铝型材切断的示意图,每次三个。然而,平行夹紧要具备能弥补加工的型材尺寸上的轻微差异,例如,可采用一组碟形弹簧。图中采用的是一种液压的方法,也叫"液体弹簧",是一种被动的液压系统。当给油腔加压时,由于存在一个空行程,必须考虑有足够的冲程容积,否则,小活塞就不能移动,从而也不能传递压力。如果适配器做成可互换的,就可以完成各种不同的轮廓尺寸材料的加工,这样就增加了夹紧设备的柔性
适用组件	①紧凑型气缸;②单气控阀;③接近开关;④安装附件;⑤管接头

2.3.4 摆动夹紧气缸对工件的夹紧工艺的应用

表 23-4-33

应用原理	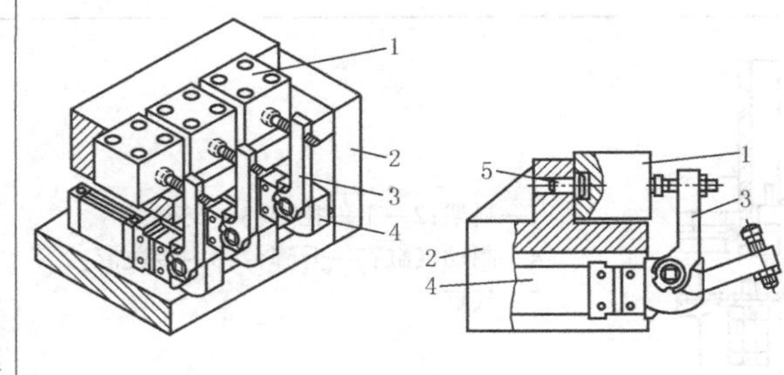 1—工件;2—设备体;3—夹具臂; 4—杠杆夹具;5—中心销 多夹紧设备具有节省辅助加工时间的优点,可大大提高生产率。因此,多夹紧设备常被用在大批量生产的操作中。在上图中,摆动夹紧气缸被平行布置,这种装置由于采用了经过细长化设计的特殊夹具而实现,减少了夹紧设备的机械复杂性。夹具臂打开时呈 90°,通过夹具气缸上面的工件很容易被送入,而在其他类型的设备中通常不是这样。夹具的打开角度大,也能很好地保护工件免受加工碎屑的破坏。由于夹紧臂能很好地从工件那里分开,这种装置也可适合于自动化供料,只要装上一个可抓放处理装置即可
适用组件	①摆动夹紧气缸;②接近开关;③单气控阀;④安装附件;⑤管接头

2.4 气动产品在送料（包括储存、蓄料）等工艺上的应用

2.4.1 多位气缸对多通道工件输入槽的分配送料应用

表 23-4-34

应用原理	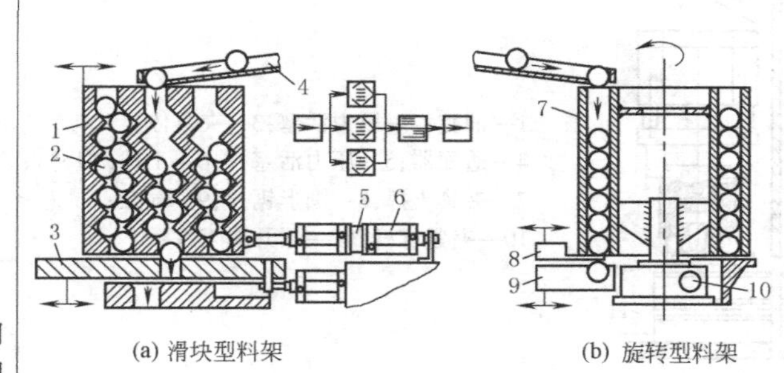 (a) 滑块型料架　(b) 旋转型料架 1—锯齿导向料架；2—工件；3—供料滑块；4—供料通道；5—多位气缸中间连接组件；6—多位气缸；7—轮鼓料架；8—挡块；9—供料设备；10—装有料架的旋转分度盘 缓冲存储在物流中是非常有用的，它可以缓解机器或工作站间步调的不匹配性。为了增加缓冲量，可平行地安装多个料架，如图 a 和图 b 所示。进料高度由传感器检测（未显示），料架由多位气缸或气动旋转分度盘驱动。工件在通过每一个锯齿形通道时，都被重新校直，这时允许空的料架进料而不会导致工件过度堆积。在图 b 所示的方法中，在轮鼓的周边上安装了 4 个料架
适用组件	①单气控阀；②单向流量阀；③双耳环；④旋转分度盘；⑤安装附件；⑥管接头

2.4.2 止动气缸对前一站储存站的缓冲蓄料应用

表 23-4-35

应用原理	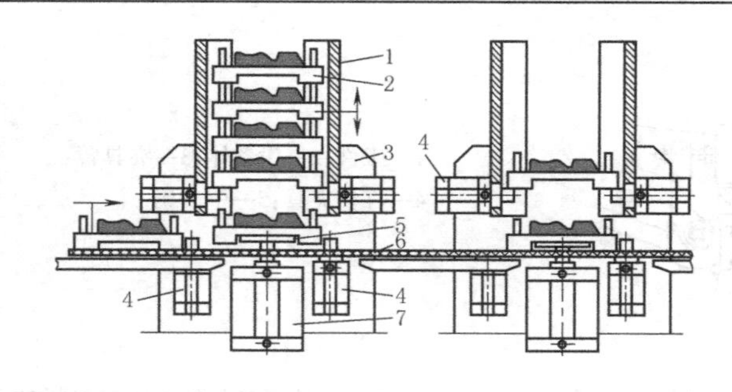 1—料架；2—工件托架；3—支架；4—制动气缸；5—升降台；6—传送带；7—气缸 现代化生产线上的工作站一般都是比较宽松地连在一起，因为这样比固定的连接能产出更多的产品。原因在于当一个工作站出现故障的情况下，其他的工作站一般能继续工作，至少在一定的时间内是可以的。为了达到这一点，必须在工作站之间装上物料堆放缓冲器。在正常情况下，工件托架是一直往前走的，然而，如果下一个工作站出现故障，工件托架就被从传送线上取下，缓冲起来，当缓冲器被填满以后，上位工件站必须停止工作，上图说明了这种功能的设计方法。为了保证缓冲器的堆料和出料操作顺利进行，上位的工件托架必须被暂时停住。气缸在上举、锁定和阻挡工件托架上可以起到很好的作用。缓冲存储的设计是不复杂的
适用组件	①制动气缸；②接近开关；③单气控阀；④紧凑型气缸或防扭转紧凑型气缸；⑤单向流量阀；⑥安装附件；⑦管接头

第 23 篇

2.4.3 双活塞气缸对工件的抓取和输送

表 23-4-36

<table>
<tr><td>应用原理</td><td>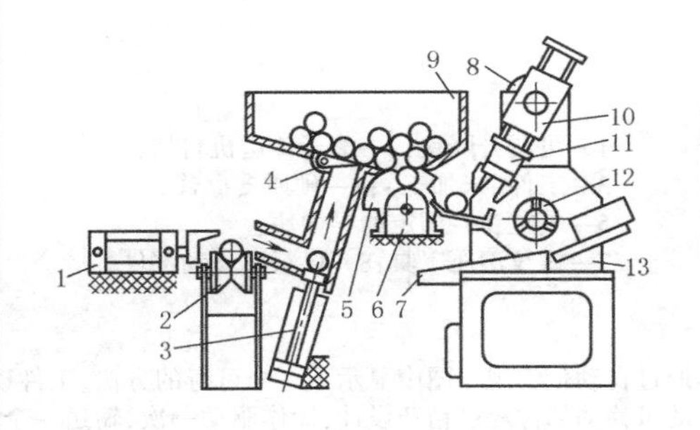

1—推进缸；2—滚子传送带（连接传送带）；
3—插入气缸；4—装有弹簧的棘爪；5—进料器；
6—摆动气缸；7—输出槽；8—直线摆动组合单元；
9—堆料架；10—直线单元；11—夹具；
12—夹紧装置；13—机床

缓冲存储的任务就是缓解生产线上机器和机器间的不协调，提供一种较为松弛的连接，这种连接在个别机器出现故障的情况下可发挥巨大的作用。上图所示为一个缓冲存储从传送带接取条状工件（例如，直径在 10～30mm 之间，长为 150～600mm），并暂时储存在中间料架中，在需要的时候，把工件输出到加工机器中。所有的动作可全部由气动组件完成。从滚子传送带推过来的工件通过插入气缸将其送入到堆料架中存储，当工件从堆料架中移出的时候，工件被一摆动供料设备分开，并通过一个三轴机械手输送到下一个机器中，系统的循环时间大约为 5s</td></tr>
<tr><td>适用组件</td><td>①紧凑型气缸；②标准气缸；③安装脚架；④叶片式摆动气缸；⑤双活塞气缸；⑥平行气爪；⑦接近开关；⑧单气控阀；⑨安装附件；⑩管接头</td></tr>
</table>

2.4.4 中间耳轴型标准气缸在自动化车床的供料应用

表 23-4-37

<table>
<tr><td>应用原理</td><td>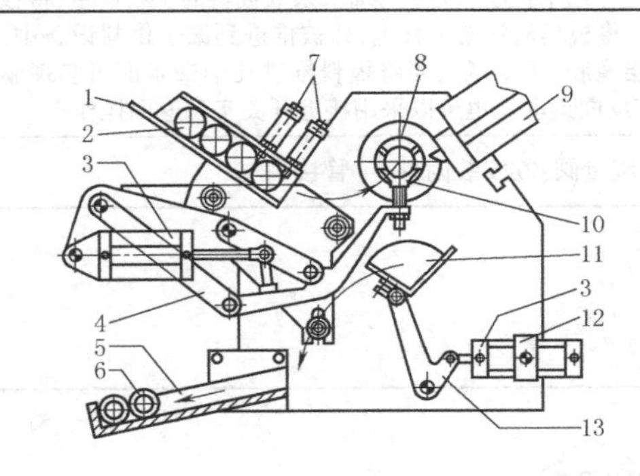

1—圆形工件的料架；2—工件（未加工）；
3—气缸（尾部带耳轴型气缸）；4—四连杆机构（双摇杆）；
5—出料斜槽；6—加工完的工件；7—供料用气缸；
8—夹具；9—刀具滑块；10—供料设备；
11—出料装置；12—摆动关节；13—杠杆

上图所示为自动车床的供料和出料机构。V 形的高度可调，托架从料架中取出一个未加工的工件，并把工件输送到机床主轴的中心。为了实现这个目标，采用一个带尾部耳轴气缸，通过曲柄机构把工件从出料斜槽 5 中取出送入夹具 8 中，在这个位置被一个凸轮（未显示）推进到夹具中，加工完后，工件落入出料托盘中，通过一个带中间耳轴气缸，把托盘随后向输出斜槽倾斜。整个设备是装在一个基座上的，并与机器上工具的区域连接。在加工过程中，工件托架必须要转到一个离开加工碎屑的位置</td></tr>
<tr><td>适用组件</td><td>①标准气缸（带尾部耳轴或带中间耳轴）；②接近开关；③安装脚架；④双耳环；⑤单向流量阀；⑥耳轴支座；⑦安装附件；⑧管接头</td></tr>
</table>

2.4.5 标准气缸在螺纹滚压机供料上的应用

表 23-4-38

应用原理	1—可调升降块;2—滚子传送机料架;3—工件(未加工);4—硬质支撑臂;5—气缸;6—固定的导向块;7—螺纹滚压工具;8—供料可移动部件 滚压螺纹是一种很有效的无切削成形操作,整个加工过程通过自动化实现。图中显示了一个可行的方法,工件以很有序的方式从一供料系统传到机器的滚子传送机料架中,供料的可移动部件经过精巧设计,操作驱动一次,输送一个工件,当工件逐步地往下运动时,每一步都进行自定向,当工件到达支撑臂上的时候,已完全水平。通过螺纹机的螺纹方向进给,加工完毕的工件自动进入到成品收集箱中。这个装置的原理,也适合于带轴肩的或带头部的工件
适用组件	①标准气缸;②接近开关;③双耳环;④安装脚架;⑤单向流量阀;⑥安装附件;⑦管接头

2.4.6 带后耳轴的标准气缸在涂胶机供料上的应用

表 23-4-39

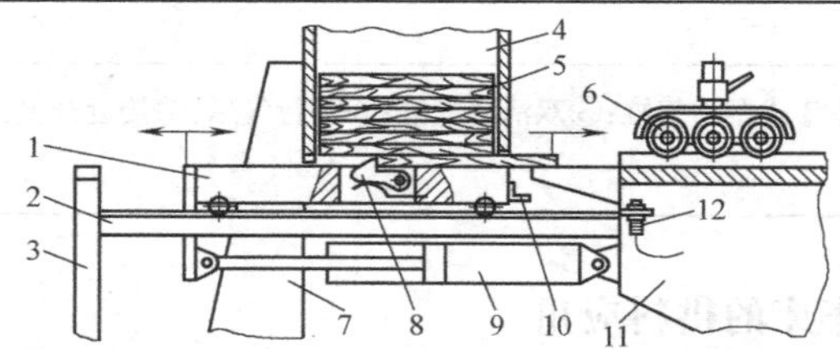

应用原理	1—供料滑块;2—支撑导轨;3—支架;4—料架;5—工件;6—滚子供料装置;7—料架支撑;8—驱动爪;9—带后耳轴气缸;10—接近开关感应块;11—加工工具;12—接近开关 现代供料技术所追求的目标是减少产品对操作人员的伤害或至少允许一个操作人员控制好几台机器,更进一步的目标是提高供料速度,并提供更好的监测,更好地利用机器的性能。图中所示为一个平的细长条或板料的供料设备,将板料送到机器上去加工。工件通过一驱动爪(在宽度方向装有好几个爪)将板料从料架中移走,并被推进到滚子供料设备中,并把工件推到工具下面(未显示)或涂胶传送带上。供料滚子外包一层橡胶,驱动爪只要将板料推进几个毫米即可实现驱动。供料滑块沿着 V 或 U 形的导轨运动直到感应传感器动作,并使其反向运动。也可以采用接近开关实现返回操作
适用组件	①标准气缸;②双耳环;③安装脚架;④接近开关;⑤单向流量阀;⑥安装附件;⑦管接头

2.4.7 标准气缸在圆杆供料装置上的应用

表 23-4-40

应用原理	(a) 供料架视图　(b) 铲料斗供料 1—料架;2—工件;3—气缸;4—带推压头的活塞杆;5—斜槽;6—杠杆 装配机械和加工机械中,经常需要对圆杆或管子进行供料,而且最好是用自动化实现的。图中所示为一堆料架供料装置,每次操作一次取一件工件。料架宽度可以调整以适应不同长度的工件。料架出口处装有一个振动器(摇杆),以防止工件的堵塞,否则,由于摩擦力和重力的作用,工件间会出现"桥"接现象,从而阻止进一步的前进。这种供料设备可用于无芯磨床的供料。堆料架也可通过铲料斗(图 b)进行供料,铲子从料架中上下一次输出一个工件
适用组件	①标准气缸;②安装脚架;③接近开关;④单气控阀;⑤单向流量阀;⑥紧凑型气缸;⑦旋转法兰;⑧双耳环;⑨安装附件;⑩管接头

第23篇

2.4.8 无杆气缸/双活塞气缸/平行气爪/阻挡气缸在底部凹陷工件上抓取供料的应用

表 23-4-41

应用原理	1—料架;2—工件(如片状金属冲压件); 3—阻挡杠杆;4—供料滑块; 5—无杆气缸;6—升降机构;7—气爪 底部有槽的工件不能用滑块简单地从料架中推出,因为它们的形状不允许这样做,图中所示的方法中,这个问题是通过一根阻挡杠杆来解决的。当供料滑块已经伸出供料的时候,将阻挡杠杆打开,允许料架中的物料向下移动并和供料滑块的平面区域接触,然后关闭阻挡杠杆重新夹住料架中的堆积物料,只有最下面的物料没有被夹住,当供料滑块退回时,工件才能掉到滑块成形的托架上,现在滑块又往前移动,把工件送往机器供料的处理设备中去
适用组件	①无杆气缸(带导轨的无杆气缸或双活塞气缸);②接近开关;③单气控阀;④单向流量阀;⑤平行气爪;⑥连接适配器;⑦紧凑型气缸;⑧旋转法兰;⑨双耳环;⑩安装附件;⑪管接头

2.4.9 叶片式摆动气缸在供料装置分配送料上的应用

表 23-4-42

应用原理	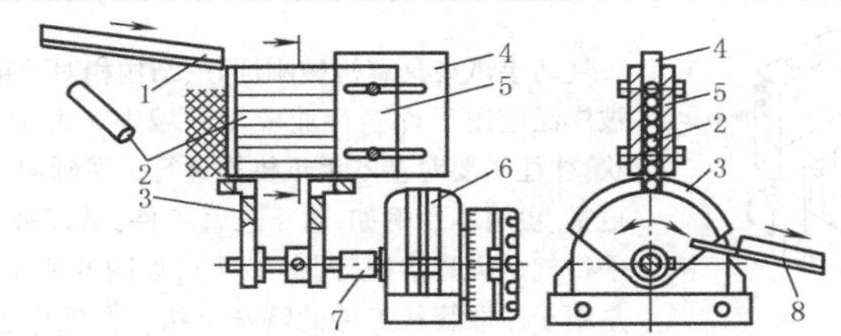 1—输入通道;2—工件; 3—旋转供料机构;4—纵向调节板; 5—堆料架;6—叶片式摆动气缸; 7—联轴器;8—输出通道 如图所示是为小工件使用而设计的装置,这些小工件纵向地从上位机上传送过来,通过该装置,将工件传送到下一步的测量设备中去。这个装置能存储一定数量的工件,可起到工序间的缓冲作用。在必要的时候,料架也可以毫不费力地用手工填满。当工件从料架中出去的时候,需要被分开,在这个例子中,是通过一个摆动气缸旋转机构实现的。料架和旋转机构的宽度可通过纵向调节板 4 进行调整,从而可适应各种长度的工件。对于不同直径的工件,自然就需配装不同的料架和旋转机构
适用组件	①摆动气缸;②安装脚架;③接近开关;④单气控阀或阀岛;⑤安装附件;⑥管接头

2.4.10 抗扭转紧凑型气缸实行步进送料

表 23-4-43

应用原理	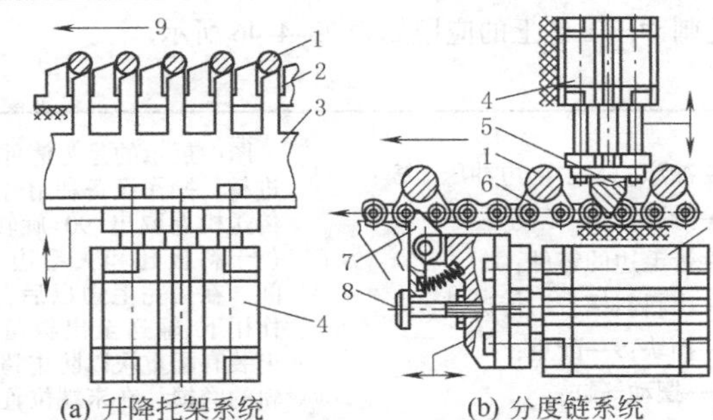 (a) 升降托架系统　(b) 分度链系统 1—工件;2—固定托架;3—升降托架; 4—紧凑型气缸;5—楔形锁定销; 6—工件托架的特殊连杆;7—可移动的棘爪; 8—可调螺母(阻挡);9—工件的运动方向 无论在堆料或其他场合,都需要用到工件的有序供料,如:装配、测试、加工或其他生产操作。图 a 所示的上升支架推进系统是很简单的,只需短行程气缸作为驱动就已经足够了。当工件被提升时,它们就会向传送机方向滚动,每一个都向前移动一个位置。用链条,也很容易得到分度运动(图 b),在这种情况下,驱动的是一只气缸,当气缸返回时,链条被保持在原位上,而楔形定位销能很好地保持工件的位置。这种装置已被制成标准的商业设备,配上工件输送架即可
适用组件	①抗扭转紧凑型气缸;②接近开关;③单气控阀;④单向流量阀;⑤安装附件;⑥管接头

2.4.11 叶片式摆动气缸（180°）对片状工件的正反面翻转工艺的应用

表 23-4-44

应用原理	1—导向机构(含标准气缸)；2—无杆气缸上的滑块；3—无杆气缸；4—吸盘；5—工件；6—堆料架；7—翻转台；8—椭圆吸盘；9—摆动气缸；10—机架；11—料架支撑 有时由于工艺或包装的需要,需将片状工件的上下面交换。在这个例子中,是通过一个逐步传输的操作实现的。第一步,将工件从料架Ⅰ中取出,并放置在翻转台7上。第二步,放置在翻转台7上的工件通过叶片式摆动气缸被翻转,放到工作台面上,工件完成正反面交换。第三步,将工件放入料架Ⅱ中。在工件翻转过程中,为了防止工件从翻转叶片上掉下来,可通过真空吸住。所有必要的运动都可通过使用标准气动组件来得到。此设备对工件的处理过程可防止对工件的破坏。垂直升降气缸的行程应能保证工件到达料架的底部
适用组件	①无杆气缸;②标准气缸和导向装置或导杆止动气缸;③真空安全阀或真空发生器;④单气控阀或阀岛;⑤接近开关;⑥摆动气缸,⑦吸盘或椭圆吸盘;⑧安装附件;⑨管接头

2.4.12 平行气爪的应用

表 23-4-45

应用原理	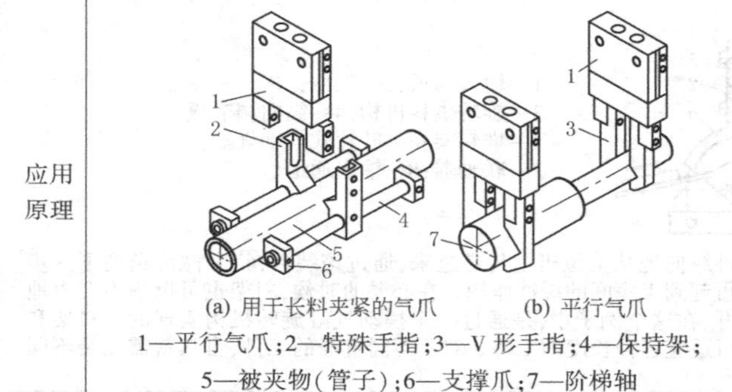 (a) 用于长料夹紧的气爪　(b) 平行气爪 1—平行气爪;2—特殊手指;3—V 形手指;4—保持架;5—被夹物(管子);6—支撑爪;7—阶梯轴 气动手爪夹具有机械刚性好、结构相对简单等特点,它们被广泛应用于许多行业应用领域中。由于工件的特殊形状,往往需要对基本手爪机构进行扩展延伸,使手爪能夹得更紧、更可靠。例如,对于长臂工件,最好采用带 V 形爪的平行气爪夹具结构(圆形工件),如图 b 所示。图 a 所示的是用于抓取管状工件的特殊手指。在操作过程当中,这两者都提供了很好的防意外转矩力的保护,并消除了在夹具中的定位误差。当然,如果需要长时间的运行,必须详细观察夹具的负载曲线。如果有必要,可选择一个更大的气爪
适用组件	①平行气爪;②单气控阀;③接近开关;④连接适配器(气爪过渡连接板);⑤管接头;⑥安装附件

2.5 气动产品在冲压工艺上的应用

双齿轮齿条摆动气缸/导杆止动气缸在铸件去毛刺冲压工艺上的应用如表 23-4-46 所示。

表 23-4-46

应用原理	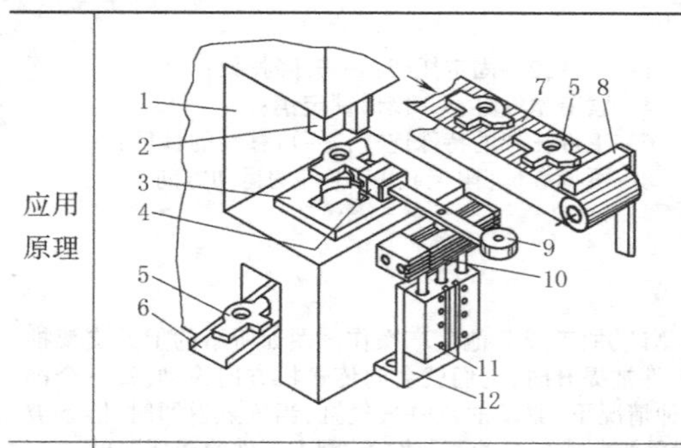 1—冲床;2—去毛边冲压上模;3—带孔板;4—气爪;5—带毛边的铸件;6—出料斜槽;7—传送带;8—挡块;9—配重;10—摆动气缸;11—升降滑块气缸(导杆止动气缸);12—安装托架 图中展示的是为铸件去毛边提供进料。操作设备利用气爪将铸件从传送机上取出,90°旋转摆动后,定位于料板孔和去毛边冲压上模之间。在去完毛边以后,工件在重力作用下,输送至出料箱中。摆动臂上装有配重块以防止超载而导致导轨的磨损。在末端位置上装有可调液压缓冲器。该工序也可以通过其他的气动驱动结构来实现,如采用直线轴的多轴控制装置
适用组件	①摆动气缸和适配连接板;②平行气爪;③接近开关;④单气控阀或阀岛;⑤导杆止动气缸或小型滑块气缸;⑥安装附件;⑦管接头

2.6 气动产品在钻孔/切刻工艺上的应用

2.6.1 无杆气缸/直线坐标气缸在钻孔机上的应用

表 23-4-47

应用原理	1—直线坐标气缸； 2—无杆气缸； 3—直线坐标气缸； 4—平行气爪； 5—气动旋转分度工作台； 6—进料斜槽； 7—出料斜槽；8—丝杠单元； 9—直线供料单元； 10—气动夹头； 11—切削或钻孔工具 对中、大批量的小工件进行钻孔、埋头钻和车倒角是机械加工中的典型操作。为了这些操作而设计特殊的装置是必要的。在这个例子当中，工件的运输工具包括大功率的气动夹头，此夹头在旋转分度工作台的帮助下，对水平轴进行分度，气动的抓放单元用来装载和卸载。如果该装置用在带有垂直工作丝杠的钻/磨机械中，在装载位置上，可进行进一步的工序操作。平行安装的液压缓冲器可以缓冲供料动作
适用组件	①气动夹头；②单气控阀或阀岛；③组合滑台驱动器；④液压缓冲器；⑤直线坐标气缸；⑥平行气爪或 3 点气爪；⑦带导轨的无杆气缸；⑧接近开关；⑨气动旋转分度工作台

2.6.2 液压缓冲器等气动组件在钻孔机上的应用

表 23-4-48

应用原理	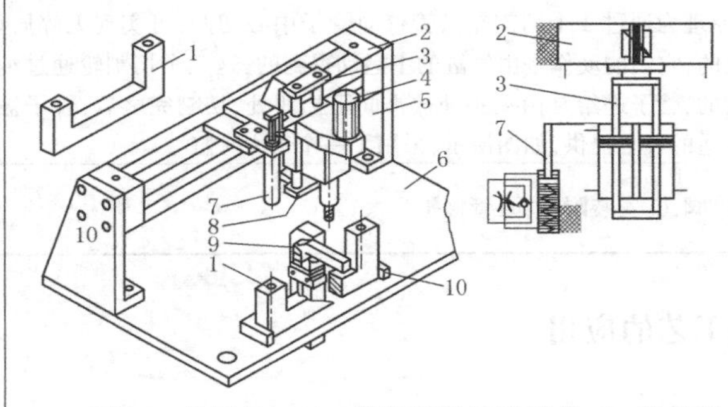 1—工件；2—无杆气缸；3—带安装架的连接件；4—钻机马达；5—固定脚架；6—基座；7—液压缓冲器；8—垂直导向单元(双活塞气缸)；9—摆动夹紧气缸；10—工件挡块 在这类钻孔设备中，工件的插入和移去是靠人工来进行的，通过一个摆动夹紧气缸 9 将工件固定，在第一个孔钻完后，钻孔设备由无杆气缸移到第二个孔的位置钻孔。钻头供给装置通过一个液压缓冲器进行缓冲，这种设备的特色在于大多数部件采用了通用标准部件，因此，能够在没有详细设计图纸的情况下进行安装。一个工人能够同时操作这样的或同类型的多台机器，这种装置还可以用来进行测试或标号操作
适用组件	①带导轨的无杆气缸；②安装附件；③单气控阀；④摆动夹紧气缸；⑤液压缓冲器；⑥接近开关；⑦双活塞气缸；⑧双手操作安全启动模块

2.6.3 带液压缓冲器的直线单元在管子端面倒角机上的应用

表 23-4-49

应用原理	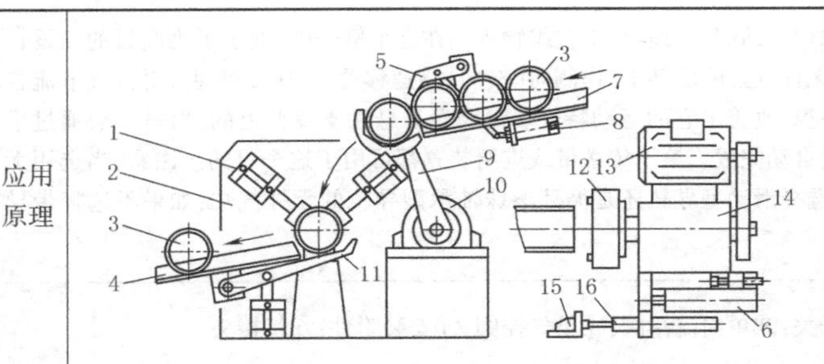 1—夹紧气缸；2—机架； 3—加工工件；4—输出传送带； 5—送料分配器； 6—直线驱动单元(小型短行程滑块驱动器)； 7—滚子传送料架；8—气缸； 9—送料臂；10—旋转驱动单元(叶片式摆动气缸)； 11—出料单元；12—切削头；13—电动机； 14—传动轴部分；15—挡块； 16—液压缓冲器

续表

应用原理	经常有不同长度的管件需要倒角，此机两端带有可调装置以适应不同长度的管件。气缸 8 通过送料分配器 5 将工件送入送料臂 9，送料臂 9 中的工件在叶片式摆动气缸作旋转运动后将工件送入待加工位置。并由夹紧气缸夹紧后，由直线驱动单元 6 作进给倒角切削，它的进给速度可通过直线驱动单元 6 上的单向节流阀和液压缓冲器 16 来完成。从例子中可以看出，工件从一个滚子传送带取出，经过加工以后被送到另一个滚子传送带。工件在加工的时候必须夹紧，以防切削加工时工件移动。通过一个液压缓冲器被与工作平台平行运动，可保证工作平台的平滑进给
适用组件	①小型滑块或导杆止动气缸；②无杆气缸或重载导轨；③单气控阀；④摆动气缸；⑤接近开关；⑥液压缓冲器；⑦紧凑型气缸；⑧圆形气缸；⑨安装附件

2.6.4 倍力气缸在薄壁管切割机上的应用

表 23-4-50

应用原理	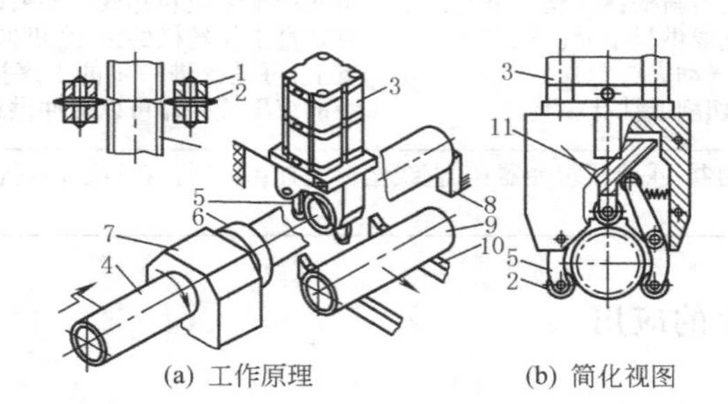 (a) 工作原理　(b) 简化视图 1—切割轮轴承；2—切割轮； 3—倍力气缸；4—管子； 5—切割轮杠杆；6—导向； 7—空心轴驱动；8—可调挡块； 9—加工后的管子；10—传送带； 11—楔形件 薄壁管子可以通过切割轮切割而减少浪费，工作原理为通过 3 个切割轮沿管壁向管子中心切割，可实现无碎屑切割。三个切割轮中的两个是装在通过边缘驱动的杠杆上的，它们的动作是由气缸的主运动得到的，这三个切割轮通过纯机械方式被连在一起。供料速度是通过排气节流来控制的，管子进给是由夹头处被推向阻挡块处，切割完之后，管子被输出到一个滚子传送带上。本装置所需的动力由一个合适的气缸提供，如图所示，采用了一个倍力气缸
适用组件	①倍力气缸；②单向节流阀；③接近开关；④单气控阀；⑤安装附件；⑥管接头

2.6.5 无杆气缸在薄膜流水线上高速切割工艺的应用

表 23-4-51

应用原理	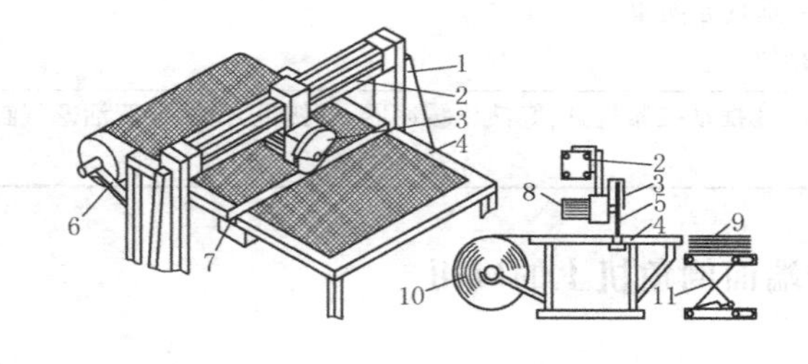 1—支撑；2—无杆气缸； 3—裁剪机构；4—工作台； 5—圆形切割机；6—织物卷的支撑臂； 7—连接器；8—电机； 9—切下工件的安放台； 10—织物卷；11—升降桌 在纺织工业和机械工业中都需要用到切割，如切割纺织布、地毯、工艺织物等。在这个例子中，展示了为此目的而设计的一台相当简单的设备。切割刀具在带导轨的无杆气缸的驱动下，作侧向（横向）高速移动，其速度可通过对排气节流控制来调节，由于背压的作用使气缸的运行更加平稳，改善了它的运动特性。织物卷是悬在支撑臂上的，出料一般通过手工完成，但在需要大批量切割的时候也可以通过自动完成。滚子传送带或进给装置都可用于这个目的。注意：当选用无杆气缸时，其滑块需进行力、转矩、速度分析，是选择滑动型导轨还是循环滚珠轴承型导轨的无杆气缸，如果不选择带导轨的无杆气缸，应自行设计增加辅助导向机构
适用组件	①带导轨的无杆气缸或电动伺服缸；②接近开关；③单向流量阀；④单气控阀；⑤安装附件；⑥管接头

2.7　气动产品在专用设备工艺上的应用

2.7.1　紧凑型气缸/倍力气缸在金属板材弯曲成形上的应用

表 23-4-52

<table>
<tr><td>应用原理</td><td>I　III　II　IV
气动弯曲工具
如图所示，Ⅰ～Ⅳ为弯曲工序，带 2 个或 4 个导向柱的模架和直线导向件都是标准件
在无需复杂的冲压机或液压冲压机的情况下，应用气缸在几个方向动作及标准的商业化模架，小的弯曲工作也能生产出来，而且也有很好的性能。左图显示了一个弯曲加工的工序。只有在垂直动作已经完成的情况下，横向弯曲爪才能动作，因此顺序控制器需要由接近开关来保证位置检测，完成加工的工件必须从弯曲加工滑枕中取走。在全自动操作的情况下，新的加工工件的放入与已完成工件的取走是同步的。如果单气缸的力不够，可使用倍力气缸</td></tr>
<tr><td>适用组件</td><td>①紧凑型气缸或倍力气缸；②自对中连接件（用于气缸活塞杆连接）；③标准气缸；④接近开关；⑤单气控阀；⑥安装附件</td></tr>
</table>

2.7.2　抽吸率升降可调整的合金焊接机上应用

表 23-4-53

<table>
<tr><td>应用原理</td><td>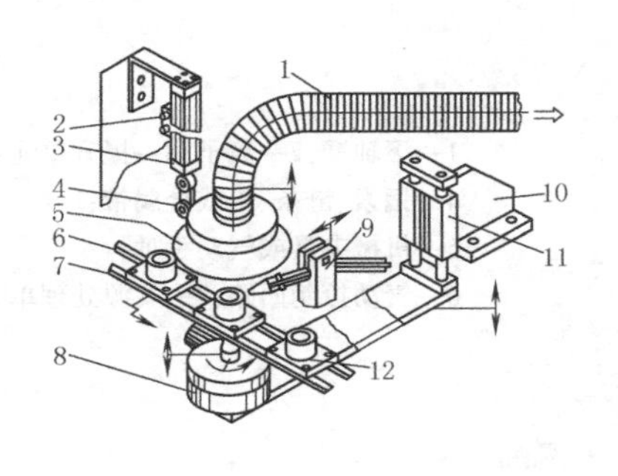

1—吸管；2—3 位 5 通换向阀；
3—气缸；4—连接铰；
5—护罩；6—传送系统；
7—基本工件；8—旋转单元；
9—焊枪支座；10—机架；
11—直线驱动单元（双活塞滑台）；
12—焊接装配
合金焊接台，通过吸臂吸取有害的物质
气体吸臂的任务就是尽可能在最接近释放有害物质（烟气、水蒸气、灰尘或油漆飞溅物）的地方，把有害物质吸除。此例对轴衬进行焊接，当工作台被输送到旋转单元位置时，双活塞滑台把装有旋转单元的工作台面提升，焊枪固定，旋转单元以一定速度旋转 360°，同时，抽吸护罩通过气动装置下降靠近有害物产生点，焊接完成后，吸取护罩上升，工件移动至下一工位
抽吸护罩的位置由一个三位五通阀控制，考虑抽吸臂的尺寸和重量，作用在活塞杆上的侧向力是否在允许的范围之内，是否有必要采用辅助直线导轨</td></tr>
<tr><td>适用组件</td><td>①标准气缸；②三位五通电磁换向阀；③双耳环；④安装附件；⑤接近开关；⑥双活塞滑台</td></tr>
</table>

2.7.3 双齿轮齿条/扁平气缸在涂胶设备上的应用

表 23-4-54

<table>
<tr><td>应用原理</td><td>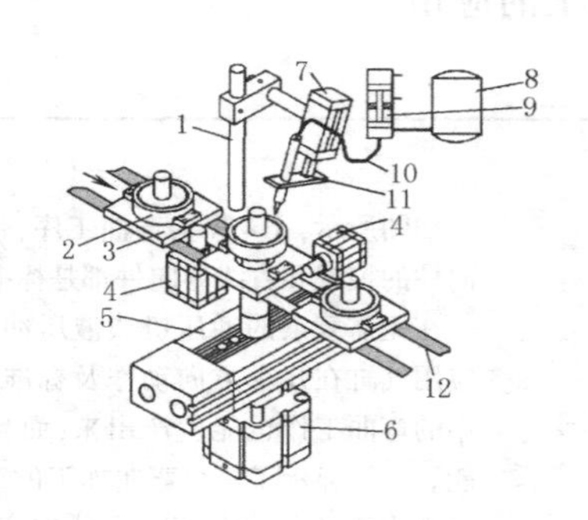

1—支架;2—尚未涂胶的装配工件;
3—工件输送架;4—止动气缸;
5—旋转单元(齿轮齿条式摆动气缸);
6—升降气缸;7—气缸(活塞杆防扭转气缸);
8—盛胶容器;9—计量泵;
10—供胶管;11—涂胶头;
12—双带传送系统

涂胶工艺的应用在工业上越来越广泛,这归功于高性能特殊胶料的发展。图中展示了胶水是怎样被输送到待处理涂胶点上的。首先将工件从工件输送架上举起,然后通过气缸将涂胶头移动到工件的涂胶点上,转动工件即可完成涂胶。旋转单元必须能方便精细地调节旋转速度,当然,也可采用电机驱动的转台实现旋转</td></tr>
<tr><td>适用组件</td><td>①活塞杆防扭转紧凑型气缸;②单气控阀;③接近开关;④摆动气缸;⑤扁平气缸或标准气缸或小型滑块;⑥管接头;⑦安装附件;⑧止动气缸</td></tr>
</table>

2.7.4 普通气缸配置滑轮的平衡吊应用

表 23-4-55

<table>
<tr><td>应用原理</td><td>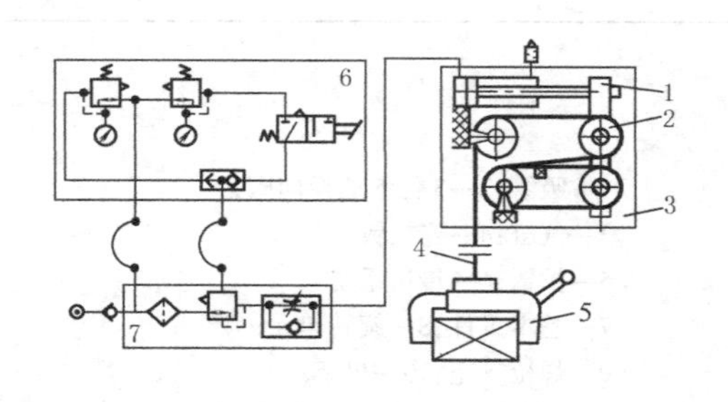

平衡吊
1—滚轴臂;2—滚子;3—提升单元;
4—钢索、链条、带或金属带;
5—机械夹具或气动手爪;
6—气动控制回路;7—气源处理单元

平衡吊是手工操作的提升设备,可克服工件的重力而悬挂移动,这避免了剧烈体力劳动,由于平衡吊的动作不是预先编好程序的,这就需要由气动产生的平衡力,通常由气缸产生。气缸活塞杆伸出前端与滚轴臂固定,气缸活塞杆伸出运动,则钢索将工件吊起。也可以采用气动肌肉,其重量更轻,提升力更大。图中的气动回路是为单负载设计的,也可以用于多负载的设计。为了使能够适应工件重量的变化(在安全工作范围内),必须在负载和提升设备之间安装重量检测装置,所检测的重量用于控制气动的平衡力。平衡吊在最近几年使用得非常普遍</td></tr>
<tr><td>适用组件</td><td>①标准气缸;②单气控阀;③接近开关;④单向流量阀;⑤减压阀;⑥单向阀;⑦“或”门;⑧安装附件;⑨管接头</td></tr>
</table>

2.8 气动肌肉的应用

2.8.1 气动肌肉作为专用夹具的应用

表 23-4-56

<table>
<tr><td>应用原理</td><td>
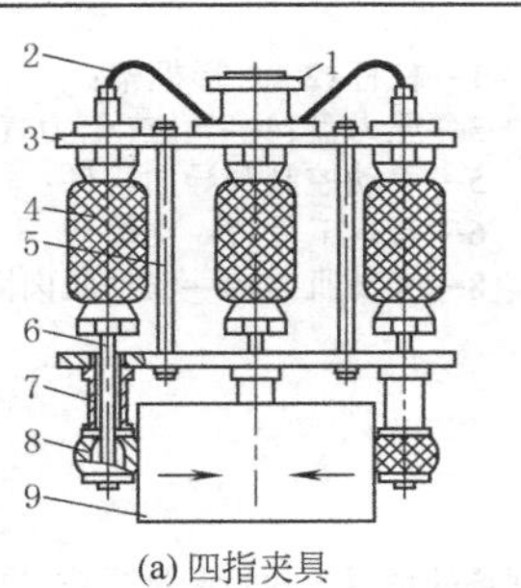

(a) 四指夹具

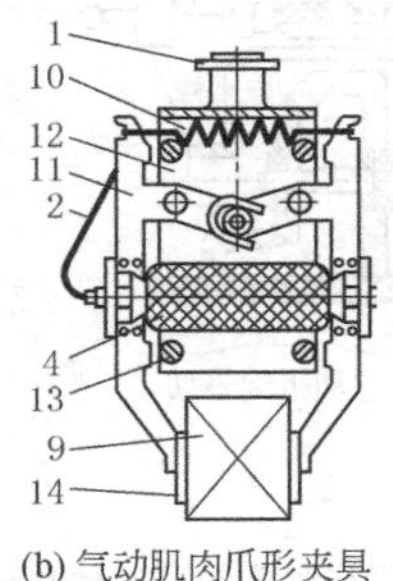

(b) 气动肌肉爪形夹具

1—夹具法兰；2—压缩空气供给；3—基座；4—气动肌肉；5—连接柱；6—张紧柱；7—导向套筒；8—橡胶体（厚壁管）；9—工件；10—复回弹簧；11—夹具手指；12—基座；13—定位销；14—夹具爪

气动专用夹具

对于大体积物体的夹紧经常需要特殊的解决办法，这要求夹紧行程也必须很大。气动肌肉的采用为这种夹紧提供了新的办法。在图 a 中，这些肌肉通过张紧柱使橡胶体变形，这样就产生了预期的夹紧效果。图中显示的夹具结构简单，具有模型化的手指效果，而且比采用气缸或液压缸的夹具要轻。抓住物被轻轻地夹住，这样能防止损坏工件表面，如油漆、抛光或印刷面
在图 b 中，当气动肌肉张紧时，肌肉的张力转化为夹具指头的运动。气动肌肉的使用寿命至少在 1000 万次以上，更突出的优点是：比气缸能耗要低，同时不受灰尘、水和沙子的影响</td></tr>
<tr><td>适用组件</td><td>①气动肌肉；②单气控阀；③管接头；④安装附件</td></tr>
</table>

2.8.2 气动肌肉在机械提升设备上的应用

表 23-4-57

<table>
<tr><td>应用原理</td><td>
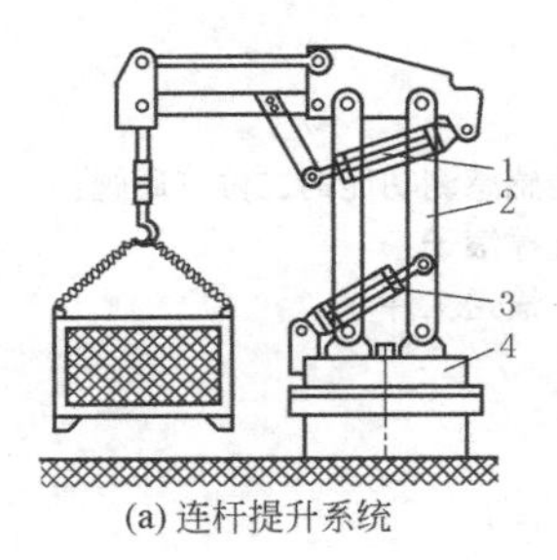

(a) 连杆提升系统

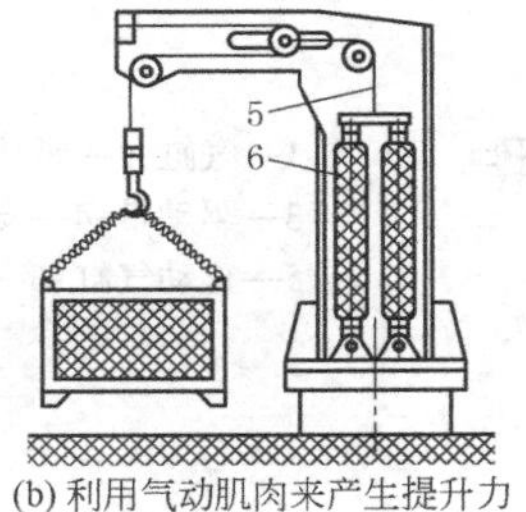

(b) 利用气动肌肉来产生提升力

1—驱动下臂气缸；2—耦合齿轮单元；3—驱动上臂气缸；4—底座（360°转盘）；5—钢索、链、带；6—气动肌肉

机械提升单元

在每个工厂车间中，都需要提升工件、托板、材料或装置，有许多现成的商业设备可选用。然而，在许多特殊场合中，客户往往需要自制一些提升设备，例如气缸被接在平行四边形臂上从而形成类似于起重机的设备。通过采用气动肌肉，也很容易实现，如图 b 所示的例子中，通过滑轮放大机构，使有效行程比气动肌肉产生的行程大一倍，气动肌肉的行程大约为肌肉长度的 20%，如果两个肌肉被平行放置，那么上举力也将翻倍。上面所示的各种设备都装在旋转台上，这样就允许进行 360° 的操作。对于行程较大的场合，这种类型的提升机构就不能显示其优势。然而，在许多应用中，小行程就足够了。上述两种系统都能被设计成安装在天花板上</td></tr>
<tr><td>适用组件</td><td>①标准气缸；②双耳环；③安装脚架；④单气控阀；⑤接近开关；⑥气动肌肉；⑦安装附件；⑧管接头</td></tr>
</table>

2.8.3 气动肌肉在轴承装/卸工艺上的应用

表 23-4-58

<table>
<tr><td>应用原理</td><td> 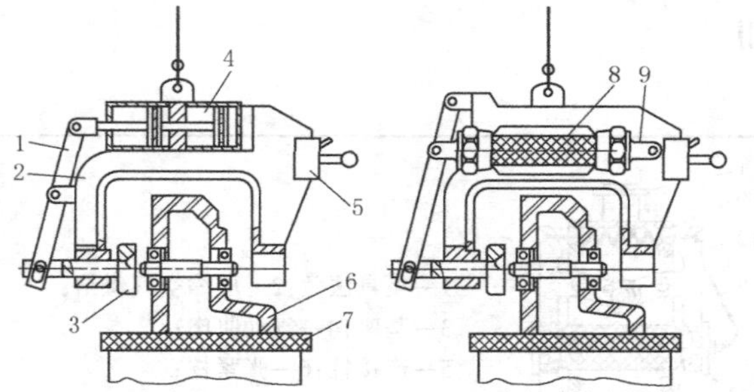(a) 由串联驱动　(b) 由气动肌肉驱动
移动式气动压紧装置
1—杠杆；2—C 形框架；
3—压力盘；4—气缸（倍力气缸）；
5—手动控制和导向组件；
6—基本工件；7—支撑台；
8—气动肌肉；9—气动肌肉固定件
在大型工件的装配工作中，例如各种各样的轴承压装，经常需要工件在现场的情况下执行装配操作，也就是说，不在装配线上。在修理操作中也经常是这样。因此，压紧装置必须是移动和悬挂式的，以便到达工件附近。压力缸和压紧装置的杠杆连在一起，通过杠杆把力施加到压力盘上。也可以用气动肌肉来代替普通的气缸，由于气动肌肉产生拉力是同缸径气缸拉力的 10 倍，这就减轻了压紧装置的重量，并只需施加较小的力就可使它在三维空间内移动。图 b 中，安装了两条气动肌肉，由于和第一条在视图上重合，因此在图中不能看见。如果安上合适的工具，用这个装置也能实现拆除设备的操作</td></tr>
<tr><td>适用组件</td><td>①止动气缸；②带传感感测功能的二位三通阀；③安装附件；④管接头；⑤“与”门；⑥接近开关</td></tr>
</table>

2.9 真空/比例伺服/测量工艺的应用

2.9.1 止动气缸在输送线上的应用

表 23-4-59

<table>
<tr><td>应用原理</td><td> 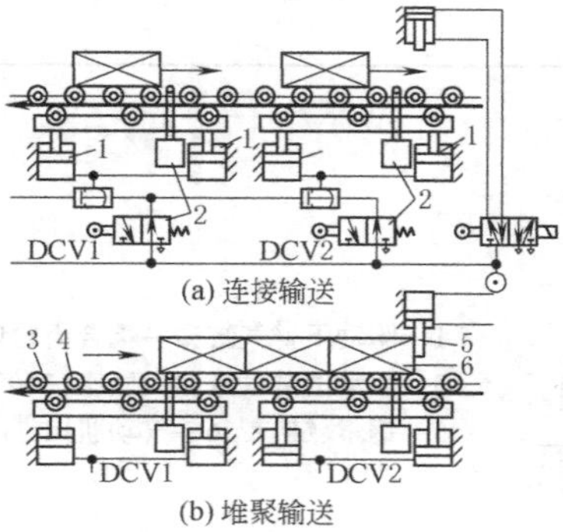(a) 连接输送　(b) 堆聚输送
储运输送
1—气缸；2—带传感感测功能的二位三通阀；
3—驱动带；4—支撑滚子；
5—止动气缸；6—输送工件
储运机主要用于对堆积物料的传送，对于滚子传送机而言，还应具有驱动传送和等待排列（装有物料的工件）两种机能。当气缸压紧驱动带 3 并使它紧贴支撑滚轴 4 时，工件被不断输送。反之，气缸没有压紧驱动带 3，并使它与支撑滚轴 4 脱开时，工件就失去输送动力源而被停止输送。传送带装有止动气缸和若干带传感感测功能的二位三通阀（DCV1 和 DCV2…），一旦带传感感测功能的二位三通阀得到工件到达信号，立即切换二位三通阀使其排气，使气缸 1 退回，气缸没有压紧驱动带 3，并使它与支撑滚子 4 脱开时，工件就失去输送动力源而被停止输送，同时发信号给控制止动气缸电磁阀使其伸出挡住工件（见图 b）</td></tr>
<tr><td>适用组件</td><td>①止动气缸；②带传感感测功能的二位三通阀；③安装附件；④管接头；⑤“与”门；⑥接近开关</td></tr>
</table>

2.9.2 多位气缸/电动伺服轴完成二维工件的抓取应用

表 23-4-60

应用原理	分度工件输送架的轮鼓控制设备 1—工件；2—工件输送架；3—定位耳；4—传送带；5—驱动臂；6—轮鼓控制器；7—三位气缸；8—安装脚架；9—升降单元(直线坐标气缸)；10—气爪；11—伺服定位轴；12—凸轮销 为了完成工件的卸料或堆料，经常需要有两个独立的伺服定位轴组成的机械手才能实现。如果将其中的一个定位轴换成由带凸轮销的轮鼓控制，则系统的花费会相应减少。这些凸轮销是以一定的间隔排列的，间隔距离与工件输送架中的工件间隔距离相同。当轮鼓前后摆动时，输送架就向前移动一个工件的行距。为了有时能让输送架没有阻挡地通过，轮鼓控制必须具有一个中间位置，在本系统中，采用了一个 3 位气缸来完成轮鼓的前、后和中间定位。如果工件不是一排一排，而是一个个被抓取，当然最好采用伺服定位轴，也有采用扁平气缸组成的系统，对于更大的距离，则可使用定位气缸
适用组件	①多位气缸；②平行气爪；③接近开关；④单气控阀；⑤直线坐标气缸或电动伺服轴；⑥安装附件；⑦管接头

2.9.3 直线坐标气缸（多位功能）/带棘轮分度摆动气缸在二维工件的抓取应用

表 23-4-61

应用原理	带传统部件的基本工件的装配 1—连接件；2—工件料架；3—驱动；4—摆动气缸；5—棘轮单元；6—传动系统；7—带中间定位坐标气缸；8—支撑；9—小型滑块；10—气抓；11—基本工件或工件架；12—空料架出口；13—传送链 该图显示了在装配过程中经常碰到的问题——将销插入到孔中。带孔的物体可能是工件架或是一个基本工件。为了能一排一排地抓取销，水平坐标气缸必须具备中间定位功能，工件料架的步进运动由叶片式摆动气缸与棘轮装置组成的步进机构来完成。虽然整个过程包括好几个工序，但通过采用简单的气动组件即可实现。通过具有中间定位功能的坐标气缸，可达到很高的重复精度
适用组件	①小型滑块；②直线坐标气缸；③连接适配器；④平行气爪；⑤叶片式摆动气缸；⑥接近开关；⑦单气控阀或常用阀岛；⑧安装脚架；⑨棘轮单元；⑩安装附件；⑪管接头

2.9.4 直线组合摆动气缸/伺服定位轴在光盘机供料系统上的应用

表 23-4-62

应用原理	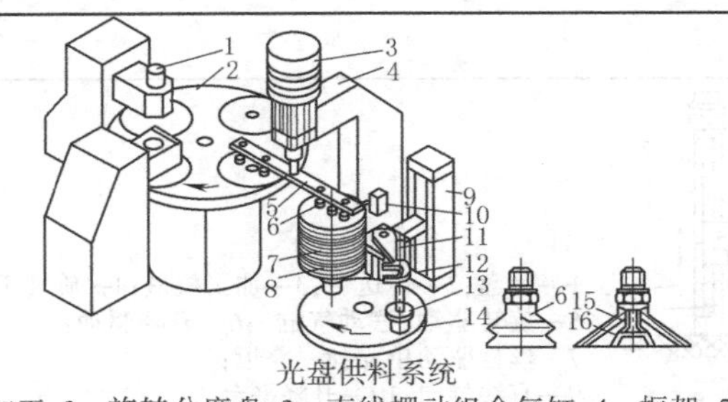 光盘供料系统 1—加工；2—旋转分度盘；3—直线摆动组合气缸；4—框架；5—旋转臂；6—波纹管吸盘；7—堆积光盘；8—旋转单元；9—伺服定位轴；10—接近开关；11—料架杆；12—升降摇臂；13—支撑盘；14—料架；15—吸盘；16—将光盘中心与真空区域分隔开 这个例子展示了光盘是怎样从料架输送到机器中的工装。升降臂可将料架 14 上的光盘提升，通过接近开关检测，保证最上面的光盘在接近开关检测的位置。当转动臂将光盘传送到旋转分度盘上进行加工，取料和卸料同时进行。对没有中心孔的光盘采用普通的吸盘即可，而对那些有中心孔的光盘，需采用复合吸盘将光盘中心与真空区域分隔开(见右图底部)。伺服定位轴跟踪补偿料架 14 上被不断取走的高度，以确保吸盘能吸得到光盘
适用组件	①直线摆动组合气缸；②吸盘或波纹管吸盘；③电动缸；④步进电机或位置控制器；⑤接近开关；⑥叶片式摆动气缸/棘轮装置(用于旋转分度盘)；⑦单气控阀；⑧漫射式传感器；⑨安装附件；⑩管接头

2.9.5 气动软停止在生产线上快速喂料

表 23-4-63

应用原理	生产线的交替供料 1—框架；2—气动直线单元(气缸与导向装置)；3—滑块；4—无杆气缸；5—料架；6—到生产线的传送供料装置 对工件需进行表面处理的装置来说，如印刷或胶黏，工件必须快速连续被安放到传送带上。一个普通的抓放系统往往不能达到预期的效果。尤其是从料架取出料后快速放置在生产线的传送带，采用“智能软停止系统”，它能使工作时间比使用普通气动驱动节省高达30%。这个例子是通过快速地从两个料架中交替进行放置/取料的形式，很好地解决了这一问题，它依靠一个带导轨无杆气缸的加长型滑块一送一放地巧妙取料思路来同步实现。两个气动直线单元(气缸与导向装置)的主要功能是真空吸盘的抓取与放置。如果传送带上安装了工件运输工具，工件是被精确地安装在这些运输工具中的，那么供给系统的动作必须和运输带的动作同步进行
适用组件	①有导向装置标准气缸或导杆止动气缸；②带导轨无杆气缸或“智能软停止系统”：无杆气缸、位移传感器、流量比例伺服阀、智能软停止控制器单气控阀或阀岛；③接近开关；④吸盘；⑤真空发生器；⑥真空安全阀

2.9.6 真空吸盘在板料分列输送装置上应用

表 23-4-64

应用原理	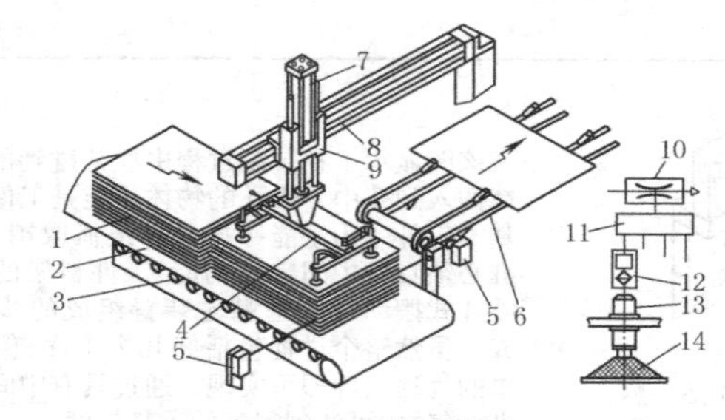 板料的分列输送装置 1—叠板；2—传送带；3—支撑滚；4—吸盘臂；5—传感器；6—分列传送带；7—气缸；8—无杆气缸；9—导向机构；10—真空发生器；11—分配器；12—真空安全阀；13—高度补偿器；14—真空吸盘 在生产线上，例如家具生产线，需要将硬纸板、塑料板、三夹板和硬纤维板从堆垛中提起，放到传送带上。只要板料表面没有太多的孔，就可以通过真空吸盘进行有效地操作。在这个例子中，连续输送机把堆着的板料输送到分列传送带上，通过传感器进行定位控制。真空吸盘的数量和尺寸取决于工件的重量。吸盘通过安装的弹簧以弥补高度误差(最大约5mm)
适用组件	①标准气缸与带导向装置或小型滑块；②真空发生器；③单气控阀或阀岛；④分气块；⑤带导轨的无杆气缸；⑥高度补偿器；⑦接近开关；⑧光电传感器；⑨装配附件；⑩吸盘；⑪传感器；⑫真空安全阀

2.9.7 真空吸盘/摆动气缸/无杆气缸对板料旋转输送上的应用

表 23-4-65

应用原理	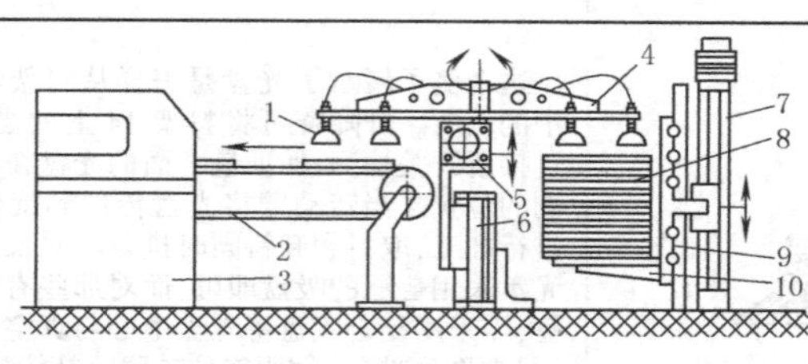 板料的旋转输送 1—吸盘；2—传送带；3—加工机械；4—旋转手臂；5—旋转驱动(摆动气缸)；6—升降驱动；7—丝杠驱动单元；8—叠板；9—直线导向；10—升降平台 在这个例子中，加工机械的工作材料为板料，吸盘安装于对称臂上，吸料和放料同时进行。这种平行操作能节省时间。堆放的板料一步一步上升，使每次吸取板料的高度相同，吸盘上装有补偿弹簧。当板料取完后，升降平台必须复位和装料，在这段时间内，加工机械无法供料，这是对操作不利的方面。如果要利用这一段时间，则需要提供两套升降工作平台
适用组件	①带导轨的无杆气缸或小型滑块；②单气控阀；③丝杠驱动单元；④传感器；⑤安装附件；⑥摆动气缸

2.9.8 特殊吸盘/直线组合摆动气缸缓冲压机供料上的应用

表 23-4-66

应用原理	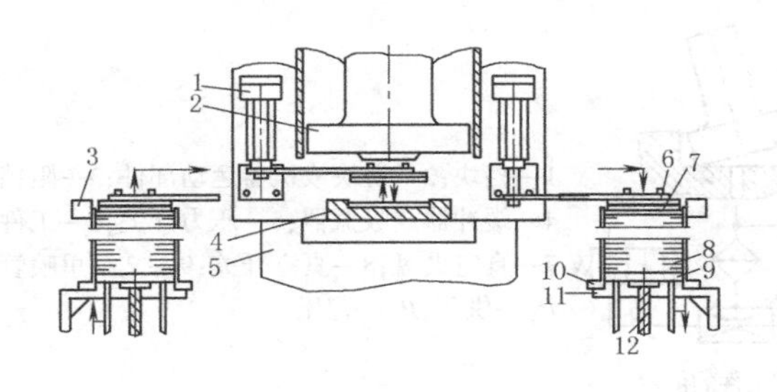 1—直线/摆动组合气缸；2—冲压锤；3—接近开关；4—冲模；5—冲压机架；6—旋转手臂；7—吸盘；8—工件（平）；9—升降盘；10,11—料架；12—升降轴 给冲压机供料 经常会遇到对较小的、平的工件进行供料，例如在冲压床上进一步加工（印章、弯曲、切割、切割一定的尺寸等）。为了能使工件精确地被放到模具上去，在这一例子当中，使用的不是一个普通的吸盘，而是一个能保证工件精密定位的吸盘，这一点对柔性工件来说尤为重要。送料和去料操作由两个摆动臂执行，每个摆动臂的执行部件都为一个直线/摆动组合气缸。料架是活动设计的，工件由丝杠上下驱动，接近开关检测料架的工件的位置，并按一定的时间控制步进。进料机构和出料机构设计相同。如果进料和出料操作由同一个处理单元执行，就会减少产品的产量，因为之后的同步操作会变得不可能。由于需求量大，相同操作单元的使用，可大大缩减成本
适用组件	①直线摆动组合气缸；②液压缓冲器；③单气控阀或阀岛；④接近开关；⑤漫射式传感器；⑥真空发生器；⑦真空安全阀；⑧安装附件

2.9.9 气障（气动传感器）/摆动气缸在气动钻头断裂监测系统上的应用

表 23-4-67

应用原理	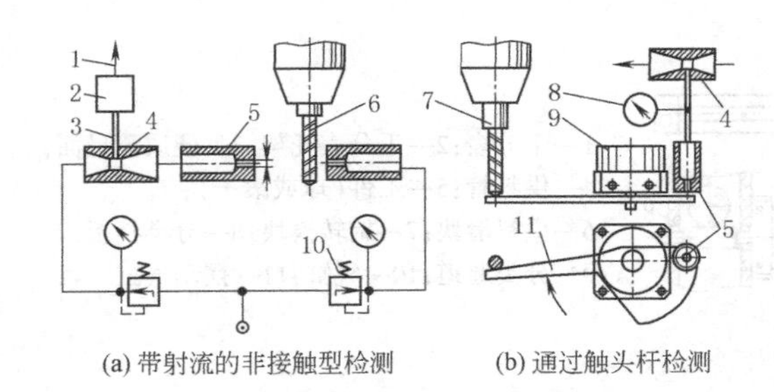 (a) 带射流的非接触型检测　(b) 通过触头杆检测 1—电信号；2—真空开关；3—真空气管；4—文丘里喷管；5—喷嘴；6—被测物（钻头）；7—夹头；8—真空表；9—摆动气缸；10—调压阀；11—触头杆 气动的钻头断裂检测系统 工具被损的检测是自动化生产中一个重要的部分，已有许多的设备可以实现这种检测。图 a 所示的是一种非接触式的通过气障检测钻头存在的方法，如果钻头损坏了，它就不再反射气流，这可以通过检测压力得到，喷嘴直径为 1mm，标定长度大约是 4mm。图 b 中，钻头由触头杠杆检测，如果钻头损坏，触头杠杆就会顺时针旋转，这样就会把喷嘴打开，同样系统压力的改变暗示着工具已损坏。这些装置的优点是检测位置能以 0.1mm 的位置精度调整。当然，在测量进行之前，钻头必须用空气或冷却剂喷枪清洗。同时可以通过装在摆动气缸上的接近开关检测钻头的损坏程度
适用组件	①间隙传感器；②摆动气缸；③真空发生器；④安装件；⑤接近开关；⑥调压阀；⑦真空开关；⑧安装附件；⑨管接头

2.9.10 利用喷嘴挡板感测工件位置的应用

表 23-4-68

应用原理	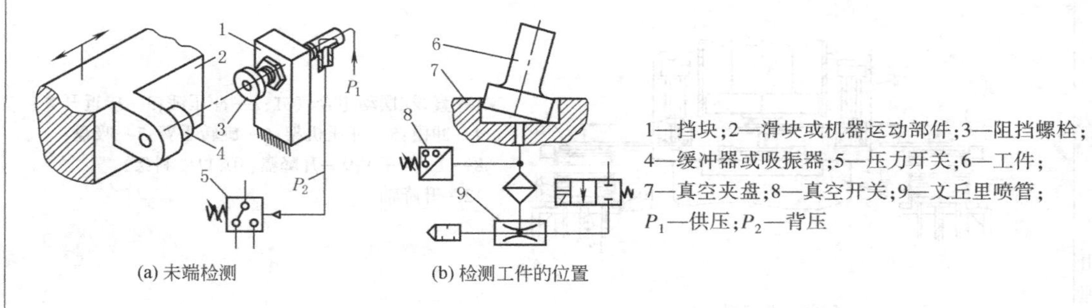 (a) 末端检测 (b) 检测工件的位置 用压缩空气检测 用户在使用压缩空气作为动力的操作过程中，经常希望能利用压缩空气来达到检测的目的，这是完全可行的。图 a 介绍了一种简单的方法，将钻头阻挡螺栓换成射流喷嘴，即可实现钻头的自动检测并发出停止信号。当滑块接到上面的时候，背压就会改变，这可通过压力开关检测，这种结构组成了一个复合功能的组件，可提供了位置调整和传感器实现的功能。在图 b 的例子中，工件通过吸盘夹紧，如果夹紧点没有到位或由于碎屑或工件倾斜，正常的真空就不能建立，通过真空开关可以检测真空是否建立。如果由真空发生器产生的真空不足，就要使用高性能的真空泵
适用组件	①真空发生器；②压力开关；③二位二通阀；④真空开关；⑤安装附件；⑥管接头

2.9.11 带导轨无杆气缸在滚珠直径测量设备上的应用

表 23-4-69

应用原理	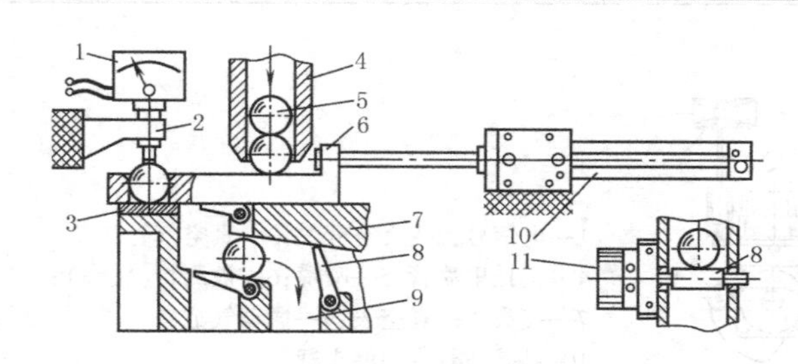 1—千分表；2—千分表托架；3—硬质测量面； 4—供料管；5—工件（球或滚子）； 6—供料滑块；7—旋转模块；8—分类挡板； 9—分类通道；10—气缸；11—摆动气缸 检测直径的设备 在选择性装配操作中，工件要根据公差的一致性被选出来并配对。在实际中，这就意味着装配的工件必须预先分成公差组，图中显示了圆形对称工件的直径检验装置，供料滑块把工件分开并把它们插入到测试装置中，这个装置也可以是通过无接触方式操作的那一种，当供料滑块退回时，根据测试结果分别进入各自的分类通道。每个分类通道闸门将由叶片式摆动气缸来驱动。无杆气缸有一个连接导向块（即供料滑块），这意味着不需要采用带导向的无杆气缸，在这个应用中，也可使用其他的带不含旋转的活塞杆的气缸
适用组件	①高精度导向气缸或防扭转紧凑型气缸；②叶片式摆动气缸；③接近开关；④单气控阀；⑤管接头；⑥安装附件

2.9.12 倍力气缸在传送带上的张紧/跑偏工艺上的应用

表 23-4-70

应用原理	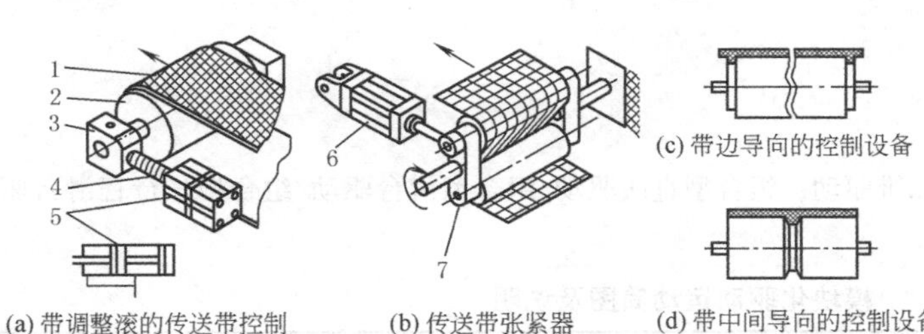 (a) 带调整滚的传送带控制 (b) 传送带张紧器 (c) 带边导向的控制设备 (d) 带中间导向的控制设备 1—传送带;2—辊轴;3—旋转轴承;4—压力弹簧;5—倍力气缸;6—气缸;7—辊轴张紧臂 传送带上的张紧功能 传送带系统一般都装有驱动、导向、张紧和调整滚子。为了保证传送带的正常工作,必须要保证两个功能,即笔直的路线传送和正确的传送带拉紧力。笔直的路线可以通过调整微呈凹形的辊轴,有 30~40mm 的调整范围就足够了。机械的边缘导向也可用作保证传送带的笔直线路,在这个系统中,传送带在边缘或中心提供了合适的缩颈,如图 c 和 d 所示。对于传送带的拉紧也有许多办法,在这个例子中,传送带空的侧面是以 S 形的方式通过一对拉紧滚子(如图 b 所示),所需的张力可以通过调节气缸的压力调整。拉紧和控制功能也可以组合到一个单滚子的结构中
适用组件	①倍力气缸;②调压阀;③接近开关;④标准气缸;⑤安装脚架;⑥双耳环;⑦单气控阀;⑧安装附件、管接头

2.10 带导轨无杆气缸/叶片摆动气缸在包装上的应用

表 23-4-71

应用原理	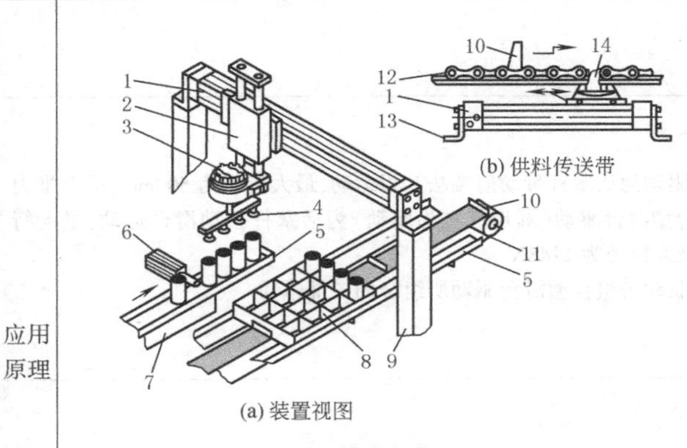 (a) 装置视图 (b) 供料传送带 1—带导轨无杆气缸;2—升降滑块(小型滑台气缸);3—叶片式摆动气缸;4—吸盘;5—侧面导向;6—止动气缸;7—直线振动传送机;8—包装的产品;9—支撑框架;10—驱动块;11—输送带;12—链;13—脚架;14—供料棘爪 罐头包装 图中所示的是四个成一组的包装罐头或同类物体的包装设备,四个产品是被同时抓取移动,这个动作只需要采用具有两端定位的直线驱动单元。从流水线输送过来四个一组的产品由四个真空吸盘收住,通过叶片式摆动气缸旋转 90°被送入包装箱内,包装箱的步进移动(被放入的二排产品的节距)如示意图所示,可以通过采用气缸带动一个棘爪机构来实现。如果摆动气缸能够产生足够的转矩,也可以用它来完成步进操作。类似动作也可以用于打开包装的工序中。机械夹具也可以用来代替吸盘的操作
适用组件	①带导轨无杆气缸;②止动气缸;③叶片式摆动气缸或齿轮齿条式摆动气缸;④真空吸盘;⑤管接头;⑥气爪;⑦接近开关;⑧单气控阀;⑨小型滑块气缸;⑩标准气缸;⑪真空发生器;⑫真空安全阀;⑬安装附件

3 导向驱动装置

3.1 模块化驱动

双活塞气缸/双缸滑台驱动器组成二维驱动；组合型直线驱动/组合型滑台驱动/组合型长行程滑台驱动组成二维或三维驱动。

表 23-4-72　　模块化驱动运动简图及说明

简　图	说　明
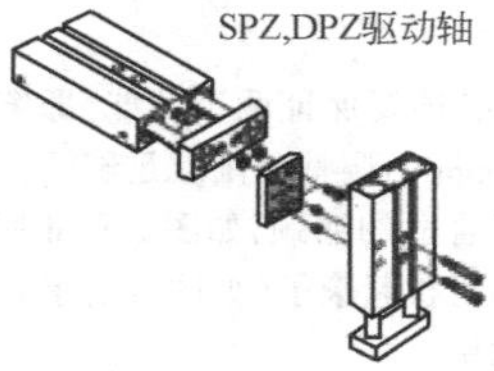 SPZ,DPZ驱动轴 (a)	双活塞气缸的最大行程为 100mm,它前端法兰板能承受最大径向力(对于滑动轴承:行程 50mm 为 108N,行程 100mm 为 102N;对于循环滚珠轴承:行程 50mm 为 35N,行程 100mm 为 27N)。另外,双活塞气缸前端法兰板能承受最大转矩(对于滑动轴承:行程 100mm 为 28N · m;对于循环滚珠轴承,行程 100mm 为 0.85N · m)
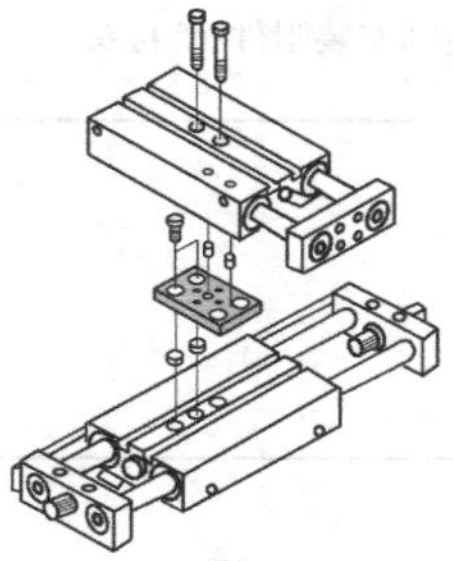 (b)	双缸滑台驱动器的最大行程为 100mm,滑台能承受最大径向力(对于滑动轴承:行程 50mm 为 280N,行程 100mm 为 180N;对于循环滚珠轴承:行程 50mm 为 92N,行程 100mm 为 55N)。另外,双缸滑台驱动器上滑台能承受最大转矩(对于滑动轴承:行程 100mm 为 7.2 N · m;对于循环滚珠轴承:行程 100mm 为 1.5 N · m)
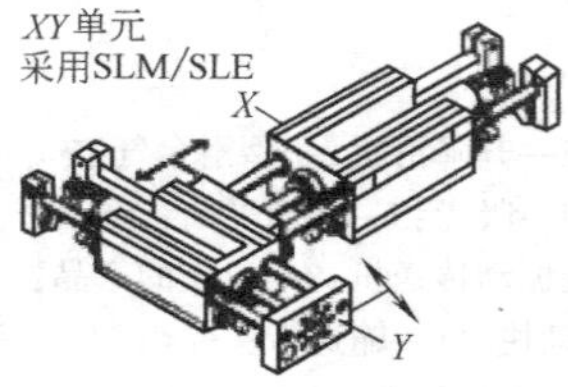 *XY*单元 采用SLM/SLE *X* *Y* (c)	组合型直线驱动为活塞杆带动前端法兰板运动,最大行程为 500mm,最大推力为 1178N。组合型滑台驱动(圆形气缸为驱动)为活塞杆带动滑台运动,最大行程为 500mm,最大推力为 1148N 组合型直线驱动与组合型滑台驱动所组合的二维运动
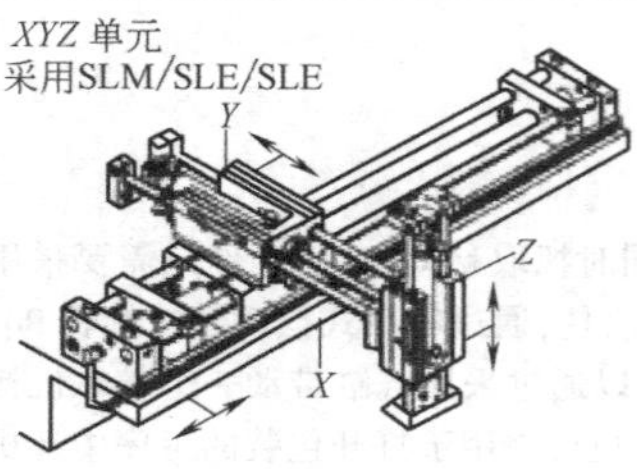 *XYZ* 单元 采用SLM/SLE/SLE *Y* *Z* *X* (d)	组合型直线驱动与组合型长行程滑台驱动组成的三维运动如图 d 所示。组合型长行程滑台内置磁耦合无杆气缸,磁耦合无杆气缸带动滑台运动,因此行程较长,最大行程为 1500mm,最大推力为 754N

注：1. 图 a 与图 b 参考 FESTO 公司产品，其中双活塞气缸（FESTO 产品为双活塞气缸 DPZ），双缸滑台驱动器（FESTO 产品为滑块驱单元、双活塞 SPZ）。

2. 图 c 和图 d 参考 FESTO 公司产品：其中组合型直线驱动与组合型直线驱动所组合的二维运动（FESTO 产品为直线驱动单元 SLE）；组合型直线驱动与组合型长行程滑台驱动的二维运动（FESTO 产品为直线驱动单元 SLE、带导向滑块 SLM）。

3.2 抓取和放置驱动

抓取和放置驱动原应归类于气动机械手范畴，由于抓取和放置驱动在气动自动化领域中的应用越来越广泛，也越来越细分，随着大量、模块化带导轨驱动器的诞生，各国气动制造厂商纷纷开发符合抓取和放置驱动的自动化要求产品，根据它模块化、结构紧凑、组合方便等特征，已形成一个抓取和放置驱动体系。当然，它还能与其他普通气缸、导向驱动单元以及电缸等组成完美的自动化体系，本手册把它归类于导向驱动装置来叙述。

该导向驱动装置主要用于抓放、分拣、托盘传送等自动流水线上，在中、小规模自动流水线上应用十分广泛。尤其适合结构紧凑、循环周期短、灵活、精度要求高的场合。随着工业化的不断发展，新产品、新技术将不断补充到气动机械手系统中，已出现的气驱动与电驱动混合模块化组合驱动系统将成为新的发展趋势。从运动结构形式上可分为抓放驱动、线性门架驱动、悬臂驱动三大类。

该导向驱动装置在设计或选用上可根据工作负载、期望工作节拍、实际行程、是否需要中间定位（几个定位点）、位置定位精度及重复精度、现场环境（如多粉尘、局部高温、洁净等级高等）等参数进行选择。

表 23-4-73　　导向驱动装置按运动结构形式及驱动方式分类

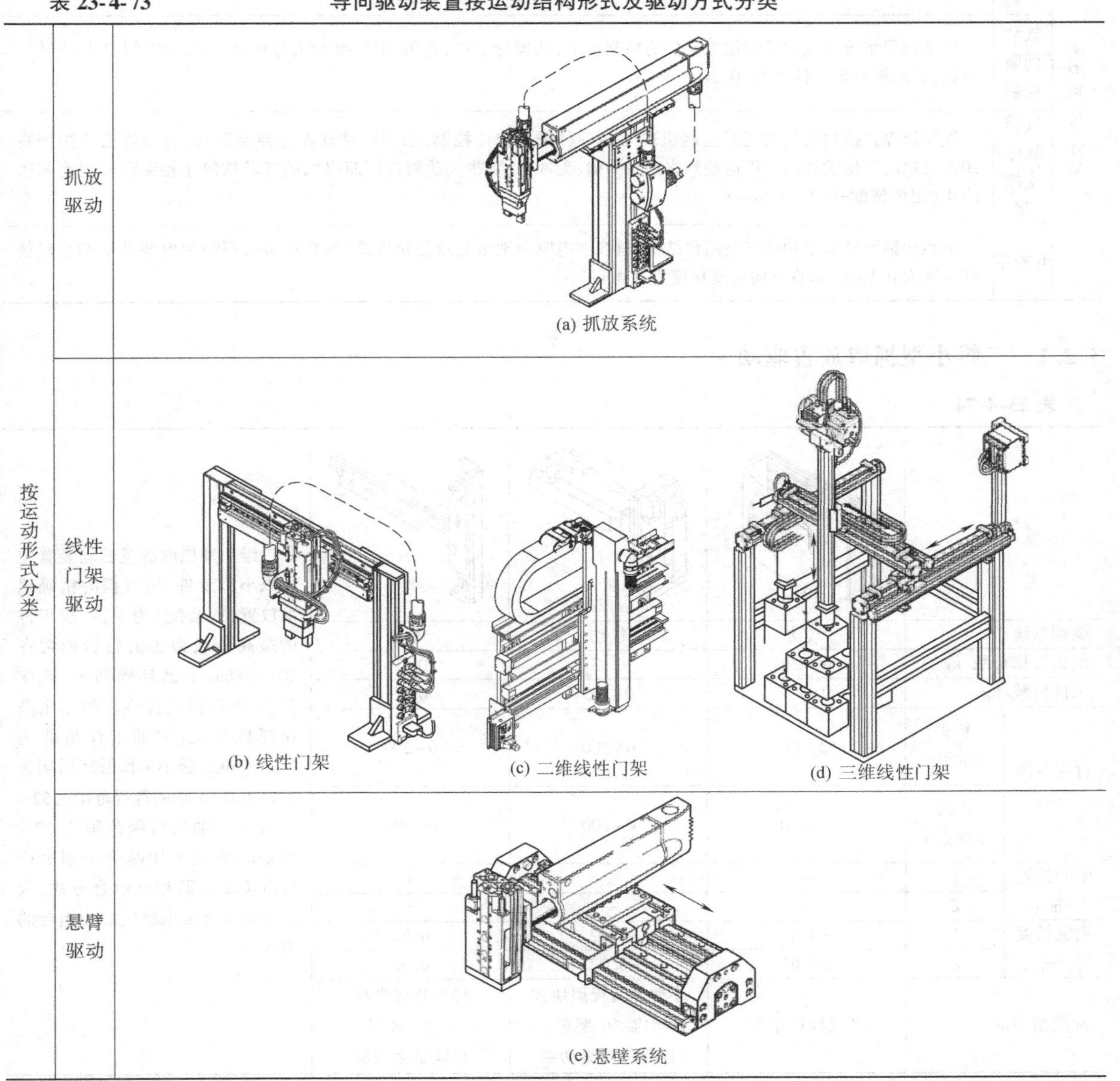

(a) 抓放系统

(b) 线性门架

(c) 二维线性门架

(d) 三维线性门架

(e) 悬壁系统

续表

按驱动方式分类	气驱动(气动轴)	气驱动可以选择直线坐标气缸、无杆气缸、短行程滑块驱动器、高速抓取单元、齿轮齿条摆动气缸、气爪、吸盘及框架构件等元器件
	电驱动(电动轴)	电驱动可以选择电驱动轴(齿带式驱动轴或丝杠式驱动轴),它们分别可与步进马达、步进马达控制器、连接组件组合成一种方式,也可与伺服马达、伺服马达控制器、连接组件等组合成另一种方式
	气驱动/电驱动混合形式	
按控制方式分类	一般气动控制	
	气动伺服控制	气动伺服系统是气动任意位置定位的控制技术,从理论上讲,它可完成 99 个程序模式,512 个中间停止(定位)位置,它的最高定位精度为±0.2mm
	气动软停止控制	气动软停止控制是气动伺服控制机理下的一种派生定位控制,采用气动软停止控制形式,能使运动节拍提高 20%~30%,并使被移动工件运动到终点时平稳、无冲击,某些气动制造厂商提供的气动软停止控制还可以有两次停止(定位精度±0.1~0.2mm)
	电控制	电驱动轴可分齿带和丝杠型两种结构,丝杠型电驱动轴重复定位精度高,为 0.02mm,而齿带电驱动轴的重复精度一般为 0.1mm(垂直方向重复精度为 0.4mm)

3.2.1 二维小型抓取放置驱动

表 23-4-74

Z Y					二维小型抓取放置驱动装置主要以小型工件、短行程的精确抓取放置(或装配)为主,一般工件的最高负载为 3kg,行程通常在 20~200mm。循环周期短、速度高、要求机械刚性强。如采用高速抓取单元:它的工作负载为 0.7~1.6kg,最小工作循环周期为 0.6~1.0s,Y 轴的行程范围为52~170mm,Z 轴的行程范围为 20~70mm。常见采用两个小型短行程滑块驱动器相互组合分式,或两个轻型直线坐标气缸相组合的方式
驱动系统		气动	气动	气动	
最大工作负载/kg		0~1.6	0~3	0~3	
工件负载/kg		0~0.1	0~0.5	0~2	
行程范围/mm	Y 轴(水平)	52~170	0~200	0~200	
	Z 轴(垂直)	20~70	0~200	0~200	
中间位置/mm	Y	—	—	1	
	Z	—	—	1	
重复精度/mm	Y	±0.01	0.02	0.02	
	Z	±0.01	0.02	0.02	
标准型实例		高速抓取单元	小型短行程滑块式驱动器/小型短行程滑块式驱动器	轻型直线坐标气缸/轻型直线坐标气缸	

3.2.2 二维中型/大型抓取放置驱动

表 23-4-75

Z↑ ↗Y				
驱动系统	气动	气动	气动	中型抓取和放置驱动装置的抓取工件的最高负载为6kg,它的水平方向(Y轴)行程在50~400mm,垂直方向(Z轴)行程在20~200mm。一般可采用一个直线坐标气缸(水平方向)与一个小型短行程滑块驱动器相互组合的方式,或采用一个直线坐标气缸(水平方向)与一个轻型直线坐标气缸(垂直方向)相互组合的方式。该类系统装置机械刚性好,可靠性和精度高;模块化组合结构使得部件更换、添置十分容易;可采用气爪或真空吸盘抓取和放置工件 大型抓取和放置驱动装置的抓取工件的最高负载为10kg,它的水平方向(Y轴)行程在50~400mm,垂直方向(Z轴)行程也在50~400mm。由于工件负载高,运动速度较高,对系统结构上要求刚性好,可采用一个直线坐标气缸(水平方向)与另一个直线坐标气缸(垂直方向)相互组合的方式。该类系统装置机械刚性好,可靠性和精度高;模块化组合结构使得部件更换、添置十分容易;可采用气爪或真空吸盘抓取和放置工件
最大工作负载/kg	0~6	0~6	0~10	
工件负载/kg	0~1	0~3	0~5	
Y轴行程范围(水平)/mm	0~400	0~400	0~400	
Z轴行程范围(垂直)/mm	0~200	0~200	0~400	
Y中间位置/mm	1	1	1	
Z中间位置/mm	—	1	1	
Y重复精度/mm	0.02	0.02	0.02	
Z重复精度/mm	0.02	0.02	0.01	
标准型实例	直线坐标气缸/小型短行程滑块式驱动器	直线坐标气缸/轻型直线坐标气缸	直线坐标气缸/直线坐标气缸	

3.2.3 二维线性门架驱动

表 23-4-76

Z↑ ↘Y						
驱动系统	气动	气动软停止	伺服气动	丝杠电驱动	齿带电驱动	线性门架驱动是一个主要提供长距离的工件搬运、插放、加载、卸载,工件的加工、测量、检测等功能的系统。根据工作负载、期望的工作节拍、实际行程、是否需要中间定位(几个定位点)、位置定位精度及重复精度、现场环境等方面,可采用气动控制、气动软停止控制、气动伺服控制和电控制四大主要方式。气动软停止控制在运动终点时平稳、无冲击力,速度比气动驱动提高30%。气动伺服价格便宜、操作方便、无过载损毁现象,定位精度为±0.2mm(垂直方向定位精度在0.4mm);电伺服比气伺服贵,定位精度为±0.1~±0.02mm。对于较小工作负载2kg,可采用扁平型无杆气缸与小型短行程滑块驱动器相组合的驱动结构,其水平方向的工作行程在900mm之内。对于工作负载6kg,其线性门架的水平方向的工作行程有四种:第一种,应用气动元器件以气动软停止作为驱动的最长工作行程为3000mm;第二种,以气动元器件作为驱动的气动伺服运动的最长工作行程为1600mm;第三种,以电丝杠驱动轴作为驱动的电伺服运动的最长工作行程为1000mm;第四种,以电齿带驱动轴作为驱动的电伺服运动它的最长工作行程为21000mm
最大工作负载/kg	0~2	0~6				
工件负载/kg	0~1	0~2				
Y轴行程范围(水平)/mm	0~900	0~3000	100~1600	100~1000	100~2000	
Z轴行程范围(垂直)/mm	0~200	0~200	0~200	0~200	0~200	
Y中间位置/mm	1~4	—	任意			
Z中间位置/mm	—	—				
Y重复精度/mm	0.02	0.02	0.4	±0.02	±0.1	
Z重复精度/mm	0.02	0.02				
标准型实例	扁平型无杆直线驱动器/小型短行程滑块式驱动器	无杆气缸/小型短行程滑块式驱动器		电驱动/小型短行程滑块式驱动器		

续表

Z Y												
驱动系统	气动软停止	伺服气动	丝杠电驱动	齿带电驱动	气动软停止	伺服气动	丝杠电驱动	齿带电驱动	气动软停止	伺服气动	丝杠电驱动	齿带电驱动
最大工作负载/kg	0~4				0~10				0~10			
工件负载/kg	0~3				0~5				0~5			
Y轴行程范围(水平)/mm	0~3000	100~1600	100~1000	100~2000	0~3000	100~1600	100~1000	100~2000	0~3000	100~1600	100~1000	100~2000
Z轴行程范围(垂直)/mm	0~200	0~200	0~200	0~400	0~400	0~400	0~400	0~400	0~800	0~800	0~800	0~800
Y中间位置/mm	—	任意			—	任意			—	任意		
Z中间位置/mm	1				1				—	任意		
Y重复精度/mm	0.02	0.4	±0.02	±0.1	0.02	0.4	±0.02	±0.1	0.02	0.4	±0.02	±0.1
Z重复精度/mm	0.02				0.01				±0.05			
标准型实例	无杆气缸/轻型坐标气缸		电驱动/轻型坐标气缸		无杆气缸/坐标气缸		电驱动/无杆气缸		无杆气缸/电驱动		电驱动/电驱动	

线性门架驱动是一个主要提供长距离的工件搬运、插放、加载、卸载,工件的加工、测量、检测等功能的系统。根据工作负载、期望的工作节拍、实际行程、是否需要中间定位(几个定位点)、位置定位精度及重复精度、现场环境等方面,可采用气动控制、气动软停止控制、气动伺服控制和电控制四大主要方式。气动软停止控制在运动终点时平稳、无冲击力,速度比气动驱动提高30%。气动伺服价格便宜、操作方便、无过载损毁现象,定位精度为±0.2mm(垂直方向定位精度在0.4mm);电伺服比气伺服贵,定位精度为±0.1~±0.02mm。对于较小工作负载2kg,可采用扁平型无杆气缸与小型短行程滑块驱动器相组合的驱动结构,其水平方向的工作行程在900mm之内。对于工作负载6kg,其线性门架的水平方向的工作行程有四种:第一种,应用气动元器件以气动软停止作为驱动的最长工作行程为3000mm;第二种,以气动元器件作为驱动的气动伺服运动的最长工作行程为1600mm;第三种,以电丝杠驱动轴作为驱动的电伺服运动的最长工作行程为1000mm;第四种,以电齿带驱动轴作为驱动的电伺服运动它的最长工作行程为21000mm

3.2.4 三维悬臂轴驱动

表 23-4-77

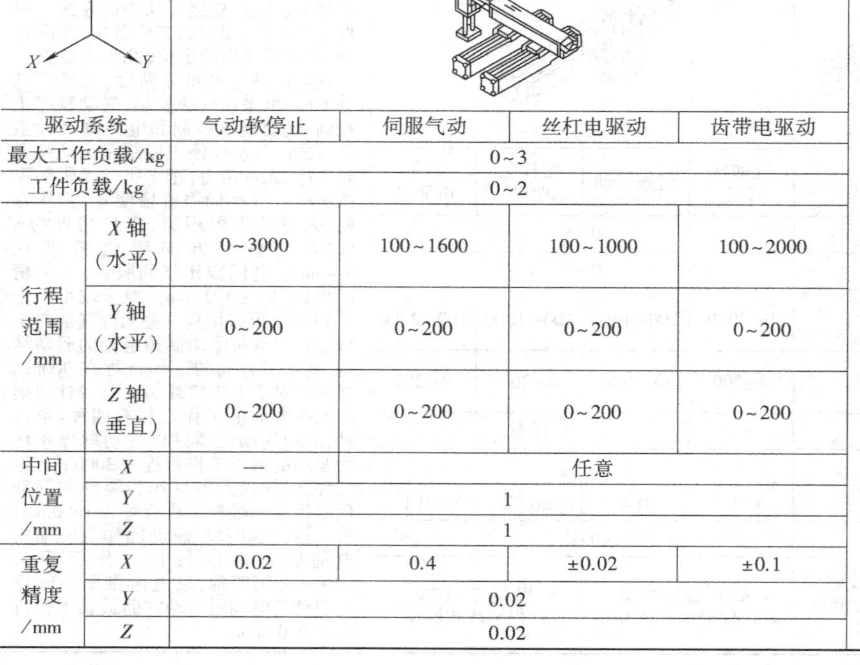

驱动系统		气动软停止	伺服气动	丝杠电驱动	齿带电驱动
最大工作负载/kg		0~3			
工件负载/kg		0~2			
行程范围/mm	X轴(水平)	0~3000	100~1600	100~1000	100~2000
	Y轴(水平)	0~200	0~200	0~200	0~200
	Z轴(垂直)	0~200	0~200	0~200	0~200
中间位置/mm	X	—	任意		
	Y	1			
	Z	1			
重复精度/mm	X	0.02	0.4	±0.02	±0.1
	Y	0.02			
	Z	0.02			

三维悬臂轴驱动是一种三维运动的结构模式,当其中有二维运动方向的工作行程在较小的状况(Y轴、Z轴的工作行程在约200~400mm时),为了减少空间,可采用三维悬臂结构。三维悬臂结构的工件负载比三维门架结构能力小,一般工件负载在3~6kg左右

续表

项目										说明
Z X Y										
驱动系统		气动软停止	伺服气动	丝杠电驱动	齿带电驱动	气动软停止	伺服气动	丝杠电驱动	齿带电驱动	三维悬臂轴驱动是一种三维运动的结构模式，当其中有二维运动方向的工作行程在较小的状况（Y轴、Z轴的工作行程在约200~400mm时），为了减少空间，可采用三维悬臂结构。三维悬臂结构的工件负载比三维门架结构能力小，一般工件负载约在3~6kg左右
最大工作负载/kg		0~6				0~6				
工件负载/kg		0~1				0~2				
行程范围/mm	X轴（水平）	0~3000	100~1600	100~1000	100~2000	0~3000	100~1600	100~1000	100~2000	
	Y轴（水平）	0~400	0~400	0~400	0~400	0~3000	0~1600	100~1000	100~2000	
	Z轴（垂直）	0~200	0~200	0~200	0~200	0~200	0~200	0~200	0~200	
中间位置/mm	X	—	任意			—	任意			
	Y	1				—	任意			
	Z	—				—				
重复精度/mm	X	0.02	0.4	±0.02	±0.1	0.02	0.4	±0.02	±0.1	
	Y	0.01				0.01				
	Z	0.02				0.02				
标准型实例		无杆气缸/直线坐标/短行程滑块式驱动器		电驱动/直线坐标气缸/短行程滑块式驱动器		无杆气缸/无杆气缸/短行程滑块式驱动器		电驱动/电驱动短行程滑块式驱动器		

3.2.5 三维门架驱动

表 23-4-78

项目									说明
Z X Y									
驱动系统	气动软停止	伺服气动	丝杠电驱动	齿带电驱动	气动软停止	伺服气动	丝杠电驱动	齿带电驱动	三维门架驱动是一个三维运动的结构模式，当其中有一维运动方向的工作行程较小时（Z轴的工作行程在约200~400mm时），可采用三维门架驱动结构，它的工作负载能力要比三维悬臂轴驱动强，通常在6~10kg左右
最大工作负载/kg	0~6				0~4				
工件负载/kg	0~2				0~3				
X轴行程范围（水平）/mm	0~3000	100~1600	100~1000	100~2000	0~3000	100~1600	100~1000	100~2000	
Y轴行程范围（水平）/mm	0~3000	100~1600	100~1000	100~2000	0~3000	100~1600	100~1000	100~2000	
Z轴行程范围（垂直）/mm	0~200	0~200	0~200	0~200	0~200	0~200	0~200	0~200	
X中间位置/mm	—	任意			气动软停止	任意			
Y中间位置/mm	—	任意			气动软停止	任意			
Z中间位置/mm	—				1				
X重复精度/mm	0.02	0.4	±0.02	±0.1	0.02	0.4	±0.02	±0.1	
Y重复精度/mm	0.02	0.4	±0.02	±0.1	0.02	0.4	±0.02	±0.1	
Z重复精度/mm	0.02				0.02				
标准型实例	无杆气缸/无杆气缸/短行程滑块式驱动器		电驱动/电驱动/短行程滑块式驱动器		无杆气缸/无杆气缸/轻型直线坐标气缸		电驱动/电驱动/轻型直线坐标气缸		

续表

Z X Y	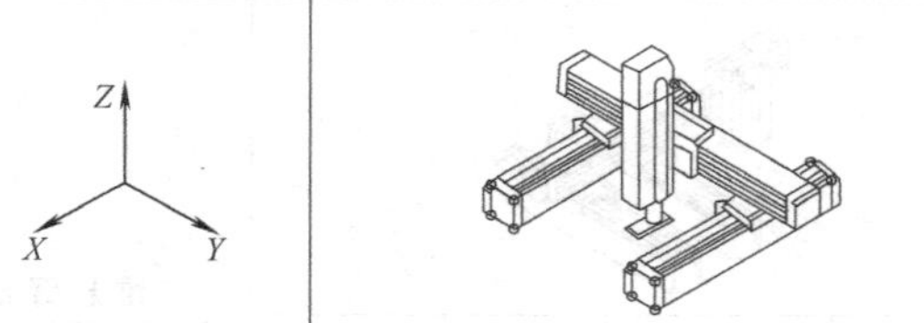				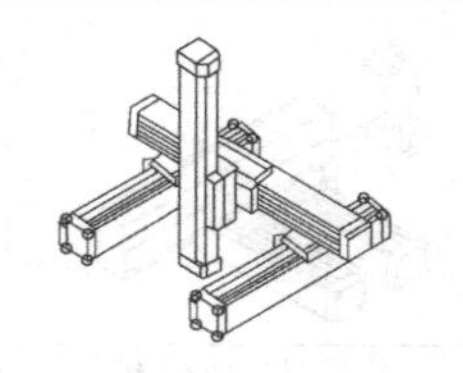				
驱动系统	气动软停止	伺服气动	丝杠电驱动	齿带电驱动	气动软停止	伺服气动	丝杠电驱动	齿带电驱动	三维门架驱动是一个三维运动的结构模式，当其中有一维运动方向的工作行程较小时（*Z* 轴的工作行程在约 200~400mm 时），可采用三维门架驱动结构，它的工作负载能力要比三维悬臂轴驱动强，通常在 6~10kg 左右
最大工作负载/kg	0~10				0~10				
工件负载/kg	0~5				0~5				
X 轴行程范围（水平）/mm	0~3000	100~1600	100~1000	100~2000	0~3000	100~1600	100~1000	100~2000	
Y 轴行程范围（水平）/mm	0~3000	100~1600	100~1000	100~2000	0~3000	100~1600	100~1000	100~2000	
Z 轴行程范围（垂直）/mm	0~400	0~400	0~400	0~400	0~3000	600~1600	600~1000	600~2000	
X 中间位置/mm	—	任意			—	任意			
Y 中间位置/mm	—	任意			—	任意			
Z 中间位置/mm	1				—	任意			
X 重复精度/mm	0.02	0.4	±0.02	±0.1	0.02	0.4	±0.02	±0.1	
Y 重复精度/mm	0.02	0.4	±0.02	±0.1					
Z 重量精度/mm	0.01								
标准型实例	无杆气缸/无杆气缸/直线坐标气缸		电驱动/电驱动/直线坐标气缸		无杆气缸/无杆气缸/无杆气缸		电驱动/电驱动/电驱动		

3.3　气动驱动与电动驱动的比较

气动系统和电动系统实际上并不应该排斥，相反，这只是一个要求不同的问题。气动驱动的优势显而易见，如：面对灰尘、油脂、水、潮湿、清洁剂等恶劣环境条件时，气动驱动器非常坚固耐用，气动驱动器容易安装，能提供典型的抓取功能，价格便宜且操作方便。当气动驱动器与相应的传感器、阀或阀岛相结合时，气动驱动器可达到自由定位功能。

当作用力快速增大且需要精确定位时，带伺服马达的电驱动具有优势。面对精确要求、同步运转、可调节和规定的定位编程的应用场合，电驱动是最佳的选择。由电动直线驱动器、丝杠式和齿带驱动器，甚至多级驱动方案以及传动装置、带闭环定位控制器的伺服或步进马达所组成的电驱动系统能够补充气动系统的不足之处。

对于用户而言，寻求合适且性价比高的驱动技术十分重要，并使所有组件都能以最简单而可靠的方式实现其功能。理想的状况是把气动和电驱动器两者的优点结合在机电模块化抓取和放置系统中，通过即插即用的方式实施合适的解决方案。

当前，世界各国许多气动厂商及电动轴（线性导轨）制造厂商已有二维、三维气动/电动的驱动轴（二维、三维抓取/放置；二维、三维悬臂轴；二维、三维线性门架）产品问世，如德国的 FESTO 公司、Rexroth Bosch 公司、Afag AG 公司、Schunk 公司、IAI industrieroboter GMBH 公司、美国的 Parker Automation 公司、日本的 SMC 公司。

4 气　　爪

4.1 气爪的分类

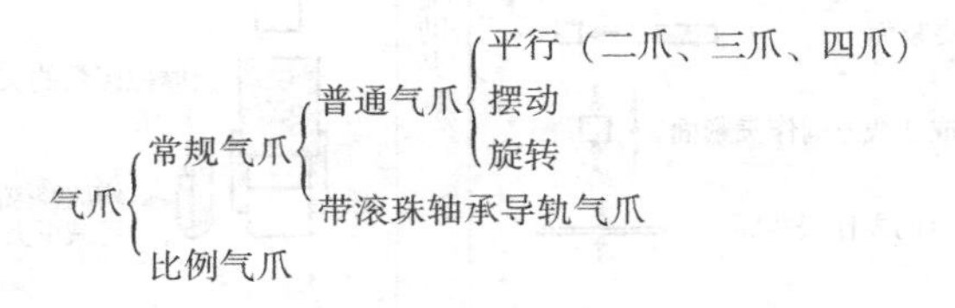

4.2 影响气爪选择的一些因素及与工件的选配

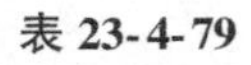

表 23-4-79　　影响气爪选择的因素及与工件的选配

项　目		说　　明
影响气爪选择的因素	工件	规格、形状、质量、温度、灵敏度、材料
	外围设备	控制系统、定位精度、循环时间
	过程参数	力、循环时间、重复定位精度
	抓取装置	定位精度、加速度、速度
	工作环境	温度、灰尘、操作空间
工件的类型		1类　2类　3类　4类 气爪　真空
工件的尺寸比例		高度　0.3a　0.5a　1.5a　2a 真空　气爪
工件的选配及特殊的抓取方式		见下表及图：内抓取；内外联合抓取；(a) 用模片夹紧气缸抓取；(b) 异形工件抓取

气爪＼工件	工件1	工件2	工件3	工件4
平行	非常好	非常好	非常好	麻烦
20° 摆动	麻烦	好	非常好	麻烦
90° 旋转	好	好	非常好	麻烦
三爪	麻烦	非常好	麻烦	麻烦
真空	非常好	非常好	好	非常好

内抓取　　内外联合抓取

(a) 用模片夹紧气缸抓取　(b) 异形工件抓取

续表

项目	说明
对工件的夹紧点与气爪辅助夹具的选择	寻理想的夹紧位置 寻平行面作夹紧位置 寻夹紧距离短的作夹紧面 寻工件与运动方向成法线方向作夹紧面 寻尽可能靠近重心点的面作夹紧面 辅助夹具：寻理想的夹紧位置；弹簧夹紧；V字形夹具夹紧；有摩擦因数的夹紧；提升抓取；增加摩擦因数μ可减少夹紧力
对工件运动方向的选择	(a) 工件按切线方向运动，工件易脱落 (b) 工件按法线方向运动，工件不易脱落

项目	气爪	优点	缺点
各种气爪的优缺点	平行	工件规格范围广(配合气爪夹具可夹紧方形、圆柱形等)，夹紧力大。夹紧面与接触面成直角，夹紧偏差小	价格比摆动气爪高，气爪尺寸较大(需要较长的行程)
	20° 摆动	价格低，如行程与规格配合得当，行程较平行气爪小	对平行面工件的接触，不如平行气爪 沿着圆弧轨迹夹紧工件，对抓取尺寸不一的圆柱体零件，夹持中心线位置会改变
	90° 旋转	工作移动范围广，可从气爪上方越过对于肘接式的旋转气爪，通过曲柄装置可获得较大的夹紧力，即使没有气压，夹紧力也能保持，零件不会松脱	占用工件周边空间较大
	三爪	适宜圆形零件内外径抓取，自对中，负载转矩大	对工件形状有较大限制，即使圆形工件，也不宜采用较长行程
	真空吸盘	简单、方便，适用范围广	负载转矩小

4.3 气爪夹紧力计算

表 23-4-80　　气爪夹紧力计算

气爪类别	受力分析	计算公式	说　明
平行、旋转、摆角气爪(二爪)	机械锁紧		这里指的夹紧力 F_G 是每个夹头的夹紧力，并且需考虑到在一定加速度的情况下夹紧工件运动时所需的夹紧力 对于摆角和旋转气爪来说，夹紧力 F_G 必须换算成夹紧转矩 M_G $M_G=F_G\times r(\mathrm{N\cdot m})$ 式中　r—力臂，m m—工件质量，kg g—重力加速度，$g_0\approx 10\mathrm{m/s^2}$ a—动态运动时产生的加速度，$\mathrm{m/s^2}$ S—安全系数 α—V形气爪夹头的摆角，(°) μ—气爪夹头与工件的摩擦因数
	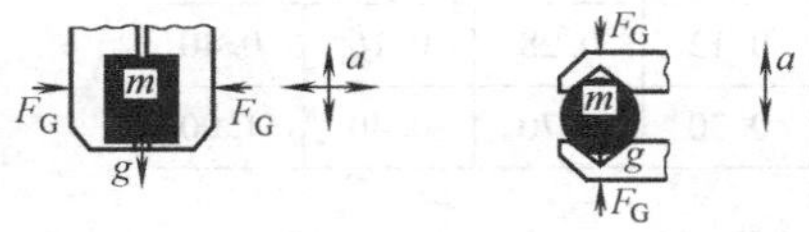	$F_G=m\times(g+a)\times S(\mathrm{N})$	
	机械锁紧带V形气爪夹具		
	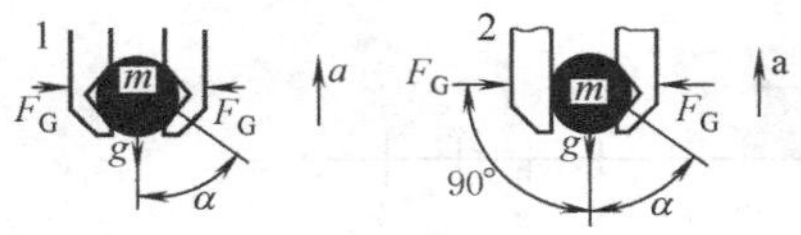	1 $F_G=\dfrac{m\times(g+a)}{2}\times\tan\alpha\times S(\mathrm{N})$ 2 $F_G=m\times(g+a)\times\tan\alpha\times S(\mathrm{N})$	
	摩擦锁紧		
	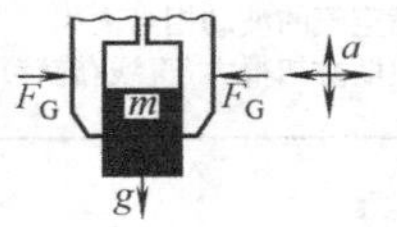	$F_G=\dfrac{m\times(g+a)}{2\times\mu}\times S(\mathrm{N})$	
	摩擦锁紧		
	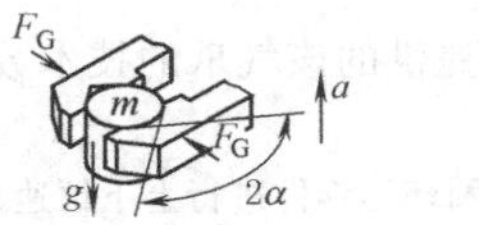	$F_G=\dfrac{m\times(g+a)}{2\times\mu}\times\sin\alpha\times S(\mathrm{N})$	
三爪	机械锁紧		
	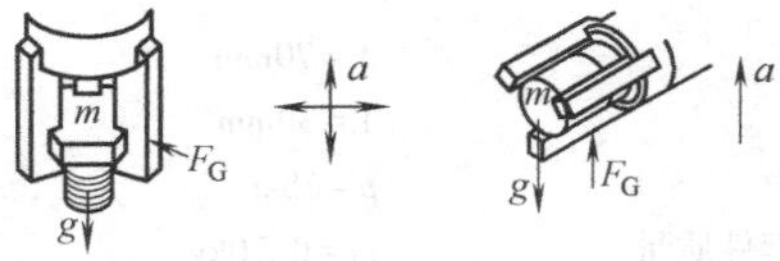	$F_G=m\times(g+a)\times S(\mathrm{N})$	
	机械锁紧带V形气爪夹具		
	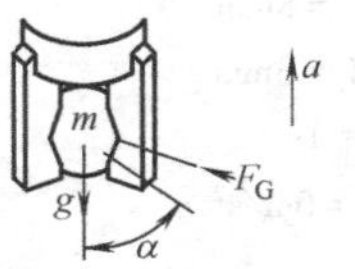	$F_G=\dfrac{m\times(g+a)}{3}\times\tan\alpha\times S(\mathrm{N})$	
	摩擦锁紧		
	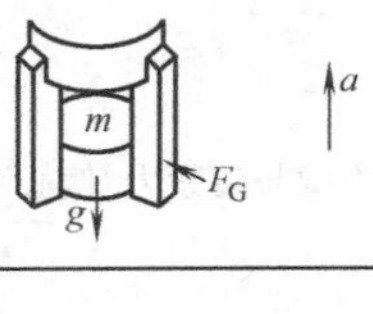	$F_G=\dfrac{m\times(g+a)}{3\times\mu}\times S(\mathrm{N})$	

续表

工件与气爪夹头的摩擦因数 μ						
摩擦因数 μ		工件材质				
		ST	STI	AL	ALI	R
气爪夹头材质	ST	0.25	0.15	0.35	0.20	0.50
	STI	0.15	0.09	0.21	0.12	0.30
	AL	0.35	0.21	0.49	0.28	0.70
	ALI	0.20	0.12	0.28	0.16	0.40
	R	0.50	0.30	0.70	0.40	1.00

ST—钢;STI—涂润滑油钢;AL—铝;ALI—涂润滑油铝;R—橡胶

安全系数 S

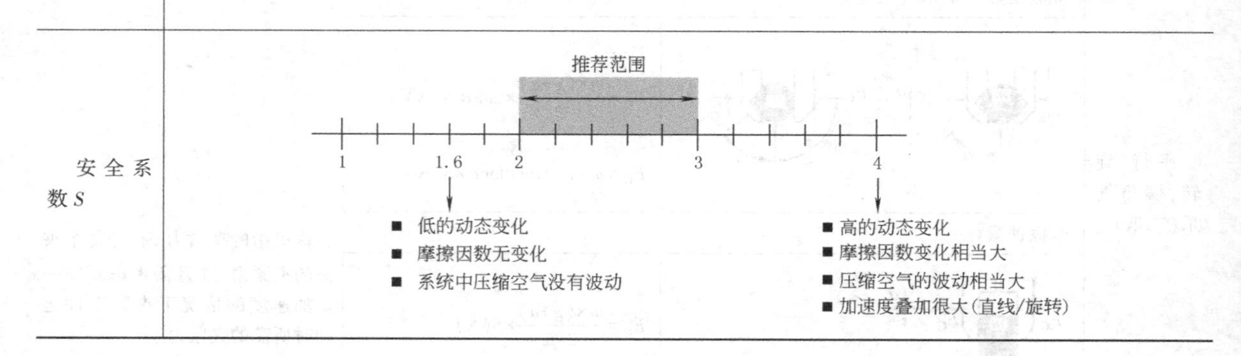

4.4 气爪夹紧力计算举例

当计算出气爪抓取工件时的夹紧力后，需核对气动制造厂商提供的该气爪的技术数据（通常，气动制造厂商会提供该气爪静态、动态许用夹紧力和许用转矩）。

例 1 以 FESTO 产品样本举例，用平行气爪提举一个质量为 0.7kg 的圆环形钢件进行上下恒速送料运动。具体尺寸和形状如图 1 所示。

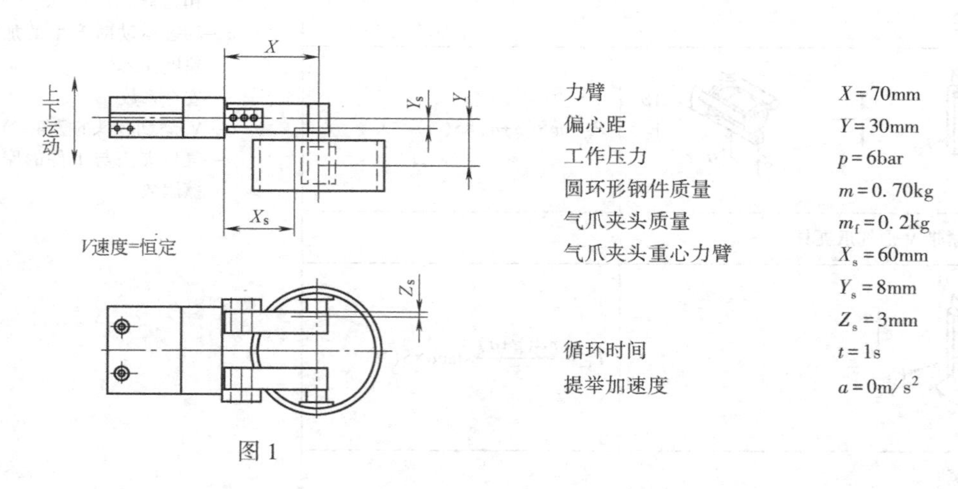

图 1

根据公式 $F=\dfrac{m\times g\times S}{2\times\mu}$，选取 $g=9.81\text{m/s}^2$，安全系数 $S=4$，$\mu=0.15$

计算后得出，夹紧力 $F=0.7\times9.81\times4/(2\times0.15)=91.56\text{kg}\cdot\text{m/s}^2=91.56\text{N}$

根据计算结果，如选择 FESTO 公司样本中的平行气爪 HGP-25，公司产品样本将会提供力臂与夹紧力/偏心距与夹紧力的图表（见图 2 和图 3）、气爪的许用力矩及附加的气爪夹头质量和关闭时间的推荐图表等。

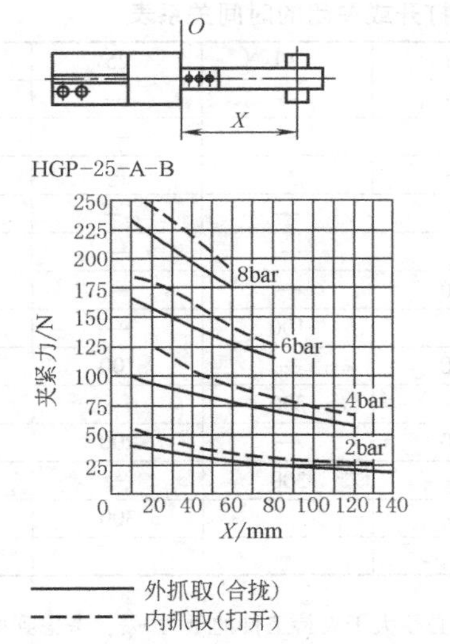

图 2　夹紧力与工作压力及力壁 X 的关系

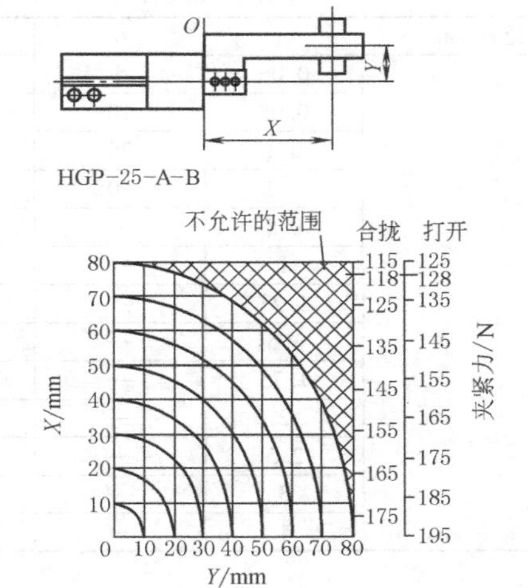

图 3　6bar 时，夹紧力与力壁 X，偏心距 Y 的关系

第一步：验算夹紧力。

由于此例为复合坐标，故选择图 2 进行验算。

在图表中确定力臂 X（X=70mm）及偏心距 Y（Y=30mm）相交，通过交点画一弧线，与垂直坐标（力臂 X 处）相交，过该交点画一横线，读取合拢与打开时的数值（合拢时为 118N，打开时为 128N）。

根据图表得出，该公司提供的 HGP-25 的平行气爪在上述条件下，夹紧力为 118N，大于 91.56N。

第二步：验算力矩。

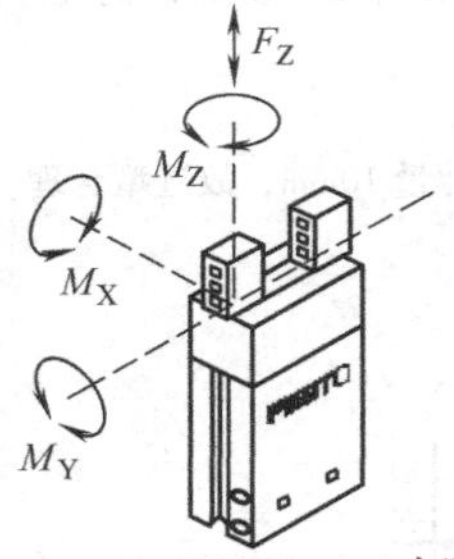

活塞直径 ϕ/cm	6	10	16	20	25	35
最大许用力 F_Z/N	14	25	90	150	240	380
最大许用力矩 M_X/N · m	0.1	0.5	3.3	6	11	25
最大许用力矩 M_Y/N · m	0.1	0.5	3.3	6	11	25
最大许用力矩 M_Z/N · m	0.1	0.5	3.3	6	11	25

$M_X=91.56\text{N}\times7\text{ cm}$（力臂 X）$=637\text{N}\cdot\text{cm}=6.37\text{N}\cdot\text{m}$，查表后 HGP-25 最大许用力矩 M_X 为 11N · m，6.37<11，因此 M_X 没有问题。

$M_Y=(2\times m_f\times g\times X_s)+(M\times g\times X)=(2\times0.2\times9.81\times6)+(0.7\times9.81\times7)=71.6\text{N}\cdot\text{cm}=0.716\text{N}\cdot\text{m}$，查表后 HGP-25 最大许用力矩 M_Y 为 11N · m，0.716<11，因此 M_Y 没有问题（注意此例条件为气爪水平安装时抓取工件，上下抓取运动）。

$M_Z=91.56\text{N}\times3\text{cm}$（力臂 Y）$=274.68\text{N}\cdot\text{cm}=2.7468\text{N}\cdot\text{m}$，查表后 HGP-25 最大许用力矩 M_Z 为 11N · m，2.7468<11，因此 M_Z 没有问题（注意此例条件为气爪水平安装时抓取工件，上下抓取运动）。

需要说明的是，该例运动加速度为 0，如果气爪在有加速度的情况下，上述公式需要修改，如 $M_Y=[2\times m_f\times(g+a)\times X_s]+[M\times(g+a)\times X]$。

第三步：验算夹头的工作频率。

如果气爪辅助夹具负载增加，意味着动能增加，可能损坏气爪部件，要么需对辅助夹具的最大质量进行限制，要么需对气爪夹紧运动时间（打开或关闭）进行限制。下表是不同规格（带外部气爪）手指和应用负载时打开或关闭的时间关系表。

气爪质量为 0.2kg，即重量约 2N，从表中可知，打开或关闭的时间不能超过 200ms（0.2s），满足此例中循环时间小于 1s 的条件。

如果验算所得结果超出数值，则应该选用更大规格的气爪或者缩短力臂或降低安全系数或改变夹头的摩擦因数或降低工作压力。

例 2　根据 SMC 公司样本，对该公司 MHZ□2-16 平行气爪计算、选择。

给出条件：气爪夹持重物如图 4 所示。气爪水平放置，夹持重物 0.1kg，夹持重物外径，夹持点距离 $L=30\text{mm}$，向下外伸量 $H=10\text{mm}$，使用压力 0.4MPa。

不同规格（带外部气爪）手指和应用负载时打开或关闭的时间关系表

活塞直径 ϕ/cm		6	10	16	20	25	35
HGP/N	0.06	5	—	—	—	—	—
	0.08	10	—	—	—	—	—
	0.1	20	—	—	—	—	—
	0.2	50	—	—	—	—	—
	0.5	—	100	—	—	—	—
	1	—	200	100	—	—	—
	1.25	—	—	—	100	—	—
	1.5	—	300	200	—	100	—
	1.75	—	—	—	200	—	—
	2	—	—	300	—	200	100
	2.5	—	—	—	300	—	—
	3	—	—	—	—	300	200
	4	—	—	—	—	—	300

1）计算夹持力：由图5可知，n个手指的总夹持力产生的摩擦力$n\mu F$必须大于夹持工件的重力mg，考虑到搬送工件时的加速度及冲击力等，必须设定一个安全系数α，故应满足

$$n\mu F>\alpha mg$$

即

$$F>\frac{\alpha mg}{n\mu}=\beta mg$$

式中　μ——摩擦因数，一般$\mu=0.1\sim0.2$；

α——安全系数，一般$\alpha=4$；

$\beta=\dfrac{\alpha}{n\mu}$，对2个手指，$\beta$取10~20，对3个手指，$\beta$取7~14，对4个手指，$\beta$取5~10。

本例若选用2个手指，则必要夹持力$F=20mg=(20\times0.1\times9.8)\text{N}=19.6\text{N}$。从图6可知，$p=0.4\text{MPa}$，$L=30\text{mm}$时的夹持力为24N，大于必要夹持力，故选MHZ□2-16是合格的。

2）夹持点距离的确认：夹持点距离必须小于允许外伸量，否则会降低气爪的使用寿命。

由图7可知，MHZ□2-16气爪当$L=30\text{mm}$，$p=0.4\text{MPa}$时的允许外伸量为13mm，大于实际外伸量10mm，故选型合理。

3）手指上外力的确认：MHZ□2系列的最大允许垂直负载及力矩见下表及图8。

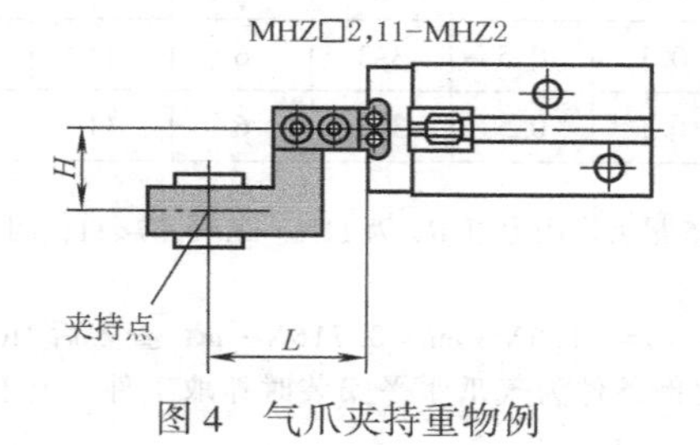

图4　气爪夹持重物例

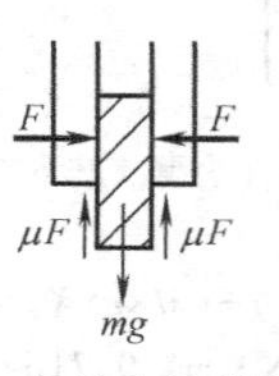

图5　夹持力计算用图

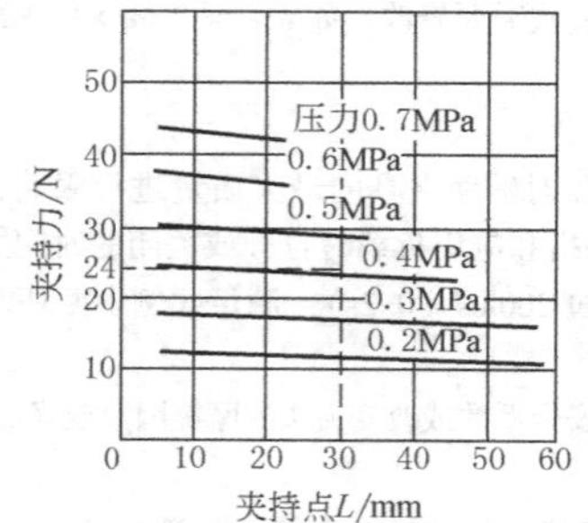

图6　MHZ□2-16外径夹持

图7　MHZ□2-16的允许外伸量

MHZ□2 系列的最大允许垂直负载及力矩

型　　号	允许垂直负载	最大允许力矩/N·m		
	F_V/N	弯曲力矩 M_p	偏转力矩 M_y	回转力矩 M_r
MHZ□2-6	10	0.04	0.04	0.08
MHZ□2-10	58	0.26	0.26	0.53
MHZ□2-16	98	0.68	0.68	1.36
MHZ□2-20	147	1.32	1.32	2.65
MHZ□2-25	255	1.94	1.94	3.88
MHZ□2-32	343	3.00	3.00	6.00
MHZ□2-40	490	4.50	4.50	9.00

从上表可知，MHZ□2-16 的允许垂直负载为 98N，最大允许弯曲力矩及偏转力矩均为 0.68N·m，最大允许回转力矩为 1.36N·m，本例仅存在弯曲力矩 $M_p=mgL=(0.1\times9.8\times0.03)\text{N}\cdot\text{m}=0.0294\text{N}\cdot\text{m}$，远小于最大允许弯曲力矩，故选型合格。

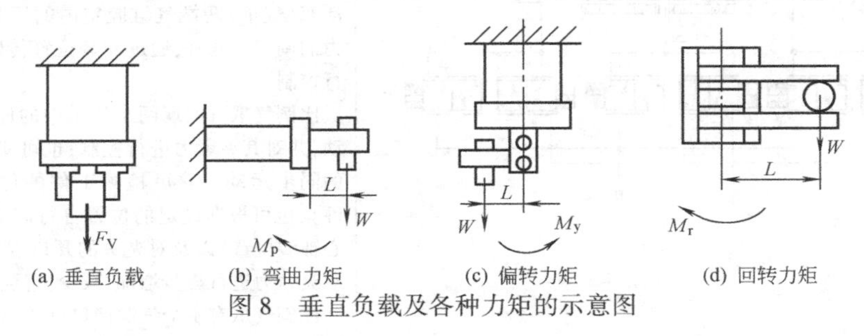

图 8　垂直负载及各种力矩的示意图

4.5　气爪选择时应注意事项

① 增加额外的夹头重量，将会增加运动质量，增高了动能，在夹头运动到终点位置时，会损坏气爪。

② 夹头安装在气爪时，应使用定位销。

③ 夹头的重复精度为±0.02mm，气爪的复位精度为 0.2mm。

④ 气爪不应在侵蚀性介质、焊接火花、研磨粉尘的场合下使用。不要在未节流的情况下操作气爪。

⑤ 要注意工件的运动方向，尤其在加速度情况下。

⑥ 在抓取工件时，还应考虑其周围的空间（见图 23-4-1），气爪的张开角度不能影响相邻的工件。

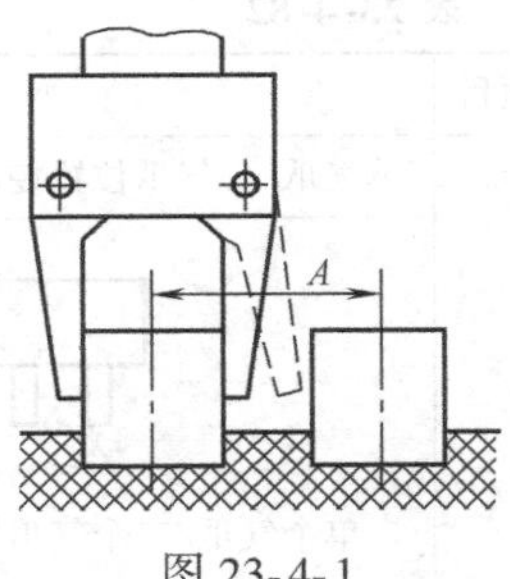

图 23-4-1

4.6　比例气爪

表 23-4-81　　**比例气爪的结构及原理**

项目	简　　图	说　　明
结构	接地；现场总线节点指示灯；Sub-D9 bus接口；电源故障灯；电源指示灯；M12电源接口(24V)；排气口；气源进气口；定位套；螺钉 (a) 平板连接 V形连接板；螺钉；带V形被安装部件 (b) V形槽连接	比例气爪由一个 M12 接口的电源(24V)及指示灯、一个 Sub-D9 的 Profibus-DP 接口及现场总线节点指示灯、一个气源接口(6 bar)及排气口、一个接地接口等组成。其内部由一个带两个活塞的驱动器，两个带滚动轴承导轨的气爪、六个二位三通压电阀、压力传感器、电源控制电路板、过程控制电路板、通信硬件、位置检测印刷电路板等组成

续表

项目	简图	说明
原理	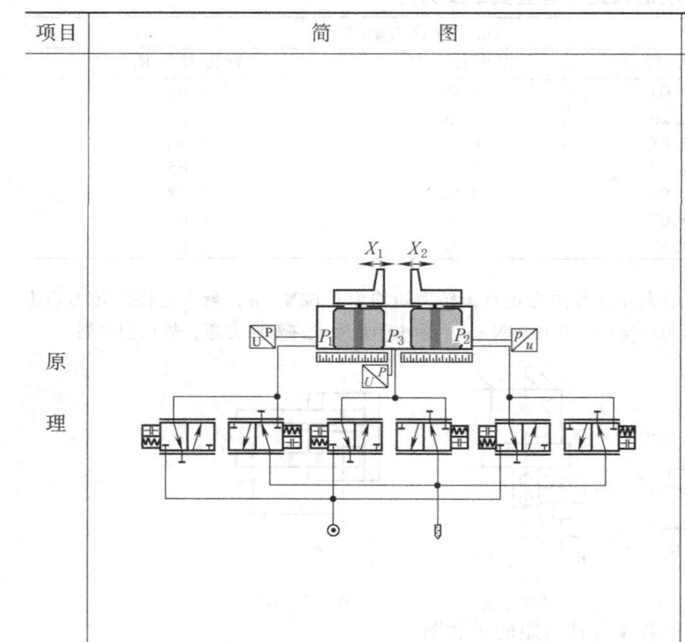	比例气爪的驱动是由气缸驱动器来实现的;气缸缸体内安装了左右两个独立的活塞,每个活塞都与外部的气爪相连,因此每个活塞的运动则表示单个气爪的移动。应用三组(六个 3/2)压电阀对高灵敏度的比例气爪进行控制,该压电阀实质上是一个无泄漏、动态性能较佳的伺服比例阀。一组连接到气缸气腔的左端,另一组连接到气缸气腔的右端,第三组连接到左右两个活塞中间的气缸。三个腔室内的压力均由三个压力传感器来监测及控制,三组压电阀控制各腔室内的压力,通过调节活塞(气爪)两端气缸腔室内的压力,则实现气爪夹紧力的调节。此外,通过安装位置传感器,对气爪位置进行控制 比例气爪可实现两个气爪中的任意一个气爪单独运动,并对其夹紧力进行控制;也可实现两个气爪自对中的同步运动。它可检测工件的位置(感触后夹紧工件),也可根据设定的位置自行调节(夹头打开时的中心轴线位置)以及对夹头的开口度进行调整控制,还可对夹紧力进行逐步增加、减少,直至为零的控制 比例气爪有 1 个气源接口、1 个 24V 的供电接口以及 1 个用于 Profibus-DP 的控制信号接口,比例气爪把整个控制及通信软件集成在其内部

表 23-4-82　　　　**比例气爪的功能及技术参数**

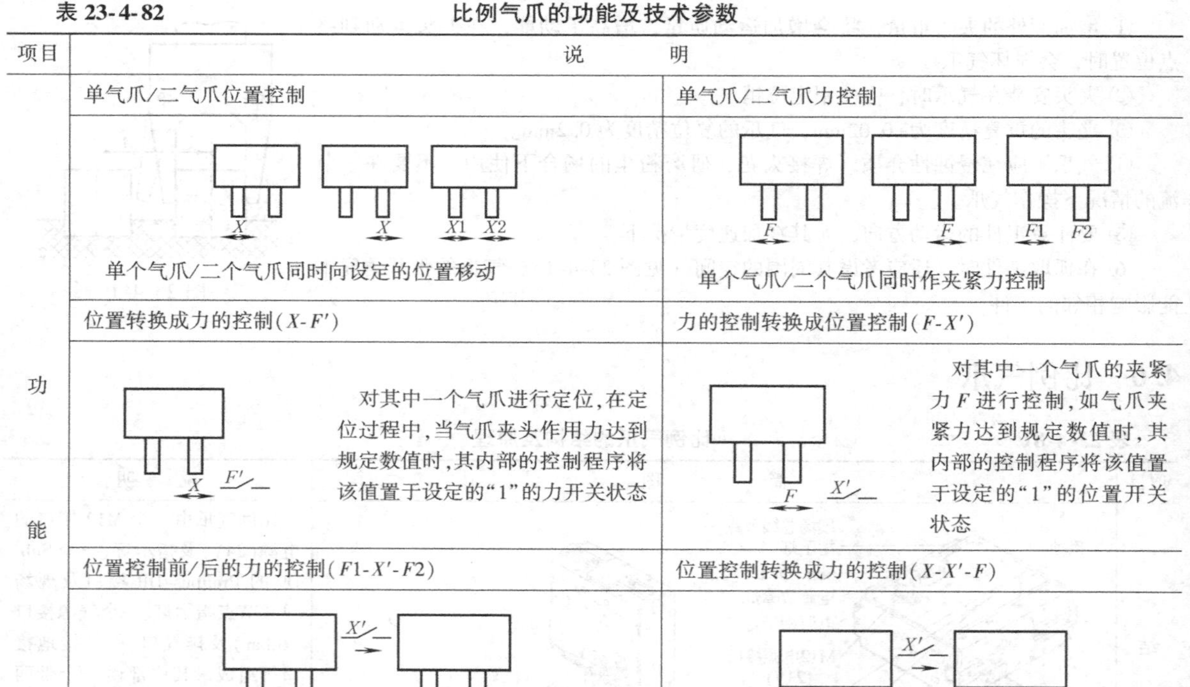

项目	说明	
功能	单气爪/二气爪位置控制	单气爪/二气爪力控制
	单个气爪/二个气爪同时向设定的位置移动	单个气爪/二个气爪同时作夹紧力控制
	位置转换成力的控制(X-F')	力的控制转换成位置控制(F-X')
	对其中一个气爪进行定位,在定位过程中,当气爪夹头作用力达到规定数值时,其内部的控制程序将该值置于设定的“1”的力开关状态	对其中一个气爪的夹紧力 F 进行控制,如气爪夹紧力达到规定数值时,其内部的控制程序将该值置于设定的“1”的位置开关状态
	位置控制前/后的力的控制($F1$-X'-$F2$)	位置控制转换成力的控制(X-X'-F)
	当对某一气爪进行夹紧力控制,在到达 X'位置前,$F1$ 有效。到达 X'位置后,$F2$ 有效。其内部的程序将该值置于“1”的力开关状态	对其中一个气爪进行位置控制,在到达 X'位置时,内部的控制程序将其转换为 F 力的控制

续表

<table>
<tr><th>项目</th><th colspan="2">说　　明</th></tr>
<tr><td rowspan="13">功
能</td><td>位置定位转换成力的控制(X-F'-F)</td><td>力的控制转换成位置定位(F-X'-X)</td></tr>
<tr><td>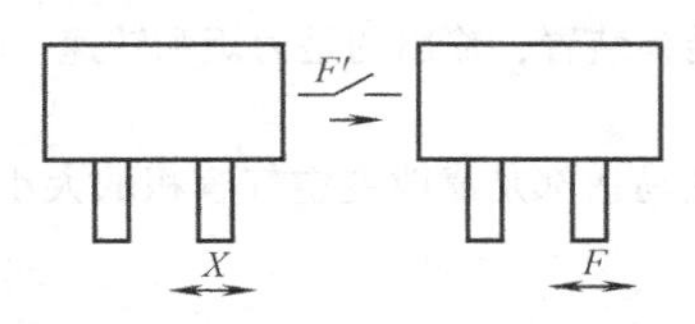

对其中一个气爪进行位置定位控制时,当气爪夹紧力达到规定数值,其内部的控制程序将该值置于“1”的力 F' 开关状态,然后再转化为力的控制模式,并开始对力 F 的控制</td><td>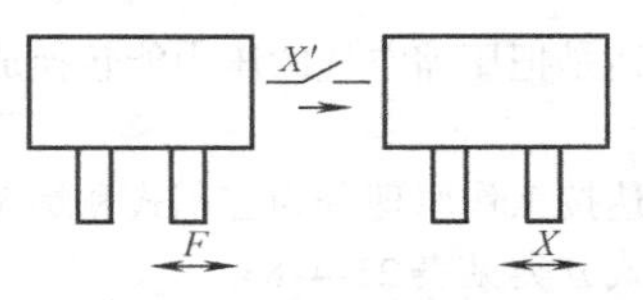

对其中一个气爪进行力控制,在夹紧力控制过程中,达到规定的位置 X' 时,其内部的控制程序将该值置于“1”的位置开关状态,然后再转化为位置控制模式,并开始向设定的位置 X 移动</td></tr>
<tr><td>气爪位置可自由移动的力控制</td><td>校正夹紧中心线后夹紧(X_M-F)</td></tr>
<tr><td>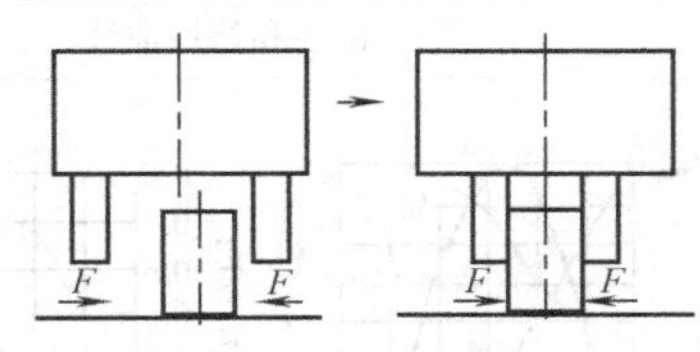

气爪以设定的力 F 的夹紧,夹紧力可进行控制。气爪位置可自由移动</td><td>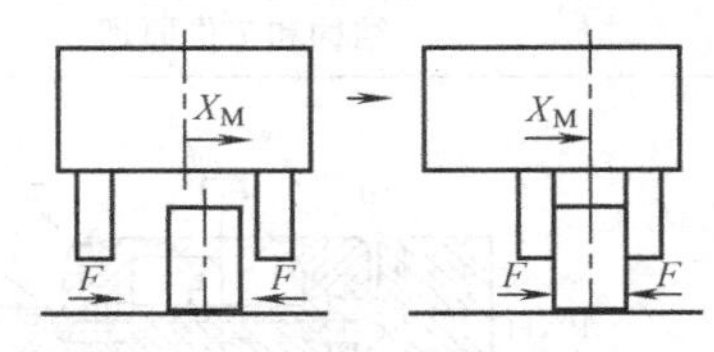

气爪在校正了夹紧中心线 X_M 位置前提下,以设定的夹紧力进行夹紧</td></tr>
<tr><td>校正气爪开口度和夹紧中心线后夹紧(X/$X_{开口度}$-X_M-X_M/F)</td><td>夹紧后移动夹紧中心位置(F-S-X_M)</td></tr>
<tr><td>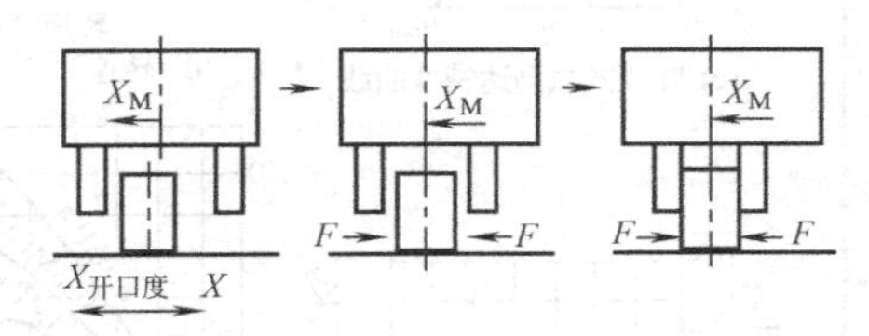

首先对气爪进行位置控制(气爪的 $X_{开口度}$ 及夹紧中心线 X_M),使其符合设定要求,初步定位完成后,即转化为以校正夹紧中心线 X_M 为前提的夹紧力控制,并再次校正中心位置 X_M</td><td>气爪在校正了夹紧力 F 的情况下,移动到设定的夹紧中心位置 X_M,移动时有一个速度指标 S,将规定气爪进行移动的速度</td></tr>
<tr><td>校正夹紧中心线后转化为开口度控制(X_M-F=0-$X_{开口度}$)</td><td>夹紧中心线和开口度定位</td></tr>
<tr><td>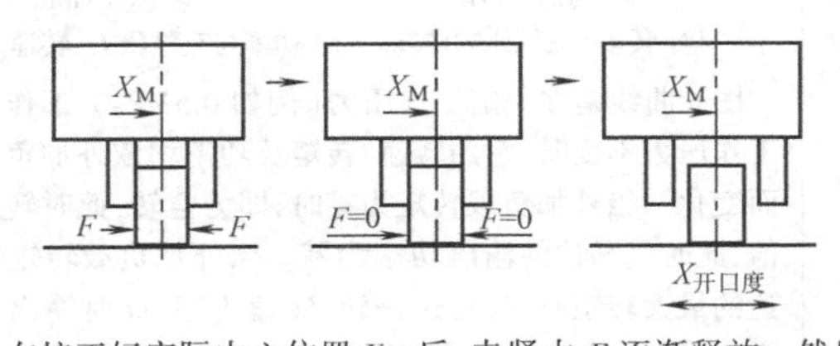

在校正好实际中心位置 X_M 后,夹紧力 F 逐渐释放。然后控制装置转化为对开口度的定位控制</td><td>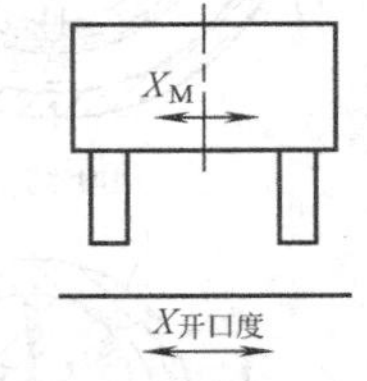

气爪夹头按照设定的夹紧中心线和开口度移动定位</td></tr>
<tr><td colspan="2">压紧(黏合)应用</td></tr>
<tr><td colspan="2">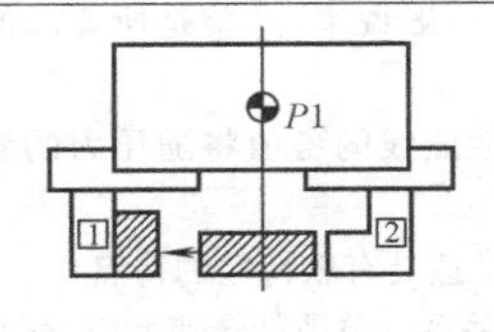

对两个部件进行黏合,气爪夹头 2 将其中一个部件压向另一个部件,压力可调,最大可达 50N。气爪 1 停滞不动。两个部件完成黏合</td></tr>
<tr><td>技术参数</td><td colspan="2">比例气爪单个夹头的夹紧力为 5~50N,单个气爪的行程为 10mm,定位精度为±0.1mm,重量为 600g</td></tr>
</table>

5 气 马 达

气马达是把压缩空气的压力能转换成机械能的又一能量转换装置，输出的是力矩和转速，驱动机构实现旋转运动。

气马达按工作原理分为容积式和蜗轮式两大类。容积式气马达都是靠改变空气容积的大小和位置来工作的，按结构型式分类见表 23-4-83。

5.1 气马达的结构、原理和特性

表 23-4-83

名称	结构和工作原理	特性和特性曲线
叶片式气马达	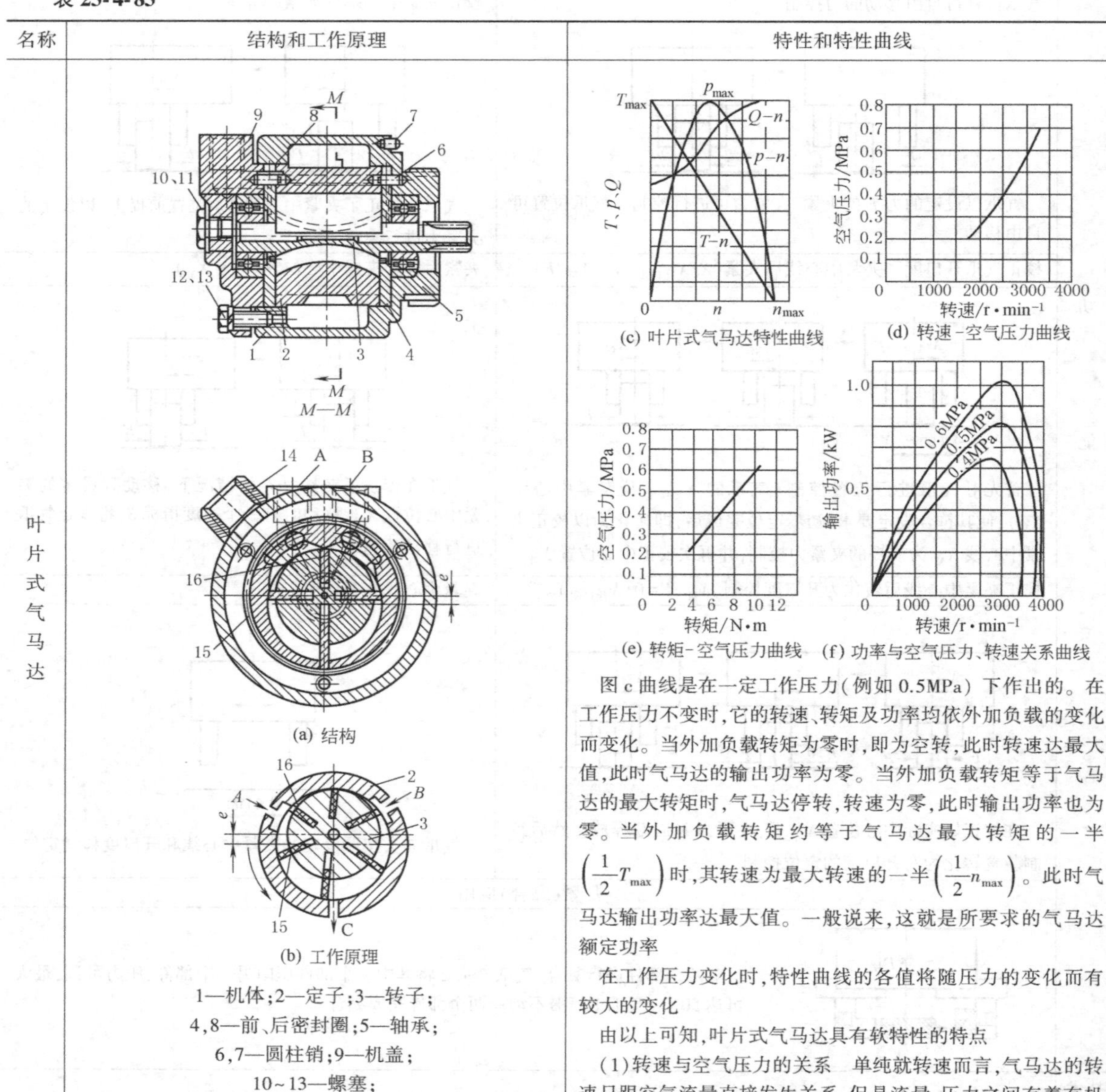 (a) 结构 (b) 工作原理 1—机体;2—定子;3—转子; 4,8—前、后密封圈;5—轴承; 6,7—圆柱销;9—机盖; 10~13—螺塞; 14—排气管;15、16—叶片	(c) 叶片式气马达特性曲线 (d) 转速-空气压力曲线 (e) 转矩-空气压力曲线 (f) 功率与空气压力、转速关系曲线 图 c 曲线是在一定工作压力(例如 0.5MPa) 下作出的。在工作压力不变时,它的转速、转矩及功率均依外加负载的变化而变化。当外加负载转矩为零时,即为空转,此时转速达最大值,此时气马达的输出功率为零。当外加负载转矩等于气马达的最大转矩时,气马达停转,转速为零,此时输出功率也为零。当外加负载转矩约等于气马达最大转矩的一半$\left(\frac{1}{2}T_{max}\right)$时,其转速为最大转速的一半$\left(\frac{1}{2}n_{max}\right)$。此时气马达输出功率达最大值。一般说来,这就是所要求的气马达额定功率 在工作压力变化时,特性曲线的各值将随压力的变化而有较大的变化 由以上可知,叶片式气马达具有软特性的特点 (1)转速与空气压力的关系　单纯就转速而言,气马达的转速只跟空气流量直接发生关系,但是流量-压力之间有着有机的联系,尤其对可压缩性的空气而言,气马达的转速可以转化

续表

<table>
<tr><th>名称</th><th>结构和工作原理</th><th>特性和特性曲线</th></tr>
<tr><td>叶片式气马达</td><td>(1)结构　叶片式气马达主要由定子 2、转子 3、叶片 15 及 16 等零件组成。定子上有进、排气用的配气槽孔，转子上铣有长槽，槽内装有叶片。定子两端有密封盖，密封盖上有弧槽与两个进排气孔 A、B 及各叶片底部相通转子与定子偏心安装，偏心距为 e。这样由转子的外表面定子的内表面、叶片及两端密封盖就形成了若干个密封工作空间
(2)工作原理　叶片式气马达与叶片式液压马达的原理相似。压缩空气由 A 孔输入时，分成两路：一路经定子两端密封盖的弧形槽进入叶片底部，将叶片推出，叶片就是靠此气压推力及转子转动时的离心力的综合作用而较紧密地抵在定子内壁上。压缩空气另一路经 A 孔进入相应的密封工作空间，在叶片 15 和 16 上，产生相反方向的转矩，但由于叶片 15 伸出长，作用面积大，产生的转矩大于叶片 16 产生的转矩，因此转子在两叶片上产生的转矩差作用下按逆时针方向旋转。做功后的气体由定子的孔 C 排出，剩余残气经孔 B 排出，若改变压缩空气输入方向，即改变转子的转向</td><td>为跟空气压力的关系，其关系曲线如图 d 所示。当空气压力降低时，转速也降低，可用下式进行概算
$$n=n_x\sqrt{\frac{p}{p_x}}\quad (\mathrm{r/min})$$
式中　n——实际供给空气压力下的转速，r/min
n_x——设计空气压力下的转速，r/min
p——实际供给的气源压力，MPa
p_x——设计供给的空气压力，MPa
(2)转矩与空气压力的关系　气马达的转矩，大体上是随空气压力的升降成比例的升降。可用下式进行概算
$$T=T_x\frac{p}{p_x}\quad (\mathrm{N\cdot m})$$
式中　T——实际供给空气压力下的转矩，N·m
T_x——标准空气压力下的转矩，N·m
p——实际供给的空气压力，MPa
p_x——设计规定的标准空气压力，MPa
转矩与空气压力的关系曲线如图 e 所示
(3)功率与空气压力的关系　从上述分析中，可以求出气马达的功率
$$N=\frac{T_n}{9.54}\quad (\mathrm{W})$$
式中　T_n——转矩，N·m
n——转速，r/min
由于空气压力的变化，转矩、转速的变动而导致功率的变化如图 f 所示。气马达的效率
$$\eta=\frac{N_{实}}{N_{理}}\times100\%$$
式中　$N_{实}$——输出的有效功率，即实际输出功率，W
$N_{理}$——理论输出功率，W</td></tr>
<tr><td>活塞式气马达</td><td colspan="2">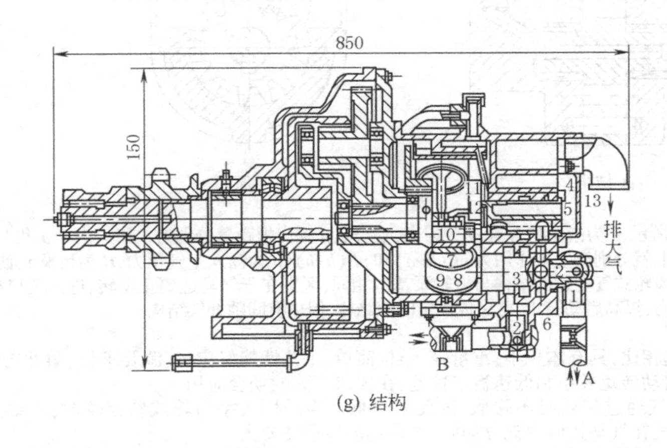

(g) 结构
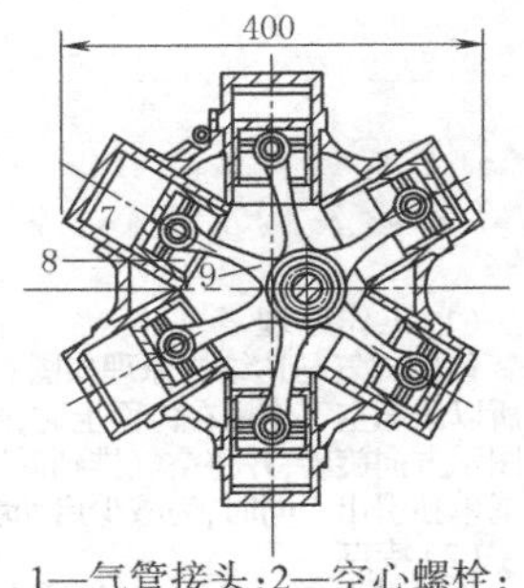

1—气管接头；2—空心螺栓；3—进、排气阻塞；4—配气阀套；5—配气阀；6—壳体；7—气缸；8—活塞；9—连杆；10—曲轴；11—平衡铁；12—连接盘；13—排气孔盖</td></tr>
</table>

续表

活塞式气马达	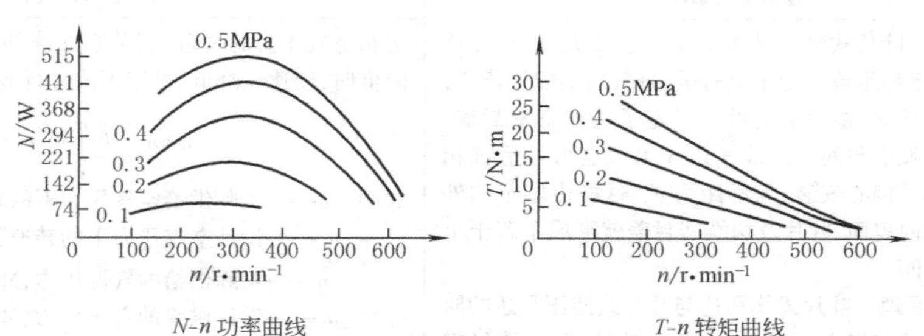 *N-n* 功率曲线　　*T-n* 转矩曲线 (h) 活塞式气马达特性曲线 (1)结构和工作原理 活塞式气马达是依靠作用于气缸底部的气压推动气缸动作来实现气马达功能的。活塞式气马达一般有4~6个气缸，为达到力的平衡，气缸数目大多数为双数。气缸可配置在径向和轴向位置上，构成径向活塞式气马达和轴向活塞式气马达两种。图g是六缸径向活塞带连杆式气马达结构原理。六个气缸均匀分布在气马达壳体的圆周上，六个连杆同装在曲轴的一个曲拐上。压缩空气顺序推动各活塞，从而带动曲轴连续旋转。但是这种气缸无论如何设计都存在一定量的力矩输出脉动和速度输出脉动 如果使气马达输出轴按顺时针方向旋转时，压缩空气自*A*端经气管接头1、空心螺栓2、进排气阻塞3、配气阀套4的第一排气孔进入配气阀5，经壳体6上的进气斜孔进入气缸7，推动活塞8运动，通过连杆带动曲柄10旋转。此时，相对应的活塞作非工作行程或处于非工作行程末端位置，准备做功。缸内废气经壳体的斜孔回到配气阀，经配气阀套的第二排孔进入壳体，经空心螺栓及进气管接头，由B端排至操纵阀的排气孔而进入大气 平衡铁11固定在曲轴上，与连接盘12衔接，带动气阀转动，这样曲轴与配气阀同步旋转，使压缩空气进入不同的气缸内顺序推动各活塞工作 气马达反转时，压缩空气从B端进入壳体，与上述的通气路线相反。废气自A端排至操纵阀的排气孔而进入大气中 配气阀转到某一角度时，配气阀的排气口被关闭，缸内还未排净的废气由配气阀的通孔经排气孔盖13，再经排气弯头而直接排到大气中 输出前必须减速，这样在结构上的安排是使气马达曲轴带动齿轮，经两级减速后带动气马达输出轴旋转，进行工作 (2)工作特性 活塞式气马达的特性如图h所示。最大输出功率即额定功率，在功率输出最大的工况下，气马达的输出转矩为额定输出转矩，速度为额定转速 活塞式气马达主要用于低速、大转矩的场合。其启动转矩和功率都比较大，但是结构复杂、成本高、价格贵 活塞式气马达一般转速为250~1500r/min，功率为0. 1~50kW
齿轮式气马达	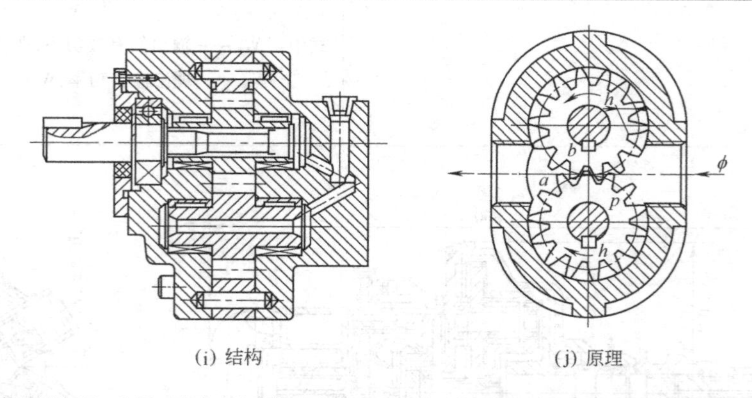 (i) 结构　　(j) 原理 (1)工作原理 齿轮式气马达结构原理如图i和图j所示，p为齿轮啮合点，h为齿高，啮合点p到齿根距离分别为a和b，由于a和b都小于h，所以压缩空气作用在齿面上时，两齿轮上就分别产生了作用力$pB(h-a)$和$pB(h-b)$（p为输入空气压力，B为齿宽），使两齿轮按图示方向旋转，并将空气排到低压腔。齿轮式气马达的结构与齿轮泵基本相同，区别在于气马达要正反转，进排气口相同，内泄漏单独引出。同时，为减少启动静摩擦力，提高启动转矩，常做成固定间隙结构，但也有间隙补偿结构 (2)特点 齿轮式气马达与其他类型的气马达相比，具有体积小、重量轻、结构简单、工艺性能好、对气源要求低、耐冲击惯性小等优点。但转矩脉动较大，效率较低，启动转矩较小和低速稳定性差，在要求不高的场合应用 如果采用直齿轮，则供给的压缩空气通过齿轮时不膨胀，因此效率低。当采用人字齿轮或斜齿轮时，压缩空气膨胀60%~70%，为提高效率，要使压缩空气在气马达体内充分膨胀，气马达的容积就要大 小型气马达能达到10000r/min左右，大型气马达能达到1000r/min左右。功率能达到几十千瓦。断流率小的气马达的空气消耗量每千瓦为40~45m³/min左右 直齿轮气马达大都可以正反转动，采用人字齿轮的气马达则不能反转

5.2 气马达的特点

表 23-4-84

特　点	说　明
可以无级调速	只要控制进气阀或排气阀的开闭程序,控制压缩空气流量,就能调节气马达的输出功率和转速
可实现瞬时换向	操纵气阀改变进排气方向,即能实现气马达输出轴的正反转,且可瞬时换向,几乎可瞬时升到全速,如叶片式气马达可在1.5转的时间内升到全速;活塞式气马达可以在不到1s的时间内升至全速。这是气马达的突出优点。由于气马达的转动部分的惯性矩只相当于同功率输出电机的几十分之一,且空气本身重量轻、惯性小,因此,即使回转中负载急剧增加,也不会对各部分产生太大的作用力,能安全地停下来。在正反转换向时,冲击也很小
工作安全	在易燃、高温、振动、潮湿、粉尘等不利条件下均能正常工作
有过载保护作用	不会因过载而发生故障。过载时气马达只会降低转速或停车,当过载解除后即能重新正常运转,并不产生故障
具有较高的启动转矩	可带负载启动。启动、停止迅速
功率范围及转速范围较宽	功率小到几百瓦,大到几万瓦;转速可以从0~25000r/min或更高
长时间满载连续运转,温升较小	
操纵方便、维修简便	一般使用0.4~0.8MPa的低压空气,所以使用输气管要求较低,价格低廉

5.3 气马达的选择与使用

表 23-4-85

选择	选择气马达的根本依据是负载情况。在变负载场合主要考虑的因素是转速的范围,以及满足工作情况所需的力矩。对于均衡负载情况下,工作速度是最主要的因素 叶片式气马达经常使用于变速、小转矩的场合,而活塞式气马达常用于低速、大转矩的场合,它在低速运转时,具有较好的速度控制及较少的空气消耗量 最终选择哪一种气马达,需根据负载特性与气马达特性的匹配情况来确定。在实际应用中,齿轮式气马达应用较少,主要是用叶片式和活塞式气马达	
性能比较	下表是叶片式与活塞式气马达的性能比较,供选用气马达时参考	
性能比较	叶　片　式	活　塞　式
性能比较	转速高,可达3000~25000r/min	转速比叶片式低
性能比较	单位质量所产生的功率大	单位质量所产生的功率小
性能比较	在相同功率条件下,叶片式比活塞式重量轻	重量较大
性能比较	启动转矩比活塞式小	启动低速性能好,能在低速及其他任何速度下拖动负载,尤其适合要求低速与启动转矩大的场合
性能比较	在低速工作时,耗气量比活塞式大	低速工作时,能较好地控制速度,耗气量较小
性能比较	无配气机构和曲柄机构,结构简单,外形尺寸小	有配气机构和曲柄机构,结构复杂,制造工艺较困难,外形尺寸大
性能比较	由于无曲柄连杆机构,旋转部分能均衡运转,因而工作比较稳定	旋转部分均衡运转比叶片式差,但工作稳定性能满足使用要求,并能安全工作
性能比较	检修维护要求比活塞式要高	检修维护要求较低

续表

使用	从气马达的特性可见,气马达的工作适用性能很强,可应用于要求安全、无级变速、启动频繁、经常换向、高温、潮湿、易燃、易爆、负载启动、不便人工操纵及有过载的场合 当要求多种速度运转,瞬时启动和制动,或可能经常发生失速和过负荷的情况时,采用气马达要比别的类似设备价格便宜,维护简便
润滑	润滑是气马达正常工作不可缺少的一环,气马达得到正常良好的润滑后,可在两次检修期间至少实际运转2500~3000r/min。一般进入气马达的压缩空气中含油量为80~100滴/min,润滑油为20或30号机油 润滑方式是在气马达操纵阀前安装油雾器,并按期补油,以便雾状油混入压缩空气后再进入气马达中,从而得到不间断的良好润滑

6 气动执行组件产品介绍

6.1 小型圆形气缸（ϕ8~25mm）

6.1.1 ISO 6432 标准气缸（ϕ8~25mm）连接界面的标准尺寸

ISO 6432 标准的气缸是指该气缸（ϕ8~25mm）关于连接界面的尺寸标准化，有些尺寸必须规定一致，如关于气缸活塞杆头部的螺纹，需与外部驱动件相连，该尺寸 *KK*、*AM* 必须规定一致（nom），包括公差 <tol>。而有些尺寸只作限制（如 max、min），如气缸外形尺寸 *E* 或气缸外径 *D* 尺寸作了最大不能超过 max 这一类限定。规定一致的连接尺寸有许多，有些是气缸本体上基础尺寸，有些涉及与外部过渡连接尺寸（外部机架、外部连接件相配合）。气缸本体上基础尺寸有：*KK*、*AM*、*EE*、*W*、*EW*、*XC*、*CD*、*BE*、*WF*、*XS*、*NH*。与外部过渡连接尺寸有：*TF*、*FB*、*TR*、*AB*。符合 ISO 6432 标准的气缸必须使其尺寸符合上述的规定和限定。

理论参考点是指以气缸活塞杆螺纹终点作为参考点，如 *XC* 是指气缸活塞杆螺纹终点至气缸后耳环连接内孔中心线间尺寸，*W* 是指气缸活塞杆螺纹终点至前法兰前平面间尺寸，*WF* 是指气缸活塞杆螺纹终点至气缸前端盖正平面间尺寸，*XS* 是指气缸活塞杆螺纹终点至前端脚架两个安装孔中心线之间的尺寸。

表 23-4-86 mm

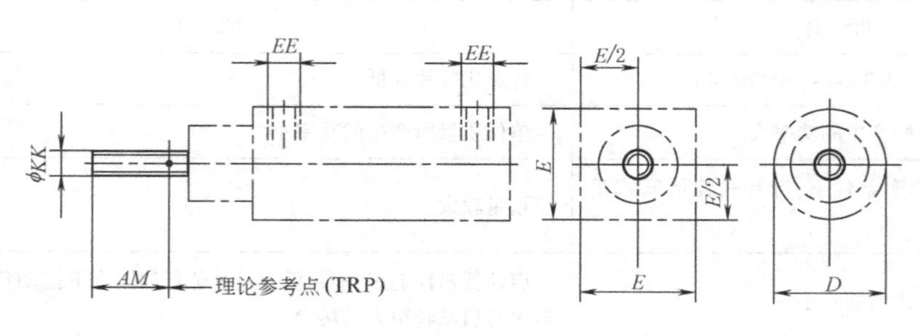

ϕ	*AM*		*KK*	*EE*		*E*	*D*
	nom	tol		mm	in	max	max
8	12		M4×0.7	M5×0.8		18	20
10	12		M4×0.7	M5×0.8		20	22
12	16	0	M6×1	M5×0.8		24	26
16	16	−2	M6×1	M5×0.8		24	27
20	20		M8×1.25		G⅛	34	40
25	22		M10×1.25		G⅛	34	40

续表

ϕ	W ±1.4	FB H13	TF Js14	UF max	UR max
8	13	4.5	30	45	25
10	13	4.5	30	53	30
12	18	5.5	40	55	30
16	18	5.5	40	55	30
20	19	6.6	50	70	40
25	23	6.6	50	70	40

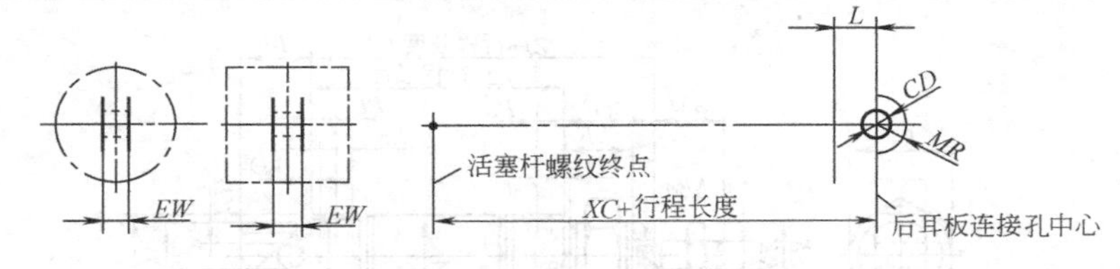

ϕ	EW d13	XC ±1	L min	CD H9	MR max
8	8	64	6	4	18
10	8	64	6	4	18
12	12	75	9	6	22
16	12	82	9	6	22
20	16	95	12	8	25
25	16	104	12	8	25

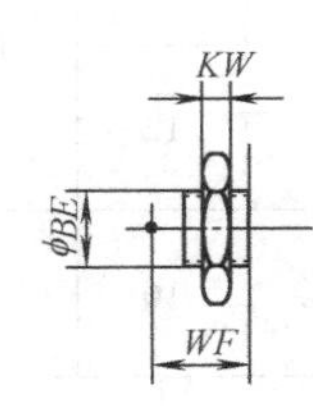

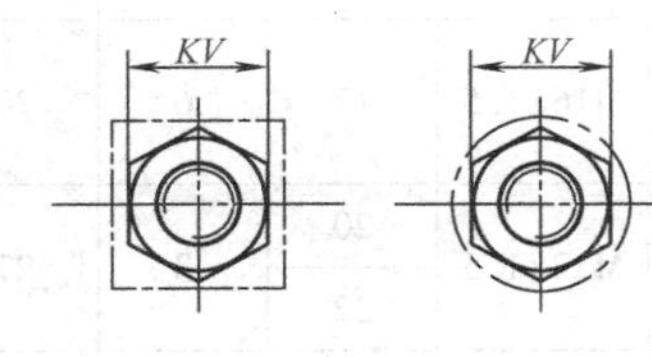

ϕ	BE	KW max	KV max	WF ±1.2
8	M12×1.25	7	19	16
10	M12×1.25	7	19	16
12	M16×1.5	8	24	22
16	M16×1.5	8	24	22
20	M22×1.5	11	32	24
25	M22×1.5	11	32	28

续表

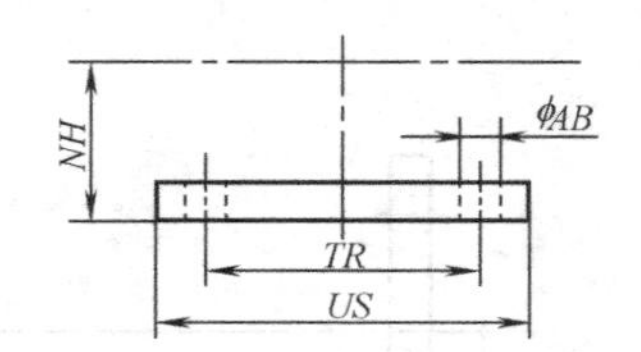

AU AO XS

ϕ	XS ±1.4	AU max	AO max	NH ±0.3	TR Js14	US max	AB H13
8	24	14	6	16	25	35	4.5
10	24	14	6	16	25	42	4.5
12	32	16	7	20	32	47	5.5
16	32	16	7	20	32	47	5.5
20	36	20	8	25	40	55	6.6
25	40	20	8	25	40	55	6.6

6.1.2 ISO 6432 标准小形圆形气缸

表 23-4-87 mm

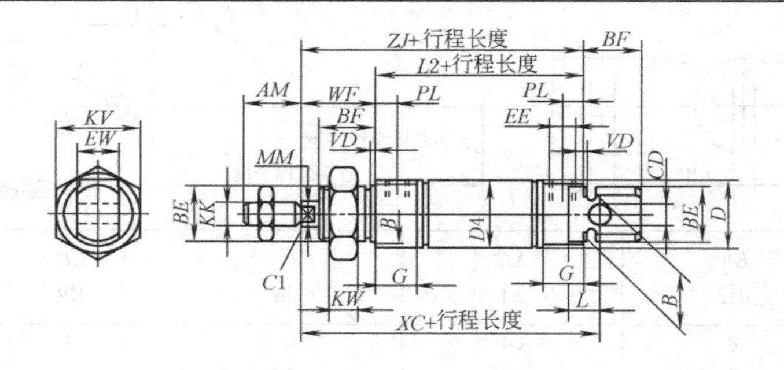

<table>
<tr><th>ϕ</th><th>AM</th><th>B
ϕ
h9</th><th>BE</th><th>BF</th><th>CD
ϕ</th><th>D
ϕ
E10</th><th>D4
ϕ</th><th>EE</th><th>EW</th><th>G</th><th>KK</th><th>KV</th></tr>
<tr><td>8</td><td rowspan="2">12</td><td rowspan="2">12</td><td rowspan="2">M12×1.25</td><td rowspan="2">12</td><td rowspan="2">4</td><td rowspan="2">15</td><td>9.3</td><td rowspan="4">M5</td><td rowspan="2">8</td><td rowspan="4">10</td><td rowspan="2">M4</td><td rowspan="2">19</td></tr>
<tr><td>10</td><td>11.3</td></tr>
<tr><td>12</td><td rowspan="2">16</td><td rowspan="2">16</td><td rowspan="2">M16×1.5</td><td rowspan="2">17</td><td rowspan="2">6</td><td rowspan="2">20</td><td>13.3</td><td rowspan="2">12</td><td rowspan="2">M6</td><td rowspan="2">24</td></tr>
<tr><td>16</td><td>17.3</td></tr>
<tr><td>20</td><td>20</td><td rowspan="2">22</td><td rowspan="2">M22×1.5</td><td>20</td><td rowspan="2">8</td><td rowspan="2">27</td><td>21.3</td><td rowspan="2">G⅛</td><td rowspan="2">16</td><td rowspan="2">16</td><td>M8</td><td rowspan="2">32</td></tr>
<tr><td>25</td><td>22</td><td>22</td><td>26.5</td><td>M10×1.25</td></tr>
</table>

<table>
<tr><th>ϕ</th><th>KW</th><th>L</th><th>L2</th><th>MM
ϕ
f8</th><th>PL</th><th>VD</th><th>WF</th><th>XC
±1</th><th>ZJ</th><th>⊸1</th></tr>
<tr><td>8</td><td rowspan="2">6</td><td rowspan="2">6</td><td rowspan="2">46</td><td rowspan="2">4</td><td rowspan="4">6</td><td rowspan="6">2</td><td rowspan="2">16</td><td rowspan="2">64</td><td rowspan="2">62</td><td rowspan="2">—</td></tr>
<tr><td>10</td></tr>
<tr><td>12</td><td rowspan="2">8</td><td rowspan="2">9</td><td>50</td><td rowspan="2">6</td><td rowspan="2">22</td><td>75</td><td>72</td><td rowspan="2">5</td></tr>
<tr><td>16</td><td>56</td><td>82</td><td>78</td></tr>
<tr><td>20</td><td rowspan="2">11</td><td rowspan="2">12</td><td>68</td><td>8</td><td rowspan="2">8.2</td><td>24</td><td>95</td><td>92</td><td>7</td></tr>
<tr><td>25</td><td>69.5</td><td>10</td><td>28</td><td>104</td><td>97.2</td><td>9</td></tr>
</table>

续表

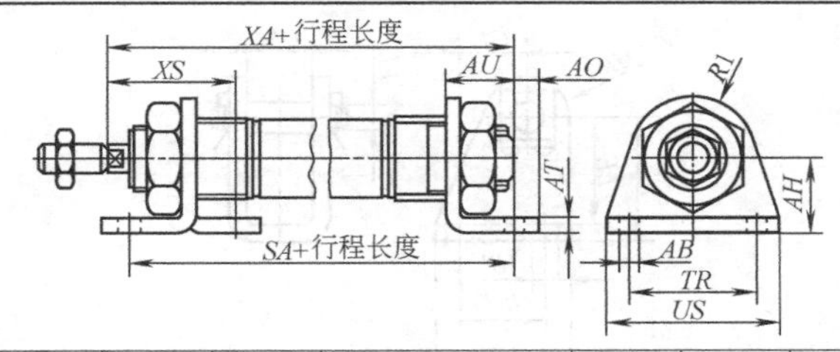

φ	AB φ	AH	AO	AT	AU	R1	SA		TR	US	XA		XS	
								-KP				-KP		-KP
8,10	4.5	16	5	3	11	10	68	97	25	35	73	102	24	—
12	5.5	20	6	4	14	13	78	116	32	42	86	124	32	—
16	5.5	20	6	4	14	13	84	122	32	42	92	130	32	—
20	6.6	25	8	5	17	20	102	149	40	54	109	156	36	—
25	6.6	25	8	5	17	20	103.5	151.5	40	54	114.5	162.5	40	—

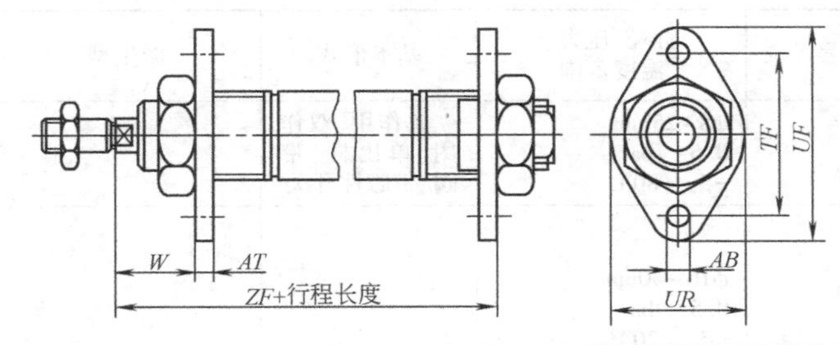

φ	AB φ	AT	TF	UF	UR	W	ZF	
								-KP
8,10	4.5	3	30	40	25	13	65	94
12	5.5	4	40	53	30	18	76	114
16	5.5	4	40	53	30	18	82	120
20	6.6	5	50	66	40	19	97	144
25	6.6	5	50	66	40	23	102.5	150.5

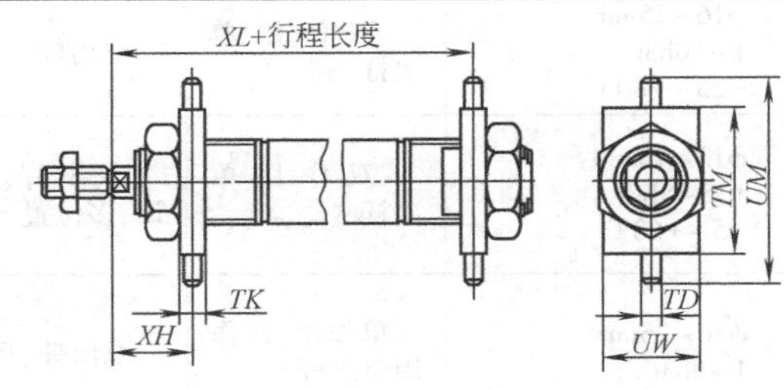

φ	TD φ f8	TK	TM	UM	UW	XH	XL		质量 /g	代号	型号
								-KP			
8,10	4	6	26	38	20	13	65	94	20	8608	WBN-8/10
12	6	8	38	58	25	18	76	114	50	8609	WBN-12/16
16	6	8	38	58	25	18	82	120	50	8609	WBN-12/16
20	6	8	46	66	30	20	96	143	70	8610	WBN-20/25
25	6	8	46	66	30	24	101.5	149.5	70	8610	WBN-20/25

续表

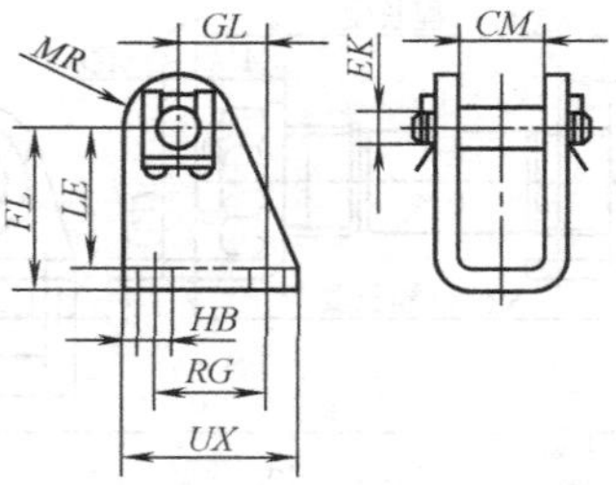

适用直径 ϕ	CM	EK ϕ	FL	GL	HB	LE	MR	RG	UX
8,10	8.1	4	24+0.3/-0.2	13.8	4.5	21.5	5	12.5	20
12,16	12.1	6	27+0.3/-0.2	13	5.5	24	7	15	25
20,25	16.1	8	30+0.4/-0.2	16	6.6	26	10	20	32

表 23-4-88　　符合 ISO 6432 标准的国内外气动厂商名录

厂　商		型　号	缸径、压力、温度范围	基本形式	派生型	备注（单位:mm）
国内厂商	亚德客 AIRTAC	MI（不锈钢）	ϕ8～25mm 0.5～7bar -5～+80℃	单作用、双作用、单出杆、带阀/带磁性开关		
	亿日 EASUN	EMAL（铝合金） EMA（不锈钢）	ϕ16～40mm 0.5～9bar -5～+70℃			XC 尺寸: ϕ16 为 91 ϕ20 为 102 ϕ16 为 88 ϕ20 为 103 ϕ25 为 107
	方大 Fangda	10Y-1（不锈钢）	ϕ8～25mm 1～10bar -25～+80℃	单作用、双作用、单出杆、带阀/带磁性开关	后端盖为平端形	XC 尺寸: ϕ8 为 74 ϕ10 为 74 ϕ12 为 81、ϕ16 为 89
		10Y-2（铝合金）	ϕ8～50mm 1～10bar -25～+80℃	双作用单出杆、带阀/带磁性开关	后端盖为平端形	XC 尺寸: ϕ8 为 74 ϕ10 为 74 ϕ12 为 81、ϕ16 为 89
	恒立 Hengli	QGX（不锈钢） QGY（铝合金）	ϕ16～25mm 1～10bar -25～+80℃	双作用单出杆	双出杆	XC 尺寸: ϕ16 为 85 ϕ20 为 101,ϕ25 为 104.5
	华能 Huaneng	QGCX	ϕ12～40mm 1.5～8bar -5～+60℃	双作用单出杆	双出杆、行程可调、多位置、倍力	XC 尺寸: ϕ12 为 75 ϕ16 为 82 ϕ20 为 95
	佳尔灵 JELPC	MA（不锈钢）	ϕ16～25mm 1～9bar	单作用、双作用单出杆	双出杆、行程可调	XC 尺寸: ϕ16 为 85 ϕ20 为 100 ϕ25 为 102
		MAL（铝合金）	ϕ16～25mm 1～9bar	单作用、双作用单出杆	双出杆、行程可调	XC 尺寸: ϕ16 为 72 ϕ20 为 94 ϕ25 为 96
	天工 STNC	TGA（不锈钢）	ϕ16～40mm 1～9bar -5～+70℃	单作用、双作用单出杆	双出杆、行程可调	XC 尺寸: ϕ16 为 85 ϕ20 为 100 ϕ25 为 102
		TGM（铝合金）	ϕ20～40mm 1～9bar	单作用、双作用单出杆	双出杆、行程可调	XC 尺寸: ϕ20 为 94 ϕ25 为 96

续表

厂商		型号	缸径、压力、温度范围	基本形式	派生型	备注(单位:mm)
国内厂商	新益 Xinyi	QC85	ϕ10~25mm 1~15bar 5~+80℃	单活塞出杆、双作用		
	永坚 Yongjian	IQGx	ϕ8~25mm 0.2~10bar -10~+60℃	单活塞出杆、双作用		
国外厂商	Bosch Rexroth	OCT	ϕ10~25mm 1.5~10bar -20~+75℃	单作用、双作用	双出杆、中空双出杆、活塞杆抗旋转	
		OCT 带 SF1	ϕ25mm 0~10bar 0~+50℃	双作用	双出杆	带集成行程测量系统 SF1
	Camozzi	16、24 和 25 系列	ϕ8~25mm 双作用:1~10bar 单作用:2~10bar 0~+80℃	单作用、双作用、带/不带磁性开关	双出杆、活塞杆伸出、活塞杆缩进	
		94 和 95 系列(不锈钢)	ϕ12~25mm 1~10bar 0~+80℃	单作用、双作用、带/不带缓冲	双作用双出杆	
	Festo	DSN/ESN	ϕ8~25 1~10bar -20~+80℃	单作用、双作用	双出杆(S2)、活塞杆带锁紧装置	
		DSNU/ESNU	ϕ8~25mm ϕ8:1.5~10bar ϕ10~25:1~10bar-20~+80℃	单作用、双作用、带/不带位置感测	活塞杆加长外螺纹(K2),活塞杆缩短外螺纹(K6)、特殊螺纹(K5)抗扭转活塞杆、双出杆(S2)、耐高温(150℃)、活塞杆带夹紧单元(KP)、低摩擦、高耐腐蚀(R3)、加长活塞杆(K8)、双端加长活塞杆(K9)	
	Metal Work	ISO 6432	ϕ8~25mm 1~10bar -10~+80℃	单作用、双作用、带/不带磁性开关	双出杆	
	Norgren	RM/28000/M	ϕ10~25mm 2~10bar -10~+80℃	单作用	活塞杆加长	
		RM/8000/M	ϕ10~25mm 1~10bar -10~+80℃	双作用	双出杆、可调缓冲、活塞杆抗扭转、活塞杆带锁紧单元	
	Parker	P1A	ϕ10~25mm 1~10bar -20~+80℃	单作用、双作用	双出杆、中空双出杆、活塞杆伸出、活塞杆缩回、高温(120℃)、低温(-40℃)	
	Pneumax	1200	ϕ8~50mm 1~10bar -5~+70℃	单作用、双作用、带/不带磁性开关	活塞杆伸出、活塞杆缩进、不锈钢活塞杆、活塞杆抗旋转、活塞杆锁紧	仅 ϕ8~25 符合 ISO 6432 标准
	SMC	C85	ϕ10~25mm 1~15bar 5~+80℃	单活塞出杆、单作用、双作用	活塞杆抗旋转	

注:以上公司均以开头字母顺序排列。

6.1.3 非ISO标准小型圆形气缸

表 23-4-89 mm

类型

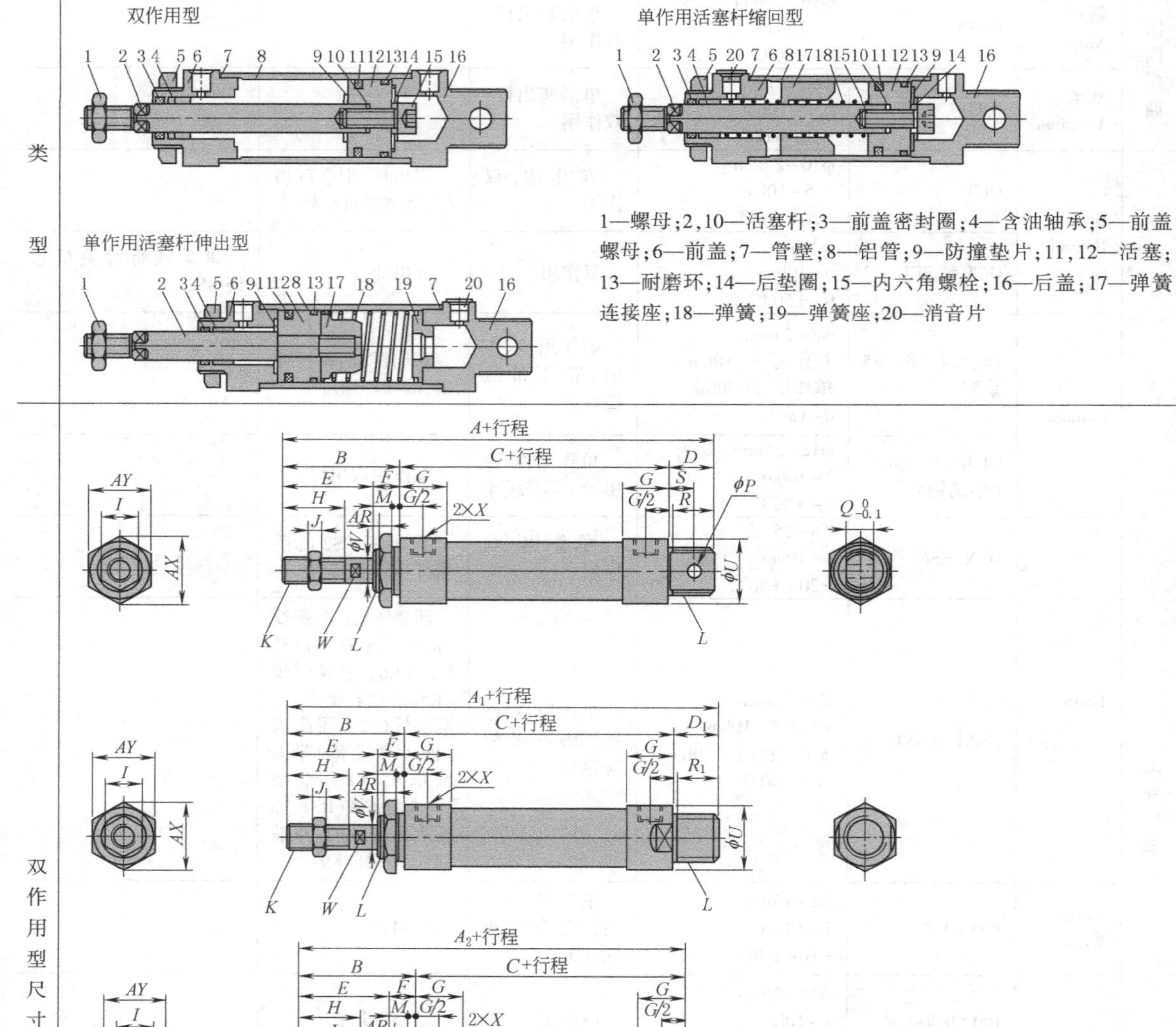

1—螺母；2，10—活塞杆；3—前盖密封圈；4—含油轴承；5—前盖螺母；6—前盖；7—管壁；8—铝管；9—防撞垫片；11，12—活塞；13—耐磨环；14—后垫圈；15—内六角螺栓；16—后盖；17—弹簧连接座；18—弹簧；19—弹簧座；20—消音片

内径	A	A_1	A_2	B	C	D	D_1	E	F	G	H	I	J	K
20	131	122	110	40	70	21	12	28	12	16	20	12	6	M8×1.25
25	135	128	114	44	70	21	14	30	14	16	22	17	6	M10×1.25
32	141	128	114	44	70	27	14	30	14	16	22	17	6	M10×1.25
40	165	152	138	46	92	27	14	32	14	22	24	17	7	M12×1.25

内径	L	M	P	Q	R	R_1	S	U	V	W	X	AR	AX	AY
20	M22×1.5	10	8	16	19	10	12	29	8	6	PT⅛	7	33	29
25	M22×1.5	12	8	16	19	12	12	34	10	8	PT⅛	7	33	29
32	M24×2.0	12	10	16	25	12	15	39.5	12	10	PT⅛	8	37	32
40	M30×2.0	12	12	20	25	12	15	49.5	16	14	PT¼	9	47	41

续表

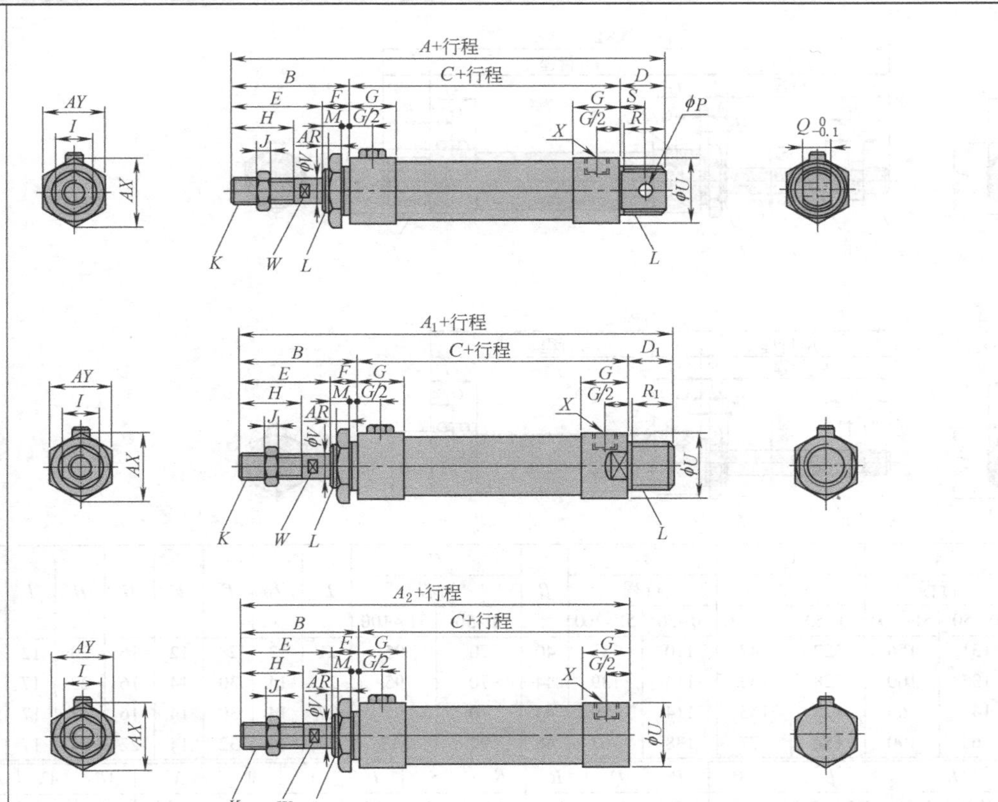

内径	A		A1		A2		B	C		D	D1	E	F	G	H	I	J
	行程		行程		行程			行程									
	0~50	51~100	0~50	51~100	0~50	51~100		0~50	51~100								
20	131	156	122	147	110	135	40	70	95	21	12	28	12	16	20	12	6
25	135	160	128	153	114	139	44	70	95	21	14	30	14	16	22	17	6
32	141	166	128	153	114	139	44	70	95	27	14	30	14	16	22	17	6
40	165	190	152	177	138	163	46	92	117	27	14	32	14	22	24	17	7

内径	K	L	M	P	Q	R	R1	S	U	V	W	X	AR	AX	AY
20	M8×1.25	M22×1.5	10	8	16	19	10	12	29	8	6	PT⅛	7	33	29
25	M10×1.25	M22×1.5	12	8	16	19	12	12	34	10	8	PT⅛	7	33	29
32	M10×1.25	M24×2.0	12	10	16	25	12	15	39.5	12	10	PT⅛	8	37	32
40	M12×1.25	M30×2.0	12	12	20	25	12	15	49.5	16	14	PT¼	9	47	41

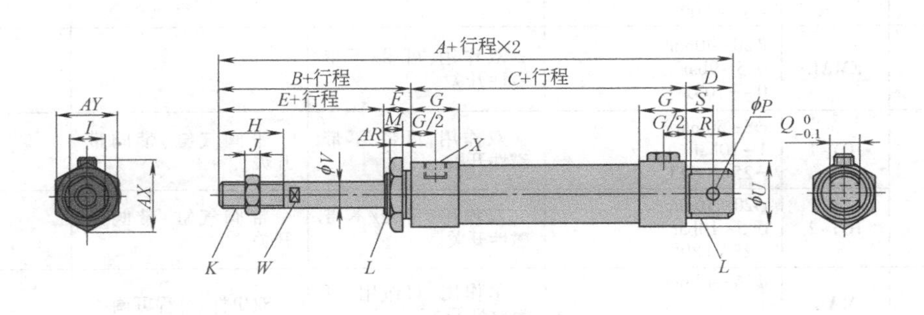

续表

单作用活塞杆伸出型尺寸

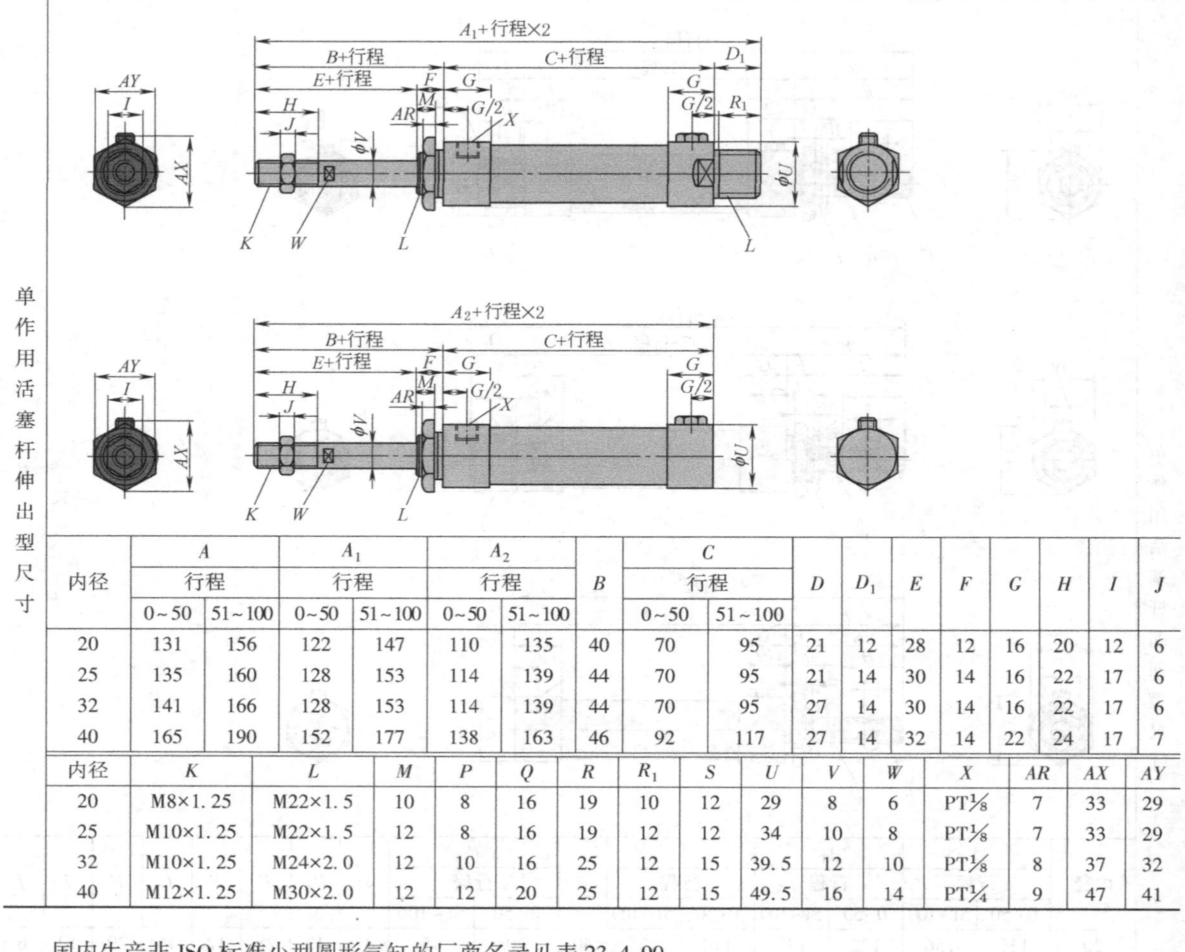

内径	A		A_1		A_2		B	C		D	D_1	E	F	G	H	I	J
	行程		行程		行程			行程									
	0~50	51~100	0~50	51~100	0~50	51~100		0~50	51~100								
20	131	156	122	147	110	135	40	70	95	21	12	28	12	16	20	12	6
25	135	160	128	153	114	139	44	70	95	21	14	30	14	16	22	17	6
32	141	166	128	153	114	139	44	70	95	27	14	30	14	16	22	17	6
40	165	190	152	177	138	163	46	92	117	27	14	32	14	22	24	17	7

内径	K	L	M	P	Q	R	R_1	S	U	V	W	X	AR	AX	AY
20	M8×1.25	M22×1.5	10	8	16	19	10	12	29	8	6	PT1/8	7	33	29
25	M10×1.25	M22×1.5	12	8	16	19	12	12	34	10	8	PT1/8	7	33	29
32	M10×1.25	M24×2.0	12	10	16	25	12	15	39.5	12	10	PT1/8	8	37	32
40	M12×1.25	M30×2.0	12	12	20	25	12	15	49.5	16	14	PT1/4	9	47	41

国内生产非 ISO 标准小型圆形气缸的厂商名录见表 23-4-90。

表 23-4-90

厂商	型号	缸径、压力、温度范围	基本形式	派生型	备　注
亚德客 Airtac	MAL	φ20~40mm 双作用:1~9bar 单作用:2~9bar -5~+70℃	单作用、双作用、可带/不带磁性开关	双出杆、双出杆带可调缓冲	
	MA	φ16~63mm 双作用:1~9bar 单作用:2~9bar -5~+70℃	单作用、双作用	双出杆、双出杆带可调缓冲	
亿日 Easun	EMAL	φ20~40mm 0.5~9bar 0~+70℃	双作用、可带/不带磁性开关		
方大 Fangda	10Y-1	φ8~50mm 1~10bar -25~+80℃	双作用、可带/不带磁性开关	带阀气缸、带阀带开关	
	10Y-2	φ20~40mm 0.5~10bar -25~+80℃	双作用、可带/不带磁性开关	带阀气缸、带阀带开关	
盛达 SDPC	MAL	φ16~40mm 1~10bar -10~+70℃	单作用、双作用、可带磁性开关	双出杆、行程可调	

续表

厂商	型号	缸径、压力、温度范围	基本形式	派生型	备　注
法斯特 Fast	QGX	ϕ10~25mm 2~6.3bar -25~+80℃	单出杆、无缓冲		
	QM	ϕ20~40mm 2~8bar -20~+60℃	带/不带磁性开关	带防护套	
恒立 Hengli	QGY	ϕ16~63mm 双作用:1~8bar 单作用:2~8bar -5~+80℃	单作用、双作用、可带/不带磁性开关	双出杆、带可调缓冲、带锁紧装置、带导向装置	按理论参考点至后耳环销孔中心 *XC* 尺寸:ϕ32 为 128.5，ϕ40 为 132.5。*B* 尺寸:ϕ32 为 48，ϕ40 为 56
佳尔灵 Jiaerling	MA	ϕ20~40mm	单作用、双作用、可带/不带磁性开关	双出杆、行程可调	
天工 STNC	TGM	ϕ20~40mm 1~9bar -5~+70℃	单作用、双作用、可带/不带磁性开关	双出杆、行程可调	
新益 Xinyi	QMAL	ϕ20~40mm 1~10bar -10~+60℃	单作用、双作用、可带/不带磁性开关	双出杆	

注：以上公司均以开头字母顺序排列。

6.2　紧凑型气缸

6.2.1　ISO 21287 标准紧凑型气缸（ϕ20~100mm）连接界面尺寸

ISO 21287 紧凑型气缸（ϕ20~100mm）是指该气缸关于连接界面的尺寸标准化，有些尺寸必须规定一致，如关于气缸活塞杆头部的螺纹，需与外部驱动件相连，该尺寸 *KK*、*A* 必须规定一致（nom），包括公差（tol）。而有些尺寸只作限制（如 max、min），如气缸外形尺寸 *E* 作了最大不能超过 max 这一类限定。规定一致的连接尺寸有许多，有些是气缸本体上基础尺寸：*KK*、*A*、*WH*、*ZA*、*ZB*、*KF*、*TG*、*RT*、*XD*、*ZB*、*ZF*、*XA*。与外部过渡连接尺寸有：*EW*、*FL*、*CD*、*TF*、*FB*、*AU*、*AB*、*TR*、*SA* 等。符合 ISO 21287 标准的气缸必须使其尺寸符合上述的规定和限定。

ISO 21287 紧凑型气缸是在 ISO 15552 标准普通气缸之后诞生的，与 ISO 15552 标准气缸有相近关系，主要表现在 *TG* 尺寸，*TG* 尺寸是一个重要尺寸，是气缸与外部连接最主要、应用最广的连接尺寸（与前法兰、后法兰、后耳环、角架等）。ISO 21287 紧凑型气缸对 *TG* 尺寸的标准制定上，仅对 ϕ20、ϕ25 规格作了规定，而 ϕ32、ϕ40、ϕ50、ϕ63、ϕ80、ϕ100 规格的 *TG* 连接尺寸参照 ISO 15552 的规定执行。

表 23-4-91　　mm

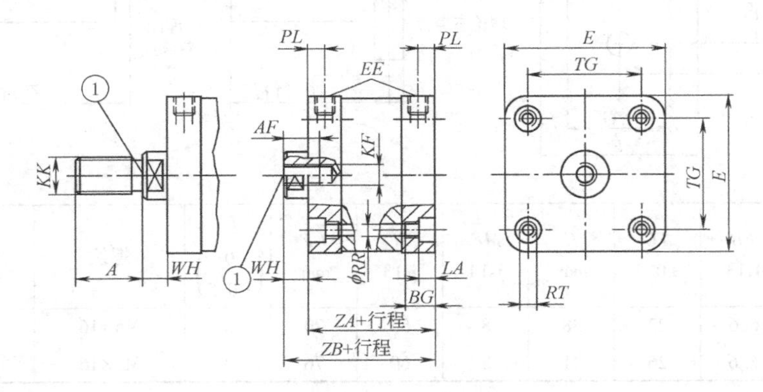

续表

缸径	AF	A	WH		ZA		ZB[1]		KF	KK	EE[2]	BG	RR	TG		E	RT	LA	PL
	min	$\begin{pmatrix}0\\-0.5\end{pmatrix}$	nom	tol	nom	tol	nom	tol				min	min	nom	tol	max		max	min
20	10	16	6	±1.4	37	±0.5	43	±1.4	M6	M8×1.25	M5	15	4.1	22	±0.4	38	M5	5	5
25	10	16	6	±1.4	39	±0.5	45	±1.4	M6	M8×1.25	M5	15	4.1	26	±0.4	41	M5	5	5
32	12	19	7	±1.6	44	±0.5	51	±1.6	M8	M10×1.25	G1/8	16	5.1	32.5	±0.5	50	M6	5	7.5
40	12	19	7	±1.6	45	±0.7	52	±1.6	M8	M10×1.25	G1/8	16	5.1	38	±0.5	58	M6	5	7.5
50	16	22	8	±1.6	45	±0.7	53	±1.6	M10	M12×1.25	G1/8	16	6.4	46.5	±0.6	70	M8	5	7.5
63	16	22	8	±1.6	49	±0.8	57	±1.6	M10	M12×1.25	G1/8	16	6.4	56.5	±0.7	80	M8	5	7.5
80	20	28	10	±2.0	54	±0.8	64	±2.0	M12	M16×1.5	G1/8	17	8.4	72	±0.7	96	M10	5	7.5
100	20	28	10	±2.0	67	±1.0	77	±2.0	M12	M16×1.5	G1/8	17	8.4	89	±0.7	116	M10	5	7.5

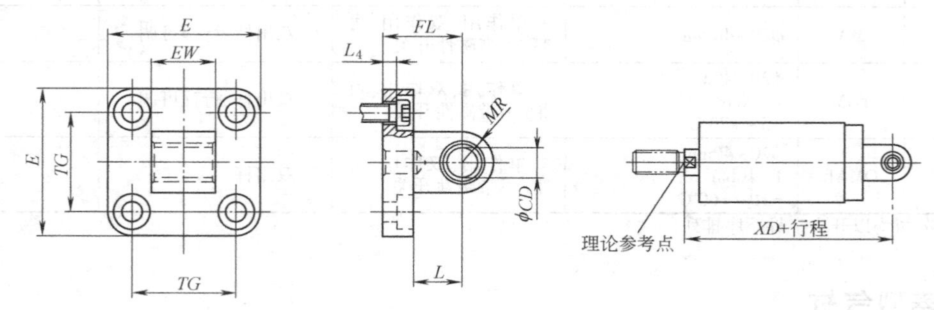

缸径	E max	EW $\begin{pmatrix}-0.2\\-0.6\end{pmatrix}$	TG ±0.2	FL ±0.2	L min	L_4 $\begin{pmatrix}+0.3\\0\end{pmatrix}$	CD H9	MR max	螺纹	XD
20	38	16	22	20	12	3	8	9	M5×16	63
25	41	16	26	20	12	3	8	9	M5×16	65

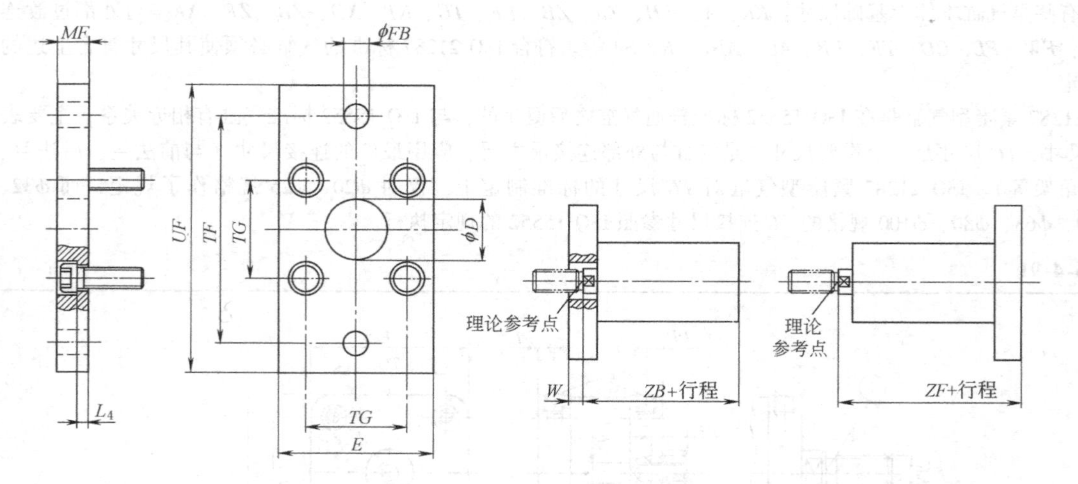

缸径	D H11	FB H13	TG ±0.2	E max	MF js14	TF js13	UF max	L_4 $\begin{pmatrix}0\\-0.5\end{pmatrix}$	螺纹	W ref	ZF	ZB
20	16	6.6	22	38	8	55	70	3	M5×16	2	51	43
25	16	6.6	26	41	8	60	76	3	M5×16	2	53	45

续表

缸径	AB H14	TG ±0.2	E max	TR js14	AO max	AU ±0.2	AH js16	L_7 ±2	AT ±0.5	螺纹	R_2	SA nom	SA tol	XA nom	XA tol
20	7	22	38	22	7	16	27	22	4	M5×16	—	69	±1.25	59	±1.25
25	7	26	41	26	7	16	29	22	4	M5×16	—	71		61	
32	7	32.5	50	32	7	16	33.5	24.5	4	M6×16	15	76		67	
40	10	38	58	36	9	18	38	26	4	M6×16	17.5	81		70	
50	10	46.5	70	45	9	21	45	31	5	M8×20	20	87		74	
63	10	56.5	80	50	9	21	50	31	5	M8×20	22.5	91		78	
80	12	72	96	63	11	26	63	40.5	6	M10×20	22.5	106	±1.6	90	±1.6
100	14.5	89	116	75	13	27	74	47	6	M10×20	27.5	121		104	

① 仅供参考。

② 符合 ISO 16030。

注：一般行程 $S \leqslant 500$mm。

6.2.2 ISO 21287 标准紧凑型气缸（ϕ32~125mm）

ISO 21287 标准为 2004 年新标准，国内许多厂商均在开发考虑之中，国外一些气动制造厂商纷纷推出该系列产品，该系列产品都以型材气缸为主，有些气动制造厂商把该系列进行扩展，向下扩展为 ϕ12mm、ϕ16mm，向上扩展到 ϕ125mm。对于大缸径的缸端盖采用六个螺钉连接以确保强度。

表 23-4-92 mm

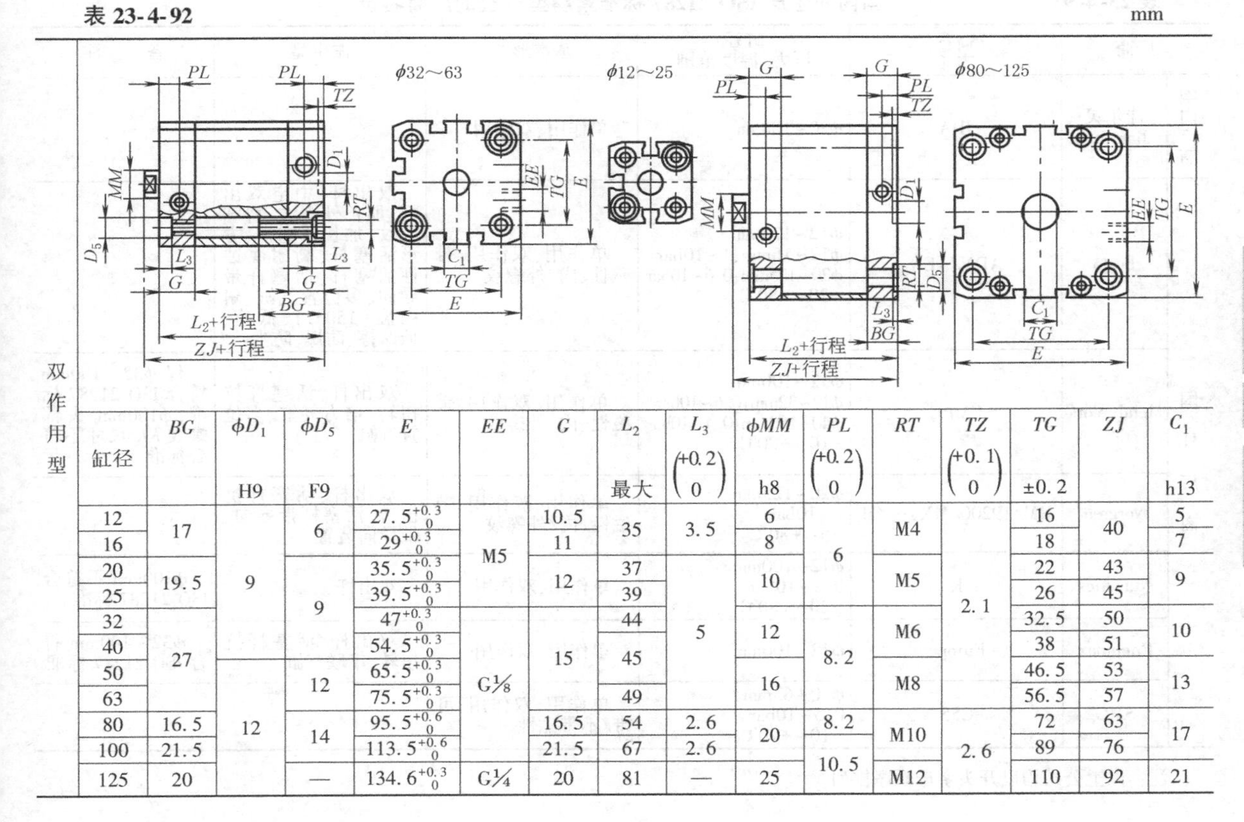

缸径	BG	ϕD_1 H9	ϕD_5 F9	E	EE	G	L_2 最大	L_3 $\binom{+0.2}{0}$	ϕMM h8	PL $\binom{+0.2}{0}$	RT	TZ $\binom{+0.1}{0}$	TG ±0.2	ZJ	C_1 h13
12	17	9	6	$27.5^{+0.3}_{0}$	M5	10.5	35	3.5	6	6	M4	2.1	16	40	5
16				$29^{+0.3}_{0}$		11			8				18		7
20	19.5		9	$35.5^{+0.3}_{0}$		12	37	5	10		M5		22	43	9
25				$39.5^{+0.3}_{0}$			39						26	45	
32	27			$47^{+0.3}_{0}$	G⅛	15	44		12	8.2	M6		32.5	50	10
40				$54.5^{+0.3}_{0}$			45						38	51	
50		12	12	$65.5^{+0.3}_{0}$					16		M8		46.5	53	13
63				$75.5^{+0.3}_{0}$			49						56.5	57	
80	16.5		14	$95.5^{+0.6}_{0}$		16.5	54	2.6	20	8.2	M10	2.6	72	63	17
100	21.5			$113.5^{+0.6}_{0}$		21.5	67	2.6		10.5			89	76	
125	20		—	$134.6^{+0.3}_{0}$	G¼	20	81	—	25		M12		110	92	21

续表

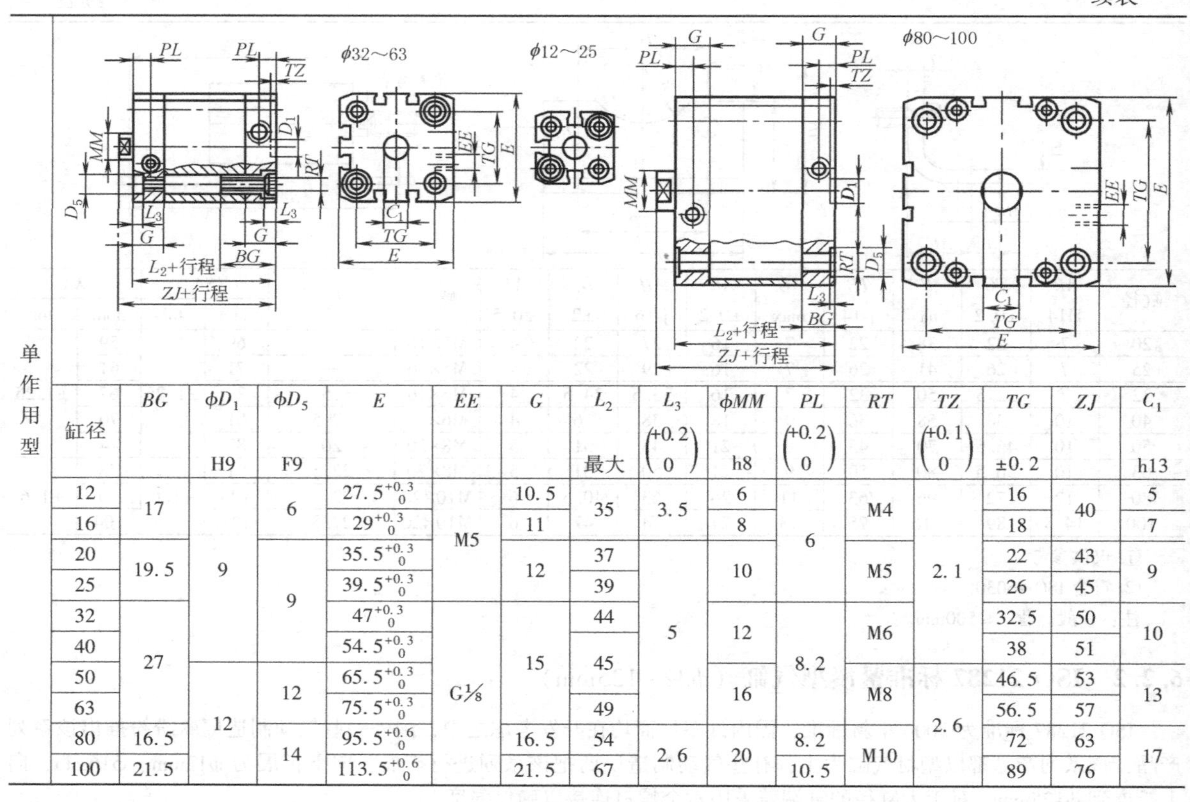

单作用型

缸径	BG	ϕD_1 H9	ϕD_5 F9	E	EE	G	L_2 最大	L_3 $\binom{+0.2}{0}$	ϕMM h8	PL $\binom{+0.2}{0}$	RT	TZ $\binom{+0.1}{0}$	TG ±0.2	ZJ	C_1 h13
12	17	9	6	$27.5^{+0.3}_{0}$	M5	10.5	35	3.5	6	6	M4	2.1	16	40	5
16				$29^{+0.3}_{0}$		11			8				18		7
20	19.5		9	$35.5^{+0.3}_{0}$		12	37	5	10		M5		22	43	9
25				$39.5^{+0.3}_{0}$			39						26	45	
32	27			$47^{+0.3}_{0}$	G⅛	15	44		12	8.2	M6		32.5	50	10
40				$54.5^{+0.3}_{0}$			45						38	51	
50		12	12	$65.5^{+0.3}_{0}$					16		M8	2.6	46.5	53	13
63				$75.5^{+0.3}_{0}$			49						56.5	57	
80	16.5		14	$95.5^{+0.6}_{0}$		16.5	54	2.6	20	8.2	M10		72	63	17
100	21.5			$113.5^{+0.6}_{0}$		21.5	67			10.5			89	76	

表 23-4-93　　国内外生产 ISO 21287 标准紧凑型气缸的厂商名录

	厂商	型号	缸径 压力/温度范围	基本形式	派生型	备　注
国内厂商	佳尔灵 Jiaerling	JDA	ϕ20～100mm	单作用、双作用		
国外厂商	Festo	ADN/AEN	ϕ12～125mm ϕ12～16mm：1～10bar ϕ20～125mm：0.6～10bar -20～+80℃	单作用、双作用、带磁性、内/外螺纹	双出杆、中空双出杆、加长外螺纹、特殊螺纹、加长活塞杆、方形活塞杆、高耐腐蚀性活塞杆、活塞杆带导向、多位置气缸、耐高温（150℃）、低速、低摩擦、防爆、防尘	
	Metal Work	CMPC	ϕ12～100mm ϕ12～32mm：0.6～10bar ϕ40～100mm：0.4～10bar -10～+80℃	单作用、双作用、带磁性、内/外螺纹	双出杆、活塞杆抗扭转、倍力气缸、多位置气缸	仅 ϕ32～100mm 符合 ISO 21287 标准，ϕ100mm 头部螺纹 KK 尺寸不符合标准
	Norgren	RM/19200/MX，…/M	ϕ20～125mm 1～10bar -5～+80℃	单作用、双作用、带磁性、内/外螺纹	双出杆、活塞杆抗扭转、活塞杆带导向、带导向装置	
	Numatics	K	ϕ12～100mm 0.2～10bar -20～+80℃	单作用、双作用	双出杆	ϕ100mm 不符合 ISO 21287 标准
	Pneumax	Europe	ϕ12～100mm	单作用、双作用	双出杆、活塞杆抗扭转、串联气缸	ϕ32～100mm 符合 ISO 21287 标准
	SMC	C55	ϕ20～63mm 0.5～10bar -10～+70℃	单作用、双作用、可带/不带磁性		

注：以上公司均以开头字母顺序排列。

6.2.3 国产非 ISO 标准紧凑型气缸（ϕ12～100mm）

表 23-4-94 mm

双作用型　　单作用活塞杆缩回型　　单作用活塞杆伸出型

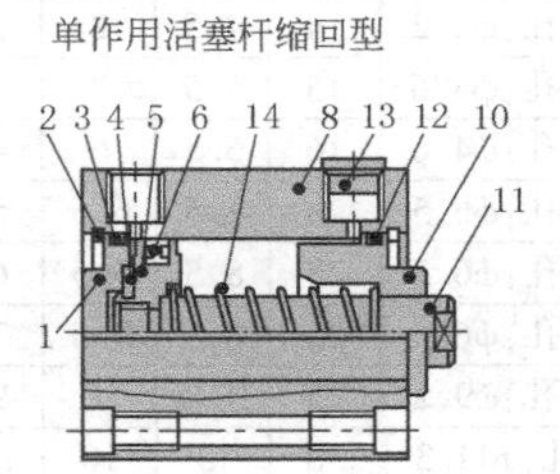

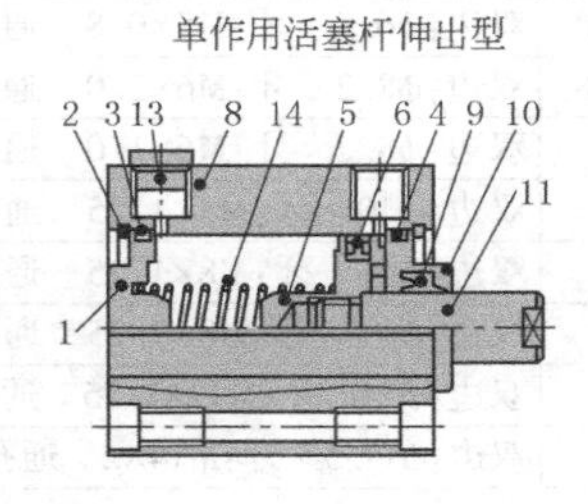

1—后盖；2—C 形扣环；3—前后盖；4—防撞垫片；5—活塞；6—活塞；7—防撞垫片；8—本体；9—前后密封圈；10—前盖；11—活塞杆；12—螺母；13—消音器；14—弹簧

类型

内径		12,16	20	25		32,40,50,63,80,100	
复动型	不附磁	5～60 每5一级	5～85 每5一级	5～90 每5一级	100～110 每10一级	5～90 每5一级	100～130 每10一级
	附磁	5～50 每5一级	5～75 每5一级	5～90 每5一级	100	5～90 每5一级	100～120 每10一级
最大行程		60	100	120		130	
单动型	不附磁	5～30 每5一级	5～30 每5一级	5～30 每5一级		5～30 每5一级	—
	附磁	5～30 每5一级	5～30 每5一级	5～30 每5一级		5～30 每5一级	—
最大行程		30					—

标准型、标准型带磁性开关尺寸

ϕ12～16　　ϕ20～40

内径	标准型			附磁型			D	E		F	G	K_1	L	M	N_1	N_3
	A	B_1	C	A	B_1	C		行程≤10	行程>10							
12	22	5	17	32	5	27	—	6		4	1	M3×0.5	10.2	2.8	6.3	6
16	24	5.5	18.5	34	5.5	28.5	—	6		4	1.5	M3×0.5	11	2.8	7.3	6.5
20	25	5.5	19.5	35	5.5	29.5	36	8		4	1.5	M4×0.7	15	2.8	7.5	—
25	27	6	21	37	6	31	42	10		4	2	M5×0.8	17	2.8	8	—
32	31.5	7	24.5	41.5	7	34.5	50	12		4	3	M6×1	22	2.8	9	—
40	33	7	26	43	7	36	58.5	12		4	3	M8×1.25	28	2.8	10	—
50	37	9	28	47	9	38	71.5	15		5	4	M10×1.5	38	2.8	10.5	—
63	41	9	32	51	9	42	84.5	15		5	4	M10×1.5	40	2.8	11.8	—
80	52	11	41	62	11	51	104	15	20	6	5	M14×1.5	45	4	14.5	—
100	63	12	51	73	12	61	124	18	20	7	5	M18×1.5	55	4	20.5	—

续表

标准型、标准型带磁性开关尺寸

内径	O	P_1	P_3	P_4	R	S	T_1	T_2	U	V	W	X	Y
12	M5×0.8	双边:ϕ6.5　牙:M8×0.8　通孔:ϕ4.2	12	4.5	—	25	16.2	23	1.6	6	5	—	—
16	M5×0.8	双边:ϕ6.5　牙:M5×0.8　通孔:ϕ4.2	12	4.5	—	29	19.8	28	1.6	6	5	—	—
20	M5×0.8	双边:ϕ6.5　牙:M5×0.8　通孔:ϕ4.2	14	4.5	2	34	24	—	2.1	8	6	11.3	10
25	M5×0.8	双边:ϕ8.2　牙:M6×1.0　通孔:ϕ4.6	15	5.5	2	40	28	—	3.1	10	8	12	10
32	PT⅛	双边:ϕ8.2　牙:M6×1.0　通孔:ϕ4.6	16	5.5	6	44	34	—	2.15	12	10	18.3	15
40	PT⅛	双边:ϕ10　牙:M8×1.25　通孔:ϕ6.5	20	7.5	6.5	52	40	—	2.25	16	14	21.3	16
50	PT¼	双边:ϕ11　牙:M8×1.25　通孔:ϕ6.5	25	8.5	9.5	62	48	—	4.15	20	17	30	20
63	PT¼	双边:ϕ11　牙:M8×1.25　通孔:ϕ6.5	25	8.5	9.5	75	60	—	3.15	20	17	28.7	20
80	PT⅜	双边:ϕ14　牙:M12×1.75　通孔:ϕ9.2	25	10.5	10	94	74	—	3.65	25	22	36	26
100	PT⅜	双边:ϕ17.5　牙:M14×2　通孔:ϕ11.3	30	13	10	114	90	—	3.65	32	27	35	26

单作用活塞杆伸出型、单作用活塞杆伸出型带磁性开关尺寸

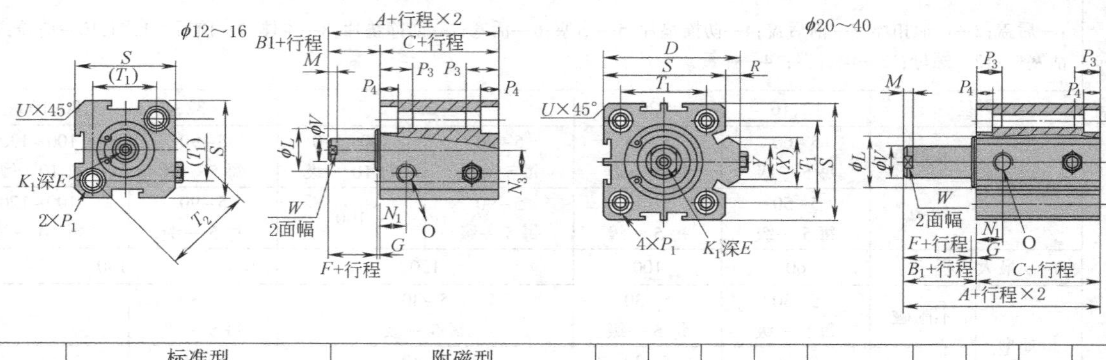

内径	标准型					附磁型					D	E	F	G	K_1	L	M	N_1	N_3
	A		B_1	C		A		B_1	C										
	行程			行程		行程			行程										
	≤10	>10		≤10	>10	≤10	>10		≤10	>10									
12	32	42	5	27	37	42	52	5	37	47	—	6	4	1	M3×0.5	10.2	2.8	6.3	6
16	34	44	5.5	28.5	38.5	44	54	5.5	38.5	48.5	—	6	4	1.5	M3×0.5	11	2.8	7.3	6.5
20	35	45	5.5	29.5	39.5	45	55	5.5	39.5	49.5	36	8	4	1.5	M4×0.7	15	2.8	7.5	—
25	37	47	6	31	41	47	57	6	41	51	42	10	4	2	M5×0.8	17	2.8	8	—
32	41.5	51.5	7	34.5	44.5	51.5	61.5	7	44.5	54.5	50	12	4	3	M6×1	22	2.8	9	—
40	43	53	7	36	46	53	63	7	46	56	58.5	12	4	3	M8×1.25	28	2.8	10	—

内径/符号	O	P_1	P_3	P_4	R	S	T_1	T_2	U	V	W	X	Y
12	M5×0.8	双边:ϕ6.5　牙:M5×0.8　通孔:ϕ4.2	12	4.5	—	25	16.2	23	1.6	6	5	—	—
16	M5×0.8	双边:ϕ6.5　牙:M5×0.8　通孔:ϕ4.2	12	4.5	—	29	19.8	28	1.6	6	5	—	—
20	M5×0.8	双边:ϕ6.5　牙:M5×0.8　通孔:ϕ4.2	14	4.5	2	34	24	—	2.1	8	6	11.3	10
25	M5×0.8	双边:ϕ6.5　牙:M5×0.8　通孔:ϕ4.6	15	5.5	2	40	28	—	3.1	10	8	12	10
32	PT⅛	双边:ϕ8.2　牙:M6×1.0　通孔:ϕ4.6	16	5.5	6	44	34	—	2.15	12	10	18.3	15
40	PT⅛	双边:ϕ10　牙:M8×1.25　通孔:ϕ6.5	20	7.5	6.5	52	40	—	2.25	16	14	21.3	16

活塞杆头部螺纹尺寸

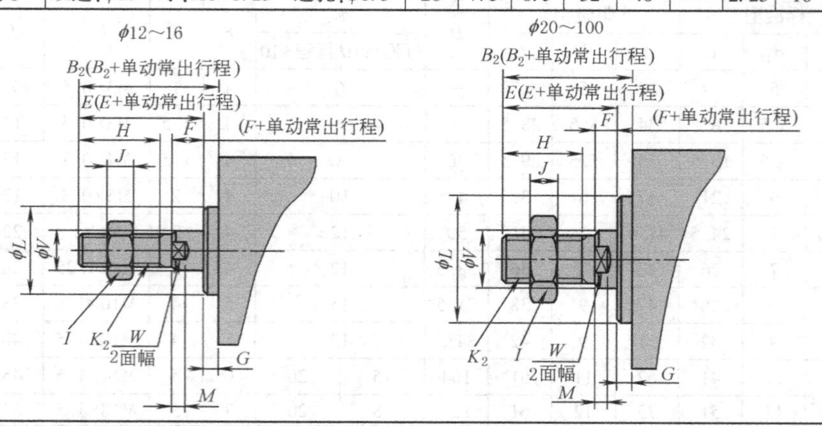

续表

活塞杆头部螺纹尺寸

内径	B_2	E	F	G	H	I	J	K_2	L	M	V	W
12	17	16	4	1	10	8	4	M5×0.8	10.2	2.8	6	5
16	17.5	16	4	1.5	10	8	4	M5×0.8	11	2.8	6	5
20	20.5	19	4	1.5	13	10	5	M6×1.0	15	2.8	8	6
25	23	21	4	2	15	12	6	M8×1.25	17	2.8	10	8
32	25	22	4	3	15	17	6	M10×1.25	22	2.8	12	10
40	35	32	4	3	25	19	8	M14×1.5	28	2.8	16	14
50	37	33	5	4	25	27	11	M18×1.5	40	2.8	20	17
63	37	33	5	4	25	27	11	M18×1.5	40	2.8	20	17
80	44	39	6	5	30	32	13	M22×1.5	45	4	25	22
100	50	45	7	5	35	36	13	M26×1.5	55	4	32	27

双作用双出杆型、双作用双出杆型带行程可调气缸结构

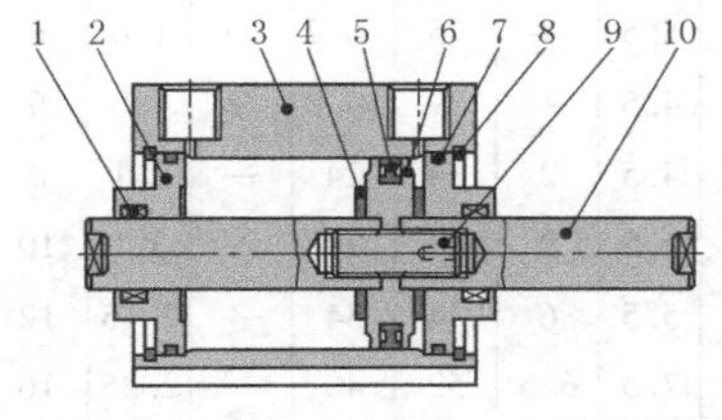

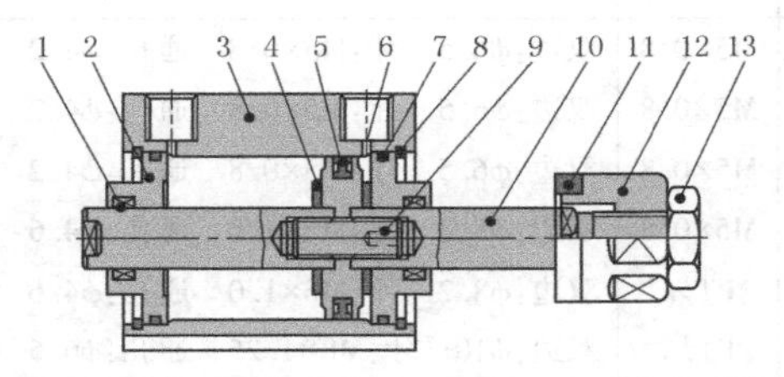

1—前盖密封圈；2—前盖；3—本体；4—防撞垫片；5，6—活塞；7—前后盖；8—C 形扣环；9—固定螺钉；10—活塞杆；11—可调螺母垫片；12—可调螺母；13—螺母

双作用双出杆型、双作用双出杆型带磁性开关尺寸

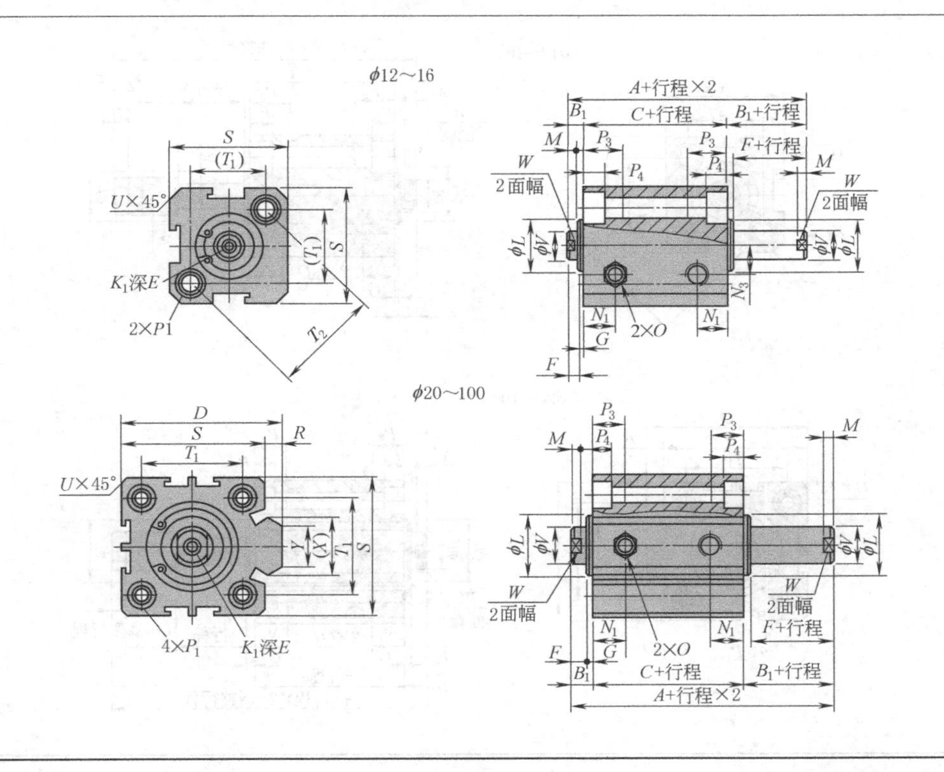

续表

双作用双出杆型、双作用双出杆型带磁性开关尺寸

内径	标准型 A	标准型 B_1	标准型 C	附磁型 A	附磁型 B_1	附磁型 C	D	E 行程≤10	E 行程>10	F	G	K_1	L	M	N_1	N_3
12	27	5	17	37	5	27	—	6		4	1	M3×0.5	10.2	2.8	6.3	6
16	29.5	5.5	18.5	39.5	5.5	28.5	—	6		4	1.5	M3×0.5	11	2.8	7.3	6.5
20	30.5	5.5	19.5	40.5	5.5	29.5	36	8(行程=5时为6.5)		4	1.5	M4×0.7	15	2.8	7.5	—
25	33	6	21	43	6	31	42	10(行程=5时为7)		4	2	M5×0.8	17	2.8	8	—
32	38.5	7	24.5	48.5	7	34.5	50	8	12	4	3	M6×1	22	2.8	9	—
40	40	7	26	50	7	36	58.5	9	12	4	3	M8×1.25	28	2.8	10	—
50	46	9	28	56	9	38	71.5	11	15	5	4	M10×1.5	38	2.8	10.5	—
63	50	9	32	60	9	42	84.5	11	15	5	4	M10×1.5	40	2.8	11.8	—
80	63	11	41	73	11	51	104	14	20	6	5	M14×1.5	45	4	14.5	—
100	75	12	51	85	12	61	124	18	20	7	5	M18×1.5	55	4	20.5	—

内径	O	P_1	P_3	P_4	R	S	T_1	T_2	U	V	W	X	Y
12	M5×0.8	双边:ϕ6.5 牙:M5×0.8 通孔:ϕ4.2	12	4.5	—	25	16.2	23	1.6	6	5	—	—
16	M5×0.8	双边:ϕ6.5 牙:M5×0.8 通孔:ϕ4.2	12	4.5	—	29	19.8	28	1.6	6	5	—	—
20	M5×0.8	双边:ϕ6.5 牙:M5×0.8 通孔:ϕ4.2	14	4.5	2	34	24	—	2.1	8	6	11.3	10
25	M5×0.8	双边:ϕ8.2 牙:M6×1.0 通孔:ϕ4.6	15	5.5	2	40	28	—	3.1	10	8	12	10
32	PT1/8	双边:ϕ8.2 牙:M6×1.0 通孔:ϕ4.6	16	5.5	6	44	34	—	2.15	12	10	18.3	15
40	PT1/8	双边:ϕ10 牙:M8×1.25 通孔:ϕ6.5	20	7.5	6.5	52	40	—	2.25	16	14	21.3	16
50	PT1/4	双边:ϕ11 牙:M8×1.25 通孔:ϕ6.5	25	8.5	9.5	62	48	—	4.15	20	17	30	20
63	PT1/4	双边:ϕ11 牙:M8×1.25 通孔:ϕ6.5	25	8.5	9.5	75	60	—	3.15	20	17	28.7	20
80	PT3/8	双边:ϕ14 牙:M12×1.75 通孔:ϕ9.2	25	10.5	10	94	74	—	3.65	25	22	36	26
100	PT3/8	双边:ϕ17.5 牙:M14×2 通孔:ϕ11.3	30	13	10	114	90	—	3.65	32	27	35	26

双作用双出杆行程可调型、双作用双出杆行程可调型带磁性开关尺寸

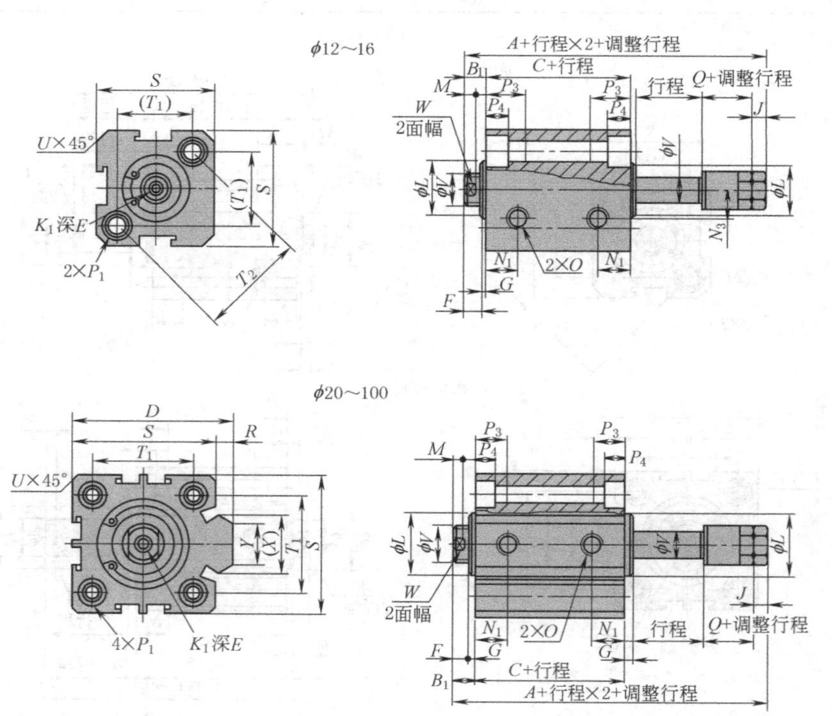

续表

双作用双出杆行程可调型、双作用双出杆行程可调型带磁性开关尺寸

内径	标准型 A	标准型 B_1	标准型 C	附磁型 A	附磁型 B_1	附磁型 C	D	E 行程≤10	E 行程>10	F	G	J	K_1	L	M	N_1	N_3
12	40	5	17	50	5	27	—	6		4	1	4	M3×0.5	10.2	2.8	6.3	6
16	42.5	5.5	18.5	52.5	5.5	28.5	—	6		4	1.5	4	M3×0.5	11	2.8	7.3	6.5
20	47.5	5.5	19.5	57.5	5.5	29.5	36	8(行程=5时为6.5)		4	1.5	5	M4×0.7	15	2.8	7.5	—
25	54	6	21	64	6	31	42	10(行程=5时为7)		4	2	6	M5×0.8	17	2.8	8	—
32	61.5	7	24.5	71.5	7	34.5	50	8	12	4	3	6	M6×1	22	2.8	9	—
40	65	7	26	75	7	36	58.5	9	12	4	3	8	M8×1.25	28	2.8	10	—
50	73	9	28	83	9	38	71.5	11	15	5	4	11	M10×1.5	38	2.8	10.5	—
63	77	9	32	87	9	42	84.5	11	15	5	4	11	M10×1.5	40	2.8	11.8	—
80	94	11	41	104	11	51	104	14	20	6	5	13	M14×1.5	45	4	14.5	—
100	105	12	51	115	12	61	124	18	20	7	5	13	M18×1.5	55	4	205	—

内径	O	P_1	P_3	P_4	Q	R	S	T_1	T_2	U	V	W	X	Y
12	M5×0.8	双边:ϕ6.5 牙:M5×0.8 通孔:ϕ4.2	12	4.5	13	—	25	16.2	23	1.6	6	5	—	—
16	M5×0.8	双边:ϕ6.5 牙:M5×0.8 通孔:ϕ4.2	12	4.5	13	—	29	19.8	28	1.6	6	5	—	—
20	M5×0.8	双边:ϕ6.5 牙:M5×0.8 通孔:ϕ4.2	14	4.5	16	2	34	24	—	2.1	8	6	11.3	10
25	M5×0.8	双边:ϕ8.2 牙:M6×1.0 通孔:ϕ4.6	15	5.5	19	2	40	28	—	3.1	10	8	12	10
32	PT⅛	双边:ϕ8.2 牙:M6×1.0 通孔:ϕ4.6	16	5.5	21	6	44	34	—	2.15	12	10	18.3	15
40	PT⅛	双边:ϕ10 牙:M8×1.25 通孔:ϕ6.5	20	7.5	21	6.5	52	40	—	2.25	16	14	21.3	16
50	PT¼	双边:ϕ11 牙:M8×1.25 通孔:ϕ6.5	25	8.5	21	9.5	62	48	—	4.15	20	17	30	20
63	PT¼	双边:ϕ11 牙:M8×1.25 通孔:ϕ6.5	25	8.5	21	9.5	75	60	—	3.15	20	17	28.7	20
80	PT⅜	双边:ϕ14 牙:M12×1.75 通孔:ϕ9.2	25	10.5	24	10	94	74	—	3.65	25	22	36	26
100	PT⅜	双边:ϕ17.5 牙:M14×2 通孔:ϕ11.3	30	13	24	10	114	90	—	3.65	32	27	35	26

双作用多位置气缸、双出杆双作用多位置气缸结构图

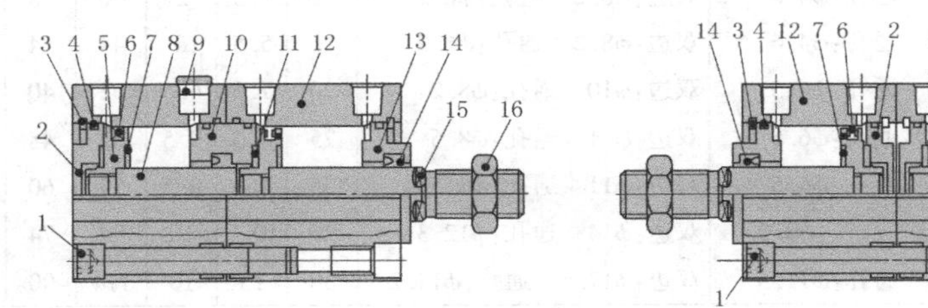

1—连接螺栓；2—后盖；3—C形扣环；4—前后盖；5，6—活塞；7，11—防撞垫片；8，15—活塞杆；9—消声器；10—连接座；12—本体；13—前盖；14—前盖密封圈；16—螺母

双作用多位置气缸、双作用多位置气缸带磁性开关尺寸

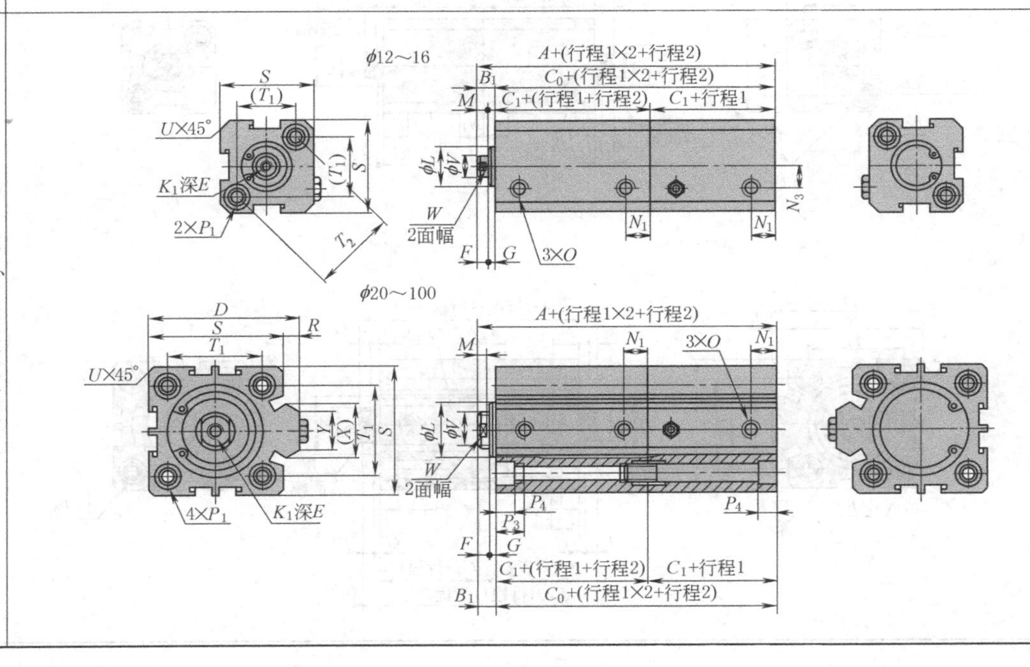

续表

双作用多位置气缸、双作用多位置气缸带磁性开关尺寸

内径	标准型 A	标准型 B_1	标准型 C_0	标准型 C_1	附磁型 A	附磁型 B_1	附磁型 C_0	附磁型 C_1	D	E 行程≤10	E 行程>10	F	G	K_1	L	M	N_1	N_3	O	X	Y	W
12	39	5	34	17	59	5	54	27	—	6		4	1	M3×0.5	10.2	2.8	6.3	6	M5×0.8	—	—	5
16	42.5	5.5	37	18.5	62.5	5.5	57	28.5	—	6		4	1.5	M3×0.5	11	2.8	7.3	6.5	M5×0.8	—	—	5
20	44.5	5.5	39	19.5	64.5	5.5	59	29.5	36	8		4	1.5	M4×0.7	15	2.8	7.5	—	M5×0.8	11.3	10	6
25	48	6	42	21	68	6	62	31	42	10		4	2	M5×0.8	17	2.8	8	—	M5×0.8	12	10	8
32	56	7	49	24.5	76	7	69	34.5	50	12		4	3	M6×1	22	2.8	9	—	PT⅛	18.3	15	10
40	59	7	52	26	79	7	72	36	58.5	12		4	3	M8×1.25	28	2.8	10	—	PT⅛	21.3	16	14
50	65	9	56	28	85	9	76	38	71.5	15		5	4	M10×1.5	38	2.8	10.5	—	PT¼	30	20	17
63	73	9	64	32	93	9	84	42	84.5	15		5	4	M10×1.5	40	2.8	11.8	—	PT¼	28.7	20	17
80	93	11	82	41	113	11	102	51	104	15	18	6	5	M14×1.5	45	4	—		PT⅜	36	26	22
100	114	12	102	51	134	12	122	61	124	18	20	7	5	M18×1.5	55	4	—		PT⅜	35	26	27

内径	P_1	P_2	P_3	P_4	R	S	T_1	T_2	U	V
12	双边:ϕ6.5　牙:M5×0.8　通孔:ϕ4.2	—	12	4.5	—	25	16.2	23	1.6	6
16	双边:ϕ6.5　牙:M5×0.8　通孔:ϕ4.2	—	12	4.5	—	29	19.8	28	1.6	6
20	双边:ϕ6.5　牙:M5×0.8　通孔:ϕ4.2	双边:ϕ6.5　通孔:ϕ5.2	14	4.5	2	34	24	—	2.1	8
25	双边:ϕ8.2　牙:M6×1.0　通孔:ϕ4.6	双边:ϕ8.2　通孔:ϕ6.2	15	5.5	2	40	28	—	3.1	10
32	双边:ϕ8.2　牙:M6×1.0　通孔:ϕ4.6	双边:ϕ8.2　通孔:ϕ6.2	16	5.5	6	44	34	—	2.15	12
40	双边:ϕ10　牙:M8×1.25　通孔:ϕ6.5	双边:ϕ10　通孔:ϕ8.2	20	7.5	6.5	52	40	—	2.25	16
50	双边:ϕ11　牙:M8×1.25　通孔:ϕ6.5	双边:ϕ11　通孔:ϕ8.5	25	8.5	9.5	62	48	—	4.15	20
63	双边:ϕ11　牙:M8×1.25　通孔:ϕ6.5	双边:ϕ11　通孔:ϕ8.5	25	8.5	9.5	75	60	—	3.15	20
80	双边:ϕ14　牙:M12×1.75　通孔:ϕ9.2	双边:ϕ14　通孔:ϕ12.3	25	10.5	10	94	74	—	3.65	25
100	双边:ϕ17.5　牙:M14×2　通孔:ϕ11.3	双边:ϕ17.5　通孔:ϕ14.2	30	13	10	114	90	—	3.65	32

双作用双出杆多位置气缸、双作用双出杆多位置气缸带磁性开关尺寸

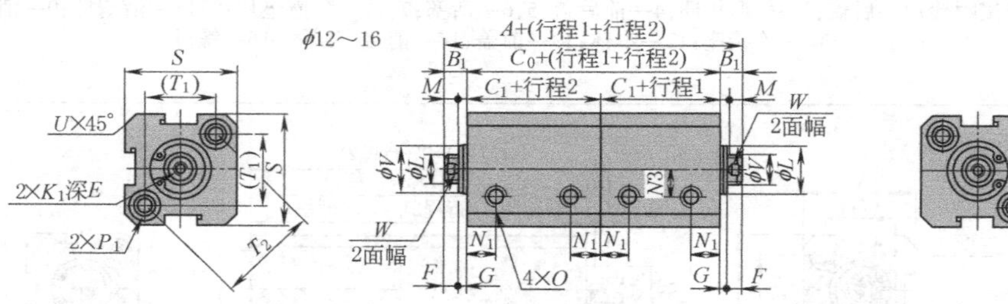

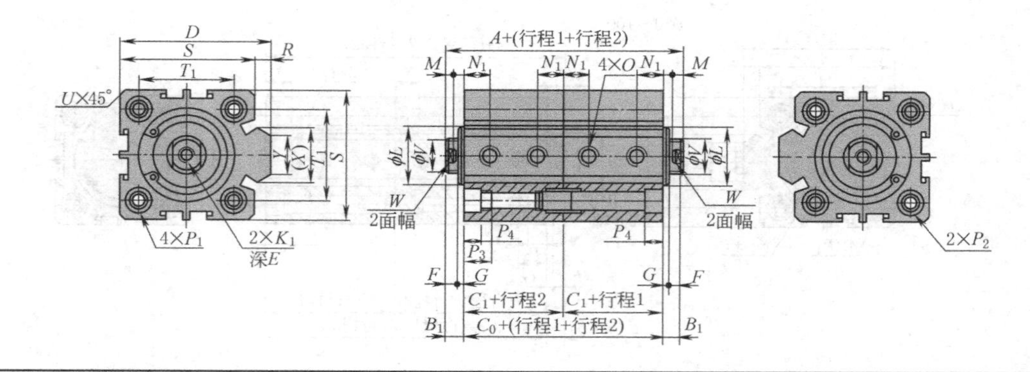

续表

双作用双出杆多位置气缸、双作用双出杆多位置气缸带磁性开关尺寸

内径	标准型				附磁型				D	E		F	G	K_1	L	M	N_1	N_3	O	X	Y	W
	A	B_1	C_0	C_1	A	B_1	C_0	C_1		行程≤10	行程>10											
12	44	5	34	17	64	5	54	27	—	6		4	1	M3×0.5	10.2	2.8	6.3	6	M5×0.8	—	—	5
16	48	5.5	37	18.5	68	5.5	57	28.5	—	6		4	1.5	M3×0.5	11	2.8	7.3	6.5	M5×0.8	—	—	5
20	50	5.5	39	19.5	70	5.5	59	29.5	36	8		4	1.5	M4×0.7	15	2.8	7.5	—	M5×0.8	11.3	10	6
25	54	6	42	21	74	6	62	31	42	10		4	2	M5×0.8	17	2.9	8	—	M5×0.8	12	10	8
32	63	7	49	24.5	83	7	69	34.5	50	12		4	3	M6×1	22	2.8	9	—	PT1/8	18.3	15	10
40	66	7	52	26	86	7	72	36	58.5	12		4	3	M8×1.25	28	2.8	10	—	PT1/8	21.3	16	14
50	74	9	56	28	94	9	76	38	71.5	15		5	4	M10×1.5	38	2.8	10.5	—	PT1/4	30	20	17
63	82	9	64	32	102	9	84	42	84.5	15		5	4	M10×1.5	40	2.8	11.8	—	PT1/4	28.7	20	17
80	104	11	82	41	124	11	102	51	104	15	20	6	5	M14×1.5	45	4	14.5	—	PT3/8	36	26	22
100	126	12	102	51	146	12	122	61	124	18	20	7	5	M18×1.5	55	4	20.5	—	PT3/8	35	26	27

内径	P_1	P_2	P_3	P_4	R	S	T_1	T_2	U	V
12	双边:ϕ6.5 牙:M5×0.8 通孔:ϕ4.2	—	12	4.5	—	25	16.2	23	1.6	6
16	双边:ϕ6.5 牙:M5×0.8 通孔:ϕ4.2	—	12	4.5	—	29	19.8	28	1.6	6
20	双边:ϕ6.5 牙:M5×0.8 通孔:ϕ4.2	双边:ϕ6.5 通孔:ϕ5.2	14	4.5	2	34	24	—	2.1	8
25	双边:ϕ8.2 牙:M6×1.0 通孔:ϕ4.6	双边:ϕ8.2 通孔:ϕ6.2	15	5.5	2	40	28	—	3.1	10
32	双边:ϕ8.2 牙:M6×1.0 通孔:ϕ4.6	双边:ϕ8.2 通孔:ϕ6.2	16	5.5	6	44	34	—	2.15	12
40	双边:ϕ10 牙:M8×1.25 通孔:ϕ6.5	双边:ϕ10 通孔:ϕ8.2	20	7.5	6.5	52	40	—	2.25	16
50	双边:ϕ11 牙:M8×1.25 通孔:ϕ6.5	双边:ϕ11 通孔:ϕ8.5	25	8.5	9.5	62	48	—	4.15	20
63	双边:ϕ11 牙:M8×1.25 通孔:ϕ6.5	双边:ϕ11 通孔:ϕ8.5	25	8.5	9.5	75	60	—	3.15	20
80	双边:ϕ14 牙:M12×1.75 通孔:ϕ9.2	双边:ϕ14 通孔:ϕ12.3	25	10.5	10	94	74	—	3.65	25
100	双边:ϕ17.5 牙:M14×2 通孔:ϕ11.3	双边:ϕ17.5 通孔:ϕ14.2	30	13	10	114	90	—	3.65	32

表 23-4-95　　国产非 ISO 标准紧凑型气缸的厂商名录

厂　商	型　号	缸径、压力、温度范围	基本形式	派生型	备　注
亚德客 Airtac	SDA	ϕ12～100mm 单作用:2～9bar 双作用:1～9bar -5～+70℃	单作用、双作用、可带/不带磁性	双出杆型(指活塞杆前端、后端均伸出)、行程可调型、多位置型、双出杆多位置型	
亿日 Easun	ESDA	ϕ12～100mm 单作用:1～9bar 双作用:0.5～9bar 0～+70℃	单作用、双作用、可带/不带磁性	行程可调、双出杆型	
方大 Fangda	QGY	ϕ20～100mm 标准型、带磁性开关型:1～10bar 单作用及前弹簧带开关型:2～10bar -25～+80℃	单作用、双作用、可带/不带磁性		
法斯特 Fast	DQGⅠ	ϕ12～100mm 1.5～10bar -25～+80℃	可带/不带磁性	串联气缸、行程可调、带导向装置、双活塞型、双出杆型	
恒立 Hengli	QGC	ϕ12～100mm 单作用:3～10bar 双作用:1～10bar -5～+60℃	单作用、双作用、可带/不带磁性	多位气缸、倍力气缸	
华能 Huaneng	QGDⅡ	ϕ12～100mm	单作用、双作用、可带/不带磁性	双出杆型、倍力气缸、多位置气缸	

6.3 ISO 15552 标准普通型气缸

6.3.1 ISO 15552 标准普通型气缸（ϕ32~320mm）

ISO 15552 标准普通型气缸（ϕ32~320mm）的最早前身是 ISO 6431 标准（1983 年），由于 ISO 6431 标准不能满足工业界对其互换性的要求，于是在 ISO 6431 标准基础上再增加了对 TG、ϕB、WH 和 l_8、RT 等尺寸的一致性规定，开始形成 VDMA 24562 标准（1992 年），直至 2004 年正式颁布 ISO 15552 标准。新颁发的 ISO 15552 标准普通型气缸增加了双出杆（气缸两端均有伸出活塞杆）尺寸的规定。新补充的规定尺寸也是应用最广、最重要的互换性尺寸，如 TG 尺寸：通过 TG 尺寸可直接固定气缸或固定连接辅件（前法兰、后法兰、气缸导向装置、单耳环连接件、双耳环连接件等）。ϕB 尺寸可使气缸在作固定时能方便定中心。新增加 WH 和 l_8 尺寸的规定，实质上是把该气缸的总长作了统一的规定（ISO 6431 标准已对 A 长度作了规定）。因此 ISO 15552 标准在连接界面上的尺寸互换性几乎是百分之百。

表 23-4-96　　ISO 15552 标准普通型气缸基本尺寸（ϕ32~320mm）　　mm

单出杆型气缸

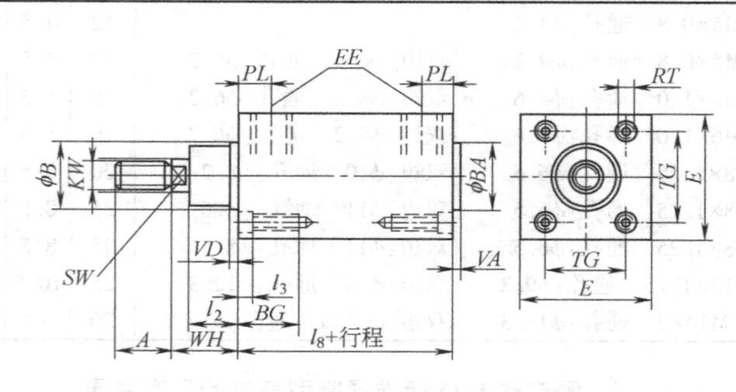

缸径	A (0, −2)	B BA d11	BG min	E max	KK(依据 ISO 4395)	l_2 nom	l_2 tol	l_3 max	l_8 nom	l_8 tol	PL min	RT	SW	TG nom	TG tol	VA (0, −1)	VD min	WH nom	WH tol
32	22	30	16	50	M10×1.25	20	0 −5	5	94	±0.4	13	M6	10	32.5	±0.5	4	4	26	±1.4
40	24	35	16	58	M12×1.25	22		5	105	±0.7	14	M6	13	38	±0.5	4	4	30	±1.4
50	32	40	16	70	M16×1.5	29		5	106	±0.7	14	M8	17	46.5	±0.6	4	4	37	±1.4
63	32	45	16	85	M16×1.5	29		5	121	±0.8	16	M8	17	56.5	±0.7	4	4	37	±1.8
80	40	45	17	105	M20×1.5	35		0	128	±0.8	16	M10	22	72	±0.7	4	4	46	±1.8
100	40	55	17	130	M20×1.5	38		0	138	±1	18	M10	22	89	±0.7	4	4	51	±1.8
125	54	60	20	157	M27×2	50	0 −10	0	160	±1	18	M12	27	110	±1.1	6	6	65	±2.2
160	72	55	24	195	M36×2	60		0	180	±1.1	25	M16	36	140	±1.1	6	6	80	±2.2
200	72	75	24	238	M36×2	70	0 −15	0	180	±1.6	25	M16	36	175	±1.1	6	6	95	±2.2
250	84	90	25	290	M42×2	80		0	200	±1.6	31	M20	46	220	±1.5	10	10	105	±2.2
320	96	110	28	353	M48×2	90		0	220	±2.2	31	M24	55	270	±1.5	10	10	120	±2.2

双出杆型气缸

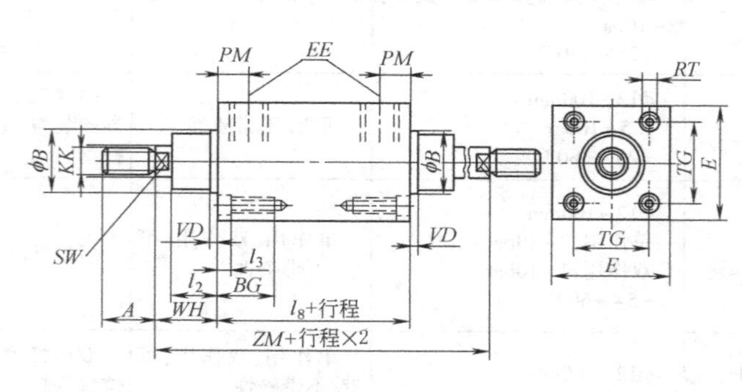

续表

缸径	A (0/−2)	B d11	BG min	E max	KK(依据ISO 4395)	l_2 nom	l_2 tol	l_3 max	l_8 nom	l_8 tol	PM min	RT	SW	TG nom	TG tol	VD min	WH nom	WH tol	ZM nom	ZM tol
32	22	30	16	50	M10×1.25	20	0/−5	5	94	±0.4	13	M6	10	32.6	±0.5	4	26	±1.4	146	(+3.0/−1.5)
40	24	35	16	58	M12×1.25	22		5	105	±0.7	14	M6	13	38	±0.5	4	30	±1.4	165	
50	32	40	16	70	M16×1.5	29		5	106	±0.7	14	M8	17	46.5	±0.6	4	37	±1.4	180	
63	32	45	16	85	M16×1.5	29		5	121	±0.8	16	M8	17	56.5	±0.7	4	37	±1.8	195	
80	40	45	17	105	M20×1.5	35		0	128	±0.8	16	M10	22	72	±0.7	4	46	±1.8	220	
100	40	55	17	130	M20×1.5	38		0	138	±1	18	M10	27	89	±0.7	4	51	±1.8	240	
125	54	60	20	157	M27×2	50	0/−10	0	160	±1	18	M12	27	110	±1.1	6	65	±2.2	290	(+3.5/−2.0)
160	72	65	24	195	M36×2	60		0	180	±1.1	25	M16	36	140	±1.1	6	80	±2.2	340	
200	72	75	24	238	M36×2	70	0/−15	0	180	±1.6	25	M16	36	175	±1.1	6	95	±2.2	370	(+4.0/−2.5)
250	84	90	25	290	M42×2	80		0	200	±1.6	31	M20	46	220	±1.5	10	105	±2.2	410	
320	96	110	28	353	M48×2	90		0	220	±2.2	31	M24	55	270	±1.5	10	120	±2.2	460	

双出杆型气缸

缸径	D H11	FB H13	TG nom	TG tol	E max	R JS14	MF JS14	TF JS14	UF max	L_4 (0/0.5)	螺栓尺寸	W nom	W tol	ZF nom	ZF tol
32	30	7	32.5	±0.2	50	32	10	64	86	5	M6×20	16	±1.6	130	±1.25
40	35	9	38	±0.2	58	36	10	72	96	5	M6×20	20		145	
50	40	9	46.5	±0.2	70	45	12	90	115	6.5	M8×20	25		155	
63	45	9	56.5	±0.2	85	50	12	100	130	6.5	M8×20	25	±2	170	±1.6
80	45	12	72	±0.2	105	63	16	126	165	9	M10×25	30		190	
100	55	14	89	±0.2	130	75	16	150	187	9	M10×25	35		205	
125	60	16	110	±0.3	157	90	20	180	224	10.5	M12×25	45	±2.5	245	±2
160	65	18	140	±0.3	195	115	20	230	280	9.5	M16×30	60		280	
200	75	22	175	±0.3	238	135	25	270	320	12.5	M16×30	70		300	
250	90	26	220	±0.3	290	165	25	330	395	10.5	M20×30	80		330	
320	110	33	270	±0.3	353	200	30	400	475	15	M24×40	90		370	±2.5

理论参考点　理论参考点　W　ZF+行程

缸径	E max	UB h14	CB H14	TG nom	TG tol	FL ±0.2	L_1 min	L min	L_4 ±0.5	D H11	CD H9	MR max	螺栓尺寸	XD nom	XD tol
32	50	45	26	32.5	±0.2	22	4.5	12	5.5	30	10	11	M6×20	142	±1.25
40	58	52	28	38		25	4.5	15	5.5	35	12	13	M6×20	160	
50	70	60	32	46.5		27	4.5	15	6.5	40	12	13	M8×20	170	
63	85	70	40	56.5		32	4.5	20	6.5	45	16	17	M8×20	190	
80	105	90	50	72		36	4.5	20	10	46	16	17	M10×25	210	±1.6
100	130	110	60	89		41	4.5	25	10	55	20	21	M10×25	230	
125	157	130	70	110	±0.3	50	7	30	10	60	25	26	M12×25	275	±2
160	195	170	90	140		55	7	35	10	65	30	31	M16×30	315	
200	238	170	90	175		60	7	35	11	75	30	31	M16×30	335	
250	290	200	110	220		70	11	45	11	90	40	41	M20×35	375	
320	353	220	120	270		80	11	50	15	110	45	46	M24×40	420	±2.5

理论参考点　XD+行程

6.3.2 ISO 15552 标准气缸（ϕ32~125mm）

ISO 15552 标准气缸外表型式有四拉杆及型材型式，目前型材气缸最大缸径为 ϕ125mm，超过 ϕ125mm 均采用四拉杆型式。有些缸径（ϕ32~125mm）气缸外表看似型材型式，但缸筒和前后端盖的连接是采用四拉杆型式。

表 23-4-97　　ISO 15552 标准气缸普通型气缸尺寸（ϕ32~125mm）　　mm

单出杆型

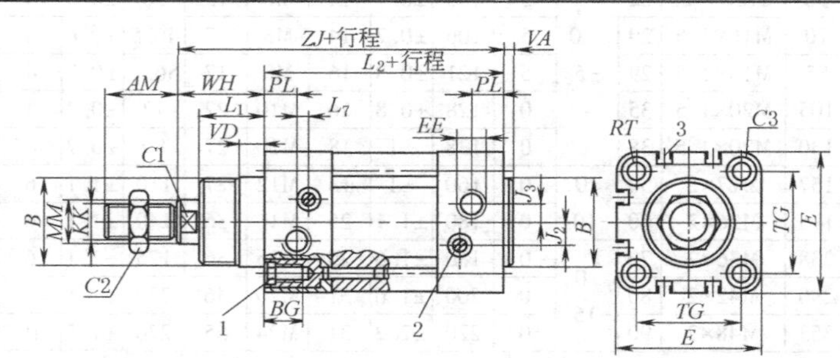

1—六角螺钉，带内螺纹，用于安装附件；2—调节螺钉，用于终端可调缓冲；3—传感器槽，用于安装接近传感器SME/SMT-8

缸径	AM	ϕB d11	BG	E	EE	J_2	J_3	KK	L_1	L_2
32	22	30	16	45	G⅛	6	5.2	M10×1.25	18	94
40	24	35	16	54	G¼	8	6	M12×1.25	21.5	105
50	32	40	17	64	G¼	10.4	8.5	M16×1.5	28	106
63	32	45	17	75	G⅜	12.4	10	M16×1.5	28.5	121
80	40	45	17	93	G⅜	12.5	8	M20×1.5	34.7	128
100	40	55	17	110	G½	12	10	M20×1.5	38.2	138
125	54	60	22	134	G½	13	8	M27×2	46	160

缸径	L_7	ϕMM f8	PL	RT	TG	VA	VD	WH	ZJ	C1	C2	C3
32	3.3	12	15.6	M6	32.5	4	10	26	120	10	16	6
40	3.6	16	14	M6	38	4	10.5	30	135	13	18	6
50	5.1	20	14	M8	46.5	4	11.5	37	143	17	24	8
63	6.6	20	17	M8	56.5	4	15	37	158	17	24	8
80	10.5	25	16.4	M10	72	4	15.7	46	174	22	30	6
100	8	25	18.8	M10	89	4	19.2	51	189	22	30	6
125	14	32	18	M12	110	6	20.5	65	225	27	36	8

为了实现互换，ISO 15552 气缸中的 AM、KK、ϕB、TG、WH、ZJ、RT 尺寸保持一致。此外，BG、VD 为下限尺寸，E 为上限尺寸

双出杆型

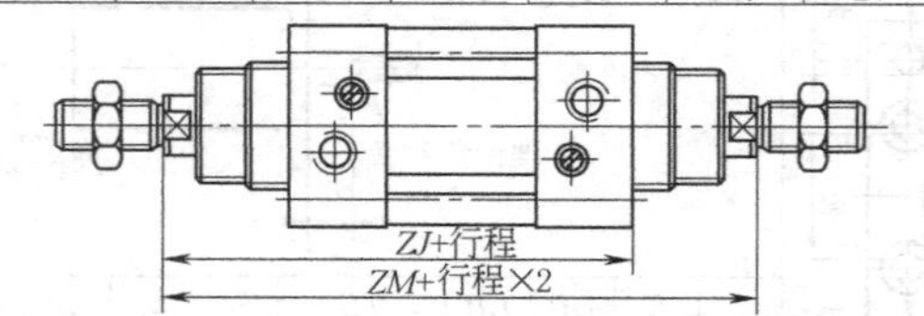

缸径	AM	B ϕ d11	BG	E	EE	J_2	J_3	KK	L_1	L_2	ZM
32	22	30	16	45	G⅛	6	5.2	M10×1.25	18	94	148
40	24	35	16	54	G¼	8	6	M12×1.25	21.5	105	167
50	32	40	17	64	G¼	10.4	8.5	M16×1.5	28	106	183
63	32	45	17	75	G⅜	12.4	10	M16×1.5	28.5	121	199
80	40	45	17	93	G⅜	12.5	8	M20×1.5	34.7	128	222
100	40	55	17	110	G½	12	10	M20×1.5	38.2	138	240
125	54	60	22	134	G½	13	8	M27×2	46	160	291

缸径	L7	MM ϕ f8	PL	RT	TG	VA	VD	WH	ZJ	C1	C2	C3
32	3.3	12	15.6	M6	32.5	4	10	26	120	10	16	6
40	3.6	16	14	M6	38	4	10.5	30	135	13	18	6
50	5.1	10	14	M8	46.5	4	11.5	37	143	17	24	8
63	6.6	20	17	M8	56.5	4	15	37	158	17	24	8
80	10.5	25	16.4	M10	72	4	15.7	46	174	22	30	6
100	8	25	18.8	M10	89	4	19.2	51	189	22	30	6
125	14	32	18	M12	110	6	20.5	65	225	27	36	8

为了实现互换，ISO 15552 气缸中的 AM、KK、ϕB、TG、WH、ZM、RT 尺寸保持一致。此外，BG、VD 为下限尺寸，E 为上限尺寸

表 23-4-98　　ISO 15552 标准的连接型式及连接件尺寸　　mm

脚架式

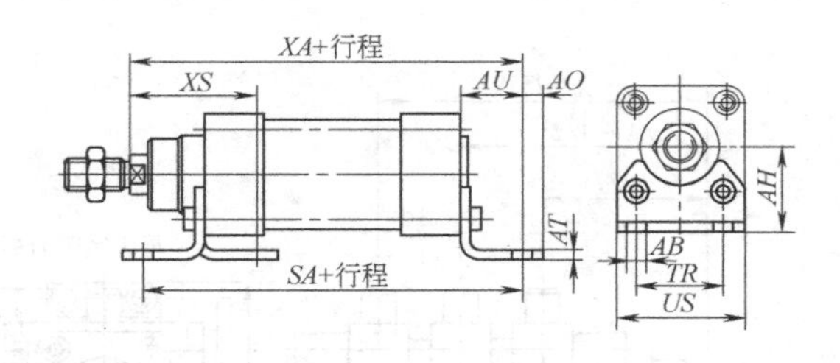

适用直径	ϕAB	AH	AO	AT	AU	SA 基本气缸	SA KP	TR	US	XA 基本气缸	XA KP	XS
32	7	32	6.5	5	24	142	187	32	45	144	189	45
40	10	36	9	5	28	161	214	36	54	163	216	53
50	10	45	10.5	6	32	170	237	45	64	175	242	62
63	10	50	12.5	6	32	185	261	50	75	190	266	63
80	12	63	15	6	41	210	305	63	93	215	310	81
100	14.5	71	17.5	6	41	220	318	75	110	230	328	86
125	16.5	90	22	8	45	250	375	90	131	270	395	102

备注：尺寸 SA、XA 一栏中的 KP 表示带活塞杆锁紧装置的气缸

前/后法兰板式

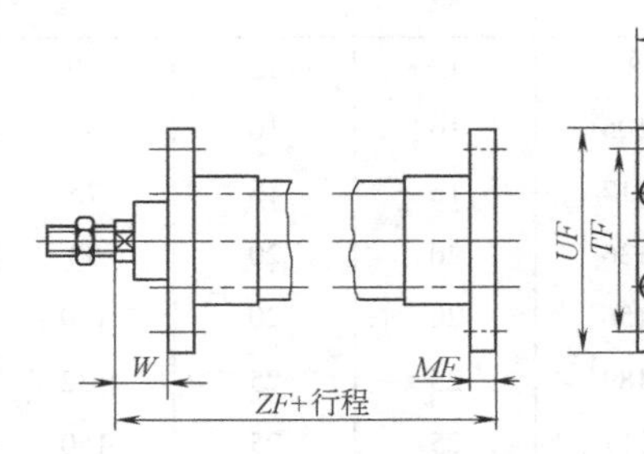

适用直径	E	ϕFB H13	MF	R	TF	UF	W	ZF 基本气缸	ZF KP
32	45	7	10	32	64	80	16	130	175
40	54	9	10	36	72	90	20	145	198
50	65	9	12	45	90	110	25	155	222
63	75	9	12	50	100	120	25	170	246
80	93	12	16	63	126	150	30	190	285
100	110	14	16	75	150	175	35	205	303
125	132	16	20	90	180	210	45	245	370

备注：尺寸 ZF 一栏中的 KP 表示带活塞杆锁紧装置的气缸

前端耳轴式

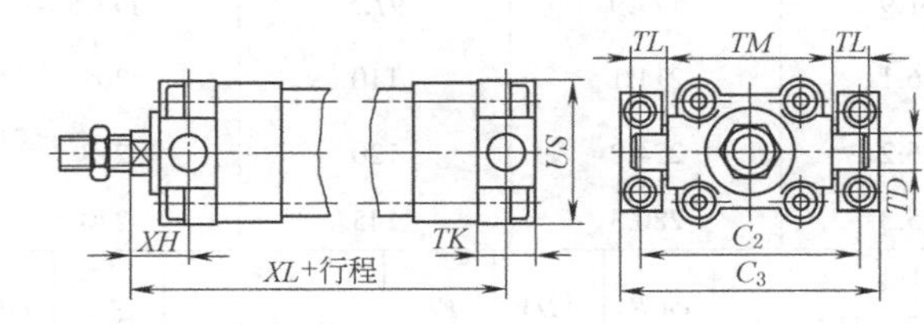

适用直径	C_2	C_3	ϕTD e9	TK	TL	TM	US	XH	XL 基本气缸	XL KP
32	71	86	12	16	12	50	45	18	128	173
40	87	105	16	20	16	63	54	20	145	198
50	99	117	16	24	16	75	64	25	155	222
63	116	136	20	24	20	90	75	25	170	246
80	136	156	20	28	20	110	93	32	188	283
100	164	189	25	38	25	132	110	32	208	306
125	192	217	25	50	25	160	131	40	250	375

备注：尺寸 XL 一栏中的 KP 表示带活塞杆锁紧装置的气缸

续表

中间耳轴式

适用直径	B_1	C_2	C_3	ϕTD e9	TL	TM	UW	XG 基本气缸	XG KP
32	30	71	86	12	12	50	65	66.1	111.1
40	32	87	105	16	16	63	75	75.6	128.6
50	34	99	117	16	16	75	95	83.6	150.6
63	41	116	136	20	20	90	105	93.1	169.1
80	44	136	156	20	20	110	130	103.9	198.9
100	48	164	189	25	25	132	145	113.8	211.8
125	50	192	217	25	25	160	175	134.7	259.7

适用直径	XJ 基本气缸	XJ KP	XV 基本气缸	XV KP
32	79.9	124.9	73	118
40	89.4	142.4	82.5	135.5
50	96.4	163.4	90	157
63	101.9	177.9	97.5	173.5
80	116.1	211.1	110	205
100	126.2	224.2	120	218
125	155.3	280.3	145	270

备注：尺寸 XJ、XV 一栏中的 KP 表示带活塞杆锁紧装置的气缸

中间耳轴支架

适用直径	ϕCR D11	ϕDA H13	FK ±0.1	FN	FS	H_1	ϕHB H13	KE	NH	TH ±0.2	UL
32	12	11	15	30	10.5	15	6.6	6.8	18	32	46
40,50	16	15	18	36	12	18	9	9	21	36	55
63,80	20	18	20	40	13	20	11	11	23	42	65
100,125	25	20	25	50	16	24.5	14	13	28.5	50	75

续表

耳环式

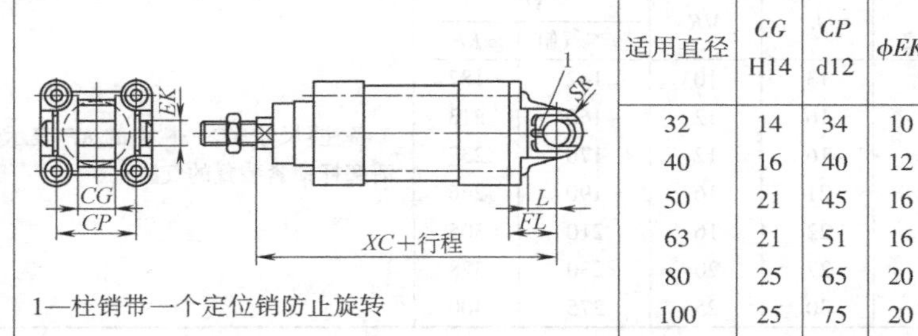

1—柱销带一个定位销防止旋转

适用直径	CG H14	CP d12	φEK	FL ±0.2	L	SR	XC 基本气缸	XC KP	备注
32	14	34	10	22	13	10	142	187	备注：尺寸 XC 一栏中的 KP 表示带活塞杆锁紧装置的气缸
40	16	40	12	25	16	12	160	213	
50	21	45	16	27	16	16	170	237	
63	21	51	16	32	21	16	190	266	
80	25	65	20	36	22	20	210	305	
100	25	75	20	41	27	20	230	328	
125	37	97	30	50	30	30	275	400	

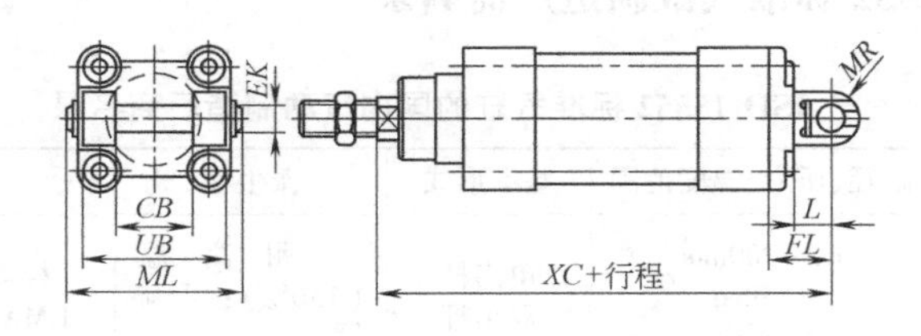

适用直径	CB H14	φEK e8	FL ±0.2	L	ML	MR	UB h14	XC 基本气缸	XC KP	备注
32	26	10	22	13	55	10	45	142	187	备注：尺寸 XC 一栏中的 KP 表示带活塞杆锁紧装置的气缸
40	28	12	25	16	63	12	52	160	213	
50	32	12	27	16	71	12	60	170	237	
63	40	16	32	21	83	16	70	190	266	
80	50	16	36	22	103	16	90	210	305	
100	60	20	41	27	127	20	110	230	328	
125	70	25	50	30	148	25	130	275	400	

适用直径	φCN	EP ±0.2	EX	FL ±0.2	LT	MS	XC 基本气缸	XC KP	备注
32	10	10.5	14	22	13	15	142	187	备注：尺寸 XC 一栏中的 KP 表示带活塞杆锁紧装置的气缸
40	12	12	16	25	16	17	160	213	
50	16	15	21	27	18	20	170	237	
63	16	15	21	32	21	22	190	266	
80	20	18	25	36	22	27	210	305	
100	20	18	25	41	27	29	230	328	
125	30	25	37	50	30	39	275	400	

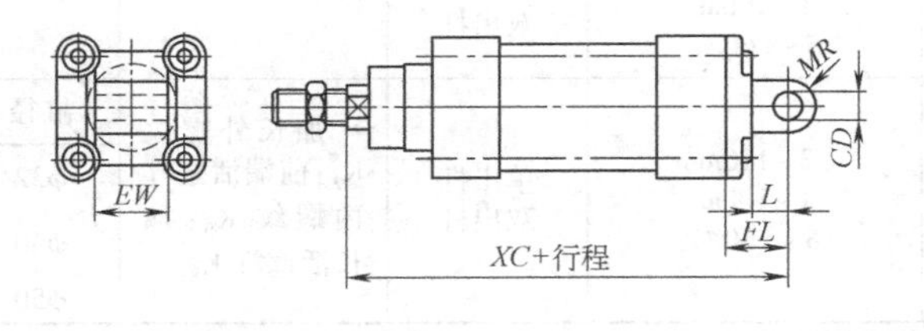

续表

	适用直径	ϕCD	*EW* h14	*FL* ±0.2	*L*	*MR*	*XC*		
							基本气缸	*KP*	
耳环式	32	10	26	22	13	10	142	187	备注:尺寸 *XC* 一栏中的 *KP* 表示带活塞杆锁紧装置的气缸
	40	12	28	25	16	12	160	213	
	50	12	32	27	16	12	170	237	
	63	16	40	32	21	16	190	266	
	80	16	50	36	22	16	210	305	
	100	20	60	41	27	20	230	328	
	125	25	70	50	30	25	275	400	

6.3.3 国内外 ISO 15552 标准气缸制造厂商名录

表 24-4-99　　ISO 15552 标准气缸的国内气动制造厂商名录

<table>
<tr><th>厂商</th><th>型号</th><th>缸径、压力、温度范围</th><th>基本形式</th><th>派生型</th><th>备注　(单位:mm)</th></tr>
<tr><td>亚德客
Airtac</td><td>SI 系列型材气缸</td><td>φ3~200mm
1~9bar
-5~+70℃</td><td>单出杆
双出杆</td><td>耐高温(150℃);可调缓冲</td><td>样本中仅标注 ISO 气缸,未注明 VDMA 24562</td></tr>
<tr><td>亿日
Easun</td><td>ESI</td><td>φ32~100mm
0.5~9bar
-5~+70℃</td><td>单出杆
双出杆</td><td>耐高温(150℃);可调缓冲</td><td></td></tr>
<tr><td>恒立
Hengli</td><td>QGM 系列型材气缸</td><td>φ3~125mm
10bar
-5~+80℃</td><td>双出杆</td><td>耐高温(150℃);多位置气缸;带阀气缸;可调缓冲</td><td>φ63 颈部尺寸为 40,φ32 的 ZB 尺寸为 130,φ50 四个螺钉内螺纹为 M6</td></tr>
<tr><td>华能
Huaneng</td><td>QGBM 米字形型材气缸</td><td>φ3~100mm
1.5~8bar
-10~+70℃</td><td>单出杆</td><td></td><td><table>
<tr><th>缸径</th><th>RT</th><th>BG</th><th>WH</th><th>B</th></tr>
<tr><td>φ32</td><td>M5</td><td>13</td><td></td><td></td></tr>
<tr><td>φ40</td><td>M5</td><td>13</td><td></td><td></td></tr>
<tr><td>φ50</td><td>M6</td><td>15</td><td></td><td></td></tr>
<tr><td>φ63</td><td>M6</td><td>19</td><td>40</td><td>42</td></tr>
<tr><td>φ80</td><td>M8</td><td>21</td><td>48</td><td>48</td></tr>
<tr><td>φ100</td><td>M8</td><td>21</td><td>53</td><td>52</td></tr>
</table></td></tr>
<tr><td>佳尔灵
Jiaerling</td><td>SI 系列型材气缸</td><td>φ3~100mm</td><td>单出杆</td><td></td><td>BG 尺寸:φ32 为 12,φ40 为 12,
φ50 为 12,φ63 为 12,
φ80 为 15,φ100 为 15</td></tr>
<tr><td rowspan="2">天工
STNC</td><td>TGD 系列型材气缸</td><td>φ3~100mm
1~9bar
-5~+70℃</td><td rowspan="2"></td><td rowspan="2"></td><td rowspan="2">WH+l_8 尺寸:φ125 为 225,φ160 为 260</td></tr>
<tr><td>TGK 系列四拉杆气缸</td><td>φ1~200mm
1~9bar
-10~+70℃</td></tr>
<tr><td rowspan="2">新益
Xinyi</td><td>QC95/QC95-B 系列型材气缸</td><td>φ3~200mm
1~10bar
5~+60℃</td><td>单出杆
双出杆</td><td></td><td></td></tr>
<tr><td>QDNC 系列型材气缸</td><td>φ3~100mm
1~10bar
5~+60℃</td><td>单出杆
双出杆</td><td>加长外螺纹 K_2;前端活塞杆内螺纹 K_3;加长活塞杆 K_8</td><td><table>
<tr><th>缸径</th><th>BG</th><th>缸径</th><th>BG</th></tr>
<tr><td>φ32</td><td>10.6</td><td>φ63</td><td>15</td></tr>
<tr><td>φ40</td><td>10.5</td><td>φ80</td><td>15.7</td></tr>
<tr><td>φ50</td><td>11.5</td><td>φ100</td><td>19.2</td></tr>
</table></td></tr>
</table>

注：以上公司均以开头字母顺序排列。

表 23-4-100　　ISO 15552 标准气缸的国外气动制造厂商名录

厂商	型　号	缸径、压力、温度范围	基本形式	派　生　型
Bosch Rexr-oth	PRA	ϕ32～125mm 1～10bar -20～+80℃	双作用、磁性有缓冲	
	PRB	ϕ32～100mm 1～10bar -20～+80℃	单作用、双作用、双出杆	耐高温、高耐腐蚀
	523 系列型材气缸	ϕ32～320mm 10bar -20～+70℃	单作用、双作用、双出杆	防转动活塞杆
	Euromec 168 系列型材气缸	ϕ32～100mm 10bar -20～+70℃		
CKD	SCW 系列型材气缸	ϕ32～100mm 10bar -10～+60℃		
Camozzi	60 系列四拉杆气缸	ϕ32～100mm 1～10bar 0～+80℃ （干燥空气：-20℃）	单作用：单出杆（带/不带磁性）；双出杆（带/不带磁性） 双作用：单出杆；双出杆（带/不带磁性）	
	61 系列带内置四拉杆的型材气缸	ϕ32～100mm 1～10bar 0～+80℃ （干燥空气：-20℃）	单作用：单出杆（带/不带磁性） 双作用：单出杆；双出杆（带/不带磁性）	带阀气缸
	90 系列不锈钢气缸	ϕ32～200mm 1～10bar 0～+80℃ （干燥空气：-20℃）	单作用（带磁性）：单出杆 双作用（带磁性）：可调缓冲	
Festo	DNC 系列型材气缸	ϕ32～125mm 0. 6～12bar -20～+80℃	可带/不带磁性	两端缓冲及可调缓冲、活塞杆加长、活塞杆螺纹加长、活塞杆上特殊螺纹、方形活塞杆、两端出杆、两端空心出杆、活塞杆端部为六角、低速、低摩擦、耐高温（150℃）、高耐腐蚀、氧化铝活塞杆（防焊渣）、不含铜和聚四氟乙烯、多位置、倍力、可配导向装置、活塞杆带锁紧装置、带阀气缸
	DNCB 系列型材气缸	ϕ32～100mm 0. 6～12bar -20～+80℃		可组成多位置气缸、可配导向装置
	DNG 系列型材气缸	ϕ32～320mm 12bar -20～+80℃		两端出杆、不锈钢活塞杆、耐高温（150℃）、高耐腐蚀、多位置、可配导向装置
	CDN 系列型材气缸	ϕ32～100mm 0. 6～12bar -20～+80℃（带位移传感器为 60℃）		两端出杆、不锈钢活塞杆、耐高温（150℃）、高耐腐蚀、多位置、可配导向装置 备注：易清洗型气缸的位置传感器在气缸内部
Metal Work	ISO 6431 VDMA 系列 A 型型材气缸	ϕ32～125mm 10bar -20～+80℃	单作用 126、双作用、单出杆、双出杆	型材表面具有安装传感器的沟槽、耐高温（150℃）、低温（-35～+80℃）、加长缓冲、活塞杆锁紧、可配导向装置、低摩擦（129 系列）、带阀气缸、倍力气缸、多位置
	ISO 6431 VDMA 系列型材气缸	ϕ32～125mm 10bar -20～+80℃	单作用 126、双作用、单出杆、双出杆	耐高温（150℃）、低温（-35～+80℃）、加长缓冲、活塞杆锁紧、可配导向装置、低摩擦（123 系列）、带阀气缸、倍力气缸、多位置、传感器需安装附件固定

续表

厂商	型　号	缸径、压力、温度范围	基本形式	派　生　型
Norgren	PRA/181000 183000 带内置四拉杆型材气缸	ϕ32~100mm 2~10bar -20~+80℃	单作用、活塞杆缩回(181000)、活塞杆伸出(183000)、单出杆	标准型 M、防转活塞杆 N_2、特殊防尘/密封 W_2、加长活塞杆 M_u、加长活塞杆及特殊防尘/密封 W_6
	PRA/182000 带内置四拉杆型材气缸	ϕ32~125mm 1~16bar -20~+80℃	双作用、双出杆 J_m、无缓冲 M_w	标准型 M、特殊防尘/密封 W_2、低摩擦 X_2、带防护皮囊活塞杆 M_G、低摩擦无缓冲 X_4、双出杆特殊防尘/密封 W_4、多位置气缸 M_T、防转活塞杆 N_2、带锁紧装置 L_4、为装导向架而将缸体转 90° MIL、加长活塞杆 M_u、加长活塞杆及特殊防尘/密封 W_6
	RA/28000/M 28300/M 四拉杆	ϕ32~100mm 2~10bar -20~+80℃	单作用、活塞杆缩回(28000/M)、活塞杆伸出(28300/M)	标准型 M、特殊防尘/密封 W_2、防转活塞杆 N_2、加长活塞杆 M_u
	RA/8000 四拉杆	ϕ32~320mm 1~16bar (新样本 P37:1~10bar) -20~+80℃	双作用、标准型 M、双出杆 J_m、无缓冲 M_w	特殊防尘/密封 W_2、低摩擦 X_2、带防护皮囊活塞杆 M_G、低摩擦无缓冲 X_4、双出杆特殊防尘/密封 W_4、多位置气缸 M_T、防转活塞杆 N_2、带锁紧装置 L_4、加长活塞杆 M_u、加长活塞杆及特殊防尘/密封 W_6、带福克斯波罗定位器气缸 $P_1/P_2/P_3/P_4$、带西门子定位气缸 $P_5/P_6/P_7/P_8$
	PVA/8000M 带内置四拉杆型材气缸	ϕ32~100mm 1~16bar -20~+80℃	双作用、标准型 M、双出杆 J_m	专用防尘/密封 W_2、双出杆专用防尘/密封 W_4、多位置气缸 M_T、加长活塞杆 M_u、加长活塞杆及特殊防尘/密封 W_6 注:洁净车间,用于食品工业
	KA/8000 不锈钢气缸,四拉杆型	ϕ32~200mm 1~16bar -10~+80℃	双作用、带/不带磁性、标准型 M、双出杆 J_m、无缓冲 M_w	专用防尘/密封 W_2、双出杆专用防尘/密封 W_4、多位置气缸 M_T、加长活塞杆 M_u、加长活塞杆及特殊防尘/密封 W_7 注:洁净车间,用于食品工业
Numatics	VE/VF 型材气缸	ϕ32~100mm 0.8~10bar -20~+80℃	VE 单出杆,无磁性;VG 单出杆,带磁性;VF 双出杆,无磁性;VH 双出杆,带磁性	VT 为倍力气缸;可与导向装置配用;滚动轴承 FHK;滑动轴承 FHG
	ZG/ZH 四拉杆气缸	ϕ32~250mm 0.8~10bar -20~+80℃	ZG 单出杆,有磁性;ZE 单出杆,无磁性;ZH 双出杆,有磁性;ZF 双出杆,无磁性	可与导向装置配用;滚动轴承 FHK;滑动轴承 FHG
Parker	P1E 系列内置四拉杆型材气缸	ϕ32~200mm 0~10bar -10~+70℃(Viton 材料:-10~+180℃)	双作用(带磁性 S 或不带磁性 A)、单出杆、双出杆 M	活塞杆加长、活塞杆锁紧 C、耐高温(180℃,第四组数字)、活塞杆带防护罩 E、中空双出杆 F(第三组数字)
	P1C 系列内置四拉杆型材气缸	ϕ32~125mm 1~10bar 0~+80℃(干燥空气:-20℃)	双作用双出杆 F(第三组数字)	活塞杆加长 D(第七组数字)、带阀气缸(第七组数字)、耐高温(150℃,F/G 第四组数字)、低温 L/K(第四组数字)、锁紧气缸 L/M(第一组数字)、多位置气缸 T/S、低压(液压)J(第四组数字)、可配导向装置 A/B/C(第五组数字)
Pneumax	1380—1381—1382 系列气缸	ϕ32~100mm 1~10bar -5~+70℃	双出杆	反向连接(背接式)气缸、串联气缸
SMC	C95	ϕ32~100mm 0.5~10bar -10~+60℃	单出杆	

注：以上公司均以开头字母顺序排列。

6.3.4 非ISO标准普通型气缸（ϕ32～125mm）

表 23-4-101 　　　　mm

缸径	标准行程	最大行程	容许行程
32	25 50 75 80 100 125 150 160 175 200 250 300 350 400 450 500	1000	2000
40	25 50 75 80 100 125 150 160 175 200 250 300 350 400 450 500 600 700 800	1200	2000
50	25 50 75 80 100 125 150 160 175 200 250 300 350 400 450 500 600 700 800 900 1000	1200	2000
63	25 50 75 80 100 125 150 160 175 200 250 300 350 400 450 500 600 700 800 900 1000	1500	2000
80	25 50 75 80 100 125 150 160 175 200 250 300 350 400 450 500 600 700 800 900 1000	1500	2000
100	25 50 75 80 100 125 150 160 175 200 250 300 350 400 450 500 600 700 800 900 1000	1500	2000

规格系列

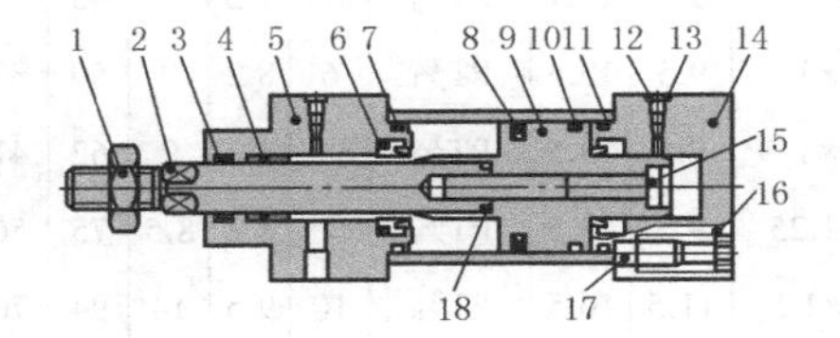

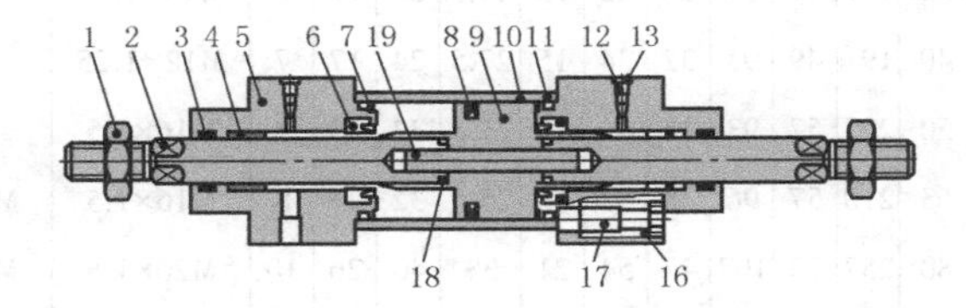

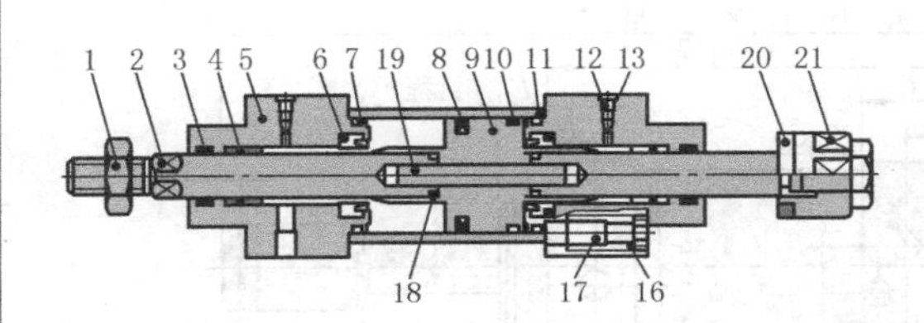

1—螺母；
2,18—活塞杆；
3—前盖密封圈；
4—含油轴承；
5—前盖；
6—缓冲；
7—管壁；
8,9—活塞；
10—耐磨环；
11—本体；
12—缓冲防漏；
13—缓冲调整螺钉；
14—后盖；
15—内六角螺栓；
16—支柱螺母；
17—支柱；
19—连接螺栓；
20—可调螺母垫片；
21—可调螺母

标准型气缸尺寸

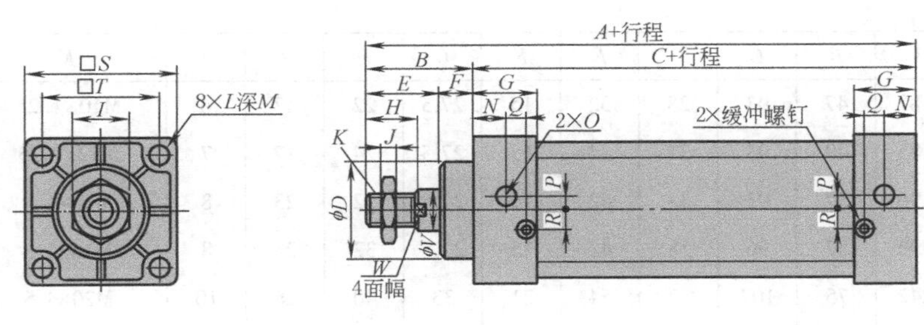

缸径	A	B	C	D	E	F	G	H	I	J	K	L	M	N	O	P	Q	R	S	T	V	W
32	140	47	93	28	32	15	27.5	22	17	6	M10×1.25	M6×1	9.5	13.7	PT⅛	3.5	7.5	7	45	33	12	10
40	142	49	93	32	34	15	27.5	24	17	7	M12×1.25	M6×1	9.5	13.5	PT¼	6	8.2	9	50	37	16	14
50	150	57	93	38	42	15	27.5	32	23	8	M16×1.5	M6×1	9.5	13.5	PT¼	8.5	8.2	9	62	47	20	17
63	153	57	96	38	42	15	27.5	32	23	8	M16×1.5	M8×1.25	9.5	13.5	PT⅜	7	8.2	8.5	75	56	20	17
80	182	75	107	47	54	21	33	40	26	10	M20×1.5	M10×1.5	11.5	16.5	PT⅜	10	9.5	14	94	70	25	22
100	188	75	113	47	54	21	33	40	26	10	M20×1.5	M10×1.5	11.5	16.5	PT½	11	9.5	14	112	84	25	22

续表

双出杆型气缸尺寸

φ32～100

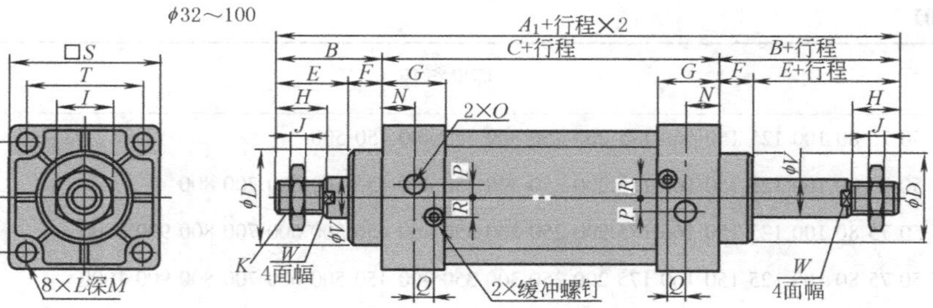

缸径	A_1	B	C	D	E	F	G	H	I	J	K	L	M	N	O	P	Q	R	S	T	V	W
32	187	47	93	28	32	15	27.5	22	17	6	M10×1.25	M6×1	9.5	13.7	PT⅛	3.5	7.5	7	45	33	12	10
40	191	49	93	32	34	15	27.5	24	17	7	M12×1.25	M6×1	9.5	13.5	PT¼	6	8.2	9	50	37	16	14
50	207	57	93	38	42	15	27.5	32	23	8	M16×1.5	M6×1	9.5	13.5	PT¼	8.5	8.2	9	62	47	20	17
63	210	57	96	38	42	15	27.5	32	23	8	M16×1.5	M8×1.25	9.5	13.5	PT⅜	7	8.2	8.5	75	56	20	17
80	257	75	107	47	54	21	33	40	26	10	M20×1.5	M10×1.5	11.5	16.5	PT⅜	10	9.5	14	94	70	25	22
100	263	75	113	47	54	21	33	40	26	10	M20×1.5	M10×1.5	11.5	16.5	PT½	11	9.5	14	112	84	25	22

双出杆、行程可调型气缸尺寸

φ32～100

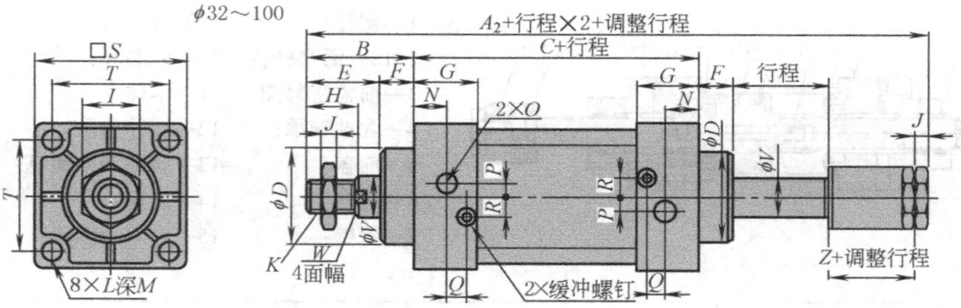

缸径	A_2	B	C	D	E	F	G	H	I	J	K	L
32	182	47	93	28	32	15	27.5	22	17	6	M10×1.25	M6×1
40	185	49	93	32	34	15	27.5	24	17	7	M12×1.25	M6×1
50	196	57	93	38	42	15	27.5	32	23	8	M16×1.5	M6×1
63	199	57	96	38	42	15	27.5	32	23	8	M16×1.5	M8×1.25
80	242	75	107	47	54	21	33	40	26	10	M20×1.5	M10×1.5
100	248	75	113	47	54	21	33	40	26	10	M20×1.5	M10×1.5

缸径	M	N	O	P	Q	R	S	T	V	W	Z
32	9.5	13.7	PT⅛	3.5	7.5	7	45	33	12	10	21
40	9.5	13.5	PT¼	6	8.2	9	50	37	16	14	21
50	9.5	13.5	PT¼	8.5	8.2	9	62	47	20	17	23
63	9.5	13.5	PT⅜	7	8.2	8.5	75	56	20	17	23
80	11.5	16.5	PT⅜	10	9.5	14	94	70	25	22	29
100	11.5	16.5	PT½	11	9.5	14	112	84	25	22	29

续表

安装附件尺寸

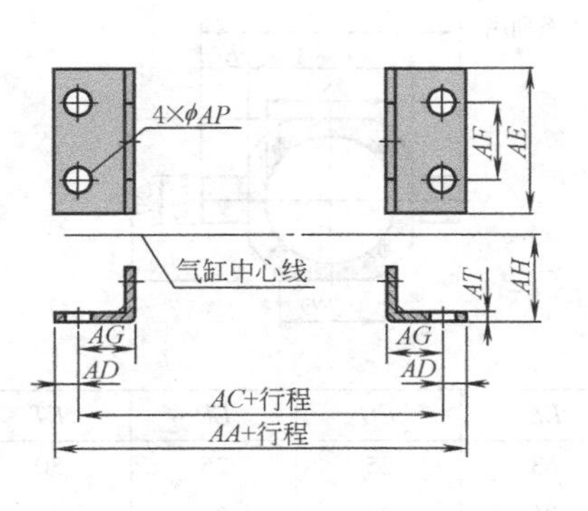

缸径	32	40	50	63	80	100
AA	153	169	173	184	189	209
AC	134	140	149	158	168	174
AD	9.5	14.5	12	13	16	18
AE	50	57	68	80	97	112
AF	33	36	47	56	70	84
AG	20.5	23.5	28	31	30	30
AH	28	30	36.5	41	49	57
AP	9	12	12	12	14	14
AT	3	3	3	3	4	4

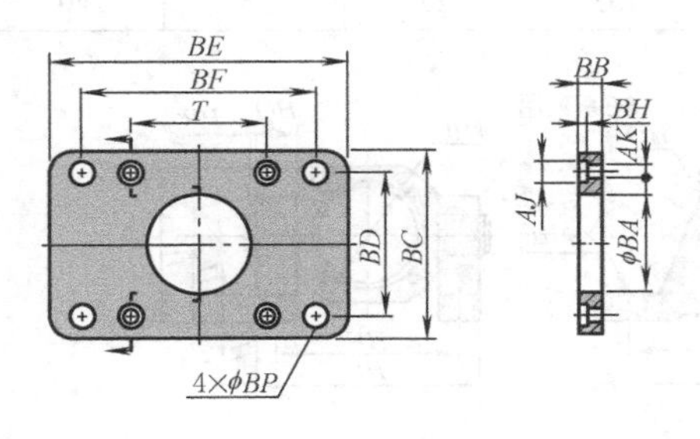

缸径	32	40	50	63	80	100
BA	28.3	32.3	38.3	38.3	47.3	47.3
BB	10	10	10	12	16	16
BC	47	52	65	76	95	115
BD	33	36	47	56	70	84
BE	72	84	104	116	143	162
BF	58	70	86	98	119	138
BH	6.5	6.5	6.5	8.5	10.5	10.5
AJ	10.5	10.5	10.5	13.5	16.5	16.5
AK	6.5	6.5	6.5	8.5	10.5	10.5
BP	7	7	9	9	11	11
T	33	37	47	56	70	84

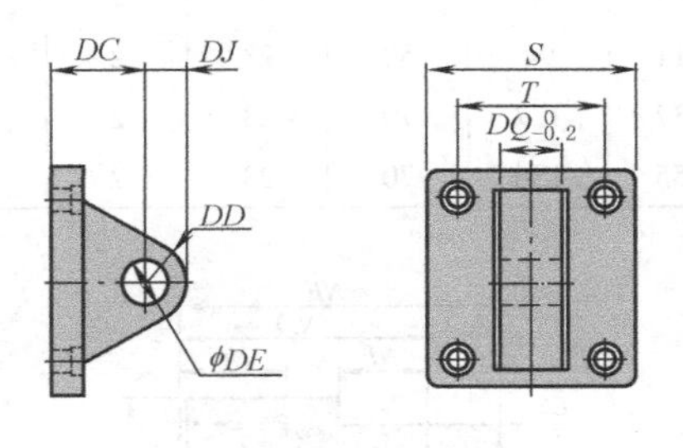

缸径	32	40	50	63	80	100
S	48	50	62	75	94	112
T	33	37	47	56	70	84
DC	34	34	34	34	48	48
DD	14	14	15	15	20	20
DE	12	14	14	14	20	20
DJ	14	14	15	15	20	20
DQ	16	20	20	20	32	32

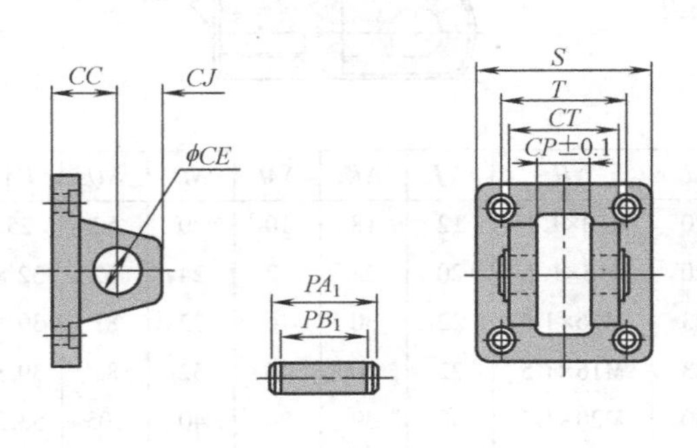

缸径	32	40	50	63	80	100
CC	19	19	19	19	32	32
CE	12	14	14	14	20	20
CJ	13	13	15	15	21	21
CP	16.3	20.3	20.3	20.3	32.3	32.3
CT	32	44	52	52	64	64
PA_1	41	51.8	60.3	60.3	73.8	73.8
PB_1	33.5	45.5	54	54	65.5	65.5
S	48	50	62	75	94	112
T	33	37	47	56	70	84

续表

安装附件尺寸

SU系列用

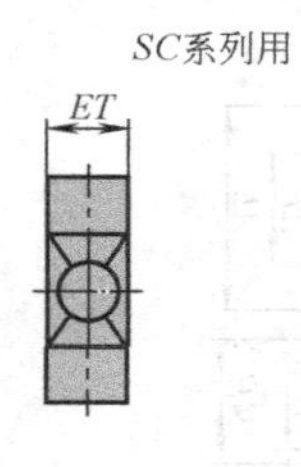

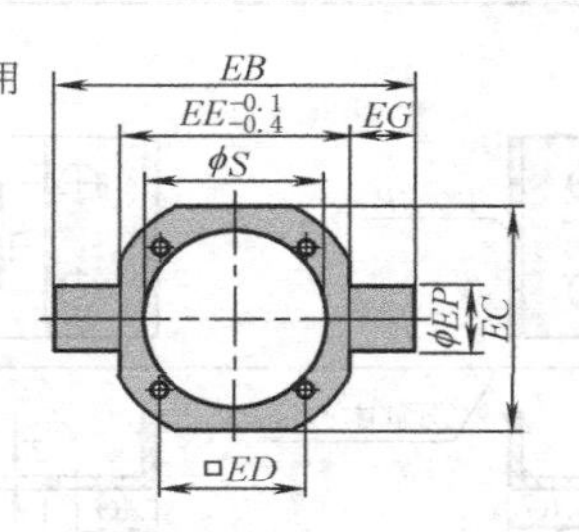

缸径	EB	EC	ED	EE	EG	EP	ET	S
40	113	63	37	63	25	25	30	45.5
50	126	76	47	76	25	25	30	55.5
63	138	88	56	88	25	25	30	68.5
80	164	114	70	114	25	25	35	87.5
100	182	132	84	132	25	25	40	107.5

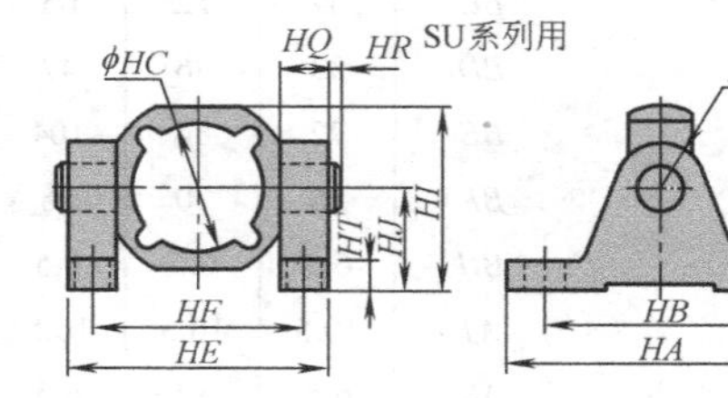

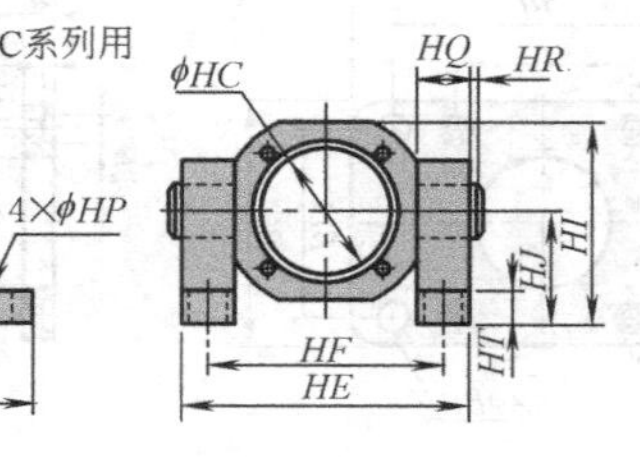

缸径	HA	HB	HC	HD	HE	HF	HI	HJ	HQ	HR	HT	HP
40	105	80	45.5	22	109	86	81.5	50	23	2	12	12
50	105	80	55.5	22	122	99	88	50	23	2	12	12
63	105	80	68.5	22	134	111	94	50	23	2	12	12
80	110	85	87.5	22	160	137	127	70	23	2	12	13
100	110	85	107.5	22	178	155	136	70	23	2	12	13

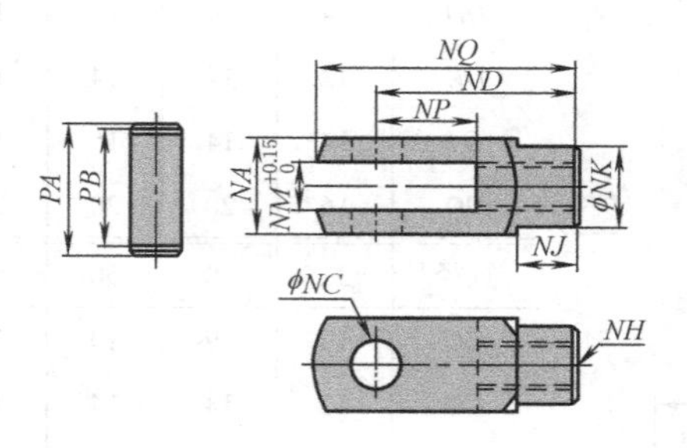

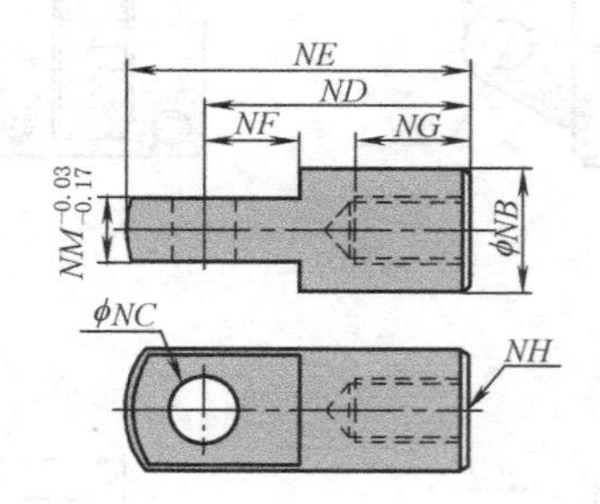

缸径	NA	NB	NC	ND	NE	NF	NG	NH	NJ	NK	NM	NP	NQ	PA	PB
32	19	20	10	40	52	15	20	M10×1.25	12	18	10	20	52	25	19.5
40	25.4	24	12	48	67	24	20	M12×1.25	20	23	12	24	62	32.8	26.5
50	32	32	16	64	89	32	23	M16×1.5	22	30	16	32	83	39.3	33
63	32	32	16	64	89	32	23	M16×1.5	22	30	16	32	83	39.3	33
80	44.4	40	20	80	112	40	30	M20×1.5	30	39	20	40	105	53.3	45
100	44.4	40	20	80	112	40	30	M20×1.5	30	39	20	40	105	53.3	45

续表

安装附件尺寸

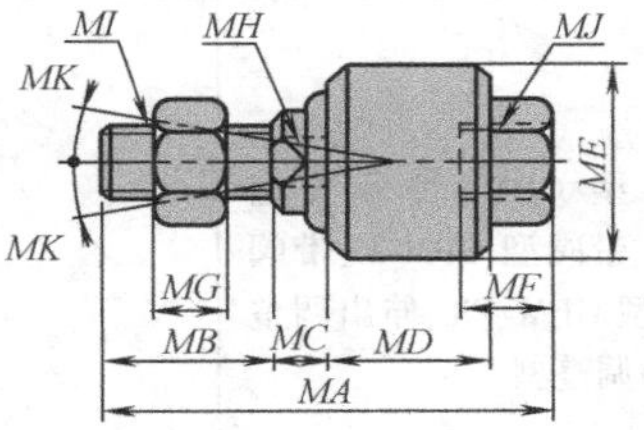

缸径	MA	MB	MC	MD	ME	MF	MG	MH	MI	MJ	MK
32	58	22	7	21	26	11.5	7	10	M10×1.25	M10×1.25	12°
40	58	22	8	21	28	11.5	8	12	M12×1.25	M12×1.25	12°
50	90	27	10	41	44.5	20	10	17	M16×1.5	M16×1.5	7°
63	90	27	10	41	44.5	20	10	17	M16×1.5	M16×1.5	7°
80	102	29	13	46	53	24	13	22	M20×1.5	M20×1.5	10°
100	102	29	13	46	53	24	13	22	M20×1.5	M20×1.5	10°

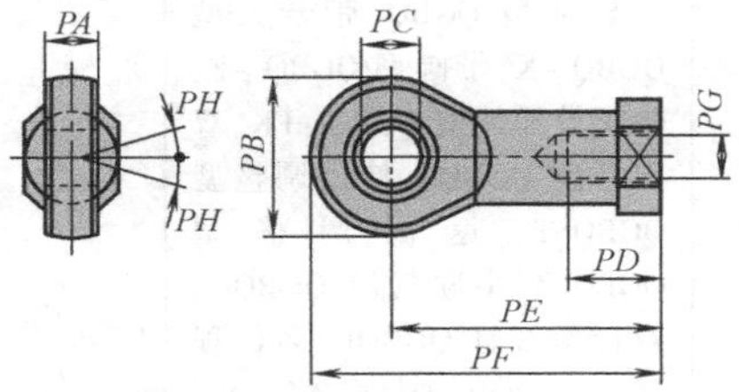

缸径	PA	PB	PC	PD	PE	PF	PG	PH
32	11	26	10	21	43	56	M10×1.25	13°
40	12	30	12	24	50	65	M12×1.25	13°
50	15	38	16	33	64	83	M16×1.5	15°
63	15	38	16	33	64	83	M16×1.5	15°
80	18	46	20	40	77	100	M20×1.5	15°
100	18	46	20	40	77	100	M20×1.5	15°

注：摘录亚德客 SU 普通气缸资料。

表 23-4-102　　非 ISO 标准普通型气缸厂商名录

厂商	型号	缸径压力/温度范围	基本形式	派生型	备注(单位:mm)
亚德客 Airtac	SU	ϕ32～100mm 1～9bar -5～+70℃	可带/不带磁性	可调缓冲、两端出杆 SUD、两端出杆带可调缓冲 SUJ、耐高温(150℃)、多位置、倍力、可配导向装置、活塞杆带锁紧装置、带阀气缸	
亿日 Easun	ESC 四拉杆气缸、ESU 米字形型材气缸、ESF 型材气缸	ϕ32～160mm	两侧可调缓冲 可带/不带磁性	可调缓冲,两端出杆,行程可调,倍力,多位置,带阀气缸耐高温(150℃)	
方大 Fangda	10B-5	ϕ32～100mm 0.5～10bar -25～+80℃	两侧可调缓冲	基本型	
	10A-5	ϕ32～100mm 0.5～10bar (标准型/带开关型); 1.5～8bar(带阀型/带阀带开关型) -25～+80℃	可带/不带磁性	标准型 10A-5、带开关型 10A-5R、带阀型 10A-5V、带阀带开关型 10A-5K	
	10A-2	ϕ125～250mm 1～10bar -25～+80℃	可带/不带磁性	基本型 SD	
法斯特 Fast	LM	ϕ32～100mm 0.49～9.8bar -25～+80℃	可带/不带缓冲	基本型 SD、带缓冲标准型 LMB、无缓冲型 LMA	T 尺寸：ϕ32 为 32
	LG	ϕ32～125mm 0.5～10bar -25～+80℃	可带/不带磁性	带缓冲标准气缸 LGB、无缓冲 LGA、带磁性开关型 LGK、带阀气缸 LGF、带开关带阀型 LGKF、双活塞杆型 LGL、双活塞型 LGS、增力气缸 LGJ、三位气缸 LGC、返程调行程型 LGT,进程调行程型 LGTa	T 尺寸：ϕ32 为 32

续表

厂商	型号	缸径压力/温度范围	基本形式	派生型	备注(单位:mm)
华能 Huaneng	GPM	ϕ32~100mm 1.5~10bar (标准型/带开关型); 1.5~7bar (ϕ32 带阀型/带阀带开关型); 1.5~9bar(带阀型/带阀带开关型); -5~+60℃	可带/不带磁性	标准型 GPM、带开关型 GPM-K、带阀型 GPM-F、带阀带开关型 GPM-FK、伸出调整型、返回调整型	
	QGBQ	ϕ32~100mm 1.5~10bar (标准型/带开关型); 1.5~7bar (ϕ32 带阀型/带阀带开关型); 1.5~9bar(带阀型/带阀带开关型); -5~+60℃	可带/不带磁性	标准型 QGBQ、带开关型 QGBQ -K、带阀型 QGBQ -F、带阀带开关型 QGBQ -FK、双出杆型 QGBQS、伸出调整型 QGBQST、返回调整型 QGBQFT、串联气缸 QGBQC、双行程气缸 QGBQE、多行程气缸 QGBQP、带导向气缸 QG-BQDH(Q)	
佳尔灵 Jiaerling	SC 四拉杆	ϕ32~200mm 1~9bar 0~70℃	可带/不带磁性	行程可调型	
盛达 SDPC	SC 四拉杆气缸 SU 米字形气缸	ϕ32~200mm 1~10bar -10~+70℃	两侧可调缓冲 可带/不带磁性	可调缓冲,两端出杆行程可调,倍力,多位置,带阀气缸耐高温(150℃)	
天工 STNC	TGC 四拉杆气缸、TGU 米字形气缸	ϕ32~100mm -5~+70℃ 1~9bar	可带/不带磁性	行程可调型,双出杆,多位置 行程可调型,双出杆	
新益 Xinyi	QSC	ϕ32~100mm 1~10bar -10~+60℃	可带/不带磁性	基本型 SD、双活塞型、行程可调型、多位气缸、串联气缸、带阀气缸	
永坚 Yongjian	QGBI	ϕ32~125mm	可带/不带磁性	QGBP 抗扭转气缸 QGBI-KF 带阀气缸	ϕD 尺寸: ϕ32 为 ϕ24 ϕ40 为 ϕ30 ϕ50 为 ϕ34 ϕ63 为 ϕ34 ϕ80 为 ϕ39 ϕ100 为 ϕ39 ϕ125 为 ϕ46

注:以上公司均以开头字母顺序排列。

第5章 方向控制阀、流体阀、流量控制阀及阀岛

1 方向控制阀

1.1 方向控制阀的分类

在各类气动元件中，方向控制阀的品种规格繁多，本章仅对常用方向控制阀的原理、结构、性能及参数做基础介绍，以便于选用。

表 23-5-1

按阀内气流流动方向分	方向控制阀	换向型方向控制阀(简称换向阀)	是指可以改变气流流动方向的控制阀,如气控阀、电磁阀、机械控制换向阀等
		单向型方向控制阀	是指仅允许气流沿着一个方向流动的控制阀,如单向阀、梭阀、双压阀和快速排气阀等
按控制方式分	常用控制方式	常用的控制方式有气压控制、电磁控制、人力控制和机械控制四类	
		电磁阀 单线圈 双线圈	机控阀 直动圆头 滚轮 单向滚轮(空返回) 弹簧复位 位于中心弹簧复位
		带手动装置,先导式、双线圈	
		气压阀 直动式 先导式	人控阀 普通式 按钮 手柄 带锁紧机构,手柄操作 脚踏式
	气压控制	用气压力来操纵阀切换的控制方式,这种阀称为气压控制型换向阀,简称气控阀。气控阀在易燃、易爆、潮湿、粉尘大、强磁场、高温等恶劣的工作环境中,工作安全可靠	
		加压控制阀	是指输入的控制气压足够推动主阀换向。常用在纯气动控制系统中,这种控制方式有单气控和双气控之分
		卸压控制	是指控制阀内控制腔腔室的内气压,当压力降至某一值时阀便被切换

续表

分类	子类	项目	说明
按控制方式分	气压控制	差压控制	是利用阀芯两端受气压作用的有效面积不等，在气压的作用下产生的作用力之差值，使阀切换
		延时控制	是利用气流经过小孔或缝隙节流后向气室里充气，当气室里的压力升至一定值后使阀切换，从而达到信号延时输出的目的。纯气动控制系统中的延时阀便按此原理制成
	电磁控制	原理	利用电磁线圈通电时，静铁芯对动铁芯产生磁吸力，使阀切换以改变气流方向的阀，称为电磁换向阀，简称电磁阀。电磁阀有二位二通阀、二位三通阀、二位四通阀、二位五通阀、三位五通阀等
		分类	电磁换向阀有直动式和先导式之分。对于二位二通阀、二位三通阀有常开、常闭之分
		特点	电磁控制换向阀易于实现电、气联合控制，常用的是利用可编程序控制器（PLC）的输出，直接驱动电磁换向阀的电磁线圈使其换向。如 PLC 控制器的一个输出点为 7.5W 时，它能控制 5 个功耗为 1.5W 的电磁线圈，并能实现远距离操作，故得到广泛应用。目前，市场上已出现阀岛，其中换向阀采用的便是电磁控制换向阀
	人力控制		依靠人力使阀切换的换向阀，称为人力控制换向阀，简称人力阀。它可分为手动阀和脚踏阀两大类 人控阀与其他控制方式相比，使用频率较低，动作速度较慢。因操纵力不宜大，故阀的通径较小，操作灵活。人控阀在手动气动系统中，一般用来直接操纵气动执行机构。在半自动和自动系统中，多作为信号阀使用
	机械控制		用凸轮、撞块或其他机械外力使阀换向的阀称为机械控制换向阀，简称机控阀。这种阀常用作信号阀使用。当湿度特别大，粉尘多或强磁场场合，或不宜采用电气位移传感器时，可采用机械控制，但不适合复杂的控制系统
按动作方式分	直动式		按动作方式分类是指换向阀的驱动是直动式（直接驱动）还是先导式（二级驱动）
			直动式是在电磁力或气压控制力或机械驱动力或人力的直接作用下，使换向阀的阀芯被切换成另一状态位置，改变输出方向。直动式阀一般通径较小，电磁吸铁的功耗小，对于小型、微型电磁阀可直接采用直动式电磁阀
	先导式		先导式电磁阀是微型或小型电磁阀（作先导控制）和主阀组合而成，利用控制小型电磁阀的输出压力（俗称先导压力），使控制阀主阀芯切换（通过利用小型电磁阀的输出压力作用活塞使其产生较大力，推动主阀阀芯），以获得先导式电磁阀的大通径的输出流量，因此先导式电磁阀主要特性是用小功耗的电磁线圈获得对大通径电磁阀的控制，而此小功耗的先导电磁阀的电磁线圈又可在 PLC 可编程控制器的输出允许值范围内
	先导式分类		先导式电磁阀可分为内部先导（俗称内先导）与外部先导（俗称外先导）
		内先导	内先导的气源由主阀提供，因此过低的气源压力不能推动主阀阀芯前级的活塞，内先导式电磁阀的工作压力有一个范围，为 2～10bar，2bar 是最小工作压力，低于 2bar 工作则不正常，内先导电磁阀不能用于真空换向系统
		外先导	外先导的气源是由外部专门提供（在系统中另接一路气源给外部先导控制口），不受主阀气源压力大小的影响，故外先导的工作压力可从 0～10bar，可用于低压，也可以用于真空 -1～10bar
按阀的通口数目或切换状态数分	按阀的通口数目分		阀的通口数目是指阀的切换通口数目，阀的切换通口包括供气口、输出口、排气口。不包括控制口数目。按切换通口数目分，有二通阀、三通阀、四通阀、五通阀等

换向阀的通口数与图形符号	名称	二通		三通		四通	五通
		常断	常通	常断	常通		
	符号	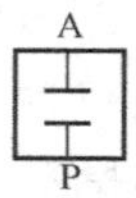 A P	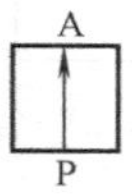 A P	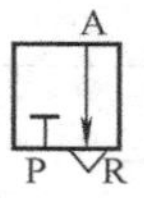 A P R	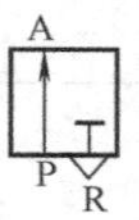 A P R	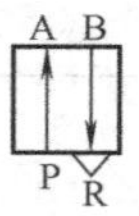 A B P R	 A B R P S

二通阀有两个口，即一个供气口（用 P 表示）和一个输出口（用 A 表示）

三通阀有三个口，除 P 口、A 口外增加一个排气口（用 R 或 O 表示）；也可以是两个供气口（P_1、P_2 表示）和一个输出口，作为选择阀（选择两个不同大小的压力值）；或一个供气口和两个输出口，作为分配阀

二通阀、三通阀有常通和常断之分。常通型是指阀的控制口未加控制（即零位）时，P 口和 A 口相通。反之，常断型在零位时，P 口和 A 口是断开的

四通阀有四个口，除 P、A、R 外，还有一个输出口（用 B 表示）。通路为 P→A、B→R 或 P→B、A→R

五通阀有五个口，除 P、A、B 外，有两个排气口（用 R、S 或 O_1、O_2 表示）。通路为 P→A、B→S 或 P→B、A→R。五通阀也可以变成选择式四通阀，即两个输入口（P_1 和 P_2）、两个输出口（A 和 B）和一个排气口 R。两个输入口供给压力不同的压缩空气

此外，也有五个通口以上的阀

续表

按阀的通口数目或切换状态数分

按切换状态数分

方向控制阀的切换状态称为“位置”，有几个切换状态就称为几位阀（如二位阀、三位阀）。阀在未加控制信号时的原始状态称为零位。当阀为零位位置时，它的气路处于通路状态称常通型（俗称常开型），反之，称为常断型（俗称常闭型）

阀的切换状态是由阀芯的工作位置决定的，详见下表。阀芯具有两个工作位置的阀称为二位阀；阀芯具有三个工作位置的阀称为三位阀。对于两个位置阀而言，有两个通口的二位阀称为二位二通阀，它可实现气路的通或断。有三个通口的二位阀称为二位三通阀，在不同的工作位置，可实现P、A相通，或A、R相通。常用的还有二位四通阀和二位五通阀。对于三个位置阀而言，当阀芯处于中间位置时，各通口呈关断状态时，被称为中封式三位五通阀。如供气口与两个输出口相通，两个排气口封闭，被称为中间加压式三位五通阀。如供气口与两个输出口、两个排气口都相通，被称为中间卸压式三位五通阀。各通口之间的通断状态分别表示在一个长方块的各方块上，就构成了换向阀的图形符号

阀的通路数和切换位置综合表示法

通路数	二位	三位		
		中间封闭	中间加压	中间卸压
二通	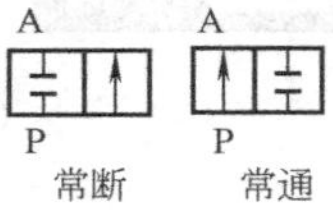 A P 常断　A P 常通			
三通	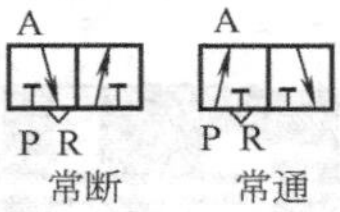 A P R 常断　A P R 常通	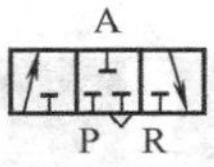 A P R		
四通	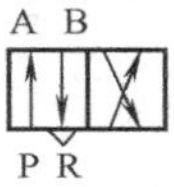 A B P R	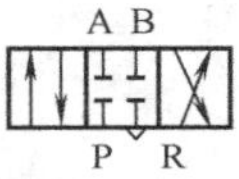 A B P R	 A B P R	 A B P R
五通	 A B RP S	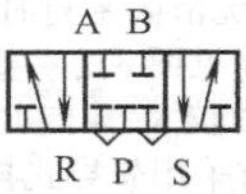 A B R P S	 A B R P S	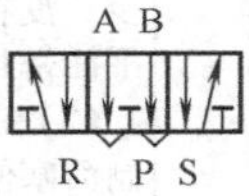 A B R P S

两种表示方法的比较

气口	数字表示	字母表示	气口	数字表示	字母表示
输入口	1	P	排气口	5	R
输出口	2	B	输出信号清零的控制口	(10)	(Z)
排气口	3	S	控制口	12	Y
输出口	4	A	控制口	14	Z(X)

这里需说明，阀的气口可用字母表示，也可用数字表示（符合ISO 5599标准）

气口用字母表示		气口用数字表示（二位五通阀和三位五通阀）	
A、B、C	输出口（工作口）	1	输入口（进气口）
P	输入口（进气口）	2、4	输出口（工作口）
R、S、T	排气口	3、5	排气口
L	泄露口	12、14	控制口
X、Y、Z	控制口	10	输出信号清零的控制口
		81、91	外部控制口
		82、84	控制气路排气口

续表

按阀芯结构分：有截止式、滑柱式、滑块式和间隙式(硬配阀)四类

截止式换向阀

截止式换向阀也被称为提动式阀，一些日本气动制造厂商称其为座阀式。由于截止式阀阀芯密封靠橡胶或聚氨酯材质的垫圈进行平面密封(圆平面)，密封性能优异，常被用于二位二通或二位三通电磁阀(见图a)。当阀的通口多时，制造结构复杂，许多气动制造厂商通过两个二位三通阀来构成一个二位五通阀的功能(见图b)。也有些气动制造厂商采用同轴截止式结构制成二位五通换向阀(见图c)

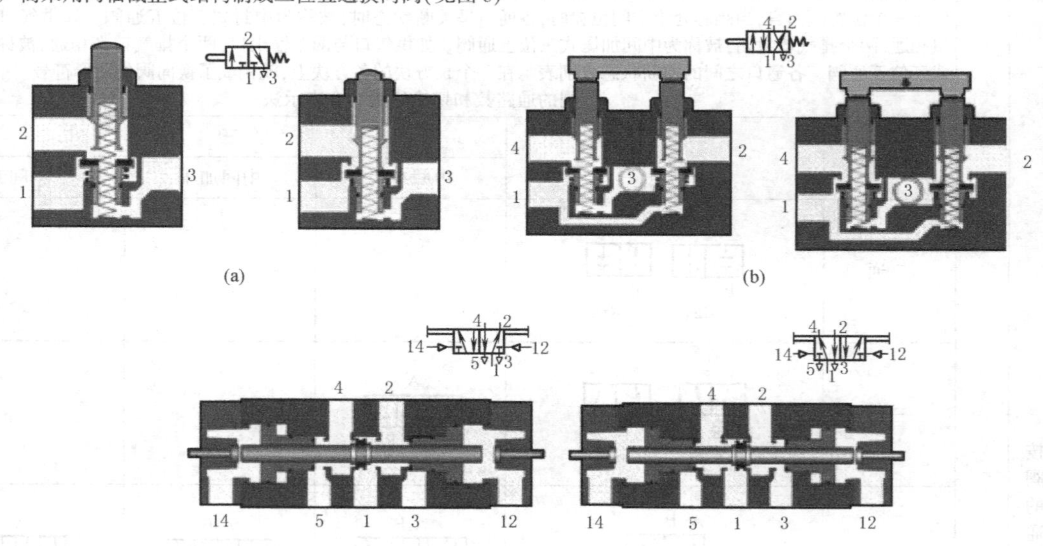

(a) (b)

(c)

特点

(1)适用于大流量的场合。因阀的行程短，流通阻力小，同样通径规格的阀，截止式比滑柱式外形小

(2)阀芯始终受背压的作用，这对密封是有利的。截止式阀一般采用软质平面密封方式(聚氨酯材质)，故泄漏很少。没有滑阀密封时需采用过盈密封(无滑阀密封时产生的摩擦力)，对空气要求最低，如有灰尘、脏物换向时，软质平面密封上的灰尘、脏物将被气流吹走(见图c)，一些气动元件制造厂商称它为耐脏气源电磁换向阀

(3)在高压或大流量时，要求的换向力较大，换向冲击力较大。故截止式阀常采用平衡阀芯结构或使用大的先导控制活塞使阀换向。大通径的截止式阀宜采用先导式控制方式

(4)截止式阀在换向的瞬间，输入口、输出口和排气口可能发生同时相通而窜气现象

(5)可适用于无油润滑的工作介质

(6)同轴截止式阀芯结构是具有截止式和滑柱式两者的优点，而避开其缺点的一种结构形式

滑柱式换向阀

滑柱　密封

O_1　A　P　B　O_2

(d)

滑柱　密封

O_1　A　P　B　O_2

(e)

滑柱式换向阀被称为滑阀型换向阀，采用软质密封材质(即橡胶O形圈或特种形状密封圈)，它有两种密封安装方式，一种是将O形圈套在滑柱上，随阀芯(滑柱)一起移动(见图d)。另一种是将O形圈固定在衬套上，衬套与阀体内孔为过盈配合，阀芯(滑柱)在衬套内移动，O形圈不动(见图e)。前一种阀加工简单，制造成本低，在同等流量情况下，阀体积小。后一种阀加工比前一种复杂，在同等流量情况下，阀体积大，但性能优良，寿命长

(1)阀芯结构对称，容易做成具有记忆功能，即信号消失，仍能保持原有阀芯的位置

(2)结构简单。切换时，不承受类似截止式阀的阀芯受背压状态，故换向力相对要小，动作灵敏

(3)对气源净化处理要求较高，应使用含有油雾润滑的压缩空气(除非是无油润滑的换气阀)。有些软质密封阀受静摩擦力影响，一段时间没有使用(或长期在仓库存放)初始换向力将会很高，几次手动操作换向才能使其恢复正常

续表

分类		图示	说明
按阀芯结构分	滑板式换向阀	(f)	如图f所示，阀的换向是靠改变滑板与阀座上孔的相对位置来实现，其特点为 (1)结构简单，容易设计为多位多通换向阀，尤其用于手控二位三通、二位四通阀 (2)滑块与阀座间的滑动密封采用研磨配合(一般用陶瓷材质)，会有一定的泄漏 (3)寿命较长
	间隙式换向阀	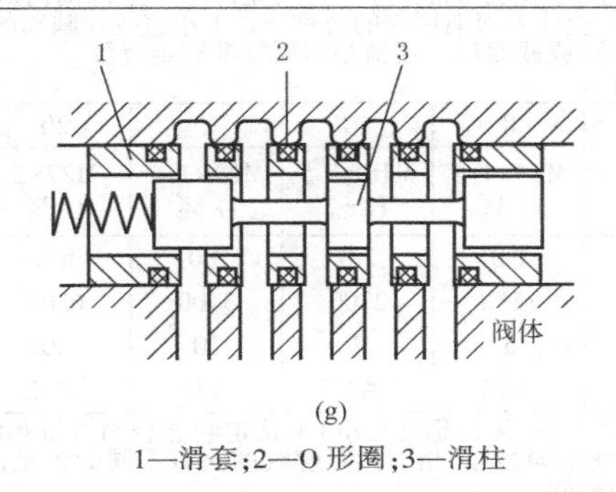 (g) 1—滑套；2—O形圈；3—滑柱	间隙式换向阀也被称为硬配式阀，阀芯采用的是金属材质，阀体采用的是另一种金属材质，阀芯与阀体通过研配方式(即间隙配合)装配。为了便于研配工艺，采用阀芯与阀套进行研配，阀套通过O形圈固定于阀体内。见图g (1)工作压力范围较软质密封阀高，控制压力小，切换灵敏，换向频率高 (2)寿命长，制造成本高 (3)允许工作温度、介质温度较高 (4)对气源净化处理要求最高。空气的过滤精度在1μm (5)对阀的安装有要求，不易垂直安装
按连接方式分	阀的连接方式有管式连接、板式连接、集装式连接和法兰连接等几种		
	管式、板式、集装式连接	(h) 管式连接　(i) 单个半管式连接　(j) 集成板半管式连接　(k) 单个板接式有侧面安装	见下表及说明

部件	说明
1—快插接头QS	用于连接具有标准外径的压气管，符合CEFOP RD54标准
2—单个底座NAS	侧面接口
3—消音器	安装在排气口
4—手动控制工具AIXI	
5—发光密封件M...LO	用于显示开关状态
6—插座、带/不带电缆MSSO、KMK、KMC	
7—电磁阀	气口型式符合ISO 5599.1标准

管式连接有三种连接方式，第一种是管式连接(俗称管式阀)，在阀的工作口、供气口、排气口拧上消声器，气管与气接头相连(见图h)，若用插入式快速接头或不复杂的气路系统，采用管式连接较方便。第二种是单个半管式连接(俗称半管式阀)，在阀的工作口拧上气接头，气管与气接头相连，而供气口、排气口则安装在气路板上，(见图i)。第三种是集成板半管式连接(俗称半管式集成连接)，在阀的工作口拧上气接头，气管与气接头相连，而供气口、排气口则安装在气路板上，气路板上采用统一供气、统一排气的方式(见图j)

板式连接是指需配用专门的连接板，阀固定在连接板上，阀的工作口、供气口及排气口都在气路板上。ISO 5599标准、ISO 15407标准即属于该板式连接方式。板式连接有单个板接方式和集成板接方式两种，单个板接方式根据阀在接管的位置可分有侧面安装，(见图k，一侧为进气口、排气口，另一则为工作口)，及底面安装(进气口、排气口、工作口全在底部)，目前采用底面安装方式较少。这两种板式安装的阀在装拆、维修时不必拆卸管路，这对复杂的气路系统很方便

续表

按连接方式分	集成板连接式、法兰连接式	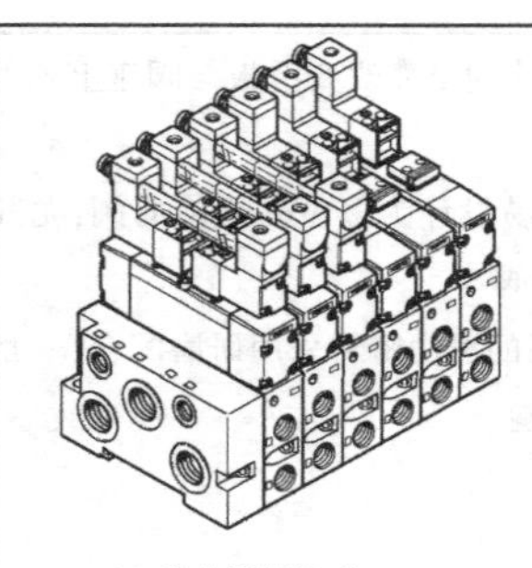 (l) 集成板连接式	是将多个板式连接板相连成一体的集成板连接方式,各阀的进气口、工作口或排气口可以共用(各阀的排气口可集中排气,也可单独排气)。这种方式不仅节省空间,大大地减少接管,便于阀的快速更换维修。见图l,是另一种应用最广泛的连接方式 法兰连接主要用于大口径的管道阀上,作为控制阀是极少采用的

按阀的流通能力分

通径是指阀的主流通道上最小面积的通流能力,即孔径的大小,单位为mm。这个值只允许在一定范围内对不同的元件进行比较。具体比较时,还必须考虑标准额定流量。国内气动行业业界习惯用阀的公称通径大小直接反映阀的流通能力大小,用户使用不是很方便。国际上气动厂商样本上除了标明通径(或截面积),还清楚写明标准额定流量

下表为阀的公称通径及相应的接管螺纹和流通能力的表达值

公称通径/mm		3	4	6	8	10	15	20	25
接管螺纹	公制	M5×0.8	M5×0.8	M10×1	M14×1.5	M18×1.5	M22×1.5	M27×2	M33×2
	英制	G ⅛	G ⅛	G ⅛	G ¼	G ⅜	G ½	G ¾	G 1
K_F、C值/$m^3 \cdot h^{-1}$		0.15	0.3	0.5	1.0	2.0	3.0	5.6	9.6
标准额定流量 Q_{Mn}/$L \cdot min^{-1}$		170	340	570	1150	2300	3400	6300	10900
额定流量/$m^3 \cdot h^{-1}$		0.7	1.4	2.5	5	7	10	20	30
在额定流量下压降/kPa		≤20	≤20	≤20	≤15	≤15	≤15	≤12	≤12

需要特别说明的是在实际应用中,不能盲目根据阀的接口通径大小(接口螺纹大小)来认定它能否与气缸相配用,必须根据阀的流量来选择(从产品样本中查得),一个气动元件制造厂商不同型号、相同接管螺纹的阀有不同的流量(有的相差很大),不同的气动元件制造厂商相同接管螺纹的阀其流量也各不相同

按ISO标准分

ISO阀是指对于底座安装的气控或电控阀来说,其安装底面尺寸符合ISO 5599国际标准。这种标准具有技术先进、安装及维修时互换方便等优点,世界上大部分制造厂商遵循这一标准。ISO 5599.1规定的是不带电气接头安装界面尺寸。ISO 5599.2规定的是带电气接口安装界面尺寸。从图m可看到的是不带电气接头ISO阀安装界面的立体结构

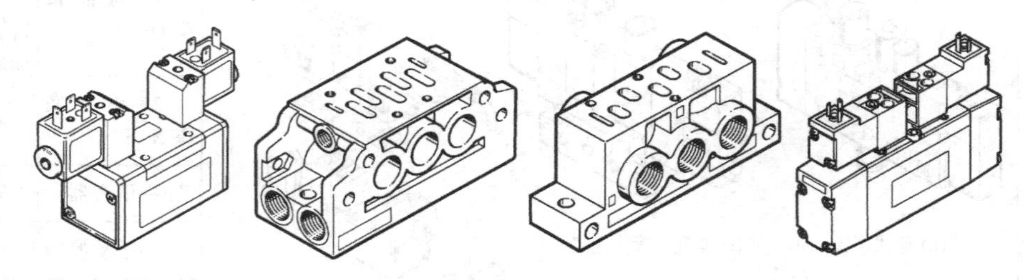

ISO 5599阀与底板　　ISO 15407阀与底板

(m)

ISO 5599标准其安装界面尺寸见图n及表。ISO 15407标准安装界面尺寸见图o及表

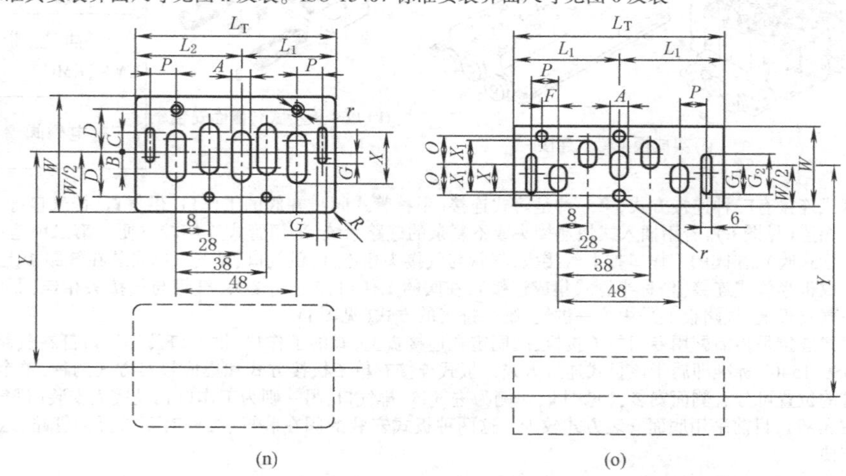

(n)　　(o)

续表

按ISO标准分

ISO 5599 阀安装面尺寸(不带电气接头)/mm															
规格	A	B	C	D	G	L_1 (min)	L_2 (min)	L_T (min)	P	R (max)	r	W (min)	X	Y	气孔面积 /mm²
1	4.5	9	9	14	3	32.5	—	65	8.5	2.5	M5×0.8	38	16.5	43	79
2	7	12	10	19	3	40.5	—	81	10	3	M6×1	50	22	56	143
3	10	16	11.5	24	4	53	—	106	13	4	M8×1.25	64	29	71	269
4	13	20	14.5	29	4	64.5	77.5	142	15.5	4	M8×1.25	74	36.5	82	438
5	17	25	18	34	5	79.5	91.5	171	19	5	M10×1.5	88	42	97	652
6	20	30	22	44	5	95	105	200	22.5	5	M10× 1.5	108	50.5	119	924

ISO 15407 阀安装面尺寸/mm																	
规格	A	B	D	F	G^*	G_1	G_2	L_1 min	L_T min	P	T	U	V	W min	X	X_1	Y	气孔面积/mm²
18	3.5	7	6.25	3	2	8	6	25	60	5	M3	ϕ3.2	4	18	6.5	6.25	19	20
20	5.5	9.5	8.5	5	3	13	9	33	66	8.5	M4	ϕ3.2	4	20	8	8.5	27	43

1.2 方向控制阀的工作原理

表 23-5-2

直动式电磁阀

结构图

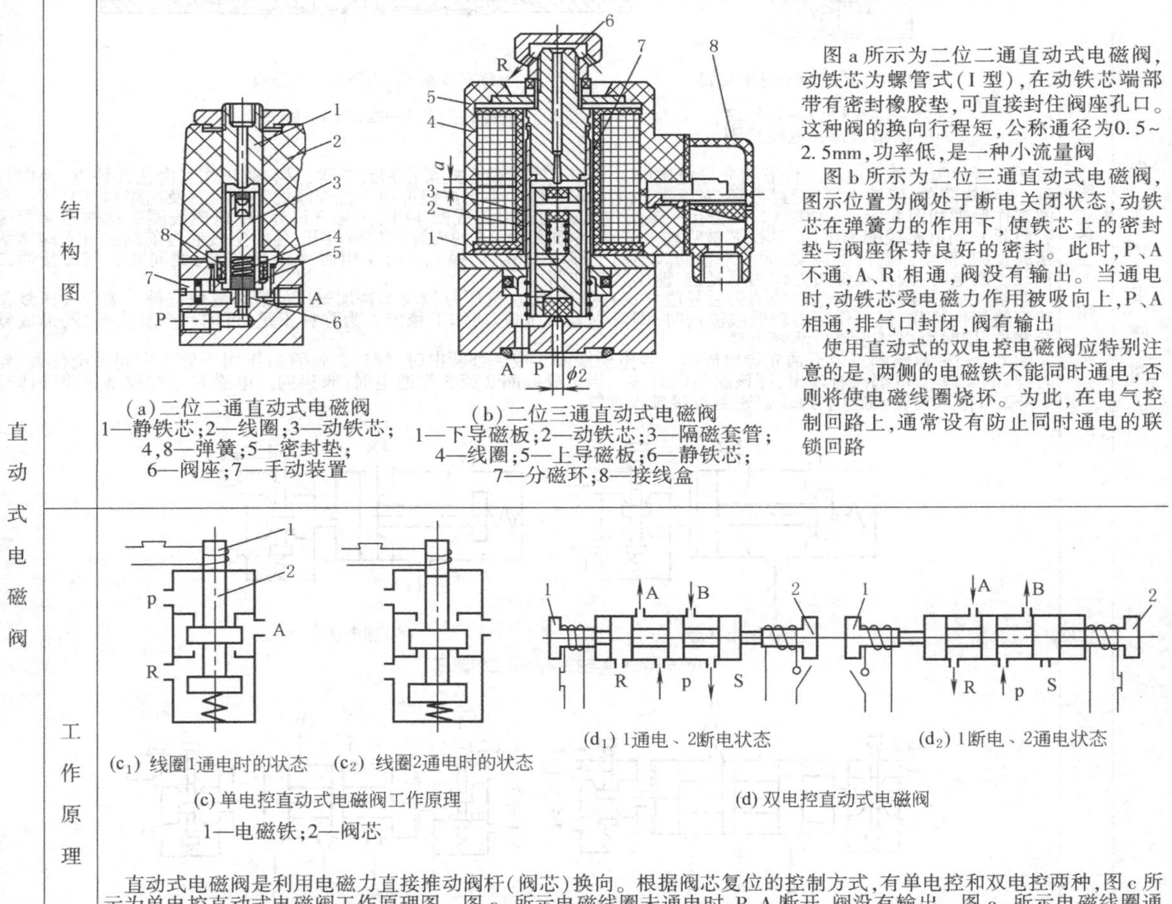

(a)二位二通直动式电磁阀
1—静铁芯；2—线圈；3—动铁芯；
4,8—弹簧；5—密封垫；
6—阀座；7—手动装置

(b)二位三通直动式电磁阀
1—下导磁板；2—动铁芯；3—隔磁套管；
4—线圈；5—上导磁板；6—静铁芯；
7—分磁环；8—接线盒

图a所示为二位二通直动式电磁阀，动铁芯为螺管式(I型)，在动铁芯端部带有密封橡胶垫，可直接封住阀座孔口。这种阀的换向行程短，公称通径为0.5～2.5mm，功率低，是一种小流量阀

图b所示为二位三通直动式电磁阀，图示位置为阀处于断电关闭状态，动铁芯在弹簧力的作用下，使铁芯上的密封垫与阀座保持良好的密封。此时，P、A不通，A、R相通，阀没有输出。当通电时，动铁芯受电磁力作用被吸向上，P、A相通，排气口封闭，阀有输出

使用直动式的双电控电磁阀应特别注意的是，两侧的电磁铁不能同时通电，否则将使电磁线圈烧坏。为此，在电气控制回路上，通常设有防止同时通电的联锁回路

工作原理

(c_1) 线圈1通电时的状态　(c_2) 线圈2通电时的状态

(c) 单电控直动式电磁阀工作原理
1—电磁铁；2—阀芯

(d_1) 1通电、2断电状态　(d_2) 1断电、2通电状态

(d) 双电控直动式电磁阀

直动式电磁阀是利用电磁力直接推动阀杆(阀芯)换向。根据阀芯复位的控制方式，有单电控和双电控两种，图c所示为单电控直动式电磁阀工作原理图。图c_1所示电磁线圈未通电时，P、A断开，阀没有输出。图c_2所示电磁线圈通电时，电磁铁推动阀芯向下移动，使P→A接通，阀有输出

图d所示为双电控直动式电磁阀工作原理图，图d_1所示电磁铁1通电，电磁铁2为断电状态，阀芯3被推至右侧，A口有输出，B口排气。若电磁铁1断电，阀芯位置不变，仍为A口有输出，B口排气，即阀具有记忆功能，图d_2所示为电磁铁1断电、电磁铁2通电状态，阀芯被推至左侧，B口有输出，A口排气。同样，电磁铁2断电时，阀的输出状态保持不变

直动式电磁阀特点是结构简单、紧凑、换向频率高。但用于交流电磁铁时，如果阀杆卡死就有烧坏线圈的可能。阀杆的换向行程受电磁铁吸合行程的限制，因此只适用于小型阀。通常将直动式电磁阀称为电磁先导阀

续表

先导式电磁阀 — **结构及工作原理**

先导式电磁阀是由小型直动式电磁阀和大型气控换向阀构成,又称作电控换向阀

按先导式电磁阀气控信号的来源可分为自控式(内部先导)和他控式(外部先导)两种。直接利用主阀的气源作为先导级气源来控制阀换向被称为自控式电磁阀,通常称为内先导。内先导电磁阀使用方便,但在换向的瞬间会出现压力降低的现象,特别是在输出流量过大时,有可能造成阀换向失灵。为了保证阀的换向性能或降低阀的最低工作压力,由外部供给气压作为主阀控制信号的阀称为他控式电磁阀

由先导式电磁阀的构成原理可知,有单电控、双电控、三位五通。电控换向阀的结构形式和规格极其繁多

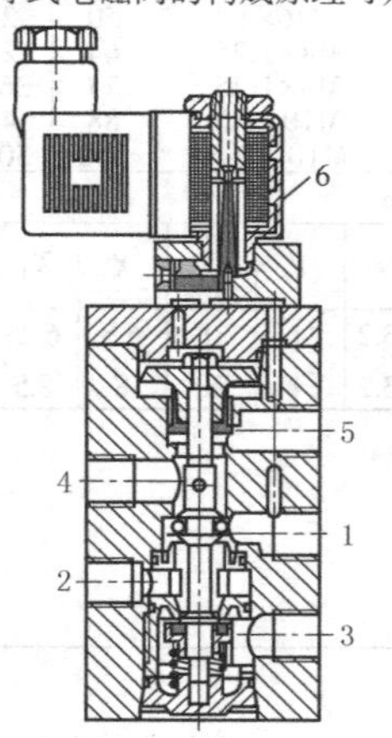

(e) 单电控二位五通先导电磁阀

1,5—供气口;2—排气口;
3,4—输出口;6—电磁线圈

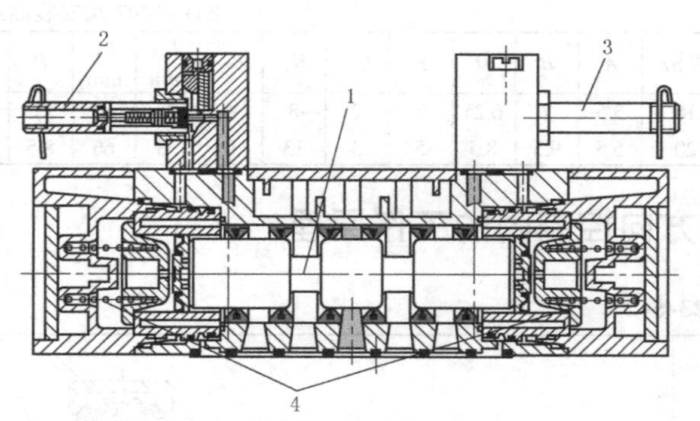

(f) 双线圈三位五通先导电磁阀

1—阀芯;2,3—线圈;4—弹簧

图 e 所示为一种单电控二位五通先导电磁阀。采用了同轴截止式柔性密封结构,具有截止式和滑柱式特点,换向行程小,结构简单,摩擦力低,密封可靠,对气源净化要求较低。手动按钮可用来检查阀的工作状态及回路调试时用。它的工作原理如图 h 所示:在供气口 1 分出一条分支气路通往电磁线圈 14 的先导气口处(由电磁线圈中动铁芯端面橡胶封死),当电磁线圈通电时,动铁芯被吸往上移动,电磁线圈 14 的先导气口被打开,压缩空气通过前端盖进入阀体活塞腔室内,推动活塞向下移动,即活塞带动阀芯向下移动(阀芯切换),1 与 4 相通,4 有输出;与此同时 3 与 2 接通,2 排气。断电时,阀杆在弹簧力作用下复位,输出状态如图所示

通常,单电控阀在控制电信号消失后复位方式有弹簧复位、气压复位及弹簧加气压的混合复位三种。采用气压复位比弹簧复位可靠,但工作压力较低或波动时,则复位力小,阀芯动作不稳定。为弥补不足,可加一个复位弹簧,形成复合复位,同时可以减小复位活塞直径

图 f 为一种双线圈三位五通先导电磁阀。当电磁线圈 2 或 3 都断电时,阀杆在弹簧力作用下处于中间平衡位置,此时,阀的 4 口、2 口都没有输出,即该阀为中封式。当电磁线圈 2 或 3 都通电时,阀换向。电磁先导阀控制气路气体经 4 和 2 口排入大气,也可去掉端盖密封直接排入大气

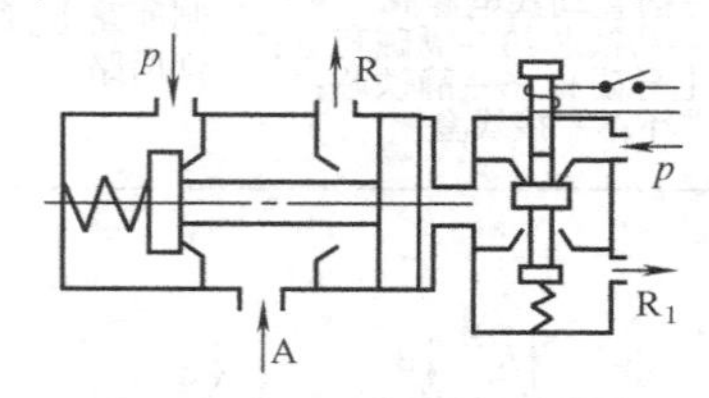

(g_1) 断电状态

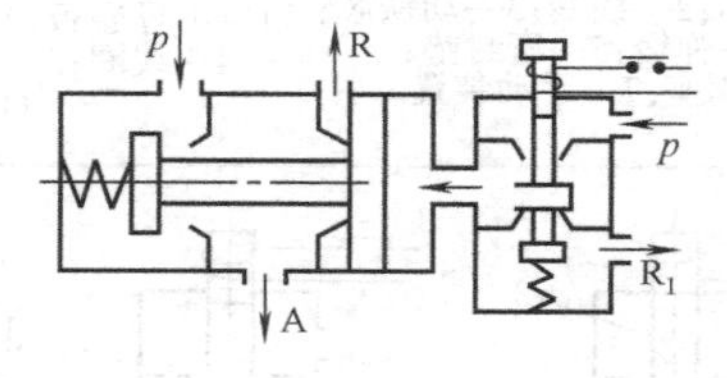

(g_2) 通电状态

(g) 先导式单电控换向阀工作原理

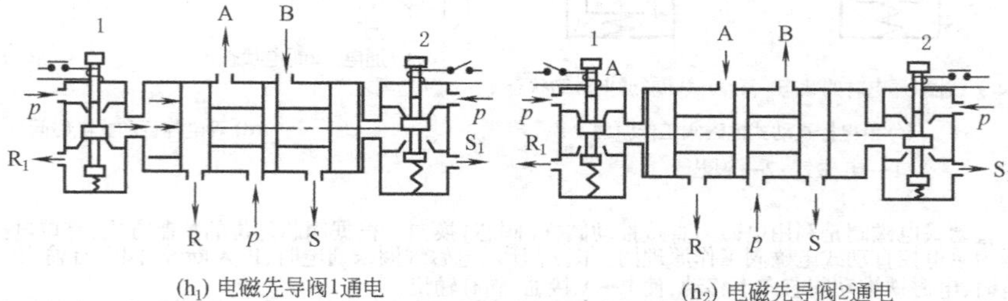

(h_1) 电磁先导阀1通电

(h_2) 电磁先导阀2通电

(h) 先导式双电控换向阀工作原理

1,2—电磁先导阀

图 g 所示为单电控先导式换向阀的工作原理,它是利用直动式电磁阀输出的先导气压来操纵大型气控换向阀(主阀)换向的,该阀的电控部又称电磁先导阀。图 h 所示为双电控先导式换向阀的工作原理图

1.3 电磁换向阀主要技术参数

表 23-5-3

工作压力范围		换向阀的工作压力范围是指阀能正常工作时输入的最高或最低(气源)压力范围。所谓正常工作是指阀的灵敏度和泄漏量应在规定指标范围内。阀的灵敏度是指阀的最低控制压力、响应时间和工作额度在规定指标范围内 最高工作压力主要取决于阀的强度和密封性能,常见的为 1.0MPa、0.8MPa,有的达 1.6MPa 最低工作压力与阀的控制方式、阀的结构型式、复位特性以及密封型式有关
	内先导	自控式(内先导)换向阀的最低工作压力取决于阀换向时的复位特性,工作压力太低,则先导控制压力也低,作用于活塞的推力也低,当它不能克服复位力时,阀不能被换向工作。如减小复位力,阀开关时间过长,动作不灵敏
	外先导	他控式(外先导)换向阀的工作压力与先导控制功能无关,先导控制的气源为另行供给。因此,其最低工作压力主要取决于密封性能,工作压力太低,往往密封不好,造成较大的泄漏
控制压力		控制压力是指在额定压力条件下,换向阀能完成正常换向动作时,在控制口所加的信号压力。控制压力范围就是阀的最低控制压力和最高控制压力之间的范围 最低控制压力的大小与阀的结构型式,尤其对于软密封滑柱式阀的控制压力与阀的停放时间关系较大。当工作压力一定时,阀的停放时间越长,则最低控制压力越大,但放置时间长到一定以后,最低控制压力就稳定了。上述现象是由于橡胶密封圈在停放过程中与金属阀体表面产生亲和作用,使静摩擦力增加,对差压控制的滑阀,控制压力却随工作压力的提高而增加。这些现象在选用换向阀时应予注意。而截止式阀或同轴截止式阀的最低控制压力与复位力有关。外先导阀与工作压力关系不大,但内先导阀与工作压力有关,必须有一个最低的工作压力范围
介质温度和环境温度		流入换向阀的压缩空气的温度称为介质温度,阀工作场所的空气温度称为环境温度。它们是选用阀的一项基本参数,一般标准为 5~60℃。若采用干燥空气,最低工作温度可为-5℃或-10℃ 如要求阀在室外工作,除了阀内的密封材料及合成树脂材料能耐室外的高、低温外,为防止阀及管道内出现结冰现象,压缩空气的露点温度应比环境温度低 10℃。流进阀的压缩空气,虽经过滤除水,但仍会含少量水蒸气,气流高速流经元件内节流通道时,会使温度下降,往往会引起水分凝结成水或冰 环境温度的高或低,会影响阀内密封圈的密封性能。环境温度过高,会使密封材料变软、变形。环境温度过低,会使密封材料硬化、脆裂。同时,还要考虑线圈的耐热性
流量特性		表示气动控制阀流量特性的常用方法
	声速流导 c 和临界压力比 b	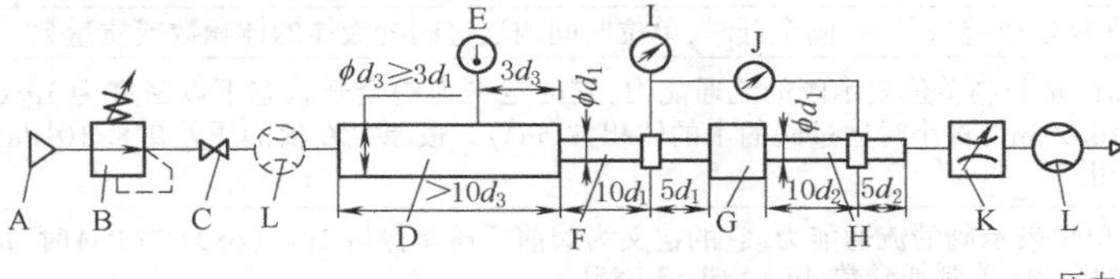 (a$_1$) 适用于元件具有出入接口的试验回路 (a$_2$) 适用于出口直接通大气的试验回路 (a) ISO 6358标准的试验装置回路 (b) 标准额定流量的测试回路 A—压缩气源和过滤器;B—调压阀;C—截止阀;D—测温管;E—温度测量仪;F—上游压力测量管;G—被测试元件;H—下游压力测量管;I—上游压力表或传感器;J—差动压力表(分压表)或传感器;K—流量控制阀;L—流量测量装置 图 a 所示为 ISO 6358 标准测试元件流量性能的回路,其中图 a_1 适用于被测元件具有出入接口的试验回路,图 a_2 适用于元件出口直接通大气的试验回路。测试时,只要测定临界状态下气流达到的 p_1^*、T_1^* 和 Q_m^* 以及任一状态下元件的上游压力 p_1 以及通过元件的压力降 Δp 和流量 Q_m,分别代入式(1)和式(2)可算出 c 值和 b 值。若已知元件的 c 和 b 参数,可按式 3 和式 4 计算通过元件的流量 国际标准 ISO 6358 气动元件流量特性中,用声速流导 c 和临界压力比 b 来表示方向控制阀的流量特性。参数 c、b 分别按下式计算 $c=\frac{Q_m^*}{\rho_0 p_1^*}\sqrt{\frac{T_1^*}{T_0}}\ (m^4 \cdot s/kg) \quad (1)$ $b=1-\frac{\frac{\Delta p}{p_1}}{1-\sqrt{1-\left(\frac{Q_m}{Q_m^*}\right)^2}} \quad (2)$

续表

<table>
<tr>
<td rowspan="6">流量特性</td>
<td>声速流导 c 和临界压力比 b</td>
<td colspan="2">

当 $\dfrac{p_2}{p_1} \leqslant b$ 时,元件内处于临界流动

$$Q_m^* = cp_1^* \rho_0 \sqrt{\frac{T_0}{T^*}} \text{ (kg/s)} \tag{3}$$

当 $\dfrac{p_2}{p_1} \geqslant b$ 时,元件内处于亚声速流动

$$Q_m = Q_m^* \sqrt{1 - \left(\frac{\frac{p_2}{p_1} - b}{1 - b} \right)^2} \tag{4}$$

式中 p_1^*——处于临界状态下元件的上游压力,Pa
T_1^*——处于临界状态下元件的上游温度,K
Q_m^*——处于临界状态下元件的流量,kg/s
Δp——被测元件前后两端压降,Pa
p_1——被测元件上游压力,Pa
Q_m——通过元件的质量流量,kg/s
T_0——标准状态下的温度,$T_0=(273+20)$K
ρ_0——标准状态下的空气密度,$\rho_0=1.209$kg/m^3

用 ISO 6358 气动元件流量标准的一组参数 b 和 c 能完整地表征方向控制阀的流量特征,参数含义明确。c 值反映了折算成标准温度下处于临界状态的气动元件,单位上游压力所允许通过的最大体积流量值,该值越大,说明气动元件的流量性能越好;b 值反映了气动元件达到临界状态所必需的条件,在相同的流量条件下,b 值越大则说明在气动元件上产生的压力降越小

</td>
</tr>
<tr>
<td>标准额定流量 Q_{Nn}</td>
<td colspan="2">

标准额定流量 Q_{Nn} 是指在标准条件下的额定流量,其单位是 L/min。额定流量 Q_n 是指在额定条件下测得的流量。图 b 所示为用于测量标准额定流量的回路

通常对方向控制阀来说,测试时调定的输入电压 p_1 为 0.6MPa,输出压力为 0.5MPa,通过被测元件的流量(ANR)即为标准额定流量 Q_{Nn}

</td>
</tr>
<tr>
<td rowspan="3">流通能力 C 值,K_V 值及流量系数 C_V 值</td>
<td colspan="2">阀的流通能力是指在规定压差条件下,阀全开时,单位时间内通过阀的液体的体积数或质量数</td>
</tr>
<tr>
<td>公制</td>
<td>C 值(或 K_V 值)是公制单位表示阀的流通能力,它的定义为阀全开状态下以密度为 1g/cm^3 的清水在阀前后压差保持 10N/cm^2,每小时通过阀的水的体积数(m^3)。按原定 C 值的压差 9.8×10^{4}Pa,K_V 值的压差为 1bar,两者基本相同</td>
</tr>
<tr>
<td>英制</td>
<td>

C_V 值是英制单位表示阀的流通能力,它的定义为阀前后压差保持 1psi (6894.76Pa)时,每分钟流过 60°F (15.6℃)水的加仑数(美制加仑数,lu. s. gal=3.785L)

C 值与 C_V 值之间的换算关系为

$$C_V = 1.167C$$

</td>
</tr>
<tr>
<td>有效截面积 S</td>
<td colspan="2">

阀的有效截面积是指某一假想的截面积为 S 的薄壁节流孔,当该孔与阀在相同条件下通过的空气流量相等时,则把此节流孔的截面积 S 称为阀的有效截面积,单位为 mm^2

有效截面积 S 与流量系数 C_V 的换算关系为

$$S = 16.98C_V$$

换向阀的标准额定流量 Q_{Nn} 与流通能力的换算关系为

$$Q_{Nn} = 1100K_V$$
$$Q_{Nn} = 984C_V$$

</td>
</tr>
<tr>
<td>切换时间</td>
<td colspan="3">

2007 年底,我国参照 ISO 12238:2001 国际标准,对过去的换向时间称谓改为切换时间。切换时间是指出气口只有一个压力传感器连接时,从电气或者气动的控制信号变化开始,到相关出气口的压力变化到额定压力的 10%时所对应的滞后时间。换向阀切换时间的测试方法见图 c

新的切换时间规定与旧的换向时间定义和数值都不同,新的切换时间是在规定的工作压力、输出口不接负载的条件下,从一开始给控制信号(接通)到阀的输出压力上升到输入压力 10%,或下降到原来压力 90%的时间

影响阀的切换时间因素是复杂的,它与阀的结构设计有关,与电磁线圈的功率有关(换向力的大小),与换向行程有关,与复位可动部件弹簧力及密封件在运动时摩擦力等因素均有关(密封件结构、材质等)

通常直动式电磁阀比先导式电磁阀的换向时间短,双电控阀比单电控阀的换向时间短,交流电磁阀比直流电磁阀的换向时间短,二位阀比三位阀的换向时间短,小通径的阀比大通径阀的换向时间短 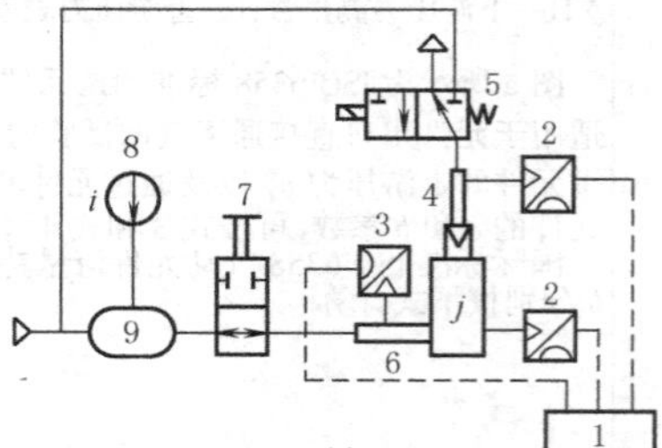

(c)

1—控制阀;2—控制压力传感器;3—压力传感器;4—输出记录仪;5—被测试阀;6—符合 ISO 6358 规定的压力测量管;7—截止阀(任选);8—温度计;9—供气容器

注意:当选用某一个阀时,切换时间是表征了阀的动态性能,是一个重要参数。要注意区分各个国家(美国、欧洲、日本、德国)对阀切换时间的规定(详见第 13 章),美国、欧洲、日本、德国对"阀开关时间测试"的比较,并详细问清楚该阀在样本上注明的切换时间的日期、或是新 ISO 标准还是旧 ISO 标准

</td>
</tr>
</table>

续表

最高换向频率	阀的最高换向频率是指换向阀在额定压力下在单位时间内保证正常换向的最高次数，也称为最高工作频率(Hz)。影响换向频率的因素，与切换时间的讨论相同 "频度"是每分钟时间内完成的动作次数，不要与"频率"相混淆。频率是指每秒钟内完成的动作次数，是国际单位制中具有专门名称的导出单位 Hz(s^{-1}) 最高换向频率与阀的本身结构、阀的切换时间、电磁线圈在连续高频工作时的温升及阀出口连续的负载容积大小有关，负载容积越大，换向频率越低，电磁阀通径越大，换向频率也越低。直动式阀比先导式换向频率高，间隙密封(硬配合阀)比弹性密封换向频率要高，双电控比单电控高，交流比直流要高
防护等级	电气设备的防护等级：欧美地区气动制造厂商均采用 EN 60 529 标准对电气设备的防护，带壳体的防护等级通过标准化的测试方法来表示。防护等级用符合国际标准代号 IP 表示，IP 代码用于对这类防护等级的分类。欧美地区气动制造厂商样本中在电磁阀或电磁线圈上通常印有 IP65 字样，下表列出了防护代码的含义。IP 代码由字母 IP 和一个两位数组成。有关两位数字的定义见下表 第 1 数字的含义：数字 1 表示人员的保护。它规定了外壳的范围，以免人与危险部件接触。此外，外壳防止了人或人携带的物体进入。另外，该数字还表示对固体异物进入设备的防护程度 第 2 数字的含义：数字 2 表示设备的保护。针对由于水进入外壳而对设备造成的有害影响，它对外壳的防护等级做了评定 IP65，6 表示第一代码编号：对电磁阀而言，表示固体异物、灰尘进入阀体的保护等级值； 5 表示第二代码编号：对电磁阀而言，表示水滴、溅水或浸入的保护等级值

IP 6 5

代码字母		
IP	国际防护	—

代码编号 1	说明	定义
0	无防护	—
1	防止异物进入，50mm 或更大	直径为 50mm 的被测物体不得穿透外壳
2	防止异物进入，12.5mm 或更大	直径为 12.5mm 的被测物体不得穿透外壳
3	防止异物进入，2.5mm 或更大	直径为 2.5mm 的被测物体完全不能进入
4	防止异物进入，1.0mm 或更大	直径为 1mm 的被测物体完全不能进入
5	防止灰尘堆积	虽然不能完全阻止灰尘的进入，但灰尘进入量应不足以影响设备的良好运行或安全性
6	防止灰尘进入	灰尘不得进入

代码编号 2	说明	定义
0	无防护	—
1	防护水滴	不允许垂直落水滴对设备有危害作用
2	防护水滴	不允许斜向(偏离垂直方向不大于 15°)滴下的水滴对设备有任何危害作用
3	防护喷溅水	不允许斜向(偏离垂直方向不大于 60°)滴下的水滴对设备有任何危害作用
4	防护飞溅水	不允许任何从角度向外壳飞溅的水流对设备有任何危害作用
5	防护水流喷射	不允许任何从角度向外壳喷射的水流对设备有任何危害作用
6	防护强水流喷射	不允许任何从角度对准外壳喷射的水流对设备有任何危害作用
7	防护短时间浸入水中	在标准压力和时间条件下，外壳即使只是短时期内浸入水中，也不允许一定量的水流对设备造成任何危害作用
8	防护长期浸入水中	如果外壳长时间浸入水中，不允许一定量的水流对设备造成任何危害作用 制造商和用户之间的使用条件必须一致，该使用条件必须比代码 7 更严格
9K	防护高压清洗和蒸汽喷射清洗的水流	不允许高压下从任何角度直接喷射到外壳上的水流对设备有任何危害作用

食品加工行业通常使用防护等级为 IP65（防尘和防水管喷水）或 IP67（防尘和能短时间浸水）的元件。对某些场合究竟采用 IP65 还是 IP67，取决于特定的应用场合，因为对每种防护等级有其完全不同的测试标准。一味强调 IP67 比 IP65 等级高并不一定适用。因此，符合 IP67 的元件并不能自动满足 IP65 的标准

续表

<table>
<tr><td>泄漏量</td><td colspan="3">阀的泄漏量有两类，即工作通口泄漏量和总体泄漏量。工作通口泄漏量是指阀在规定的试验压力下相互断开的两通口之间内泄漏量，它可衡量阀内各通道的密封状态。总体泄漏量是指阀所有各处泄漏量的总和，除其工作通口的泄漏外，还包括其他各处的泄漏量，如端盖、控制腔等。泄漏量是阀的气密性指标之一，是衡量阀的质量性能好坏的标志。它将直接关系到气动系统的可靠性和气源的能耗损失。泄漏与阀的密封型式、结构型式、加工装配质量、阀的通径规格、工作压力等因素有关</td></tr>
<tr><td>耐久性</td><td colspan="3">耐久性是指阀在规定的试验条件下，在不更换零部件的条件下，完成规定工作次数，且各项性能仍能满足规定指标要求的一项综合性能，它是衡量阀性能水平的一项综合性参数
阀的耐久性除了与各零件的材料、密封材料、加工装配有关外，还有两个十分重要因素有关，即阀本身设计结构及压缩空气的净化处理质量（如需合适的润滑状况）
某些国外气动厂商对阀测试条件是：过滤精度为 5μm 干燥润滑的压缩空气，工作压力为 6bar，介质温度为 23℃，频率为 2Hz 条件下进行，目前，各气动制造厂商的耐久性指标平均为 2 千万次以上，一些上乘的电磁阀可达 5 千万次，1 亿次以上</td></tr>
<tr><td rowspan="10">电气结构及特性</td><td colspan="3">电磁阀实际上是一种机电一体化产品，电磁部分实际上是一种低压电器，所以电气性能也是电磁阀的一项基本要求。它除了包括保护等级、功耗、线圈温升、绝缘电阻、绝缘耐压、通电持续率（表示阀是连续工作，还是断续工作）等方面的要求外，还有其他功能是否齐全，如：直流电磁铁、交流电磁铁的电压规格，接线座的几种形式，指示灯、发光密封件，电脉冲插板和延时插板及保护电路等
电磁阀工作电源有交、直流两种，额定频率为 50Hz。常用的交流电压有 24V、36V（目前应用较少）、48V、110V（50/60Hz）、230V（50/60Hz）；直流电压有 12V、24V、42V、48V。一般允许电压波动为额定电压的-15%～+10%</td></tr>
<tr><td rowspan="3">电磁铁</td><td colspan="2">电磁铁是电磁阀的主要部件，主要由线圈、静铁芯和动铁芯构成。它利用电磁原理将电能转变成机械能，使动铁芯做直线运动。根据其使用的电源不同，分为交流电磁铁和直流电磁铁两种。电磁阀中常用电磁铁有两种结构型式：T 型和 I 型</td></tr>
<tr><td>T 型</td><td>T 型电磁铁：交流电磁铁在交变电流时，铁芯中存在磁滞涡流损失，通常交流电磁铁芯用高导磁的矽钢片层叠制成，T 型电磁铁可动部件重量大，动作冲击力大，行程大，吸力也大。主要用于行程较大的直动式电磁阀</td></tr>
<tr><td>I 型</td><td>I 型电磁铁：直流电磁铁不存在磁滞涡流损失，故铁芯可用整块磁性材料制成，铁芯的吸合面通常制成平面状或圆锥形。I 型电磁铁结构紧凑，体积小，行程短，可动部件轻，冲击力小，气隙全处在螺管线圈中，产生吸力较大，但直流电磁铁需防止剩磁过大，影响正常工作。直流电磁铁和小型交流电磁铁，常适用于作小型直动式和先导式电磁阀
对于 50Hz 的交流电，每秒有 100 次吸力为零，动铁芯因失去吸力而返回原位，此时，瞬时又将受交变电流影响，收力又开始增加，动铁芯又重新被吸合，形成动铁芯振动也就是蜂鸣声
预防措施：被分磁环包围部分磁极中的磁通与未被包围部分磁极中的磁通有时差，相应产生的吸力也有时差，故使某任一瞬时动铁芯的总吸力不等于零，可消除振动。分磁环的电阻越小越好（如黄铜、紫铜材质），但过于小时，也会使流过分磁环的电流过大，损耗也大</td></tr>
<tr><td rowspan="4">接线座（图 d）</td><td colspan="2">电磁阀的接线在阀的使用中是简单而重要的一步，接线应方便、可靠，不得有接触不良、绝缘不良和绝缘破损等，同时还应考虑电磁阀更换方便
随着电磁阀品种规格增多，适用范围扩大，接线方式也多样化，如图 d 所示为常用的接线方式：直接出线式、接线座式、DIN 插座式、接插座式</td></tr>
<tr><td>直接出线式</td><td>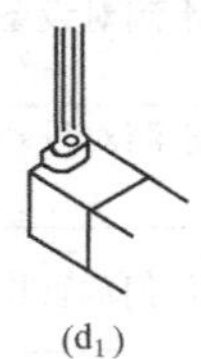
(d_1)
直接从电磁阀的电磁铁的塑封中引出导线，并用导线的颜色来表示 AC、DC 及使用电压等参数。使用时，直接与外部端子接线</td></tr>
<tr><td>接线座式</td><td>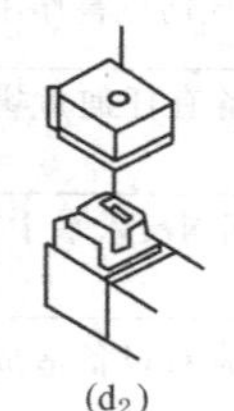
(d_2)
接线座与电磁铁或电磁阀制成一体，适用接线端子将接线固定的接线方式</td></tr>
<tr><td>DIN 插座式</td><td>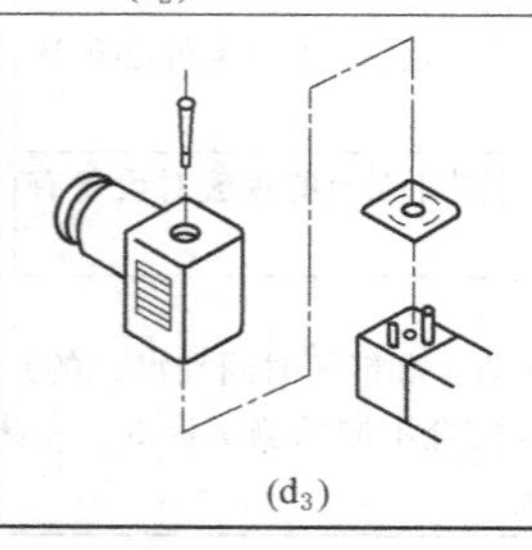
(d_3)
这是按照德国 DIN 标准设计的插座式接线端子的接线方式。对于直流电接线规定，1 号端子接正极，2 号端子接负极</td></tr>
</table>

续表

<table>
<tr><td rowspan="6">10.电气结构及特性</td><td>接插座式</td><td colspan="2">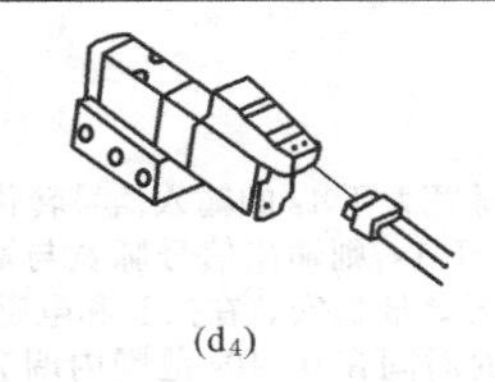
(d4)
在电磁铁或电磁阀上装设的接插座接线方式,带有连接导线的插口附件</td></tr>
<tr><td rowspan="5">保护电路(图e)</td><td colspan="2">电磁阀的电磁线圈是感性负载。在控制回路接通或断开的瞬态过渡过程中,电感两端储存或释放的电磁能产生的峰值电压(电流)将击穿绝缘层,也可能产生电火花而烧坏触点(通常都涂保护材料)。若在回路中加上吸收电路,可使电磁能以缓慢的稳定速度释放,从而避免上述不利影响。如图e所示为保护电路</td></tr>
<tr><td>RC电路</td><td>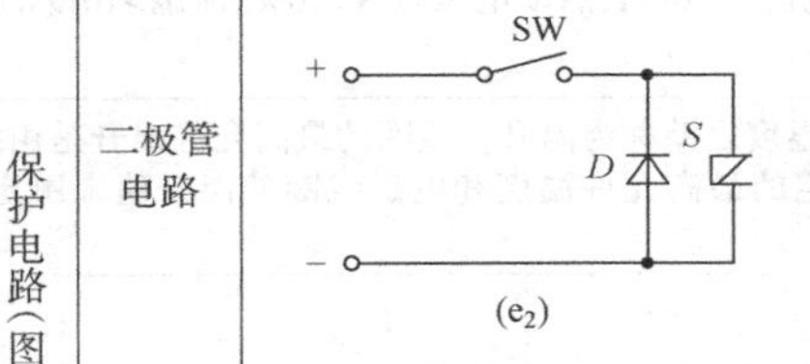(e_1)
图e_1为最简单的RC吸收保护电路,就是在触点上串联一个电容,以吸收电磁能。为了防止回路开关接通时电流全部通过电容释放,可以串联一个限流电阻。RC吸收电路有各种形式,仅适用R、C元件时,电容应该选用金属纸介质型或金属塑料介质型,介电常数大,峰值电压1000V;电阻应选用线绕电阻或金属膜电阻,功率0.5W</td></tr>
<tr><td>二极管电路</td><td>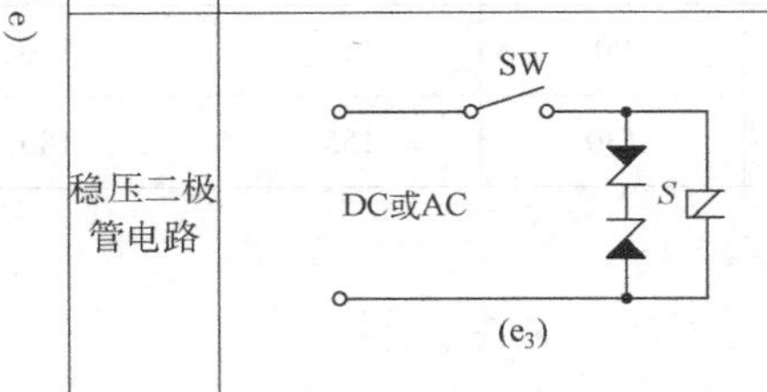(e_2)
图e_2为用于直流电的吸收保护电路。在直流电路中,如果确定了直流电极性,只需在线圈上并联一个二极管即可。必须注意,这将延长电磁线圈的断电时间</td></tr>
<tr><td>稳压二极管电路</td><td>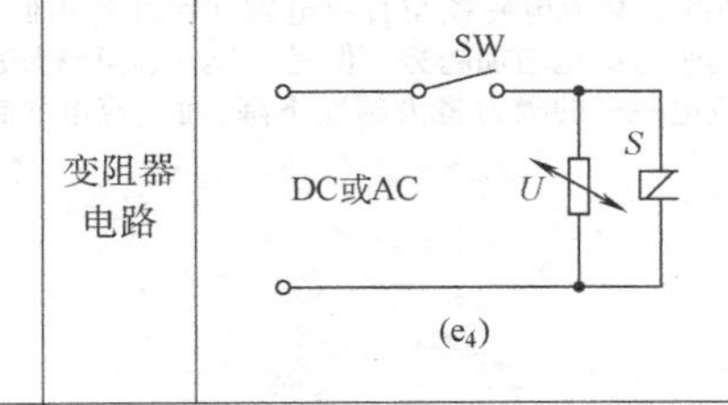(e_3)
图e_3为采用稳压二极管的吸收保护电路,两个稳压二极管反向串联后并联在线圈上,这是一种适应性更强的吸收电路。它可适用于DC和AC电路,且避免了电磁线圈的断电时间延迟,但是当电压大于150V时,必须将几个稳压二极管串联使用</td></tr>
<tr><td>变阻器电路</td><td>SW
DC或AC
U
S
(e_4)
图e_4为采用变阻器的吸收保护电路,变阻器是一种衰减电流电压的理想元件。只有当超过额定电压时,漏电流才增加。变阻器适用于DC和AC电路</td></tr>
<tr><td></td><td>指示灯和发光密封件</td><td colspan="2">电磁铁上装了指示灯就能从外部判别电磁阀是否通电,一般交流电用氖灯,直流电用发光二极管(LED)来显示。现有一种发光密封件,通电后能发黄光,安装在插头和电磁阀之间,起到密封及通电指示作用,且带有保护电路,如图f所示
12~24V DC
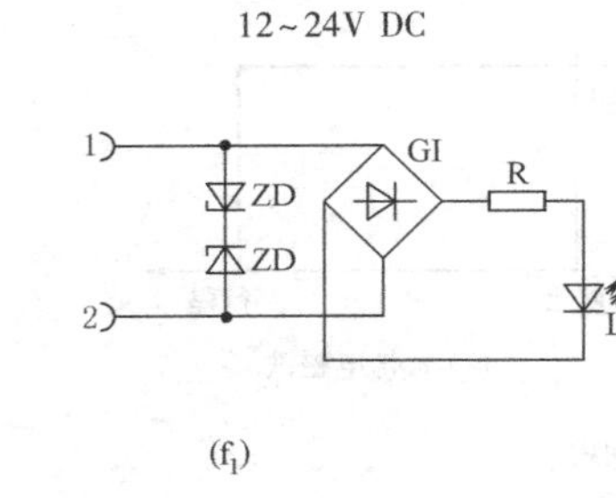(f_1)
230V DC/AC±10%
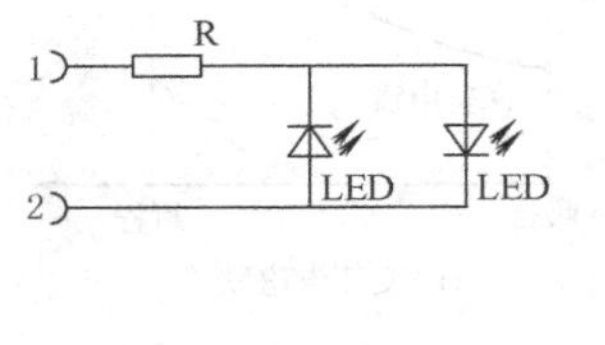(f_2)
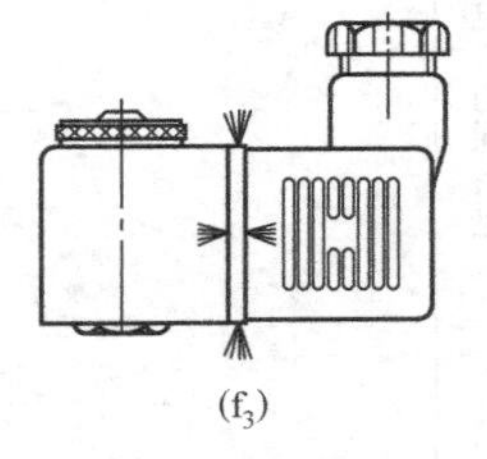(f_3)</td></tr>
</table>

续表

电气结构及特性 — 电脉冲插板和延时插板

延时插板

(g)

电脉冲插板是一个电子计时器,将脉宽大于1s的输入信号转化为脉宽为1s的输出信号。如果输入信号的脉宽小于1s,则输出信号脉宽与输入相等。插板上的黄色LED显示脉1s的输出信号。插板安装在插头和电磁线圈之间

延时插板是一个电子定时器,其延时时间在0~10s范围内调节。输入信号后,经选定的延时时间,产生输出信号。延时插板安装在插头和电磁线圈之间,见图g

通电持续率

通电持续率表示阀的电磁线圈能否连续工作的一个参数指标。根据DIN VDE 0580标准,100%通电持续率测试只用于带电磁线圈的电气部件。该测试显示了电磁线圈进行100%通电持续率工作的功能

当电磁线圈在最大许用电压下工作(连续工作S1,符合DIN VDE 0580标准),电磁线圈在温度柜(空气无对流状况)中能承受最大的许用环境温度,在密封工作管路中承受最大的许用工作压力时,电磁线圈至少可工作72h。然后需要进行下列测试:①释放电流的测量,断电状态下的释放特性;②当直接通电时,用最小的工作电压和最不适宜的压力比吸动衔铁的启动性能;③泄漏测量,该过程需重复进行直至该测试已持续通电至少达1000h,然后检查密封气嘴有否损坏。终止测试的条件是:启动特性及泄漏下降或超出到括号内的极限数值之下(如释放电流>1.0mA,启动电压>UN+10%,泄漏>10L/h)

温升与绝缘种类

电磁阀线圈通电后就会发热,达到热稳定平衡时的平均温度与环境温度之差称为温升。线圈的最高允许温升是由线圈的绝缘种类决定的(见下表)。电磁阀的环境温度由线圈的绝缘种类决定的最高允许温度和电磁线圈的温升值来决定,一般电磁阀线圈为B中绝缘,最高允许温度则为130℃

绝缘种类	A	E	B	F	H
允许温升/℃	65	80	90	115	140
最高允许温升/℃	105	120	130	155	180

吸力特性

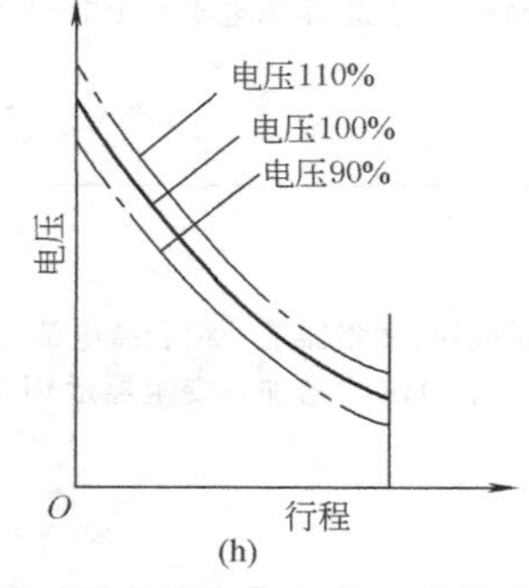

(h)

图h为行程与吸力特性曲线。交流电磁铁与直流电磁铁特性是相似的,当电压增加或行程减少时,两者的吸力都呈增加趋势。但是,当动铁芯行程较大时,由于两者的电流特性不同,直流电磁铁的吸力将大幅度下降,而交流电磁铁吸力下降较缓慢

启动电流与保持电流

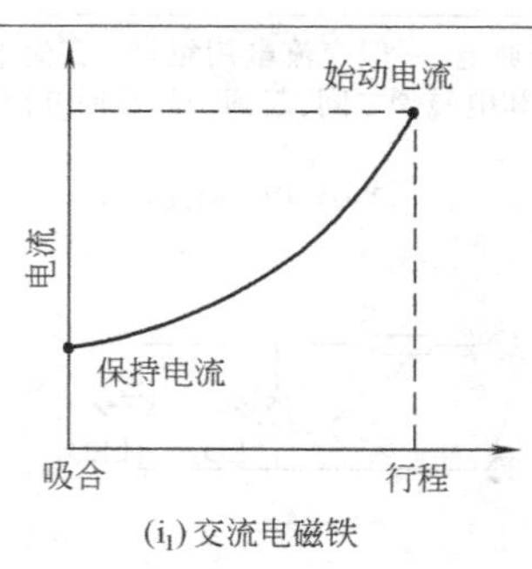

(i_1)交流电磁铁

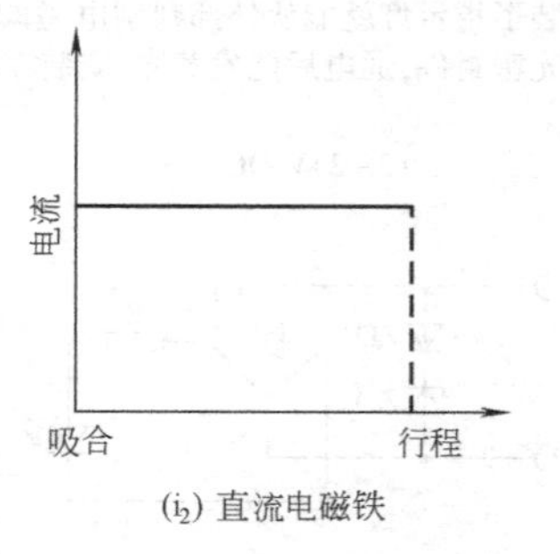

(i_2)直流电磁铁

(i)行程与电流特性曲线

续表

启动电流与保持电流	当交流电磁铁工作电压确定后,励磁电流大小虽与线圈的电阻值有关,但还受到行程的影响,行程大,磁阻大,励磁电流也大,最大行程时的励磁电流(也称启动电动)由图 i_1 可见,交流电磁铁启动时,即动铁芯的行程最大时,启动电流最大。随着动铁芯移动行程逐渐缩短,电流也逐渐变小。当电磁铁已被吸住的电流称为保持电流。一般电磁阀的启动电流为保持电流的2~4倍,对于大型交流电磁阀,它的启动电流可达保持电流10倍以上,甚至更大。当铁芯被卡住,启动电流持续流过时,线圈发热剧升,甚至于烧毁。交流电磁铁不宜频繁通断,其寿命不如直流电磁铁长。对于直流电磁铁而言,其线圈电流仅取决于线圈电阻,与行程无关。如图 i_2 所示,直流电磁铁的电流与行程无关,在吸合过程中始终保持一定值。故动铁芯被卡住时也不会烧毁线圈,直流电磁铁可频繁通、断,工作安全可靠。但不能错接电压,错接高压电时,流过电流过大,线圈即会烧毁	
功率	在设计电磁阀控制回路时,需计算回路中电流等参数。计算时应注意,交流电磁铁的功率用视在功率 $P=U\cdot I$ 计算,单位为V·A,已知交流电磁阀的视在功率为16V·A,使用电压为220V,则流过交流电磁阀的电流为73mA。直流电磁阀用消耗功率 P 计算,单位为W。例如,若已知直流电磁阀的消耗功率为2W,使用电压为24V,则流过直流电磁铁的电流为83mA	
防爆特性	特性	防爆电磁阀不仅仅指电磁线圈,阀体本身也有防爆的等级等技术要求。详见第13章气动相关技术标准中7小节关于防爆标准的标准及说明,电磁线圈按用于电子设备的防爆产品型号的说明(见第13章),阀体按用于机械设备的防爆产品型号的说明(见第13章)。各种防爆型式[充油型o、正压型p、充砂型q、隔爆型d、增安型e、本质安全型i(ia、ib)、浇封型m、气密型h、无火花型n见表23-13-6]。电磁阀防爆的型式、等级等技术要求,是由电磁阀工作的环境决定的
	举例	如:FESTO公司MSF...EX防爆电磁线圈符合ATEX规定,也符合VDE0580规范,绝缘等级F,通电持续率100%,防护等级IP65,可用于直流工作电压DC 24V及交流工作电压AC24V、110V、220V、230V、240V。其ATEX防爆标志:Ⅱ2 GD EEx mⅡT5(该防爆线圈为浇封型,可用于2爆炸区、2类设备组、易爆气体尘埃场合、保护等级Ⅱ、线圈表面温度为100℃),或Ⅱ3 GD EEx nAⅡ T 130℃X(该防爆线圈为无火花本安型,可用于2爆炸区、3类设备组、易爆气体尘埃场合、保护等级Ⅱ、线圈表面温度为130℃)。在使用交流电压时的功率系数为0.7

1.4 方向控制阀的选用方法

表 23-5-4

选用原则	总体原则	为了使管路简化,减少品种和数量,降低成本,合理地选择各种气动控制阀是保证气动自动化系统可靠地完成预定动作的重要条件 首先根据应用场合(工作压力、工作温度、气源净化要求等级等)确定采用电磁控制还是气压控制,是采用滑阀型电磁阀还是截止型电磁阀或间隙型电磁阀(硬配阀),然后根据工艺逻辑关系要求选择电磁阀通口数目及阀切换位置时的功能,如二位二通、二位三通(常开型、常闭型)、二位五通(单电控、双电控)、三位五通(中封式、中泄式、中压式)。接着应考虑阀的流量、功耗、切换时间、防护等级、通电持续率,与此同时究竟选用管式阀、半管式阀、板式阀或是ISO板式阀,通常当需要几十个阀时,大都采用集成板接式连接方式
	具体原则	①根据流量选择阀的通径。阀的通径是根据气动执行机构在工作压力状态下的流量值来选取的。目前国内市场的阀流量参数有各种不同的表示方法,阀的通径不能表示阀的真实流量,如G¼的阀通径为8mm,也有的为6mm。阀的接口螺纹也不能代表阀的实际流量,必须明确所选阀实际流量L/min,这些在选择时需特别注意 ②根据要求选用阀的功能及控制方式,还须注意应尽量选择与所需型号相一致的阀,尤其对集成板接式阀而言,如用二位五通阀代替二位三通阀或二位二通阀,只需将不用的孔口用堵头堵上即可。反之,用两个二位三通阀代替一个二位五通阀,或用两个二位二通阀代替一个二位三通阀的做法一般不推荐,只能在紧急维修时暂用 ③根据现场使用条件选择直动阀、内先导阀、外先导阀。如需用于真空系统,只能采用直动阀和外先导阀 ④根据气动自动化系统工作要求选用阀的性能,包括阀的最低工作压力、最低控制压力、响应时间、气密性、寿命及可靠性。如用气瓶惰性气体作为工作介质,对整个系统的气密性要求严格。选择手动阀就应选择滑柱式阀结构,阀在换向过程中各通口之间不会造成相通而产生泄漏 ⑤应根据实际情况选择阀的安装方式。从安装维修方面考虑板式连接较好,包括集成式连接,ISO 5599.1标准也是板式连接。因此优先采用板式安装方式,特别是对集中控制的气动控制系统更是如此。但管式安装方式的阀占用空间小,也可以集成板式安装,且随着元件的质量和可靠性不断提高,已得到广泛应用。对管式阀应注意螺纹是G螺纹、R螺纹,还是NPT螺纹 ⑥应选用标准化产品,避免采用专用阀,尽量减少阀的种类,便于供货、安装及维护。最后要指出,选用的阀应该技术先进,元件的外观、内在质量、制造工艺是一流的,有完善的质量保证体系,价格应与系统的可靠性要求相适应。这一切都是为了保证系统工作的可靠性

续表

使用注意事项	①安装前应查看阀的铭牌,注意型号、规格与使用条件是否相符,包括工作压力、通径、螺纹接口等。接通电源前,必须分清电磁线圈是直流型还是交流型,并看清工作电压数值。然后,再进行通电、通气试验,检查阀的换向动作是否正常。可用手动装置操作,检查阀是否换向。但待检查后,务必使手动装置复原 ②安装前应彻底清除管道内的粉尘、铁锈等污物。接管时应防止密封带碎片进入阀内。如用密封带时,螺纹头部应留1.5~2个螺牙不绕密封件,以免断裂密封带进入阀内 ③应注意阀的安装方向,大多数电磁阀对安装位置和方向无特别要求,有指定要求的应予以注意 ④应严格管理所用空气的质量,注意空压机等设备的管理,除去冷凝水等有害杂质。阀的密封元件通常用丁腈橡胶制成,应选择对橡胶无腐蚀作用的透平油作为润滑油(ISO VG32)。即使对无油润滑的阀,一旦用了含油雾润滑的空气后,则不能中断使用。因为润滑油已将原有的油脂洗去,中断后会造成润滑不良 ⑤对于双电控电磁阀应在电气回路中设联锁回路,以防止两端电磁铁同时通电而烧毁线圈 ⑥使用小功率电磁阀时,应注意继电器接点保护电路RC元件的漏电流造成的电磁阀误动作。因为此漏电流在电磁线圈两端产生漏电压,若漏电压过大时,就会使电磁铁一直通电而不能关断,此时要接入漏电阻 ⑦应注意采用节流的方式和场合,对于截止式阀或有单向密封的阀,不宜采用排气节流阀,否则将引起误动作。对于内部先导式电磁阀,其入口不得节流。所有阀的呼吸孔或排气孔不得阻塞 ⑧应避免将阀装在有腐蚀性气体、化学溶液、油水飞溅、雨水、水蒸气存在的场所,注意,应在其工作压力范围及环境温度范围内工作 ⑨注意手动按钮装置的使用,只有在电磁阀不通电时,才可使用手动按钮装置对阀进行换向,换向检查结束后,必须返回,否则,通电后会导致电磁线圈烧毁 ⑩对于集成板式控制电流阀,注意排气背压造成其他元件工作不正常,特别对三位中泄式换向阀,它的排气顺畅与否,与其工作有关。采取单独排气以避免产生误动作

1.5 气控换向阀

表 23-5-5

二位三通/二位五通/三位五通气控阀	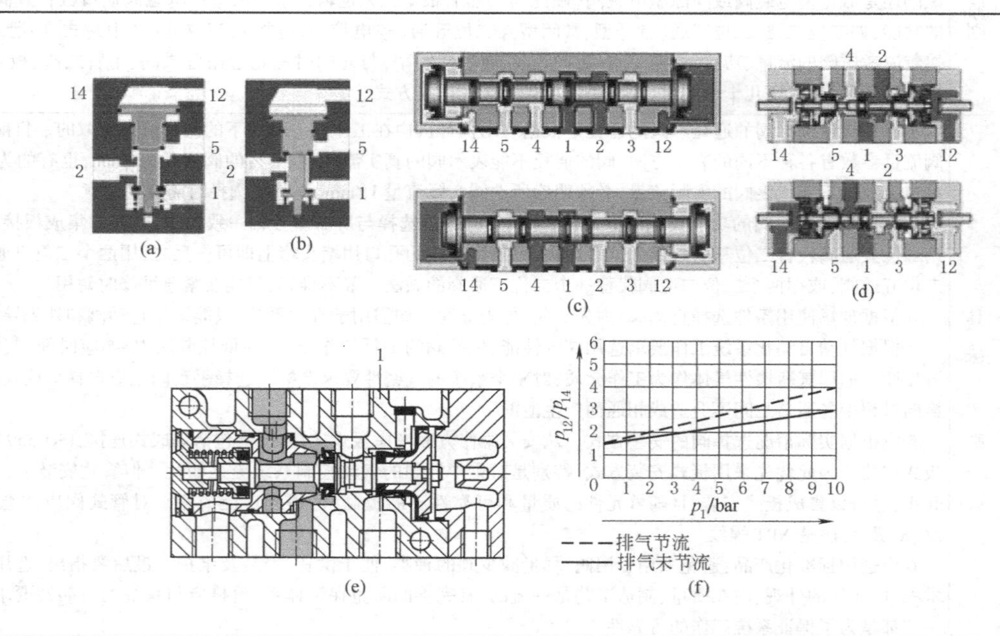

续表

<table>
<tr>
<td>二位三通/二位五通/三位五通气控阀</td>
<td>

气控换向阀是靠外加的气压使阀换向的。这外加的气压力称为控制压力。气控阀有二位二通/二位三通/二位五通/三位五通，图 a 和图 b 为二位三通工作原理示意图。气控阀按控制方式有单气控和双气控两种。图 c 所示为滑柱式双气控阀的动作原理图，双气控阀具有记忆性能，当给控制口 12 一个控制气压（长信号或脉冲信号），工作口 2 便有输出压力，即使控制信号 12 取消后，阀的输出仍然保持在信号消失前工作口 2 状态。当给控制口 14 一个控制气压（长信号或脉冲信号），原工作口 2 的输出被切换到工作口 4，即使控制信号 14 消失后，阀的输出仍然保持在工作口 4 状态。气控阀与电磁阀在结构上的区别是没有电磁换向阀两旁的先导电磁阀部件。图 d 所示的为带手动控制装置同轴截止式双气控二位五通阀的动作原理图。双气控阀与单气控阀的区别是当控制信号消失，靠弹簧力或气弹簧复位，如图 e 所示，图 f 表示最低控制压力与工作压力之间的关系，从图中曲线可知当阀的排气口装上节流阀后，阀最低控制压力有所提高，这是由阀内排气通道给先导活塞背压所致

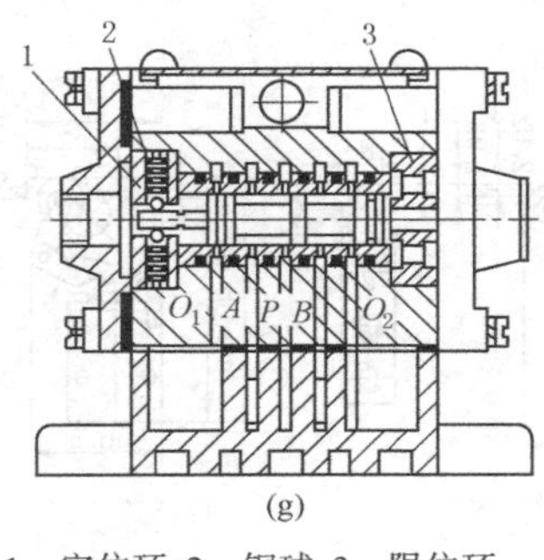

(g)

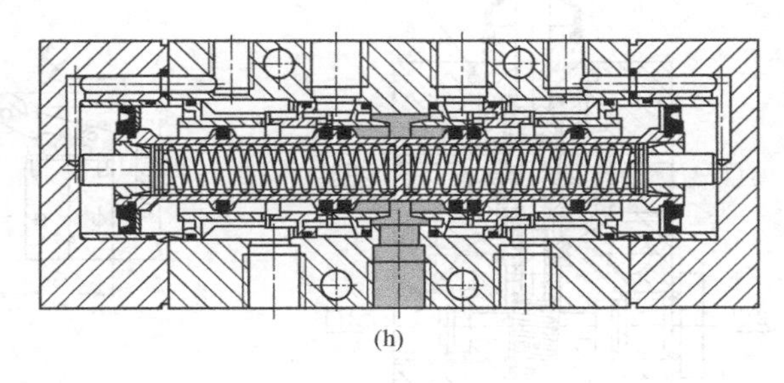
(h)

1—定位环；2—钢球；3—限位环

图 g 是二位五通双气控间隙配合阀（硬配阀）。阀套与阀芯采用不同金属材质经研配而成，它的间隙为 0.5～1μm。阀芯设有定位装置（钢珠、弹簧锁紧定位）。使用这种间隙密封应重视使用的空气净化质量，防止阀套于阀芯组件污染

需要补充说明，通常同属一个系列电磁阀和气控阀，它们的主要部件能互换，只要将电磁阀的电磁先导部分卸掉，加上盖板就能成为气控阀

图 h 是双气控中封型三位阀。在零位时，滑柱依靠两侧的弹簧和对中活塞保持在中间封闭位置。当控制口有控制信号时，阀换向

</td>
</tr>
<tr>
<td>差压控制</td>
<td>

差压控制气控阀属于双气控阀的派生。它的气动符号见下左图。

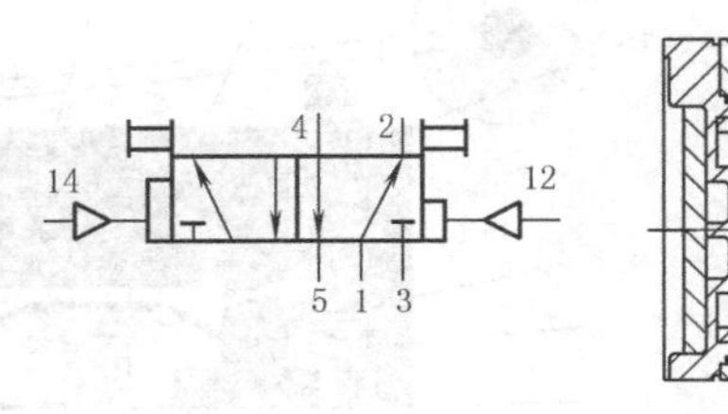

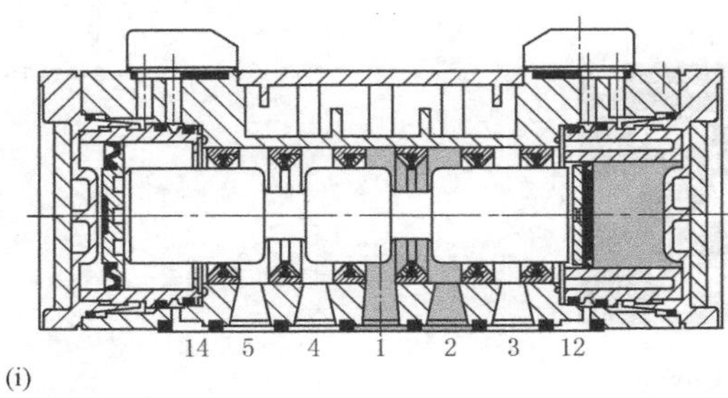

(i)

图 i 是二位五通差压控制阀的结构原理图。利用气阀两端控制腔室的面积差，14 口的控制腔室面积大于 12 口的控制腔室面积，形成差压工作原理，所谓的差压工作原理即当 12 口的控制腔室有气压控制时，工作口 2 有输出压力、工作口 4 排气。反之，当 14 口的控制腔室有气压控制时，工作口 4 有输出压力、工作口 2 排气。但 12、14 两端的控制口同时有相同压力控制信号时，由于 14 口的控制腔室面积大于 12 口的控制腔室面积，则工作口 4 有输出压力。当 12 控制口和 14 控制口同时失去控制信号时，阀芯按 14 主控功能使其位置停留在工作口 4 有输出

</td>
</tr>
</table>

1.6 机控换向阀

表 23-5-6　　机控阀的组成、分类和工作原理

组成、分类

机控阀是靠机械外力驱动使阀芯切换，由主阀体与机械操作机构两大部件组成。按主阀体切换位置功能可分为二位二通、二位三通、二位四通，按主阀体气路通路状态可分常通型（常开型）、常断型（常闭型），按主阀体切换工作原理可分为直动式、先导式。按机械操作机构可分为直动式、滚轮式、杠杆滚轮式、单向杠杆滚轮式（有些气动厂商亦称可通过式，返回时阀不切换）、旋转杠杆式（有些气动厂商亦称可调杠杆滚轮式）、弹簧触须式（有些气动厂商亦称可调杆式）

直动式二位三通机控阀

直动式二位三通主阀体原理见图 a，机械操作机构外形尺寸参数见图 b

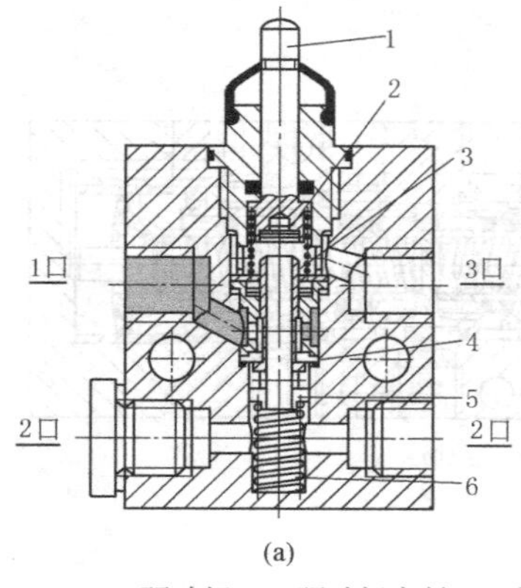

(a)

1—驱动杆；2—驱动杆密封；3—阀芯杆；4—阀芯杆密封；5—弹簧座；6—弹簧

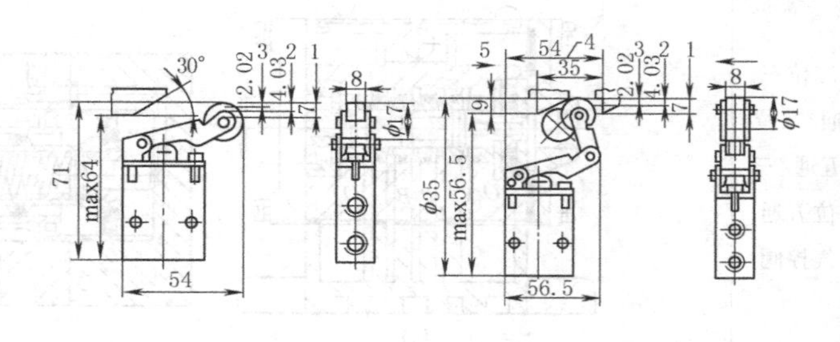

(b)

1—起始开度；2—最大开度；3—最大行程；4—最小驱动行程；5—驱动方向

直动式二位三通主阀体原理：该主阀体为截止式结构，当驱动杆受外力作用后向下移动，驱动杆上密封件封死空芯的阀芯杆，并推动空芯的阀芯杆克服弹簧力向下位移，此时，被空芯阀芯杆密封件封死的阀口被打开，工作气口 1 与输出气口 2 导通，原来输出气口 2 通过空芯的阀芯杆内腔向排气口 3 的通道被驱动杆上密封件封死。当外力去除后，弹簧复位力推动阀芯座并使阀芯杆往上移动，空芯阀芯杆密封件封死的阀口，工作气口 1 与输出气口 2 被封死，输出气口 2 通过空芯的阀芯杆内腔向排气口 3 排出。左面输出气口 2 根据需要可用堵头封塞，也可改为右面封死

小型直动式二位三通机控阀可有 M5、G⅛接口，流量为 80L/min，130L/min，阀体有工程塑料或压铸锌合金材质

先导式二位三通机控阀

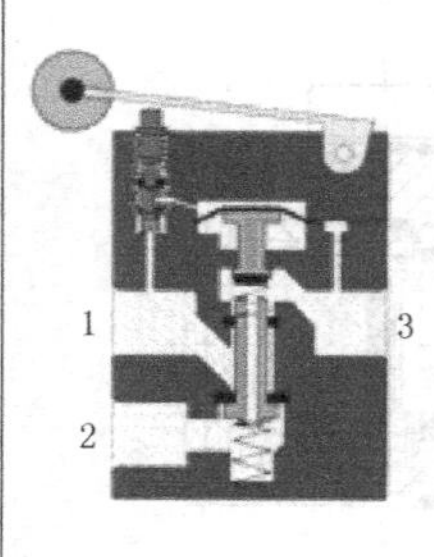

(c)

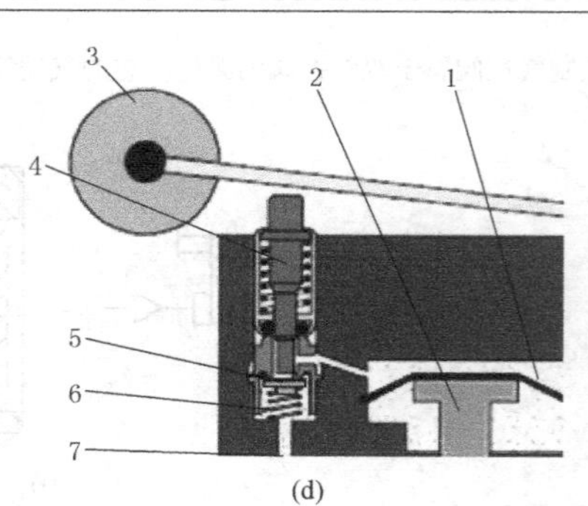

(d)

1—先导室膜片；
2—先导活塞；
3—滚轮；
4—先导阀杆；
5—密封垫；
6—弹簧；
7—先导气路通道

图 c 是先导式二位三通常闭型机控阀的工作原理示意图，该阀的工作原理与直动式二位三通不同的部分见图 d 先导阀部分，当滚轮未被压下时，来自先导气源通道的压缩空气（来自于工作气源口 1），在弹簧力的作用下，由密封垫把阀口封死，当滚轮被压下时，先导阀杆下移，推开密封垫，先导气源通道的压缩空气与先导室导通，压缩空气作用在先导室膜片产生大的推力推动先导活塞，先导活塞下移。先导活塞的密封件封死主阀阀芯的中间通孔（关闭输出口 2 与排气口 3 的通路见图 c），并使主阀阀芯克服弹簧力后继续下移，被空心阀芯杆密封件封死的阀口被打开，气源工作口 1 与输出口 2 导通。先导式二位三通机控阀可使机械控制滚轮的驱动力在 6bar 时仅 1.8N，该阀流量为 120L/min

续表

旋转杠杆式机控阀	(f) (e) (g) 旋转杠杆式机控阀由主阀体与机械操作机构两大部件组成，见图 e。它的机械驱动部件根据需要可配置杠杆型（有些气动厂商亦称可调杆式）、长臂型、短臂型（图 f）。短臂型驱动力为 7N，长臂型、杠杆型驱动力低于 7N（根据调整后长度，驱动力会有不同），主阀体上转动控制头可调整驱动范围（见图 g）
弹簧触须式机控阀	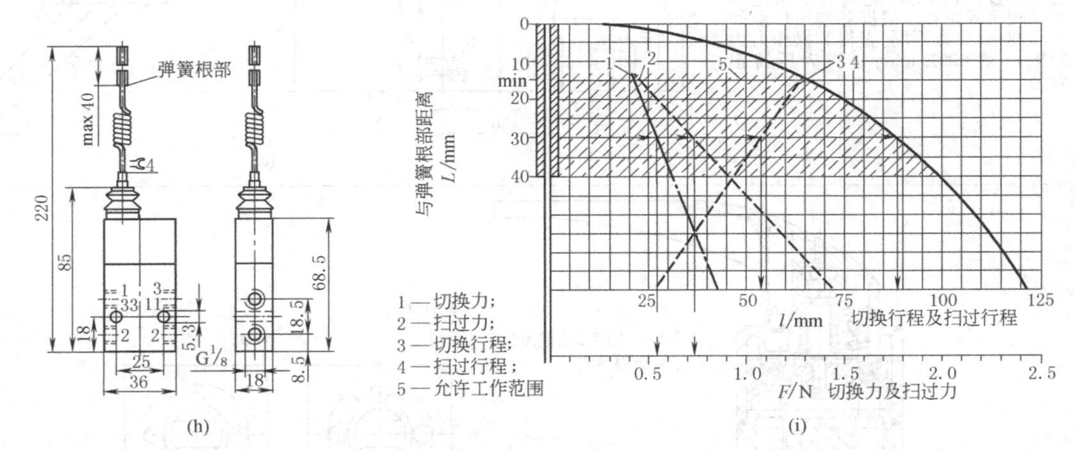 (h) (i) 弹簧触须式机控阀见图 h，采用先导控制方式，只需要很小的驱动力，特别适合于控制对象在不同轴向位置或不在一个平面上的场合。该阀可以在任何与弹簧触须轴向垂直的方向上驱动。它的驱动力见图 i 例：当与弹簧根部距离 30mm、在切换行程为 54mm 时，其切换力为 0.57N。在扫过行程为 88mm 时，其扫过力为 0.75N

1.7 人力控制阀

表 23-5-7

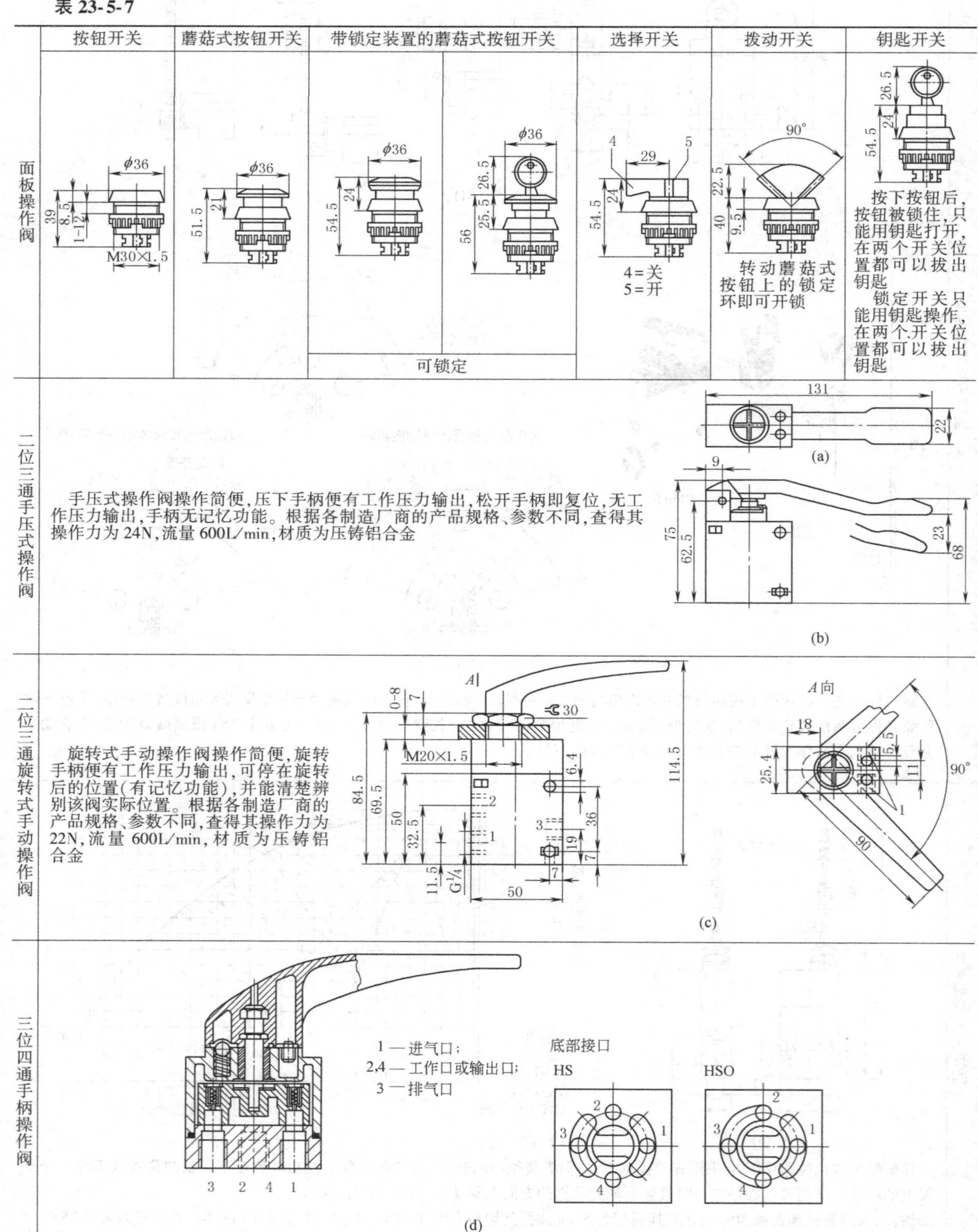

	按钮开关	蘑菇式按钮开关	带锁定装置的蘑菇式按钮开关		选择开关	拨动开关	钥匙开关
面板操作阀			可锁定		4=关 5=开	转动蘑菇式按钮上的锁定环即可开锁	按下按钮后，按钮被锁住，只能用钥匙打开，在两个开关位置都可以拔出钥匙 锁定开关只能用钥匙操作，在两个开关位置都可以拔出钥匙
二位三通手压式操作阀	手压式操作阀操作简便，压下手柄便有工作压力输出，松开手柄即复位，无工作压力输出，手柄无记忆功能。根据各制造厂商的产品规格、参数不同，查得其操作力为 24N，流量 600L/min，材质为压铸铝合金					(a) (b)	
二位三通旋转式手动操作阀	旋转式手动操作阀操作简便，旋转手柄便有工作压力输出，可停在旋转后的位置(有记忆功能)，并能清楚辨别该阀实际位置。根据各制造厂商的产品规格、参数不同，查得其操作力为 22N，流量 600L/min，材质为压铸铝合金					(c)	
三位四通手柄操作阀	1—进气口； 2,4—工作口或输出口； 3—排气口				底部接口 HS	HSO	(d)

续表

三位四通手柄操作阀	三位四通手柄操作阀以改变气路方向及直接控制驱动气缸为目标，它有中封式、中泄式。当气缸活塞运行速度较慢时，利用中封式三位四通手柄操作阀可使气缸做暂停动作，也可利用中泄式三位四通手柄操作阀使气缸处于排气状态，气缸活塞可做自由移动。旋转手柄后可停在旋转后的位置（有记忆功能），并能清楚辨别该阀实际位置。根据各制造厂商的产品规格、参数不同，查得其中一些规格的操作力12~26N，流量130~3500L/min，小规格阀的材质为工程塑料、大规格的为压铸铝合金
脚踏阀	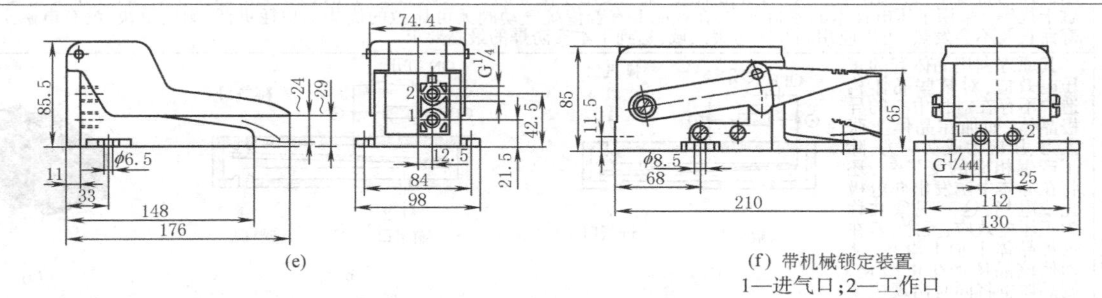 (e)　(f) 带机械锁定装置 1—进气口；2—工作口 脚踏阀是用脚操作，不影响人的双手操作，在半自动流水线上应用也较广泛。图e为无记忆功能的脚踏阀，当脚踩下踏板后，阀被切换，脚一离开踏板，阀即刻恢复原状无输出压力。图f为带记忆功能的脚踏阀，当脚踩一下踏板后，阀就被切换，脚踏阀内的机械锁紧装置将其锁定，即使脚已离开踏板，脚踏阀仍保持有输出压力，只有再次驱动脚踏板后，阀才能恢复原始位置。为了防止被人误踩，应配有保护罩壳。根据各制造厂商的产品规格和参数不同，查得其中一些规格的操作力：无记忆功能的为52N，带记忆功能的为69N。流量600L/min，材质为压铸铝合金
手拉阀	传统对手拉阀的应用是将其安置在气源三联件之前，当停机需机修时，作释放系统内的气压之用，另外也适用气动控制系统的压力调节和排气之用。可用于真空系统。手拉阀的工作原理如图g所示，图中位置气口1与气口2断路，气口2→气口3排气。如果圆桶形壳体往左移动，气口1→气口2呈通路状态，气口3无排气 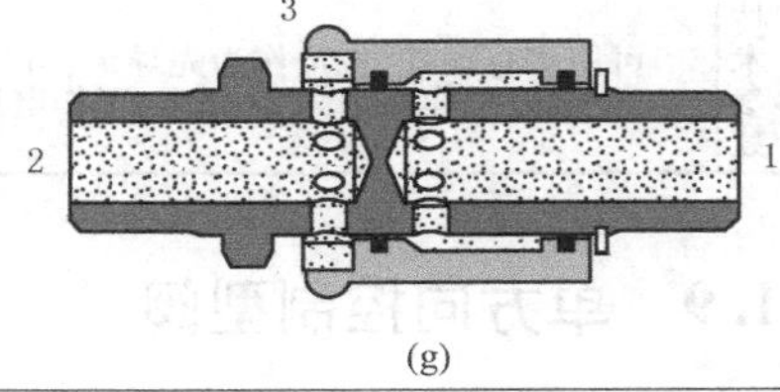 (g)
气动双手启动模块	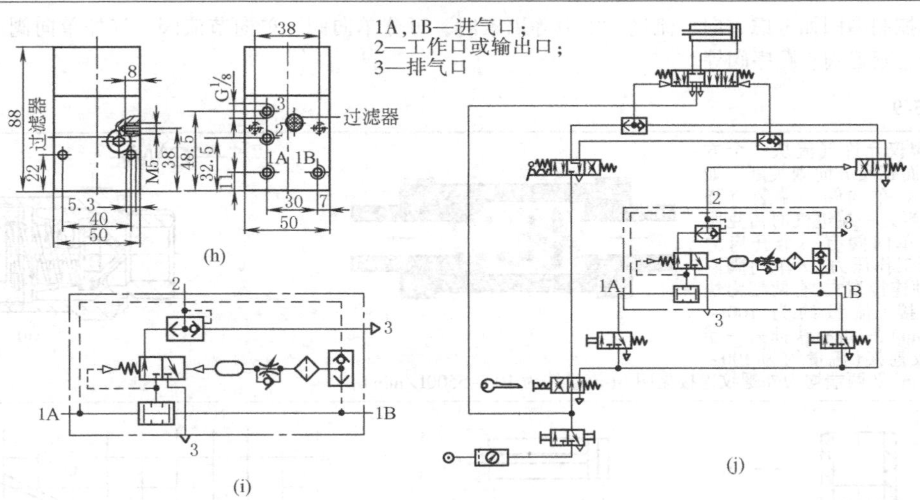 1A,1B—进气口； 2—工作口或输出口； 3—排气口 (h)　(i)　(j) 气动双手启动模块用于手动操作可能对操作者有危险的场合（如启动气缸时），或其他要求启动时操作者双手不接触危险区的设备。只有通过两个二位三通手动操作阀同步向两个输入口 P_1 与 P_2（0.2~0.5s内）输入压力，输出口A才有连续输出信号，需要说明的是超过0.5s气动双手启动模块便失效，以确保安全。当关闭一个或两个按钮阀，输出口的流量立即中断，与A口相连接的气缸或阀复位。气动双手启动模块工作原理如图i所示，1A、1B分别接的是两个二位三通手动操作阀输出工作口，无论对1A信号还是1B信号而言，它们都一端接双压阀（与门逻辑元件），一端接梭阀（或门逻辑元件），然后把双压阀的输出信号、梭阀的输出信号再与二位三通差压阀进行一次与的逻辑运算，双压阀的压力输出分二路，一路作二位三通差压阀的工作气源，另一路作二位三通差压阀的控制信号，直接接入二位三通差压阀的左端。而梭阀的压力输出需通过单向节流阀及气容装置（即延时功能0.2~0.5s）再到达二位三通差压阀的右端，问题的关键是当梭阀的压力输出还未到达二位三通差压阀的右端时，二位三通差压阀已通过与的运算，于是信号压力通过快排阀及口2给出一个正常工作的压力信号。如果双手不同步，则梭门的信号经过0.2~0.5s先到达二位三通差压阀右端控制口，二位三通差压阀与快排阀处于断路状态，确保安全启动要求。符合EU机械标准89/392/EU，Appendix 4和CE认证。符合EN 954标准1类（仅与压力顺序阀，例如VD-3-PK-3连接），符合EN 574标准Ⅲ型。气动双手启动模块在双手操作气路图中的实例见图j

1.8 压电阀

表 23-5-8

<table>
<tr><td>特点</td><td>作为气动技术中创新革命性的产品，压电阀进入市场已有十几年历史。压电阀本质上应属于电磁控制范畴，但它又不同于常规电磁控制（采用电磁铁作为电-机械转换级，把电控制信号转换为机械的位移，推动阀芯，实现气路的切换），而是把压电材料的电-机械转换特性引入到气动控制阀中，作为气动阀的电-机械转换级，所以与常规电磁控制相比是完全的全新技术。作为常规电磁控制（电磁铁）有价格低廉、操作使用方便等优点；其缺点是功耗较大、响应速度不够快、存在发热及有电磁干扰等。采用了压电技术的控制方式，在性能上有着传统气动阀无可比拟的优势。功耗更低、响应更快、没有电磁干扰、寿命长及不会发热，可以应用到 0 区防爆区域，达到了本安防爆的最高要求</td></tr>
<tr><td>工作原理</td><td>其原理利用晶体管的正压电效应，对某些晶体构造中不存在对称中心的异极晶体，如加在晶体上张紧力、压应力或切应力，除了产生相应的变形外，还将在晶体中诱发出介电极化或电场，这一现象被称为正压电效应；反之，若在这种晶体上加上电场，从而使该晶体产生电极化，则晶体也将同时出现应变或应力，这就是逆压电效应。两者通称为压电效应。利用逆压电效应原理，在晶体上给予一定的电压、电流，晶体也将按一定线性比例产生形变
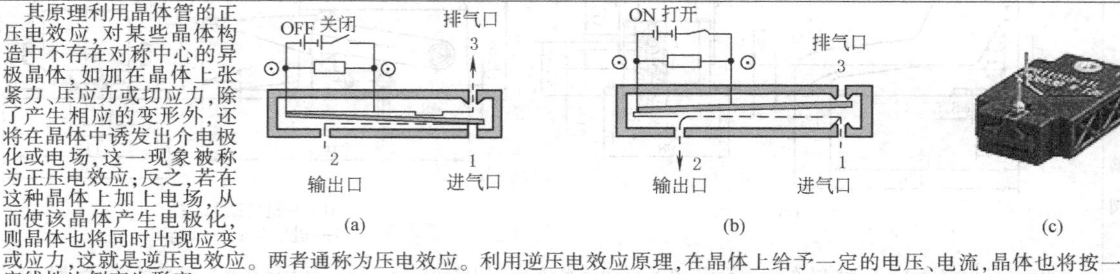

(a) (b) (c)
如图 a 和图 b 所示的压电阀二位三通换向示意图，1 口为进气口，2 口为输出气口，3 口为排气口，阀中间的弯曲部件为压电材料组成的压电片。当没有外加电场作用时，阀处于图 a 状态：进气口关闭，输出气口 2 经排气口 3 通大气。当在压电阀片上外加控制电场后，压电阀片产生变形上翘（见图 b），上翘的压电阀片关闭了排气口 3，同时进气口 1 和输出气口 2 连通。这样就完全实现了传统二位三通电磁换向阀的功能</td></tr>
<tr><td>技术参数</td><td>可用于直动式，也可作为先导级，可作为开关型，也可作为比例型控制。图 c 为二位三通压电阀，质量仅 6g，额定流量为 1.5L/min，工作压力为 2~8bar，工作电压为 24V，工作温度为-30~+80℃，切换时间为 2ms，切换功率为 0.014MW</td></tr>
</table>

1.9 单方向控制型阀

单方向控制型阀如考虑方向、流量、压力等因素时，可分单向阀、单向节流阀、气控单向阀、梭阀、双压阀、快排阀、延迟阀、顺序阀等。

表 23-5-9

<table>
<tr><td>单向阀</td><td>单向阀仅允许气流从一个方向通过，而相反方向则关断。如图 a 所示，单向阀一端装有弹簧，因此当另一端进气时需克服弹簧力，单向阀有一个开启力（即最低工作压力）。单向阀两端有多种连接型式：有两端为快插式连接（流量约为 100~2000L/min）、一端有快插另一端为外螺纹连接（流量约为 100~2300L/min）及两端均为外螺纹连接见图 b（流量约为 100~5500L/min）
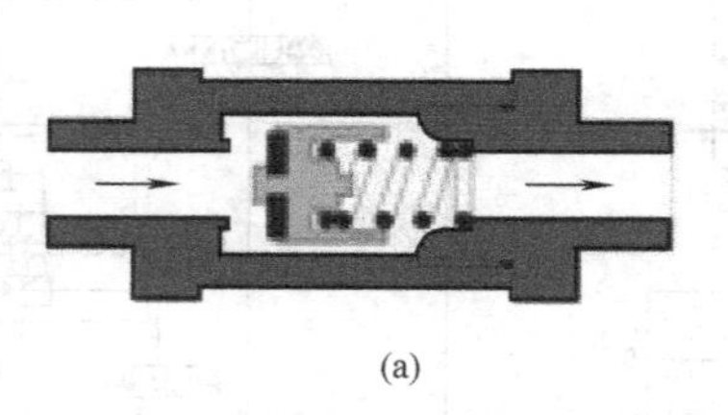
(a)
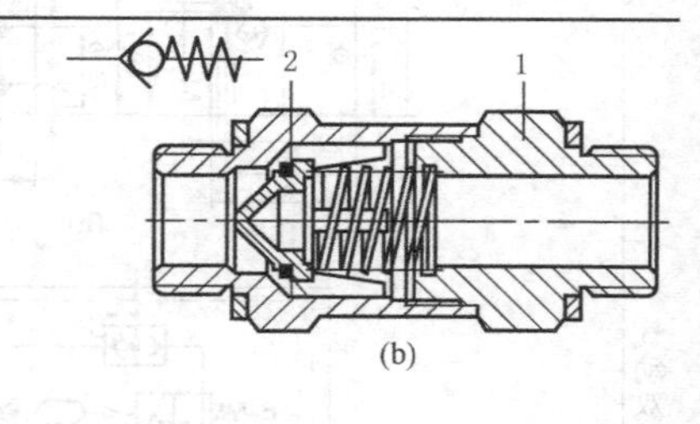

(b)</td></tr>
<tr><td>气控单向阀</td><td>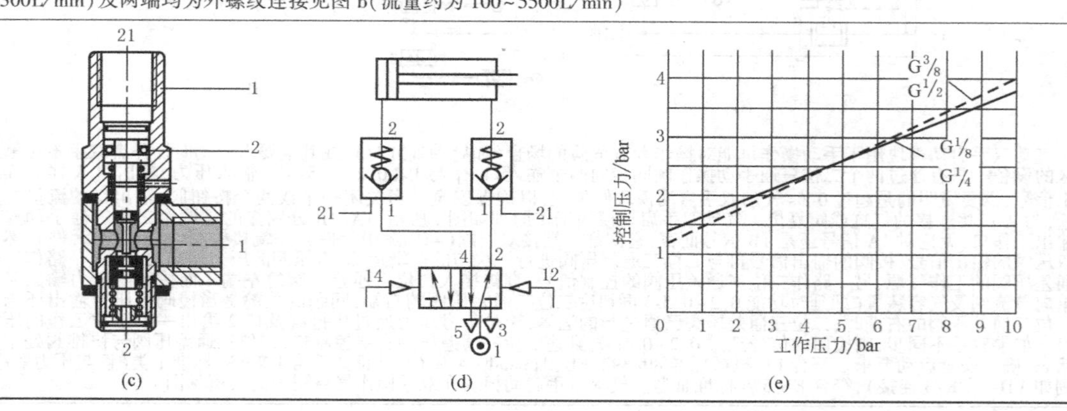

(c) (d) (e)</td></tr>
</table>

续表

气控单向阀	气控单向阀是由一个单向阀和一个先导功能的部件组合而成的，如图 c 所示当压缩空气从口 1 向口 2 方向流通时，气流推向密封垫而流出口 2，当压缩空气从口 2 向口 1 方向流通时，气流被密封垫封死而使口 2 与口 1 关闭，此时如要导通，须靠先导控制口 12 进入一个控制压力（先导控制的活塞面积大于密封垫封阀口的环形密封面），推动阀芯下移，推开密封垫，口 2 与口 1 导通。图 d 是气控单向阀在气缸停止上的应用示意，如果要先对 21 施加控制信号，压缩空气即可流入或流出气缸。但当控制信号复位时（即取消时），单向阀关闭，气缸排气，气缸停止运动。先导控制压力的大小与系统的工作压力有关，见图 e
梭阀和双压阀	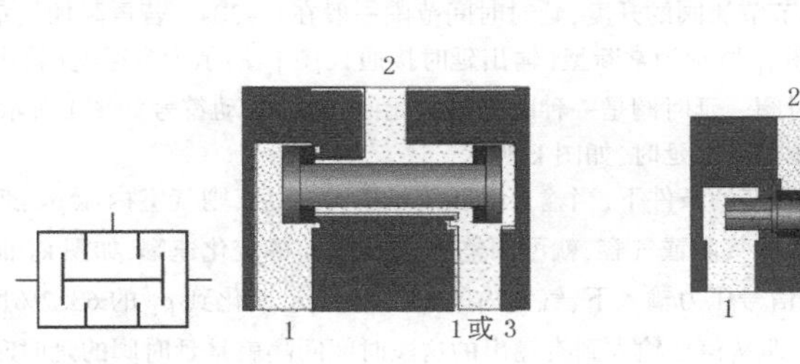 (f)　(g) 梭阀、双压阀为气动系统中的逻辑元件，梭阀为或门逻辑功能，双压阀为与门逻辑功能。梭阀的工作原理如图 f 所示：只要左面 1 口或右面的 1 或 3 口有输入压力，2 口总是有输出压力。双压阀的工作原理如图 g 所示，只有当左面 1 口及右面的 1 或 3 口同时有输入压力，2 口才会有输出压力。梭阀的工作压力为 1～10bar，流量为 120～5000L/min，接口螺纹为 M5、G⅛、G¼、G½。双压阀的工作压力为 1～10bar，流量为 100～550L/min，接口螺纹为 M5、G⅛
快排阀	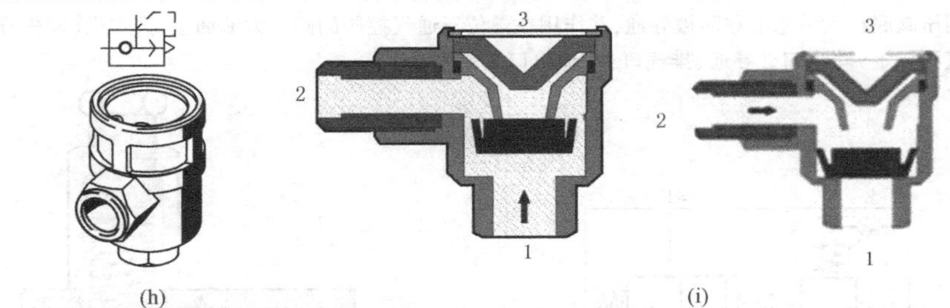 (h)　(i) 快排阀（见图 h）可增加单作用和双作用气缸回程时的活塞速度。它的工作原理如图 i 所示，压缩空气从 1 口流入，通过快速排气阀气口 2 到气缸，此时排气口 3 关闭。当气口 1 处的压力下降时（或气缸排气时），压缩空气从气口 2 到快排阀内，通过密封件把气口 1 封死，并向气口 3 直接排向外界。避免了气缸排气需借道经过换向阀另一个工作气口再向排气口排气。因此，通常快排阀都直接安装到气缸的排气口上。快速排气阀气口 3 配置消音器可大大减少排气噪声。快排阀的接口为 G⅛～G½，流量为 300～6500L/min
延迟阀	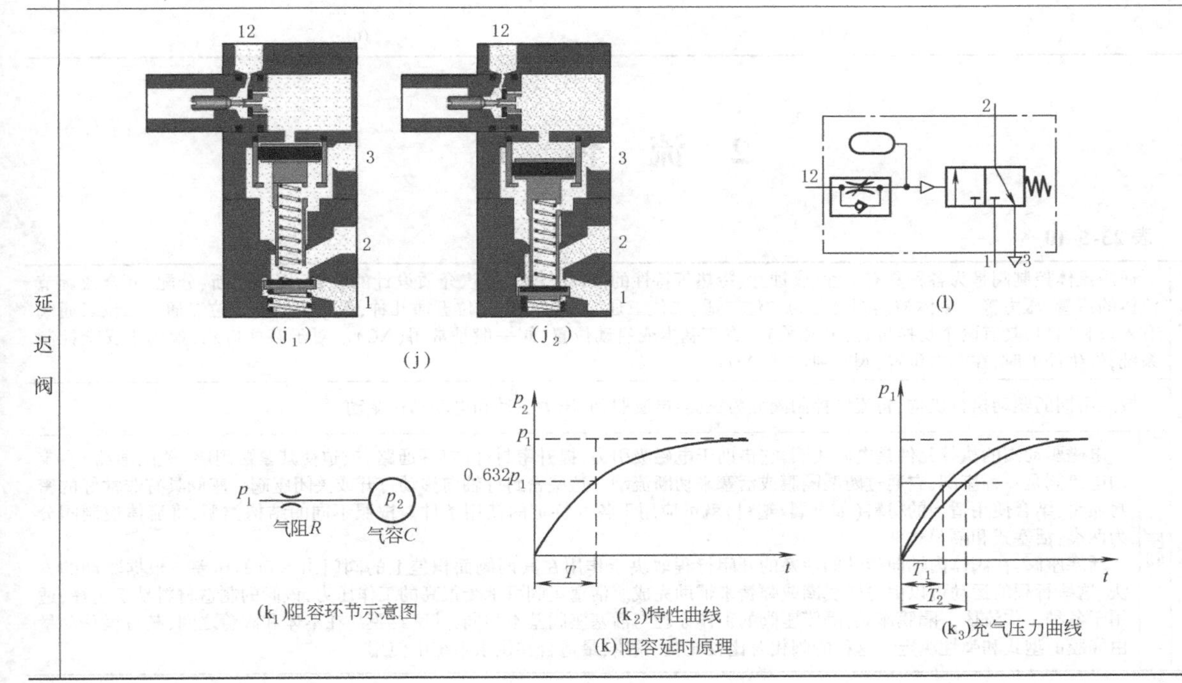 (j_1)　(j_2) (j) (l) (k_1)阻容环节示意图　(k_2)特性曲线　(k_3)充气压力曲线 (k)阻容延时原理

续表

延迟阀	图 j 所示为延时阀,由二位三通阀、单向阀、节流阀和气室组成。压缩空气由接口 1(P)向阀供气,控制信号从 12(Z)口输入,经节流阀节流流入气室。当气室中的充气压力达到阀的动作压力时,阀切换,输出口 2(A)就有输出 如果要使延时阀回到它的初始位置,那么控制管道一定要排空。空气通过与节流阀并联的单向阀从气室流出,经排放通道排向大气。此时,阀才能回到初始位置 若要调整延时时间的长短,只要调节节流阀的开度,延时时间范围一般在 0~30s。若再附加气室,延时时间还可延长 延时阀有常断型和常通型两种。图 j_1 所示为常断型(输出延时接通),图 j_2 所示为常通型(输出延时断开) 利用延时控制的气动元件称为延时阀。延时阀是一种时间控制元件,它的气动符号如图 l 所示。它是利用气阻和气容构成的节流盲室的充气特性来实现气压信号的延时,如图 k 所示 若气室内的初始压力为零,在温度不变的条件下,当输入阶跃信号压力 p_1 后,则气室内压 p_2 随时间变化的速度取决于阻容时间常数 T。因 $T=RC$,所以只要改变气阻或气容,就可调整充气压力 p_2 的变化速率,如图 k_3 曲线所示。同时,由图 k_2 曲线说明,阻容时间常数 T 等于在阶跃信号压力输入下,气室内的充气压力 p_2 变化到 p_1 的 63.2%所需的时间。通常,气动延时阀的动作压力选择在 $0.6p_1$ 左右。即从信号输入到有输出的这段时间间隔就是延时阀的延时时间,亦为时间常数
顺序阀	顺序阀实质是一种压力控制阀,当一个与压力相关的信号启动时,如气缸的气夹头夹紧力已达到最低压力范围时,可让进刀机构启动。它的气动符号如图 m 所示,由一个调压阀和一个二位三通气控阀组成。顺序阀的工作原理如图 n 所示,原始状态是工作气口 1 的工作压力作用在阀芯小端面上,阀芯右移,阀芯上密封件将封闭气源口 1 与输出口 2 的通道,气源口 1→输出口 2 关闭、排气口 3→输出口 2 导通,即使气源口 1 无工作压力,阀芯小端面上弹簧也将气源口 1→输出口 2 关闭。当调压阀底部出现控制压力 12 时(该控制压力可通过螺栓、大弹簧调节),推动调压阀底部大活塞上移,原被封死的气源口 1 的分支气路随调压阀底部大活塞上移而被导通,并作用在二位三通气控阀的阀芯大端面上,大端面(起先导活塞之用)左移,顺序阀阀芯的气源口 1→输出口 2 导通、排气口 3→输出口 2 关闭 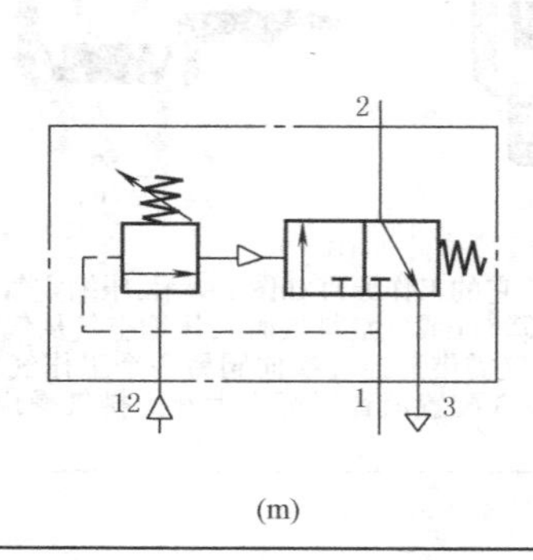 (m) 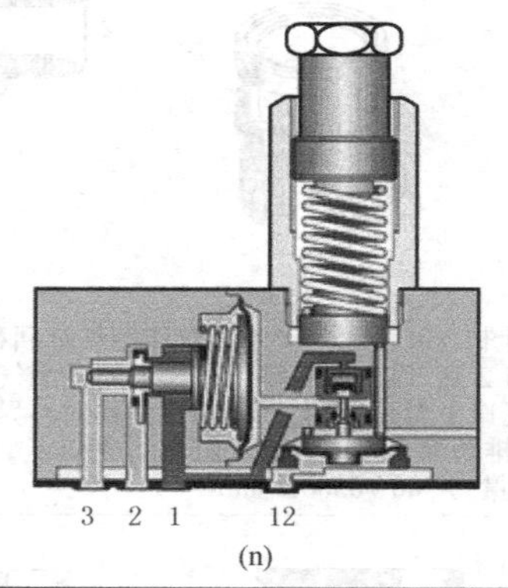 (n)

2 流 体 阀

表 23-5-10

概述		通用流体控制阀是为各种具有中性、腐蚀性、冷热等特性的液体、气体、蒸汽介质设计的装置,用于切断、分配、混合或调节流体的流量、压力等。流体控制阀可分为二位二通、二位三通、二位四通、二位五通几种,最常用的是二位二通。二位二通阀有入口和出口,具有两个切换位置(开和关)。在其基本或启动位置,阀一般是常闭(NC)。对于某些应用,如用于安全控制系统,发生停电时,在基本位置,阀必须常开(NO)
分类		按照不同的驱动执行机构,将流体控制阀分为三类:电磁驱动、压力驱动和电动马达驱动
电磁驱动	座阀	电磁驱动阀的执行元件是电磁线圈,它借助于电磁吸引力,提升密封件(打开通路)或迫使其紧贴阀座(关闭通路)。宝硕电磁阀是一种座阀,它通过防漏隔膜或活塞来切断流动。这些密封件轴向移动打开或关闭座阀。座阀具有非常好的密封质量,结合使用适当的材料(如金属/塑料)就可应用于各种特定的使用条件。按照不同的结构类型,将流体控制阀分为两类:活塞式和隔膜式 活塞座阀:在阀体内轴向运动的活塞的开闭行程取决于作用在其两侧面积差上的阀门出入口的压差。根据驱动的方法,这些行程的运动可以由电磁线圈或弹簧来辅助完成。活塞座阀可承受很高的工作压力,该阀的制造材料易于选择,适用于各种工作流体。隔膜座阀:隔膜座阀的工作原理与活塞座阀基本相同,其密封膜片在本体和阀盖之间,其行程移动量由隔膜的型式和弹性决定。这种的阀相对比较便宜、紧凑,最适合在供水系统中使用

续表

电磁驱动	驱动方式 直动式	有些气动厂商称直动式为直接电磁驱动，这种驱动类型不需要任何工作压力或压差来实现切换功能，在 0bar 以上就可工作。当电磁线圈断电时（阀处于关闭状态），动铁芯借助于流体压力被弹簧力压在阀座上（图 a）。当电磁线圈通电时，则动铁芯被吸进去，阀门打开（图 b）。最大工作压力和流量直接取决于阀座直径（额定直径）和电磁线圈的吸力 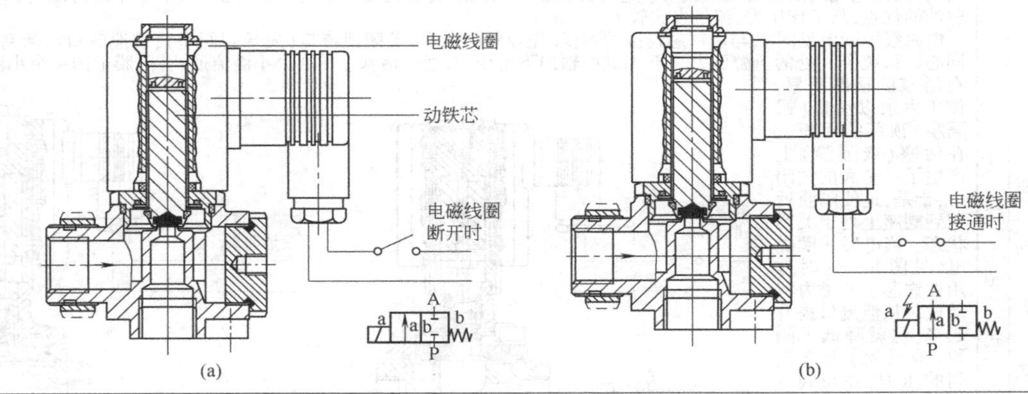 (a) (b)
	先导式	有些气动厂商称先导式为间接电磁驱动，这种阀根据压差或先导原理（伺服原理）进行工作，利用流体的压力来打开或关闭阀座。先导系统起到增压的作用，这样即使使用磁力较小的电磁线圈（与直接驱动型阀相比），也能控制在高压下高速流动的流体（活塞和隔膜均可用作主阀座的密封件） 常闭型工作原理：隔膜式见图 c、活塞式见图 e。当电磁线圈断电，其动铁芯上密封垫圈关闭泄流口（先导阀阀座），系统中 P 处的上游压力高于 A 处的输出下游压力，通过隔膜上的小溢流孔（穿通隔膜并通向先导阀阀座端口上），在隔膜的顶部（或活塞）积累。该压力乘以隔膜（或活塞）顶部的面积就在隔膜（或活塞）上产生了一个大的关闭力，并迫使隔膜返回到阀座上，处于关闭状态。当电磁线圈通电时，作用在铁芯上的磁力将动铁芯从泄流口提升起来，这就降低了隔膜（或活塞）上方空间的压力，并与阀 A 侧的压力达到了平衡。由于能从溢流通道流出的流体大于隔膜上小溢流孔流过的流体，所以隔膜（或活塞）顶部的压力还会继续下降，作用在隔膜（或活塞）上的 P 处的较高的上游压力所产生的打开力比较大，该力将隔膜从阀座上提起（只要 P 和 A 处之间的压差保持为规定值），阀就会处于打开状态（隔膜式见图 d、活塞式见图 f）。根据阀的类型，该规定值位于 0.5～1bar 之间。当电磁线圈断电，动铁芯在弹簧力的作用下，关闭先导阀处泄流口。隔膜（或活塞）上方再次积累与 P 侧相同的压力，该作用力推动隔膜（或活塞）紧靠在阀座上。间接电磁驱动阀的流体的流动方向固定不变 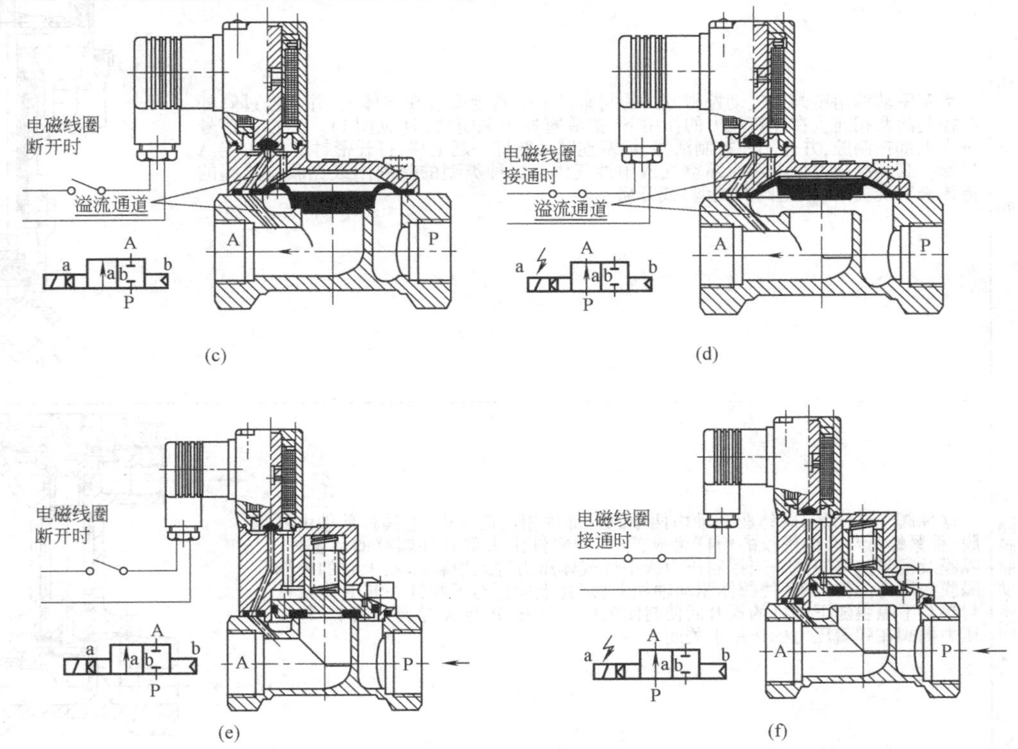 (c) (d) (e) (f)

续表

电磁驱动	驱动方式	强制式	有些气动厂商称强制式为强制提升电磁驱动，以这种方式驱动的阀是直接驱动和间接驱动方式的组合。电磁线圈铁芯（先导级）和活塞（或隔膜）之间的机械耦合辅助运动（活塞型机械耦合辅助或隔膜型机械耦合辅助），被称为强制提升。该操作方法不需要最小压差，即使压差为0bar，阀也可工作。由于在没有压力辅助、压差不足时必须能打开阀，所以该电磁线圈需要较强吸力。这种方式驱动的阀既具有直接驱动的特点，无需最小工作压力限制，又具备间接驱动的优点，高工作压力，流量也比较大 电磁线圈断电见图 g，与动铁芯连接的阀杆（先导阀的活塞）关闭泄流口（先导阀阀座），该泄流口与活塞（或隔膜）同心。系统中 P 处的上游压力高于 A 处的输出下游压力，通过活塞上的 2 个小溢流通孔（隔膜上的 1 个小溢流通孔）在活塞的顶部积累。该压力乘以活塞（或隔膜）顶部的面积就在活塞（或隔膜）上产生了一个大的关闭力，于是，迫使隔膜返回到阀座上处于关闭状态。当电磁线圈通电（见图 h），这时作用在铁芯上的磁力将动铁芯从泄流口提升起来，这就降低了隔膜（或活塞）上方空间的压力，并与阀 A 侧的压力达到了平衡。由于能从溢流通道流出的流体多于隔膜上小溢流孔流过的流体，所以隔膜（或活塞）顶部的压力还会继续下降，作用在隔膜（或活塞）上 P 处的较高的上游压力所产生的打开力比较大，该力将隔膜从阀座上提起，阀就会处于打开状态。见图 g、图 h，强制式的打开动作与先导控制完全相同，两者之间存在差别是：强制式阀在动铁芯运动到一定行程后，通过螺纹咬合件（机械耦合）使活塞（或隔膜）同时也被拉到打开位置。因此，这种阀的开启和保持开启不需压差 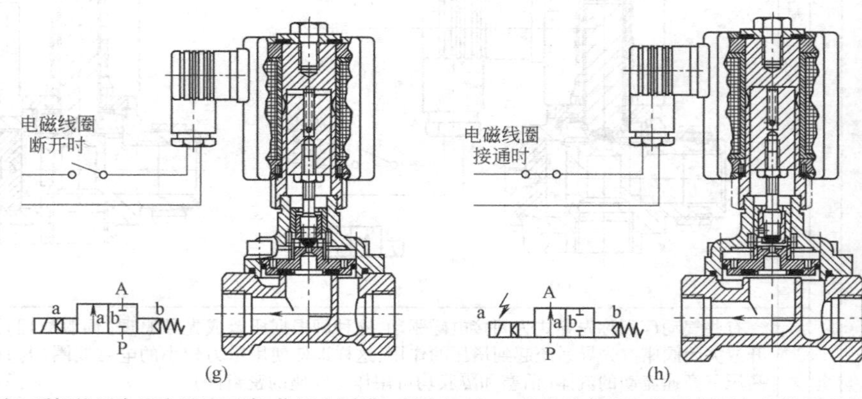 (g) (h) 电磁线圈断电，阀芯在弹簧力的作用下关闭泄流口。活塞（或隔膜）上方通过溢流通孔的流体再次积累到与 P 侧相同的压力，该作用力迫使活塞（或隔膜）返回到阀座上。如果没有或者只有微小的压差，先导阀芯在活塞上方弹簧的力作用下关闭。这种阀流体的流动方向固定不变
压力驱动	角座阀		活塞驱动的角座阀是气动控制方式的阀座以某个角度安装在本体内，并且经过阀杆与控制活塞相连。在弹簧压力的作用下，主活塞处于关闭状态（见图 i）。当控制信号进入上部控制腔，并作用在控制活塞，活塞连同活塞杆一起上移，打开密封垫，使 P 与 A 导通。其控制压力可采用压缩空气或中性气体。这种类型的阀利用或克服流过阀的流体来实现关闭（根据阀的类型）或开启 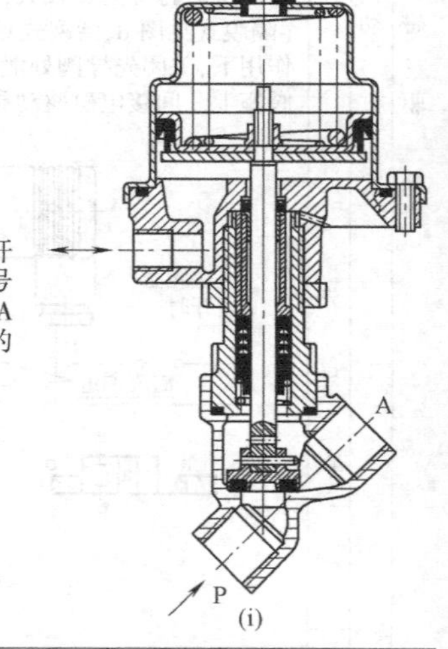 (i)
	隔膜驱动座阀		这种阀是常闭的，阀体驱动轴由两个阀杆部件相连接而成，上阀杆部件由隔膜、锁紧螺母与有内螺纹的阀杆组成，下阀杆部件由头部有外螺纹的活塞杆、隔膜及密封垫等组成。当控制压力或中性气体压力进入控制口 Z，上腔的控制隔膜在压力的作用下，使阀体驱动轴往上移动（上阀杆与下阀杆一起上移），密封垫与下隔膜随下阀杆的提升而使封闭的阀口打开，P 与 A 导通见图 j。释放压力则阀在弹簧压力的作用下关闭 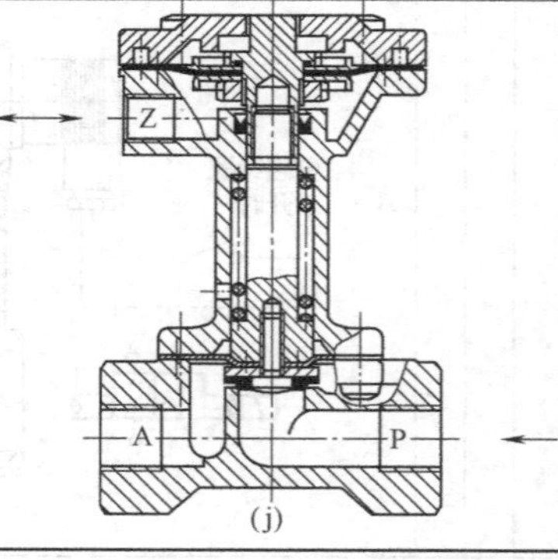 (j)

续表

<table>
<tr><td rowspan="2">压力驱动</td><td>隔膜驱动隔膜阀</td><td>这种类型的阀的阀腔由两个腔组成，下腔被横梁对称分割，这个横梁就形成了阀座。上腔中有一个隔膜，该隔膜经过阀杆与第 2 个隔膜相连。一旦控制压力释放，这个隔膜上侧的弹簧就会使阀关闭（见图 k）。下隔膜的作用是密封，当它被压在阀座上时就会将阀关闭。流体流动是双向的。这种阀完全适用于含有颗粒的流体
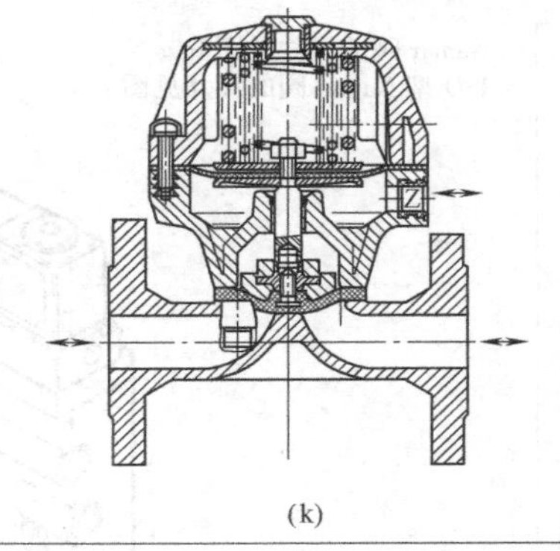
(k)</td></tr>
<tr><td>强制提升的间接驱动活塞阀</td><td>如图 l 所示的强制提升的间接驱动活塞阀，这种阀利用流过阀的流体压力来辅助阀的打开和关闭。当阀关闭时，管路压力辅助弹簧将阀关闭。当在控制气压的作用下提起执行元件中的活塞时，位于主阀中心的泄流孔被打开，压力经过出口 A 被释放。所产生的压差使得主活塞完全提升，并且将阀打开。这种类型的阀适用于高压场合
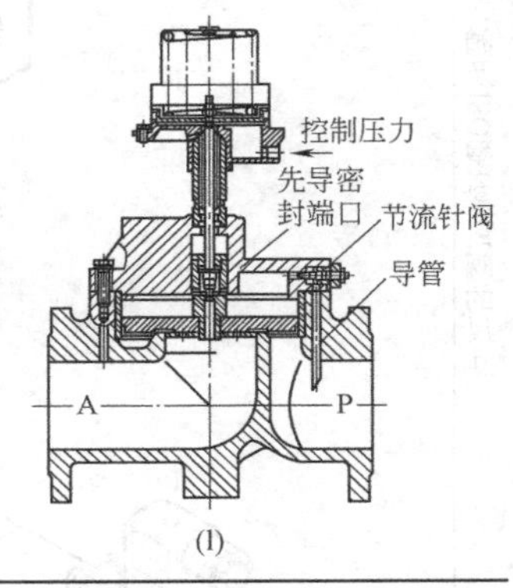

(l)</td></tr>
</table>

3 Namar 阀

表 23-5-11

<table>
<tr><td>概述</td><td>过程控制 Namar 阀，是指专门用于控制大通径阀门（闸阀、蝶阀、球阀等）的电磁阀。在水厂、污水处理、石油化工管道、化纤、造纸、印染等领域中，这些传统的大通径阀门（闸阀、蝶阀、球阀等）往往采用电动及手动的控制方式。目前，各气动元件制造厂商纷纷开始采用 Namar 阀控制气动直线驱动器或气动摆动驱动器，对闸阀、蝶阀、球阀等进行开/关自动化操作。应用气动控制方式能节省高达 50%的成本，还能节省后期昂贵的维修费用（气动元件维修简便），所以它们要比替代产品的性价比高。除此之外，一些相关的气动产品，如阀岛（以 30 多种不同的现场总线协议来控制气动驱动）、气动直线驱动器、气动摆动驱动器等相继出现，使得对闸阀、蝶阀、球阀等的控制操作更加简单，系统更加可靠（如在灰尘、污染、高温、严寒和水及防爆性环境），并具有抗过载和连续负载的能力。采用气动控制确保了快速安装和调试，可无级调速。各气动元件制造厂商纷纷开始进入该领域，并定义它为过程控制行业</td></tr>
<tr><td>Namar阀及ISO型Namar阀基本技术参数</td><td>Namar 阀是指电磁阀输出接口标准符合 VDI/VDE3845 规定（见图 a）。Namar 阀可采用截止阀结构，一般为先导控制方式，以获得较大流量（900L/min），但必须采用弹簧复位型式，并具有手动控制装置（需有锁定功能）。电压有直流电压：12、24、42、48V DC（±10%），交流电压：24、42、48、110、230、240V DC（±10%）[50~60Hz（±5%）]。如有防爆要求，则需标明如 ATEX Ⅱ2 GcT4。保护等级 IP65
ISO 型 Namar 阀采用滑柱式阀结构，先导控制方式，以获得较大流量（1000L/min），但必须采用弹簧复位型式，并具有手动控制装置（需有锁定功能）。电压有直流电压：12、24、42、48V DC（±10%），交流电压：24、42、48、110、230、240V AC（±10%）[50~60Hz（±5%）]。保护等级 IP65
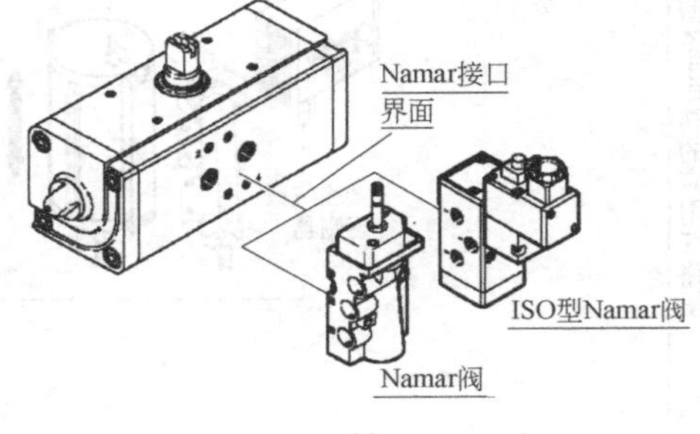

(a)</td></tr>
</table>

续表

Namar阀及ISO型Namar阀的尺寸

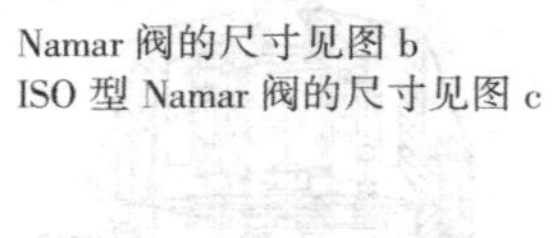

Namar 阀的尺寸见图 b
ISO 型 Namar 阀的尺寸见图 c

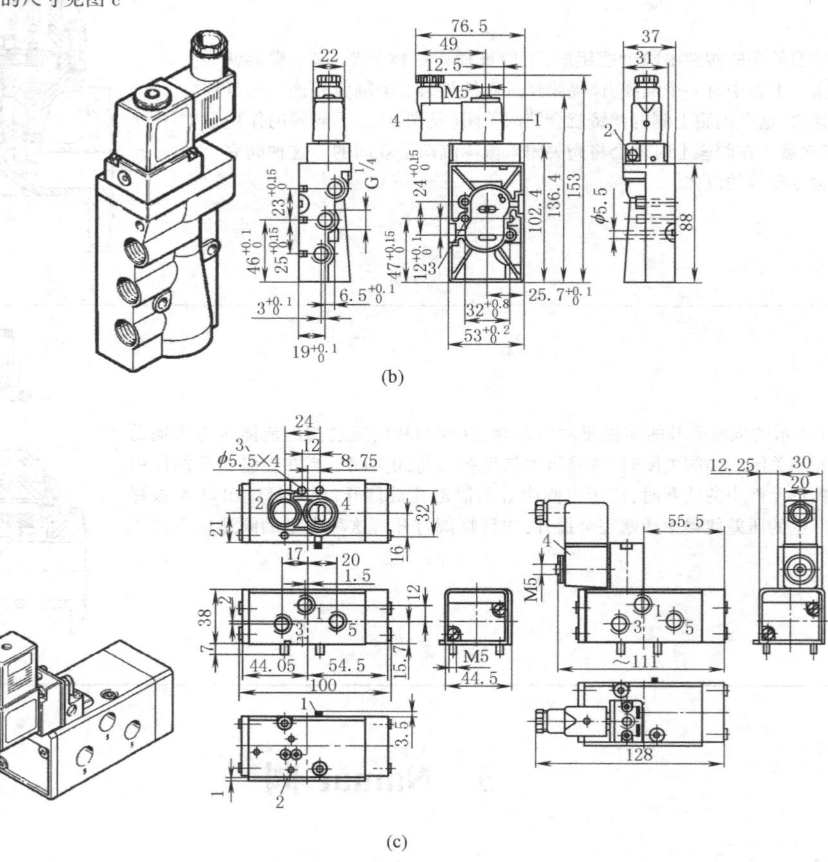

(b)

(c)

Namar阀及ISO型Namar阀的应用气路图

Namar 阀及 ISO 型 Namar 阀对气动驱动器的安装见图 d。当采用双作用气动直线驱动器或气动摆动驱动器时应选用二位五通单电控电磁阀，而对于单作用气动直线驱动器或气动摆动驱动器可选用二位三通电磁阀。图 e 为二位五通单电控、二位三通单电控控制气动摆动驱动器的气动原理图

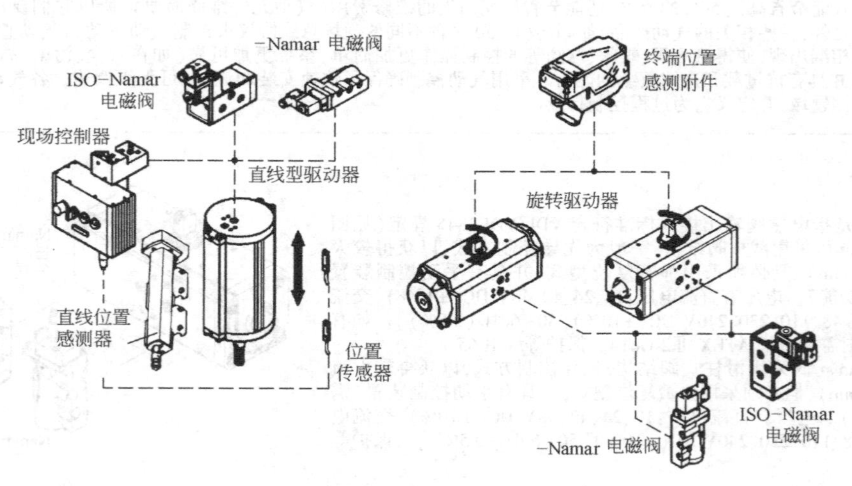

(d)

续表

Namar阀及ISO型Namar阀的应用气路图	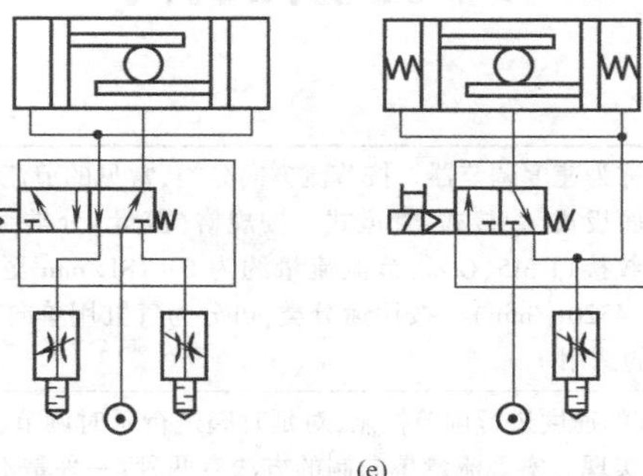 (e)	
气动与电动驱动大通径阀门比较	图 f 为 Namar 阀在大通径阀门中的各种驱动方式：图 f_1 为人力驱动（闸阀），图 f_2 为人力驱动（蝶阀），图 f_3 为电驱动（闸阀），图 f_4 为气动驱动（闸阀）。气动驱动与电驱动的优势比较见下表 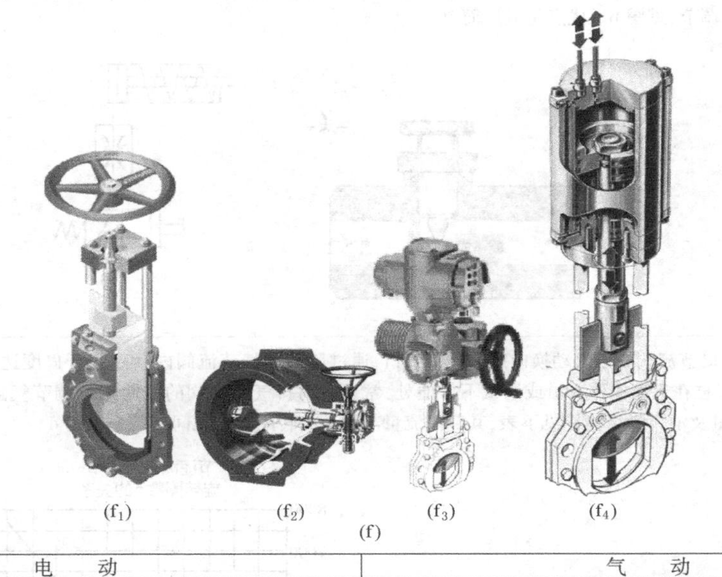 (f_1) (f_2) (f_3) (f_4) (f)	
	电　动	气　动
	（1）采用电驱动	（1）采用气力控制：直线驱动或旋转驱动
	（2）三相电源（5 芯），控制电缆（至少 12 芯）	（2）6bar 工作压力，二根气管，控制电缆 2 芯
	（3）输出速度固定（刀闸阀 *DN*200 打开约 30s）	（3）速度为开 2s、关 20s 可任意调节（刀闸阀 *DN*200 打开约 2s）
	（4）电源失效（控制回路、电源）而无法使用。对于 *DN*200 刀闸阀，至少要人工旋转手轮 16×40＝640 次	（4）如气源故障，可使用具有压力的可移动式气瓶，确保其安全位置（或使其处于开或关，或保持状态）
	（5）持续通电时间有限制。要注意冷凝水、密封圈有防腐要求，要求永久加热	（5）防护等级 IP68，甚至于安装在水下，温度不会上升
	（6）由于需要特殊的防爆设施，会增加费用	（6）EX 安全论证，无额外费用
	（7）需维修、对齿轮加油、对螺杆的螺纹进行清洗，发热情况需检查，需要更换密封件	（7）无需特殊维护，无需润滑。这样不会因使用润滑油而影响水质（如在水处理场合）
	（8）螺杆在没有润滑的情况下，所需转矩会大幅度增加，机械加剧磨损，效率低	（8）采用气动控制，可不含润滑油，效率高。整个磨损较小（密封件磨损），无跳动现象
	（9）需通过多圈数驱动才能到达终点，而且精确位置调整需花费时间	（9）可通过机械挡块调节对终点位置控制。可通过调节压力来调节输出力和力矩
	（10）需要技术娴熟的电工来检测故障，故障检测需测量回路而供电为高电压	（10）对于故障检测，无需特殊技能要求，无需特殊检测设备，只要通过对漏气检测及观察 LED 指示灯，供电为低电压
	（11）在野外遇雷击时电器元件会全部损毁	（11）在野外遇雷击时，仅仅损坏 Namar 阀的电磁阀圈，其他影响甚微
	（12）整个机构较复杂，如：供电 400V AC/50Hz 包括插头连接、继电器板、电源板、保险丝板	（12）整个机构较简单，可采用阀岛控制，如：现场总线接口，用一根双芯电缆便可完成

4 流量控制阀

表 23-5-12

分类

节流阀常常用来调节气缸速度，被称为速度调节器。按节流方向分类，常见的节流阀可分为双向节流、单向进气节流、单向排气节流。按连接方式分类，可分为面板式、管接式、管道式。按规格（流量）分类，可分为微型（精密型、节流流量约为0~1.7L/min至0~-40L/min）、小型（螺纹接口M5、G⅛、节流流量约为0~18L/min至0~40L/min）、标准型（螺纹接口G⅛~G¾、节流流量约为0~95L/min至0~4320L/min）。按用途分类，可分为气缸用单向节流阀、控制阀用排气节流阀、位置控制用行程节流阀。注意连接螺纹G、R的选用

原理 — 概述

在气动系统的控制中，需对气缸的速度进行调节控制，对延时阀进行延时调节，对油雾器的油雾流量进行调节控制，这类调节是以改变管道的截面积来实现。实现流量单向制的方法有两种：一种是不可调的流量控制，如毛细管、孔板等；另一种是可调的流量控制，如针阀、喷嘴挡板机构等

原理 — 节流阀 — 双向节流阀

如图a所示是一个双向流量控制的节流阀，相对单向节流阀而言，它不受方向限制，通常应用于单作用气缸和小型气缸的速度调节，见图b。优点是应用简单

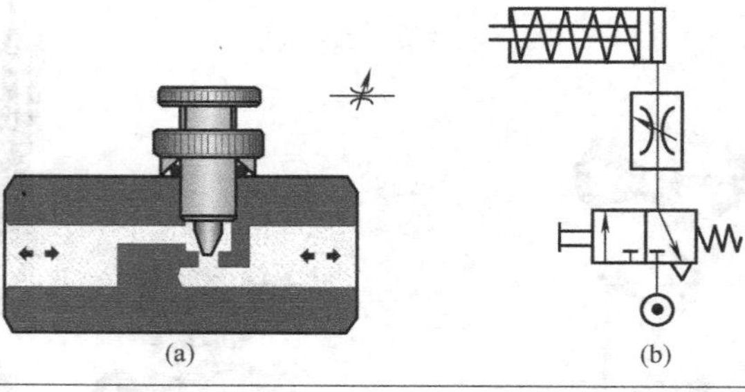

(a)　　(b)

原理 — 节流阀 — 排气口节流阀

常见排气口节流阀用于气动换向阀处的排气口，通过调节排气节流阀内针阀的开口度达到对气缸速度的调节（见图c）。当气缸在远离操作人员或调试不方便处，常通过对排气节流阀的控制达到调节气缸活塞速度的目的。其规格、节流流量及消声噪声指标见下表，其节流流量与调节旋转圈数n之间的关系见图d

(c)

节流流量与调节旋转圈数n的关系

q_n/L·min^{-1}；n；G¾、G½、G⅜、G¼、G⅛

(d)

标准额定流量（节流流量）/L·min^{-1}		G⅛	G¼	G⅜	G½	G¾
不带消声装置		2~520	2~996	3~2000	3~3600	—
带消声装置		0~1000	0~1500	0~1700	0~4000	0~8000
噪声等级	不带消声装置/dB(A)	85	80	87	90	—
	带消声装置/dB(A)	74	80	74	76	80

续表

原理 | 单向节流阀 | 普通单向节流阀

如图 e 所示，常见单向节流阀用于气缸活塞速度的调节，最广泛应用的是排气型单向节流阀。单向节流阀的主要指标是无节流方向时通过的流量和节流方向时流过的流量、节流流量与调节转动圈数 n 之间的曲线是否呈比例线性（曲线光滑）。图 f 为接口从 G⅛～G¾单向节流阀的标准额定流量 q_{nN}（节流流量）与调节转动圈数 n 的流量曲线。要避免只按螺纹接口（与气缸螺纹接口）相同就选择某规格的单向节流阀。要明确其通过流量和节流流量，如下表所示。为了防止已调整完毕的单向节流阀被其他人随意调整、拨弄，可在调整螺钉外部套上（旋入）安全罩，见图 g

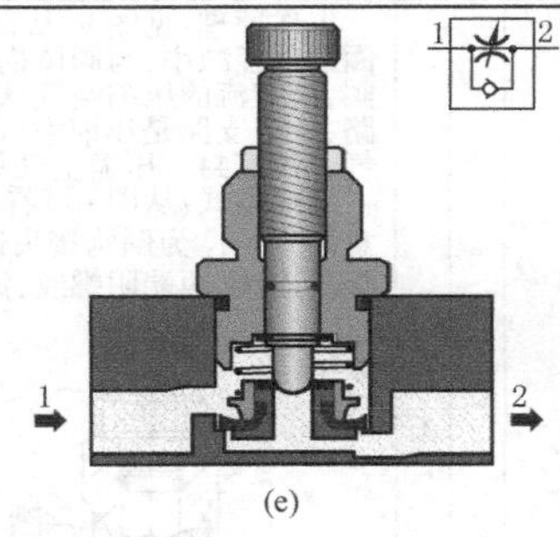

(e)

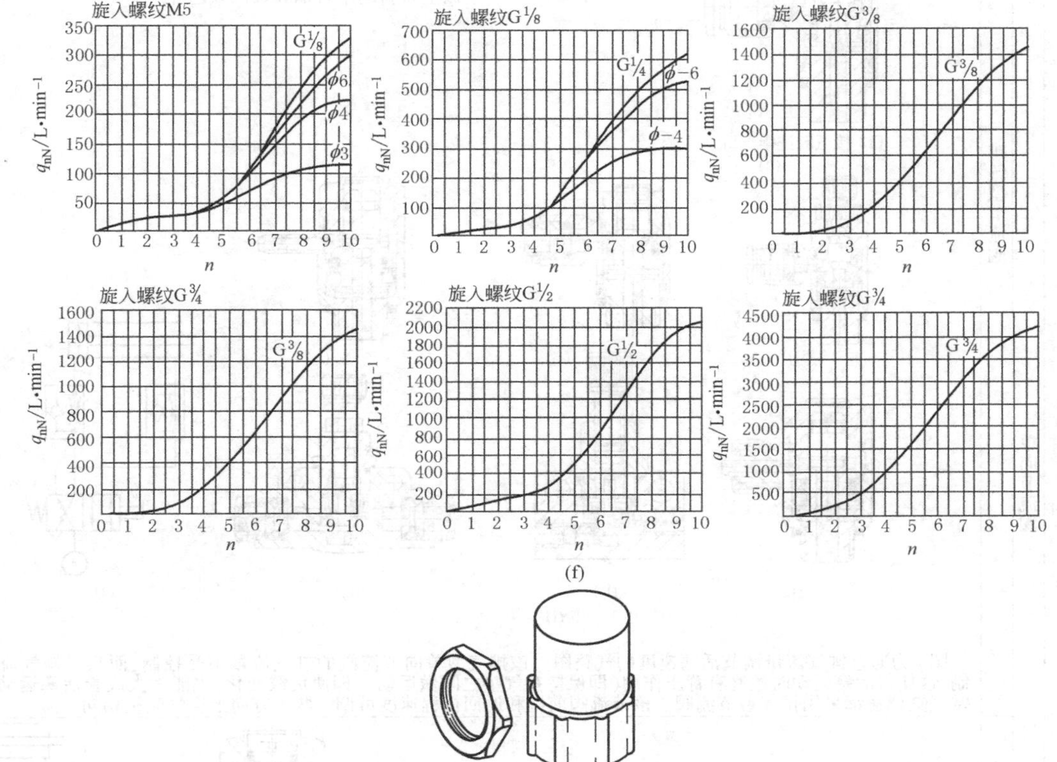

(f)

(g)

标准额定流量（6bar→5bar 时）q_{nN}/L·min^{-1}							
旋入螺纹		M5	G⅛	G¼	G⅜	G½	G¾
单向节流功能，控制排气流量/L·min^{-1}							
排气节流阀	节流方向	0～95	0～340	0～610	0～1450	0～2100	0～4320
	无节流方向	76～95	260～420	450～820	970～1600	1550～2200	3220～4720
单向节流功能，控制进气流量/L·min^{-1}							
进气节流阀	节流方向	0～95	0～340	0～610	—	—	—
	无节流方向	76～95	260～420	450～820	—	—	—
节流功能/L·min^{-1}							
节流阀（双向）节流方向		0～95	—	—	—	—	—

续表

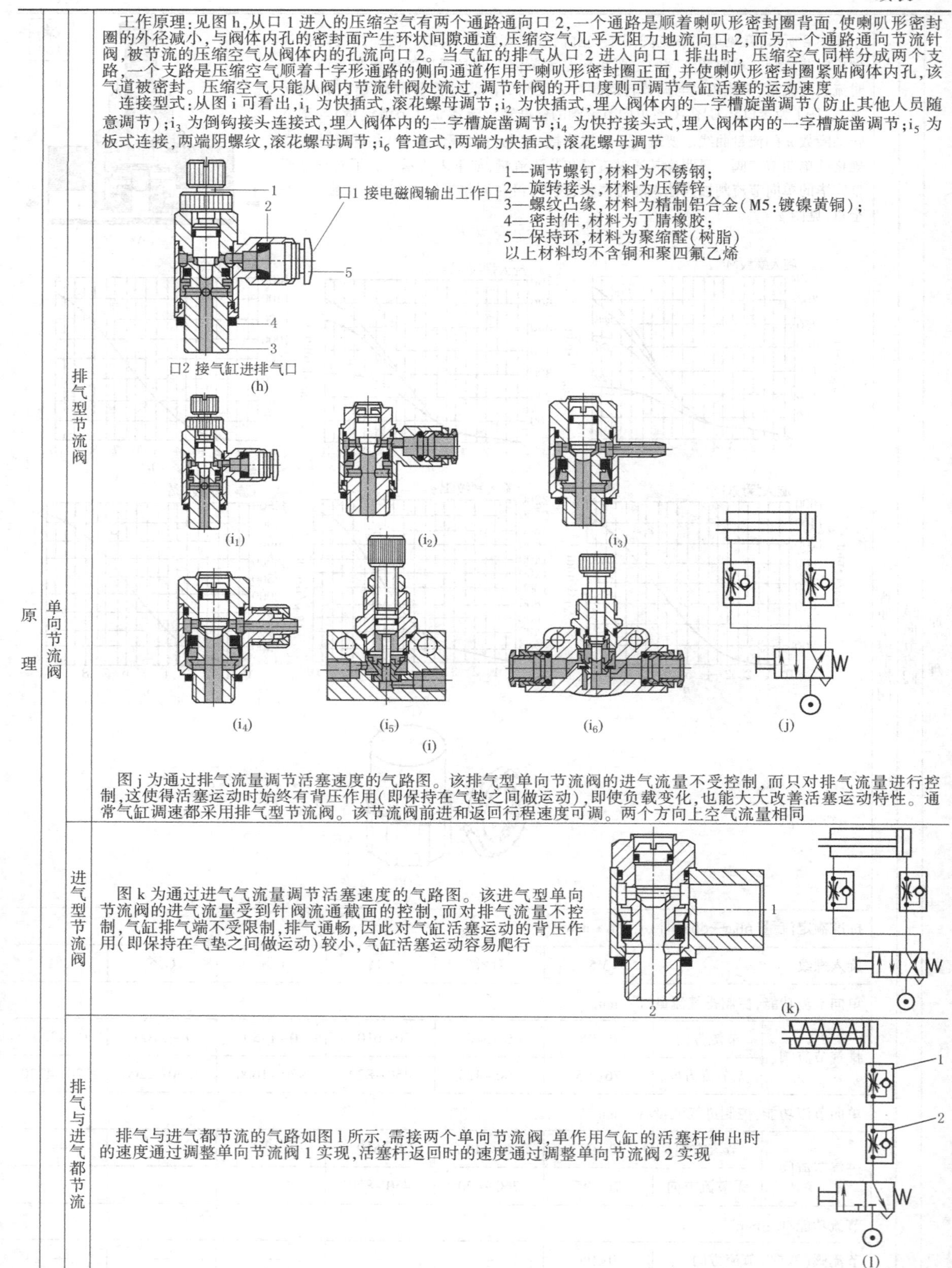

原理	单向节流阀	排气型节流阀	工作原理：见图 h，从口 1 进入的压缩空气有两个通路通向口 2，一个通路是顺着喇叭形密封圈背面，使喇叭形密封圈的外径减小，与阀体内孔的密封面产生环状间隙通道，压缩空气几乎无阻力地流向口 2，而另一个通路通向节流针阀，被节流的压缩空气从阀体内的孔流向口 2。当气缸的排气从口 2 进入向口 1 排出时，压缩空气同样分成两个支路，一个支路是压缩空气顺着十字形通路的侧向通道作用于喇叭形密封圈正面，并使喇叭形密封圈紧贴阀体内孔，该气道被密封。压缩空气只能从阀内节流针阀处流过，调节针阀的开口度则可调节气缸活塞的运动速度 连接型式：从图 i 可看出，i_1 为快插式，滚花螺母调节；i_2 为快插式，埋入阀体内的一字槽旋凿调节（防止其他人员随意调节）；i_3 为倒钩接头连接式，埋入阀体内的一字槽旋凿调节；i_4 为快拧接头式，埋入阀体内的一字槽旋凿调节；i_5 为板式连接，两端阴螺纹，滚花螺母调节；i_6 管道式，两端为快插式，滚花螺母调节 1—调节螺钉，材料为不锈钢； 2—旋转接头，材料为压铸锌； 3—螺纹凸缘，材料为精制铝合金（M5：镀镍黄铜）； 4—密封件，材料为丁腈橡胶； 5—保持环，材料为聚缩醛（树脂） 以上材料均不含铜和聚四氟乙烯 口1 接电磁阀输出工作口 口2 接气缸进排气口 (h) (i_1) (i_2) (i_3) (i_4) (i_5) (i_6) (i) (j) 图 j 为通过排气流量调节活塞速度的气路图。该排气型单向节流阀的进气流量不受控制，而只对排气流量进行控制，这使得活塞运动时始终有背压作用（即保持在气垫之间做运动），即使负载变化，也能大大改善活塞运动特性。通常气缸调速都采用排气型节流阀。该节流阀前进和返回行程速度可调。两个方向上空气流量相同
		进气型节流阀	图 k 为通过进气气流量调节活塞速度的气路图。该进气型单向节流阀的进气流量受到针阀流通截面的控制，而对排气流量不控制，气缸排气端不受限制，排气通畅，因此对气缸活塞运动的背压作用（即保持在气垫之间做运动）较小，气缸活塞运动容易爬行 (k)
		排气与进气都节流	排气与进气都节流的气路如图 l 所示，需接两个单向节流阀，单作用气缸的活塞杆伸出时的速度通过调整单向节流阀 1 实现，活塞杆返回时的速度通过调整单向节流阀 2 实现 (l)

续表

<table>
<tr>
<td rowspan="3">原理</td>
<td rowspan="2">单向节流阀</td>
<td colspan="2">精密型单向节流阀</td>
<td>精密型单向节流阀为高精度调节装置，其调节螺钉安装在有刻度标记的外壳圆盘上，见图 m（便于精确调节）。按节流流量大小，它可分为调节流量 0～1.7L/min，0～19L/min，0～38L/min。主要用于调节气缸活塞的低速运行（5mm/s左右）
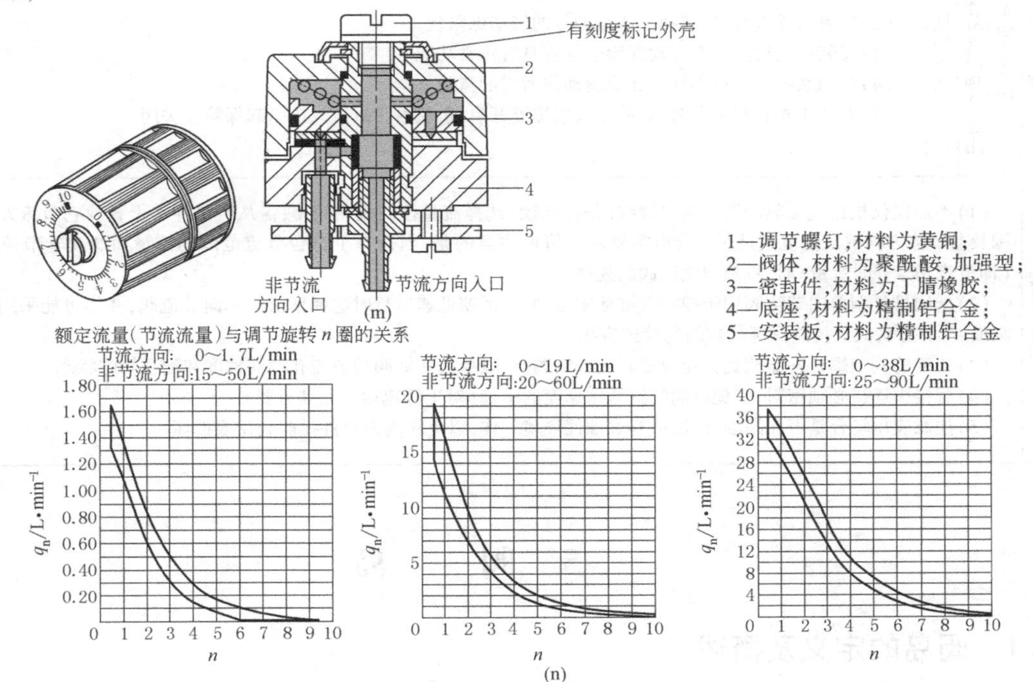

(m)
(n)</td>
</tr>
<tr>
<td colspan="2">设置气动保险丝原因</td>
<td>在气动元件或气动工具的使用中，尤其是安装或维护时，最常见的职业伤害之一就是由于气管脱落或破损造成的人身伤害，由于气管中有高压空气，形成高压喷流或软管鞭打，从而危及附近人员或设备，其中尤以眼部伤害居多，如果管端还带有接头，则更为危险
美国 OSHA 标准规定，所有内径超过½in 的软管均应在气源或支线处设置安全装置来降低气压，避免气管脱落造成事故。而如何既在软管供气连接处采用可靠的安全防护装置，又不妨碍正常的使用功能，则成为一个重要课题</td>
</tr>
<tr>
<td colspan="2">气动保险丝原理及选用</td>
<td>气动保险丝原理</td>
<td>如图 o_1 所示，气动保险丝安装于固定或刚性管件与弹性管件之间，它可以检测到软管或接头处由于脱落或破损而造成的突然压降，自动截断气流，避免事故。当软管重新正常安装后，气动保险丝复位，气流可恢复正常流动
正常气流流动状况下，气动保险丝两端气压压力相同，保险丝内部的弹簧力使截止阀保持打开；当软管或接头处由于脱落或破损而造成突然压降时，进口压力会克服弹簧力和降低后的出口压力，将内部截止阀关闭。作为导流装置，一条细小的流通通径使气流以很小的流量排向下游；当故障排除、管路正常时，通过导流装置，下游压力逐渐恢复正常，气动保险丝两端气压压力重又相同，弹簧复位，截止阀打开，气流恢复正常流动
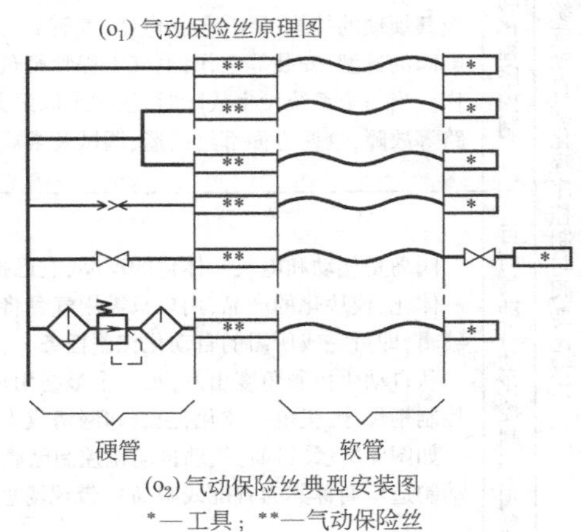

(o_1) 气动保险丝原理图
(o_2) 气动保险丝典型安装图
*—工具；**—气动保险丝
(o)</td>
</tr>
</table>

第 23 篇

续表

原理	单向节流阀	气动保险丝原理及选用	使用方法	(1)气动保险丝的气口规格应与供气管路公称口径相同 (2)如果软管太长,应选择大流量型号的气动保险丝 (3)安装后应检查每个气动保险丝是否具有正常功能 (4)启动系统必须提供气动保险丝动作所需的流量 (5)有截止阀装在上游时,该截止阀应缓慢开启,避免由于减压效应引起保险丝关闭
	选择及使用			(1)不能仅仅根据气动驱动器的接口螺纹(俗称通径)选择流量控制阀的规格,需从产品样本上查找它节流方向的流量范围及非节流方向的流量范围是否符合所需要求。值得注意的是,当选择了符合节流范围的流量而忽视非节流方向的流量(即节流阀全开时流量)时,将浪费电磁阀的规格尺寸 (2)选用排气型单向节流阀用于控制气缸活塞运动,当活塞低速运行时选择精密型单向节流阀,并尽可能采用安装在离气缸最近的距离,减少控制阀至气缸间的管道容积 (3)速度的调节螺钉不能调到关死位置时还继续调节,以免损坏针阀与节流孔的同轴度和配合间隙状态 (4)管接头连接必须密封,以免影响气缸活塞速度的平稳(对于低速运行尤其重要) (5)注意应用场合是否在高温、低温或有腐蚀性环境工作,以免阀内密封件提前老化或损坏

5 阀　　岛

5.1 阀岛的定义及概述

表 23-5-13

阀岛的定义		阀岛是一种集气动电磁阀、节点控制器(具有多种接口及符合多种总线协议)、电输入输出部件(具有传感器输入接口及电输出、模拟量输入输出接口、AS-i 控制网络接口),经过组装调试的整套系统控制单元 一些气动制造厂商针对一些少量而十分简单的控制,采用把由共用进气、排气等功能气路板(气路底板)与阀组合成一整体,经过测试的集装阀组亦归入阀岛的范畴内,称其为带单个线圈接口的阀岛(也有称各自配线的阀岛)
传统气动自动化程序控制与阀岛比较	传统的气动自动化程序控制	传统的气动自动化程序控制,是通过把 PLC 的输出与电磁换向阀的电磁线圈用电缆一对一相接。当电磁线圈得到可编程控制器发出的电信号后,电磁换向阀则有换向输出,电磁换向阀通过气管的连接驱动一个气动执行器。气动执行器完成动作后,触发传感器,使传感器发出反馈信号到 PLC 进入下一步的动作程序。这种一对一的接线方式决定了有多少个控制动作则有多少对如此一一对应的电缆及气管的连接(对于一个二位五通的双电控电磁阀,需要接入一对进气气管、两对输出气管、两个排气消音器及两根与电磁线圈相接的电线)。对于一个庞大的控制程序来说,就有许多极其烦琐的接线工作(包括电缆、气管)。通常在气动自动化控制领域内,机械工程师负责机械设计、气动执行元件、电磁阀的选型、安装等工作;电气工程师则负责 PLC 程序控制器的程序编写及电磁阀、传感器与 PLC 的电缆接线等工作。当一个系统发生故障时,往往难以区分究竟是因气动元件的质量、管路的堵塞、泄漏等意外问题还是电缆虚焊、短路等故障,这两方面都给制造、调试及常规的维护保养工作带来判断困难
	目前气动自动化控制:阀岛	阀岛是气动和电气一体化的产品,它已把气动电磁阀、节点控制器、电输入/输出部件等组合在一起,通过调试成为一体化、模块化的产品,用户只需用气管将电磁阀的输出连接到相对应的气动执行机构上,通过计算机对其进行程序编辑,即可完成所需的自动化控制任务 从自动化控制角度出发,每一个最终用户永远不会满足于现状。他们需要实现智能分散、模块化概念,体积小,减少控制柜尺寸,机电一体化,控制和网络成为单一的单元,即插即用,及控制过程的扦测、错误诊断 如图 a 所示,目前,气动自动化控制已经经历了以上四个阶段:传统的接线方式、带多针插头的第一代阀岛(有些气动制造厂商称其为省配线阀岛)、带现场总线的第二代阀岛、内置 PLC 现场总线的阀岛

续表

传统气动自动化程序控制与阀岛比较

目前气动自动化控制：阀岛

传统的接线方式 第一代阀岛 多针插头接线 第二代阀岛 现场总线接线 第二代总线阀岛

PLC 接线盒 单列阀 ① PLC ② 接线端子 电子模块 ④ 气动阀模块 ⑤ ① PLC ② 接线端子被省略 ③ ③ 现场总线电缆 电子模块 ④ 气动阀模块 ⑤ (内置PLC) ⑥

(a)

对带多针节点的阀岛(省配线阀岛)而言,可编程控制的输入/输出信号连接在其外围电设备的一个接线盒上;带多芯电缆的多针插头一头连接在接线盒上,另一头接在阀岛的多针接插件的接口上。当采用带多芯电缆阀岛时,还需要一定的工作量,用人工来连接接线盒与多针插头的连线工作。第二代现场总线阀岛开发后,接线工作完全被简化。PLC 可编程控制器与阀岛之间的接口简化为一根二芯或四芯的电缆连接。而对于内置 PLC 现场总线的阀岛而言,PLC 可编程控制器已内置于阀岛之内,不存在电缆连接,阀岛作为从站时,应该与其上位机(IPC 工控机)接一根电缆。现场总线的通信硬件常用的是 RS485,而不采用 RS232 插座。RS232 一般用于计算机短距离的传输,它采用一根电缆的接线方式。无论外界的电位剧增或骤减,它相对于接地线都会产生一个错误的信号。而对称性的传输是采用两根电缆的接线方式,发出两个不同相位信号 A 与 B。当它受到外界电位剧增或骤减时,两个信号的电位差值保持不变(测量的是两根电缆之间的电位差,而不是电缆与接地之间的电位差)详见图 b。因此,工业现场总线常用的是对称性的传输

未来的工业自动化控制将更强调,工厂的商务网、车间的制造网络和现场级的仪表、设备网络(包括远距离现场设备实时性监控)构成畅通的透明网络,并与 Web 功能相结合,同时与工厂的电子商务、物资供应链和 ERP 等形成整体。也许,随着计算机的进一步发展,CPU 微型芯片的低成本普及,微芯片在分散装置中的应用,以太网将作为传输通信,它的一端与计算机控制器相接(来自计算机的数据无需转换可直接使用),另一端接到智能元件(如阀岛,阀岛便可解释来自计算机控制器的数据),几千里之外,对设备进行诊断、遥控也将成为一种可能。目前,专家们正努力解决以太网通信速率,通信的实时性、可互操作性、可靠性、抗干扰性和本质安全等问题,同时研究开发相关高速以太网技术的现场设备、网络化控制系统和系统软件。一旦解决了上述难题,工业现场设备间的通信就可应用一网到底的以太网技术

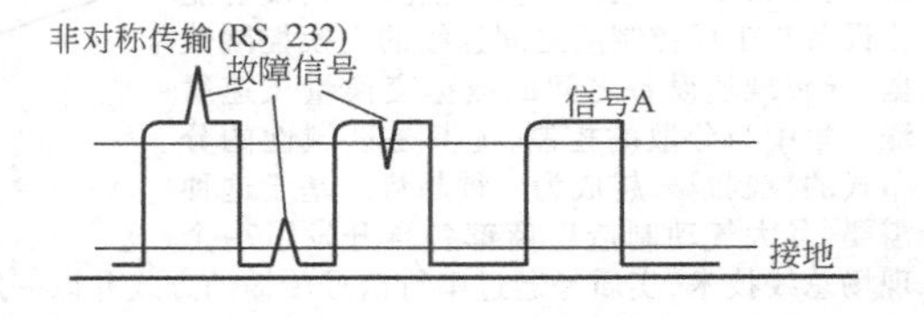

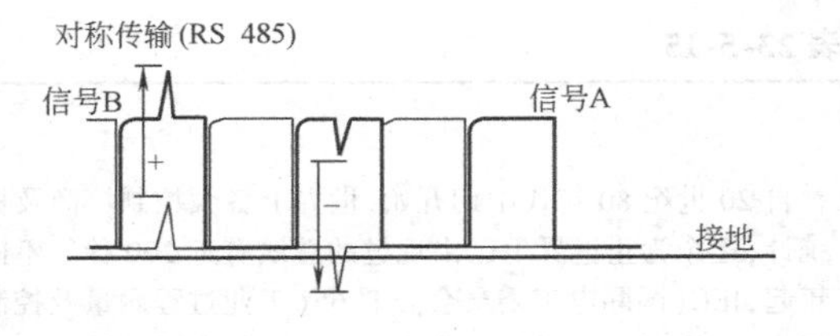

(b)

5.2 网络及控制技术

表 23-5-14　　　　设备和系统的网络概念

<table>
<tr><td>网络关系及性能等级与特性</td><td>自动化网络(传感器和驱动器等级、现场等级、控制等级、企业等级)的网络关系见图 a,性能等级及特性见图 b
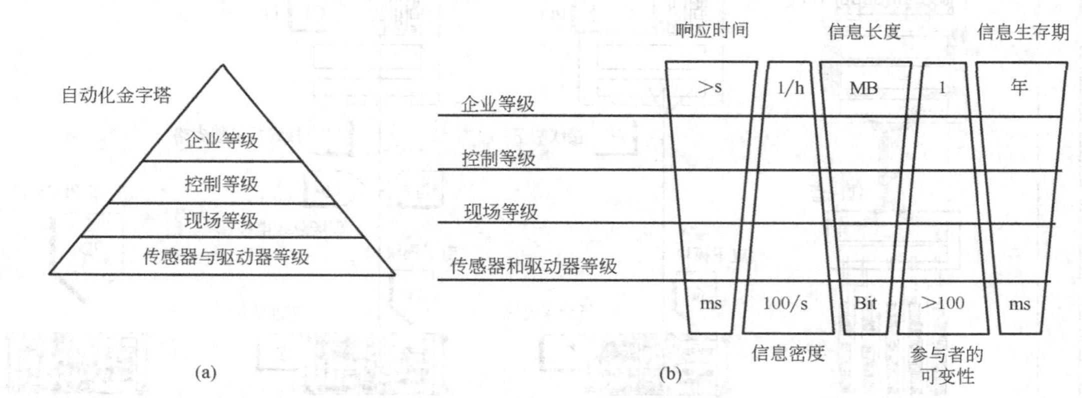

(a)　　(b)
企业等级:(通常情况下)复杂数据包的远程传输(大部分数据具有较低的时间敏感度)主要关注集成过程的可视化和追踪,还包括生产系统的接口
控制等级:单个过程中的生产程序和数据或相互连接且必须同步的系统元件,是不同 PLC 之间通信的典型方式
现场等级:通过快速可靠的总线将某一设备或某一生产阶段中复杂的设备和数据联网
传感器和驱动器等级:单个设备元件中快速、实时的通信方式,属于最低等级。处理所有驱动器和传感器的信号状态和诊断信息(数字量和模拟量信号处理)</td></tr>
<tr><td>工厂现场总线</td><td>20 世纪 80 年代之前,工业自动化的控制是由单板机或 PLC 与现场设备、仪表一对一的连接。现场设备或仪表采用的是 4~20mA 的模拟量信号,与控制室进行信息传输。随着自动化控制规模的不断扩大、智能化程度不断提高,控制的点数也变得越来越多。庞大的控制以致需要几千根电缆的连接,质量达几吨。因此,原先一对一的连接控制方式不能满足自动化的需求。随着计算机的高速发展,分布在工厂各处的智能化设备、及智能化设备与工厂控制层之间连续的交换控制数据,导致现场设备之间的数据交换量飞速猛涨。集中与分散的控制,尤其是区域性的分布式的控制越来越成为一种趋势。基于这种需要,各大气动制造厂商都各自开发了一个现场总线技术,实质是通过串行信号传输的方式并以一定数据格式(即现场总线的类型)实现控制系统中的信号双向传递。两个采用现场总线进行信息交换的对象之间只需一根两芯或四芯的电缆连接(见图 c)
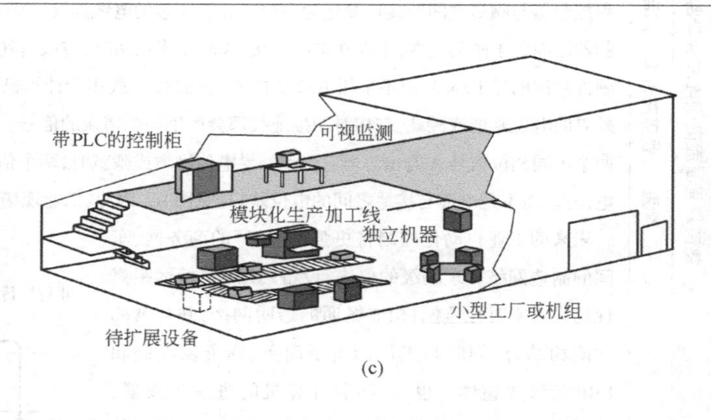

(c)</td></tr>
</table>

5.3 现场总线的类型

表 23-5-15

现场总线国际标准化概况	自 20 世纪 80 年代中期开始,世界上各大控制厂商及标准化组织推出了多种互不兼容的现场总线协议标准,据不完全统计,迄今为止世界上已出现过的总线有近 200 种。不同标准的现场产品不能互换,给用户造成极大的不便。从 1984 年起,IEC(国际电工委员会)/TC65(工业过程测量及控制技术委员会)和 ISA(美国仪表学会)就开始了制订国际标准的工作,最终在 1999 年 12 月通过了一个包含了多种互不兼容的协议的标准,即 IEC 61158 国际标准

续表

现场总线国际标准化概况	IEC 61158Ed.3.0 对现场总线模型进行了阐述，分成总论、物理层规范和服务定义、数据链路服务定义、数据链路协议规范、应用层服务定义、应用层协议规范 6 个部分，它的用户层功能块是 IEC 61804 标准，再加上 IEC 61784（连续与断续制造用行规集，草案）构成一个完整的现场总线标准 该标准包括了目前国际上用于过程工业及制造业的 8 类主要的现场总线协议 类型 1，IEC 61158 技术规范。这是由 IEC/ISA 负责制订的，曾试图使之成为统一的国际标准的一个技术规范，基金会现场总线 FF 的 H1（低速现场总线）是它的一个子集 类型 2，ControlNet 现场总线。美国 AB 公司、Rockwell 开发，ControlNet International（CI）组织支持 类型 3，Profibus 现场总线。德国西门子公司开发，Profibus 用户组织（PNO）支持。欧洲现场总线标准三大总线之一 类型 4，PNet 现场总线。丹麦 Process Data 公司开发，PNet 用户组织支持。欧洲现场总线标准三大总线之一 类型 5，FF HSE（High Speed Ethernet，高速以太网）。现场总线基金会 FF 开发的 H2（高速现场总线） 类型 6，SwiftNet 现场总线。美国 SHIP STAR 协会主持制定，波音公司支持 类型 7，WorldFIP 现场总线。法国 WorldFIP 协会制订并支持。欧洲现场总线标准三大总线之一 类型 8，Interbus 现场总线。德国 Phoenix Contact 公司开发，Interbus Club 支持 上述 8 种总线中，类型 1 是为过程控制开发的，支持总线供电和本质安全。类型 2（ControlNet）为监控级总线，它的底层（设备级）总线为 DeviceNet，两者有着共同的应用层。类型 3（Profibus）有 3 个部分（Profibus FMS、Profibus DP 和 Profibus PA），采用不同的物理层，分别用于监控级、断续生产的制造业的现场级和过程控制的现场级。类型 4（PNet）多用于食品、饲养业、农业及工业一般自动化。类型 5（FF HSE）是与之配套的高速现场总线，用于对时间有苛刻要求或数据量较大的场合，如断续生产的制造业，以及监控级。类型 6（SwiftNet）主要用于航空航天领域。类型 7（WorldFIP）也有不同的物理层，可用于过程控制和制造业的现场级。类型 8（Interbus）主要用于制造业的现场级（设备级）或一般自动化 除了 IEC 61158 外，IEC 及 ISO 还制定了一些特殊行业的现场总线国际标准 1993 年 ISO/TC 22/SC3（公路车辆技术委员会电气电子分委员会）发布的 ISO 11898 公路车辆—数字信息交换—用于高速通信的 CAN 以及低速标准 ISO 11519 由于 CAN 没有规定应用层和物理接口，一些组织给它制定了不同的应用层和物理接口标准，构成了几种完整的现场总线协议，其中比较有名的如 DeviceNet、SDS 以及 CANopen 等 其中 IEC SC17B（低压配电与控制装置分委员会）发布的国际标准 IEC 62026 低压配电与控制装置—控制器与设备接口（CSIs）。这个标准包括了已有的 4 种现场总线：2000 年 7 月发布的 DeviceNet、SDS（Smart distributed system）和 AS-i（Actuator sensor interface），以及 2001 年 11 月审议通过的 Seriplex 总线（Serial multiplexed control Bus） 在众多标准的现场总线中，与工厂自动化、气动制造厂商关系密切的有以下 10 大现场总线，即 Profibus、Interbus、DeviceNet、CANopen、ABB CS31、Moeller Suconet、Allen-Bradley1771 远程 I/O、CC-Link、IP-Link、AS-i 及 ProfiNet 以太网总线等。各气动厂商通过阀岛上的各种现场总线节点来支持它们。针对特定的现场总线类型，系统需要有功能强大的集中式 PLC 以及主站接口来支持。在设备数量较少但输入/输出点数较多、整个系统的功能复杂但对通信水平的要求较高时，现场总线是最理想的控制方案。在这种情况下，接线简单、诊断和维护简便等优点将会超过为现场总线主站接口和专业技术所支付的额外费用
Profibus 总线系统	Profibus 是一个非专利、开放式的现场总线系统，其网络关系见图 a，在生产和过程自动化领域的应用非常广泛 Profibus 支持下列最大值：①12 Mbps；②127 个站点；③200m 的总线长度 Profibus 允许在不改变接口的情况下对不同生产厂商设备之间的数据进行交换。系统的非专利性和开放式特点符合欧洲标准 EN 50170 Profibus 用户组织（PNO）及其附属组织代表了所有使用及解决 Profibus 方案的用户及制造商的利益 Profibus 有三种不同的类型： Profibus-DP、Profibus-PA、Profibus-FMS Profibus-DP：自动化系统和分散式外围设备之间的通信速度经优化的类型。Profibus DP 非常适用于生产自动化场合。Profibus DP 的工作速率较任何 CAN 网络（DeviceNet，CANopen 等）快得多，后者最高只有 1MB Profibus-PA：用于过程自动化应用领域的类型。Profibus PA 可通过总线进行数据的通信和能量的传递 Profibus-FMS：单元一级通信任务的解决方案，如 PC 和 PLC 之间的通信 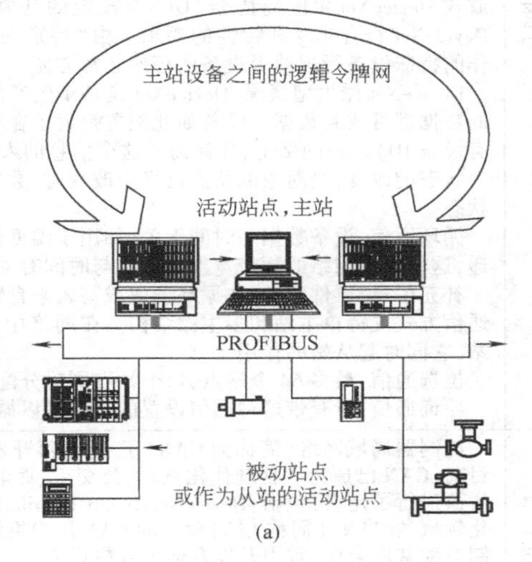 (a) Profibus 的基本特性：Profibus 用在活动站点，如 PLC 或 PC（指的是主站设备）上和用在被动站点，如传感器或驱动器（用作从站设备）上是有区别的 有三种不同的传输方式：①RS-485 传输，针对 DP 和 FMS，用一根两芯电缆；②IEC 1158-2 传输，针对 PA；③光纤电缆 网络布局：线性总线，两端带活动的总线终端 介质：屏蔽的双绞电缆 插头：9 针 Sub-D 插头 总线长度：①12 Mbps 时为 100m（不带中继器），②1.5Mbps 时为 200m 站点数量：每个阶段有 32 个站点，不带中继器。带中继器时最多可扩展到 127 个站点 传输速度：9.6kbps，19.2kbps，93.75kbps，187.5kbps，500kbps，1500kbps 至 12Mbps

续表

Interbus总线系统	Interbus 是一个非专利、开放式且可靠的现场总线系统,在生产和过程自动化方面应用非常广泛 Interbus 允许在不改变接口的情况下对不同生产厂家设备之间的数据进行快速交换。系统的非专利性和开放式特点符合欧洲标准 EN 50 254。Interbus Club 代表了所有使用及解决 Interbus 方案的用户及制造商的利益 Interbus 是一种符合闭环协议的 I/O 传输方式。Interbus 传输方式有多种不同的物理类型 ①用于通信的现场总线,如在控制箱中 ②Interbus 闭合回路,用于连接带少量 I/O 的元件 ③远程总线,用于距离较长的情况 所有的通信方式使用同一种有效的 Interbus 协议。Interbus 的基本特性:Interbus 基于主站/从站访问方式进行工作,因此总线主站也可作为与主控器或总线系统的链接 有三种不同的传输方式:①与负载无关的电流信号,用于闭合回路;②RS-485 传输,用于远程总线;③光纤电缆,用于采用 Rugged Line 技术的远程总线 网络布局:环形分布,即所有站点在封闭的传输回路都是激活的 介质(远程总线):屏蔽的双绞电缆(2×2 导体+平衡器) 介质(闭合回路):一般的非屏蔽两芯电缆 插头(远程总线):①9 针圆形插头;②9 针 Sub-D 插头;③Rugged Line 技术 插头(闭合回路):快插技术 总线长度(远程总线):①两设备之间的距离为 400m;②最长的距离为 12.8km 总线长度(闭合回路):①两设备之间的距离为 20m;②最长的距离为 200m 站点数量:最多 512 个 传输速度:500kbps;2Mbaud 系统结构:Phoenix Contact 的软件 CMD 可作为非专利的配置、启动和诊断工具使用
DeviceNet总线系统	DeviceNet 是一种低成本的现场总线,用于工业设备,如限位开关、光学传感器、阀岛、频率转换器和操作面板。它能降低所需的高成本线路数量,提高设备一级的诊断功能 DeviceNet 的基本特性:DeviceNet 通信是基于以广播为媒介的控制器域网络(CAN)的,最初是由 Bosch 公司为汽车部分开发的,以安全且性价比高的网络来替代汽车上使用的昂贵线路。尽管 CAN 能支持几千个节点且数据速率高达 1MB,但 DeviceNet 仅限 64 个节点和 125、250 以及 500KB 速率工作的网络。它是一种主—从连接基网络,主设备由一个从设备请求连接,然后两个设备进行非控制和 I/O 数据连接的协商。一旦建立 I/O 连接,主设备使用查询、循环状态改变的通信方式与从设备通信(见图 b)。针对汽车结构在传输可靠性和抗干扰能力上的高要求,以及在温度变化较大场合所需的功能性,使得 CAN 成为工业自动化领域数据传输的最理想硬件基础。由"开放式 DeviceNet 供应商协会"ODVA 规定的开放式网络标准指的是 DeviceNet 符合非专利特性的要求。由"特别兴趣小组"SIG 成员制作的特殊设备行规使得设备的替换非常方便 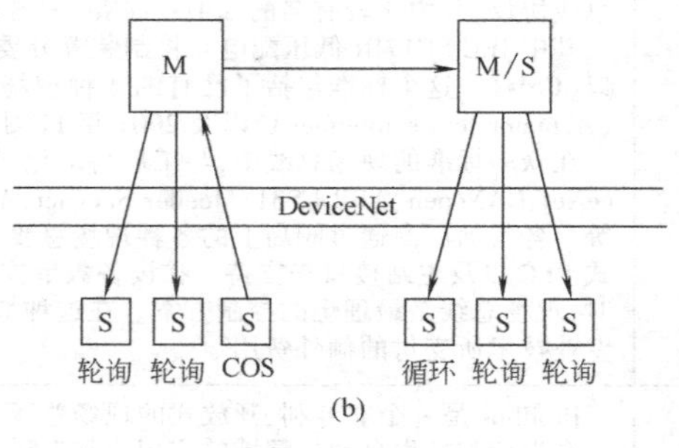 (b) DeviceNet 派生型概况:DeviceNet 是基于生产商/消费者模型工作的,因此,数据源取代接收器。任何人需要数据源中的数据都可收到数据。设备如此配置是为了在状态改变的情况下能提供信息,然后给网络发送一个相应的数据包(带有设备 ID)。在网络上,任何需要这个信息的人都可接收到数据包 状态的改变:当对象的状态已发生改变时,数据只能由生产商发送。"Heartbeat"在传输中断间隙监控预发送和预接收状态 循环通信:设备数据与时间无关,如用于温度传感器的数据。设备数据以相当低的频率、但有规律的时间间隔进行传递,这将使得网络的频带宽度和那些与时间有关的设备无关 补充信息:事件驱动、非循环读取或写入来自特定站点的数据。对于设备一级的诊断数据,这种方法非常典型。各种通信方式支持单主站和多主站结构。在网络中,对于一些从站来说,控制器相当于是一个主站,而对于更高一级的主站,它同时起从站的作用 位选通信:最多 64 个站点,每个站点同时分配一位。每一位可作为一个请求来发送数据或被设备直接用作输出数据 轮询通信:所有带这种通信设置的设备都以循环、预定义顺序发送数据交换的请求
CANopen总线系统	控制器局域网络(简称为 CAN)于 1983 年开发,1986 年开始投入市场。它主要是为汽车行业元件的联网而开发的。目前,CAN 已成为一种现代化汽车、公交车、货车、火车和实用车辆的标准网络。在 20 世纪 90 年代中期对基于 CAN 的协议进行了定义,包括:DeviceNet、Smart Distributed System、CANopen。当其他总线系统还处于开发阶段的时候,以"自动化领域的 CAN"(简称 CiA)命名的 CAN 用户组织于 1992 年成立。为了确保 CANopen 设备之间的兼容性,CiA 和用户及制造商共同合作,致力开发合适的规格说明 CANopen 总线系统的基本原理和特点简介如下 网络拓扑结构:线性网络,其结构与多路主站系统的结构相当。每个总线站点接收其他站点的所有信息,并可在任何时候发送它自己的信息 总线长度:根据规定,最大的总线长度在很大程度上取决于所用的波特率,10kbps 时为 5000m,1000kbps 时为 40m 站点数量:最多可对 127 个总线节点赋址 传输速度:10~1000kbps。对于 CAN 总线,通常通过总线对 CAN 收发器供电。在这种情况下使用 4 芯总线电缆,可通过分支线路进行连接。但分支线路的长度是有限制的,且大小与波特率有关 CANopen 支持两种基本消息:过程数据消息 PDO 和服务数据消息 SDO。过程数据消息 PDO 用于高优先级、少批量消息。而服务数据消息 SDO 用于大批量、低优先级消息

续表

CANopen总线系统		过程数据消息(PDO)实时数据必须快速传输。使用高级的优先级标识码,最大的数据长度为8个字节。数据的传输可以是以下几种方式:①事件驱动;②同步;③循环;④基于请求 服务数据消息(SDO)用于参数数据的传输。使用初级的优先级标识码。在这种情况下,数据的长度不限于8个字节。典型SDO数据包括:①超时;②掩值;③映射参数
ABB CS31总线系统		ABB的总线系统适用于自动化技术的所有领域 ABB总线系统的基本原理和特点简介如下 总线站点:ABB公司的现场总线最多可将63个现场总线站点连接到现场总线主站上 波特率:数据以恒定的波特率187.5kbps传输 总线接口:总线接口基于带主站/从站结构的RS 485 输入/输出:每个现场总线地址最多可处理16个输入/输出。带多于16个输入/输出的阀岛最多占用4个现场总线地址
总线系统	Moeller Suconet	基于RS 485的总线系统,可选择CP分支扩展 Moeller Suconet总线系统的基本原理和特点简介如下 总线站点:Suconet K现场总线最多可连接98个总线站点 波特率:总线接口波特率为187.5或375kbps,取决于结构特点、总线长度等 总线接口:总线接口基于带主站/从站结构的RS 485
	Allen Bradley 1771远程I/O	远程I/O通用网络是一个用于Rockwell/Allen Bradley公司的SLC500和PLC5控制器的I/O网络,用来控制分散式设备(如分散安装的I/O底座、I/O模块)和智能化设备(如电驱动器、显示器和控制单元) Allen Bradley 1771远程I/O总线系统的基本原理和特点简介如下 总线基于主站/从站模型工作,因此控制器的扫描器总是主站(见图c)。当从站从主站接收到一个请求时,从站才有所响应 波特率:Twinax电缆的全长为3000m,用作传输介质。最大的波特率为230.4kbps 配置:从站可作为逻辑机架进行配置,机架有以下规格:①1/4机架;②1/2机架;③3/4机架;④1机架。数据可在主站和从站之间以32、64、96或128位分段(根据机架的规格而定)进行交换,或通过总线最多以64字为块进行发送 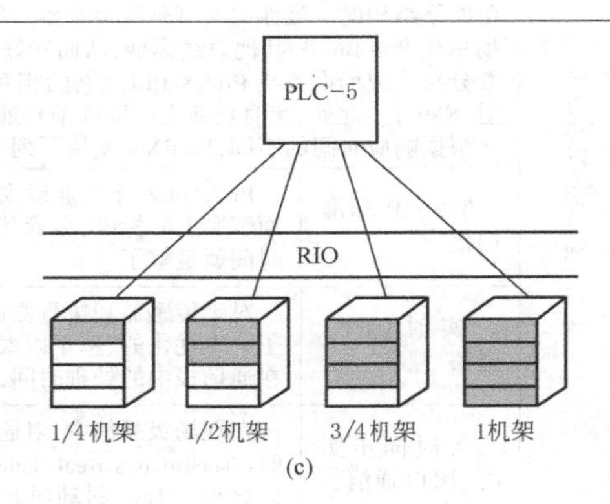 (c)
	CC-Link总线系统	Mitsubishi公司(控制和通信)开发的总线系统,可进行CP分支的扩展 CC-Link总线系统的基本原理和特点简介如下 总线站点:所有接口类型(Sub-D或端子条)都有集成的T形分配器功能,因此支持输入和输出总线电缆的连接 波特率:156~10000kbps。通过DIL开关在硬件上进行设定 总线接口:采用RS 485传输技术的集成接口是为典型的CC-Link3线连接技术而设计的(符合CLPA CC-Link规定V1.11)
	IP-Link总线系统	由Beckhoff公司开发的光纤电缆(FOC)现场总线。该现场总线是一个环形总线。使用光纤电缆使其可用于存在许多干扰的场合 IP-Link总线系统的基本原理和特点简介如下 总线站点:最多可连接124个站点 波特率:2000kbps 总线接口:总线接口采用的是两个IP-Link光纤电缆接头
	AS-i总线系统	AS-i是一个非专利、开放式安装系统,在有关最低等级的分散式生产和过程自动化的生产中占有很大的份额,且所占比例在逐步增大 AS-i总线系统的基本原理和特点简介如下 AS-i系统允许通过一根电缆对功率和数据进行传递。采用站点与黄色电缆相连接的先进技术,较低的连接成本,这些都意味着即使站点只带少量的输入和输出(带两个芯片的阀岛最多能带8个输入和8个输出)也可联网 采用这种系统类型,安装成本可降低26%~40%,这一点已得到了证明。对于要将单个或一小组驱动器、阀和传感器连接到主站控制器上这种情况,该系统是降低成本的理想之选。新的开发,如参数化Profile7.4或AS-i工作安全性概念为新的应用领域开辟了道路。系统的非专利性和开放式特点符合欧洲标准EN 50 295和国际标准IEC 62 026-2。已获得认证的产品上有AS国际协会的标志。AS国际协会及其附属组织指的是所有对AS-i感兴趣的制造商

续表

<table>
<tr><td rowspan="1">AS-i总线系统</td><td colspan="2">特性：①主—从站原理；②非专利产品；③在线路布局上无限制条件；④只通过一根两芯电缆即可连接电源和传输数据；⑤抗干扰能力强；⑥介质：未屏蔽电缆 2×1.5mm²；⑦每个 AS-i 分支上可为 8 个输出提供数据和电源传输；⑧在 31 个从站的情况下，每个从站上最多有 4 个输入和 4 个输出；⑨在 62 个从站的情况下，每个从站上最多有 4 个输入和 3 个输出（A/B 操作，符合规定 V2. 1）；⑩在 31 个从站的情况下，每个从站带 4 个模拟量输入或输出；⑪构架 7.3：每个从站的模拟量值（16 位，符合规定 V2.1）；⑫构架 7.4：可对通信方式进行参数设定，如每个从站 16×16 位（符合规定 V2. 1）；⑬模块，用于控制箱（IP20）和恶劣的工业环境（IP65，IP67）；⑭绝缘置换技术；⑮电缆长度 100m，使用中最多可扩展至 500m；⑯高效的故障控制；⑰调试简单；⑱通过总线接口进行电子方式地址选择
优点：①简单的连接技术。一根电缆用于连接电源和传输数据；电缆剖面的特殊外形可防止极性错误，具有故障控制功能，故无需屏蔽；采用绝缘压紧连接技术保证了即插即运行
②气动应用场合的理想之选。可对局部范围内的小批量现场驱动器进行控制，也可对分散于较大区域的单个驱动器进行控制。该总线系统气管长度短，提高循环速度，降低耗气量。AS-i 元件具有安装和通信双重功效
③功能强大的系统元件。AS-i 技术从属于目前已广泛使用的现场总线技术，是对现场总线技术的有力补充</td></tr>
<tr><td rowspan="4">ProfiNet以太网总线</td><td colspan="2">ProfiNet 是源自 ProfiBus 现场总线国际标准组织（PI）的开放的自动化总线标准。它基于工业以太网标准，使用 TCP/IP 协议和 IT 标准，实现自动化技术与实时以太网技术的统一，能够无缝集成其他现场总线系统
ProfiNet 可将所有工厂自动化功能甚至高性能驱动技术应用均包括在内。开放式标准可适用于工业自动化的所有相关要求：工业可兼容安装技术、网络管理简单和诊断、实时功能、通过工业以太网集成分布式现场设备等
ProfiNet 符合已有 IT 标准，并支持 TCP/IP，确保了公司范围内各部门间的通信交流。现有技术或现场总线系统与该一致性基础设施在管理层面和现场层面均可集成。这样，分布式现场设备可通过 ProfiNet 与工业以太网直接相连。设备网络结构的一致性同时可确保整个生产厂的通信一致性。同时，通过代理服务器技术，ProfiNet 可以无缝的集成现场总线 ProfiBus 和其他总线标准，从而较好地保护了原有投资
分布式现场设备与 ProfiNet 以太网的相互连接，具有良好的系统协同性，适用于严峻的工业环境（高温场和杂散发射/EMC）。此外，实时功能也是完成最新通信任务的当务之急
根据响应时间的不同，ProfiNet 支持下列三种通信方式</td></tr>
<tr><td>TCP/IP 标准通信</td><td>ProfiNet 基于工业以太网技术，使用 TCP/IP 和 IT 标准。而 TCP/IP 是 IT 领域内关于通信协议方面事实上的标准，尽管其响应时间大概在 100ms 的量级，但对于工厂控制级的应用来说，这个响应时间就足够了</td></tr>
<tr><td>实时（RT）通信</td><td>对于传感器和执行器设备之间的数据交换，系统对响应时间的要求更为严格，因此，ProfiNet 提供了一个优化的、基于以太网第二层（Layer2）的实时通信通道，通过该实时通道，极大地减少了数据在通信栈中的处理时间，ProfiNet 实时通信（RT）的典型响应时间是 5～10ms</td></tr>
<tr><td>等时同步实时（IRT）通信</td><td>在现场级通信中，对通信实时性要求最高的是运动控制（Motion Control），ProfiNet 的等时同步实时（Isochronous Real-Time，IRT）技术可以满足运动控制的高速通信需求，在 100 个节点下，其响应时间要小于 1ms，抖动误差要小于 1μs，以此来保证及时的、确定的响应</td></tr>
</table>

5.4 阀岛的分类

表 23-5-16

<table>
<tr><td>按气动阀的标准化及阀岛模块化的结构分类</td><td>
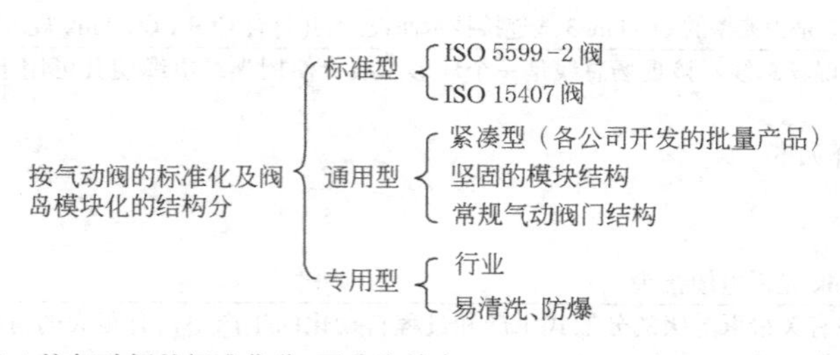

（1）按气动阀的标准化分，可分为符合 ISO 5599-2、ISO 15407 标准化阀的阀岛（指采用 ISO 5599-2、ISO 15407 安装连接界面尺寸的阀）
（2）按阀岛模块化结构分，可分为紧凑型阀岛（指一个阀岛集成阀的数量虽不多，但通过分散安装，仍能完成 64 点的控制）；坚固的模块化结构（控制节点在阀岛的中央或在阀岛的左侧）通常是指该阀岛底座、电输入/输出模块、节点控制模块均采用金属（铝合金）材料，结构坚固，可对气动阀门和电输入/输出模块作扩展；常规气动阀门结构阀岛指的是，各气动元件制造厂都会有自己独立开发的集成化模块结构阀岛产品，许多厂商采用最好的电磁阀作为阀岛气动阀
（3）专用型阀岛指的是特殊领域，如电子行业、用于食品的易清洗结构或防爆场合用的阀岛等。除此之外，还应该考虑阀岛的结构（底座模块化、底座半管式）、该阀岛可组成的最多阀位数量（阀岛的扩展能力）、阀的流量、工作压力（先导、正压、负压）、压力分区的数量、阀岛的 IP 防护等级等因素</td></tr>
</table>

续表

<table>
<tr><td rowspan="4">按阀岛电接口连接技术分类</td><td colspan="2">为了连接主站控制器(或 PLC),阀岛支持三种不同的电接口连接方式:单个线圈接口(各自配线)、多针接口(省配线)、现场总线接口(可编程阀岛)</td></tr>
<tr><td>带单个线圈接口的阀岛(各自配线)</td><td>带现场总线接口的阀岛</td></tr>
<tr><td>通过把一些阀和共用进、排气的气路板组装、测试后形成带单个线圈接口的阀岛。每个阀的电磁线圈都是独立的,连接电缆是预先装配好的,或配有独立的插头,并与控制器连接
电磁线圈的切换状态由插头或阀上的 LED 显示
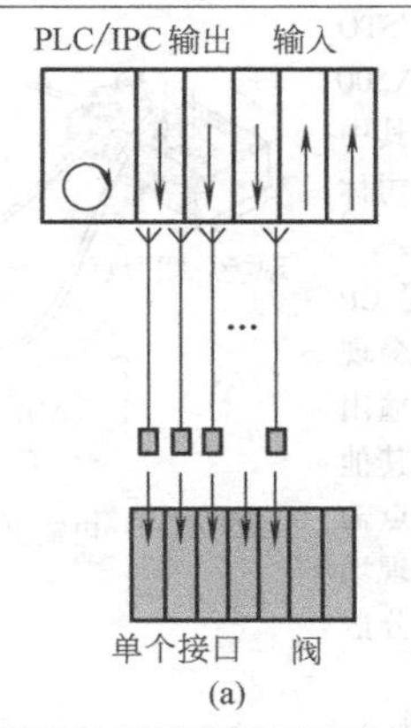

(a)</td><td>通过一根串行连接电缆来控制阀岛。这根电缆可连接多个阀岛。阀岛采用标准化的现场总线协议(如 Profibus-DP、Interbus、DeviceNet 或 AS-i)进行通信。除了驱动电磁线圈外,还可通过输入模块来读取气动驱动器上终端位置的感测信息。现有多种用于分散式输入或附加输出的连接方式(如 M12、M8 或夹紧端子)
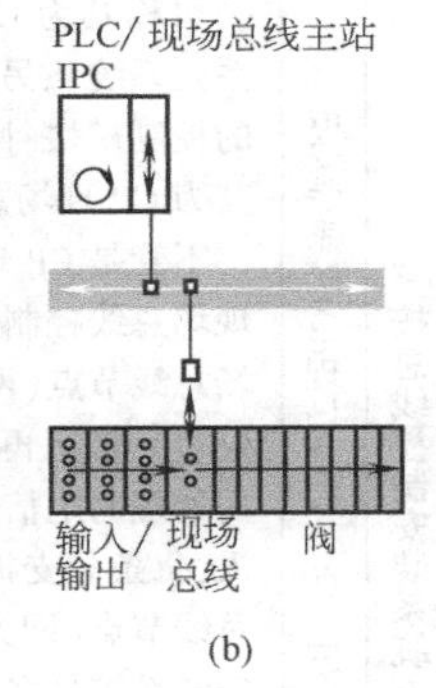

(b)</td></tr>
<tr><td>带多针接口的阀岛(省配线阀岛)
为节省安装空间,用于驱动电磁线圈的信号线组合在多针插头接口内。它们通过预制多针电缆连接到主站控制器上。多针电缆以平行接线的方式连接到控制器上。电磁线圈的切换状态由阀岛上的 LED(已分配给相应的阀)来显示
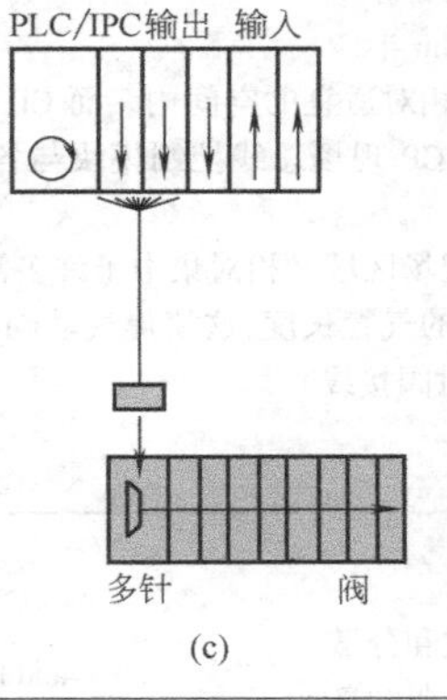

(c)</td><td>可编程阀岛
无需附加 PLC,阀岛自身集成的控制器就可实现包括气动元件、传感器和其他外围设备在内的整个程序的运行。作为人机界面(MM1)进行工作的控制单元可通过集成的串行接口连接在一起。阀岛既可作为现场总线从站,与主站控制器进行通信,也可作为现场总线主站来控制附加的阀岛或通用的现场总线模块
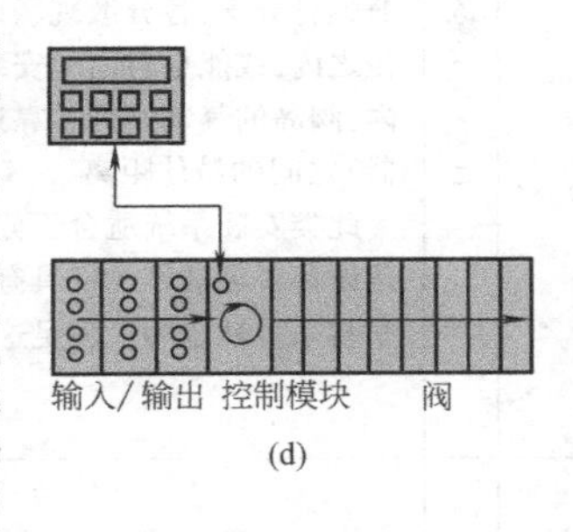

(d)</td></tr>
<tr><td>按总线控制安装系统方式分类</td><td>直接连接方式(含 AS-i):CP直接安装</td><td>如图 e,阀岛的接口可直接接入现场总线,阀岛的配置已确定(如八个阀位)。有一个分支的扩展模块,可以被允许接附加阀岛和电输入/输出模块。扩展的模块可直接安装在现场,所有的电信号通过一根电缆进行传输完成。表明扩展模块上不需要其他的安装。此类安装系统非常适合于控制少量气动驱动器及读入已赋值的终端位置感测,由于结构紧凑,因此非常适合于安装在执行单元上(如安装在机器人的手臂上)
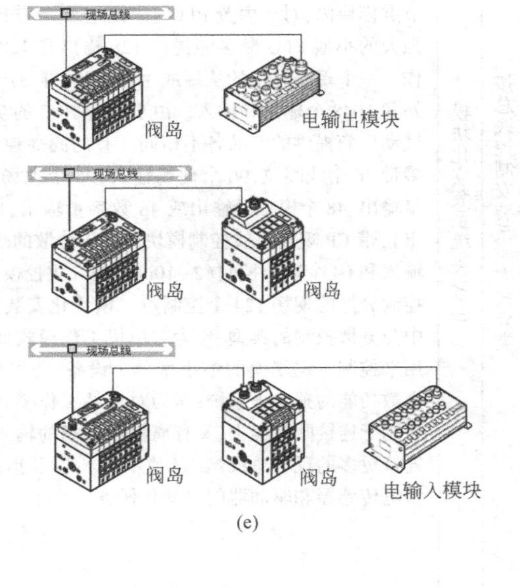

(e)</td></tr>
</table>

续表

按总线控制安装系统方式分类	分散安装系统(CP现场总线节点/EX500系列系统)(含AS-i)	如图f所示,现场总线节点有两种型式:一种是以一个单独现场总线节点(网关)接入现场总线网络(如FESTO公司称其为CP现场总线节点,SMC公司称其为EX500系列系统);另一种是与模块化阀岛组合在一起,以其中的控制模块(网关)型式存在于阀岛内(如FESTO公司称其为CP现场总线控制模块) 不管是CP现场总线节点(EX500系列系统),还是CP现场总线控制模块,安装分布的模式是一样的:从一个现场总线节点(网关)为始点,通过电缆连接到阀岛(或输出模块),然后再通过电缆连接到输入模块(传感器或其他需处理的电信号),每条分支最多可有16点输出、16点输入,每条分支扩展的总长不超过10m。对于一个CP现场总线节点(网关)或现场总线控制模块(网关),它的分散安装系统最多都可扩展4条分支 CP现场总线节点(EX500系列系统)与现场总线控制模块的区别:CP现场总线节点(EX500系列系统)能更好兼顾各分支、各分散现场设备(驱动器/传感器)在10m半径之内,或能更自由地安装在各离散驱动器/传感器相对适宜的空间内。而CP现场总线控制模块因已被组合在阀岛内,阀岛的气动阀为了靠近它的驱动器距离,会影响CP现场总线控制模块与各分支、各分散现场设备(驱动器/传感器)之间的最佳距离 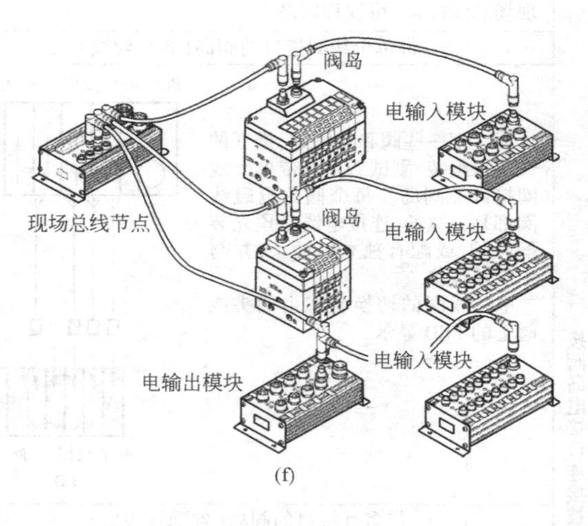 (f) 此类安装系统适合于分散的现场区域,而每一个现场区域又相对集中了许多需控制的驱动器或传感信号。另外,高速设备要求动作元件具有较短的循环周期以及较短的气管长度,这使得气动阀必须安装在离气缸很近的地方。分散安装系统就是为了满足这些要求而开发(不必逐个对阀接线)
按总线控制安装系统方式分类	模块化安装系统(含AS-i)	如图g所示,模块化安装系统是具有直接连接方式和分散安装系统两种功能,其实质也是一种直接连接方式,即阀岛的接口可直接接入现场总线。CP现场总线控制模块作为一个分散安装系统的一部分控制功能,内置于阀岛的控制节点模块内,对于内置PLC主控器控制节点模块,有些功能强大的小型PLC最多能提供128输出和128输入,而当它作为一个现场总线的从站或主站,最多带31现场总线的从站和1048个输出和输入。由于各种PLC的功能不一,各个气动厂商提供的产品各不相同。有的阀岛控制节点模块最多带26个线圈位,96个现场输入,96个现场输出(48数字量输出、48个模拟量输出或48数字量输出、18个模拟量输出),带CP现场总线控制模块可用于分散的现场区域64个输入和64个输出控制(2~10m),AS-i主控模块可扩展连接控制分散的现场124个控制点。模块化安装系统是一个集中与分散控制的典型,作为对单机工作模式而言,它不仅能用来控制一定规模的中小型单个设备,还可用来实现具有离散功能的独立子系统;作为对主站工作模式而言,它不仅可用于连接既有集中、又有离散在现场的输入和输出,还可连接更多的现场总线站点(或从站),以及担负需要处理大量电传感器和驱动器的自动化任务 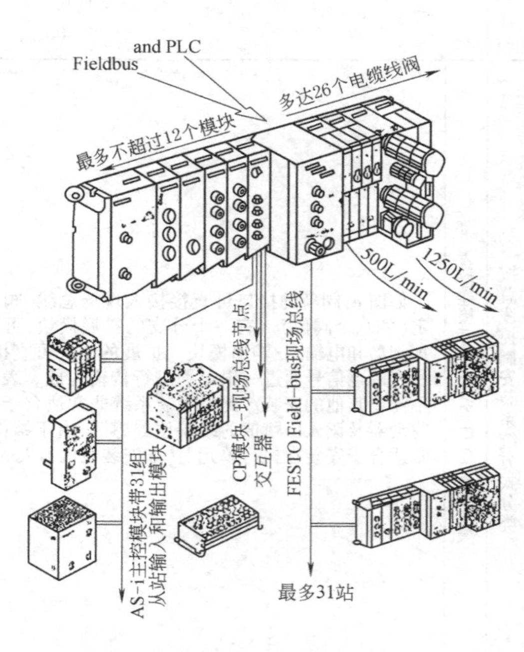 (g) 内置PLC阀岛的控制网络示意图

5.5 阀岛的结构及特性（以坚固的模块型结构的阀岛为例）

表 23-5-17

<table>
<tr><td>坚固的模块型结构的阀岛</td><td colspan="2">如图 a 所示为坚固的模块型结构的阀岛。防护等级为 IP65，由三大主要部分组成：气动模块（见图 b）、电输入/输出模块及节点控制模块，见图 c（带 CP 现场总线控制模块或含 AS-i）。有多种电连接方式：带多针接口的（省配线阀岛），所有通用现场总线，内置可编程控制器现场总线接口的。阀的外壳采用金属材料，电输入/输出模块也采用金属材料，通过阀上的 LED 可显示故障
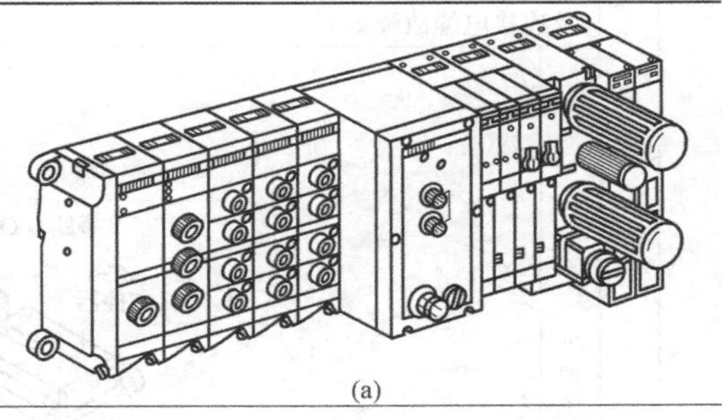
(a)</td></tr>
<tr><td>气动模块部分</td><td colspan="2">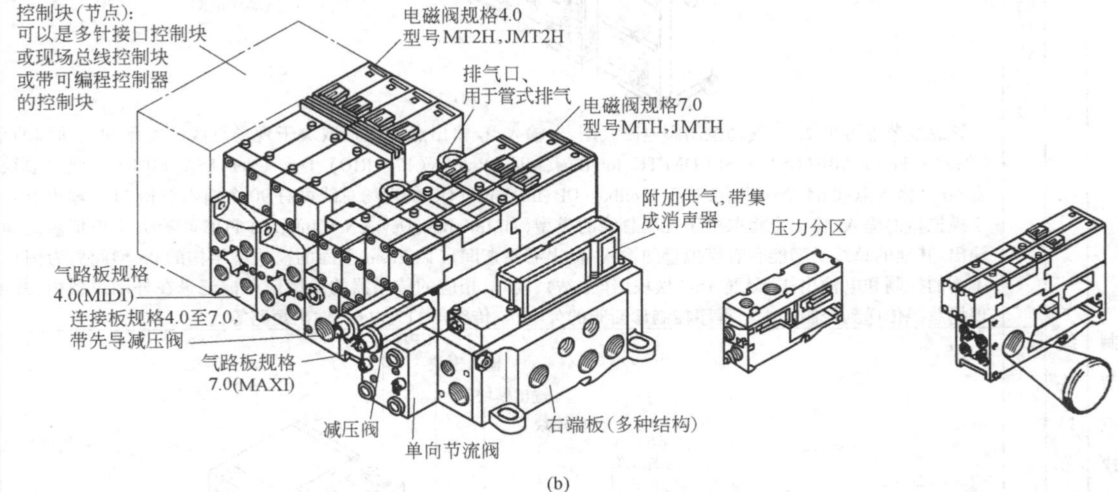

(b)
气动模块部分见图 b，将电磁阀组合在一起就形成了具有公共气源的阀气路板。这降低了所需气管的数量，使整个单元更容易安装。它的气动阀位最多可扩展到 26 个单电控阀位（26 线圈），该阀岛由两种规格的电磁阀组成，通径为 4.0（500L/min）和 7.0（1300L/min）。工作压力为 4～8bar，带先导进气的工作压力为-0.9～+10bar。通径为 4.0 的响应时间开为 12ms、关为 25ms 左右；通径为 7.0 的响应时间开为 25ms、关为 30ms 左右。气动模块上可选择二位五通单电控阀（弹簧复位、带外接先导型的气复位）、二位五通双电控阀（带外接先导型的气复位）、带外接先导三位五通电控阀（中封式、中泄式、中压式），所有的阀都带手控装置，有非锁定式、锁定式及防止被激活保护型（根据要求）。利用堵头可使阀岛具有多个压力分区，包括真空操作，气路板底座也分 4.0 规格和 7.0 规格，当需要有两种规格阀时，可选用规格转换气动板底座。此外还可安装集成化的减压阀和单向节流阀模块。适用于单电控的气路板上可安装两个阀，配有两个分配地址，对于适用于双电控阀的气路板上也可安装两个阀，配有四个分配地址。如果在一个适用于双电控阀的气路板上安装一个双电控阀和一个单电控阀，则一个地址将被丢失</td></tr>
<tr><td rowspan="2">控制节点模块</td><td colspan="2">阀岛的控制节点模块，可分为带多针接口节点的控制模块及带现场总线接口节点的控制模块。带现场总线接口节点的控制模块还可分为带可编程控制器现场总线接口节点的控制模块及不带可编程控制器现场总线接口节点的控制模块</td></tr>
<tr><td>多针接口的节点</td><td>多针接口的节点：如图 c。阀岛可配置多针节点，除了控制阀，相应的传感器的反馈信号通过一条共用的多针电缆集合传输到控制柜（上位机）。该节点如采用圆形插头，最多可带 24 个气动控制阀电磁线圈，如采用 Sub-D 插头，最多可带 22 个气动控制阀电磁线圈，另外最多可有 24 个输入信号（以 Festo 坚固的模块型结构的 03 型阀岛为例）。带多针接口的阀岛可与目前所有的控制系统或工业 PC 的 I/O 卡连接。集中控制系统要求一个功能强大的 PLC，相应地带大量的 I/O 卡，与现场总线设备必须通过较复杂的并行线连接
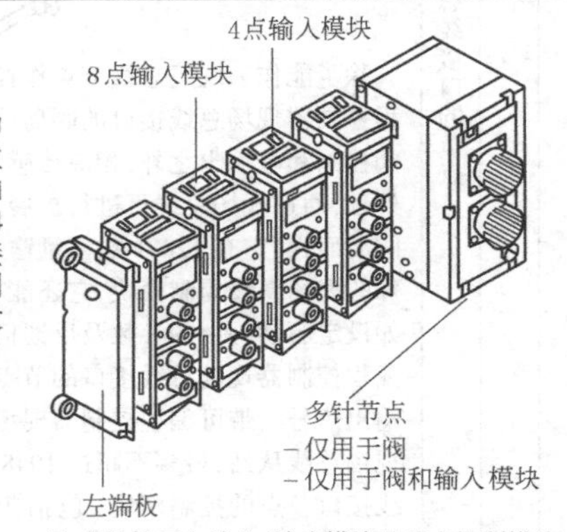

(c) 多针接口电输入/输出模块及节点控制模块</td></tr>
</table>

续表

控制节点模块	总线接口节点		在模块化电设备系统中，总线接口节点的控制模块相当于系统的心脏，它处理着更高一级控制器和主站的通信连接，具有大量附加功能的PLC程序器可直接通过现场总线节点模块中执行，现场总线节点模块还担当电输入/输出模块、传感器的电源(如电磁线圈和电输出的负载电源)及系统监测和诊断(如电源状态、电磁线圈短路或断路、传感器及连接电缆故障等)
		带现场总线接口节点	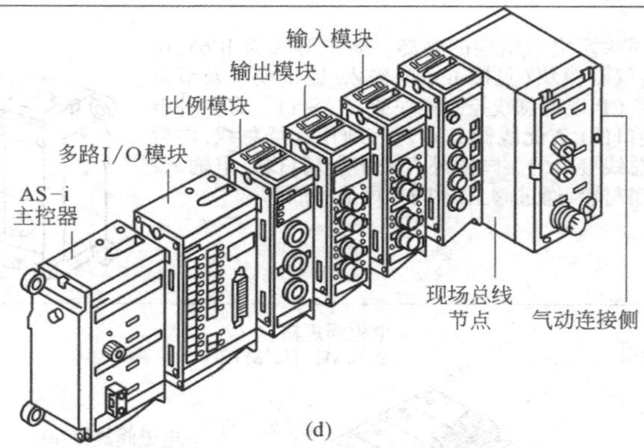 (d) 该总线节点可带26个气动控制阀电磁线圈，电输入点/输出点的数量取决于现场总线的类型和气动阀的个数[如对于Festo、ABB(CS31)、SUCONETK、Interbus、Allen-Bradley(1771RIO)、DeviceNet、ASA(FIPIO)的现场总线，可有60个输入点和64个输出点，对于Profibus-DP、Interbus-FOC的现场总线可有90个输入点和74个输出点]。对于模拟量的输入/输出也将取决于现场总线的类型(如Interbus、DeviceNet、Interbus-FOC均有8个模拟量的输入/输出，其他的总线类型能否有模拟量的输入/输出需要查询)(以Festo坚固的模块型结构的03型阀岛为例)。除了阀的控制和电输出外，配置AS-i模块(作主站)，同时，相应的传感器的反馈信息被记录在外围设备内，并通过现场总线传递到控制柜中。程序控制诊断阀的欠电压、传感器的欠电压、输出短路等
		带可编程控制器现场总线接口的节点	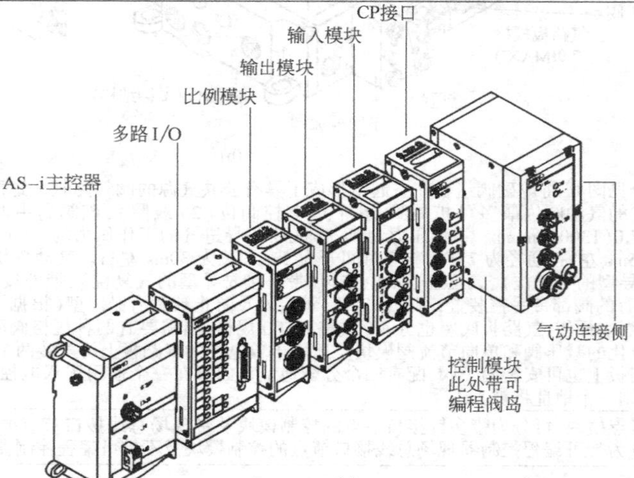 (e) 除了能作为现场总线节点作控制器之外，带可编程控制器现场总线接口还可担当主站的主控器功能。带可编程控制器现场总线接口的阀岛可配置各种控制模块(带Festo PLC或带Siemens PLC或Allen-Bradley PLC)，除对阀控制和电输出之外，相应传感器的反馈信号被记录在阀岛内，并通过内置集成的PLC自动对这些反馈信息进行处理，通过现场总线可进行扩展及网络化。该总线节点对本站阀岛最多可带26个气动控制阀电磁线圈，就本站阀岛而言，它有128个数字量输入信号和128个数字量输出信号(含26个气动控制阀电磁线圈)。另外，对于特殊的现场总线控制模块，它还能带64个数字量输入点和64个数字量输出点。对那些既需处理模拟量输入信号，如设定驱动阀上的参数及反馈信息(温度、压力、流量、注入高度等)，又需要处理控制器的模拟量输出信号，带可编程控制器现场总线接口的节点还提供专门模拟量输入/输出信号，最多可有36个模拟量输入信号、12个模拟量输出信号。带可编程控制器现场总线接口的节点可作为从站或主站应用，如作为主站(主控器)，最多可带31个现场总线从站，最多不超过1048个输入/输出点(以Festo坚固的模块型结构的03型阀岛为例)。对于带现场总线接口节点的控制模块(包括带可编程控制器节点模块)采用常用的现场总线有ABB(CS31)、SUCONETK、Interbus、Allen-Bradley(1771RIO)、DeviceNet、ASA(FIPIO)、Festo等

续表

控制节点模块	总线接口节点	电输入/输出模块	可分为数字量输入模块、数字量输出模块、模拟量输入/输出模块、附加电源、电接口。对于坚固的模块型结构的03型阀岛而言,最多有12个电的输入、输出模块。其中,对于数字量输入模块,有8点的输入模块(PNP/NPN)、4点的输入模块(PNP/NPN)或16点的输入模块(PNP带Sub-D插头)。对于数字量输出模块,有4点的输出模块(PNP)或大电流的4点输出模块(PNP/NPN,每个输出点为2A)。对于数字量输入/输出模块:有12个输入点、8个输出点;而对于模拟量输入/输出模块,有3个输入、1个输出的模拟量模块(0~10V;4~20mA)或1个输入/1个输出的模拟量模块(用于比例阀)。对某一公司的各种阀岛,欲采用多少个电输入/输出模块,取决于采用何种现场总线类型的节点
		附加电源	附加电源为大电流输出模块提供最大为25A的负载电流。它安装在大电流输出模块的右侧,如图f所示 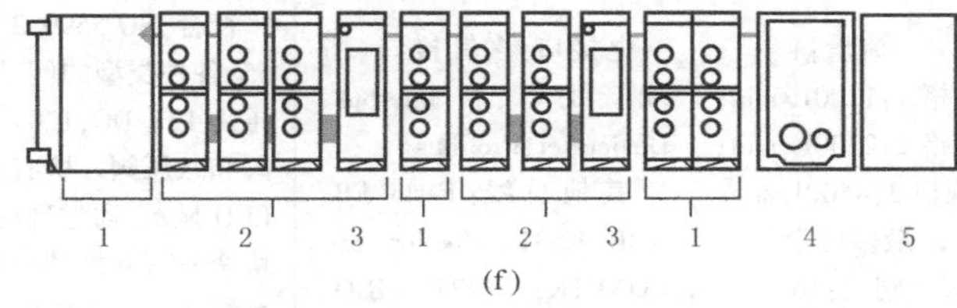 (f) 1—I/O模块,带4/8点输入(PNP/NPN)或4点输出(仅PNP 0.5A)或多路I/O模块,带12/80; 2—大电流输出(PNP/NPN) 2×大电流电源(灰色接口)至最后的大电流输出模块就停止供电; 3—附加电源24V/25A; 4—节点; 5—阀
		AS-i模块	AS-i模块也称为“AS-i主站接口”,其连接网络见图g,是为每个站点带少量输入/输出的简单通信设计的,一般站点有4或8个输入/输出。AS-i主站(作为阀岛中的网关)可提供一种从AS-i到较高级现场总线协议的良好连接,并控制AS-i网络。连接于该模块的从站将由AS-i主站进行管理。它们的输入/输出信号既可通过相邻的现场总线传输给更高一级的控制器(带现场总线主站的工业PC),也可以传输给控制模块(节点)。在建立AS-i系统时,AS-i主站将和所需的从站一起连接到AS-i数据电缆上(黄色电缆)。每个从站首先被分配一个唯一地址,AS-i组合电缆也是通过黄色数据电缆为所有站点提供电源。在建立好所有的连接并确认所选的地址没有重叠后,当前的配置情况就可以通过配置接头进行读取和保存。于是总线站点的输入或输出被不断地更新并与更高一级的现场总线节点或控制模块进行交换。每一个站点以及AS-i诊断数据都被赋予一个固定的I/O地址域。它可连接31个从站,124个输出和124个输入 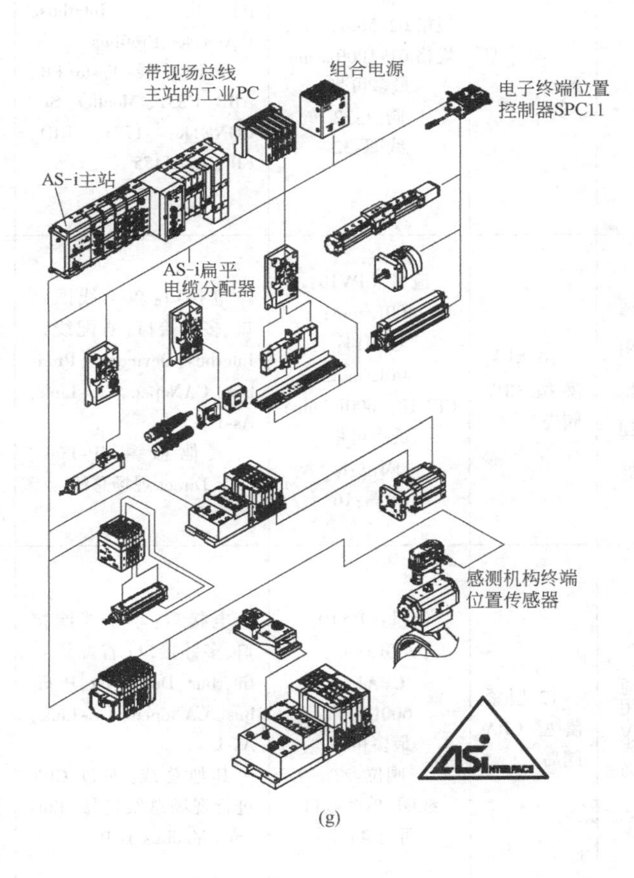 (g)

5.6 Festo 阀岛及 CPV 阀岛

5.6.1 Festo 阀岛概述

Festo 公司阀岛有三种类型：①标准型阀岛；②通用型阀岛；③专用型阀岛。详见表 23-5-18。

表 23-5-18

类别	型号	流量阀位/线圈	电接口和其他总线	特性
标准型阀岛	04 型阀岛	流量：规格 1：1200L/min；规格 2：2300L/min；规格 3：4500L/min 最多可带阀位：16 线圈：16	电接口：多针接口（省配线）、Interbus、DeviceNet、Profibus 其他总线：Festo FB、ABB CS31、Moeller SUCONETK；1771 RIO、FIP10、DH485	符合 ISO 5599-2 标准安装界面。坚固的金属结构，IP 65，各种类型的阀功能齐全，最高工作压力为 16bar，电压为 12V DC，120V AC，并有多个压力分区，可集成节流阀和减压阀。所有的阀有手控装置，并配有保险丝。带 LED 显示，通过现场总线/控制模块可传递诊断信息，能快速发现并修理故障。可带 AS-i 主站，有 CP 分散安装系统接口。大电流的输出模块（PNP/NPN：2A），模拟量输入/输出模块
	44 型阀岛	流量：规格 02：500L/min；规格 01：1000L/min 最多可带阀位：32 线圈：32	电接口：多针接口（省配线）、Interbus、DeviceNet、Profibus 其他总线：Festo FB、ABB CS31、Moeller SUCONETK；1771 RIO、FIP10、DH485	符合 ISO 15407-1 标准安装界面。坚固的金属结构，IP 65，各种类型的阀功能齐全，最高工作压力为 10bar，电压为 24V DC，24V AC，12V DC，110V AC，230V AC，并有多个压力分区，可集成节流阀和减压阀。所有的阀有手控装置，并配有保险丝。带 LED 显示，通过现场总线/控制模块可传递诊断信息，能快速发现并修理故障。可带 AS-i 主站，有 CP 分散安装系统接口。模拟量/数字量输入/输出模块
通用型阀岛	10 型紧凑型 CPV 阀岛	流量：CPV10：400L/min；CPV14：800L/min；CPV18：1600L/min；最多可带阀位：8 线圈：16	电接口：单个线圈接口、多针接口（省配线）、Interbus、DeviceNet、Profibus、CANopen、CC-Link、As-i 其他总线：IP-Link、CPV Direct 现场总线	结构尺寸小，重量轻，流量大，适合现场安装。连接管路短，响应速度高。IP 65，最高工作压力为 10bar，电压为 24V DC，具有多种气动阀的功能，压力分区，可用于真空。提供多种电连接技术，无论是单个阀的接口还是带多种扩展可能性的总线系统，都可对各种类型的阀进行驱动。电输入和输出模块的集成能为各种安装理念提供性价比高的解决方法。所有的阀有手控装置
通用型阀岛	12 型紧凑型 CPA 阀岛	流量：CPA10：300L/min；CPA14：600L/min 最多可带阀位：22 线圈：单个接口可有 44 个	电接口：单个线圈接口、多针接口（省配线）、Interbus、DeviceNet、Profibus、CANopen、CC-Link、As-i 其他总线：通过 CPX 进行现场总线连接，Ethernet Modbus TCP	结构尺寸小，重量轻，金属外壳坚固，最多可扩展至 44 个线圈。IP 65，最高工作压力为 10bar，电压为 24V DC，可在任何时候对单个阀进行转换/扩展。阀体有手控装置：按钮式、锁定式、加罩式，电磁线圈 100% 通电持续率。具有多种气动阀的功能，有多个压力区域，可与模块化的电外围设备（如与集成的电输入输出模块以及控制节点为一体的 CPX 电控终端）组合使用。可对每个阀进行诊断、故障参数化。使用 LED 以及手持诊断显示屏进行现场诊断

续表

类别	型　号	流量阀位/线圈	电接口其他总线	特　　性
通用型阀岛	03 型坚固的模块化阀岛	流量：Midi：500L/min Maxi：1250L/min 最多可带 阀位：16 线圈：26	电接口：多针接口（省配线）、Interbus、DeviceNet、Profibus、CAN-open、CC-Link 其他总线：通过 CPX 进行现场总线连接，Ethernet Modbus TCP	阀岛和阀的外壳都为坚固的金属结构，IP 65，可用于恶劣的环境，最高工作压力为 10bar，电压为 24V DC。阀体有手控装置：非锁定式、锁定式以及防止被激活的保护型。电磁线圈 100%通电持续率。具有多种气动阀的功能，有多个压力区域，可与模块化的电外围设备（如与集成的电输入输出模块以及控制节点为一体的 CPX 电控终端）组合使用。可对每个阀进行诊断、故障参数化。使用 LED 以及手持诊断显示屏进行现场诊断。大电流的输出模块（PNP/NPN：2A）可用于液压阀，模拟量/数字量输入/输出模块。对于带内置可编程控制器的阀岛，有 CP 分散安装系统接口。可带 AS-i 主站
	02 型老虎阀岛	流量： G⅛：750L/min G⅛加长型：1000L/min G¼：1300L/min G¼加长型：1600L/min 最多可带 阀位：16 线圈：16	电接口：多针接口（省配线）、Interbus、DeviceNet、Profibus 其他总线：Festo FB、ABB CS31、Moeller SU-CONETK；1771 RIO	阀岛和阀的外壳都为坚固的金属结构，老虎阀截止式的结构能适应较恶劣的气源和工作环境。IP 65，最高工作压力为 10bar，电压为 24V DC。阀体有手控装置：非锁定式、锁定式。电磁线圈 100%通电持续率。具有多种气动阀的功能，有多个压力区域，可与模块化的电外围设备（如与集成的电输入输出模块以及控制节点为一体的 CPX 电控终端）组合使用。可对每个阀进行诊断、故障参数化。使用 LED 以及手持诊断显示屏进行现场诊断。大电流的输出模块（PNP/NPN：2A）可用于液压阀，模拟量/数字量输入/输出模块。对于带内置可编程控制器的阀岛，有 CP 分散安装系统接口。可带 AS-i 主站
	32 型模块化 MPA 阀岛	流量：360L/min 最多可带 阀位：32 线圈：64	电接口：多针接口（省配线）、Interbus、DeviceNet、Profibus、CAN-open、CC-Link 其他总线：通过 CPX 进行现场总线连接，Ethernet Modbus TCP	MPA 阀岛是与 CPX 电终端模块一起开发的灵活的模块化阀岛。它可以与控制节点组成一体 MPA 阀岛，CPX 电的输入/输出模块为其外围设备，也可以与 CPX 电的输入/输出一起组成一个模块化阀岛 MPA 阀岛+CPX 电终端。外壳为坚固的金属结构，IP 65，工作压力为-0.9~10bar，电压为 24V DC。阀体有手控装置：按钮式、旋转/锁定式、带保护盖。阀上有 LED 显示。电磁线圈 100%通电持续率。具有多种气动阀的功能，有多个压力区域。由于与 CPX 外围设备相连，所以它有先进的内部通信系统。可以诊断每个模块、每个通道、每个阀线圈的故障信号，包括电源的关闭与不稳定、气源的关闭与不稳定、传感器/执行器以及连接电缆的故障。可带 AS-i 主站，有 CP 分散安装系统接口。模拟量/数字量输入/输出模块。有墙面安装以及 H 型导轨安装方式
专用型阀岛	80 型智能立方体 CPV SC1 阀岛	流量：170L/min 最多可带 阀位：16 线圈：16	电接口：多针接口（省配线）	外壳和连接螺纹都采用金属材料，因此非常坚固，尺寸比 10 型紧凑型 CPV 更小。重量轻，非常适合于在有限的空间内对小型驱动器进行操作。有多个压力区域，可直接安装在运动的系统/部件上。采用二位二通阀（常闭）、二位三通阀（常开/常闭）阀及二位五通阀（单电控/双电控），工作压力为-0.9~7bar，电压为 24V DC。IP 40，阀体有手控装置：按钮式、锁定式、加置式。当环境温度为 40℃ 时，电磁线圈为 100%通电持续率。带 Sub-D 接口或扁平电缆接口，具电磁兼容性：抗干扰等级符合 EN 50081-2 标准“工业领域的抗干扰”；干扰辐射等级符合 EN 61000-6-2 标准“工业领域的干扰辐射”（最长信号线长度为 10m）

续表

类别	型　号	流量阀位/线圈	电接口其他总线	特　性
专用型阀岛	82 型智能立方体 CPA SC1 阀岛	流量:150L/min; 最多可带 阀位:20 线圈:32	电接口:单个线圈接口多针接口(省配线)	小型结构紧凑型阀岛,外壳和连接螺纹都采用金属材料,因此非常坚固。工作压力为-0.9~10bar,电压为24V DC。电磁线圈100%通电持续率。IP 40,阀体有手控装置:非锁定式、旋转后锁定。每个阀位的信号有LED显示。具有多种气动阀的功能。带Sub-D接口或扁平电缆接口,具电磁兼容性:抗干扰等级符合EN 50081-2标准"工业领域的抗干扰";干扰辐射等级符合EN 61000-6-2标准"工业领域的干扰辐射"(最长信号线长度为10m)
	小型 MH1 阀岛	流量:17L/min 最多可带 阀位:22 线圈:22	电接口:单个线圈接口;多针接口(省配线)	小型结构阀,流量为10~14L,采用直动式二位二通阀(常闭)及二位三通阀(常开/常闭)。响应时间为4ms
	小型 MH2 阀岛	流量:100L/min 最多可带 阀位:10 线圈:10	电接口:单个线圈接口;多针接口(省配线)	阀岛为紧凑型扁平结构,采用直动式高速阀。响应时间小于2ms。气动阀为二位三通及二位二通型式(常开/常闭)。工作压力为-0.9~8bar,电压为24V DC
	15 型易清洗型 CDVi 阀岛	流量:650L/min 最多可带 阀位:12 线圈:24	电接口:多针接口(省配线)DeviceNet 其他总线:Ethernet Powerlink	阀岛和阀均由高耐腐蚀聚合材料制成,满足食品工业清晰需求(符合清洁型设备设计原则和卫生标准的DIN EN 1672-2标准和清洁型机械设计要求的DIN ISO 14159标准):无棱边、没有很小的弯曲半径、无裂缝、污垢不易堆积、阀与阀之间的空间容易清洗、耐腐蚀。阀岛在供货前经过完全的装配和功能测试,IP 65/67,电磁线圈100%通电持续率。工作压力为-0.9~10bar,电压为24V DC。有多个压力分区

5.6.2 CPV 阀岛简介

CPV 阀岛是一个结构紧凑的阀岛（C 表示 Compact，P 表示 Performance，V 表示 Valve Terminal）。所有的阀都是以阀片的形式组合在一起，结构极其紧凑，也大大降低了阀的自重。阀片有两种功能（如 2 个两位三通阀）。CPV 有三种规格（CPV 10：阀宽 100mm，流量 400L/min；CPV14：阀宽 14mm，流量 800L/min；CPV 18：阀宽 18mm，流量 1600L/min）。CPV 阀岛有多种电连接技术。如单个线圈接口（独立插座）、多针接口（省配线）、现场总线、带 AS-i 接口。CPV 阀岛最多可扩 8 片阀，16 个线圈。CPV 阀岛总线连接方式分直接连接方式和分散安装系统（EX500 系列系统）。对于分散安装系统（EX500 系列系统），最多可有 4 条分支，与现场总线节点连接（见表 23-5-16 图 f）。为了确保每条分支通过连接后电缆通信总长不超过 10m。该节点可置于各分散现场驱动器（或阀岛、传感器）中央位置。所有的阀片都配备有本地诊断状态 LED，通过现场总线可实现对每条 CP 分支的诊断。此类安装系统适合于分散的现场区域，而每一个现场区域又相对集中了许多需控制的驱动器或传感信号。

表 23-5-19　　　　CPV10 阀岛

外形图

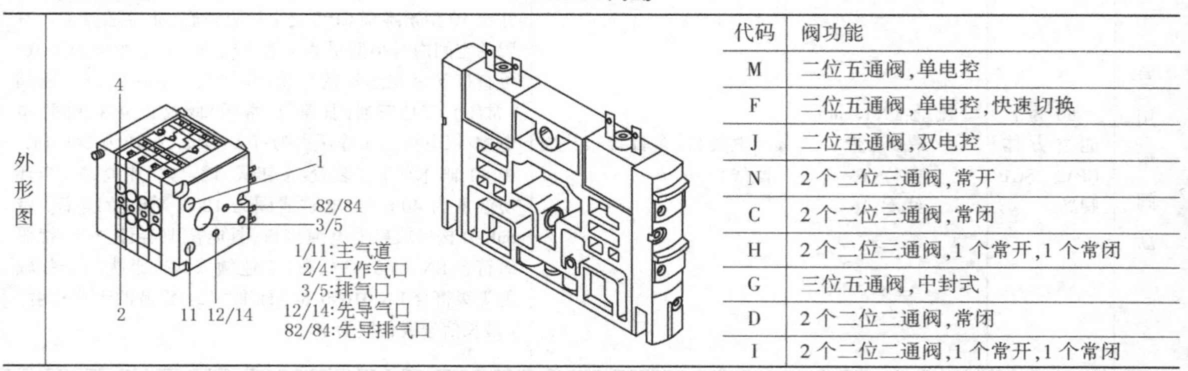

代码	阀功能
M	二位五通阀,单电控
F	二位五通阀,单电控,快速切换
J	二位五通阀,双电控
N	2个二位三通阀,常开
C	2个二位三通阀,常闭
H	2个二位三通阀,1个常开,1个常闭
G	三位五通阀,中封式
D	2个二位二通阀,常闭
I	2个二位二通阀,1个常开,1个常闭

续表

		阀功能		二位五通阀			二个二位三通阀原始位置			三位五通阀中位	2个二位两通阀原始位置		真空发生器	
				单电控	快速切换	双电控	常开	常闭	1×常开1×常闭	常闭	常闭	1×常开1×常闭		带喷射脉冲
主要技术参数	阀功能参数	阀功能订货代码		M	F	J	N	C	H	G	D	I	A	E
		结构特点		电磁驱动活塞式滑阀										
		宽度/mm		10										
		公称通径/mm		4										
		润滑		润滑可延长使用寿命,不含PWIS(不含油漆润湿缺陷物质)										
		安装方式		通过气路板安装										
				墙式安装										
				H型导轨安装										
		安装位置		任意位置										
		手控装置		按钮式、锁定式或加盖式										
		额定流量(不带接头)/L·min^{-1}		400										
		气动连接(括号内的连接尺寸用于气路板)												
		气动连接		通过端板										
		进气口1/11		G⅛										
		排气口3/5		G⅜(G¼)										
		工作气口2/4		M7										
		先导气口12/14		M5(M7)										
		先导排气口82/84		M5(M7)										
	工作压力/bar	阀功能订货代码		M	F	J	N	C	H	G	D	I	A	E
		不带先导进气		3~8										
		带先导进气 $p_1=p_{11}$		-0.9~+10										
		先导压力 $p_{12}=p_{14}$		3~8										
	响应时间/ms	阀功能订货代码		M	F	J	N	C	H	G	D	I	A	E
		响应时间	开启	17	13	—	17	17	17	20	15	15	—	15
			关闭	27	17	—	25	25	25	30	17	17	—	17
			切换	—	—	10	—	—	—	—	—	—	—	
	工作和环境条件	阀功能订货代码		M	F	J	N	C	H	G	D	I	A	E
		工作介质		过滤压缩空气,润滑或未润滑,惰性气体										
		过滤等级/μm		40										
		环境温度/℃		-5~+50(真空发生器:0~+50)										
		介质温度/℃		-5~+50(真空发生器:0~+50)										
		耐腐蚀等级CRC①		2②(真空发生器)										

① 耐腐蚀等级1,符合Festo 940070标准
元件只需具备耐腐蚀能力,运输和贮存防护,这些元件无基本涂层要求,譬如,内部元件或位于盖子下面的元件
② 耐腐蚀等级2,符合Festo 940070标准
元件必须具备一定的耐腐蚀能力,外部可视元件具备基本的涂层表面,可直接与工业环境或与冷却液、润滑剂等介质接触

续表

		项目	参数
主要技术参数	电参数	带 CP 接头的 CP 阀岛的电磁兼容性	抗干扰等级符合 EN 61000-6-4 标准,“工业领域的抗干扰”
			干扰辐射等级①符合 EN 61000-6-2 标准,“工业领域的干扰辐射”
		触电防护等级(有直接接触和间接接触的防护措施,符合 EN 60204-1/IEC 204 标准)	由 PELV 供电单元提供
		防爆等级	符合 EU Directive 94/9/EU 标准,113G/D EEx nAⅡT5 $-5^\circ C<T_a<+50^\circ C$ T80℃ IP65
			符合 UL429,CSA22.2 No.139 标准
		CE 标志	符合 EU Directive 89/336/EU 标准
		工作电压	24V DC(+10%~15%)
		边沿陡度(仅对于 IC 和 MP)	>0.4V/ms 到达大电流相的最短电压上升时间
		残波幅值/V_{pp}	4
		功耗/W	0.6(21V 时 0.45);(CPV10-M11H…0.65)
		通电持续率	100%
		带辅助先导气 $p_1=p_{11}$	-0.9~+10
		防护等级,符合 EN 60529 标准	IP65(在装配完成状态下,适用于所有信号输入类型)
		相对空气湿度	95%非冷凝水
		抗振强度	符合 DIN/IEC 68/EN 60068 标准,第 2~6 部分
		防振	符合 DIN/IEC 68/EN 60068 标准,第 2~27 部分
		持续防振	符合 DIN/IEC 68/EN 60068 标准,第 2~29 部分
		① 最大的信号线长度是 30m	
	继电器板	工作电压	20.4~26.4V DC
		功耗	1.2W
		继电器的数日	2 个,带电绝缘输出
		负载电流回路	每个为 1A/24V DC+10%
		继电器响应时间 开启	5ms
		继电器响应时间 关闭	2ms
CPV 阀岛的压力分区	借隔离板进行压力分区	通过隔离板可将 CPV 划分成 2 至 4 个压力分区。 实例:压力分区 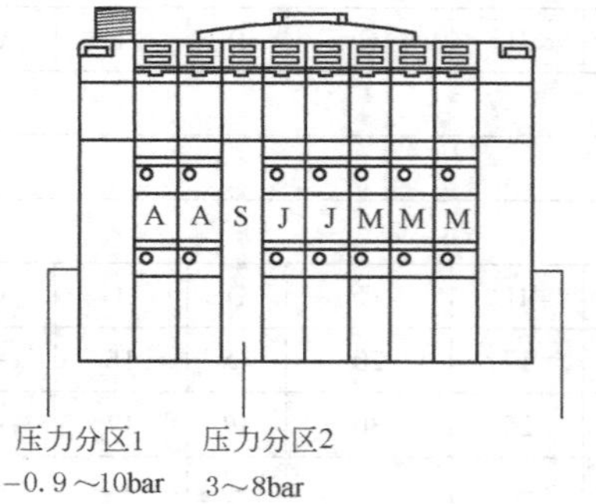 A A S J J M M M 压力分区1 -0.9～10bar　压力分区2 3～8bar	气口 1 和 11 不同的压力在每个阀上产生两个压力等级。例如,为了节约能量,利用较高的压力来使气缸驱动器前进,而较小的压力则使气缸驱动器后退。隔离板 S 可切断排气通道 3/5 以及进气通道 1 和 11。隔离板 T 用来隔离供气通道 1 和 11,使得压缩空气从阀片的左侧供给或从阀片的右侧供给。规格 10、规格 14、规格 18 的 CPV 阀岛的内先导及外先导分区导通或隔断状况见表 23-5-20 CPV 阀岛的一个显著特点是它的两个端板能对阀片进行供气和排气,见左图。大通道的截面积保证了大流量,即便多个阀同时切换。端板上安装了大面积消声器,内/外先导气源压缩空气从两个独立通道(进气口 1/11)对每个阀进行供给。阀通过大截面的集成排气通道(排气口 3/5)进行排气。这种结构使得它具有独一无二的功能性和灵活性。通过终端或真空装置的组合来实现多个压力分区是最简单的方法。阀岛可从左端板或右端板供给,或左右端板同时供给。除了下面列出的组合,也可以根据需要进行其他端板组合
	端板	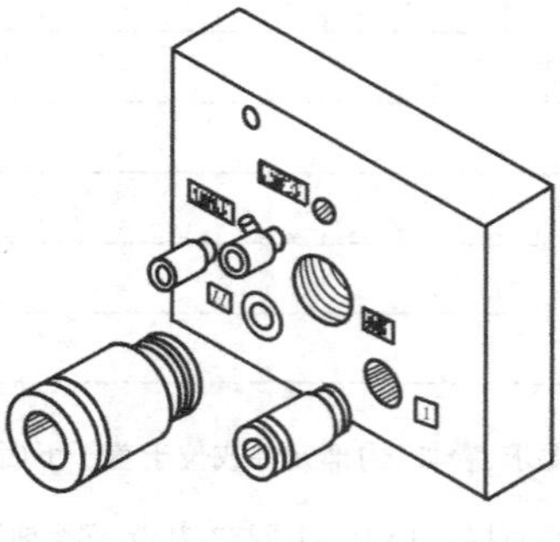	先导气源分为内先导气源和外光导气源 内先导气源:如果气接口 1 的气源压力为 3~8bar,选用内先导气源。内先导气源从右端板进行分支。先导气口 12/14 不用。外先导气源:如果气接口 1 的气源压力为 3bar 或 8bar,选用外先导气源。在这种情况下,先导气口 12/14 的压力为 3~8bar。如果需要通过压力开关阀在系统中实现缓慢增压,那么就需使用外先导供气,这样可使接通时控制压力就已达到一个很高的值 左图为一个带外先导气源的左端板。排气口 3/5 和 82/84 可以连接螺纹接头或消声器。对于内先导气源输入时,端板上没有接口 12/14和 11,接口 12/14 在内部与接口 1 连通。而接口 82/84 总是存在的,且需与消声器相连

表 23-5-20　　规格 10、14 及 18 的 CPV 阀岛的许用端板组合

许用的端板组合					
代码	先导供气类型及图形符号	规格			注意事项
		10	14	18	
U	内先导 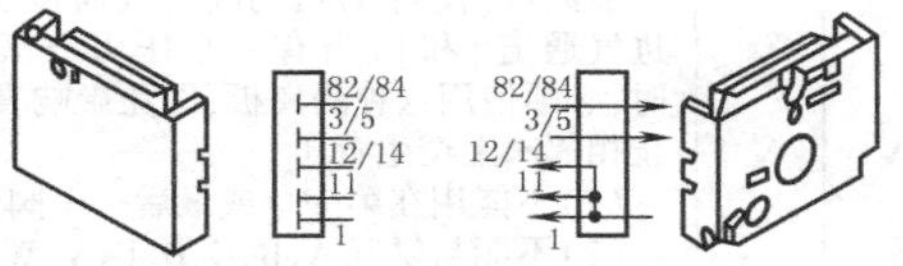 82/84 3/5 12/14 11 1　82/84 3/5 12/14 11 1	√	√	√	(1)仅右端板供气 (2)不允许压力分区 (3)不适用于真空状态
V	内先导 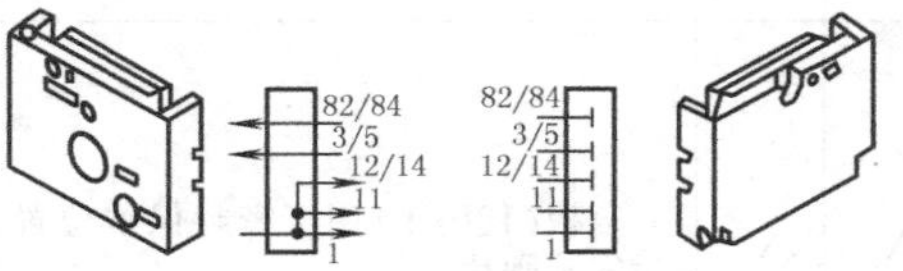 82/84 3/5 12/14 11 1　82/84 3/5 12/14 11 1	√	√	√	(1)仅左端板供气 (2)不允许压力分区 (3)不适用于真空状态
Y	内先导 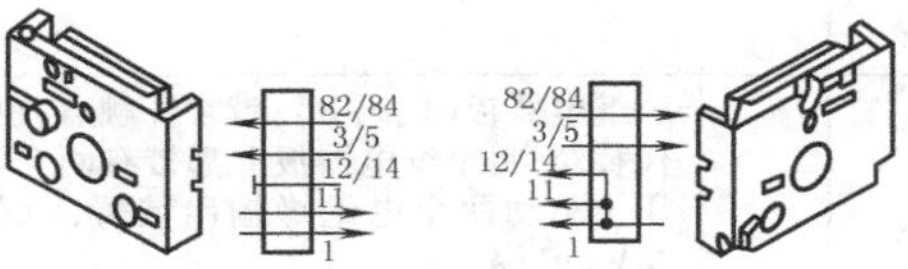 82/84 3/5 12/14 11 1　82/84 3/5 12/14 11 1	√	√	√	(1)左右端板同时供气 (2)最多可有 3 个压力分区 (3)隔离板左侧的阀适用于真空状态
W	外先导 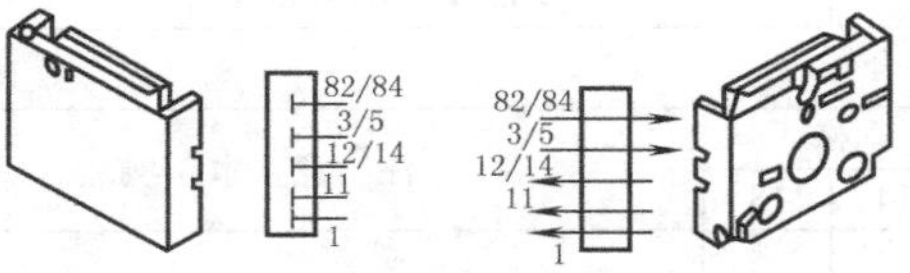 82/84 3/5 12/14 11 1　82/84 3/5 12/14 11 1	√	√	√	(1)仅右端板供气 (2)不允许压力分区 (3)适用于真空状态
X	外先导 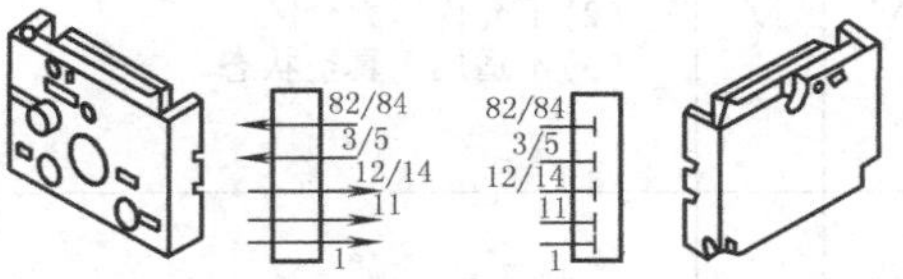 82/84 3/5 12/14 11 1　82/84 3/5 12/14 11 1	√	√	√	(1)仅左端板供气 (2)不允许压力分区 (3)适用于真空状态
Z	外先导 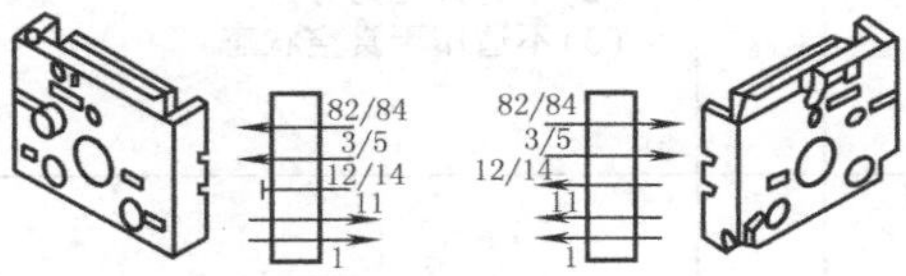 82/84 3/5 12/14 11 1　82/84 3/5 12/14 11 1	√	√	√	(1)左右端板同时供气 (2)最多可有 4 个压力分区 (3)适用于真空状态
T	隔离板(用于形成压力分区)： 供气通道]被隔离  先导排气 82/84 先导气 12/14 排气 3/5 上气道]] 上气道 上气道]]]] 上气道	√	√	√	隔离板(代码 T)用来分隔进气口(]和]])通道,提供两个压力分区 (1)不能用在第一个或最后一个阀位上 (2)不能与供气 A、B、C、D、U、V、W、X 一起使用

续表

隔离板					
代码	先导供气类型及图形符号	规格			注意事项
		10	14	18	
S	隔离板(用于形成压力分压) 供气通道]和排气通道3/5被隔离 先导排气 82/84 先导气 12/14 排气 3/5 排气 上气道]] 上气道 上气道]]]] 上气道	√	√	√	隔离板(代码S)可切断排气通道3/5以及进气通道]和]]当有一个压力分区为真空时,必须使用这种隔离板,以免影响真空或防止相邻阀上产生背压 (1)不能用在第一个或最后一个阀位上 (2)不能与供气A、B、C、D、U、V、W、X一起使用(单边供气)
L	空位(备用位置) 先导排气 82/84 先导气 12/14 排气 3/5 上气道]] 上气道 上气道]]]] 上气道	√	√	√	盖板(代码L)用于密封保留位置,便于以后安装阀片
R	继电器板(2个常开触点)	√	√	—	继电器板(代码R),带常开触点,也可用来代替阀,每个继电器板上都带有两个继电器,用于驱动两个电绝缘输出装置,负载容量:24V DC]A (1)连接电缆KRP-J-24… (2)不能使用说明标签支架

许用的端板组合					
代码	先导供气类型及图形符号	规格			注意事项
		10	14	18	
A	内先导 82/84 3/5	82/84 3/5 12/14 11 1	√	√	√	(1)仅右端板供气 (2)不允许压力分区 (3)不适用于真空状态
B	内先导 82/84 3/5 12/14 11 1	82/84 3/5	√	√	√	(1)仅左端板供气 (2)不允许压力分区 (3)不适用于真空状态
D	外先导 82/84 3/5 12/14 11 1	82/84 3/5	√	√	√	(1)仅左端板供气 (2)不允许压力分区 (3)适用于真空状态
C	外先导 82/84 3/5	82/84 3/5 12/14 11 1	√	√	√	(1)仅右端板供气 (2)不允许压力分区 (3)适用于真空状态

续表

许用的端板组合,用于气路板					
代码	先导供气类型及图形符号	规格			注意事项
		10	14	18	
Y	内先导 3/5 11 1 82/84 12/14 11 1	√	√	√	(1)供气口在气路板上 (2)只能用隔离板(代码T)进行压力分区 (3)最多可有2个压力分区 (4)隔离板左侧的阀适用于真空状态 (5)只能用于附件M、P、V(气路板)
Z	外先导 3/5 11 1 82/84 12/14 11 1	√	√	√	(1)供气口在气路板上 (2)只能用隔离板(代码T)进行压力分区 (3)最多可有3个压力分区 (4)适用于真空状态 (5)只能用于附件M、P、V(气路板)
G	内先导 82/84 3/5 11 1 82/84 12/14 11 1	√	√	√	(1)供气口在气路板上 (2)通过大面积消声器进行排气 (3)只能用隔离板(代码T)进行压力分区 (4)最多可有3个压力分区 (5)不适用于真空状态 (6)只能用于附件M、P、V(气路板)
K	内先导 3/5 11 1 82/84 12/14 3/5 11 1	√	√	√	(1)供气口在气路板上 (2)通过大面积消声器进行排气 (3)允许压力分区 (4)最多可有3个压力分区 (5)与隔离板组合,适用于真空状态 (6)只能用于附件M、P、V(气路板)
J	内先导 82/84 3/5 11 1 82/84 12/14 3/5 11 1	√	√	√	(1)供气口在气路板上 (2)通过大面积消声器进行排气 (3)允许压力分区 (4)最多可有3个压力分区 (5)隔离板左侧的阀适用于真空状态 (6)只能用于附件M、P、V(气路板)
F	外先导 82/84 3/5 11 1 82/84 12/14 11 1	√	√	√	(1)供气口在气路板上 (2)通过大面积消声器进行排气 (3)只能用隔离板(代码T)进行压力分区 (4)最多可有4个压力分区 (5)适用于真空状态 (6)只能用于附件M、P、V(气路板)
E	外先导 3/5 11 1 82/84 12/14 3/5 11 1	√	√	√	(1)供气口在气路板上 (2)通过大面积消声器进行排气 (3)只能用隔离板(代码T)进行压力分区 (4)最多可有4个压力分区 (5)适用于真空状态 (6)只能用于附件M、P、V(气路板)
H	外先导 82/84 3/5 11 1 82/84 12/14 3/5 11 1	√	√	√	(1)供气口在气路板上 (2)通过大面积消声器进行排气 (3)允许压力分区 (4)适用于真空状态 (5)只能用于附件M、P、V(气路板)

表 23-5-21　　CPV 阀岛的电连接方式

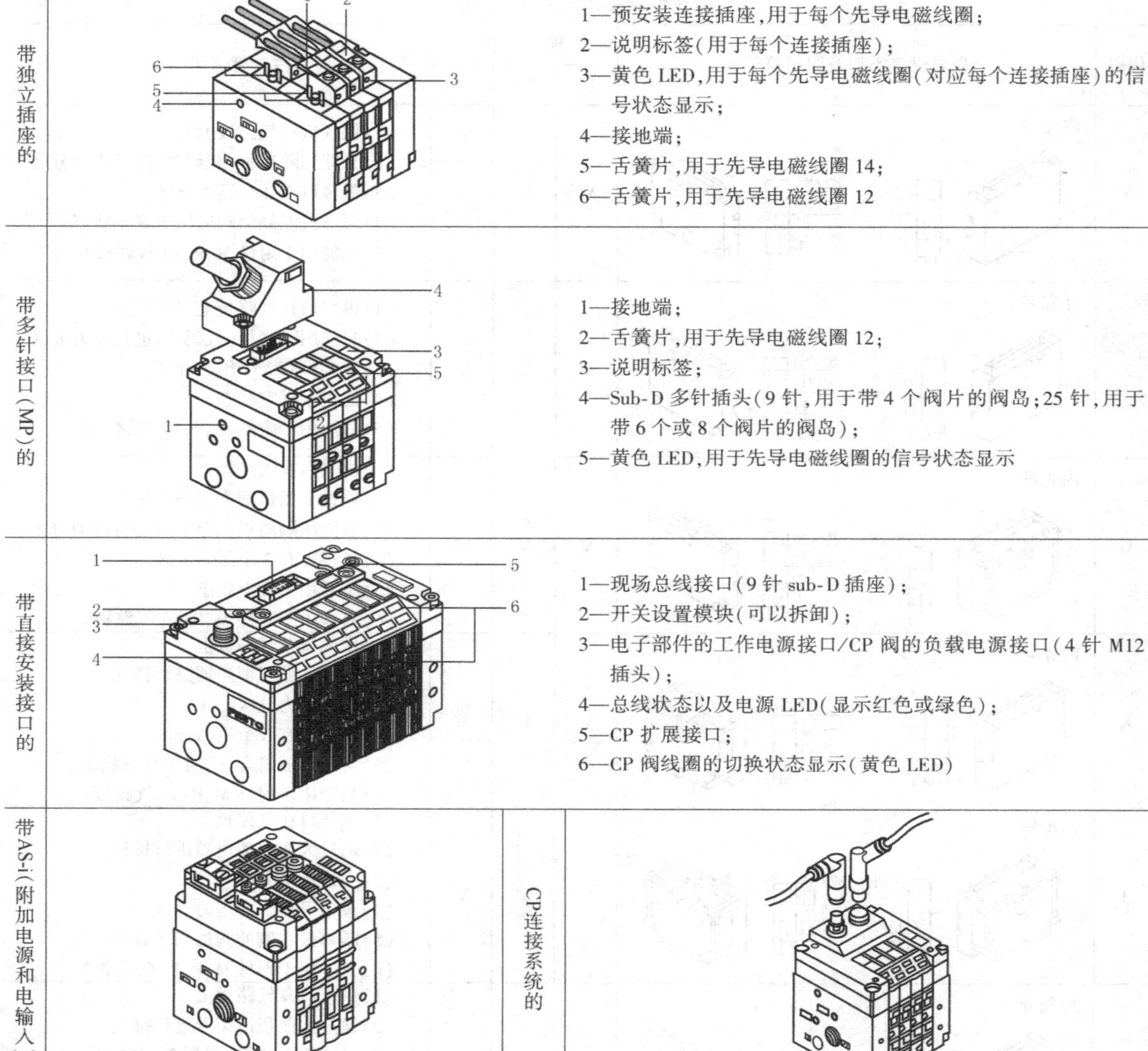

带独立插座的	1—预安装连接插座,用于每个先导电磁线圈; 2—说明标签(用于每个连接插座); 3—黄色 LED,用于每个先导电磁线圈(对应每个连接插座)的信号状态显示; 4—接地端; 5—舌簧片,用于先导电磁线圈 14; 6—舌簧片,用于先导电磁线圈 12
带多针接口(MP)的	1—接地端; 2—舌簧片,用于先导电磁线圈 12; 3—说明标签; 4—Sub-D 多针插头(9 针,用于带 4 个阀片的阀岛;25 针,用于带 6 个或 8 个阀片的阀岛); 5—黄色 LED,用于先导电磁线圈的信号状态显示
带直接安装接口的	1—现场总线接口(9 针 sub-D 插座); 2—开关设置模块(可以拆卸); 3—电子部件的工作电源接口/CP 阀的负载电源接口(4 针 M12 插头); 4—总线状态以及电源 LED(显示红色或绿色); 5—CP 扩展接口; 6—CP 阀线圈的切换状态显示(黄色 LED)
带AS-i(附加电源和电输入)的	CP连接系统的

5.7　CPV 直接安装型阀岛使用设定

表 23-5-22

使用设定的方法	对 CPV 直接安装型阀岛的许多设定需要打开阀岛顶端盖上的开关模块(罩板),见图 a,可见两组 DIL 选择开关,可设置现场总线协议,设置 CP 系统的扩展,站点地址的选择及设置诊断模式,如图 b 所示。	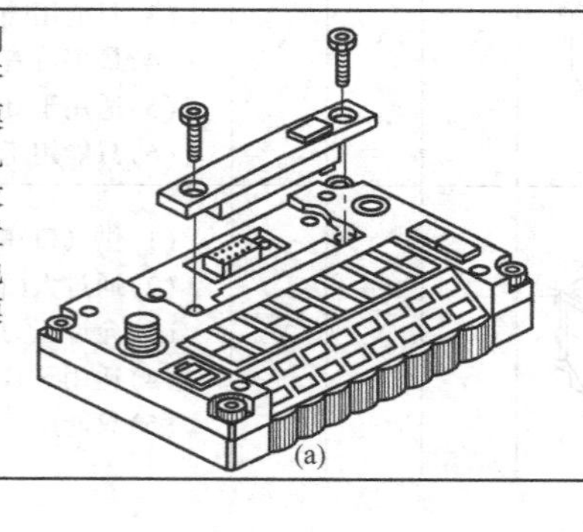 (a) 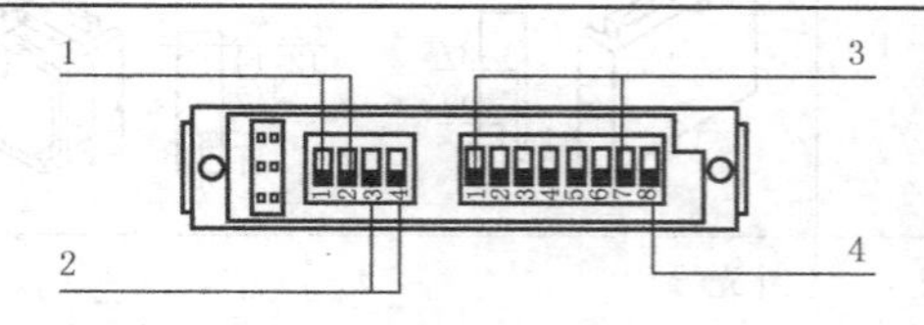 4 位置 DIL 开关　　8 位置 DIL 开关 1—设置现场总线协议;　3—站点的地址选择开关; 2—设置 CP 系统的扩展;　4—设置诊断模式 (b)

续表

设置现场总线协议

CPV Direct 可以运作于以下四种协议中的任意一种。具体选择时可通过 4 位置 DIL 开关中的 1 和 2 号开关进行设置

按照下表方式设置现场总线协议

PROFIBUS-DP	Festo 现场总线	ABB CS31	SUCOnet K
ON 1 2 3 4	ON 1 2 3 4	ON 1 2 3 4	ON 1 2 3 4

设置CP系统的扩展

CPV 直接安装型阀岛的系统扩展有六种方式，其中 1 为 CPV 直接安装型阀岛，2 为 CP 连接电缆，3 为输入模块（即外部的传感器及其他电信号通过该模块接入 CPV 直接安装型阀岛），4 为输出模块（即 CPV 直接安装型阀岛的对外输出控制点），5 为 CPV 或 CPA 紧凑型阀岛，其详细扩展方法见下表

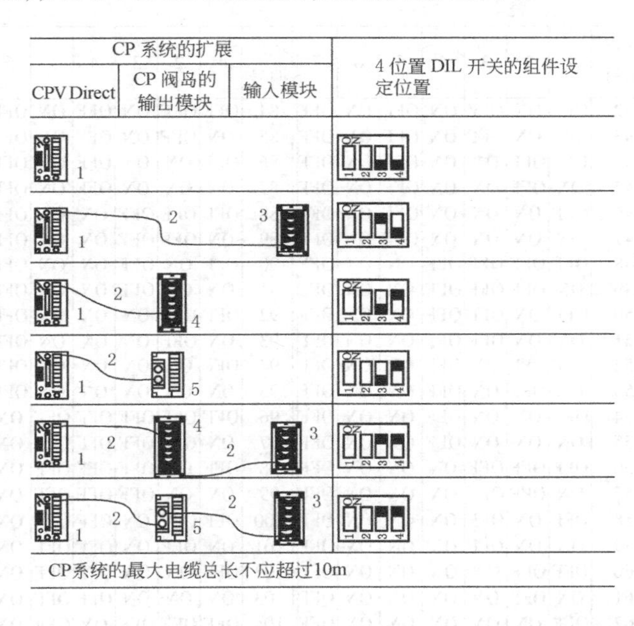

1—CPV Direct；

2—CP 连接电缆 0.5m，2m，5m，8m；

3—CP 输入模块，带 16 个输入点（8 个 M12，16 个 M8 插头）；

4—CP 输出模块，带 8 个输出点（8 个 M12 插头）；

5—CPV 或 CPA 阀岛

站点地址的选择和编号

可通过 8 位置 DIL 开关设置现场总线站点的编号，见图 c。

1—设置站点编号

· PROFIBUS-DP

· ABB CS31

· SUCOnet K

（8-位置 DIL 开关，No. 1…7）；

2—设置站点编号

· Festo 现场总线（8-位置 DIL 开关，1…6）

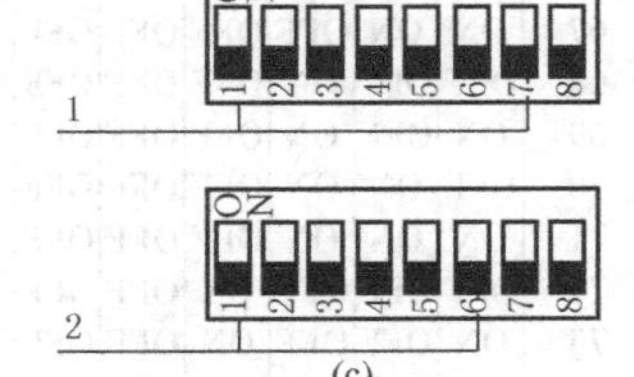

(c)

对于 ABB CS31 协议和 Festo 现场总线，DIL 开关的前六位已足够满足站点设置的需求。换而言之，对于 ABB CS31 协议来说，DIL 开关 7 必须设在 OFF 的位置。而对于 Festo 现场总线，DIL 开关 7、8 用于设定波特率

表 1　DIL 开关值

DIL 开关位置	1	2	3	4	5	6	7
值	2^0	2^1	2^2	2^3	2^4	2^5	2^6
	1	2	4	8	16	32	64

表 2　端点编号

设置站点编号：05 (=1+4)	设置站点编号：38 (=2+4+32)
ON 1 2 3 4 5 6 7 8	ON 1 2 3 4 5 6 7 8

第 23 篇

续表

站点地址的选择和编号

阀岛总线的地址值=∑DIL 开关值　可根据 DIL 开关值(表 1)对 DIL 开关的站点进行编排,见表 2

例:地址 5=2^0+2^2,地址 38=$2^1+2^2+2^5$

Profibus-DP、Festo 现场总线、ABB CS31、Moeller SUCOnet K 的许用站点编号见表 3

DIL 开关的站点 0~125 编号设置见表 4

表 3

协　议	地址名称	许用的站点编号
PROFIBUS-DP	PROFIBUS 地址	0,…,125
Festo 现场总线	现场总线地址	1,…,63
ABB CS31	CS31 模块地址	0,…,60
Moeller SUCOnet K	—	2,…,98

表 4

站点编号 0~83 各个 DIL 开关的位置

站点编号	1	2	3	4	5	6	7
0	OFF	OFF	OFF	OFF	OFF	OFF	OFF
1	ON	OFF	OFF	OFF	OFF	OFF	OFF
2	OFF	ON	OFF	OFF	OFF	OFF	OFF
3	ON	ON	OFF	OFF	OFF	OFF	OFF
4	OFF	OFF	ON	OFF	OFF	OFF	OFF
5	ON	OFF	ON	OFF	OFF	OFF	OFF
6	OFF	ON	ON	OFF	OFF	OFF	OFF
7	ON	ON	ON	OFF	OFF	OFF	OFF
8	OFF	OFF	OFF	ON	OFF	OFF	OFF
9	ON	OFF	OFF	ON	OFF	OFF	OFF
10	OFF	ON	OFF	ON	OFF	OFF	OFF
11	ON	ON	OFF	ON	OFF	OFF	OFF
12	OFF	OFF	ON	ON	OFF	OFF	OFF
13	ON	OFF	ON	ON	OFF	OFF	OFF
14	OFF	ON	ON	ON	OFF	OFF	OFF
15	ON	ON	ON	ON	OFF	OFF	OFF
16	OFF	OFF	OFF	OFF	ON	OFF	OFF
17	ON	OFF	OFF	OFF	ON	OFF	OFF
18	OFF	ON	OFF	OFF	ON	OFF	OFF
19	ON	ON	OFF	OFF	ON	OFF	OFF
20	OFF	OFF	ON	OFF	ON	OFF	OFF
21	ON	OFF	ON	OFF	ON	OFF	OFF
22	OFF	ON	ON	OFF	ON	OFF	OFF
23	ON	ON	ON	OFF	ON	OFF	OFF
24	OFF	OFF	OFF	ON	ON	OFF	OFF
25	ON	OFF	OFF	ON	ON	OFF	OFF
26	OFF	ON	OFF	ON	ON	OFF	OFF
27	ON	ON	OFF	ON	ON	OFF	OFF
28	OFF	OFF	ON	ON	ON	OFF	OFF
29	ON	OFF	ON	ON	ON	OFF	OFF
30	OFF	ON	ON	ON	ON	OFF	OFF
31	ON	ON	ON	ON	ON	OFF	OFF
32	OFF	OFF	OFF	OFF	OFF	ON	OFF
33	ON	OFF	OFF	OFF	OFF	ON	OFF
34	OFF	ON	OFF	OFF	OFF	ON	OFF
35	ON	ON	OFF	OFF	OFF	ON	OFF
36	OFF	OFF	ON	OFF	OFF	ON	OFF
37	ON	OFF	ON	OFF	OFF	ON	OFF
38	OFF	ON	ON	OFF	OFF	ON	OFF
39	ON	ON	ON	OFF	OFF	ON	OFF
40	OFF	OFF	OFF	ON	OFF	ON	OFF
41	ON	OFF	OFF	ON	OFF	ON	OFF

站点编号	1	2	3	4	5	6	7
42	OFF	ON	OFF	ON	OFF	ON	OFF
43	ON	ON	OFF	ON	OFF	ON	OFF
44	OFF	OFF	ON	ON	OFF	ON	OFF
45	ON	OFF	ON	ON	OFF	ON	OFF
46	OFF	ON	ON	ON	OFF	ON	OFF
47	ON	ON	ON	ON	OFF	ON	OFF
48	OFF	OFF	OFF	OFF	ON	ON	OFF
49	ON	OFF	OFF	OFF	ON	ON	OFF
50	OFF	ON	OFF	OFF	ON	ON	OFF
51	ON	ON	OFF	OFF	ON	ON	OFF
52	OFF	OFF	ON	OFF	ON	ON	OFF
53	ON	OFF	ON	OFF	ON	ON	OFF
54	OFF	ON	ON	OFF	ON	ON	OFF
55	ON	ON	ON	OFF	ON	ON	OFF
56	OFF	OFF	OFF	ON	ON	ON	OFF
57	ON	OFF	OFF	ON	ON	ON	OFF
58	OFF	ON	OFF	ON	ON	ON	OFF
59	ON	ON	OFF	ON	ON	ON	OFF
60	OFF	OFF	ON	ON	ON	ON	OFF
61	ON	OFF	ON	ON	ON	ON	OFF
62	OFF	ON	ON	ON	ON	ON	OFF
63	ON	ON	ON	ON	ON	ON	OFF
64	OFF	OFF	OFF	OFF	OFF	OFF	ON
65	ON	OFF	OFF	OFF	OFF	OFF	ON
66	OFF	ON	OFF	OFF	OFF	OFF	ON
67	ON	ON	OFF	OFF	OFF	OFF	ON
68	OFF	OFF	ON	OFF	OFF	OFF	ON
69	ON	OFF	ON	OFF	OFF	OFF	ON
70	OFF	ON	ON	OFF	OFF	OFF	ON
71	ON	ON	ON	OFF	OFF	OFF	ON
72	OFF	OFF	OFF	ON	OFF	OFF	ON
73	ON	OFF	OFF	ON	OFF	OFF	ON
74	OFF	ON	OFF	ON	OFF	OFF	ON
75	ON	ON	OFF	ON	OFF	OFF	ON
76	OFF	OFF	ON	ON	OFF	OFF	ON
77	ON	OFF	ON	ON	OFF	OFF	ON
78	OFF	ON	ON	ON	OFF	OFF	ON
79	ON	ON	ON	ON	OFF	OFF	ON
80	OFF	OFF	OFF	OFF	ON	OFF	ON
81	ON	OFF	OFF	OFF	ON	OFF	ON
82	OFF	ON	OFF	OFF	ON	OFF	ON
83	ON	ON	OFF	OFF	ON	OFF	ON

站点编号	1	2	3	4	5	6	7
84	OFF	OFF	ON	OFF	ON	OFF	ON
85	ON	OFF	ON	OFF	ON	OFF	ON
86	OFF	ON	ON	OFF	ON	OFF	ON
87	ON	ON	ON	OFF	ON	OFF	ON
88	OFF	OFF	OFF	ON	ON	OFF	ON
89	ON	OFF	OFF	ON	ON	OFF	ON
90	OFF	ON	OFF	ON	ON	OFF	ON
91	ON	ON	OFF	ON	ON	OFF	ON
92	OFF	OFF	ON	ON	ON	OFF	ON
93	ON	OFF	ON	ON	ON	OFF	ON
94	OFF	ON	ON	ON	ON	OFF	ON
95	ON	ON	ON	ON	ON	OFF	ON
96	OFF	OFF	OFF	OFF	OFF	ON	ON
97	ON	OFF	OFF	OFF	OFF	ON	ON
98	OFF	ON	OFF	OFF	OFF	ON	ON
99	ON	ON	OFF	OFF	OFF	ON	ON
100	OFF	OFF	ON	OFF	OFF	ON	ON
101	ON	OFF	ON	OFF	OFF	ON	ON
102	OFF	ON	ON	OFF	OFF	ON	ON
103	ON	ON	ON	OFF	OFF	ON	ON
104	OFF	OFF	OFF	ON	OFF	ON	ON
105	ON	OFF	OFF	ON	OFF	ON	ON
106	OFF	ON	OFF	ON	OFF	ON	ON
107	ON	ON	OFF	ON	OFF	ON	ON
108	OFF	OFF	ON	ON	OFF	ON	ON
109	ON	OFF	ON	ON	OFF	ON	ON
110	OFF	ON	ON	ON	OFF	ON	ON
111	ON	ON	ON	ON	OFF	ON	ON
112	OFF	OFF	OFF	OFF	ON	ON	ON
113	ON	OFF	OFF	OFF	ON	ON	ON
114	OFF	ON	OFF	OFF	ON	ON	ON
115	ON	ON	OFF	OFF	ON	ON	ON
116	OFF	OFF	ON	OFF	ON	ON	ON
117	ON	OFF	ON	OFF	ON	ON	ON
118	OFF	ON	ON	OFF	ON	ON	ON
119	ON	ON	ON	OFF	ON	ON	ON
120	OFF	OFF	OFF	ON	ON	ON	ON
121	ON	OFF	OFF	ON	ON	ON	ON
122	OFF	ON	OFF	ON	ON	ON	ON
123	ON	ON	OFF	ON	ON	ON	ON
124	OFF	OFF	ON	ON	ON	ON	ON
125	ON	OFF	ON	ON	ON	ON	ON

续表

设置CPV直接安装型阀岛现场总线波特率

Festo现场总线协议

表5　现场总线协议波特率的设定

31.25kBd	62.5kBd	187.5kBd	375kBd
ON 1 2 3 4 5 6 7 8	ON 1 2 3 4 5 6 7 8	ON 1 2 3 4 5 6 7 8	ON 1 2 3 4 5 6 7 8

Festo 现场总线协议需要设定波特率，见表6。DIL 开关7和8用于设定波特率

表6

波特率/kBd	现场总线长度(max)/m	分支线路所允许的最大长度/m
9.6	1200	500
19.2	1200	500
93.75	1200	100
187.5	1000	33.3
500	400	20
1500	200	6.6
3000~12000	100	—

其他协议

对于Profibus-DP、SUCOnet K 和 ABB CS31 协议，CPV 直接安装型阀岛可自动识别其波特率，Profibus-DP 协议(9.2~12MBd)、SUCOnet K 协议(187.5~375kBd)、ABB CS31 协议只使用187.5kBd的波特率。波特率与现场总线/分支线路的最大长度见表6

Profibus-DP 现场总线和分支线路的最大许用长度视波特率而定。应使用两芯的屏蔽双绞线

CPV直接安装型阀岛地址的设定

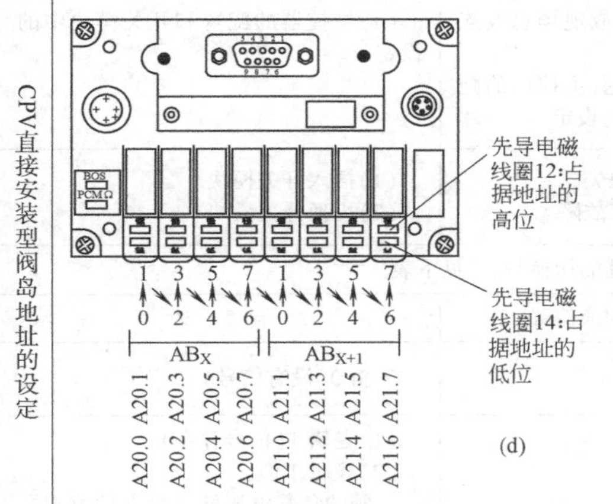

(d)

不管实际配备了多少个阀线圈，带现场总线 CPV 直接安装型阀岛始终占用16个输出地址。这将使 CPV 阀岛在今后扩展时不再需要改变地址

一个阀位始终占有2个地址，即使该阀位上装配的是空位板或压力隔离板，也同样占有2个地址

如果阀位上装备的是双电控阀，则地址的分配情况见图d，先导电磁线圈14占据地址的低位，先导电磁线圈12占据地址的高位

对于单电控电磁阀来说，其高位地址将被空置

CPV直接安装型阀岛电源、总线、电磁阀的故障诊断模式

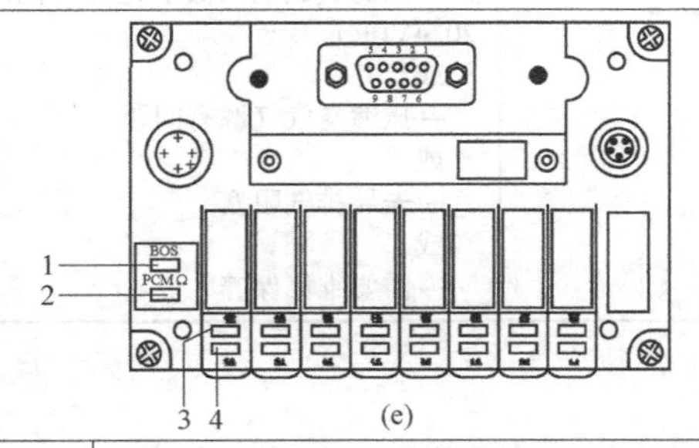

(e)

1—红色 LED，总线状态/错误(总线)；
2—绿色 LED，工作电压显示(电源)；
3—黄色 LED 组，显示电磁线圈12的状态；
4—黄色 LED 组，显示电磁线圈14的状态

通过 LED 进行总线、电源、线圈的诊断，见图 e。CPV 阀岛顶盖上的 LED 被用来指示 CPV 阀岛的运行状态

电源诊断

正常工作状态时，绿色电源 LED 亮起，见下表

LED	颜　色	工 作 状 态	错 误 处 理
电源	绿色亮起	正常	无
电源	灭掉	电子元件的工作电源未开启	检查工作电源连接情况(针脚1)
电源	绿色 快速闪烁	CP 阀的负载电源<20.4V	检查负载电源(针脚2)
电源	绿色 慢速闪烁	CP 阀的负载电源<10V	检查负载电源(针脚2)

续表

CPV直接安装型阀岛电源、总线、电磁阀的故障诊断模式	总线诊断	总线出现故障红灯亮起,见下表			
		LED	颜色	运行状态	故障处理
		电源 ○	灭掉	电子元件的工作电源未开启	检查工作电源连接情况(针脚1)
		总线	红色 亮起	硬件故障	需要维修保养
		总线	红色 快速闪烁	PROFIBUS 地址未被允许	纠正地址设置(0,…,125)
		总线	红色 慢速闪烁 (间隔为1s)	现场总线连接不正确,可能的原因 (1)站点编号设置不正确(譬如:地址被分配了两次) (2)被切断或是现场总线模块有问题 (3)中断,短路或现场总线连接有问题 (4)配置有问题,主控器的配置2开关模块中的设定	检查 (1)地址设定 (2)现场总线模块 (3)现场总线连接 (4)主控器的配置和开关模块中的设定
		总线	短暂闪烁红色	(1)开关模块缺失 (2)开关模块有故障	(1)插入开关模块 (2)更换开关模块
	阀(电磁线圈)诊断	每个电磁线圈配备一个黄色的LED,该LED指示电磁线圈的切换状态,见下表			
		LED	颜色	阀线圈的切换位置	含义
		○	灭掉	基本位置	逻辑0(没有信号)
			黄色灯 亮起	(1)切换位置 或 (2)基本位置	(1)逻辑1(信号存在) (2)逻辑1但: —阀的负载电压低于允许的范围(<20.4VDC) 或 —压缩空气气源有问题 或 —先导排气阻塞 或 —需要维修保养

5.8 Metal Work 阀岛

Metal Work 公司的阀岛有两种类型：Mach16 标准型阀岛以及 MULTIMACH 系列阀岛。其中 Mach16 标准型阀岛可选择多阀位气路板安装及模块化组合气路板安装两种方式。最多可带 16 个电磁线圈（单电控为 16 个阀），流量为 750L/min。阀的功能有二位五通单电控或双电控（弹簧复位或气复位），三位五通中封式、中泻式、中压式，详见表 23-5-23。

MULTIMACH 系列共有三种类型的阀岛：MM Multimach、HDM Multimach 以及 CM Multimah。MULTIMACH 为紧凑型模块化阀岛，最多可连接 24 个阀，提供多种进气端板和中间隔断板可以选择。MULTIMACH 系列阀岛共有三种不同流量可以选择：$\phi4$ 快插接头，200L/min；$\phi6$ 快插接头，500L/min；$\phi8$ 快插接头，800L/min。该系列阀岛的创新之处在于可同时在一个阀岛上安装三种不同流量的阀，并可以用不同流量的阀来替换原先的阀。这一理念让用户实现了对空间和成本的最优化利用，使装置能满足各种性能要求。阀的功能有二位三通常开或常闭型、二位五通单电控或双电控型、三位五通中封式。

MULTIMACH 系列阀岛可连接 4 种总线节点，PROFIBUS-DP、INTERBUS-S、CAN-OPEN、DEVICENET，每个节点模块可管理 24 个输出口。同时该节点模块可以扩展最多 15 个输入输出模块，包括 8 点开关量的输入和输出模块、4 点模拟量的输入和输出模块。而且为了最大限度利用总线节点模块上的 24 个输出口，可通过一个双输出口接口将这些输出口分配给若干个阀组，甚至可以是单个阀。

表 23-5-23

型号		流量 阀位/线圈	电接口	特性
Mach16标准阀岛		750L/min	多针接口 PROFIBUS-DP	可选多阀位气路板或模块化底座,各种派生型可适合不同的要求。IP65,最高工作压力为 10bar,电压为 24V DC 和 24V AC
		阀位:16 线圈:16		
MULTIMACH系列阀岛	MM MULTIMACH	ϕ4 快插接头,200L/min ϕ6 快插接头,500L/min ϕ8 快插接头,800L/min	多针接口 PROFIBUS-DP INTERBUS-S CAN-OPEN DEVICENET	结构紧凑,重量轻,流量大。配置灵活,多种流量的阀可混装一体。IP51,电压为 24V DC,具有多种气动阀的功能,可进行任意压力分区,两个工作口可输出不同压力,可用于真空。电磁线圈 100%通电持续率,所有阀都有手控装置
		阀位:24 线圈:24		
	HDM MULTIMACH	ϕ4 快插接头,200L/min ϕ6 快插接头,500L/min ϕ8 快插接头,800L/min	多针接口 PROFIBUS-DP INTERBUS-S CAN-OPEN DEVICENET ASI	具有 MM MULTIMAC 的所有特性。一体化的阀模块,金属壳体,IP65,可用于恶劣的环境。圆弧倒角的外形设计不易积灰,便于清洗。金手指触点的电连接方式使得阀片的安装、拆卸非常方便,提高了现场维护的效率
		阀位:16 线圈:16		
	CM MULTIMACH	ϕ4 快插接头,200L/min ϕ6 快插接头,500L/min ϕ8 快插接头,800L/min	多针接口 PROFIBUS-DP INTERBUS-S CAN-OPEN DEVICENET	具有 HDM MULTIMACH 的所有特性,IP65。每个阀模块都带有自诊断功能,并通过 LED 进行故障指示。阀岛通过扩展可连接 24 点输入信号
		阀位:22 线圈:22		

5.9 Norgren 阀岛

Norgren 有多种类型的阀岛，其核心产品系列有两种：VM 和 VS 系列，见表 23-5-24。

VM 系列旗舰阀岛为紧凑型阀片阀岛，有 10mm 和 15mm 两种规格，此阀岛省空间、流量大，阀体为高性能的复合材料结构，轻便美观且坚固耐用，具有极强的耐环境能力。超过 1500 万种配置组合使其适用于广泛工业领域的各种应用需求，由于阀的可互换性，可灵活迅速改变配置；阀岛最多可配置 20 个阀位，阀位增减方便，多重压力可在单个阀岛内实现控制；安装方式可选择 DIN 导轨、直插、面板和子底座等；所适用的总线接口及协议几乎涵盖所有市场领先的协议，也可选择单体配线、多针接口、D 型接插件等多种连接方式，还可实现控制和诊断通过现场总线的每个输出；专业的软件选型工具，13 种文件格式的 2D、3D CAD 图可实现轻松的设计选型。

VS 系列阀岛有 18mm 和 26mm 两种规格，具有金属密封和橡胶密封两种阀芯密封方式，金属密封式寿命长，可达两亿次循环，橡胶密封式则流量大，且两种方式的阀还可混装，实现最大的灵活性；此阀岛符合 NEMA 4，CE，ATEX 和 UL 429 等多种认证，符合 CNOMO 标准，具有 IP65 防护等级；可与 FD67 分布式的 I/O 系统兼容，组成离散系统，从 FD67 节点直接控制阀岛；无论是 G 或 NPTF 型接口，都允许对每一片阀单独供压，具有符合 ISO 15407-2 的接口界面尺寸。

表 23-5-24

型　号	流　量 阀　位	可适用总线协议及连接方式	特　性
VM 系列旗舰阀岛	VM10,430L/min; VM15,1000L/min	总线协议:Profibus Dp、Interbus-S、DeviceNet、CANopen、AS-interface、AB RIO 等 其他接线规格:单体配线,D 型接插件,25、44 多针接口等	省空间、流量大,可实现最佳流动率与尺寸比;经优化设计的复合材料结构轻便美观且坚固耐用,耐环境能力强;超过 1500 万种配置组合,适用于最广泛的工业领域;各类功能齐全,阀位增减方便,可实现安全联锁、实现对现场总线每个输出的控制和诊断;平衡式转子设计使阀同时适用于压力与真空;符合 CE、UL、ATEX 等认证,防护等级 IP65
	2~20 位		
VS 系列底板集成阀岛	VS18,550~650L/min; VS26,1000~1350L/min	总线协议:Profibus Dp、Interbus-S、DeviceNet、CANopen、AS-interface、AB RIO 等 其他接线规格:单体配线,D 型接插件,9、15、25、44 多针接口等	模块化、可实现离散控制;结构坚固、两种阀芯密封、寿命长达 2 亿次循环;各类功能齐全,阀位增减方便,易维护;高度的安装灵活性,接口界面尺寸符合 ISO 15407-2;符合 NEMA 4、CE、ATEX 和 UL 429 等多种认证,符合 CNOMO 标准,具有 IP65 防护等级
	2~16 位		

5.10　SMC 阀岛

SMC 公司总线阀岛按照配线方式分为三种类型，详见表 23-5-25。①单输出型（EX12* 和 EX14*），此类阀岛没有输入点控制，最多可控制 16 个输出点数，即 16 个电磁线圈。适合的电磁阀有：SV 系列、SX 系列、SY 系列、SQ 系列、SJ 系列、VQ 系列和 VQC 系列等。②输入、输出一体型（EX240，EX250，EX245 系列），此类总线阀岛的 SI 单元最多可以控制 32 个输入点和 32 个输出点（共 64 点），即：可以输入 32 个磁性开关等传感器的信号，还可以控制 32 个电磁线圈。输入块的插座有 M8 和 M12 两种，每个阀岛最多可安装 8 个输入块，每块最多可输入 4 个点。适合的电磁阀有：SV 系列、VQ 系列、VQC 系列和 VSR 系列等。③分散型网关单元（EX500、EX510 系列），连接结构见图，一个网关单元最多有 4 个分支，每个分支用 M12 插头或快插端子接到集装式阀岛的 SI（串行接口）单元上，每个分支可以控制 16 个点的输入和 16 个点的输出，因此每个网关单元最多可控制 64 个输入点和 64 个输出点（共 128 点），EX500 网关单元到集装阀的电缆最长为 5m，EX510 网关单元到集装阀的电缆最长可到 20m；EX500 的输入块采用 M8 或 M12 的插头接入传感器等信号，EX510 的输入块采用快插端子接入传感器信号。适合的电磁阀有：SV 系列、VQC 系列、SY 系列、SYJ 系列和 VQZ 系列等。

表 23-5-25

型号	流量	适合的总线接口及协议	特性
	阀位		
SV 系列	240L/min;460L/min;910L/min;1300L/min	总线接口单元:EX120;EX126;EX121;EX250;EX245;EX500 总线协议:Interbus、DeviceNet、Profibus-Dp,CC-Link AS-I;EtherNet/IP(以太网);CAN Open 其他接线规格:圆孔插针,D 型插头,扁平电缆,单体配线	分为盒式连接和拉杆连接两种类型,防护等级 IP67,多种模块可选。功耗 0.6W,可带单独继电器输出。各类阀机能齐全,有四位双三通阀
	最大 16 位或 20 位		
VQC 系列	250L/min;800L/min;2000L/min	总线接口单元:EX126;EX240;EX250;EX245;EX500 总线协议:Interbus、DeviceNet、Profibus-Dp,CC-Link AS-I;EtherNet/IP(以太网);CAN Open 其他接线规格:圆孔插针,D 型插头,扁平电缆,单体配线;集中引线	阀芯密封分为金属密封和橡胶密封两种,最快响应时间 12ms,寿命最长两亿次,阀座间采用端子排连接形式,增减方便。防护等级 IP67,多种模块可选,各类阀机能齐全
	最大 16 位或 24 位		
VQ 系列	140L/min;250L/min;620L/min;2100L/min;3900L/min	总线接口单元:EX120;EX121;EX123;EX124;EX240 总线协议:Interbus、DeviceNet、Profibus-Dp,CC-Link 其他接线规格:D 型插头,扁平电缆,单体配线;集中引线;端子盒连接	分为金属密封和橡胶密封两种形式;高响应 20ms 以下,长寿命(金属密封 1 亿次),防护等级 IP65,多种模块可选,阀位增减方便,大流量,抗污染能力强,多种接线方式可选
	最大 16 位、18 位或 24 位		

续表

型　号	流　量	适合的总线接口及协议	特　性
	阀　位		
SY 系列	290L/min;900L/min;1400L/min;2500L/min	总线接口单元:EX121;EX122;EX510 总线协议:DeviceNet、Profibus-DP,CC-Link 其他接线规格:D 型插头,扁平电缆,单体配线;集中引线;M8 端子连接;端子盒连接	阀体紧凑,多种出线方式可选,最低功耗 0.1W。多种集装板形式,多种模块可选
	最大 16 位 或 20 位		
SJ 系列	80L/min;120L/min	总线接口单元:EX180; EX510 总线协议:DeviceNet、CC-Link 其他接线规格:D 型插头,扁平电缆,单体配线	小流量,低功耗新型电磁阀,大小阀可以混装,连接增减方便
	最大 32 位		

分散安装系统（SMC：分散型串联 EX500 系列系统）构成图见图 23-5-1。

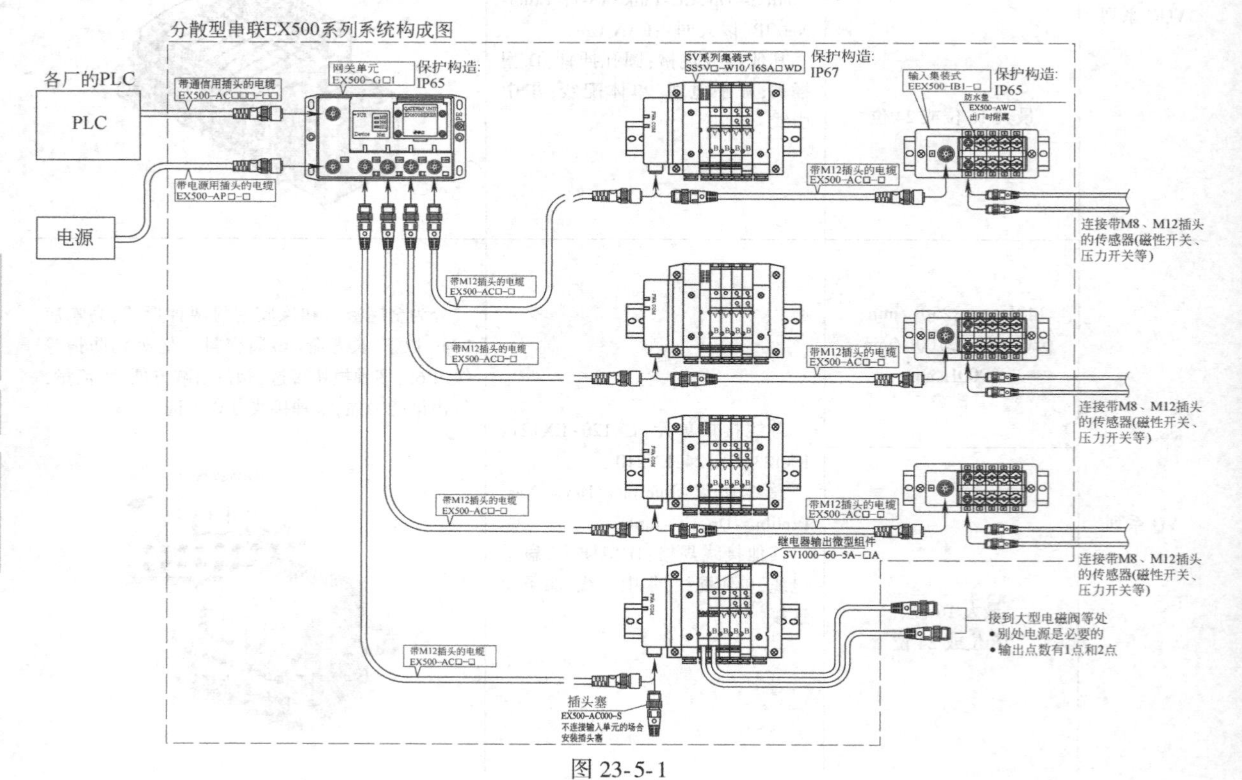

图 23-5-1

5.11 阀岛选择的注意事项

准确选择阀岛应考虑的因素：应用的工业领域、设备的管理状况、分散的程度、电接口连接技术、总线控制安装系统及网络。

表 23-5-26

考虑因素	内　容
应用的工业领域	需要考虑阀岛应用在哪一个工业领域(如食品和包装行业、轻型装配、过程自动化、电子、汽车、印刷等)及环境(如恶劣环境、灰尘、焊屑飞溅、易腐蚀、洁净车间、防爆车间等),以选择坚固型阀岛还是专用型阀岛等
设备的管理状况	对该设备的管理判断:有否近期设备的更新、中长期设备的可扩展性以及将来是否接入管理层网络,以选择何种可扩展程度的阀岛及总线或以太网技术
分散的程度	对于少量的有一些离散区域的、每个区域有一定数量的驱动器的;或者一个车间流水线有许多离散的区域、每个区域都有相对集中与部分离散的现场驱动设备的,诸如此类可选择使用紧凑型分散安装系统的阀岛或带主控器(或可编程控制器)、坚固型的模块化阀岛
电接口连接技术	可根据工厂已有的实际状况(选择某公司 PLC 技术)、被控制的点的数量、复杂程度,以选择是带单个电磁线圈电接口的阀岛或带多针接口(省配线)或现场总线接口的阀岛
总线控制安装系统及网络	总线控制安装系统将取决于被控设备的数量及其分散程度等因素。对于少量的现场驱动器,可采用紧凑型直接安装型阀岛;对于一定数量、离散的现场驱动器,可采用安装系统的紧凑型阀岛;而对于一个中型的设备或小型的工厂(近 1000 个输入/输出点),可采用带可编程控制的坚固型模块化阀岛。对于采用何种总线或网络技术,取决于工厂对自动化程度的规划以及诊断的需求或采用某个现场总线(Profibus、Interbus、DeviceNet、CANopen、CC-Link)或某种以太网网络技术(Ethernet/IP、Easy IP、Modbus/TCP 等) 除此之外,还应该考虑的是阀岛的经济性,如保护等级(是否需要 IP 65)、阀的规格(流量)与数量、I/O 的数量(多少个模拟量输入/输出,多少个数字量输入/输出)、传感器以及插头的型式、AS-i 的控制(经济型)

6 几种电磁阀产品介绍

6.1 国内常见的二位三通电磁阀

国内许多气动厂商都生产二位三通电磁阀，表 23-5-27 以佳尔灵、天工二位三通阀为例列出了尺寸参数，表 23-5-28 列出了符合 3V 阀尺寸的国内气动厂商，这些阀的安装连接尺寸几乎是一致的（阀安装在集成气路板上时，在气源口中心线附近两个对称穿孔如 3V110-M5 中的 2×ϕ3.3）。一些气动厂商生产二位三通的连接尺寸并不一致，如方大 Fangda、盛达气动 SDPC、法斯特 Fast、恒立 Hengli、华能 Huaneng、新益 Xinyi 等。这些二位三通均有同系列的气控阀，如 3A110、3A210、3A310 等，连接尺寸与电磁阀相同，只是取消电磁线圈部分，本章节不作叙述。详细的技术资料请登录各厂商的网址查询（见表 23-5-44）。

表 23-5-27

尺寸参数	3V110-M5型 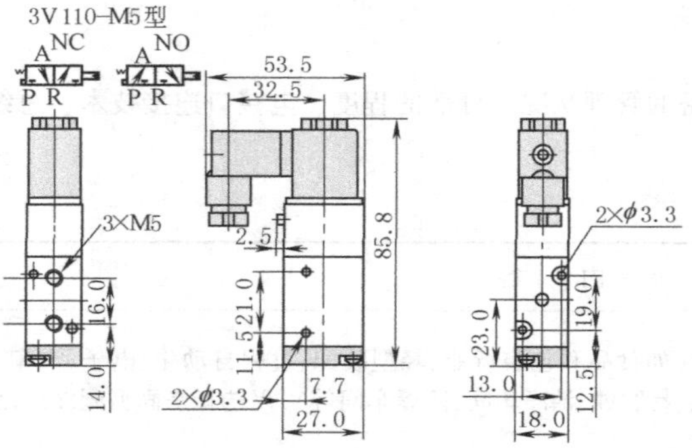 A NC A NO P R P R 53.5 32.5 85.8 3×M5 2.5 21.0 16.0 11.5 14.0 2×ϕ3.3 7.7 27.0 2×ϕ3.3 23.0 13.0 19.0 12.5 18.0	3V110-06型 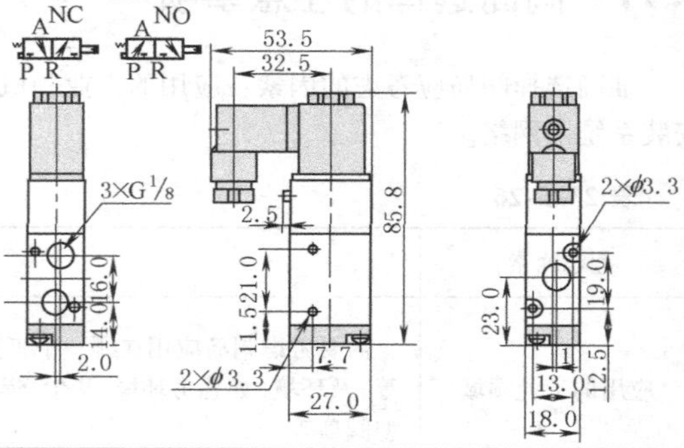 A NC A NO P R P R 53.5 32.5 85.8 3×G1/8 2.5 21.0 16.0 11.5 14.0 2.0 2×ϕ3.3 7.7 27.0 2×ϕ3.3 23.0 1 13.0 19.0 12.5 18.0
	3V120-M5型 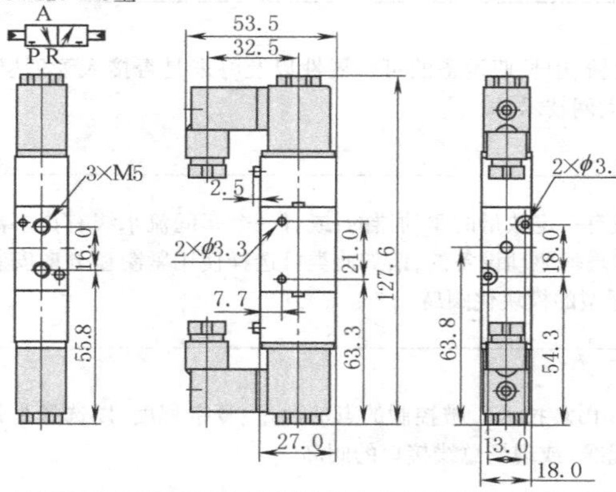 A P R 53.5 32.5 3×M5 2.5 2×ϕ3.3 16.0 21.0 7.7 55.8 63.3 127.6 27.0 2×ϕ3.3 18.0 63.8 54.3 13.0 18.0	3V120-06型 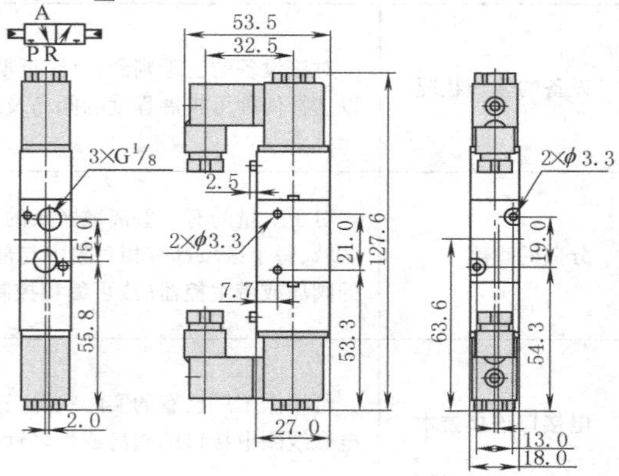 A P R 53.5 32.5 3×G1/8 2.5 2×ϕ3.3 15.0 21.0 127.6 7.7 55.8 53.3 2.0 27.0 2×ϕ3.3 19.0 63.6 54.3 13.0 18.0
	3V210-06型 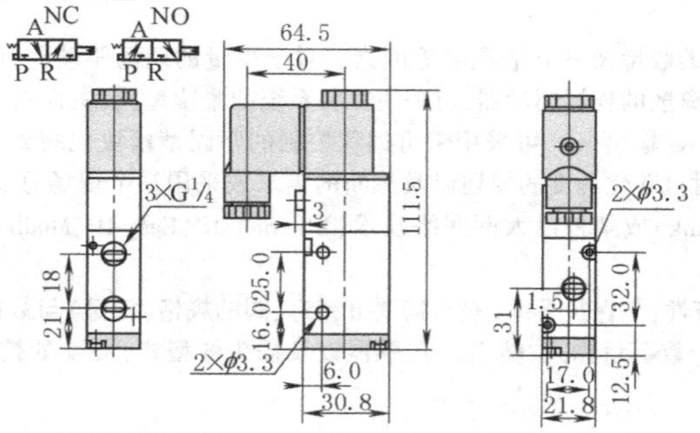 A NC A NO P R P R 64.5 40 111.5 3×G1/4 3 18 21 25.0 16.0 2×ϕ3.3 6.0 30.8 2×ϕ3.3 32.0 31 1.5 17.0 21.8 12.5	3V210-08型 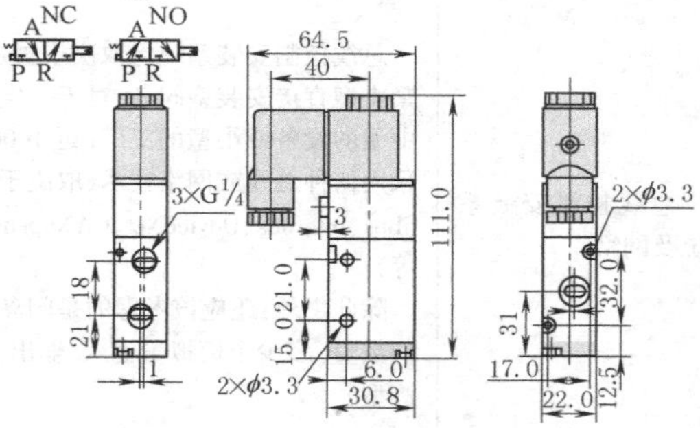 A NC A NO P R P R 64.5 40 111.0 3×G1/4 3 18 21 21.0 15.0 1 6.0 2×ϕ3.3 30.8 2×ϕ3.3 32.0 31 17.0 22.0 12.5
	3V220-06型 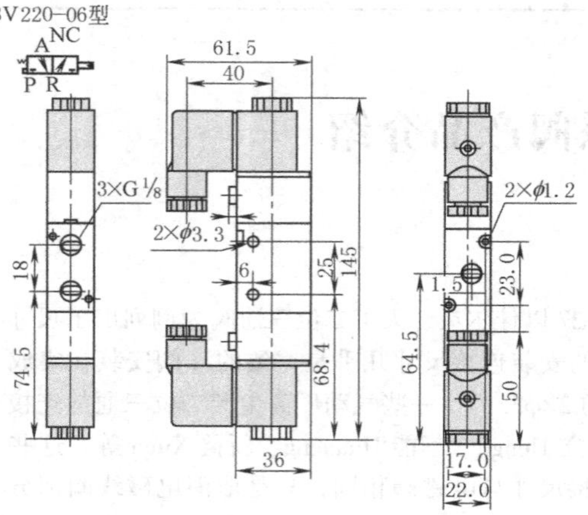 A NC P R 61.5 40 3×G1/8 2×ϕ3.3 18 6 25 145 74.5 68.4 36 2×ϕ1.2 1.5 23.0 64.5 50 17.0 22.0	3V220-08型 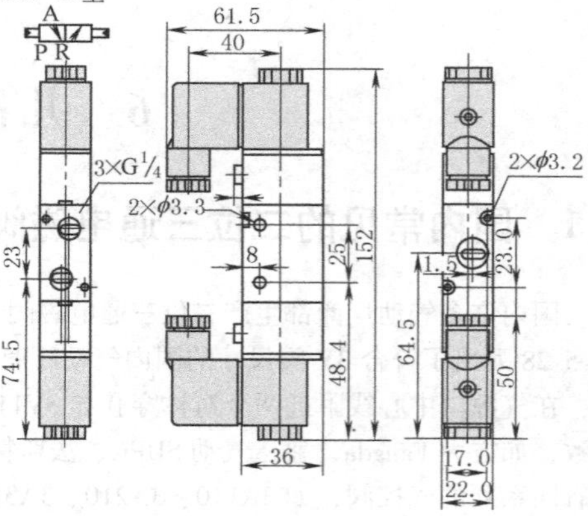 A P R 61.5 40 3×G1/4 2×ϕ3.3 23 8 25 152 74.5 48.4 36 2×ϕ3.2 1.5 23.0 64.5 50 17.0 22.0

第23篇

续表

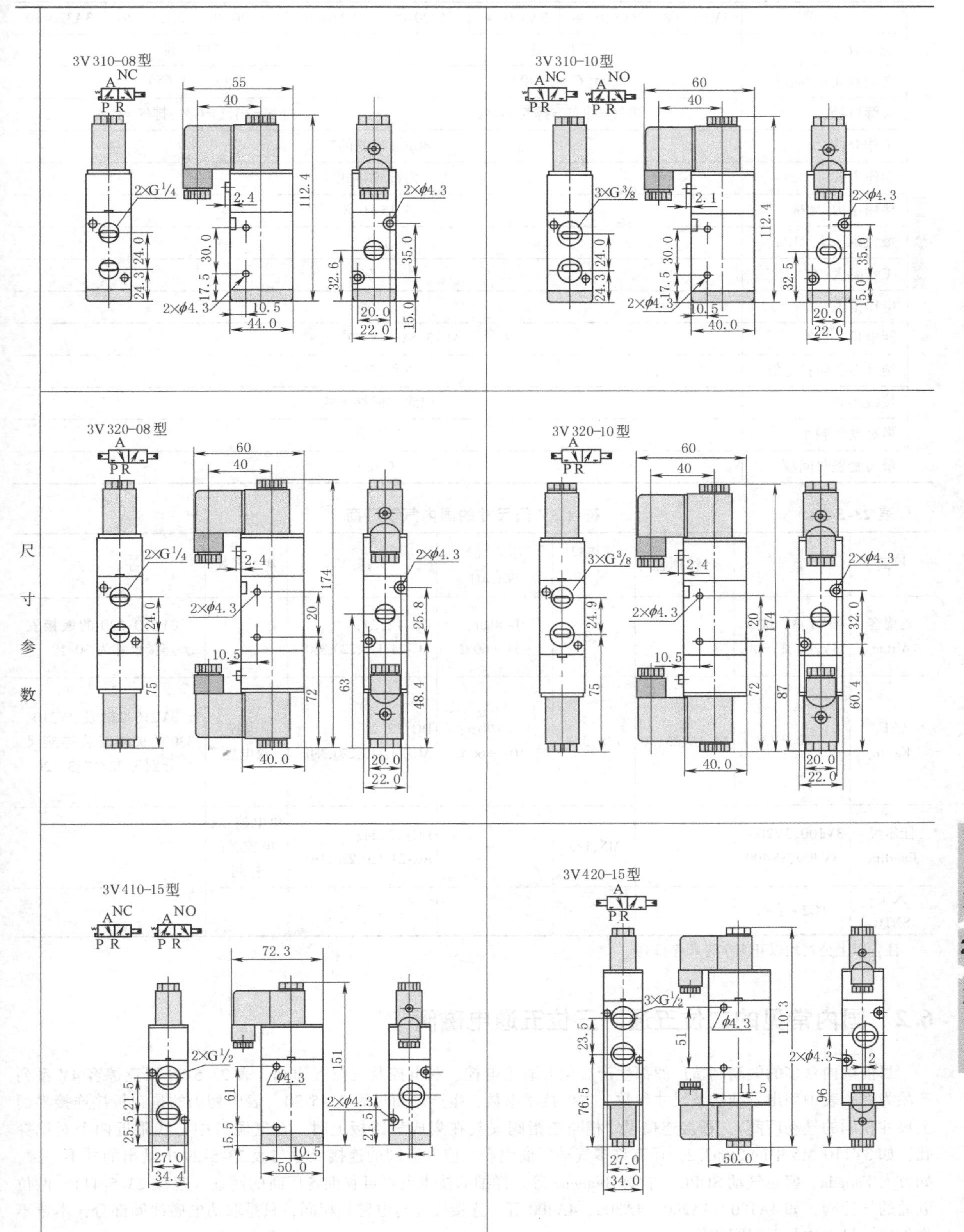
尺寸参数
3V310-08型
3V310-10型
3V320-08型
3V320-10型
3V410-15型
3V420-15型

续表

	型　号	3V310-08	3V320-08	3A310-08	3A320-08	3V310-10	3V320-10	3A310-10	3A320-10
主要技术参数	位置数	二位三通				二位三通			
	有效截面积/mm^2	25(C_v=1.40)				30(C_v=1.68)			
	接管口径	进气=出气=排气=G¼				进气=出气=G⅜,排气=G¼			
	工作介质	经40μm过滤的空气							
	动作方式	内部先导式							
	使用压力/MPa	0.15~0.8							
	最大耐压力/MPa	1.2							
	工作温度/℃	5~50							
	电压范围	±10%							
	耗电量	AC:5.5V·A;DC:4.8W							
	绝缘性及防护等级	F级,IP65							
	接线形式	出线式或端子式							
	最高动作频率	5次/秒							
	最短励磁时间/s	0.05							

表 23-5-28　　符合3V阀尺寸的国内气动厂商

厂商	型号	公称通径	气接口尺寸	压力/温度范围	电压/V	基本形式	备　注
亚德客 Airtac	3V1、3V100、3V200、3V300		M5、3/8	0~8bar;-5~+60℃	DC:12,24;AC:24,110,220,380		3V210、220的板接安装连接尺寸为30/17
亿日 Easun	3V2、3V3	14、16、25、30	1/8、3/8	1.5~9bar;-10~+60℃	DC:12,24;AC:24,110,220,380	单电控、双电控	3V210、220及3V310、330的板接安装连接尺寸分别为22/17、31/20
佳尔灵 Jiaerling	3V100、3V200、3V300、3V400		M5、1/2		DC:12,24;AC:24,110,220,380	单电控、双电控、气控阀	
天工 SNTC	TG23系列						

注：以上公司均以开头字母顺序排列。

6.2　国内常见的二位五通、三位五通电磁阀

目前国内众多的气动制造厂商都生产二位五通单电控、双电控及三位五通阀。表23-5-29以亚德客4V系列产品为例，表中列出了结构及尺寸参数、主要技术参数，生产厂商见表23-5-30（表中列出的是在板接连接界面上尺寸相同的气动厂商）。板接连接尺寸相同是指阀安装在集成气路板上时，在气源口中心线附近两个对称穿孔，如3V110-M5中的2×ϕ3.3。还有许多气动厂商生产二位五通阀的连接尺寸与表23-5-29中给出的并不一致，如方大Fangda、盛达气动SDPC、华能Huaneng等。详细的技术资料可查询各厂商的网址（见表23-5-44）。两位五通的气控阀，如4A100、4A200、4A300、4A400等，连接尺寸与电磁阀相同，只是取消电磁线圈部分，本章不作叙述，尺寸均与下列图相同。

表 23-5-29

主要结构及尺寸参数

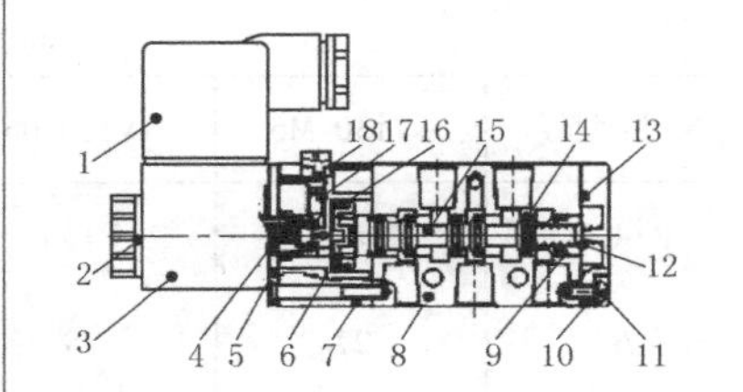

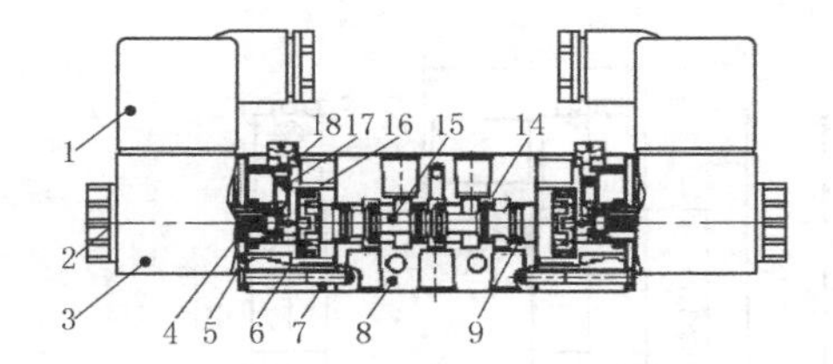

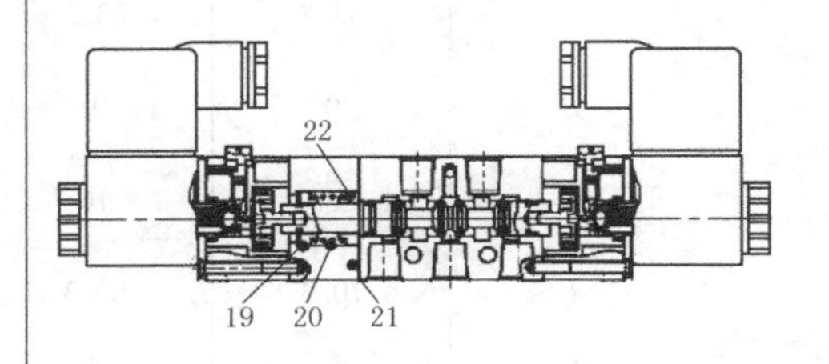

1—端子；2—固定螺母；3—线圈；4—可动铁；5—固定铁片；6—活塞；7—引导本体；8—本体；9—耐磨环；10—底盖；11—螺钉；12，17，20—弹簧；13—止泄垫；14—O 令；15—轴芯；16—异型 O 令；18—手动销；19，22—弹簧座；21—侧盖

4V110

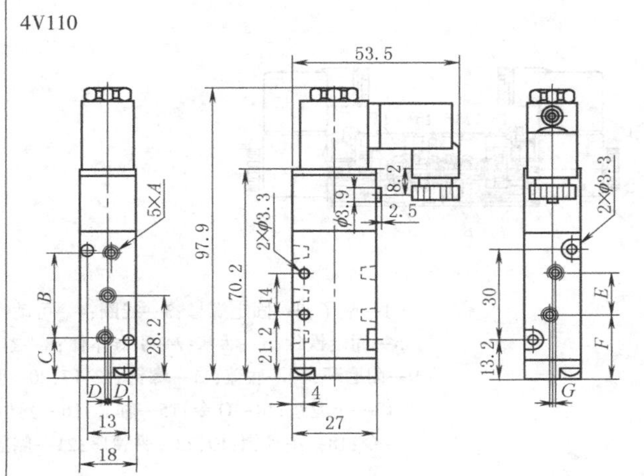

mm

尺寸/型号	4V110-M5	4V110-06
A	M5×0.8	PT⅛
B	27	28
C	14.7	14.2
D	0	1
E	14	16
F	21.2	20.2
G	0	3

4V120

mm

尺寸/型号	4V120-M5	4V120-06
A	M5×0.8	PT⅛
B	27	28
C	56.2	55.7
D	0	1
E	14	16
F	62.7	61.7
G	0	3

续表

主要结构及尺寸参数

4V130

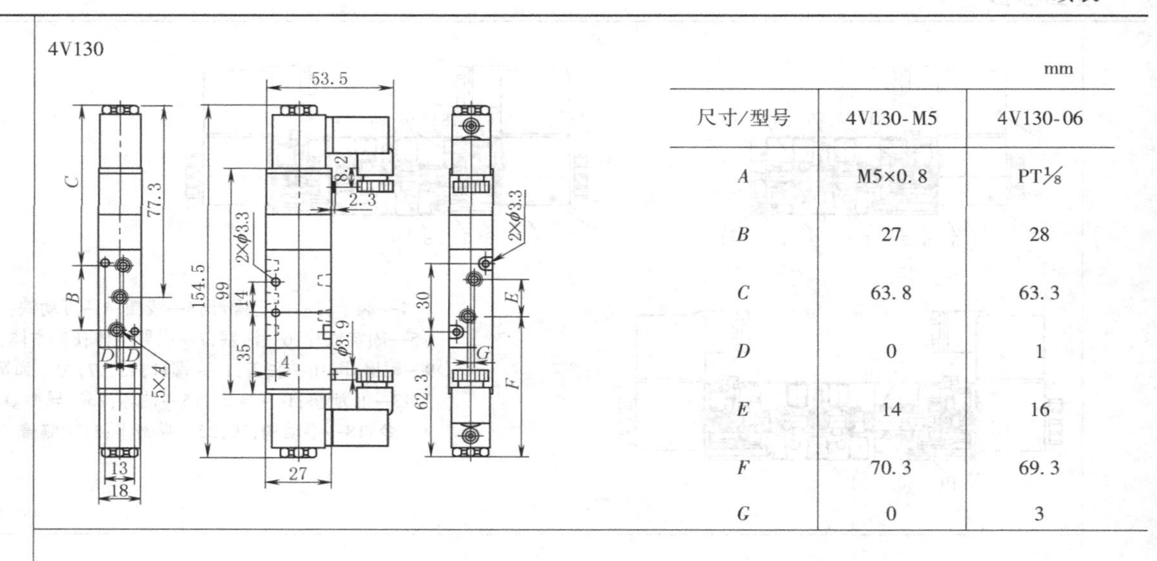

mm

尺寸/型号	4V130-M5	4V130-06
A	M5×0.8	PT⅛
B	27	28
C	63.8	63.3
D	0	1
E	14	16
F	70.3	69.3
G	0	3

4V200

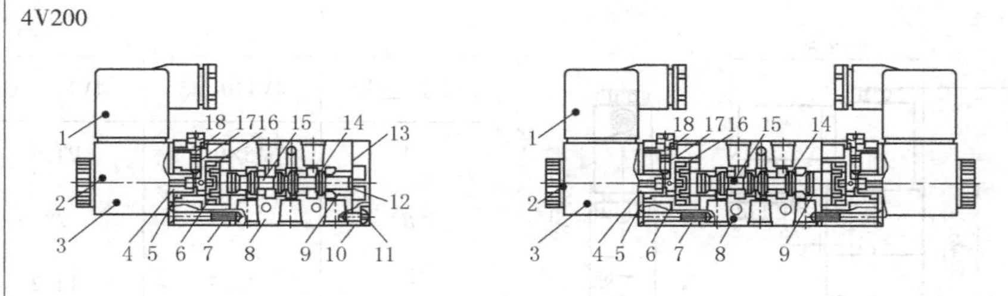

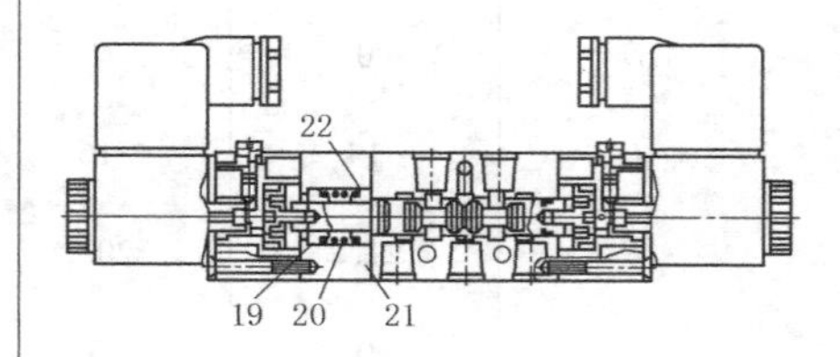

1—端子;2—固定螺母;3—线圈;4—可动铁;5—固定铁片;6—活塞;7—引导本体;8—本体;9—耐磨环;10—底盖;11—螺钉;12,17,20—弹簧;13—止泄垫;14—O 令;15—轴芯;16—异型 O 令;18—手动销;19,22—弹簧座;21—侧盖

4V210

mm

尺寸/型号	4V210-06	4V210-08
A	PT⅛	PT⅛
B	PT⅛	PT¼
C	18	21
D	22.7	21.2
E	0	3

续表

主要结构及尺寸参数

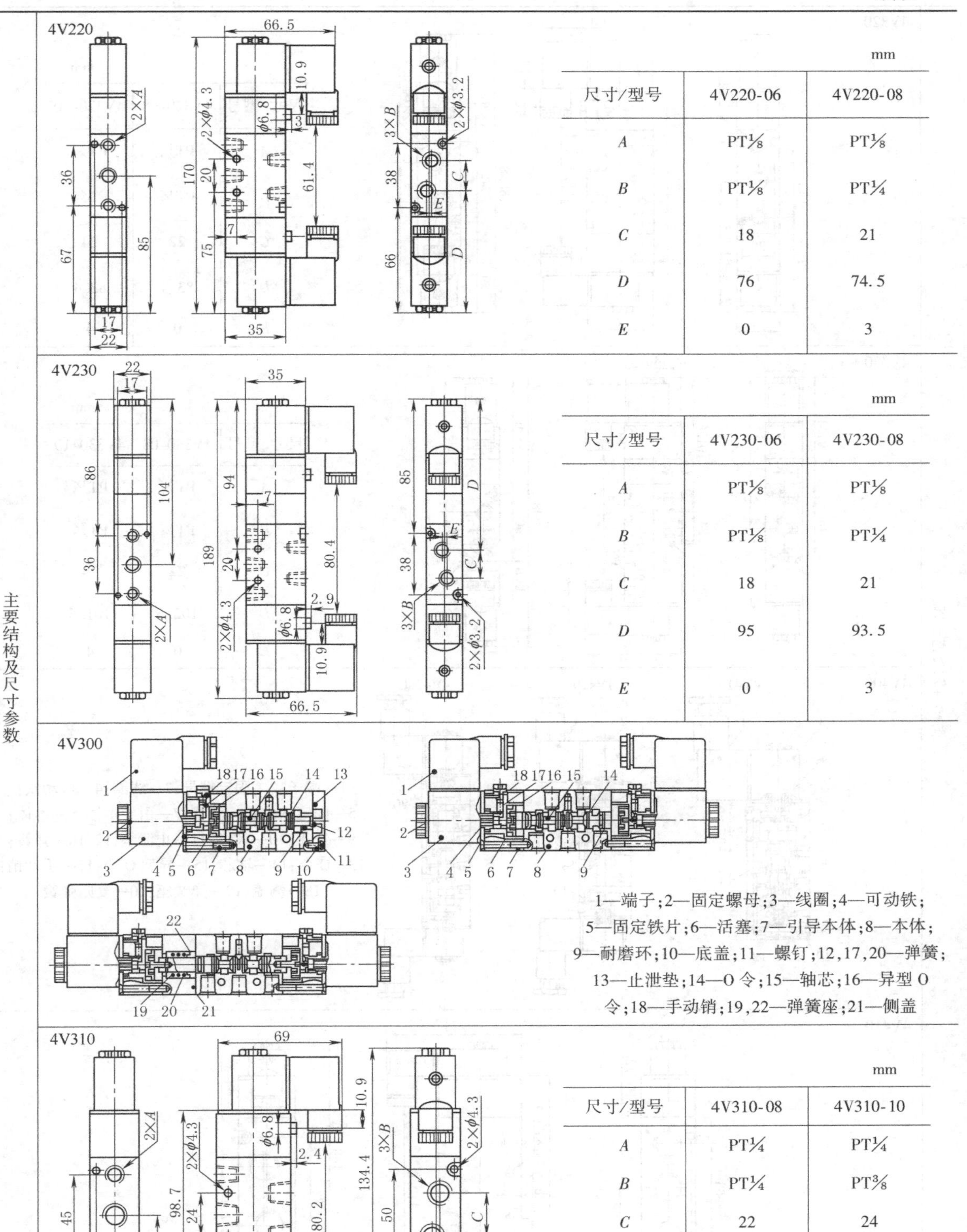

4V220

mm

尺寸/型号	4V220-06	4V220-08
A	PT1/8	PT1/8
B	PT1/8	PT1/4
C	18	21
D	76	74.5
E	0	3

4V230

mm

尺寸/型号	4V230-06	4V230-08
A	PT1/8	PT1/8
B	PT1/8	PT1/4
C	18	21
D	95	93.5
E	0	3

4V300

1—端子；2—固定螺母；3—线圈；4—可动铁；5—固定铁片；6—活塞；7—引导本体；8—本体；9—耐磨环；10—底盖；11—螺钉；12,17,20—弹簧；13—止泄垫；14—O 令；15—轴芯；16—异型 O 令；18—手动销；19,22—弹簧座；21—侧盖

4V310

mm

尺寸/型号	4V310-08	4V310-10
A	PT1/4	PT1/4
B	PT1/4	PT3/8
C	22	24
D	29	28
E	0	4

续表

主要结构及尺寸参数

4V320

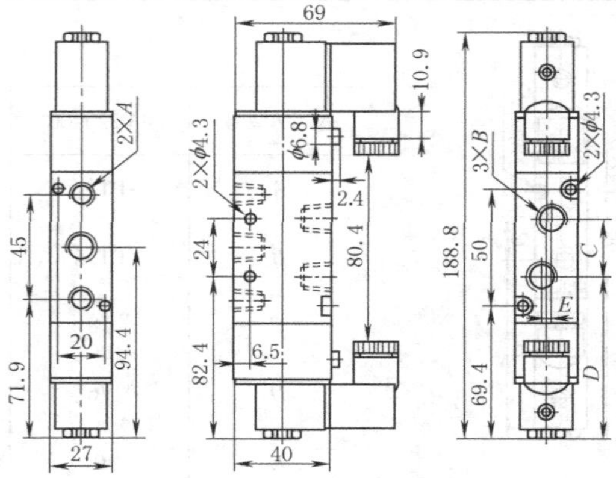

mm

尺寸/型号	4V320-08	4V320-10
A	PT¼	PT¼
B	PT¼	PT⅜
C	22	24
D	83.4	82.4
E	0	4

4V330

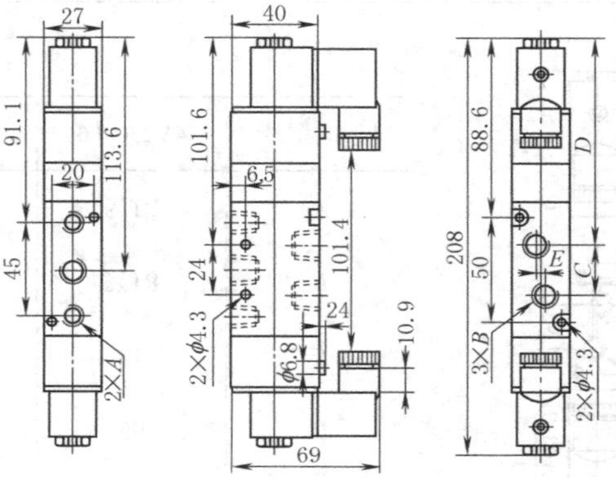

mm

尺寸/型号	4V330-08	4V330-10
A	PT¼	PT¼
B	PT¼	PT⅜
C	22	24
D	102.6	101.6
E	0	4

4V400

4V410 4V420 4V430C

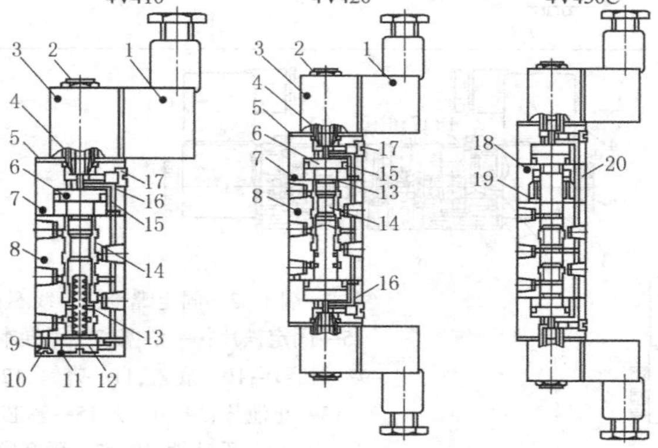

1—端子;2—固定螺母;3—线圈;4—可动铁;5—固定铁片;6—活塞;7—引导本体;8—本体;9—底盖;10—螺钉;11—止泄垫;12,16—弹簧;13—O 令;14—轴芯;15—异型 O 令;17—手动销;18—侧盖;19—弹簧座;20—复归弹簧

4V410

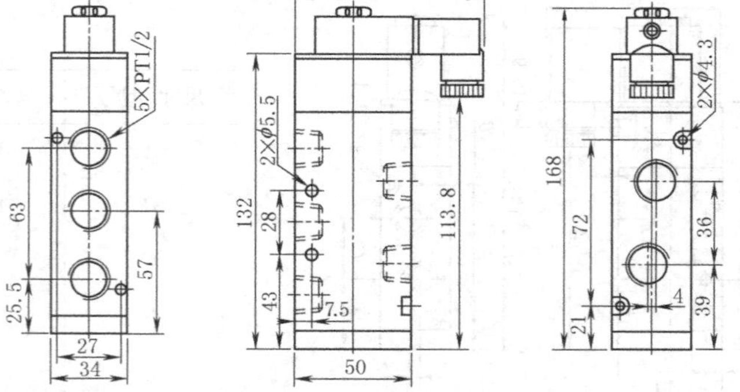

续表

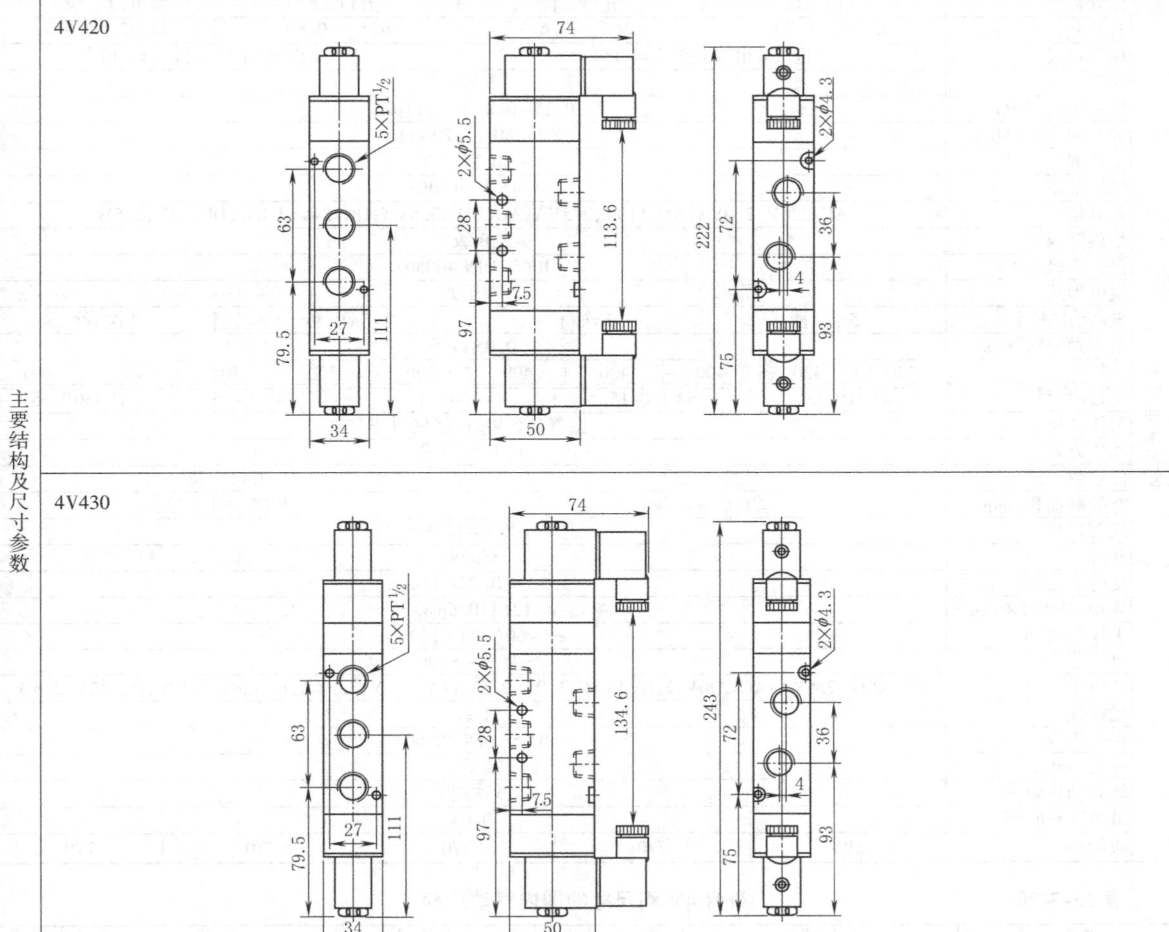

	项目/型号	4V110-M5	4V120-M5	4V130C-M5	4V130E-M5	4V130P-M5	4V110-06	4V120-06	4V130C-06	4V130E-06	4V130P-06
主要技术参数	工作介质	空气(经 40μm 滤网过滤)									
	动作方式	内部先导式									
	位置数	五口二位		五口三位			五口二位		五口三位		
	有效截面积/mm²	5.5(C_v=0.31)		5(C_v=0.28)			12(C_v=0.67)		9(C_v=0.50)		
	接管口径	进气=出气=排气=M5					进气=出气=排气=PT⅛				
	润滑	不需要									
	使用压力/kgf·cm^{-2}	1.5~8.0(21~114psi)									
	最大耐压力/kgf·cm^{-2}	12(170.6psi)									
	工作温度/℃	-5~60(-41~140℉)									
	电压范围	±10%									
	耗电量	AC:3.0VA;DC:2.5W									
	绝缘性	F 级									
	保护等级	IP65(DIN40050)									
	接电形式	直接出线式或端子式									
	最高动作频率	5 次/秒		3 次/秒			5 次/秒		3 次/秒		
	最短励磁时间/s	0.05									
	质量/g	120	175	200	200	200	120	175	200	200	200
	项目/型号	4V210-06	4V220-06	4V230C-06	4V230E-06	4V230P-06	4V210-08	4V220-08	4V230C-08	4V230E-08	4V230P-08
	工作介质	空气(经 40μm 滤网过滤)									
	动作方式	内部先导式									

续表

主要技术参数	位置数	五口二位			五口三位		五口二位			五口三位	
	有效截面积/$\mathrm{mm^2}$	14(C_v=0.78)			12(C_v=0.67)		16(C_v=0.89)			12(C_v=0.67)	
	接管口径	进气=出气=排气=PT⅛					进气=出气=PT¼,排气=PT⅛				
	润滑	不需要									
	使用压力/MPa	0.15~0.8(21~114psi)									
	最大耐压力/MPa	1.2MPa(170psi)									
	工作温度/℃	-5~60(23~140°F)									
	电压范围	-15%~+10%									
	耗电量	AC:220V,2.0VA;AC:110V,2.5VA;AC:24V,3.5VA;DC:24V,3.0W;DC:12V,2.5W									
	耐热等级	B级									
	保护等级	IP65(DIN 40050)									
	接电形式	端子式									
	最高动作频率	5次/秒			3次/秒		5次/秒			3次/秒	
	最短励磁时间/s	0.05以下									
	质量/g	220	320	400	400	400	220	320	400	400	400

主要技术参数	项目/型号	4V410-15	4V420-15	4V430C-15	4C430E-15	4V430P-15
	工作介质	空气(经40μm滤网过滤)				
	动作方式	内部引导式				
	位置数	五口二位			五口三位	
	有效截面积/$\mathrm{mm^2}$	50(C_v=2.79)			30(C_v=1.67)	
	接管口径	进气=出气=排气=PT½				
	润滑	不需要				
	使用压力/$\mathrm{kgf\cdot cm^{-2}}$	1.5~8.0(21~114psi)				
	最大耐压力/$\mathrm{kgf\cdot cm^{-2}}$	12(170.6psi)				
	工作温度/℃	-5~60(-41~140°F)				
	电压范围	-15%~+10%				
	耗电量	AC:380V,2.5VA;AC:220V,2.0VA;AC:110V,2.5VA;AC:24V,3.5VA;DC:24V,3.0W;DC:12V,2.5W				
	绝缘性	F级				
	保护等级	IP65(DIN 40050)				
	接电形式	端子式				
	最高动作频率	3次/秒				
	最短励磁时间/s	0.05				
	质量/g	590	770	770	770	770

表 23-5-30　　符合 4V 阀尺寸的国内气动厂商

厂　商	型　号	公称通径	气接口尺寸	压力/温度范围	电压/功耗	基本形式
亚德客 Airtac	4V100	5.5、5、12、9	M5、⅛	1.5~8bar;-5~+60℃	DC:2.5W;AC:3.0VA	内部先导式
	4V200	12、14、16	⅛、¼	1.5~8bar;-5~+60℃	DC:12V、24V;AC:24V、110V,220V	内部先导式
	4V300	18、25、30	¼、⅜	1.5~8bar;-5~+60℃	DC:12V、24V;AC:24V、110V、220V	内部先导式
	4V400	30、50	½	1.5~8bar;-5~+60℃	DC:12V、24V;AC:24V、110V、220V	内部先导式
亿日 Easun	4V2	12、14、16	⅛、¼	1.5~9bar;5~+60℃	DC:3.0W;AC:4.0V·A	内部先导式
	4V3	18、25、30	¼、⅜	1.5~9bar;5~+60℃	DC:3.0W;AC:4.0V·A	内部先导式
法斯特 Fast	4V系列	10、14、25、50	⅛~½	1.7~7bar;5~+50℃	DC:12V、24V;AC:24V/50~60Hz、110V/50~60Hz、220V/50~60Hz、380V/50~60Hz	内部先导式
佳尔灵 Jiaerling	4V系列	有效截面积(mm²):12、16、30、50	M5;G⅛、G¼、G⅜、G½	1.5~8bar;5~+50℃	DC:12V、24V;AC:24V/50~60Hz、110V/50~60Hz、220V/50~60Hz、380V/50~60Hz	单电控、双电控、三位五通
天工 STNC	TG2500系列	6、8、10、15	G⅛、G¼、G⅜、G½	1.5~8bar;-5~+50℃	DC:24V;AC:110V、220V	内部先导式
新益 Xinyi	XC4V系列	有效截面积(mm²):12、17.1、40、64.8	G⅛、G¼、G⅜、G½	单电控:1.5~10bar;双电控:1~10bar、5~+50℃	DC:24V;AC:36V/50Hz、110V/50Hz、220V/50Hz	内部先导式

注:以上公司均以开头字母顺序排列。

6.3 QDC 系列电控换向阀

国内曾引进 Taiyo 的 SR 系列的二位五通单电控、双电控及三位五通阀。表 23-5-31 以 QDC 系列引进产品为例，表中列出主要技术参数、结构及尺寸参数，国内生产厂商见表 23-5-32（表中列出的是在板接连接界面上尺寸相同的气动厂商）。板接连接尺寸相同是指阀安装在集成气路板上时，在气源口中心线附近两个对称穿孔，如 QDC 型 3mm 中 2×ϕ2.8，6mm 中 2×ϕ3.3。QDC 系列电控换向阀集成板式安装尺寸参数见表 23-5-31 二位五通的气控阀的安装连接尺寸与电磁阀相同，只是取消电磁线圈部分，本章节不作叙述。

QDC 系列无给油润滑电控换向阀是引进、消化吸收国外先进技术后开发的新产品，它具有小型化、轻型化、动作灵敏、低功耗、性能良好、可集成安装等特点，是国内相同通径系列中体积最小的电磁阀，可以用微电信号直接控制，适用于机电一体化领域，它广泛用于各行各业的气动控制系统中，尤其适用于电子、医药卫生、食品包装等洁净无污染的行业。

表 23-5-31

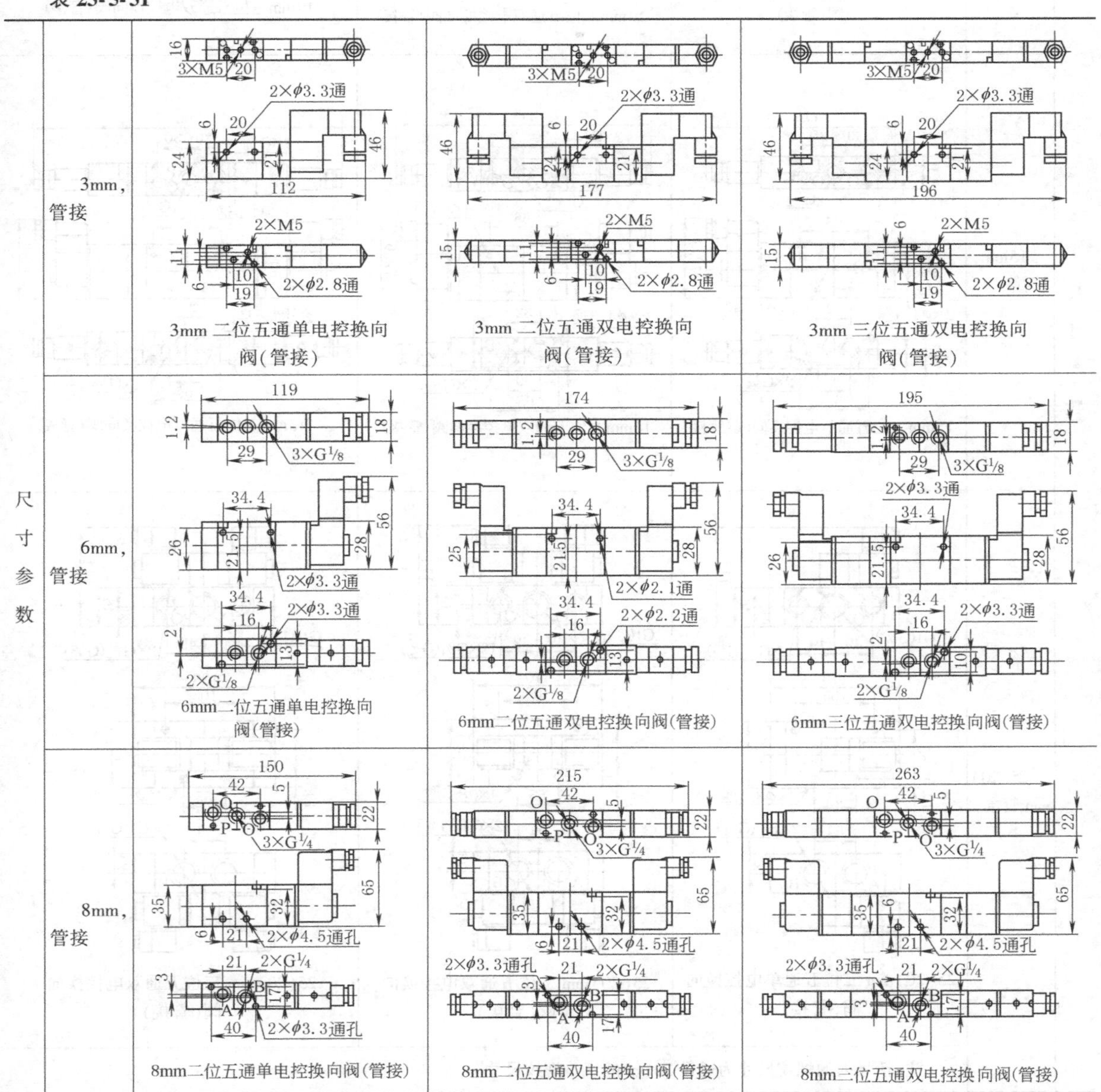

3mm 二位五通单电控换向阀(管接)　3mm 二位五通双电控换向阀(管接)　3mm 三位五通双电控换向阀(管接)

6mm二位五通单电控换向阀(管接)　6mm二位五通双电控换向阀(管接)　6mm三位五通双电控换向阀(管接)

8mm二位五通单电控换向阀(管接)　8mm二位五通双电控换向阀(管接)　8mm三位五通双电控换向阀(管接)

续表

尺寸参数	10mm，管接	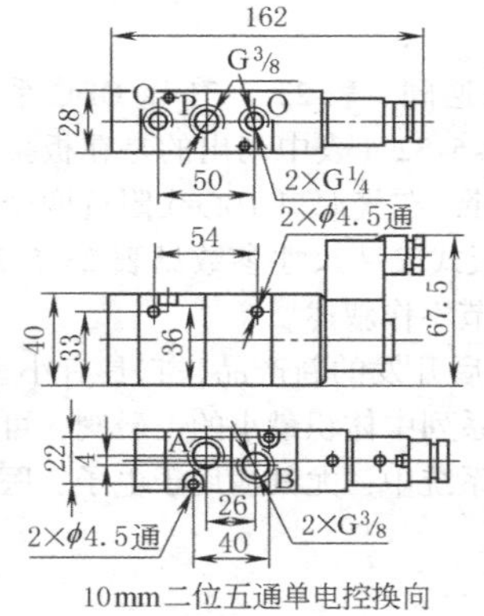 10mm二位五通单电控换向阀(管接)	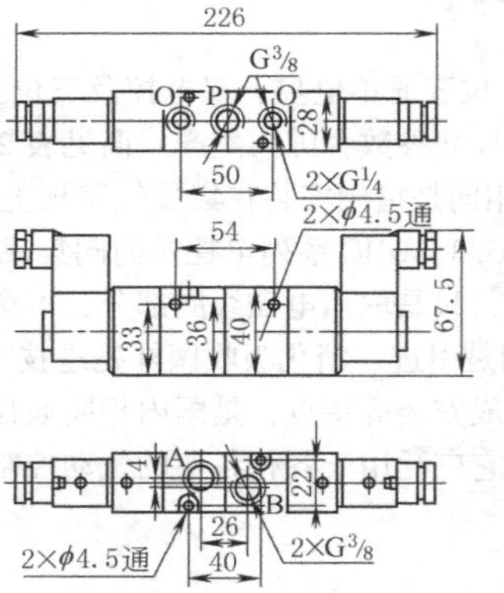 10mm二位五通双电控换向阀(管接)	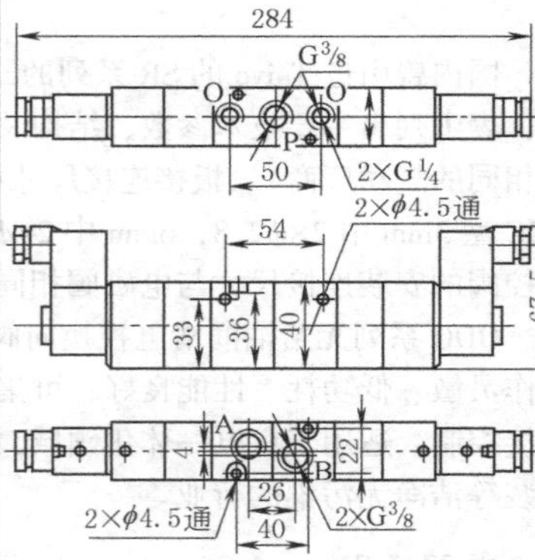 10mm三位五通双电控换向阀(管接)
	15mm，管接	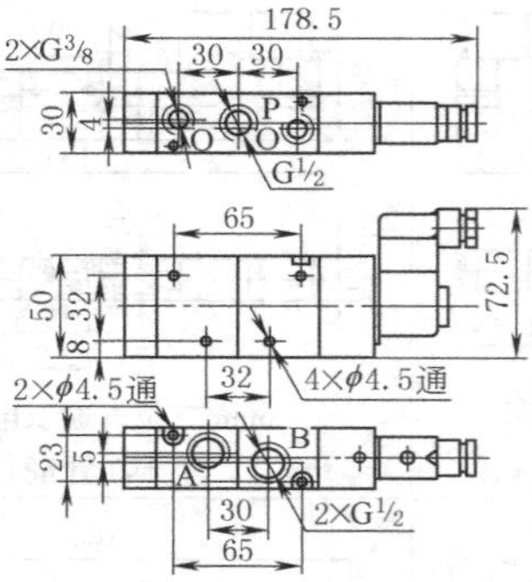 15mm二位五通单电控换向阀(管接)	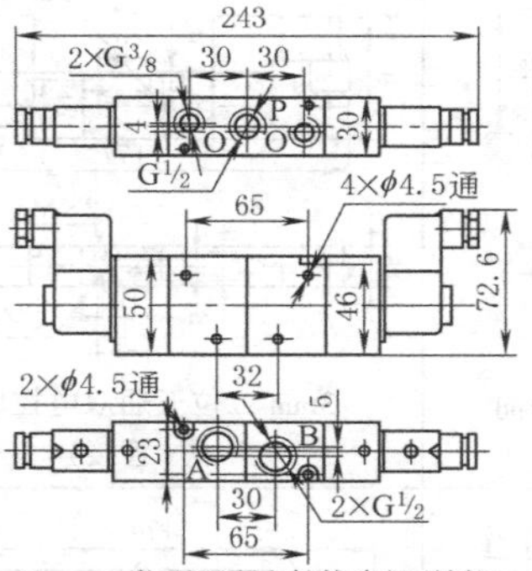 15mm二位五通双电控换向阀(管接)	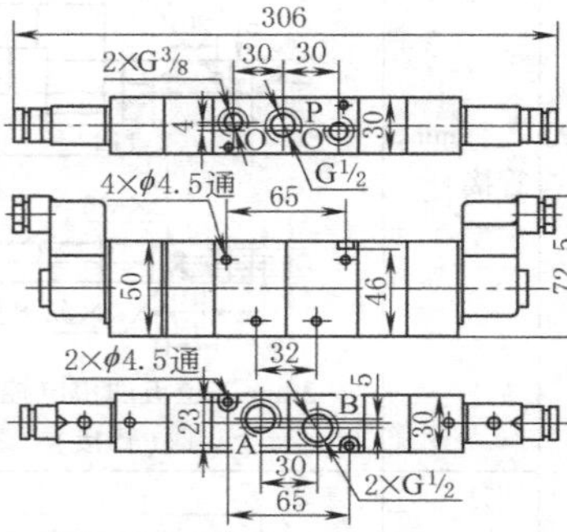 15mm三位五通双电控换向阀(管接)
	25(20)mm，管接	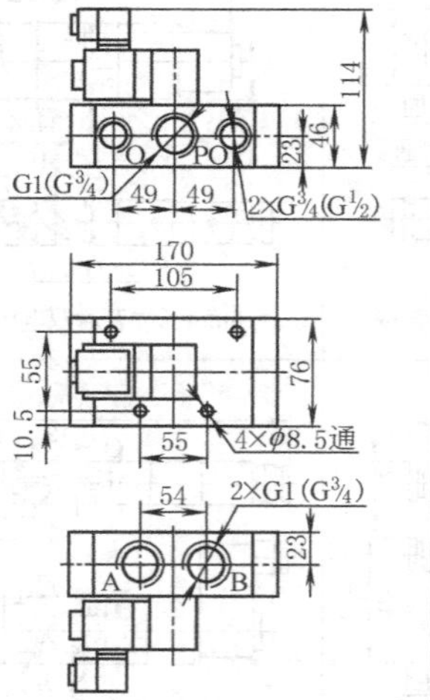 25(20)mm 二位五通单电控换向阀(管接)	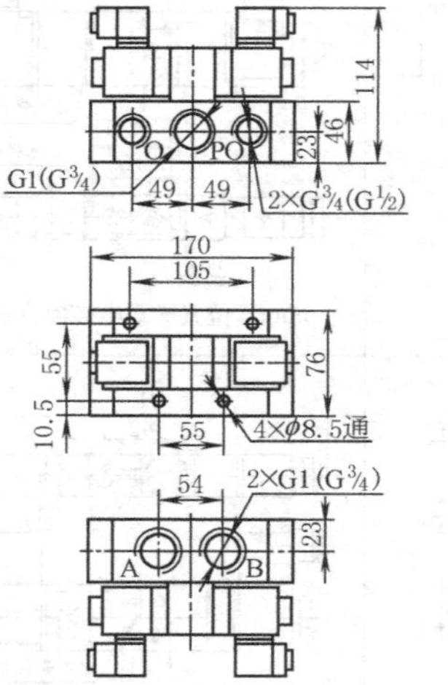 25(20)mm 二位五通双电控换向阀(管接)	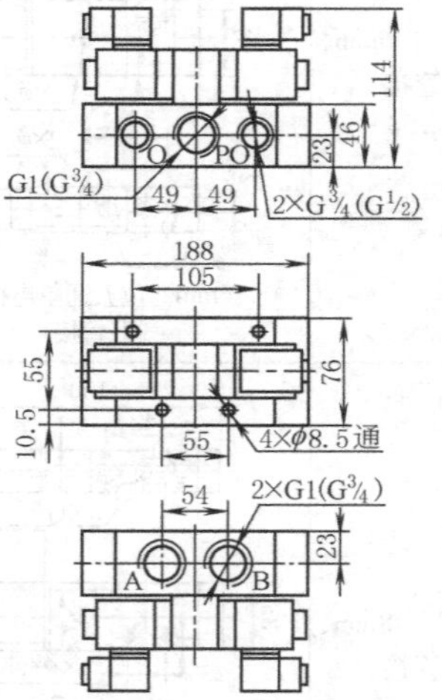 25(20)mm 三位五通双电控换向阀(管接)
		注：括号内的螺纹尺寸为通径 20mm 的气口螺纹尺寸		

续表

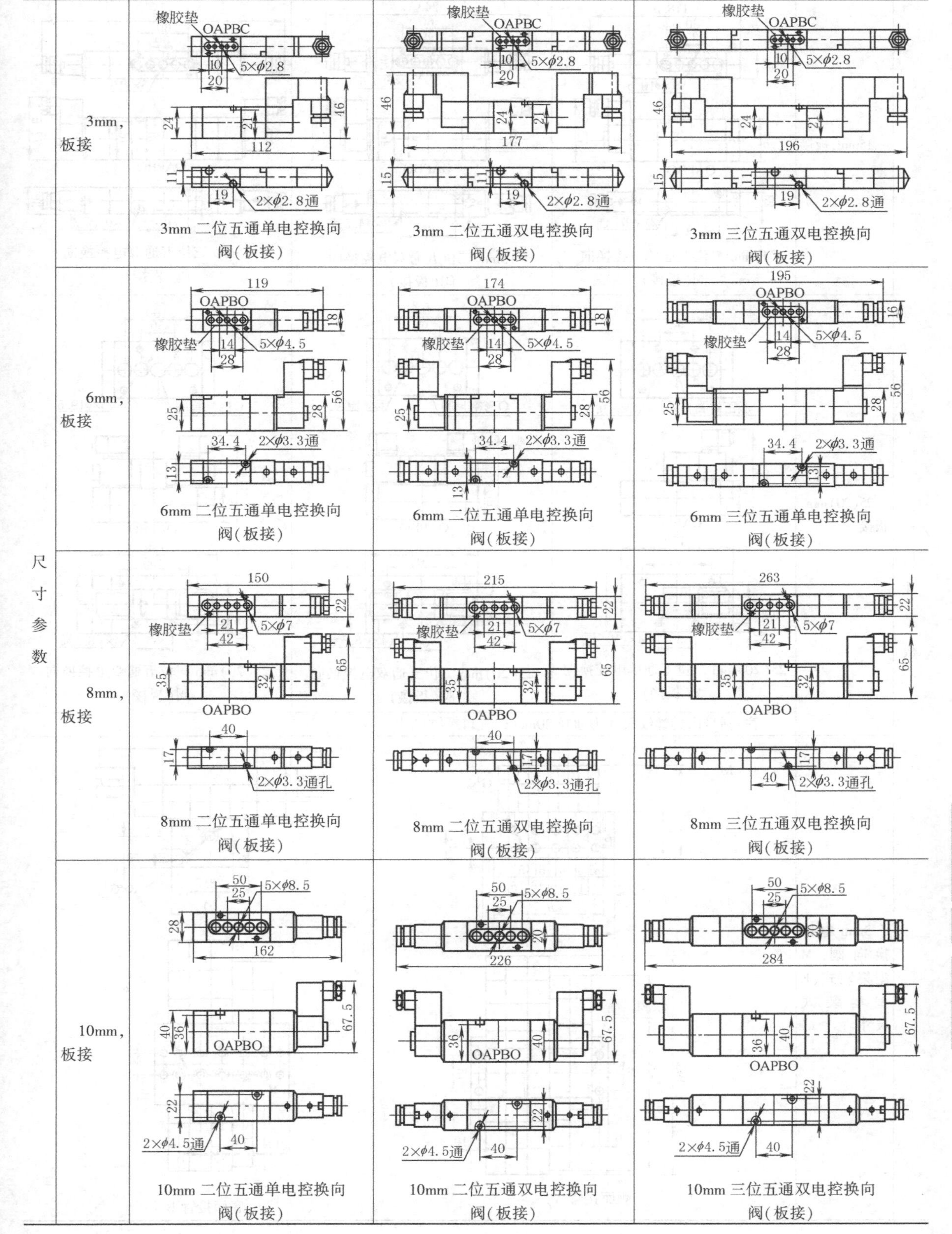

尺寸参数				
	3mm，板接	3mm 二位五通单电控换向阀（板接）	3mm 二位五通双电控换向阀（板接）	3mm 三位五通双电控换向阀（板接）
	6mm，板接	6mm 二位五通单电控换向阀（板接）	6mm 二位五通单电控换向阀（板接）	6mm 三位五通单电控换向阀（板接）
	8mm，板接	8mm 二位五通单电控换向阀（板接）	8mm 二位五通双电控换向阀（板接）	8mm 三位五通双电控换向阀（板接）
	10mm，板接	10mm 二位五通单电控换向阀（板接）	10mm 二位五通双电控换向阀（板接）	10mm 三位五通双电控换向阀（板接）

续表

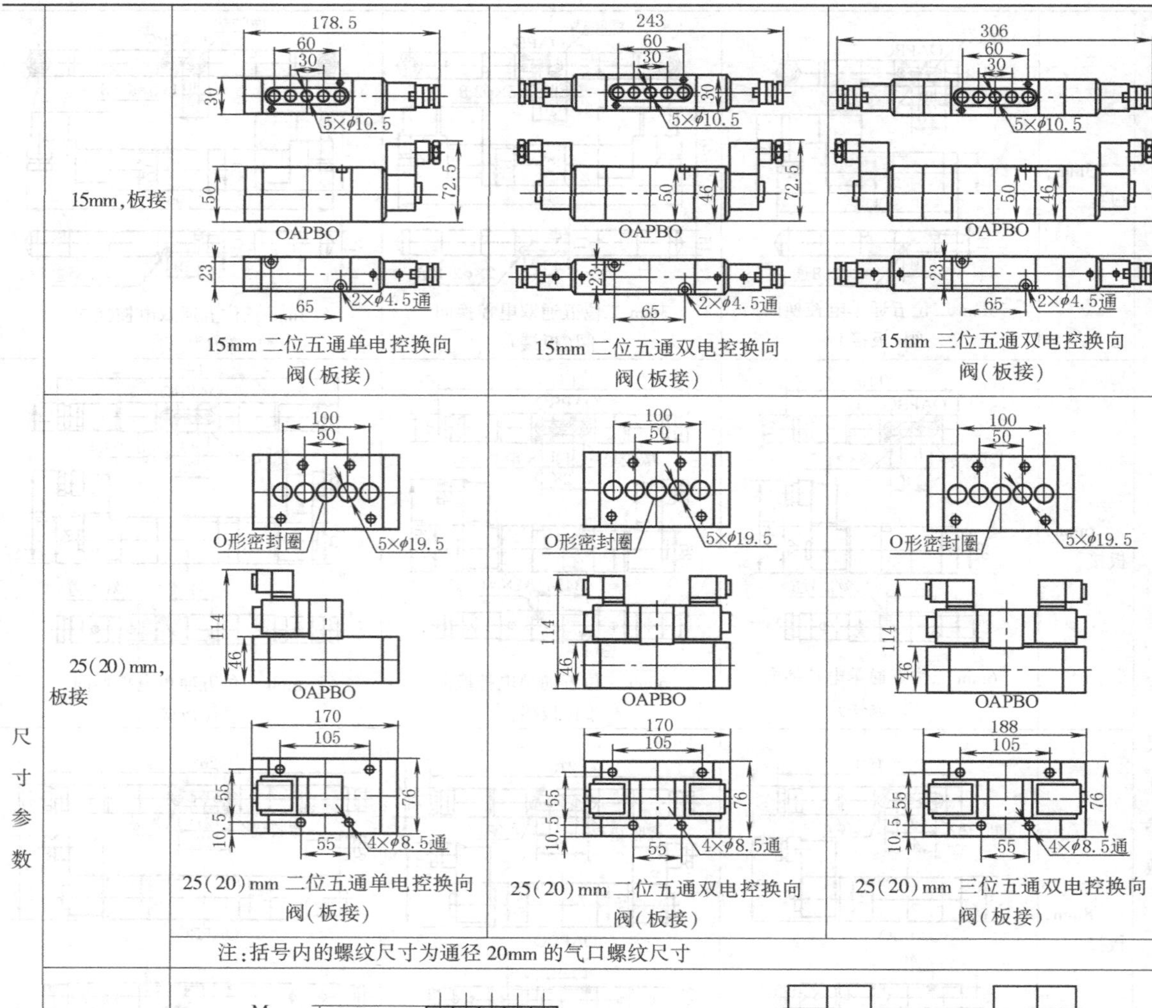

尺寸参数	15mm,板接	15mm 二位五通单电控换向阀(板接)	15mm 二位五通双电控换向阀(板接)	15mm 三位五通双电控换向阀(板接)
	25(20)mm,板接	25(20)mm 二位五通单电控换向阀(板接)	25(20)mm 二位五通双电控换向阀(板接)	25(20)mm 三位五通双电控换向阀(板接)
		注:括号内的螺纹尺寸为通径 20mm 的气口螺纹尺寸		
	3mm 电控换向阀,M型集装式、E型集装式尺寸	侧面接管 A		底面接管 B

M

87
41
A
B
$G^1/_8$
25
8
5 5 5 5 5
24.5
16 16 16 16
h
L_1
4×ϕ4.5通
195
177
15
15
10
10

侧面接管 A

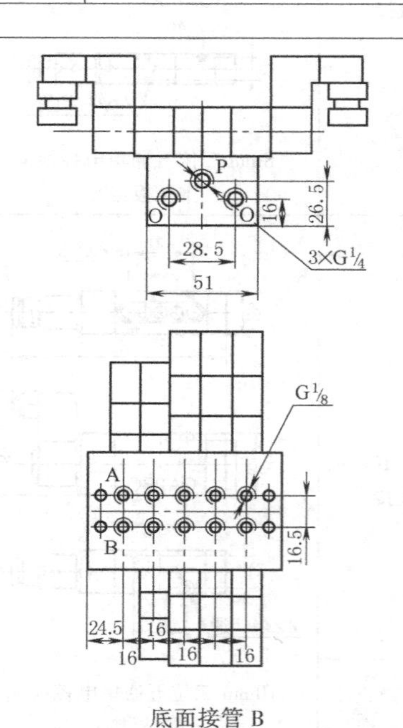

底面接管 B

续表

尺寸参数

3mm 电控换向阀，M型集装式、E型集装式尺寸

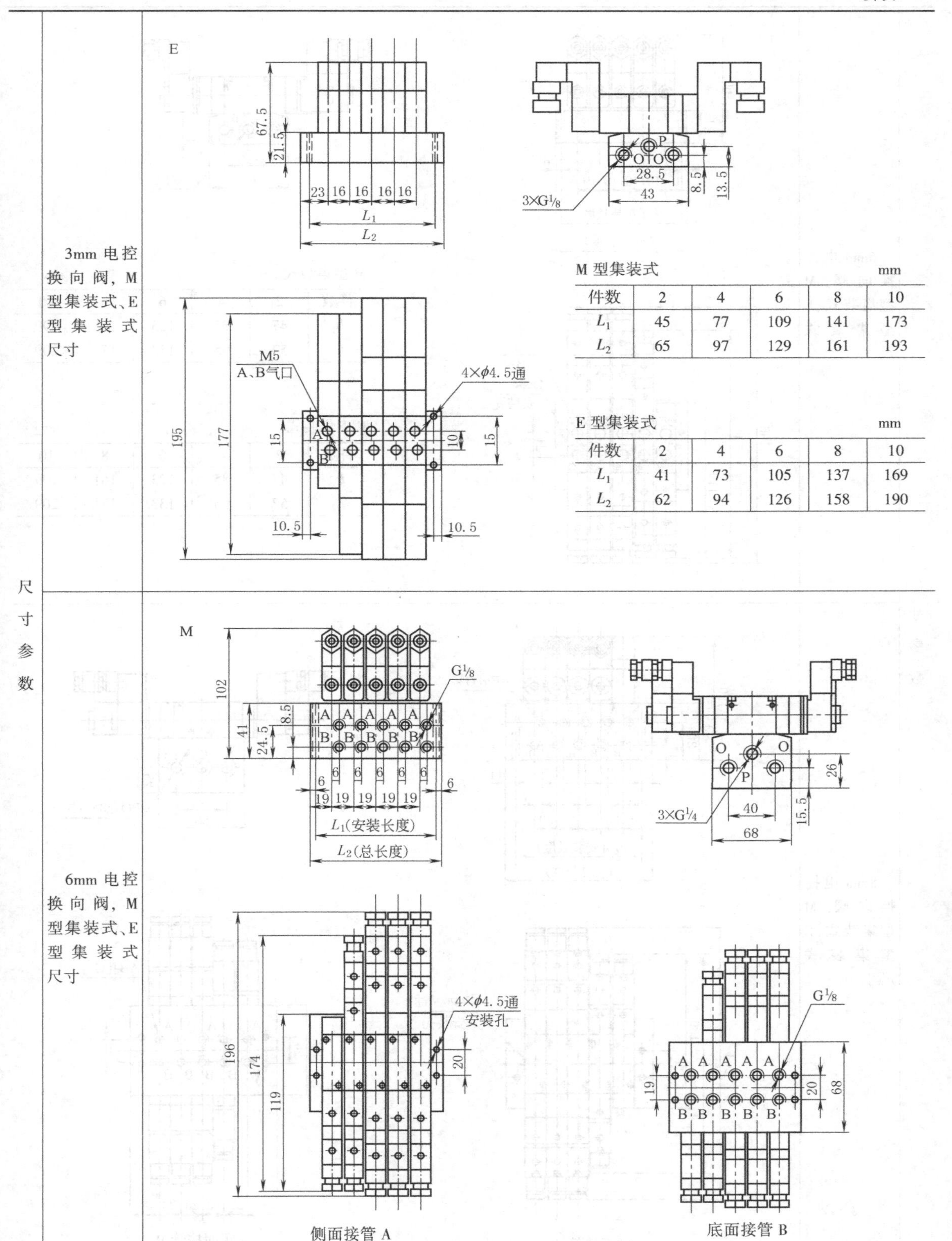

M 型集装式 mm

件数	2	4	6	8	10
L_1	45	77	109	141	173
L_2	65	97	129	161	193

E 型集装式 mm

件数	2	4	6	8	10
L_1	41	73	105	137	169
L_2	62	94	126	158	190

6mm 电控换向阀，M型集装式、E型集装式尺寸

续表

尺寸参数

6mm 电控换向阀，M型集装式、E型集装式尺寸

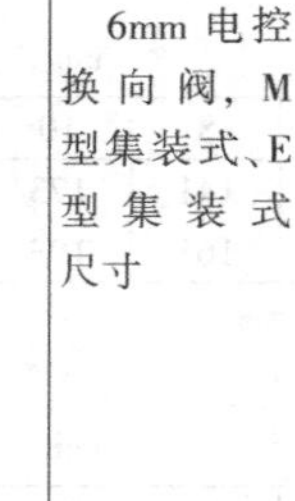

E

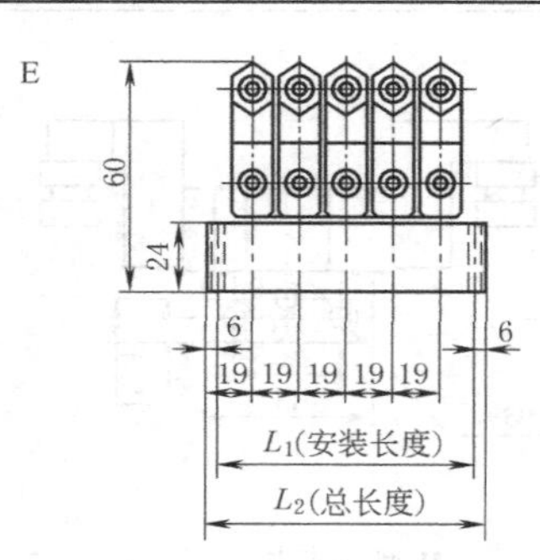

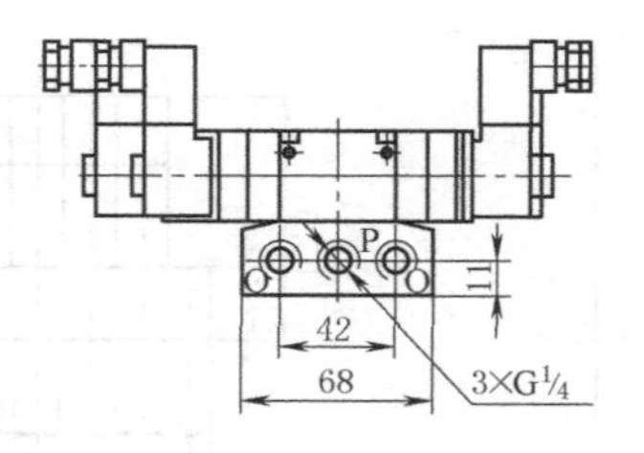

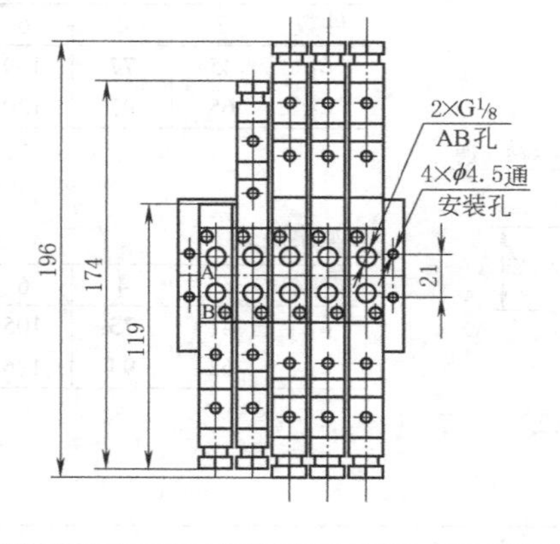

M 型集装式　mm

件数	2	4	6	8	10
L_1	47	85	123	161	199
L_2	57	95	133	171	209

E 型集装式　mm

件数	2	4	6	8	10
L_1	47	85	123	161	199
L_2	57	95	133	171	209

8mm 电控换向阀，M型集装式、E型集装式尺寸

M

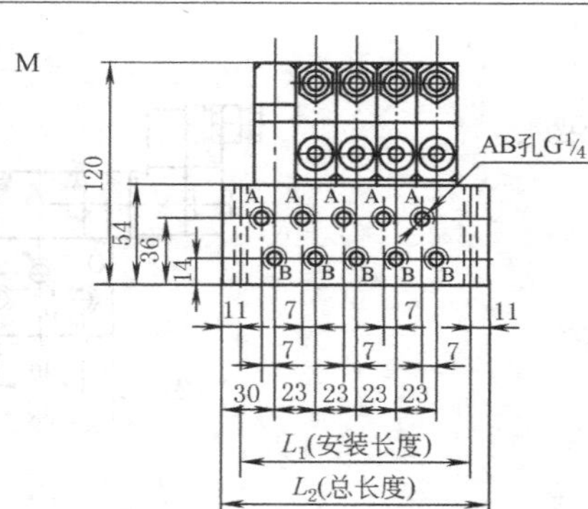

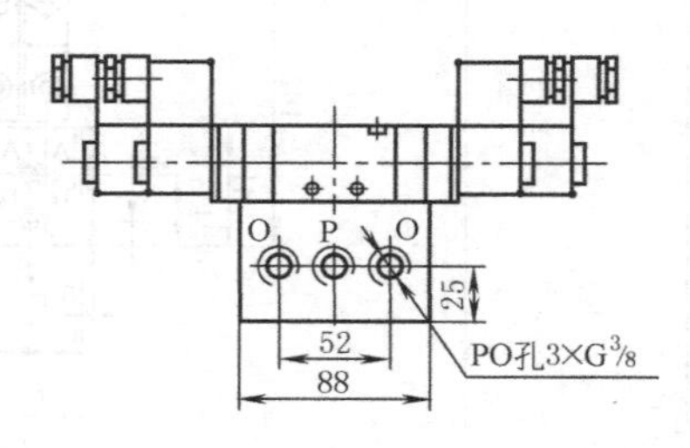

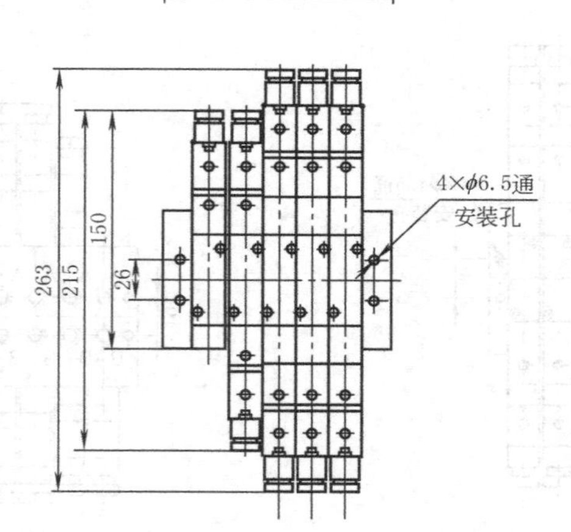

侧面接管 A

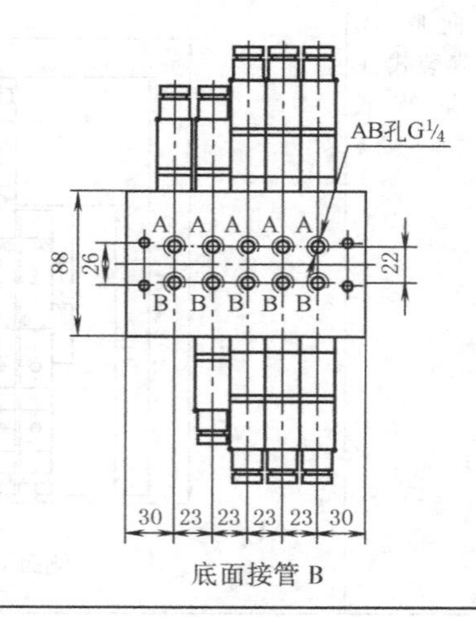

底面接管 B

续表

尺寸参数

8mm 电控换向阀，M型集装式、E型集装式尺寸

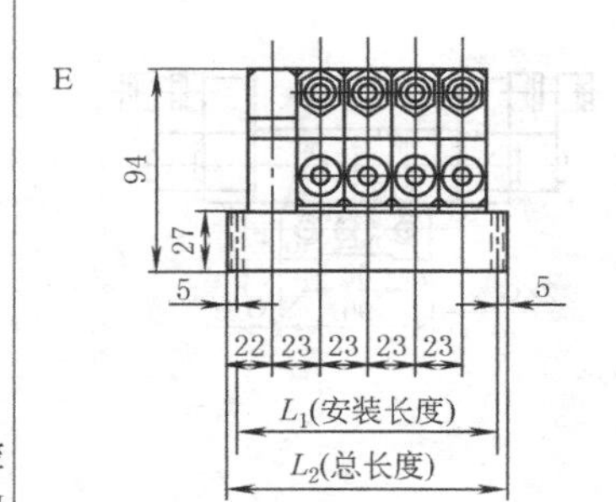

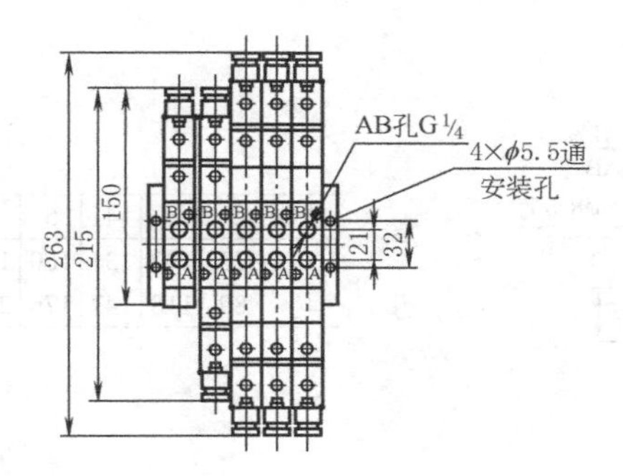

M 型集装式 mm

件数	2	4	6	8	10
L_1	61	107	153	199	245
L_2	83	129	175	221	267

E 型集装式 mm

件数	2	4	6	8	10
L_1	57	103	149	195	241
L_2	67	113	159	205	251

10mm 电控换向阀，M型集装式、E型集装式尺寸

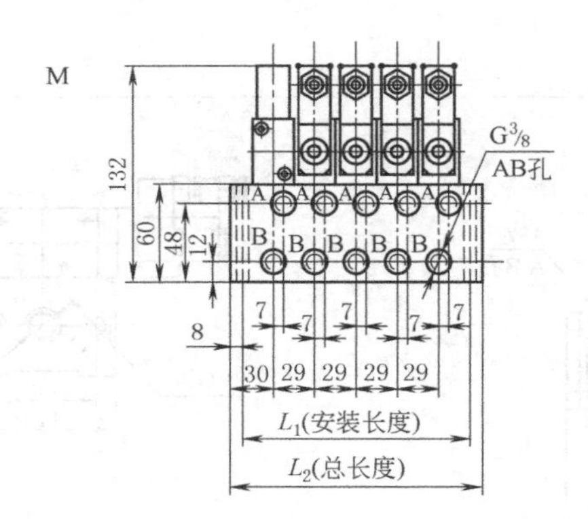

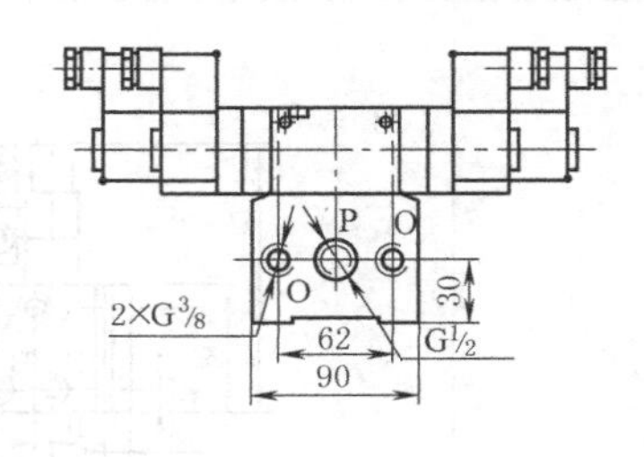

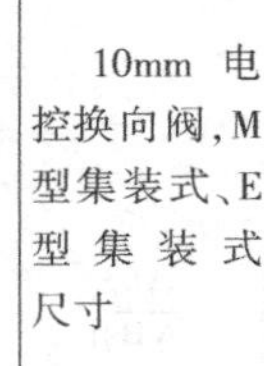

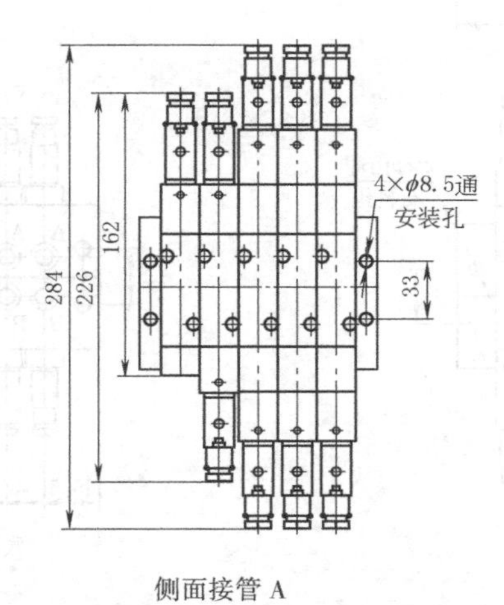

侧面接管 A

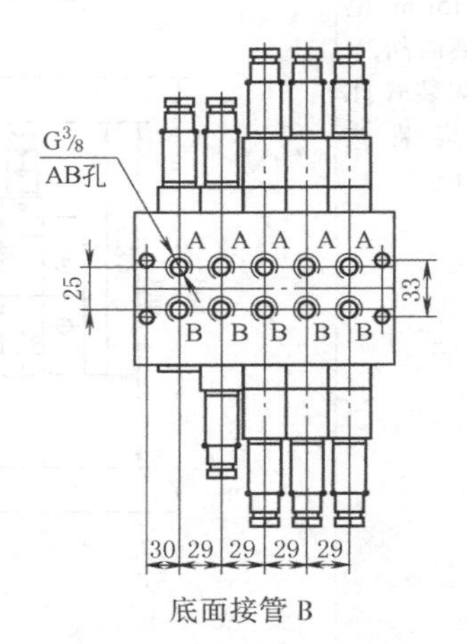

底面接管 B

续表

<table>
<tr>
<td rowspan="2">尺寸参数</td>
<td>10mm 电控换向阀，M型集装式、E型集装式尺寸</td>
<td>

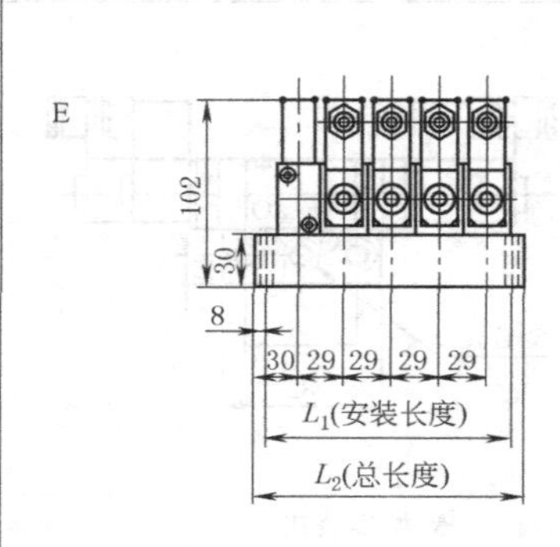

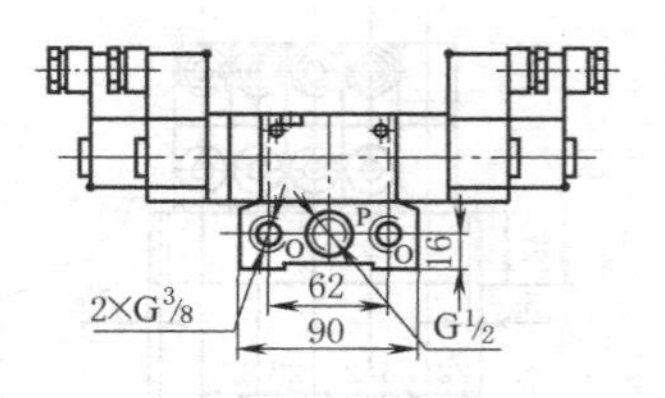

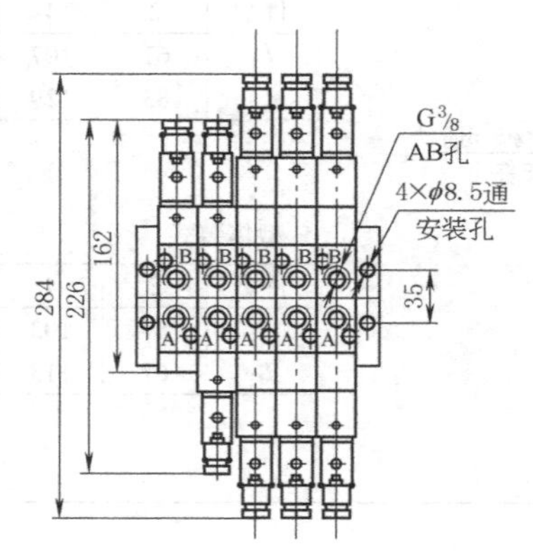

mm

件数	2	3	4	5	6	7	8	9	10
L_1	73	102	131	160	189	218	247	276	305
L_2	89	118	147	176	205	234	263	292	321

</td>
</tr>
<tr>
<td>15mm 电控换向阀，M型集装式、E型集装式尺寸</td>
<td>

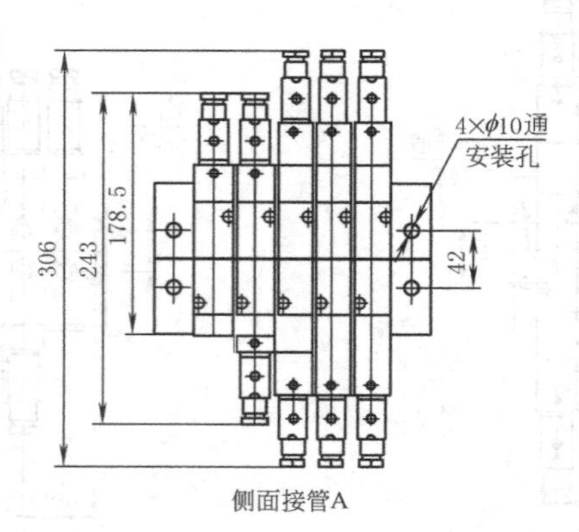

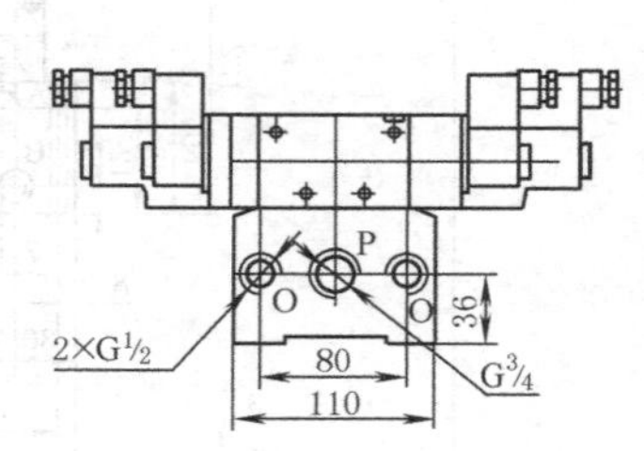

侧面接管A

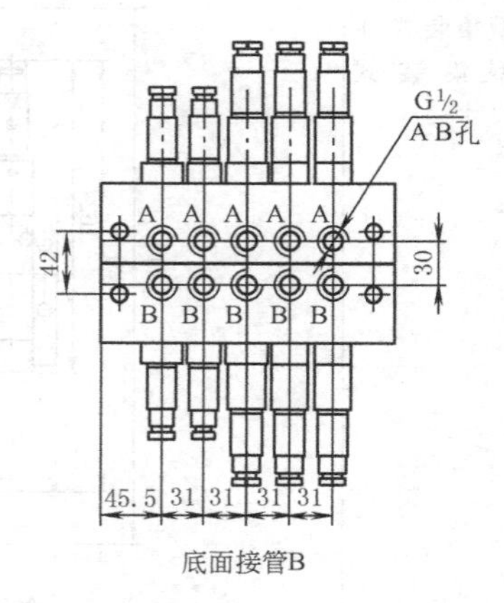

底面接管B

</td>
</tr>
</table>

第

23
篇

续表

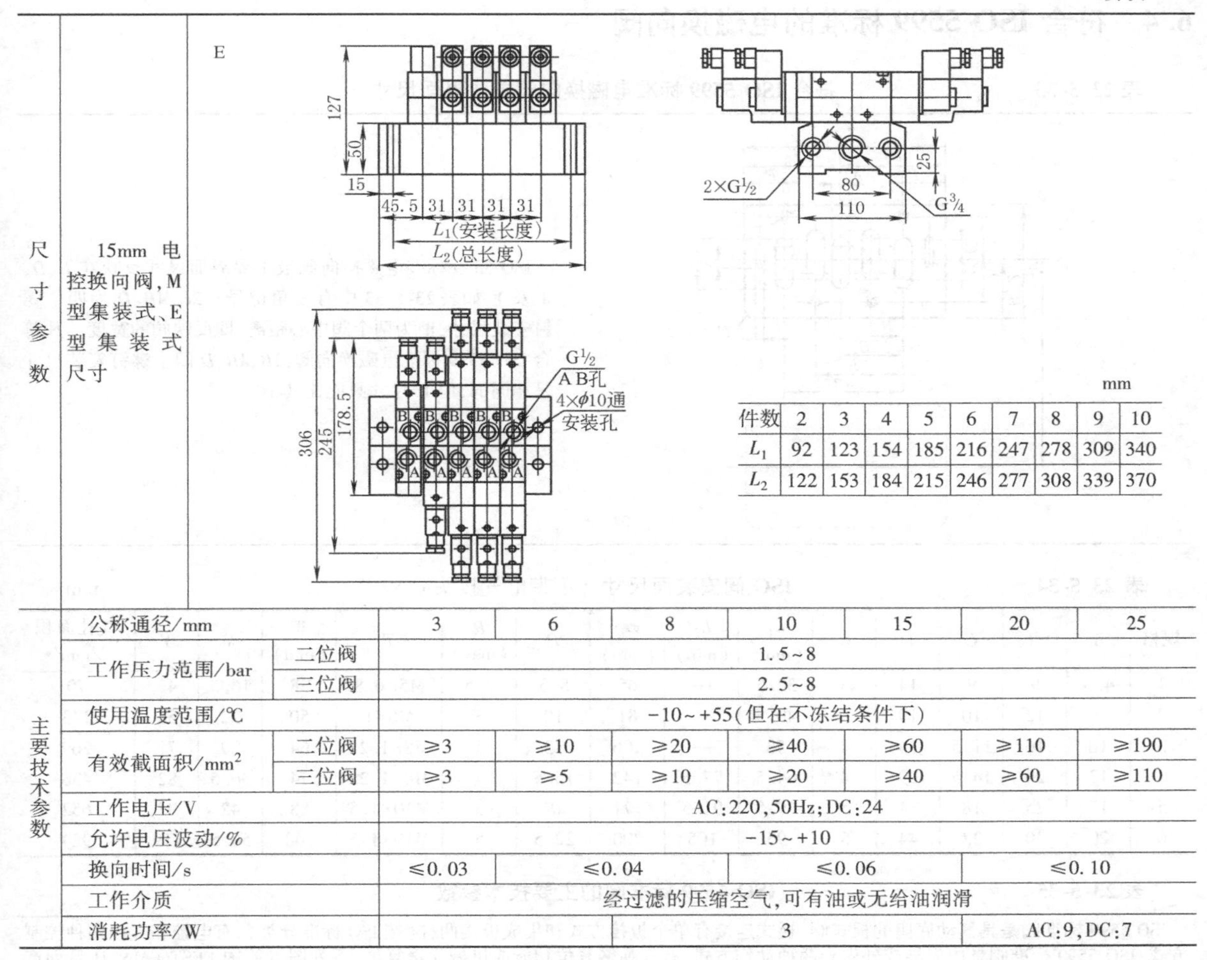

件数	2	3	4	5	6	7	8	9	10
L_1	92	123	154	185	216	247	278	309	340
L_2	122	153	184	215	246	277	308	339	370

尺寸参数	15mm 电控换向阀，M型集装式、E型集装式尺寸	见上图							
主要技术参数	公称通径/mm		3	6	8	10	15	20	25
	工作压力范围/bar	二位阀	1.5~8						
		三位阀	2.5~8						
	使用温度范围/℃		-10~+55(但在不冻结条件下)						
	有效截面积/mm²	二位阀	≥3	≥10	≥20	≥40	≥60	≥110	≥190
		三位阀	≥3	≥5	≥10	≥20	≥40	≥60	≥110
	工作电压/V		AC:220,50Hz;DC:24						
	允许电压波动/%		-15~+10						
	换向时间/s		≤0.03	≤0.04		≤0.06		≤0.10	
	工作介质		经过滤的压缩空气，可有油或无给油润滑						
	消耗功率/W		3					AC:9,DC:7	

表 23-5-32　　符合 QDC 阀尺寸的国内气动厂商

厂　商	型号	公称通径/mm	气接口尺寸	压力/温度范围	电压/V	基本形式
方大 Fangda	Q25DC	3、6、8、10、15、20、25	M5、Rc½	1.5~8bar;-10~+55℃	DC:24;AC:220	单电控、双电控
	Q35DC	3、6、8、10、15、20、25	M5、Rc½	2.5~8bar;-10~+55℃	DC:24;AC:220	单电控、双电控
华能 Huaneng	SR530	4.5、4	M5、Rc⅛	单电控:1.5~7bar,双电控:1~7bar,三位五通:1.5~7bar;0~+50℃	DC: 12、24; AC: 110、220	单电控、双电控
	SR540	9、10	Rc⅛、Rc¼	单电控:1.5~7bar,双电控:1~7bar,三位五通:1.5~7bar;0~+50℃	DC: 12、24; AC: 110、220	单电控、双电控
	SR550	13、15	Rc⅛、Rc¼	单电控:1.5~9bar,双电控:1~9bar,三位五通:2~9bar;0~+50℃	DC: 12、24; AC: 110、220	单电控、双电控
	SR551	18、20	Rc¼、Rc⅜	单电控:1.5~9bar,双电控:1~9bar,三位五通:2~9bar;0~+50℃	DC: 12、24; AC: 110、220	单电控、双电控
	SR561	30、35、40	Rc⅜、Rc½	单电控:1.5~9bar,双电控:1~9bar,三位五通:2~9bar;0~+50℃	DC: 12、24; AC: 110、220	单电控、双电控

注：以上公司均以开头字母顺序排列。

6.4 符合 ISO 5599 标准的电磁换向阀

表 23-5-33　　符合 ISO 5599 标准电磁换向阀主要界面尺寸

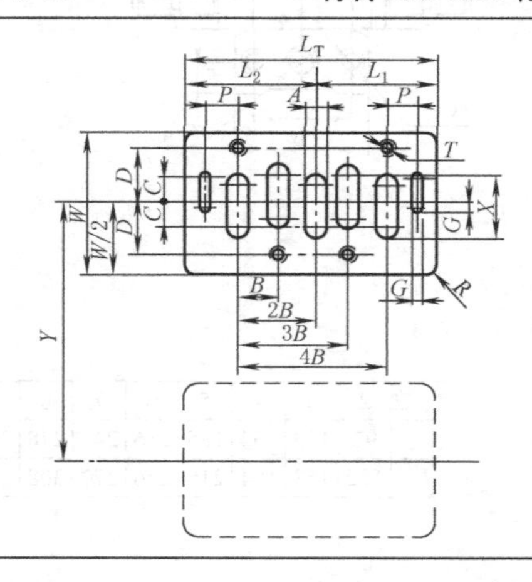

ISO 5599 标准电磁换向阀最主要界面尺寸反映在 B、D、W 及 Y，如表 23-5-33 中有三角记号。$2B$、$4B$、D 为四个螺钉安装尺寸，W 为两个阀中心距离，即反映阀的宽度。凡符合 ISO 5599 标准电磁换向阀，$2B$、$4B$、D 四个螺钉安装尺寸是相同的，但 W 尺寸只能比其小

表 23-5-34　　ISO 阀安装面尺寸（不带电气接头）　　mm

规格	A	B	C	D	G	L_1 (min)	L_2 (min)	L_T (min)	P	R (max)	T	W (min)	X	Y	气孔面积 /mm²
1	4.5	9	9	14	3	32.5	—	65	8.5	2.5	M5×0.8	38	16.5	43	79
2	7	12	10	19	3	40.5	—	81	10	3	M6×1	50	22	56	143
3	10	16	11.5	24	4	53	—	106	13	4	M8×1.25	64	29	71	269
4	13	20	14.5	29	4	64.5	77.5	142	15.5	4	M8×1.25	74	36.5	82	438
5	17	25	18	34	5	79.5	91.5	171	19	5	M10×1.5	88	42	97	652
6	20	30	22	44	5	95	105	200	22.5	5	M10×1.5	108	50.5	119	924

表 23-5-35　　ISO 5599 标准阀的主要技术参数

ISO 5599 标准阀是具气动底座的板式阀，板式连接有单个板接方式和集成板接两种（按 ISO 标准分类），有电控和气控两种控制方式，ISO 5599 标准阀具内先导或外先导两种动作方式，有气弹簧复位功能或机械弹簧复位，下列图以德国 FESTO MN1H 系列产品为例，主要技术参数见本表，单电控电磁阀和三位五通电控电磁阀结构及尺寸参数见表 23-5-36

不同系列的 ISO 阀的区别主要反映在功耗上，电插座尺寸上，电接口标准上（有的接口标准符合 EN175301-803、A 型，有的采用圆形 4 针电插口 M12×1 等），不同的工作电压上，还反映在开关时间上。表 23-5-40 列出的是在板接连接界面上尺寸相同的气动厂商名单、产品型号

	ISO 规格	1	2	3
主要技术参数	阀功能	二位五通，单电控		
	结构特点	滑阀		
	密封原理	软性		
	驱动方式	电		
	复位方式	机械弹簧或气弹簧		
	先导控制方式	先导控制		
	先导气源	内先导或外先导		
	流动方向	单向		
	排气功能	带流量控制		
	手控装置	通过附件，锁定		
	安装方式	通孔安装		
	安装位置	任意位置		
	公称通径/mm	8	11	14.5
	标准额定流量/$L \cdot min^{-1}$	1200	2300	4500
	阀位尺寸/mm	43	56	71
	底座上的气接口	G¼	G⅜	G½
	产品质量/g	450	710	1000
	排气噪声级/dB(A)	85		

续表

工作和环境条件	复位方式				气复位		机械复位	
	工作介质				过滤压缩空气,润滑或未润滑 真空			
	工作压力/bar	内先导气源			2~10		3~10	
		外先导气源			-0.9~+16		-0.9~+16	
	先导压力/bar				2~10		3~10	
	环境温度/℃				-10~50			
	介质温度/℃				-10~50			
阀的响应时间/ms	二位五通单电控	ISO 规格	1		2		3	
		复位方式	气动	机械	气动	机械	气动	机械
		开	23	17	46	24	49	33
		关	32	39	69	62	71	74
	二位五通双电控	ISO 规格	1		2		3	
				14 口为主控信号		14 口为主控信号		14 口为主控信号
			18	12:18ms;14:15ms	21	12:24ms;14:21ms	21	12:24ms;14:21ms
	三位五通电控	ISO 规格	1		2		3	
			开	关	开	关	开	关
		带 N1 型电磁线圈						
		中封式	20	44	33	82	33	82
		中泄式	20	46	36	84	36	84
		中压式	20	46	35	78	35	78
电参数	N1 型电磁线圈							
	电接口				插头,方形结构,符合 EN175301-803 标准,A 型			
	工作电压	直流电压/V			24			
		交流电压/V			110/230(50~60Hz)			
	线圈特性	直流电/W			2.5			
		交流电/V·A			开关:7.5 保持:5			
	防护等级符合 EN 60529 标准				IP65			

表 23-5-36　　MN1H 系列单、双电控及三位五通电磁阀

MN1H系列的单电控电磁阀结构图及尺寸参数

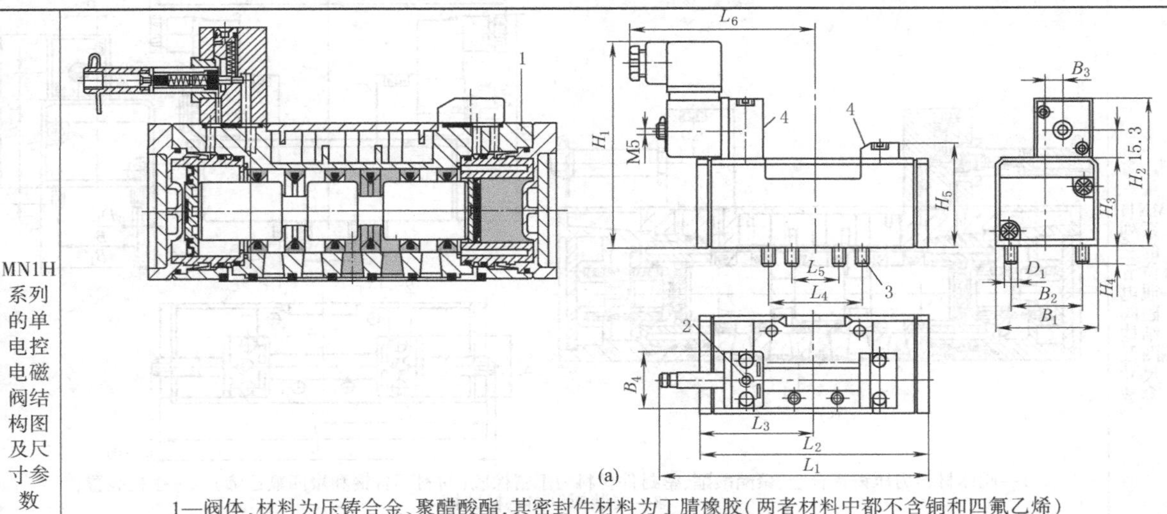

1—阀体,材料为压铸合金、聚醋酸酯,其密封件材料为丁腈橡胶(两者材料中都不含铜和四氟乙烯)
2—手控装置;3—安装螺钉;4—标牌槽

mm

型号		B_1	B_2	B_3	B_4	D_1	H_1	H_2	H_3	H_4	H_5	L_1	L_2	L_3	L_4	L_5	L_6
ISO 规格 1	MN1H-5/2	42	28	6	30	M5	106	74	38	9	46.5	117.5	87.6	43.8	36	18	89
	MN1H-5/2-FR											128	98				
ISO 规格 2	MN1H-5/2	54	38	9	30	M6	116	84	48	9.5	56.5	147.6	123.4	61.7	48	24	98
	MN1H-5/2-FR											161.5	140.7				
ISO 规格 3	MN1H-5/2	65	48	12	30	M8	123	91	55	12	63.5	169	145.4	72.7	64	32	109
	MN1H-5/2-FR											184.8	164.7				

续表

MN1H系列的双电控电磁阀结构图及尺寸参数

双电控电磁阀技术参数除了复位方式仅采用机械弹簧复位外，开关时间与单电控电磁阀不同（ISO 规格 1 号阀：开 18ms、换向开 15ms，ISO 规格 2 号阀：开 24ms、换向开 21ms，ISO 规格 3 号阀：开 24ms、换向开 21ms），通常双电控的开关时间比单电控的开关时间要快，重量与单电控电磁阀不同；双电控电磁阀的工作压力为 2～10bar。其余技术指标参数可参考表 23-5-34。双电控电磁阀结构图及尺寸参数可见图 b

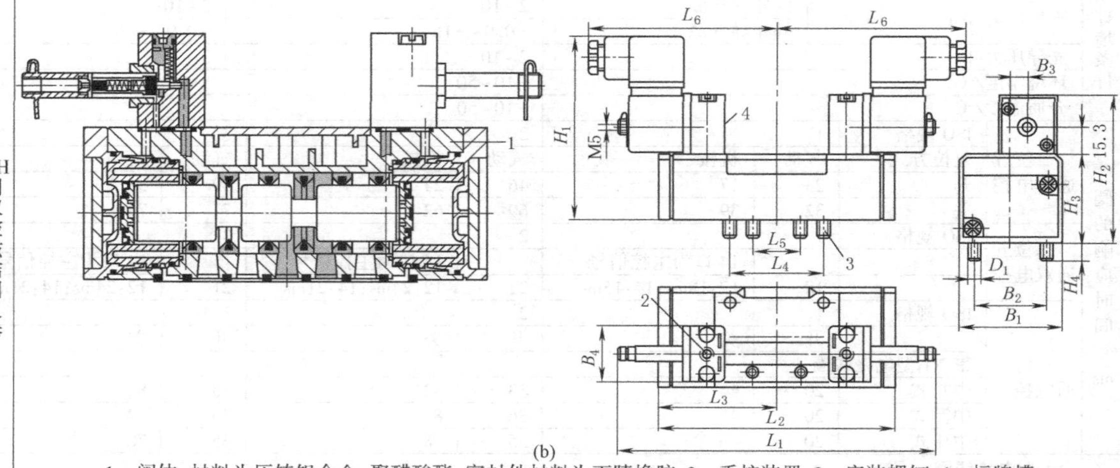

(b)

1—阀体，材料为压铸铝合金，聚醋酸酯，密封件材料为丁腈橡胶；2—手控装置；3—安装螺钉；4—标牌槽

mm

ISO 规格	B_1	B_2	B_3	B_4	D_1	H_1	H_2	H_3	H_4	L_1	L_2	L_3	L_4	L_5	L_6
1	42	28	6	30	M5	106	74	38	9	147.3	87.6	43.8	36	18	89
2	54	38	9	30	M6	116	84	48	9.5	165	123.4	61.7	48	24	98
3	65	48	12	30	M8	123	91	55	12	185.7	145.4	72.7	64	32	109

MN1H系列的三位五通电磁阀结构图及尺寸参数

三位五通电磁阀技术参数除了复位方式仅采用机械弹簧复位外，开关时间与单电控电磁阀不同（ISO 规格 1 号阀：中封式开 20ms、关 44ms；中泄式开 20ms、关 46ms；中压式开 20ms、关 46ms。ISO 规格 2 号阀：中封式开 33ms、关 82ms；中泄式开 36ms、关 84ms；中压式开 35ms、关 78ms。ISO 规格 3 号阀：中封式开 33ms、关 82ms；中泄式开 36ms、关 84ms；中压式开 35ms、关 78ms）；三位五通的工作压力为 3～10bar。先导控制压力为 3～10bar 其余技术指标参数可参考表 23-5-34。三位五通电磁阀结构图及尺寸参数见图 c 和图 d

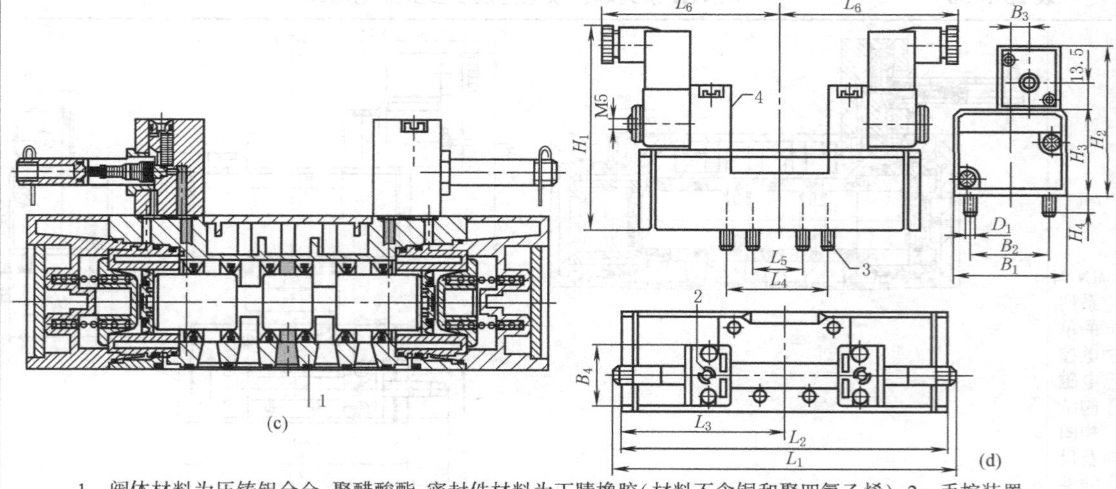

(c) (d)

1—阀体材料为压铸铝合金、聚醋酸酯，密封件材料为丁腈橡胶（材料不含铜和聚四氟乙烯）；2—手控装置；3—安装螺钉；4—标牌槽

mm

ISO 规格	1	2	3	ISO 规格	1	2	3
B_1	42	54	65	H_4	9	9.5	12
B_2	28	38	48	L_1	142.6	160	181
B_3	6	9	12	L_2	108.4	158	184
B_4	30	30	30	L_3	54.2	79	92
D_1	M5	M6	M8	L_4	36	48	64
H_1	100	110	117	L_5	18	24	32
H_2	70.3	80.3	87.3	L_6	89	98	109
H_3	38	48	55				

表 23-5-37　　符合 ISO 5599 标准换向阀生产厂商

厂　商	型　号	ISO 规格	流量/接口尺寸	压力/温度范围	电压/V	电接口形式	基本形式
CKD	PV5-6 PV5-8	1号 2号	R_c ¼:25mm²;R_c ⅜:28mm²;R_c ½:55mm²;R_c ¾:63mm²	1.5~10bar; -10~+60℃	DC:12、24 功耗:1.8W AC:100、200		5/2 单电控、5/2 双电控、5/3 电控
Festo	MN1H	1号 2号 3号	1200L/min、 2300L/min、 4500L/min	2~16bar; -10~+60℃	DC:24 AC:110/230(50~60Hz)	方形,符合 EN 175301-803、A 型	5/2 单电控(气控)、5/2 双电控(气控),5/3 电控(气控)
	MFH	1号 2号 3号	1200L/min、 2300L/min、 4500L/min	2~16bar; -10~+60℃	DC:12、24、42、48 AC:24、42、48、110、230、240(50~60Hz)	F 型线圈	5/2 单电控(气控)、5/2 双电控(气控)、5/3 电控(气控)
	MDH	4号					
	MEBH	1号 2号 3号					
Metal Work	ISV 电控阀	1号 2号	1100L/min、 2700L/min	1~10bar; -10~+60℃	DC:12、24 AC:24、110、220	DIN 43650 A 型、M12	IPV 为气控阀
Norgren	ISO STAR	1号 2号 3号	1230L/min、 2450L/min、 4400L/min	1~16bar; -15~+50℃	DC:12、24 AC:24、48、110、220	CNOMO 型或 DIN 43650 A 型	复位有气弹簧或机械弹簧
Numetics	ISO 5599i-12 ISO 5599i-23 ISO 5599i-34	1号 2号 3号		0~16bar; -20~+80℃			金属密封阀
Parker	DX1 DX2 DX3	1号 2号 3号		-0.9~12bar; -10~+60℃			
Pneumax	ISO 5599	1号 2号 3号	90L/min、 1600L/min、 3600L/min	2~10bar			
SMC	VP7-6 VP7-8	1号(R_c⅜) 2号(R_c¾)	1600L/min、 3600L/min	1.5~9bar; 5~+50℃	DC:12、24 AC:110、220		VS7-6、VS7-8 为金属密封

表 23-5-38　　符合 ISO 15407 标准的电磁换向阀

ISO 15407 标准阀是具有气动底座的板式阀,板式连接有单个板接方式和集成板接两种(其主要连接的界面尺寸详见表 23-5-1),有电控和气控两种控制方式,ISO 15407 标准阀具内先导或外先导两种动作方式,有气弹簧复位功能或机械弹簧复位,下列图参照德国 FESTO MN2H 系列产品为例,主要技术参数见本表,单电控电磁阀,双电控电磁阀和三位五通电控电磁阀结构及尺寸参数见表 23-5-39 及表中图

不同系列的 ISO 阀的区别主要反映在功耗上、电插座尺寸上、电接口标准上(有的接口标准符合 EN175301-803、A 型,有的采用圆形 4 针电插口 M12×1 等)、不同的工作电压、开关时间上。表 23-5-40 列出的是在板接连接界面上尺寸相同的气动厂商名单、产品型号

	项目		
主要技术参数	ISO 规格	02	01
	阀功能	2 个两位三通,单电控	
	结构特点	滑阀	
	密封原理	软性	
	驱动方式	电	
	复位方式	气弹簧	
	先导控制方式	先导控制	
	先导气源	内先导	
	流动方向	单向	
	排气功能	带流量控制	
	手控装置	通过附件,锁定	
	安装方式	通孔安装	
	安装位置	任意位置	
	公称通径/mm	6	8
	标准额定流量/L·min⁻¹	440	950

续表

主要技术参数	阀位尺寸/mm			19		27	
	气接口	1,2,3,4,5		G1/8		G1/4	
		12,14		M5		M5	
	产品质量/g			210		320	
	排气噪声级/dB(A)			75			
工作和环境条件	ISO 规格			02		01	
	工作介质			过滤压缩空气,润滑或未润滑 真空			
	工作压力/bar	内先导气源		2~10			
		外先导气源		-0.9~10		-0.9~16	
	先导压力/bar			2~10			
	环境温度/℃			-10~+50			
	介质温度/℃			-10~+50			
阀的响应时间/ms	二位五通单电控	ISO 规格		02		01	
		复位方式		气	机械	气	机械
		开		23	18	31	24
		关		27	34	43	58
	二位五通双电控	ISO 规格		02		01	
					14 口为主控信号		14 口为主控信号
		开/转换		—	16	—	16
		关/转换		16	16	18	18
	三位五通电控	ISO 规格		02		01	
		中封式	开	17		23	
			关	22		52	
		中泄式	开	18		23	
			关	28		52	
		中压式	开	18		23	
			关	30		52	
电参数	电接口　结构			插头,方形结构,符合 EN 175301-803 标准,C 型 中间插头,圆形结构,M12×1			
	工作电压	直流电压/V		12,14+10%/-15%			
		交流电压/V		24,110/230±10%(50~60Hz)			
	线圈特性	直流电压/W		1.5			
		交流电/V·A		开关:3 保持:2.4			
	防护等级符合 EN 60529 标准			IP65(与插座组合使用)			
	CE 标志			符合 EU 指令 73/23/EEC			

表 23-5-39　　MN2H 系列单、双电控及三位五通电控阀

MN2H 单电控阀的主要界面尺寸

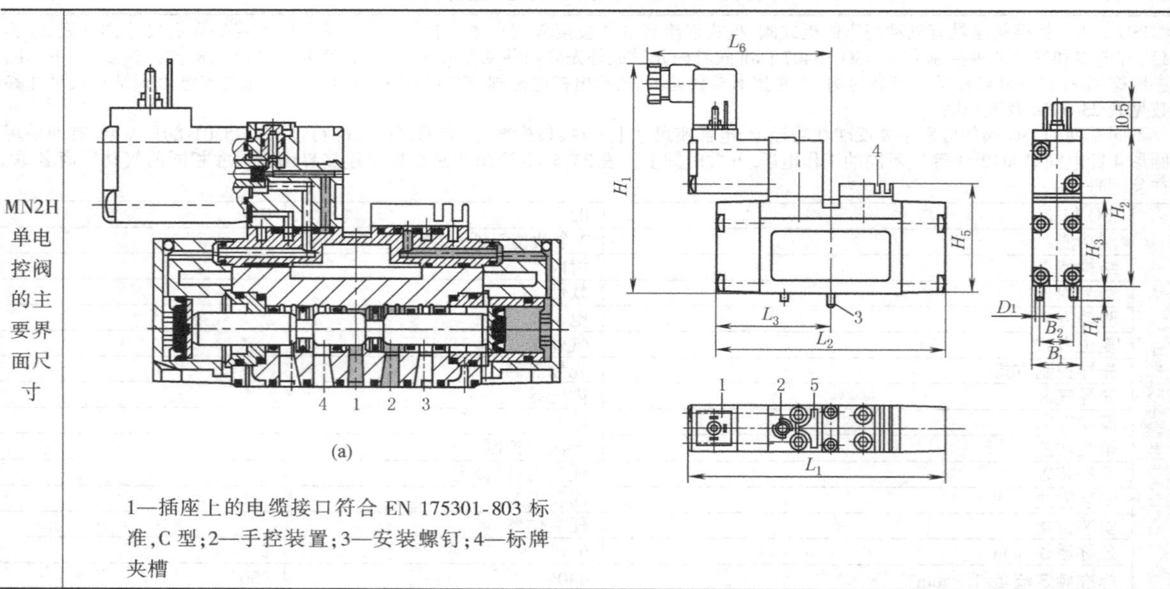

1—插座上的电缆接口符合 EN 175301-803 标准,C 型;2—手控装置;3—安装螺钉;4—标牌夹槽

续表

mm

MN2H单电控阀的主要界面尺寸	型号		B_1	B_2	D_1	H_1	H_2	H_3	H_4	H_5	L_1	L_2	L_3	L_6
	ISO 规格 02	MN2H-5/2	18	12.5	M3	92	59.5	34	5	39	95.5	85	42.5	70
		MN2H-5/2-FR									107.5	97		
	ISO 规格 01	MN2H-5/2	26.2	19	M4	93	60.5	35	7	42	109	110	55	71
		MN2H-5/2-FR												

MN2H双电控阀的主要界面尺寸

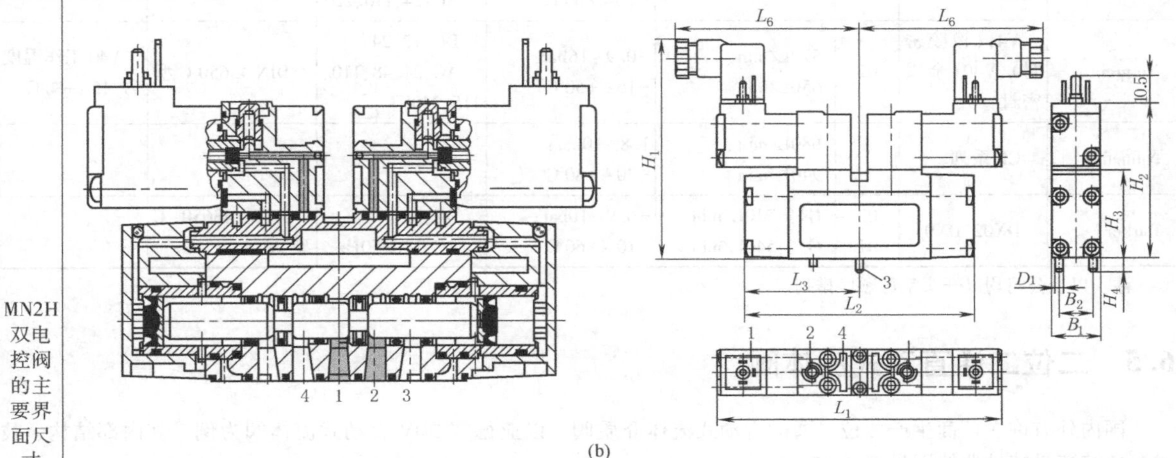

(b)

1—插座上的电缆接口符合 EN 175301-803 标准，C 型；2—手控装置；3—安装螺钉；4—标牌夹槽

mm

ISO 规格	02	01	ISO 规格	02	01
B_1	18	26.2	H_4	5	7
B_2	12.5	19	L_1	106	108
D_1	M3	M4	L_2	85	110
H_1	92	93	L_3	42.5	55
H_2	59.5	60.5	L_6	70	71
H_3	34	35			

MN2H三位五通电控阀的主要界面尺寸

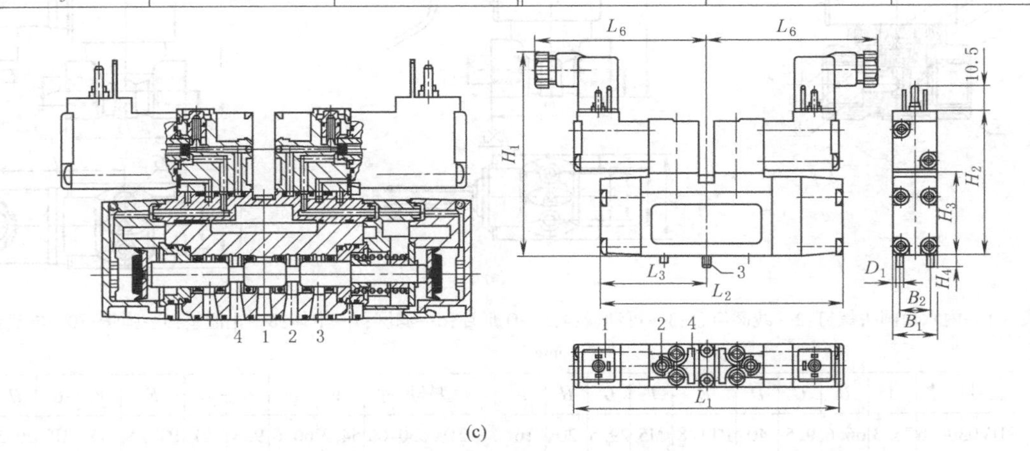

(c)

1—插座上的电缆接口符合 EN 175301-803 标准，C 型；2—手控装置；3—安装螺钉；4—标牌夹槽

mm

ISO 规格	B_1	B_2	D_1	H_1	H_2	H_3	H_4	L_1	L_2	L_3	L_6
02	18	12.5	M3	92	59.5	34	5	106	97	42.5	70
01	26.2	19	M4	93	60.5	35	7	108	124	55	71

第23篇

表 23-5-40 符合 ISO 15407 标准换向阀生产厂商名单

厂　商	型　号	ISO 规格	接口尺寸/流量	压力/温度范围	电压/V	电接口型式	备　注
Festo	MN2H	02 01	G1/8:500L/min G1/4:1000L/min	-0.9～10bar; -10～50℃	DC:12、24 AC: 24、110/230(50～60Hz)	EN 175301-803、C 型,M12×1	
Metal Work	MACH18	02	470L/min	-0.9～10bar; -10～+60℃	DC:24 AC:24、110、220	DIN 43650 C 型	
Norgren	V41(橡胶密封)、V40(金属密封)	02	570L/min、 650L/min	-0.9～16bar; -15～+50℃	DC:12、24 AC:24、48、110、115、230	DIN 43650 C 型	V40 工作温度为-15～+80℃
Numetics	CL 系列		680L/min、 940L/min	1.8～10bar; -20～+80℃			
Parker	DX02、DX01	02 01	G1/8:740L/min G1/4:540L/min	-0.9～10bar; -10～+60℃	DC:24 AC:110/50Hz	DIN 43650 C 型、M12	

注：以上公司均以开头字母顺序排列。

6.5 二位二通直动式流体阀

国内外有许多厂商生产二位二通的直动式流体介质阀。以亚德客 2DV 直动式流体阀为例，其内部结构、技术参数和流量特性曲线图见表 23-5-41。

国内许多厂商生产该类型的阀如亿日、佳尔灵、盛达气动、天工、恒立、华能等，详细技术资料请查阅各厂商的网址（表 23-5-44）。

表 23-5-41

结构及外部尺寸

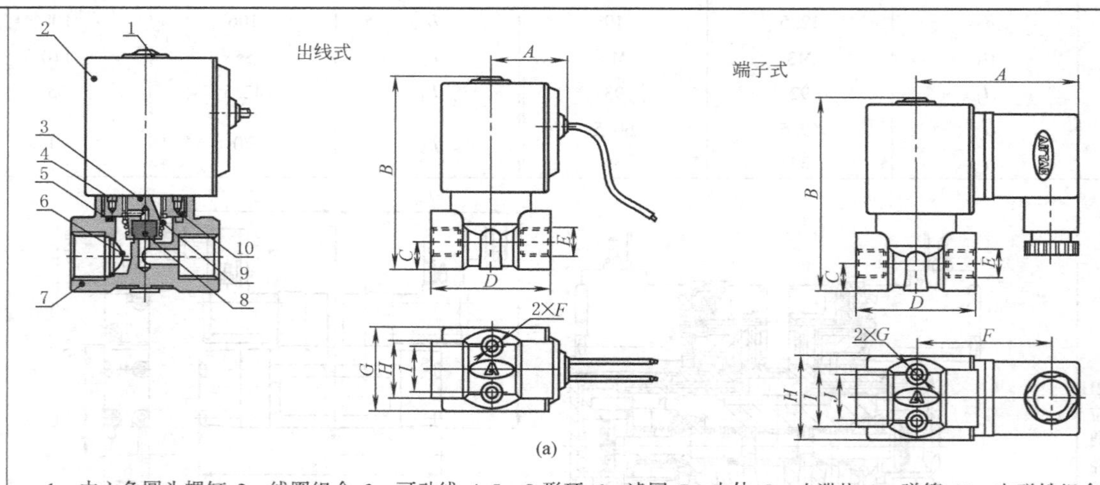

(a)

1—内六角圆头螺钉;2—线圈组合;3—可动线;4,5—O 形环;6—滤网;7—本体;8—止泄垫;9—弹簧;10—电磁铁组合

mm

型号尺寸	*A*	*B*	*C*	*D*	*E*	*F*	*G*	*H*	*I*
2DV030-06	25.3	66.6	9.5	40	PT1/8	M5	29.5	20	16
2DV030-08	25.3	66.6	9.5	40	PT1/4	M5	29.5	20	16
2DV040-10	33.6	87.4	13	52	PT3/8	M5	39	26	23
2DV040-15	33.6	87.4	13	52	PT1/2	M5	39	26	23

mm

型号尺寸	*A*	*B*	*C*	*D*	*E*	*F*	*G*	*H*	*I*	*J*
2DV030-06	54.3	66.6	9.5	40	PT1/8	45	M5	29.5	20	16
2DV030-08	54.3	66.6	9.5	40	PT1/4	45	M5	29.5	20	16
2DV040-10	64.3	87.4	13	52	PT3/8	52.8	M5	39	26	23
2DV040-15	64.3	87.4	13	52	PT1/2	52.8	M5	39	26	23

续表

型号	2DV030-06			2DV030-08			2DV040-10			2DV040-15		
作动方式	直动式											
形式	常闭型											
压力条件	高压型（H型）	标准型	大流星（L型）	高压型（H型）	标准型	大流星（L型）	高压型（H型）	标准型	大流星（L型）	高压型（H型）	标准型	大流星（L型）
流通孔径/mm	2.0	3.0	4.0	2.0	3.0	4.0	3.0	4.0	6.0	3.0	4.0	6.0
C_v 值	0.16	0.33	0.51	0.16	0.33	0.51	0.35	0.54	1.05	0.35	0.54	1.05
接管口径	PT⅛			PT¼			PT⅜			PT½		
流体黏滞度	20CST以下											
最大操作压差/MPa	高压型(H);1.5(213psi);标准型:1.0(142psi);大流星型(L):0.5(71psi)											
最大操作压差/MPa	3.0(427psi)											

技术参数——环境及流体的温度

温度条件	电源	使用流体温度/℃ 水(标准)	空气(标准)	油(标准)	环境温度/℃
最高	AC	60	80	60	60
	DC	40	60	40	40
最低	AC	1	-10①	-5②	-10
	DC				
耐热等级		B级线圈			

技术参数——线圈规格

型 号	电源	频率/Hz	使用电压范围	耗电量	接电型式	温升/℃(标准电压)	耐热等级
2DV030	AC	50	-15%~+10%	7.0V·A	端子式出线式	35	B级
		60		8.0V·A		40	
	DC	—	±10%	8.0W		45	
2DV040	AC	50	-15%~+10%	16V·A		45	
		60		20V·A		50	
	DC	—	±10%	9.0W		55	

①露点:-10(℃)或更低;②50CST以下

流量特性曲线

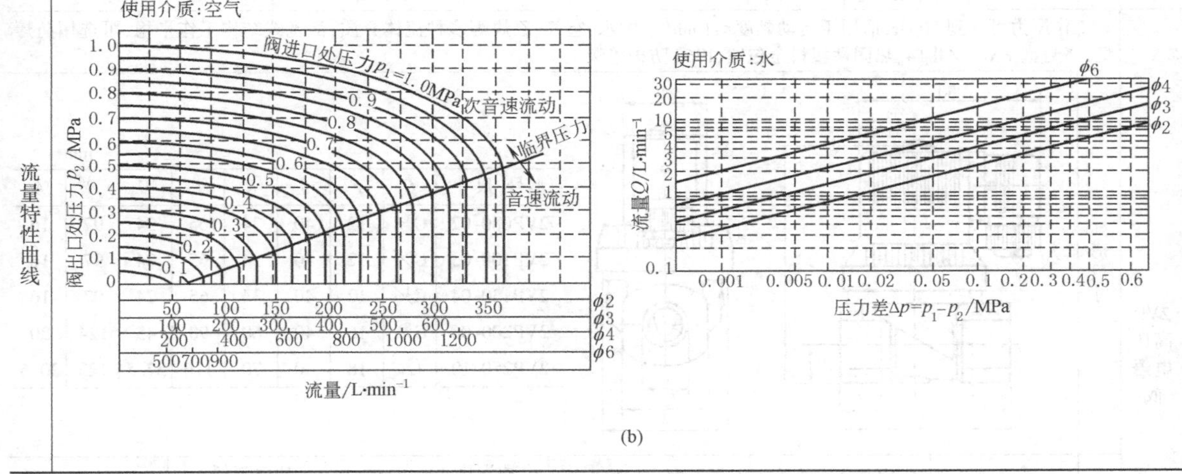

(b)

6.6 二位二通高温、高压电磁阀

国内有许多厂商生产二位二通的高温、高压电磁阀，以亿日高温2VT及高压2VP电磁阀为例进行说明（表23-5-42）。国内许多厂商生产该类型的阀如佳尔灵、天工、盛达气动、华能等，详细技术资料请登录各厂商的网址查阅（表23-5-44）。

表 23-5-42

2VT高温电磁阀

介质温度可达到180℃，活塞式结构工作平稳、寿命长，最高工作压力范围0~16bar，适用于蒸气及运动黏度≤1mm²/s的多种热介质，密封材料无污染，电磁线圈为热固性塑料全包覆，IP65防护等级

外形尺寸

mm

型号/尺寸	G	F	J	K	L	B	A
2VT012-01	G⅛	12	40	20	59	47	16
2VT020-02	G¼	12	40	32	77	64	16
2VT030-02	G¼	12	40	32	77	66	16
2VT040-02	G¼	12	40	32	77	66	16
2VT050-02	G¼	12	40	32	77	66	16
2VT060-02	G¼	12	40	32	77	66	16
2VT080-02	G¼	12	40	34	65	97	16
2VT100-03	G⅜	12	40	34	65	97	16
2VT130-04	G½	12	40	34	65	97	16
2VT250-06	G¾	16	40	60	90	124	20
2VT250-10	G1	18	40	60	90	124	20

技术参数

型号	公称通径/mm	接管螺纹	工作压力/MPa	环境温度/℃	介质温度	KV值/m³·h⁻¹	功率消耗 AC/V·A	功率消耗 DC/W	电压/V
2VT012-01	1.2	G⅛	0~1.6	-20~+55	-0~+180	0.12	14	8	AC(50/60Hz)：24、36、110、220、380 DC：12、24
2VT020-02	2	G¼	0~1.0			0.16			
2VT020-02	3	G¼	0~0.6			0.23			
2VT030-02	4	G¼	0~0.6			3.6			
2VT040-02	5	G¼	0~0.45			3.6			
2VT060-02	6	G¼	0~0.3			3.6			
2VT080-02	8	G¼	0.05~1.6			3.6			
2VT100-03	10	G⅜	0.05~1.6			3.6			
2VT130-04	13	G½	0.05~1.6			3.6			
2VT250-06	25	G¾	0.05~1.6			11			
2VT250-10	25	G1	0.05~1.6			11			

2VP高压电磁阀

工作压力可达到50bar，适用于运动黏度≤1mm²/s的水、空气、乙炔等多种流体介质，活塞式结构工作平稳，可选用防爆型，浇封型EX Ⅰ/ⅡT4，热固性塑料全包覆，IP65防护等级

外形尺寸

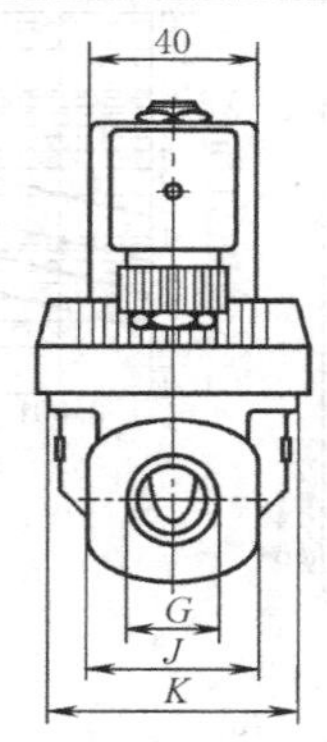

mm

型号/尺寸	G	F	J	K	L	E	B	A
2VP080-02	G¼	12	40	34	65	24	97	16
2VP100-03	G⅜	12	40	34	65	24	97	16
2VP130-04	G½	12	40	34	65	24	97	16
2VP200-06	G¾	16	40	60	90	45	124	20
2VP250-10	G1	18	40	70	116	57.5	123	20.5

技术数据

型号	公称通径/mm	接管螺纹	工作压力/MPa	环境温度/℃	介质温度/℃	KV值/m³·h⁻¹	功率消耗 AC/V·A	功率消耗 DC/W	电源、电压
2VP080-02	8	G¼	0.3~5.0	-20~+55	-0~+90	3.6	14	8	AC(V) 50/60Hz 24、36、110、220、380 DC(V) 12、24
2VP100-03	10	G⅜	0.3~5.0			3.6			
2VP130-04	13	G½	0.3~5.0			3.6			
2VP200-06	20	G¾	0.3~3.5			11			
2VP250-10	25	G1	0.3~3.5			11			

6.7 二位二通角座阀

这种类型的阀利用或克服流过的流体来实现关闭或开启（根据阀的类型），通常采用外部先导控制，适用于中性气体、液体及高温（180℃）水蒸气，可以实现大流量操作，当工作介质为液体时，选择流体流向应防止水锤冲击。

国内有许多厂商生产二位二通角座阀。表 23-5-43 以新益 QASV200 系列为例，介绍其结构及主要技术参数、外形尺寸及流体控制压力等。

国内许多厂商生产该类型的阀如佳尔灵、天工、盛达气动、恒立等，详细技术资料请登录各厂商的网址查阅（见表 23-5-44）。

表 23-5-43

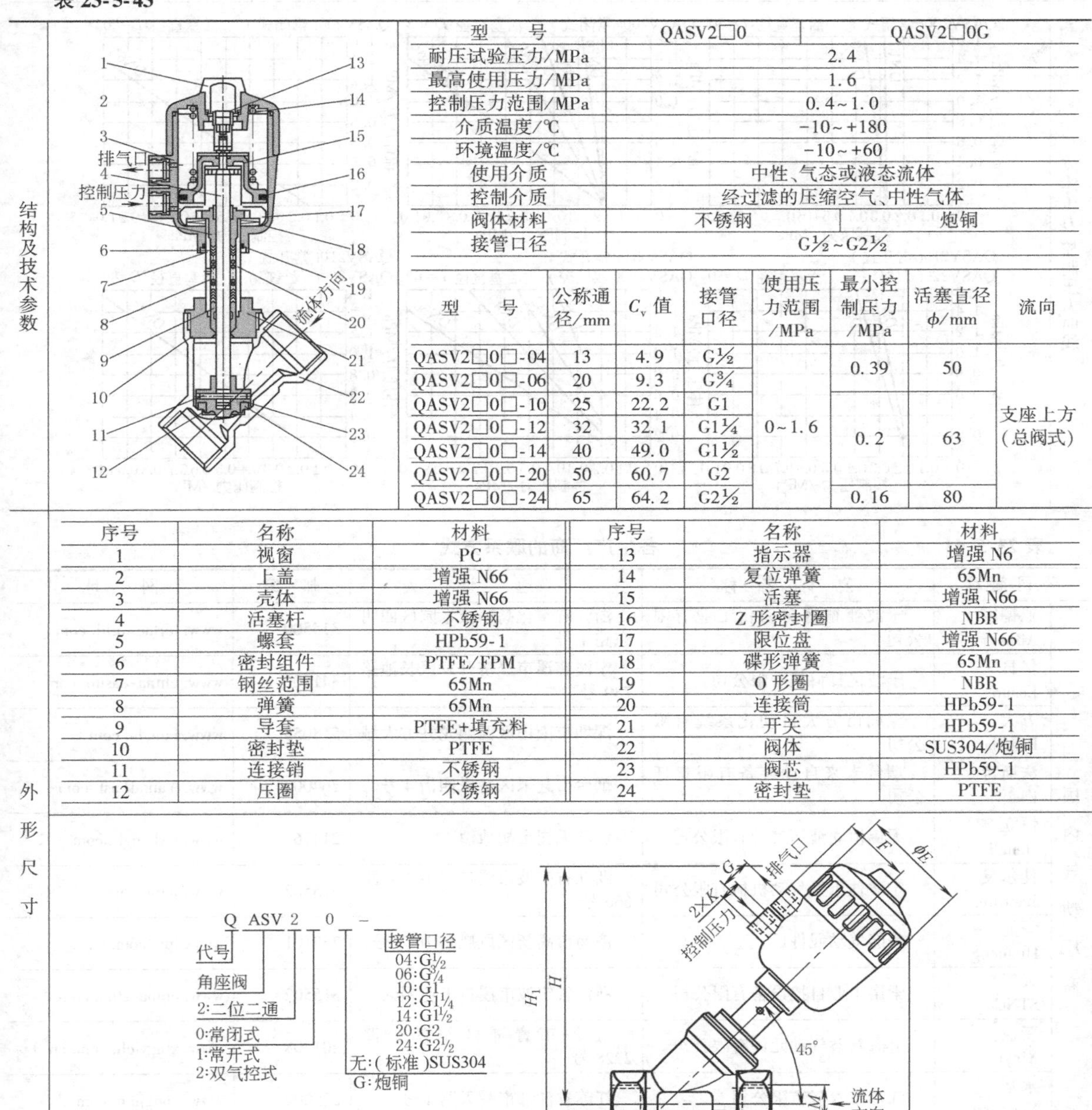

型号	QASV2□0	QASV2□0G
耐压试验压力/MPa	2.4	
最高使用压力/MPa	1.6	
控制压力范围/MPa	0.4～1.0	
介质温度/℃	-10～+180	
环境温度/℃	-10～+60	
使用介质	中性、气态或液态流体	
控制介质	经过滤的压缩空气、中性气体	
阀体材料	不锈钢	炮铜
接管口径	G½～G2½	

型号	公称通径/mm	C_v 值	接管口径	使用压力范围/MPa	最小控制压力/MPa	活塞直径 φ/mm	流向
QASV2□0□-04	13	4.9	G½	0～1.6	0.39	50	支座上方（总阀式）
QASV2□0□-06	20	9.3	G¾				
QASV2□0□-10	25	22.2	G1		0.2	63	
QASV2□0□-12	32	32.1	G1¼				
QASV2□0□-14	40	49.0	G1½				
QASV2□0□-20	50	60.7	G2				
QASV2□0□-24	65	64.2	G2½		0.16	80	

序号	名称	材料	序号	名称	材料
1	视窗	PC	13	指示器	增强 N6
2	上盖	增强 N66	14	复位弹簧	65Mn
3	壳体	增强 N66	15	活塞	增强 N66
4	活塞杆	不锈钢	16	Z 形密封圈	NBR
5	螺套	HPb59-1	17	限位盘	增强 N66
6	密封组件	PTFE/FPM	18	碟形弹簧	65Mn
7	钢丝范围	65Mn	19	O 形圈	NBR
8	弹簧	65Mn	20	连接筒	HPb59-1
9	导套	PTFE+填充料	21	开关	HPb59-1
10	密封垫	PTFE	22	阀体	SUS304/炮铜
11	连接销	不锈钢	23	阀芯	HPb59-1
12	压圈	不锈钢	24	密封垫	PTFE

续表

	型号		规格	公称通径/mm	A	B	C	ϕE	F	G	H	H_1	K	M	S
	不锈钢阀体	炮铜阀体													
外形尺寸	QASV2□0-04	QASV2□0G-04	DN13	13	173	85	12	64.5	44	24	137	154	G½	G½	27
	QASV2□0-06	QASV2□0G-06	DN20	20	178	95	14	64.5	44	24	145	160	G½	G¾	32
	QASV2□0-10	QASV2□0G-10	DN25	25	212	105	18	80.5	52	24	173	196.5	G½	G1	41
	QASV2□0-12	QASV2□0G-12	DN32	32	226	120	18	80.5	52	24	186	208.5	G½	G1¼	50
	QASV2□0-14	QASV2□0G-14	DN40	40	230	130	18	80.5	52	24	189	214	G½	G1½	55
	QASV2□0-20	QASV2□0G-20	DN50	50	250	150	20	80.5	52	24	205	237.5	G½	G2	70
	QASV2□0-24	QASV2□0G-24	DN65	65	298	185	25	101.5	60	24	241	283.5	G½	G2½	85
流体压力-控制压力曲线	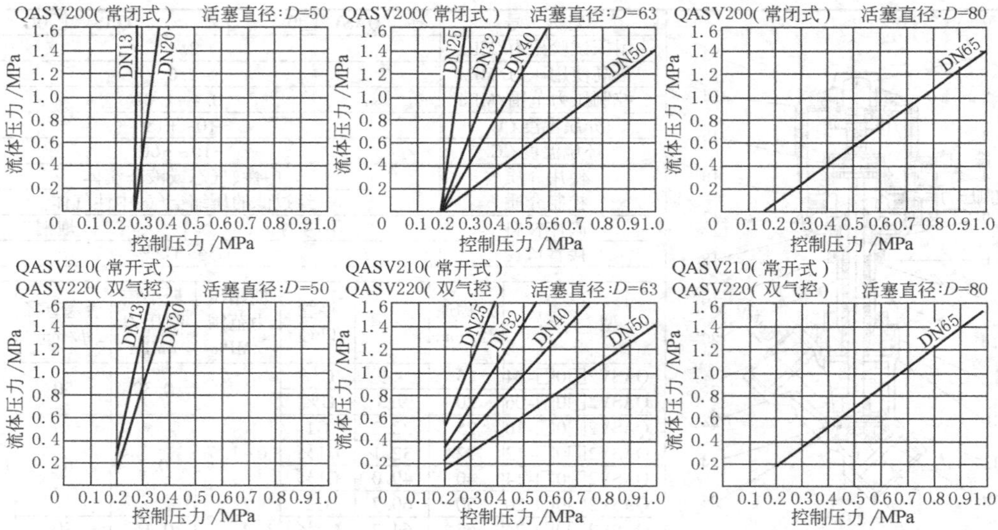														

表 23-5-44　各生产厂商的联系方式

	公司简称	公称名称	地址	邮编	网址
国内气动厂商	亚德客 Airtac	宁波亚德客自动化工业有限公司	浙江省奉化高新技术园区四明东路1号	315500	www.airtacworld.com
	亿日 Easun	宁波亿日科技有限公司	宁波慈溪市经济开发区长池路739号	341000	www.china-easun.com
	方大 Fangda	深圳市方大自动化系统有限公司	深圳市南山区西丽龙井方大城	518055	www.fangda.com
	法斯特 Fast	烟台未来自动装备有限责任公司	烟台市芝罘区楚凤四街4号	264002	www.YantaiFast.com
	恒立 Hengli	无锡恒立液压气动有限公司	江苏无锡市胡埭镇	214161	www.wxhengli.com
	佳尔灵 Jiaerling	宁波佳尔灵气动机械有限公司	浙江省宁波市溪口镇中兴东路666号	315502	www.jelpc.cn
	华能 Huaneng	华能气动元件厂	济南市高新区凤凰路1617号	250101	www.jpc.com.cn
	天工 STNC	索诺工业自控设备有限公司	浙江省宁波市溪口工业园区	315502	www.china-stnc.com
	新益 Xinyi	上海新益气动元件有限公司	上海市青浦区纪鹤公路2228号	201708	www.xingyich.com.cn
	永坚 Yongjian	江都市永坚有限公司	江苏省江都市舜天路1号	225200	www.yongjian.com
	盛达 SDPC	宁波盛达阳光气动机械有限公司	浙江省奉化市南山北路81号	315504	www.cnsdpc.com

续表

公司简称		公称名称	地址	邮编	网址
国外气动厂商	Bosch Rexroth	博世力士乐(中国)有限公司	上海市浦东大道1号船舶大厦4楼	200120	www.boschrexroth.com.cn
	Camozzi	上海康茂胜气动控制元件有限公司	上海市虹口区仁德路415号	200434	www.camozzi.com.cn
	Convum	上海妙德空霸睦贸易有限公司	上海市普陀区中山北路2911号中关村科技大厦1305室	200063	www.convum.com.cn
	CKD	喜开理(中国)有限公司	江苏省无锡市国家高兴技术产业开发区101-C地块	214028	www.ckd.com.cn
	Festo	费斯托(中国)有限公司	上海浦东金桥出口加工区云桥路1156号	201206	www.festo.com.cn
	Hoerbiger	贺尔碧格(上海)有限公司	上海漕河泾新兴技术开发区贺阏路39号	200233	www.hoerbiger.cn
	Koganei	上海小金井国际贸易有限公司	上海市天山路600弄1号同达创业大厦2606-2607室	200051	www.koganei.co.jp
	Metal Work	麦特沃克气动元件(上海)有限公司	上海市宝山区富联三路3号C1栋	201906	www.metalworkchina.cn
	Norgren	诺冠	上海市漕河泾新兴技术开发区钦州北路1066号71号楼1-2楼	200233	www.norgren.com.cn
	Numatics	艾默生电气集团	上海市中山南路28号久事大厦16楼	200010	www.numatics.com
	Parker	派克汉尼汾流体传动产品(上海)有限公司	上海市金桥出口加工区云桥路280号	201206	www.parker.com
	Pneumax	纽迈司气动器材(上海)有限公司	上海松江九亭久富开发区金马路76号	201615	www.pneumaxchina.com
	SMC	SMC(中国)有限公司	北京经济技术开发区兴盛街甲2号	100176	www.smc.com.cn

注：公司以开头字母顺序排列。

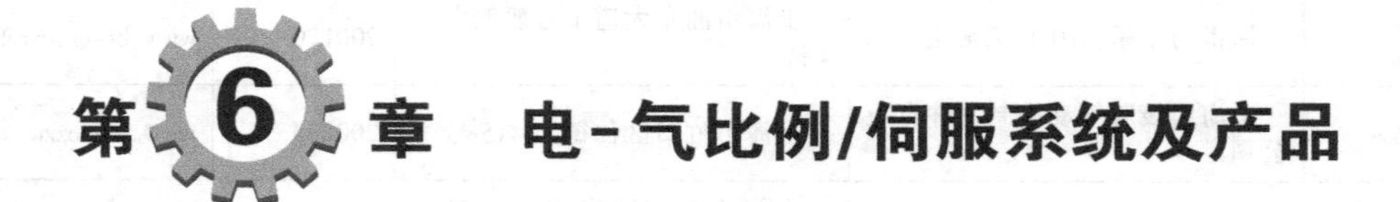

第6章 电-气比例/伺服系统及产品

1 概 论

气动控制分为断续控制和连续控制两类。绝大部分的气压传动系统为断续控制系统，所用控制阀是开关式方向控制阀；而气动比例控制则为连续控制，所用控制阀为伺服阀或比例阀。比例控制的特点是输出量随输入量变化而相应变化，输出量与输入量之间有一定的比例关系。比例控制又有开环控制和闭环控制之分。开环控制的输出量与输入量之间不进行比较，而闭环控制的输出量不断地被检测，与输入量进行比较，其差值称为误差信号，以误差信号进行控制。闭环控制也称反馈控制。反馈控制的特点是能够在存在扰动的条件下，逐步消除误差信号，或使误差信号减小。

气动比例/伺服控制阀由可动部件驱动机构及气动放大器两部分组成。将功率较小的机械信号转换并放大成功率较大的气体流量和压力输出的元件称为气动放大器。驱动控制阀可动部件（阀芯、挡板、射流管等）的功率一般只需要几瓦，而放大器输出气流的功率可达数千瓦。

1.1 气动断续控制与气动连续控制区别

表 23-6-1

气动断续控制	气动断续控制，仅限于对某个设定压力或某一种速度进行控制、计算。通常采用调压阀调节所需气体压力，节流阀调节所需的气体流量。这些可调量往往采用人工方式预先调制完成。而且针对每一种压力或速度，必须配备一个调压阀或节流阀与它相对应。如果需要控制多点的压力系统或多种不同的速度控制系统，则需要多个减压阀或节流阀。控制点越多，元件增加也越多，成本也越高，系统也越复杂，详见下图和表 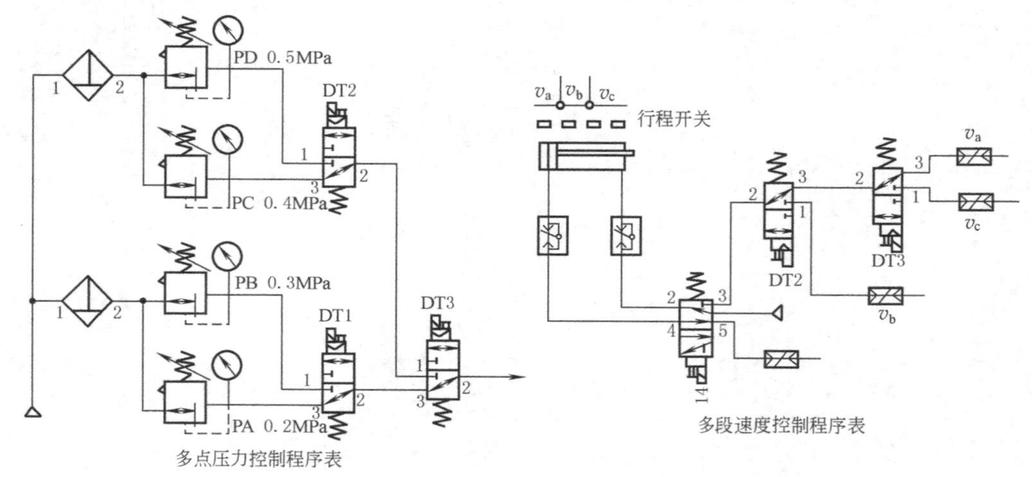 多点压力控制程序表 多段速度控制程序表

续表

	多点压力程序表					气动多种速度控制程序表		
气动断续控制	减压阀	电磁阀 DT1	电磁阀 DT2	电磁阀 DT3	输出压力 /MPa	气缸进给速度	电磁线圈 DT2	电磁线圈 DT3
	PA	0	1/0	0	0.2	v_a	0	0
	PB	1	1/0	0	0.3	v_b	1	1/0
	PC	1/0	0	1	0.4	v_c	0	1
	PD	1/0	1	1	0.5			

上述多点压力控制系统及气缸多种速度控制系统是属于断续控制的范畴，与连续控制的根本区别是它无法进行无级量（压力、流量）控制

气动连续控制

气动比例（压力、流量）控制技术属于连续控制一类。比例控制的输出量是随着输入量的变化而相应跟随变化，输出量与输入量之间存在一定的比例关系。为了获得较好的控制效果，在连续控制系统中一般引用了反馈控制原理

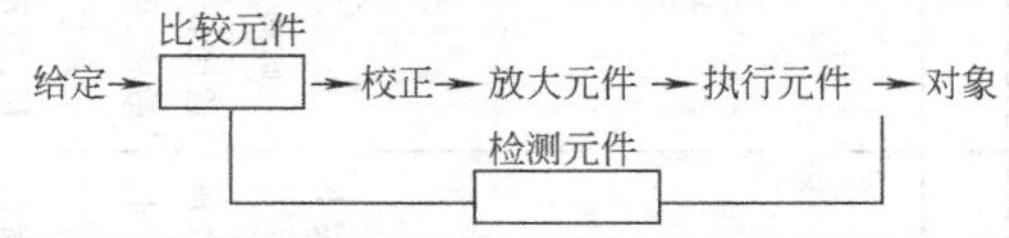

在气动比例压力、流量控制系统中，同样包括比较元件、校正系统放大元件、执行元件、检测元件。其核心分为四大部分：电控制单元、气动控制阀、气动执行元件及检测元件

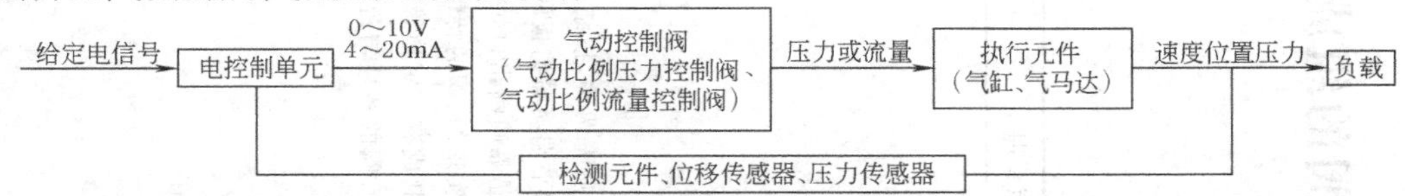

1.2 开环控制与闭环控制

表 23-6-2

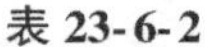

开环控制回路

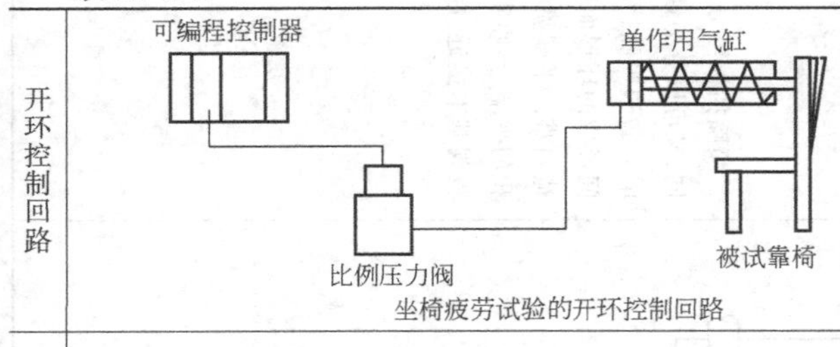

坐椅疲劳试验的开环控制回路

开环控制的输出量与输入量之间不进行比较，如图所示（对坐椅进行疲劳试验的开环控制）。当比例压力阀接受到一个正弦交变的电子信号（0～10V 或 4～20mA 的电信号），它的输出压力也将跟随一个正弦交变波动压力。它的波动压力通过单作用气缸作用在坐椅靠背上，以测试它的寿命情况

闭环控制回路

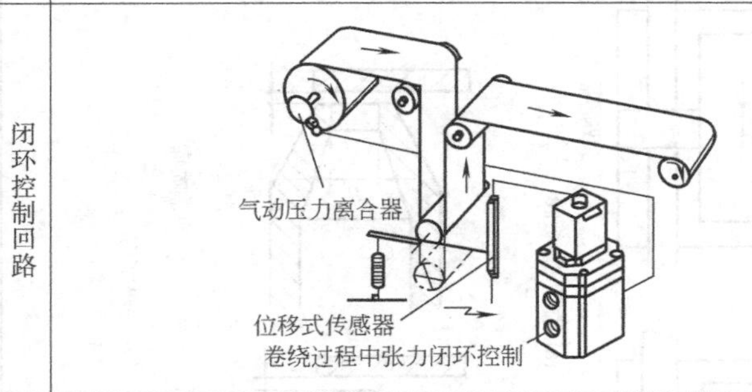

卷绕过程中张力闭环控制

闭环控制的输出量不断地被检测，并与输入量进行比较，从而得到差值信号，进行调整控制，并不断逐步消除差值，或使差值信号减至最小，因此闭环控制也称为反馈控制，如图所示。这是对纸张、塑料薄膜或纺织品的卷绕过程中张力闭环控制。比例压力阀的输出力作用在输出辊筒轴上的一气动压力离合器，以控制输出辊筒的转速。而比例压力阀的电信号来自于中间张力辊筒的位移传感器的电信号。张力辊筒拉得越紧（即辊筒在上限位置），位移传感器的电信号越小。比例压力阀的输出压力越低，作用在输出辊筒轴上的压力离合力也越小，输出辊筒转速加大。反之，输出辊筒转速减慢，以达到纸张塑料薄膜或布料的张力控制

1.3 气动比例阀的分类

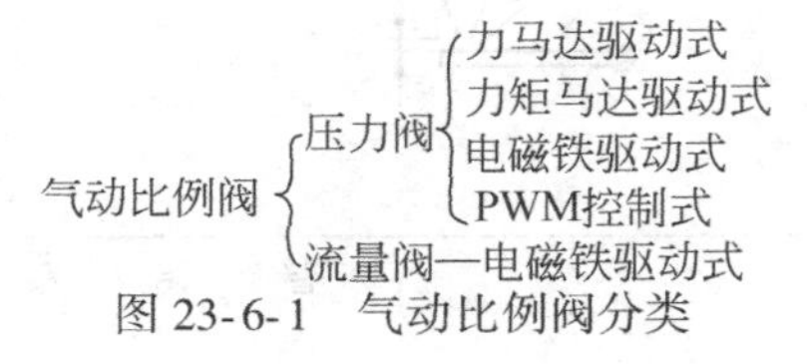

图 23-6-1 气动比例阀分类

2 电-气比例/伺服控制阀的组成

2.1 可动部件驱动机构（电-机械转换器）

表 23-6-3

名称	结构原理图	工作原理	组成和优缺点
喷嘴挡板式	单喷嘴 双喷嘴 (a) 喷嘴-挡板阀 锐边喷嘴 平端喷嘴 (b) 喷嘴结构	喷嘴挡板可分为单喷嘴和双喷嘴两种，按结构型式不同，又可以分为锐边喷嘴挡板和平端喷嘴挡板两种（见图b）。锐边喷嘴挡板的控制作用是靠喷嘴出口锐边与挡板间形成的环形面积（节流口）来实现的，阀的特性稳定，制造困难。平端喷嘴挡板的喷嘴制成有一定边缘圆环形面积的平端，当喷嘴的平端不大时，阀的特性与锐边喷嘴挡板阀基本接近，性能也比较稳定	喷嘴挡板的特点是结构简单、灵敏度高、制造比较容易。故价格较低，对污染不如滑阀敏感，由于连续耗气，效率较低。一般用于小功率系统或作两级阀的前置级。在气动测量，气动调节仪表和气动伺服系统得到了广泛的作用

续表

名称	结构原理图	工作原理	组成和优缺点
直流比例电磁铁	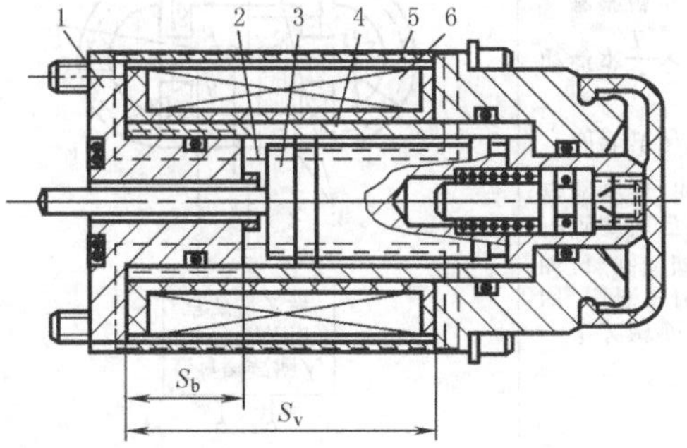 (c) 结构原理 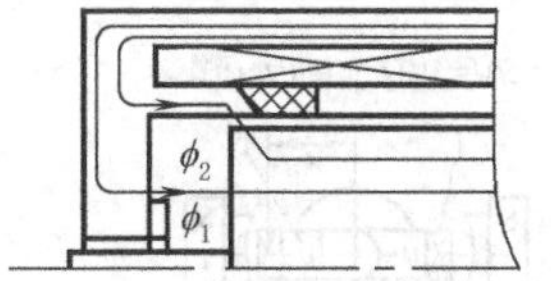 (d) 工作气隙附近磁路 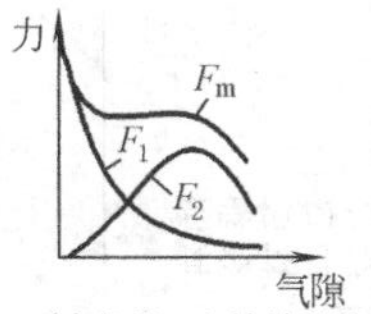　(e) 位移-力特性曲线 直流比例电磁铁 1—极靴;2—工作气隙;3—衔铁; 4—导套;5—外壳;6—控制线圈	图 c 为一种典型的直流比例电磁铁的工作原理,其磁路(图中虚线所示)由前端盖极靴 1 经工作气隙 2、衔铁 3、径向非工作气隙、导套 4、外壳 5 回到前端盖极靴。导套分前后两段由导磁材料制成,中间用一段非导磁材料焊接。导套前段的锥形端部和极靴组合,形成盆形极靴。它的尺寸决定比例电磁铁的稳态特性曲线的形状。导套与壳体之间装入同心螺线管式控制线圈 6 当向控制线圈输入电流时,线圈产生磁势。磁路中的磁通量除部分漏磁通外,在工作气隙附近被分为两部分(如图 d),一部分磁通 Φ_1 沿轴向穿过气隙进入前端盖极靴,产生作用于衔铁上的轴向力为 F_1。气隙越小,F_1 越大。另一部分磁通 Φ_2 则穿过径向间隙经盆口锥形周边回到外壳,这部分磁通产生作用于衔铁上的力为 F_2,其方向基本与轴向平行,并且由于是锥形周边,故气隙越小,F_2 也越小。作用于衔铁上的总电磁力为 $$F_m=F_1+F_2$$ 通过对盆口锥形结构尺寸的优化设计,使 F_1 和 F_2 受衔铁气隙大小的影响相互抵消,可以得到水平的位移-力特性曲线(如图 e)。但这种抵消作用只在一定的气隙范围内有效。因此一般直流比例电磁铁的位移-力特性分为三个区域:一是吸合区,二是工作区,三是空行程区。工作区内的位移-力特性呈水平直线。应适当控制比例阀的轴向尺寸,使阀的稳态工作点落在该区域内	直流比例电磁铁具有结构简单、价格低廉、输出功率-重量比大等优点,是目前流体比例控制技术中应用广泛的一种电-机械转换器。直流比例电磁铁在气动比例元件中直接驱动气动放大器,构成单级比例阀。这类电磁铁的缺点是频宽较窄。但通过减少线圈匝数、增大电流并采用带电流反馈的恒流型放大器等措施可以提高它的频宽 常见的直流比例电磁铁可分为力输出和位移输出两大类。位移输出比例电磁铁是在力输出的基础上采取衔铁位移电反馈或弹簧力反馈,获得与输入电信号成比例的位移量 直流比例电磁铁的数学模型 动态简化传递函数为 $$\frac{F_m(s)}{U(s)}=\frac{K_u}{1+\frac{s}{a}} \quad (1)$$ $$a=\frac{R_c+R_p}{L_c}$$ 式中　F_m——输出力,N U——放大器输入电压,V R_c——控制线圈电阻,Ω R_p——放大器内阻,Ω L_c——控制线圈电感,H K_u——电压-力增益,N/V s——水平位移,m
动铁式力马达	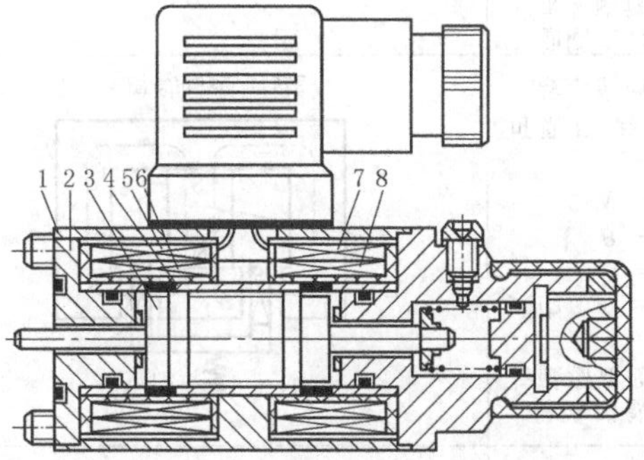 (f) 动铁式力马达	两激磁线圈极性相同互相串联连接,并由恒流电源供给激磁电流,产生极化磁场。由于左右磁路对称,极化磁场对衔铁的作用合力为零 两控制线圈极性相反互相串联或并联。输入控制电流后产生控制磁场,其方向和大小由输入电流确定。该磁场与极化磁场共同作用于衔铁,在左右工作气隙内产生差动效应,使衔铁得到输出力。由于采用激磁线圈和特殊的盆口尺寸,保证了输出力可双向连续比例控制,无零位死区。力马达的控制增益随激磁电流的大小而变,便于控制和调节 数学模型:动铁式力马达的动态传递函数具有与直流比例电磁铁相同的形式,只是参数有所不同	动铁式力马达具有驱动功率大、固有频率高等优点,可以输出推力和拉力,是一种较理想的电-机构转换器 动铁式力马达采用左右对称的平头盆形动铁式结构,由软磁材料制成的壳体 1,轭铁 2,衔铁 3,带隔磁环的导向套 4,激磁线圈 5、7 及控制线圈 6、8 等组成

续表

<table>
<tr><th>名称</th><th>结构原理图</th><th>工作原理</th><th>组成和优缺点</th></tr>
<tr><td>动圈式力马达</td><td> 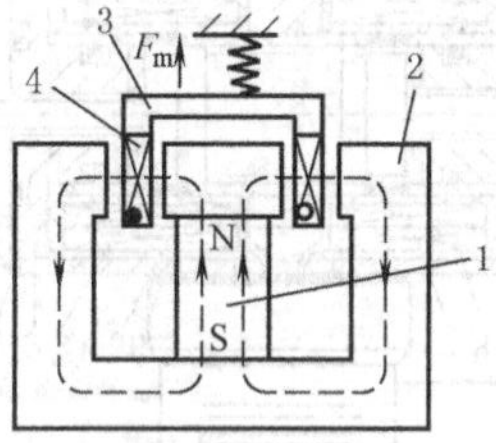(g) 动圈式力马达</td><td>永久磁铁产生的磁路如图中虚线所示，它在工作气隙中形成径向磁场，载流控制线圈的电流方向与磁场强度方向垂直。磁场对线圈的作用力由下式确定
$$F_m=\pi DB_gN_cI \quad (2)$$
式中 F_m——动圈式力马达输出力，N
D——线圈平均直径，m
B_g——工作气隙内磁场强度，T
N_c——线圈匝数
I——线圈输入电流，A
可见 F_m 与线圈输入电流 I 之间存在正比关系
数学模型：动圈式力马达的动态传递函数，其形式与直流比例电磁铁的相同</td><td>图 g 是典型的动圈式力马达。它是由永久磁铁1、导磁架2、线圈架3、线圈4等组成。其尺寸紧凑、线性行程范围大，线性好、滞环小、工作频带较宽。缺点是输出功率较小。由于它适用于干式工作环境，故在气动控制中应用较为普遍，可作为双级阀的先导级或小功率的单级阀</td></tr>
<tr><td>动圈式力矩马达</td><td> 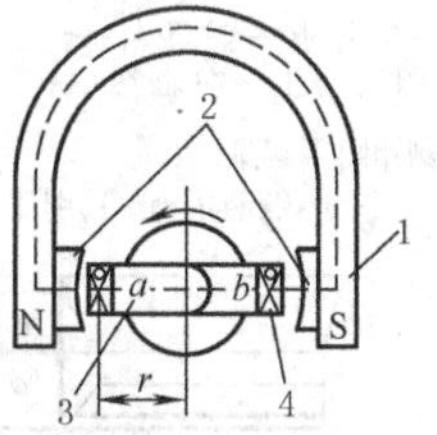(h) 动圈式力矩马达</td><td>动圈式力矩马达的工作原理与动圈式力马达基本相似
永久磁铁产生的磁路如图中虚线所示，它在工作气隙中形成磁场，磁场方向如图所示。载流控制线圈的电流方向与磁场强度方向垂直，同时矩形线圈与转动轴相平行的两侧边 a 和 b 上的电流方向又相反，磁场对线圈产生力矩，其方向按左手法则判定，其大小由下式确定
$$M_m=2rWB_gN_cI \quad (3)$$
式中 M_m——动圈式力矩马达输出力矩，N·m
W——线圈侧边 a、b 的边长，m
r——线圈侧边与转轴的平均距离，m
其余符号含义同上
数学模型：动圈式力矩马达的动态传递函数为
$$\frac{M_m(s)}{U(s)}=\frac{K_u}{1+\frac{s}{a}} \quad (4)$$
$$a=\frac{R_c+R_p}{L_c}$$</td><td>它是由永久磁铁1、导磁架2、矩形线圈架3、线圈4等组成。矩形线圈架可绕中心轴转动</td></tr>
<tr><td>动铁式力矩马达</td><td>具有单端输入和推挽输出的直流放大器
(i) 动铁式力矩马达工作原理</td><td>永久磁铁产生的磁路如图中虚线所示，沿程的四个气隙中通过的极化磁，通量相同。无电流信号时，衔铁由扭簧支承在上、下导磁架的中间位置，力矩马达无力矩输出。当有差动电流信号 ΔI 输入时，控制线圈产生控制磁通 Φ_c。若控制磁场和永久磁铁的极化磁场方向如图所示，则气隙 b、c 中的控制磁通与极化磁通方向相同，而在气隙 a、d 中方向相反。因此气隙 b、c 中合成磁通大于 a、d 中的合成磁通，衔铁受到顺时针方向的磁力矩。当差动电流方向相反时，衔铁受到逆时针方向的磁力矩
动铁式力矩马达的线性度和稳定性受有效工作行程 x 与工作气隙长度 L_g 之比值 $\frac{x}{L_g}$ 影响较大，一般要求 $\frac{x}{L_g}<\frac{1}{3}$
数学模型：动铁式力矩马达动态传递函数的形式与式(4)相同，其中 a 稍有不同，即为
$$a=(R_c+R_p)/(2L_c) \quad (5)$$</td><td>它由永久磁铁1、衔铁2、导磁架3、控制线圈4、扭簧支座5等组成
动铁式力矩马达具有很高的工作频宽，但其线性范围较窄</td></tr>
</table>

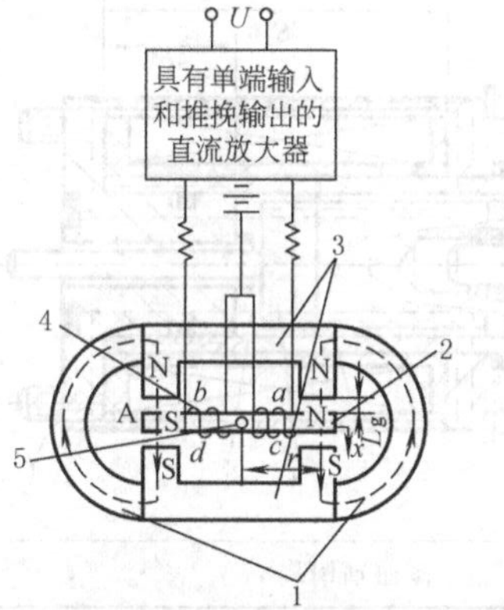

续表

名称	结构原理图	工　作　原　理	组成和优缺点
压电晶体驱动式	关闭(OFF) 排气口 3 ⊖ ⊕ 2 1 输出口 进气口 (j)　打开(ON) 排气口 3 ⊕ ⊖ 2 1 输出口 进气口 (k)	把压电材料的电-机械转换特性引入到气动比例阀中,作为气动比例阀的电-机械转换级,这是一项不同于传统气动阀的全新技术。采用了压电技术的气动阀在性能上有着传统气动阀无可比拟的优势 其原理是利用晶体管的正压电效应:对于晶体构造中不存在对称中心的异极晶体,如加在晶体上的张紧力、压应力或切应力,除了产生相应的变形外,还将在晶体中诱发出介电极化或电场,这一现象被称为正压电效应;反之,若在这种晶体上加上电场,从而使该晶体产生电极化,则晶体也将同时出现应变或应力,这就是逆压电效应。两者通称为压电效应。利用逆压电效应原理,在晶体上给予一定的电压、电流,晶体也将按一定线性比例产生形变 如图j和图k所示的微型二位三通换向阀,1口为进气口,2口为输出口,3口为排气口,阀中间的弯曲部件为压电材料组成的压电片。当没有外加电场作用时,阀处于图j状态;进气口1关闭,输出口2经排气口3通大气。当在压电阀片上外加控制电场后,压电阀片产生变形上翘(见图k),上翘的压电阀片关闭了排口3,同时进气口1和输出口2连通,这样就完全实现了传统二位三通电磁换向阀的功能	
PWM高速脉冲先导控制式	压力显示 电源 U_e 控制回路 (l) 先导式比例压力阀的工作原理	PWM高速脉冲先导控制式利用PWM(Pulse Width Modulation)脉冲宽度调制技术,采用脉宽调制技术将输入的模拟信号经脉冲调制器调制成具有一定频率和一定幅值的脉冲信号,脉冲信号放大后,控制两个二位二通高速电磁换向阀。二位二通电磁阀的输出具有一定的压力和流量,以控制它的负载,可作为气动比例阀的可动部件驱动机构(电-机械转换器)功能,即气动比例阀的先导前置级(见图l)。同时,在PWM比例阀内设置了压力传感器,用来检测比例阀的输出压力。根据输出压力与输入信号压力的偏差进入PWM模块调节控制器,对两个二位二通电磁阀进行反馈,或对其进行进气补偿或排气释放,以达到所需要的平衡要求	

2.2　气动放大器（阀体）

表 23-6-4

名称	结构原理图	工　作　原　理	组成和优缺点
射流管阀	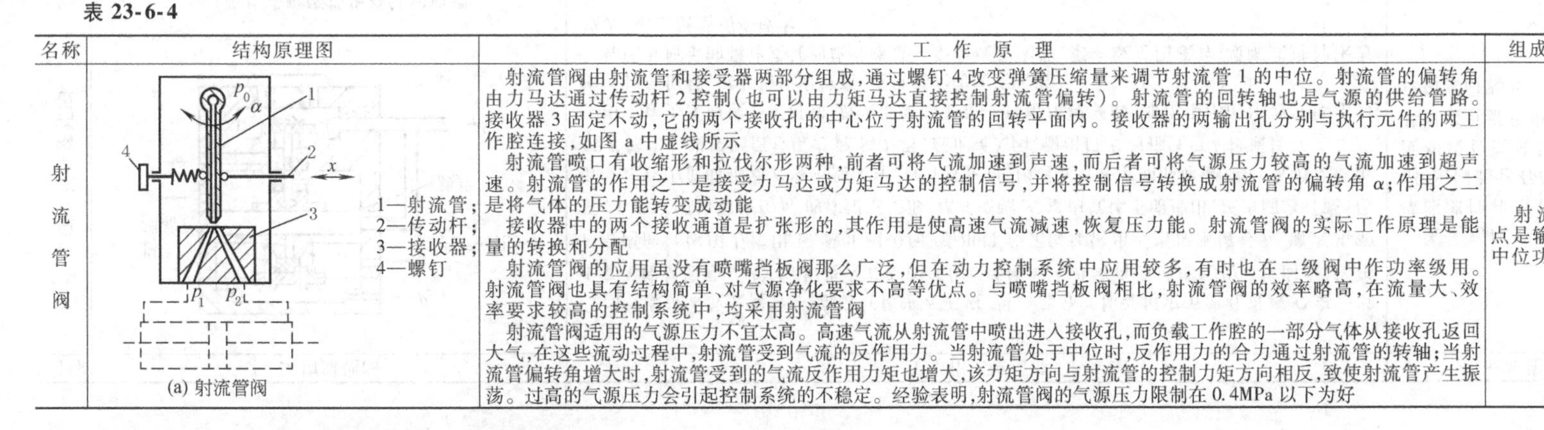 (a) 射流管阀	射流管阀由射流管和接受器两部分组成,通过螺钉4改变弹簧压缩量来调节射流管1的中位。射流管的偏转角由力马达通过传动杆2控制(也可以由力矩马达直接控制射流管偏转)。射流管的回转轴也是气源的供给管路。接收器3固定不动,它的两个接收孔的中心位于射流管的回转平面内。接收器的两输出孔分别与执行元件的两工作腔连接,如图a中虚线所示 射流管喷口有收缩形和拉伐尔形两种,前者可将气流加速到声速,而后者可将气源压力较高的气流加速到超声速。射流管的作用之一是接受力马达或力矩马达的控制信号,并将控制信号转换成射流管的偏转角α;作用之二是将气体的压力能转变成动能 接收器中的两个接收通道是扩张形的,其作用是使高速气流减速,恢复压力能。射流管阀的实际工作原理是能量的转换和分配 射流管阀的应用虽没有喷嘴挡板阀那么广泛,但在动力控制系统中应用较多,有时也在二级阀中作功率级用。射流管阀也具有结构简单、对气源净化要求不高等优点。与喷嘴挡板阀相比,射流管阀的效率略高,在流量大、效率要求较高的控制系统中,均采用射流管阀 射流管阀适用的气源压力不宜太高。高速气流从射流管中喷出进入接收孔,而负载工作腔的一部分气体从接收孔返回大气,在这些流动过程中,射流管受到气流的反作用力。当射流管处于中位时,反作用力的合力通过射流管的转轴;当射流管偏转角增大时,射流管受到的气流反作用力矩也增大,该力矩方向与射流管的控制力矩方向相反,致使射流管产生振荡。过高的气源压力会引起控制系统的不稳定。经验表明,射流管阀的气源压力限制在0.4MPa以下为好	射流管阀的缺点是输出刚度低,中位功率损失大

续表

名称	结构原理图	工作原理	组成和优缺点
膜片式喷嘴挡板	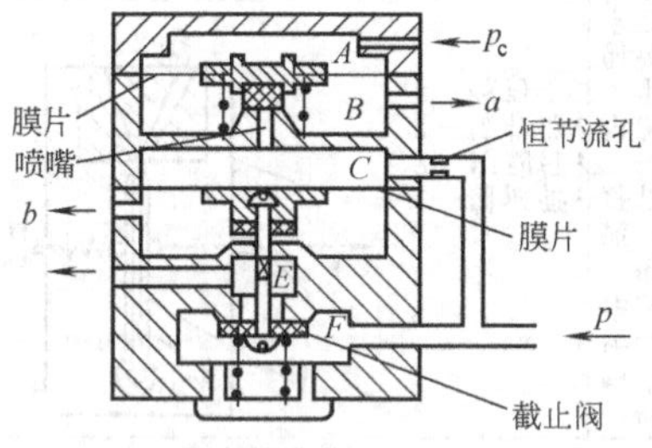 (b)膜片式喷嘴挡板阀结构原理	当气源进入放大器后，一部分气体进入 F 室，另一部分气体经恒定节流孔进入 C 室。当 A 室无控制信号 p_c 输入时，进入 C 室的气体经喷嘴流入 B 室再通过排气孔 a 排向大气，在 F 室内的气体压力作用下，截止阀关闭，输出口 E 无气体输出。当控制信号 p_c 输入 A 室后，A、B 室间的膜片在 p_c 的作用下变形，堵住喷嘴，C 室内气体不能排出，压力随之升高，达到一定压力值时推动 C 室下的膜片，打开截止阀，接通 p 与 E 之间的通道，高压气流从输出口 E 输出。当控制信号压力 p_c 消失后，截止阀关闭，输出口 E 与排气口 b 接通排气 由上述工作原理分析可知，放大器实际上是一种微压控制阀，即用很小的压力气体作为输入控制信号，以获得压力较高、流量较大的气流输出 如图 b 所示的膜片式气动放大器是一个两级放大器，第一级是用膜片-喷嘴式进行压力放大，第二级是功率放大	该气动放大器由于没有摩擦部件和相对机械滑动部分，因此它有较高的灵敏度和较长的使用寿命。但其恒定节流孔小，工作中易被堵塞而失灵
滑阀	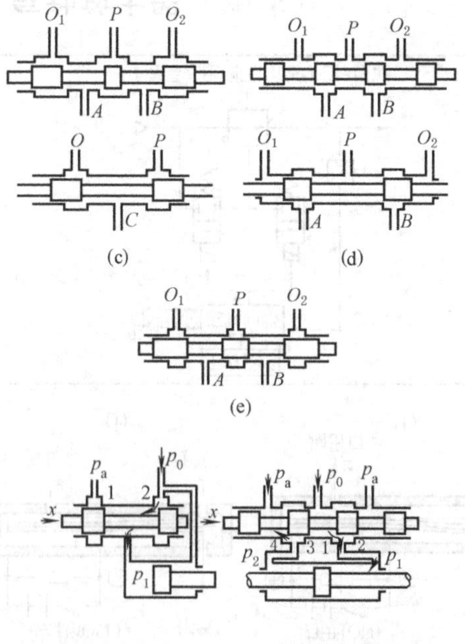 (c) (d) (e) (f)三能滑阀控制系统 (g)四通滑阀控制系统 滑阀工作原理	根据阀芯形状的不同，滑阀分为柱形滑阀和滑板滑阀，柱形滑阀应用最广。柱形滑阀的阀芯是具有多凸肩的圆柱体，凸肩棱边与阀体（或阀套）内凹槽棱边组成节流口。根据凸肩的多少，滑阀分为二凸肩阀、三凸肩阀、四凸肩阀（见图 c~图 e）。按阀芯位于中位时节流口的开闭状况，滑阀又分为中开阀和中闭阀。中开阀又称正开口阀，阀芯凸肩与凹槽之间构成的是负重叠（负遮盖）量，如图 c 所示；中闭阀又有零开口阀（零重叠量）和负开口阀（正重叠量）两种，如图 d 和图 e 所示。与开关式方向阀分类相同，伺服/比例控制阀也有三通阀、四通阀、五通阀之分 柱形滑阀和滑板滑阀的工作原理相同，现以柱形滑阀为例进行分析 三通滑阀具有两个节流口，与差动气缸组成气动比例控制系统，如图 f 所示。当阀芯在力马达的作用下由中位（零位）向右移动一距离时，节流口 1 关死，节流口 2 打开，气缸无杆腔进气；当阀芯反向移动时，则节流口 2 关死，节流口 1 打开，气缸无杆腔排气。阀芯运动的方向受输入信号的极性控制，节流口开口量的大小受输入信号大小控制。可以用半桥气动回路描述三通滑阀的工作状态 图 g 所示为四通滑阀组成的控制系统。四通滑阀有四个节流口，节流口的开闭情况视滑阀的中开式或中闭式而不同。对零开口阀，当阀芯向某一方向运动时，两个节流口关闭，其余两个节流口流通面积逐渐增大；当阀芯由中位反向运动时，节流口的开闭情况恰好相反 对中开式四通滑阀，当阀芯的位移量小于中位时的负重叠量时，四个节流口都是可变的；当阀芯的位移量大于中位时的负重叠量时，工作情况与零开口阀相同 对负开口阀，当阀芯的位移量小于中位时的正重叠量时，四个节流口始终处于关闭状态。当阀芯位移超过上述正重叠量时，工作情况与零开口阀相同。由负开口阀组成的控制系统，存在明显的死区 四通滑阀的工作状态可用全桥气动回路来描述 五通滑阀与四通滑阀功能完全相同，仅比四通滑阀多一个排气口	与其他气动放大器相比，气动滑阀具有输出功率大，滑芯能实现静态平衡，控制功率小，中闭阀中位可以不消耗能量等特点。但滑阀的缺点也是明显的，阀芯与阀体（或阀套）构成的节流口，尺寸精度要求高，加工困难，生产成本高，由于气体的润滑性能差，阀芯与阀体（阀套）构成的摩擦副干摩擦力大，影响了控制系统的线性性能。这些缺点限制了滑阀在气动伺服控制系统中的应用

3 几种电-气比例/伺服阀

表 23-6-5

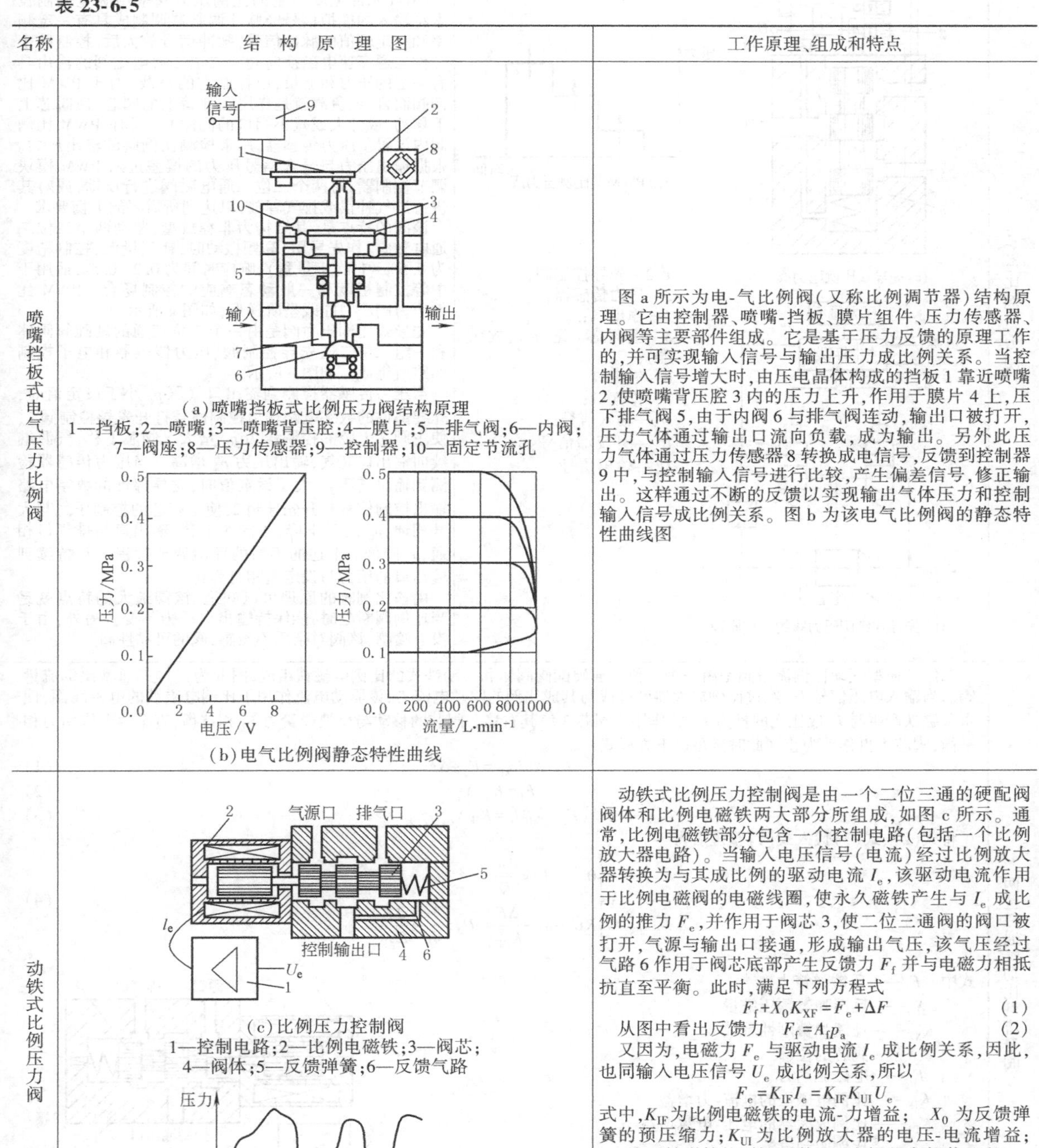

名称	结构原理图	工作原理、组成和特点
喷嘴挡板式电气压力比例阀	(a)喷嘴挡板式比例压力阀结构原理 1—挡板;2—喷嘴;3—喷嘴背压腔;4—膜片;5—排气阀;6—内阀;7—阀座;8—压力传感器;9—控制器;10—固定节流孔 (b)电气比例阀静态特性曲线	图 a 所示为电-气比例阀(又称比例调节器)结构原理。它由控制器、喷嘴-挡板、膜片组件、压力传感器、内阀等主要部件组成。它是基于压力反馈的原理工作的,并可实现输入信号与输出压力成比例关系。当控制输入信号增大时,由压电晶体构成的挡板 1 靠近喷嘴 2,使喷嘴背压腔 3 内的压力上升,作用于膜片 4 上,压下排气阀 5,由于内阀 6 与排气阀连动,输出口被打开,压力气体通过输出口流向负载,成为输出。另外此压力气体通过压力传感器 8 转换成电信号,反馈到控制器 9 中,与控制输入信号进行比较,产生偏差信号,修正输出。这样通过不断的反馈以实现输出气体压力和控制输入信号成比例关系。图 b 为该电气比例阀的静态特性曲线图
动铁式比例压力阀	(c)比例压力控制阀 1—控制电路;2—比例电磁铁;3—阀芯;4—阀体;5—反馈弹簧;6—反馈气路 (d)	动铁式比例压力控制阀是由一个二位三通的硬配阀阀体和比例电磁铁两大部分所组成,如图 c 所示。通常,比例电磁铁部分包含一个控制电路(包括一个比例放大器电路)。当输入电压信号(电流)经过比例放大器转换为与其成比例的驱动电流 I_e,该驱动电流作用于比例电磁阀的电磁线圈,使永久磁铁产生与 I_e 成比例的推力 F_e,并作用于阀芯 3,使二位三通阀的阀口被打开,气源与输出口接通,形成输出气压,该气压经过气路 6 作用于阀芯底部产生反馈力 F_f 并与电磁力相抵抗直至平衡。此时,满足下列方程式 $F_f+X_0K_{XF}=F_e+\Delta F$ (1) 从图中看出反馈力 $F_f=A_fp_a$ (2) 又因为,电磁力 F_e 与驱动电流 I_e 成比例关系,因此,也同输入电压信号 U_e 成比例关系,所以 $F_e=K_{IF}I_e=K_{IF}K_{UI}U_e$ 式中,K_{IF}为比例电磁铁的电流-力增益; X_0 为反馈弹簧的预压缩力;K_{UI} 为比例放大器的电压-电流增益;K_{XF}为反馈弹簧的刚性系数;A_f 为阀芯底部截面积;F_e 为电磁力;p_a 为输出口 A 的压力;ΔF 为摩擦力 $K=\dfrac{K_{IF}K_{UI}}{A_f}$(称比例阀的增益,或称比例系数) 动铁式比例压力阀的压力曲线随不同时间的输入信号而变化,如图 d 所示

续表

<table>
<tr><th>名称</th><th>结 构 原 理 图</th><th>工作原理、组成和特点</th></tr>
<tr><td>PWM比例压力阀</td><td>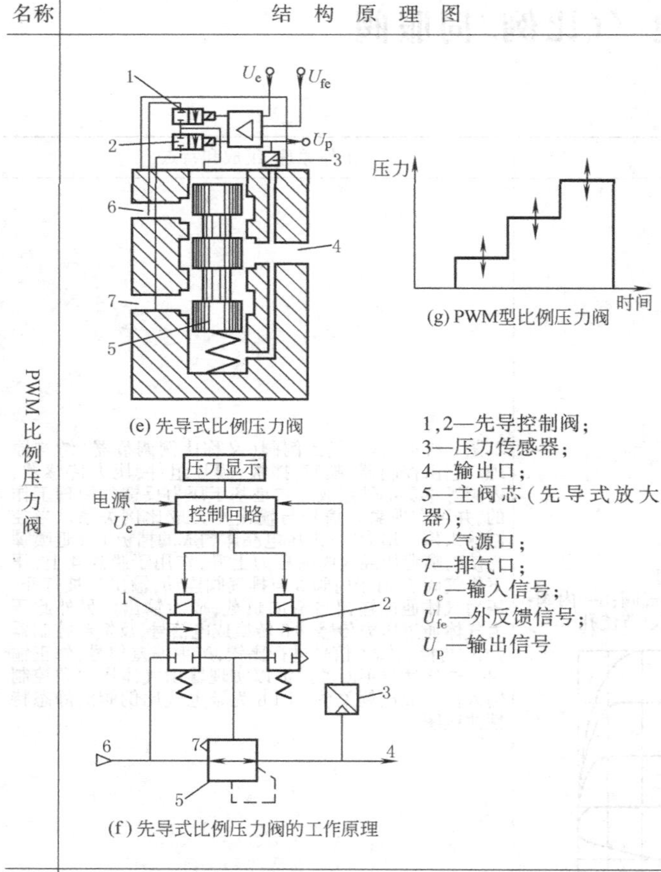

(e) 先导式比例压力阀
(f) 先导式比例压力阀的工作原理
(g) PWM型比例压力阀
1,2—先导控制阀;
3—压力传感器;
4—输出口;
5—主阀芯(先导式放大器);
6—气源口;
7—排气口;
U_e—输入信号;
U_{fe}—外反馈信号;
U_p—输出信号</td><td>PWM(Pulse Width Modulation)比例压力阀的原理见图f
PWM脉冲宽度调制的比例压力阀采用脉宽调制技术将输入的模拟信号经脉冲调制器调制成具有一定频率和一定幅值的脉冲信号,脉冲信号放大后,控制两个二位二通高速电磁换向阀。二位二通电磁阀的输出具有一定的压力和流量,以控制它的负载(对于PWM比例阀而言,该负载就是作用在弹簧上的阀芯,使阀芯上下移动,或开大或减小阀口的间隙)。同时,PWM比例阀内设置了压力传感器,用来检测比例阀的输出压力。根据输出压力与输入信号压力的偏差进入PWM模块调节控制器,对两个二位二通电磁阀进行反馈,或对其进行进气补偿或排气释放,以达到所需要的平衡要求
该阀的特点是,其结构为非释放型,驱动两个二位二通电磁阀(作先导用)高频振动时,耗气量低,控制精度为0.5%~1%(满量程),响应时间为0.2~0.5s,适用于中等控制精度和一般动态响应的控制场合。PWM比例压力阀压力曲线呈阶梯形,如图g所示
先导式比例压力阀是由一个二位三通的硬配阀阀体和一组二位二通先导控制阀、压力传感器和电子控制回路所组成。如图e所示
当压力传感器检测到输出口气压 p_a 小于设定值时,先导部件的数字电路输出控制信号打开先导控制阀1,使主阀芯上腔的控制压力 p_0 增大。阀芯下移,气源继续向输出口充气,输出压力 p_a 增高。当压力传感器检测到输出气压 p_a 大于设定值时,先导部件的数字电路输出控制信号打开先导阀2,使主阀芯的控制压力与大气相通,p_0 适量下降,主阀芯上移,输出口与排气口相通,p_a 降低。上述的不断的反馈调节过程一直持续到输出口的压力与设定值相符为止
由该比例阀的原理可以知道,该阀最大的特点就是当比例阀断电时,能保持输出口压力不变。另外,由于没有喷嘴,该阀对杂质不敏感,阀的可靠性高</td></tr>
<tr><td>两位三通气动比例流量阀</td><td colspan="2">

二位三通型气动比例流量阀是由一个二位三通硬配阀阀体和一动铁式的比例电磁铁组成,图h为二位三通型比例流量阀。当输入电压信号 U_e 经过比例放大器转换成与其成比例的驱动电流 I_e,该驱动电流作用于比例电磁铁的电磁线圈,使永久磁铁产生与 I_e 成比例的推力 F_e 并作用于阀芯3使其右移。阀芯的移动与反馈弹簧力 F_f 相抗衡,直至两个作用力相平衡,阀芯不再移动为止。此时满足以下方程式

$$F_f+X_0K_{XF}=F_e\pm\Delta F \tag{1}$$

$$F_f=K_{XF}X \tag{2}$$

$$F_e=K_{IF}I_e=K_{IF}X_{UI}U_e \tag{3}$$

将式(2)、式(3)代入式(1)整理后得

$$X\begin{cases}0 & U_e<\dfrac{X_0}{K}\\ KU_e-X_0-\dfrac{\Delta F}{K_{XF}} & U_e>\dfrac{X_0}{K}\pm\dfrac{\Delta F}{K_{XF}}\end{cases} \tag{4}$$

式中 F_f——反馈弹簧力
X_0——反馈弹簧预压缩量
K_{XF}——反馈弹簧刚性系数
X——阀芯的位移
F_e——电磁驱动力
K_{IF}——比例电磁铁的电流-力增益
K_{UI}——比例放大器的电压-电流增益
I_e——比例驱动电流
U_e——输入电压信号
K——为比例阀的增益,即比例系数,$K=\dfrac{K_{IF}K_{UI}}{K_{XF}}$

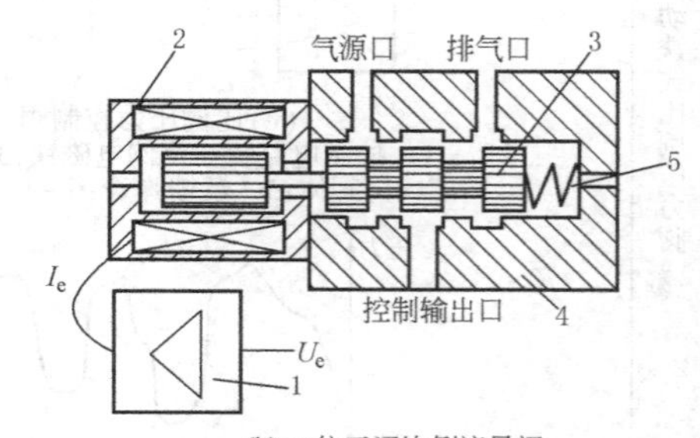

(h) 二位三通比例流量阀
1—控制电路;2—比例电磁铁;3—阀芯;4—阀体;5—反馈弹簧

从式(4)可见,阀芯的位移 X 与输入电压信号 U_e 基本成比例关系</td></tr>
</table>

续表

名称	结构原理图	工作原理、组成和特点
三位五通比例流量阀（亦称气动伺服阀）	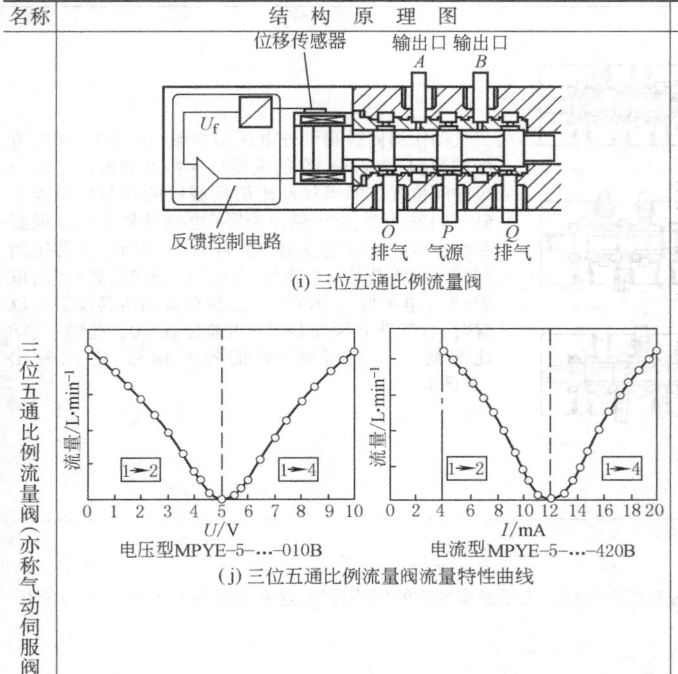 (i) 三位五通比例流量阀 (j) 三位五通比例流量阀流量特性曲线	二位三通型比例流量阀仅对一输出流量进行控制，而三位五通型则同时对两个输出口进行跟踪控制。又因为此阀的动态响应频率高，基本满足伺服定位的性能要求，故也被称为气动伺服阀 三位五通比例流量阀是一个三位五通型硬配阀阀体与一个含动铁式的双向电磁铁的控制部分所组成，如图i控制放大器除了一个动铁式的双向电磁铁之外还有一个比例放大器、位移传感器及反馈控制电路。动铁式双向电磁铁与阀芯被做成一体 三位五通比例流量阀的工作原理是：在初始状态，控制放大器的指令信号 $U_e=0$，阀芯处于零位，此时气源口 P 与 A、B 两输出口同时被切断，A、B 两口与排气口也切断，无流量输出；此时位移传感器的反馈电压 $U_f=0$。若阀芯受到某种干扰而偏离调定的零位时，位移传感器将输出一定的电压 U_f，控制放大器将得到的 $\Delta U=-U_f$ 放大后输出电流给比例电磁铁，电磁铁产生的推力迫使阀芯回到零位。若指令信号 $U_e>0$，则电压差 ΔU 增大，使控制放大器的输出电流增大，比例电磁铁的输出推力也增大，推动阀芯右移。而阀芯的右移又引起反馈电压 U_f 增大，直至 U_f 与指令电压 U_e 基本相等，阀芯达到力平衡。此时： $U_e=U_f=K_fX$（K_f 为位移传感器增益） 上式表明阀芯位移 X 与输入信号 U_e 成正比。若指令电压信号 $U_e<0$，通过上式类似的反馈调节过程，使阀芯左移一定距离。阀芯右移时，气源口 P 与 A 口连通，B 口与排气口连通；阀芯左移时，P 与 B 连通，A 与排气口连通。节流口开口量随阀芯位移的增大而增大 上述的工作原理说明带位移反馈的方向比例阀节流口开口量及气流方向均受输入电压 U_e 的线性控制。这类阀的优点是线性度好，滞回小，动态性能高

三位五通比例流量阀的主要技术参数

规格	M5	G⅛LF	G⅛HF	G¼	G⅜
最大工作压力/MPa	1				
工作介质	过滤压缩空气，精度5μm，未润滑				
设定值的输入电压/电流	0~10V DC 4~20mA				
公称流量/L·min⁻¹	100	350	700	1400	2000
电压	24V DC±25%				
电压脉动	5%				
功耗/W	中位2，最大20				
最大频率/Hz	155	120	120	115	80
响应时间/ms	3.0	4.2	4.2	4.8	5.2
迟滞	最大0.3%，与最大阀芯行程有关				

4 电-气比例/伺服系统的组成及原理

4.1 电-气比例/伺服系统的组成

表 23-6-6

电-气比例/伺服系统	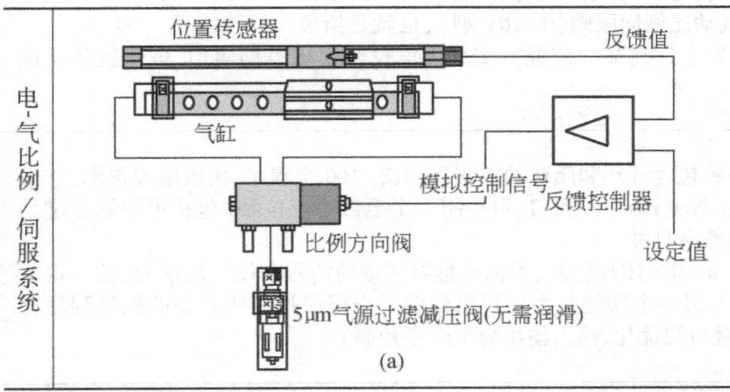 (a)	电-气比例/伺服系统由控制阀（气动比例伺服阀）、气动执行元件、传感器、控制器（比例控制器）组成

续表

气动比例伺服阀（三位五通气动流量伺服阀）	比例阀控制器 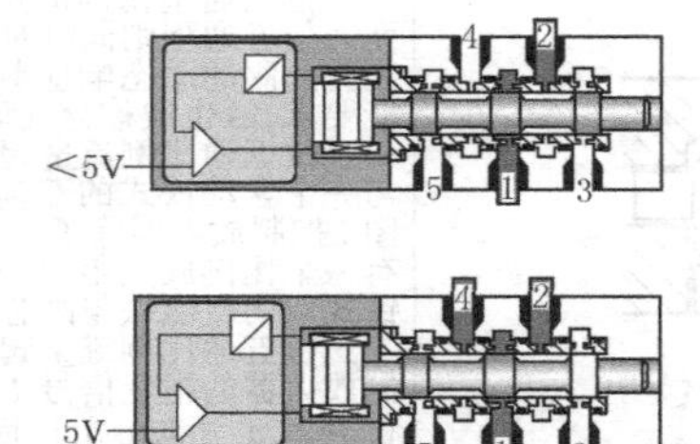 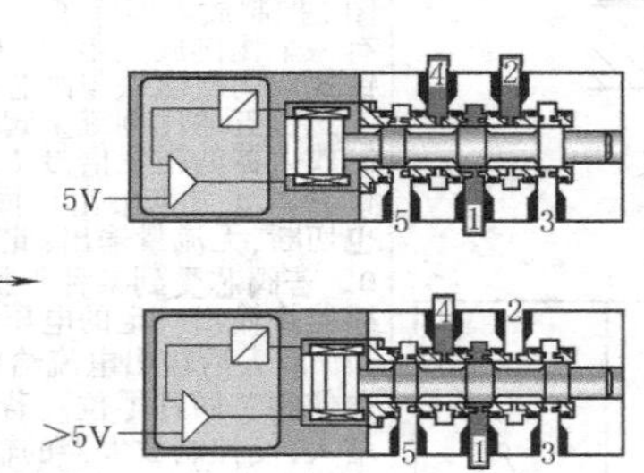 (b) 气动比例伺服阀可分电压型控制（0~10V）和电流型控制（4~20mA），它的主要技术特点表现在它的一个中间位置。即当气动比例伺服阀的控制信号处于5V或12mA时，它的输出为零（也就是整个气动伺服系统运作到达设定点的位置停止）。因此，气动比例伺服系统要满足一个条件，即输出=设定位置-当前位置+5V（电压型）。换而言之，驱动器到达其设定点位置时，就意味着设定位置-当前位置=0。此时，气动比例伺服阀只得到5V的控制信号，它无输出（见图b）
气动执行元件	气动执行元件可采用常规的普通气缸、无杆气缸或摆动气缸。为了要实现它的闭环控制，这些气动执行元件必须与位移传感器连接
传感器	与气动比例伺服阀配合使用的位移传感器有数字式位移传感器和模拟式位移传感器两大类 数字式位移传感器：采用磁致伸缩测量原理，它是一种非接触式、绝对测量方式，运行速度快、使用寿命长、保护等级高（IP65），一些气动制造厂商把数字式位移传感器内置于无杆气缸内部，电接口采用数字式、CAN带协议或接入伺服定位控制连接器（网关）。数字式位移传感器行程长度可从225~2000mm，环境温度-40~75℃，分辨率<0.01mm，最大耗电量为90mA，由于无接触方式，它的运行速度、加速度可任意 模拟式位移传感器：有两种连接方式，一种是采用滑块式（类似无杆气缸上的滑块）方式与气动驱动器连接，另一种是采用伸出杆（类似普通单出杆气缸上的活塞杆）方式与气动驱动器连接 （1）滑块式模拟式位移传感器采用有开口的型材，故需带密封条，它是一种接触式、绝对测量方式，电接口是4针插头（类型A DIN 63650），行程可从225~2000mm，环境温度-30~100℃，分辨率<0.01mm，由于该模拟式位移传感器为接触方式，它的运行速度为10m/s、加速度为200m/s^2，与驱动器连接处的球轴承在连接中的角度偏差允许在±1℃、平行偏差在±1.5mm，最大耗电量为4mA，防护等级为IP40 （2）伸出杆式模拟式位移传感器采用圆形的型材，故不需密封条。它是接触式，并可实现绝对位移测量，电接口是4针插头，行程可从100~750mm，环境温度-30~100℃，分辨率<0.01mm，由于该模拟式位移传感器为接触方式，它的运行速度为5m/s、加速度为200m/s^2，与驱动器连接处的球轴承在连接中的角度偏差允许在±12.5℃，最大耗电量为4mA，防护等级为IP65。该伸出杆模拟式位移传感器应与机器隔离安装，并通过关节球轴承连接，避免活塞杆的机械振动传递到传感器，在必要情况下应采用辅助电隔离措施确保隔离的效果 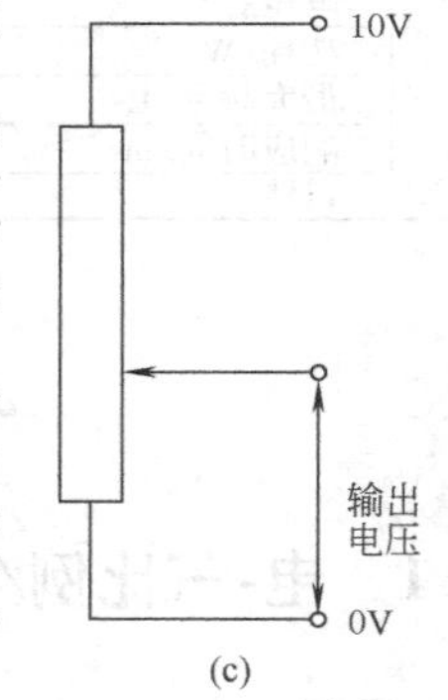 (c) 一般采用模拟量或数字量的位移传感器。模拟量位移传感器与气缸配套使用，可直接测量出气缸的位移，它可实现绝对位移测量。如：对于电压型气动比例伺服阀（0~10V型），也就是给位移传感器0~10V，当气缸达到某一位置时（即位移传感器也达到某一位置），实际上就反映了该点的阻值，该值就是反馈值，见图c
控制器	比例控制器（位置控制器）主要用于气动驱动器，是一种包含开环和闭环的控制器，具有100个程序、次级编程技术，它采用数字式的输入/输出，模拟量输入，具有Profibus、Device Net、Interbus接口，可控制一个至四个定位轴（包括可控制步进马达）。更详细技术参数需查阅各气动制造厂商提供的详细说明书 比例控制器与位移传感器、气动比例伺服阀、驱动器一起组成闭环控制，根据传感器测量的信号和设定的信号，按一定的控制规律计算并产生与气动伺服比例阀匹配的控制信号，另一个功能是为实现机器的工作程序控制所具备的软件程序功能（包括储存N个程序与运动模式、补偿负载变化的位置自我优化、输入输出简单顺序控制）

4.2 电-气比例/伺服系统的原理

表 23-6-7

<table>
<tr><td>流量与设定电压(或设定电流)的关系</td><td>
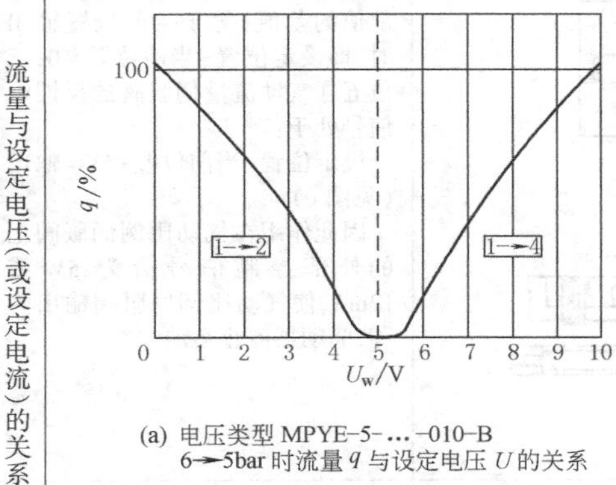

(a) 电压类型 MPYE-5-…-010-B
6→5bar 时流量 q 与设定电压 U 的关系

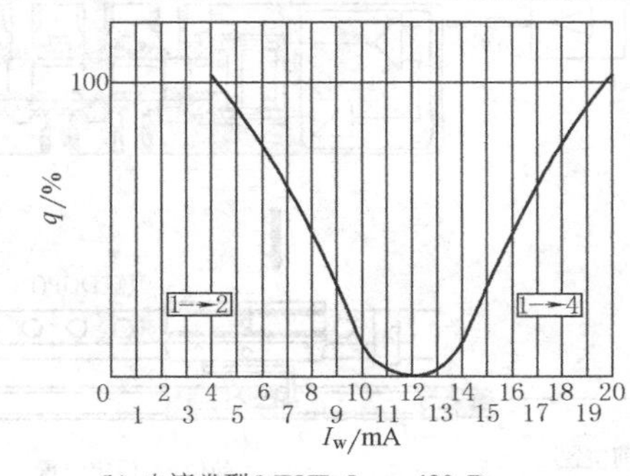

(b) 电流类型 MPYE-5-…-420-B
6→5bar 时流量 q 与设定电流强度 I 的关系

电压型三位五通气动流量伺服阀或电流型三位五通气动流量伺服阀的流量与设定电压(或设定电流)的关系见图 a、b 所示。
第一步:该系统启动时,必须让驱动器进行一个从头到尾自教性的运动,以认识起点、设定点、各点及终点位置时电压、电流的实际值
正常操作:控制器内具有驱动器到达设定点时获取的电压/电流信号,驱动器运动时的电压/电流信号(即当前位置信号)不断与控制器内的设定值进行比较</td></tr>
<tr><td>设定位置小于当前位置</td><td>
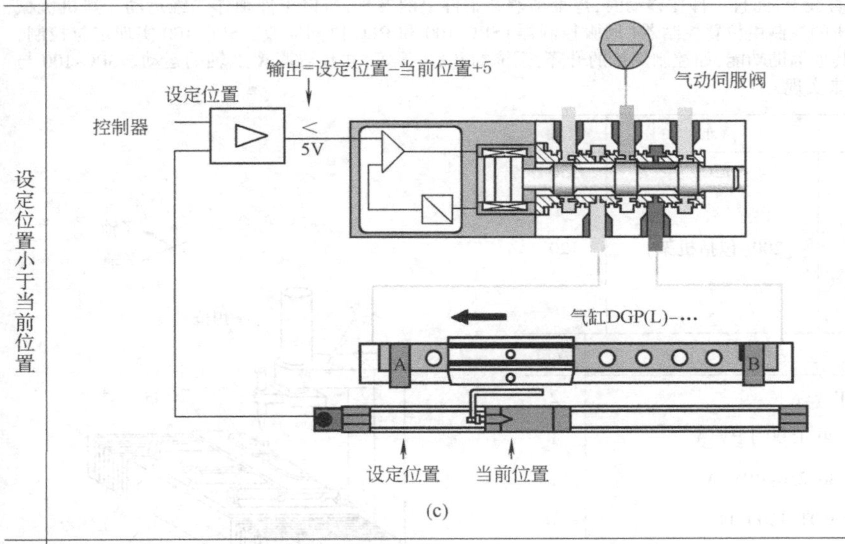

(c)

当外部控制信号(设定值与当前值的差值)小于当前位置输出时,如图 c 所示,气动比例伺服阀右边的输出口输出,气缸往左运动,直至气缸运动到达设定位置</td></tr>
<tr><td>设定位置大于当前位置</td><td>
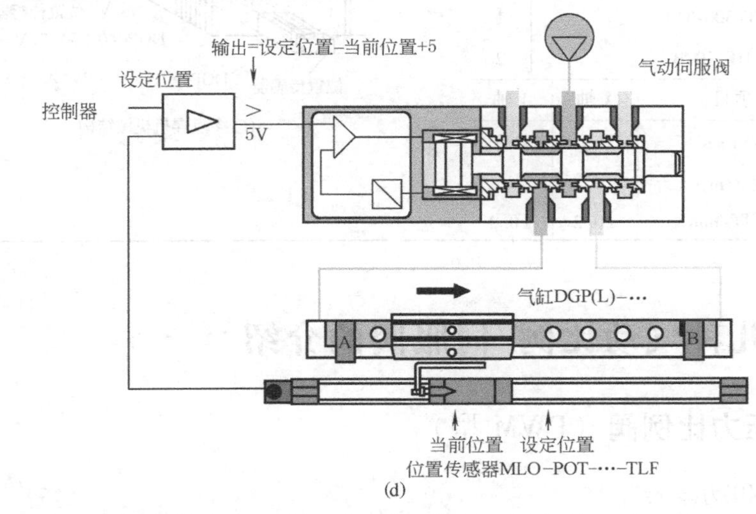

(d)

当外部控制信号(设定值与当前值的差值)大于当前位置输出时,气动比例伺服阀左边的输出口输出,气缸往右运动,直至气缸运动到达设定位置,如图 d 所示</td></tr>
</table>

续表

设定位置=当前位置	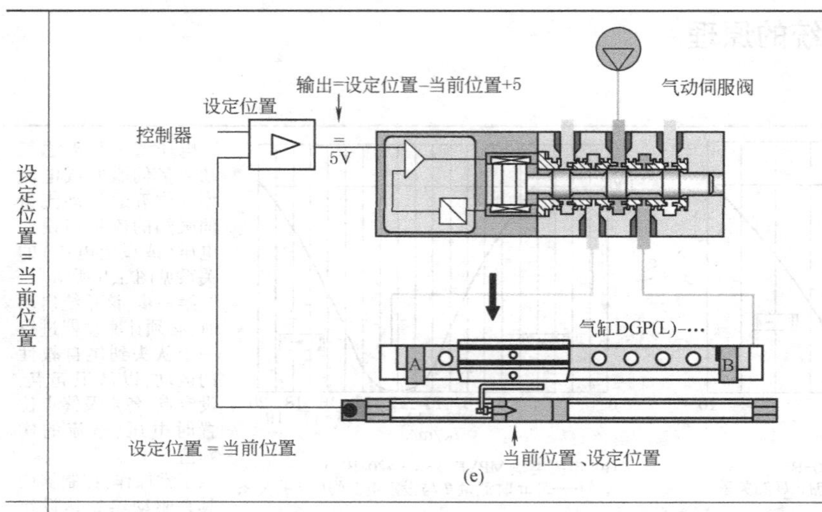 (e)	当外部控制信号(设定值与当前值的差值)等于当前位置输出时,即设定位置-当前位置=0,三位五通气动流量伺服阀的反馈电信号处于: 设定位置-当前位置+5V=输出(见图e) 因此作用在气动比例伺服阀上的外部控制信号恰为5V或12mA,使气动比例伺服阀输出为零,驱动器停止运动

气动伺服定位的应用

现需焊接不在一条直线上三个焊点的汽车副车架面板,左右副车架面板对称共有六个点,焊枪固定,工件移动,工件由夹具气缸固定。由于焊点不在一直线上,而且工件在移动时,焊枪须避开工件上的夹具,所以工件须作二维运动。焊机机械结构如图f所示。整台多点焊机的控制由位置控制器(伺服控制器)SPC-100和PLC协同完成。SPC-100实现定位控制,采用NC语言编程。PLC完成其他辅助功能,如控制焊枪的升降,系统的开启、停等,并且协调X、Y轴的运动。SPC-100与PLC之间的协调通过握手信号来实现

工况要求	项目	X轴	Y轴
	移动范围/mm	1200	250
	定位精度/mm	±1	±1
	负载质量/kg	200(包括机架)	120
	工件质量(左梁、右梁)/kg	4	
	工作周期/min	2	

气动伺服系统组成元件	名称	型号	数量
	伺服控制器	SPC-100-P-F	2
	无杆气缸	X轴 DGP-40-1500-PPV-A	1
		Y轴 DGP-40-250-PPV-A	1
	位移传感器	X轴 MLO-POT-1500-TLF	1
	(模拟式)	Y轴 MLO-POT-300-TLF	1
	比例阀	MPYE-5-1/8-HF-10-B	2

多点焊机定位系统的运行参数	项目	X轴	Y轴
	速度 v/m·s^{-1}	0.5	0.3
	加速度 a/m·s^{-2}	5	1
	定位精度/mm	±0.2	±0.2

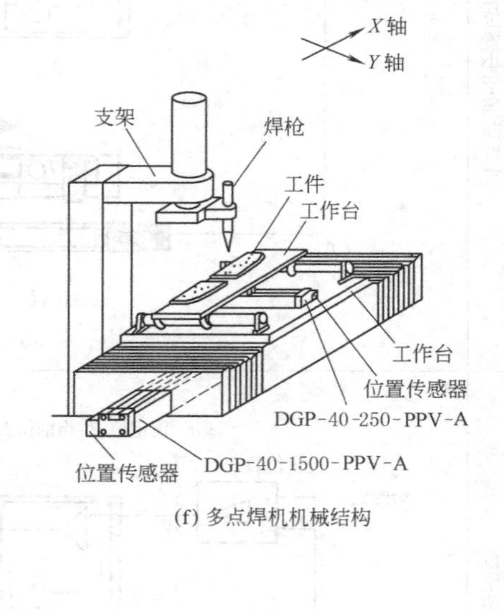

(f) 多点焊机机械结构

5 几种气动比例/伺服阀的介绍

5.1 Festo MPPE 气动压力比例阀(PWM型)

工作原理见第3节中PWM比例压力阀介绍。

表 23-6-8

剖面视图、外形尺寸图

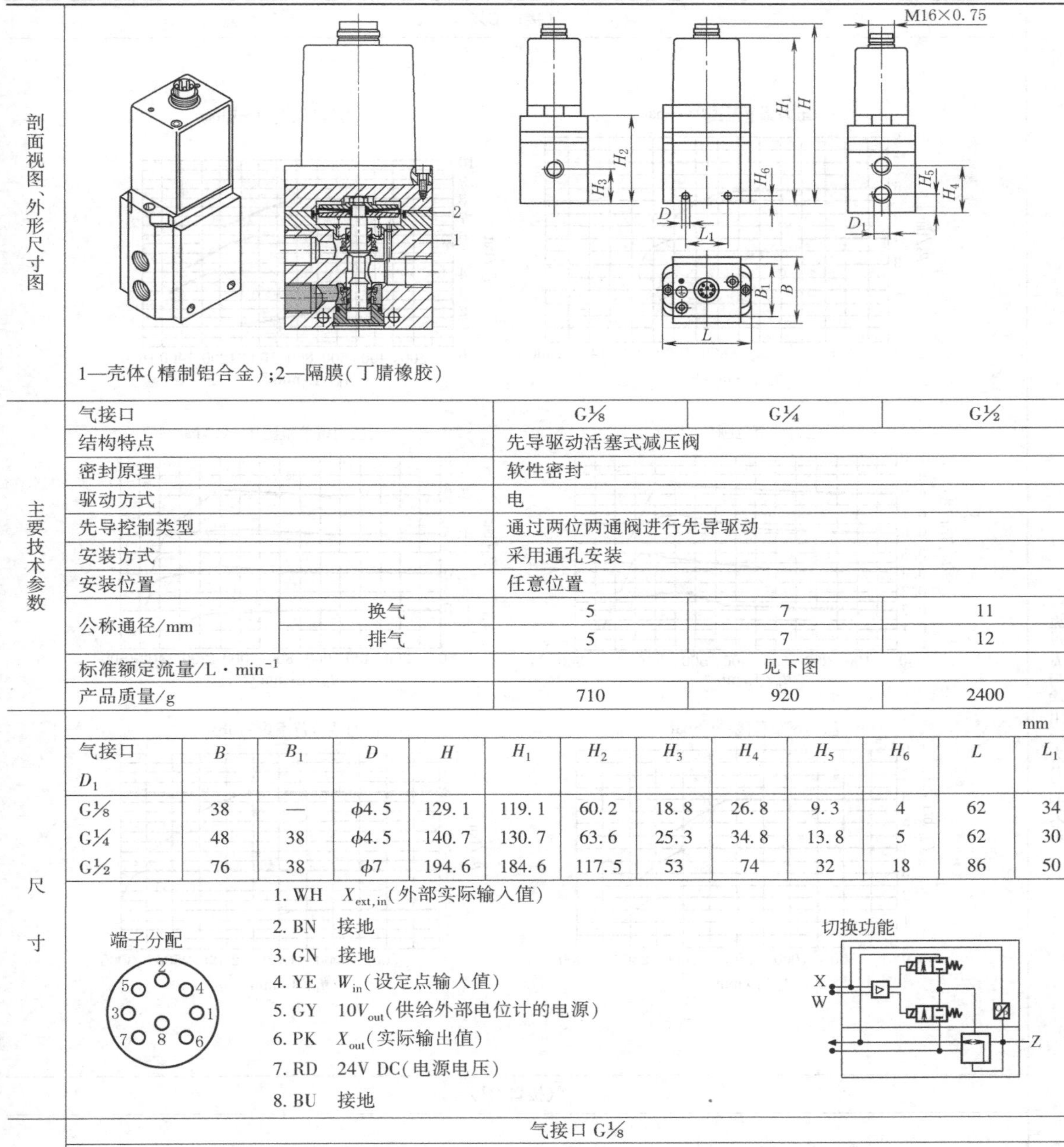

1—壳体(精制铝合金);2—隔膜(丁腈橡胶)

主要技术参数

气接口		G⅛	G¼	G½
结构特点		先导驱动活塞式减压阀		
密封原理		软性密封		
驱动方式		电		
先导控制类型		通过两位两通阀进行先导驱动		
安装方式		采用通孔安装		
安装位置		任意位置		
公称通径/mm	换气	5	7	11
	排气	5	7	12
标准额定流量/L·min^{-1}		见下图		
产品质量/g		710	920	2400

尺寸

mm

气接口 D_1	B	B_1	D	H	H_1	H_2	H_3	H_4	H_5	H_6	L	L_1
G⅛	38	—	ϕ4.5	129.1	119.1	60.2	18.8	26.8	9.3	4	62	34
G¼	48	38	ϕ4.5	140.7	130.7	63.6	25.3	34.8	13.8	5	62	30
G½	76	38	ϕ7	194.6	184.6	117.5	53	74	32	18	86	50

端子分配

1. WH $X_{ext,in}$(外部实际输入值)
2. BN 接地
3. GN 接地
4. YE W_{in}(设定点输入值)
5. GY 10V_{out}(供给外部电位计的电源)
6. PK X_{out}(实际输出值)
7. RD 24V DC(电源电压)
8. BU 接地

切换功能

流量 q_n 与输出压力 p_2 的关系

气接口 G⅛

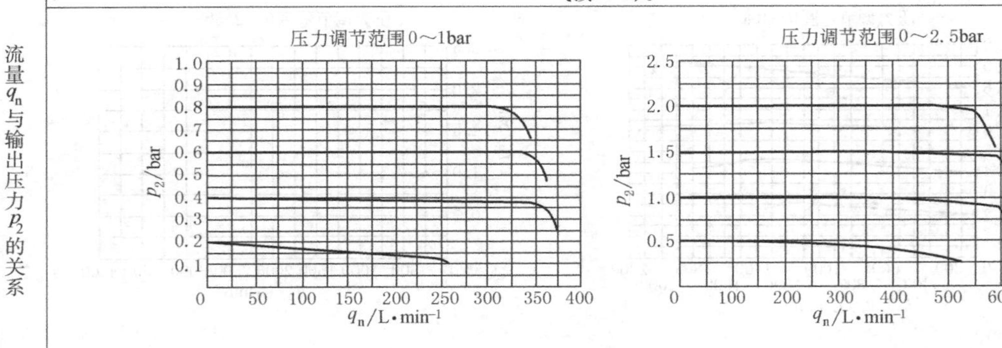

续表

流量 q_n 与输出压力 p_2 的关系

气接口 G¼

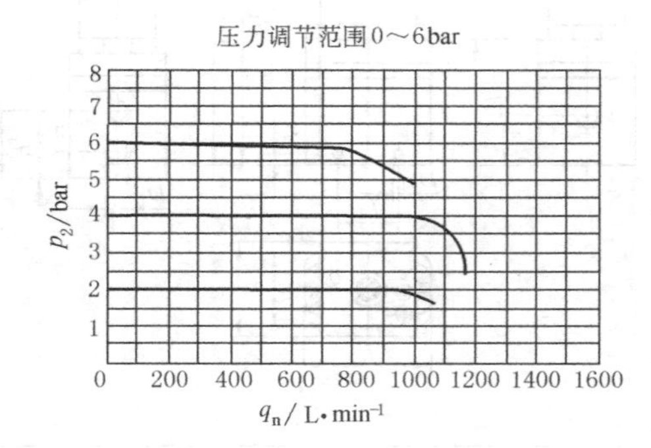

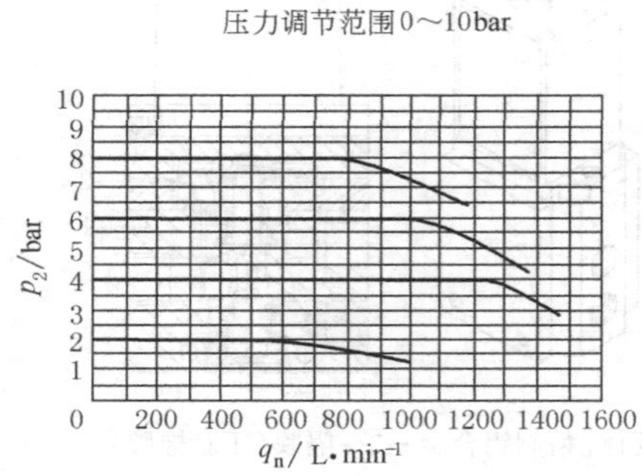

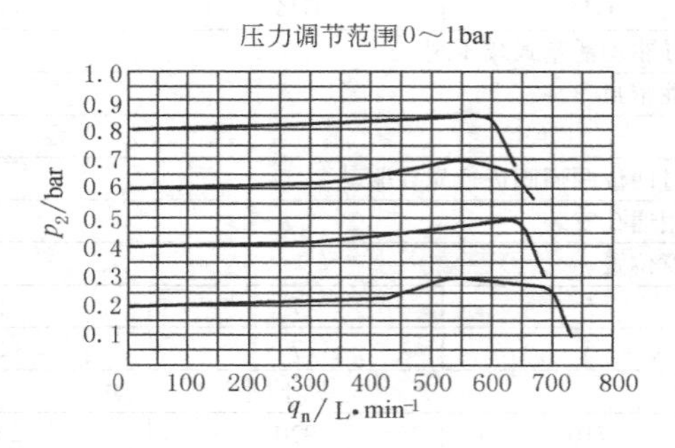

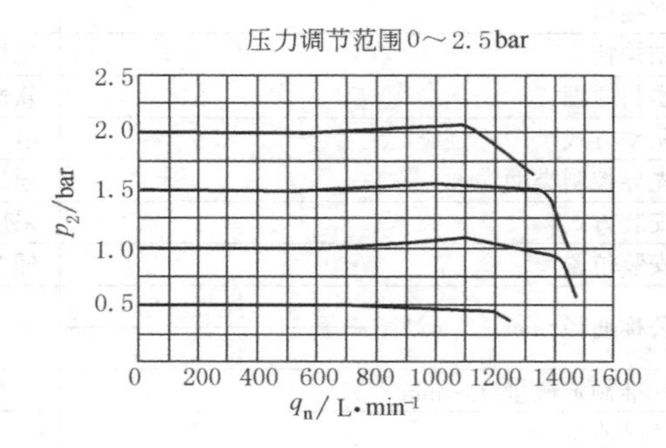

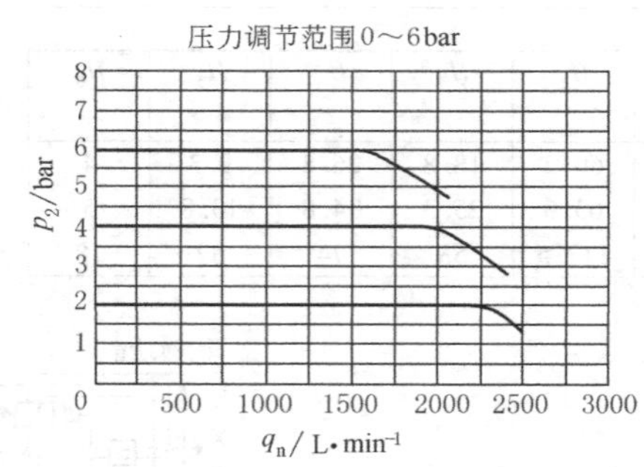

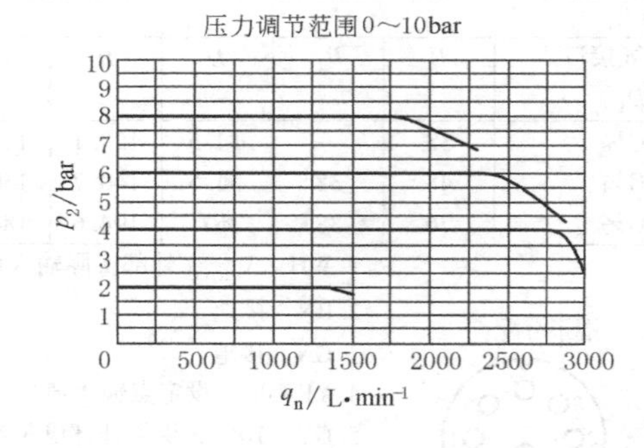

气接口 G½

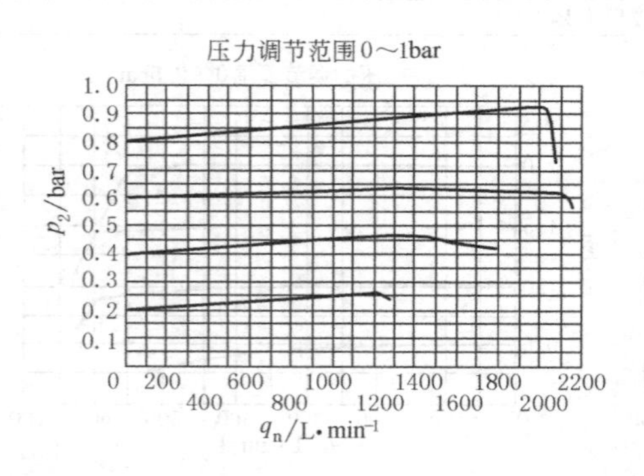

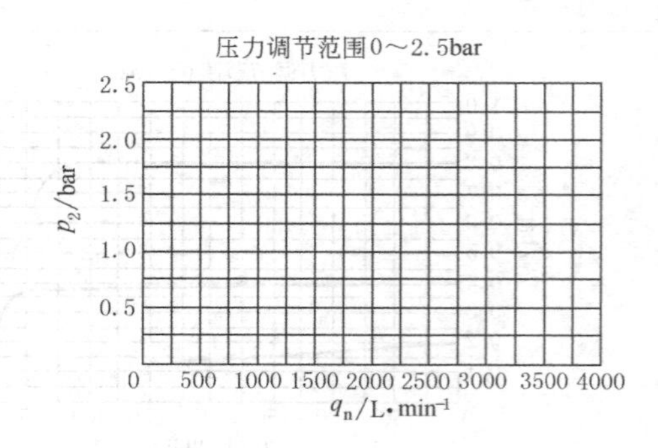

续表

流量 q_n 与输出压力 p_2 的关系

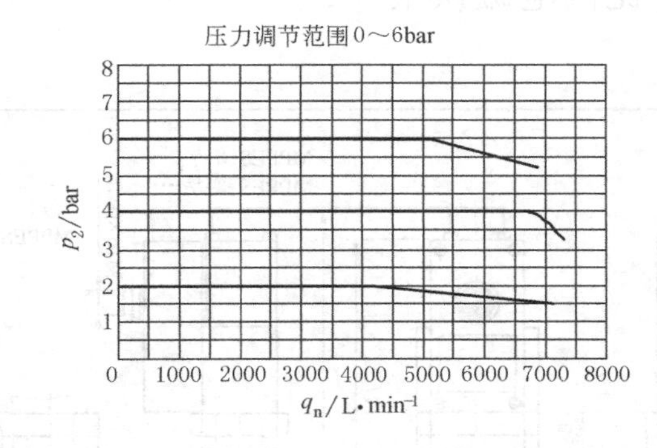

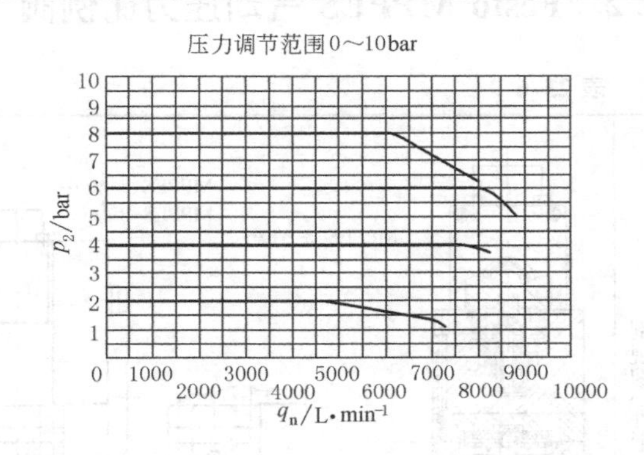

气动压力比例阀的压力调节范围

工作和环境条件					说　明
压力调节范围/bar	0～1	0～2.5	0～6	0～10	
工作介质	过滤压缩空气，润滑或未润滑中性气体				①耐腐蚀等级 2，符合 Festo940 070 标准 要求元件具有一定的耐腐蚀能力，外部可视元件带有基本涂层，直接与工业环境或诸如冷却液或润滑剂等介质接触
输入压力/bar	1.5～2	3.5～4.5	7～8	11～12	
最大迟滞/mbar	30	40	40	50	
环境温度/℃	0～50				
介质温度/℃	0～60				
耐腐蚀等级 CRC①	2	2	2	2	

在 p_{1max} 下输出口 2 处的响应时间/阶跃响应/s										说　明
压力调节范围/bar		0～1		0～2.5		0～6		0～10		
输出口 2 处的容积		开①	关②	开①	关②	开①	关②	开①	关②	
0L	G⅛	0.095	0.165	0.100	0.180	0.100	0.190	0.125	0.220	① 开＝(0～90%)p_{2max} ② 关＝(100%～10%)p_{2max}
	G¼	0.140	0.225	0.150	0.260	0.150	0.260	0.160	0.280	
	G½	0.170	0.500	0.170	0.500	0.170	0.510	0.140	0.535	
0.7L	G⅛	0.140	0.250	0.180	0.310	0.220	0.340	0.250	0.380	
	G¼	0.150	0.280	0.170	0.320	0.180	0.360	0.200	0.390	
	G½	0.120	0.510	0.130	0.520	0.160	0.560	0.180	0.600	
2L	G⅛	0.340	0.730	0.380	0.990	0.430	1.250	0.600	1.160	
	G¼	0.360	0.620	0.400	0.700	0.540	0.930	0.540	1.050	
	G½	0.330	0.600	0.410	0.720	0.570	1.000	0.540	1.000	

电参数					
压力调节范围/bar		0～1	0～2.5	0～6	0～10
电接口		圆形插头：符合 DIN 45326 标准，M16×0.75，8 针			
工作电压范围 U_B/V		18～30	18～30	18～30	18～30
残余脉动		10%			
功耗 P_{max}/W		3.6(在 30V DC 和 100%通电持续率时)			
信号设定点输入值	电压 U_W/V	0～10	0～10	0～10	0～10
	电流 I_W/mA	4～20	4～20	4～20	4～20
信号实际输出值	电压 U_X/V	0～10	0～10	0～10	0～10
	电流 I_X/mA	4～20	4～20	4～20	4～20
外部信号实际输入值	电压 $U_{X,ext}$/V	0～10	0～10	0～10	0～10
	电流 $I_{X,ext}$/mA	4～20	4～20	4～20	4～20
防护等级(符合 DIN 60 529 标准)		IP65(带连接插座时)			
安全说明		当电源电缆中断时，电压不稳定			
极性容错保护	设定点输入值 电压信号 0～10mV	适用于所有电接口			
	设定点输入值 电流信号 4～20mA	适用于工作电压			
短路保护		无			

5.2 Festo MPPES 气动压力比例阀（比例电磁铁型）

表 23-6-9

剖视图、外形尺寸图

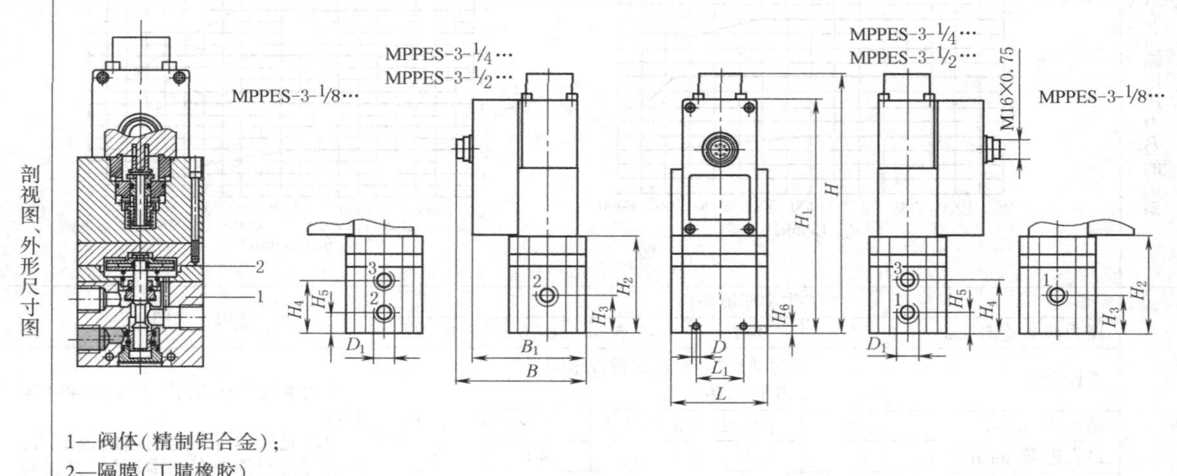

1—阀体（精制铝合金）；
2—隔膜（丁腈橡胶）

主要技术参数

气接口		G1/8	G1/4	G1/2
结构特点		直动活塞式减压阀	先导驱动活塞式减压阀	
密封原理		软性密封方式		
驱动方式		电		
先导控制方式		直动式	通过两位两通阀进行先导驱动	
安装方式		采用通孔安装		
安装位置		任意位置		
公称通径/mm	换气	5	7	11
	排气	5	7	12
标准额定流量/$L \cdot min^{-1}$		见下图		
质量/g		915	1310	2670

工作原理见表 23-6-5 中动铁式比例压力阀

尺寸

mm

气接口 D_1	B	B_1	D	H	H_1	H_2	H_3	H_4	H_5	H_6	L	L_1
G1/8	77.1	67.1	4.4	116.5	100	55	34	45	23	4	62	34
G1/4	82.1	72.1	4.5	170.2	153.7	63.7	25.3	34.8	13.8	5	62	30
G1/2	96.1	86.1	7	227.1	210.6	120.6	53	74	32	18	86	50

接口

端子分配

针脚	颜色	功能
1	WH	常闭
2	BN	接地
3	GN	接地
4	YE	W_{in}（设定点输入值）
5	GY	常闭
6	PK	X_{out}（实际输出值）
7	RD	24VDC（电源电压）
8	BU	接地

切换功能

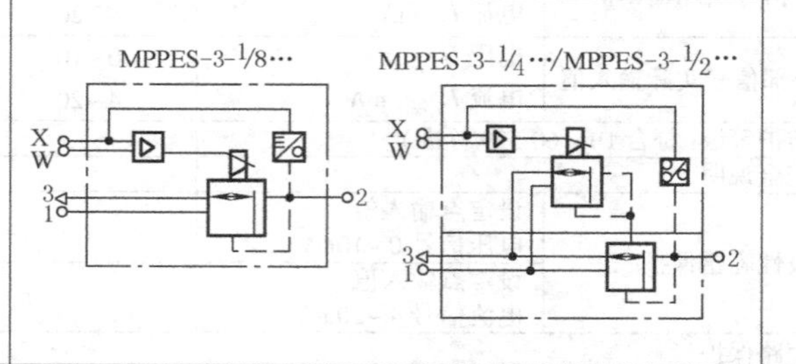

续表

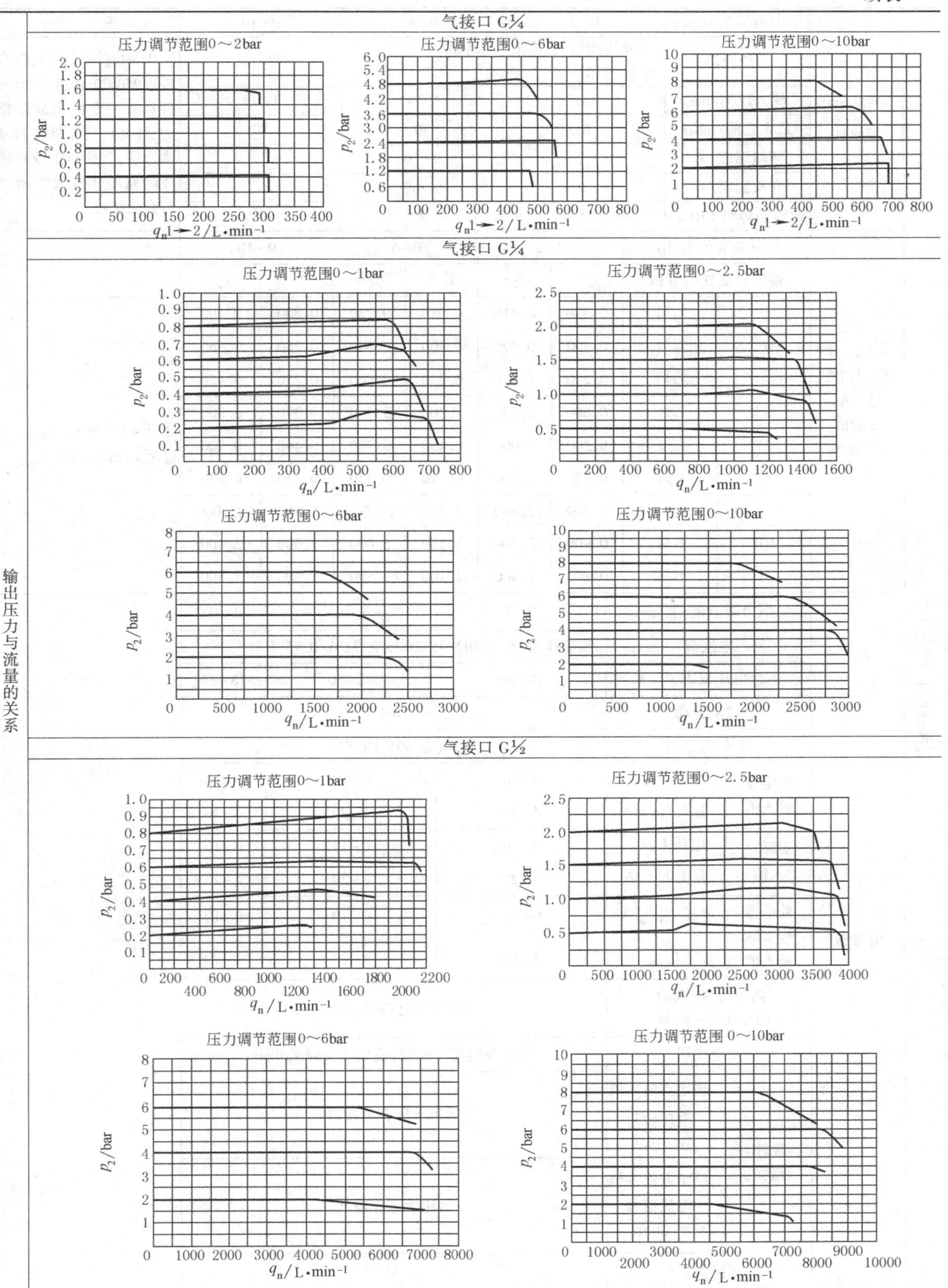
气接口 G¼
压力调节范围0～2bar
压力调节范围0～6bar
压力调节范围0～10bar
p_2/bar
q_n1→2/L·min⁻¹
气接口 G¼
压力调节范围0～1bar
压力调节范围0～2.5bar
压力调节范围0～6bar
压力调节范围0～10bar
q_n/L·min⁻¹
输出压力与流量的关系
气接口 G½
压力调节范围0～1bar
压力调节范围0～2.5bar
压力调节范围0～6bar
压力调节范围 0～10bar

续表

气动压力比例阀的压力调节范围

	压力调节范围/bar	0~2	0~6	0~10	说　明
工作和环境条件	工作介质	过滤压缩空气,润滑或未润滑 中性气体			①耐腐蚀等级2,符合Festo940070标准要求元件具有一定的耐腐蚀能力,外部可视元件带有基本涂层,直接与工业环境或诸如冷却液或润滑剂等介质接触
	输入压力/bar	3~4	7~8	11~2	
	最大迟滞/mbar	10	50	50	
	环境温度/℃	0~50			
	介质温度/℃	0~60			
	耐腐蚀等级CRC①	2	2	2	

	压力调节范围/bar		0~2		0~6		0~10		说　明
	输出口2处的容积		开①	关②	开①	关②	开①	关②	
在 p_{1max} 下输出口2处的响应时间/阶跃响应/s	01	G⅛	0.220	0.410	0.210	0.280	0.200	0.290	①开=(0~90%) p_{2max} ②关=(100%~10%) p_{2max}
		G¼	0.200	0.890	0.200	0.640	0.200	0.360	
		G½	0.220	1.000	0.230	0.660	0.230	0.450	
	21	G⅛	0.660	2.530	1.200	5.760	1.370	6.300	
		G¼	0.200	1.000	0.450	0.760	0.460	0.900	
		G½	0.320	1.000	0.340	0.570	0.350	0.630	
	101	G⅛	2.700	2.800	5.150	24.000	5.800	27.000	
		G¼	0.900	2.700	1.500	3.000	1.900	3.400	
		G½	0.800	1.400	1.100	1.500	1.300	1.800	

	压力调节范围/bar		0~2	0~6	0~10
电参数	电接口		圆形插头,符合DIN 45326标准,M16×0.75,8针		
	工作电压范围 U_B/V		18~30	18~30	18~30
	残余脉动		10%		
	功耗 P_{max}/W		20(在30V DC时)		
	设定点输入值	电压 U_W/V	0~10	0~10	0~10
		电流 I_W/mA	4~20	4~20	4~20
	实际输入值	电压 U_X/V	0~10	0~10	0~10
		电流 I_X/mA	4~20	4~20	4~20
	外部信号实际输入值	电压 $U_{X,ext}$/V	0~10	0~10	0~10
		电流 $I_{X,ext}$/mA	4~20	4~20	4~20
	防护等级(符合DIN 60529标准)		IP65(带连接插座时)		
	安全说明		当电源电缆中断时,输出压力降至0bar		
	极性容错保护	设定点输入值电压信号0~10mV	适用于所有电接口		
		设定点输入值电流信号4~20mA	适用于工作电压		
	短路保护		无		

5.3 Festo MPYE 比例流量伺服阀（比例电磁铁型）

表 23-6-10

<table>
<tr><td>剖视图、外形尺寸</td><td colspan="7">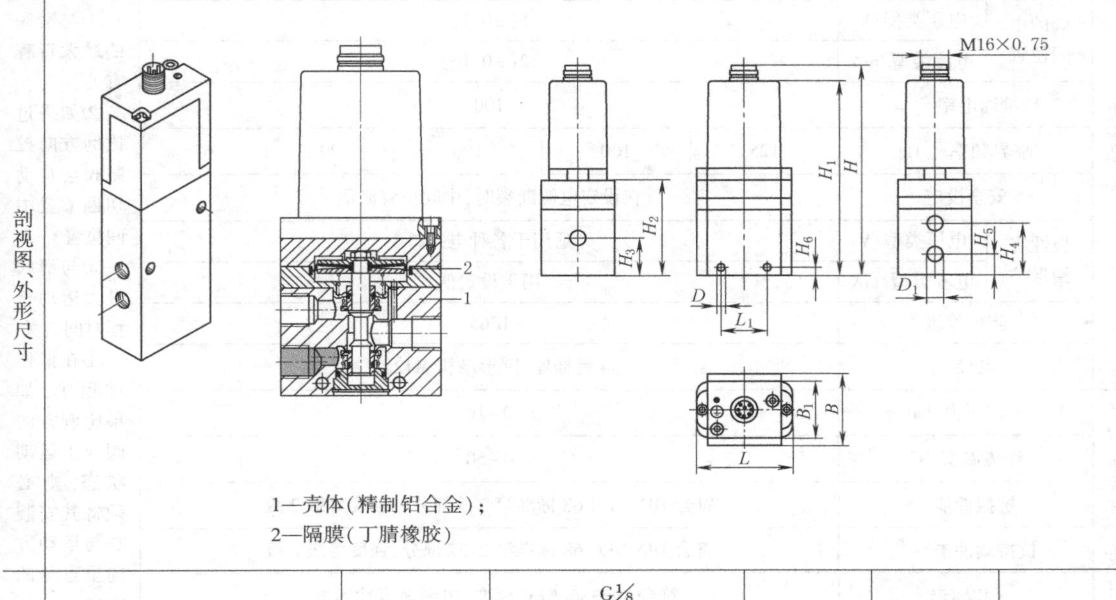1—壳体（精制铝合金）；
2—隔膜（丁腈橡胶）</td></tr>
<tr><td rowspan="2" colspan="3">气接口</td><td rowspan="2">M5</td><td colspan="2">G⅛</td><td rowspan="2">G¼</td><td rowspan="2">G⅛</td><td rowspan="2">说　明</td></tr>
<tr><td>低流量</td><td>高流量</td></tr>
<tr><td rowspan="13">主要技术参数</td><td colspan="2">阀功能</td><td colspan="5">三位五通阀，常用</td><td rowspan="18">①在操作过程中，如果比例方向控制阀处于运动状态，则必须将其安装在与运动方向呈直角的方向上</td></tr>
<tr><td colspan="2">结构特点</td><td colspan="5">滑阀、直动式，可控滑阀位置</td></tr>
<tr><td colspan="2">密封原理</td><td colspan="5">硬性密封方式</td></tr>
<tr><td colspan="2">驱动方式</td><td colspan="5">电动方式</td></tr>
<tr><td colspan="2">复位方式</td><td colspan="5">机械弹簧</td></tr>
<tr><td colspan="2">先导控制类型</td><td colspan="5">直动式</td></tr>
<tr><td colspan="2">流动方向</td><td colspan="5">单向</td></tr>
<tr><td colspan="2">安装方式</td><td colspan="5">采用通孔安装</td></tr>
<tr><td colspan="2">安装位置①</td><td colspan="5">任意位置</td></tr>
<tr><td colspan="2">工作介质</td><td colspan="5">压缩空气，过滤（5μm），未润滑</td></tr>
<tr><td colspan="2">公称通径/mm</td><td>2</td><td>4</td><td>6</td><td>8</td><td>10</td></tr>
<tr><td colspan="2">标准额定流量/L·min⁻¹</td><td>100</td><td>350</td><td>700</td><td>1400</td><td>2000</td></tr>
<tr><td colspan="2">质量/g</td><td>290</td><td>330</td><td>330</td><td>530</td><td>740</td></tr>
<tr><td rowspan="5">电参数</td><td colspan="2">电源/V</td><td colspan="5">17~30</td></tr>
<tr><td rowspan="2">最大电流消耗/mA</td><td>在中间位置</td><td colspan="5">100</td></tr>
<tr><td>整个行程</td><td colspan="5">1100</td></tr>
<tr><td rowspan="2">设定值</td><td>电压/V</td><td colspan="5">0~10</td></tr>
<tr><td>电流/mA</td><td colspan="5">4~20</td></tr>
</table>

续表

		气接口		M5	G¼		G¼	G⅛	说　明
					低流量	高流量			
主要技术参数	电参数	最大迟滞①/%		0.4					①与滑阀的最大行程有关 ②如果过比例方向控制阀会自动切断（至中间位置） ③与滑阀最大运动行程时间有关 ④在操作过程中，如果比例方向阀处于运动状态，则必须将其安装在与运动方向呈直角的方向上
		阀的中间位置	电压类型/V	5(±0.1)					
			电流类型/mA	12(±0.16)					
		持续通电率②/%		100					
		临界频率③/Hz		125	100	106	90	65	
		安全设定		在设定电源断裂时，中间位置激活					
		极性容错保护	电压类型/V	适用于各种电接口					
			电流类型/mA	用于设定值					
		防护等级		IP65					
		电接口		4针插座，圆形结构 M12×1					
	工作和环境条件	工作压力/bar		0~10					
		环境温度/℃		0~50					
		抗振性能④		符合 DIN/IEC 68 标准第 2-6 部分。强度等级 2 级					
		抗持续冲击性④		符合 DIN/IEC 68 标准第 2-27 部分，强度等级 2 级					
		CE 标志		符合 89/336/EEC 标准（电磁兼容性标准）					
		介质温度/℃		5~40，不允许压缩					
工作原理	详见本章 4.2 电-气比例/伺服系统的原理								

尺寸/mm	气接口 D_1	B	B_1	D	H	H_1	H_2	H_3	H_4	H_5	H_6	L	L_1
	G⅛	38	—	ϕ4.5	129.1	119.1	60.2	18.8	26.8	9.3	4	62	34
	G¼	48	38	ϕ4.5	140.7	130.7	63.6	25.3	34.8	13.8	5	62	30
	G½	76	38	ϕ7	194.6	184.6	117.5	53	74	32	18	86	50

流量与电压、电流的关系

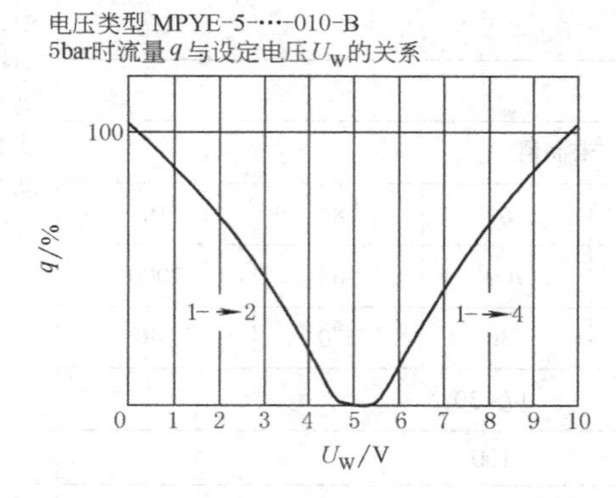

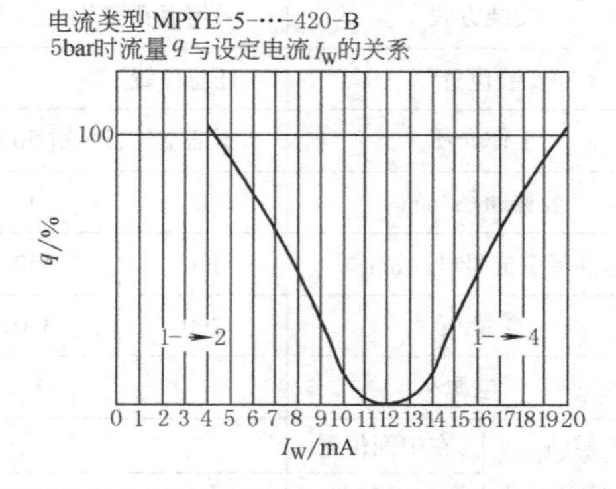

上图表示当阀获得不同电信号（电压 0~10V、4~20mA）时与流量的关系，可以看到当电压信号为 5V 或电流信号为 12mA 时，该阀输出为零

5.4 SMC IT600 压力比例阀（喷嘴挡板型）

IT 600 系列电-气比例转换器用于将电信号依比例转换成空气压力，输出压力范围 0.02~0.6MPa，响应快、流量大，电源连接部分单独隔离/耐压防爆构造、间距容易调整。

表 23-6-11

外形尺寸图、工作原理图

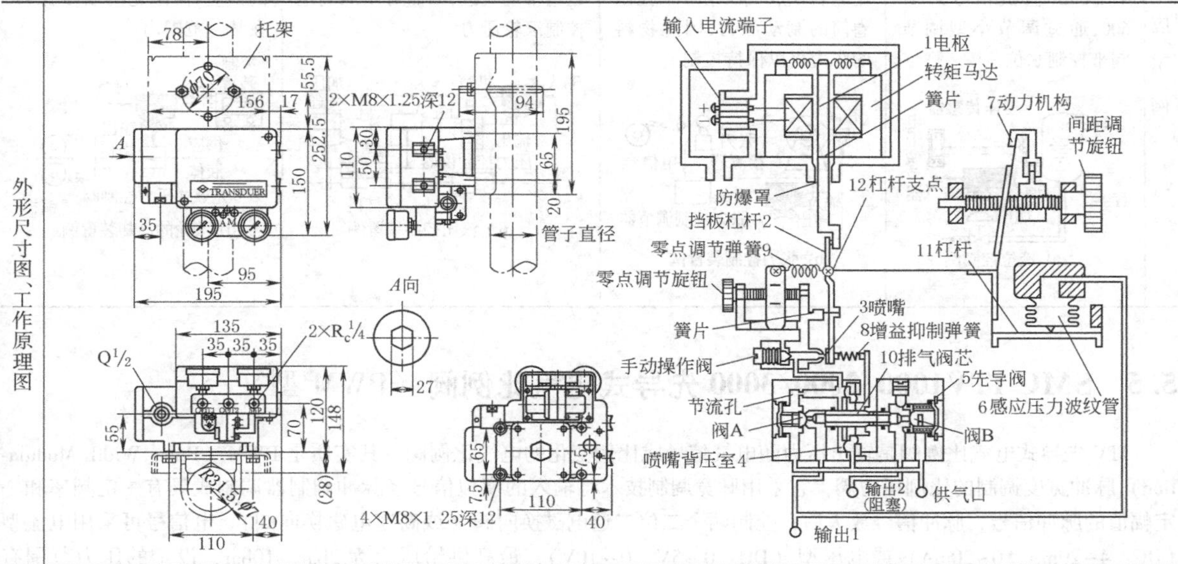

工作原理

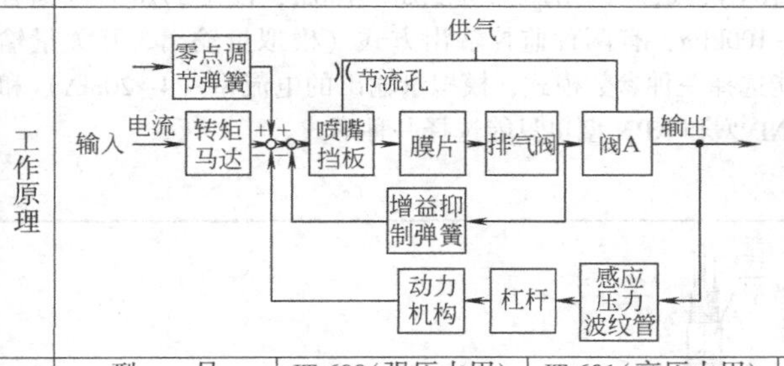

当输入电流增加时，转矩马达内的电枢 1 会受到一个顺时针的转矩把挡板杠杆 2 推向左边，结果喷嘴 3 和挡板之间的空隙增大，因而在喷嘴背压室 4 内的压力降低，同时它也把先导阀 5 的排气阀芯 10 移到了左边，使得输出口 1 的输出压力增加，增加的输出压力则经过先导阀 5 内部的路径到达感应压力波纹管 6，在波纹管内把压力转化成力，该力通过杠杆 11 作用在动力机构 7 上。由于这个力在杠杆支点 12 上会与由输入电流产生的力平衡，这样就会得到与输入电流成比例的输出空气压力。增益抑制弹簧 8 的作用就是立即把排气阀的运动反应给挡板杠杆，以促使循环稳定

若分别改变零点调节弹簧 9 的张力和动力机构 7 的角度，就可以对零点和间距作出调节

主要技术参数

型　号	IT 600(强压力用)	IT 601(高压力用)
供应压力/MPa	0.14~0.24	0.24~0.7
输出压力/MPa	0.02~0.1 最高 0.2	0.04~0.2，最高 0.6
输入电流/mA	DC4~20(标准)	
输入电阻/Ω	235(4~20mA，20℃)	
线性度	±1.0%以内	
迟滞现象	0.75%以内	
重复精度	±0.5%以内	
空气消耗量(ANR)/$L\cdot min^{-1}$	7(供应压力，0.14MPa)	22(供应压力，0.7MPa)
环境及流体温度	-10~80℃	
供气口径	R_c1/4(内螺纹)	
接电口径	G1/2(内螺纹)	
防爆构造	耐压防爆机构 02G4	
材料	(壳体)压铸铝	

IT 600 型 0.1MPa 以上的压力，例如 0.02~0.14，0.02~0.16，0.02~0.2MPa，可利用间距调节来调校达到

IT 601 型 0.2MPa 以上的压力，例如 0.04~0.3，0.04~0.5，0.04~0.6MPa，可利用间距调节来调校达到

型号表示方法：

IT60□-□□□ □□

输出压力	
0	0.02~0.2MPa
1	0.04~0.6MPa

输入电流范围	
0	DC4~20mA
1	DC1~5mA
2	DC2~10mA
3	DC5~25mA
4	DC10~50mA

压力表范围	
0	无压力表
1	0.2MPa
2	0.3MPa
3	1.0MPa
4	0.4MPa
6	0.6MPa

导线连接方式	
0	耐压螺纹接头金属管道和一般接头，不需要防爆设计
1	耐压密封圈式电线套

耐压密封圈种类	
0	无密封圈
1	适合电线外径7~7.9mm
2	适合电线外径8~8.9mm
3	适合电线外径9~9.9mm
4	适合电线外径10~10.9mm
5	适合电线外径11~11.5mm
6	带整套密封圈(以上5种)

附件	
无记号	无
B	托架(2″管道安装用)
J	六角板手(锁紧端盖用)

附件

名　称	型　号	备　注	名　称	型　号	备　注
托架	P255010-5	固定管道用	耐压密封圈	P224010-12-17	适合电线外径 mm，7~7.9，8~8.9，9~9.9 10~10.9，11~11.5，或一套五种
内六角螺钉扳手	P22401B1	锁紧端盖用			

续表

应用例	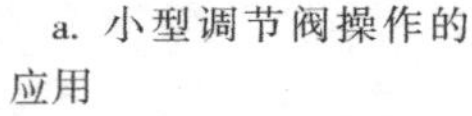 a. 小型调节阀操作的应用 电子调节器将差压传感器输入的压力信号转换成电流信号，然后输出4~20mA直流信号到IT 600，通过调节小型调节阀来控制水位 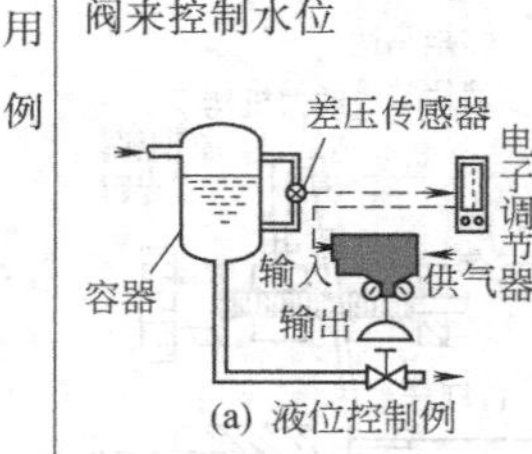 (a) 液位控制例	b. 张力控制的应用 控制器收到由张力检测器发出的电信号来获知物料的张力情况，而IT 600收到由控制器发出的电流信号后，把它转换成气压信号来控制卷筒的制动压力，因此物料的张力得以保持控制  (b) 张力控制装置例	c. 滚压控制装置的应用 压力传感器向压力控制仪器提供压力资料，然后控制仪器向IT 600发出电流信号，IT 600就把电流信号转换成气压信号发送给推动气缸，因而可以准确地控制滚轮压力 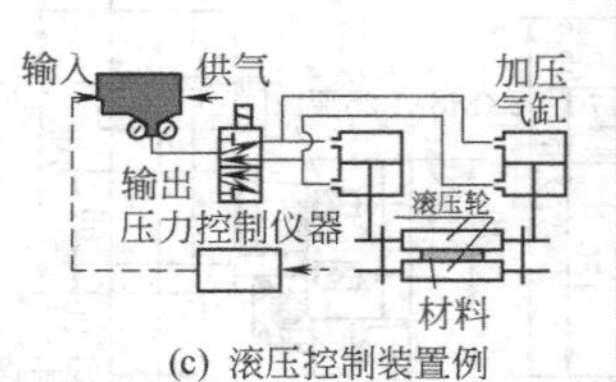 (c) 滚压控制装置例	d. 流体的压力设定值应用 为避免由于温度波动而造成钢板厚度滚压不均匀，可以利用空气压力改变冷却液的供应，使滚轮的温度保持在某一范围内 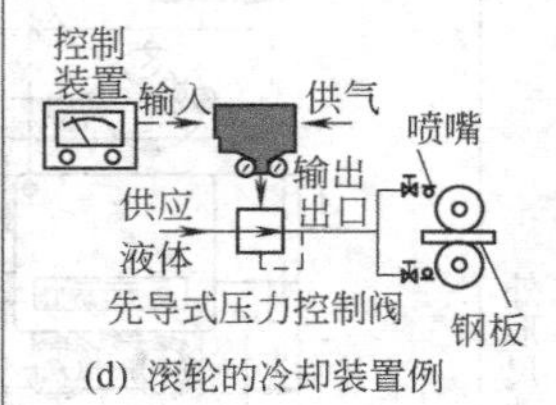 (d) 滚轮的冷却装置例

5.5 SMC ITV1000/2000/3000 先导式电气比例阀（PWM 型）

ITV 先导式电气比例阀是输出压力随电气信号成比例变化的电气比例阀，其实质是 PWM（Pulse Width Modulation）脉冲宽度调制的比例压力阀，它采用脉宽调制技术将输入的模拟信号经脉冲调制器调制成具有一定频率和一定幅值的脉冲信号，脉冲信号放大后，控制两个二位二通电磁换向阀（或高速电磁换向阀）。电信号可采用电流型（DC：4~20mA、0~20mA）或电压型（DC：0~5V、0~10V），最高供给压力为 2bar、10bar，设定的压力范围有 0.001~0.1MPa、0.001~0.5MPa、0.001~0.9MPa、-1~-100kPa，有两种监控输出方式（模拟量输出、开关量输出）可供选择，监控输出的模拟量输出和开关量输出只能选择一种参数模式，模拟量输出的电流型（4~20mA）和电压型（0~5V）也只能选择一种参数式。开关输出的 PNP 型和 NPN 型也只能选择一种形式。

表 23-6-12

ITV先导式电气比例阀外形尺寸图

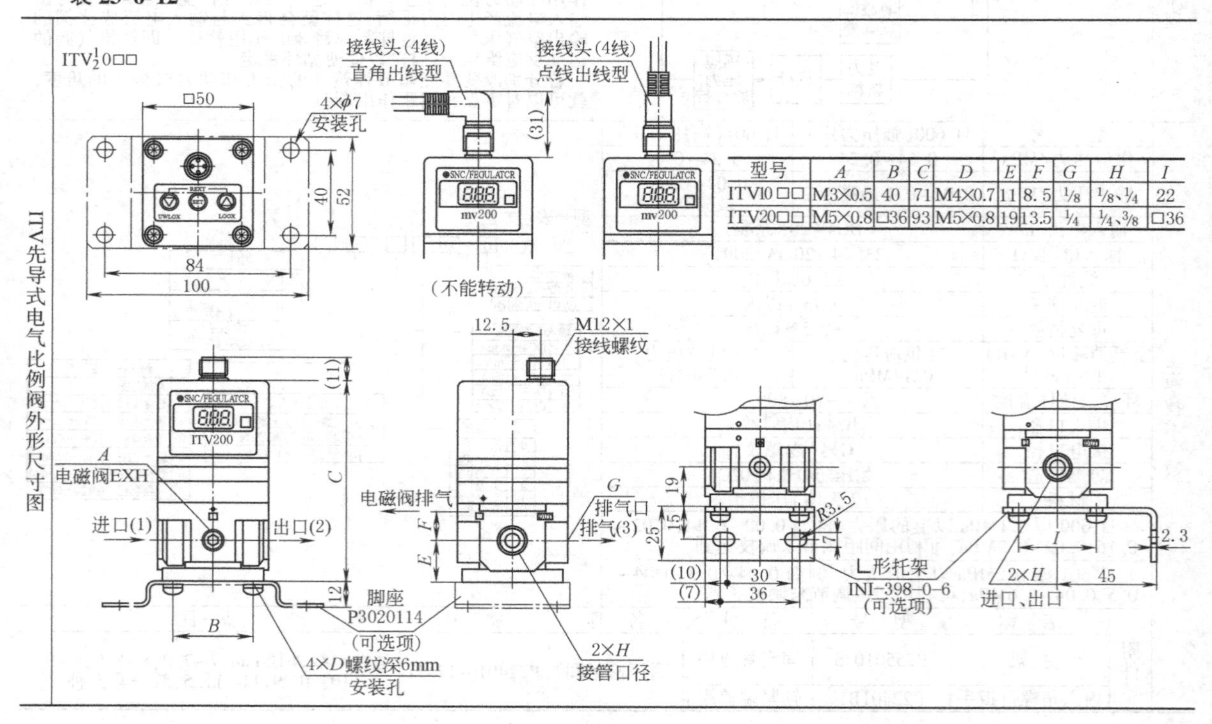

型号	A	B	C	D	E	F	G	H	I
ITV10□□	M3×0.5	40	71	M4×0.7	11	8.5	1/8	1/8、1/4	22
ITV20□□	M5×0.8	□36	93	M5×0.8	19	13.5	1/4	1/4、3/8	□36

ITV先导式电气比例阀外形尺寸图

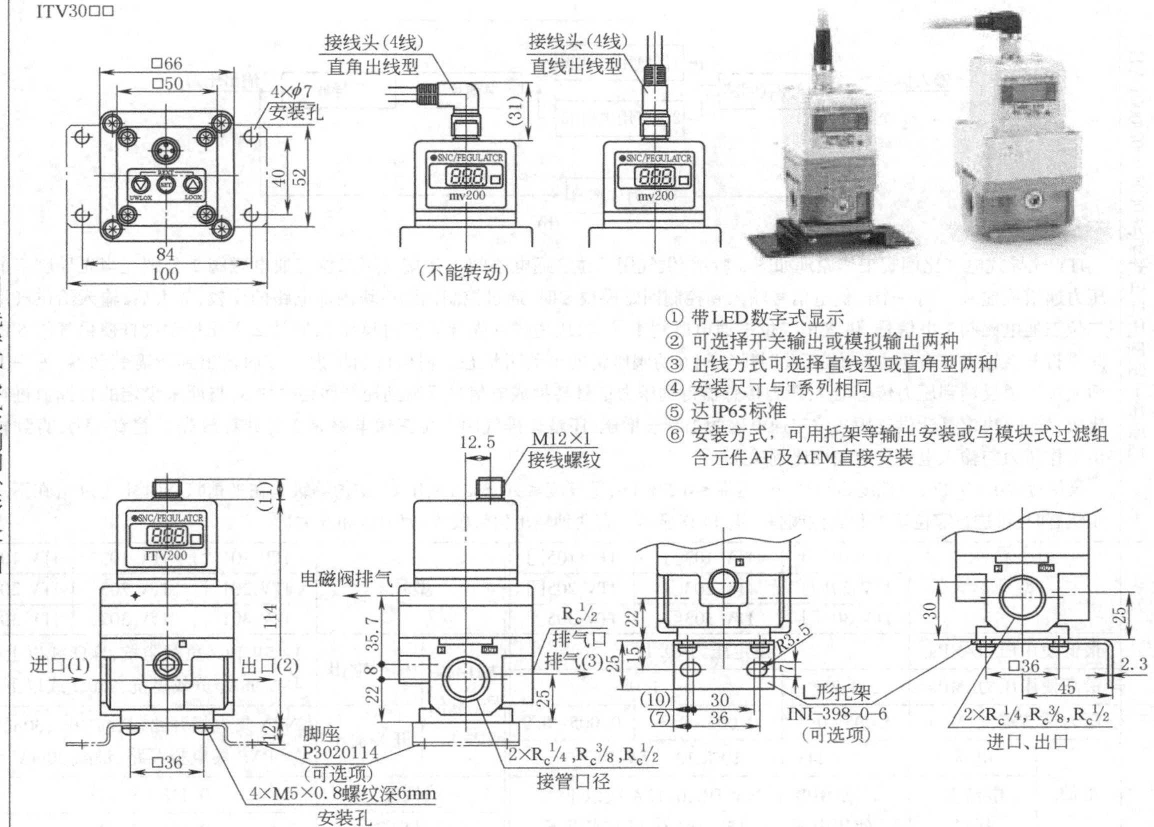

ITV1000/2000/3000先导式电气比例阀工作原理

输入信号增大，供气用电磁阀1接通(ON)，排气用电磁阀2断开(OFF)。因此，供给压力通过供气用电磁阀作用于先导室3内，先导室内压力增大，作用于膜片4上

其结果是和膜片4联动的供气阀5被打开，供给压力的一部分就变成输出压力，这个输出压力通过压力传感器7反馈至控制回路。在这里，进行修正动作，直到输出压力与输入信号成比例，从而使输出压力总是与输入信号成比例变化

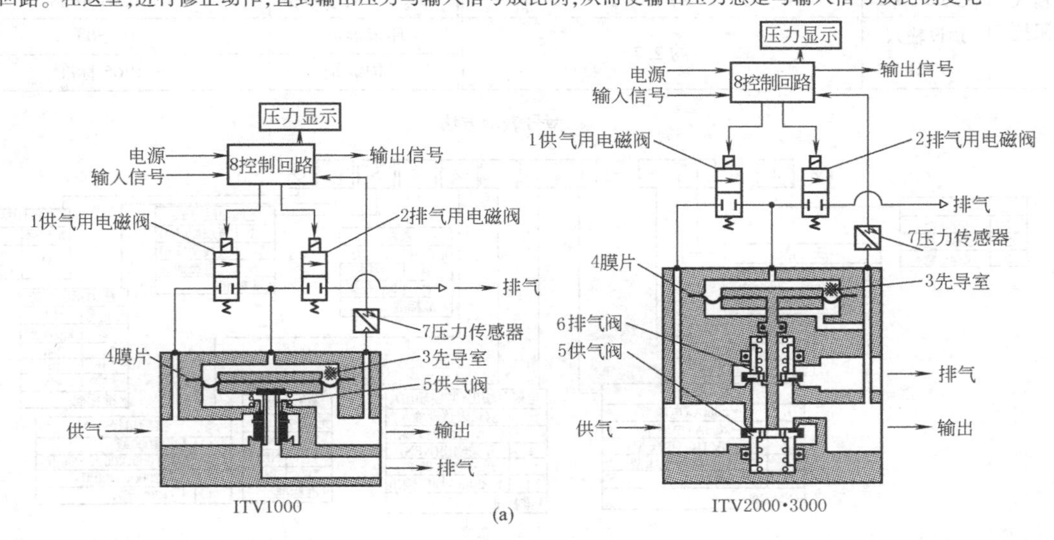

(a)

续表

ITV 1000/2000/3000先导式电气比例阀工作原理

供给压力

输入信号 + − 8控制回路 1供气用电磁阀 2排气用电磁阀 4膜片 先导阀 输出压力

7压力传感器

(b)

ITV先导式电气比例阀工作原理如图a所示,供气用二位三通电磁阀1和排气用二位三通电磁阀2分别充当先导腔室的压力递增或递减。当一个比例电信号输入到控制回路模块8时,通过控制回路模块内部电路的比较、放大后,输入给供气用二位三通电磁阀1电信号,供气用二位三通电磁阀1导通,压力进入先导腔室内膜片2,膜片2下压推动阀杆使供气阀5的阀座打开。输出口有压力输出,而此时排气阀6的阀座仍处于关闭状态。输出口的压力一方面输出到所需驱动器,另一方面通过通道反馈到压力传感器7,压力传感器得到压力信号转换成电信号反馈到控制回路模块8,与原来设定的目标值进行比较、修正,决定是让供气用二位三通电磁阀1继续增压,还是让排气用二位三通电磁阀2打开释放先导腔室压力,直到输出工作压力与输入电信号成线性比例关系

灵敏度≤0.2% FS,线性度≤±1% FS,迟滞≤0.5% FS,重复度≤±0.5% FS,IP 65防护等级。在平衡状态时耗气为0,在不加压状态时,可进行零位调整和满位调整。有LED显示。有两种输出信号模式:模拟量和开关量

ITV先导式电气比例阀主要技术参数

型号		ITV 101□	ITV 103□	ITV 105□
		ITV 201□	ITV 203□	ITV 205□
		ITV 301□	ITV 303□	ITV 305□
最低使用压力/MPa		设定压力-0.1		
最高使用压力/MPa		0.2	1.0	
压力调节范围/MPa		0.005~0.1	0.005~0.5	0.005~0.9
电源	电压	24V DC-10% 12~15V DC		
	电流消耗量	使用电压24V DC,0.12A或以下 使用电压12~15V DC,0.18A或以下		
输入信号	电流式/mA	4~20,0~20		
	电压式/V DC	0~5,0~10		
	预设输入	4点		
输入阻抗	电流式	250Ω或以下		
	电压式/kΩ	约6.5		
	预设输入/kΩ	约2.7		

型号		ITV 101	ITV 103	ITV 105
		ITV 201	ITV 203	ITV 205
		ITV 301	ITV 303	ITV 305
输出信号(电信号)	模拟输出	1~5V DC(负载阻抗,1kΩ或以上) 4~20mA(负载阻抗,250Ω或以下)		
	开关输出	NPN集电板开路,最高30V,30mA PNP集电板开路,最高30mA		
线性度		0.1% FS以内		
迟滞现象		0.5% FS以内		
重复精度		±0.5% FS以内		
敏感度		0.2% FS以内		
温度/℃		±0.12% FS以内		
输出压力	精度	±3% FS		
	最小单位	0.01MPa		
环境温度		0~50℃		
保护级别		IP65标准		

型号表示方法

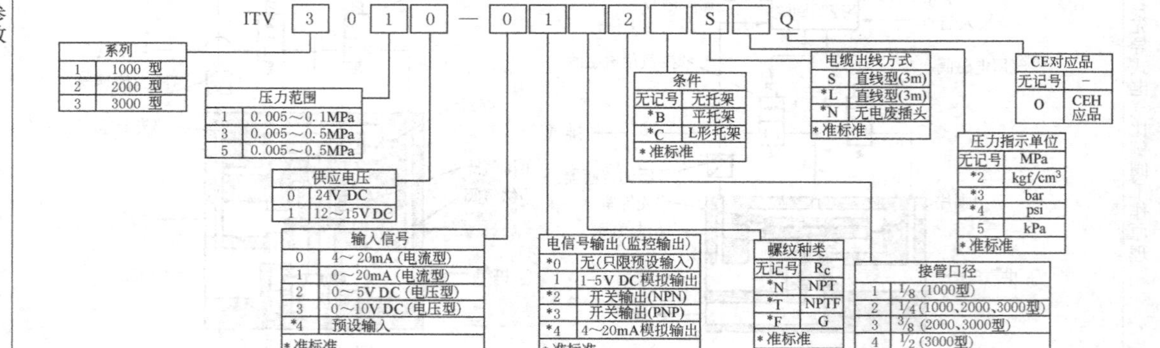

续表

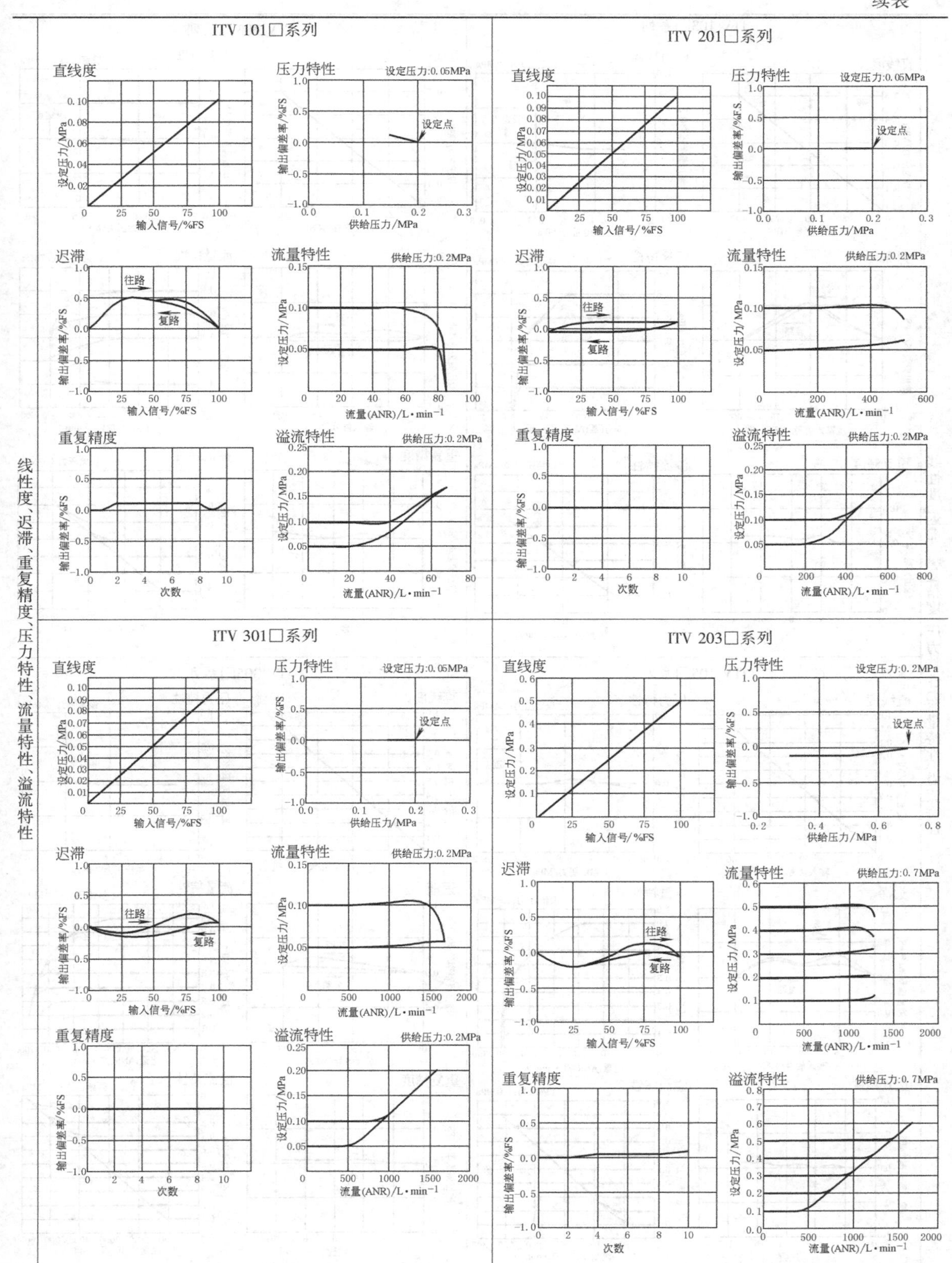
线性度、迟滞、重复精度、压力特性、流量特性、溢流特性
ITV 101□系列
直线度
设定压力/MPa
输入信号/%FS
压力特性
设定压力:0.05MPa
输出偏差率/%FS
设定点
供给压力/MPa
迟滞
往路
复路
流量特性
供给压力:0.2MPa
流量(ANR)/L·min⁻¹
重复精度
次数
溢流特性
ITV 201□系列
ITV 301□系列
ITV 203□系列
设定压力:0.2MPa
供给压力:0.7MPa

第
23
篇

续表

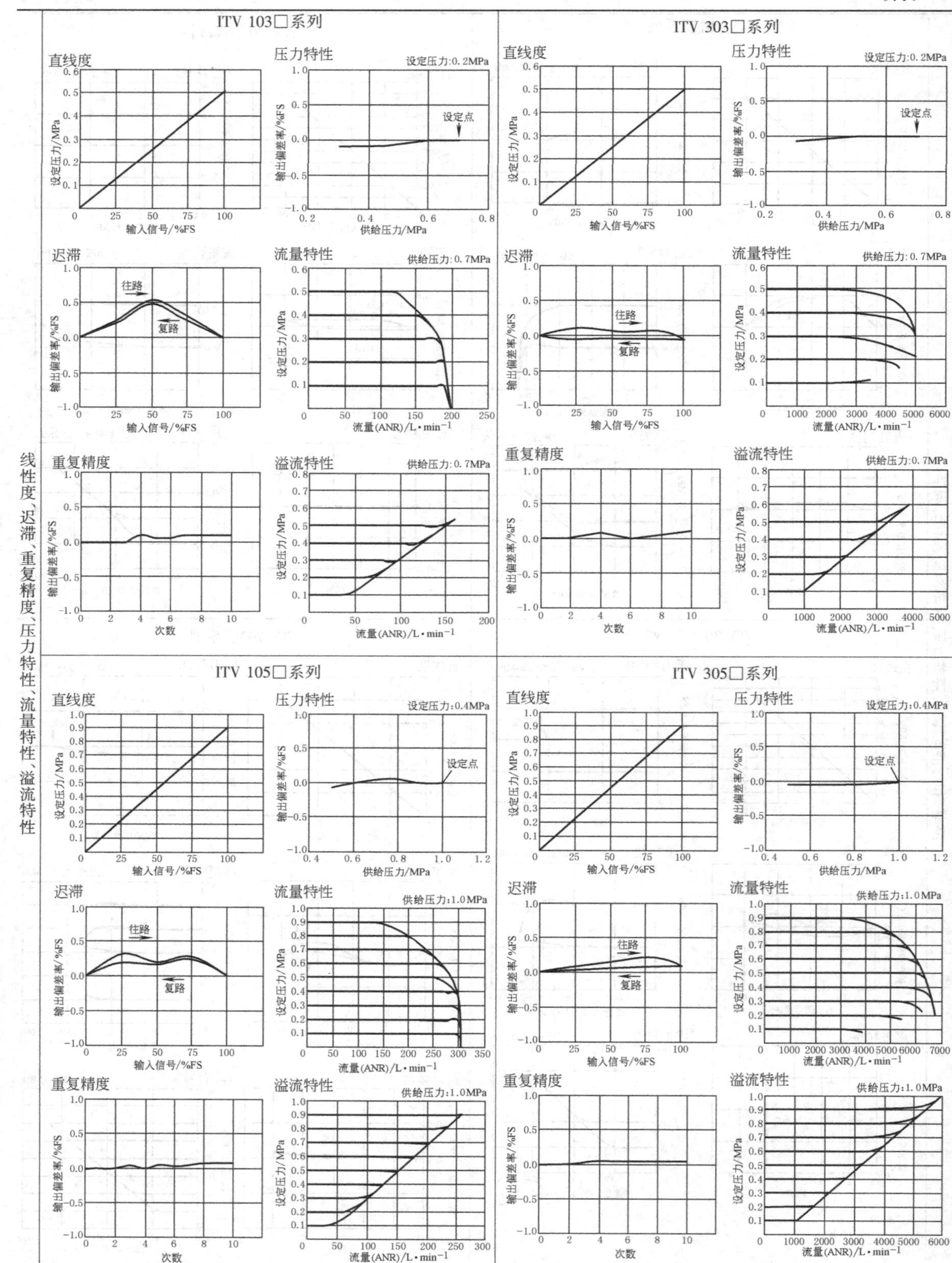

ITV 103□系列
直线度
设定压力/MPa
输入信号/%FS
压力特性
设定压力:0.2MPa
输出偏差率/%FS
设定点
供给压力/MPa
迟滞
往路
复路
流量特性
供给压力:0.7MPa
流量(ANR)/L·min⁻¹
重复精度
次数
溢流特性
ITV 303□系列
ITV 105□系列
设定压力:0.4MPa
供给压力:1.0MPa
ITV 305□系列
线性度、迟滞、重复精度、压力特性、流量特性、溢流特性

续表

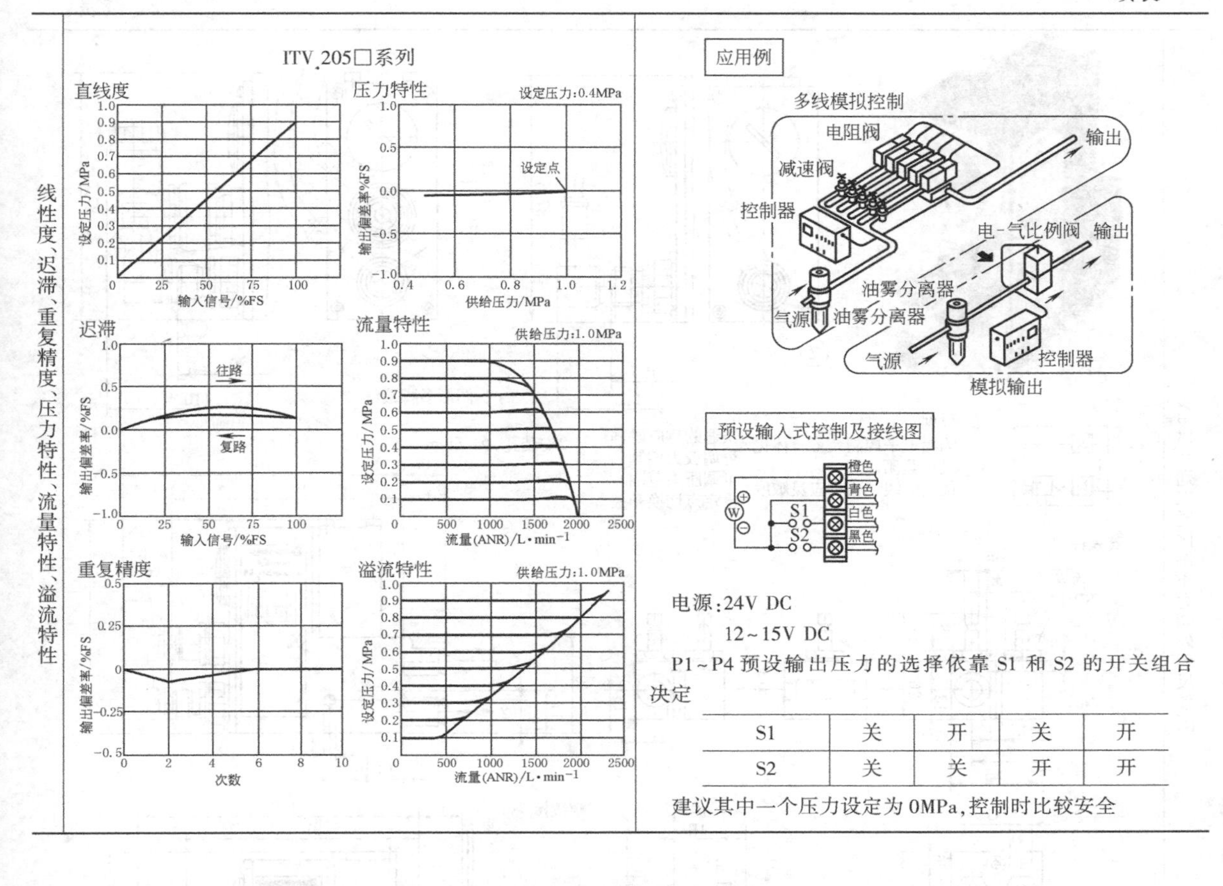

电源:24V DC

12~15V DC

P1~P4 预设输出压力的选择依靠 S1 和 S2 的开关组合决定

S1	关	开	关	开
S2	关	关	开	开

建议其中一个压力设定为 0MPa,控制时比较安全

5.6 NORGREN VP22 系列二位三通比例阀

VP22 系列二位三通比例阀是直动式比例阀，用于闭环、高精度、高速场合，如可用于增压先导控制。

表 23-6-13

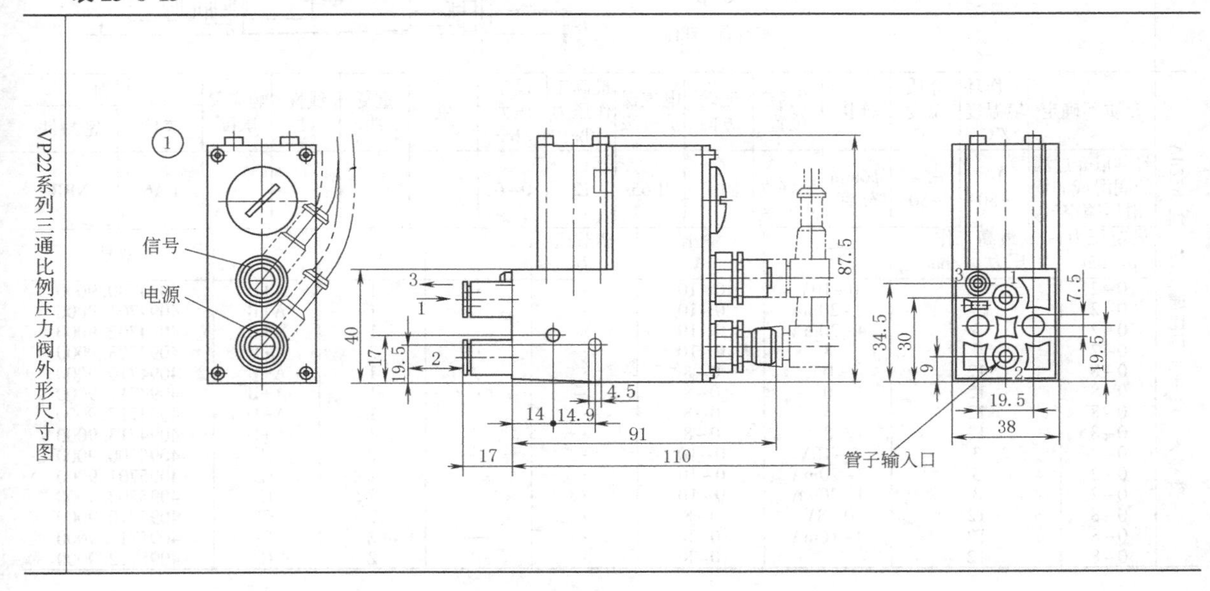

续表

VP22系列三通比例压力阀外形尺寸图

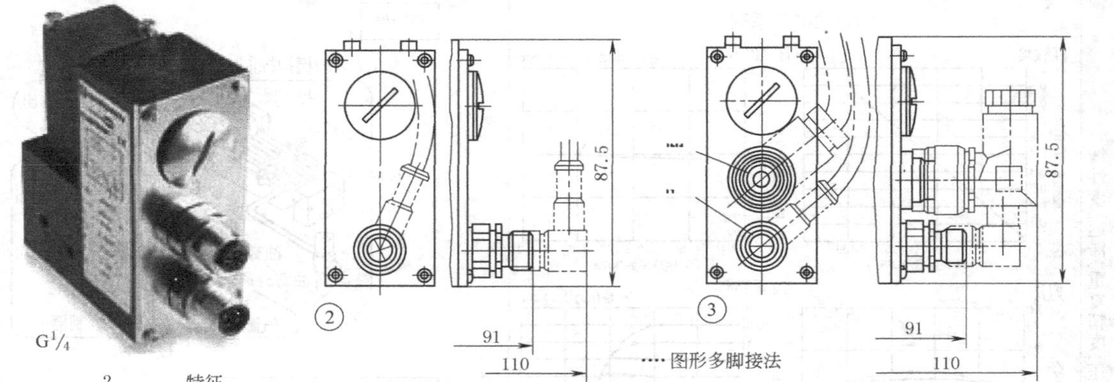

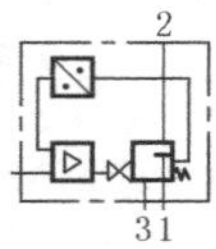

G1/4

特征

闪相电子控制装置一体化　快速的响应时间
最小监测　可调放大控制
优良的线性和响应灵敏度　可调压力范围
设定点切换开关

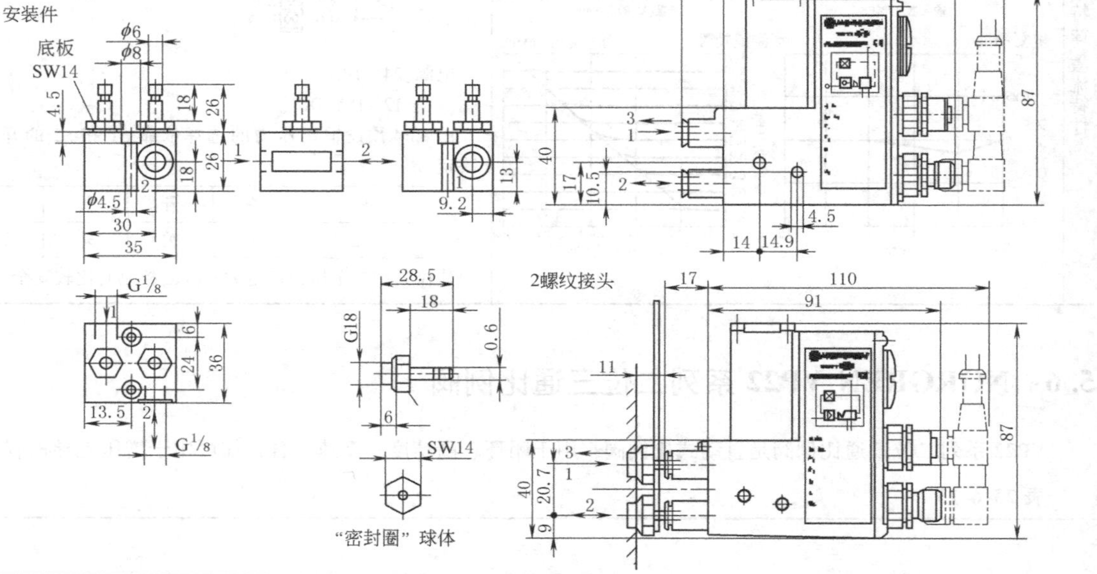

···· 图形多脚接法

2安装孔，φ4.5mm

安装件

底板 SW14

2螺纹接头

“密封圈”球体

VP22系列二位三通比例阀主要技术参数

介质不确定	工作环境温度/℃	介质温度/℃	连接	安装位置	流动方向	电气保护等级	最高工作压力/bar	设定压力/bar	磁	重复性	线性度	响应灵敏度	材料	
													壳体	密封件
经40μm过滤的润滑或非润滑压缩空气	0~+50	-5~+50	φ6mm软管	最好立式安装	固定	IP65	12	0~6					PA6	NBR

设定压力 p_2/bar	最高工作压力 p_1/bar	输入	输出/V	调节压力				型号
0~2	3	0~10V	0~10	·	·	1	A+D	4094700.9000
0~2	3	0~20mA	0~10	·	·	1	A+B	4094701.9000
0~2	3	4~20mA	0~10	·	·	1	A+B	4094702.9000
0~2	3	8	0~10	·	·	3	A+D	4094703.9000
0~8	12	0	0~8	·	·	1	A+B	4094710.9000
0~8	12	0	0~8	·	·	1	A+B	4094711.9000
0~8	12	4	0~8	·	·	1	A+D	4094712.9000
0~8	12	8	0~8	·	·	3	A+D	4094713.9000
0~2	3	0~10V	0~10	·	—	2	C	4095700.9000
0~2	3	0~20mA	0~10	·	—	2	C	4095701.9000
0~2	3	4~20mA	0~10	·	—	2	C	4095702.9000
0~8	12	0~8V	0~8	·	—	2	C	4095710.9000
0~8	12	0~16mA	0~8	·	—	2	C	4095711.9000
0~8	12		0~8	·	—	2	C	4095712.9000

续表

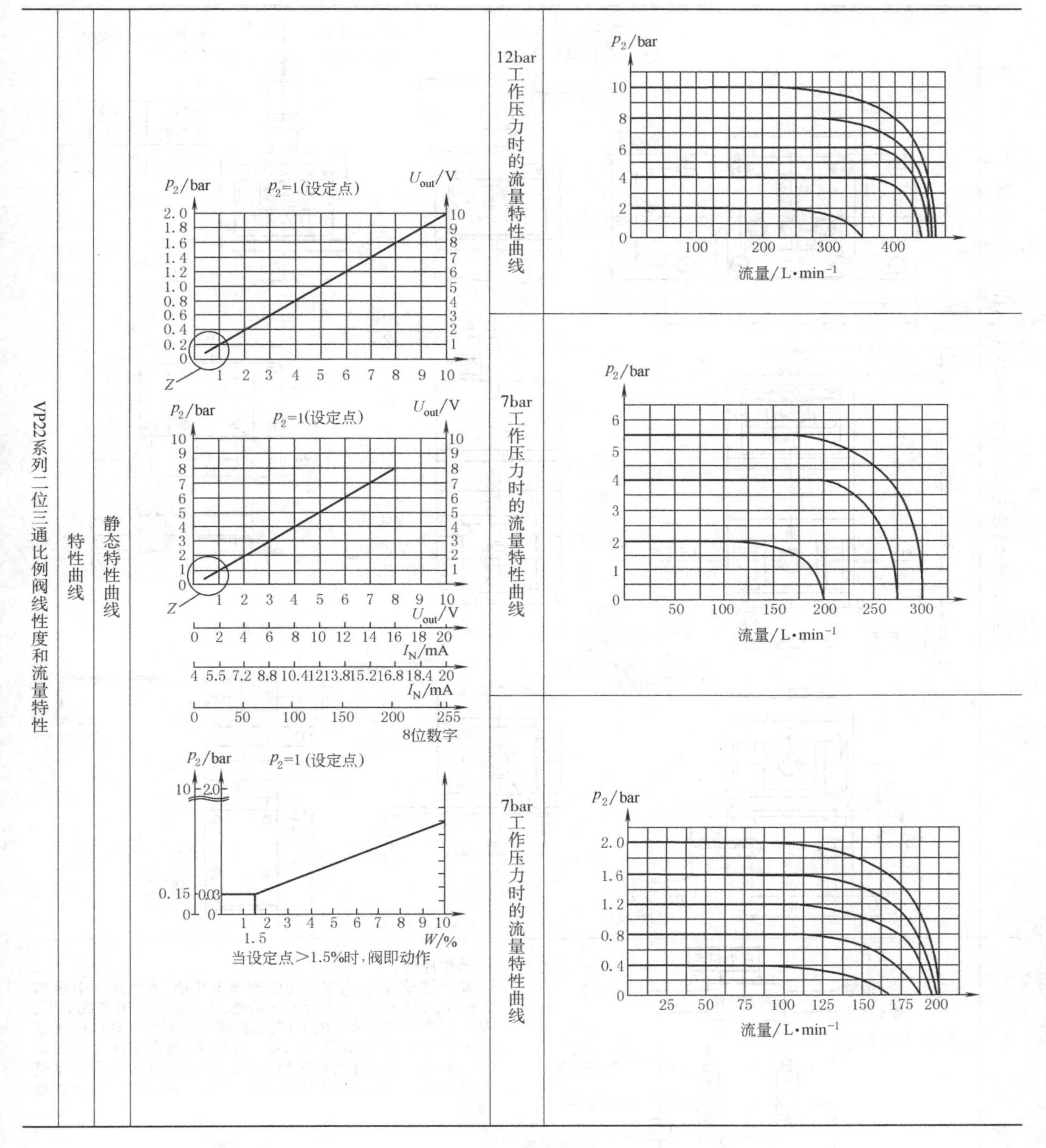

5.7 SMC ITV 2090/209 真空用电气比例阀（PWM 型）

ITV 2090/209 真空用电气比例阀是输出压力随电气信号成比例变化的电气比例阀，其实质是 PWM（Pulse Width Modulation）脉冲宽度调制的比例压力阀。它采用脉宽调制技术将输入的模拟信号经脉冲调制器调制成具有一定频率和一定幅值的脉冲信号，脉冲信号放大后，控制两个二位二通高速电磁换向阀。

灵敏度为 0.2%，线性度±1%（FS），迟滞 0.5%（FS），IP 65 防护等级。有 LED 显示。有两种输出信号模式：模拟量和开关量。

表 23-6-14

ITV 2090/209真空用电气比例阀的外形尺寸图/mm

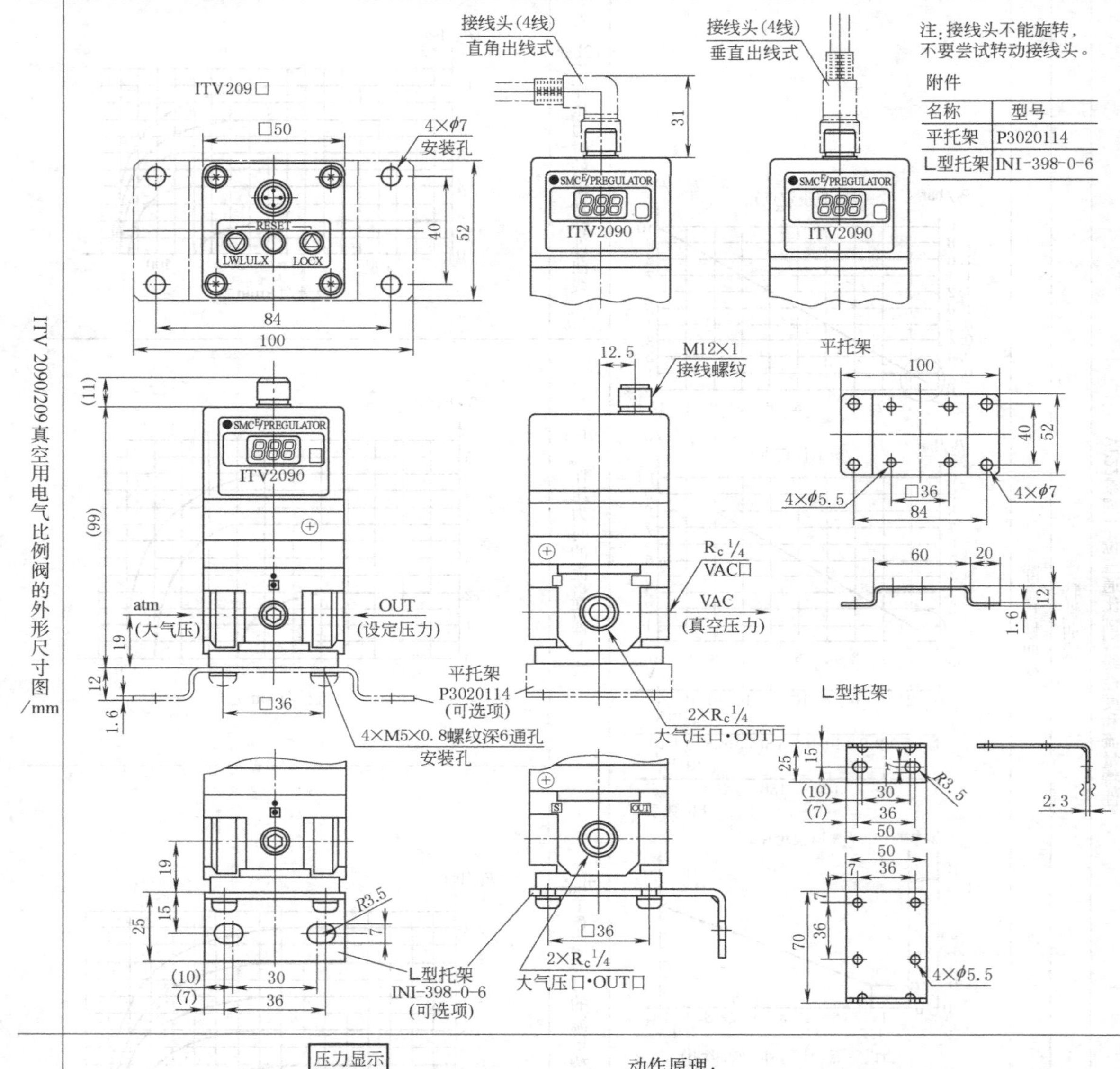

注:接线头不能旋转，不要尝试转动接线头。

附件

名称	型号
平托架	P3020114
L型托架	INI-398-0-6

工作原理

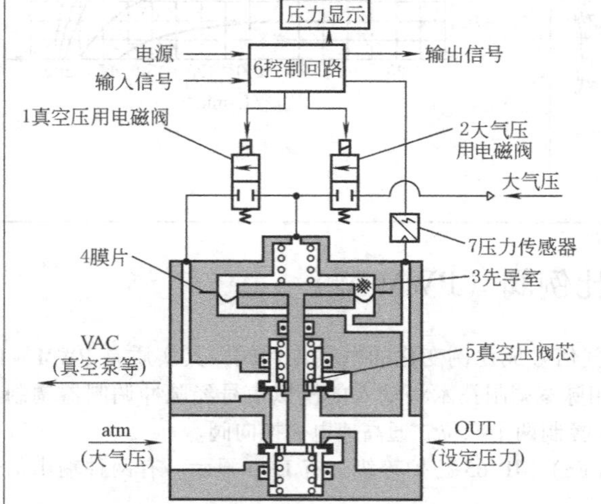

动作原理:

输入信号增大，真空压用电磁阀 1 接通，大气压用电磁阀 2 断开，则 VAC 口与先导室 3 接通，先导室的压力变成负压，该负压作用在膜片 4 的上部，其结果是与膜片 4 联动的真空压阀芯 5 开启，VAC 口与 OUT 口接通，则设定压力变成负压。此负压通过压力传感器 7 反馈至控制回路 8，在这里进行修正动作，直到 OUT 口的真空压力与输入信号成比例地变化

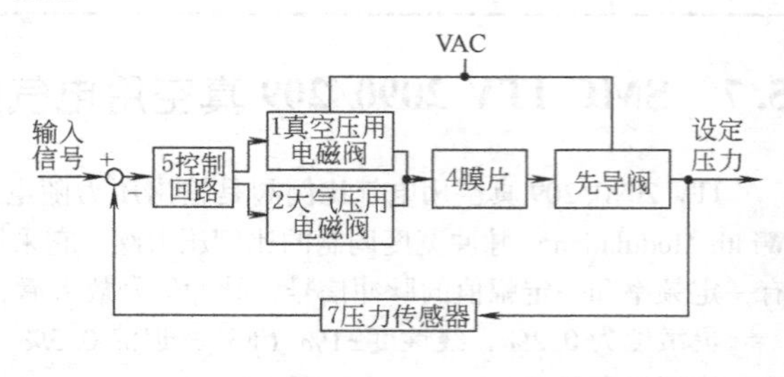

续表

ITV 2090/209真空用电气比例阀的主要技术参数

型　　号		ITV2090	ITV2091
最低供给真空度/kPa		设定真空度+13.3	
最高供给真空度/kPa		+101	
设定真空度范围/kPa		1.3～80	
电源	电压/V DC	24～10%	12～15
	消耗电流/A	使用电压 24V DC:0.12 或以下 使用电压 12～15V DC:0.18 或以下	
输入信号	电流型①/mA	4～20,0～20	
	电压型/V DC	0～5,0～10	
	预设输入	4 点	
输入阻抗/kΩ	电流型	250 或以下	
	电压型	约 6.5	
	预设输入	约 2.7	
输出信号②(电信号监控输出)	模拟输出	1～5V DC(负载阻抗:1kΩ 或以上) 4～20mA(汇式)(负载阻抗:250Ω 或以上)	
	开关输出	NPN 集电极开路:最高 30V,30mA PNP 集电极开路:最高 30mA	
线性度		−1% FS 以内	
迟滞现象		0.5% FS 以内	
重复精度		−0.5% FS 以内	
敏感度		0.2% FS 以内	
温度特性/℃		−0.12% FS 以内	
输出压力指示	精度	−3% FS 以内	
	单位	kPa(最小为 1)	
环境及流体温度/℃		0～50(但未冻结)	
保护构造		相当 IP 65	

① 2 线式 4～20mA 没有,供应电压为 24V DC 或 12～15V DC

② 可选择模拟输出或开关输出,若选择开关输出,请选择 NPN 输出或 PNP 输出

型号标记:

ITV 209 [0] [0] [1] [ ] 2 [ ] [S] 5

设定真空度范围

9	1.3～80kPa

电源电压

0	24V DC
1	12～15V DC

输入信号

0	4～20mA DC(电流型)
1	0～20mA DC(电流型)
2	0～5V DC(电压型)
3	0～10V DC(电压型)
4*	预设输入

*准标准

电信号监控输出

*0	无(只限预设输入)
1	1～5V DC模拟输出
*2	开关输出(NPN)
*3	开关输出(PNP)
*4	4～20mA DC模拟输出

*准标准

连接螺纹

无记号	Rc
*N	NPT
*T	NPTF
*F	G

*准标准

接管口径

2	R_c¼

附件

无记号	无托架
*B	平托架
*C	L形托架

*准标准

接线方式

S	垂直出线(3m)
*L	直角出线(3m)
*N	无电缆插头

*准标准

压力指示单位

5	kPa

ITV 2090/209真空用电气比例阀的主要技术参数

配管配线图

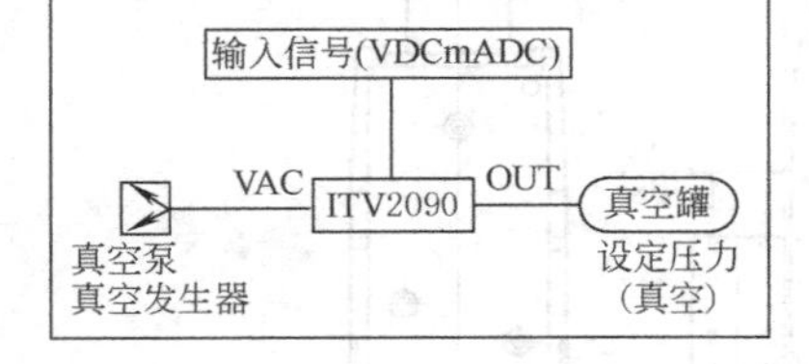

① 有 LED 跳字式显示

② 可选择开关输出或模拟输出两种

③ 接线方式可选择垂直出线式或直角出线式两种

④ 安装尺寸与 IT 系列相同

⑤ 保护等级达 IP 65

预设输入式控制及接线图

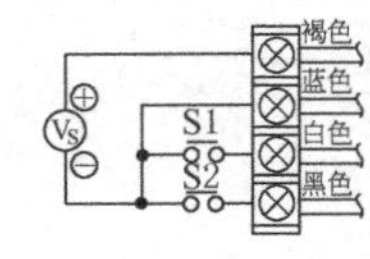

电源24V DC

12～15V DC

P1～P4 预设输出压力的选择依靠 S1 和 S2 的开、关组合决定

S1	关	开	关	开
S2	关	关	开	开
预设压力	P1	P2	P3	P4

注:建议其中一个预设压力设定为 0MPa,控制上会较安全

续表

线性度、迟滞、重复精度、压力特性、流量特性

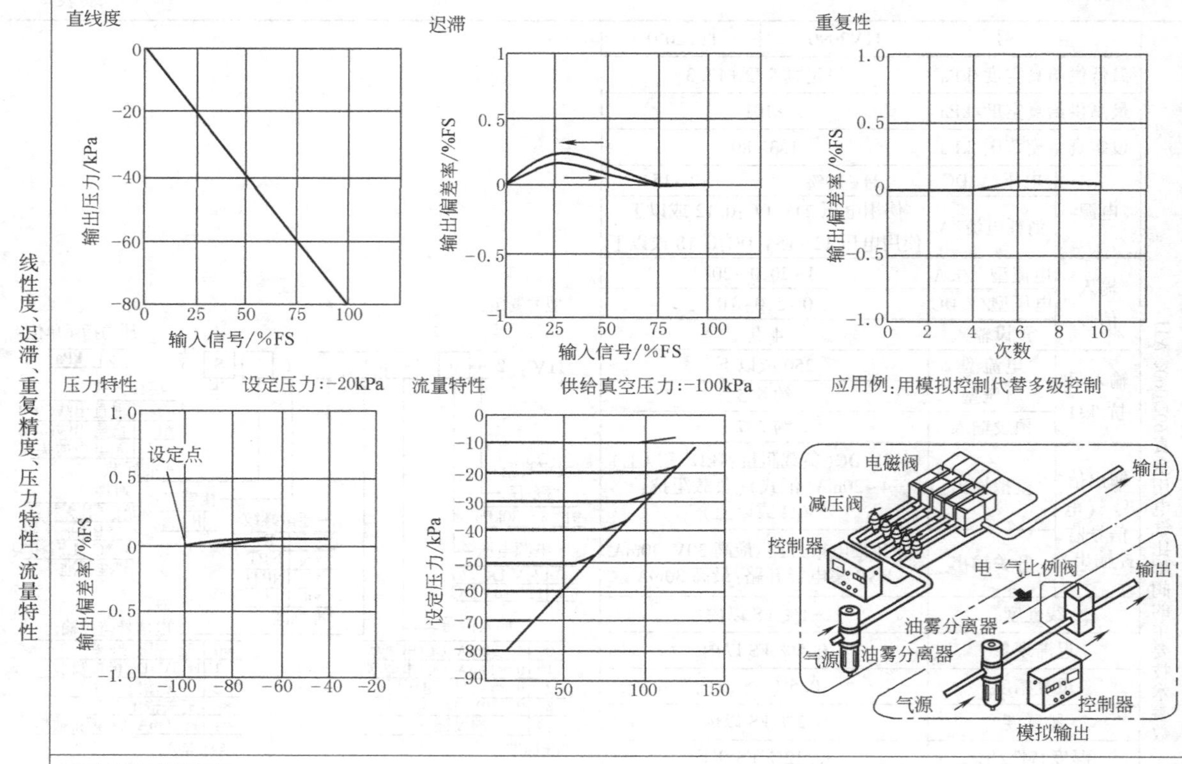

流量特性测定条件

① 测定时使用的真空泵的排气流量(ANR)500L/min

② 一次侧 VAC,压力-100kPa(二次侧流量0时)

③ 最大流量(ANR)132L/min(一次侧 VAC,压力-39kPa)

5.8 HOERBIGER PRE 压电式比例阀

有电压控制型（型号：PRE-U）与电流控制型（型号：PRE-1），三个压力范围。

表 23-6-15

mm

PRE压电式比例阀外形尺寸及工作原理图

45 插头可90°旋转 3 103 65 G1/8 深8 2 32 25 5 15 4.5 30 37 16 45 36

(a)带符合DIN43650-IC标准的插头及底板的尺寸图

续表

PRE压电式比例阀外形尺寸及工作原理图

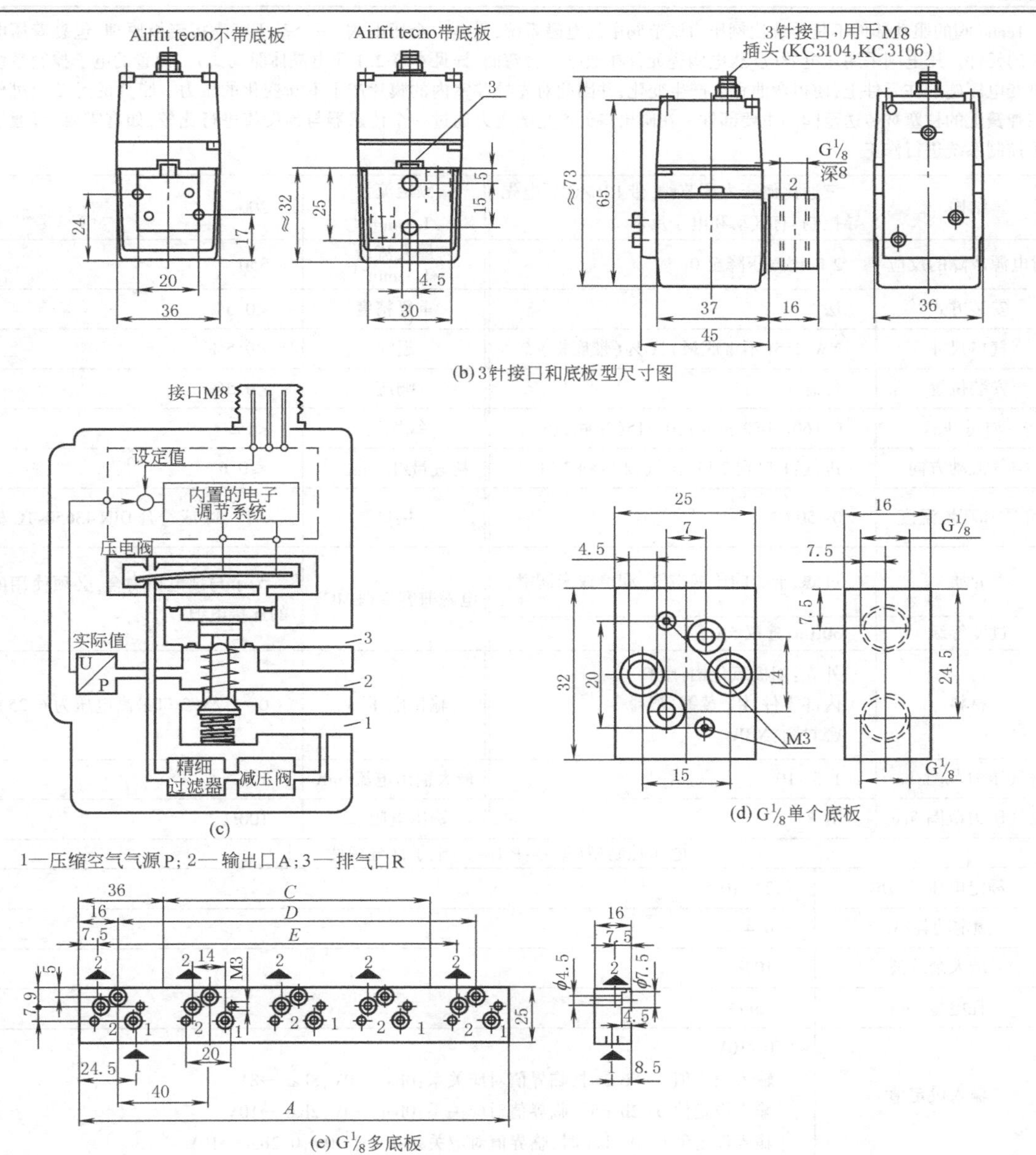

(b) 3针接口和底板型尺寸图

(c)

1—压缩空气气源P；2—输出口A；3—排气口R

(d) $G\frac{1}{8}$单个底板

(e) $G\frac{1}{8}$多底板

	阀的数量	尺寸/mm				质量/kg
		A	C	D	E	
G⅛多底板尺寸	2	72	0	40	40	0.07
	3	112	40	80	80	0.11
	4	152	80	120	120	0.15
	5	192	120	160	160	0.19
	6	232	160	200	200	0.23

续表

工作原理	Tecno 阀的驱动部件不是传统比例压力调节阀中的电磁系统，而是一个压电阀，一个基于喷嘴折流板原理、包裹着压电陶瓷的元件。压电阀采用压电效应（压电陶瓷元件在通电后会弯曲，详见本章 2.1 压电晶体驱动式）。内置的电子控制系统将可变电压施加在元件上，使得弯曲程度产生变化，并因此对先导腔室内的膜片产生不断变化的压力。膜片的运动通过作用在弹簧上的柱塞被传送至阀的主要部件。在阀出口处产生的压力通过一个传感器与预设值进行比较，如有需要，可通过电子控制系统进行修正			
PRE压电式比例阀主要技术参数	结构	三通比例压力调节阀，带 PIEZO 压电先导控制，有气动和电子反馈	额定流量 /$L\cdot min^{-1}$	200
	对电源故障的反应	2 口把气压降至 0	最大流量 /$L\cdot min^{-1}$	350
	安装方式	法兰	重复精度	<0.5%
	气口尺寸	NW 2.5（不带底板）；G⅛（带底板）	迟滞	<0.5%
	安装位置	任意	响应	<0.5%
	质量/kg	0.160（不带底板）；0.215（带底板）	线性度	<1%
	空气流动方向	进气：1 口到 2 口；出气：2 口到 3 口	耗气量/$L\cdot min^{-1}$	≤0.6
	介质和环境温度	0~50℃	接口	3 针 M8 或符合 DIN 43650-1C 标准
	介质	过滤、干燥的压缩空气，润滑或未润滑	电磁兼容性（EMC）	为了与规范相吻合，必须使用屏蔽的连接电缆
	过滤等级	30μm；建议 5μm		
	材料	外壳：阳极氧化铝；塑料 内部零件：铝，黄铜，塑料 密封圈：NBR	输出电压/V	0~1.25（2 口最高电压为 6.25）
	进气压力范围/bar	1.5~10	最大输出电流/mA	1
	出气压力范围/bar	0~8	输出电阻/Ω	100Ω
	电压控制型（型号：PRE-U）电子部分特性			

PRE压电式比例阀主要技术参数	额定电压/V DC	24±10%
	额定功耗/W	0.4
	最大余纹波	10%
	耗电量/mA	15mA
	输入设定值	0~10V 输入设定值 0~8bar 时，临界值对应关系：0bar →0V，8bar →8V 输入设定值 0~2bar 时，临界值对应关系：0bar →0V，2bar →10V 输入设定值 0~0.2bar 时，临界值对应关系：0bar →0V，0.2bar →10V
	输入电阻/kΩ	61.5
	电流控制型（型号：PRE-1）电子部分特性	
	供电/mA	4
	设定电流/mA	4~20
	进气口最大电压	12.5V 输入设定值 0~8bar 时，临界值对应关系：0bar →4mA，8bar →20mA 输入设定值 0~2bar 时，临界值对应关系：0bar →4mA，2bar →20mA 输入设定值 0~0.2bar 时，临界值对应关系：0bar →4mA，0.2bar →20mA
	输入电阻/Ω	≤550
	切换时间/ms	7

第7章 真空元件

1 真空系统的概述

气动技术中应用的真空元件品种越来越多，技术更新速度也越来越快，已成为气动技术中十分重要的一个分支。有些气动制造厂商专门把它列为真空技术，也有些气动制造厂商专门把它列为模块化机械手范畴。

表 23-7-1

<table>
<tr><td>真空度</td><td colspan="3">在真空技术中，将低于当地大气压力的压力称为真空度。在工程计算中，为简化常取“当地大气压” p_a = 0.1MPa。以此为基准，将绝对压力、表压力及真空度表示如图 a
ISO 规定的压力单位是帕斯卡(Pa)：1Pa = 1N/m^2</td><td>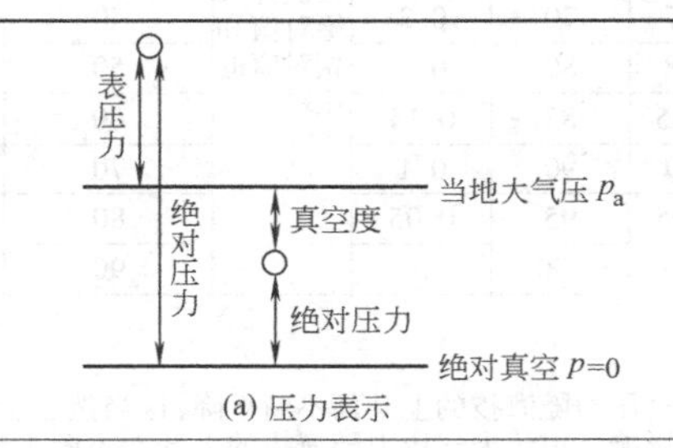

(a) 压力表示</td></tr>
<tr><td rowspan="6">真空度分类</td><td>分类</td><td>压力范围(绝对)</td><td>应　用</td><td rowspan="6">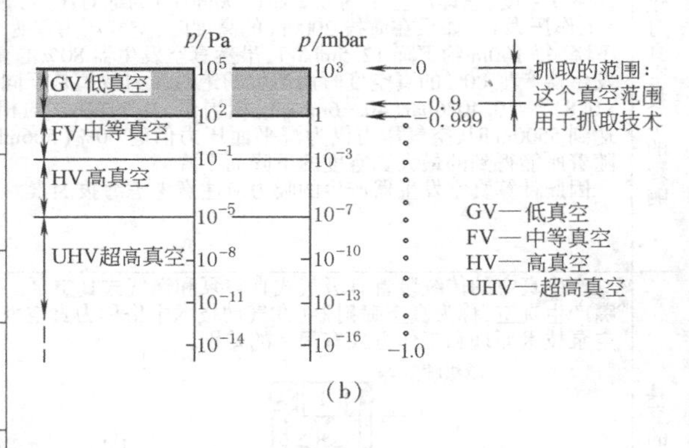

(b)</td></tr>
<tr><td>低真空</td><td>大气压力～1mbar</td><td>应用于工业的抓取技术
在实际应用中，真空水平通常以百分比的方式来表示，即真空度被表示为与其环境压力的比例。在真空应用中工件的材料和表面的加工程度也是至关重要的</td></tr>
<tr><td>中等真空</td><td>10^{-3}～1mbar</td><td>钢的去除气体，轻型灯泡的生产，塑料的干燥以及食品的冷冻干燥等</td></tr>
<tr><td>高真空</td><td>10^{-3}～10^{-8}mbar</td><td>金属的熔炼或退火，电子管的生产</td></tr>
<tr><td>超高真空</td><td>10^{-8}～10^{-11}mbar</td><td>金属的喷射，真空镀金属(外层镀金属)以及电子束熔化</td></tr>
<tr><td colspan="3">真空范围从技术角度讲已经可以达到 10^{-16} 的数量级，但在实际应用中一般将其分为较小的范围。图 b 的真空范围是按照物理特点和技术要求来划分的</td></tr>
<tr><td>真空度单位换算</td><td colspan="4">工作压力可以两种不同的方式正确表达，即相对压力和绝对压力。相对压力为 0bar 的工作压力相当于 1bar 的绝对压力，这种表达方式也同样适用于真空。真空通常被表述为一个相对的工作压力值，即带有负号。最低压力值(即 100%真空)就相当于−1bar 的相对工作压力
真空度以相对于绝对压力 0 数值表示。绝对压力 0 数值(即 0bar)是最低真空度，相当于 100%真空。在这一真空范围内，1bar 为最大值，代表了大气压力
目前真空的法定计量单位仍旧是帕斯卡(Pa)，但在实际应用中已很少采用这一单位。事实上更多采用的是 bar、mbar 以及真空度(%)，尤其是在低真空的情况下(如抓取技术)</td></tr>
</table>

续表

真空度单位换算

最常用的压力单位之间的关系：100Pa = 1hPa；1hPa = 1mbar；1mbar = 0.001bar

真空度单位换算

工作压力/bar	真空/%	绝对压力/bar
6		7
5		6
4		5
3		4
2		3
1		2
0	0	1
-0.1	10	0.9
-0.2	20	0.8
-0.3	30	0.7
-0.4	40	0.6
-0.5	50	0.5
-0.6	60	0.4
-0.7	70	0.3
-0.8	80	0.2
-0.85	85	0.15
-0.9	90	0.1
-0.95	95	0.05
-1.0	100	0

真空度与压力单位换算

单位	bar	N/cm^2	kPa	atm, kgf/cm^2	mH_2O	torr, mmHg	in Hg	psi
bar	1	10	100	1.0197	1.0197	750.06	29.54	14.5
N/cm^2	0.1	1	10	0.1019	0.1019	75.006	2.954	1.45
kPa	0.01	0.1	1	0.0102	0.0102	7.5006	0.2954	0.145
atm, kgf/cm^2	9.807	98.07	980.7	1	1	7355.6	289.7	142.2
mH_2O	0.9807	9.807	98.07	1	1	735.56	28.97	14.22
torr, mmHg	0.00133	0.01333	0.1333	0.00136	0.00136	1	0.0394	0.0193
in Hg	0.0338	0.3385	3.885	0.03446	0.03446	25.35	1	0.49
psi	0.0689	0.6896	6.896	0.0703	0.0703	51.68	2.035	1

真空度与压力单位换算及绝对值和相对值的比较

相对压力/%	剩余压力绝对值/bar	压力相对值/bar	N/cm^2	kPa	atm, kgf/cm^2	mH_2O	torr, mmHg	in Hg
10	0.912	-0.101	-1.01	-10.1	-1.03	-0.103	-76	-3
20	0.810	-0.203	-2.03	-20.3	-2.07	-0.207	-152	-6
30	0.709	-0.304	-3.04	-30.4	-3.1	-0.31	-228	-9
40	0.608	-0.405	-4.05	-40.5	-4.13	-0.413	-304	-12
50	0.506	-0.507	-5.07	-50.7	-5.17	-0.517	-380	-15
60	0.405	-0.608	-6.08	-60.8	-6.2	-0.62	-456	-18
70	0.304	-0.709	-7.09	-70.9	-7.23	-0.723	-532	-21
80	0.202	-0.811	-8.11	-81.1	-8.27	-0.827	-608	-24
90	0.101	-0.912	-9.12	-91.2	-9.3	-0.93	-684	-27

空气压力的变化对真空技术的影响

空气压力随海拔的上升而不断下降，这当然也会对真空技术甚至真空发生器本身产生影响。由于大气压力随海拔的上升而不断下降，因此所能获得的最大差压以及真空吸盘所能获得的最大吸力也会相应减小（见图c）。即使真空发生器80%的真空性能水平仍旧保持不变，它所产生的真空能力会随着海拔高度的上升而下降

在海平面的空气压力约为1013mbar。如果在海平面上一个真空发生器可以产生80%真空度，它即产生了约0.2bar(200mbar)的绝对压力，相当于-0.8bar的相对压力（工作压力）。如果在海拔2000m的高度时，空气压力仅为763mbar（空气压力呈线性下降，每100m约下降12.5mbar），虽然真空发生器80%的真空水平未变，但此时真空发生器产生80%的真空度时所产生的绝对压力数值是不同的：[1013mbar -(763mbar ×0.8)] = 0.4026bar(402.6mbar)，相当于-0.5974bar的相对压力。同样，海拔高度达到5500m时，空气压力仅为海平面压力值的50%(506mbar)。真空气爪的吸力会随着所能得到的最大真空度的下降而下降

因此计算真空发生器产生的吸力应注意考虑海拔因素

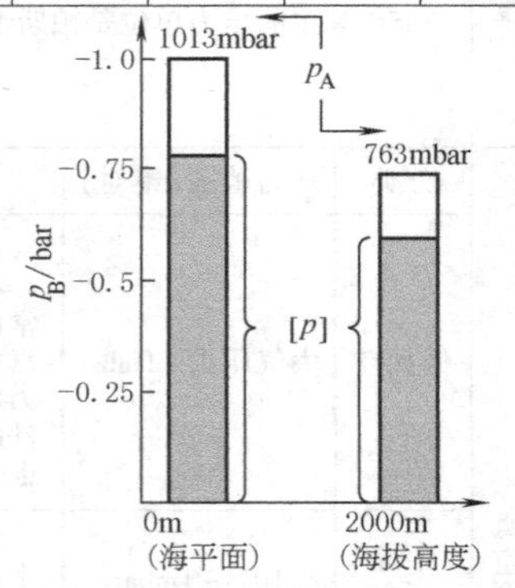

[p]=真空发生器的真空性能×80%

(c)

真空的产生装置及其工作原理

产生真空的传统装置有吸气式真空泵和送气式真空泵。在近代气动技术中有另一种产生真空的装置，以空气进入喷射嘴产生真空，称为真空喷射器（在气动技术中俗称为真空发生器）。真空发生器（真空喷射器）、吸气式真空泵和送气式真空泵技术原理和工作方式有很大的差别

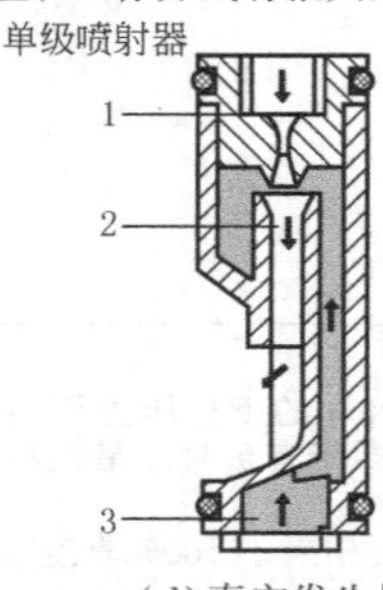

(d)真空发生器
1—文丘里喷嘴（气流喷嘴）；2—接收器喷嘴；3—真空口

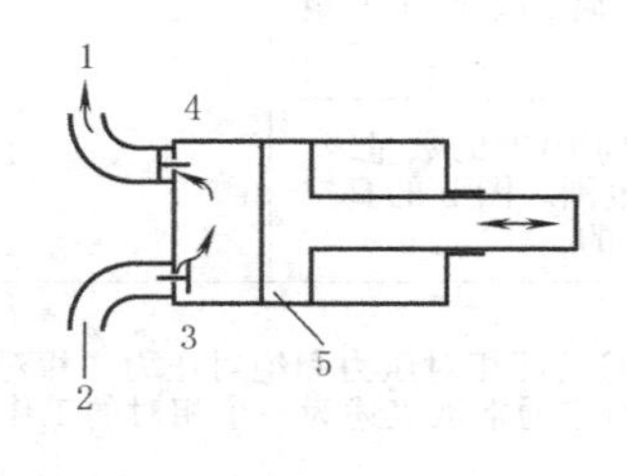

(e)送气式置换真空泵
1—压力一侧；2—吸气一侧；3—进气阀；4—排气阀；5—活塞

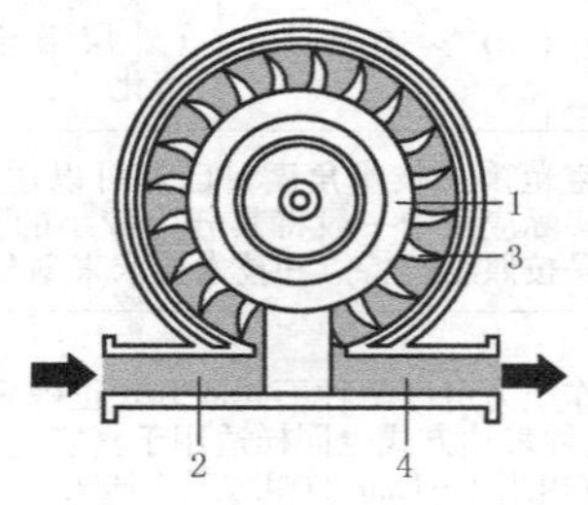

(f)真空送风机
1—叶轮；2—吸气侧；3—叶片；4—压缩

续表

真空的产生装置及其工作原理	真空发生器	典型的喷射器包括一个气流喷嘴（文丘里喷嘴）和至少一个接收器喷嘴（根据结构原理而定）。压缩空气进入喷射器，气流在通过狭小的喷嘴（文丘里喷嘴）时流速被加速到音速的5倍。在喷射器的出口和接收器喷嘴的压缩空气在通过该缝隙时体积膨胀，并产生了吸气的效应，于是在这个装置的输出口（即真空口）就形成了真空
	送气式置换真空泵与送气式动力真空泵	在置换式真空泵（高真空，小流量）中，空气（气体）可自由流入扩张区域，然后通过机械方式进行关闭、压缩以及喷射。这类真空泵的主要特点是能达到很高的真空度，但流量相对较小 图e是这种真空泵的简图，它显示了这种置换式真空泵的工作原理。虽然在设计方案和构造上有所不同，但所有的泵在工作原理上都是相同的。其真空度最高可达到98%，维护成本低，但安装位置受到限制，尺寸较大 在动力真空泵（低真空，大流量）的真空形成的过程中，空气（气体）微粒在外部机械力的作用下被强制流入传送方向 这类真空泵的主要特点是所产生的真空度相对较低，但它们同时所能达到的流量（抽气能力）却很高
	吸气式真空泵	这种真空泵不能去除气体微粒，而是在真空系统内部将它们转换成液体、固体或是可吸着的状态。这样在封闭空间内的气体（空气）体积就会缩小，于是真空便产生了（如用医学针筒抽血）
	真空送风机	真空送风机（图f）也被归为动力真空泵一类。这些真空发生装置是按照脉动原理进行工作的，也就是在旋转叶轮1将动能传递给空气的过程中，空气在吸气侧2被吸入并通过叶轮上的叶片3进行压缩。它可以在较短的时间内将较大的容积抽空，维护成本高
	真空压缩机	真空压缩机是另一种具有相似特性的动力真空泵。吸入的空气在通过多级叶轮室时在叶轮旋转产生离心力的作用下获得低脉动的压缩。和真空送风机一样，这类真空泵的流量也很大，可以在较短的时间内将较大的容积抽空，但维护成本高，形成的真空度较低

	项　目	真空发生器	真　空　泵
真空发生器（真空喷射器）和真空泵的特性比较	真空度/kPa	可达88	可达101.3
	吸入流量/$m^3 \cdot min^{-1}$	-0.3	-20
	尺寸大小	1	60
	重量	1	40
	结构	简单	复杂
	寿命	无可动部件，无需维修，寿命长	有可动部件，需要定期维修
	消耗功率	小（尤其对省气式组合发生器）	较大
	安装	方便	不便
	与配套件的组合	容易（如气管短、细）	困难（如气管壁厚、长）
	真空的产生及消除	快	慢
	真空压力的脉动	无脉动，不需要真空管	有脉动，需要真空管
	产生真空的成本比	1	27
	应用场合	需要气源，宜从事流量不大的间歇工作，适合分散及集中点使用 适用于工业机器人、自动流水线、抓取放置系统、印刷、包装、传输等领域	适合连续的、大流量工作，不宜频繁启停，也不宜分散点使用 适用于抓取透气性较好、质量较轻的物件，如沙袋、纸板箱、刨花板（送气式动力真空泵）

真空系统	组成	真空系统一般由真空压力源（真空发生器、真空泵）、吸盘（执行元件）、真空阀（控制元件有手动阀、机控阀、气控阀及电磁阀等）及辅助元件（管件接头、过滤器和消声器等）组成。有些元件在正压系统和负压系统中能够通用，如管接头、过滤器和消声器以及部分控制元件	
	真空由真空泵产生的回路	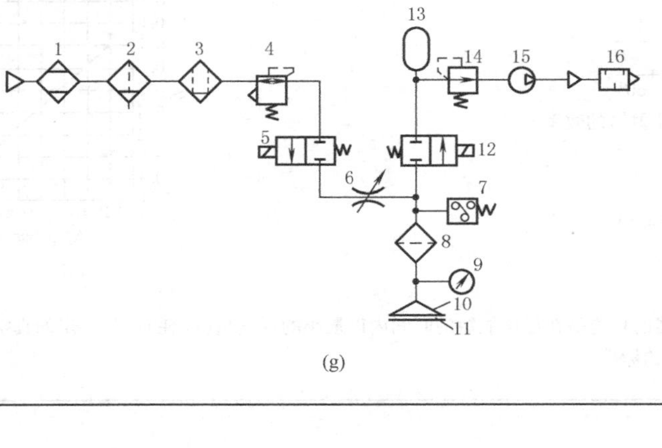 (g)	典型真空回路（图g、图h） 1—冷冻式干燥机； 2—过滤器； 3—油雾分离器； 4—减压阀； 5—真空破坏阀； 6—节流阀； 7—真空压力开关； 8—真空过滤器； 9—真空表； 10—吸盘

续表

真空系统	真空由真空发生器产生的回路	(h) 用真空发生器产生的真空回路,往往是正压系统的一部分,同时组成一个完整的气动系统	11—被吸吊物; 12—真空切换阀; 13—真空罐; 14—真空减压阀; 15—真空泵; 16—消声器; 17—供给阀; 18—真空发生器; 19—单向阀
应用	真空系统作为实现自动化的一种手段,已在电子、半导体元件组装、汽车组装、自动搬运机械、轻工机械、医疗机械、印刷机械、塑料制品机械、包装机械、锻压机械、机器人等许多方面得到广泛的应用。如真空包装机械中,包装纸的吸附、送标、贴标,包装袋的开启;电视机的显像管、电子枪的加工、运输、装配及电视机的组装;印刷机械中的双张、折面的检测,印刷纸张的运输;玻璃的搬运和装箱;机器人抓起重物,搬运和装配;真空成型、真空卡盘等。总之,对任何具有较光滑表面的物体,特别对于非金属且不适合夹紧的物体,如薄的柔软的纸张、塑料膜、铝箔、易碎的玻璃及其制品、集成电路等微型精密零件,都可以使用真空吸附,完成各种作业		

2 真空发生器的主要技术参数

表 23-7-2

主要技术参数	真空发生器的主要技术参数为当在某一个工作压力时所产生的真空度(见图 a) 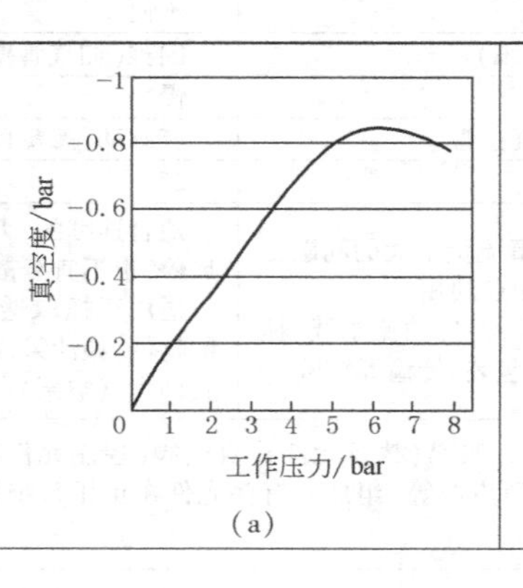 (a)	重要参数	抽空时间——产生特定真空所需要的时间,s 耗气量——喷射器产生特定的真空所需消耗的空气量,L/min 效率——抽空时间、耗气量以及抽空容积 抽气流量——喷射器所能抽入的空气量,L/min
真空发生器效率计算式	 $$\eta=\frac{1}{1+\frac{t_E Q}{60V}}$$ 式中 η——低压力时真空喷射器的效率 t_E——抽空时间,s Q——耗气量,L/min V——抽空容积(标准容积),L 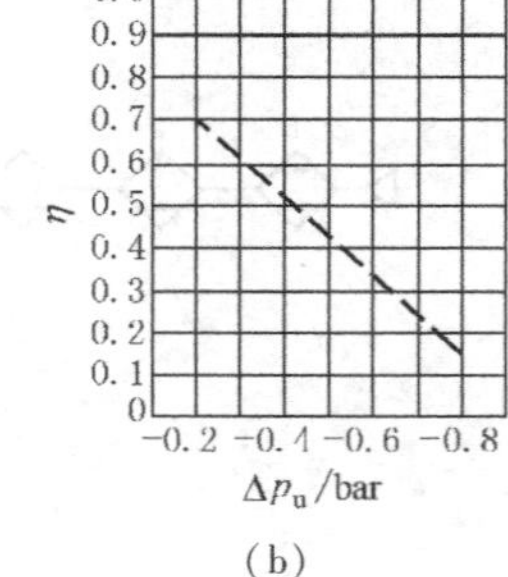 (b) 在实际应用中,真空喷射器的功能是在尽可能短的时间内以最小的耗气量(能耗)产生一定的真空,这是用来评判不同类型真空发生器性能的最客观的标准		

续表

真空发生器的抽空时间	衡量一个真空发生器性能的另一个重要指标，是看它在吸取一个不泄漏材料且达到一定的真空度时所需的时间多少。这一参数值就是真空发生器的抽空时间。在容积一定的情况下，抽空时间和真空压力的关系曲线是按比例上升的。也就是，当真空水平被抽得越高时，真空发生器的抽气能力将变得越弱，同时达到更高真空度所需的时间也越长(见图 c)	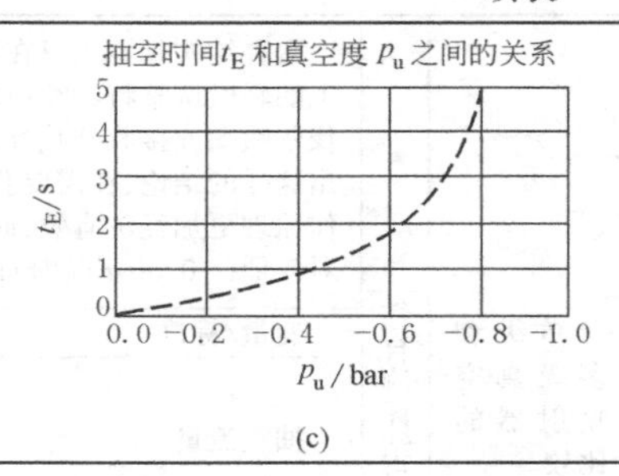 (c)

2.1 单级真空发生器及多级真空发生器的技术特性

表 23-7-3

单级真空喷射器		喷射器包含了一个气流喷嘴(拉伐尔喷嘴)和一个接收器喷嘴。大气的抽取以及真空的产生分别发生于气室内和气流喷嘴与接收器喷嘴之间的缝隙处。压缩空气或吸入的大气在经过接收器喷嘴后直接通过连接的消声器排入大气(环境中)
多级真空喷射器		和单级喷射器一样，这一结构的喷射器也具有一个气流喷嘴(拉伐尔喷嘴)，压缩空气在通过该气嘴时被加速到5倍于音速，然后进入接收器喷嘴。和单级喷射器不同的是，多级喷射器在第一个接收器喷嘴后面还有第二级甚至更多级的喷嘴，并且它们有着更大的通径并与下降的空气压力成比例。由第一级气室抽入的空气在与来自气流喷嘴的压缩空气混合后被用作其他气室的推进气流。然后同样在经过最后一个接收器喷嘴后通过消声器进行排放(进入大气)
单级和多级真空喷射器的比较		对单级和多级喷射器进行比较的目的是为了对一些实际应用中经常涉及的并且可被用于测量喷射器性能的变量及标准进行评价
	抽空时间耗气量效率	(a) 工作压力p和抽空时间t之间的关系 1—多级喷射器； 2—单级喷射器 (b) 单级喷射器 1—进气口/气流喷嘴；器 2—真空/吸盘连接口； 3—排气口/接收器喷嘴 (c) 多级喷射器 抽空时间：一般来说若真空压力低于30%~50%，多级喷射器形成真空的速度或是说抽空特定容积的速度要快于单级喷射器。然而在实际应用中，经常需要达到−0.4~−0.8bar的压力或40%~80%的真空度 从图a的对比中可以看出，单级喷射器在这一范围内明显优于多级喷射器。所形成的真空度越高，多级喷射器所需时间越长。多级喷射器在“抽空时间”方面表现较差的原因在于：虽然其第二级以及随后几级的喷嘴具有较高的抽气能力，但它们在真空水平相对较低时就断开了，也就是说，当真空度较高时，只有第一级的喷嘴还在吸入空气，而第一级喷嘴的效率又远不及单级喷射器，因此使整个性能落后于单级结构。当然这一发现只能被看作是一般情况，只能用作参考。无论喷射器的结构如何，一旦相互作用的初值发生了变化，最终将得到不同的结果
	抽气流量	单级喷射器的抽气流量通常要比多级喷射器的低。为此在相同的时间段内，多级喷射器在低真空范围内(30%~50%)能抽入更多的空气。但是随着真空水平的不断上升(30%~50%)，多级喷射器产生真空的速度明显落后于单级喷射器(参见图b和图c)。也就是说，随着真空度的增加，多级喷射器起初获得的大抽气流量将逐渐落后于单级喷射器的抽气流量
	噪声真空水平、供气时间	相比而言，单级喷射器所产生的噪声水平较高。由于压缩空气经过多级喷射器以后速度下降，在排入大气时，气流强度已减弱，因此多级喷射器的噪声水平要比单级喷射器低。单级喷射器在加装了合适的消声器后，其噪声大的缺点可以得到弥补。两种结构的喷射器都可以达到同样的真空水平，当然单级喷射器在速度上具有一定的优势。此外，在供气时间上两种结构的差别也不大，虽然单级结构所需输送的空气容积较小，但只是在时间上带来轻微的优势

续表

单级和多级真空喷射器的比较	综合测评结果	两种结构基本上只在其特定的领域才能体现出各自的优势并证明其存在的意义。同时，还可以看到技术上的轻微调整将给喷射器带来多大的影响，以及两种工作原理如何被优化以适应各自的应用（如通过改变拉伐尔喷嘴或接收器喷嘴的直径）。这就是两种工作原理可以在效率或过程特性上脱颖而出的原因。只能得出这样的结论，在需要获得中等或较高真空的场合，单级喷射器的效果较好。其简单的设计结构使得这种工作原理更加经济有效，而且在外形尺寸上也比多级结构更容易管理。另一方面，多级喷射器在真空度要求相对较低（-0.3bar以内）而速度要求较高或更注重于能源成本的场合有着更为理想的表现		
		变量/标准	单级喷射器	多级喷射器
		抽气流量	一般	高 在50%以下的低真空范围内
		抽空时间	很短，见工作压力 p 和抽空时间 t 之间的关系表 在30%~50%以上的高真空范围内	很短 在30%~50%以下的低真空范围内
		初期成本	低	相对较高
		噪声情况	相对较高	低

2.2 普通真空发生器及带喷射开关真空发生器的技术特性

表 23-7-4

名　称	简　图	技　术　特　性
普通真空发生器	1 3 2	压缩空气从进气口1流到排气口3并在喷射器原理的作用下，在气口2产生真空。通过在排气口3安装消声器，可以使排气过程中所产生的噪声进一步降低
带喷射开关真空发生器	1 3 2	压缩空气从进气口1流到排气口3并在喷射器原理的作用下，在气口2产生真空。与此同时，压缩空气向一个容积为32cm³的储气罐充气，一旦输入压力被切断，该储气罐会释放喷射器脉冲，使工件可靠地从吸盘脱离。在压力为6bar、抽气能力为1m时的最大切换频率为10Hz

2.3 省气式组合真空发生器的原理及技术参数

表 23-7-5

省气式组合真空发生器剖视图	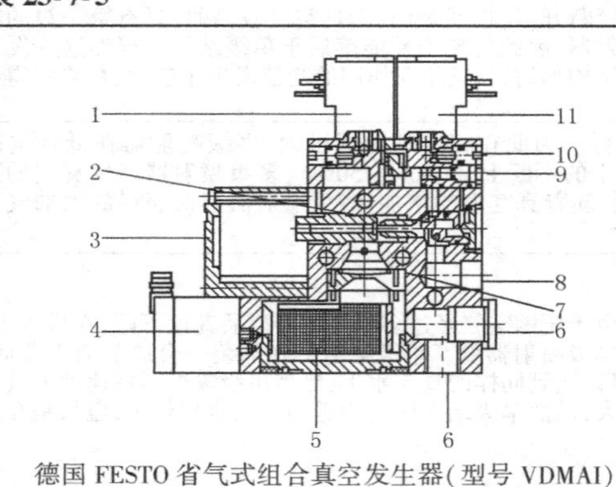 德国FESTO省气式组合真空发生器（型号VDMAI） 1—电磁阀，用于控制喷射器脉冲；2—文丘里喷嘴（喷射器和接收器喷嘴）；3—特殊消声器；4—真空开关；5—过滤器，用于吸入的空气；6—两个真空口；7—单向阀；8—进气口；9—喷射器脉冲手控装置；10—手控装置；11—电磁阀，用于控制真空的产生

续表

工作原理	带空气节省回路 PNP 输出 1—进气口;2—真空口;3—排气口	省气式组合真空发生器的进气气源分别接入两个二位二通电磁阀(一个产生真空,另一个产生正压,破坏真空)。当产生真空的电磁阀通电时,阀被驱动,压缩空气从 1(P)流向 3(R),根据喷射原理在 2(V)产生真空。电磁阀断电时,吸气停止。集成的消声器能把排气噪声降至最低 一旦当产生真空的电磁阀的电压信号被切断,并且产生正压喷射的电磁阀被启动,真空口 2 的真空立即消失变为正压。集成的消声器能把气噪声降至最低 另外,增设了一个具有空气节省功能的真空开关。开关的两个电位计能够把真空度设置在一定的范围以内,以便吸住工件。当泄漏使真空水平下降至低于设定值时,开关产生一个脉冲信号,驱动产生真空的电磁阀工作,又产生一个高的真空度,以便吸住工件。在这个过程中,由于单向阀的作用,即使真空发生器的电磁阀不工作,真空度也能得到维持	
省气式组合真空发生器的零部件功能特性	零部件名称	功　　能	优　　点
	1—电磁阀,用于控制喷射器脉冲,二位三通阀,用于控制喷射器脉冲	一旦控制真空发生的电磁阀 11 断开,同时控制喷射器脉冲的电磁阀接通,气口 6 的真空会因为压缩空气的出现而立即消失	(1)快速消除真空 (2)准确、迅速地释放工件 (3)缩短真空喷射器的工作周期
	2—文丘里喷嘴(喷射器和接收器喷嘴),是最重要的喷射器元件,用于真空的产生	当进气口 8 接上气源,压缩空气便进入气流喷嘴,喷嘴内狭窄的通径使气流的速度被提升到音速的 5 倍,加速后的气流由接收器喷嘴接收并直接导入消声器 3。此时,在气流喷嘴和接收器喷嘴之间便产生一个吸气效应,将空气从过滤器抽入,于是真空便在气口 6 处形成了	通过变化喷嘴的通径或是气源压力可以改变和控制喷射器的性能
	3—特殊消声器(封闭型、平面型或是圆形),用于降低排气时的噪声	消声器由透气的塑料或是金属合金制成。气流从喷嘴射出的速度达到音速的 5 倍,消声器能够对高速气流起到很好的缓冲作用,从而使得压缩空气(排出气体)在进入大气以前先进行降噪处理	在喷射器运行的过程中减小排气噪声
	4—真空开关,PNP 或 NPN 输出,用于压力监控	在真空开关上可以通过两个电位计对保持工件所需的真空度范围进行设定,一旦达到了这一真空范围,开关便会发出信号使电磁阀关闭真空发生器(空气节省功能),单向阀 7 用于维持真空状态,如果真空范围低于所要求的水平,信号会控制真空发生器重新打开,若是由于故障原因所需的真空水平再也无法实现,则真空发生器被关闭	(1)空气节省功能:真空度达到要求水平时,真空发生器被关闭 (2)安全功能:在真空水平向上或向下超出规定值时对真空发生器进行控制
	5—过滤器,用于抽入的空气,带污浊度指示,40μm 过滤等级	在真空口 6 和真空发生器 2 或是单向阀 7 之间集成了一个大面积的塑料过滤器。在吸气操作中,空气在被吸入到真空发生器以前先被过滤,过滤器的可拆卸式视窗可指示过滤器的受污染程度	(1)监控系统的受污染程度 (2)对元件起到防护作用 (3)有污浊显示,能确保维护保养工作的定期进行
	6—两个真空口(V)或(2),带内螺纹	真空元件可被连接在这里(例如真空气爪)。根据实际的应用要求,可以使用其中一个或是同时使用两个	
	7—内置式单向阀	在真空发生器关闭以后,能有效防止吸入空气的倒流,从而避免对系统的真空水平产生影响	在真空发生器关闭以后使真空得以维持(结合真空开关 4 一起使用,便形成了空气节省功能)
	8—进气口(P)或(1)	产生真空所需的进气口(P)或(1)被集成在喷射器的壳体内	
	9—喷射器脉冲手动控制	气流的强度以及受其影响的工件脱离真空气爪的速度可以通过手动方式进行调整	便于根据实际的应用要求调整系统
	10—手控装置	不通过电信号而通过电磁阀上的柱塞对阀进行切换,但在电信号已经存在的情况下,不能手动使之无效	电磁阀的手控操控
	11—电磁阀,用于控制真空的产生,二位三通阀,用于控制真空的产生	当有信号驱动时,压缩空气流入真空发生器从而产生真空	结合真空开关 4 以及单向阀 7 一起使用,便形成了空气节省功能

2.4 真空发生器的选择步骤

表 23-7-6

步骤	内　容	做　法
1	确定系统总的容积(需要抽成真空的容积)	必须先确定吸盘、吸盘支座以及气管的容积 V_1、V_2 和 V_3，然后相加后算出总的容积 $V_{总}=V_1+V_2+V_3$
2	确定循环时间	1—提起；2—所节省的时间 $T_{循环时间}=$抽空时间 t_E+抓取时间 t_1+供气时间 t_S+回复时间 t_2 一次工作循环可以被分为若干个单独的时间间隔，因此需要分别进行测量或计算。将单个所需时间相加便得到了总的循环时间 抽空时间 t_E，可以在相应真空发生器的样本找到其数据 抓取时间 t_1，吸住工件以后抓取工件所需的时间，用秒表测量 供气时间 t_S，真空系统再次建立起真空压力以及释放工件所需的时间，可以在相应真空发生器的样本找到其数据 回复时间 t_2，真空系统释放工件回复到初始位置所需的时间，用秒表测量
3	核查运作的经济性	确定每次工作循环的耗气量 Q_C，可以在相应真空发生器的样本找到其数据(确定每个循环的耗气量、每小时的工作循环次数，确定每小时的耗气量及每年的能源费用)
4	将附加的功能/元件以及设计要求考虑在内	系统在性能、功能以及工作环境等方面的特定要求也必须在元件选型时加以考虑，如可靠性等

3 真空吸盘

3.1 真空吸盘的分类及应用

表 23-7-7

分类	真空吸盘直径从 $\phi2\sim200$mm，有数十种吸盘结构，常用的有六种，见图 a 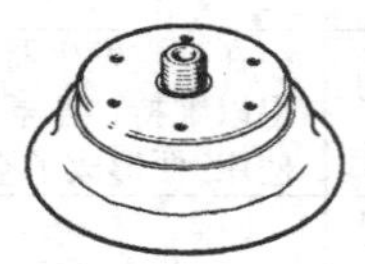 标准圆形 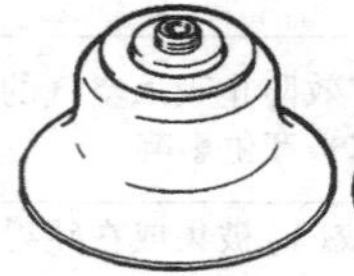 加深圆形 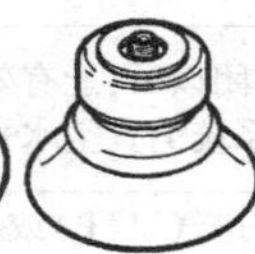 铃形 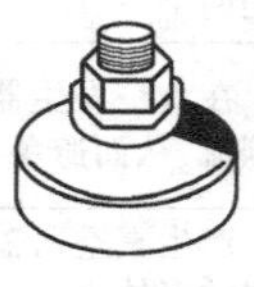 1.5褶波纹形 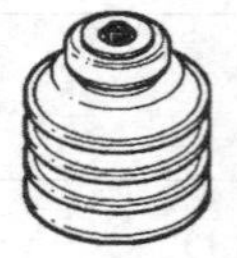 3.5褶波纹形 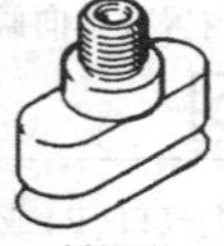 椭圆形 (a) 吸盘结构
应用	标准圆形吸盘能吸住表面光滑并且不透气的工件；波纹形吸盘适用于表面不平、弧形或倾斜的表面，如图 b 所示。根据不同的工件及应用场合，可选择不同材质的真空吸盘。材质有丁腈橡胶、聚氨酯、硅橡胶、氟橡胶、Vulkollan 等 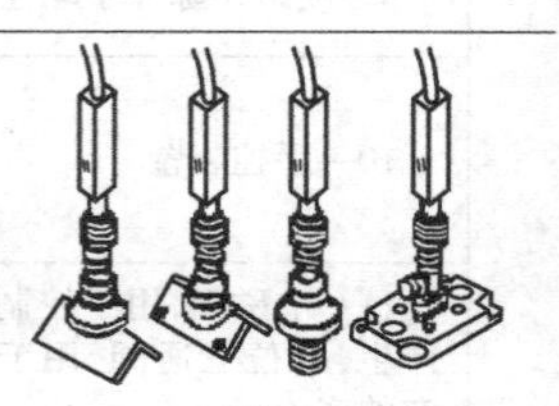 (b) 波纹形吸盘

3.2 真空吸盘的材质特性及工件材质对真空度的影响

工件的材质在真空的应用中起着决定性的作用。不透气的表面通常用60%～80%的真空度就能举起来。对于透气的材质而言，如果要达到某一真空度，则需要做进一步的计算，甚至要通过实验来决定。

表 23-7-8

材料特性	丁腈橡胶	聚氨酯	Vulkollan	硅橡胶	氟橡胶	丁腈橡胶（抗静电）
材料代码	N	U	T	S	F	NA
颜色	黑色	蓝色	蓝色	白色透明	灰色	黑色中带点白
应用领域	常规应用	粗糙表面	汽车行业	食品行业	玻璃行业	电子行业
极高压力	—	*	*	*	—	—
食品加工	—	—	—	*	—	—
带油工件	*	*	* * *	—	*	*
环境温度高	—	—	—	*	*	—
环境温度低	—	*	*	*	—	—
光滑表面(玻璃)	*	*	*	—	*	—
粗糙表面(本头、石头)	—	*	* *	—	—	—
抗静电	—	—	—	—	—	*
留较少痕迹	—	*	*	*	—	—
耐受能力						
大气	*	* *	* *	* * *	* * *	* *
耐撕扯	* *	* * *	* * *	*	* *	* *
耐磨损/耐摩擦	* *	* * *	* * *	*	* *	* *
永久变形	* *	*	* *	* *	* * *	* *
矿物类液压油	* * *	* * *	* * *	—	* * *	—
合成酯类液压油	*	—	—	—	*	—
非极性溶剂(例如白酒精)	* * *	* *	* *	—	* * *	—
极性溶剂(例如丙酮)	—	—	—	—	—	—
乙醇	* * *	—	—	* * *	*	—
异丙醇	* *	—	—	* * *	* * *	—
水	* * *	—	—	* *	* *	—
酸(10%)	—	—	—	*	* * *	—
碱(10%)	* *	*	*	* * *	* *	—
温度范围(长时间)/℃	-10～+70	-20～+60	-20～+60	-30～+180	-30～+200	-30～+70
肖氏硬度	50±5	60±5	60±5	50±5	60±5	50±5
特性	低成本	耐磨损	耐油污	可用于食品行业	耐化学腐蚀和耐温度	抗静电

注：* * *非常适合；* *比较适合；*基本适合；—不适合。

3.3 真空吸盘运动时力的分析及计算、举例

表 23-7-9

运动方式	原理	计算公式	说明
情况 1	真空气爪处于水平位置，动作方向为垂直方向（最佳的情况） 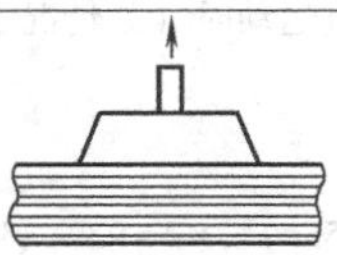	$F_H=m(g+a)S$	m—质量，kg g—重力加速度，m/s^2 a—加速度，m/s^2 μ—摩擦因数 S—安全系数
情况 2	真空气爪处于水平位置，动作方向为水平方向 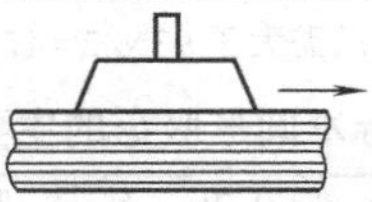	$F_H=m(g+\frac{a}{\mu})S$	
情况 3	真空气爪处于垂直位置，动作方向为垂直方向（最糟糕的情况） 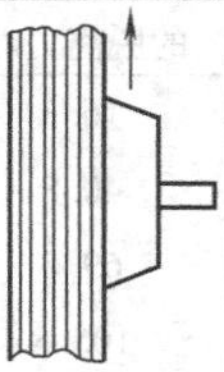	$F_H=\frac{m}{\mu}(g+a)S$	

例 1　工件的提起与放下必须是柔性、平稳运动时的举例。

已知一个平整、光滑的钢板（钢板上有油，刚从锻压机中产出），长 200mm、宽 100mm、厚 2mm，需要做垂直提起（如情况 1 所示）；水平移动（如情况 2 所示）；90°旋转后垂直移动（如情况 3）。最大的加速度为 $5m/s^2$。提起的时间<0.5s，放下的时间为 0.1s，整个循环时间为 3.5s，安全系数 $S=1.5$（吸盘垂直安装/工件垂直运动时，$S=2$）。要求两个吸盘无振动地搬运工件，工件的提起与放下必须是柔性的。选择最佳的吸盘规格。

解：步骤 1　计算工件质量

$$m=LWH\rho$$

式中　m——质量，kg；

L——长度，cm；

W——宽度，cm；

H——高度，cm；

ρ——密度，g/cm^3

$$m=20cm\times10cm\times0.2cm\times7.85g/cm^3=314g=0.314kg$$

步骤 2　选择合适的真空吸盘

根据工件的表面粗糙度，选真空吸盘形状为标准型为最佳方案（见下表）

类型	用途	类型	用途
标准吸盘	用于表面平整或有轻微起伏的工件，如钢板或硬板纸	波纹型吸盘	用于(1)倾斜表面，从 5°到 30°，具体视吸盘的直径而定；(2)表面起伏或球形表面以及具有较大面积的弹性工件；(3)容易破碎的工件，如玻璃瓶可作为一种经济有效的高度补偿装置
椭圆形吸盘	用于狭窄形或长条形工件，如型材或管道等	加深型吸盘	用于圆形或表面起伏较大的工件

根据工件表面的光滑程度，并且带油的状态及耐磨、耐撕扯，参照真空吸盘的材质特性表，选择聚氨酯材质的真空吸盘。

步骤 3　计算保持力的大小

(1) 当真空吸盘处于水平位置，工件为垂直运动时（如情况 1 所示）

$$F_H=m(g+a)S$$
$$=0.314kg\times(9.81m/s^2+5m/s^2)\times1.5=7N$$

(2) 当真空吸盘处于水平位置，且工件也为水平运动时（如情况 2 所示）

$$F_H=m\left(g+\frac{a}{\mu}\right)S$$

$$=0.314kg\times\left(9.81m/s^2+\frac{5m/s^2}{0.1}\right)\times1.5=28N\text{（带油的表面 }\mu=0.1\text{）}$$

(3) 当真空吸盘处于垂直位置，工件为垂直运动时（如情况 3 所示）

$$F_H=\frac{m}{\mu}(g+a)S$$

$$=\frac{0.314kg}{0.1}\times(9.81m/s^2+5m/s^2)\times2=93N\text{（吸盘垂直安装/工件垂直运动时，}S=2\text{）}$$

在已知条件中说明两个气爪抓取，故每个气爪需大于 93N/2=47N，查下表取直径为 40mm 真空吸盘。

标准圆形吸盘的主要技术参数

吸盘直径 φ/mm	吸盘接口 /mm	有效吸盘直径 φ/mm	在−0.7bar 下的脱离力/N	吸盘容积 /cm^3	工件最小半径 R/mm	最大高度补偿 /mm	质量/g
20	M6×1	17.6	16.3	0.318	60	—	6
30	M6×1	18.4	40.8	0.867	110	—	9
40	M6×1	26.5	69.6	1.566	230	—	16
50	M6×1	33.3	105.8	2.387	330	—	22

例 2 当工件加速运动至终点，固定缓冲或可调气缓冲对其影响的举例。

如例图 1 所示工件 1kg，运动行程 150mm，吸盘与工件的摩擦因数 0.4，重力加速度 $g\approx10\text{m/s}^2$，直径为 55mm，吸盘的吸力为 106N，当安全系数选用 $S=2$ 时，分别计算：吸盘在垂直或水平抓取工件时，在弹性缓冲为 0.4mm 及可调气缓冲为 17mm 时，吸盘能否正常工作？

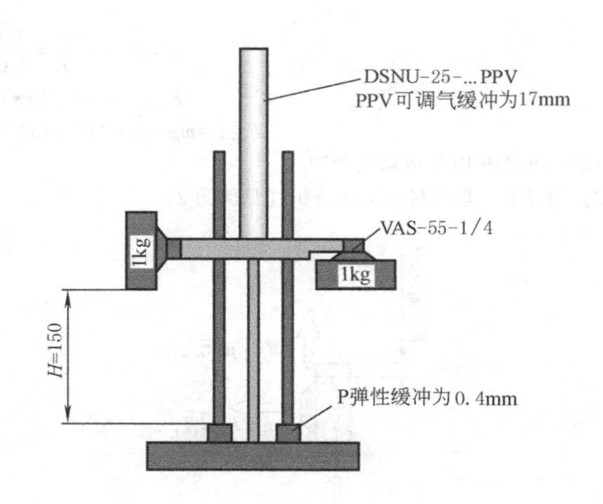

例图 1

(1) 对水平抓取工件运动的分析（见下表）

计算分两种情况：对弹性缓冲为 0.4mm 时的计算；对可调气缓冲为 17mm 时的计算。

① 对弹性缓冲为 0.4mm 时的计算

第一阶段　计算工件在缓冲前，即 150mm(缓冲阶段 0.4mm 忽略不计）时的下落速度和时间 t。

型式	运动分析	型式	运动分析
A	mg　$v=0$, $F_{工件保持}=106\text{N}=F_{吸盘吸力}$	B	ma　mg　$v>0$，如果继续能吸住工件，$mg-ma=0$, $F_{R摩擦}=mg=ma$, $a=g$, $a>0$
C	$F_{停止}$ 理论上保持力　ma　mg　$v>0$, $mg-F_{停止}+ma=0$，工件运动停止阶段(缓冲开始)。如果工件不被脱落，吸盘有足够的摩擦力吸住工件，$F_{R摩擦}=ma=F_{停止}-mg<F_{吸盘吸力}g=ma$, $a=g$, $a>0$, $F_{吸盘吸力}>mg-F_{停止}+ma=0$, $a=\dfrac{F_{停止}-mg}{m}$		

$$H=\frac{1}{2}at^2,\quad t=\sqrt{\frac{2H}{a}}=\sqrt{\frac{2H}{g}}=\sqrt{\frac{2\times0.15}{10}}=0.173\text{s}$$

$$v=at=gt=10\times0.173=1.73\text{m/s}$$

缓冲前工件的下落速度为 1.73m/s，时间为 0.173s。

第二阶段　计算工件在缓冲阶段即 0.4mm 时的时间及加速度

$$H_{缓冲}=\frac{1}{2}vt(H_{缓冲}=0.4\text{mm}),\ 速度\ v=1.73\text{m/s}$$

$$t=\frac{2H_{缓冲}}{v}=\frac{2\times0.4\times10^{-3}}{1.73}=0.0046\text{s}$$

$$v=at,\quad a=\frac{v}{t}=\frac{1.73}{0.0046}=3741\text{m/s}^2$$

由已知条件得知 $F_{吸盘吸力}=106\text{N}$，此时如果吸盘要继续吸住工件，必须大于真空吸盘理论上保持力 $F_{停止}$。

$$F_{R摩擦}=ma=1\text{kg}\times3741\text{m/s}^2=3741\text{N}$$

$$F_{停止}=mg+ma=10+3741\text{N}=3751\text{N}>106\text{N}(F_{吸盘吸力})$$

结论：不能使用 P 弹性缓冲。

② 对可调气缓冲为 17mm 时的计算

第一阶段　计算工件在缓冲前，即 (150−17)mm 时的下落速度和时间 t

根据可调气缓冲，气缸可调气缓冲为 17mm，所以此时 $H_{缓冲}=(150-17)\text{mm}=133\text{mm}$。

根据前面公式
$$t=\sqrt{\frac{2H}{g}}=\sqrt{\frac{2\times0.133}{10}}=0.163\text{s}$$

$$v=gt=10\times0.163=1.63\text{m/s}$$

缓冲前工件的下落速度为 1.63m/s，时间为 0.163s。

第二阶段　计算工件在缓冲阶段即 17mm 时的时间及加速度

$$H_{缓冲}=\frac{1}{2}vt\ (H_{缓冲}=17\text{mm}),\ 速度\ v=1.63\text{m/s}$$

$$t=\frac{2H_{缓冲}}{v}=\frac{2\times0.017}{1.63}=0.021\text{s}$$

$$v=at,\ a=\frac{v}{t}=\frac{1.63}{0.021}=77.6\text{m/s}^2$$

$$F_{\text{R摩擦}}=ma=1\text{kg}\times77.6\text{m/s}^2\approx78\text{N}$$

$$F_{\text{停止}}=mg+ma=10\text{N}+78\text{N}=88\text{N}<106\text{N}(F_{\text{吸盘吸力}})$$

结论：可使用 PPV 可调气缓冲。

（2）对垂直抓取工件运动的分析（见例图 2）

例图 2　　　　　　例图 3

$$F_{\text{摩擦}}=\mu F_{\text{吸盘吸力}}=0.4\times106=42.4\text{N}<88\text{N}(F_{\text{停止}})$$

如果选用 P 弹性缓冲，工件将脱落。在前面对计算工件在缓冲阶段，即 17mm 时的时间及加速度已计算过 $F_{\text{停止}}=88\text{N}$，如果选用 PPV 可调气缓冲，$F_{\text{停止}}>F_{\text{摩擦}}$，此时工件有可能脱落或产生偏移，工件与吸盘会产生偏移。

（3）对缓冲阶段中偏移的计算（见例图 3）

如果工件进入缓冲阶段不脱落，$mg+ma-F_{\text{摩擦}}=0$，$F_{\text{摩擦}}\neq F_{\text{停止}}$，$ma=F_{\text{摩擦}}-mg$，此时 $a=\frac{42.4-1\times10}{1}=32.4\text{m/s}^2$，$\Delta t=0.021\text{s}$，$\text{d}H=\frac{1}{2}at^2=\frac{1}{2}\times32.4\times0.021^2=0.007\text{m}=7\text{mm}$。

结论：真空吸盘不宜采用固定缓冲形式（指气缸的缓冲形式）。

在高速情况下，必须考虑到惯性力。安全系数不宜太小，如上例所示，$F_{\text{吸盘吸力}}=106\text{N}$，计算后工件不脱落 $F_{\text{停止}}=88\text{N}$，$\frac{106}{88}=1.20$，安全系数为 1.2 是非常低的，也是危险的。为了防止在高速情况下工件产生偏移，$F_{\text{摩擦}}$是造成偏移的主要原因。

4 真空辅件

4.1 真空减压阀

表 23-7-10

结构图、图形符号	工 作 原 理
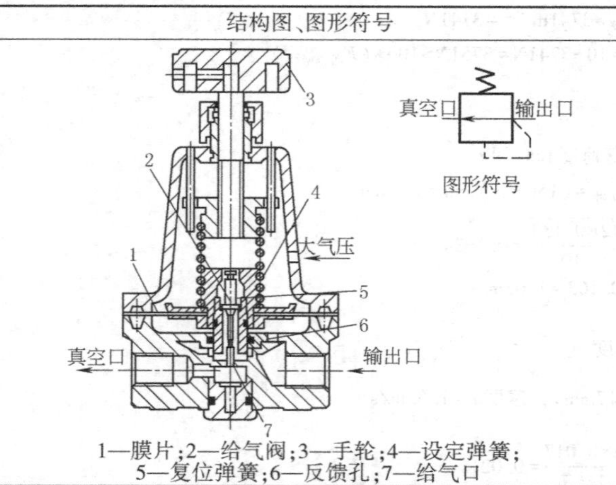 1—膜片；2—给气阀；3—手轮；4—设定弹簧； 5—复位弹簧；6—反馈孔；7—给气口	真空减压阀是用来调节真空度的压力调节阀 真空减压阀的工作原理见左图，真空口接真空泵，输出口接负载用的真空罐。当真空泵工作后，真空口压力降低。顺时针旋转手轮，设定弹簧被拉伸，膜片上移，带动给气阀芯抬起，则给气口打开，输出口与真空口接通。输出真空压力通过反馈孔作用于膜片下腔。当膜片处于力平衡时，输出真空压力便达到一定值，且吸入一定流量。当输出真空压力上升时，膜片上移。阀的开度加大，则吸入流量增大。当输出压力接近大气压力时，吸入流量达最大值。反之，当吸入流量逐渐减小至零时，输出口真空压力逐渐下降，直至膜片下移，给气口被关闭，真空压力达最低值。手轮全松，复位弹簧推动给气阀，封住给气口，则输出口与大气相通

4.2 真空安全阀

表 23-7-11

工作原理		真空安全阀由弹簧1、浮子2、过滤器3、保持螺钉4和壳体5组成。当真空安全阀内部产生真空，吸盘6和大气相通时，浮子2一方面受到大气正压的作用使浮子向上推，另一方面又受到真空发生器内部(负压的作用)克服浮子内部的弹簧力，确保浮子向上。此时，浮子上端面与壳体5内孔紧贴，气体只能通过浮子末端小孔流动，见图a。当吸盘全部吸住工件时，真空安全阀到吸盘所有的腔室均在一个真空度的状况下，浮子2上下压差相同，浮子在弹簧力的作用下，向下移动，密封通道被打开。此时，吸盘在工件上的真空被确立起来，见图b 真空安全阀安装在真空发生器与吸盘之间，见图c。如果在真空产生的期间内，一个吸盘没被吸住，如图a所示，真空发生器内部的通道没打开(仅有微量正压进入)。其他分支系统不受负压的影响 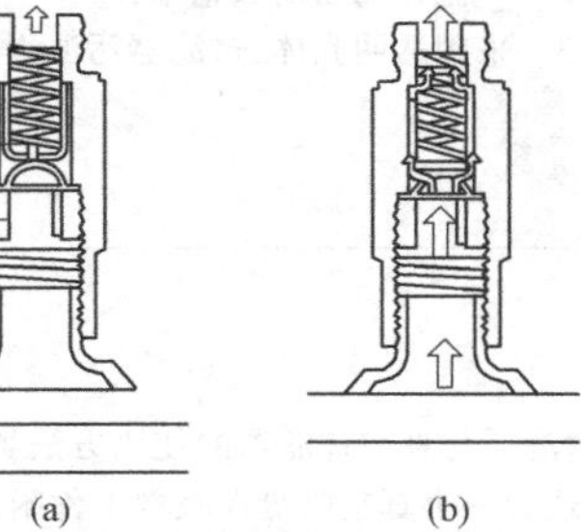 真空安全阀结构原理图 1—弹簧；2—浮子；3—过滤器；4—保持螺钉；5—壳体；6—吸盘 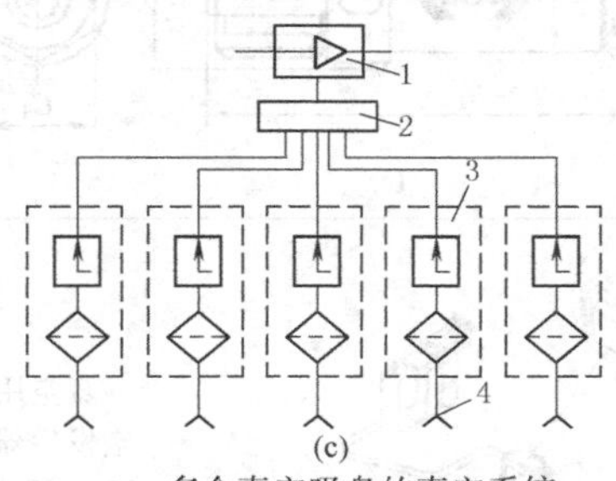 多个真空吸盘的真空系统 1—真空发生器；2—分配器；3—真空安全阀；4—吸盘
应用	带单向阀的真空吸盘	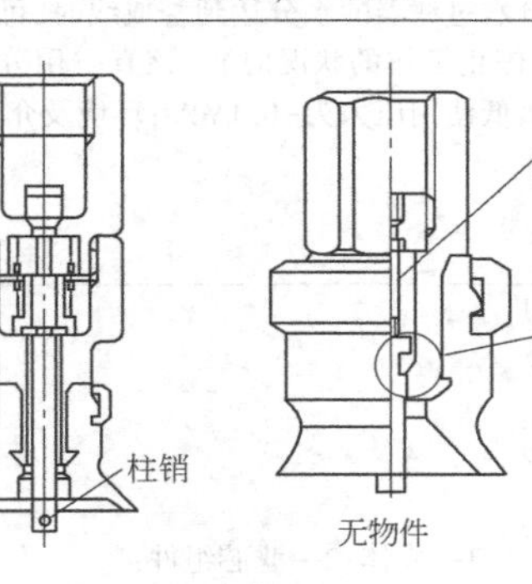 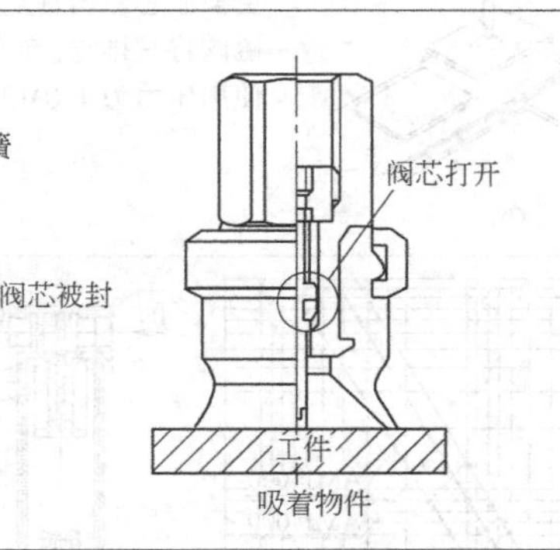 带单向阀的真空吸盘功能：接触工件表面时，吸盘内的单向阀柱销被往上推，单向阀通道被打开，管道内的真空导通 这类带单向阀的真空吸盘内，单向阀的弹簧力为1N。吸盘的直径为ϕ10、ϕ13、ϕ16
	利用单个发生器同时吸住多个物体	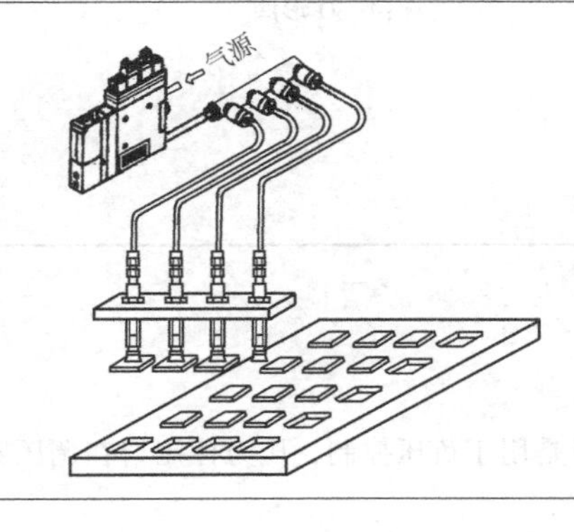 一个真空发生器接着四个分支真空气路，每个气路均装有带单向阀的真空发生器，尽管一个吸盘没有吸住工件，并不影响真空发生器其他三个气路
	允许吸着不规则尺寸的物体	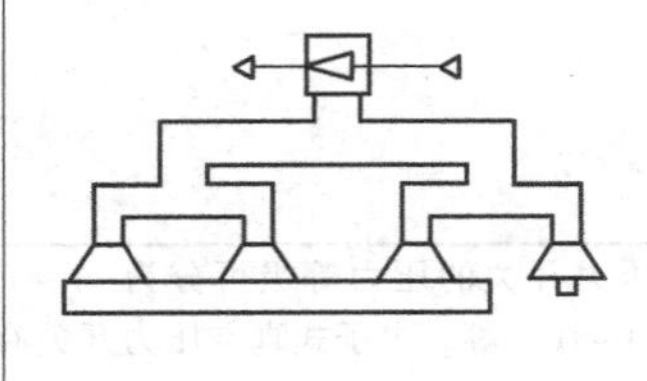 当工件凹凸不平、处于不规则状态时，如有足够吸力，带单向阀的真空发生器仍能吸住工件

4.3 真空过滤器

表 23-7-12

<table>
<tr><td colspan="2">真空过滤器原理及使用</td><td>真空过滤器的工作压力为-0.9~7bar,温度为0~40℃,它用于去除抽气方向的微粒杂质。可以作为气管管路总的轴向过滤器。过滤精度为50μm,流量为210L/min、70L/min或更小。与快拧接头配合使用
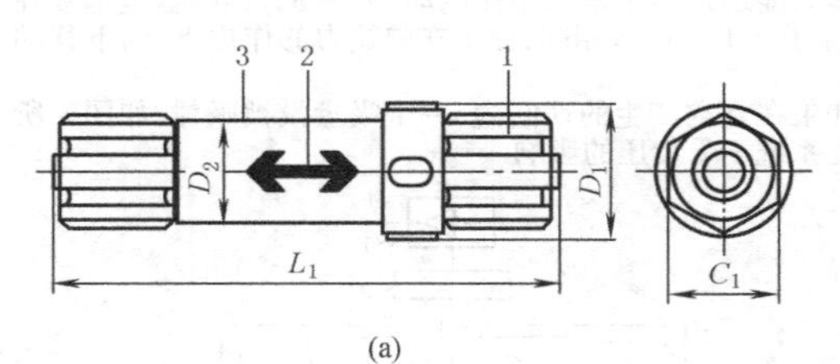

1—快拧接头,用于塑料气管;
2—气流方向由箭头指示;
3—采用透明壳体,过滤器污浊程度一目了然
(a)</td></tr>
<tr><td rowspan="2">真空用分水过滤器</td><td>原理及使用</td><td>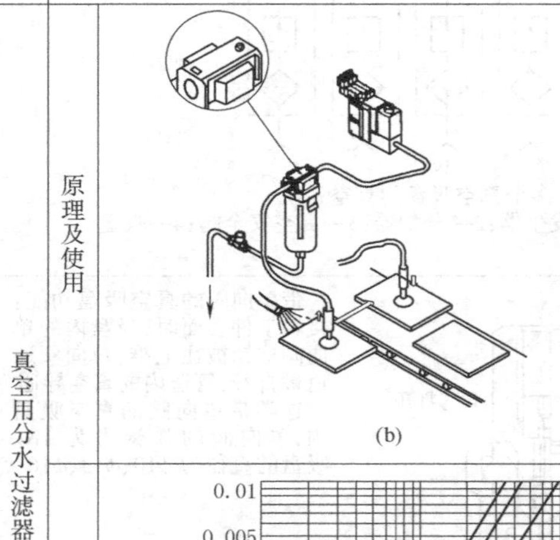
(b)
真空用分水过滤器与真空过滤器的使用方法类似,安装在真空吸盘与真空发生器之间,适合一个真空吸盘在吸取工件附近有较多水分的工作环境下(如图b中的清洗液),以确保真空发生器内的喷嘴不被阻塞。它能除去管道内90%的水分,当滤芯中的水分饱和时,不会产生压力降,可以方便地更换滤芯。当真空用分水过滤器的水分达到警戒线时,可打开二位二通电磁阀将其排空(在真空停止工作的状况时)。该真空用分水过滤器的最高使用压力为1.0MPa,最低使用压力为-0.1MPa;环境及介质温度为5~60℃</td></tr>
<tr><td>流量特性</td><td>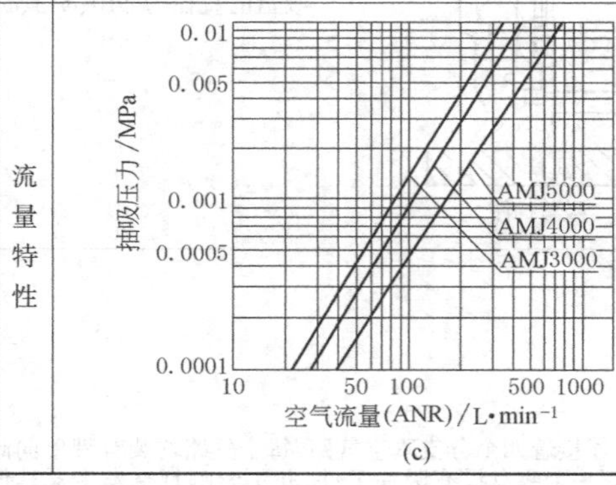

(c)
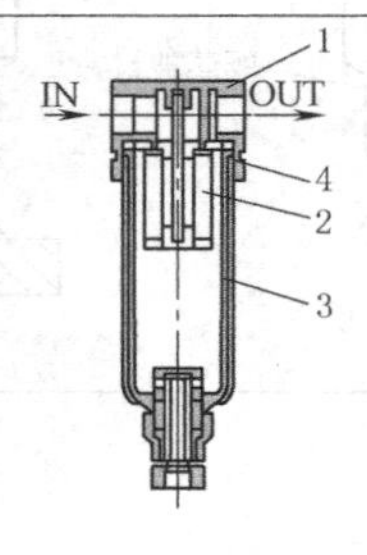

1—壳体;2—滤芯组件;
3—滤杯;4—O形圈</td></tr>
</table>

4.4 真空顺序阀

真空顺序阀的结构、动作原理、作用与压力顺序阀相同，只是用于负压控制，压力控制口在调压膜片上方，同样通过调节弹簧压缩量来调整控制压力（真空度）。

4.5 真空压力开关

表 23-7-13

分类	真空压力开关分为机械式与电子式(压敏电阻式开关型)。机械式真空压力开关的压力等级可分为-1~+1.6bar,-0.8~-0.2bar;电子式真空压力开关的压力等级可分为-1~+4bar,0~1bar,-1~1bar等。电子式真空压力开关有带指示灯自教模式的压力开关及带显示屏的数字式压力开关

续表

机械式真空压力开关	工作原理	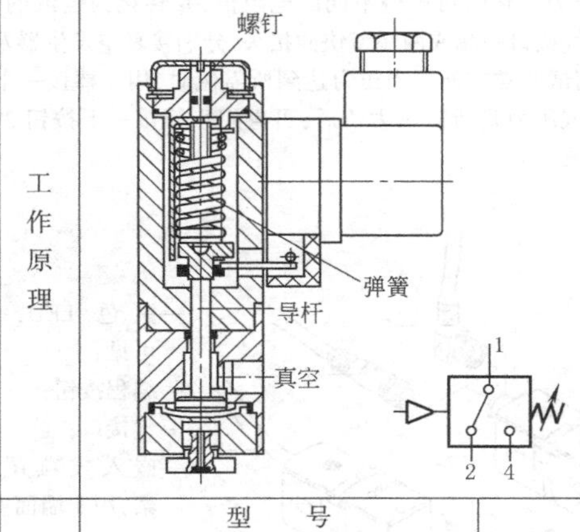	可调式机械真空压力开关是将压力开关信号转换成电信号。当真空口的压力增加时，导杆往上移动，带动微动开关向上位移。切换点的压力可通过调整真空开关上端的螺钉来达到调节弹簧力，以获得所需的真空切换点的压力	
	主要技术参数	型　　号	VPEV-1/8	VPEV-1/8-M12
		机械部分		
		气接口	G⅛	
		测量方式	气/电压力转换器	
		测量的变量	相对压力	
		压力测量范围/bar	-1～+1.6	
		阈值设定范围/bar	-0.95～-0.2	
		转换后的阈值设定范围/bar	0.16～1.6	
		电连接	插头、方块形结构符合EN43650标准、A型	插头、圆形结构符合EN60947-5-2标准、M12×1、4针
		安装方式	通过通孔	
		安装位置	任意	
		质量/g	240	—
		电部分		
		额定工作电压	250V AC	48V AC
			125V DC	48V DC
		开关元件功能	转换开关	
		开关状态显示	黄色LED	—
		防护等级，符合EN60529标准	IP65	
		CE标志	73/23/EEC（低电压）	
	工作及环境条件	型　　号	VPEV-1/8	VPEV-1/8-M12
		工作介质	过滤压缩空气，润滑或未润滑	过滤压缩空气，润滑或未润滑，过滤等级40μm
			真空，润滑或未润滑	真空，润滑或未润滑
		工作压力/bar	-1～+1.6	
		环境温度/℃	-20～+80	
		介质温度/℃	-20～+80	
	迟滞特性曲线	p_2/bar: -1.0, -0.8, -0.6, -0.4, -0.2, 0; p_1/bar: -0.2, -0.4, -0.6, -0.8, -1.0; 曲线 1, 2, 3	p_1—接通压力； p_2—切断压力； 1—上限切换点； 2—将迟滞设定为最小时的下限切换点； 3—将迟滞设定为最大时的下限切换点	

续表

电子式真空压力开关(带指示灯自教模式)

工作原理

电子式真空压力开关是利用压敏电阻方式在不同的压力变化时可测得不同的电阻值,并转化为电流的变化。它的工作方式为 LED 闪熠显示。连接方式如图 a 所示,气接口一端或两端带快插接头,分别接真空发生器及真空吸盘。电子式真空压力开关尺寸小(紧凑),容易安装,调试非常方便。当压力达到所需值时,用小棒按一下按钮 2(见图 b),黄色 LED 指示灯 1 便开始闪熠显示,当确认该压力是所需压力值后,可再用小棒按一下按钮 2,黄色 LED 指示灯 1 便停止闪熠,该点压力值设定(编辑)便完成

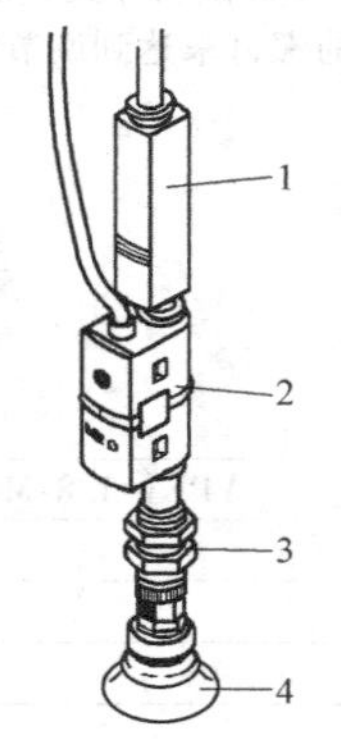

(a)

1—真空发生器;
2—压力开关;
3—吸盘支座;
4—吸盘

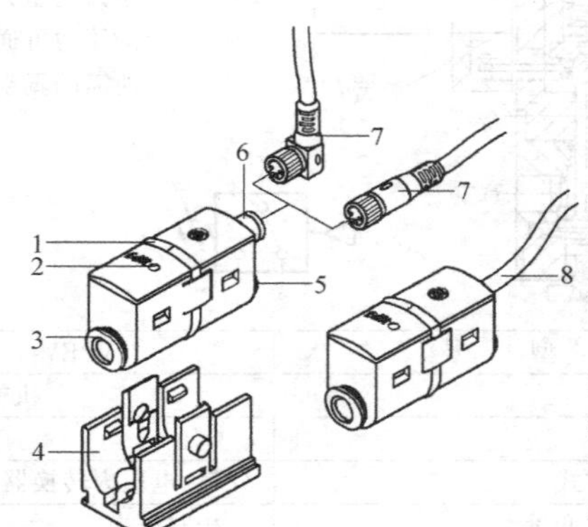

(b)

1—黄色 LED,四周可见;
2—编程按钮;
3—气接口;
4—嵌入式燕尾槽支架,用于墙面安装;
5—气接口或堵头;
6—插头 M8×1;
7—带电缆插座;
8—开放式电缆末端

开关功能工作模式

根据用户实际工况需求,配置四种不同的开关功能工作模式:0、1、2、3 模式(用户订货时需说明何种工作模式)。以常开触点方式为例说明四种不同的开关功能工作模式

模　　式	说　　明
模式 0:阈值比较器,具有固定迟滞,1 个示范压力	常开触点方式 / 常闭触点方式(图:A,1,0,H_y,$SP=TP_1$,p) 作阈值(临界值)比较器。可有一个示范压力(所设定压力)显示,也就是 TP_1 示范压力到达时,二进制信号 A 处于 1(有)状态,包括大于 TP_1 示范压力 A 处都呈 1(有)状态,该点也可称为切换点 SP,$TP_1=SP$,当压力返回时有一个迟滞 H_y,该迟滞 H_y 呈一个固定值,当压力越过迟滞 H_y,二进制信号 A 处于 0(否)状态,黄色 LED 指示灯 1 便停止闪熠。该迟滞 H_y 呈固定值 图中,A 为二进制信号;p 为压力;SP 为切换点;TP 为示范压力;H_y 为迟滞
模式 1:阈值比较器,具有固定迟滞,2 个示范压力	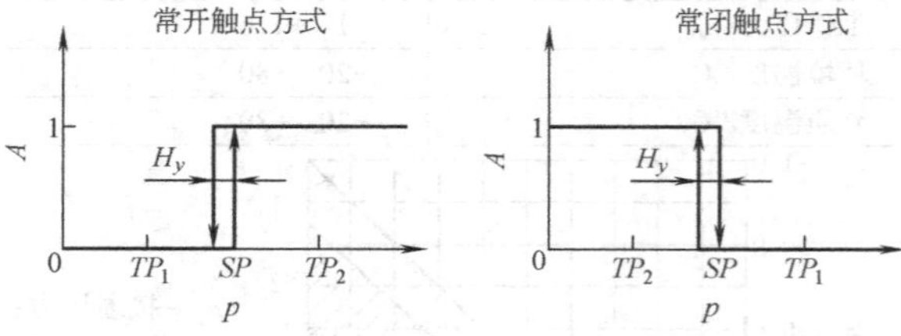 作阈值(临界值)比较器。可有两个示范压力 TP_1、TP_2(所设定压力),但要求的压力切换点 SP 处于设定(编辑)示范压力的中间值,即 $SP=1/2(TP_1+TP_2)$。该迟滞 H_y 呈固定值 例如:有两个示范压力,示范压力 1 表明部件被抓住,示范压力 2 表明部件未被抓住。电子式真空压力开关在工作模式 1 时会计算所存储示范压力的中间值,如果测得的真空度低于中间值,则认为工件被抓住,电子式真空压力开关将其判断为接受工件。若测得的真空度高于中间值,则认为工件不能被完全抓住,电子式真空压力开关将其判断为不可接受工件并将其排出

续表

电子式真空压力开关(带指示灯自教模式)

开关功能工作模式

模　式	说　明
模式2:阈值比较器,具有可变迟滞,2个示范压力	常开触点方式　常闭触点方式 作阈值(临界值)比较器。可有两个示范压力 TP_1、TP_2(所设定压力),它的迟滞 H_y 可调,当压力上升到 TP_2 示范压力时,二进制信号 A 处于1(有)状态,包括大于 TP_2 示范压力 A 处都呈1(有)状态,该点也可称为切换点 SP,即 $SP=TP_2$,当 TP_2 压力返回到 TP_1 时,二进制信号 A 仍处于1(有)状态,只有当压力小于 TP_1 时,二进制信号 A 才处于0(否)状态,换而言之,该模式的特性是迟滞 H_y 调正点恰好在 TP_1 点上。该模式的工作压力从切换点 SP 计算,不限制 TP_2 的上限压力,并允许工作压力下降在 TP_1 前仍然有效
模式3:区域设定值比较器,具有固定迟滞,2个示范压力	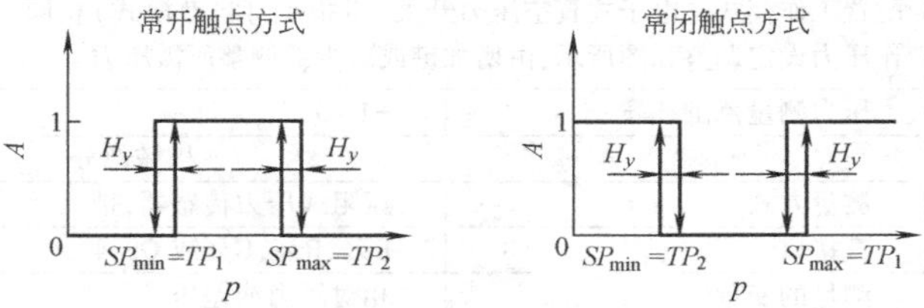 常开触点方式　常闭触点方式 作阈值(临界值)比较器。可有两个示范压力 TP_1、TP_2(所设定压力),它的迟滞 H_y 为固定值,它的工作模式被称Windows窗口式(区域设定),即工作压力在示范压力 TP_2 与 TP_1 区域之间,超过 TP_2 或低于 TP_1 时,二进制信号 A 都处于0(否)状态。该模式的 TP_1 和 TP_2 都有固定迟滞 H_y

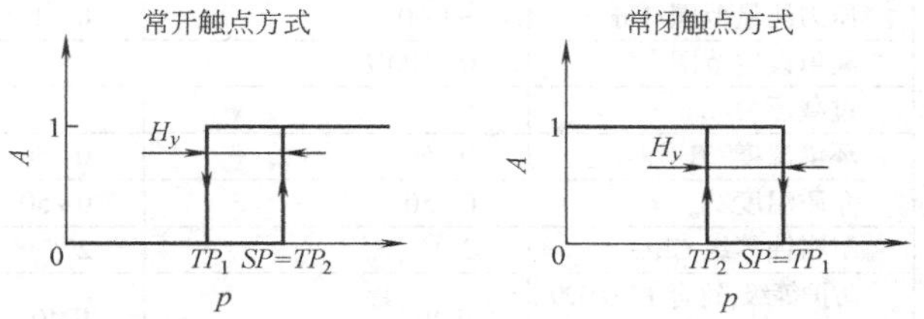

主要技术参数

电子式真空压力开关主要技术参数:电压为15~30V DC,工作压力为-1~+10bar(有些公司工作压力为-1~+30bar),工作温度为0~50℃,工作压力为测量精确度为15%,切换点重复精度为±0.3

派生型	V1	D2	D10
压力测量范围/bar	-1~0	0~2	0~10

机械部分		电部分	
气接口	一端或两端带快插接头QS-3、QS-4或QS-6	工作电压/V DC	15~30
		最大闲置电流/mA	20
测量方式	压阻式压力开关	最大输出电流/mA	100
测量的变量	相对压力		
精确度①	测量范围终值的±1.5%	短路保护	脉冲型
切换点重复精度	测量范围终值的±0.3%	极性容错	用于工作电压
迟滞 FS	2%	过载保护	是
温度系数	±0.5%/10K	开关输出	PNP
响应时间/ms	4	开关元件功能	常开或常闭触点
电连接	M8×1插头、3针或2.5m电缆	显示方式	黄色LED、四周可见
安装方式	通过附件		
安装位置	任意②	CE标志	89/336/EEC(EMC)

①示范压力和切换压力之间的差

②应防止冷凝水在传感器内聚集

续表

		派生型	V1	D2	D10
电子式真空压力开关（带指示灯自教模式）	工作和环境条件	工作介质	过滤压缩空气,润滑或未润滑		
		压力测量范围/bar	-1~0	0~2	0~10
		阈值设定范围	0~100%		
		过载压力/bar	5	6	15
		环境温度/℃	0~50	0~50	0~50
		介质温度/℃	0~50	0~50	0~50
		耐腐蚀等级 CRC	2	2	2
		防护等级,符合 EN60529 标准	IP40	IP40	IP40

电子式真空压力开关（带显示屏的数字压力开关）	工作原理	带显示屏的数字式压力开关是利用压敏电阻方式在不同的压力变化时可测得不同的电阻值,并转化为电流的变化,它有 PNP 或 NPN 输出(如:1 个开关输出 PNP 型或 NPN 型,2 个开关输出 PNP 型或 NPN 型,1 个开关输出 PNP 型或 NPN 型和模拟量 0~10V 的输出,2 个开关输出 PNP 型或 NPN 型和模拟量 4~20mA 的输出)。可有 LCD 显示(便于操作)及发光 LCD 显示(便于读取)。有两个压力测量范围:-1~0bar;0~10bar。可进行相对压力和压差的测量。它的配置工作模式与电子式真空压力开关(带指示灯自教模式)相同,工作压力设定调整如图所示,由增加键或减少键调整所需压力		
	主要技术参数	压力测量范围/bar	-1~0	0~10
		机械部分		
		测量方式	压阻式压力传感器,带显示	
		气接口	R⅛,R¼,G⅛或 QS-4	
		测量的变量	相对压力或差压	
		精确度	测量范围终值的±2%	
		切换点重复精度	0.3%	
		电连接	插头 M8×1 或 M12×1,圆形结构符合 EN 60947-5-2 标准	
		安装方式	安装在气源处理单元,H 型导轨和连接板上	
		安装位置	任意①	
		① 应防止冷凝水在传感器内聚集		
		电部分		
		工作电压范围/VDC	15~30	
		最大输出电流/mA	150	
		短路保护	脉冲方式	
		极性容错	所有电连接	
		开关输出	PNP 或 NPN	
		CE 标志	89/336/EEC(EMC)	
	工作和环境条件	压力测量范围/bar	-1~0	0~10
		工作介质	过滤压缩空气,润滑或未润滑	
		压力测量范围/bar	-1~0	0~10
		阈值设定范围/bar	-0.998~0.02	0.2~9.98
		迟滞设定范围/bar	-0.9~0	0~9
		过载压力/bar	5	20
		环境温度/℃	0~50	
		介质温度/℃	0~50	
		耐腐蚀等级 CRC	2	
		防护等级,符合 EN 60529 标准	IP65	

4.6 真空压力表

不含铜、聚四氟乙烯和硅，真空压力范围在-1~0bar/-1~9bar，工作温度为-10~+60℃。真空压力表有不同的工作原理，有机械式和数字式两种功能方式。常用的为机械压力表。真空压力表通过舌管弹簧进行模拟量的显示，在静态负载的情况下，可以达到 3/4 全量程；在间歇负载的情况下，只能达到 2/3 全量程。

4.7 真空高度补偿器/角度补偿器

真空高度补偿器（如图 23-7-1 所示）用于补偿因工件厚度不同造成的高度差，使抓取装置的过程中均能顺利抓取工件，并使抓取动作更加轻柔。

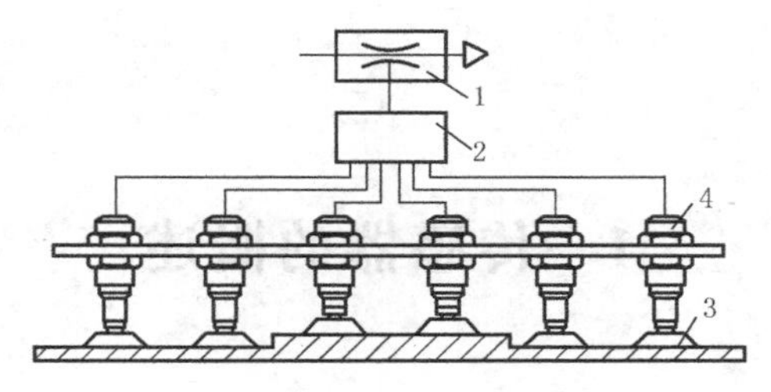

图 23-7-1 真空高度补偿器

1—真空发生器；2—分配器；3—吸盘；4—高度补偿器

角度补偿器能确保吸盘最大限度地与具有不平整表面的工件接触。

5 真空元件选用注意事项

表 23-7-14

选用考虑因素	注 意 事 项
从供给压缩空气上考虑	为防止真空发生器内喷嘴（细小直径）的堵塞，一是应采用过滤、无油润滑的压缩空气；二是在真空吸盘与真空发生器之间应安装真空过滤器，尤其是当工件为纸板材质或周围环境有粉尘、灰尘时
从系统上考虑	（1）真空发生器的气源应在 0.5～0.6bar，不宜过高或过低 （2）真空吸盘与真空发生器之间连接管道不宜过长或过粗，管道可被视作抽吸容积，大的抽吸容积将使抽吸时间延长 （3）为保证安全，在真空发生器的前级设置储气罐，以防停电或供气气源发生故障时，避免工件因失去真空而坠落 （4）当一个真空发生器带数个真空吸盘时，如一个真空吸盘脱落，整个真空系统会遭到破坏，故应在每个真空发生器上游安装真空保护器（表 23-7-1 中图 d），或采用带单向阀结构的吸盘（见表 23-7-11 中图 a、b） （5）吸吊面积大的玻璃板、平板时会产生较大风阻，应采用足够保险的吸盘及合理均匀的分布位置 （6）在接头与阀，气管与接头，以及所有真空系统的连接处应确保完全密封（如采用可用于真空系统的组合封密垫圈） （7）应当选择合适的真空发生器规格，过小时，建立真空时间过长，动作频率低；过大时，吸入流量过大、过快，与未吸着时的真空压力之差界限模糊，使真空开关设定变得困难
从工件上考虑	（1）工件的形状、尺寸及重量：如对弯曲的工件可参见表 23-7-7 中图 a、b，对于柔软的工件，如乙烯薄膜、纸，应采用带肋的小吸盘 （2）工件的透气性：需考虑工件表面的粗糙程度（光滑、粗糙）；工件表面的清洁程度（潮湿、油腻、灰尘、黏滞、液体）等 （3）工件的最高温度：选择合适的吸盘材质，如氟橡胶、硅橡胶 （4）工件抓取时的定位精度：选择合适的吸盘形状或带围栏挡板（挡块）吸盘，并考虑吸盘是否处于工件的中心位置（如果用几个吸盘，应考虑中心对称及中心位置） （5）工件的循环次数：选择合适的真空发生器规格、管道长度及直径 （6）最大加速度：应充分考虑工件运动方向及吸力不足时产生的偏移（见本章 3.3 节例 2 中例图 3） （7）工件的周围条件（耐化学性、是否用于食品行业、是否不含硅）：需要哪种抓取方式（移位、旋转、转向）
从维护上考虑	（1）真空系统的测量、监视、调节及控制 （2）真空发生器的排气不得节流，更不得堵塞，否则真空性能会变得很差。因此要定期清洗其消声器及真空过滤器

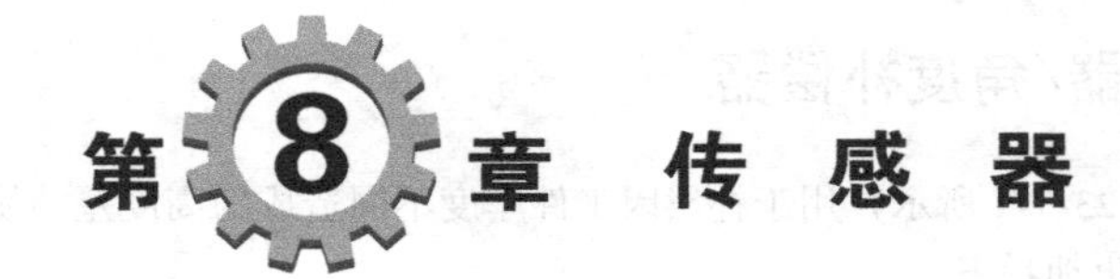

第8章 传感器

1 传感器的概述

1.1 传感器概述

传感器应用非常广泛，尤其是近代科学技术的发展，许多学科都产生新的传感器技术。如智能传感器，将放大器集成在传感器内，或赋予传感器计算功能；生物传感器，由生物活性部分，如酶、菌与记录、处理生物反应的微电子部分组成；微观力学，将由硅蚀剂制成的薄膜、弹簧或摆动部件组成的传感器力学元件与芯片集成在一起，形成兼有芯片和出色机械特性、电子特性的微观传感器。

在气动技术及工业自动线上应用的基本传感器，见表 23-8-1。

表 23-8-1

用　途	探　测　内　容
探测公称数量	位置、距离、长度、行程、寿命次数、斜度、速度、加速度、旋转角度、旋转及工件表面特征等
探测力方向数量	作用力、重量、压力、扭矩和机械效率
探测物体存在与否	在自动流水线上应用十分广泛
探测物料数量	气态、液态、固态和物质的流速和填充数量
探测温度、热量值	温度、热量值
探测、评估光辐射量	辐射通量、辐射能、辐射强度、辐射度和光亮度，如颜色、光通量、光能、发光强度、亮度、照明度，此外还包括所有图像的处理系统
探测电学特征数量	基本电子特征数量包括：电压、电流、电源、电能、静电、电场力、磁场力以及电磁辐射
探测声波特征	声压、声能、音波和音频
探测条形码识别	光字符读取器、条形码读取器、磁条读取器和图像处理系统等

1.2 气动领域中常见传感器的分类说明

面对庞大的传感器类别、品种，对传感器的分类是一件困难的事，各种传感器分类首先要考虑其所需探测的物理数量（如探测公称数量：距离、长度、行程、寿命次数等），操作原理（电感型、电容型、磁感应型、光电型、超声波型等）和传感器类型（数字量、模拟量）等因素来进行。

如对一个阀切换频率的探测，必须根据需探测频率次数来选择传感器物理量纲中是属于低频传感器，还是高频传感器。

又如对气动位置是否到位的探测，则需根据其操作原理来选择，是采用机械式、接触式、舌簧式磁性接近开关，还是电感应接近式（无触点）。

再如对某一物体测量，需用模拟量转换传感器还是用数字量转换传感器，并根据实际工况需要。工业自动线较多采用数字式传感器，但对于司机倒车测量有无物体时，大多数采用模拟量传感器显示。

1.3　数字量传感器、模拟量传感器

表 23-8-2

<table>
<tr><td>数字量传感器</td><td colspan="3">数字量传感器产生二进制信号，如 101010…，即“开”和“关”两个状态。当物理变量达到某一个特定值时，就从一个状态切换成另一个状态。通常这个特定值是可以设置的
在很多情况下，当一个物体从远处接近传感器的切换点和远离传感器时切换点是不同的，这两个临界切换点的差异就被称为“迟滞”。迟滞现象在很多应用场合也是很受欢迎的。如它在关闭控制的时候能降低切换频率，改善系统的稳定性</td></tr>
<tr><td rowspan="4">模拟量传感器</td><td>工作原理</td><td>模拟量传感器能产生一个随物理值变化而不断变化的电子信号，形成连续状态，这种变化不一定呈直线型，但它可显示物理量值的实际大小（即数值）。常用模拟量电信号为 0～10V 或 4～20mA，模拟量输出电信号与活塞行程之间的关系如图所示，尽管在信号处理成本方面，模拟量比数字量的成本要高，但它能提供更多的信息</td><td>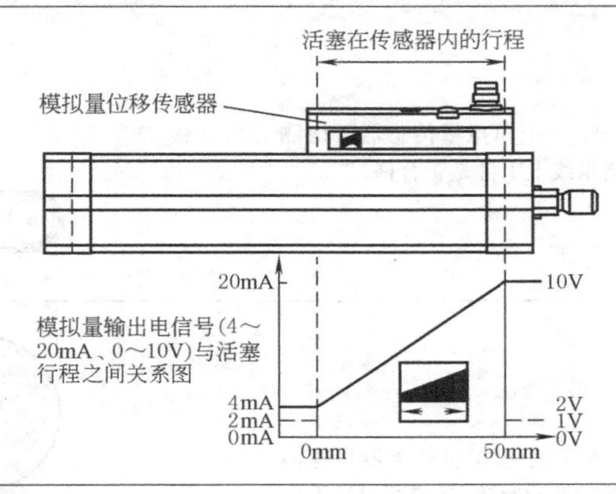</td></tr>
<tr><td rowspan="3">应用实例</td><td>1. 一个模拟量传感器可探测不动作区域与动作区域，并可区别旋转圆周面或直平面三个不同阶段的动作区域</td><td>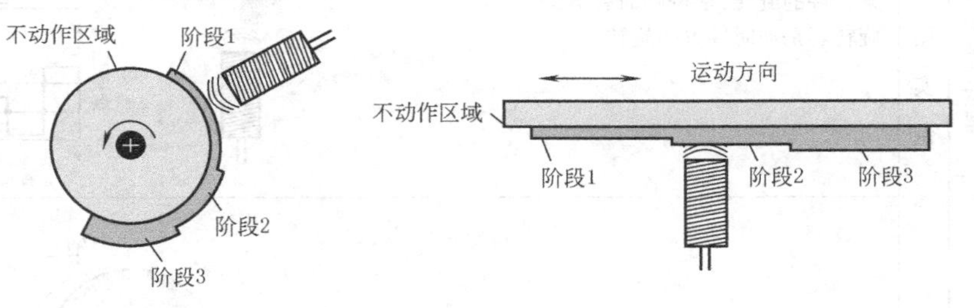</td></tr>
<tr><td>2. 一个模拟量传感器可探测一工件接近的距离值或运动工件形状是斜面还是一个曲面</td><td>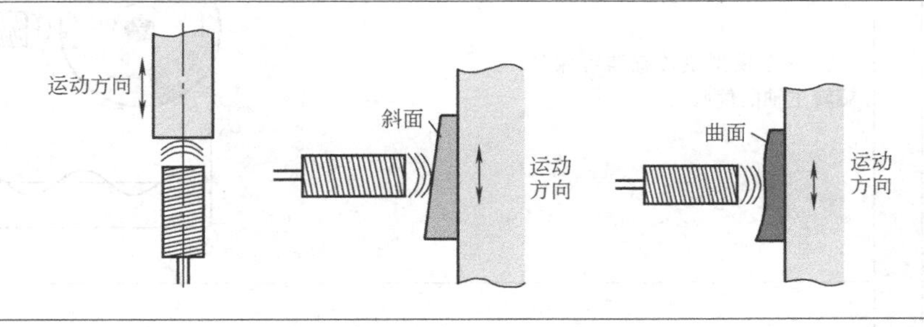</td></tr>
<tr><td>3. 一个模拟量传感器安装在一个旋转运动工件外侧，可探测一个完整或不完整工件的旋转运动</td><td>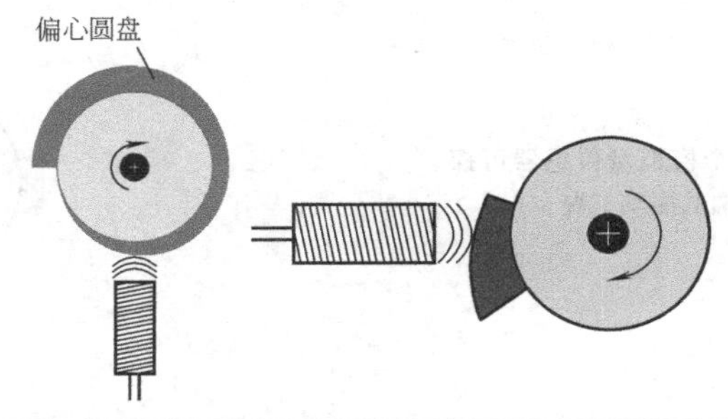</td></tr>
</table>

续表

模拟量传感器 — 应用实例

4. 一个模拟量传感器可进行转换控制，将一个模拟量传感器探测的工件外形信号传输给可编程控制器，由可编程控制器的输出控制驱动器(按模拟量信号修正其移动路径)，以获得一个等距离的相对运动，如对汽车外壳喷漆等

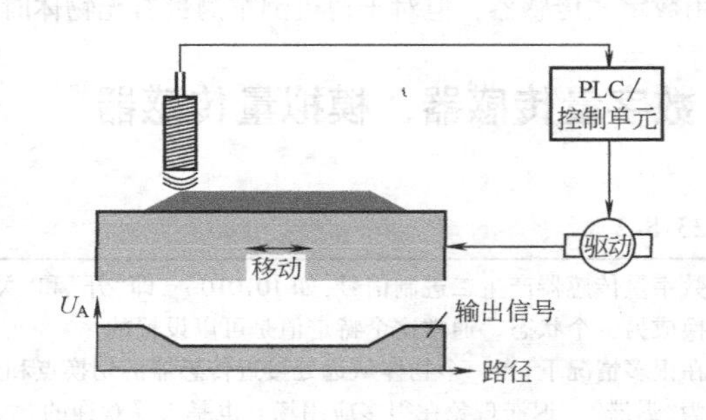

5. 一个模拟量传感器可探测流水线上工件是否合格

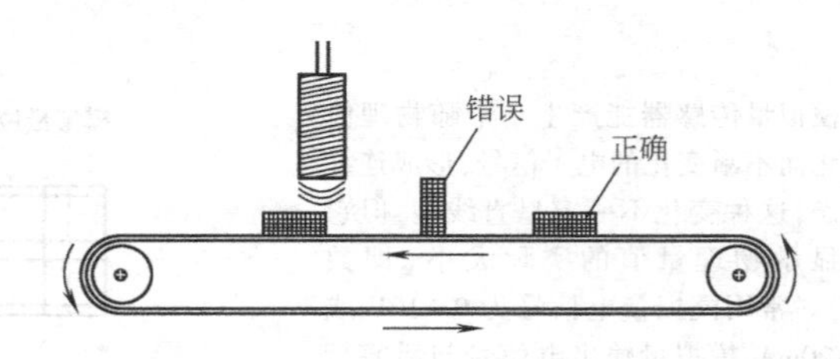

6. 一个模拟量传感器可探测某工件的旋转，是按顺时针方向旋转还是逆时针方向旋转

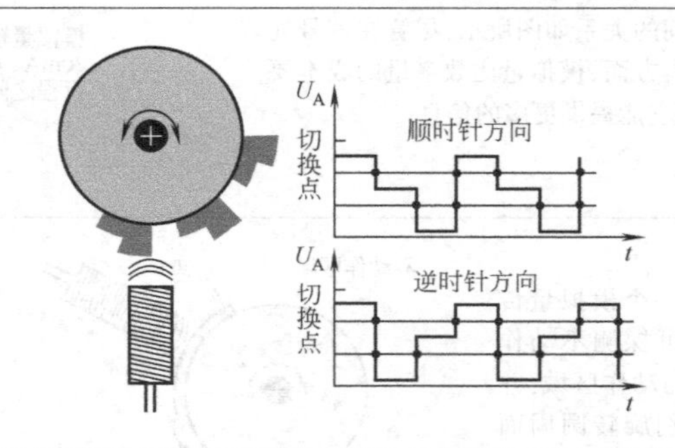

7. 一个模拟量传感器可探测旋转主轴的偏心

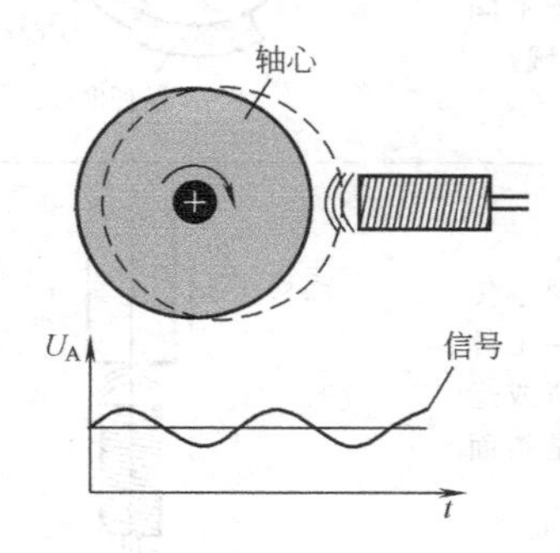

8. 用两个模拟量传感器可探测运动主轴的振动工况

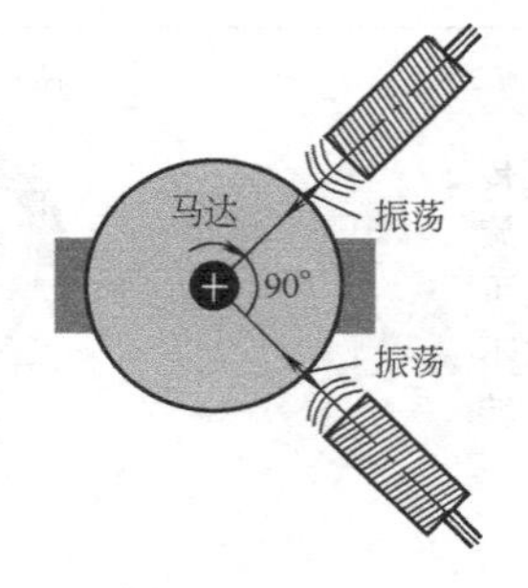

2 气缸位置传感器

表 23-8-3

<table>
<tr><td rowspan="1">结构原理</td><td colspan="2">气缸位置传感器位于气缸活塞上的永磁体的磁场，可记录活塞的位置。气缸位置传感器必须满足与磁体协同工作，与磁体保持一定的距离和沟槽的几何形状和公差。气缸位置传感器被机械固定在驱动器沟槽中所需的位置。气缸的活塞前进或后退，开关信号状态就发生变化。该标准二进制开关信号在理论上可与可编程逻辑控制器（PLC）相连，并可用于控制过程处理顺序。气缸位置传感器的迟滞和开关行程取决于磁场、不同形状和规格的气缸。磁体的距离能改变对迟滞和开关行程的影响。不同的气缸/传感器组合需作实用检测以免不匹配。迟滞原理见图 a。重复精度：A 或 C 反复前进并在切换点确定偏差。用于非旋转驱动器的气缸位置传感器切换点的重复精度为±0. 1mm
左→右运动：A 至 B=开关行程；A 至 D=迟滞
右→左运动：C 至 D=开关行程；C 至 B=迟滞
气缸位置传感器常以接近开关的形式较多，它以舌簧式磁性接近开关、电感应无触点接近开关、气动舌簧式行程开关较多。图 b 为气缸位置传感器的应用图
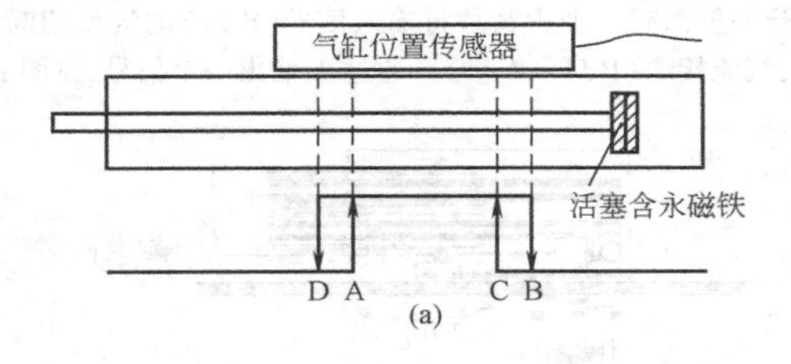

(a)
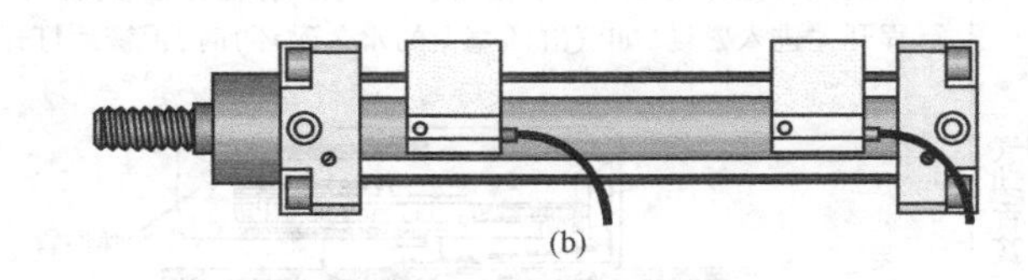
(b)</td></tr>
<tr><td rowspan="2">舌簧式磁性接近开关</td><td>结构原理</td><td>舌簧式磁性接近开关被合成树脂塑封在一个盒子内，盒内充满惰性气体，当磁场趋近行程开关（如气缸活塞上的永久磁环）时，盒内的磁性舌簧接触片受磁力影响使其触点接通，行程开关输出一个电控信号，见图 c</td></tr>
<tr><td>主要技术特性</td><td>工作电压 12~30V DC；3~250V AC；开关精度为±0. 1mm；最大的输出电流为 500mA；最大开关功率为 10W；接通时间，常开触点为≤0. 5ms，常闭触点为≤2ms；防护等级 IP65、IP67；环境温度为-20~+60℃（耐热型为-40~+120℃）；有二芯电缆或三芯电缆。安装舌簧式磁性接近开关应注意其附近不能有太强的磁铁存在，否则将产生误动作，若多个气缸并列安装，需相隔 60mm 间隙为佳，以免气缸上的舌簧式磁性接近开关相互干扰。开关通入电流不易过大，一般为 0. 3~0. 5mA，以免在接通或断开时产生电弧损毁舌簧片，若开关与电感性负载连接时，应采用保护电路（见图 d）
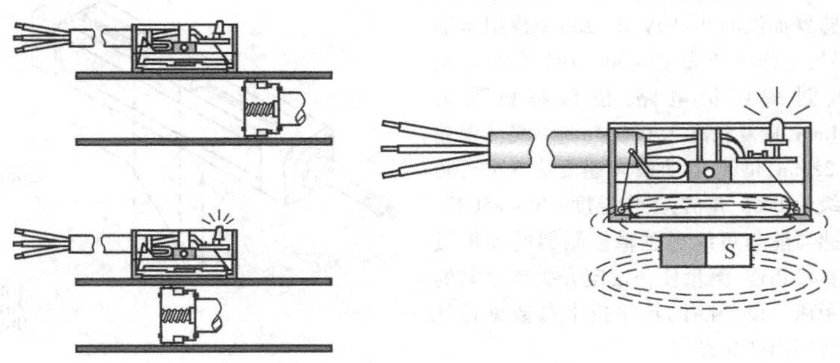

(c) 舌簧式磁性接近开关的内部电路示意图
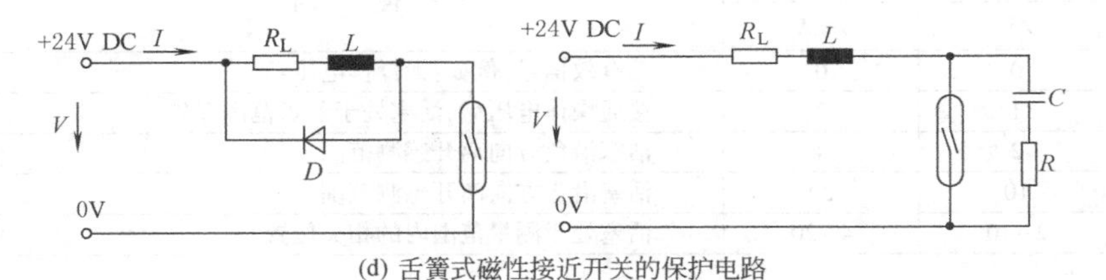

(d) 舌簧式磁性接近开关的保护电路
R_L— 负载电阻；L — 负载电感；R — 保护电阻；
C — 保护电容；D — 保护二极管</td></tr>
</table>

续表

电感应无触点接近开关

结构原理

无触点接近开关由一个带铁磁性屏蔽层的谐振回路线圈组成。行程开关进入磁场(如气缸活塞上的永久磁环)时,屏蔽层内的磁场强度达到饱和,因此振荡回路的电流发生变化。此电流的变化通过一个放大器转化为输出信号。图 e 为电感应无触点接近开关,用于型材气缸的沟槽内,由于电感应无触点接近开关外形有插入槽的凸边,感应面方向不会插错,对于圆形气缸可用传感器支架,见图 f。对于应用在四拉杆上有托架的电感应无触点接近开关,注意感应面朝向气缸内壁面

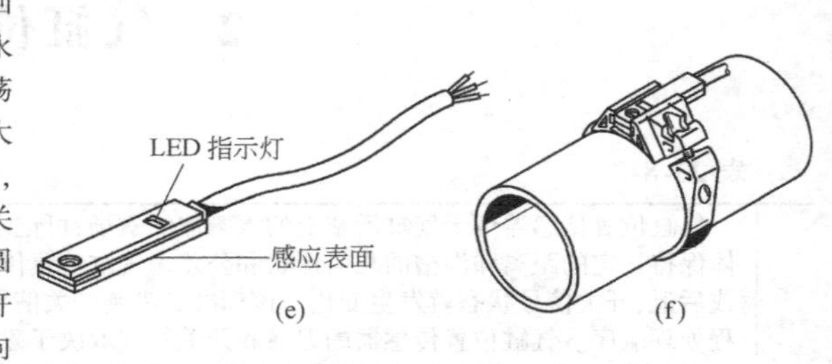

(e) (f)

主要技术参数

工作电压有 10~30V DC 或 10~30V AC;开关精度范围为±0.1~±0.2mm(根据各型号规定);最大的输出电流范围为 100~500mA(根据各型号规定);最大开关功率范围为 3~10W(根据各型号规定);开关功能有 PNP、NPN;接通时间,常开触点为≤0.2ms,常闭触点为≤0.5ms;防护等级 IP65、IP67;环境温度为-20~+60℃(耐热型为-40~+120℃);有二芯电缆或三芯电缆

气动舌簧式行程开关

舌簧式行程开关在原理上相当于一个空气挡板,通常在行程开关里面有一个舌簧片将输入信号(P 口)的气流切断。当行程开关进入磁场(如气缸活塞上的永久磁环)时,舌簧片打开,气流接通(P 口—A 口)。通过 A 输出一个信号,见图 g、h

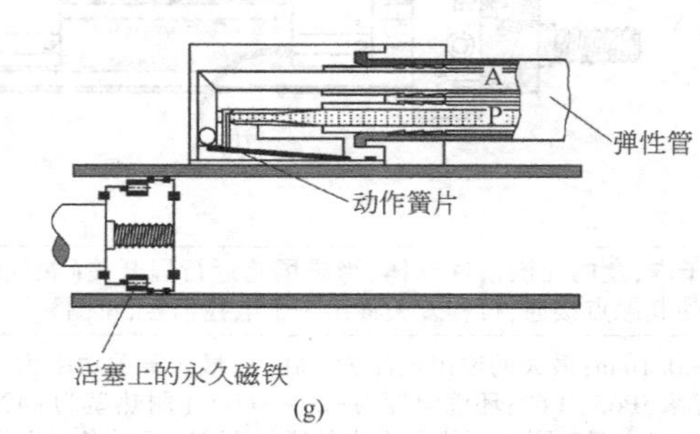

(g)

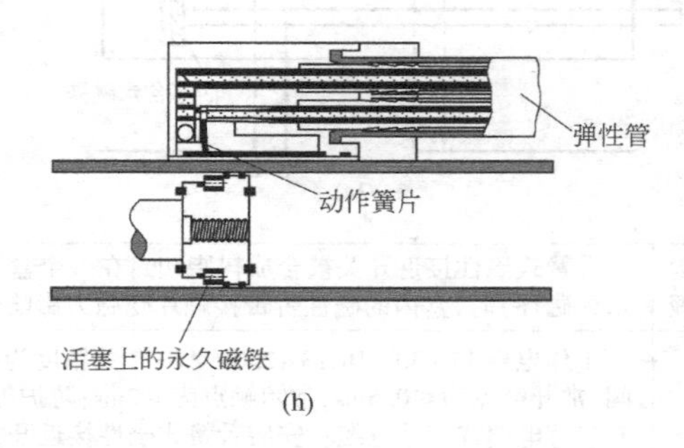

(h)

模拟量气缸位置传感器

主要技术参数

模拟量气缸位置传感器可检测活塞运动在 50mm 行程范围位置变化状况(见图 i),该传感器提供的 0~10V、0~20mA 模拟量输出信号,工作电压为 15~30V DC,具有短路保护、过载保护电路,位移解析度为 0.064mm,重复精度为 0.064mm。线性误差为 0.25mm,活塞运动最大速度为 3m/s,防护等级为 IP65、IP67,工作温度-20~+50℃。该传感器能与可编程逻辑控制器的模拟量输入直接相连,测量任一设定开关点之间的行程距离。该产品的具体技术参数见各气动制造厂商产品样本

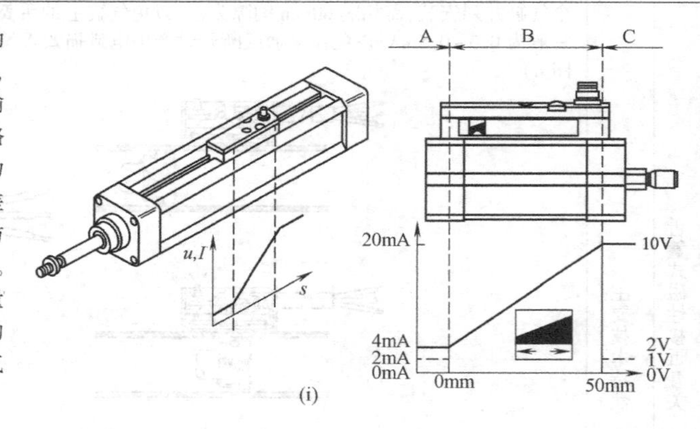

(i)

模拟量输出		说　明	范　围
/V	/mA		
0	0	无有效信号,例如:无操作电压	—
1	2	接通操作电压后,活塞处于测量范围以外	A,C
2	4	活塞沿负方向离开感测范围	A
10	20	活塞沿正方向离开感测范围	C
2~10	4~20	活塞处于测量范围内的相关位置	B

应用图例

很多典型的应用场合(如连接过程、夹紧、位置感测、好/坏零件的检测、工作位置、质量检测、磨损监控、厚度感测),需对目标检测和对过程监控,见图 j~图 o

第 23 篇

续表

模拟量气缸位置传感器	应用图例	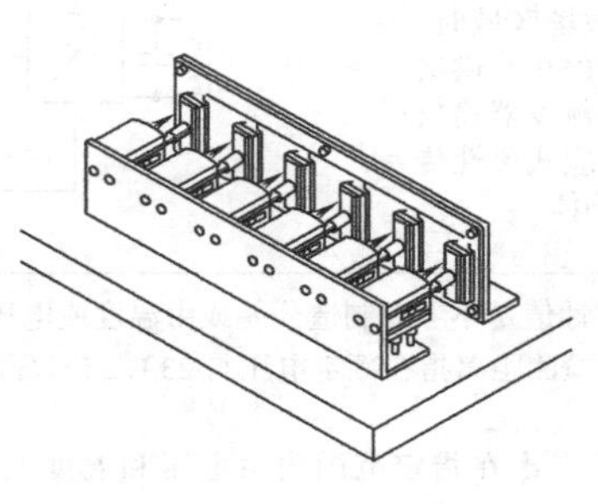 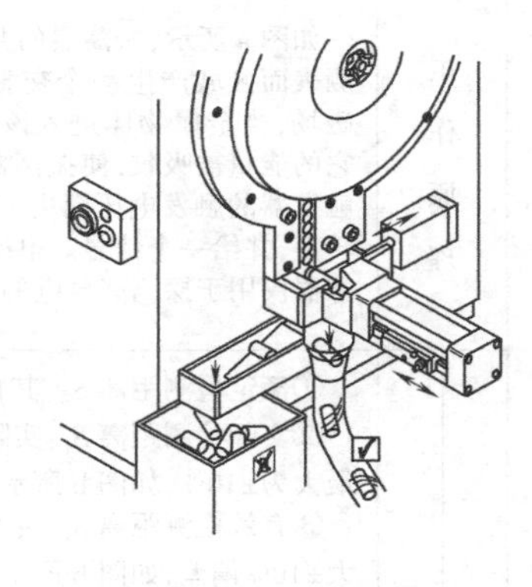 (j) 气缸完成热铆接，模拟量位置传感器控制着铆钉的进给任务 (k) 用模拟量气缸位置传感器监控压紧运动的挤压深度 (l) 使用模拟量气缸位置传感器检测元件的长度和厚度，根据结果分拣好和坏的零件 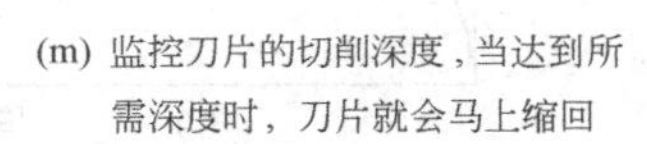 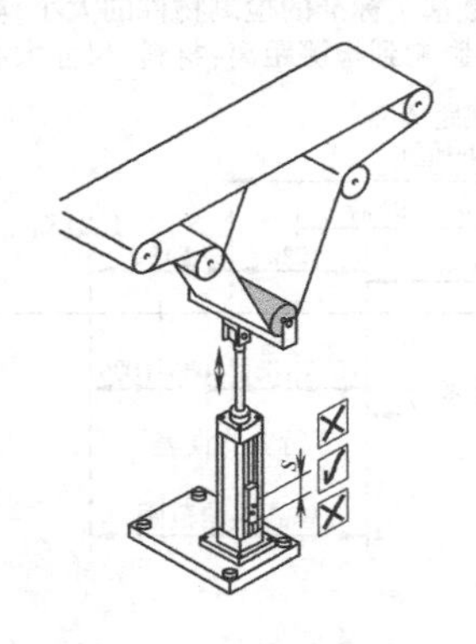 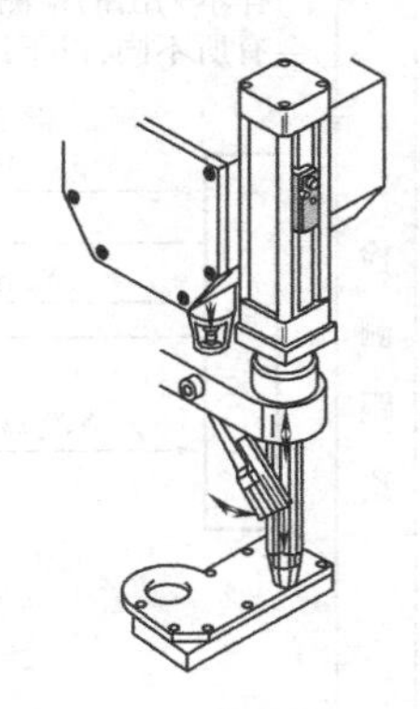 (m) 监控刀片的切削深度，当达到所需深度时，刀片就会马上缩回 (n) 应用模拟量气缸位置传感器预先设定传送带张力（通过预先设定活塞位置区域）能检测和调整传送带恰当的张力 (o) 使用位置传感器检测螺钉旋具的进给运动和旋入深度，螺钉旋具的停止或倒转取决于深度

3　电感式传感器

表 23-8-4

结构原理及特点	电感式传感器是一种非接触式传感器,无需直接接触金属或电流物体就可获得响应。接近传感器是工业自动化技术中的基本元件之一。该传感器的核心元件是线圈,加载交流电后产生交变磁场。当磁场中有金属物体时其电阻和振幅就会发生变化。经过电子放大后,该变化就作为被测物体与线圈间距离的变量。由于迟滞的影响,物体朝着接近传感器方向移动的检测距离和物体朝另一方向移走的检测距离是存在差异的,这样可防止输出信号的振动。非接触式传感器具有以下特点： ①无机械磨损,使用寿命长。传感器的传感头无需配专用的机械装置(如滚轮、柱销、机械手柄等) ②不会因触点的污染或黏合而造成故障,也不会因为被测物碰撞而造成信号丢失 ③无触头跳动,因而无切换故障 ④切换频率大,切换频率高达 3000Hz ⑤抗振动 ⑥系统全封装,防护等级高 ⑦装配灵活 ⑧传感器能感测所有穿过或停留在高频磁场中的金属物体

续表

电感式磁性传感器	工作原理		如图 a 所示，振荡器的共鸣电路在感测表面区域产生一个交替的电波频率磁场，当金属物体进入该磁场区域时，它的能量被吸收，使振荡器停止。供给触发器的触发电压消失了，触发器输出转换，并给一个信号。电感应式磁性传感器仅用于探测能导电的物体 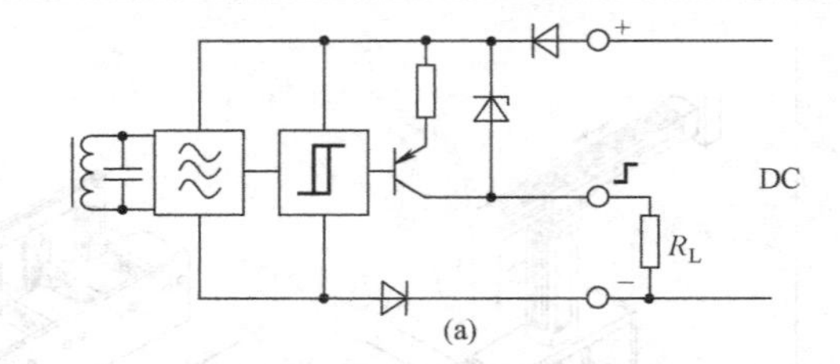 (a)
	主要技术特性	检测距离	①额定检测距离 S_n：其特性值是不考虑制造公差或由温度或电压引起的偏差，如图 b 所示 ②实际检测距离 S_r：实际检测距离指在额定电压与 23℃±5℃ 环境温度下的检测距离，与额定检测距离的偏差最大为±10%，如图 b 所示 ③有效检测距离 S_u：是需考虑在指定范围内由电压和温度波动引起的偏差，它与实际检测距离可存在最大±10%偏差，如图 b 所示 ④可靠检测距离 S_a：制造商承诺可靠检测距离适用于所有指定的工作条件。它为可靠设计提供了基础。在允许的工作条件下的检测距离，在以 0 到最小有效检测距离间取值，如图 b 所示 样本列出的检测距离是基于标准的检测物件的大小，如果是检测其他的目标（大多数的应用），实际的检测距离会有所不同，以下因素会影响到检测距离：材料、尺寸大小、厚度、平滑度，如图 c 所示 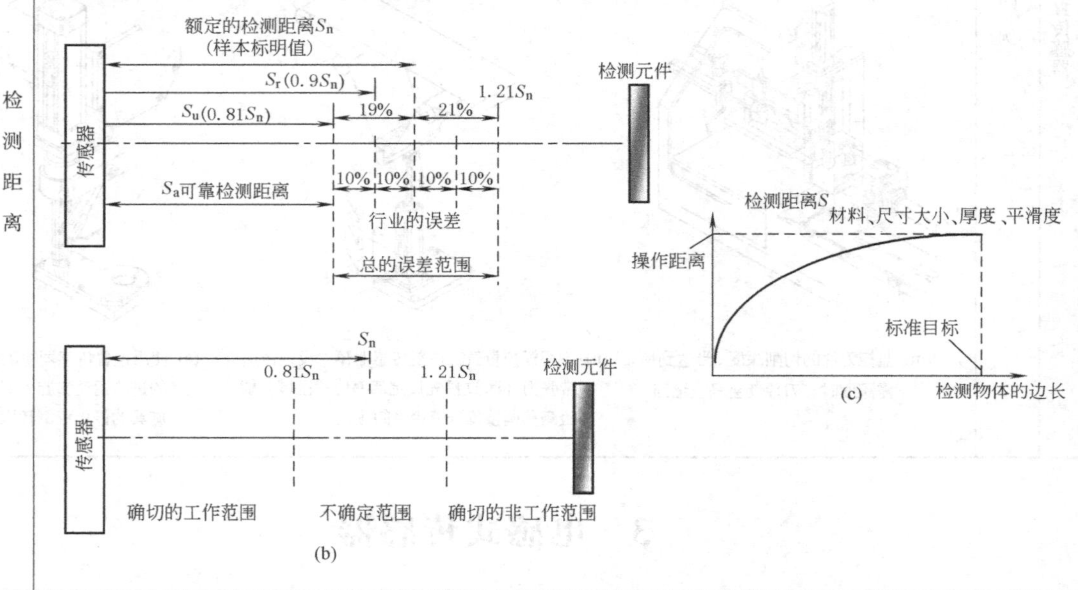 (b) (c)
		重复精度	重复精度是指在 IEC 60947-5-2 和 EN60947-5-2 标准中定义的实际检测距离 S_r 在 23℃±5℃ 环境温度和固定电压 UB 下经过 8h 运作后的重复精度。重复精度与该定义有关。连续测量通常会得到更精确的重复精度
		切换频率	最大开关频率规定了在额定检测距离 S_n 的一半以及持续脉冲与间隔比率为 1∶2 的情况下的每秒最大许用脉冲（见图 d）。该检测方法符合 IEC/EN 60947-5-2 标准 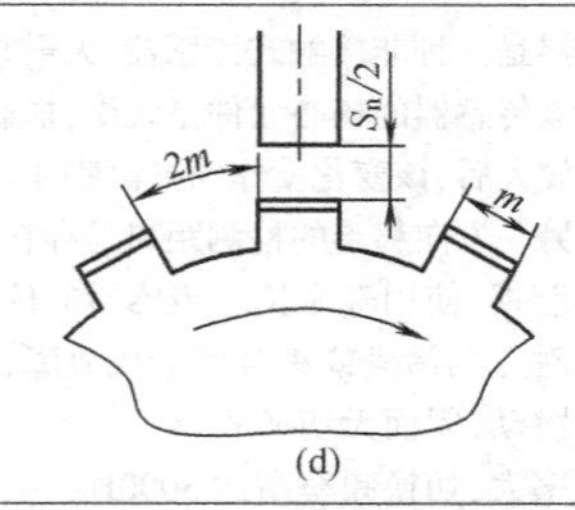 (d)
		磁场影响	抗强电磁场干扰型传感器抗磁场干扰。其他型号的传感器通常都不受永磁场和低频率交变磁场的影响。然而，强磁场会使传感器的铁线圈达到饱和状态，因此会增加检测距离或启动设备，但是，不会造成永久损坏。对于加长检测距离型传感器的几千赫兹或几十万赫兹（其他系列）的强磁场会大大削弱开关功能，因为这些设备的振荡器的频率正好处于该范围中。如果出现磁场干扰，建议使用屏蔽。对于接近传感器，过长电缆会导致输出端的电容负载对干扰更敏感，因此电缆长度不能超过 300m

续表

电感式磁性传感器	主要技术特性	修正系数	规定的检测距离与指定测量条件有关（参见以上内容）。其他材料通常在检测距离上产生修正。对于每个独立的传感器和最常用的金属规定了相应的修正系数 修正系数：钢（St37 或 FE360）1，黄铜 0.35～0.5，铜 0.25～0.45，铝 0.35～0.50，不锈钢 0.6～1
		带模拟量输出	带有模拟量输出的设备可提供模拟量信号，该信号与物体距离成比例，大多数的模型都有电压和电流的输出
		齐平与非齐平安装	①齐平安装：电感应非接触式传感器在安装时，它的感应表面可埋入金属性的基座内，其安装尺寸如图 e 所示，在应用数个传感器时，传感器相互之间至少要保持一倍的传感器宽度 d ②非齐平安装：非齐平安装非接触式传感器的检测距离要大于齐平安装非接触式传感器，由于其头部感应面无内部屏蔽，因此在其周围必须无金属，在应用数个传感器时，传感器相互之间至少保持二倍的传感器外壳的距离，见图 f 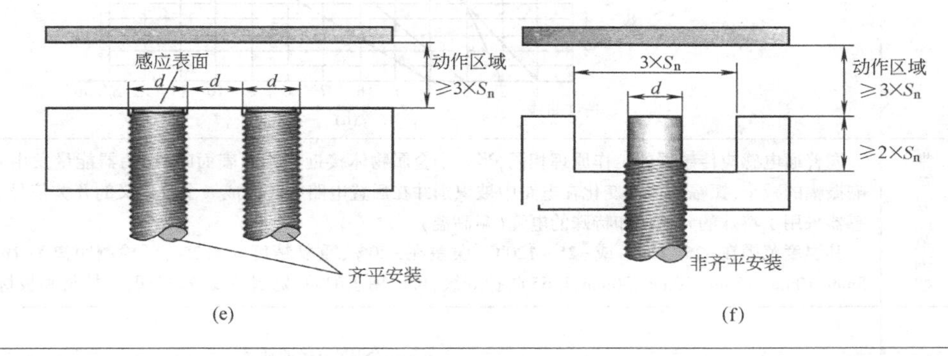 (e) (f)
主要技术参数			电感式传感器用来测定金属类材料，有常开功能或常闭功能，它的输出极性有 PNP 型或 NPN 型，工作电压为 10～30V DC、15～34V DC，20～265V AC。有齐平安装型和非齐平安装型两种，检测距离与规格有关（气动行业常用的最小距离有 0.8mm，较大距离有 15mm），根据不同规格的最大输出电流为 150～300mA，最高切换频率为 300～3000Hz（根据各型号规定），切换点的重复精度在±0.04～0.4mm 之间（根据各型号规定），迟滞 min0.01～迟滞 max3.3mm（根据各型号规定），具有极性容错保护和感应电压保护，防护等级为 IP65/67
类型	距离型加长检测		由于采用了更精密的电子元件，再灌封时考虑更小的损耗，专用的振荡线圈及专用振荡器，所以检测距离加长，与标准型的电感式传感器相比检测距离提高 100%（齐平安装）
	抗强电磁场干扰型		抗强电磁场干扰型传感器的工作原理与普通电感应传感器相同，其特点是通过使用特种振荡器的核心材料和专用测试技术以实现在工作磁场下的较高稳定性。磁场稳定性的高低取决于磁场种类、传感器的结构尺寸，以及它在磁场中的位置和磁场类型（恒定型磁场或变更型磁场）。通常传感器制造厂商对流过导体的电流所产生的周围磁场做了测试，如图 g 所示，其磁场强度的计算公式为：$B\approx\frac{0.2\times I}{r}$（mT） 式中，$I$ 为流过导体的电流，A；r 为导体中点的距离，mm；B 为磁感应强度，mT。摘自 TURCK（图尔克）公司产品（Bi10S-Q26-AD4X-H1141/S34）等 B/mT　r/mm　圆柱形导线 (g) 在圆柱形导线附近的磁场强度

I/kA	距离/mm			
	12.5	25	50	100
5	80mT	40mT	20mT	10mT
10	160mT	80mT	40mT	20mT
20	320mT	160mT	80mT	40mT
50	800mT	400mT	200mT	100mT
100	1600mT	800mT	400mT	200mT

续表

类型		
类型	带模拟量输出型	带模拟量输出的接近传感器可提供电信号，该电信号与传感器表面到金属物体之间的距离成比例。该输出信号也会根据所检测物体的规格和材料，对于额定检测距 S_n 而言，不同的金属需要不同的修正系数。其功能可有：直接将直线运动转换成电信号，使用楔形传导元件将直线运动转换成电信号，将旋转运动转换成电信号，对金属工件的位置、规格和材料进行监控，将摆动或位移转换成电信号，见表 23-8-2 同普通电感应传感器的工作原理相同，当一个金属物体接近传感器表面时，振荡器能量发生变化，能量变小程度与被测金属体与传感器之间的距离有关，同时也是一个检测的标志，传感器内通过一个附加电路，将损耗转换成可测量的信号，经线性化处理后放大，在输出端产生一个模拟量的电压或电流信号（0～10V，0～20mA），工作电压为 15～30V DC，线性误差≤3%，温度误差≤±5%，重复精度≤2%，检测频率为 80～200Hz，摘自图尔克 Bi5-M18-LU、Ni8-M18-LU、Bi10-M30-LIU、Bi15-CP40-LIU…，如图 h 所示 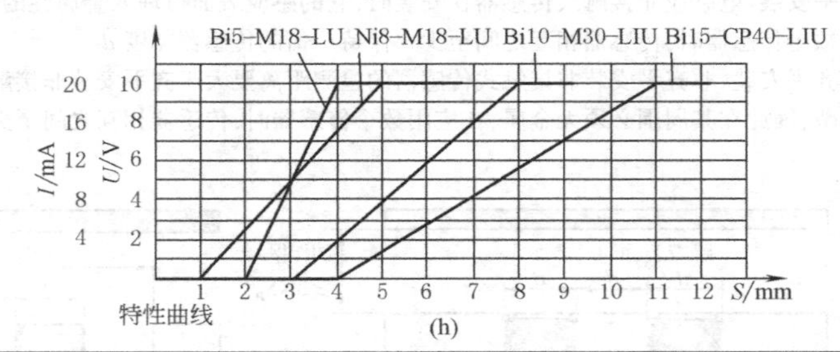 (h)
	带宽温度范围型	同普通电感应传感器的工作原理相同，当一个金属物体接近传感器表面时，振荡器能量发生减小，能量减小影响振幅的减小，振幅的扰动变化在电路中被识别并在后置电路中转换成一个自定义的开关信号，所不同的是该传感器采用了特殊的元器件和特殊的电缆（耐高温） 其温度范围在－25～100℃或－25～120℃，误差在±20%，重复精度为≤2%，可检测距离为 1mm、1.5mm、2mm、5mm、10mm、15mm、20mm、30mm，IP65 防护等级，可应用于酿酒、奶制品设备、喷塑机、棒材和板材辊压机等
	带有时间延迟功能型	带有积分延时的电感式传感器的工作原理与普通式传感器一样，当一个金属物体靠近传感器的感应面时，振荡器系统的能量减少，振幅的扰动由电路识别并在后置电路中转换成一个开关信号 在该传感器的输出中装有一个可调的时间功能模块（0.05～20s），输出特性可用于接通延迟、关断延迟、接通/关断延迟，并可通过可转换的振荡器头上的电位器进行时间调节，如图 i 所示。可用于传输设备的阻塞监控和阻止碰撞 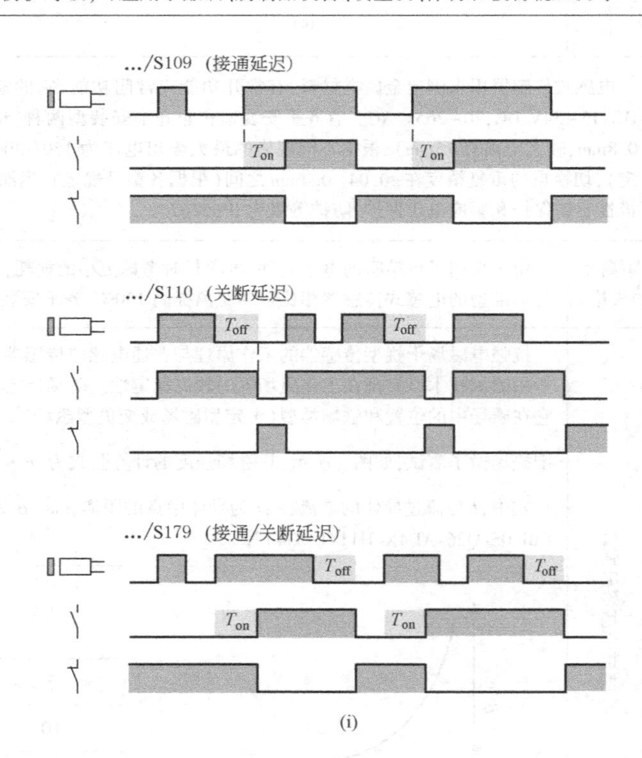 (i)
	耐高压型	主要在液压领域中，它可被直接置于腐蚀性的介质之中和恶劣的环境下，能耐 10～500bar 高压，感应距离 1.2～2mm，输出端的放大器已组装在传感器内，无需额外的放大装置，其输出可直接与继电器相连

续表

类型 — 对所有金属无衰减系数型

传统型的电感式传感器在检测不同的金属时，其额定开关（检测）距离不同，即存在着衰减或修正系数。此传感器不存在该现象。由于它采用三个无铁氧体的空芯线圈系统，所以对交流直流磁场不再敏感。其特性如下：

①无衰减系数

②抗磁场干扰能力：由于不存在铁芯，所以该传感器对交/直流磁场不再敏感

③开关频率极大提高：采用理想的空芯线圈，与传统的传感器相比，开关频率提高10倍（1500Hz）

④开关有效检测距离较大：若与37钢材料的检测物体相比，其检测距离可提高100%（非齐平安装）

⑤允许的环境温度范围宽：-30～+85℃

⑥防护等级为IP67，可在水下工作，并可承受环境条件下的骤然变化，如食品加工领域

⑦工作电压：10～65V DC，短路自动保护

类型 — 超声波

一般常用的超声波传感器频率为25kHz、27kHz、30kHz、40kHz、45kHz，由三个部分组成，超声波转换器、超声波发射器、超声波接收器

超声波转换器是产生超声波的元件，由压电氧化物制成，也称压电陶瓷振荡元件，陶瓷振荡元件受到压力（声波）就产生电信号或陶瓷振荡元件得到电压时则产生声波信号。超声波转换器产生的声波频率为30～300kHz。当发射器发射出来的超声波脉冲作用到一个被检测物体上，经过一段时间后，被反射的声波又重新回到反射器上，根据声速和从发射器到被检测物体的距离，可计算出该超声波运行的时间，通常发射和接收的声波频率要相同，如图j所示

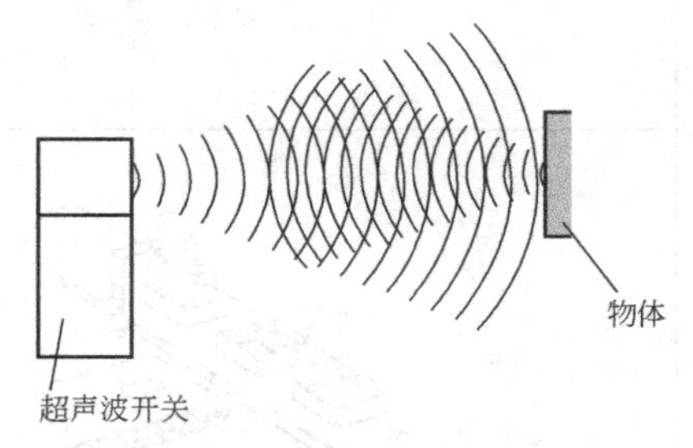

（j）超声波开关的工作原理

常用的超声波传感器发射和接收可合并为一体，也可分开。超声波传感器可检测多种物体，例如不同形状的固体、液体。物体的颜色对测量没有影响，能可靠地检测透明物体，如玻璃和有机玻璃。常用于自动仓库、输送系统、食品行业、金属玻璃塑胶加工过程、对堆积物的监控等。超声波传感器有LED显示及可调电位器开关，可设定检测范围和灵敏度。需要注意的是，物体的粗糙度超过0.15mm时会使有效的检测距离减小，对于织物、泡状物、棉花及吸声物体也会使有效的检测距离减小。当几个超声波传感器同时工作时可能会引起干扰，这就要注意超声波传感器与物体之间的最小距离，该距离与发射角、可调范围、物体的位置、方位都有关。还需注意的是，选择最佳的工作频率和一个具有专利的干扰抑制电路，使金属颤动和空气压缩等外部噪声都不对信号探测产生影响。超声波传感器在空气之外的介质中使用时，灵敏度会受影响。大气压的波动为±5%时，对一个被测物体的参照点而言，可引起灵敏度的变化约为±0.6%

以TURCK（图尔克）超声波传感器BC10-M30-VP4X（直流型）、BC10-M30-AZ3X（交流型）为例，其技术参数如下：

技术参数	BC10-M30-VP4X（直流型）	BC10-M30-AZ3X（交流型）
动作距离 S_n/mm	10	10
安装形式	齐平安装	齐平安装
工作电压	10～65V DC	20～250V AC
残波峰值/V_{pp}	≤10	
空载电流/mA	6～12	
负载电流/mA	≤200	≥5/≤500
最大电流（脉冲电流）/mA		≤8（≤10ms/5Hz）
过载脱扣/mA	≥220	
接通延时/ms	≤25	≤60
瞬时保护	2kV，1ms，1kΩ	5kV，10ms，10kΩ
开关频率/Hz	100	20
开关滞后/%	2～20	2～20
温度误差/%	±20	±20
重复精度/%	≤2	≤2

续表

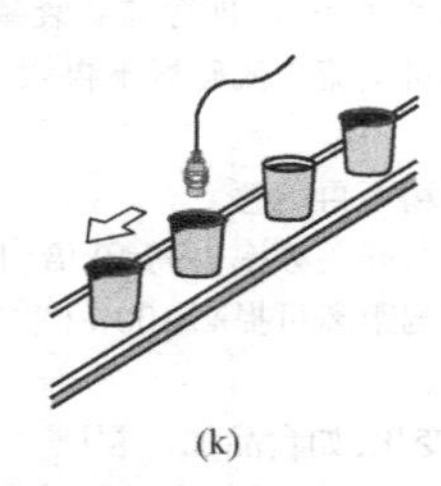 (k) 酸奶盒最后控制时，要检测铝制薄片是否存在。由小型功率大的接近开关在较远换向距离处完成	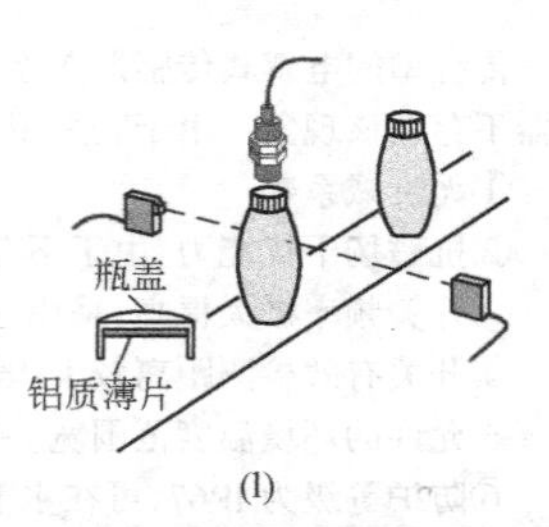 (l) 为了确保铝质密封薄片恰好附在瓶盖内部，传送带上安装了接近传感器。瓶子沿线通过时，对射式传感器向接近传感器发出一个同步信号，探测铝质薄片。如果查到出错，传感器将信号传送至气缸，拒收有瑕疵的产品
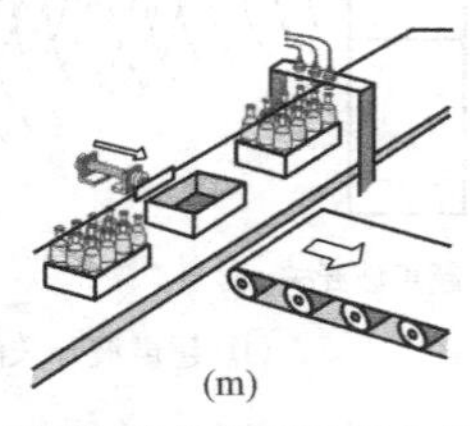 (m) 饮料瓶装厂内要对同步传送带进行空载托盘控制。电感式传感器探测每排有铝盖的瓶子，推动器分捡出空的托盘	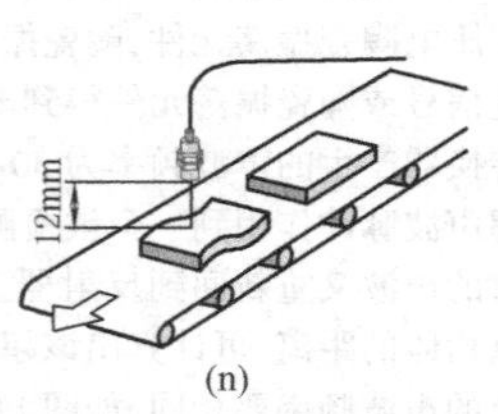 (n) 调节电感式传感器，使其能区分两种不同的送料零件
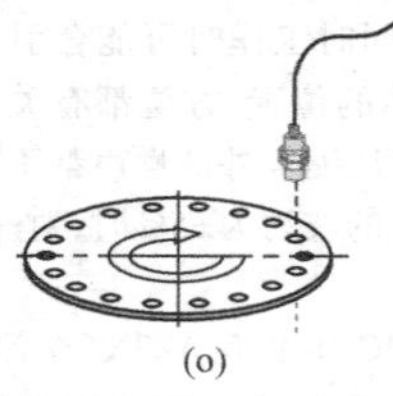 (o) 对于无法安装轴角编码器的大型或特殊机器，可以连接一个定制的带沟槽的或打孔的磁盘。为了探测沟槽或孔的速度、位置、前后运动，用电感式传感器来处理信号，频率可达5kHz。如果频率较低或周围温度很高的话，还可用对射式传感器	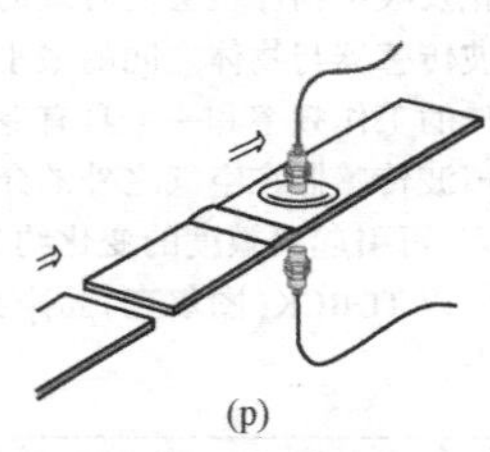 (p) 两个灵敏型电感式传感器分别安装在等待控制的钢带上下方，如果传感器探测到钢板厚度不一，就会发出一个信号
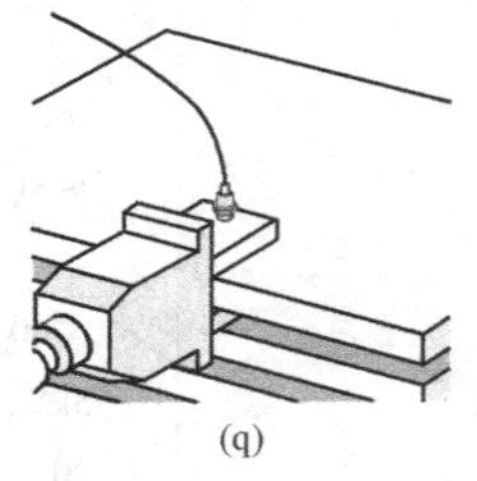 (q) 一个直径仅4mm的特别小的电感式传感器安装在气爪内。从抓起工件到放下，由传感器控制工件是否被气爪夹紧	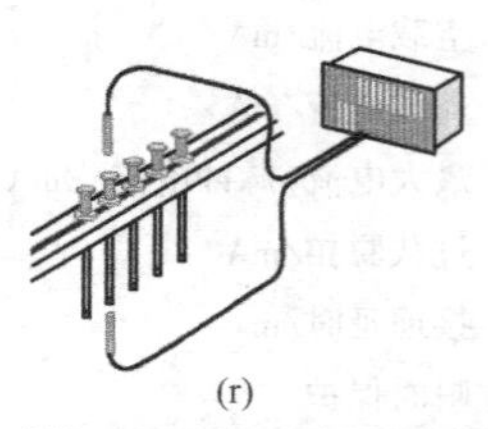 (r) 小型电感式传感器适用于快速清点小型金属铆钉的数目。在这个应用情况下，每分钟要清点1500个铆钉并随即包装。如果没有材料跟进，第二个传感器会及时发出信号

4 电容式传感器

表 23-8-5

结构原理	电容式传感器的感应表面由两个同轴金属电极构成,像打开的电容器的电极(图a),电极A和电极B连接在高频振子的反馈回路中。该高频振子在无测试物体时不感应。当测试物体接近了传感器的表面时,就加入了由这两个电极构成的电场中,引起A、B之间的耦合电容增加,电路开始振荡,振荡的振幅由数据分析电路测得,并形成开关信号。电容式传感器既能被导体目标感应,也能被非导体目标感应。以导体为材料的测试目标对感应器的感应面产生一个电极,由极板A和极板B构成了串联电容 C_a 和 C_b。如图b所示,该串联电容的电容量总是大于无测试目标时由电极A和电极B所构成的电容量。由于金属具有高传导性,所以金属测试目标可获得最大的开关距离(感应检测距离)。需要补充的是,在使用电容式传感器时不必像使用电感式传感器那样对不同的金属采用不同的校正因数;钢 $S_t=1.0\times S_n$,黄铜 $S_t=0.4\times S_n$。以非导体(包括绝缘体)为材料的测试目标,其电容量的增加取决于介电常数。表中列出的为普通固体材料和流体材料的介电常数,这些材料的介电常数均大于空气的介电常数(空气的介电常数=1) 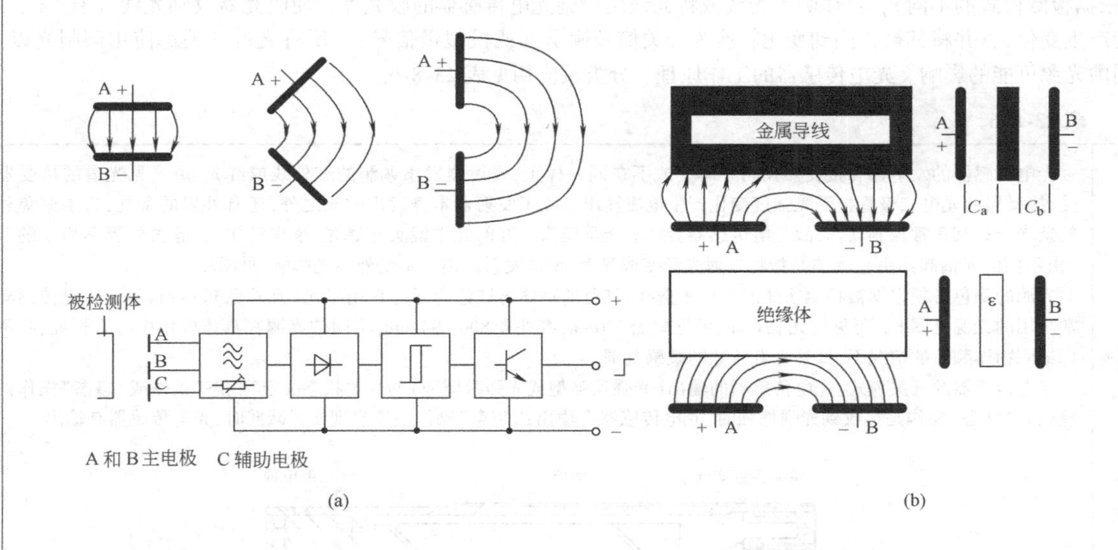 (a)　(b)
	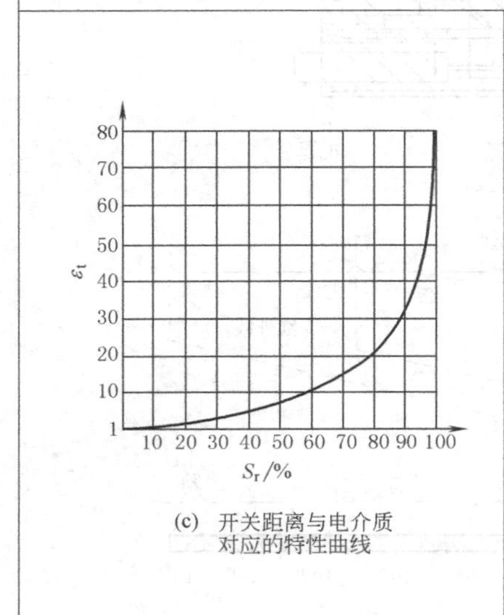 (c) 开关距离与电介质对应的特性曲线

一些重要材料的介电常数

材料	介电常数	材料	介电常数
空气、真空	1	酒精	25.8
合成树脂黏结剂	3.6	电木	3.6
赛璐珞	3	玻璃	5
云母	6	硬纸	4.5
硬橡胶	4	电缆胶皮化合物	2.5
大理石	8	油纸	4
纸	2.3	汽油	2.2
有机玻璃	3.2	聚酰胺	5
聚乙烯	2.3	聚丙烯	2.3
苯乙烯	3	聚乙烯化合物	2.9
陶瓷	4.4	纸板压制的碎屑	4
石蜡	2.2	石英玻璃	3.7
石英砂	4.5	硅	2.8
软橡胶	2.5	聚四氟乙烯	2
松节油	2.2	变压器油	2.2
水	80	木材	2.7

续表

影响工作性能的环境因素	（1）温度影响　电容式传感器适用于温度变化范围为-25～+70℃，补偿温度偏差对电容式传感器比对电感式传感器更为关键 （2）接地影响　当导体材料的被测物接地时，开关距离就会增加，如果对灵敏度进行调整，就可抵消该增量 （3）温度、湿度、露水、灰尘影响　在实际使用中，传感器会受到潮湿、灰尘等因素的影响，导致传感器误动作。为克服此影响，传感器都装有补偿电极C，该电路为负反馈电路的一部分 在某些情况下，温度补偿电路可能会起副作用，例如单页纸张可以在一定距离内被检测出来。但如果这张纸离感应面太近，就可能会启动补偿电路。这种"微小影响"被认为是一种需要抑制的干扰

5　光电传感器

光电传感器是一种感应其接收的光强度变化的电子器件。当被检测物体经过光电传感器发射出的光线时（根据检测模式的不同），物体吸收光线或将光线反射到光电传感器的收光器，使收光器收到光线（有/无、或强度产生变化），并将其被检测到变化转换为开关信号输出（或模拟量信号）。所有光电开关都使用调制光以排除周围光源可能的影响。光电传感器的工作原理、分类及应用见表23-8-6。

表23-8-6

结构及原理	光电传感器的发射器和接受器在同一体上或不在同一体上，发射器发出调制的红外线或红光，由可见光谱的接受器接受，接受器的光电二极管接受光强度变化产生电流输出。除了发射器本身发出的光之外，还有外界的杂光，为了避免外界的杂光干扰其正常控制动作，故光电传感器会加上光学镜头。好的光学镜头有滤光、聚焦的作用，滤去外界不相干的杂光（由不同的光谱起作用），聚焦是指将发射光源变成光束，增加发射距离且不受外界光影响，见图a 光源的颜色必须根据被检测物体的颜色来选择，红色的物体与红色的标记宜用绿光（互补色）进行检测。光电传感器通常采用的光源见图b。可见红光650nm，可见绿光510nm，红外光800～940nm，不同的光源在具体应用中各有长处，在不考虑被测物体颜色的情况下，红外光有较宽的敏感范围 光电传感器的开关模式：光电传感器的输出（光强增强型或光强减弱型）的开关状态决定"亮态"操作或"暗态"操作两种模式。"亮态"操作是接收到光强增强时，光电传感器有输出；"暗态"操作是接收到光强减弱时，光电传感器有输出 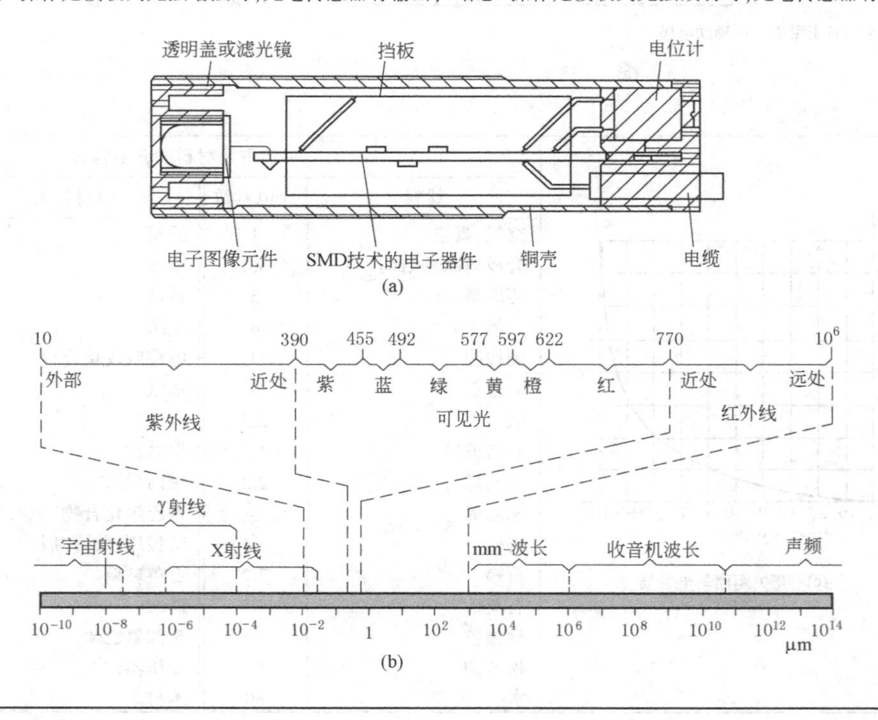 (b)

续表

<table>
<tr><td rowspan="6">类型</td><td rowspan="6">直接反射式传感器</td><td colspan="3">直接反射式光电传感器也被称为漫射式传感器，直接反射式光电开关集发光器和收光器于一体，当被检测物体经过时，将足够量的发光器发射的光线发射回收光器，于是光电开关产生检测信号。直接反射式“亮态”操作是物体出现，收光器收到光线。“暗态”操作是物体消失，光线被阻断
直接反射式光电开关的检测范围与被检测物体表面反射率有直接关系。当被检测物体表面光亮或透明时，直接反射式、聚焦式或定区域式光电开关是首选的检测模式
一些直接反射式光电开关没有透镜，检测距离很小，一般只有 130mm，但当用于检测表面光亮或透明的物体时非常可靠(毛糙表面不反射光或反射能力差故收光器收不到光)。最长达 1.8～2m(长距离)，最小的有 0.08m
高反射率：二氧化钛 99%，柯达白色相纸 90%，白纸 70%
低反射率：碳 0.8%，黑纸 5%，柏油 5%～15%</td></tr>
<tr><td rowspan="2">变型</td><td>聚焦式光电传感器</td><td>聚焦式光电传感器(图 c)是直接反射式光电传感器的一种变型，只是发光器和收光器的透镜聚焦于特定距离的某点处。当被检测物体经过该点时，收光器将收到足够强的反射光线，光电传感器检测到并产生开关信号。聚焦式光电传感器“亮态”操作是物体出现，收光器收到光线；“暗态”操作是物体消失，光线被阻断
对透明物质的纠偏和定位来说，应首选聚焦式光电传感器，只要将被检测物质置于其检测深度范围即可。检测深度是指焦点两侧物质能被检测到的最大距离，且与物体反射率成正比关系
聚焦式光电传感器能检测低反射率物体，尤其还适于检测曲面物体的数量，如对在传送带上传送且相互间紧贴的瓶子计数
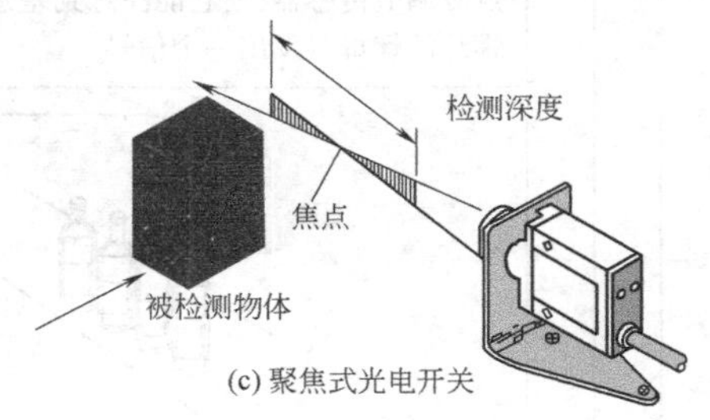
(c) 聚焦式光电开关</td></tr>
<tr><td>定区域式光电传感器</td><td>定区域式光电传感器(图 d)是直接反射式光电传感器的另一种变型。这种光电传感器具有一个检测区域
定区域式光电传感器集一个发光器和两个收光器于一体，当被检测物体距该传感器距离增大时，1 号收光器接收到的光线强度将减小，而 2 号收光器接收到的光线强度将增大。只有当 1 号收光器收到的光线强度大于 2 号收光器收到的光线强度时，传感器才能检测到并产生开关信号。当 1 号收光器接收到的光线强度与 2 号收光器收到的光线强度相等时，被检测物与光电传感器的距离即为检测断面所在之处，所以在检测断面之外的物体将不引发检测开关信号。定区域式光电传感器“亮态”操作是物体出现，收光器收到光线；“暗态”操作是物体出现，光线被阻断
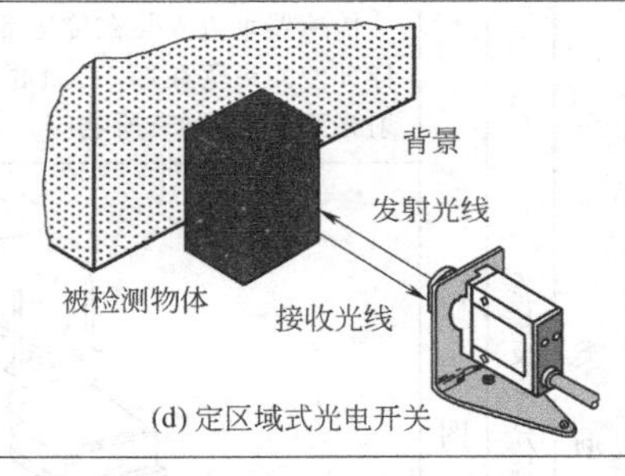
(d) 定区域式光电开关</td></tr>
<tr><td rowspan="2">应用图例</td><td colspan="2">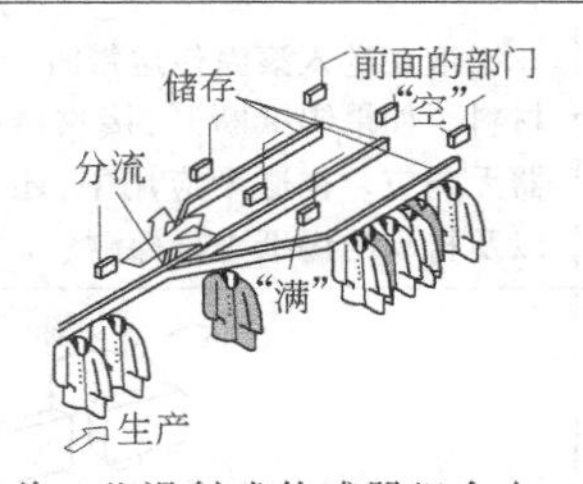
服装厂内将一些漫射式传感器组合在一起，控制服装的流向。漫射式传感器探测从生产部门送到的服装，每个储存支架上都安装了一些传感器探测装载的程度。如果某一支架上装满了衣服，下一个空着的支架就会移上去了</td><td>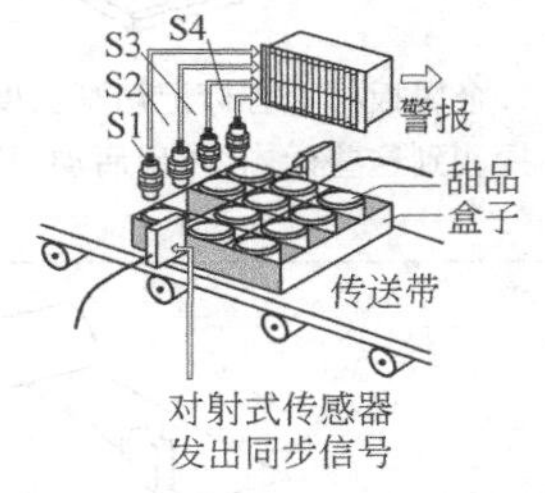
甜品放在盒内，分成 4 排，在传送带上移动。向发出同步信号的对射式传感器通电，S1～S4 这 4 个漫射式传感器检查每排甜品。这个步骤会重复 3 遍。如果并不是每排都装满了甜品，就会向过程控制发出警报</td></tr>
<tr><td colspan="2">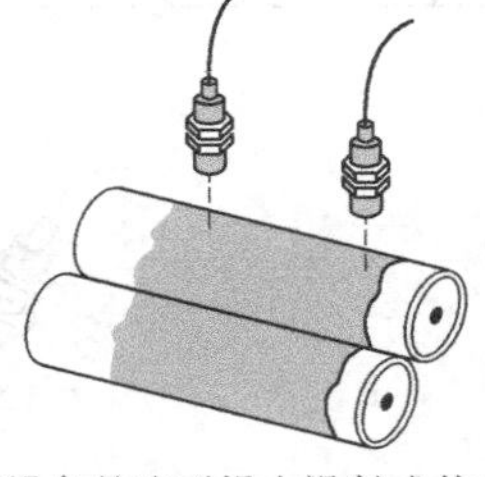
巧克力研磨设备的防干燥由漫射式传感器完成。如果研磨滚轮上的巧克力浆裂开，未涂巧克力浆的金属板就会相互摩擦。为了避免“干燥运转”带来的损坏，要用漫射式传感器监控该过程。深色巧克力浆吸收红外线光。如果巧克力浆裂开，未涂巧克力浆的滚轮表面就会反射光，传感器响应</td><td>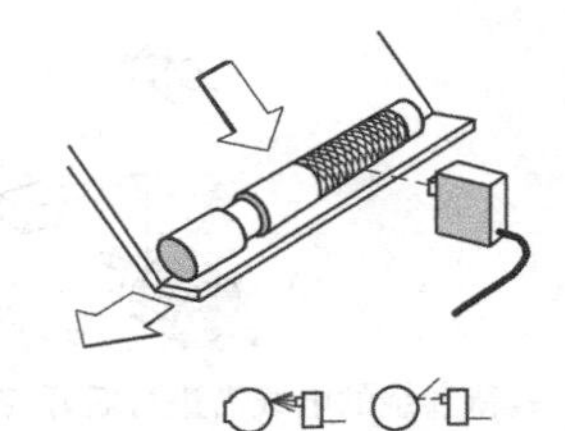
漫射式传感器可以区别网纹表面与非网纹表面在金属钉脚上折射情况，这使得安全通过肉眼进行控制变得可能</td></tr>
</table>

续表

类型				
	直接反射式传感器	应用图例	带与不带螺纹的圆形螺母在折射方面是不一样的。在螺钉生产中通过巧妙的排列传感器就能利用这一点。调节传感器，使它能注意到差别，并在探测到不带螺纹的螺母时发出一个信号	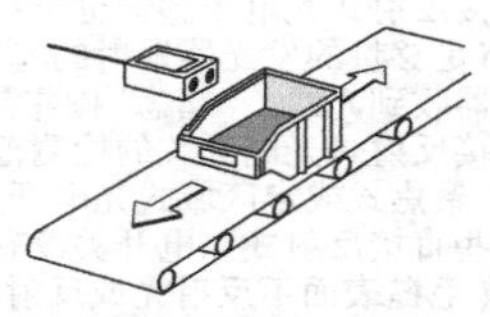 带方向识别功能的传感器根据盒子的运动方向区分哪些盒子装载了松散物。传感器只在盒子从左到右通过它的时候才会发出信号（盒子装载了物体）。已经清空且从右到左通过传感器（空载的盒子）不会被探测到
			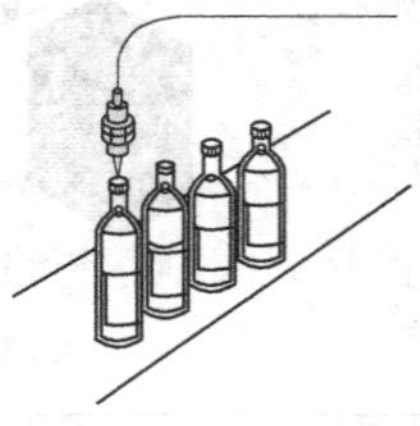 传感器垂直安装在传送带上，调节开关时间间隔，这样即使光束落在瓶口，瓶底也不会反射光束。瓶盖反射光束，传感器有所响应	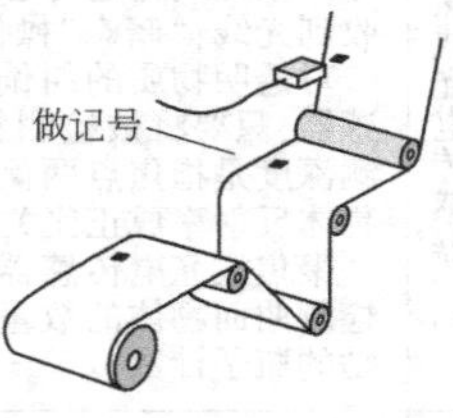 传感器可探测出沿固定长度裁开胶卷地方的记号。漫射式传感器探测胶卷上的记号，响应时间为3ms。传感器信号激活裁剪机
			金属板材上有标记切割长度的标志。漫射式传感器探测到这些标志，发出启动切割的信号	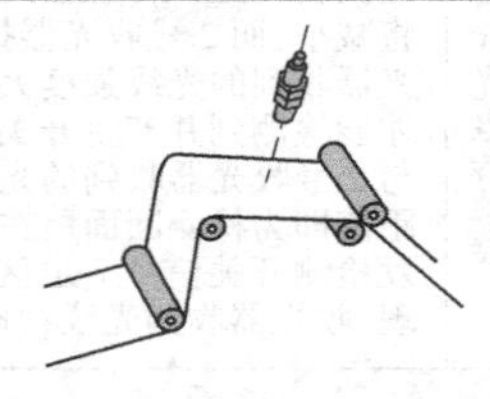 锡纸在送入滚筒传送带时，漫射式传感器监测是否有材料。如果锡纸断开，接收器不会接到任何信号，传感器无响应。在这个应用中，还可对透明、有颜色的材料以及抖动的锡纸进行探测
			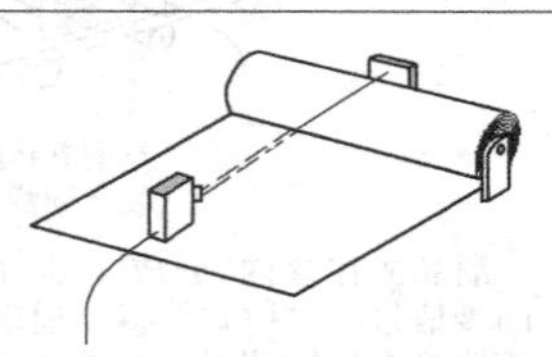 调节反射式传感器的位置，使其在纸筒即将变空的时候能发出一个信号，这可防止生产停止时间太长	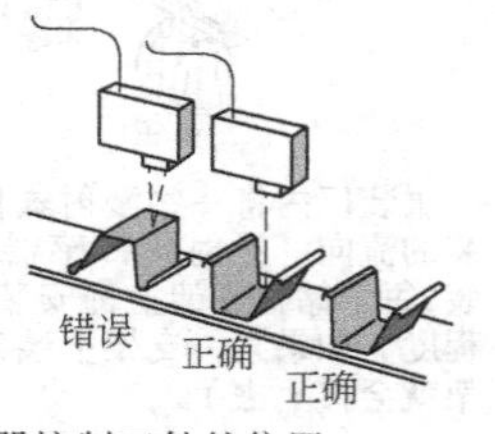 反射式传感器控制工件的位置
			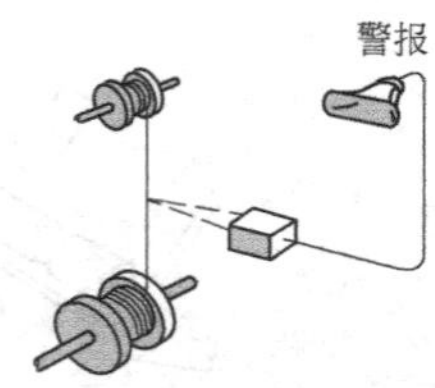 待卷绕的电线需进行断开控制。调节漫射式传感器或对射式传感器（视电线的厚度和之间的距离而定），使得电线没断的时候传感器能接受到发射器的信号。如果探测不到电线，传感器会指出电线断了。同样还可用于棉线、羊毛或乙烯线的状态检测	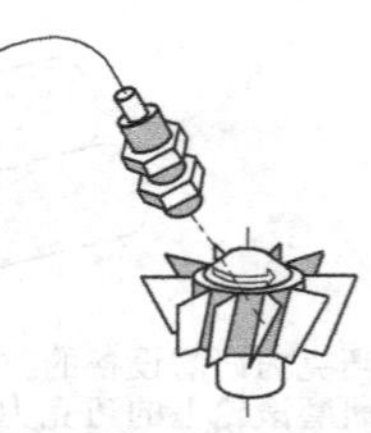 涡轮引擎的推进器会反射漫射式传感器的光束

续表

<table>
<tr><td rowspan="2">类型</td><td rowspan="2">反射板式传感器</td><td>结构及原理</td><td>反射板式光电传感器集发光器和收光器于一体(图 e)。发光器发出光线经过反射板反射返回收光器，当被检测物体经过且完全阻断光线时，光电传感器检测到并产生开关信号，如图 f 所示。反射板式光电开关最适用于检测大物体，如箱子、盒子等。反射板式传感器"亮态"操作是物体消失，收光器收到光线；"暗态"操作是物体消失，光线被阻断

反射板
被检测物体
(e)

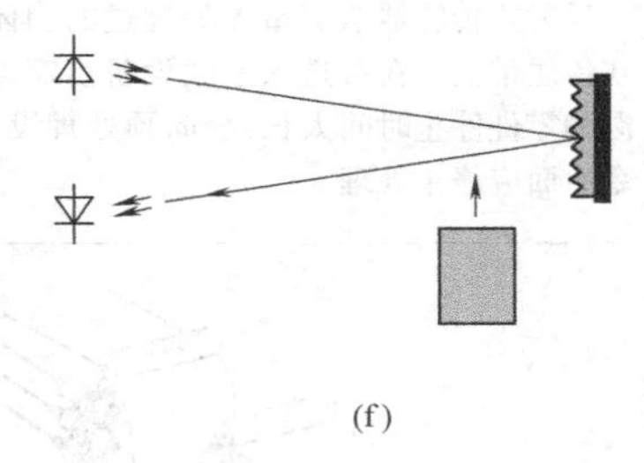
(f)

带偏光滤器：当反射板式光电传感器用于易导致错误信号的物体时(表面反射率较高的)，必须使用带有偏光滤器的光电传感器，这种方式的光电传感器能够区分所接受的光线(也称偏振滤波器)是物体反射光，还是经过 90°偏转后从反射板反射回的光线</td></tr>
<tr><td>检测距离、范围及工作裕量</td><td>图 g 是部分不同尺寸、规格的反射板的检测距离的影响及其工作裕量曲线

2.2
5.5
22.2
25.6
直径为20mm反射器响应曲线及工作裕量曲线

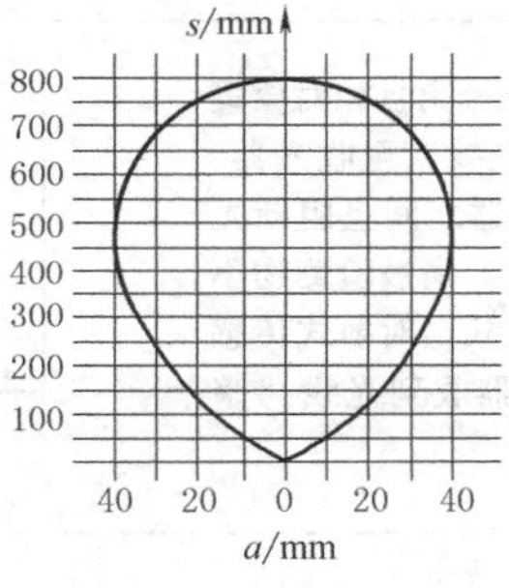

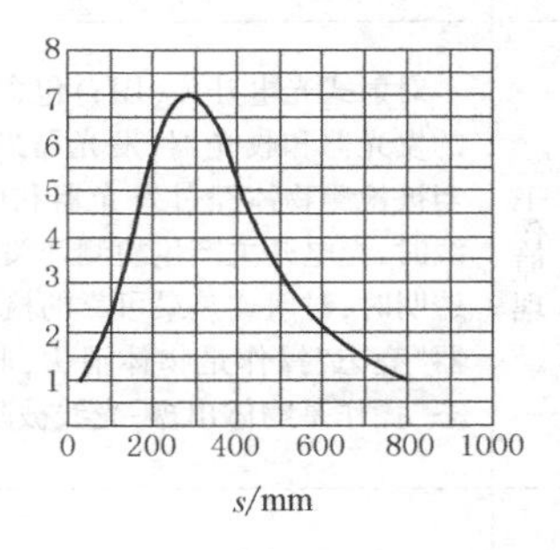

2.8
8
40.5
46.5
直径为40mm反射器响应曲线及工作裕量曲线

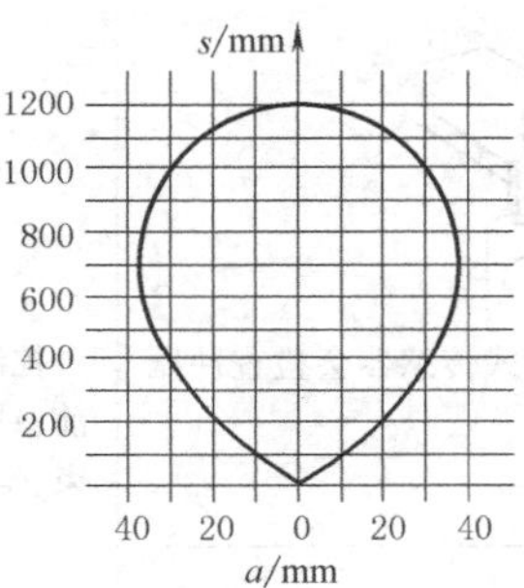

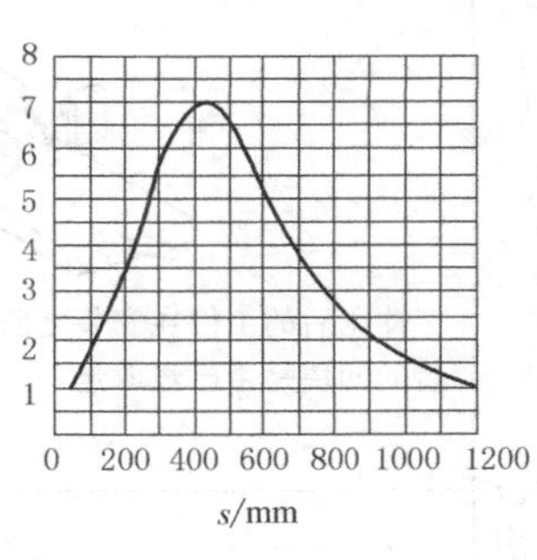

(g)

工作裕量：是指光电接收器接收超过正常所需的辐射能量值，如图 h 所示。由于灰尘的影响，物体的反射率改变或发射二极管的老化，工作裕量会随着时间的推移而逐渐减小，甚至不能正常工作。某些传感器配备了第二个 LED(绿色)显示，在传感器有效工作范围的 80%得到利用时，该 LED 亮起。而另一些传感器配有一个黄色 LED 显示，用以指示工作裕量不足时报警。这些都可以用来防止误操作的发生

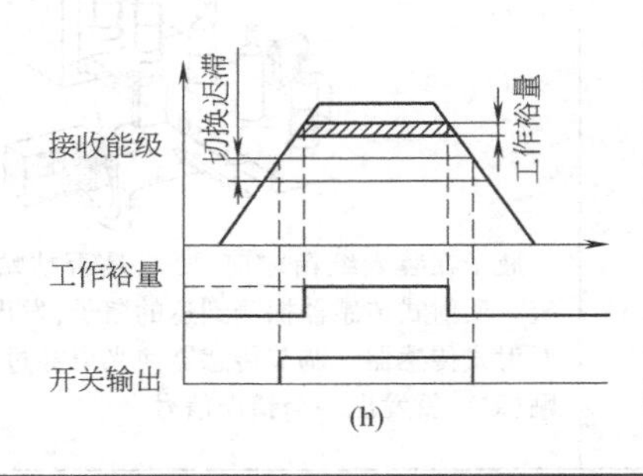

(h)</td></tr>
</table>

续表

类型				
类型	反射板式传感器	应用图例	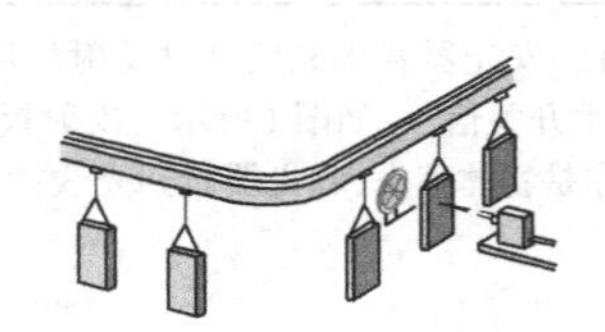 反射式传感器监测事先处理过的物体。这些物体挂在传送带上。在被送入上漆设备前需保持停止。如果湿的零件停止时间太长，会向预处理设备发出信号，命令后面应停止处理	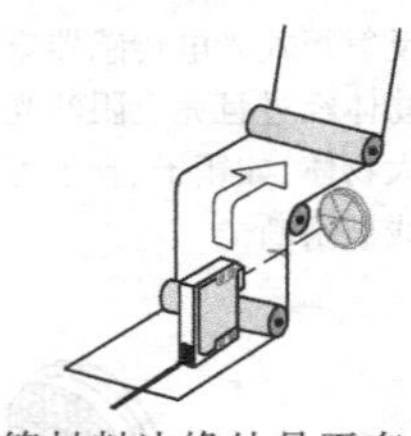 检查凸版卷筒材料边缘处是否有撕开或断裂的情况。如果光束穿过凸版卷筒上的撕口或裂口，反射式传感器立即发出一个信号
			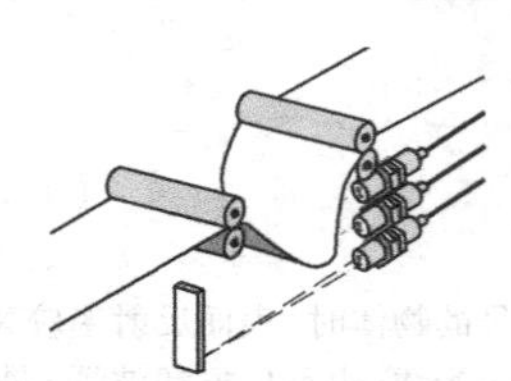 三个反射式传感器上下排列，单根光束的断开表明张力情况。传感器的输出信号传到驱动器控制，确保生产过程中张力保持恒定	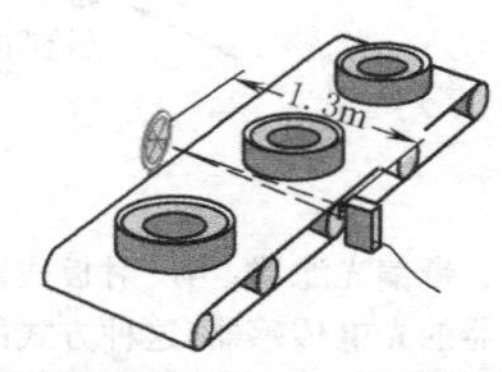 用反射传感器探测直径为1m的轮胎抵达传送带，信号的用途是计算生产量
	对射式传感器	工作原理	对射式光电开关(图i)包含相互分离且相对放置的发光器和收光器，发光器发出光线直至收光器。当被检测物体经过发光器和收光器之间且阻断光线时，光电开关产生检测开关信号。当被检测物不透明时，对射式是最可靠的检测模式。对射式传感器"亮态"操作是物体消失，收光器收到光线；"暗态"操作是物体出现，光线被阻断	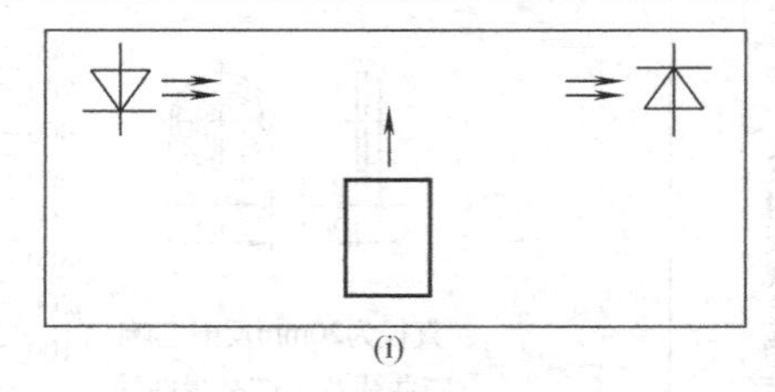 (i)
		应用图例	冲压后的工件在安装之前，对射式传感器会检查冲压后的凹块是否已经取走	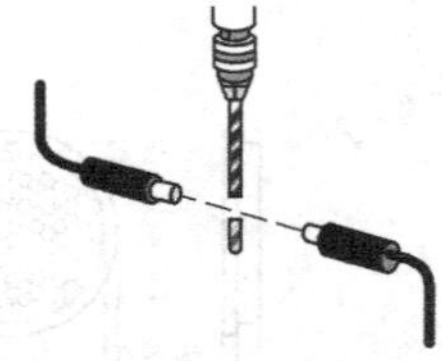 控制加工中心钻机的停顿。每个加工周期开始之前，钻机会移至测试位置，如果安装了钻头，会隔断光束，给出OK信号，继续操作
			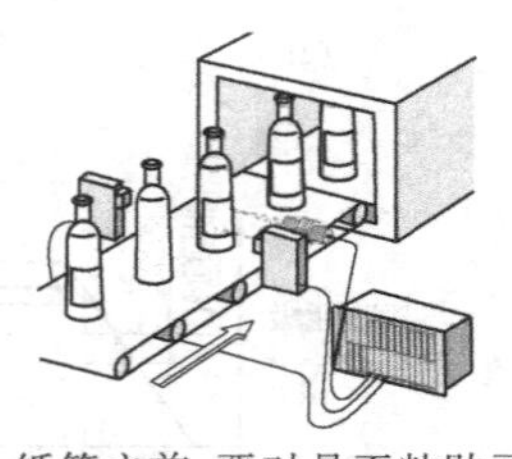 瓶子在装入纸箱之前，要对是否粘贴了标签进行检查。反射式传感器探测到达的瓶子，发出一个信号驱动对射式传感器。调节传感器使光束穿过瓶子，如果没有贴标签，就发出一个错误信号	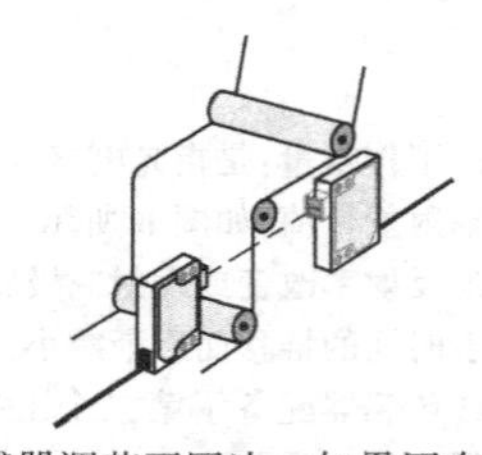 对射式传感器调节至网边。如果网在传感器感测范围内，光束被隔断，传感器发出信号，网边的运转得到纠正。该应用有助于防止网边倾斜或翘起

续表

类型			
	对射式传感器	应用图例	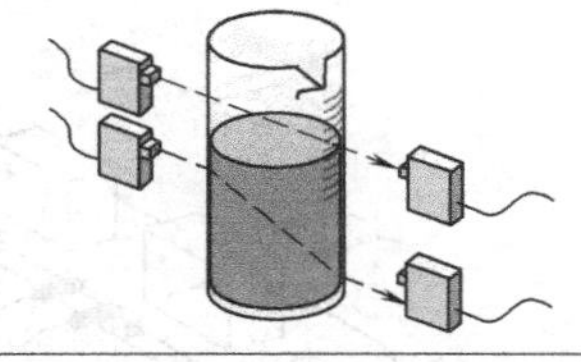 对射式传感器自动控制邮局信件的分拣 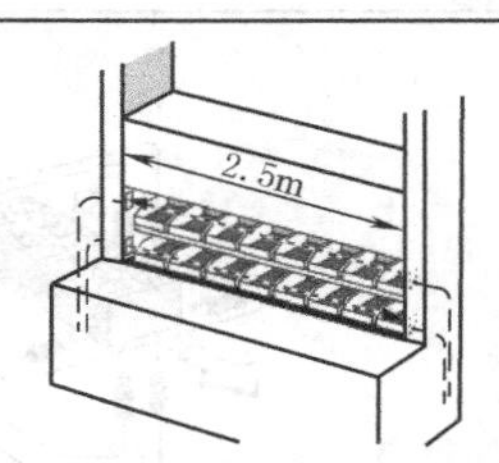 为了避免事故的发生，旋转仓库的触及区域安装了对射式传感器。一个传感器安装在区域上方，另一个安装在下方。如果有人在旋转期内接近仓库，对射式传感器会停止旋转。为了防止干扰，最好将发射器与接收器间隔排放。在这类应用中，通常使用常闭型传感器
			控制杯内液体的水平，当杯内无液体时，接受器直接接受发射器的红外光，而有液体时则折射一角度被接受
	光纤传感器	结构及原理	光纤电缆由一束玻璃纤维或由一条或几条合成纤维组成。光纤能将光从一处传导到另一处，甚至绕过拐角处。其工作原理是通过内部反射介质传递光线。光线通过具有高折射率的光纤材料和低折射率护套内表面，由此形成的光线在光纤内的反射式传递。光纤由芯部（高折射率）和护套（低折射率）组成。在光纤内，光被不断来回反射，产生全内反射，因而光能通过曲线路径，见图 j。光纤传感器的应用示意见图 k 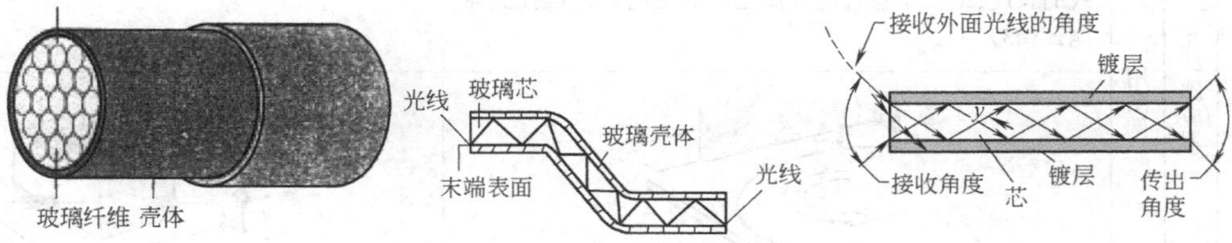 (j) 玻璃光纤结构 用塑料或玻璃光纤将检测光束导致被检测区域进行检测，单根光纤一般用于对射式检测，双股光纤一般用于直接反射式或反射板式检测 (k) 与光纤配套使用的光电传感器可以适用于多种应用，如： ① 检测小的物体　⑤ 振动机器 ② 有限的空间　⑥ 有腐蚀性的大气 ③ 较高的环境温度　⑦ 固有的安全区域 ④ 强电子场 玻璃光纤： ① 玻璃光纤可适应多种恶劣的检测环境，包括高温、高湿和腐蚀性环境 ② 使用玻璃光纤可抗激烈的振动和冲击，同时具有抗电磁干扰的特性 ③ 整体结构是由玻璃光纤、不锈钢、PVC、铜、硅胶和特氟隆材料组成 ④ 可分对射式和漫射式两种光纤传感器产品 ⑤ 外层：不锈钢软性导管　弯曲半径<25mm，温度-140～480℃ PVC 表皮　弯曲半径<12mm，温度-40～105℃ 镀铬黄铜　弯曲半径<25mm，温度-20～250℃ 塑料光纤： ① 在环境允许的条件下是玻璃光纤的廉价代用品 ② 是检测小物体以及适应往复弯折运动检测环境 ③ 可分对射式和漫射式两种光纤传感器产品 ④ 外层：弯曲半径 25mm，温度-40～70℃（该数据仅作参考，更多规格的参数，请查阅各制造厂商的样本）

续表

类型				
类型	光纤感应器	应用图例	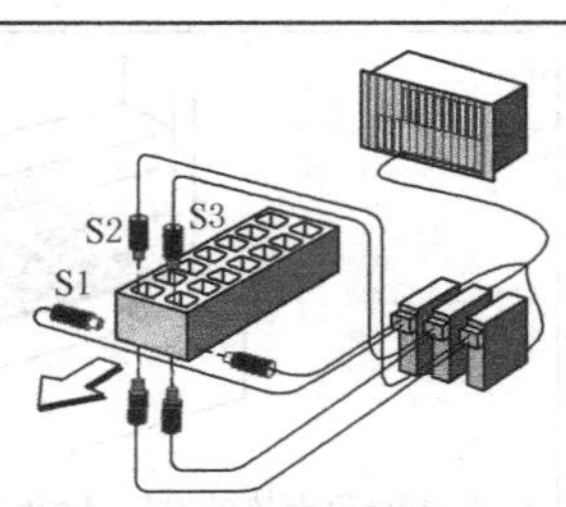砖块生产后要检查是否全都剪切成形。这是由对射式传感器S1(探测送到的砖块)以及另外两个检测剪切的对射式传感器S2和S3完成的。如果砖块到了S1的位置,传感器S2和S3必须发出7次信号以说明砖块通过检测	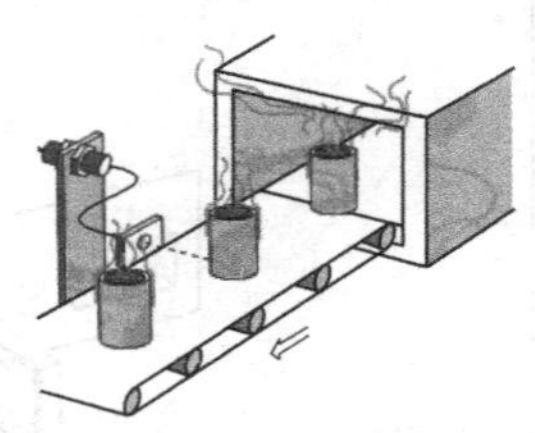要对在150℃左右环境温度下从搪瓷炉中刚送出的高温物体进行状态检测。环境温度很高,决定了非常有必要使用带金属罩的光纤电缆。在这种条件下,聚合光纤会融化
			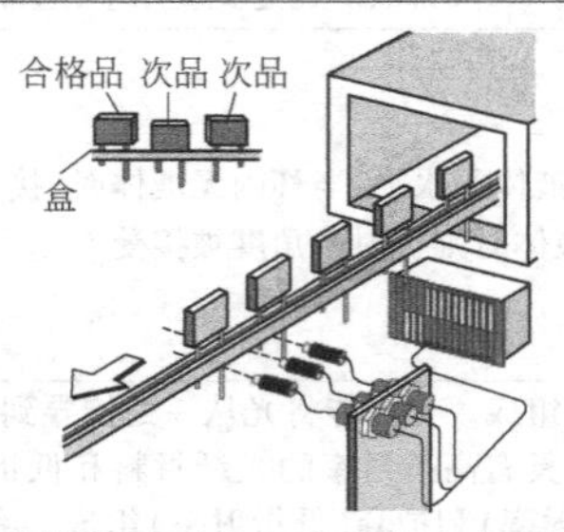检查电容引线的侧面及盒内的提升是否调节正确。由漫射式传感器和光纤光缆完成。两个传感器检查引线的长度,第三个检查电容器之间的距离。连接控制器测评信号	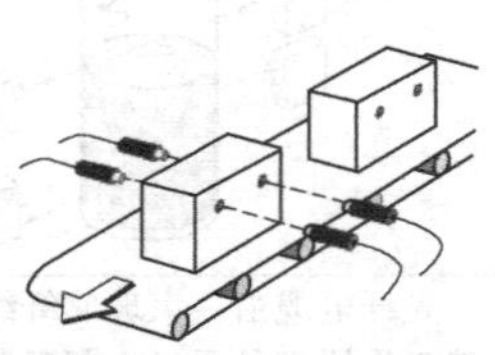与光纤光缆相连的两个对射式传感器检查通过工件上是否有2个钻孔及其之间的距离。只有当两个传感器同时发出一个信号,才会在合适的位置钻孔
			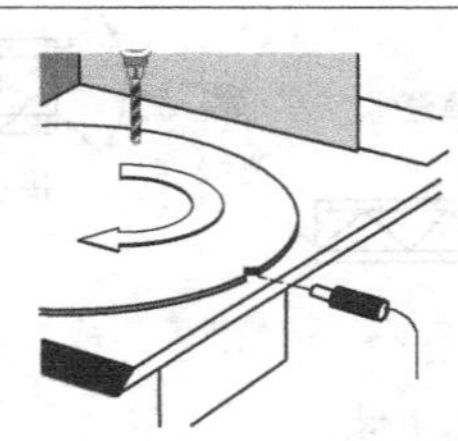工件设为旋转时的定位。光传感器探测表面的反射,如果沟槽出现在感测区域,漫射式传感器探测不到光的反射,也不会有响应。旋转停止,零件完成定位	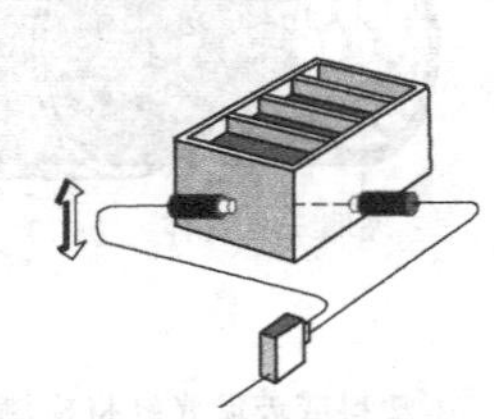在对电池盒进行最后检测时,会对盒子边缘进行裂缝检测,以查找泄漏。这是由对射式传感器(带光纤光缆)完成的。调节传感器,就能检测到边缘处的裂缝
			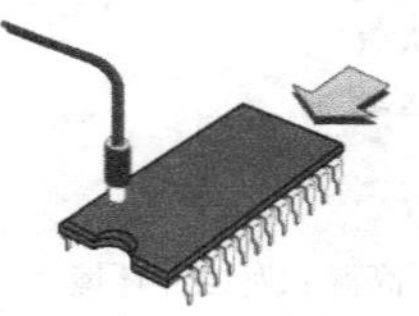集成芯片在包装之前需对位置正确与否进行检查。带光纤光缆的漫射式传感器每分钟能检测2000个集成芯片外壳。位置不对的集成芯片被推了出去	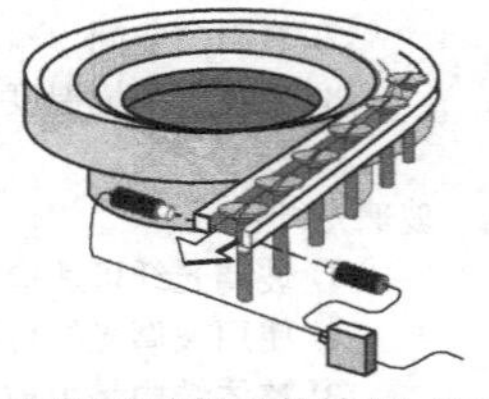送料装置上安装了对射式传感器,能确切计算通过的螺钉的数目
			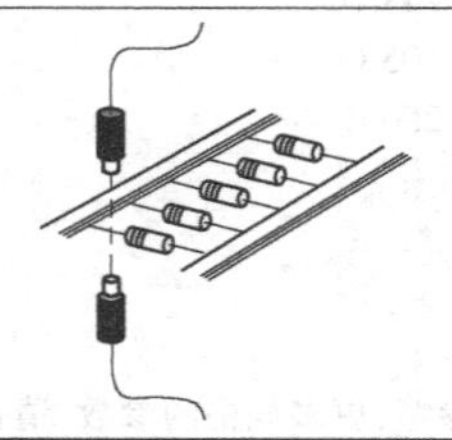	每分钟生产线上生产10000个电阻。为了实现对小型元件产量的准确计算,对射式传感器与光纤光缆相连,对齐放置,指向电阻

续表

类型 — 颜色传感器 — 工作原理

颜色传感器是漫射式传感器中的一种形式。颜色传感器的发光源有两种形式，一种是同时发出红(R)、绿(G)、蓝(B)光，见图 l，另一种是单一的白光，见图 m

单一白光源颜色传感器的工作原理：它是建立在使用一个光源的基础上，LED 发射可见白光，该传感器可远距离检测物体，与物体的尺寸大小无关。所检测的颜色被简单设置在示教程序内，为操作做准备。它会扫描该物体并与所记录的参考颜色进行比较，如匹配，则设定三个可用开关输出点的其中一个。由于颜色传感器具有五种可调公差值，所以它能最接近扫描到的颜色和最少偏离该颜色。该传感器也支持整个颜色范围的感测，这是一种非常灵活的方法，为印刷和绘画中不规则色彩结构的处理提供了很多方便

(l)

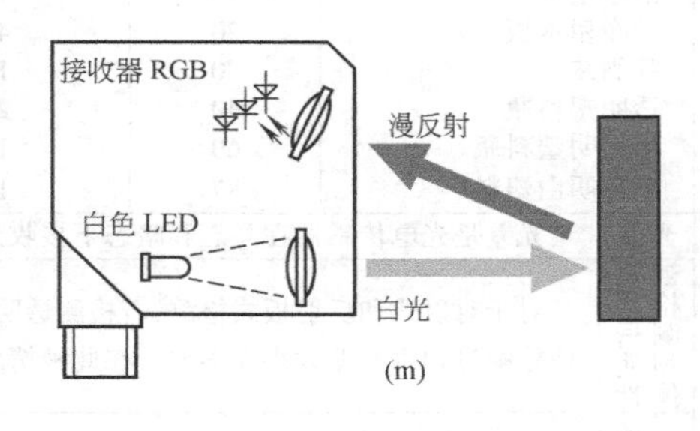

(m)

主要技术参数

以 Festo 公司的颜色传感器 SOEC-RT-Q50-PS-S-7L 为例，输出信号为 4~20mA 的模拟量信号，与测量距离成比例关系，检测范围为 80~300mm，采用激光可以进行精确的位置测量，距离的测量与被测物表面的颜色无关，分辨率差值为 0.1%，其他技术参数见下表

技术参数	规格	50mm×50mm×17mm
	工作范围/mm	12~32
	光线形式	白光
	设置选项	示教功能 通过电接口设置示教功能
电参数	电接口	插头 M12×1,8 针
	工作电压范围/V DC	10~30
	最大输出电流/mA	100
	最大开关频率/Hz	500
	短路保护	脉冲式
	极性容错保护	适用于所有电接口
	防护等级	IP67
材料	壳体	丙烯酸丁二烯苯乙烯
工作和环境条件	环境温度/℃	−10~+55
	CE 标志(参见合格声明)	符合 EU EMC 规定 符合 EU 低电压规定
	认证	c UL us-Listed(OL) C-Tick

应用图例

由于颜色与表面反差在折射方面的差异，甚至可能在一定程度上用标准照片传感器读取印刷记号。颜色或表面的巨大反差可用来探测纸张或塑料网上的黏合点

过量增益

过量增益是指光电传感器接收到的光强度超过启动光电传感器内放大器所需光能量强度的量度。过量增益系数见下表。系数为 1 代表启动光电传感器内放大器所需的最小能量；系数为 50 代表现时光电传感器收光器接受的光能量是启动放大器所需能量的 50 倍。对于反射率越低的物体，选择的过量增益的系数会较大，在一个特别干净的环境中，由于光电传感器的瞄准程度逐渐降低和 LED 因长时间工作而老化等原因，1.5 的过量增益系数将会是一个允许的安全系数

续表

过量增益

反射率及过量增益系数表

材料	反射率/%	过量增益系数	材料	反射率/%	过量增益系数
柯达片	90	1	不透明黑塑料	14	6.4
白纸	80	1.1	黑色橡胶	4	22.5
报纸	55	1.6	黑色泡沫地毯背面	2	45
餐巾纸	47	1.9	黑橡胶壁	1.5	60
硬纸板	70	1.3	未抛光铝面	140	0.6
洁净松木	75	1.2	天然铝面	105	0.9
干净粗木板	20	4.5	未抛光黑色阳极氧化铝	15	0.81
啤酒沫	70	1.3	直线型黑色阳极氧化铝	50	1.8
透明塑料瓶	40	2.3	不锈钢	400	0.2
半透明塑料瓶	60	1.5	木塞	35	2.9
不透明白塑料	87	1.0			

可靠性检测的要素

光差	光差是光电传感器在亮态和暗态下接收到光强度的差异量度，是实现可靠检测的最重要的指标
被检测物体的不透明性	对于对射式和反射板式检测，若检测透明的物体时，易产生误动作或失效，因光线穿透物体而被收光器接收，致使该检测过程因光差太小而失败。在此种情况下，应改用其他检测模式
被检测物体的表面反射率	对于直接反射式、定区域式和聚焦式检测，光电传感器发出的光线需要被检测物表面将足够的光线反射回收光器，所以检测距离和被检测物表面反射率将决定收光器接收的光线强度，粗糙表面的反射率（如干净的粗木板）小于光滑表面反射率（如不锈钢），而且，被检测物表面必须垂直于光电传感器发射光线

环境因素

光电传感器应用的环境将影响其长期工作的可靠性。光电传感器工作于最大检测距离状态时，因为光学透镜会被污染等原因，光电传感器将不可能长期可靠地工作，所以应根据产品自己的过量增益来确定最佳工作距离。如：在光学透镜易被污染或有烟、尘雾的环境中，光电传感器在应用中应保证更高的过量增益。每一个光电传感器都有一个相应的过量增益曲线，把这些曲线和一个简单的公式配合使用，就能估计出在不同条件下，每个光电开关的最大的可靠检测距离，下面将以轻度污染环境，举例说明

对于直接反射式光电开关，最大的可靠检测距离取决于被检测物体的表面反射率表和使用环境修正表

使用环境修正表

修正系数	环境状况
1.5	非常干净，在透镜和反射器上无污染
5	轻度污染和烟、灰尘
10	有污染，透镜和反射器上有油膜
50	有较大污染，有大量烟、灰尘，透镜和反射器上大量油膜

以德国 TURCK（图尔克）公司的 MB14-LU1-NP6X 传感器为例，当它检测印刷硬纸板，周围的环境为轻度污染时，从物体的表面反射率表和使用环境修正表中得出反射率 70%（过量增益系数 1.3）及相应的环境修正系数 5。两个系数相乘得出污染环境的过量增益系数：1.3×5=6.5

从图 n 过量增益与检测举例的曲线图得出，当污染环境的过量增益系数为 6.5 时，检测距离为 85mm

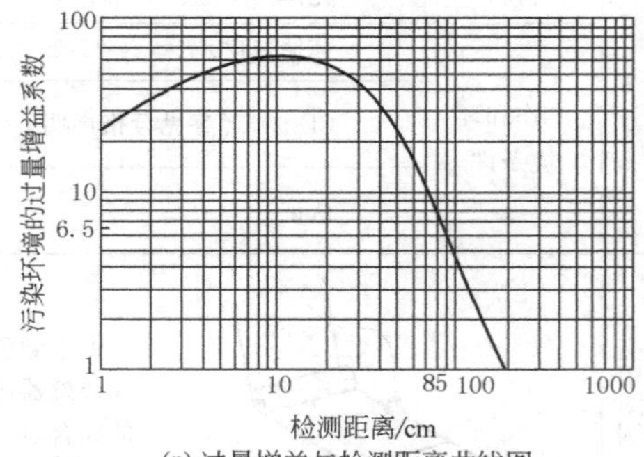

(n) 过量增益与检测距离曲线图

6 压力传感器

气压力达到设定值时，电触点便接通或断开的装置被称为压力传感器，也被称为压力开关或压力继电器，可

用于检测压力的大小、有或无，最高检测压力（气体为 25bar、流体可达 630bar）有开关量输出或模拟量输出（0~10V、4~20Ma）。压力传感器含真空压力的控制检测。压力传感器的类型、压力等级、主要技术指标见表 23-8-7。

表 23-8-7

类型	压阻式	压阻式压力传感器的感测元件被夹在一个夹紧板上，压力感受是通过扩散或以离子型的硅蚀刻成半导体元件，它们在负载的情况下改变其电阻阻值	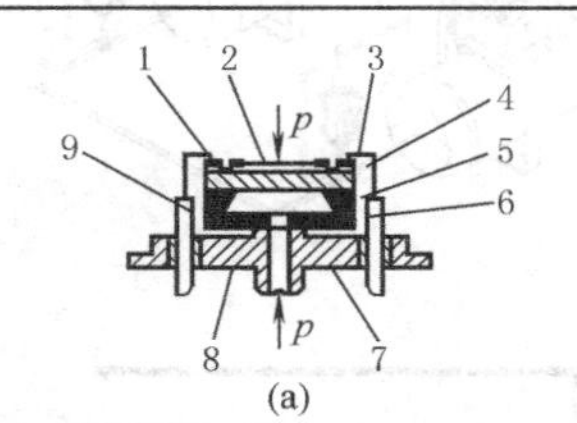(a) 1—铝触点； 2—钝化； 3—压阻； 4—Expitaxy 层； 5—硅基； 6—玻璃台； 7—传感器壳体； 8—金属连接层； 9—连接层
	电容式	电容式压力传感器的电容可以改变，隔膜被设计成如电容器的面板。陶瓷膜的电容发生变化使相反电极产生倾斜的形变。传感器不能覆盖流体（当它进入系统时）。电容式压力传感器使用薄膜技术（用于电极结构）、厚膜技术（用于带信号处理）和微连接技术（用于陶瓷薄膜）等	
	应变片式	由于采用了现代化技术，能高效地生产应变片压力传感器。如果使用夹持圆形膜片（测量膜片，通常由不锈钢制成）作为形变元件的话，可以使用插座形式的应变片。这些传感器元件非常小（如直径 7 mm），测量栅格一圈上有四段，它们互相连接形成惠斯通电桥。变形元件规格的基础：拉伸应力 100μm/m=有效负载 1%	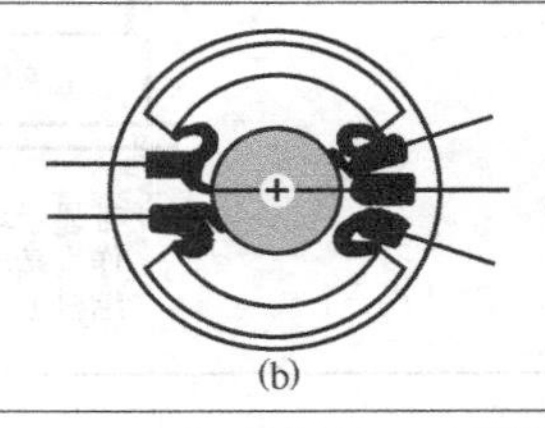(b)
	单片集成电路式	硅压力传感器适用的压力范围为 0~16 bar。使用薄膜技术和厚膜技术的压力传感器适用于整个压力范围。将它们与电子元件组合后还可实现示教功能。温度感应电阻可以集成在传感器结构中，用于检测介质的温度和补偿温度差。压力传感器的内部回路应力表组合形成压力感测桥。连接基本温度补偿（R_1、R_2）	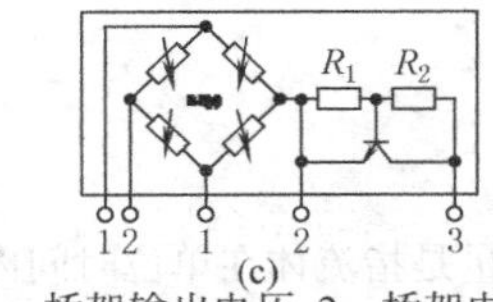(c) 1—桥架输出电压；2—桥架电源；3—温度补偿
	机械式	可以将气信号转换成电信号，是一个转换开关。使用合适的大薄膜表面可以增加压力驱动力。可以调节开关压力的设备称之为压力开关	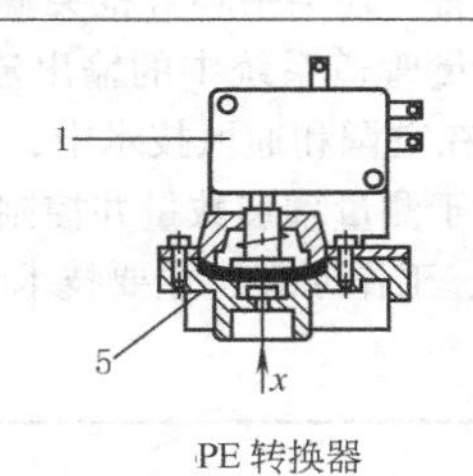PE 转换器 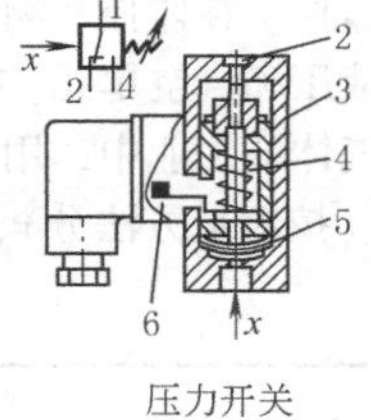压力开关 (d) 1—柱塞式微型开关； 2—调节螺钉； 3—活塞； 4—压缩弹簧； 5—隔膜； 6—开关触点； x—气路方向
压力等级	压力传感器按输入压力大小可分为低压型压力开关（-0.002~+0.25bar）、常压型压力开关（-1~+12bar）、高压型压力开关（-1~30bar）、超高压型压力开关（-1~630bar 或 800bar）；按输入信号可分为开关量输出信号或模拟量输出信号（0~10V 或 4~20mA）；按开关功能可分为常开触点或常闭触点；按信号显示功能可分为数字显示或指示灯显示；按电接口形式可分为方形插头（符合 DIN43650 标准 A 型、或 M12 圆插头 4 针）。按工作介质可分为专用于检测空气或检测多种流体介质（CO_2、N_2、氟里昂、润滑油、硅油）		
主要技术指标	① 额定工作压力范围、设定工作压力范围、环境温度及工作介质温度、电源电压（DC、AC）、防护等级 ② 迟滞（可调迟滞、上下限比较模式）、重复精度及线性，以及显示精度 ③ 最大输出电流及与上位机的匹配（包括 PNP、N 或 NPN），或对所需检测压力进行编程、显示 ④ 开关时间，触点型式（机械式最大输出电流达 5000mA、触点容量大、触点寿命短，电子式最大输出电流达 150mA、触点寿命长） ⑤ 防爆特性		

续表

应用图例	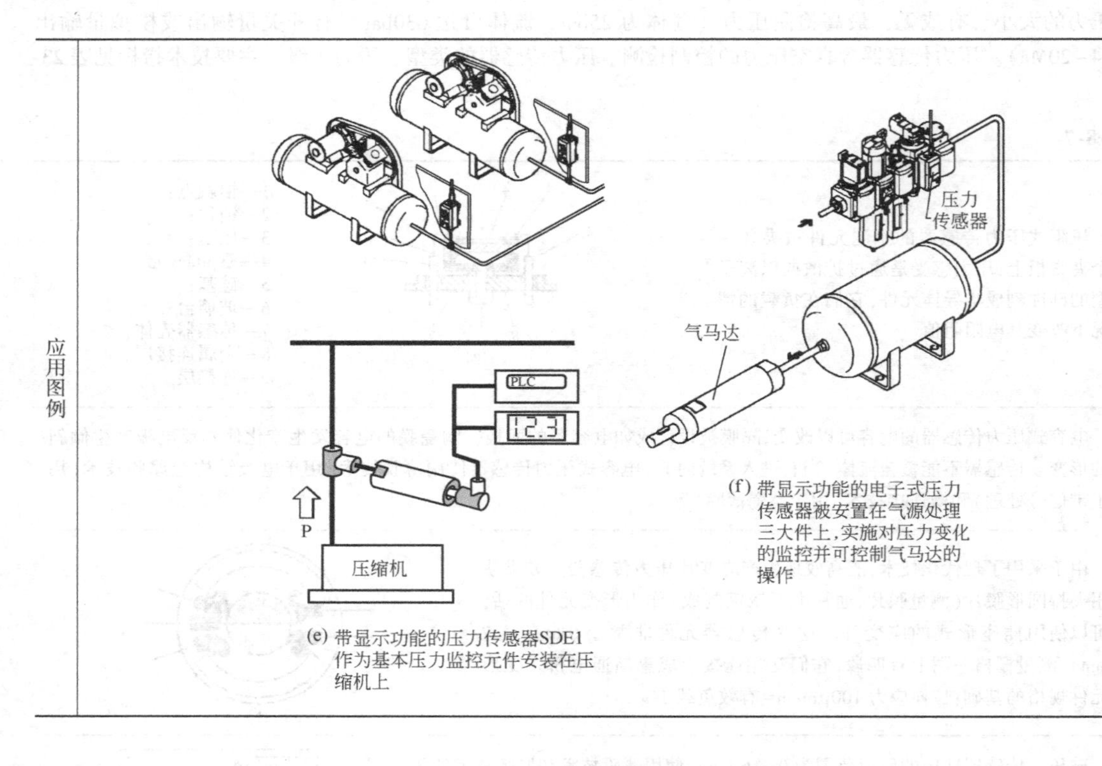 (e) 带显示功能的压力传感器SDE1作为基本压力监控元件安装在压缩机上 (f) 带显示功能的电子式压力传感器被安置在气源处理三大件上，实施对压力变化的监控并可控制气马达的操作

7 流量传感器

流量是指流体在单位时间内流过设备的数量，体积流量 $q_V=V/t$，质量流量 $q_m=m/t$。工业的生产过程中许多情况需测量流体实际流量及变化状态。如：在监控冷却液和润滑剂回路中，用于连续监控水冷点焊枪，如果冷却液耗完，这将导致焊点含糊不清，更有甚者，还会损坏焊枪尖端。因此，使用压力传感器和流量传感器对冷却液的进给和返还流量进行监控。在监控和测量管道系统中的输出流量，如水分配系统（防止泵枯竭）、放电监控、泄漏检测、伐木工业中液压和真空单元。在空调和通风技术中，用于监控通风系统、空调、过滤技术和风箱。在过程工程与使用液体和气体的工业中，用于测量罐装数量并控制流量。

流量传感器的种类（按测量方法分）、工作原理、主要技术参数及应用图例见表 23-8-8。

表 23-8-8

测量方法	容积式	直接式	直接式容积流量计利用旋转测量空间方法和旋转活塞就可测得介质的容积(图 a)	1 2 3 (a) 1—壳体； 2—椭圆形齿轮(不锈钢或塑料)； 3—接口
		间接式	间接式容积流量计包括由流体运动设定的叶轮流量计。旋转数量近似于流量。旋转频率由磁场测得，再乘上输出室体积就可得到体积流量	1 2 3 4 (b) 1—涡轮； 2—永磁体； 3—线圈； 4—流量管

续表

测量方法	压差式		压差式压力测量原理：采用流体在通过窄横截面时导致速度增加的物理变化特性。不同的孔径起着横截面收缩的作用。通过计算压力 p_1（孔前）和 p_2（孔后）之间的压差得出流量。该测量方法特别适用于液体和气体的大流量、高压、高温和腐蚀性介质中。然而，对于小流量而言，量热式测量方法更适合。60% 的孔板系统适用于工业应用场合	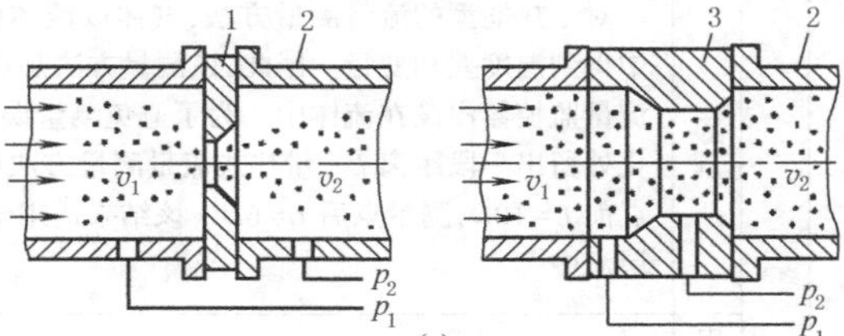 (c) 1—标准孔板；2—流量管；3—文丘里喷嘴
	磁感式		利用在磁场中可移动的电荷 Q 产生的力测量流量。磁体产生磁感应强度 B，所需的电荷 Q 以离子的形式存在于液体中，其两个相反的电极产生了电压。被测物在绝缘管道内流动，测量传感器从大量干扰噪声信号中分离出所需信号，所需的电压信号与平均流速成比例。为了使测量误差最小，将 3～5 倍的流量管直径区域作为稳定区域，同样适用于主要横截面的变化处或弯曲处。稳定区域长度的参考值还应用于大多数流量传感器中，因为有用的可靠信号只可在稳定流体区域（层流）中测得	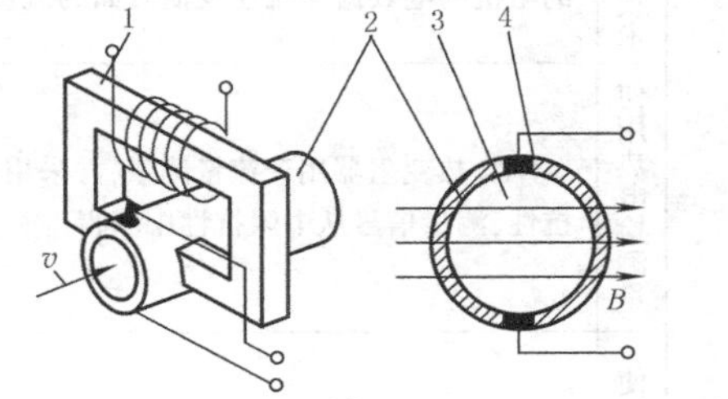 (d) 1—电磁线圈；2—绝缘管道；3—流动介质；4—电极 B—磁感强度；v—流量
	基于 Coriolis 原理		当流体通过 U 形流量管时就会产生 Coriolis 力（科里奥利力）。电磁转换器会引起流量管的振动，即使流量管中没有流体经过，也会产生振动。当介质流动就会保持振动模式，在肘接处引起振动，产生 Coriolis 力。电磁转换器测量应用灵敏励磁转换器，测量角度与质量流量成比例。因此，无需将体积流量转换成质量流量，可直接获得质量流量，单位为 kg/h。该方法也适用于中小型流量计测量流量，其测量精度大约为 0.5 %。以 Coriolis 力为基础的测量设备虽然很昂贵，但它可用于流量极小、短期测量、脉冲式流体、高温、低温、流量管未完全装满和高压等应用场合	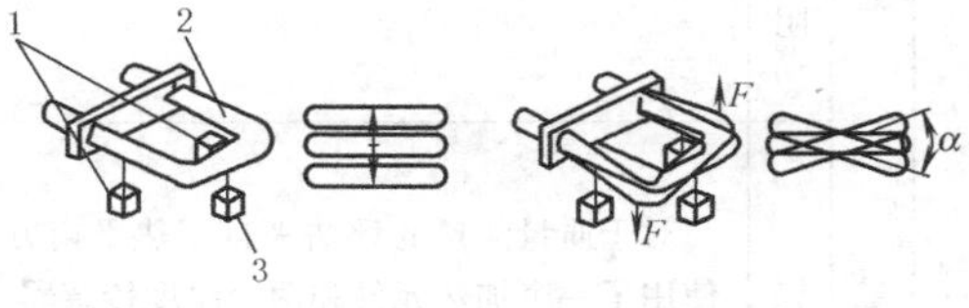 介质不流动　介质流动 (e) 1—转换器（校核扭矩）；2—流量管；3—励磁转换器
	使用超声波技术	原理	超声波能使您看清液体的内部，并可测得体积流量。这是由于声波能在流动的液体中传播，并随着传输介质的流速改变而改变。超声波流量计在流量管外部使用。为了将超声波技术用于既紧凑又便宜的流量计中，研发了超声波电容阵列膜，该膜由微系统技术进行生产。传感器和电子元件应集成于单个芯片上 对于传播时间法（传播原理）而言，液体必须是“洁净的”。两个探测器（相互呈 45°角）来回交替发送超声波信号见图 f。与流动方向相反的信号速度减慢，而与流动方向同向的信号速度加快。传播时间的差异（频率差异）不受物质和温度的影响，而与流速有关	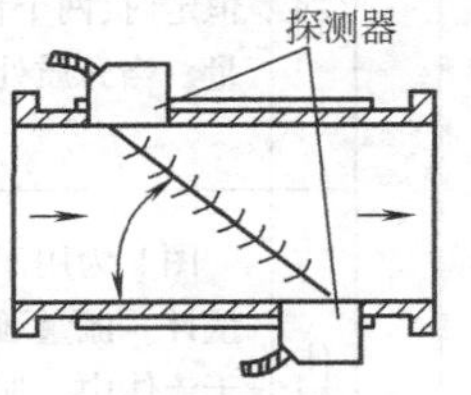 探测器 (f)
		Doppler 测量方法	对于 Doppler 测量方法而言，声音信号经由空气气泡或固体粒子反射获得。然而，对于反射物而言，这些粒子不能太小。反射体的相关运动（如高频）将声波压缩成短波。不同的频率变化直接成比例地反映在流速上。根据流量管的横截面和流速确定流量	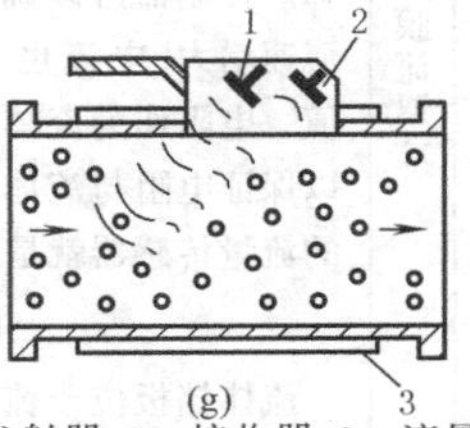 (g) 1—发射器；2—接收器；3—流量管
		漂移方法	对于漂移方法而言，定向声束的偏移是由流体引起的。因此，两个接收器存在输出振幅差异。当速度矢量在纵向和横向上叠加时，大量测量方法的运动模式可作图解说明	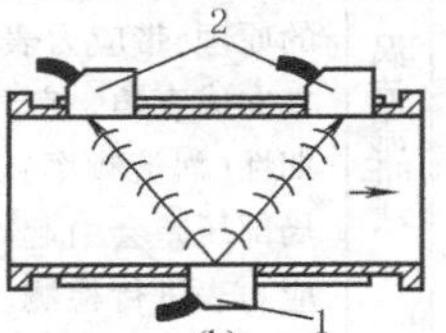 (h) 1—发射器；2—接收器

续表

测量方法	量热式	原理	对于热能型的流量测量方法,气体或液体的体积流量取决于温度,从中得到温度差和变量。因此,该测量方法是热交换的量化过程。图i中,流量监控器浸没在流体中。为了避免测量误差,应在弯曲处或横截面变化处留出一段距离L。量热式流量测量方法稳定区的最小长度为:测量点前$L=10D$,测量点后$L=6D$。该结果适用于测量装置中低湍流和主要层流中 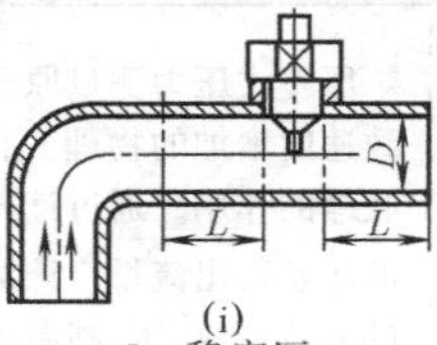 (i) L—稳定区
		电热丝技术	该方法以热交换为基础。电热金属丝(温度依靠电阻)被用于气流中,并被冷却。对于热量以及热金属丝提供的阻抗的电数据与流速及横截面的流量(流量管内完全充满流体)有关
		使用热电检测测量	NTC热变阻器用于流量测量,并采用电加热。通过流体冷却达到平衡状态。传感器的主要温度决定它的电阻抗性,测量信号从电阻抗性中获得
		使用PTC热变阻器	采用PTC热变阻器使热源冷却下来。该变阻器与温度有关,并变得越来越耐高温了
		以加热技术为基础	对于质量流量的评估来自于热平衡方法。该装置使用了一个加热元件和两个温度传感器。原理如图j所示,测量结构由芯片上的薄膜电阻构成。温度传感器S1测量流体的初始温度,元件H进行加热,温度传感器S2测量加热流体的温度。当加热输出端温度恒定时,两个传感器所测得的温度的温差就是体积流量。当介质处于静止状态时,温差为零 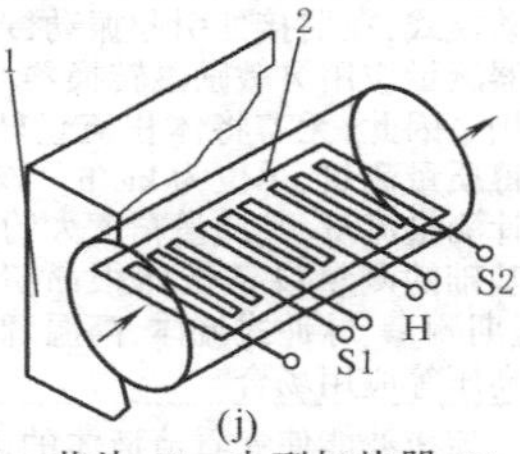 (j) 1—流体通道;2—芯片;H—小型加热器;S1—温度传感器;S2—温度传感器,用于测量输出温度
		使用热膜流速计	图k为用于气体(压缩空气)的量热式质量流量计。流量通道或旁路中的铂片电阻平行分布于流体中。加热电阻器处于流体流动中并被冷却。控制器可以确保恒定的温度。因此,如果流速增大,电流也就增大,从而得到质量流量值。电阻作为流体温度的参照对象,控制器可以保证电阻与流体间的温差为恒定值。FESTO的流量传感器就是以此为原理的 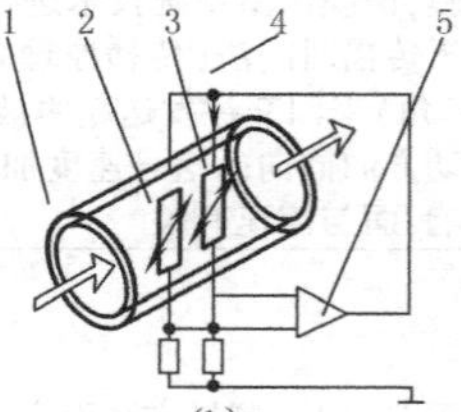 (k) 1—流体通道;2—薄膜电阻,用于测量流体温度;3—薄膜加热电阻器;4—加热电流;5—控制器
		涡流流量法	流体挡板位于流道中,使流体流动产生涡流。漩涡的数量与流速成比例。图l说明了传感器的原理,带应力表的挡板位于流体中,并与层流方向成直角。空气流动时就会产生漩涡,并呈周期性(涡流频率)。该过程由局部压差交替产生,局部压差会引起柔性流体挡板发生振动。可由应力表进行检测。脉冲中断的频率与体积流量成比例 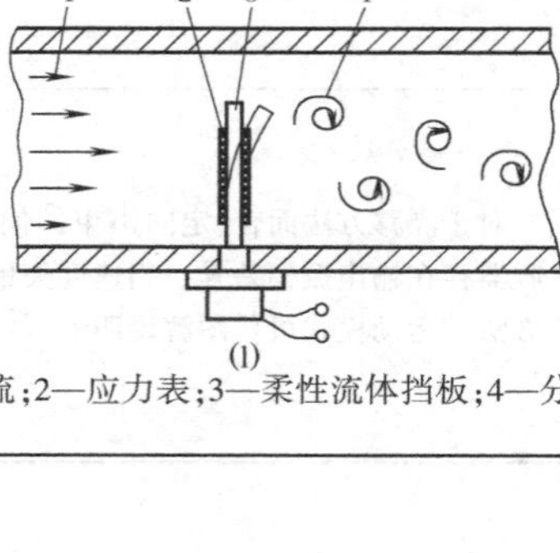 (l) 1—层流;2—应力表;3—柔性流体挡板;4—分离漩涡

续表

主要技术参数	流量传感器主要技术参数是流量规格(不同流量的有不同的应用),从单向流量检测分为低流量(0.05~0.5 L/min,0.1~1L/min,0.5~5L/min,1~10 L/min,5~50 L/min),中流量(10~200L/min),大流量(200~5000L/min)数种规格,还有从双向流量检测分,流量较小的规格有-0.05~+0.05 L/min,-0.1~+0.1 L/min,-0.5~+0.5 L/min,-1~+1 L/min,-5~+5 L/min,-10~+10 L/min。电输出有数字量输出(2×PNP、2×NPN)、模拟量输出(1~5V),在全范围内线性误差5%F.S,重复精度≤1%~2%F.S,响应时间<1s,工作压力-0.7~+7bar,介质温度0~50℃。工作介质:小流量为0.01μm、中流量及大流量为40μm,有数字显示或LED指示灯显示等。详细资料见各气动制造厂商样本

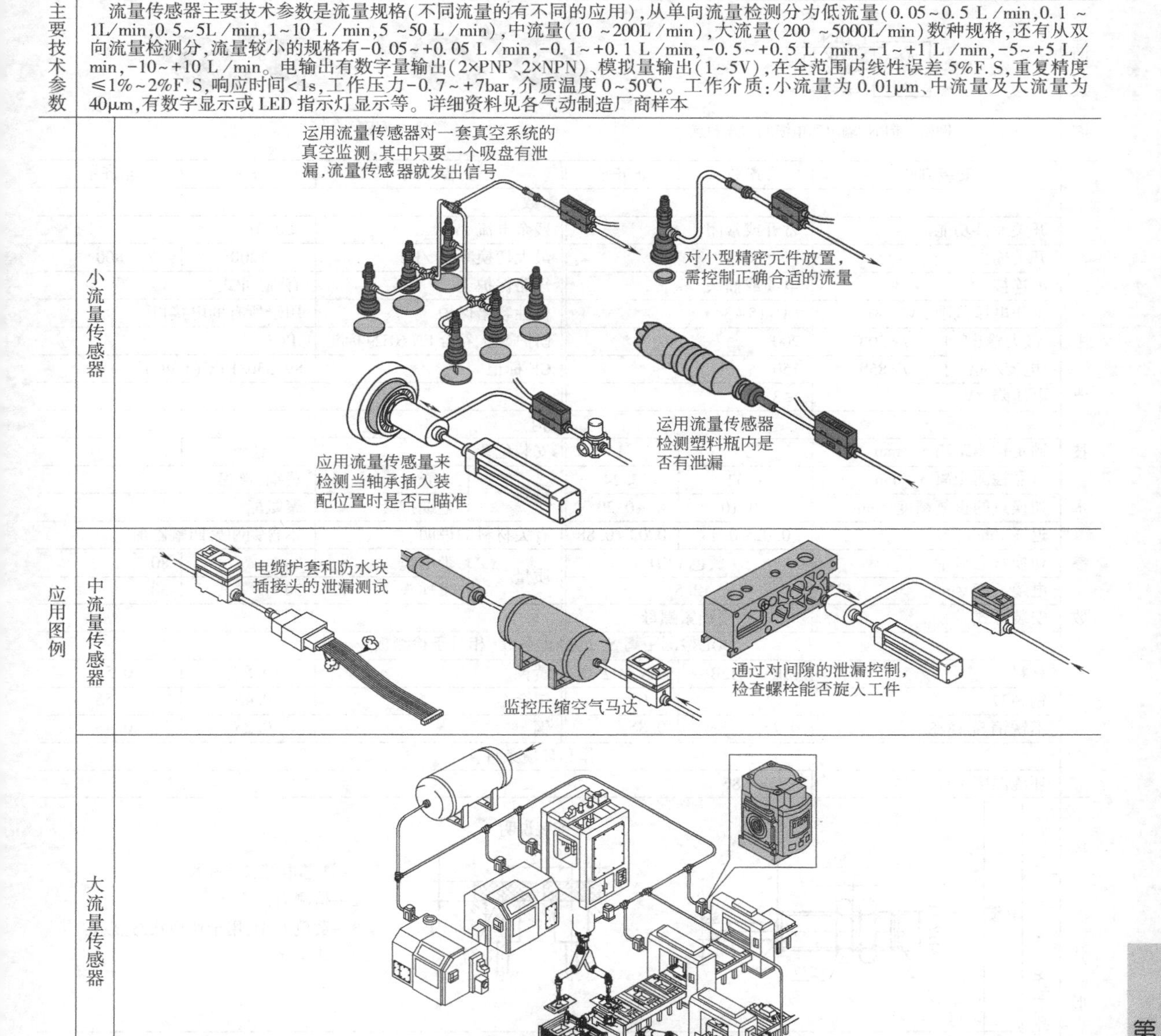

8 传感器的产品介绍

8.1 电感式接近传感器 SIEN-M12(Festo)

Festo公司电感式传感器有标准检测距离的传感器和加长检测距离的传感器，从外形上来说，有外壳是公制螺纹系列或外形为长方形结构系列，SIEN-M12是外壳为公制螺纹系列传感器的一种规格（该系列有M5、M8、M12、M18、M30等规格）。

表 23-8-9

原理图与外观图

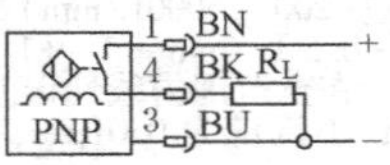

例如：带PNP输出和电缆的常开触点

外观图

主要技术参数

安装方式		齐平	非齐平	安装方式		齐平	非齐平
电参数							
开关元件功能		常开或常闭		残余电流 /mA		≤0.01	
开关输出		PNP 或 NPN		最大切换频率 /Hz		1200	800
电连接		电缆或插头		短路保护		有，脉冲式	
工作电压范围 /V		DC：15～34		极性容错保护		用于所有的电接口	
最大输出电流/mA	T<50℃	200		防护等级，符合 EN 60529 标准		IP67	
	T<85℃	150		CE 标记		89/336/EEC(EMC)	
电压降 /V		≤3.2					
结构							
额定检测距离 S_n/mm		2	4	安装位置		任意	
可靠检测距离 S_a/mm		1.62	3.24	材料	外壳	黄铜，镀镍	
切换点的重复精度 /mm		±0.10	±0.20		电缆护套	聚氨酯	
迟滞 /mm		0.02～0.44	0.03～0.88	有关材料的说明		不含铜和聚四氟乙烯	
切换状态显示		黄色 LED		质量/g	带电缆	80	80
电缆长度 /m		2.5			带插头	30	30
安装方式		用锁紧螺母					
额定检测距离 S_n 的修正系数(相对于检测板)							
材料		SIEN-M12B···	SIEN-M12NB···	黄铜		$0.5S_n$	$0.5S_n$
钢 St37		$1.0S_n$	$1.0S_n$	铝合金		$0.4S_n$	$0.5S_n$
不锈钢 St 18/8		$0.7S_n$	$0.8S_n$	铜		$0.2S_n$	$0.4S_n$
工作和环境条件							
环境温度 /℃		−25～+85					

外形及安装尺寸

齐平安装 — 电缆

安装说明

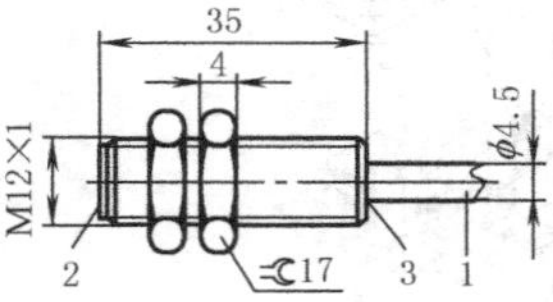

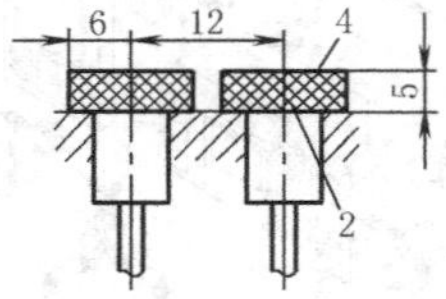

1—3 芯电缆，2.5m 长；
2—检测面；
3—黄色 LED，用于切换状态显示；
4—非金属区

齐平安装 — 插头

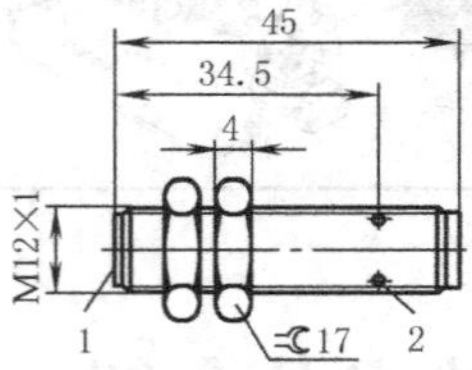

1—检测面；
2—4 个黄色 LED，用于切换状态显示

非齐平安装 — 电缆

安装说明

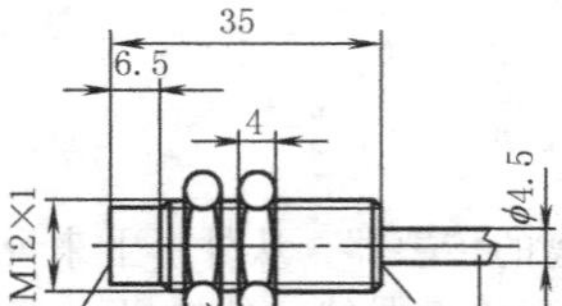

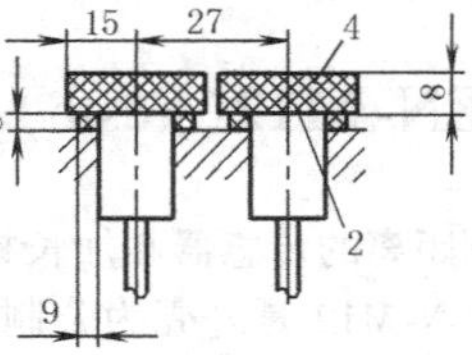

1—3 芯电缆，2.5m 长；
2—检测面；
3—黄色 LED，用于切换状态显示；
4—非金属区

续表

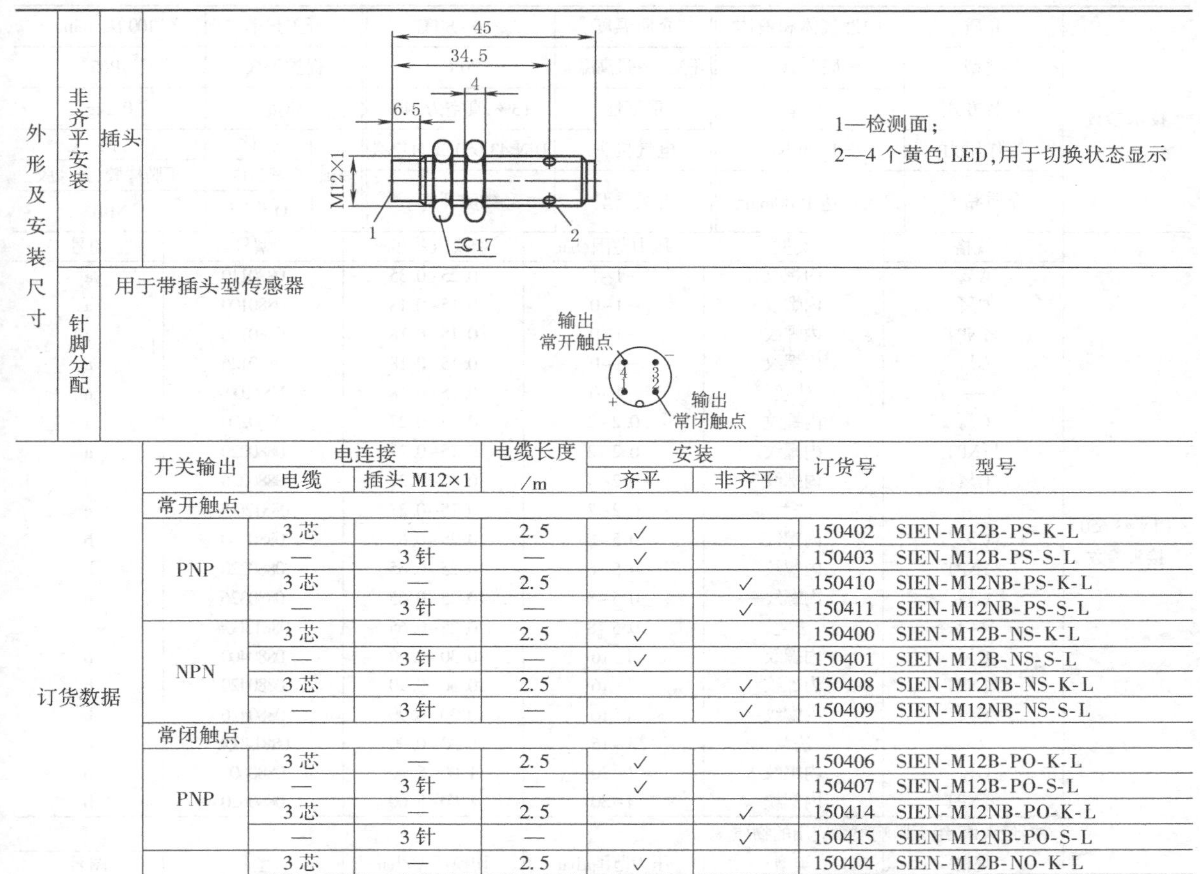

订货数据

开关输出	电连接		电缆长度	安装		订货号	型号
	电缆	插头 M12×1	/m	齐平	非齐平		
常开触点							
PNP	3芯	—	2.5	✓		150402	SIEN-M12B-PS-K-L
	—	3针	—	✓		150403	SIEN-M12B-PS-S-L
	3芯	—	2.5		✓	150410	SIEN-M12NB-PS-K-L
	—	3针	—		✓	150411	SIEN-M12NB-PS-S-L
NPN	3芯	—	2.5	✓		150400	SIEN-M12B-NS-K-L
	—	3针	—	✓		150401	SIEN-M12B-NS-S-L
	3芯	—	2.5		✓	150408	SIEN-M12NB-NS-K-L
	—	3针	—		✓	150409	SIEN-M12NB-NS-S-L
常闭触点							
PNP	3芯	—	2.5	✓		150406	SIEN-M12B-PO-K-L
	—	3针	—	✓		150407	SIEN-M12B-PO-S-L
	3芯	—	2.5		✓	150414	SIEN-M12NB-PO-K-L
	—	3针	—		✓	150415	SIEN-M12NB-PO-S-L
NPN	3芯	—	2.5	✓		150404	SIEN-M12B-NO-K-L
	—	3针	—	✓		150405	SIEN-M12B-NO-S-L
	3芯	—	2.5		✓	150412	SIEN-M12NB-NO-K-L
	—	3针	—		✓	150413	SIEN-M12NB-NO-S-L

8.2 18D型机械式气动压力开关(Norgren)

表 23-8-10

外形、原理及特点

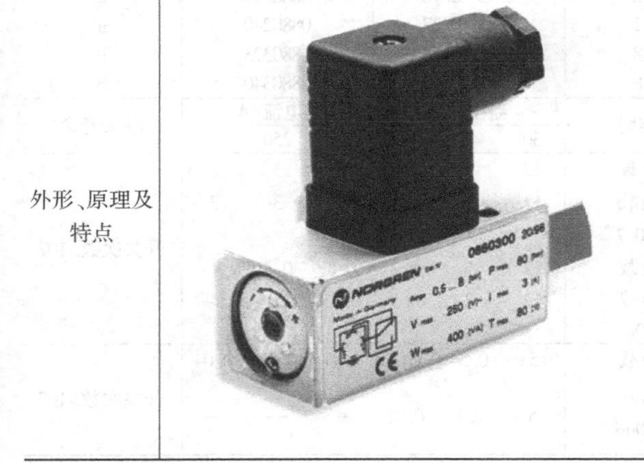

18D气动压力开关 G¼，¼NPT 法兰

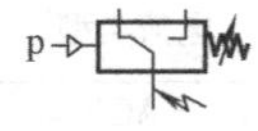

特点：

① 镀金接头

② 长寿命

③ 抗振 15g

④ 符合 UL 和 CSA 规范微动开关

⑤ 可直接与 Excelon 空气处理器装置相连接

续表

技术参数	介质	中性气体和液体	介质温度	-10~80℃	开关频率		100次/min
	类型	膜片式	开关元件最高温度	80℃	保护等级		IP65
	安装方式	可选	重复性	±3%,真空为±4%	质量		0.2kg
	工作压力	-1~30bar	电气接头	DIN 43 650或M12×1	材料	壳体	铝
	介质黏度	最大可达1000mm^2/s	开关类型	微动开关		密封件	丁腈橡胶,氟橡胶
						O形圈	NBR

	规格	类型	压力范围/bar	切换压差/bar	型号	图号
DIN 43 650接头参数	G¼	内螺纹	-1~1	0.25~0.35	0880110	a
	G¼	内螺纹	-1~0	0.15~0.18	0880100	a
	¼NPT	内螺纹	-1~0	0.15~0.18	0880120	a
	G¼	内螺纹	-1~0	0.15~0.18	0880126	a
	—	法兰	-1~0	0.15~0.18	0881100#	c
	G¼	内螺纹	0.2~2	0.15~0.27	0880200	a
	¼NPT	内螺纹	0.2~2	0.15~0.27	0880220	a
	G¼	内螺纹	0.2~4	0.15~0.27	0880226	a
	—	法兰	0.2~2	0.15~0.27	0881200#	c
	G¼	内螺纹	0.5~8	0.25~0.65	0880300	b
	¼NPT	内螺纹	0.5~8	0.25~0.65	0880320	b
	G¼	内螺纹	0.5~8	0.25~0.65	0880326	b
	—	法兰	0.5~8	0.25~0.65	0881300#	c
	G¼	内螺纹	1~16	0.30~0.90	0880400	b
	¼NPT	内螺纹	1~16	0.30~0.90	0880420	b
	G¼	内螺纹	1~16	0.30~0.90	0880426	b
	—	法兰	1~16	0.30~0.90	0881400#	c
	G¼	内螺纹	1~30	1.00~5.00	0880600	b
	¼NPT	内螺纹	1~30	1.00~5.00	0880620	b
	注:最大值,绝无影响喷漆应用的物质					

	规格	类型	压力范围/bar	切换压差/bar	型号	图号
M12×1电气接头参数	G¼	内螺纹	-1~0	0.15~0.18	0880160	d
	G¼	内螺纹	0.2~2	0.15~0.27	0880260	d
	G¼	内螺纹	0.5~8	0.25~0.65	0880360	d
	G¼	内螺纹	1~16	0.30~0.90	0880460	d
	G¼	内螺纹	1~30	1.00~5.00	0880660	d
	—	法兰	-1~0	0.15~0.18	0881160	e
	—	法兰	0.2~2	0.15~0.27	0881260	e
	—	法兰	0.5~8	0.25~0.65	0881360	e
	—	法兰	1~16	0.30~0.90	0881460	e

	规格	类型	压力范围/bar	切换压差/bar	型号	图号
流体应用	G¼	内螺纹	0.2~2	0.15~0.18	0880219	a
	¼NPT	内螺纹	0.2~2	0.15~0.27	0880240	a
	G¼	内螺纹	0.5~8	0.25~0.65	0880323	b
	¼NPT	内螺纹	0.5~8	0.25~0.65	0880340	b

	负载等级	电流类型	负载类型	当在U(V)下最大持续电流/A						触头寿命
				30	48	60	125	250		
负载等级	标准(例如压缩机、电磁铁)	AC	限性负载	12	5	5	5	5	5	开关次数>107
		AC	感性负载 cosφ≈0.7	12	3	3	3	3	3	
		DC	限性负载	12	5	1.2	0.8	0.4	—	
		DC	感性负载 L/R=10ms	12	3	0.5	0.35	0.05	—	
	低(例如压缩机、电磁铁)	AC	限性负载	5	0.34	0.2	0.17	0.08	0.04	开关次数>107
		DC	感性负载 L/R=10ms	5	0.1	0.01	—	—	—	

续表

外形、安装尺寸 附件	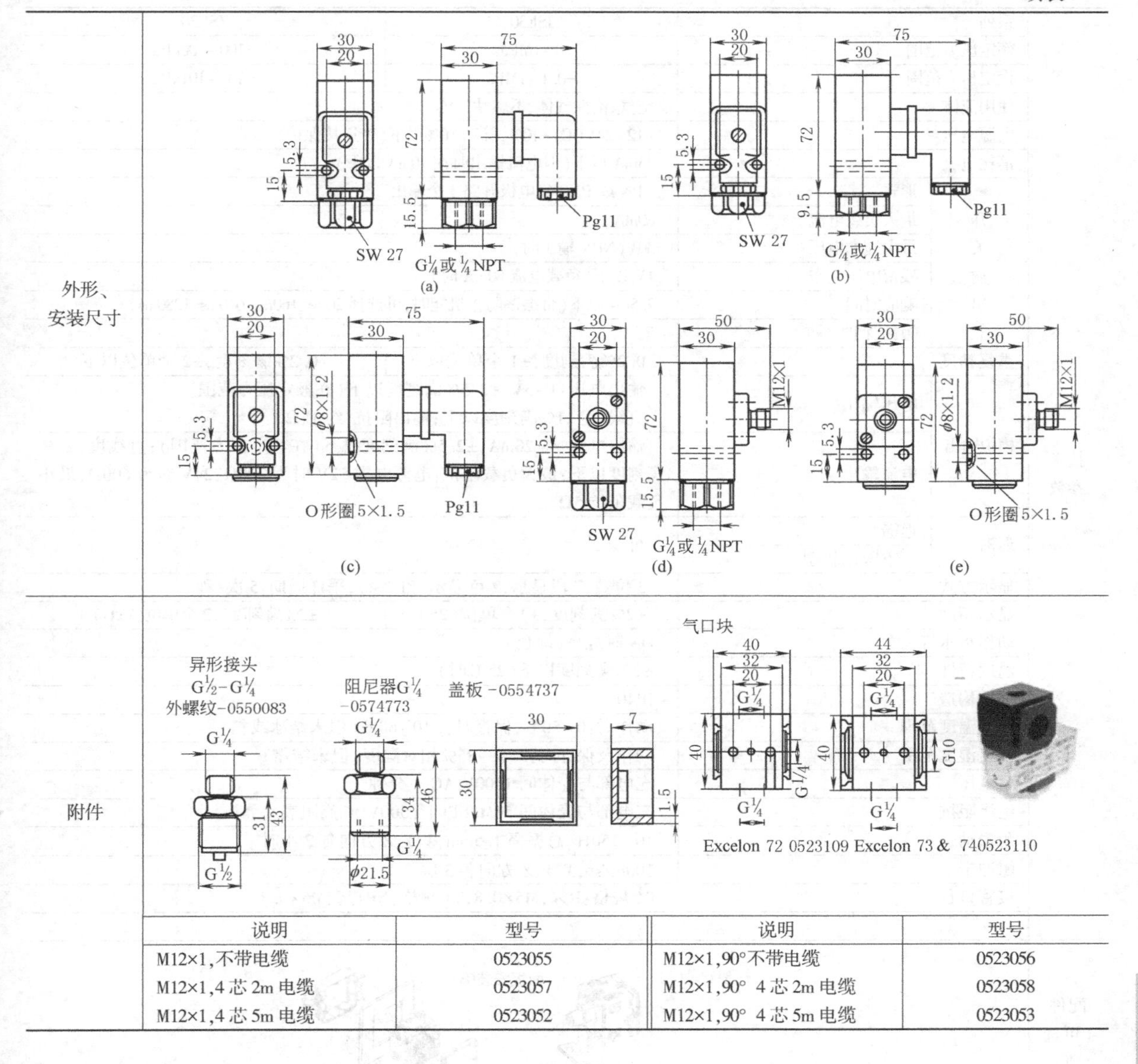

说明	型号	说明	型号
M12×1,不带电缆	0523055	M12×1,90°不带电缆	0523056
M12×1,4 芯 2m 电缆	0523057	M12×1,90° 4 芯 2m 电缆	0523058
M12×1,4 芯 5m 电缆	0523052	M12×1,90° 4 芯 5m 电缆	0523053

8.3 ISE30/ZSE30 系列高精度数字压力开关(SMC 公司)

表 23-8-11

外形及特点		①数字用 2 色显示,可根据使用用途自由设定 ②安装更省空间(与 ISE4E 相比较) ③显示值有微调功能

续表

			ISE30	ZSE30
技术参数	系列		ISE30	ZSE30
	额定压力范围		0~1MPa	-100~100kPa
	设定压力范围		-0.1~1MPa	-101~101kPa
	使用流体		空气、惰性气体、不燃性气体	
	电源电压		(12~24VDC)±10%，脉动10%以下(带逆接保护)	
	消耗电流		45mA以下(但电流输出时在70mA以下)	
	开关输出	形式	NPN或PNP集电极开路1个输出	
		最大负载电流	80mA	
		最大施加电压	30V(NPN输出时)	
		残留电压	1V以下(负载电流80mA时)	
		响应时间	2.5ms以下(带振荡防止机能时，可选择20ms、160ms、640ms、1280ms)	
		短路保护	有	
	重复精度		±0.2%满刻度，±1个单位以下	±0.2%满刻度，±2个单位以下
	模拟输出	电压输出	输出电压：1~5V，±2.5%满刻度以下(在额定压力范围) 直线度：±1%满刻度以下；输出阻抗：约1kΩ	
		电流输出	输出电流：4~20mA，±2.5%满刻度以下(在额定压力范围)；直线度：±1%满刻度以下；最大负载阻抗：电源电压12V时为300Ω，24V时为600Ω，最小负载阻抗5Ω	
	迟滞	迟滞型	可变	
		上下限比较型		
	显示方式		3位数，7段显示，2色显示(红/绿)，采样周期：5次/秒	
	显示精度		±2%满刻度，±1个单位(25℃)	±2%满刻度，±2个单位(25℃)
	动作指示灯		ON时灯亮(绿色)	
	温度特性		±2%满刻度以下(25℃时)	
	保护构造		IP40	
	环境温度范围		动作时：0~50℃，保存时：-10~60℃(但未结冰或霜)	
	环境湿度范围		动作及保存时：35%~85%相对湿度(但未结霜)	
	耐电压		充电部与壳体间1000V AC，1分钟	
	绝缘阻抗		充电部与壳体间50MΩ以上(500VDC高阻表)	
	耐振动		10~150Hz总振幅1.5mm，X、Y、Z方向各2小时	
	耐冲击		100m/s^2，X、Y、Z方向各3次	
	接管口径		01规格：R1/8，M5×0.8；T1规格：NPT1/8，M5×0.8	

配件(可选项)

托架安装(A)　　面板安装(B)

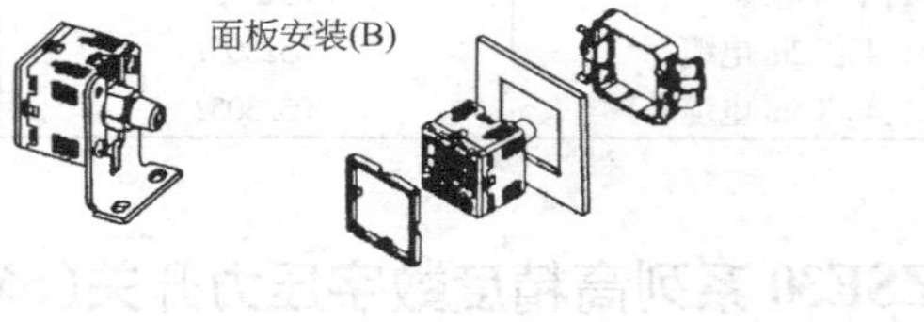

型号表示方法

正压用　ISE30 - 01 — 25 — M □ □

低压、真空用　ZSE30 - 01 — 25 — M □ □

配管规格

01	R1/8(带M5内螺纹)	
T1	NPT1/8(带M5内螺纹)	
C4H	φ4快换接头	直通接头型
C6H	φ6快换接头	直通接头型
C4L	φ4快换接头	弯头型
C6L	φ6快换接头	弯头型

输出规格

25	NPN输出
65	PNP输出
26	1~5V输出
28	4~20mA输出

单位规格

无记号	带单位转换功能
M	SI单位固定

可选项1

无记号	无导线
L	带导线(2m长)插头

可选项2

无记号	无
A	托架安装
B	面板安装
D	面板安装+前保护盖

续表

面板示意	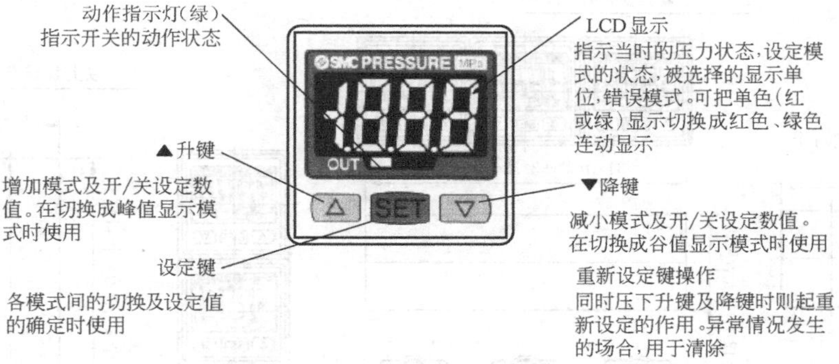 动作指示灯(绿) 指示开关的动作状态 LCD显示 指示当时的压力状态,设定模式的状态,被选择的显示单位,错误模式。可把单色(红或绿)显示切换成红色、绿色连动显示 ▲升键 增加模式及开/关设定数值。在切换成峰值显示模式时使用 ▼降键 减小模式及开/关设定数值。在切换成谷值显示模式时使用 设定键 各模式间的切换及设定值的确定时使用 重新设定键操作 同时压下升键及降键时则起重新设定的作用。异常情况发生的场合,用于清除
回路及连接	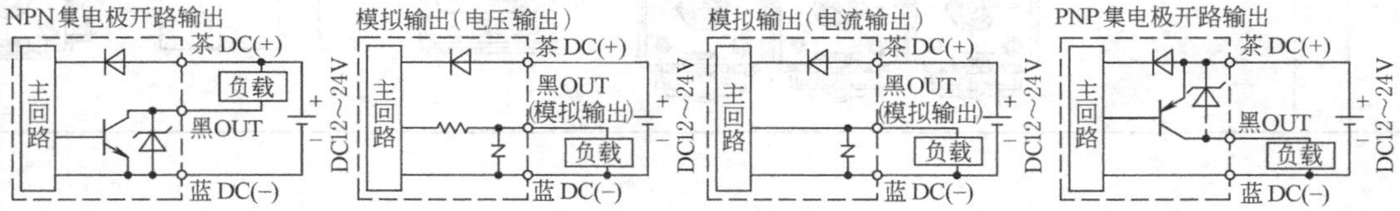 NPN集电极开路输出:主回路;茶 DC(+);负载;黑OUT;蓝 DC(−);DC12~24V 模拟输出(电压输出):主回路;茶 DC(+);黑OUT(模拟输出);负载;蓝 DC(−);DC12~24V 模拟输出(电流输出):主回路;茶 DC(+);黑OUT(模拟输出);负载;蓝 DC(−);DC12~24V PNP集电极开路输出:主回路;茶 DC(+);黑OUT;负载;蓝 DC(−);DC12~24V
外形及安装尺寸 — 外形尺寸	□30;10;25;8;9.5;3.6;带插头导线;1.5;01:R 1/8;T1:NPT 1/8;20±0.1;2×M3×0.5 螺纹深4;M5×0.8;20±0.1;对边12 带托架:42.5;4.2;10;15;3;22;30;20;45;20;1.8;35;25;30;35
外形及安装尺寸 — 面板安装尺寸	□34.5;7.2;17.8;8;9.5;8.75;板厚0.5~6;47.8;R4.5;R4.5;21

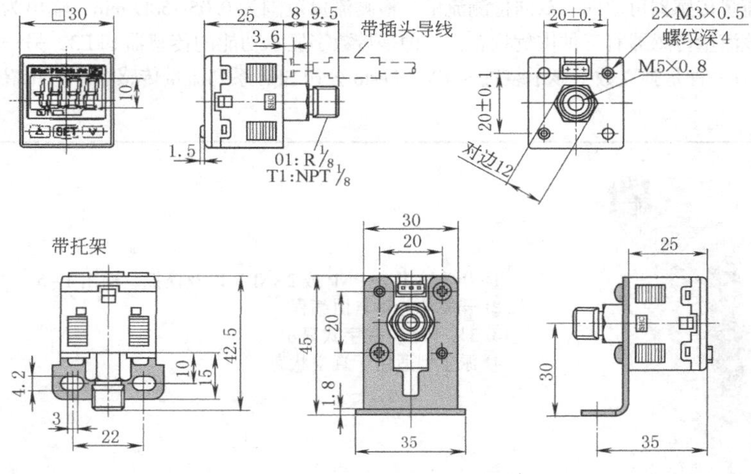

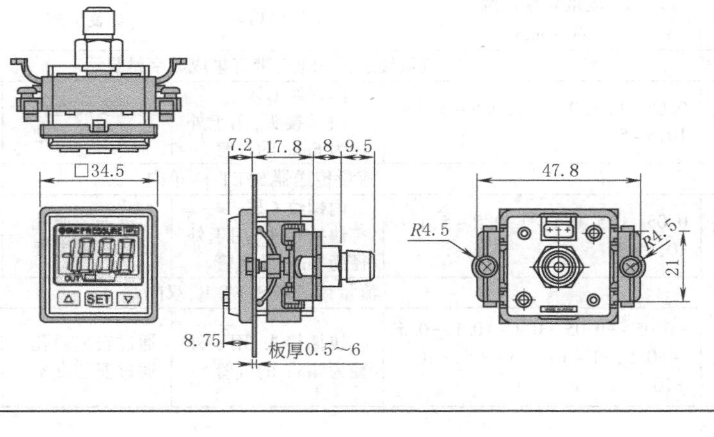

续表

外形及安装尺寸	面板开孔尺寸	安装1个 $31_{-0.4}^{0}$ 2个以上紧靠安装时(水平) $31\times n$个$+3.5\times(n$个$-1)$ $31_{-0.4}^{0}$ 24以上 2个以上紧靠安装时(垂直) $31_{-0.4}^{0}$ 24以上 $31\times n$个$+3.5\times(n$个$-1)$

8.4 SFE 系列流量传感器(Festo)

SFE 系列的流量传感器可单向、双向检测流量，检测流量范围为 0.05~50L/min，输出为开关量或模拟量输出，带数字显示功能。该流量传感器有三种供货状态，一种是带数字显示功能的传感器 SFE3，另一种是不带数字显示功能的传感器 SFET，还有一种是独立数字显示装置 SFEV。Festo 公司 SFE 系列流量传感器样本介绍如表 23-8-12 所示。

表 23-8-12

特征	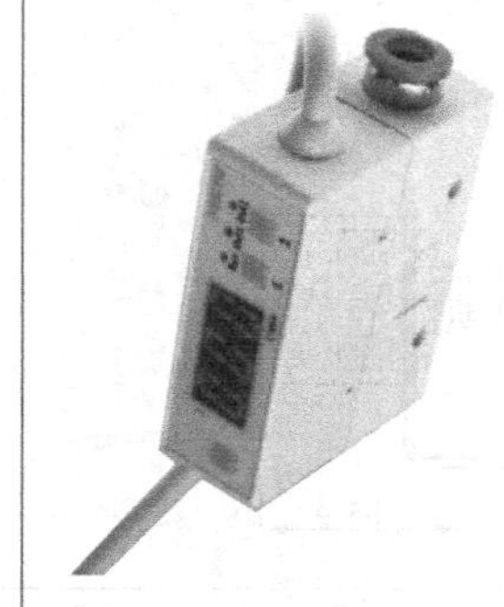		① 开关输出 2×PNP 或 2×NPN 以及模拟量输出 1~5V ② 开关功能可自由编程 ③ 3½个字符数字式显示 ④ 派生型适用于真空状态			
性能范围	流量传感器	工作压力/bar	流量测量范围/L·min^{-1}	气接口	安装型式	电输出	
						数字量	模拟量
		流量传感器 SFE3,带有集成数字量显示					
		-0.7~+7	0.05~0.5,0.1~1,0.5~5,1~10,5~50	内螺纹 G⅛ 快插接头,用于外径为 6mm 的气管	通过安装通孔 通过安装支架	2×PNP 2×NPN	1~5V
		流量传送器 SFET-F,单向					
		-0.7~+7	0.05~0.5,0.1~1,0.5~5,1~10,5~50	内螺纹 G⅛ 快插接头,用于外径为 6mm 的气管	通过安装通孔 通过安装支架	2×PNP 2×NPN	1~5V
		流量传送器 SFET-R,双向					
		-0.9~+2	-0.05~+0.05,-0.1~+0.1,-0.5~+0.5,-1~+1,-5~+5,-10~+10	快插接头,用于外径为 4mm 的气管	通过安装通孔 通过安装支架	2×PNP 2×NPN	1~5V

续表

		显示范围/L·min^{-1}	电接口	安装型式	电输出	
					数字量	模拟量
性能范围	流量显示器 用于流量传送器 SFET-F	0.05～0.5, 0.1～1, 0.5～5, 1～10, 5～50	电缆	通过安装支架 前端面板式安装	2×PNP 2×NPN	1～5V
	流量显示器 用于流量传送器 SFET-R	-0.05～+0.05, -0.1～+0.1, -0.5～+0.5, -1～+1, -5～+5, -10～+10	电缆	通过安装支架 前端面板式安装	2×PNP 2×NPN	1～5V

型号表示方法

SFE 3 – F 100 – L – W Q6 – 2P B – K1

型号	
SFE	流量传感器

结构特点	
3	带集成数字量显示
T	流量传送器
V	独立数字量显示

流量方向	
F	单向
R	双向

流量测量范围/L·min^{-1}			
单向		双向	
005	0.05～0.5	0005	-0.05～+0.05
010	0.1～1	0010	-0.1～+0.1
050	0.5～5	0050	-0.5～+0.5
100	1～10	0100	-1～+1
500	5～50	0500	-5～+5
		1000	-10～+10

连接电缆的长度	
K1	1m
K3	3m

模拟量输出	
B	1～5V
D	3V±2V

开关输出	
2P	2×PNP
2N	2×NPN

气接口	
Q4	快插接头QS-4
Q6	快插接头QS-6
18	内螺纹G$^1/_8$

安装	
W	墙面或平面安装

标度	
L	大气

外围设备 简图

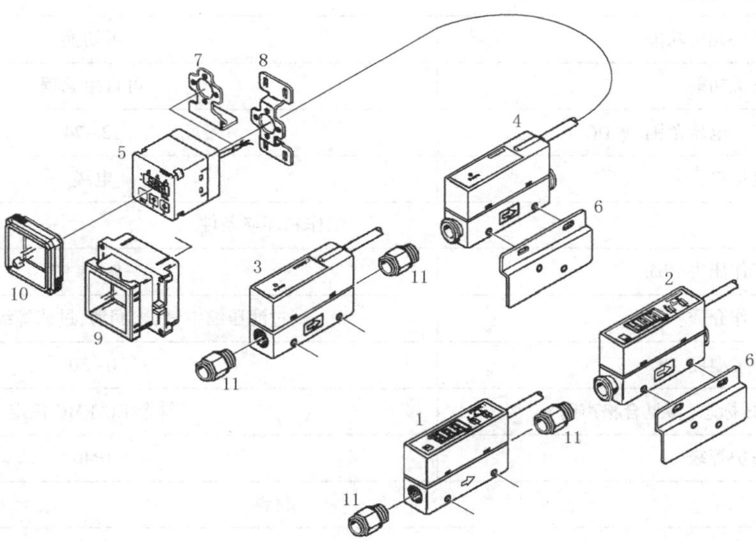

第23篇

续表

外围设备				
附件	1	流量传感器 SFE3-····-W18,带内螺纹	7	安装支架 SFEV-BW1
	2	流量传感器 SFE3-····-WQ,带 QS 快插接头	8	安装支架 SFEV-WH1
	3	流量传感器 SFET-····-W18,带内螺纹	9	前端面板安装组件 SFEV-FH1
	4	流量传感器 SFET-····-WQ,带 QS 快插接头	10	保护盖 SFEV-SH1
	5	数字量显示 SFEV,用于流量传送器	11	快插接头 QS-1/8
	6	安装支架 SFEZ-BW1		

订货数据-附件				订货数据-快插接头			
外形图	说明	订货号	型号	外形图	气管外径/mm	订货号	型号
	安装支架	538562	SFEZ-BW1		保护盖	538566	SFEV-SH1
		538563	SFEV-BW1				
		538564	SFEV-WH1				
	前端面板安装组件	538565	SFEV-FH1		4	186095	QS-G1/8-4
					6	186096	QS-G1/8-6
					8	186098	QS-G1/8-8

技术参数及订货数据——带有集成数字量显示——技术参数

项目					
流量测量范围/L·min^{-1}	0.05~0.5	0.1~1	0.5~5	1~10	5~50
气接口	QS-6				内螺纹 G1/8
显示形式	3 1/2-字母数字字符				
精度/%FS①	8	5			
电参数					
开关输出	2×PNP				
	2×NPN				
模拟量输出 /V	1~5				
开关元件功能	可切换				
开关功能	可自由编程				
工作电压范围/V DC	12~24				
电接口	电缆				
工作和环境条件					
工作压力 /bar	-0.7~+7				
工作介质	过滤压缩空气,未润滑,过滤等级为 0.01μm				
环境温度 /℃	0~50				
CE 标志(参见合格声明)	符合 EU EMC 规定				
防护等级	IP40				
材料					
壳体	聚氨酯				聚氨酯,铝
电缆护套	聚氯乙烯				

续表

		派生型	工作压力/bar	模拟量输出/V	流量测量范围/$L \cdot min^{-1}$	开关输出 2×PNP 订货号	2×PNP 型号	2×NPN 订货号	2×NPN 型号
带有集成数据量显示	订货数据		-0.7~+7	1~5	0.05~0.5	538519	SFE3-F005-L-WQ6-2PB-K1	538524	SFE3-F005-L-WQ6-2NB-K1
					0.1~1	538520	SFE3-F010-L-WQ6-2PB-K1	538525	SFE3-F010-L-WQ6-2NB-K1
					0.5~5	538521	SFE3-F050-L-WQ6-2PB-K1	538526	SFE3-F050-L-WQ6-2NB-K1
					1~10	538522	SFE3-F100-L-WQ6-2PB-K1	538527	SFE3-F100-L-WQ6-2NB-K1
					5~50	538523	SFE3-F500-L-W18-2PB-K1	538528	SFE3-F500-L-W18-2NB-K1

技术参数及订货数据——不带数字量显示——技术参数

项目						
电参数						
模拟量输出/V	1~5					
工作电压范围/V DC	12~24					
电接口	电缆					
工作和环境条件						
工作介质	过滤压缩空气,未润滑,过滤等级为0.01μm					
环境温度/℃	0~50					
防护等级	IP40					
技术参数(单向)						
流量测量范围/$L \cdot min^{-1}$	0.05~0.5	0.1~1	0.5~5	1~10	5~50	
气接口	QS-6				内螺纹G1/8	
线性误差/%FS①	8	5				
工作压力/bar	-0.7~+7					
CE标志	符合EU EMC规定					
壳体	聚酰胺				聚酰胺,铝	
电缆护套	聚氯乙烯					
技术参数(双向)						
流量测量范围/$L \cdot min^{-1}$	-0.05~+0.05	-0.1~+0.1	-0.5~+0.5	-1~+1	-5~+5	-10~+10
气接口	QS-4					
线性误差/%FS①	5					
工作压力/bar	-0.7~+7					
CE标志	符合EU EMC规定					
壳体	聚酰胺					
电缆护套	聚氯乙烯					

技术参数及订货数据——不带数字量显示——订货数据

派生型	工作压力/bar	模拟量输出/V	流量测量范围/$L \cdot min^{-1}$	订货号	型号
单向	-0.7~+7	1~5	0.05~0.5	538529	SFET-F005-L-WQ6-B-K1
			0.1~1	538530	SFET-F010-L-WQ6-B-K1
			0.5~5	538531	SFET-F050-L-WQ6-B-K1
			1~10	538532	SFET-F100-L-WQ6-B-K1
			5~50	538533	SFET-F500-L-W18-B-K1
双向	-0.9~+2	3±2	-0.05~+0.05	538534	SFET-R0005-L-WQ4-D-K3
			-0.1~+0.1	538535	SFET-R0010-L-WQ4-D-K3
			-0.5~+0.5	538536	SFET-R0050-L-WQ4-D-K3
			-1~+1	538537	SFET-R0100-L-WQ4-D-K3
			-5~+5	538538	SFET-R0500-L-WQ4-D-K3
			-10~+10	538539	SFET-R1000-L-WQ4-D-K3

① %FS=测量范围中最后数值(满刻度)。

第 9 章 气动辅件

1 气管的分类

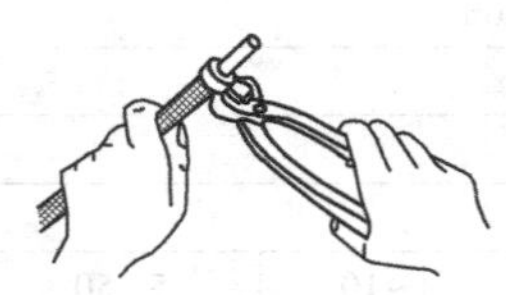

图 23-9-1 连接方式

气管可分金属管和非金属管两大类。金属管可分镀锌钢管、不锈钢管、紫铜管、铝合金管等；非金属管可分橡胶管、硬尼龙管、软尼龙管、聚氨酯管、加固编织层聚氯乙烯管，还有少量混合型管（内层为橡胶、外层为金属编织）。镀锌钢管一般用于工厂主管道；不锈钢管常被用在医疗机械、食品（奶制品、酸奶等）机械、肉类加工机械等；紫铜管一般用于中小型机械设备（固定以后不经常拆卸、耐高压、耐高温、牢固）。20 世纪 80 年代后，随着有机化学工业的发展，开发出许多由有机高分子材质制成的高性能软管（聚酰胺气管、聚氨酯等），这类气管具有易切断、拆装方便、可弯曲、弯曲半径小、内壁光滑、摩擦因数很小、不会生锈对系统造成危害等优良特性，尤其是快插接头问世以来，在气动系统中已基本代替传统橡胶管加夹固的连接方式（见图 23-9-1）。

1.1 软管

表 23-9-1

常规用气管 — 聚氨酯气管

材料：聚氨酯，可用于压缩空气（工作压力与温度的关系见图 a）及真空系统，不含卤素，不含 PWIS①，不含铜及聚四氟乙烯，可防紫外线及压裂特性，耐水解，可用于快插接头和快拧接头（见本章 2.3.1 和 2.3.3），适用于拖链的连接方式

外径 /mm	内径 /mm	工作压力 /bar	工作温度 /℃	最小弯曲半径/mm	质量 /g · m^{-1}
3.0	2.1	−0.95~10	−35~+60	12.5	4
4.0	2.6	−0.95~10	−35~+60	17.0	9
6.0	4.0	−0.95~10	−35~+60	26.5	19
8.0	5.7	−0.95~10	−35~+60	37.0	30
10.0	7.0	−0.95~10	−35~+60	54.0	49
12.0	8.0	−0.95~10	−35~+60	62.0	77
16.0	11.0	−0.95~10	−35~+60	88.0	129

① PWIS（PW 表示油漆湿润，I 表示缺陷，S 表示物质）是指油面油漆时候使漆层表面出现许多凹痕

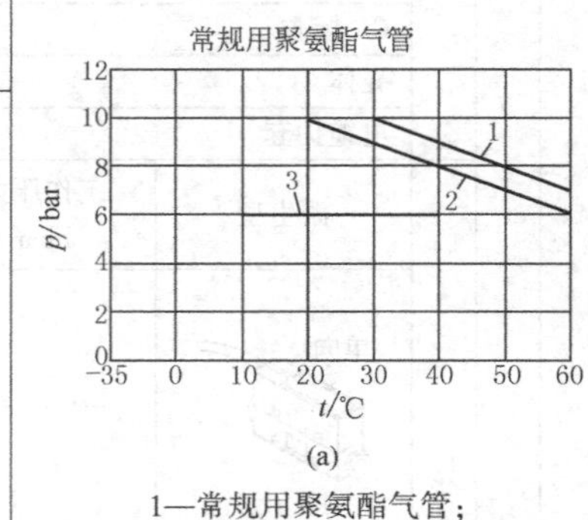

(a)

1—常规用聚氨酯气管；
2—阻燃气管；
3—防静电气管

常规用气管 — 聚酰胺气管

材料：聚酰胺，可用于压缩空气（工作压力与温度的关系见图 b）及真空系统，不含卤素，不含铜及聚四氟乙烯，可防紫外线及压裂特性，耐水解，耐化学特性及细菌环境，可用于快插接头、倒钩接头和快拧接头，适用于拖链的连接方式

在 14bar 下能安全应用，在高压操作下是一个经济的气管

续表

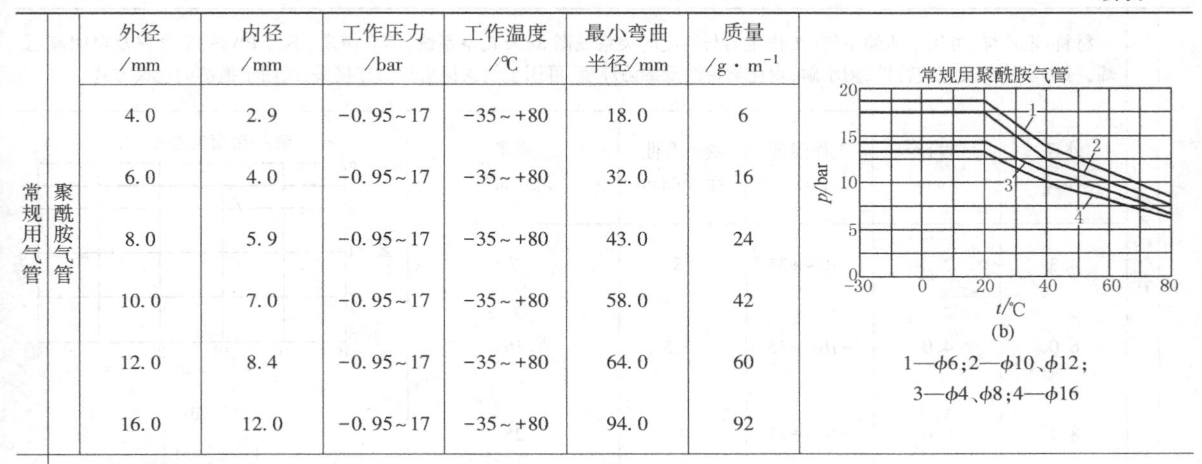

类别		外径/mm	内径/mm	工作压力/bar	工作温度/℃	最小弯曲半径/mm	质量/g·m^{-1}
常规用气管	聚酰胺气管	4.0	2.9	-0.95~17	-35~+80	18.0	6
		6.0	4.0	-0.95~17	-35~+80	32.0	16
		8.0	5.9	-0.95~17	-35~+80	43.0	24
		10.0	7.0	-0.95~17	-35~+80	58.0	42
		12.0	8.4	-0.95~17	-35~+80	64.0	60
		16.0	12.0	-0.95~17	-35~+80	94.0	92

(b)

1—ϕ6；2—ϕ10、ϕ12；3—ϕ4、ϕ8；4—ϕ16

带加固编织层聚氯乙烯气管

材料：带加固编织层聚氯乙烯气管，可用于压缩空气及水，一般用于低压系统，适用于倒钩式接头

外径/mm	内径/mm	工作压力/bar	工作温度/℃	质量/g·m^{-1}
3.0	1.5	0.25	-10~+60	6
4.0	2.0	0.25	-10~+60	12
5.0	3.0	0.25	-10~+60	16
6.5	4.0	0.25	-10~+60	25
12.0	8.0	0.25	-10~+60	77

注：工作压力是指在最高温度下

丁腈橡胶气管

材料：丁腈橡胶，可用于压缩空气，最高工作压力为18bar，适用于倒钩式接头夹固形式

外径/mm	内径/mm	工作温度/℃	最小弯曲半径/mm	质量/g·m^{-1}
13.0	6.0	-20~+80	40	6
16.0	9.0	-20~+80	50	12
23.0	13.0	-20~+80	100	16
31.0	19.0	-20~+80	200	25

聚酰胺气管

材料：聚酰胺，可用于压缩空气(工作压力与温度的关系见图c)及真空系统，不含卤素，不含PWIS，不含铜及聚四氟乙烯，可防紫外线及压裂特性，耐水解，耐化学特性及细菌环境，可用于倒钩接头和快拧接头，适用于拖链的连接方式

外径/mm	内径/mm	工作温度/℃	最小弯曲半径/mm	质量/g·m^{-1}
4.3	3.0	-30~+80	40	6
6.0	4.0	-30~+80	50	12
8.2	6.0	-30~+80	100	16

聚酰胺气管

p/bar

t/℃

(c)

1—ϕ4；2—ϕ3、ϕ6

续表

用于食品行业的气管

聚乙烯气管

材料:聚乙烯,可用于压缩空气(工作压力与温度的关系见图 d)及真空系统,不含卤素,不含 PWIS,不含铜及聚四氟乙烯,可防紫外线及压裂特性,耐水解,耐化学特性及细菌环境,可用于倒钩接头和快拧接头,适用于拖链的连接方式

外径/mm	内径/mm	工作温度/℃	最小弯曲半径/mm	质量/g·m^{-1}
4.3	3.0	-10~+35	18	7
6.0	4.0	-10~+35	22.5	16
8.4	6.0	-10~+35	39	25

聚乙烯/聚氯乙烯气管

(d)

1—ϕ9、ϕ13

耐水解气管

材料:聚氨酯,可用于压缩空气(工作压力与温度的关系见图 e)及真空系统,不含卤素,不含 PWIS,不含铜及聚四氟乙烯,可防紫外线及压裂特性,耐水解,耐化学特性及细菌环境,可用于快插接头,适用于拖链的连接方式

可用于食品工业一区,尤其耐水解和耐微生物特性,可在潮湿环境,可与60℃以下的水接触

外径/mm	内径 mm	工作压力/bar	工作温度/℃	最小弯曲半径/mm	质量/g·m^{-1}
3.0	2.1	-0.95~10	-35~+60	12	4.2
4.0	2.6	-0.95~10	-35~+60	16.0	8.5
6.0	4.0	-0.95~10	-35~+60	26.0	18.3
8.0	5.7	-0.95~10	-35~+60	37.0	18.7
10.0	7.0	-0.95~10	-35~+60	52.0	46.5
12.0	8.0	-0.95~10	-35~+60	62.0	72.9
16.0	11.0	-0.95~10	-35~+60	88.0	123

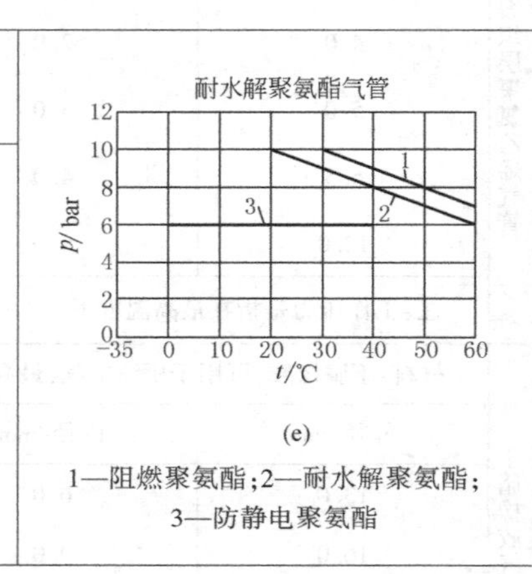

(e)

1—阻燃聚氨酯;2—耐水解聚氨酯;3—防静电聚氨酯

耐清洁剂气管

材料:聚乙烯,可用于压缩空气(工作压力与温度的关系见图 f)及真空系统,不含卤素,不含 PWIS,不含铜及聚四氟乙烯,可防紫外线及压裂特性,耐水解,耐化学特性及细菌环境,可用于快插接头、倒钩接头和快拧接头,适用于拖链的连接方式

适合食品工业二区,得到 FDA 认可,耐水解,有高的耐化学性能及耐大多数清洁剂的特性,可替代昂贵的不锈钢

外径/mm	内径/mm	工作温度/℃	最小弯曲半径/mm	质量/g·m^{-1}
4.0	2.9	-30~+80	25	5.6
6.0	4.0	-30~+80	32	14.7
8.0	5.9	-30~+80	50	21.4
10.0	7.0	-30~+80	57	37.5
12.0	8.0	-30~+80	65	54.0

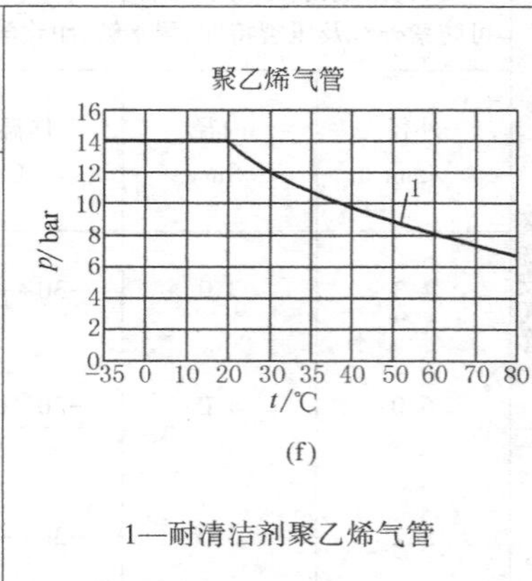

(f)

1—耐清洁剂聚乙烯气管

续表

用于食品行业的气管 — 耐高温/耐酸碱气管(+150℃)

材料:全氟烷氧基,可用于压缩空气(工作压力与温度的关系见图 g)及真空系统,不含卤素,不含 PWIS,不含铜及聚四氟乙烯,可防紫外线及压裂特性,耐水解,耐化学特性及细菌环境,可用于快插接头和快拧接头

尤其在耐高温,耐高压,耐酸碱,抗化学物质方面具有最好的特性。耐水解特性好,能避免清洁剂、润滑剂残余物的影响

外径/mm	内径/mm	最小弯曲半径/mm	质量/g·m^{-1}
4.0	2.9	37	12
6.0	4.0	50	34
8.0	5.9	110	49
10.0	7.0	140	87
12.0	8.4	165	125

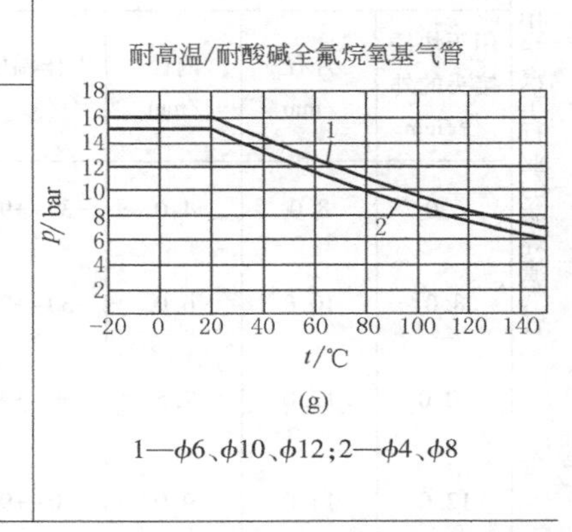

(g)

1—ϕ6、ϕ10、ϕ12;2—ϕ4、ϕ8

用于电子行业的气管 — 防静电气管

材料:聚氨酯,可用于压缩空气(工作压力与温度的关系见图 h)及真空系统,不含卤素,不含 PWIS,不含铜及聚四氟乙烯,可防紫外线及压裂特性,耐水解,可用于快插接头,适用于拖链的连接方式

尤其具有突出的防静电、防紫外线特性,可用于电子行业

外径/mm	内径/mm	工作温度/℃	最小弯曲半径/mm	质量/g·m^{-1}
4.0	2.5	0~+40	17	9
6.0	4.0	0~+40	26.5	19

防静电气管

(h)

1—常规用聚氨酯气管;2—阻燃气管;3—防静电气管

用于电子行业的气管 — 阻燃型气管

材料:聚氨酯,可用于压缩空气(工作压力与温度的关系见图 i)及真空系统,不含卤素,不含 PWIS,不含铜及聚四氟乙烯,可防紫外线及压裂特性,耐水解,耐化学特性及细菌环境,可用于快插接头和快拧接头,适用于拖链的连接方式

弹性好,阻燃。符合 UL 94V0-V2 标准

外径/mm	内径/mm	工作温度/℃	最小弯曲半径/mm	质量/g·m^{-1}
6.0	4.0	-35~+60	26.5	20.0
8.0	5.7	-35~+60	37.0	31.0
10.0	7.0	-35~+60	54.0	51.0
12.0	8.0	-35~+60	62.0	79.0

阻燃气管

(i)

1—常规用聚氨酯气管;2—阻燃气管;3—防静电气管

续表

用于汽车行业的防焊渣气管

材料：聚氨酯，可用于压缩空气（工作压力与温度的关系见图 j）及真空系统，不含卤素，不含 PWIS，不含铜及聚四氟乙烯，可防紫外线及压裂特性，耐水解，耐化学特性及细菌环境，可用于快插接头和快拧接头，适用于拖链的连接方式

该气管为两层结构，外套内部为聚氯乙烯，气管为聚酰胺，不含铜及聚四氟乙烯。插入快插接头时，应剪去外套长度 X，见下表

用于汽车行业，防焊渣飞溅，耐阻燃，耐水解

用于快插接头的外径/mm	外径/mm	内径/mm	工作温度/℃	外套的壁厚/mm	剪去的外套长度 X/mm	质量/$g\cdot m^{-1}$
6.0	8.0	4.0	-30~+90	1.0	17.0	49.0
8.0	10.0	6.0	-30~+90	1.0	18.0	65.0
10.0	12.0	7.5	-30~+90	1.0	20.0	88.0
12.0	14.0	9.0	-30~+90	1.0	23.0	133.0

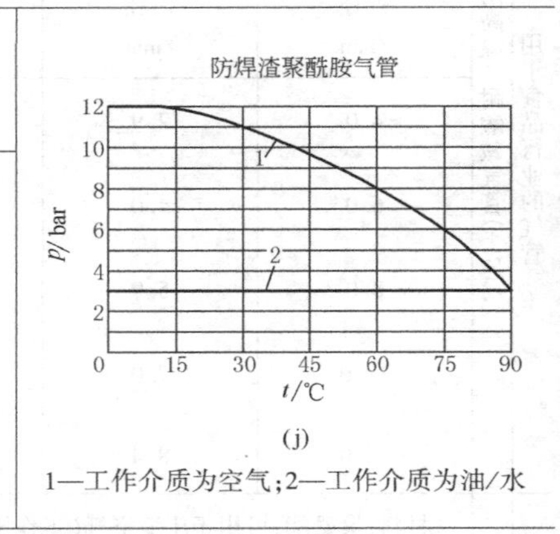

(j)

1—工作介质为空气；2—工作介质为油/水

极软的聚氨酯气管

材料：聚氨酯，该气管是极软的聚氨酯气管与内套管（铜管）组合使用的，见图 k。弯曲半径小，最适合狭窄空间使用。工作温度为-20～+60℃

外径/mm	内径/mm	最低工作压力/MPa	最高工作压力/MPa	最小弯曲半径/mm	气管抗脱强度/N（快换接头的情况，无内管套）	气管抗脱强度/N（快换接头的情况，有内管套）
4.0	2.5	-20～+40	+40～+60	8.0	15.0	80.0
6.0	4.0	-20～+40	+40～+60	15.0	60.0	230.0
8.0	5.0	-20～+40	+40～+60	15.0	60.0	250.0
10.0	6.5	-20～+40	+40～+60	22.0	85.0	300.0
12.0	8.0	-20～+40	+40～+60	29.0	110.0	480.0

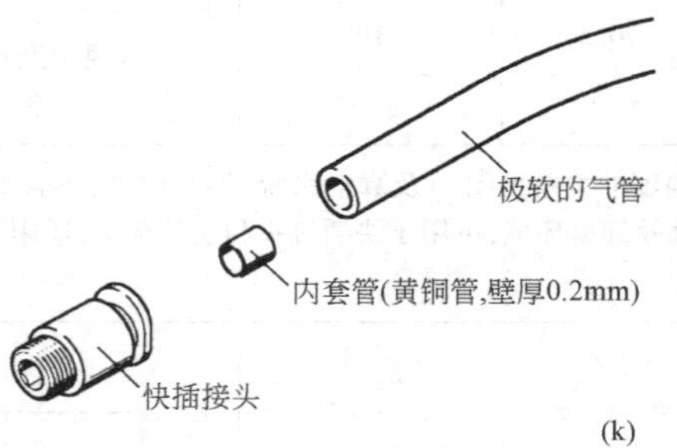

(k)

外表带金属编织层的丁腈橡胶气管

材料：丁腈橡胶，可用于压缩空气、真空系统及水，属于高强度气管，外表带金属编织层，用于快拧接头，防火花、防红热的切削和磨削。弯曲半径小

外径/mm	内径/mm	工作压力/bar	工作温度/℃	最小弯曲半径/mm	质量/$g\cdot m^{-1}$
7.0	4.0	0～12	-20～+80	20.0	101
9.0	6.0	0～12	-20～+80	30.0	140
12.0	9.0	0～12	-20～+80	45.0	171

续表

耐高压聚氨酯气管(20bar)

套管:聚酰胺,可用于压缩空气及真空系统,最高耐压为 20bar,耐化学特性,耐水解

外径/mm	工作压力/bar	工作温度/℃
6.0	-0.95 ~+20	-20 ~+80
8.0	-0.95 ~+20	-20 ~+80
10.0	-0.95 ~+20	-20 ~+80
12.0	-0.95 ~+20	-20 ~+80
16.0	-0.95 ~+20	-20 ~+80

螺旋式聚酰胺气管

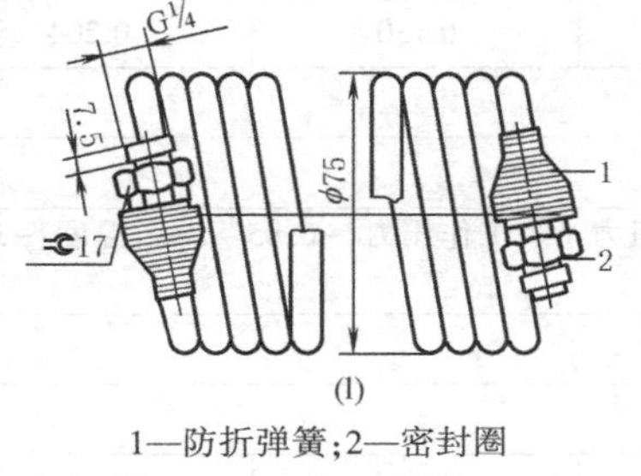

(l)

1—防折弹簧;2—密封圈

螺旋式聚酰胺气管长度预先裁定,气管两头有防折皱的弹簧,并配有旋转接头和密封圈,可用于拉伸移动的场合,见图 l

材料:聚酰胺,可用于压缩空气(工作压力与温度的关系见图 m)及真空系统,不含卤素,不含 PWIS,不含铜及聚四氟乙烯,可防紫外线及压裂,耐水解,耐化学特性及细菌环境,适用于拖链的连接方式

该气管的环境温度为-30~80℃,抗机械损伤性能突出(由于气管两头有防折皱的弹簧,在使用时防止气管在移动时磨损及抗外界碰撞)

外径/mm	内径/mm	工作压力/bar	工作温度/℃	最小弯曲半径/mm	质量/$g \cdot m^{-1}$
7.0	4.0	0~12	-20~+80	20.0	101
9.0	6.0	0~12	-20~+80	30.0	140
12.0	9.0	0~12	-20~+80	45.0	171

螺旋式聚酰胺气管

(m)

1—$\phi 4$;2—$\phi 6$

螺旋式聚氨酯气管

材料:聚氨酯,可用于压缩空气(工作压力与温度的关系见图 n)及真空系统,不含卤素,不含 PWIS,不含铜及聚四氟乙烯,可防紫外线及压裂特性,耐水解,耐化学特性及细菌环境,适用于拖链的连接方式

该气管弹性好,抗水解,带加强的编织层和旋转接头。气管长度预先裁定,气管两头有防折皱的弹簧,并配有旋转接头和密封圈。该气管的环境温度为-40~+60℃,低于螺旋式聚酰胺气管的环境温度

外径/mm	内径/mm	接口	工作长度/m
9.5	6.4	G¼	2.4
			4.8
			6
11.7	7.9	G⅜	4.8
			6

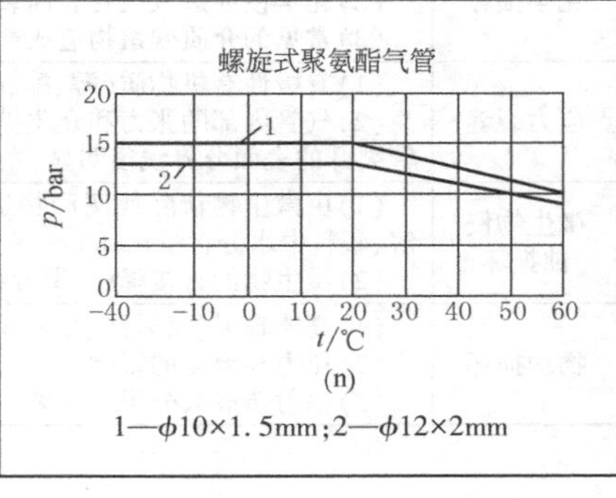

(n)

1—$\phi 10 \times 1.5$mm;2—$\phi 12 \times 2$mm

1.2 硬管

下面提到的硬管不是用于工厂主管道的硬管，较多是用于设备上的气动系统并要考虑能否与管接头（快插接头）方便地连接。

表 23-9-2

聚酰胺气管	由高品质的聚酰胺制成的刚性管道(硬管),耐腐蚀,沿着管道直径方向有一定的韧性与弹性,无需保养。用于专用硬管系统的快插接头上。管道内壁光滑,气体流动阻力小。工作压力:-0.95~7bar,温度:-25~+75℃					
	主要技术参数					
	型号	聚酰胺气管				
		12×1.5	15×1.5	18×2	22×2	28×2.5
	工作介质	适用于压缩空气,真空和液体				
	外径/mm	12	15	18	22	28
	内径/mm	9	12	14	18	23
	质量/kg·m^{-1}	0.051	0.065	0.103	0.130	0.204
	材料	聚酰胺				
	颜色	黑色				
铝合金气管	刚性、耐腐蚀;用于专用硬管系统的快插接头上。管道内壁光滑,气体流动阻力小。工作压力:-0.95~7bar,温度:-30~+75℃					
	主要技术参数					
	型号	铝合金气管				
		12×1	15×1	18×1	22×1	28×1.5
	工作介质	适用于压缩空气,真空和液体				
	外径/mm	12	15	18	22	28
	内径/mm	10	13	16	20	25
	质量/kg·m^{-1}	0.093	0.119	0.144	0.178	0.337
	材料	精制铝合金				
	颜色	银色				

1.3 影响气管损坏的环境因素

表 23-9-3

分 类	损 坏 原 因	损坏介质
化学损坏	(1)主要是酸碱使聚合物(气管)的分子结构裂开 (2)化学侵蚀造成气管表面裂开 (3)常见的介质残留物造成气管损坏(如盐)	清洁剂、消毒剂、冷却液等
应力裂缝	(1)有极性有机物质(醇、酯、酮) (2)气管内部的张力和介质扩散造成分子间力的减小(如表现在单个裂缝、气管裂开的表面分界线很明显,光滑且实际上无任何变形)	溶剂、润滑剂、碳氢化合物
微生物侵蚀损坏	(1)由微生物新陈代谢产物造成的间接损坏(如酸的侵蚀、增塑剂中酶的分解、塑料中水分含量增加) (2)微生物的直接降解,聚合物的成分为新陈代谢过程中碳和氢的来源	户外区域环境:垛、水道、高污染区域、潮湿温暖的环境(电缆通道)
物理损坏	(1)高能辐射(紫外线、X 射线、γ 射线) (2)压力和温度的影响 (3)辐射造成大分子的分裂	户外区域:人为紫外线照射(如食品行业中的消毒)

1.4 气管使用注意事项

气管切口垂直以确保密封质量、安装气管时不能扭曲、弯曲半径不能过小（注意各气管的最小弯曲半径）；如气管过长时应采用气管扣件固定，如气管随驱动器移动时应考虑配装拖链连接装置；气管管径选择过大浪费能量，选择过小时驱动器速度太慢。尤其关注密封性，不能泄漏。

2 螺纹与接头

管接头要求不漏气，拆装方便，可重复使用，由于世界各地区采用螺纹的制式不同，对阀、气缸等气动元件的连接造成不便。如对于英制标准管牙G螺纹，在连接过程中必须采用密封垫圈。但对于圆锥管R螺纹，则不需要密封垫，而且各种制式螺纹有些不能混用。因此，在气动系统设计、选用时必须注意这一细节。

2.1 螺纹的种类

按螺纹的种类分为：圆锥管螺纹（R）、公制螺纹（M）、英制标准管牙G（BSP）、美国国家管用螺纹（NPT）、美国标准细牙螺纹（UNF）。

表 23-9-4 mm

G(BSP) 英制标准管牙	M 公制螺纹	UNF美国、英国、加拿大常用英制标准细牙螺纹	NPT美国国家管用螺纹(斜牙，主要用于美国)	内径	外径	螺距和每英寸螺纹数
	M3			2.4～2.5	2.8～2.9	0.5
		10/32		4.0～4.2	4.6～4.8	32
	M5			4.1～4.3	4.8～4.9	0.8
G⅛				8.5～8.9	9.3～9.7	28TPI
			⅛	8.5～8.9	9.3～9.7	29TPI
	M10×1			8.9～9.2	9.7～9.9	1.0
	M10×1.25			8.6～8.9	9.7～9.9	1.25
	M10			8.4～8.7	9.7～9.9	1.5
		7/16-20		9.7～10.0	10.9～11.1	20TPI
	M12×1.25			10.6～	11.7～11.9	1.25
	M12×1.5			10.4～	11.7～11.9	1.5
	M12			10.1～10.4	11.6～11.9	1.75
		½-20		11.3～11.6	12.4～12.7	20TPI
G¼				11.4～11.9	12.9～13.1	19TPI
			¼	11.4～11.9	12.9～13.1	18TPI
	M14×1.5			12.2～12.6	13.6～13.9	1.5
		9/16-18		12.7～13.0	14.0～14.2	18TPI
	M16×1.5			14.4～14.7	15.7～15.9	1.5
	M16			13.8～14.2	15.6～15.9	2.0
G⅜				14.9～15.4	16.3～16.6	19TPI
			⅜	14.9～15.4	16.3～16.6	18TPI
	M18×1.5			16.2～16.6	17.6～17.9	1.5
	M20			17.3～17.7	19.6～19.9	2.5
G½			½	18.6～19.0	20.5～20.9	14TPI
	M22×1.5			20.2～20.6	21.6～21.9	1.5
		⅞-14		20.2～20.5	22.0～22.2	14TPI
		13/16-12		27.6～27.9	29.8～30.1	12TPI
		¾-16		17.3～17.6	18.7～19.0	16TPI
	M24			20.8～21.3	23.6～23.9	3.0
	M26×1.5			24.2～24.6	25.6～25.9	1.5
G¾			¾	24.1～24.5	26.1～26.4	14TPI
		1 1/16-12		24.3～24.7	26.6～26.9	12TPI
	M30×1.5			28.2～28.6	29.6～29.9	1.5
	M30×2			27.4～27.8	29.6～29.9	2
	M32×2			29.4～29.9	31.6～31.9	2
G1				30.3～30.8	33.0～33.2	11TPI
		1 5/16-12		30.8～31.2	33.0～33.3	12TPI
			1	30.3～30.8	32.9～33.4	11.5TPI

续表

G(BSP) 英制标准管牙	M 公制螺纹	UNF 美国、英国、加拿大常用英制标准细牙螺纹	NPT 美国国家管用螺纹(斜牙，主要用于美国)	内径	外径	螺距和每英寸螺纹数
	M36×2			33.4~33.8	35.6~35.9	2
	M38×1.5			36.2~36.6	37.6~37.9	1.5
		1⅝-12		38.7~39.1	40.9~41.2	12TPI
	M42×2			39.4~39.8	41.6~41.9	2
G1¼				39.0~39.5	41.5~41.9	11TPI
			1¼	39.2~39.6	41.4~42.0	11.5TPI
	M45×1.5			43.2~43.6	44.6~44.9	1.5
	M45×2			42.4~42.8	44.6~44.9	2
		1⅞-14		45.1~45.5	47.3~47.6	12TPI
G1½				44.8~45.3	47.4~47.8	11TPI
			1½	45.1~45.5	47.3~47.9	11.5TPI
	M52×1.5			50.2~50.6	51.6~51.9	1.5
	M52×2			49.4~49.6	51.6~51.9	2
G2				56.7~	59.3~59.6	11TPI

2.2 公制螺纹、G 螺纹与 R 螺纹的连接匹配

表 23-9-5

螺纹种类	公制螺纹	G 螺纹	R 螺纹
连接要求	圆柱形公制螺纹和 G 螺纹相类似，通过嵌入 O 形圈，确保密封	符合 DIN ISO 228-1 标准，螺纹较短，需要密封件密封，如密封件损坏可更换密封件，因此可重复使用	符合 DIN 2999-1 和 ISO 7/1 标准，自密封螺纹，密封在螺纹上，不需要密封平面，无需密封件，安装尺寸更小，可重复利用达 5 次
匹配要求	公制阳螺纹(外螺纹)只能与公制阴螺纹(内螺纹)相配 公制螺纹(外) 公制螺纹(内)	G 阳螺纹(外螺纹)只能与 G 阴螺纹(内螺纹)相配 G螺纹(外) G螺纹(内)	R 阳螺纹(外螺纹)可与 G 阴螺纹(内螺纹)或 R 阴螺纹(内螺纹)相配 R螺纹(外) G螺纹(内) R螺纹(内)

2.3 接头的分类及介绍

接头可根据材料、螺纹的种类、结构、气管的连接方式进行分类。

表 23-9-6

分类方式	类 别	特 征
按接头的材料分	PBT(聚对苯二甲酸丁二醇酯)	
	镀镍/镀铬黄铜	
	不锈钢	
	阻燃	

续表

分类方式	类　别	特　征
按与气管的连接方式分	快插(PBT/镀镍/镀铬黄铜/不锈钢)	快插接头是应用最广泛的一种接头。凡人工能触摸的位置,均能轻松拆装,最高工作压力(PBT)为10bar。快插接头还可分为小型快插、标准快插、复合型快插、鼓形快插、金属快插、不锈钢快插、阻燃快插、硬管快插、自密封快插以及旋转快插接头(250~1500r/min)等
	倒钩	它可分为塑料、钢、铝、压铸锌合金、不锈钢等材质的倒钩接头。最高工作压力为8bar。可用于气管连接以及软管夹箍型连接
	快拧(塑料/铝合金/铜)	可用手拧紧,连接安全可靠、适合于真空系统。塑料/铝合金的最高工作压力为10bar;铜的最高工作压力为18bar
	卡套(黄铜)	介质可用空气、油、水,低压液压系统。最高工作压力视管子而定(60bar)
	快速(镀镍黄铜/钢)	可实现快速替换气动设备/气动工具/注塑机模具等。由于插座内带有单向阀,免去了每次拆装时将管道内卸压为零的麻烦。最高工作压力为12bar或35bar

2.3.1　快插接头简介

快插接头是最方便的即插即用的连接方式，尤其在一些气管连接非常不方便、困难的空间场合下，更能体现快插接头的优越性。

表 23-9-7

分类及特点	快插接头主要分为小型、标准型、金属型、不锈钢型、阻燃型、复合型以及鼓形接头体组合七种类型(有的公司称它为插入式接头) 特点:(1)小型快插接头与标准型快插接头相比,其尺寸更紧凑,无论是外径尺寸还是长度方向的尺寸 (2)复合型快插接头通常是一绺可分成多支流的连接接头 (3)自密封型快插接头内置单向阀,管子插入为接通,管子拔出后,单向阀关闭,无压缩空气外泄 (4)旋转型快插接头是指螺纹被旋紧(固定)后与插气管的接头体做旋转运动,旋转型快插接头都内置轴承,转速为250~1500r/min,工作压力为10bar (5)硬管快插接头用于聚酰胺气管和铝合金气管
连接结构	简单的"即插即用" 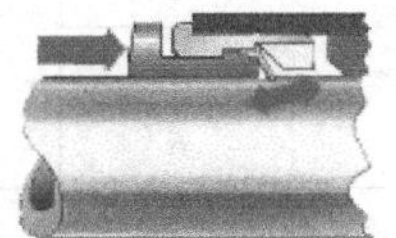 插入式接头内部的不锈钢片将气管牢固卡紧,而不损坏其表面。机械振动和压力波动被安全地吸收 压下端头,即可拔出气管 连接可靠 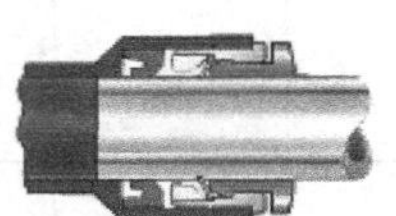 丁腈橡胶密封环保证了标准外径气管和快插管接头间的良好密封 标准气管可用于压缩空气和真空 自密封 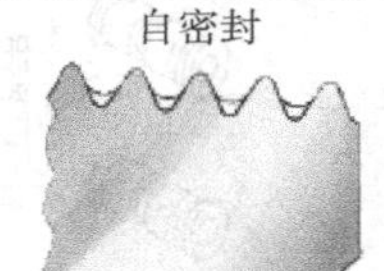 Festo 插入式螺纹接头为镀镍黄铜元件。具有良好的耐腐蚀性。其 ISO R 螺纹上带有自密封的聚四氟乙烯涂层,这种接头在不加其他密封件的情况下可重复使用五次,具有良好的密封性能
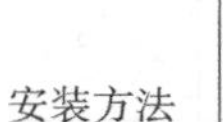 安装方法	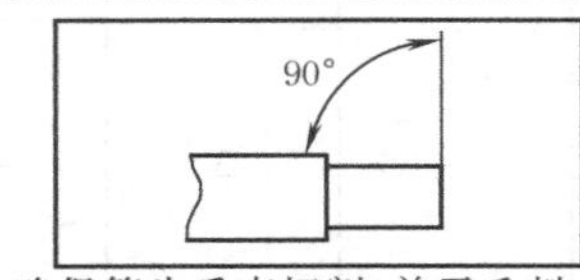 1. 确保管头垂直切割,并无毛刺,内管伸出长度必须正确 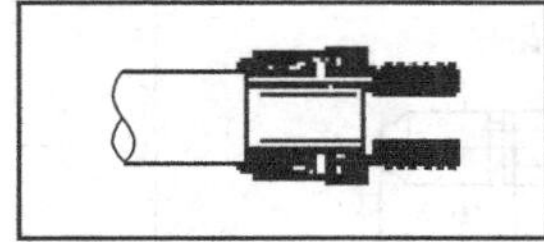 2. 把管子通过填充插入接头 当接头与管子连接后,即接头螺纹被旋紧后,接头体可随气管的方向作360°范围内调整 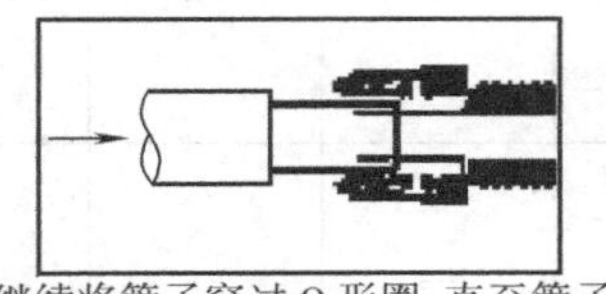 3. 继续将管子穿过O形圈,直至管子碰到管挡肩。然后用力向外拉管子,让筒夹将管子夹紧 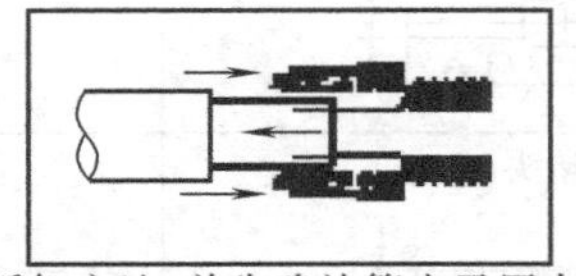 4. 拆卸方法:首先确认管内无压力气体,将管子推入直至碰到管挡肩。用力压筒夹将管子拉出

表 23-9-8　　小型快插接头　　mm

形式	结构特点	接口 D_1					接口 D_2
		M 螺纹	R 螺纹	G 螺纹	气管外径	插入套管直径 ϕ	气管外径
直通形结构	快插接头-外螺纹,带外六角	M3	—	—	—	—	3,4
		M5					3,4,6
			R1/8	G1/8	—	—	4,6
	快插接头-外螺纹,带内六角	M3	—	—	—	—	3,4
		M5					3,4,6
		M7	R1/8	G1/8			4,6
	快插接头-内螺纹,带外六角	M3	—	—	—	—	3,4
		M5					3,4
	快插接头-外螺纹,带内六角	M6×0.75	—	—	—	—	4
		M8×0.75					6
	快插接头	—	—	—	3	—	3
					4		4
	变径	—	—	—	6	—	6
					4		3
					6		4
	穿板式快插接头	—	—	—	3	—	—
					4		
					6		
	插入式堵头	—	—	—	3	—	—
	快插接头,带轴套	—	—	—	—	4	3
						6	4
	空位堵头	—	—	—	—	3	—

续表

形式	结构特点	接口 D_1					接口 D_2
		M 螺纹	R 螺纹	G 螺纹	气管外径	插入套管直径 ϕ	气管外径
L 形	L 形快插接头,360°旋转-外螺纹,带外六角 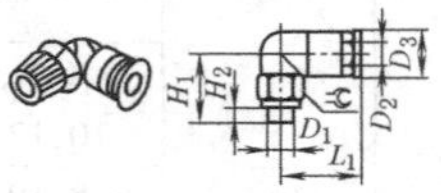	M3	—	—	—	—	3,4
		M5					3,4,6
		M7	R1/8	G1/8			4,6
	L 形快插接头,360°旋转-外螺纹,带外六角 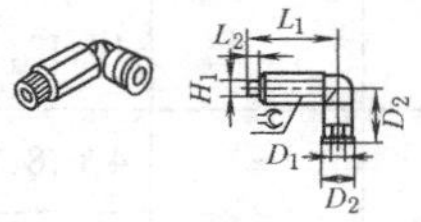	M3	—	—	—	—	3,4
		M5					3,4,6
		M7	R1/8	G1/8			4,6
	L 形快插接头 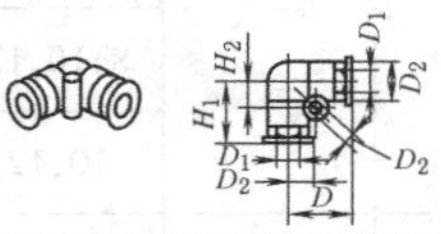	—	—	—	3	—	—
					4		
					6		
	L 形快插接头,带套管 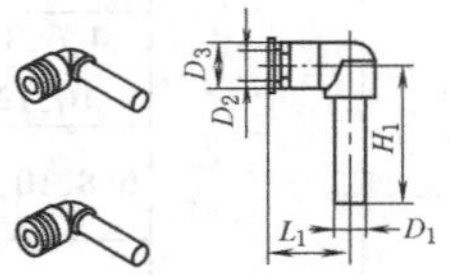	—	—	—	—	3	3
						4	4
						6	6
	变径	—	—	—	—	4	3
						6	4
T 形	T 形快插接头,360°旋转-外螺纹,带外六角 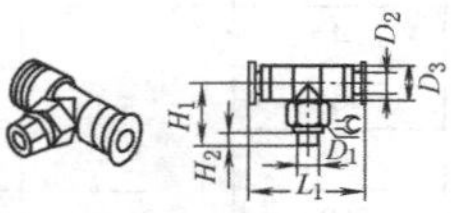	M3	—	—	—	—	3,4
		M5					3,4,6
		—	R1/8	G1/8			4,6
	T 形快插接头,360°旋转-外螺纹,带外六角 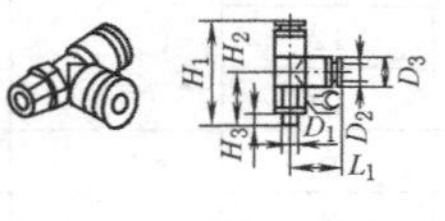	M3	—	—	—	—	3,4
		M5					3,4,6
		—	R1/8	G1/8			4,6
	T 形快插接头 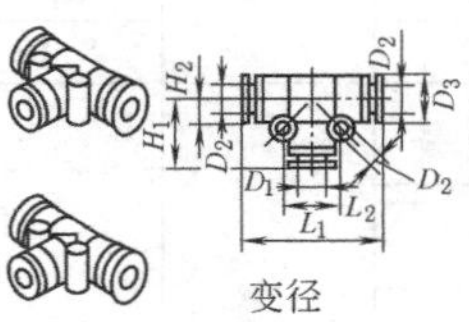	—	—	—	3	—	3
					4		4
					6		6
	变径	—	—	—	3	—	4
					4		6
X 形	X 形快插接头 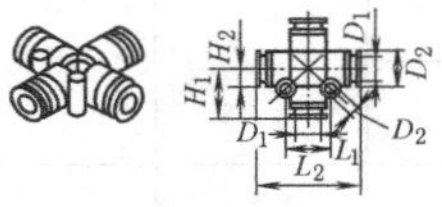	—	—	—	3	—	—
					4		
					6		
Y 形	Y 形快插接头 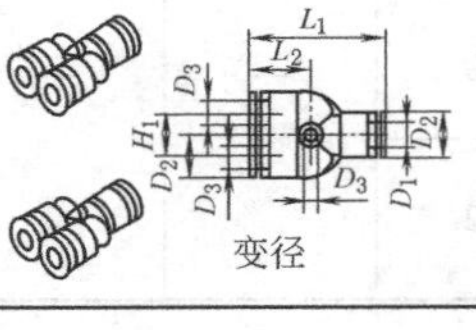	—	—	—	3	—	3
					4		4
					6		6
	变径	—	—	—	4	—	3
					6		4

表 23-9-9　标准型快插接头　mm

形式	结构特点	接口 D_1					接口 D_2	
		M 螺纹	R 螺纹	G 螺纹	气管外径	插入套管直径 ϕ	气管外径	插入套管直径 ϕ
直通结构	快插接头-外螺纹，带外六角 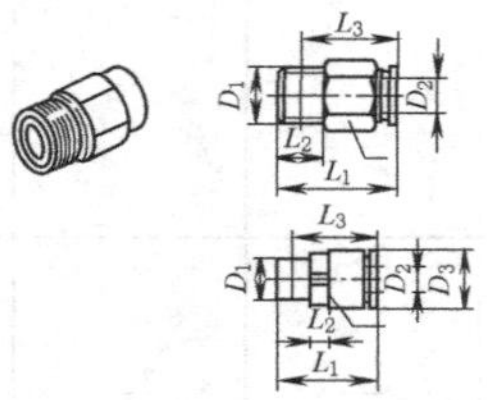	—	R1/8	G1/8	—	—	4,6,8,10	—
			R1/4	G1/4			4,6,8,10,12	
			R3/8	G3/8			6,8,10,12,16	
			R1/2	G1/2			10,12,16	
	快插接头-外螺纹，带内六角 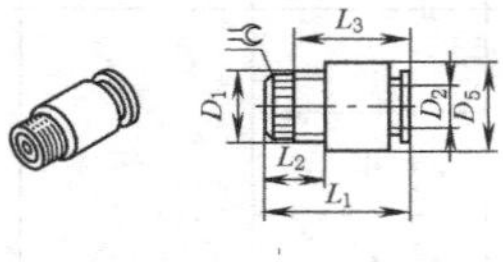	—	R1/8	G1/8	—	—	4,6,8,10	—
			R1/4	G1/4			6,8,10,12	
			R3/8	G3/8			8,10,12	
			R1/2	G1/2			10,12	
	快插接头-内螺纹，带外六角 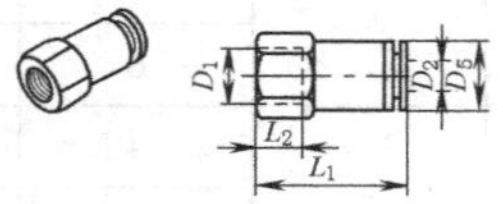	—	—	G1/8	—	—	4,6,8	—
				G1/4			4,6,8,10,12	
				G3/8			6,8,10,12	
				G1/2			12,16	
	快插接头 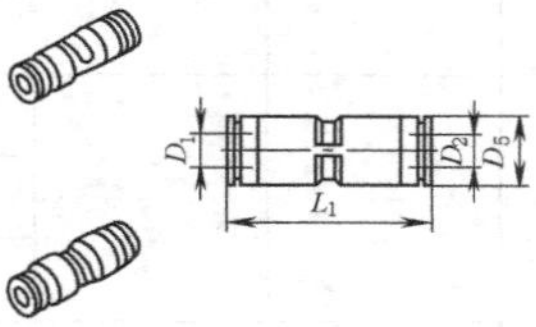	—	—	—	4	—	4	—
					6		6	
					8		8	
					10		10	
					12		12	
					16		16	
	变径	—	—	—	6	—	4	—
					8		4,6	
					10		6,8	
					12		8,10	
	穿板式快插接头 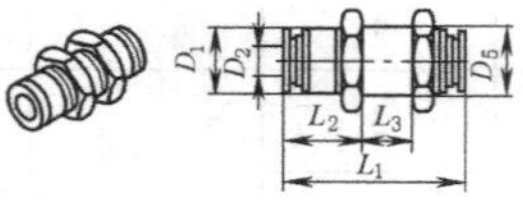	—	—	—	4	—	—	—
					6			
					8			
					10			
					12			
	穿板式快插接头，带固定凸缘 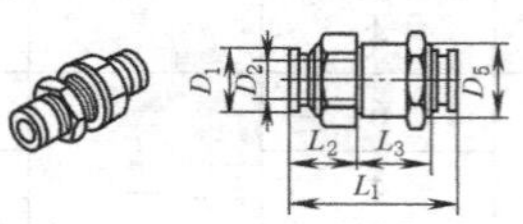	—	—	—	8	—	—	—
					10			
					12			

续表

形式	结构特点	接口 D_1					接口 D_2	
		M 螺纹	R 螺纹	G 螺纹	气管外径	插入套管直径 ϕ	气管外径	插入套管直径 ϕ
直通结构	穿板式快插接头,带内螺纹	—	—	G$\frac{1}{8}$	—	—	4,6,8	—
				G$\frac{1}{4}$			4,6,8,10	
				G$\frac{3}{8}$			6,8,10,12	
				G$\frac{1}{2}$			12,16	
	插入式堵头	—	—	—	4	—	—	—
					6			
					8			
					10			
					12			
	快插接头,带套管	—	—	—	—	6	4	—
						8	4,6	
						10	6,8	
						12	8,10	
	插入式堵头	—	—	—	—	4	—	—
						6		
						8		
						10		
						12		
						16		
	变径	—	—	—	—	6	—	4
						8		6
						10		8
						12		10
						16		12
	堵头	—	—	—	—	4	—	—
						6		
						8		
						10		
						12		
						16		

续表

形式	结构特点	接口 D_1					接口 D_2	
		M 螺纹	R 螺纹	G 螺纹	气管外径	插入套管直径 ϕ	气管外径	插入套管直径 ϕ
L形	快插接头,360°旋转-外螺纹,带外六角 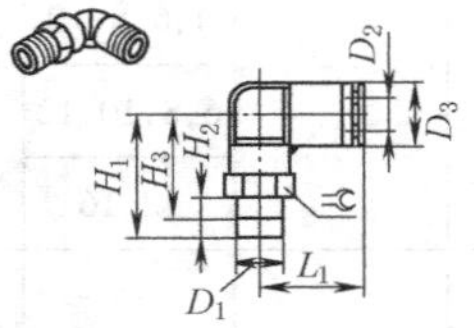	—	R1/8	G1/8	—	—	4,6,8,10	—
			R1/4	G1/4			4,6,8,10,12	
			R3/8	G3/8			6,8,10,12,16	
			R1/2	G1/2			10,12,16	
	加长快插接头,360°旋转-外螺纹,带外六角 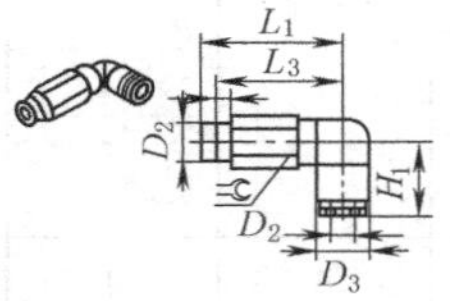	—	R1/8	G1/8	—	—	4,6,8	—
			R1/4	G1/4			4,6,8,10	
			R3/8	G3/8			6,8,10,12	
			R1/2	G1/2			10,12,16	
	L形快插接头-内螺纹,带外六角 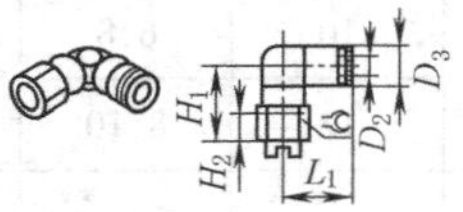	—	—	G1/8	—	—	4,6,8	—
				G1/4			6,8,10	
				G3/8			8,10	
	L形快插接头,360°旋转-外螺纹,带内六角 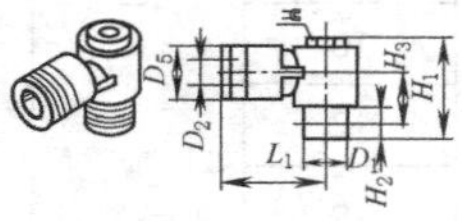	—	R1/8	G1/8	—	—	6,8	—
			R1/4	G1/4			6,8,10	
			R3/8	G3/8			8,10,12	
			R1/2	G1/2			12	
	L形快插接头,360°旋转-外螺纹,带外六角 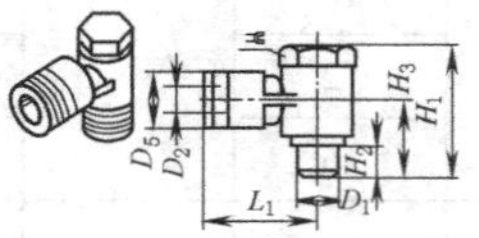	M5	—	—	—	—	6	—
		—	R1/8	G1/8	—	—	4,6,8	—
			R1/4	G1/4			6,8,10	
			R3/8	G3/8			8,10,12	
			R1/2	G1/2			12,16	
	L形快插接头 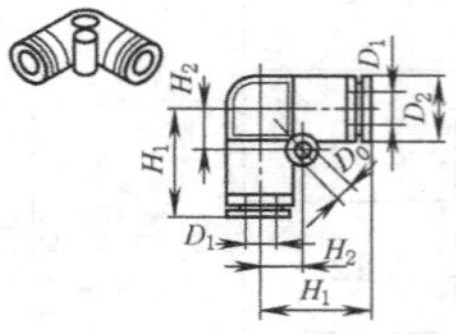	—	—	—	4	—	—	—
					6			
					8			
					10			
					12			
					16			

续表

形式	结构特点	接口 D_1					接口 D_2	
		M 螺纹	R 螺纹	G 螺纹	气管外径	插入套管直径 ϕ	气管外径	插入套管直径 ϕ
L 形	L 形快插接头,带套管 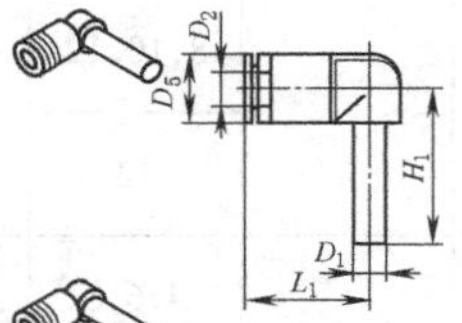 	—	—	—	—	4	—	4
						6		6
						8		8
						10		10
						12		12
	变径	—	—	—	—	4	—	6
						6		8
						8		10
						10		12
	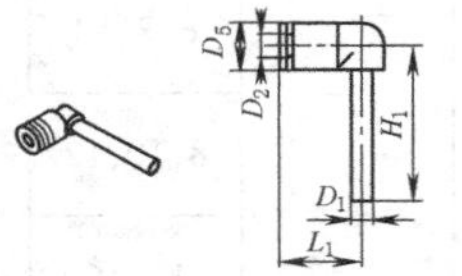 加长插入式套管	—	—	—	—	4	—	4
						6		6
						8		8
						10		10
						12		12
T 形	T 形快插接头,360°旋转-外螺纹,带外六角 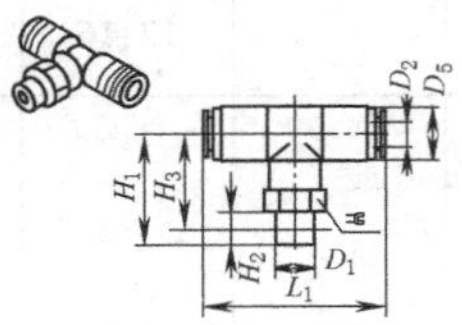	—	R$\frac{1}{8}$	G$\frac{1}{8}$	—	—	4,6,8,10	—
			R$\frac{1}{4}$	G$\frac{1}{4}$			4,6,8,10,12	
			R$\frac{3}{8}$	G$\frac{3}{8}$			6,8,10,12,16	
			R$\frac{1}{2}$	G$\frac{1}{2}$			10,12,16	
	T 形快插接头 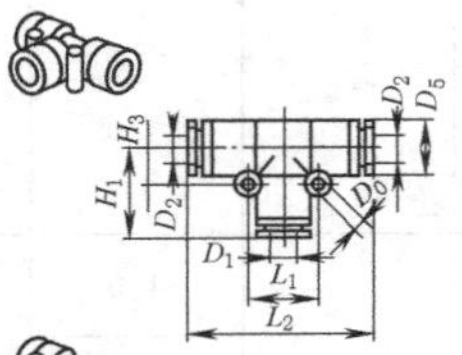	—	—	—	4	—	4	—
					6		6	
					8		8	
					10		10	
					12		12	
					16		16	
	 变径	—	—	—	6	—	4	—
					8		4,6	
					10		6,8	
					12		8,10	
					16		12	

续表

形式	结构特点	接口 D_1					接口 D_2	
		M 螺纹	R 螺纹	G 螺纹	气管外径	插入套管直径 ϕ	气管外径	插入套管直径 ϕ
T形	T 形快插接头,360°旋转-外和内螺纹,带外六角 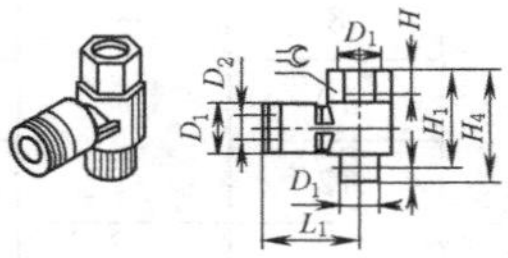	—	R1/8	G1/8	—	—	4,6,8	—
			R1/4	G1/4			6,8,10	
			R3/8	G3/8			8,10,12	
			R1/2	G1/2			12	
	T 形快插接头,360°旋转-外螺纹,带外六角 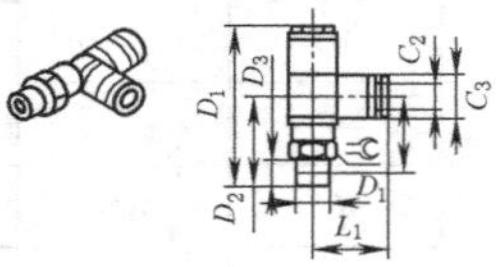	—	R1/8	G1/8	—	—	4,6,8	—
			R1/4	G1/4			6,8,10	
			R3/8	G3/8			8,10,12	
			R1/2	G1/2			12,16	
直角结构	快插接头-外螺纹,带外六角 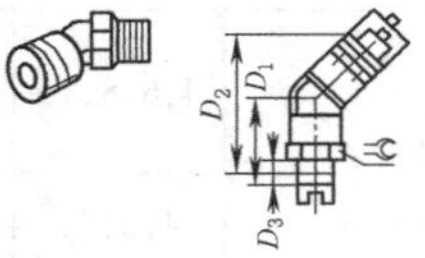	—	R1/8	—	—	—	4,6,8	—
			R1/4				6,8,10	
			R3/8				10,12	
			R1/2				12,16	
	快插接头,带套管 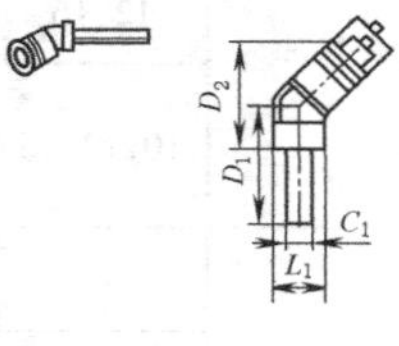	—	—	—	4	—	—	4
					6			6
					8			8
					10			10
					12			12
X形	X 形快插接头 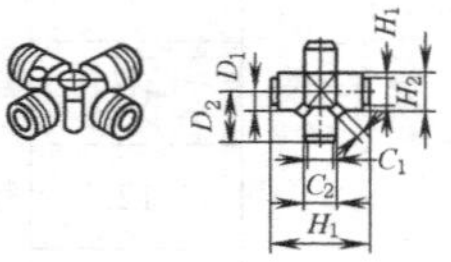	—	—	—	8	—	—	—
					10			
					12			
Y形	Y 形快插接头,360°旋转-外螺纹,带外六角 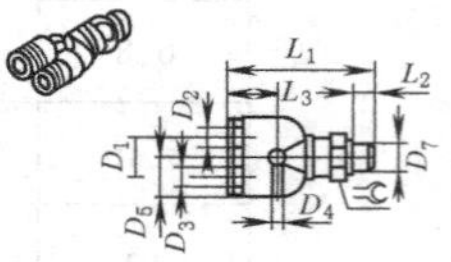	M5	—	—	—	—	4,6	—
		—	R1/8	G1/8			4,6,8	
			R1/4	G1/4			4,6,8,10	
			R3/8	G3/8			8,10,12	
			R1/2	G1/2			12	

续表

形式	结构特点	接口 D_1					接口 D_2	
		M 螺纹	R 螺纹	G 螺纹	气管外径	插入套管直径 ϕ	气管外径	插入套管直径 ϕ
Y 形	Y 形快插接头 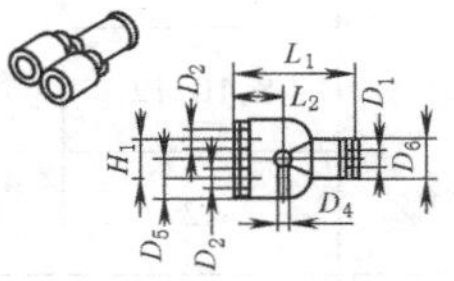	—	—	—	4	—	4	—
					6		6	
					8		8	
					10		10	
					12		12	
					16		16	
	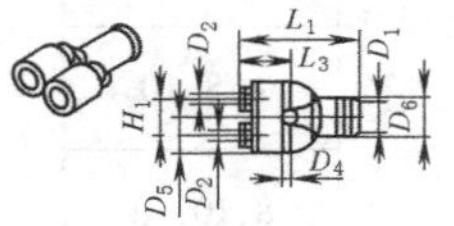 变径	—	—	—	6	—	4	—
					8		4,6	
					10		6,8	
					12		8,10	
					16		12	
	Y 形快插接头,带套管 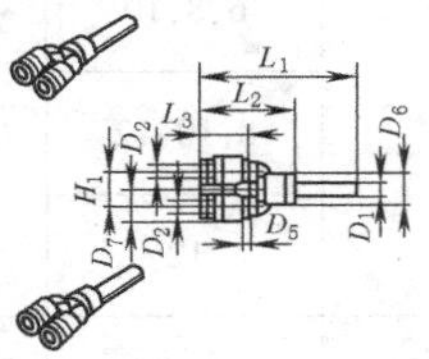	—	—	—	—	4	4	—
						6	6	
						8	8	
						10	10	
						12	12	
	变径	—	—	—	—	6	4	—
						8	6	
						10	8	
						12	10	
	Y 形快插接头,360°旋转-外螺纹,带外六角 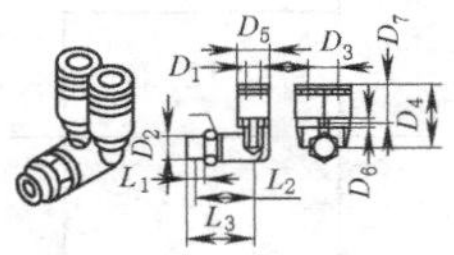	—	R1/8	G1/8	—	—	4,6,8	—
			R1/4	G1/4			6,8,10	
			R3/8	G3/8			8,10,12	
			R1/2	G1/2			12	
	Y 形快插接头,360°旋转-外螺纹,带外六角 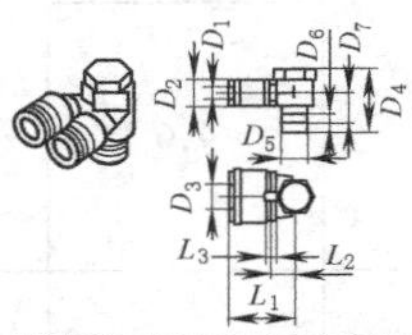	—	R1/8	G1/8	—	—	6	—
			R1/4	G1/4			8	
			R3/8	G3/8			10	
			R1/2	G1/2			12	
	Y 形快插接头,360°旋转-外和内螺纹,带外六角 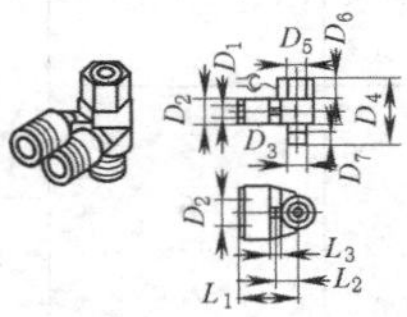	—	R1/8	G1/8	—	—	6	—
			R1/4	G1/4			8	
			R3/8	G3/8			10	
			R1/2	G1/2			12	

表 23-9-10　　复合型快插接头　　mm

形式	结构特点	接口 D_1 R 螺纹	接口 D_1 G 螺纹	接口 D_1 气管外径	接口 D_2 气管外径	接口 D_3 气管外径
L形	复合式接头,360°旋转-2 个输出口 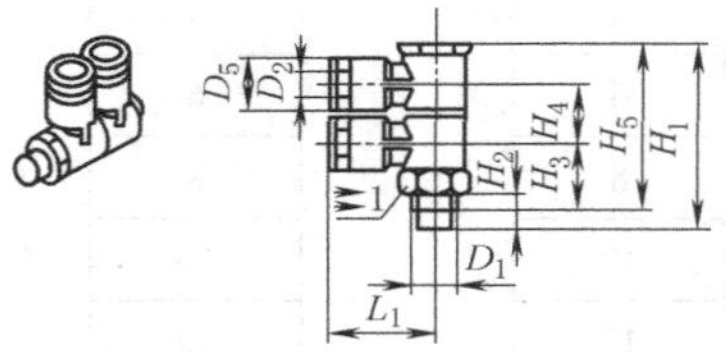	R⅛	G⅛	—	4,6,8	—
		R¼	G¼		6,8,10	
		R⅜	G⅜		8,10,12	
		R½	G½		12	
	复合式接头,360°旋转-3 个输出口 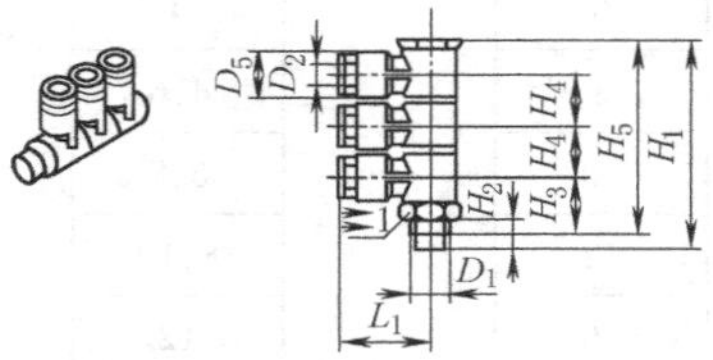	R⅛	G⅛	—	4,6,8	—
		R¼	G¼		6,8,10	
		R⅜	G⅜		8,10,12	
		R½	G½		12	
	复合式接头,360°旋转-4 个输出口 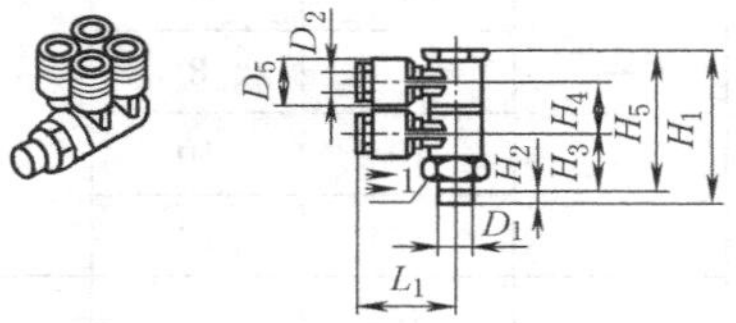	R⅛	G⅛	—	4,6,8	—
		R¼	G¼		6,8,10	
		R⅜	G⅜		8,10,12	
		R½	G½		12	
	复合式接头,360°旋转-6 个输出口 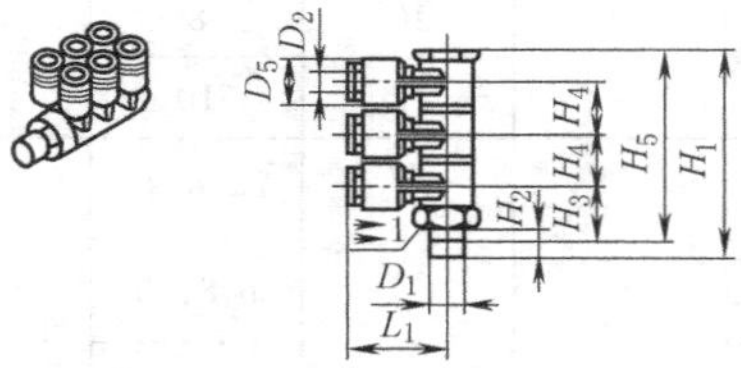	R⅛	G⅛	—	4,6,8	—
		R¼	G¼		6,8,10	
		R⅜	G⅜		8,10,12	
		R½	G½		12	
	复合式接头,360°旋转-4 个输出口 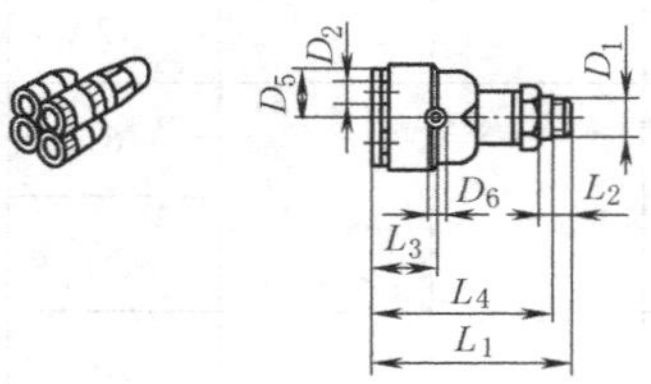	R⅛	G⅛	—	4,6	—
		R¼	G¼		4,6	
	复合式接头,360°旋转-4 个输出口 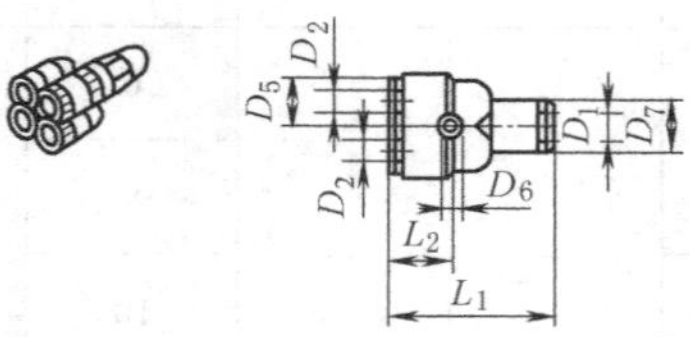 变径	—	—	6	4	
				8	6	

续表

形式	结构特点	接口 D_1			接口 D_2	接口 D_3
		R螺纹	G螺纹	气管外径	气管外径	气管外径
T形	复合式接头,360°-3个输出口 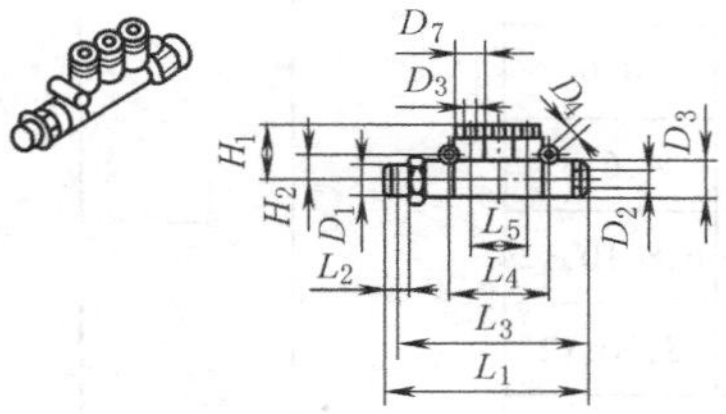	R⅛	G⅛	—	6	4
		R¼	G¼		8	6
		R⅜	G⅜		10	8
	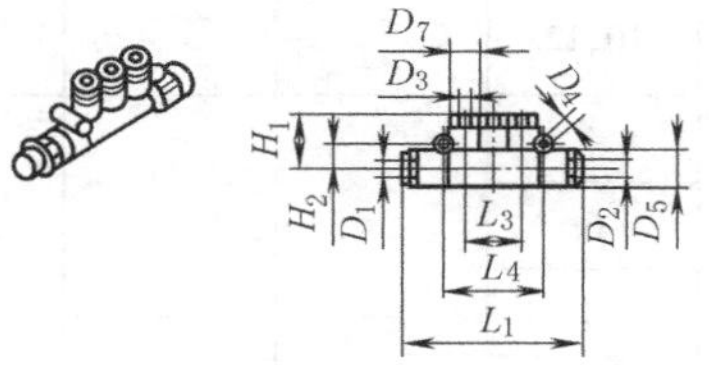 变径	—	—	6	6	4
				8	8	6
				10	10	8

表 23-9-11　金属型快插接头　mm

形式	结构特点	接口 D_1					接口 D_2	
		M螺纹	R螺纹	G螺纹	气管外径	插入套管直径 ϕ	气管外径	插入套管直径 ϕ
直通结构	快插接头-外螺纹,带外六角 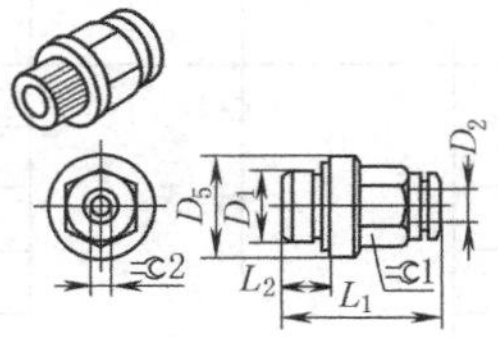	M5	—	—	4,6	—	—	—
		M7		—	4,6			
		—		G⅛	4,6,8			
				G¼	6,8,10,12			
				G⅜	8,10,12			
				G½	10,12			
	快插接头-外螺纹,带内六角 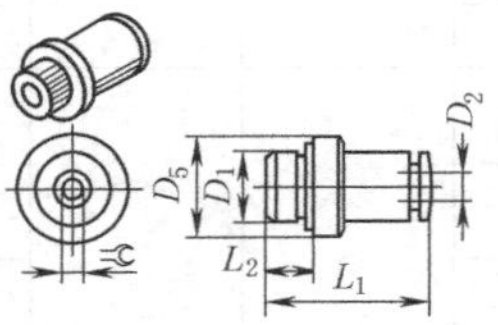	M5	—	—	4	—	—	—
		M7		—	4,6			
		—		G⅛	4,6,8			
				G¼	6,8,10,12			
				G⅜	8,10,12			
	快插接头-内螺纹,带外六角 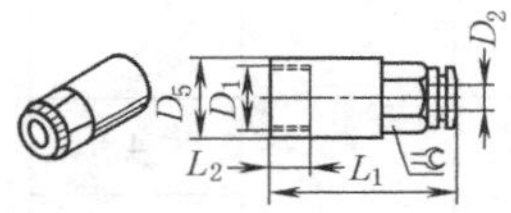	—	—	G⅛	4,6,8	—	—	—
				G¼	6,8			
	穿板式快插接头-内螺纹,带外六角 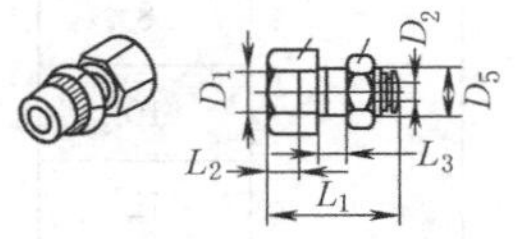	—	—	G⅛	4,6,8	—	—	—
				G¼	6,8			

续表

形式	结构特点	接口 D_1					接口 D_2	
		M 螺纹	R 螺纹	G 螺纹	气管外径	插入套管直径 ϕ	气管外径	插入套管直径 ϕ
直通结构	快插接头,带套管 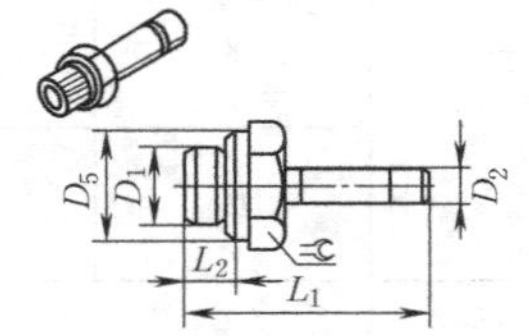	M5	—	—	4,6	—	—	—
		M7		—	4,6			
		—		G⅛	4,6,8			
				G¼	6,8,10,12			
				G⅜	8,10,12			
				G½	10,12			
	快插接头 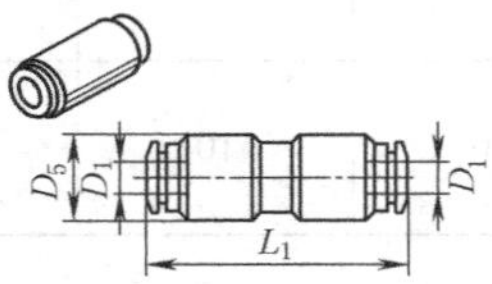	—	—	—	4	—	—	—
					6			
					8			
					10			
					12			
	穿板式快插接头 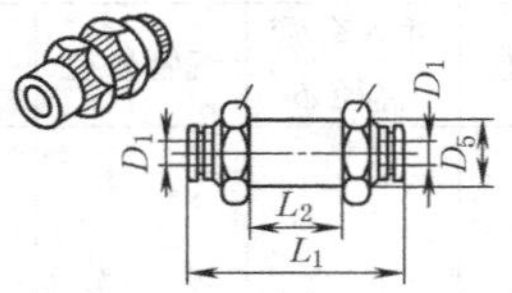	—	—	—	4	—	—	—
					6			
					8			
					10			
					12			
	快插接头,带套管 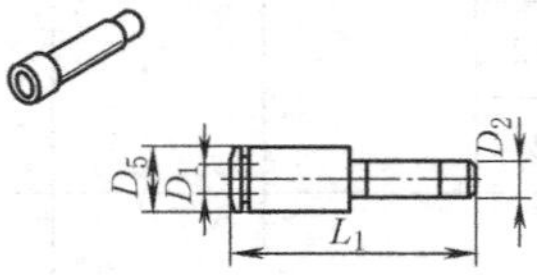	—	—	—	6	—	—	4
					8			4
					8			6
					10			4
					10			6
					10			8
					12			6
					12			8
					12			10
	插入式套管 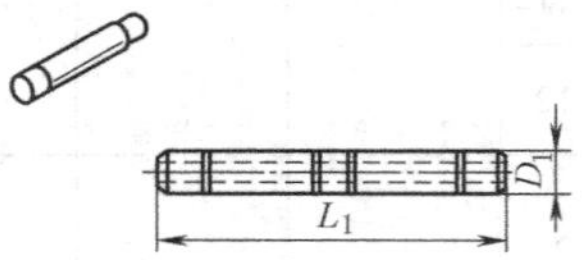	—	—	—	4	—	—	4
					6			6
					8			8
					10			10
					12			12
	堵头 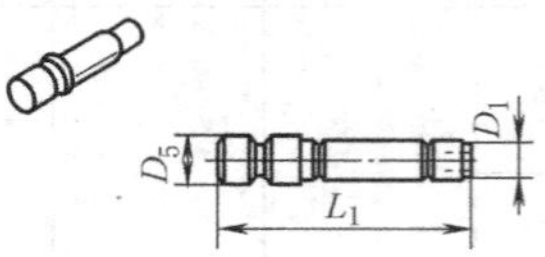	—	—	—	—	—	4	—
							6	
							8	
							10	
							12	

续表

形式	结构特点	接口 D_1					接口 D_2	
		M 螺纹	R 螺纹	G 螺纹	气管外径	插入套管直径 ϕ	气管外径	插入套管直径 ϕ
L 形	L 形快插接头,360°旋转-外螺纹,带外六角	M5	—	—	4,6	—	—	—
		M7		—	4,6			
		—		G1/8	6,8			
				G1/4	6,8,10,12			
				G3/8	8,10,12			
				G1/2	10,12			
	L 形快插接头	—	—	—	4	—	—	—
					6			
					8			
					10			
					12			
T 形	T 形快插接头,360°旋转-外螺纹,带外六角	M5	—	—	4,6	—	—	—
		M7		—	4,6			
		—		G1/8	6,8			
				G1/4	6,8,10,12			
				G3/8	8,10,12			
				G1/2	10,12			
	T 形快插接头	—	—	—	4	—	4	—
					6		6	
					8		8	
					10		10	
					12		12	
	变径	—	—	—	6	—	4	—
					8		6	
					10		8	
					12		10	
Y 形	Y 形快插接头	—	—	—	6	—	6	—
					8		8	
					10		10	
	变径	—	—	—	6	—	4	—
					8		6	
					10		8	

表 23-9-12　　　　不锈钢型快插接头　　　　mm

形式	结构特点	接口 D_1					接口 D_2	
		M 螺纹	R 螺纹	G 螺纹	气管外径	插入套管直径 ϕ	气管外径	插入套管直径 ϕ
直通结构	快插接头-外螺纹,带内六角 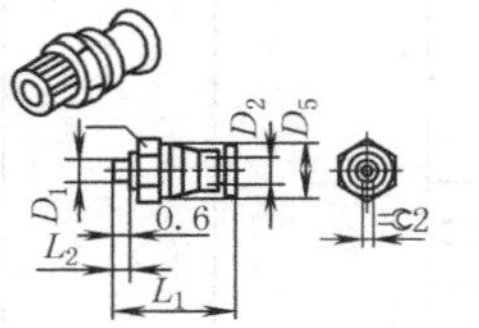	M5	—	—	4,6	—	—	—
		M7	—		4,6			
		—	R⅛		6.8			
			R¼		8,10			
			R⅜		10,12			
			R½		12,16			
	穿板式快插接头 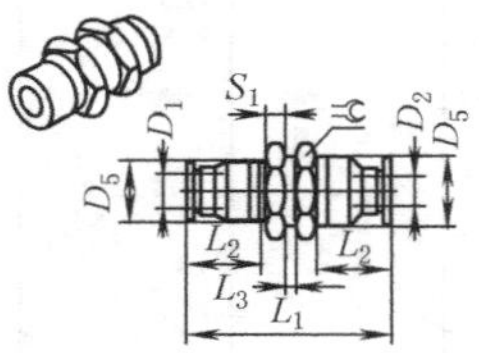	—	—	—	4	—	—	—
					6			
					8			
					10			
					12			
					12			
L 形	L 形快插接头,360°旋转-外螺纹,带内六角 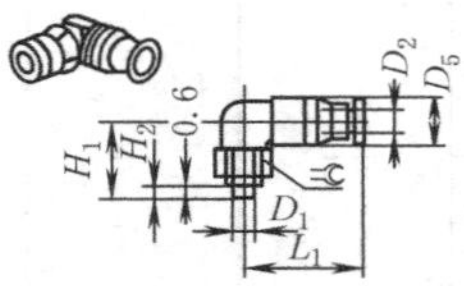	M5	—	—	4,6	—	—	—
		—	R⅛		6,8			
			R¼		8,10			
			R⅜		10,12			
			R½		12,16			
T 形	T 形快插接头,360°旋转-外螺纹,带内六角 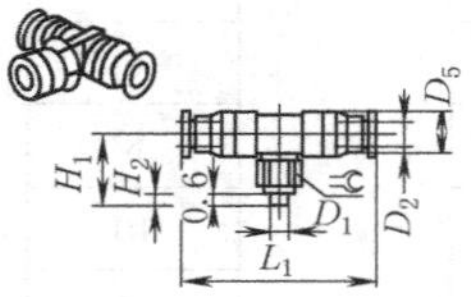	M5	—	—	4,6	—	—	—
		—	R⅛		6,8			
			R¼		8,10			
			R⅜		10,12			
			R½		12,16			

表 23-9-13　　　　阻燃型快插接头　　　　mm

形式	结构特点	接口 D_1					接口 D_2	
		M 螺纹	R 螺纹	G 螺纹	气管外径	插入套管直径 ϕ	气管外径	插入套管直径 ϕ
阻燃,符合 UL94V0 标准-用于塑料气管 PAN/PUN-V0								
直通结构	快插接头-外螺纹,带外六角 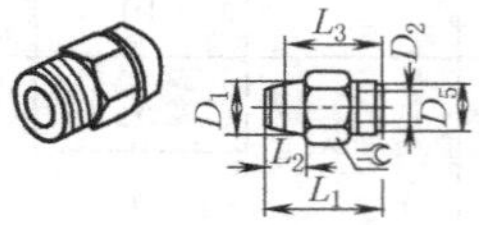	—	R⅛	G⅛	—	—	6,8	—
			R¼	G¼			6,8,10,12	
			R⅜	G⅜			8,10,12	
			R½	G½			10,12	

续表

形式	结构特点	接口 D_1					接口 D_2	
		M螺纹	R螺纹	G螺纹	气管外径	插入套管直径 ϕ	气管外径	插入套管直径 ϕ
直通结构	快插接头	—	—	—	6	—	—	—
					8			
					10			
					12			
L形	L形快插接头-外螺纹，带外六角	—	R1/8	G1/8	—	—	6,8	—
			R1/4	G1/4			6,8,10,12	
			R3/8	G3/8			8,10,12	
			R1/2	G1/2			10,12	
	L形快插接头	—	—	—	6	—	—	—
					8			
					10			
					12			
T形	T形快插接头-外螺纹，带外六角	—	R1/8	G1/8	—	—	6,8	
			R1/4	G1/4			6,8,10,12	
			R3/8	G3/8			8,10,12	
			R1/2	G1/2			10,12	
	T形快插接头	—	—	—	6	—	—	—
					8			
					10			
					12			

表 23-9-14　　自密封型快插接头　　mm

形式	结构特点	接口 D_1				接口 D_2
		M螺纹	R螺纹	G螺纹	气管外径	气管外径
直通结构	自密封快插接头-外螺纹，带外六角	M5	—	—	—	4,6
		—	R1/8	G1/8		4,6,8
			R1/4	G1/4		6,8,10
			R3/8	G3/8		8,10,12
			R1/2	G1/2		12

续表

形式	结构特点	接口 D_1				接口 D_2
		M 螺纹	R 螺纹	G 螺纹	气管外径	气管外径
直通结构	自密封快插接头 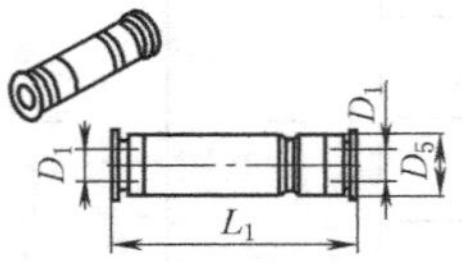	—	—	—	4	—
					6	
					8	
					10	
					12	
	穿板式快插接头 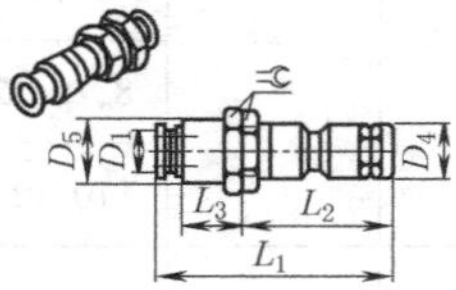	—	—	—	4	—
					6	
					8	
					10	
					12	
L 形	L 形自密封快插接头-360°手动旋转-外螺纹，带外六角 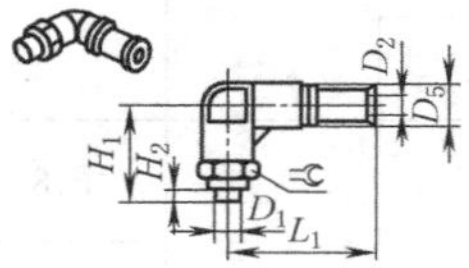	M5	—	—		4，6
		—	R⅛	G⅛	—	4，6，8
			R¼	G¼		6，8，10
			R⅜	G⅜		8，10，12
			R½	G½		12

表 23-9-15　旋转型快插接头　mm

形式	结构特点	接口 D_1				接口 D_2
		M 螺纹	R 螺纹	G 螺纹	气管外径	气管外径
直通结构	旋转快插接头，通过球轴承 360°旋转-外螺纹，带外六角 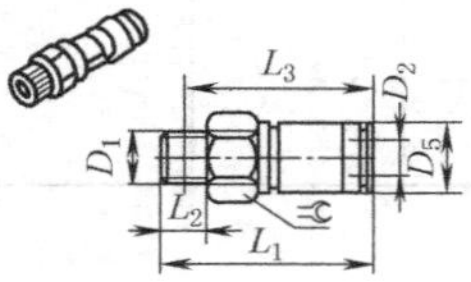	M5	—	—	—	4，6
		—	R⅛	G⅛		4，6，8
			R¼	G¼		6，8
			R⅜	G⅜		8，10，12
			R½	G½		12
L 形	L 形旋转快插接头，通过球轴承 360°旋转-外螺纹，带外六角 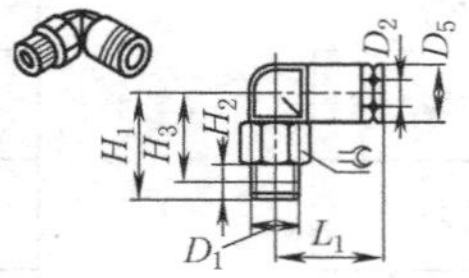	M5	—	—	—	4，6
		—	R⅛	G⅛		4，6，8
			R¼	G¼		6，8
			R⅜	G⅜		8，10，12
			R½	G½		12

表 23-9-16　　　　**硬管快插接头**　　　　mm

形式	结构特点	接口 D_1			接口 D_2	
		G 螺纹	气管 硬管外径	插入套管 直径 ϕ	气管 硬管外径	插入套管 直径 ϕ
直通结构	快插接头-外螺纹 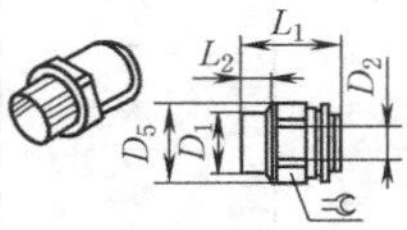	G3/8	—	—	12	—
		G1/2			12,15,18	
		G3/4			22	
	快插接头,带套管 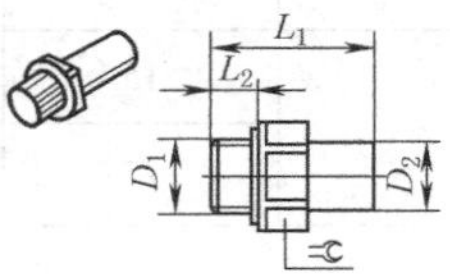	G3/8	—	—	12,15	—
		G1/2			12,15,18,22	
		G3/4			22	
		G1			28	
	快插接头 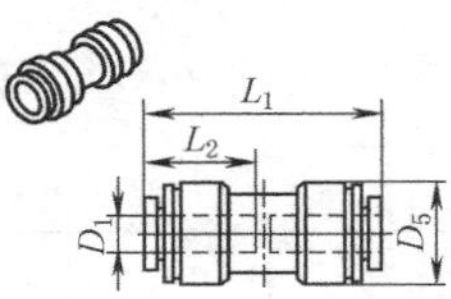	—	12	—	—	—
			15			
			18			
			22			
			28			
	快插接头,带套管 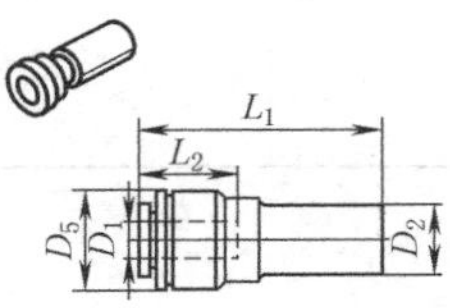	—	12	—	—	15
			15			18
			15			22
			18			22
			22			28
	插入式套管 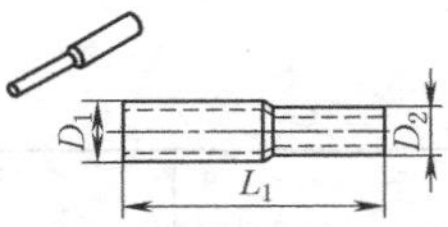	—	—	15	—	12
				18		16
				22		16
	堵头 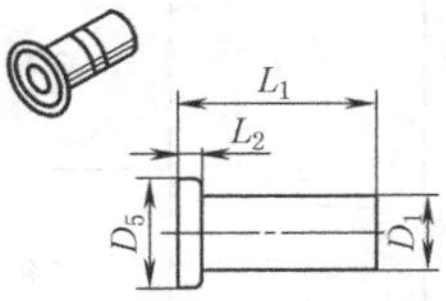	—	—	12	—	—
				15		
				18		
				22		
				28		
L形	L 形快插接头 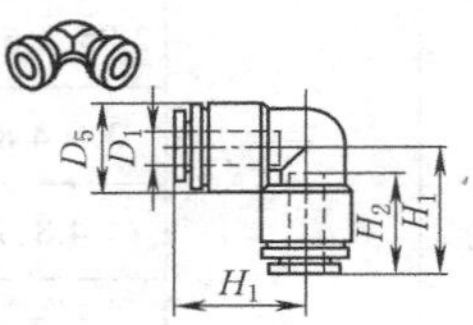	—	12	—	—	—
			15			
			18			
			22			
			28			

续表

形式	结构特点	接口 D_1			接口 D_2	
		G 螺纹	气管硬管外径	插入套管直径 ϕ	气管硬管外径	插入套管直径 ϕ
T 形	T 形快插接头	—	12	—	—	—
			15			
			18			
			22			
			28			
	变径	—	18	—	15	—
			22		15	
直通结构	分气块	—				
	水分离器		22	—	—	—
			28			

2.3.2 倒钩接头

倒钩接头是一种插入式的连接方式，有直通形结构、L 形结构、T 形结构、V 形结构、Y 形结构等。可分为常用的倒钩接头、不锈钢倒钩接头、用于软管夹的倒钩接头。

表 23-9-17　　常用的倒钩接头　　mm

形式	结构特点	接口 D_1				接口 D_2	
		M 螺纹	G 螺纹	倒钩接头	气管内径	倒钩接头	气管内径
直通结构	倒钩接头，带外螺纹和外六角	M5	—	—	—	3.6	3
						4.8	4
	倒钩接头，带外螺纹和外六角	M3	—	—	—	2.6,3.4	2,3
		M5	—			2.95,3.6,4.8	2,3,4
		—	G⅛			3.6,4.8,7	3,4,6
		—	G¼			4.8,7	4,6
		—	G⅜			7	6

续表

形式	结构特点	接口 D_1				接口 D_2	
		M 螺纹	G 螺纹	倒钩接头	气管内径	倒钩接头	气管内径
直通结构	穿板式倒钩接头 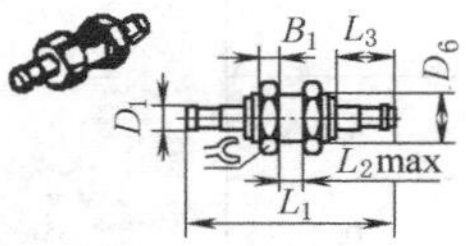	—	—	2.95	2	—	—
				3.6	3		
				4.8	4		
				7	6		
	管接头 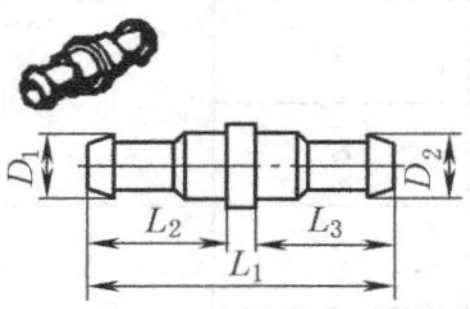	—	—	2.95	2	2.95	2
				2.95	3	2.95	2
				3.6	3	3.6	3
				3.6	3	4.8	4
				4.8	4	4.8	4
				4.8	4	7	6
				7	6	7	6
L 形	L 形倒钩接头，带外螺纹-360°旋转 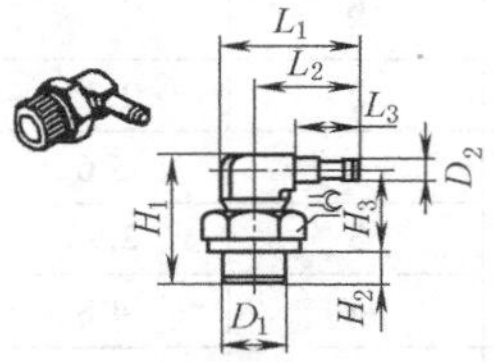	M3	—	—	—	2.95，3.6	2，3
		M5	—			2.95，3.6，4.8	2，3，4
		—	G1/8			3.6，4.8，7	3，4，6
		—	G1/4			4.8，7	4，6
		—	G3/8			7	6
	L 形倒钩接头，带外螺纹-延伸气管可 360°旋转 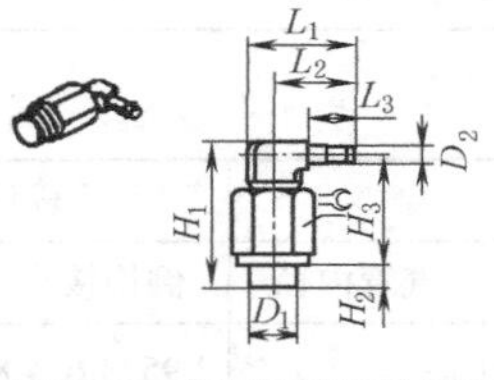	M5	—		—	2.95，3.6，4.8	2，3，4
		—	G1/8			3.6，4.8，7	3，4，6
		—	G1/4			4.8，7	4，6
		—	G3/8			7	6
	L 形倒钩接头 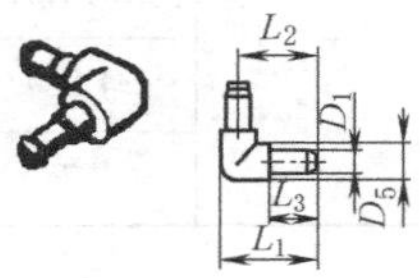	—	—	2.95	2	—	—
				3.6	3		
				4.8	4		
				7	6		
T 形	T 形倒钩接头，带外螺纹-360°旋转 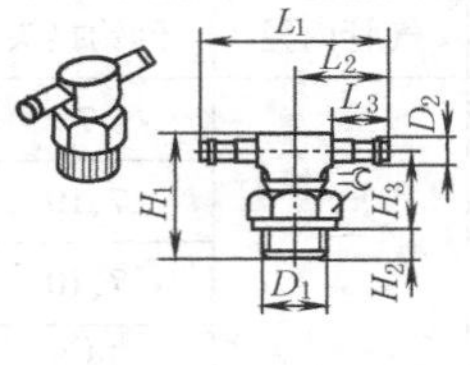	M3		—	—	2.95，3.6	2，3
		M5				2.95，3.6，4.8	2，3，4
		—	G1/8			3.6，4.8，7	3，4，6
		—	G1/4			4.8，7	4，6
		—	G3/8			7	6

续表

形式	结构特点	接口 D_1 M螺纹	接口 D_1 G螺纹	接口 D_1 倒钩接头	接口 D_1 气管内径	接口 D_2 倒钩接头	接口 D_2 气管内径
T形	T形倒钩接头	—	—	2.95	2	—	—
				3.6	3		
				4.8	4		
				7	6		
V形	V形倒钩接头	—	—	2.95	2	—	—
				3.6	3		
				4.8	4		
				7	6		
Y形	Y形倒钩接头	—	—	2.95	2	—	—
				3.6	3		
				4.8	4		
				7	6		
T形	T形倒钩接头	—	—	2.95	2	2.95	2
				3.6	3	3.6	3
				3.6	3	2.95	2
				4.8	4	4.8	4
				4.8	4	3.6	3
				7	6	7	6
				7	6	4.8	4

表 23-9-18　不锈钢倒钩接头　mm

形式	结构特点	接口 D_1 M螺纹	接口 D_1 G螺纹	接口 D_1 倒钩接头	接口 D_1 气管内径	接口 D_2 倒钩接头	接口 D_2 气管内径
直通结构	倒钩接头，带外螺纹和外六角-不锈钢型	M5	—	—	—	2.95,3.6,4.8	2,3,4
			G1/8			3.6,4.8,7	3,4,6
			G1/4			4.8,7	4,6
			G3/8			7	6

表 23-9-19　用于软管夹的倒钩接头

形式	结构特点	接口 D_1 M螺纹	接口 D_1 G螺纹	接口 D_1 倒钩接头	接口 D_1 气管内径	接口 D_2 倒钩接头	接口 D_2 气管内径
直通结构	倒钩接头	—	G1/8	—	—	7	6
			G1/4			7,10	6,9
			G3/8			7,10	6,9
			G1/2			14.8	13

续表

形式	结构特点	接口 D_1				接口 D_2	
		M 螺纹	G 螺纹	倒钩接头	气管内径	倒钩接头	气管内径
直通结构	倒钩接头,带密封圈(铝和黄铜结构)	—	G1/8	—	—	7	6
			G1/4			7,10	6,9
			G3/8			7,10,14.8	6,9,13
			G1/2			10.3,14.8	9,13
			G3/4			14.8,20.8	13,19
	管夹	—					

2.3.3 快拧接头

有的公司称它为套差式管接头，也有日本公司也称它为“嵌入式接头”。

快拧接头的连接方式如图 23-9-2 所示，将气管插入到倒钩接头终点位置时，用滚花螺母拧紧在接头上，直到用手拧紧为止。该种连接方式可靠，管子不会脱落，无泄漏，尤其适用于真空。

快拧接头有直通形结构、L 形结构、T 形结构、中空复合式分气接头结构等。

安装方法

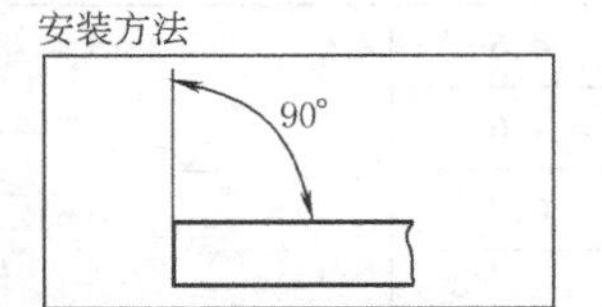

1.确保管子堵头垂直切割,并无毛刺

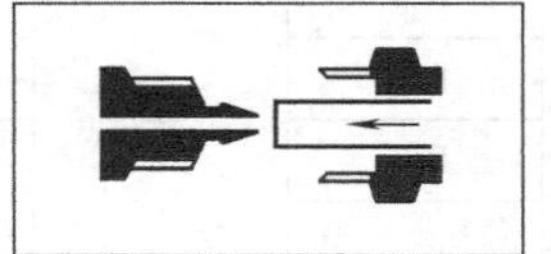

2.将滚花螺母套在管子上

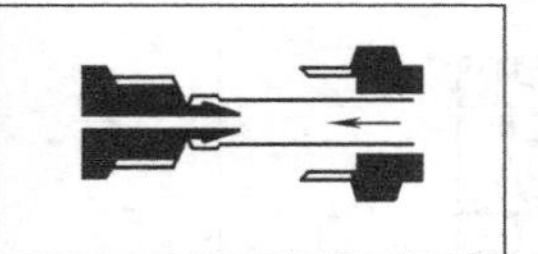

3.将管子通过接头吊钩处,直至管子碰到接头凸出为止

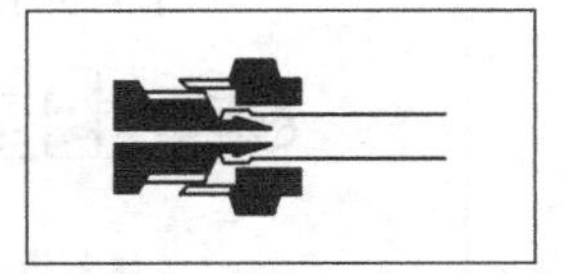

4.将滚花螺母拧到接头上,直至用手拧紧为止，螺母上的外六角供拆卸用

图 23-9-2 快拧接头的连接方式

表 23-9-20 mm

形式	结构特点	接口 D_1		气管内径	不含铜和聚四氟乙烯
		M 螺纹	G 螺纹		
直通结构	快拧接头-内螺纹,带密封圈	金属结构	G1/8	3,4,6	—
			G1/4	4,6	
			G3/8	6,9	
			G1/2	13	
	快拧接头-外螺纹,带密封圈	M5	—	3,4	—
		— 金属结构	G1/8	3,4,6	
			G1/4	4,6,9	
			G3/8	6,9,13	
			G1/2	13	
		— 塑料结构	G1/8	3,4,6	—
			G1/4	4,6,9	
			G3/8	6,9	

续表

形式	结构特点	接口 D_1			气管内径	不含铜和聚四氟乙烯
		M 螺纹		G 螺纹		
直通结构	穿板式快拧接头-内螺纹,带密封圈	M5		—	3	—
		—		G1/8	4	
				G1/4	6	
				G3/8	9	
	穿板式快拧接头	— 金属结构		—	3,4,6,9	—
		— 塑料结构		—	3,4,6,9	—
	堵头,用于塑料气管接头和倒钩接头	—		—	3,4,6,9	—
L形	直角快拧接头	—	R1/8	—	4,6	—
			R1/4		4,6	
			R3/8		6,9	
	直角快拧接头,可旋转,带两个密封圈	M5	—		3,4	—
		— 金属结构		G1/8	3,4,6	
				G1/4	4,6,9	
				G3/8	6,9,13	
				G1/2	13	
		— 塑料结构	—	G1/8	4,6	—
				G1/4	4,6	
	直角快拧接头,带密封圈(360°旋转)	M5	—	—	3,4	—
		—		G1/8	3,4,6	
				G1/4	4,6	
				G3/8	6	
T形	T形快拧接头,可旋转,带两个密封圈	M5	—	—	3,4	—
		— 金属结构		G1/8	3,4,6	
				G1/4	4,6	
				G3/8	6,9	
				G1/2	13	
		— 塑料结构	—	G1/8	4,6	—
				G1/4	4,6	

续表

形式	结构特点	接口 D_1			气管内径	不含铜和聚四氟乙烯
		M 螺纹	R 螺纹	G 螺纹		
T形	T 形分气接头	—	—	—	3	—
					4	
					6	
					9	
	锁紧螺母,用于 CK 管接头	3,4, 6,9,13 金属结构	—	—	—	—
		3,4,6,9 塑料结构	—	—	—	—
中空复合式分气接头	环形管接头,带两个密封	M5		—	3,4	—
		— 金属结构		G⅛	3,4,6	
				G¼	4,6	
				G⅜	6	
		— 塑料结构		G⅛	4,6	—
				G¼	4,6	
	环形管接头,带两个密封	M5		—	3,4	—
		— 金属结构		G⅛	3,4,6	
				G¼	4,6	
				G⅜	6	
		— 塑料结构		G⅛	4,6	
				G¼	4,6	
	中空螺栓,带 1 个环形管接头/带 2 个环形管接头/带 3 个环形管接头 1—中空螺栓; 2—环形管接头; 3—环形管接头	M5		G⅛	3,4,6	—
				G¼	4,6	
				G⅜	6	
		M5		G⅛	3,4,6	—
				G¼	4,6	
				G⅜	6	
用于带金属保护网的气管 PX						
直通结构	快拧接头	—		G⅛	4	—
				G¼	6	
				G⅜	9	
	快拧接头	—		G⅛	4,6	—
				G¼	4,6	
				G⅜	9	

续表

形式	结构特点	接口 D_1		气管内径	不含铜和聚四氟乙烯
		M 螺纹	G 螺纹		
L 形	L 形快拧接头	—	G1/8	4	—
			G1/4	6	
			G3/8	9	
T 形	T 形快拧接头	—	G1/8	4	—
			G1/4	6	
			G3/8	9	

2.3.4 卡套接头

卡套接头的连接方式如图 23-9-3 所示。卡套接头的连接气管为硬管（紫铜管），工作压力较高，抗机械撞击损坏较其他气管更好，但它的连接方式没有快插、快拧接头方便，可用于机械设备裸露在外的气动系统中（几乎不用更换）。

安装方法

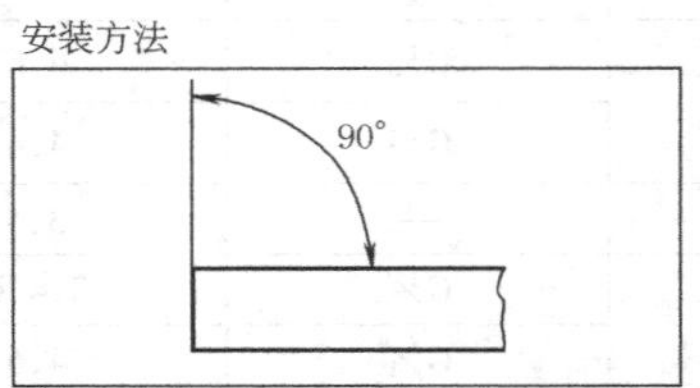

1.确保管子堵头垂直切割 并无毛刺

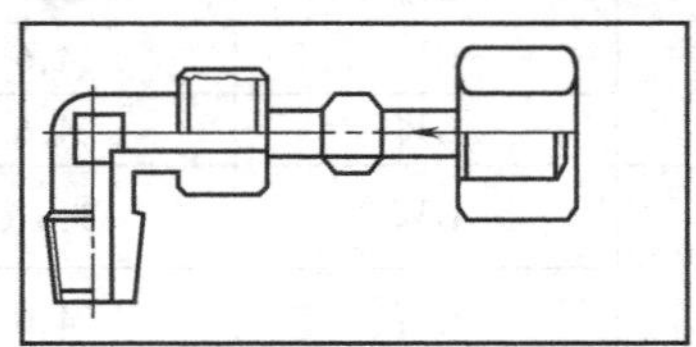

2. 对大规格金属管，在拧紧接头前，给管螺母和管套涂上点油是有好处的，将管螺母和管套套在管子上，然后将管子推入接头，直到管子端头碰到管挡肩为止

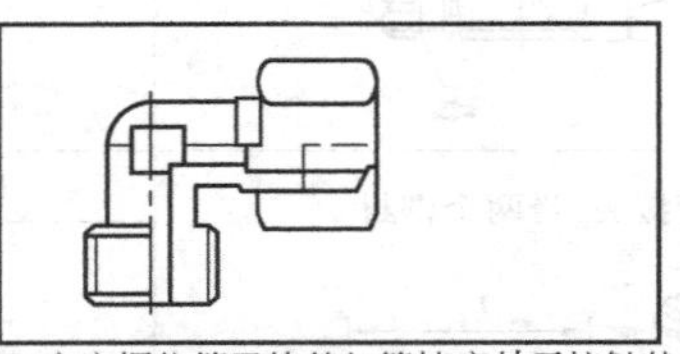

3. 牢牢握住管子使其与管挡肩处于接触状态，旋紧管螺母之后再紧 $1^1/_4$～$1^1/_2$ 圈，松开手，确认由管套造成的槽是均匀的。稍稍松开螺母再紧1/4圈

注：在安装弯管时，要保证进入管接头段是直的，且要保证直线段至少长两个螺母高度。按上述方法安装，可在相当宽的压力范围内（视所有管子类型而定）不会有故障，不符合上述要求或拧得过紧，都有可能损坏接头或不能保证密封性

图 23-9-3　卡套接头的连接方式

表 23-9-21　　mm

形式	结构特点	接口螺纹					接口气管	
		M 螺纹	R 螺纹	G 螺纹	气管外径	插入套管直径 ϕ	气管外径	插入套管直径 ϕ
直通	卡套接头-外螺纹，带外六角	—	—	—	—	—	—	—
		—	R1/8	G1/8				4,6,8
			R1/4	G1/4				4,6,8,10,12
			R3/8	G3/8				6,8,10,12
			R1/2	G1/2				10,12

续表

形式	结构特点	接口螺纹					接口气管	
		M 螺纹	R 螺纹	G 螺纹	气管外径	插入套管直径 ϕ	气管外径	插入套管直径 ϕ
直通结构	卡套接头-内螺纹,直通	—	—	—	—	—	—	—
		—	R1/8	G1/8				4,6,8
			R1/4	G1/4				4,6,8,10,12
			R3/8	G3/8				6,8,10,12
			R1/2	G1/2				10,12
	卡套接头-穿板(外螺纹)	—	—	—	—	6	—	4
						8		4,6
						10		6,8
						12		8,10
						16		12
	卡套接头-穿板(内/外螺纹)	—	—	—	—	4	—	4
						6		6
						8		8
						10		10
						12		12
L形	卡套接头-L形	—	R1/8	G1/8	—	—	—	4,6,8
			R1/4	G1/4				4,6,8,10,12
			R3/8	G3/8				6,8,10,12
			R1/2	G1/2				10,12
	卡套接头-L形/加长L形,360°旋转	—	R1/8	G1/8	—	—	—	4,6,8
			R1/4	G1/4				4,6,8,10,12
			R3/8	G3/8				6,8,10,12
			R1/2	G1/2				10,12
T形	卡套接头-T形三通	—	—	—	4	—	—	4
					6			6
					8			8
					10			10
					12			12
	卡套接头-T形三通/螺纹	—	R1/8	G1/8	—	—	—	4,6,8
			R1/4	G1/4				4,6,8,10,12
			R3/8	G3/8				6,8,10,12
			R1/2	G1/2				10,12

续表

形式	结构特点	接口螺纹					接口气管	
		M 螺纹	R 螺纹	G 螺纹	气管外径	插入套管直径 ϕ	气管外径	插入套管直径 ϕ
T形	卡套接头-T形三通/螺纹	—	R⅛	G⅛	—	—	—	4,6,8
			R¼	G¼				4,6,8,10,12
			R⅜	G⅜				6,8,10,12
			R½	G½				10,12

2.3.5 快速接头

表 23-9-22

功 能	结构型式	简要描述	最大标准额定流量 /L·min^{-1}	公称通径 /mm
对接式快速接头	单侧封闭	用于标准应用场合，不带安全功能	44	1.5
			139	2.7
			666	5
			1350	7.2
			2043	13
	双侧封闭	特别适用于含有液体介质的应用场合，因为在拆卸过程中两端都密封	666	5
			1350	7.2
安全对接式快速接头（外螺纹，钢结构）		旋转卸压套排放系统压力，然后才能拆卸连接件	2043	7.8
			1818	
安全对接式快速接头（外螺纹，黄铜结构）		旋转卸压套排放系统压力，然后才能拆卸连接件	2043	7.8
			1818	
安全对接式快速接头（内螺纹）		旋转卸压套排放系统压力，然后才能拆卸连接件	2043	7.8
			1818	
安全对接式快速接头（快拧接头，带管接螺母）		旋转卸压套排放系统压力，然后才能拆卸连接件	2043	7.8
			1818	
安全对接式快速接头（穿板式快拧接头，带管接螺母）		旋转卸压套排放系统压力，然后才能拆卸连接件	2043	7.8
			1818	
安全对接式快速接头（倒钩接头）		旋转卸压套排放系统压力，然后才能拆卸连接件	2043	7.8
			1818	

第23篇

2.3.6 多管对接式接头

表 23-9-23

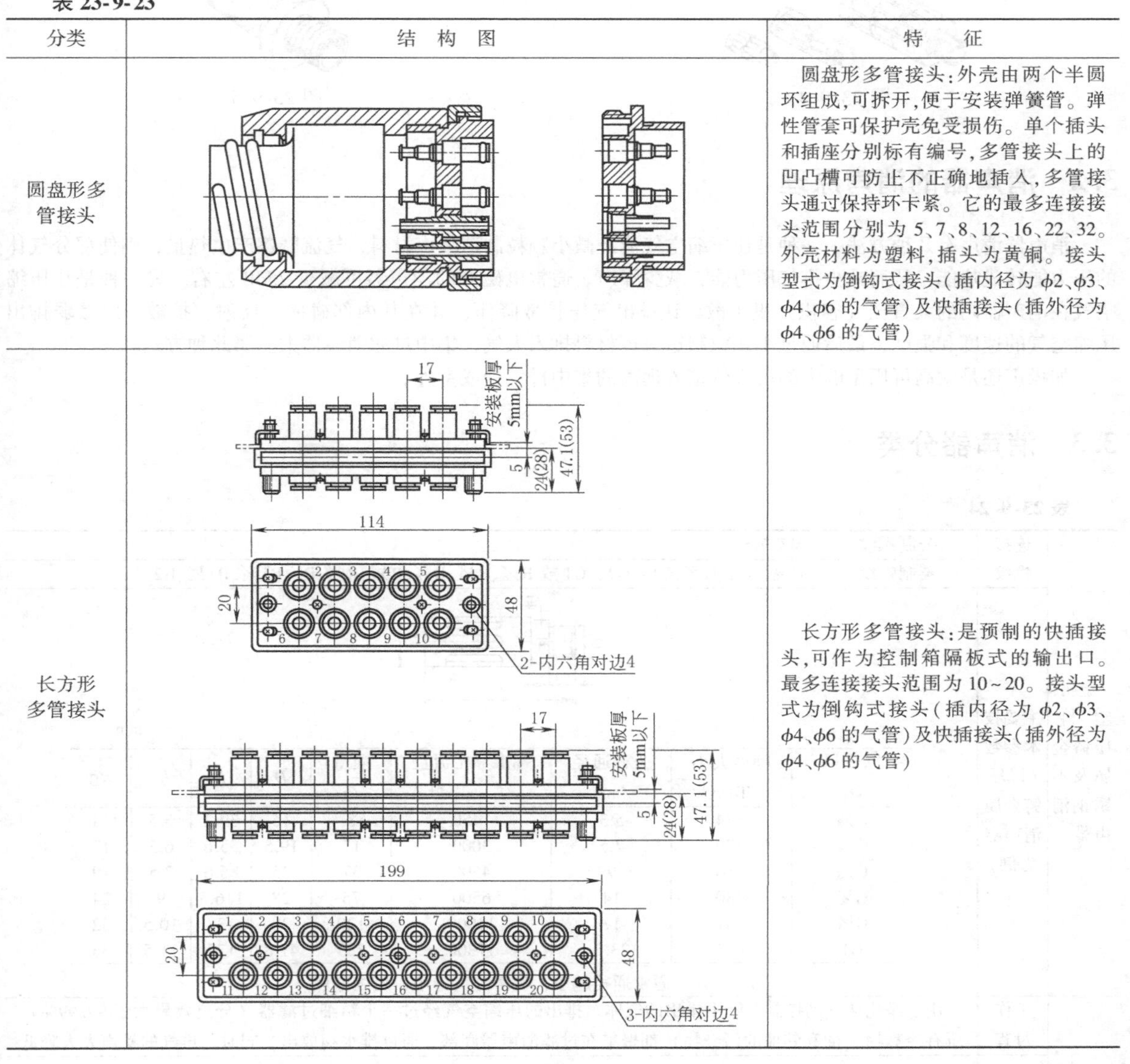

分类	结构图	特征
圆盘形多管接头		圆盘形多管接头:外壳由两个半圆环组成,可拆开,便于安装弹簧管。弹性管套可保护壳免受损伤。单个插头和插座分别标有编号,多管接头上的凹凸槽可防止不正确地插入,多管接头通过保持环卡紧。它的最多连接接头范围分别为 5、7、8、12、16、22、32。外壳材料为塑料,插头为黄铜。接头型式为倒钩式接头(插内径为 ϕ2、ϕ3、ϕ4、ϕ6 的气管)及快插接头(插外径为 ϕ4、ϕ6 的气管)
长方形多管接头		长方形多管接头:是预制的快插接头,可作为控制箱隔板式的输出口。最多连接接头范围为 10~20。接头型式为倒钩式接头(插内径为 ϕ2、ϕ3、ϕ4、ϕ6 的气管)及快插接头(插外径为 ϕ4、ϕ6 的气管)

3 消 声 器

3.1 概述

在气动系统中，气缸排气经换向阀的排气口排向大气，由于阀内的气路通道弯曲且狭窄，排气时余压较高，排气速度以近声速的流速从排气口排出，空气急剧膨胀后使气体产生振动，声音刺耳，噪声的大小与驱动器速度有关，驱动器速度越快，噪声也就越大。

噪声的大小用分贝（dB）度量，在距排气口处一米距离测得。按国际标准规定，八小时工作时人允许承受的最高噪声为 90dB，四小时工作时人允许承受的最高噪声可为 93dB，两小时工作时人允许承受的最高噪声可为 96dB，一小时工作时人允许承受的最高噪声可为 99dB，最高极限为 115dB（减半时间可允许提高 3dB）。噪声危害人体健康。消声器见图 23-9-4 和图 23-9-5。

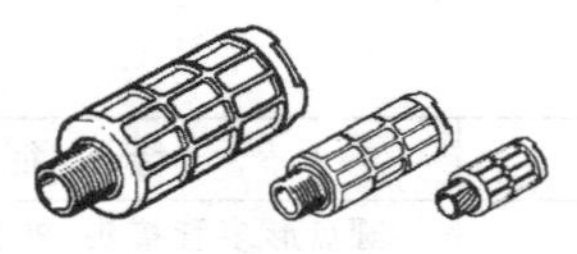

图 23-9-4

图 23-9-5

3.2 消声器的消声原理

消声器消声有几种方法，一种是让压缩空气流经微小颗粒制造吸声材料，气流摩擦产生热量，则使部分气体的压力能转成热能，从而减少排气压力能，减少噪声。通常电磁阀的消声器可减少 25dB 左右。另一种是让压缩空气在消声器内的大直径（容积）里扩散，让排出气压扩散降压，并在其内部碰撞、反射、扩散，以减弱排出压缩空气的速度和强度，最后通过小颗粒制造吸声材料排入大气，集中过滤消声器大多属此种方式。

如噪声还是太高可用足够大的排气管接入远离的集中排气处或室外。

3.3 消声器分类

表 23-9-24

金属、塑料、压铸金属及不锈钢消声器	连接螺纹	公制螺纹	M3、M5
		英制螺纹	G⅛、G¼、G⅜、G½、G¾、G1 或 R⅛、R¼、R⅜、R½、R¾、R1、R1¼、R1½、R2
	主要技术参数（以压铸金属消声器为例）		见下表

mm

气接口 D_1	噪声大小 /dB(A)	公称通径 /mm	标准额定流量 /L·min^{-1}	质量 /g	D	L	L_1	扳手
G⅛	<74	5.3	1450	8	16	39.2	5.5	14
G¼	<79	7.5	3000	17	19.5	55.6	6.5	17
G⅜	<80	9	4500	37	25	86.6	7.5	19
G½	<80	14	6500	75	28	116.5	9	24
G¾	<81	17	11000	120	38	138	10.5	32
G1	<82	23.5	17300	233	47.8	177	11.5	36

通常通径越小，噪声分贝越小，反之亦然

集中过滤消声器	工作过程	用于净化从气动控制系统中排出的气体。排出的压缩空气经过一个精细过滤器（分离效果大于 99.99%），所有冷凝物（油和其他的污染物）都聚集在过滤消声器底部，通过排水阀放出。同时，排气的噪声大大降低
	主要技术参数及结构	见下表
	适用范围	适用于对车间空气环境要求高的场合，如橡胶车间（空气不宜有油分子）、食品车间及清洁车间等

主要技术参数

型号	LFU-½	LFU-1
气接口	G½	G1
安装型式	螺纹	
安装位置	垂直方向±5°	
标准额定流量① /L·min^{-1}	6000	12500
输入压力/bar	0~16	
消声效果/dB(A)	40	

① 在进口压力为 6bar 时，出口接大气时的流量

3.4 消声器选用注意事项

① 当选用塑料消声器时，注意周围环境（不会被碰撞、敲击），安装拧紧力不宜过大，不宜在有机溶剂场合下使用。

② 有些使用者嫌气缸速度太慢而拆除消声器是不允许的。这种操作不仅大幅度增加噪声，而且使得阀换向时从排气口吸入空气中的灰尘、杂质。

③ 消声器是气动系统与大气的交汇处，系统中的油分子与大气中的尘埃会使消声器的孔眼堵塞，需清洗（注意不要采用煤油或有机溶剂）。

④ 消声器排气时受热膨胀，会使空气中的水分在消声器上结冰，也需定期清洁。

⑤ 对于集中过滤消声器，必须定时定期更换滤芯。

⑥ 对于抗静电场合，应采用金属型消声器（包括滤芯应为铜烧结或不锈钢烧结）接地使用。

4 储气罐

储气罐（见图 23-9-6）有两个功能：一是用于补偿压力波动，当空气突然耗尽时，作为一个短暂的储能器；另外一个功能是当储气罐与延时节流阀相连时，可增加延时时间，可做真空及正压储蓄功能（-0.95~+16bar）。储气罐测试符合 EC 指令 87/404 和欧洲 EC EN 286-1 标准。它的结构技术参数及尺寸见表 23-9-25。

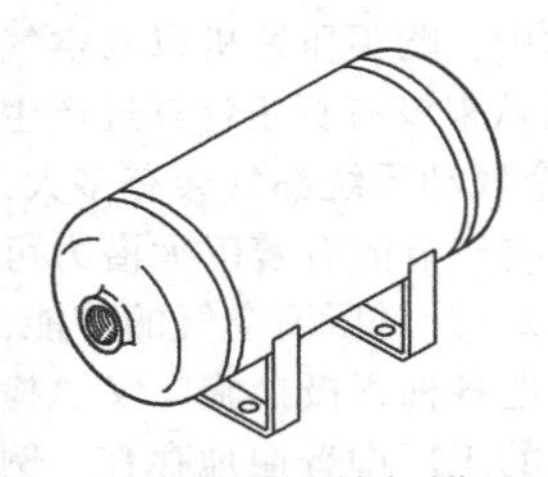

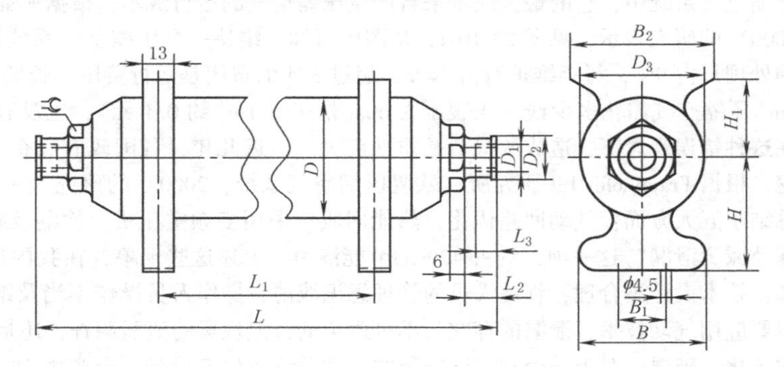

图 23-9-6 储气罐

表 23-9-25

mm

气接口	G⅛	G¼	G¼	G½	G1		
冷凝水排放接口	—				G⅜		
工作介质	空气或氮气						
结构特点	无缝焊压力容器						
安装型式	固定夹			通过安装支架上的通孔			
容积±10%/L	0.1	0.4	0.75	2	5	10	20
工作压力/bar	-0.95~+16						
适用于压力单元的 CE 标志	—				97/23/EC		
温度范围/℃	-10~+100(遵守气管和硬管的工作范围)						
材料	不锈钢						
耐腐蚀等级/CRC							3
质量/g	226	543	736	1681	3581	6459	

规格	B±2	B_1	B_2±2	D	D_1	D_2	D_3	H ±1	H_1 ±1	L ±1	L_1 最小	L_1 最大	L_2	L_3	
0.1L,G⅛	51	14	—	40	G⅛	15	42	43	28	132	13	50	10	6	19
0.4L,G¼	54	14	—	52	G¼	19	54	50	34	140	13	150	14	9	27
0.75L,G¼	60	20	79	70	G¼	19	72	61	34	248	13	140	14	9	27

第10章 气动技术节能

压缩空气作为一种清洁、环保、方便的能源广泛应用于工业生产中的各个领域，已成为工业生产所不可或缺的重要二次能源，尤其是随着气动技术应用越来越普及，压缩空气的消耗量也越来越大，据美国能源部（US Department of Energy）统计资料，平均占企业总电能消耗的15%~30%，这一比例超出了很多人的想象，引起人们及各国政府的极大关注。

压缩空气的能耗引起技术人员对气动技术的反思，曾经对压缩空气系统认识方面存有一些误区：主要误区是认为压缩空气制造方便，只要一插上空压机电源就会产生压缩空气，只是添置一台空压机是很昂贵的。还有一个误区是空气免费的，取之不尽、用之不竭，或成本非常低廉，对电的消耗毫不在乎，其实压缩空气是昂贵的。作为二次能源，压缩空气是通过空压机由电转换而成，其电能的消耗非常巨大，根据理论计算，只有19%的压缩机功率转化成可供使用的功，其他81%的压缩功率作为热量被消耗浪费掉，压缩空气的制造成本是很高的。作为压缩空气系统中，它的最大成本来自产生压缩空气的运行成本，根据Fraunhofer ISI研究所（欧盟压缩空气系统，2000）的研究表示，见图23-10-1，从图中可知，维持一个压缩空气系统运行的总成本中，购买压缩机以及空气预处理只占9%，每年维护费占14%，超过3/4的费用是运行费用。长期来，技术人员从来没有真正计算过产生$1m^3$压缩空气需花多少钱（当表压为6bar情况下$1m^3$约0.1元），也没有真正检查整个气动系统漏气会有多大，在这种错误观念下，造成的浪费是非常巨大的。近几年，各国政府和企业认识到压缩空气节能有着巨大潜力可挖，根据Fraunhofer ISI研究所（欧盟压缩空气系统，2000）的研究表示，见图23-10-2，针对压缩空气的节能，总结了五大方面：气动回路优化，热能回收，采用变频空压机，检漏及减少泄漏及其他各种积极措施。仅“检漏及减少泄漏”这一项，约占42%的节能潜力。上述这些现象，在我国使用压缩空气的工厂中普遍地存在。例如：技术设计不合理，管理人员的管理意识淡薄，操作人员操作不当及维修人员维修不力等等。尽管我们明白，只要应用气动技术，泄漏的存在是不可避免的，但现场的泄漏调查，还是出乎意料。随着系统装配误差及零部件的老化、破损，对于一个刚调试安装的气动系统或生产设备，会产生5%~10%左右的泄漏；当使用期在1~4年期间，其泄漏会在10%~30%不等；当使用期超过5年以上，其泄漏明显上升至30%~70%，压缩空气泄漏非常大。据美国能源部（US Department of Energy）统计资料，大多数企业泄漏率为30%~50%，管理上较好的企业泄漏为10%~30%。由此可见，压缩空气节能是一个系统工程，值得引起重视。压缩空气节能系统工程分为气源系统配置合理；气动系统设计优化，合理地选择元件；压缩气质量的检测；常见的泄漏部位；操作人员正确的操作方法；空气管理体系。

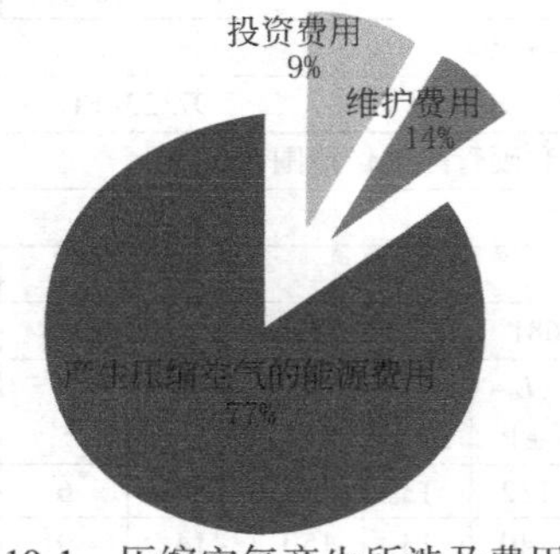

图23-10-1 压缩空气产生所涉及费用

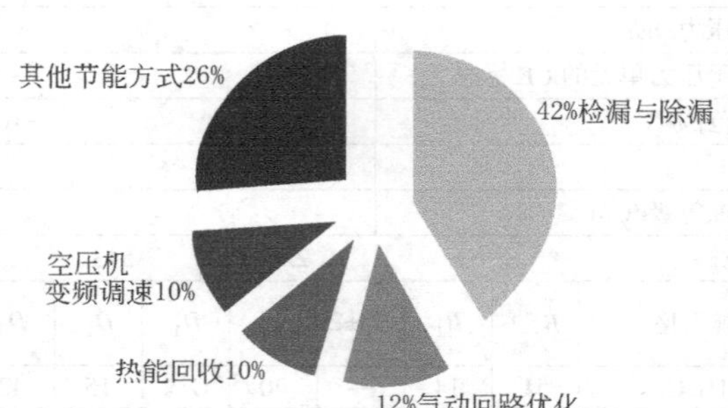

图23-10-2 压缩空气的节能（来源：欧盟空气压缩系统，2000）

1 气源系统配置及改造

压缩空气通过空压机由电而转换而成，电能的消耗非常巨大，需最大限度地利用压缩机产能效益，优化压缩机配置及运行。摒弃压力设置过高，频繁启动，以保压为目的，或供给压力不合理等现象。

常见一些用户单位要求空压机供货商来帮助选择空压机的规格容量、气源压缩机的配置等，这绝对是本末倒置的做法。合理的压缩空气配置，不是空压机厂商臆想想判断，而是要对所有耗气设备进行随时间变压的耗气、压力分析，提供耗气量及耗气变化数据，作出一个科学性评估。对于一个已经使用压缩空气的用户而言，如要节约压缩空气消耗量，必须对已有耗气设备进行压缩空气消耗的分析，充分沟通，如图 23-10-3 所示，该分析报告是选择空压机容量，或对气源系统配置进行改造的依据之一。

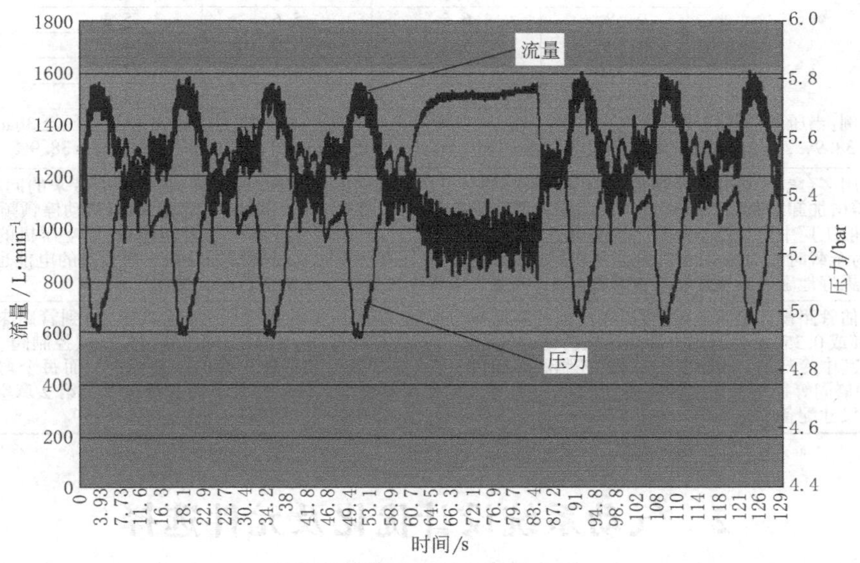

图 23-10-3 压缩空气消耗量的测量

压缩空气使用的总成本主要包括：设备投资成本、维修成本及电力消耗成本三个部分。按压缩机功率要求运行费用，通常每年占压缩空气使用总成本的 75%，甚至更高。电能消耗占压缩空气使用成本的比重最大，因此压缩机类型、配置、压力的选用不合理所造成的浪费是必须要解决的，因为这是常年运转的长期耗能，控制压缩空气的使用成本首先应该以正确选择空压机配置，降低电能消耗为主，或采用变频控制空压机的运行。

表 23-10-1 **空压机气源系统的配置**

空压机节能措施	确认现场压缩空气消耗量及工作压力等级参数	在决定空压机的型式与规格之前，必须先确认以下各点：现场压缩空气消耗量、压缩空气品质、及工件压力等级参数。当了解了各支路压力等级需求数据后，结合目前压缩空气的实际需求，未来扩充时需求增加用量（10%～20%的裕度）。参照空压机厂商所提供的机器规范，即可估算出所需之空压机马力
	压力系统的选择原则	① 对于高压系统用气量较少的配置　当大多数用气设备的压力等级均在低于 5bar 压力以下时，对于少数需高压设备用气量也可同时并入低压系统中，但必须另购增压机，以提高供气的压力，供高压设备使用，或也可不并入低压系统，但使用独立设立的高压空压机来供气 ② 对于低压系统用气量较少的配置　当大多数用气设备的压力等级需求均为稍高压力时，如均为 5～8bar、约占总量的 80%以上时，对于少数低压用气设备，可从其管道上直接接管，安装减压阀便可 ③ 当高压/低压系统用气量相当的配置　系统压力等级的用气量相当，均超过总用气量的 30%，且单一压力等级的空压机马力达 100HP 以上时，可考虑针对每一压力等级，建独立的供气系统

续表

<table>
<tr><td>空压机型式的选用</td><td>① 对满负载状态而言，离心式空压机效率较高，因此适用于基本机组或负载变化不大之场合
② 在负载变化大的使用场合，为达到高效率运转，可利用多部机组调度运转，避免空压机全部运转而处于低效率、低负载运转
③ 具有进气阀门容量调节控制的空压机，虽能提供较为稳定压力的压缩空气输出，但使用此类机组时，也应使其在高负载下运转，输出供气量尽量接近额定供气量</td></tr>
<tr><td>合理选用工作压力</td><td>常见空压机输出压力7bar，降低输出压力至6bar，效率约可提升7.6%~9.1%，即每降低1bar的输出压力可提升效率4%~8%。由此可知，空压机输出压力的降低的确有助于效率上的提升与能源的节约
<table>
<tr><th rowspan="2">压力降/bar</th><th colspan="3">效率提升/%</th></tr>
<tr><th>一级压缩</th><th>二级压缩</th><th>三级压缩</th></tr>
<tr><td>4→3</td><td>20.1</td><td>18.0</td><td>17.4</td></tr>
<tr><td>5→4</td><td>14.5</td><td>12.8</td><td>12.3</td></tr>
<tr><td>6→5</td><td>11.2</td><td>9.9</td><td>9.4</td></tr>
<tr><td>7→6</td><td>9.1</td><td>7.9</td><td>7.6</td></tr>
<tr><td>8→7</td><td>7.6</td><td>6.6</td><td>6.3</td></tr>
<tr><td>9→8</td><td>6.6</td><td>5.6</td><td>5.3</td></tr>
<tr><td>10→9</td><td>5.7</td><td>4.9</td><td>4.6</td></tr>
<tr><td>11→10</td><td>5.1</td><td>4.3</td><td>4.1</td></tr>
<tr><td>12→11</td><td>4.5</td><td>3.8</td><td>3.6</td></tr>
</table>
举例：当压缩空气使用场合中只需3bar时，从7bar减压至3bar所需的电力消耗比4bar减压至3bar，理论上效率可提高约38.9%，见上表，以一级压缩机为例：[(1+0.091)×(1+0.112)×(1+0.145)-1]×100%=38.9%</td></tr>
<tr><td>多台空压机连锁控制节能系统</td><td>使用多台空压机并联运转是压缩空气系统的一个相当普遍的配置，此种配置，系统可能带来的问题是：当机组不做功，需增加卸载时间。具有进气阀门容量调节的控制机组，在低负载（低效率）运转，机组启动停顿频繁时，故障率增加
一般工厂中常见的空压机为避免马达启动停顿过于频繁，因此多设有卸载运转模式，而空压机的卸载运转也会耗电，为全载时的20%~50%（视空压机的机型及控制设计有所不同）。卸载时间越长，所浪费的电能也越大，为此，将变频器更好地融入到空压机控制系统当中，或适当添置一台变频空压机进行混合使用</td></tr>
<tr><td>管路的规划及管径的选择</td><td>评估管路设计是否正确，可以用压损的高低作为标准，从空压机的排气压力（输出压力）到管路末端的压力以不超过5%或0.35bar为原则。影响压损高低的气源处理辅件有冷却器、干燥机、储气罐、过滤器、控制阀、弯头、管径及管长等。其中冷却器、干燥机、过滤器、控制阀等组件，可从供货商处获得较正确的压损标准。而每个弯头的压损相当于8~10倍同等径管子长度的压损，应尽可能将弯头的使用量减少。管径的大小的选择可参考第2章空气管道网络的布局和尺寸配备</td></tr>
</table>

2 气动系统设计优化及元件选择

表 23-10-2 气动系统设计优化及元件选择

<table>
<tr><td rowspan="2">管道长度和直径选择</td><td rowspan="2">阀与气缸之间连接管路</td><td>应该尽可能采用直径合适的管道，管路尽可能短一些。直径过大的气管和过长的管路不能带来任何的益处，反而会造成大量能源消耗，因为连接气缸与换向阀的管道也可被视作为气缸前腔或后腔腔室的延伸，这部分延伸的腔室是需要消耗压缩空气。管道过长还增加了机器制造成本（见图a），直径过大的气管和过长的管路，增加运动的循环时间，图b表明在气管受压6bar时，分别为3mm内径、4mm内径、6mm内径及9mm内径时，气管受压后在不同长度条件下压缩空气流通的时间曲线图</td></tr>
<tr><td>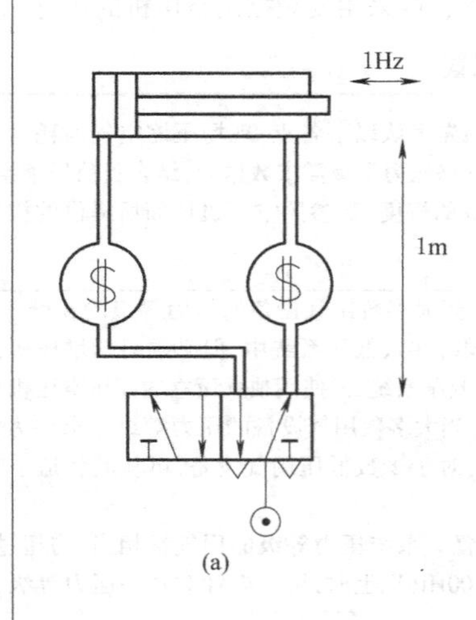

(a)
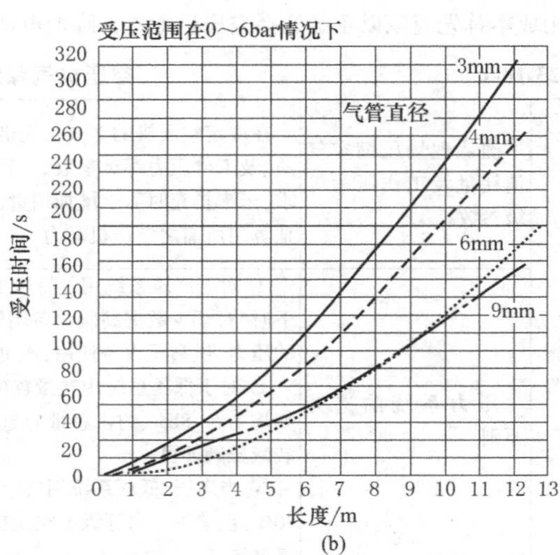

(b)</td></tr>
</table>

续表

管道长度和直径选择

正确选择合适的连接气管

ISO 标准气缸规定了气缸缸径与进气、排气口的尺寸，并没有规定连接气管的管径大小。大多数设计工程师在气动系统设计时，采用估算的方式，喜欢以气缸为中心，从气缸的进出口螺纹来选用换向电磁阀规格，由此选用电磁阀规格都偏大，然后根据偏大规格电磁阀的接口螺纹，再选择气管管径。例如：习惯使用 G1/8 连接口选 $\phi6\times\phi4$ 气管，G1/4 连接接口选 $\phi8\times\phi6$ 气管等，并没有根据气缸实际速度需要，不吝惜管径的大小和管路长度，造成整个气动回路的连接气管管径都过大，这种无谓浪费是可以克服的。见下表

例 1：当连接气缸与电磁阀的管道内径分别为 $\phi6$，$\phi8$，$\phi10$ 长度为 2m 时，P 工作＝6bar，每分钟 30 次的往复动作条件下，求管道所消耗的流量？

解①：内径为 6mm，长度为 2m 时所需流量 Q_{2m}

$Q_{1cm}=\pi d^2/4\times h\times P\times10^{-6}$（$Q_{1cm}$ 表示在 6bar 工作压力时，1cm 管道的体积流量。d 表示为管道内径 mm，h 表示为行程，$h=10$mm，P 表示绝对压力＝6bar+1bar＝7bar）

$Q_{1cm}=\pi6^2/4\times h\times P\times10^{-6}=28.26\times10\times7\times10^{-6}=0.001978$L／cm

$Q_{2m}=0.001978$L／cm×200cm×30×2＝23.74L／cm

解②：内径为 8mm、管道长度为 2m，则需 42.2L

解③：内径为 10mm、管道长度为 2m，则需 65.94L

对于内径为 10mm、管道长度为 2m 的气管，每次循环需无多消耗 2.2L，每天有多少循环？每年有多少循环？整个气动回路中有多少个气缸？消耗非常大

可以在气缸的连接接口采用一个变径的接头，以减小气管的管径

（ISO 标准）管长/cm	接口螺纹（ISO 标准）	客户选用/mm
32	G1/8	$\phi6\times\phi4$
40	G1/4	$\phi8\times\phi6$
50	G1/4	$\phi8\times\phi6$
63	G3/8	$\phi10\times\phi8$
80	G3/8	$\phi10\times\phi8$
100	G1/2	$\phi12\times\phi10$
125	G1/2	$\phi12\times\phi10$
160	G3/4	内径 $\phi19$
200	G3/4	内径 $\phi19$
250	G1	内径 $\phi25$
320	G1	内径 $\phi25$

减小气管内径，省略单向节流阀

减小气管内径的另一途径，是在某些工况条件许可情况下，如图 c 中右图省略二个单向节流阀，这也是一种好的选择，即由内径为 3mm 的气管替换 6mm 的气管。常见气缸回路中的配置是，一个气缸配两个单向节流阀来控制气缸运动，可实现无级调节气缸速度，也帮助了气缸速度过猛而产生冲击终端（气缸终端缓冲主要由气缸内置的缓冲装置完成）。但经常也遇到不需要调节速度的或速度也并不高的工况，此时，可选择较小的气管，则可以省略二个单向节流阀。在系统的循环时间允许的范围内，元件使用得越少，则设备的可靠性越高，并且安装成本越低。倘若使用不善，人工调试不当，也可能是问题的根源

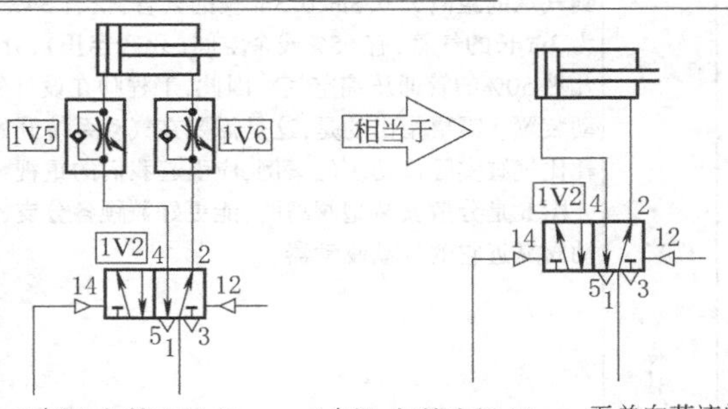

1/4阀、气管内径 $\phi6$mm　1/4阀、气管内径 $\phi3$mm、无单向节流阀

(c)

正确连接歧管

气动系统中，对公共出气口的供气也是相当重要的。为了避免采用 T 形连接器造成气路震荡和压降，采用大直径的管道来连接相应的连接器（见图 d），再由连接器连接相应的管道（根据分支管路的多少及同时供气时间来决定大直径管道的尺寸），如采用变径多路歧管连接接头。供气管道的内径分别是 6mm 和 9mm 应用在 G1/8 或 G1/4 的阀上

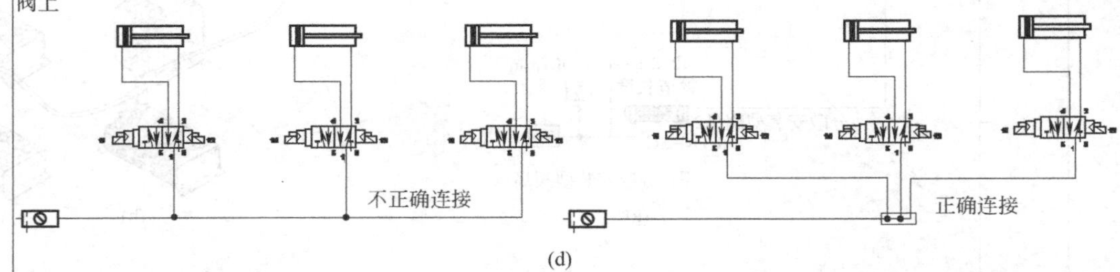

(d)

续表

管道长度和直径选择	采用带阀气缸	让阀与气缸之间的距离更近,是一个优化的节能气动回路,典型的案例:如带阀气缸大大节约了管道的耗能,提高气缸开启速度图 e,减少运动周期,提高生产率。如果环境比较恶劣,周围环境尘土飞扬,不宜采用带阀气缸,则可将阀门放入在一个带有 IP65 防护等级的控制柜中,再将控制箱放置在气缸最近的位置。如图 f 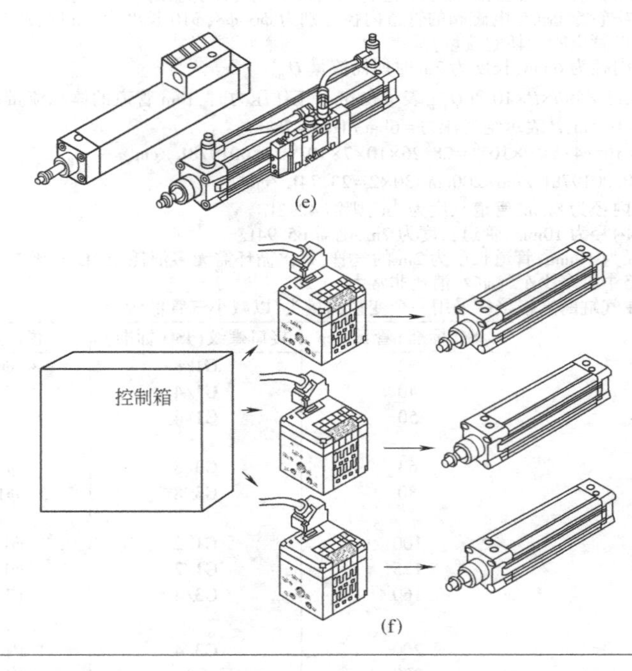 (e) (f)
	采用分散安装型阀岛	采用分散安装型阀岛,其中优点之一是节能,它可使阀与气缸之间的距离更近。见图 g 分散安装型阀岛,阀岛 2 到气爪的距离为 0.3m,0.3m 长的气管,仅有 34%残余空间(或称气动执行器之外的死区容积)。阀岛 1 与气爪之间为 3m 长的气管,有 65%残余空间(死区容积),分散安装型阀岛 2 比非分散安装型的阀岛 1 更靠近驱动器。可节约几乎 50%的管通压缩空气。因此,工程师在设计气动系统时,应该尽可能使分散型阀岛的每个分支阀岛靠近每个驱动装置。需要指出的是,这是需要在气动系统开始设计布局时便要考虑到的。经常会碰到,管路中压缩空气无谓消耗比气缸实际作功多的案例,应引起我们的重视 图 h 是分散安装型阀岛的,能更好兼顾各分支,各分散现场设备(驱动器/传感器)在 10m 半径之内,使阀岛的气动阀靠近它的气动驱动器。 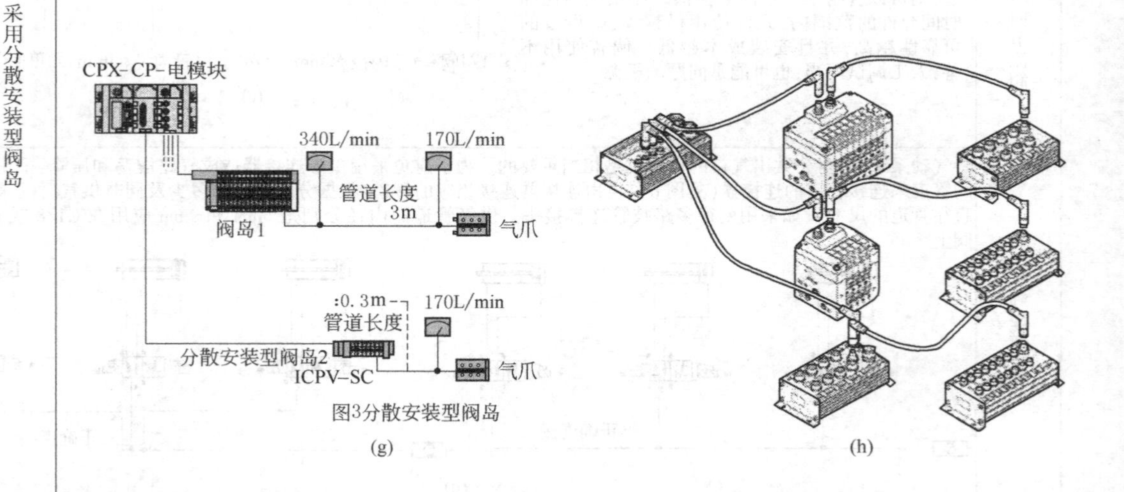 图3分散安装型阀岛 (g) (h)

第23篇

续表

避免选择过大的直径

避免选择直径大一号的气缸

如果气缸直径尺寸加倍，就会产生8倍的动力，而不是2倍，因为直径和体积之间是立方的关系。过去，在遇到选择细长型气缸、考虑到径向负载时，传统意识上往往选择直径更大一号的气缸，以利于增加活塞杆刚度，增强它的抗径向负载能力，避免细长杆的受力状态。选用柔性安装件，或配用导向装置(图i)，可避免压缩空气浪费。对于并非长行程气缸、径向负载大的运动状况，则是选择带导向装置的气缸(气缸直径小、抗扭转能力大)，见图j，国际上，许多气动厂商纷纷推出带导向装置的驱动器

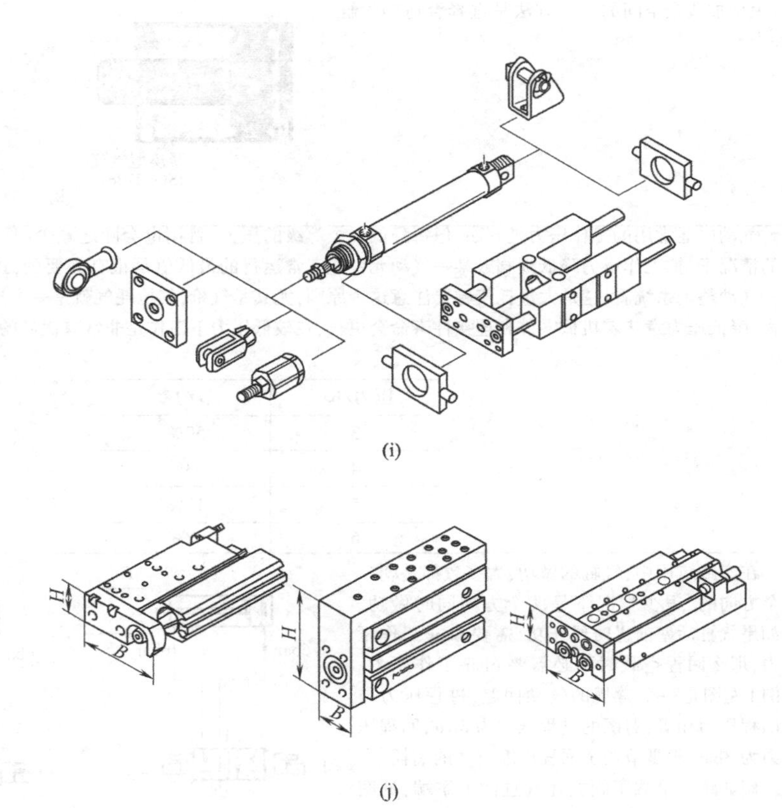

(i)

(j)

避免行程长度过长

通常，标准气缸的缸径与行程有规定，见下表，给出了某一缸径的气缸与最大的行程规范。当实际使用时行程与标准行程会有差异，如气缸活塞$\phi 25$，实际需要180mm行程，但它的标准行程是200mm，如选用200mm的行程，每个循环将会有2×20气缸缸体容积的压缩空气浪费(忽略活塞杆返回运动应扣除体积容量)，在每个回路中，将多支出10%的压缩空气，设计工程师应采用优化的设计方案，选180mm行程气缸；或选160mm气缸，活塞杆加长20mm(如果回程空间允许)，保证气缸伸出终端位置不变

	标准行程/mm												
活塞	10	25	40	50	80	100	125	160	200	250	320	400	至2000
8/10	—	—	—	—	—	→							
12/16	—	—	—	—	—	—	—	—	→				
20	—	—	—	—	—	—	—	—	—	—	→		
25	—	—	—	—	—	—	—	—	—	—	—	→	
32/40/50/63/80/100	—	—	—	—	—	—	—	—	—	—	—	—	→

续表

<table>
<tr>
<td rowspan="1">避免选择过大的直径</td>
<td>避免增加残余空间</td>
<td>如图 k 所示，常见有缓冲的普通型气缸有一个缓冲部分，显然增大了气缸内部额外的容量（对于无缓冲要求的场合），这将增加残余空间。紧凑型气缸是一个无缓冲的缸体，所以它无额外残余容量。薄膜型夹紧气缸是一个特殊的优化的例子，它适合于几个毫米（2~20mm）的夹紧之用，也无额外残余容量。对于行程短、以夹紧功能用的气缸，避免增加残余空间的一个方法是选择合适的气缸种类
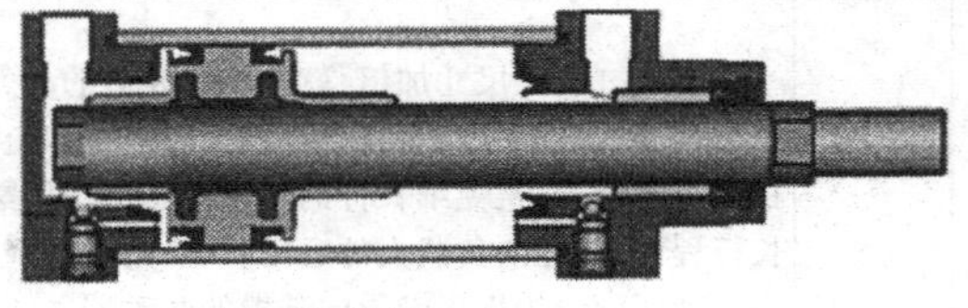
普通型缓冲气缸
ISO 15552
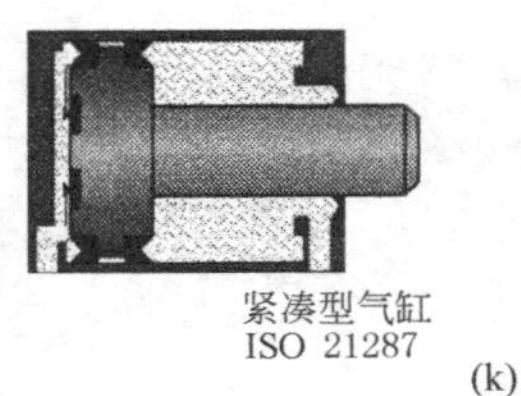
紧凑型气缸
ISO 21287
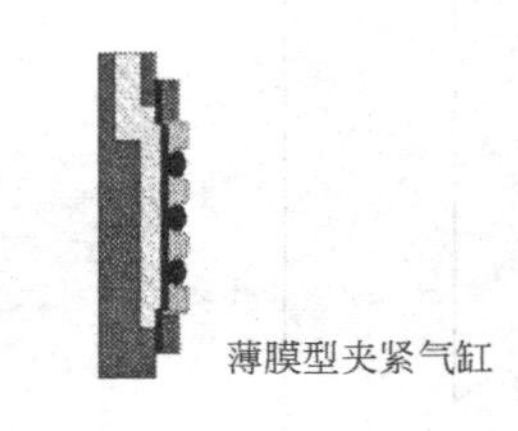
薄膜型夹紧气缸
(k)</td>
</tr>
<tr>
<td rowspan="2">避免过度的压力</td>
<td>降低压力等级</td>
<td>气动中通常用的工作压力是 6bar，但每降低一个等级的压力，费用也会随之减少（见下表）。因此，在条件许可的情况下，把工作压力降低到阀或某一气动元件能正常运行的最低值是很有必要的，这是节能的一个重要原则，从气动整个系统看，越是大量耗气越要注意这个原则，尤其是气枪，气枪耗气就是一个典型例子。对于气缸、阀而言，降低压力意味着机械零件和连接件寿命会更长，在较低压力下工作是非常有优势的
<table><tr><th>压力/bar</th><th>节约率</th></tr><tr><td>3</td><td>50%</td></tr><tr><td>4</td><td>33%</td></tr><tr><td>5</td><td>17%</td></tr><tr><td>6</td><td>0%</td></tr></table></td>
</tr>
<tr>
<td>减小气缸回程压力</td>
<td>在实践应用中，气缸的做功，大多数都是朝一个方向的，很少情况下是两个方向同时做功。如果气缸活塞前进时候作功，需要 6bar 工作压力，那么回程空载时不必需要 6bar 工作压力。图 l 左图是一个常规的气动回路，进程压力与回程压力相等，右图的进程压力为 6bar，回程压力为 3bar，于是节约了回程压缩空气的消耗
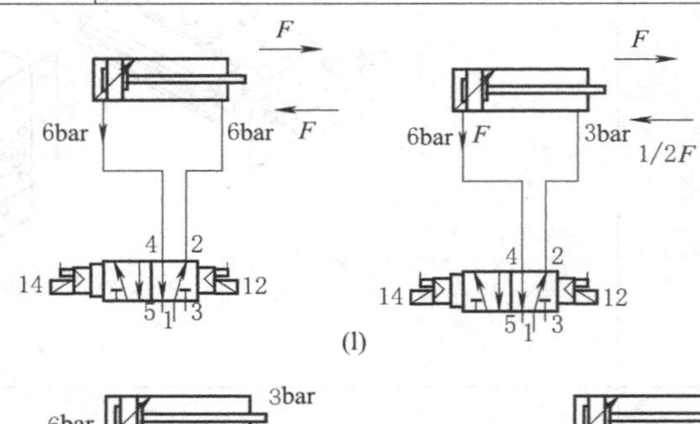

(l)
假如将一个减压阀放在气缸的上游端，见图 m 左图，虽然阀输出时二个压力相同，但减压阀能减少回程的压力，节约了回程压缩空气消耗。采用这种方法节约也是有局限的，即每个气缸上游需一个减压阀，换向阀与减压阀之间的管路还在 6bar 压力范围。在每个周期中，减压阀要不断地打开和关闭，导致一定的磨损。一种较好的办法是将减压阀放在电磁阀门的上游端（入气口），见图 m 右图，它对原有的设备不会带来任何不利，反而有额外的好处，回程压力较低，从换向阀与减压阀之间的管路已减小到 3bar 压力范围。该回路还可使一个减压阀同时扩展应用于几个气缸，更是一种额外的节省。减压阀安装在电磁阀的上游端，电磁阀进气压力可稳定在 3bar（或某一压力），当减压阀使气缸回程时，气缸排气通过电磁阀 5 口排出；气缸伸出时，由电磁阀 1 口通过减压阀 1 口排出（减压阀 1 口排出时会对气缸有点缓冲功能）。该回路尽管增加了一个减压器，但对于长期运行、频率越高的气缸运动，收益越大
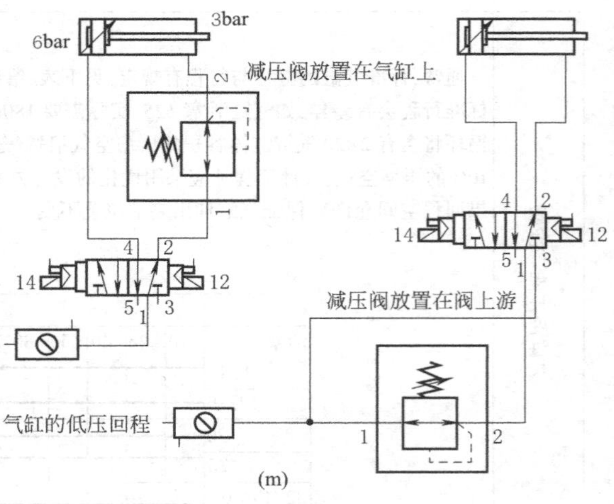

(m)</td>
</tr>
</table>

续表

现代气动技中有许多节能的产品，在气动系统工程设计阶段开始时就要考虑，如节气型的喷气枪、省气源组合的真空发生器、阀岛等		
合理选择节能型的气动元件	节气型的喷气枪	在制造加工业中广泛使用气枪，如吹净工件加工后遗下的铁屑、冷却液等。气枪的压缩空气浪费很大，有不少工厂由气枪消耗的压缩空气占总量的50%~70%。由于操作人员对压缩空气的成本不了解，总希望压力越高、喷嘴直径越大越好，有的直接用一根直型紫铜管，其耗能浪费异常惊人。图 n 表明在不同的压力条件下，泄漏孔与泄漏率的关系：一个直径为 3.5mm 的小孔在 6bar 压力下，它的泄漏量为 $0.5m^3/min$，相当于 $30m^3/h$ FESTO 公司开发的 LSP 型低耗气喷气枪，设计的喷嘴直径为 1.5mm，工作压力从 0~10bar，6bar 时耗气量为 120L/min。如采用低工作压力，其耗气量随之锐减。同时改进喷枪杆、喷嘴形状，如图 o 弯杆型气枪可使吹气时更靠近需喷射的角落，大大缩短了喷吹距离，可节约大量的耗气。更换专用喷嘴，使其喷射的压缩空气扩展成一伞状喷射，效率更好。从图 n 可见，当气枪工作压力从 6bar 减至 2bar 时，其压缩空气消耗减少了 2/3，而当气枪用内径 6mm 紫铜管作喷气，减至内径为 2mm 的节能型气枪时，其空气消耗从 $1.4m^3/min$ 到 $0.15m^3/min$，节缩了近 90%的气源消耗 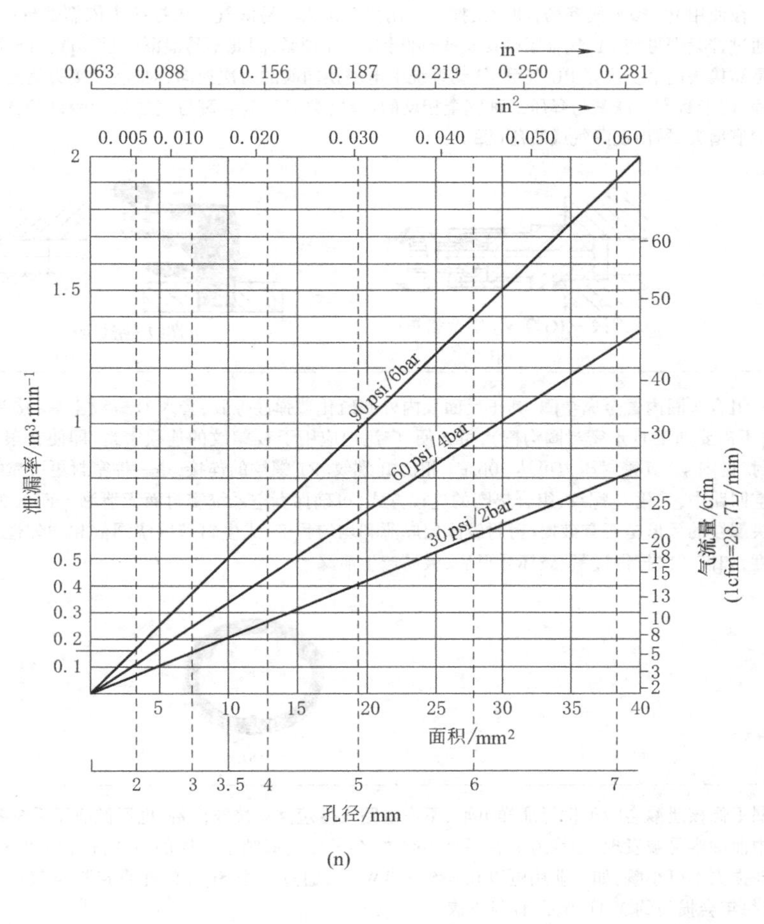 (n) 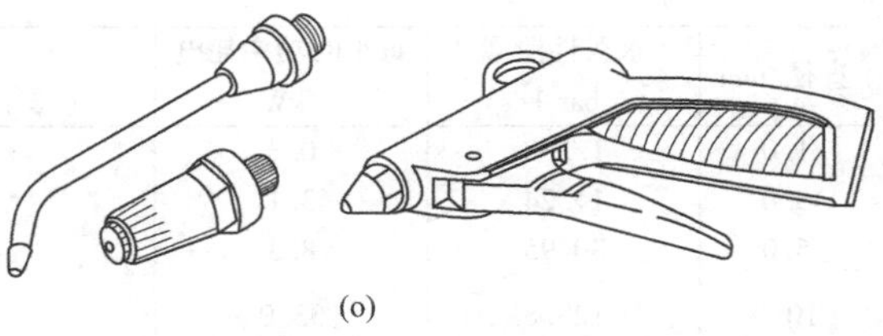 (o)

第23篇

续表

合理选择节能型的气动元件	省气源的组合真空发生器	省气源的组合真空发生如图p所示，它是集气动、真空、传感等技术于一体的省气式组合真空发生装置。过去只要使用真空，便考虑采用真空泵，由于真空泵处于连续运转状态，既耗电又噪声很大。省气式组合真空发生器仅需瞬间工作0.5s或1s，便能产生-0.7bar的真空压力，并在真空吸盘上始终保持所需的某一真空度。一旦当该吸盘的真空度降至某设定值时，该装置内的压力传感器自动发出信号再次启动产生真空的电磁阀，瞬间又产生-0.7bar的真空压力，恢复到原设定值，使其真空吸盘达到所需原真空度。省气源的组合真空发生器尤其适合在自动线抓取等状态下工作，大大节约了电能 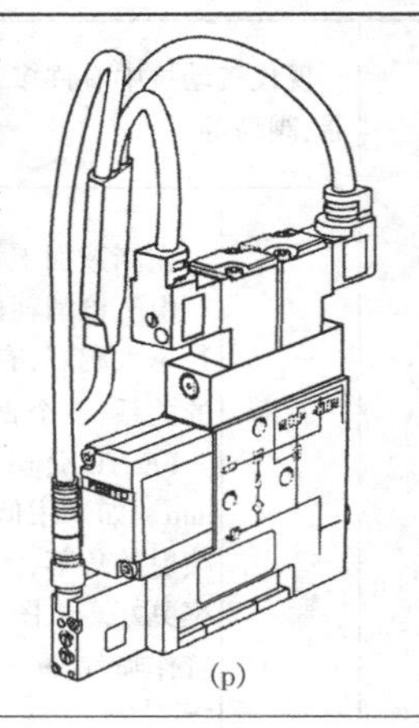 (p)
	快拧接头	在使用PU塑料气管场合时，快拧接头比快插接头不易漏气。快拧接头依靠螺母内的底部斜锥面紧压PU气管，通过拧紧螺母使PU气管紧贴接头头部圆锥面，并锁紧，因此不易泄漏(见图q)，可放心用于真空管路。而快插接头是靠接头内卡簧夹紧PU气管，气动系统中电磁换向阀的每次换向，对气管、接头就是一个充压与泄压的转换变化过程，使卡簧产生涨紧与释压二种完全相反的运动，类似于做卡簧与气管的疲劳试验，PU气管被卡簧越卡越紧，气管卡痕增大，易出现漏气或脱落(图r) 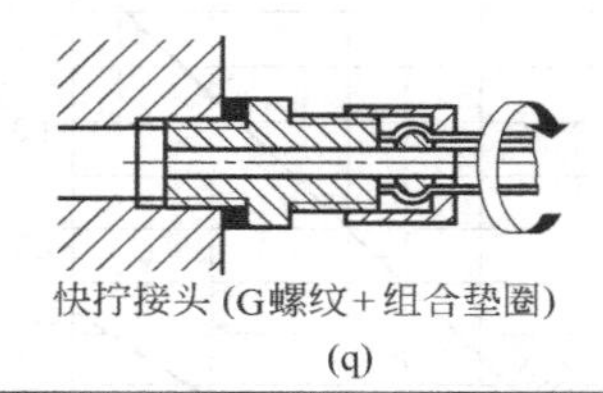 快拧接头(G螺纹+组合垫圈) (q) 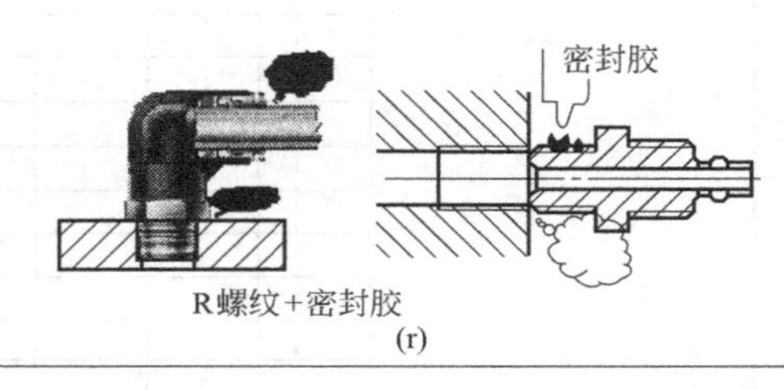 R螺纹+密封胶 (r)
	组合垫圈	组合垫圈内置金属垫圈、其正反面及内外圈硫化着弹性橡胶，套入G螺纹上后，接头可直接旋入被连接的内螺纹(不需要加工O形密封圈沟槽)，可方便、广泛地应用于G螺纹的连接密封，即使在很小的紧固力矩下，也能有效密封，见图s。其密封压力可达30bar。相比R螺纹、PT螺纹的连接，是一种密封更可靠的、必不可少的元件，尤其在真空回路中，采用G螺纹、组合垫圈的连接方式，可确保真空系统密封而无泄漏。而R螺纹、PT螺纹的密封状况将取决螺纹的牙形是否有破损、密封胶涂层厚薄和均匀程度、或生料带缠绕圈数和均匀性，重复使用取决于上次拧紧程度，如前一次拧得过紧，破坏牙形后，极易产生泄漏 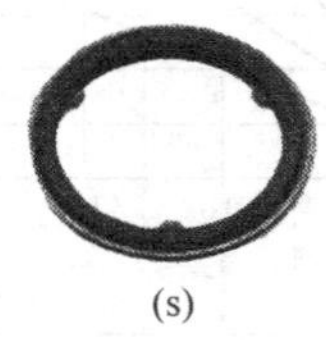 (s)
泄漏原因及预防措施		空气泄漏不像核泄漏会毁灭世界那样可怕，不像电路发生短路易烧毁设备，也不像液压系统漏油破坏环境或诱发火灾。而气动系统中泄漏容易被发现，如管道上有一个小裂纹，会发出类似哨子一样的声音，这种泄漏称为永久性泄漏。永久性泄漏带来的能耗损失不可小觑，如工业用电以0.685元/kW计，通过一个5mm的孔直接把空气送到大气中，每年以6000h来计算，意味着每年会损失约3.41万元，详见下表

直径/mm	永久性泄漏(6 bar l/s)	每小时功率耗电/kW	每年电费损失(每年以6000h计算)/元
1.0	1.238	0.3	1233
3.0	11.24	3.1	12741
5.0	30.95	8.3	34113
10.0	123.8	33.0	135630

续表

<table>
<tr>
<td rowspan="3">泄漏原因及预防措施</td>
<td>管道连接处的泄漏</td>
<td>常见气动元件泄漏的几个主要方面：如图 t 所示，硬管接头连接处，PU 软管与快插接头连接处，气缸前端盖密封件与活塞杆伸出处，端盖上与单向节流阀安装平面的连接接口处，气源处理器进/出口端与硬管连接处、压力表接口处，气路板上电磁阀与底板连接口及快插接头与软管不垂直安装处等。在气动系统中，气管通常使用合成材料制成的，由于阳光的紫外线会使透明的管道变得又黄又脆，所以透明的管道现在已经过时了(这就是为何大多数管道都是有颜色的原因)，如果这些气管弯曲极易造成泄漏或损坏，因此，建议用聚氨酯管道，因为这种管道灵活性很好并能适应小曲率的半径使用而不受阻塞
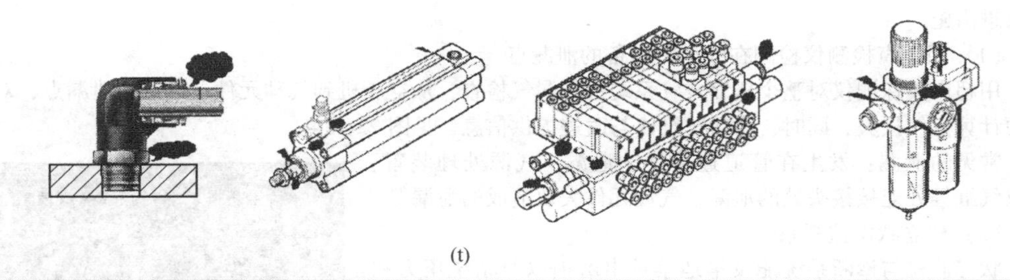
(t)</td>
</tr>
<tr>
<td>机械结构系统磨损、偏移</td>
<td>活塞杆的轴心线与移动部件之间的不同轴度误差，造成活塞杆轴套单边剧烈磨损，也造成气缸内活塞单边与缸筒内壁磨损。原因是，气缸安装未采用柔性连接方式(如活塞杆头部的 Y 型连接器、带关节轴承连接件，或气部尾部未采用耳环连接、球形支座连接方式等紧)，下表表示不正确及正确的连接方式。在设计气动驱动机构时，应避免硬性连接，采用导向系统，或采用带导向装置的驱动器
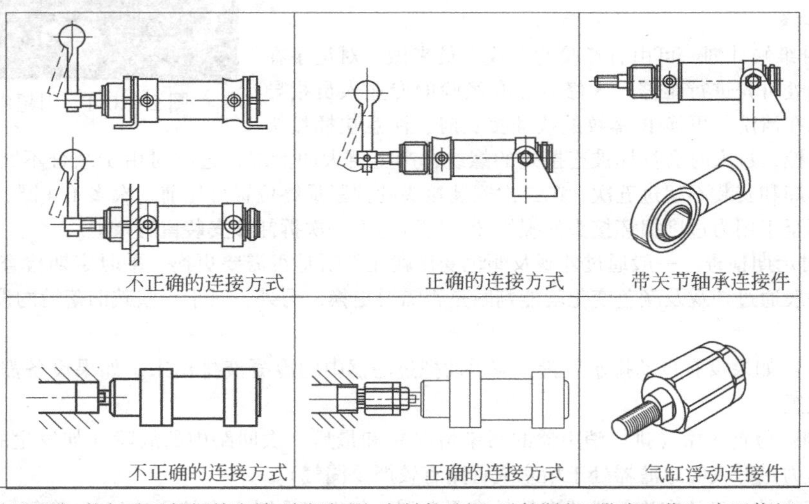
</td>
</tr>
<tr>
<td>压缩空气质量恶化</td>
<td>压缩空气质量恶化，使气动元件提前失效，磨损加剧，密封件破损，元件漏气“带病工作”，直至停机。压缩空气质量的三大祸害是水分、油及颗粒尘埃。油、水会将气动元件的润滑脂冲走，增加密封件的磨损，造成漏气，水使得气动元件锈蚀，造成漏气(详见图 u、v，压缩空气管网中大量的冷凝物质及元件被腐蚀状况)。空气中的尘埃颗粒及压缩机油高温下形成的焦油、坚硬的碳化合物颗粒，破坏密封件并造成漏气，微粒会卡住阀芯造成故障。另外，压缩机在高温工作后的润滑油产物(基于酯类污油)，最高含量 0.1mg/m^3，这些酯类污油会严重损害密封造成漏气，另外，压缩空气中含油量过高，会将气动元件的润滑脂冲走(最高允许 5mg/m^3)
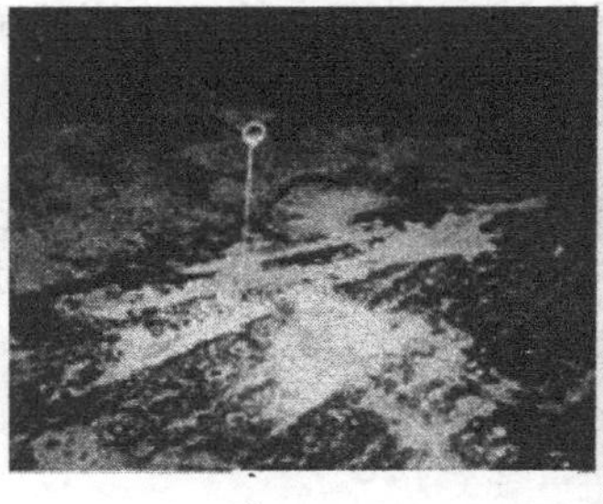 
(u)系统中流出冷凝水　(v)换向阀内部被水分锈蚀</td>
</tr>
</table>

第23篇

3　泄漏检测、维修及建立状态监视系统

在气动系统中压缩空气质量会变坏是一个客观的事实，由此造成漏气情况总是存在的，问题是要尽早发现压缩空气质量恶化，并尽量延长、维持高质量的压缩空气。采用压缩空气质量分析仪，可在线测量出系统中使用的压缩空气露点温度，油分含量，杂质含量实际状况，根据测试结果来判断输送到气动元件的空气是否符合质量标准。随后采取措施加以纠正。同时，将每次测量的数据记录在案，以便不断追踪气源质量的变化，提前采取相应的改进措施。

（1）用超声检测仪检测在线运转设备的泄漏点

用超声波探测仪对整个压缩空气系统进行漏气检查，从空压机到气动元件，标记出泄漏点，对泄漏进行分类以便计算空气损失，同时，为后续维修与改进提供信息，见图 23-10-4。

常见的泄漏：发生在管道连接处的泄漏，气源处理装置、阀及气缸等处连接接头处的泄漏，气动元件失效造成的泄漏等。

图 23-10-4　用超声波检测仪检泄漏

（2）建立状态监视系

状态监视与诊断系统能及早地察觉出磨损以及系统压力和流量的变化，防止生产线停机。一旦发生停机，也能快速地找出故障位置。如：对气源三联件的检测，空气露点压力、与油分测量、空气颗粒度，让压缩空气质量保持在最佳水平，使得压缩空气能按需供给。

（3）维修

① 安排维修计划　可由有经验的专业人员来做，对记录在案的大泄漏处可先进行维修。大修应在有经验的专业人员指导下进行，如在清洗、更换 R 螺纹的快插接头时，注意快插接头拧紧力的掌控，过大时会拧坏被连接处的螺纹，产生更大的泄漏，过小时由于结合不紧密产生泄漏，一般的 R 螺纹接头拆卸和安装不超过五次，第二次安装接头的拧紧最终位置可比前一次多 1/4 圈，这样，既可保证拧紧的可靠性又不至于用力过度损坏接头的螺纹牙，还可为下一次拆卸和安装留有余地。

② 平时定期检查　一般通过外观及颜色变化就能判断是否需要更换。平时定期检查气源处理的排水装置与过滤芯，一般通过外观及颜色变化就能判断是否需要更换。另外，对于一些破旧落后的设备，进行设备的更新计划和实施。

a. 每天：如果没有自动排水装置，应手动把过滤器中的冷凝液排出来。如果设备需要润滑油，需要检查它的油平面位置。

b. 每周：检查污垢（排气消声器的污染情况）和最后一次回路中的故障（如发生的话），检查减压器中的压力表（压力过低表明过滤器处于堵塞或管路有较严重漏气）。

c. 每三个月：确认在连接件或套管处有无泄漏，如有必要时再次拧紧连接件/套管。或把硬质管改为聚氨酯材管，确认阀门中是否有泄漏，清理消声器和过滤器，确认通气口是否工作。

d. 每六个月：在没有通气的情况下，用手检查导杆是否是直的，有无松动，确认在关节连接件上的螺钉有无松弛。

③ 堵漏工作应该常态化　泄漏的存在并不可怕，需要对设备采取定期点检和维护。在工厂，完全堵死泄漏不现实，即使采取大规模的堵漏运动，半年后泄漏仍会重新出现。所以，对企业而言，堵漏工作应该常态化，必须将其作为一项日常工作来实施，这样才能将泄漏动态地控制在最低水平。

（4）员工培训

压缩空气节能，不仅仅针对操作员工，对全体员工都要进行技术培训：系统设计，采用何种控制技术（是采用气驱动或是电驱动），节能的气动元件选用，气动线路的节能考虑等。当然对操作员工方面，要提高员工在节能方面的技术知识，并让其了解如何维持压缩空气系统最佳工况的方法。

第章　模块化电/气混合驱动技术

随着二进制数字技术的发展，现代工业中自动化流水线的控制速度越来越快、精度要求也越来越高，电驱动应用也越来越广泛。当面临诸如灰尘、油脂、水或清洁剂等恶劣的环境时，气动驱动器的优势显而易见，毋庸置疑，气动驱动器非常坚固耐用，容易安装，能提供典型的抓取功能，价格便宜且操作方便。电驱动器的特点是精确和灵活，在作用力快速增大且需要精确定位的情况下，带伺服马达的电驱动器更具优势。对于要求精确、同步运转、可调节和规定的定位编程的应用场合，电驱动器是最好的选择。

气驱动和电驱动并不互相排斥，相反，更是在一个自动化领域中，相互取长补短，优化解决驱动技术中的两种常见方案。在驱动技术的领域内，气动技术并不是总能符合各类驱动要求。而气动行业的厂商提供气驱动或电驱动的产品，表明这两门驱动技术在应用中不仅不存在排斥，而且可形成非常有效的互补，有利于自动化的方案选择上的自然性、客观性及必然性。一条流水线上有气驱动和电驱动互相搭配使用的情况是再正常不过的，而且或许往往是一种最佳的设计、最优化的应用方案。

对于用户来说，很重要的一件事是尽可能地为每一项任务寻找合适的且性价比高的驱动技术，并且让所有的元件都能以简单可靠的方式实现其功能。当所有的元件都来自同一家公司并且机械连接兼容的话，“电子系统与气动系统相互对立”的问题就不存在了。

1　电驱动与气驱动特性比较

比较这两种驱动，主要是看各自技术特性与成本因素。

在驱动控制技术中，可分开环控制与闭环控制两种形式。常见纯粹的气动驱动主要是用于开环控制系统，且大多数都设定终点位置为控制点位置，也有用于多位置的气动闭环控制，称气动伺服控制，其控制精度不高(最高精度是 0.2mm)。而电驱动同样也可分开环控制与闭环控制，电驱动中的开环控制可设多个位置的控制点，显然与气动开环控制只能设一个终点位置比起来，性能优越得多。而且，用于闭环控制的电驱动其最高精度可达 0.02mm，故在自动化闭环控制技术中，应用极其广泛。除了从控制方式、精度来分析它们各自的应用领域之外，气驱动与电驱动还有许多各自优势或劣势。例如：气驱动的力过载并不损坏驱动器，而电驱动轴受额定力限制，过载会产生大量热量，烧毁电机，为了防止过热，需增加散热机构（如水冷、风冷或压缩空气冷却）。

其次就是成本因素，通常以标准气缸为例，当它的成本为标准值 1 时，伺服气动的成本约是标准气缸的 1.8 倍左右，齿形带式的电驱动轴约为 2 倍左右，而滑动丝杆形式的电驱动轴是标准气缸的 2.5 倍左右，滚珠丝杆式的电驱动轴将达 3 倍左右，直线电机将高达 4 倍左右倍。

需要说明的是，混合驱动轴则是把上述各种驱动形式糅合在一起，把这两种技术结合起来，发挥各自的强项，使两门驱动控制相得益彰。详见表 23-11-1。

表 23-11-1　　电驱动与气驱动的特性比较

技术参数	标准气缸	伺服气动	齿形带	滑动丝杠	滚珠丝杠	直线电机	混合驱动轴
负载/kg	可达 100	可达 300	可达 200	可达 100	可达 200	可达 200	可达 200
行程/m	可达 10	0.02~2	可达 10	可达 2	可达 2	可达 10	0.02~2
速度/(m/s)	3	5	5~10	0.5	3~5	5~10	5
加速度/(m/s^2)	30	50	100	30	50	≤250	≤250
精度/μm	100	200	100	50	20	1	1
噪声	响(可耐受)	响(可耐受)	响	满意	中等	满意	中等
刚度	中等	中等	中等	非常高(反转)	高	高	高

续表

技术参数	标准气缸	伺服气动	齿形带	滑动丝杠	滚珠丝杠	直线电机	混合驱动轴
成本(TCO)	1	1.8×气动	2×气动	2.5×气动	3×气动	4×气动	3.5×气动(优化后甚至于还可降低)
柔性	不可编程	可编程	可编程	可编程	可编程	可编程	可编程
功率密度	高	高	中等	中等	中等	低	高

2 模块化电驱动运动模式分类

以 FESTO 公司的产品为例：模块行化电驱动系统是一个多轴系统，有抓取和放置系统，直线式门架（二维直线门架），悬臂式驱动轴（三维系统），三维门架（三维系统），三角架电子轴系统（三维系统）等运动模式。

2.1 抓取和放置系统

抓取和放置系统，从抓取配置来分有两种方式，一种是连续的高速抓取模式，即采用的是一个高速抓取模块 HSP 与气动旋转驱动器或电伺服马达组成，见表 23-11-2（PP-1.0）；另一种是滑台气缸 DGSL 与小型滑台电缸 EGSL 组成（PP-2.0、PP-3.0）。FESTO 公司的抓取和放置运动模式以 PP 来表示，PP-1.0 表示最大负载力 1.6kg，PP-2.0 表示最大负载力为 4kg、PP-3.0 表示最大负载力为 6kg。

连续的高速抓取模式有 180°与 90°二种运动轨迹的产品，180°气驱动抓取以 HSP-AP 表示（HSP-AE 表示电驱动），90°气驱动抓取以 HSW-AP 表示（HSP-AE 表示电驱动），其最高抓取时间分别为 0.8~1.8s 及 0.8~1.2s，其他技术参数见表 23-11-2。表中列出的 2D 抓取搬运模式，其最大有效行程为 400mm，表格未列出其他气驱动器和电驱动的产品，如果 Y 轴、Z 轴行程较短时，则可采用其他短行程滑块气缸或其他类型的驱动器。可向 FESTO 公司咨询。

表 23-11-2　　FESTO 公司抓取和设置系统产品技术参数

类型	重要特性	结构特点	有效负载	最大有效行程	元件
连接导向，高速抓放(180°) PP-1.0	·结构紧凑 ·最大循环速度 100Hz ·智能行程调节 ·等待位置，可自由编程位置(电驱动) ·易于调试 ·易于安装	装配完整的抓取模块	最大 1.6kg	Z 轴：最大 20~70mm Y 轴：最大 52~170mm	气动：HSP-AP 电驱动：HSP-AE（配伺服马达 MTR-DCI)
连接导向高速抓放(90°) PP-1.0	·结构紧凑 ·最大循环速度 100Hz ·智能行程调节 ·等待位置，可自由编程位置(电驱动) ·易于调试 ·易于安装	装配完整的抓取模块	最大 1.6kg	最大直线行程 90~175mm 工作行程 9~35mm	气动：HSW-AP 电驱动：HSW-AE（配伺服马达 MTR-DCI)
2D 抓放搬运 PP-2.0 PP-3.0	·结构非常坚固 ·循环时间短 ·高精度小型滑台式气缸 DGSL 和小型滑台式电缸 EGSL ·EGSA 动态响应优异，长行程时精度高 ·HMP 功能强大	由滑台式驱动器/悬臂式电缸组成的抓取单元	最大 6kg	Z 轴：最大 400mm Y 轴：最大 400mm	DGSL EGSL EGSA HMP

续表

智能伺服马达 MTR-DCI/ 抓取模块 HSP(HSW)	小型滑台电缸 EGSL/ 小型滑台电缸 DGSL	直线模块 HMP/摆动电缸 ERMB +小型滑台气缸 DGSL
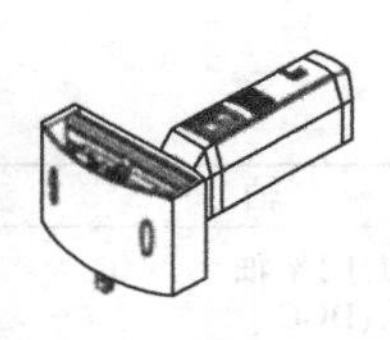	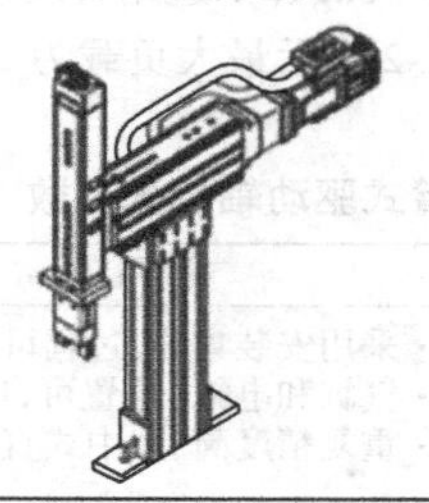	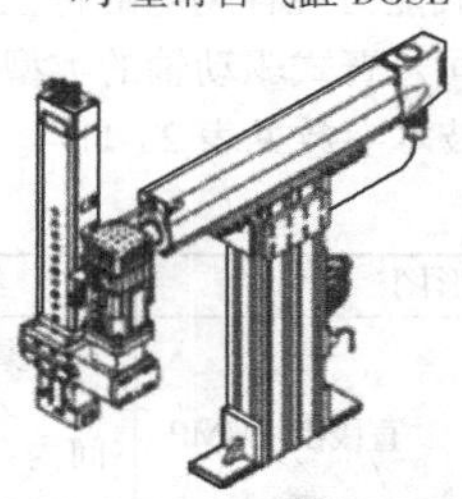

2.2 直线式门架（二维直线门架）

直线式门架是指 Y 轴与 Z 轴组成的一个平面运动，Y 轴由无杆电驱器 EGC 或无杆气缸 DGC 等组成，Z 轴可由电动小型滑台 EGSL、悬臂式电缸 DGEA 或气动小型滑台 GDSL、DNC 普通气缸等组成。采用电驱动后解决了中间位置的任意定位，重复精度视采用何种结构的电缸而定，最高重复精度为 0.02mm。直线门架常用于进给工作场合，门架最大行程为 8.5m，负载能力视驱动器而定，最高负载为 50kg。

FESTO 公司直线式门架的类型用 LP 来表示，LP-0.5 表示最大负载为 0.5kg，LP-1 表示最大负载为 1kg，以此类推。控制电驱动的伺服马达及马达控制器已是供应厂商一揽子的供应范围，用户只需提出负载、精度、行程，一个运动循环周期所需时间，供应商会提供一个即插即用的产品，其主要技术参数见表 23-11-3。

表 23-11-3　　FESTO 公司直线式门架技术参数

<table>
<tr><th>外形图</th><th>结构特点</th><th colspan="2">重要特性</th><th>轴</th></tr>
<tr><td rowspan="7">Z
Y
电缸的伺服驱动一揽子方案：
· 伺服马达 EMMS-AS
· 马达控制器 CMMP/S/D-AS</td><td>· 采用单轴或双轴的直线门架
· 垂直平面内，Z 轴可自由运动</td><td colspan="2">· 采用安装集成，过程可靠性高
· 气缸和电缸（位置可自由编程）
· 重复精度高，集中式直接轴接口</td><td>Y 轴：门架轴
EGC、DGC、DGCI
Z 轴：小型滑台
EGSL，DGSL，DFM
悬臂式电缸
EGSA，DGEA
气缸 DNCE，DNC，DNCI
直线电缸 EGC</td></tr>
<tr><td>类型</td><td>有效负载/kg</td><td>重复精度/mm</td><td>行程/mm</td></tr>
<tr><td>LP0.5</td><td>最大 0.5</td><td>Y=最高±0.02
Z=最高±0.01</td><td>Y=最大 1900
Z=最大 100</td></tr>
<tr><td>LP1</td><td>最大 1</td><td>Y=最高±0.02
Z=最高±0.01</td><td>Y=最大 5000
Z=最大 200</td></tr>
<tr><td>LP2</td><td>最大 2</td><td>Y=最高±0.02
Z=最高±0.01</td><td>Y=最大 8500
Z=最大 400</td></tr>
<tr><td>LP4
LP6
LP10</td><td>最大 4
最大 6
最大 10</td><td>Y=最高±0.02
Z=最高±0.01</td><td>Y=最大 8500
Z=最大 1000</td></tr>
<tr><td>LP15
LP25
LP50</td><td>最大 15
最大 25
最大 50</td><td>Y=最高±0.02
Z=最高±0.02</td><td>Y=最大 8500
Z=最大 1000</td></tr>
</table>

2.3 悬臂式驱动轴（三维系统）

悬臂式驱动系统由两个平行驱动器与一个抓放驱动单元组合而成，机械刚性高、结构坚固。在水平 X 轴方向，可由一个电缸 EGC 和一个被动式导向轴 EGC-FA 组成平行驱动轴，或由一个气动无杆气缸 DGC 和一个被动动向轴 DGC-FA 组成平行驱动轴构成。Y 轴则可采用悬臂式电缸 DGEA，也可采用气动直线模块 HMP。Z 轴垂直方向可由电动小型滑台 EGSL 或气动小型滑台 DGSL 等组成。采用电驱动后解决了中间位置的任意定位。重复精度视采用电缸的结构而定，最高重复精度为 0.02mm。对于有限的空间内，三维门架体积太大，如采用悬臂式电缸可使抓取工作完成后，抓取轴能从活动工作区域缩回。水平 X 轴最大行程为 8.5m，最大悬臂行程（Y 轴）可达 400mm，负载能力视各类电缸特性而定，最高负载为 50kg（如选用直线模块 HMP）。

FESTO 公司悬臂式驱动轴的类型用 AL 来表示，AL-2 表示最大负载为 2kg，AL-4 表示最大负载为 4kg，以此类推。其主要技术参数见表 23-11-4。

表 23-11-4　　FESTO 公司悬臂式驱动轴技术参数

外形图	结构特点	重要特性		轴
直线模块HMP 电缸的伺服驱动一揽子方案： · 伺服马达 EMMS-AS · 马达控制器 CMMP/S/D-AS	· 悬臂式门架 · Z 轴在可用空间内自由运动	· 采用安装集成，过程可靠性高 · 气缸和电缸（位置可自由编程） · 重复精度高，集中式直接轴接口		X 轴：门架轴 EGC、DGC Y 轴：悬臂式轴 DGEA，HMP Z 轴：小型滑台 DGSL，（EGSL） 悬臂式轴 DGEA，HMP
	类型	有效负载/kg	重复精度/mm	行程/mm
	AL2	最大 2	X＝最高±0.02 Y＝最高±0.02 Z＝最高±0.02	X＝最大 8500 Y＝最大 400 Z＝最大 150
	AL4	最大 4	X＝最高±0.02 Y＝最高±0.02 Z＝最高±0.02	X＝最大 8500 Y＝最大 400 Z＝最大 300
	AL6	最大 6	X＝最高±0.02 Y＝最高±0.02 Z＝最高±0.02	X＝最大 8500 Y＝最大 300 Z＝最大 400

2.4　三维门架（三维系统）

三维系统由水平门架和垂直门架组合而成，通常用于三维空间的任意运动，对于要求精度非常高、工件非常重、行程又很长的工况。如搬动轻型或较重型工件，位置精度很高，且行程较长的工况条件，在水平 X 轴方向，可由一个电缸 EGC 和一个被动式导向轴 EGC-FA 组成平行驱动轴，完成任意中间位置定位的需要。对于重型工件，则可采用二个电缸 EGC，在 Y 轴上，同样根据工况要求可选择气驱动无杆气缸 DGC 或电缸 EGC，Z 轴上通常选用的方式是根据其行程确定：对于行程不超过 200mm 时可采用气驱动 DGSL，行程不超过 400mm 时可采用气动导向驱动器 DFM（亦称导杆止动气动），或视具体工况要求后定。

采用电驱动后解决了中间位置的任意定位，重复精度视采用电缸的结构而定，最高重复精度为 0.02mm，水平 X 轴、Y 轴及 Z 轴精度及行程见表 23-11-5。FESTO 公司三维门架的类型用 RP 来表示，RP-2 表示最大负载为 2kg，RP-4 表示最大负载为 4kg，以此类推。

表 23-11-5　　FESTO 公司三维门架技术参数

外形图	结构特点	重要特性	轴
电缸的伺服驱动一揽子方案： · 伺服马达 EMMS-AS · 马达控制器 CMMP/S/D-AS	· 采用单轴或双轴的三维门架 · Z 轴在可用空间内自由运动	· 结构紧凑 · 采用安装集成，过程可靠性高 · 气缸和电缸（位置可自由编程） · 重复精度高，集中式直接轴接口 · 动态响应优异，精度高	X 轴：门架轴 EGC Y 轴：门架轴 EGC，DGC，DGCI Z 轴：小型滑台 EGSL，DGSL，DFM 悬臂式电缸 EGSA，DGEA 气缸 DNCE，DNC，DNCI 直线电缸 EGC

续表

外形图	结构特点	重要特性		轴
	类型	有效负载/kg	重复精度/mm	行程/mm
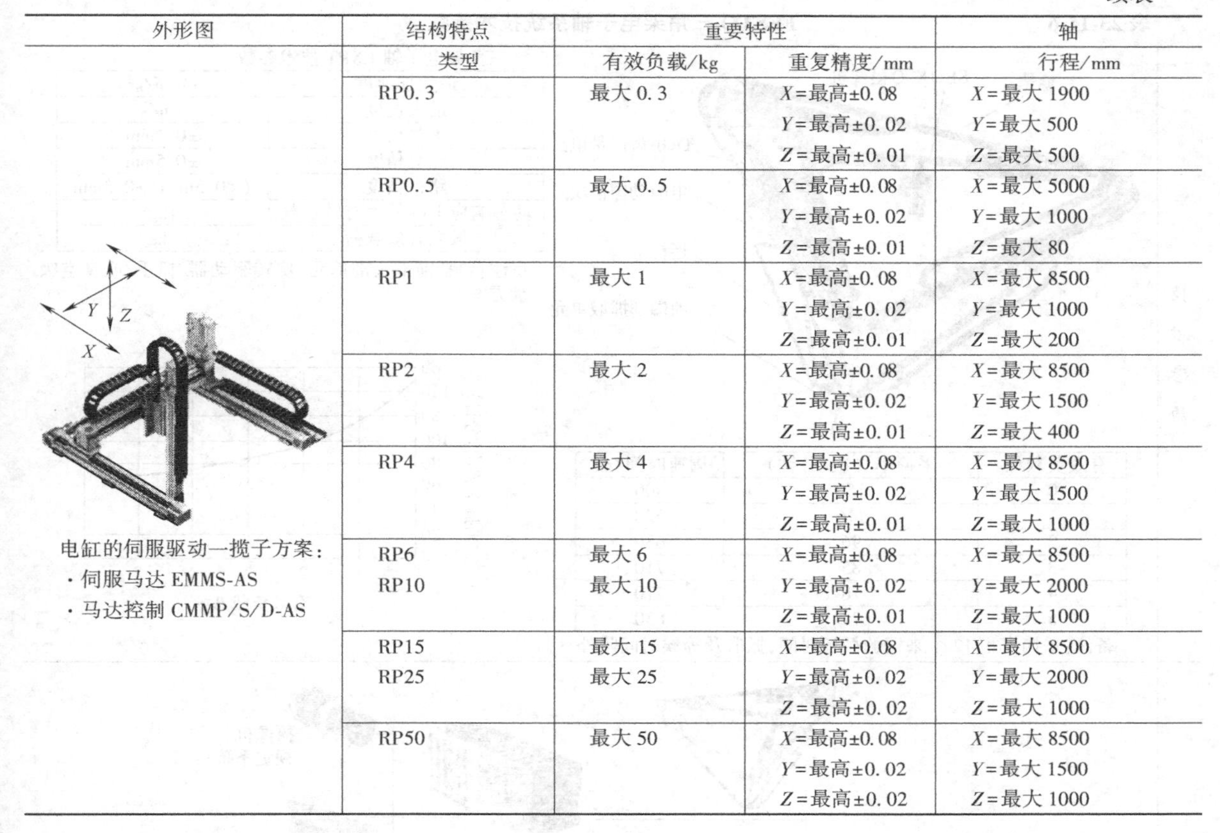电缸的伺服驱动一揽子方案： · 伺服马达 EMMS-AS · 马达控制 CMMP/S/D-AS	RP0.3	最大 0.3	X=最高±0.08 Y=最高±0.02 Z=最高±0.01	X=最大 1900 Y=最大 500 Z=最大 500
	RP0.5	最大 0.5	X=最高±0.08 Y=最高±0.02 Z=最高±0.01	X=最大 5000 Y=最大 1000 Z=最大 80
	RP1	最大 1	X=最高±0.08 Y=最高±0.02 Z=最高±0.01	X=最大 8500 Y=最大 1000 Z=最大 200
	RP2	最大 2	X=最高±0.08 Y=最高±0.02 Z=最高±0.01	X=最大 8500 Y=最大 1500 Z=最大 400
	RP4	最大 4	X=最高±0.08 Y=最高±0.02 Z=最高±0.01	X=最大 8500 Y=最大 1500 Z=最大 1000
	RP6 RP10	最大 6 最大 10	X=最高±0.08 Y=最高±0.02 Z=最高±0.01	X=最大 8500 Y=最大 2000 Z=最大 1000
	RP15 RP25	最大 15 最大 25	X=最高±0.08 Y=最高±0.02 Z=最高±0.02	X=最大 8500 Y=最大 2000 Z=最大 1000
	RP50	最大 50	X=最高±0.08 Y=最高±0.02 Z=最高±0.02	X=最大 8500 Y=最大 1500 Z=最大 1000

2.5 三角架电子轴系统（三维系统）

三角架电子轴系统是高速抓取单元，具有机器人功能特性，可在三维空间自由运动，定位精度很高，动态响应十分优异，每分钟最高可抓取 150 次，其技术参数参见表 23-11-6。由于三个电缸通过框架连接在一起呈金字塔结构，缓解了反馈到机器框架上的反向冲击力，对框架造成的振动小，装置十分坚固。

具有机器人功能的三角架电子轴系统在空间运动路径是：四个平移移动和一个回转运动，同时，它能完成精确位置的定位功能。三个标准的 DGE 齿形带电缸通过框架组成一个金字塔结构装置，前端部抓取单元与电缸（电缸滑块）的连接由与驱动器相平行的玻璃纤维增强塑料棒来完成，该塑料棒重量轻，使运动时质量降为最低限度，几乎可以使驱动力的动态响应达到最佳状态，同时，振动也降为最低程度。如果前端部位安装了高性能、精确的旋转驱动器，便成为三角架电子轴系统运动的第四个轴。

三角架电子轴是一个具有完整功能的系统、机电一体化、模块化的高级抓取装置，对于整个三角架电子轴系统而言，它还必须具有 SBOX-Q 摄像机、CMMP-AS 马达控制器（马达控制）、CMXR 运动控制器（用于 3D 运动控制）、示教盒 CDSA（用于对 CMXR 运动控制器编程），如抓取采用气爪、真空吸盘形式时，还需电磁阀、阀岛（远程 I/O）几大主要部件组成一个完整系统。三角架电子轴系统即插即用（安装、调试已完成），与其他方案（笛卡儿系统或机器人）相比，刚性高、振动小，动态响应性能佳，循环时间极短，重复精度极高，可停留在任意所需的中间位置。1kg 负载加速度可达 $50m/s^2$，速度可达 3m/s，对于小尺寸零件及空间局促的应用场合，其速度可达笛卡儿系统三倍左右。有效负载最高为 5kg。对于空间任意三维动作，高速抓放，精度及动态响应要求特别高的场合，可用于半配中小型的零件及较重工件的堆码。

FESTO 公司的三角架电子轴有四种规格，EXPT-45、EXPT-70、EXPT-95、EXPT-120，其工作区域

高度与工作区域直径有关，工作区域（圆周工作区域）直径越大，它的工作高度越小。

表 23-11-6　　FESTO 三角架电子轴系统技术参数

技术参数

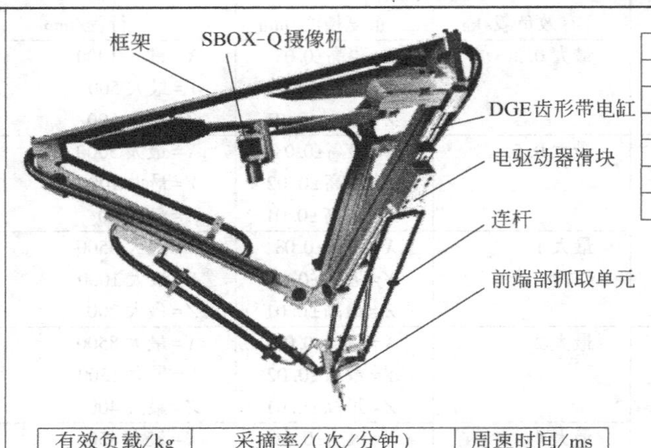

三角架电子轴 EXPT 技术参数

最大加速度	$110m/s^2$
最大速度	7m/s
重复精度	±0. 1mm
绝对精度	±0. 5mm
路径精度	（<0. 5m/s）±0. 3mm
动态响应下的最大有效负载	1kg
最大有效载荷	5kg

备注：包括前部头部单元（旋转驱动器/抓手/或真空吸盘方案）

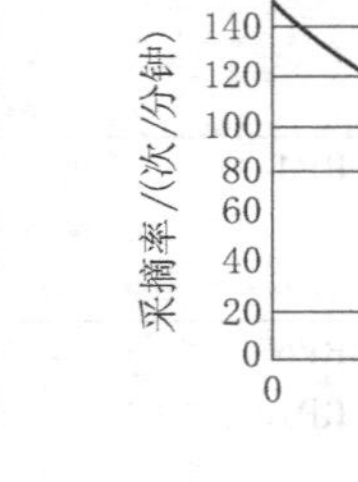

有效负载/kg	采摘率/（次/分钟）	周速时间/ms
0	150	400
1	116	520
2	96	630
3	85	710
4	78	770
5	72	830

备注：采摘率指 12 个来回的循环时间，抓取及等候时间除外

组成

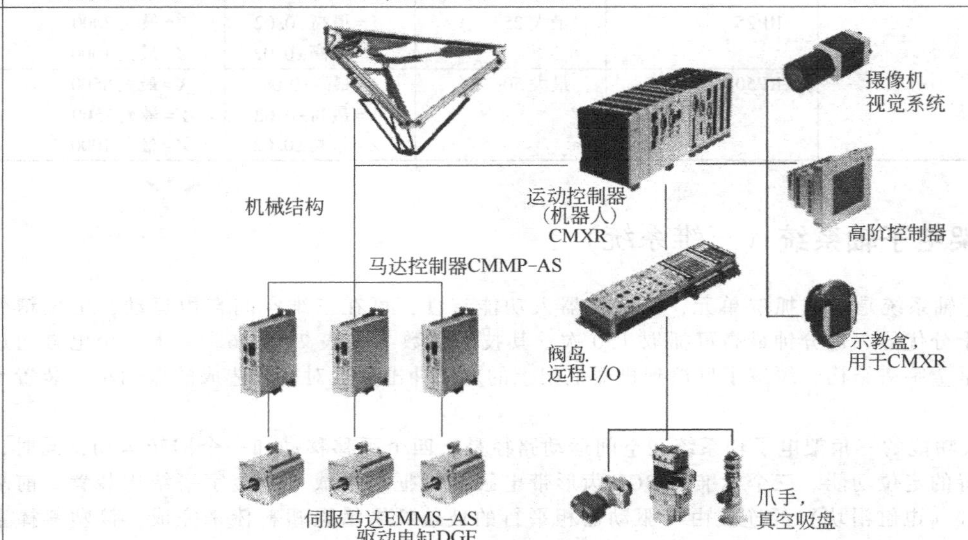

规格

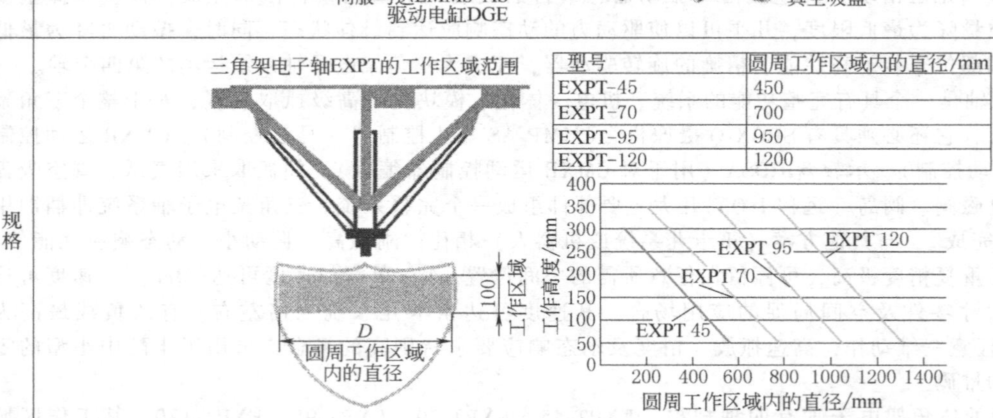

型号	圆周工作区域内的直径/mm
EXPT-45	450
EXPT-70	700
EXPT-95	950
EXPT-120	1200

3 电　缸

电缸，也被称为电动滑台，或电轴，或电动执行器（上述称谓是气动行业内俗称，与电气自动化称呼不同）。它的分类与气驱动器一样，分有杆电缸，无杆电缸和旋转电缸。以下以 FESTO 公司的产品为例。

3.1 有杆电缸

有杆电缸 DNCE 是一款带活塞杆的直线型电缸，驱动动力源自步进马达或伺服马达，而马达控制器将通过马达来控制电缸的扭矩、速度、加速度、延迟、位置定位、分步的行进（在定位过程中改变速度）、止动等工序，并且可以可靠地从一种工作模式切换到另一种工作模式，包括状态显示等诸多功能。

表 23-11-7　　　　　　　　　有杆电缸工作原理和技术参数

<table>
<tr><td>工作原理</td><td>

步进马达或伺服马达的动力能通过输入轴 9 使丝杆 5 作旋转运动，作为丝杆旋转运动副的螺母组件则是一个从旋转运动转化为直线运动的中转机构（由丝杆螺母 6、筒形筒套 7、滑键 4 等组成），聚碳酸酯材质的筒形筒套 7 内镶嵌钢制螺母 6，其外部则镶嵌同材质的滑键 4，滑键紧贴缸筒 2 的开口滑槽面，当丝杆作旋转运作时，筒形套筒在滑键的引导下沿着缸筒开口槽作直线运动，同时带动活塞杆一起作直线运动，见图 a

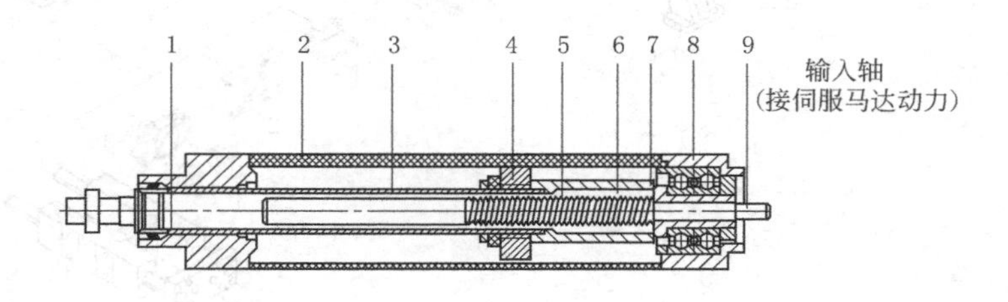

件号	名称	材料
1	轴承端盖	压铸铝、喷漆
2	缸筒	精制铝合金、顺滑阳极氧化
3	活塞杆	高质合金不锈钢
4	滑键	聚碳酸酯
5	丝杆	钢
6	丝杆螺母、用于滑动丝杆 LS	钢
	丝杆螺母、用于滚珠丝杆 BS	
7	筒形筒套	聚碳酸酯
8	端盖	压铸铝，喷漆
9	输入轴	钢

(a)

</td></tr>
<tr><td>连接方式</td><td>

有两种连接驱动轴的方式：一种是平行连接方式，另一种是轴向连接方式，见图 b。有杆电缸 DNCE 与 ISO 15552 标准的 DNC 气缸所有机械连接都是共用的，除了电缸在长度尺寸上与气缸不相同之外（电缸活塞杆头部的螺纹理论节点到电缸后端盖长度不一样）。电缸所有的机械接口尺寸都与有杆气缸相同，例如：电缸的活塞杆头部螺纹及螺纹长度，电缸前端盖、颈部直径和颈部长度，电缸端盖上四个连接用的螺钉孔（四个螺钉中心距尺寸及内螺纹尺寸与 ISO 15552 标准的气缸完全一致）。有杆电缸所有配套的机械连接件均采用气缸的连接件（见图 b），并且电缸外形型材与气缸型材也是相同的。由于有杆电缸 DNCE 与气缸连接界面相同，因此，可极方便地与气动模块化系统进行置换或添加

</td></tr>
</table>

续表

连接方式

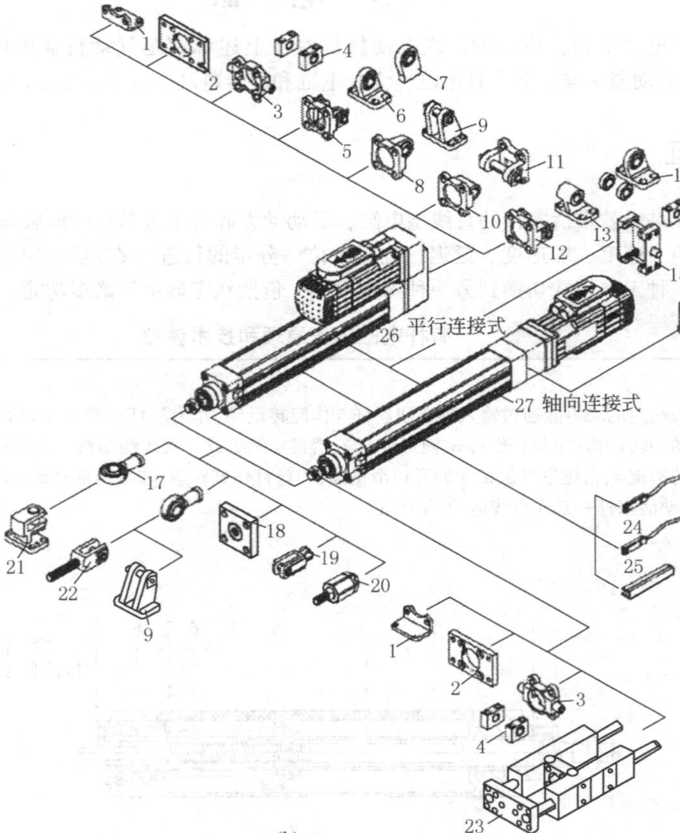

平行连接式

轴向连接式

(b)

主要技术参数

有杆电缸规格有 32、40、63 三种。有杆电缸传动结构形式有滑动丝杆(LS)、滚珠丝杆(BS)。滑动丝杆电缸具有自行制动功能,结构紧凑,常用于低速进给的场合;滚珠丝杆电缸用于高速进给且高速运行的场合。重复精度是 0.02mm

型号意义:

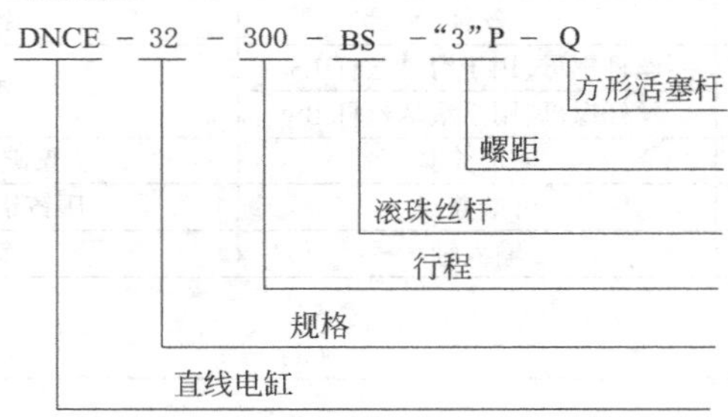

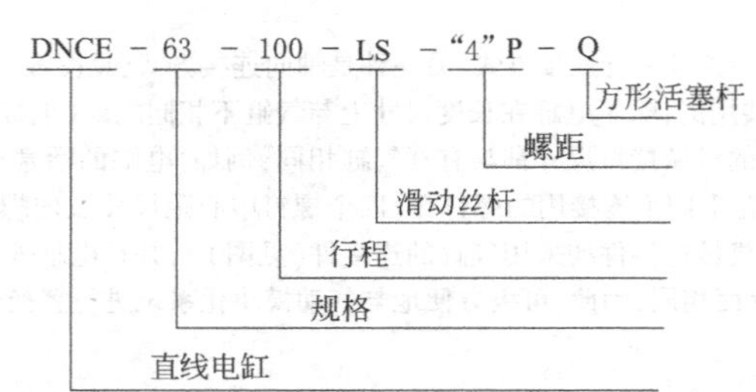

续表

	规格	32			40			63		
主要技术参数	丝杆	LS-"1,5"	BS-"3"	BS-"10"	LS-"2,5"	BS-"5"	BS-"12,7"	LS-"4"	BS-"10"	BS-"20"
	工作行程/mm	100~400			100~600			100~800		
	有效负载值(水平)/kg	30	30	36	60	50	80	100	240	160
	有效负载值(垂直)/kg	15	15	18	30	25	40	50	120	80
	最大进给力 f_x/N	300	300	350	600	525	800	1000	2500	1625
	空载驱动扭矩/N·m(带轴向安装组件)	0.08	0.08	0.08	0.12	0.12	0.12	0.3	0.2	0.2
	空载驱动扭矩/N·m 带平行安装组件	0.13	0.13	0.13	0.22	0.22	0.22	0.6	0.5	0.5
	最大速度/$m \cdot s^{-1}$	0.06	0.15	0.5	0.07	0.25	0.64	0.07	0.5	1.0
	最大加速度/$m \cdot s^{-2}$	1	6	6	1	6	6	1	6	6
	重复精度/mm	±0.07	±0.02	±0.02	±0.07	±0.02	±0.02	±0.07	±0.02	±0.02
	DNCE 许用力和扭矩 (F_z, M_z, M_y, F_y)									
	最大许用力 F_z/N	105			250			310		
	最大许用扭矩 M_x/N·m	1			1			1.5		
	最大许用扭矩 M_y/N·m	8			20			27		
	最大许用扭矩 M_z/N·m	8			20			27		

3.2 无杆电缸

表 23-11-8　　无杆电缸原理和结构

类型	原理和结构
滑块移动的电缸(缸体固定)	常见的驱动方式都以缸体二端端盖固定后,电缸上的滑块作滑动移动。滑块有标准滑块、加长型滑块及附加滑块(此时缸体上有两个滑块,常用于固定长度较长的被固定物或两根平行驱动轴)。如采用加长型滑块及附加滑块时,需注意其缸体行程与标准行程是不一样的。常见电缸有齿形带传动和丝杆传动两种类型,导向机构有基本型(不带导向导轨)、带循环滚珠轴承导执及带滚轴导轨 步进马达或伺服马达的安装位置,根据需要,可安装在电缸的左侧或右侧,驱动轴位置方向也可根据需要置于前侧或后侧,以 DGE 电缸为例,见图 a 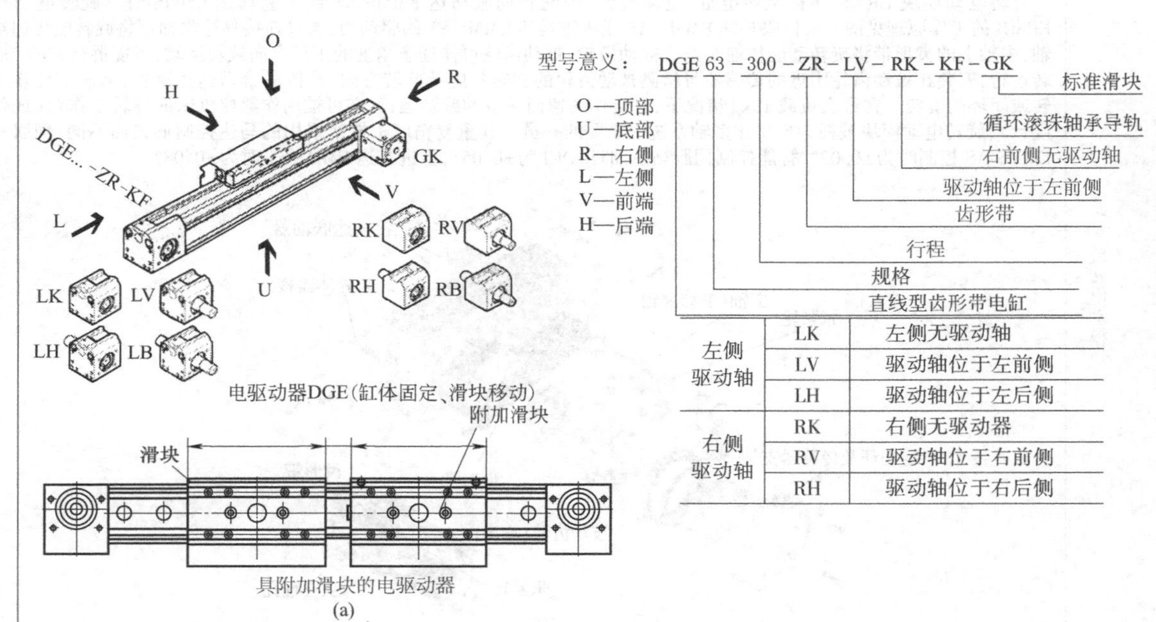

续表

类型	原理和结构
缸体移动的电缸	缸体移动的电缸在模块化多轴系统是重要的一员，当马达、减速齿轮箱和驱动头都被固定安装时，极大地减少了移动的负载，此时只有电缸筒型材和负载一起被移动，由于重量大幅度减轻后，其动态性好，尤其在行程长、速度高的工况条件下，特别适合垂直操作。FESTO 公司把缸体运动的电缸称为悬臂轴 DGEA(见图 b) 在模块化多轴系统中，马达驱动器的安装位置被设计六种状态，马达驱动轴在前面的有三种形式：一种是马达与缸筒型材呈 90°方式(WV)安装的(见图 d)，另外两种是马达与缸筒型材呈平行方式安装的(见图 c)，马达驱动轴朝左侧方向的为 GVL，而马达驱动轴朝右侧方向为 GVR(见图 e)。同理，马达驱动轴在后侧面安装也是三种形式

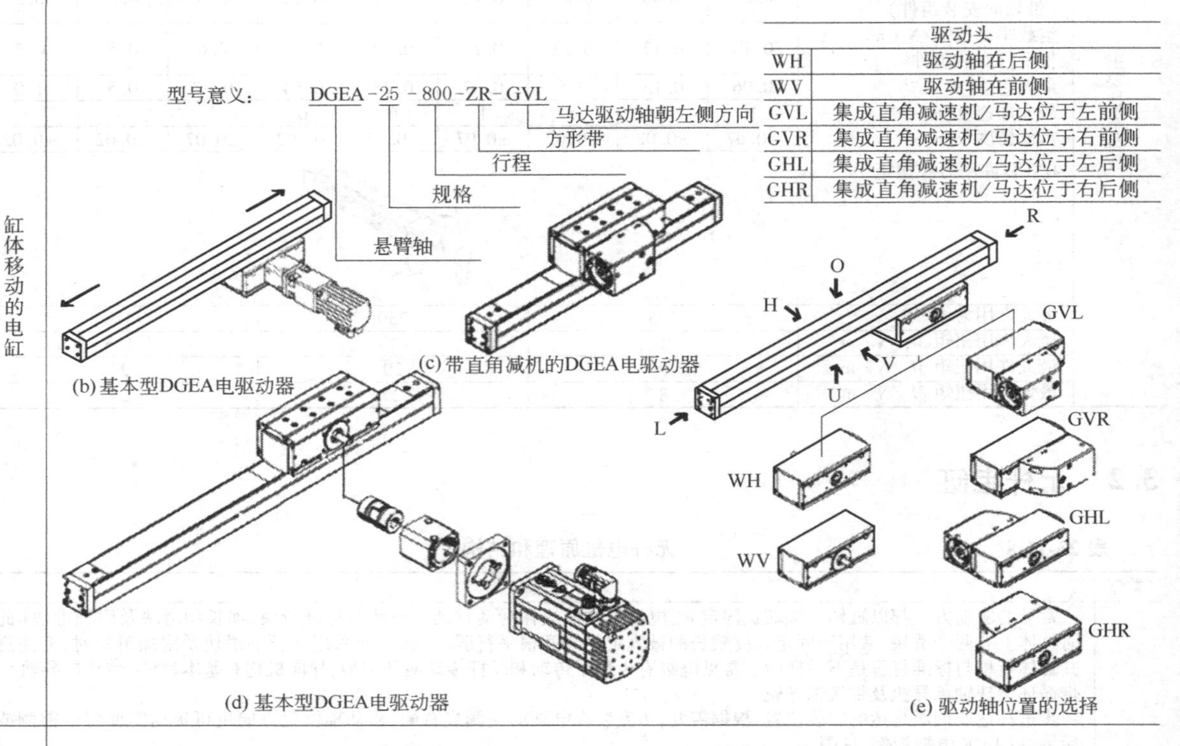

(b) 基本型DGEA电驱动器

(c) 带直角减机的DGEA电驱动器

(d) 基本型DGEA电驱动器

(e) 驱动轴位置的选择

类型	原理和结构
旋转电动模块	旋转电动模块 ERMB 亦称旋转电缸、电动滑台，需配置伺服马达 EMMS-AS 或步进马达 EMMS-ST。旋转电动模块 ERMB 的工作原理见图 f、g，伺服马达 EMMS-AS 或步进马达 EMMS-ST 的驱动力，通过连接马达联轴器将旋转能传递给主轴，主轴上的齿形带将旋转动能传输给空心被动齿轮，被动齿轮可作任意角度的正反方向旋转运动，或能胜任>360°的旋转运行，安装在被动齿轮附近的传感器可检测被动齿轮的旋转角度及旋转方向，并传输给马达控制器，从而实现步进旋转或闭环的旋转。在最大负载 15kg 情况下，仍能作高速而平滑的旋转运行，亦可被用作数控机床的旋转工作台(或作分度台)，旋转电动模块被视为模块化多轴系统中重要的一员。其重复精度根据所采用的马达控制形式而不同：伺服马达 EMMS-AS 控制时为±0.03°，智能控制伺服马达 MTR-DCI 为±0.05°，步进马达 EMMS-ST 时为±0.08°

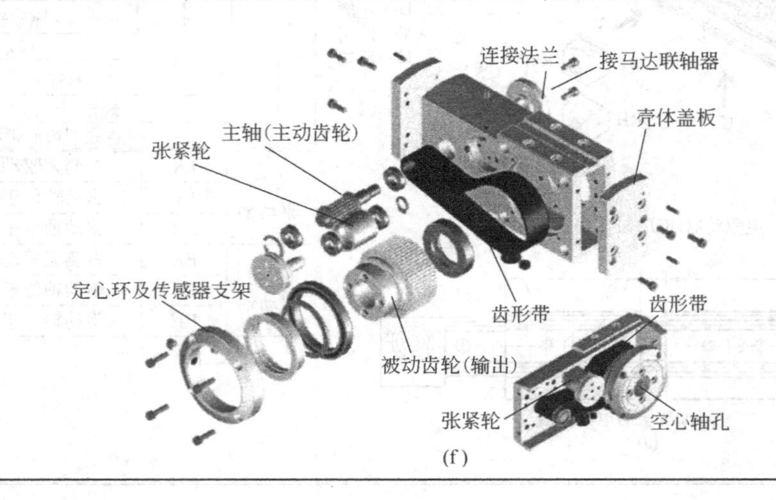

(f)

续表

类型	原理和结构
旋转电动模块	配伺服马达EMMS-AS 或步进马达EMMS-ST (g) 1—凸转、传感器托架；2—用于信号或安全检查用；3—旋转模块与驱动之间连接界面（旋转模块可增加带传感或不带传感的驱动器）；4—旋转模块与抓取之间的连接板；5—使其无限制及灵活旋转角度；6—用于轴向电机安装（包括联轴器、联轴器外壳、连接法兰板）；7—电机配用轴（带或不带刹车，根据需要马达可转90°）

3.3 电缸产品

表 23-11-9　　电缸产品

类型	结构原理及技术参数
齿形带无杆电缸	齿形带无杆的电缸需由伺服马达 EMMS-AS 或步进马达 EMMS-ST 作动力驱动。工作原理见图 a，伺服马达 EMMS-AS 或步进马达 EMMS-ST 的驱动力，通过接马达联轴器将旋转能传递给主动轮 8，啮合于动力轴齿轮（主动轮）与返回滑轮齿轮上的齿形带将带动齿条部件 4 作往复移动，与齿条部件 4 连接的移动滑块随之也作往复的运动。齿形带无杆的电缸重复精度为±0.1mm 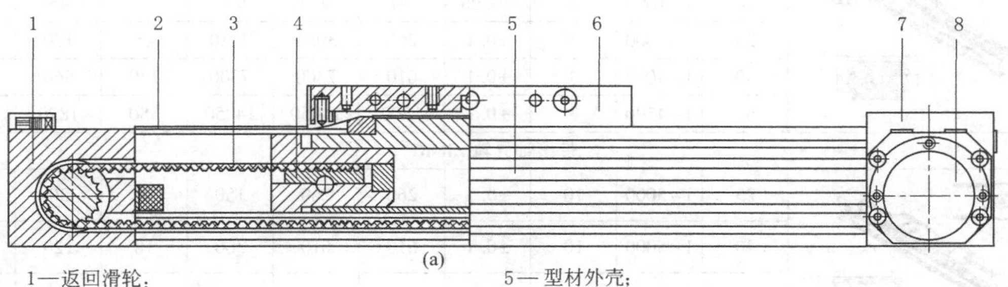 (a) 1—返回滑轮； 2—滑块与缸体间密封条； 3—齿形带（聚氯丁烯，带玻璃纤维绳和尼龙涂层）； 4—齿条部件（含内套、销钉、支承摩擦付）； 5—型材外壳； 6—移动滑块组件； 7—驱动器外壳； 8—主动轮（接马达动力） 齿形带无杆电缸 DGE-ZR 结构紧凑，具有六种不同的规格（规格为 8、12、18、25、40、63），有不带导轨（DGE-ZR）、带循环滚珠轴承导轨（DGE-ZR-KF）、带滚轴导轨（DGE-ZR-RF）及带重载导轨（DGE-ZR-HD）四种类型。齿形带无杆电缸比丝杆型电缸的速度更快，最大速度 10m/s，但精度不如丝杆电缸高（齿带型为±0.1mm，丝杆型为±0.02mm） 齿形带电缸的工作行程比丝杆型电缸长（齿带型最大行程为 5000mm，丝杆型最大行程为 2000mm）。齿形带无杆电缸的滑块可选择：加长滑块、双滑块、防尘结构。模块化结构还表现在马达组件以及相应的附件安装友好性上。开放式接口表现在：可把马达驱动机构选择性地安装在电缸的前端盖（左端 L 表示）、后端盖（右端 R 表示），如左端盖无电驱动马达用 LK 表示，右端盖无电驱动马达用 RK 表示，马达也可选择在正对面、背后面及正、后面都有传送轴的三种方式（V 表示正对面有传送轴，H 表示背后面有传送轴，B 表示正、后面都有传送轴）

第 23 篇

续表

类型	结构原理及技术参数
齿形带无杆电缸	齿形带无杆电缸 DGE-ZR 的缸体与无杆型气缸 DGPL 在外形上是一样的，型材外壳三面都呈沟槽状，每一面上的两条沟槽中心距尺寸与无杆型气缸 DGPL 型材是一致的（两条沟槽用于与外部驱动器连接之用），因此，齿形带无杆电缸与无杆气缸的连接是无缝连接。如果原设计中的 DGPL 无杆气缸需有中间停顿位置、任意位置停顿的要求，或有更高精度要求，在生产流水线上，只需拆下无杆型气缸 DGPL，把电驱动 DGE 换上便可，与 FESTO 公司的模块化多轴系统完全兼容 齿形带无杆电缸还具有可靠、灵活，而且具有精确度高、扭矩大、无磨损、噪声低、低摩擦以及良好的润滑效果等特点

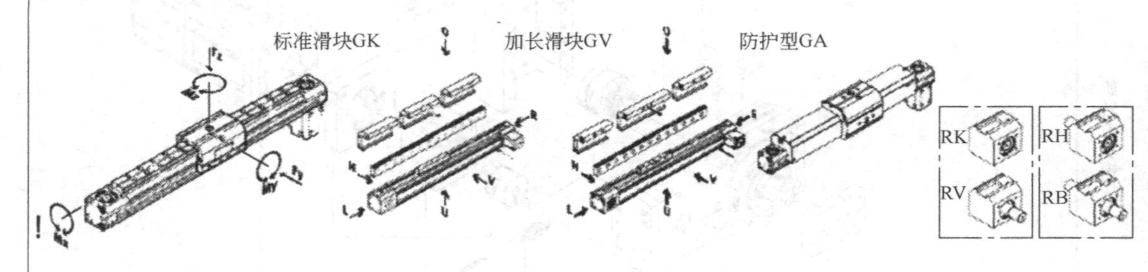

型式	规格/mm	工作行程/mm	速度/$m \cdot s^{-1}$	重复精度/mm	进给力/N	力和力矩 F_y/N	F_z/N	M_x/N·m	M_y/N·m	M_z/N·m
基本型 ZR，不带导轨										
	8	1~650	1	±0.08	15	—	38	0.15	2	0.3
	12	1~1000	1.5	±0.08	30	—	59	0.3	4	0.5
	18	1~1000	2	±0.08	60	—	120	0.5	11	1
	25	1~3000	5	±0.1	260	—	330	1	20	3
	40	1~4000	5	±0.1	610	—	800	4	60	8
	63	1~4500	5	±0.1	1500	—	1600	8	120	24
带循环滚珠轴承导轨 ZR-KF										
	8	1~650	1	±0.08	15	255	255	1	3.5	3.5
	12	1~1000	1.5	±0.08	30	565	565	3	9	9
	18	1~1000	2	±0.08	60	930	930	7	45	45
	25	1~3000	3	±0.1	260	3080	3080	45	170	170
	40	1~4000	3	±0.1	610	7300	7300	170	660	660
	63	1~4500	3	±0.1	1500	14050	14050	580	1820	1820
带滚轴导轨 ZR-RF										
	25	1~5000	10	±0.1	260	260	150	7	30	30
	40	1~5000	10	±0.1	610	610	300	18	120	180
	63	1~5000	10	±0.1	1500	1500	600	65	340	600
带重载导轨 ZR-HD										
	18	1~1000	3	±0.08	60	1820	1820	70	115	112
	25	1~1000	3	±0.1	260	5400	5600	260	415	400
	40	1~1000	3	±0.1	610	5400	5600	375	560	540

类型	结构原理及技术参数
丝杆式无杆电缸	丝杆式无杆电缸 DGE-SP 需配伺服马达 EMMS-AS 或步进马达 EMMS-ST 作动力驱动。工作原理见图 b，伺服马达 EMMS-AS 或步进马达 EMMS-ST 的驱动力，通过马达联轴器将旋转动能传递给丝杆，通过丝杆旋转运动副的移动滑块组件将旋转运动转化为直线运动（滑块组件内滑块沿缸筒的开口槽作直线移动）。丝杆式无杆电缸重复精度为±0.02mm

续表

类型	结构原理及技术参数
丝杆无杆电缸	（见下文）

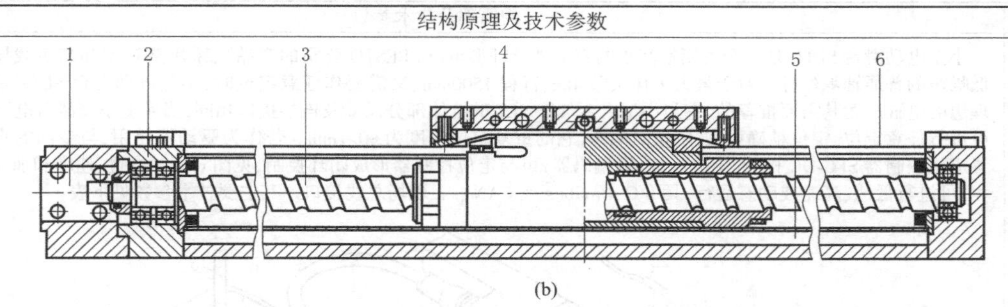

(b)

1 — 连接外套(内部是联轴器位置，接马达输入轴)；
2 — 左端盖(内含轴承座，通过联接外套与马达输入轴相联)；
3 — 丝杆；
4 —移动滑块组件；
5 —型材外壳；
6 —滑块与缸体间密封条(耐腐蚀钢)

丝杆式无杆电缸 DGE-SP,结构紧凑,具有四种不同的规格(规格为 12、25、40、63),有不带导轨(DGE-SP),带循环滚珠轴承寻轨(DGE-SP-KF)及带重载导轨(DGE-SP-HD)三种类型。丝杆式驱动的滑块可选择:加长滑块、双滑块、防尘结构。马达组件以及相应的附件安装在电缸的右端盖轴心线上

丝杆式无杆电缸 DGE-SP 的缸体与无杆型气缸 DGPL 在外形上是一样的,型材外壳三面都呈沟槽状,每一面上的两条沟槽中心距尺寸与无杆型气缸 DGPL 型材是一致的,因此,丝杆式电缸与无杆气缸的连接是无缝连接。如果原设计的气驱动需增加有中间停顿位置要求或有更高精度的任意位置要求,在生产流水线上,只需拆下无杆型气缸 DGPL,把电驱动换上便可,与 FESTO 公司的模块化多轴系统完全兼容

丝杆式无杆电缸还具有可靠、灵活,具有很高的进给力和极佳的重复精度,比齿形带无杆电缸精度更高,通常对精度要求特别高的都选用丝杆式无杆电缸,丝杆式无杆电缸的最大行程为 2000mm,但运动速度不如齿型带式无杆电缸快。技术参数见下表

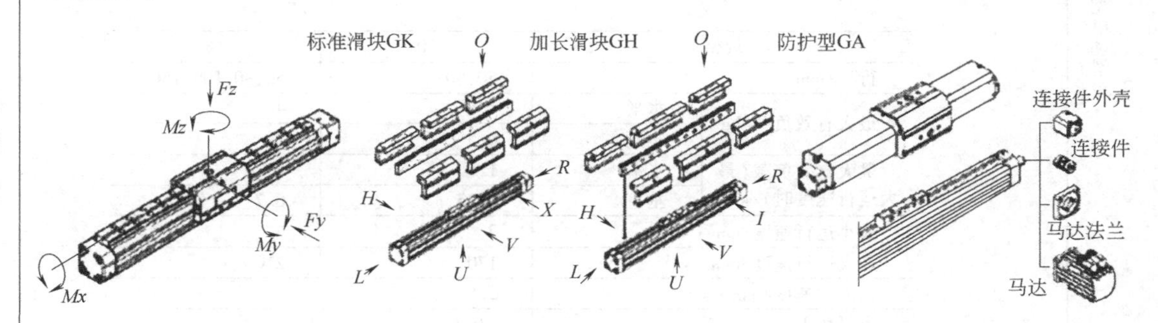

型式	规格/mm	工作行程/mm	速度/m·s⁻¹	重复精度/mm	进给力/N	力和力矩				
						F_y/N	F_z/N	M_x/N·m	M_y/N·m	M_z/N·m
基本型 SP,不带导轨										
	18	100~500	0.2	±0.02	140	—	1.8	0.5	0.8	0.8
	25	100~1000	0.5	±0.02	250	—	2	1	1.5	1.5
	40	200~1500	1	±0.02	600	—	15	4	4	4
	63	300~2000	1.2	±0.02	1600	—	106	8	18	18
带循环滚珠轴承导轨 SP-KF										
	18	100~500	0.2	±0.02	140	930	930	7	45	45
	25	100~1000	0.5	±0.02	250	3080	3080	45	170	170
	40	140~1500	1	±0.02	600	7300	7300	170	660	660
	63	150~2000	1.2	±0.02	1600	14050	14050	580	1820	1820
带重载导轨 SP-HD										
	18	100~400	0.2	±0.02	140	1820	1820	70	115	112
	25	100~900	0.5	±0.02	250	5400	5600	260	415	400
	40	200~1500	1	±0.02	600	5400	5600	375	560	540

续表

类型	结构原理及技术参数

小型电动滑台

小型电动滑台 SLTE 是一个占用空间小的带滑动丝杆型电缸（FESTO 公司的产品），采用高精度和高负载导向能力及低噪声的普通轴承丝杆。对于最大工作负载 4kg、行程 1500mm、又需要作任意定位时，小型电动滑台 SLTE 是一个十分理想的电缸。尤其需要推荐的，它与小型滑台气缸 SLT 的缸体部分尺寸及连接接口相同，当换上小型滑台电缸 SLTE 后，可进行任意定位，定位精确可靠，定位时间短，它的重复定位精度为±0.1mm。若作为驱动器使用，与专门的直流型的位置定位控制器 SFC-DC 相配，十分经济，带编码器，可与定位控制器形成闭环控制，见图 c 可对位置、速度和加速度自由编程，可进行低速、高速或动态运行，具 I/O、Profibus 或 CANopen 现场总线接口。其主要技术参数见下表

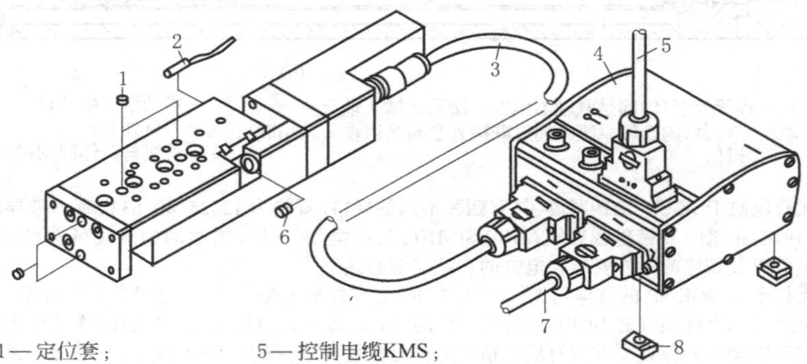

1—定位套；　5—控制电缆KMS；
2—接近开关；　6—缓冲垫（包括在供货范围内）；
3—马达电缆KMTR；　7—电源电缆KPWR；
4—马达控制器SFC-DC；　8—定位支撑件MUP

规格		10	16
行程/mm		50,80	50,80,100,150
最大有效负载/kg	水平	1.5	4
	垂直	0.5	2
最大有效负载（最大运行速度时）/kg	水平	1.5	4
	垂直	0.35	0.7
最小运行速度/mm · s^{-1}		2	
最大运行速度/mm · s^{-1}		170	210
最大加速度/mm · s^{-2}		2.5	
重复精度/mm		±0.1	
丝杆螺距/mm		5	7.5
额定工作电压/VDC		24	
输出功率/W		4.5	18
编码器系统分辨率/（脉冲/转）		512	1000
找零模式		与壳体金属直接接触	
材料		马达壳体、壳体、滑块：精制铝合金 导轨：回火钢 丝杆：高质合金钢	
工作条件	环境温度/℃	0~40	
	防护等级	IP40	
	快速瞬变	符合 EN61000-4-4 标准	
	认证	C-Tick	

直线型电缸

直线型电缸 HME 是集成了直线型交流电机、位移传感器、导向装置和电子元件的电动抓取轴，它采用一体式结构，具有更好的灵活性、精确性和动态性。重复定位精度高达±0.015mm，最大负载可达 25kg，最大行程为 40mm，与气动抓取轴 HMP 具有相同的机械接口，因此可以方便地应用于模块化多轴系统，是模块化多轴系统中重要的电动抓取轴。与它专用相配的位置定位控制器 SFC-LAC，可进行位置、速度和加速度的自由编程，见图 d。具有 I/O、Profibus 或 CANopen 现场总线接口。其主要技术参数参见下表

续表

类型	结构原理及技术参数
直线型电缸	见下

(d)

1—定位套；
2—接近开关SME-B；
3—缸体外壳；
4—电源电缆KPWR；
5—定位支撑件MUP；
6—马达电缆KMTR；
7—马达控制器SFC；
8—控制电缆KES

接近开关包括在直线型电缸的供货范围内，
交付时已经安装完毕并经过调节

规　格	16			25			
行程/mm	100	200	320	100	200	320	400
最大有效负载/kg	10	8	4	25	25	22	19
最大速度/mm · s^{-1}	3						
重复精度/mm	±0. 015						
峰值进给力/N	248	179	179	257	257	257	257
持续进给力/N	42	42	45	57	73	69	74
中间电路电压/VDC	48						
输出功率/W	127	127	134	171	221	209	223
安装位置	水平						
材料	壳体、连接板：精制铝合金，阳极氧化 导筒：涂层轧钢 驱动杆：高质合金不锈钢						

4　步进电机与伺服电机

从驱动器控制模式来分开环控制（步进电机）与闭形控制模式（伺服电机）。

开环控制是指系统的输出端与输入端之间不存在反馈，如图 23-11-1 所示，外部传感器并非来自马达实际测量值，也就是控制系统的输出量不会对系统的控制产生任何影响，这样的系统称开环控制系统。

闭环控制系统是基于反馈原理建立的自动控制系统。所谓反馈原理，就是根据系统输出变化的信息来进行控制，即通过比较系统行为（输出）与期望行为之间的偏差，并消除偏差以获得预期的系统性能。在反馈控制系统中，既存在由输入到输出的信号前向通路，也包含从输出端到输入端的信号反馈通路，两者组成一个闭合的回路。因此，反馈控制系统又称为闭环控制系统。

开环控制系统的优点是结构简单，比较经济。缺点是无法消除干扰所带来的误差。闭环控制具有一系列优点。在反馈控制系统中，不管出于什么原因（外部扰动或系统内部变化），只要被控制量偏离规定值，就会产生相应的控制作用去消除偏差。因此，它具有抑制干扰的能力，对元件特性变化不敏感，并能改善系统的响应特性。但反馈回路的引入增加了系统的复杂性，而且增益选择不当时会引起系统的不稳定。为提高控制精度，在扰动变量可以测量时，也常同时采用按扰动的控制（即前馈控制）作为反馈控制的补充而构成复合控制系统。

开环控制模式　速度范围:0 ～ 1800r/min

交流电源 → 电源 → 马达控制器 → 马达 → 负载

传感器 → 总控制器(可编程的) → 马达控制器

扭矩/N·m

步进特征曲线

转速/ r·min^{-1}

闭形控制模式　速度范围:0 ～ 6800r/min

交流电源 → 电源 → 马达控制器 → 马达 → 负载

反馈编码器 → 总控制器(可编程) ↔ 马达控制器

扭矩/N·m

加速

恒速

伺服特征曲线

转速/ r·min^{-1}

图 23-11-1

表 23-11-10　　FESTO 公司步进电机和伺服电机原理和技术参数

<table>
<tr>
<td>步进电机EMMS-ST</td>
<td>步进电机的工作原理还是电磁铁的作用原理,见图 a,如以反应式步进电机的基本结构为例,步进电机由三相绕组的定子及具有许多齿面的转子所组成,当某相定子通电励磁后(A 相),它便吸引最邻近的转子,转子上齿与该相定子磁极上的齿对齐,于是转子便转动一个角度,俗称走一步,换 B 相得电时,转子又转动一个角度,如此每相不停地轮换通电,转子不停地转动。电机运行的方向与通电的相序有关,改变通电的相序,电机的运动方向也就改变。电机的转速与相序切换的频率有关,相序切换得越快,电机的转速也越快。步进电机受外部步进电机控制器(也被称步进驱动器)或 PLC 的控制,步进电机控制器负责对脉冲进行分配及功率放大,去控制步进电机每一项线圈的得电与否,因此,步进电动是将电脉冲信号转换成角位移或线位移的执行机构。在非超载的情况下,电机的转速、停止的位置只取决于脉冲信号的频率和脉冲数,脉冲数越多,电机转动的角度越大,脉冲频率越高,电机的转速也越快,但不能超过最高频率,否则,电机的力矩迅速减小,电机不转。当处于连续步进运动时,其旋转转速与输入脉冲的频率保持严格的对应关系,不受电压波动和负载变化的影响。由于它能直接接受数字量的控制,所以特别适宜采用微机进行控制
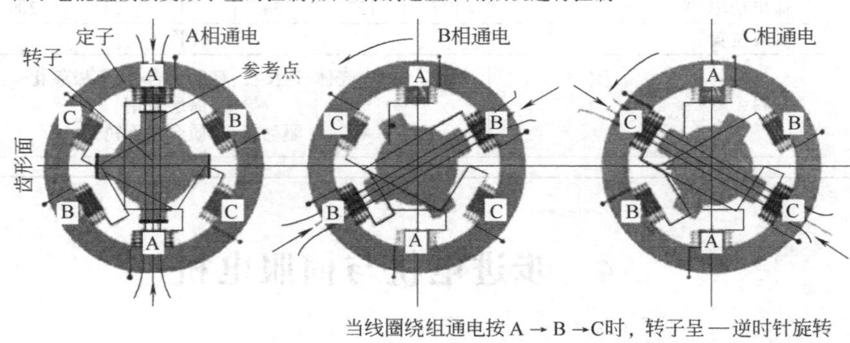

当线圈绕组通电按 A → B →C时，转子呈一逆时针旋转
(a)
FESTO 公司 EMMS-ST 步进电机的额定电压为 48VDC,额定电流 1.8~9A(视规格而言),步进角为 1.8+5%,保持扭矩 0.5~9.3N·m(视规格而言),编码器工作电压 5VDC,每一转脉冲数为 500r/min,通讯驱动程序 RS422 协议,可选择是否需配用减速机(EMGA-SST),选择带制动装置(代号 B)或不带制动装置,选择带编码器或不带编码器,如选择带编码器的 EMMS-ST 步进电机,可用于简便伺服闭环控制,它与步进电机控制系统连接可参见图 23-11-2</td>
</tr>
<tr>
<td>伺服电机EMMS-AS</td>
<td>伺服电机的工作原理:伺服电机是由定子、转子、编码器三大部分组成。定子上绕有三相绕组,通入三相电流后,定子产生一个旋转磁场,与普通的电机原理一样,交流伺服电机的转子也是一个永磁体,当定子产生旋转的磁场作用时,转子和磁场同步旋转。伺服电机的编码器套在电机的旋轴上,当转子转动时,它也跟着一起转动,光电传感器检测到光电脉冲信号,反馈到伺服电机控制器(也被称为伺服驱动器)的位置模块去进行 PID(设定值、当前值与输出值的比较调节)调节,当外部上位机的设定脉冲值与编码器反馈的零脉冲比较时,PID 调节后的输出值最大,通过电流最大,伺服电机转速最快。当编码器反馈的脉冲越多时,PID 调节后的输出值也越来越小,电流也越来越少,转速也越来越慢。当编码器反馈的脉冲达到上位机设定脉冲值时,PID 调节后的输出值为零,输出电流也为零,于是,伺服电机停止旋转,达到设定的位置,形成闭环位置控制。所谓的伺服电机实际上指的是一个系统(伺服系统),是由电机控制器(驱动器)、电机、编码器(反馈元件)这 4 个要素构成的</td>
</tr>
</table>

续表

伺服电机 EMMS-AS

工作流程（原理）如下：

a. 由上位机或外部控制器（PLC）向电机控制器发出一个目标指令（速度，位移值等）；

b. 电机控制器根据此指令产生必要的驱动电流值，驱使电机旋转；

c. 装在电机轴上的编码器检测出电机的实际旋转状态（速度、位移等），并将其输入（反馈）到电机控制器里；

d. 电机控制器将编码器反馈的速度值或位移值与早先电机控制器给出的目标（速度值或位移值）进行比较（加减运算）后，改变调整驱动电流的大小，进而使得电机的旋转状态（速度、位移等）达到控制器的目标要求。这就构成一个所谓的闭环系统或者说伺服系统

FESTO 公司 EMMS-AS 伺服电机额定电压为 360～565V AC（视规格而言），额定电流为 0.6～7.4A、峰值电流为 3.3～20A（视规格而言），额定输出功率为 222～4827W、额定扭矩 0.2～20.05N · m（视规格而言），额定转速 10300～2000r/min、最大转速 11180～2210r/min（视规格不同）。可选数字式单转绝对位移编码器或数字式多转绝对位移编码器，选择带制动装置（代号 B）或不带制动装置，及是否需配用减速机（EMGA-SAS）

智能伺服电机单元 MTR-DCI

MTR-DCI 智能伺服电机单元是一个集成了减速机、动力电子元件及控制器于一体的智能电机单元，可实现全闭环工作。结构紧凑，可直接安装在 FESTO 公司的高速抓放单元 HSP-AE、有杆电缸 DNCE、无杆定位轴 DMES 产品上，外观图见图 b，技术参数见下表

其扭矩在 0.17～12.3N · m，该产品集成了控制器，在控制箱内可以腾出很大空间，具有三种不同的减速比，可选 G7（7：1），G14（14：1）或 G22（22：1），无需再另配变速箱。使用 MTR-DCI 智能伺服电机单元，只需电源，现场总线接口或多针插头，这就意味着不需要控制器和冗长的电缆线，免去了电机电缆，改善了电磁兼容性，可通过其 LCD 读出并完成整个调试流程，通过 PC 上的 FCT（FESTO 公司配置工具）中的友好菜单实现对所有参数的持续监控状态。它的主要操作界面、通信协议、传动比、扭矩、速度见图 b。它与伺服电机控制系统连接见图 c

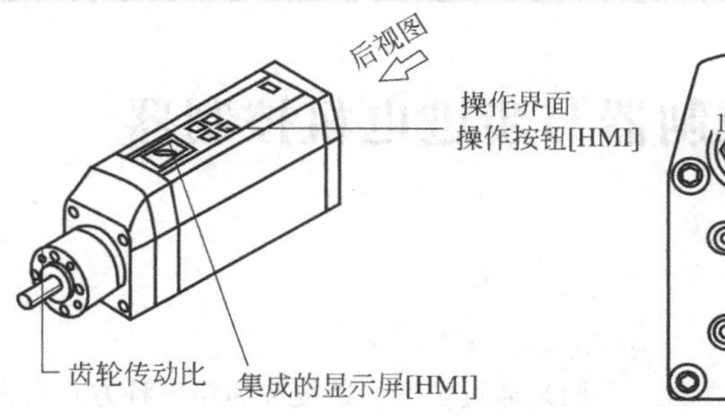

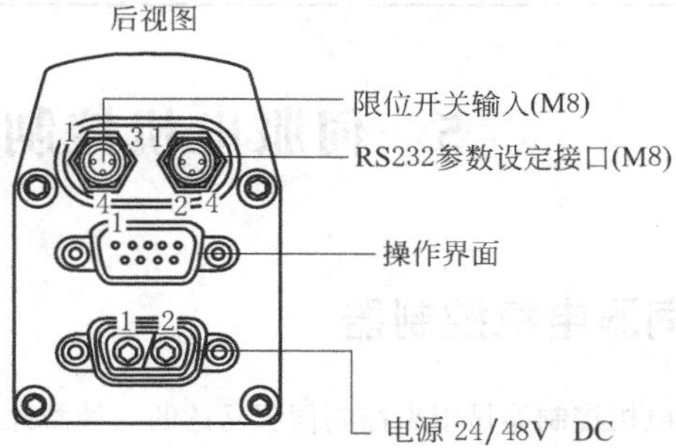

(b)

型号	齿轮技术参数传动比 i	扭矩/N · m	速度/r · min^{-1}
MTR-DCI-32	6.75	0.17	481
MTR-DCI-32	13.73	0.33	237
MTR-DCI-42	6.75	0.59	451
MTR-DCI-42	13.73	1.13	222
MTR-DCI-52	6.75	1.6	444
MTR-DCI-52	13.73	3.0	218
MTR-DCI-62	6.75	4.3	502
MTR-DCI-62	13.73	8.2	247
MTR-DCI-62	22.20	12.3	156

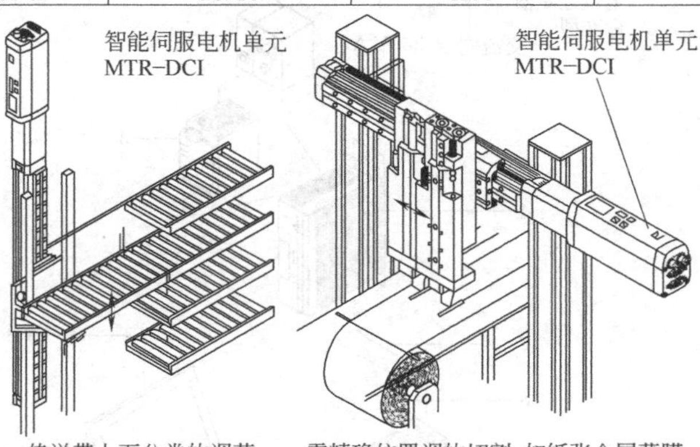

(c)

步进电机和伺服电机的区别 — 步进电机主要特性

（1）旋转的角度和输入的脉冲成正比，因此用开环回路控制即可达成高精确角度及高精度定位的要求

（2）启动、停止、正反转的应答性良好，控制容易

（3）每一步级的角度误差小，而且没有累积误差

（4）在可控制的范围内，转速和脉冲的频率成正比，所以变速范围非常广

（5）静止时，步进电机有很高的保持转矩（holding torque），可保持在停止的位置，不需使用刹车器也不会自由转动

（6）在超低速时，有很高的转矩。另外，步进电机在低速场合的应用，其转速不超过 100r/min（对于 0.9°/步时，即每秒钟脉冲数不超过为 6666PPS），最好在 1000～3000PPS（0.9°）区间使用，可通过减速装置使其在此区间工作，此时电机工作效率高，噪声低。当电机在 600PPS（0.9°）以下工作，应采用小电流、大电感、低电压来驱动

续表

步进电机和伺服电机的区别	步进电机主要特性	(7)可靠性高,不需保养,整个系统的价格低廉 (8)在某一频率容易产生振动或共振现象 (9)步进电机最好不使用整步状态,整步状态时振动大,可选用细分驱动模式 (10)步进电机过载时可能失步,当在较高速或大惯量负载时,一般不在工作速度启动,而采用逐渐升频提速,这样可使电机不失步,同时还可以减少噪声,可以提高停止的定位精度 (11)高精度时,应通过机械减速提高电机速度,或采用高细分数的驱动器来解决 (12)在精度不是需要特别高的场合就可以使用步进电机,步进电机可以发挥其结构简单、可靠性高和成本低的特点。使用恰当的时候,甚至可以和直流伺服电动机性能相媲美
	伺服电机主要特性	(1)伺服电机是一个闭环系统,转速较高,重复精度较高 (2)伺服电机的启动、停止特性非常好 (3)伺服电机堵转时会发热,但通常都有过热保护 (4)伺服电机控制器软件允许用户改变参数,因此可以调整使之符合某段路径的速度和负载
	区别	(1)伺服电机是多用在闭环控制,步进电机大多数用在开环系统中。速度响应性能也不同,步进电机运行速度通常在1500r/min以下,伺服电机可高速运行达3000r/min以上。特别要注意,步进电机不能高速启动 (2)控制精度不同,步进电机有步距角限制,也就是精度不如伺服电机 (3)低频特性不同,矩频特性不同 (4)过载能力不同,对于步进电机而言,一般不具有过载能力,转动惯量大的负载应选择大规格的步进电机

5 伺服电机控制器与步进电机控制器

5.1 伺服电机控制器

伺服电机控制器是用来控制伺服马达的一种器件，一般是通过位置、速度和力矩三种方式对伺服马达进行控制，实现高精度的传动系统定位。伺服控制器是伺服系统的核心，它的精度决定了伺服控制系统的整体精度。伺服控制器直接连接电缸与上位机（如PC机），构成速度、位移控制闭环，见图23-11-2伺服电机系统示意图。FESTO公司的CMMS-AS伺服控制器采用数字式绝对值轴编码器，可检单转和多转两种类型，可判别正、反转。绝对零位代码可用于停电位置记忆。通过其内部集成的位置控制器（位置控制模块）可用作位置、速度或扭矩的控制。伺服电机控制器符合CE及EN61800-5-2标准，同时也符合“意外自动保护”DINISO13849-1标准，面板上有RS232和CANOpen接口（也通过插口可选择profibus、DeviceNet）。技术参数参见表23-11-11。

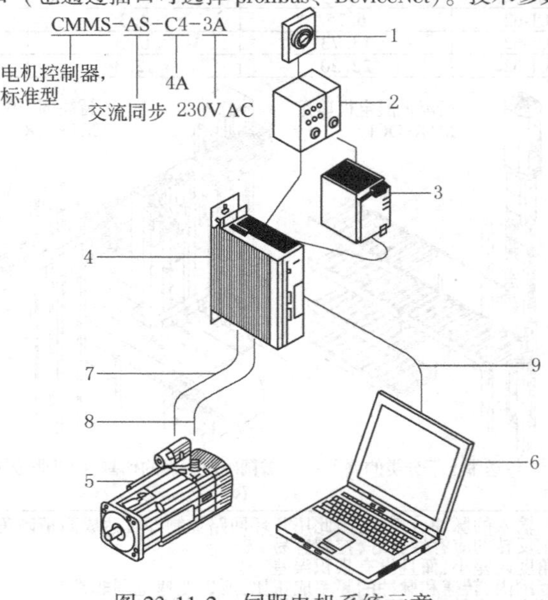

图23-11-2 伺服电机系统示意

1—主机开关；2—自动断路器；3—24VDC电源；4—伺服电机控制器CMMS-AS；5—伺服电机EMMS-AS；6—PC；7—编码器电缆；8—伺服电机电缆；9—编程电缆

表 23-11-11　　　　FESTO 公司 CMMS-AS 伺服控制器技术参数

类别	参数	数值
主要技术参数	旋转位置发生器	编码器
	参数设置接口	RS232(9600~115000Bits/s)
	编码器输入接口	设定点位置值作为编码器信号
		EnDat V2.2
	编码器输出接口	在速度控制模式下,通过编码器信号实现实际值反馈
		设定点设置,用于下游从站驱动器
		分辨率 4096ppr
	集成制动电阻/Ω	230
	制动电阻脉冲功率/kV·A	0.7
	模拟量输出的工作电压范围/V	0~10
	模拟量输入的工作电压范围/V	±10
	模拟量输出的数量	1
	模拟量输入的数量	1
	电源滤波器	集成
电气参数(负载电源)	输入电压范围/V AC	95~255
	最大额定输入电流/A	5
	额定输出功率/V·A	600
	峰值输出功率/V·A	1200
	逻辑电源	
	额定电压/V DC	24±20%
	额定电流/A	4~5

类别	参数		I/O	CANopen	Profibus DP	DeviceNet
现场总线接口	逻辑输入的工作电压范围/V		12~30	—		
	数字量逻辑输入的数量		14	—		
	数字量逻辑输入的特性		自由可配制	—		
	数字量逻辑输出的数量		5			
	数字量逻辑输出的特性		一些情况下自由可配置			
	过程耦合		用于 63 条位置记录			
	通信协议		—	DS301,FHPP	DP-VO/FHPP	FHPP
			—	DS301,DSP402	Step7 功能模块	
	最大现场总线传输速率/Mbps		—	1	12	0.5
	接口	集成	■	■	—	—
		可选	—	—	■	■

类别	参数	数值
工作条件	环境温度/℃	0~50
	防护等级	IP20
	STO/SSI	符合 EN61800-5-2 标准
	安全功能	意外启动保护,符合 DINENISO13849-1 标准,类别 3,性能等级 d

5.2　步进电机控制器

步进电机是用来控制转动角度、方向或者转动圈数的执行器件。步进电机控制器通过上位机（或 PC 机）控制后，接受编码指令，人机对话，并把指令变化成具体脉冲个数传输给步进电机（或驱动器）的中枢性器件。如图 23-11-3 所示步进电机系统示意图，编码器在这里检测电机转动角度、方向，反馈给控制器的一个检测元件。

步进电机控制器 CMMS-ST 既可开闭控制、模拟量、I/O 或现场总线接口，可通过 FCT 软件进行配置。当选带编码器的步进电机时，可作为创新轻型伺服（闭环步进），是一种经济型伺服解决方案，以防失步。详细技术参数参见表 23-11-12。

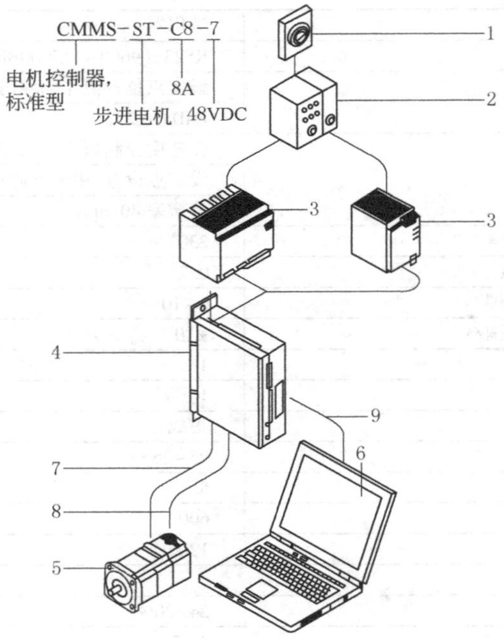

CMMS-ST-C8-7

电机控制器，标准型　步进电机　8A　48VDC

图 23-11-3

1—主机开关；2—自动断路器；3—24VDC 电源；4—步进电机控制器 CMMS-ST；5—步进电机 EMMS-ST；6—PC；7—步进电机电缆；8—编码器电缆；9—编程电缆

表 23-11-12　步进电机控制器 CMMS-ST 技术参数

类别	项目					
主要技术参数	马达控制			正弦电流抑制		
	旋转位置发生器			编码器		
	参数设置接口			RS232(9600~115000 Bits/s)		
	编码器输入接口			用作速度/位置设置,用于同步模式中的从站驱动器		
				RS422		
	编码器输出接口			设定点设置,用于下游从站驱动器		
	集成制动电阻 /Ω			17		
	制动电阻脉冲功率/kV · A			0.5		
	设定点输入电阻/kΩ			20		
	模拟量输出的工作电压范围/V			±10		
	模拟量输入的工作电压范围/V			±10		
	模拟量输出数量			1		
	模拟量输入数量			1		
	电源滤波器			集成		
电气参数(负载电源)	额定电压/V DC			24~48		
	额定电流/A			8		
	峰值电流/A			12		
	逻辑电源					
	额定电压/V DC			24±20%		
	额定电流/A			0.3		
现场总线接口			I/O	CANopen	Profibus DP	DeviceNet
	通信协议		—	DS301,FHPP	DP-VO/FHPP	FHPP
			—	DS301,DSP402	Step7 功能模块	
	最大现场总线传输速率[Mbps]		—	1	12	0.5
	接口	集成	■	■	—	—
		可选	—	—	■	■
工作条件	环境温度/℃	0~+50				
	防护等级	IP20				
	STO/SS1	带外部电路时,符合 EN61800-5-2 标准				
	安全功能	意外启动保护,符合 DINENISO 13849-1 标准,类别 3,性能等级 d,带外部电路				

5.3 电机控制器

作为定位控制器的 SFC-DC 电机控制器，是 FESTO 公司为多轴模块化系统而研发的，经常用于小型滑台式电缸 SLTE。电机控制器 SFC-DC 额定电流为 3A，额定输出功率为 75W，内置编码器，具过载电流或电压护功能，可带（用 H2 表示）或不带控制面板（用 H0 表示），有 I/O 或现场总线接口，I/O 接口用于 31 条位置记录和找零位，现场总线可用于 Profibus、CANopen 和 DevicNet。可采用 FESTO 公司的 FCT 软件进行配置，其组成系统可参见表 23-11-9 图 c。

5.4 电机控制器

作为定位控制器的 SFC-LAC 电机控制器，是 FESTO 公司为多轴模块化系统而研发的，经常用于直线型电缸 HME。电机控制器 SFC-LAC 额定电流为 10A，额定输出功率为 480W，内置编码器，具过载电流或电压护功能，可带（用 H2 表示）或不带控制面板（用 H0 表示），带编码器，有 I/O 或现场总线接口，I/O 接口用于 31 条位置记录和找零位，现场总线可用于 Profibus、CANopen 和 DevicNet。可采用 FESTO 公司的 FCT 软件进行配置，其组成系统可参见表 23-11-9 图 d。

6 气驱动与和电驱动的模块化连接

常见多轴模块化系统中有气缸和电缸，气缸和电缸之间的连接要简单、方便、牢固。气动元件制造商生产电缸的优势是电缸外壳型材尺寸与气驱动型材相同，因此原先已设计的对气驱动器相互连接的方案，几乎不做改动就可直接应用到与电缸相互的连接（包括气缸与电缸、电缸与电缸）。有四种连接法：直接用螺钉、定位套连接法；直接用螺钉与沟槽螺母的连接法；用燕尾槽与夹紧单元连接法；补充一块连接板（连接板上设定位孔或带燕尾增结构）方法。

6.1 气驱动和电驱动的模块化连接方法

表 23-11-13　　气驱动和电驱动的模块化连接方法

直接用螺钉和定位套安装驱动器	通过连接板的连接可参见图 a，扁平型直线驱动器 SLG 与小型滑台气缸 SLT，由连接板、定位套及定位销通过螺钉连接起来 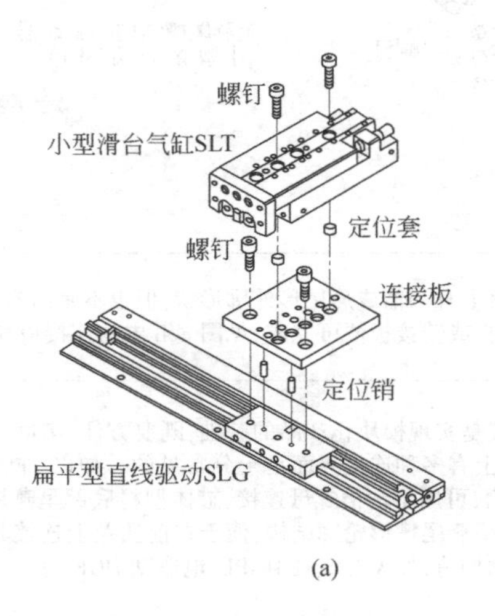 (a)

续表

直接用螺钉和沟槽螺母的连接	通过沟槽螺母、连接板把两个无杆气缸(或无杆电缸)呈90°角连接起来,见图b。利用驱动器外壳型材的沟槽(水平方向),用螺钉和沟槽螺母将水平方向驱动器与转接板连成一体,利用垂直方向驱动器滑台上的沟槽,用螺钉和沟槽螺母将垂直方向驱动器滑台与转接板连成一体。于是,垂直方向的无杆气缸在动力源作用下,推动滑台做上下垂直驱动,即带动水平轴一起作垂直方向的运动 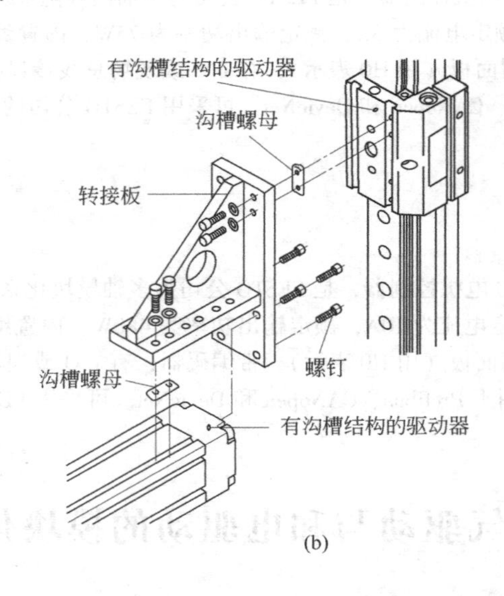 (b)
燕尾槽连接	燕尾槽连接(也称V形连接)是模块化气驱动器或电驱动器的最主要连接方式之一,这类连接方便、可靠,连接牢度十分理想,以FESTO公司HMSV燕尾槽安装件为例,HMSV燕尾槽安装件含有夹紧单元、连接板、定位套、定位销及螺钉,视不同的驱动器安装结构会有所不同,如图c所示。一些设有燕尾槽结构的驱动器,可直接利用夹紧单元连接,一些无燕尾槽结构的驱动器,可预先用一块带燕尾槽结构的连接板与驱动器连接后,再由夹紧单元连接两个驱动器,见图d 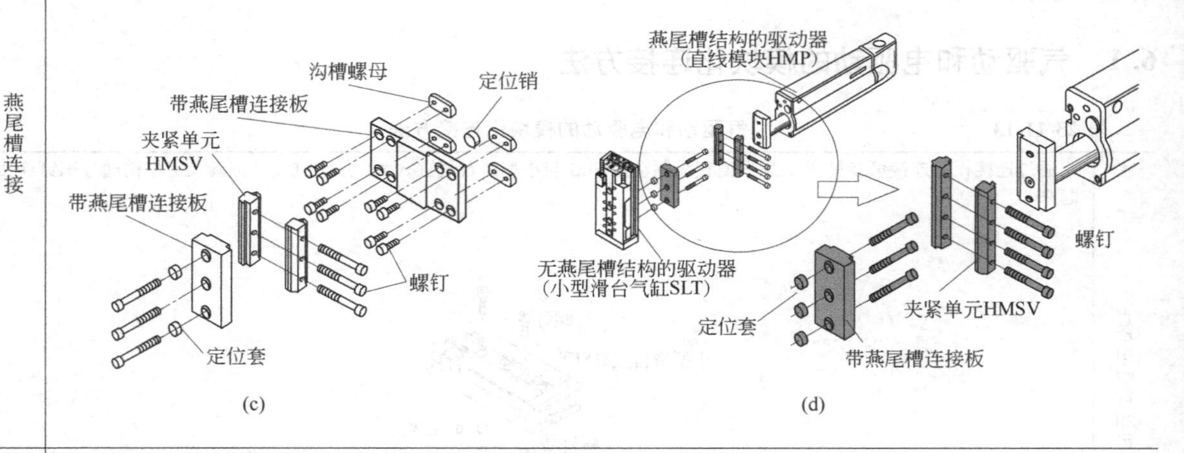 (c) (d)
增添辅助连接板	尽管在一些驱动器的外壳型材上有沟槽或燕尾形外廓形状,但也不是所有气驱动器(或电驱动)器上都可以用直接连接方式完成连接,此时增添连接板或转接板便可完成,见图a、b中的连接板和转接板,图c、d中的带燕尾槽连接板
具有多种连接界面的驱动器	模块化驱动器之间的相互连接是实现模块化产品的基础,既要方便、牢固、又要具有与各种驱动器之间都能友好连接的公共界面,因此在一个驱动器上有多种连接界面是十分常见的。如以FESTO公司HMP直接模块(或HME直线型电缸)为例,在缸体侧面型材有沟槽,可用于沟槽螺母连接,缸体型材底部呈燕尾槽形轮廓结构,便于通过燕尾槽夹紧单元使其连接,其活塞杆前端法兰也呈燕尾槽形轮廓结构,便于在前法兰上连接其他驱动器,如下表所示。有许多驱动器外壳型材带燕尾槽形底座或有沟槽构造,如无杆气缸DGPL、电驱动DGE

续表

具有多种连接界面的驱动器	安装方式		燕尾槽安装 使用连接组件HAVB	直接安装 使用螺钉和沟槽螺母MST	直接安装 使用螺钉和定位套ZBH
	安装表面	在基本型材的侧面			
		在基本型材的下面			
		在连接板上			

6.2 各种气/电驱动器相互连接图

表 23-11-14　　各种气/电驱动器相互连接图

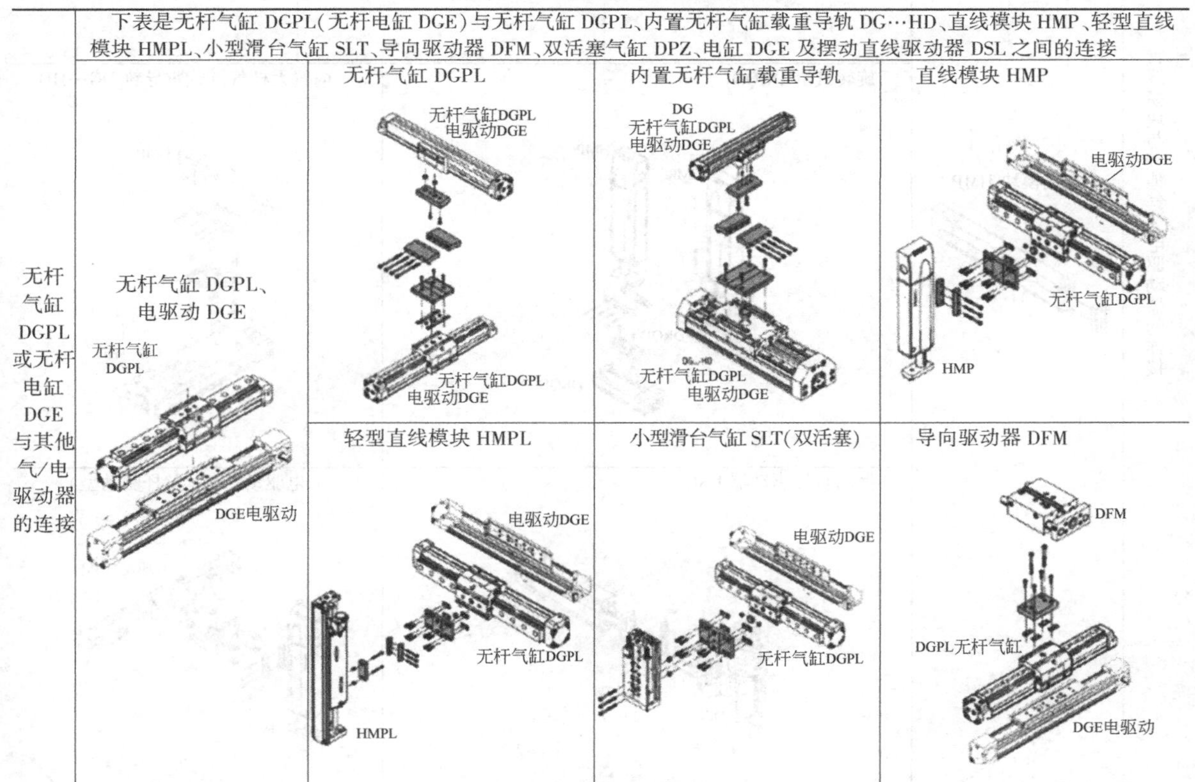

	下表是无杆气缸DGPL(无杆电缸DGE)与无杆气缸DGPL、内置无杆气缸载重导轨DG…HD、直线模块HMP、轻型直线模块HMPL、小型滑台气缸SLT、导向驱动器DFM、双活塞气缸DPZ、电缸DGE及摆动直线驱动器DSL之间的连接		
无杆气缸DGPL或无杆电缸DGE与其他气/电驱动器的连接	无杆气缸DGPL	内置无杆气缸载重导轨	直线模块HMP
	轻型直线模块HMPL	小型滑台气缸SLT(双活塞)	导向驱动器DFM

续表

		双活塞气缸 DPZ	电驱动 DGE(丝杆驱动型)	摆动直线驱动器 DSL
无杆气缸DGPL或无杆电缸DGE与其他气/电驱动器的连接		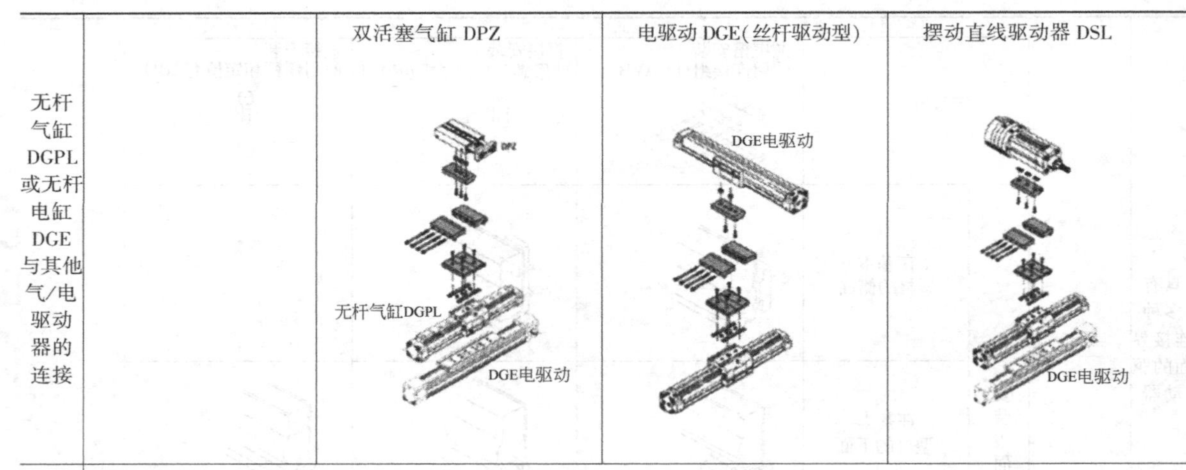		

下表是直线模块 HMP 与直线模块 HMP、轻型直线模块 HMPL、小型滑台气缸 SLT、旋转气缸 DRQD、内置无杆气缸载重导轨 DG……HD、摆动直线驱动器 DSL 及电缸 DGE 之间的连接

直线模块与其他气/电驱动器的连接				
直线模块 HMP	直线模块 HMP	轻型直线模块 HMPL	小型滑台气缸 SLT(双活塞)	
	旋转气缸 DRQD		内置无杆气缸载重导轨 DG…HD	
	摆动直线驱动器 DSL		电驱动 DGE(丝杆驱动型)	

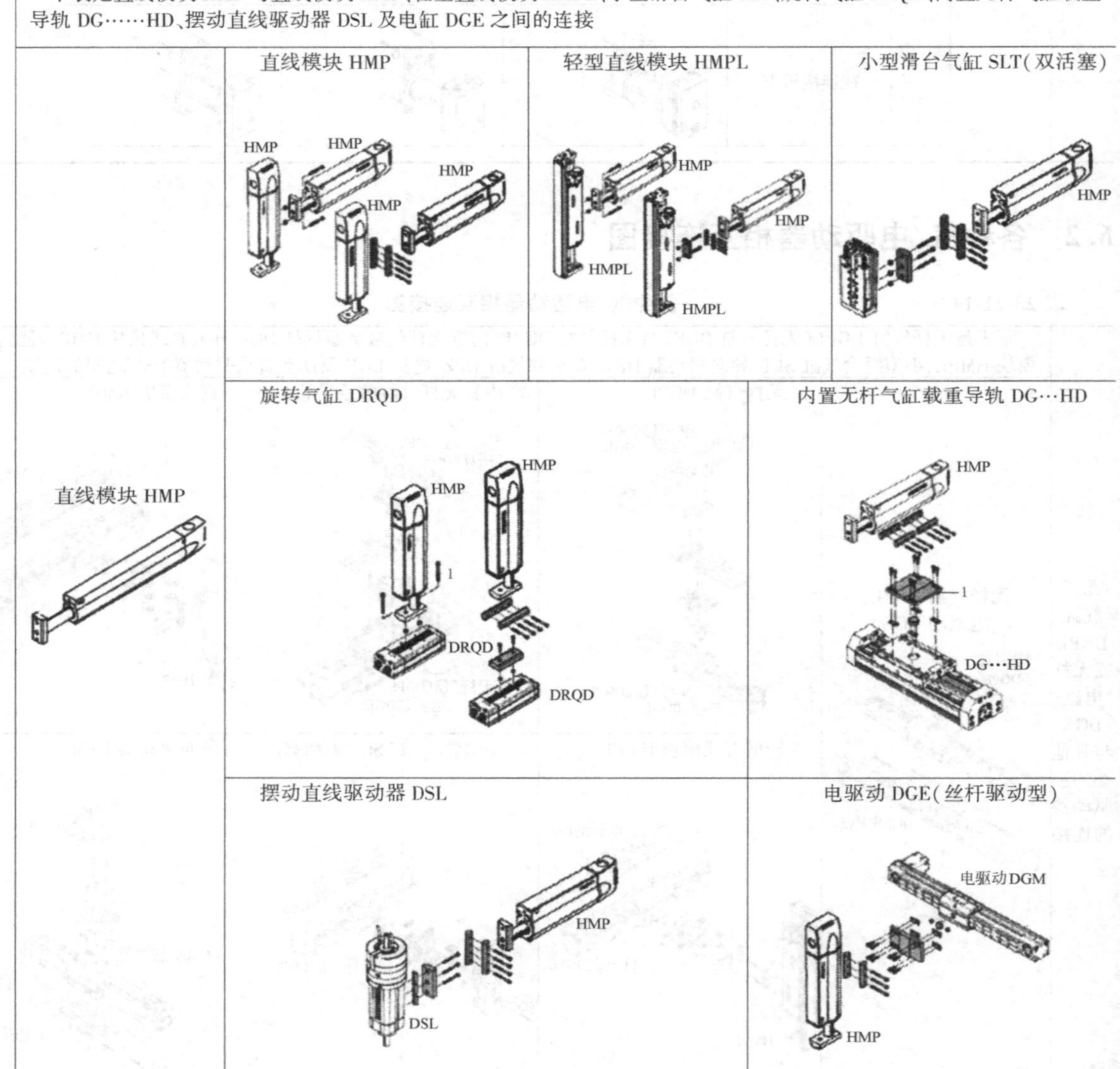

续表

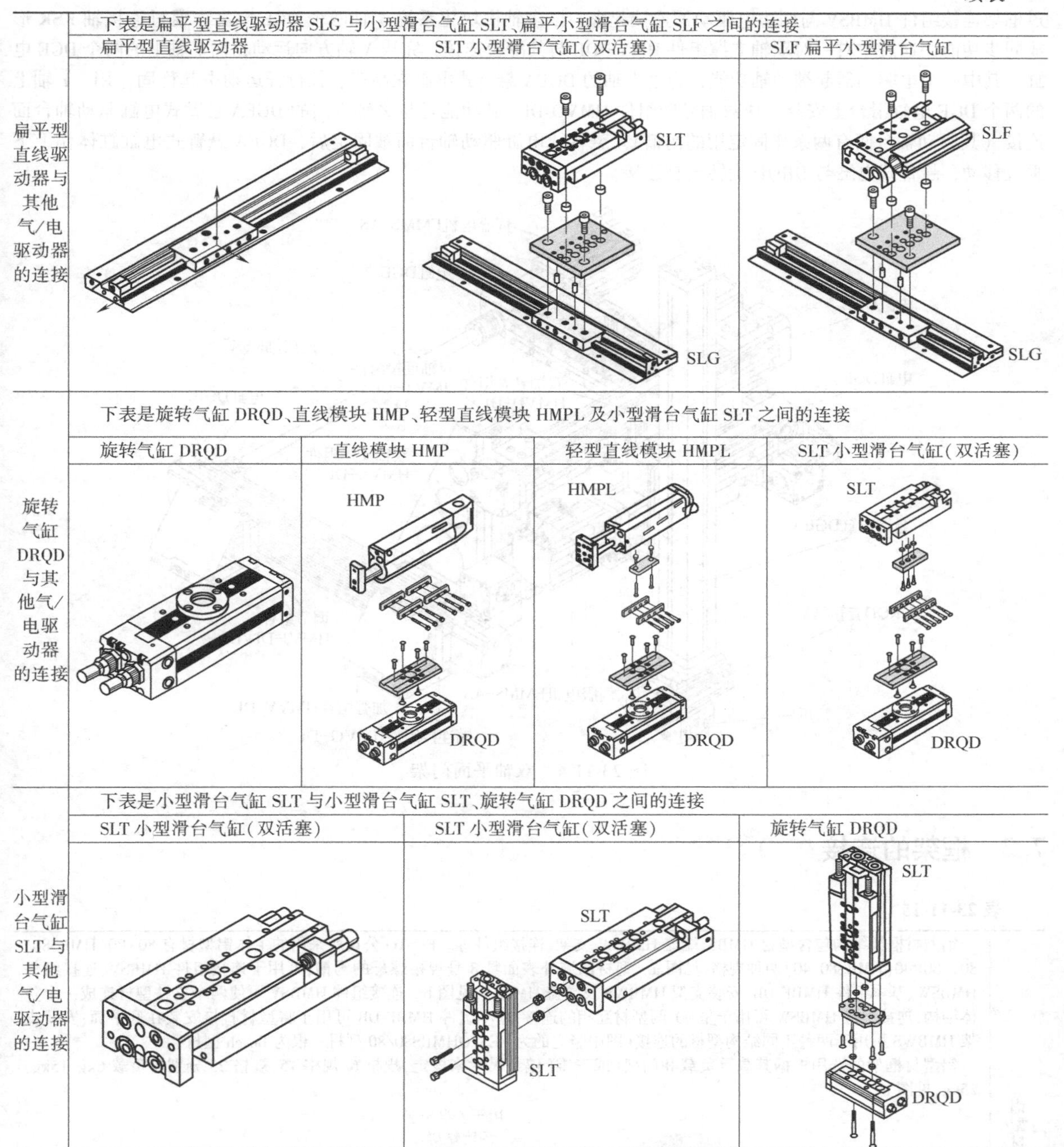

7 模块化多轴系统的连接

7.1 多轴模块化系统的连接图（双轴平面门架图）

图 23-11-4 为双轴平面门架图，表示一个平面门架的基本框架，在高度为零的状况（Z 轴），根据抓取工件

的高度（即 DGEA 悬臂式电驱动的行程）、负载等综合因素，可选择立柱框架材料、尺寸或规格。立柱框架可通过框架连接组件 HMBSV 与两边电驱动器连接起来。该多轴模块化系统 X 轴两个 DGE 电缸，通过连接轴 KSK 形成同步功能，通过左右一对双轴支撑组件 HMVS-DL 与其滑台连接，完成 X 轴方向运动；而 Y 轴上的两个 DGE 电缸，其中一个电驱动器起被动轴功能，为垂直轴的 DGEA 悬臂式电缸在高速、长行程运动中起稳固作用。Y 轴上的两个 DGE 电缸滑台上安装一块双轴悬臂组件 HMVD-DI，其功能是与 Z 轴方向的 DGEA 悬臂式电缸驱动轴台面连接（其驱动轴台面有两条作固定用的沟槽）。悬臂式电缸驱动轴台面被固定后，DGEA 悬臂式电缸缸体作上下垂直移动，悬臂式电缸与 DRQD 旋转气缸连接。

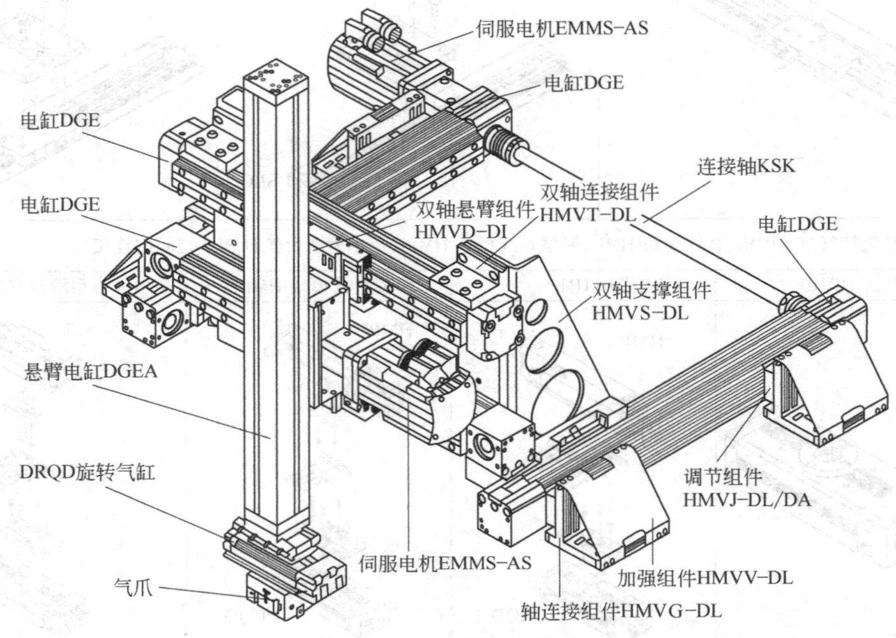

图 23-11-4　双轴平面门架

7.2　框架的连接

表 23-11-15

铝型材框架连接件	铝型材框架结构包含型材 HMBS、端盖 HMBSA、支架、连接组件等。FESTO 公司所采用的主体铝型材有 80×80（HMBS80/80）、80×40（HMBS80/40）两种规格，见图 a。型材四周外表面具 8 号规格螺母的沟槽，可用于连接组件 HMBSV、连接组件 HMBSW、基本组件 HMBF-DB、安装支架 HMBWS 及端盖 HMBSA，见图 b。连接组件 HMBSV 可使两个立柱型材连成一个整体结构；连接组件 HMBSW 可用于呈 90°两型材互相的连接；基本组件 HMBF-DB 可用于将型材直接安装在底平面；安装支架 HMBWS 可用于两种不同结构型材的连接（图中竖立的为 FESTOHMBS80/80 型材一根为 Bosch 型材） 铝型材框架的选用根据其载重负载和门架（或三维门架）尺寸来核定，规格 6、规格 15、规格 25 分别为负载 6kg、15kg、25kg，见图 c 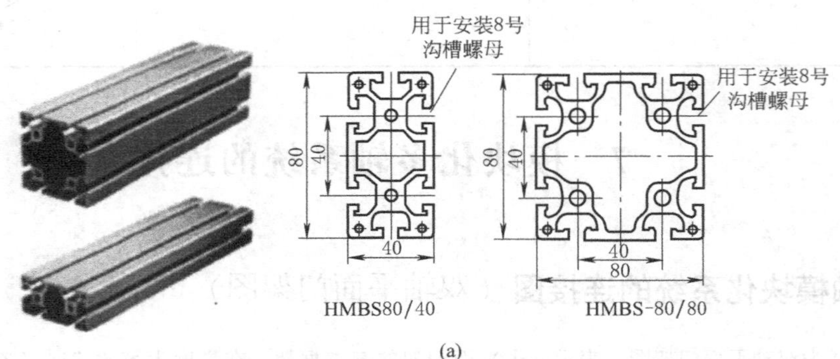 (a)

续表

铝型材框架连接件

型材HMBS80/80
端盖HMBSA
型材HMBS80/40
端盖HMBSA
连接组件 HMBSV
连接组件 HMBSV
基本组件HMBF-DB
Bosch型材
安装支架HMBWS
型材HMBS
直角法兰，用于安装40mm型材(FESTO、Item、May-Tec、Schuco等)
直角法兰，用于安装40mm型材(Bosch、Norgren等)
直角法兰，用于安装40mm型材(FESTO、Item、May-Tec、Schuco等)

(b)

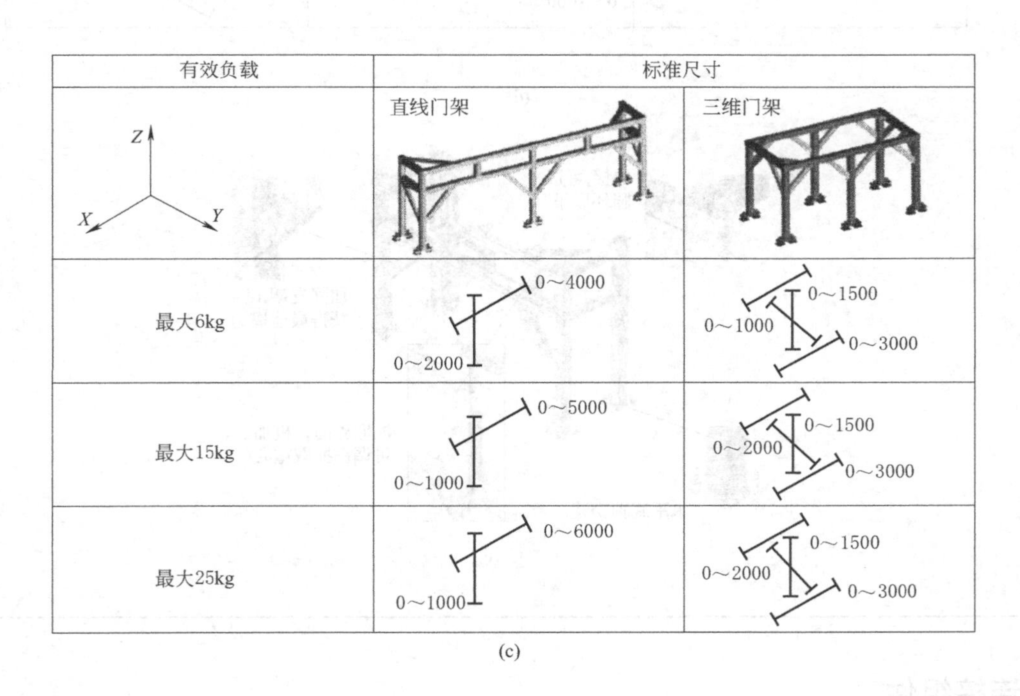

有效负载	标准尺寸	
Z, X, Y	直线门架	三维门架
最大6kg	0~4000 0~2000	0~1500 0~1000 0~3000
最大15kg	0~5000 0~1000	0~1500 0~2000 0~3000
最大25kg	0~6000 0~1000	0~1500 0~2000 0~3000

(c)

金属型材框架

较重的负载或跨度可采用金属型材作框架。该金属型材为中空结构钢材，符合 EN 10210 或 EN 10219 标准。三维门架最大负载在 25kg 情况下，长 5m，宽 2m，高 2.5m

金属型材作框架的选用根据其载重负载和门架(或三维门架)尺寸来核定，规格 15、规格 25、规格 50 分别为负载 15kg、25kg、50kg，见图 d

圆环形吊耳可根据整台机械重心来调正位置后焊接。框架较长时可增加加强支撑，模块化系统的电缸可通过经机加工后的金属平板连接(机加工金属板与框架焊接)，见钢结构框架加强安装图 e

续表

金属型材框架

有效负载	标准尺寸	
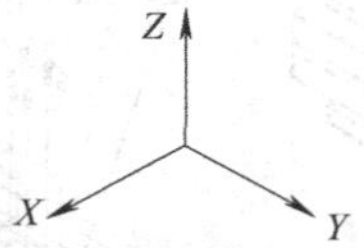 Z / X / Y	直线门架 	三维门架 
最大15kg	0～5000 0～2500	0～2500 0～2000 0～5000
最大25kg	0～5000 0～2500	0～2500 0～2000 0～5000
最大50kg	0～5000 0～1000	0～1000 0～1500 0～5000

(d)

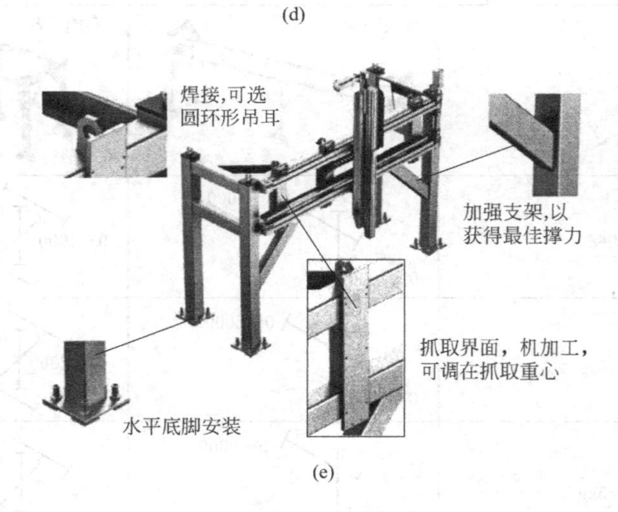

(e)

7.3 连接组件

表 23-11-16

轴连接组件 HMVG-DL	这是最基本安装元件,用于连接驱动轴,见图 a,通过轴连接组件可安装到底座(框架机构)上;也可在(*X*-*Y*)门架应用中安装侧向驱动轴,见图 b

续表

<table>
<tr><td>轴连接组件HMVG-DL</td><td>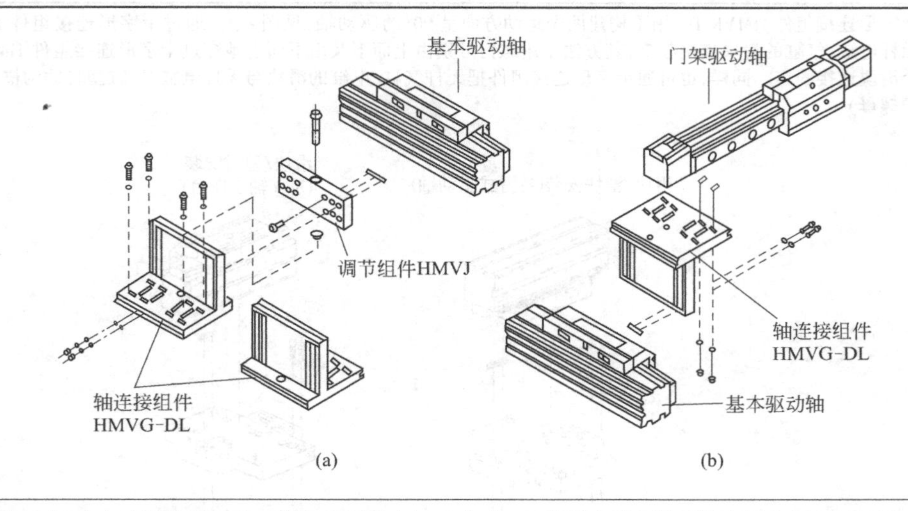

(a) (b)</td></tr>
<tr><td>调节组件HMVJ-DL/DA</td><td>尽管无杆电缸/气缸型材外廓三面有沟槽，但无杆电缸/气缸有一个带导向平台侧面的外廓尺寸超出其连接平面(无杆电缸外廓尺寸位置线)，此时，只有通过附加调节组件 HMVJ-DL/DA 后才能把无杆电缸/气缸与轴连接组件连接起来。调节组件 HMVJ-DL/DA 用于调正无杆气缸/电缸与轴连接组件之间能正常连接安装，见图 c
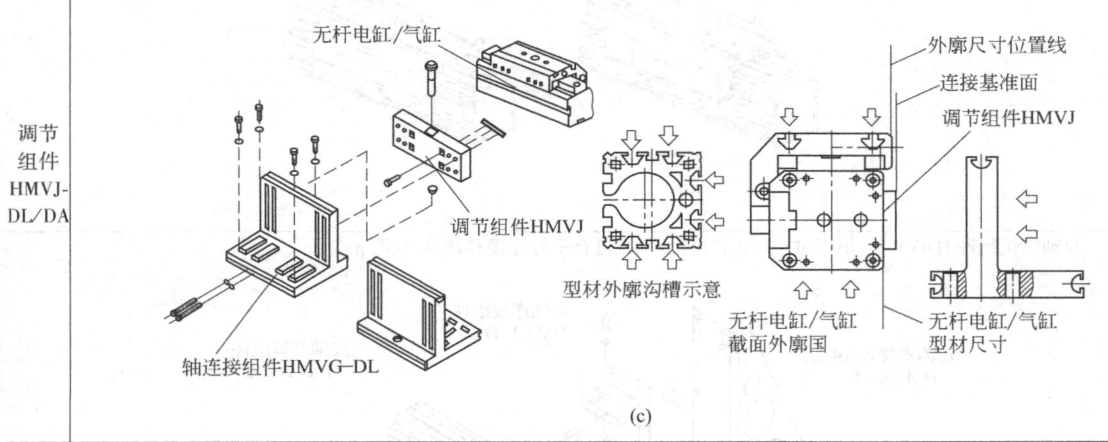

(c)</td></tr>
<tr><td>加强组件HMVV-DL</td><td>加强组件 HMVV-DL，用于加强轴连接组件的强度，该加强组件是 4mm(不含铜和聚四氟乙烯材质)的钢板制造，两边呈 45°翻边，通过八个螺钉和四条条形沟槽螺母，把加强组件 HMVV-DL 与轴连接组件 HMVG-DL 组成起来，见图 d
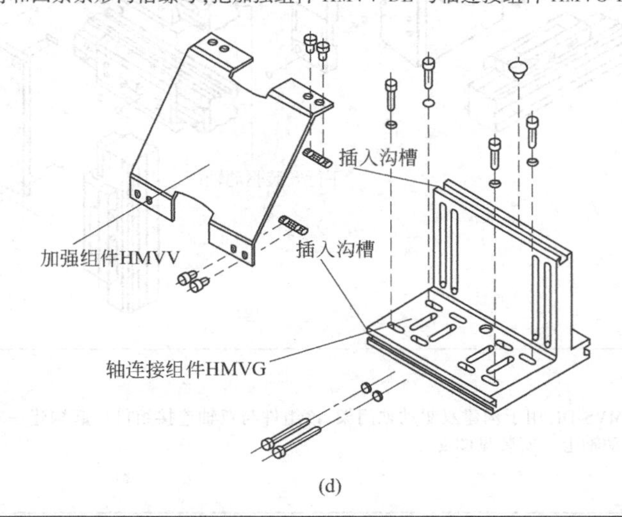

(d)</td></tr>
</table>

续表

十字形连接组件HMVK-DL	十字形连接组件 HMVK-DL 用于构建两个运动方向呈 90°的驱动轴,见图 e、f。通过十字形连接组件 HMVK-DL,使两个无杆电缸/气缸的滑块连接起来,其方法是用螺钉分别由上而下及由下而上地穿过十字形连接组件 HMVK-DL,使上下两个滑块连接固定。同样,也可通十字形连接组件把无杆气缸/电缸的滑块与无杆电缸/气缸型材的沟槽连接(配以条形沟槽螺母) 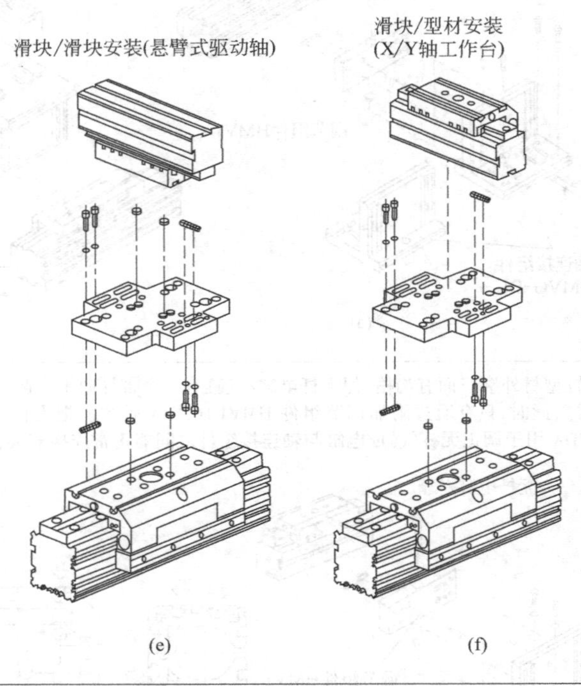 (e) (f)
双轴连接组件HMVT-DL	双轴连接组件 HMVT-DL 用于对一对无杆电缸/气缸进行平行连接和调节,见图 g 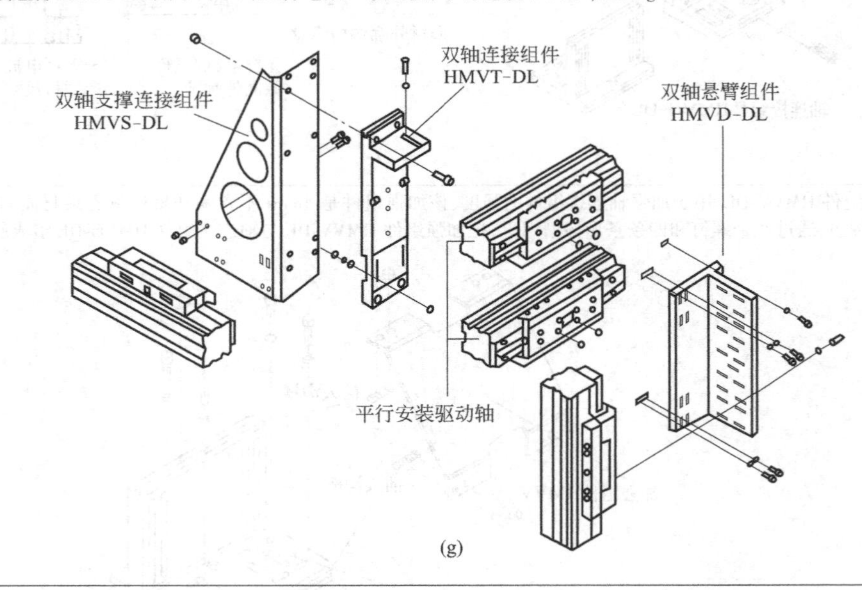 (g)
双轴支撑组件HMVS-DL	双轴支撑组件 HMVS-DL 用于构建双驱动轴门架,该组件与双轴连接组件一起构建一对平行安装轴。整个装置安装在平面门架的基本驱动轴上。安装见图 g

续表

双轴悬臂组件HMVD-DL	通过双轴悬臂组件 HMVD-DL,把一个用于悬臂操作驱动轴安装在一个平行驱动轴的(双轴)滑块上,当平行驱动轴的滑块做轴向移动时,侧向安装的悬臂驱动轴跟着一起移动。安装见图 h (h)
悬臂安装组件HMVC-DL	悬臂安装组件有平板型 HMVC-DA 与角尺寸型 HMVC-DL 两种 平板型悬臂安装组件 HMVC-DA 是通过该组件将垂直的驱动轴安装在水平排列的悬臂式电缸 DGEA 的最前侧(即悬臂式电缸 DGEA 不能做后退移动),实际上,该平板型 HMVC-DA 是连接垂直驱动轴 DGGE(或无杆气缸 DGPL/无杆电缸 DGE)水平方向上的单个悬臂电缸 DGEA,见图 i 角尺型悬臂安装组件 HMVC-DL 是通过该组件将垂直的驱动轴安装在水平排列的无杆电缸 DGE 或无杆气缸 DGPL 的最前侧(即无杆电缸 DGE/无杆气缸 DGPL 留有充裕后退的行程),见图 j 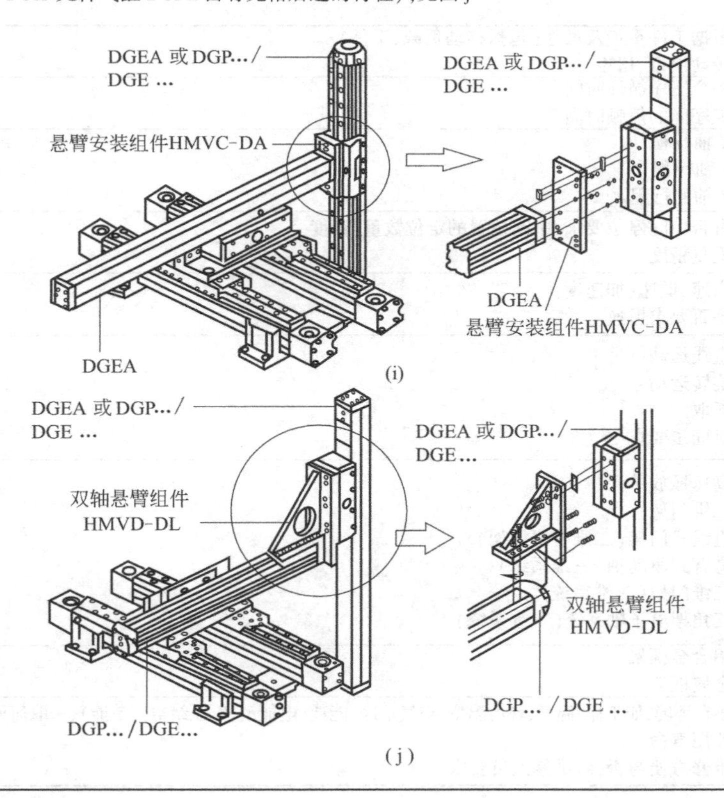 (i) (j)

续表

驱动器转接组件HMVA	把驱动器转接组件HMVL安装在驱动器顶端面,实质上使驱动器顶端面增加了一个燕尾槽,可很容易将抓取系列中的气爪、调节单元、摆动驱动器、小型驱动轴安装在悬臂式驱动轴的前侧。连接见图k 驱动器转接组件 HMVA 驱动器 (k)
被动式导向轴FDG	被动式导向轴是指该驱动器无动力源,仅作被动式导向轴之用,换而言之,该驱动器无气源做功,驱动轴内部无活塞,只是在两个驱动器平行安装应用时,充当一个支撑的滑动导轨功能,增强驱动器的负载承受能力和扭矩,见图23-11-4。对于电驱动被动式导向轴也同样如此,其内部无丝杆传动机构或齿形带传动机构装置,仅与驱动轴DGE平行安装。选用被动驱动轴,应与主驱动器保持一致。被动式导向轴FDG-KF-GL/GV的规格从18~63,最大行程可达5100mm,负载能力为14050N,最大扭矩为1820N·m,精确的刚性导轨可适用于无杆气缸DGPL-KF、无杆电缸DGE-KF(无杆气缸的型材与电驱动DGE型材相似)。采用被动式导向轴FDG时,可根据主驱动类别选择被动轴:齿形带式被动轴ZR、丝杆式被动轴SP、气动无杆气缸P 需要说明的是:DGC无杆气缸不适用FDG-KF-GK/GV,由于气驱动中的无杆气缸DGC型与DGPL型的型材外廓不同(指沟槽形状及位置尺寸),所以,DGC无杆气缸如需选择被动导向轴,仅只能选择DGC-FAφ8、φ12两种规格
连接轴KSK	连接轴KSK用于连接两个平行的DGE-25/40/63-…-ZR驱动轴,不仅用于力矩的抗扭转传动,也可使第二根轴作同步滑动,参见图23-11-4

7.4 多轴模块化驱动系统的选用原则

表 23-11-17

从工件重量考虑	• 根据工件重量及尺寸(包括移动负载、工件) • 转动惯量、扭矩
从循环时间考虑	• 每个工序循环时间 • 工序间的停顿时间
从行程考虑(工作空间)	• X 轴行程 • Y 轴行程 • Z 轴的行程
从位置考虑	• 有否中间停位要求,中间位置的定位数量、精度 • 重复精度
从速度考虑	• 高速、低速、加速度 • 是否要求恒速
从运动方向考虑	• 直线运动 • 旋转运动 • 抓取 • 对同步要求
从运动空间轨迹考虑	• 高速抓放单元 • 二维门架 • 直线式门架(二维直线门架) • 悬臂式驱动轴(三维系统) • 三维门架(三维系统) • 三角架电子轴系统(三维系统)
从框架结构考虑	• 铝合金框架 • 金属框架
其他要求	• 还有环境,如工作、温度、环境温变、空气洁净、能耗(电能消耗、压缩空气节能)、采取何种控制技术、真空、阀岛等 • 使用寿命 • 维修方便与否,对维修人员要求

第12章 气动系统

1 气动基本回路

1.1 换向回路

表 23-12-1

单作用气缸控制回路	气缸活塞杆运动的一个方向靠压缩空气驱动,另一个方向则靠其他外力,如重力、弹簧力等驱动。回路简单,可选用简单结构的二位三通阀来控制			
	常断二位三通电磁阀控制回路	常通二位三通电磁阀控制回路	三位三通电磁阀控制回路	两个二位二通电磁阀代替一个二位三通阀的控制回路
		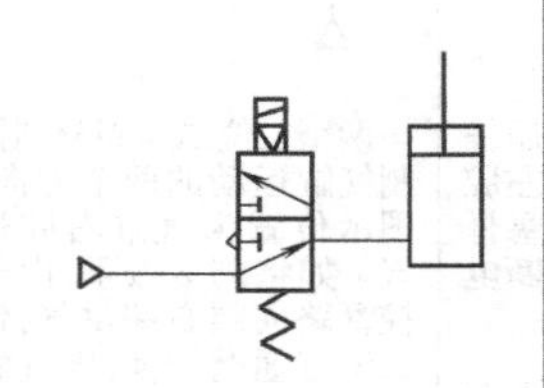	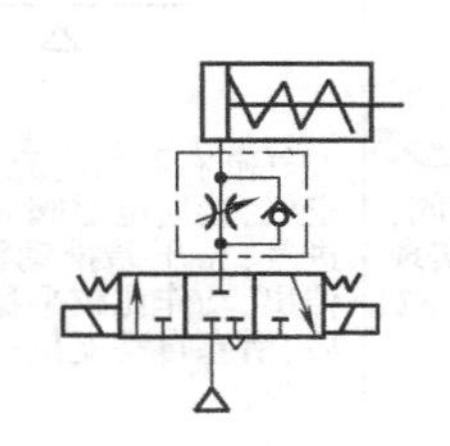	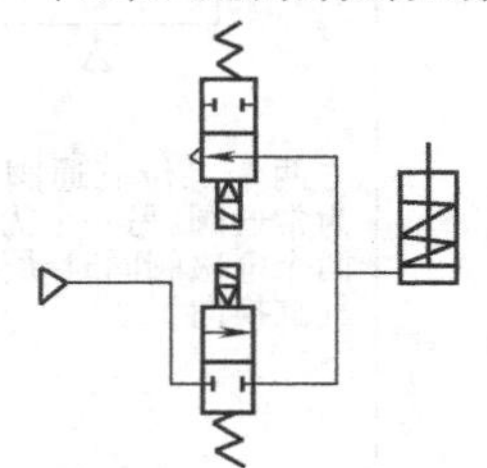
	通电时活塞杆伸出,断电时靠弹簧力返回	断电时活塞杆上升,通电时靠外力返回	控制气缸的换向阀带有全封闭型中间位置,可使气缸活塞停止在任意位置,但定位精度不高	两个二位二通阀同时通电换向,可使活塞杆伸出。断电后,靠外力返回
双作用气缸控制回路	气缸活塞杆伸出或缩回两个方向的运动都靠压缩空气驱动,通常选用二位五通阀来控制			
	采用单电控二位五通阀的控制回路	双电控阀控制回路	中间封闭型三位五通阀控制回路	中间排气型三位五通阀控制回路
	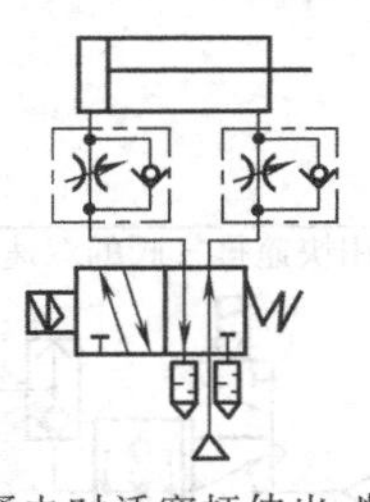	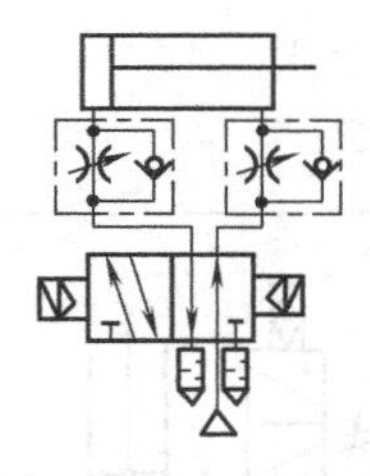	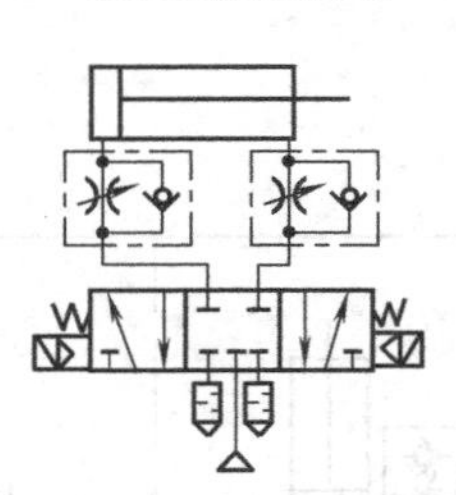	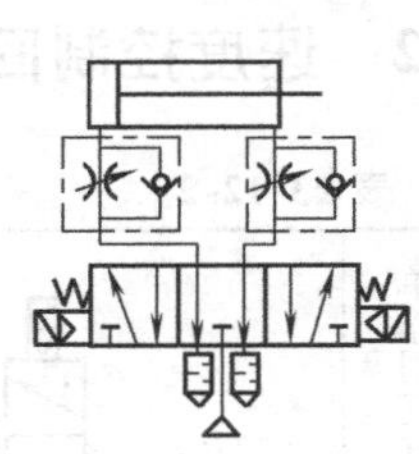
	通电时活塞杆伸出,断电时活塞杆返回	采用双电控电磁阀,换向电信号可为短脉冲信号,因此电磁铁发热少,并具有断电保持功能	左侧电磁铁通电时,活塞杆伸出。右侧电磁铁通电时,活塞杆缩回。左、右两侧电磁铁同时断电时,活塞可停止在任意位置,但定位精度不高	当电磁阀处于中间位置时活塞杆处于自由状态,可由其他机构驱动

续表

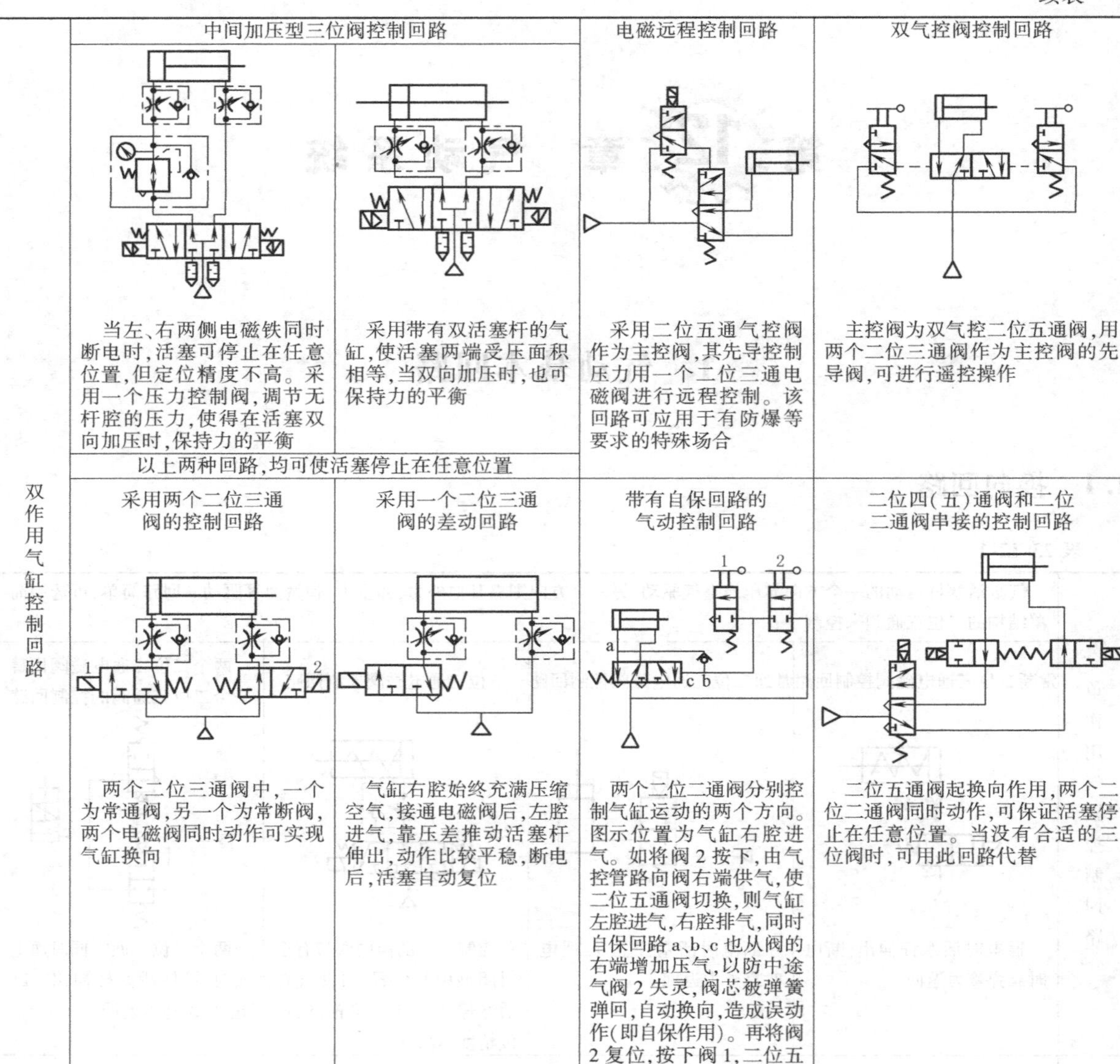

双作用气缸控制回路	中间加压型三位阀控制回路		电磁远程控制回路	双气控阀控制回路
	当左、右两侧电磁铁同时断电时,活塞可停止在任意位置,但定位精度不高。采用一个压力控制阀,调节无杆腔的压力,使得在活塞双向加压时,保持力的平衡	采用带有双活塞杆的气缸,使活塞两端受压面积相等,当双向加压时,也可保持力的平衡	采用二位五通气控阀作为主控阀,其先导控制压力用一个二位三通电磁阀进行远程控制。该回路可应用于有防爆等要求的特殊场合	主控阀为双气控二位五通阀,用两个二位三通阀作为主控阀的先导阀,可进行遥控操作
	以上两种回路,均可使活塞停止在任意位置			
	采用两个二位三通阀的控制回路	采用一个二位三通阀的差动回路	带有自保回路的气动控制回路	二位四(五)通阀和二位二通阀串接的控制回路
	两个二位三通阀中,一个为常通阀,另一个为常断阀,两个电磁阀同时动作可实现气缸换向	气缸右腔始终充满压缩空气,接通电磁阀后,左腔进气,靠压差推动活塞杆伸出,动作比较平稳,断电后,活塞自动复位	两个二位二通阀分别控制气缸运动的两个方向。图示位置为气缸右腔进气。如将阀 2 按下,由气控管路向阀右端供气,使二位五通阀切换,则气缸左腔进气,右腔排气,同时自保回路 a、b、c 也从阀的右端增加压气,以防中途气阀 2 失灵,阀芯被弹簧弹回,自动换向,造成误动作(即自保作用)。再将阀 2 复位,按下阀 1,二位五通阀右端压气排出,则阀芯靠弹簧复位,进行切换,开始下一次循环	二位五通阀起换向作用,两个二位二通阀同时动作,可保证活塞停止在任意位置。当没有合适的三位阀时,可用此回路代替

1.2 速度控制回路

表 23-12-2

单作用气缸的速度控制回路	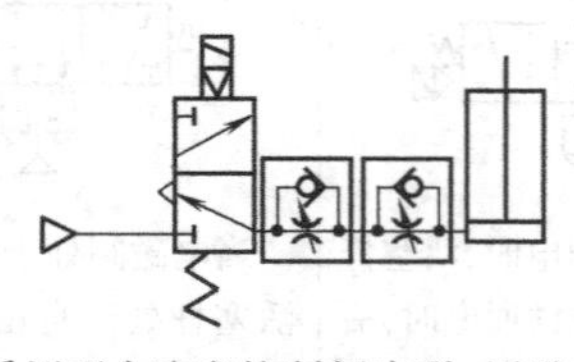	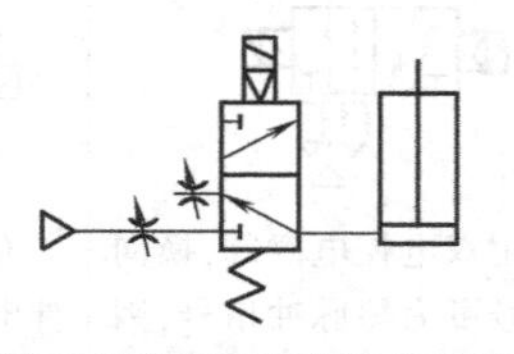	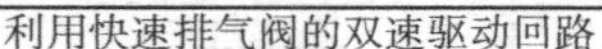 利用快速排气阀的双速驱动回路 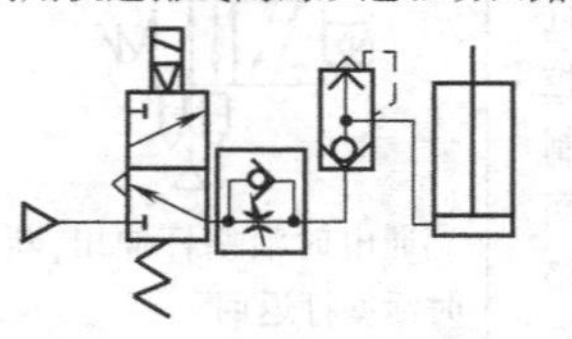
	采用两个速度控制阀串联,用进气节流和排气节流分别控制活塞两个方向运动的速度	直接将节流阀安装在换向阀的进气口与排气口,可分别控制活塞两个方向运动的速度	为快速返回回路。活塞伸出时为进气节流速度控制,返回时空气通过快速排气阀直接排至大气中,实现快速返回

续表

单作用气缸的速度控制回路	利用多功能阀的双速驱动回路 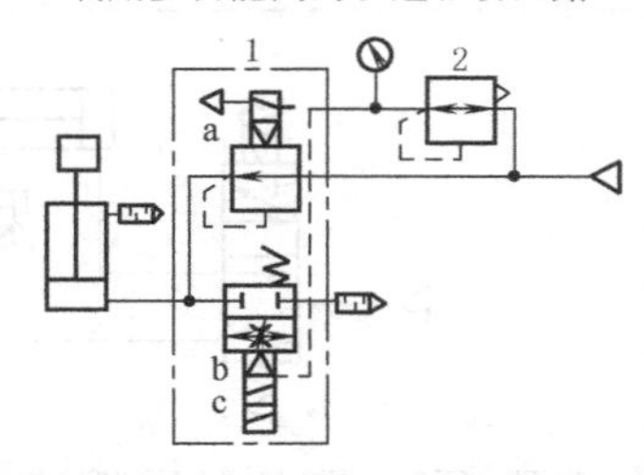 	多功能阀1(SMC产品VEX5系列)具有调压、调速和换向三种功能。当多功能阀1的电磁铁a、b、c都不通电时，多功能阀1可输出由小型减压阀设定的压力气体，驱动气缸前进；当电磁铁a断电，b通电时，进行高速排气；当电磁铁c通电时，进行节流排气	
双作用气缸的速度控制回路	采用单向节流阀的速度控制回路 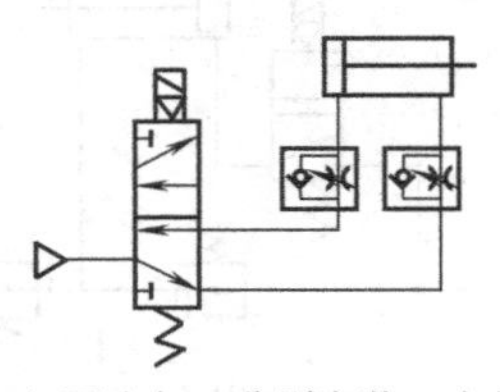 在气缸两个气口分别安装一个单向节流阀，活塞两个方向的运动分别通过每个单向节流阀调节。常采用排气节流型单向节流阀	采用排气节流阀的速度控制回路 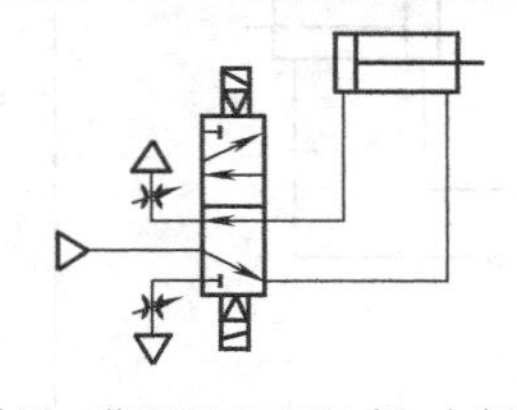 采用二位四通(五通)阀，在阀的两个排气口分别安装节流阀，实现排气节流速度控制，方法比较简单	快速返回回路 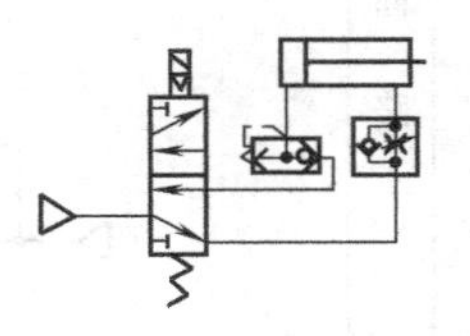 活塞杆伸出时，利用单向节流阀调节速度，返回时通过快速排气阀排气，实现快速返回
	高速动作回路 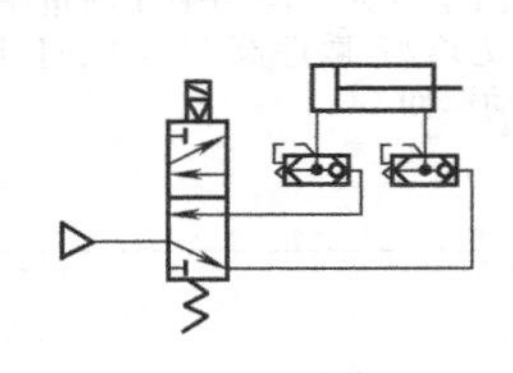 在气缸的进(排)气口附近两个管路中均装有快速排气阀，使气缸活塞运动加速	中间变速回路 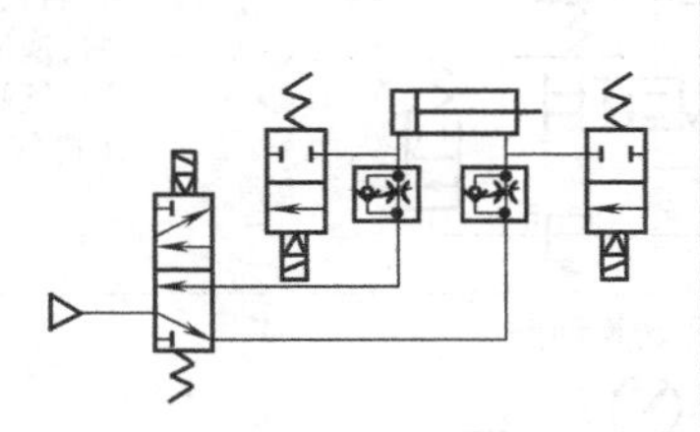 用两个二位二通阀与速度控制阀并联，可以控制活塞在运动中任意位置发出信号，使背压腔气体通过二位二通阀直接排出到大气中，改变气缸的运动速度	利用电/气比例节流阀的速度控制回路 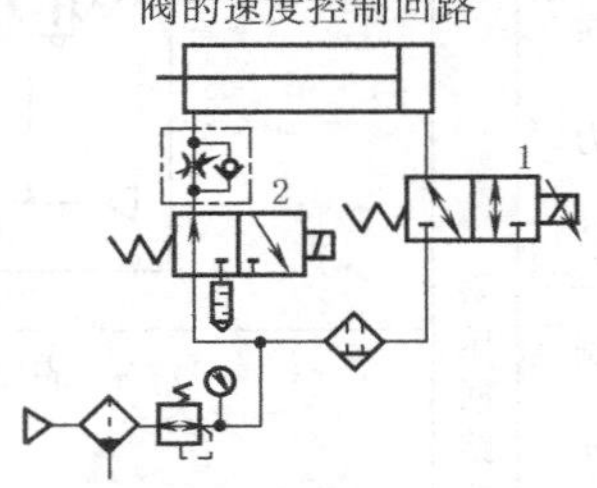 可实现气缸的无级调速。当三通电磁阀2通电时，给电气比例节流阀1输入电信号，使气缸前进。当三通电磁阀2断电时，利用电信号设定电气比例阀1的节流阀开度，使气缸以设定的速度后退。阀1和阀2应同时动作，以防止气缸启动“冲出”

1.3 压力、力矩与力控制回路

表 23-12-3

压力控制回路 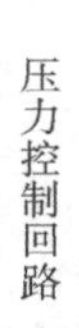	气动系统中，压力控制不仅是维持系统正常工作所必需的，而且也关系到系统总的经济性、安全性及可靠性。作为压力控制方法，可分为一次压力（气源压力）控制、二次压力（系统工作压力）控制、双压驱动、多级压力控制、增压控制等		
	一次压力控制回路	2 1	控制气罐使其压力不超过规定压力。常采用外控制式溢流阀1来控制，也可用带电触点的压力表2代替溢流阀1来控制压缩机电机的动、停，从而使气罐内压力保持在规定范围内。采用安全阀结构简单，工作可靠，但无功耗气量大；而后者对电机及其控制有要求
	二次压力控制回路	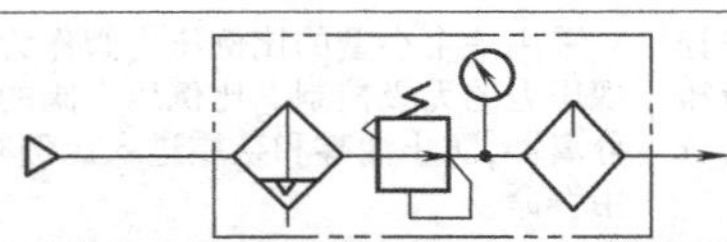	利用气动三联件中的溢流式减压阀控制气动系统的工作压力

续表

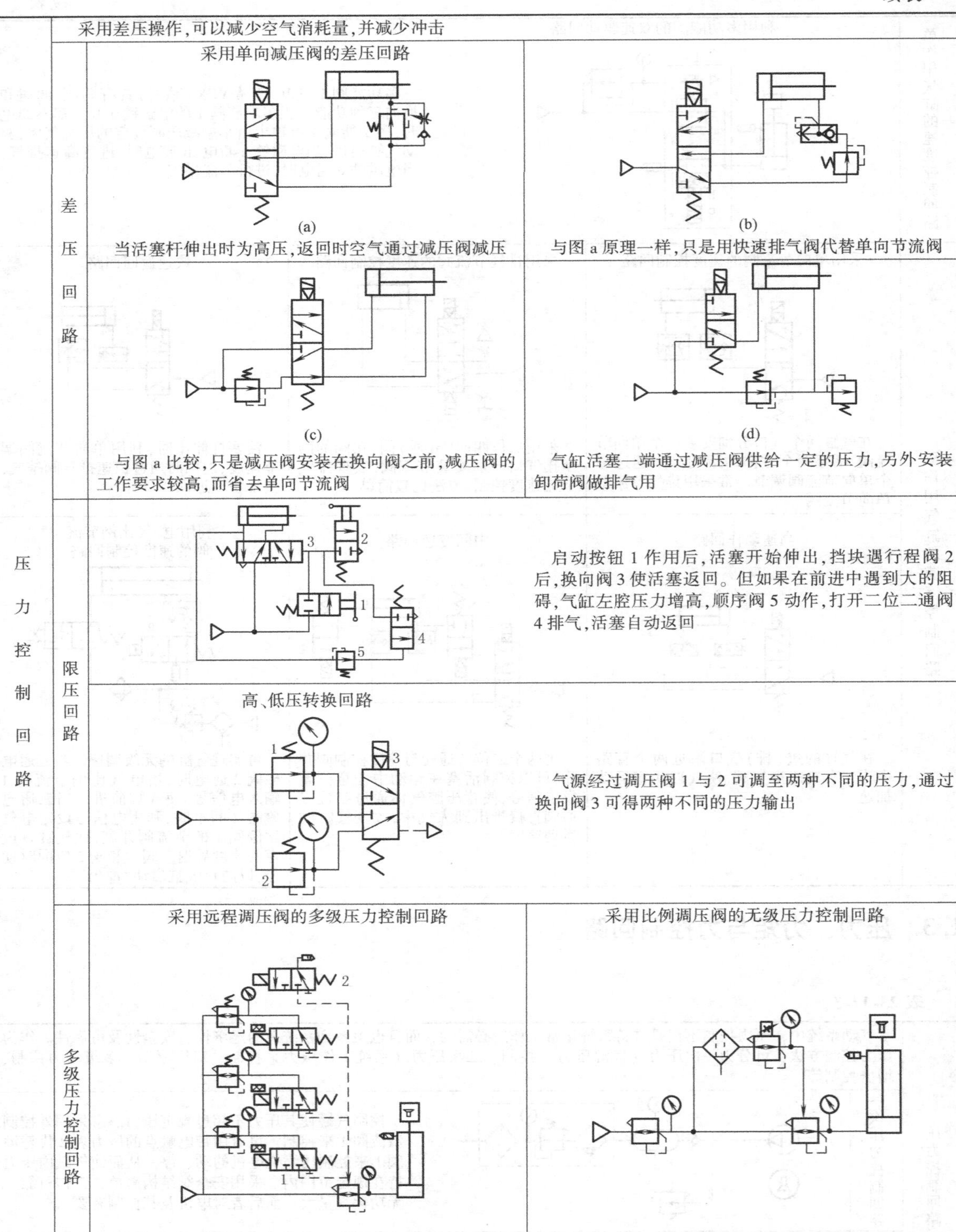

压力控制回路		采用差压操作,可以减少空气消耗量,并减少冲击	
	差压回路	采用单向减压阀的差压回路 (a) 当活塞杆伸出时为高压,返回时空气通过减压阀减压	(b) 与图 a 原理一样,只是用快速排气阀代替单向节流阀
		(c) 与图 a 比较,只是减压阀安装在换向阀之前,减压阀的工作要求较高,而省去单向节流阀	(d) 气缸活塞一端通过减压阀供给一定的压力,另外安装卸荷阀做排气用
	限压回路		启动按钮 1 作用后,活塞开始伸出,挡块遇行程阀 2 后,换向阀 3 使活塞返回。但如果在前进中遇到大的阻碍,气缸左腔压力增高,顺序阀 5 动作,打开二位二通阀 4 排气,活塞自动返回
		高、低压转换回路	气源经过调压阀 1 与 2 可调至两种不同的压力,通过换向阀 3 可得两种不同的压力输出
	多级压力控制回路	采用远程调压阀的多级压力控制回路 远程调压阀的先导压力通过三通电磁阀 1 的切换来控制,可根据需要设定低、中、高三种先导压力。在进行压力切换时,必须用电磁阀 2 先将先导压力泄压,然后再选择新的先导压力	采用比例调压阀的无级压力控制回路 采用一个小型的比例压力阀作为先导压力控制阀可实现压力的无级控制。比例压力阀的入口应使用一个微雾分离器,防止油雾和杂质进入比例阀,影响阀的性能和使用寿命

续表

压力控制回路	增压回路	使用增压阀的增压回路	当二位五通电磁阀 1 通电时，气缸实现增压驱动；当电磁阀 1 断电时，气缸在正常压力作用下返回 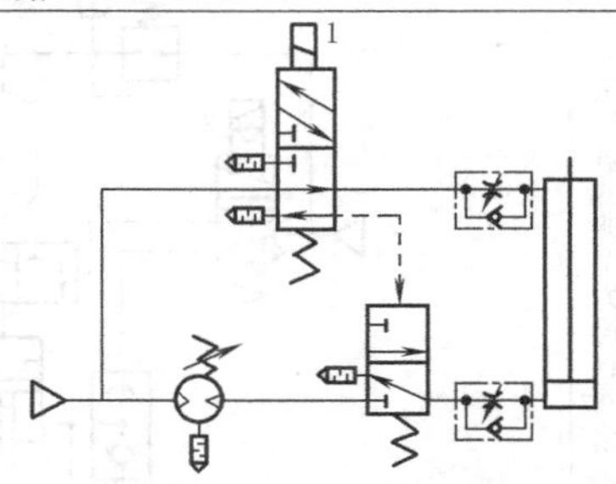 当二位五通电磁阀 1 通电时，利用气控信号使主换向阀切换，进行增压驱动；电磁阀 1 断电时，气缸在正常压力作用下返回
		使用气/液增压缸的增压回路	当三通电磁阀 3、4 通电时，气/液缸 6 在与气压相同的油压作用下伸出；当需要大输出力时，则使五通电磁阀 2 通电，让气/液增压缸 1 动作，实现气/液缸的增压驱动。让五通电磁阀 2 和三通电磁阀 3、4 断电时，则可使气/液缸返回。气/液增压缸 1 的输出可通过减压阀 5 进行设定
		串联气缸增力回路	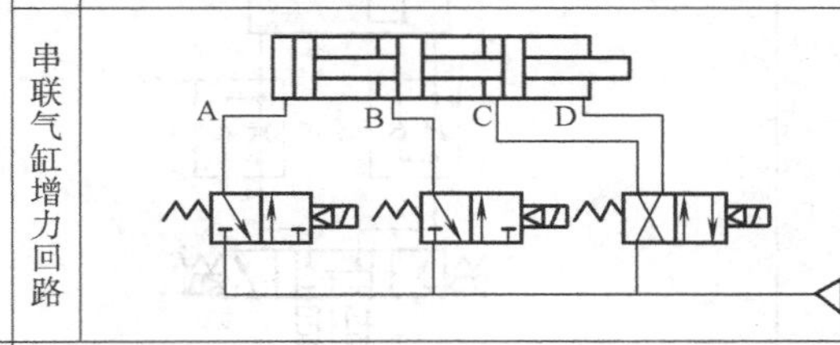 三段活塞缸串联，工作行程时，电磁换向阀通电，A、B、C 进气，使活塞杆增力推出。复位时，电磁阀断电，气缸右端口 D 进气，把杆拉回
	压力控制顺序回路		为完成 A_1、B_1、A_0、B_0 顺序动作的回路，启动按钮 1 动作后，换向阀 2 换向，A 缸活塞杆伸出完成 A_1 动作；A 缸左腔压力增高，顺序阀 4 动作，推动阀 3 换向，B 缸活塞杆伸出完成 B_1 动作，同时使阀 2 换向完成 A_0 动作；最后 A 缸右腔压力增高，顺序阀 5 动作，使阀 3 换向完成 B_0 动作。此处顺序阀 4 及 5 调整至一定压力后动作
力矩控制回路			气马达是产生力矩的气动执行元件。叶片式气马达是依靠叶片使转子高速旋转，经齿轮减速而输出力矩，借助于速度控制改变离心力而控制力矩，其回路就是一般的速度控制回路。活塞式气马达和摆动马达则是通过改变压力来控制扭矩的。下面介绍活塞式气马达的力矩控制回路
	气马达的力矩控制回路		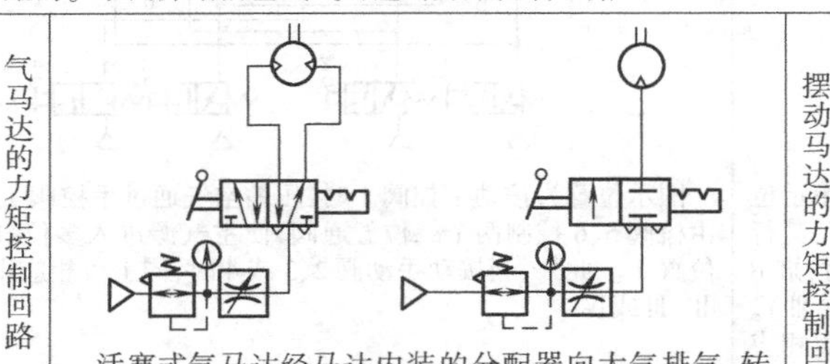 活塞式气马达经马达内装的分配器向大气排气，转速一高则排气受节流而力矩下降。力矩控制一般通过控制供气压力实现
	摆动马达的力矩控制回路		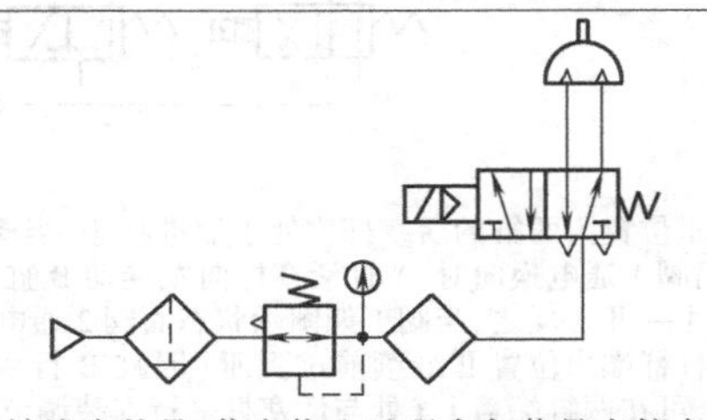 应该注意的是，若在停止过程中负载具有较大的惯性力矩，则摆动马达还必须使用挡块定位

续表

力控制回路	冲击气缸的典型力控制回路	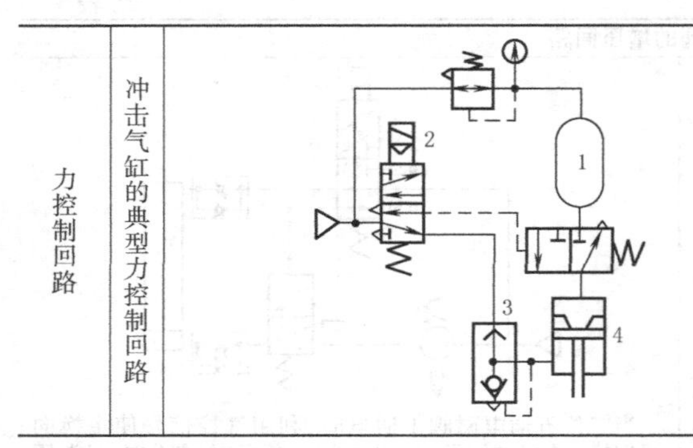	该回路由冲击气缸 4、快速供给气压的气罐 1、把气缸背压快速排入大气的快速排气阀 3 及控制气缸换向的二位五通阀 2 组成。当电磁阀得电时，冲击气缸的排气侧快速排出大气，同时使二位三通阀换向，气罐内的压缩空气直接流入冲击气缸，使活塞以极高的速度向下运动，该活塞所具有的动能给出很大的冲击力。冲击力与活塞的速度平方成正比，而活塞的速度取决于从气罐流入冲击气缸的空气流量。为此，调节速度必须调节气罐的压力

1.4 位置控制回路

表 23-12-4

气缸通常只能保持在伸出和缩回两个位置。如果要求气缸在运动过程中的某个中间位置停下来，则要求气动系统具有位置控制功能。由于气体具有压缩性，因此只利用三位五通电磁阀对气缸两腔进行给、排气控制的纯气动方法，难以得到高精度的位置控制。对于定位精度要求较高的场合，应采用机械辅助定位或气/液转换器等控制方法	
利用外部挡块的定位方法 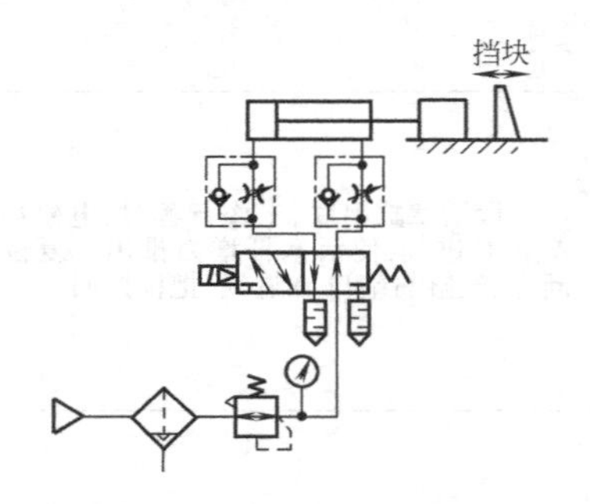 在定位点设置机械挡块，是使气缸在行程中间定位的最可靠方法，定位精度取决于机械挡块的设置精度。这种方法的缺点是定位点的调整比较困难，挡块与气缸之间应考虑缓冲的问题	采用三位五通阀的位置控制回路 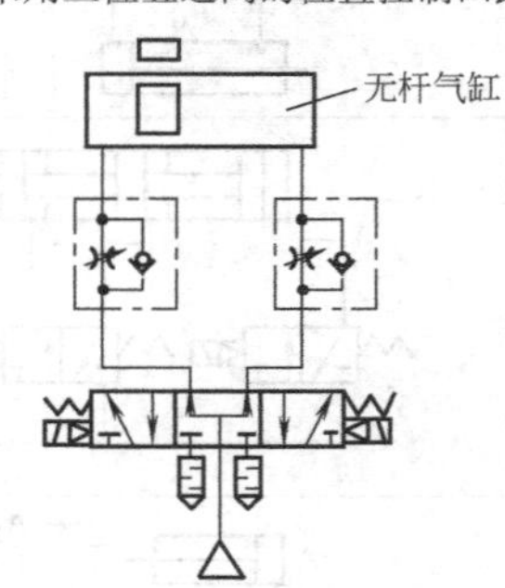 采用中位加压型三位五通阀可实现气缸的位置控制，但位置控制精度不高，容易受负载变化的影响
使用串联气缸的三位置控制回路 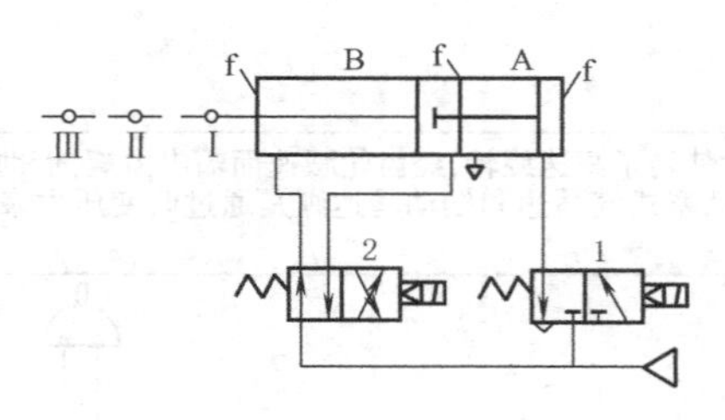 图示位置为两缸的活塞杆均处于缩进状态，当阀 2 如图示位置，而阀 1 通电换向时，A 缸活塞杆向左推动 B 缸活塞杆，其行程为Ⅰ—Ⅱ。反之，当阀 1 如图示状态而阀 2 通电切换时，缸 B 活塞杆杆端由位置Ⅱ继续前进到Ⅲ(因缸 B 行程为Ⅰ—Ⅲ)。此外，可在两缸端盖上 f 处与活塞杆平行安装调节螺钉，以相应地控制行程位置，使缸 B 活塞杆端可停留在Ⅰ—Ⅱ、Ⅱ—Ⅲ之间的所需位置	采用全气控方式的四位置控制回路 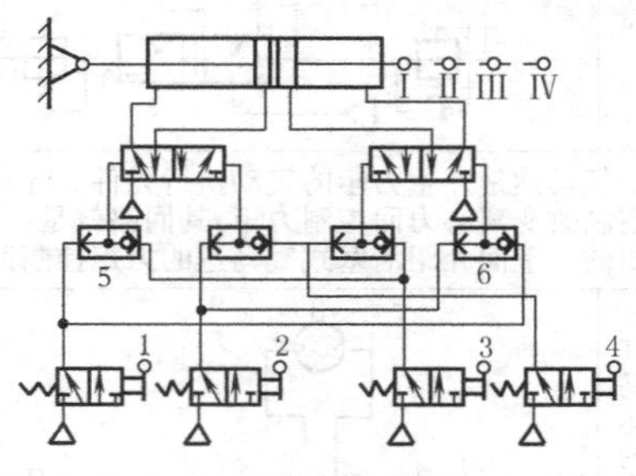 图示位置为按动手控阀 1 时，压缩空气通过手控阀 1，分两路由梭阀 5、6 控制两个二位五通阀，使主气源进入多位缸而得到位置Ⅰ。此外，当按动手动阀 2、3 或 4 时，同上可相应得到位置Ⅱ、Ⅲ或Ⅳ

续表

利用制动气缸的位置控制回路	
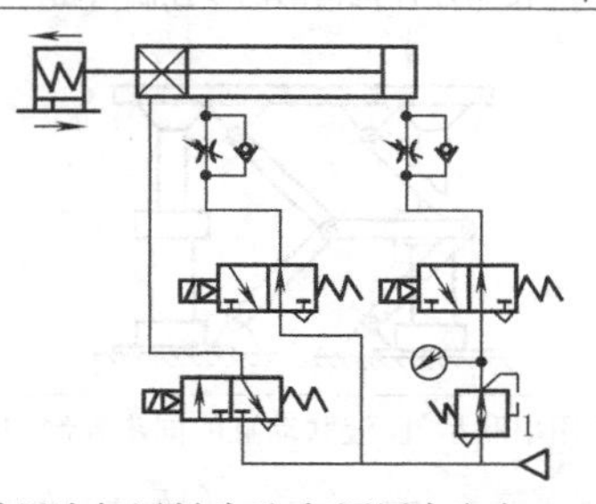	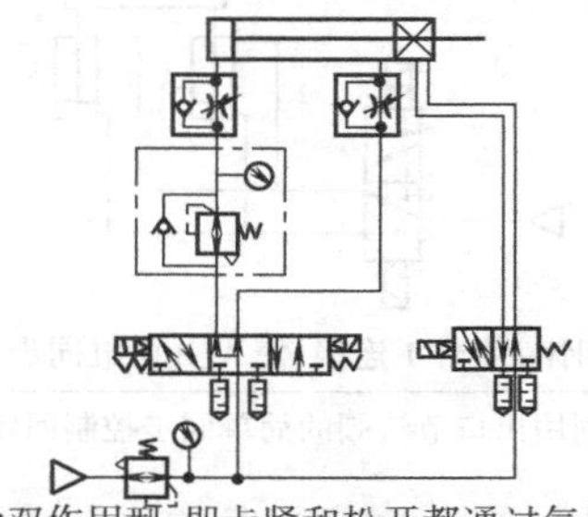
如果制动装置为气压制动型,气源压力应在0.1MPa以上;如果为弹簧+气压制动型,气源压力应在0.35MPa以上。气缸制动后,活塞两侧应处于力平衡状态,防止制动解除时活塞杆飞出,为此设置了减压阀1。解除制动信号应超前于气缸的往复信号或同时出现	制动装置为双作用型,即卡紧和松开都通过气压来驱动。采用中位加压型三位五通阀控制气缸的伸出与缩回
带垂直负载的制动气缸位置控制回路	
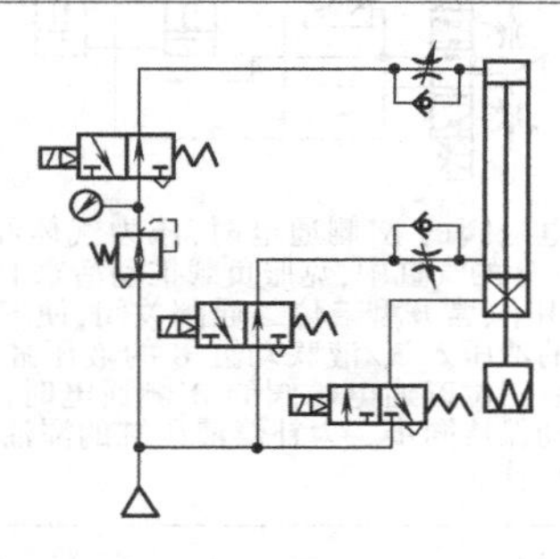	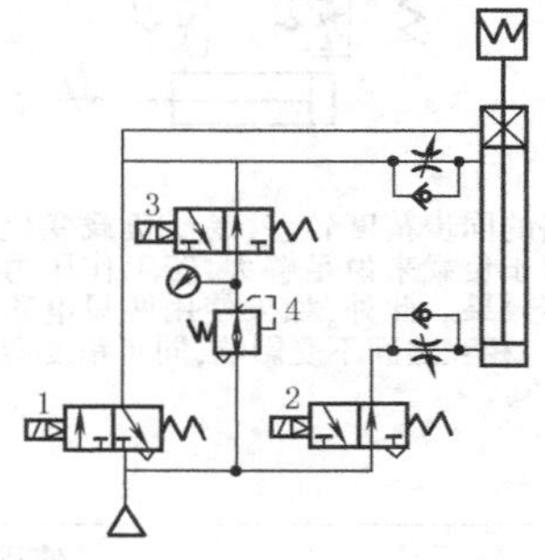
带垂直负载时,为防止突然断气时工件掉下,应采用弹簧+气压制动型或弹簧制动型制动装置	垂直负载向上时,为了使制动后活塞两侧处于力平衡状态,减压阀4应设置在气缸有杆腔侧
使用气/液转换器的位置控制回路	
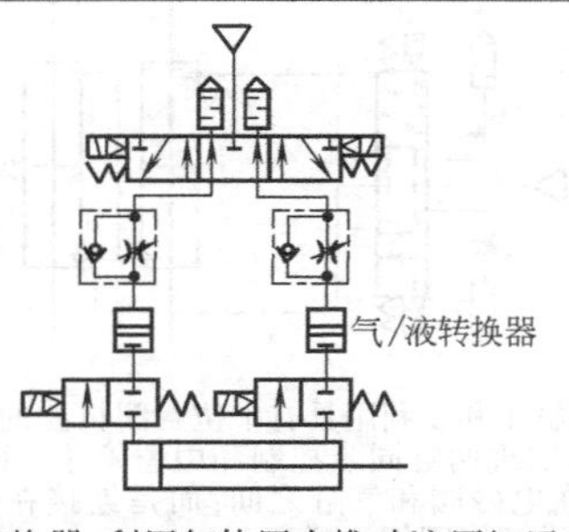	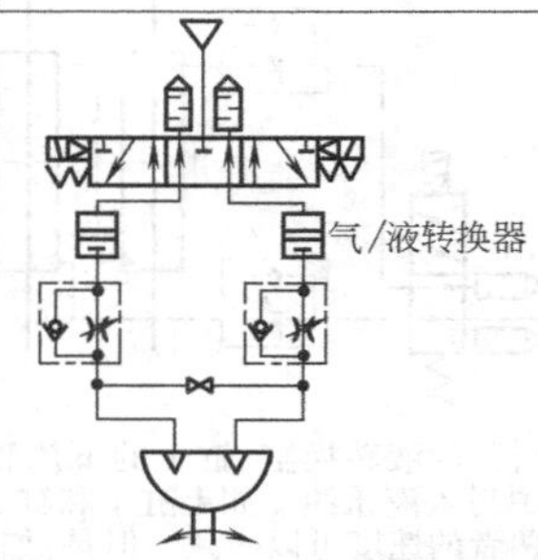
通过气/液转换器,利用气体压力推动液压缸运动,可以获得较高的定位精度,但在一定程度上要牺牲运动速度	通过气/液转换器,利用气体压力推动摆动液压缸运动,可以获得较高的中间定位精度

2 典型应用回路

2.1 同步回路

表 23-12-5

同步控制是指驱动两个或多个执行元件时,使它们在运动过程中位置保持同步。同步控制实际是速度控制的一种特例。当各执行机构的负载发生变动时,为了实现同步,通常采用以下方法:
(1)使用机械连接使各执行机构同步动作
(2)使流入和流出执行机构的流量保持一定
(3)测量执行机构的实际运动速度,并对流入和流出执行机构的流量进行连续控制

续表

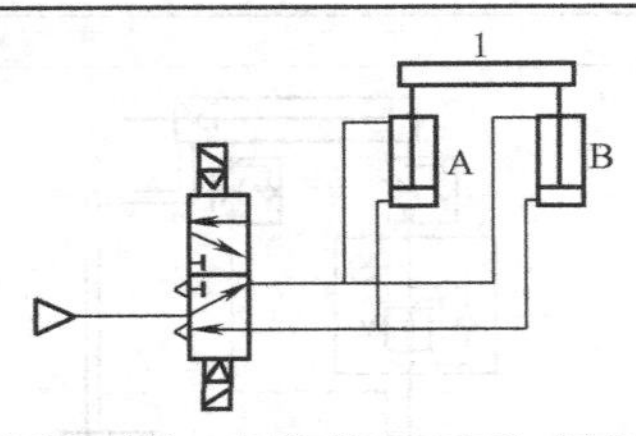

采用刚性零件1连接,使A、B两缸同步运动

使用连杆机构的同步控制回路

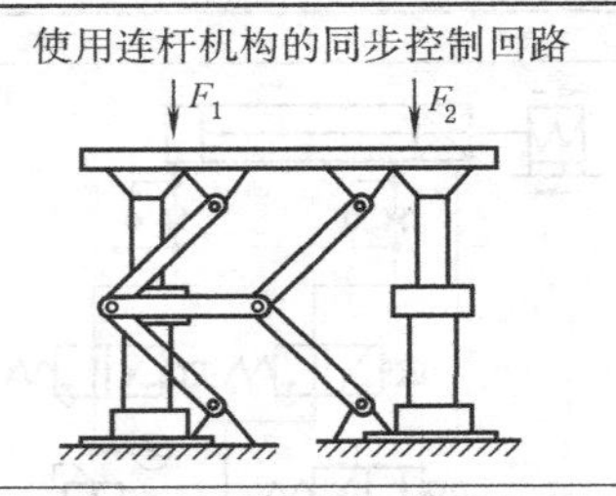

利用出口节流阀的简单同步控制回路

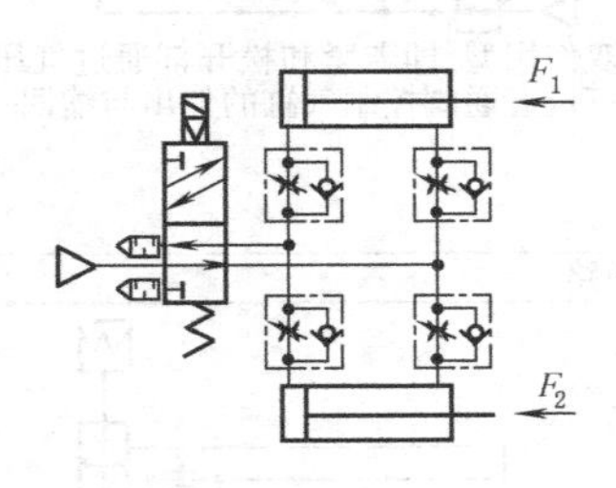

这种同步回路的同步精度较差,易受负载变化的影响,如果气缸的缸径相对于负载来说足够大,若工作压力足够高,可以取得一定的同步效果。此外,如果使用两只电磁阀,使两只气缸的给排气独立,相互之间不受影响,同步精度会好些

使用串联型气/液联动缸的同步控制回路

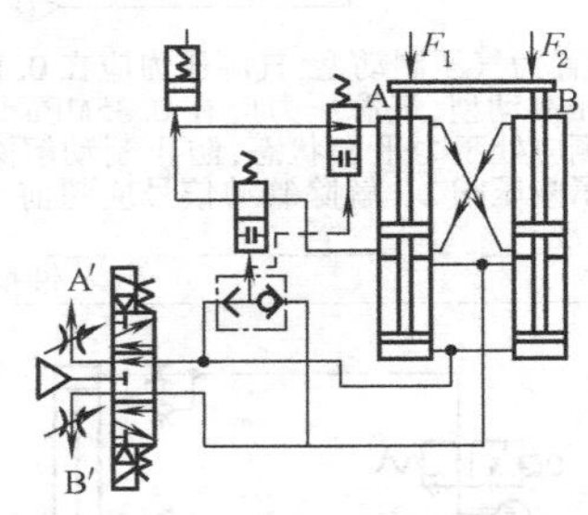

当三位五通电磁阀的A′侧通电时,压力气体经过管路流入气/液联动缸A、B的气缸中,克服负载推动活塞上升。此时,在先导压力的作用下,常开型二位二通阀关闭,使气/液联动缸A的液压缸上腔的油压入气/液联动缸B的液压缸下腔,从而使它们同步上升。三位五通电磁阀的B′侧通电时,可使气/液联动缸向下的运动保持同步。为补偿液压缸的漏油可设贮油缸,在不工作时进行补油

使用气/液转换缸的同步控制回路(1)

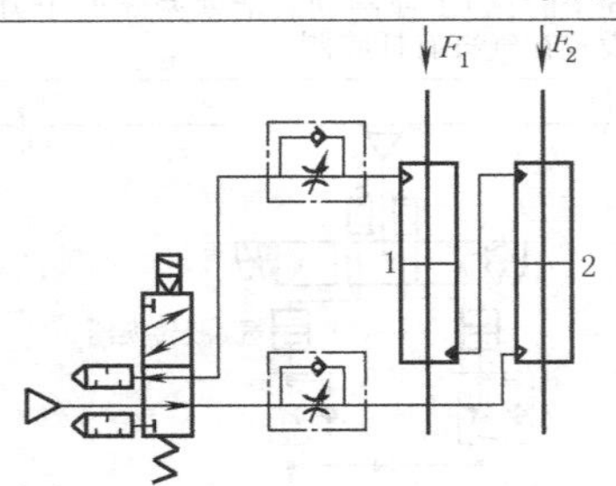

使用两只双出杆气/液转换缸,缸1的下侧和缸2的上侧通过配管连接,其中封入液压油。如果缸1和缸2的活塞及活塞杆面积相等,则两者的速度可以一致。但是,如果气/液转换缸有内泄漏和外泄漏,因为油量不能自动补充,所以两缸的位置会产生累积误差

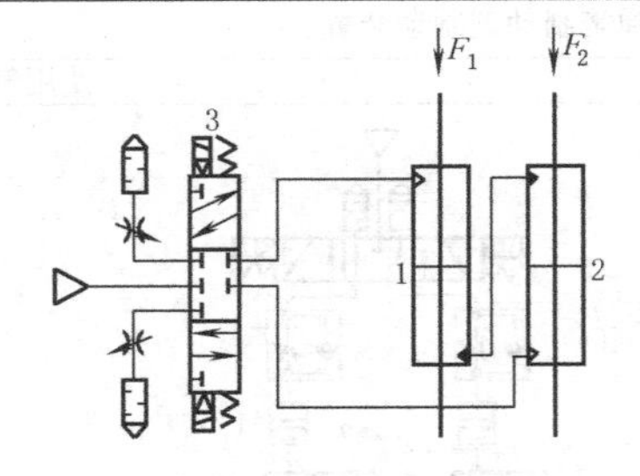

气/液转换缸1和2利用具有中位封闭机能的三位五通电磁阀3驱动,可实现两缸同步控制和中位停止。该回路中,调速阀不是设置在电磁阀和气缸之间,而是连接在电磁阀的排气口,这样可以改善中间停止精度

闭环同步控制方法

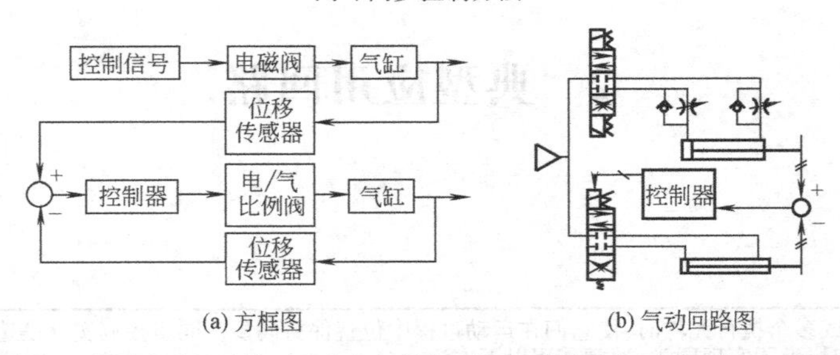

(a) 方框图　　(b) 气动回路图

在开环同步控制方法中,所产生的同步误差虽然可以在气缸的行程端点等特殊位置进行修正,但为了实现高精度的同步控制,应采用闭环同步控制方法,在同步动作中连续地对同步误差进行修正。闭环同步控制系统主要由电/气比例阀、位移传感器、同步控制器等组成

2.2 延时回路

表 23-12-6

延时给气回路	延时排气回路
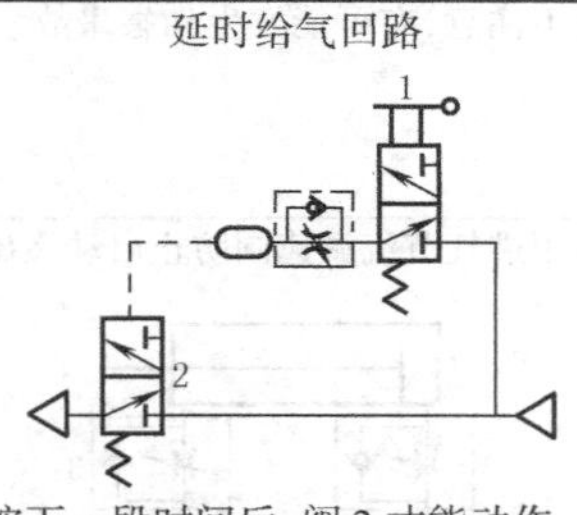 按钮 1 必须按下一段时间后，阀 2 才能动作	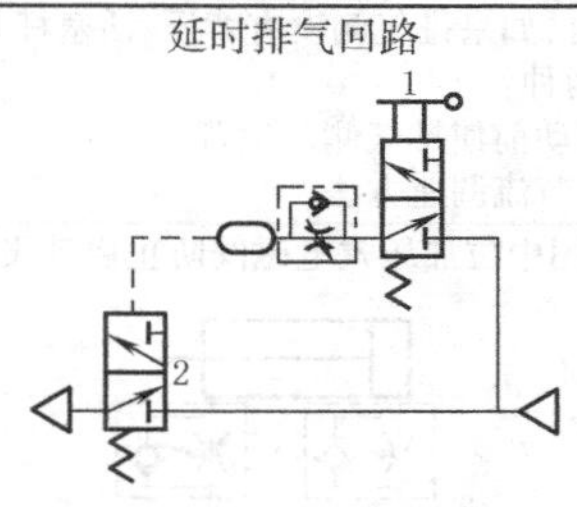 当按钮 1 松开一段时间后，阀 2 才切断
延时返回回路 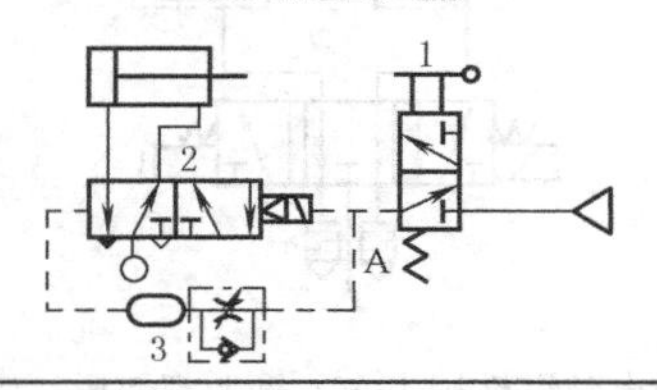	当手动阀 1 按下后，阀 2 立即切换至右边工作。活塞杆伸出，同时压缩空气经管路 A 流向气室 3，待气室 3 中的压力增高后，差压阀 2 又换向，活塞杆收回。延时长短根据需要选用不同大小气室及调节进气快慢而定

2.3 自动往复回路

表 23-12-7

	加压控制回路	卸压控制回路
一次自动往复回路	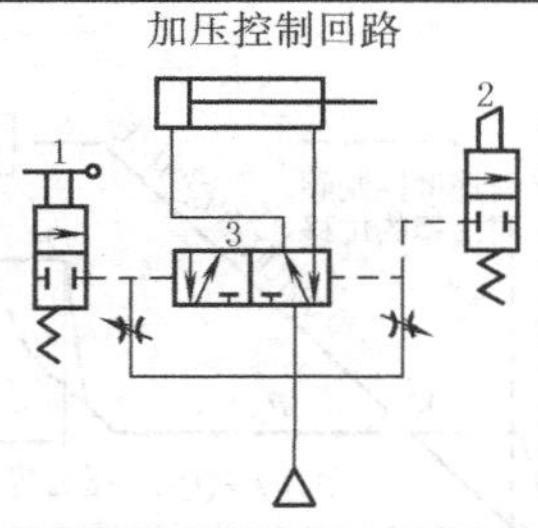 手动阀 1 动作后，换向阀左端压力下降，右端压力大于左端，使阀 3 换向。活塞杆伸出至压下行程阀 2，阀 3 右端压力下降，又使换向阀 3 切换，活塞杆收回，完成一次往复	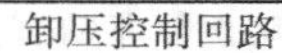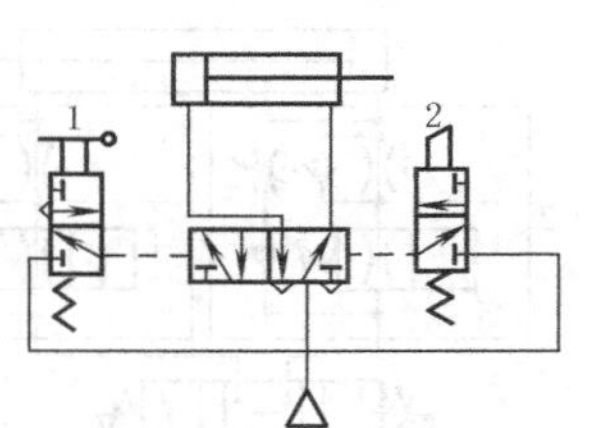 手动阀 1 动作后，换向阀换向，活塞杆伸出。当撞块压下行程阀 2 后，接通压缩空气使换向阀换向，活塞杆缩回，一次行程完毕
	利用行程阀的自动往复回路	利用时间控制的连续自动往复回路
连续自动往复回路	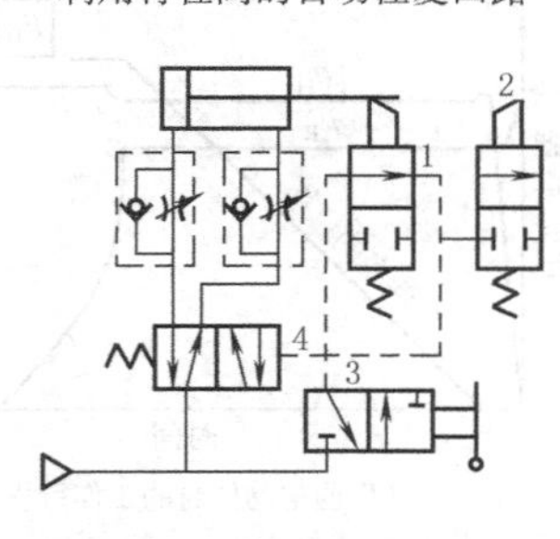 当启动阀 3 后，压缩空气通过行程阀 1 使阀 4 换向，活塞杆伸出。当压住行程阀 2 后，换向阀 4 在弹簧作用下换向，使活塞杆返回。这样使活塞进行连续自动往复运动，一直到关闭阀 3 后，运动停止	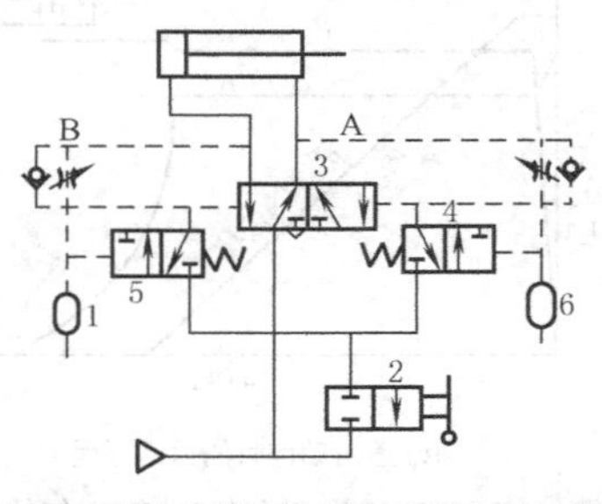 当换向阀 3 处于图中所示位置时，压缩空气沿管路 A 经节流阀向气室 6 充气，过一段时间后，气室 6 内压力增高，切换二位三通阀 4，压缩空气通过阀 4 使阀 3 换向，活塞杆伸出；同时压缩空气经管路 B 及节流阀又向气室 1 充气，待压力增高后切换阀 5，从而使阀 3 换向。这样活塞杆进行连续自动往复运动。手动阀 2 为启动、停止用

2.4 防止启动飞出回路

表 23-12-8

气缸在启动时，如果排气侧没有背压，活塞杆将以很快的速度冲出，若操作人员不注意，有可能发生伤害事故。避免这种情况发生的方法有两种：

(1)在气缸启动前使排气侧产生背压

(2)采用进气节流调速方法

采用中位加压式电磁阀防止启动飞出

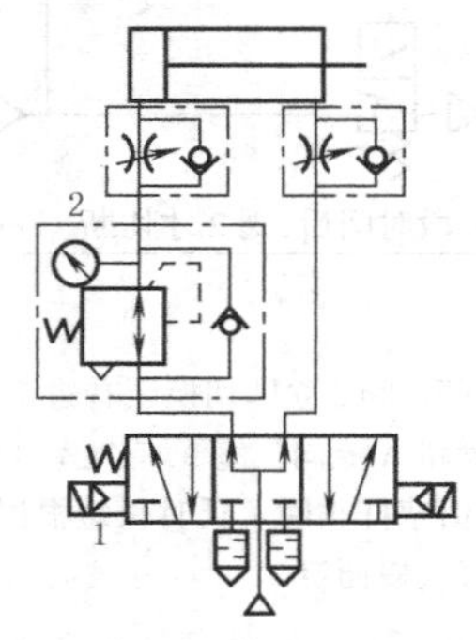

采用具有中间加压机能的三位五通电磁阀 1 在气缸启动前使排气侧产生背压。当气缸为单活塞杆气缸时，由于气缸有杆腔和无杆腔的压力作用面积不同，因此考虑电磁阀处于中位时，使气缸两侧的压力保持平衡

采用进气节流调速阀防止启动飞出

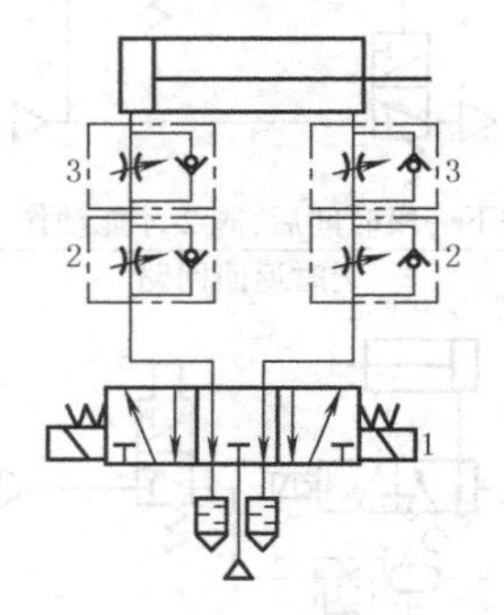

当三位五通电磁阀断电时，气缸两腔都卸压；启动时，利用调速阀 3 的进气节流调速防止启动飞出。由于进气节流调速的调速性能较差，因此在气缸的出口侧还串联了一个排气节流调速阀 2，用来改善启动后的调速特性。需要注意进气节流调速阀 3 和排气节流调速阀 2 的安装顺序，进气节流调速阀 3 应靠近气缸

利用 SSC 阀防止启动飞出（排气节流控制）

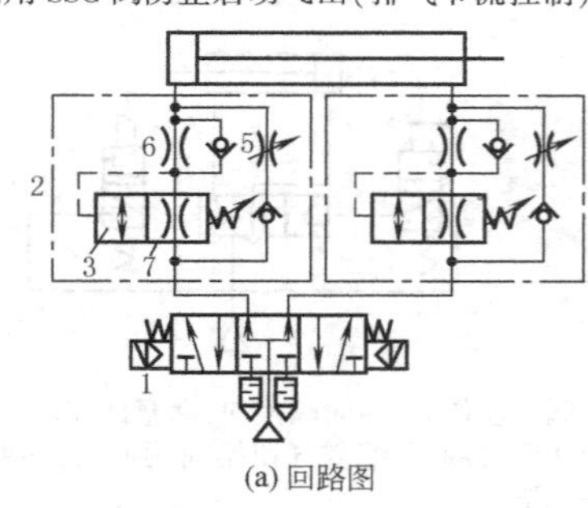

(a) 回路图

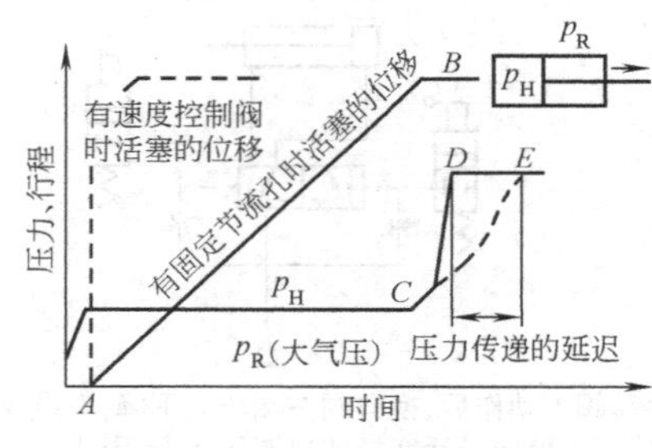

(b) 初期动作时的工作行程

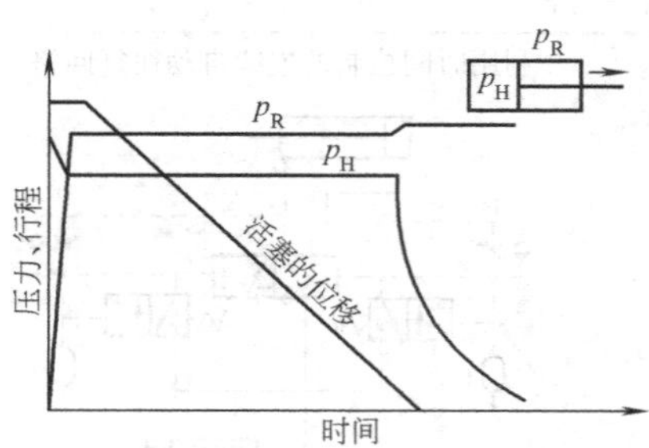

(c) 通常动作时的返回行程

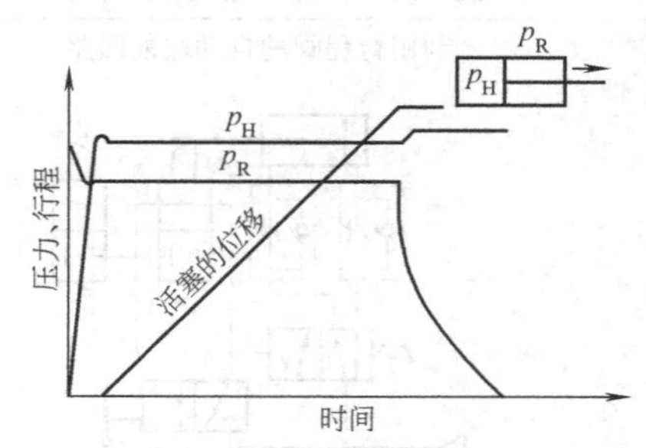

(d) 通常动作时的工作行程

当换向阀由中间位置切换到左位时，有压气体经 SSC 阀的固定节流孔 7 和 6 充入无杆腔，压力 p_H 逐渐上升，有杆腔仍维持为大气压力。当 p_H 升至一定值，活塞便开始做低速右移，从图中的 A 位置移至行程末端 B，p_H 压力上升。当 p_H 大于急速供气阀 3 的设定压力时，阀切换至全开，并打开单向阀 5，急速向无杆腔供气，p_H 由 C 点压力急速升至 D 点压力（气源压力）。CE 虚线表示只用进气节流的情况。当初期动作已使 p_H 变成气源压力后，换向阀再切换至左位和右位，气缸的动作、压力 p_H、p_R 和速度的变化，便与用一般排气节流式速度控制阀时的特性相同了

2.5 防止落下回路

表 23-12-9

<table>
<tr><td>利用制动气缸的防止落下回路
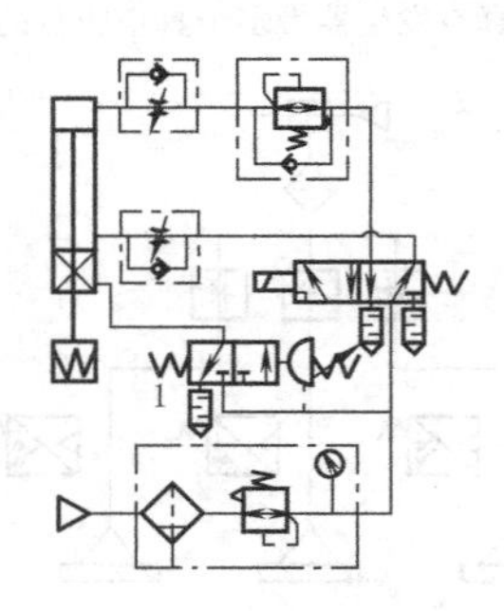
利用三通锁定阀 1 的调压弹簧可以设定一个安全压力。当气源压力正常，即高于所设定的安全压力时，三通锁定阀 1 在气源压力的作用下切换，使制动气缸的制动机构松开。当气源压力低于所设定的安全压力时，三通锁定阀 1 在复位弹簧的作用下复位，使其出口和排气口相通，制动机构锁紧，从而防止气缸落下。为了提高制动机构的响应速度，三通锁定阀 1 应尽可能靠近制动机构的气控口</td><td>利用端点锁定气缸的防止落下回路
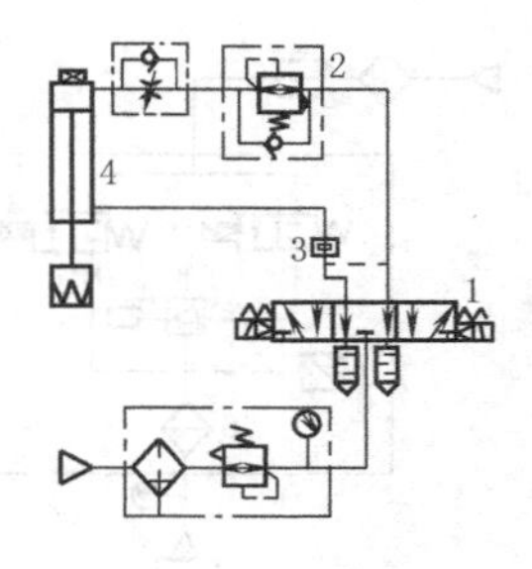
利用单向减压阀 2 调节负载平衡压力。在上端点使五通电磁阀 1 断电，控制端点锁定气缸 4 的锁定机构，可防止气缸落下。此外，当气缸在行程中间，由于非正常情况使五通电磁阀断电时，利用气控单向阀 3 使气缸在行程中间停止。该回路使用控制阀较少，回路较简单</td></tr>
</table>

2.6 缓冲回路

表 23-12-10

<table>
<tr><td>采用溢流阀的缓冲回路
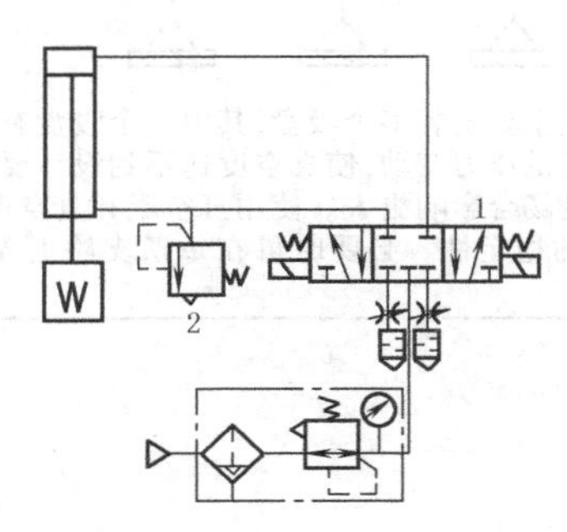
该回路采用具有中位封闭机能的三位五通电磁阀 1 控制气缸的动作，电磁阀 1 和气缸有杆腔之间设置有一个溢流阀 2。当气缸快接近停止位置时，使电磁阀 1 断电。由于电磁阀的中位封闭机能，背压侧的气体只能通过溢流阀 2 流出，从而在有杆腔形成一个由溢流阀所调定的背压，起到缓冲作用。该回路的缓冲效果较好，但停止位置的控制较困难，最好能和气缸内藏的缓冲机构并用</td><td>采用缓冲阀的缓冲回路
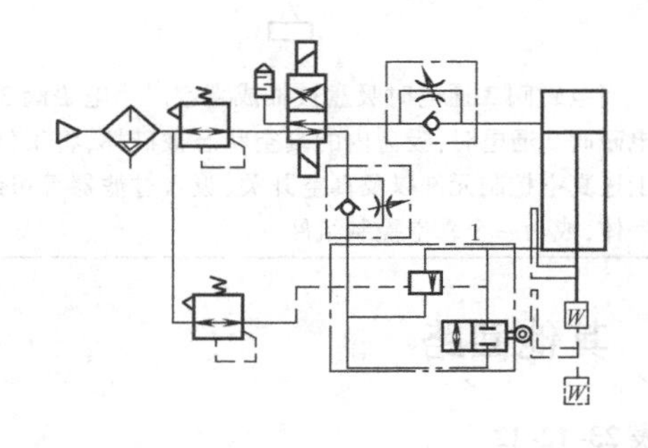
该回路为采用缓冲阀 1 的高速气缸缓冲回路。在缓冲阀 1 中内藏一个气控溢流阀和一个机控二位二通换向阀。气控溢流阀的开启压力，即气缸排气侧的缓冲压力，由一个小型减压阀设定。在气缸进入缓冲行程之前，有杆腔气体经机控换向阀流出。气缸进入缓冲行程时，连接在活塞杆前端的机构使机控换向阀切换，排气侧气体只能经溢流阀流出，并形成缓冲背压。使用该回路时，通常不需气缸内藏缓冲机构</td></tr>
</table>

2.7 真空回路

表 23-12-11

<table>
<tr><td colspan="3">根据真空是由真空发生器产生还是由真空泵产生,真空控制回路分为两大类</td></tr>
<tr><td rowspan="2">利用真空发生器构成的真空吸盘控制回路</td><td>利用真空发生器组件构成的真空回路</td><td>用一个真空发生器带多个真空吸盘的回路</td></tr>
<tr><td>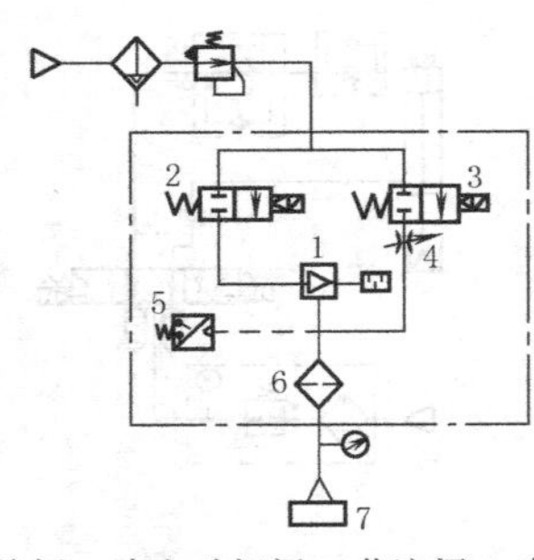
由真空供给阀 2、真空破坏阀 3、节流阀 4、真空开关 5、真空过滤器 6 和真空发生器 1 构成真空吸盘控制回路。当需要产生真空时,电磁阀 2 通电;当需要破坏真空时,电磁阀 2 断电,电磁阀 3 通电。上述真空控制元件可组合成一体,成为一个真空发生器组件</td><td>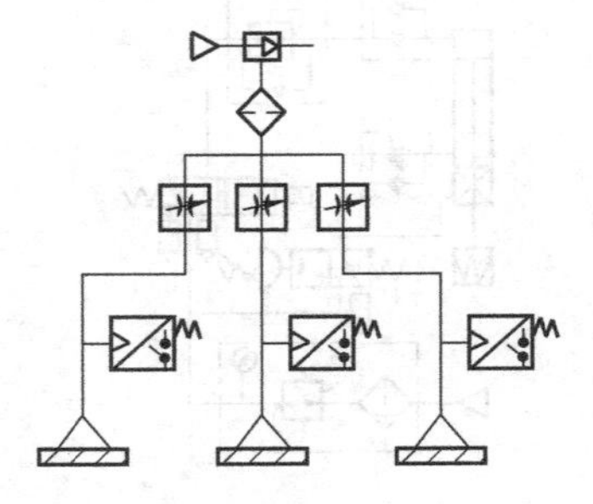
一个真空发生器带一个吸盘最理想。若带多个吸盘,其中一个吸盘有泄漏,会减少其他吸盘的吸力。为克服此缺点,可将每个吸盘都配上真空压力开关。一个吸盘泄漏导致真空度不合要求时,便不能起吊工件。另外,每个吸盘与真空发生器之间的节流阀也能减少由于一个吸盘的泄漏对其他吸盘的影响</td></tr>
<tr><td rowspan="2">利用真空泵构成的真空吸盘控制回路</td><td>利用真空控制单元构成的真空吸盘控制回路</td><td>用一个真空泵控制多个真空吸盘的回路</td></tr>
<tr><td>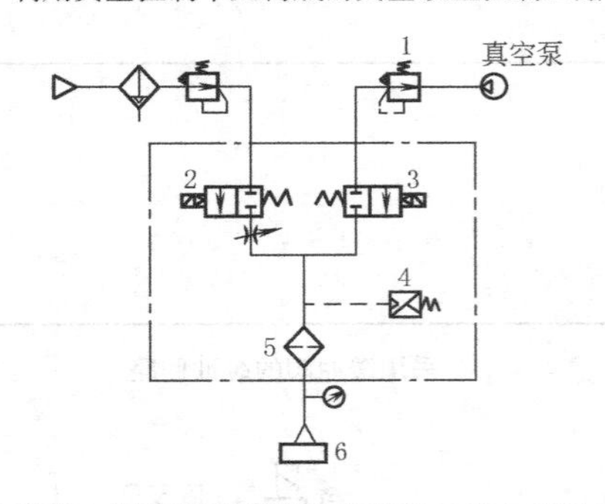

当电磁阀 3 通电时吸盘被抽成真空。当电磁阀 3 断电、电磁阀 2 通电时,吸盘内的真空状态被破坏,将工件放下。上述真空控制元件以及真空开关、吸入过滤器等可组合成一体,成为一个真空控制组件</td><td>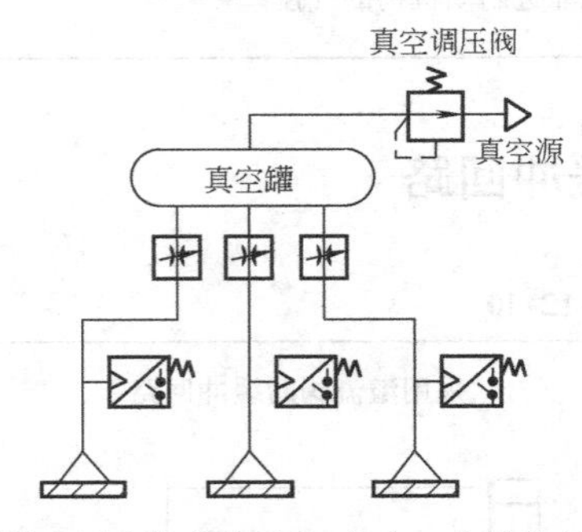

若真空管路上要安装多个吸盘,其中一个吸盘有泄漏,会引起真空压力源的压力变动,使真空度达不到设计要求,特别对小孔口吸着的场合影响更大。使用真空罐和真空调压阀可提高真空压力的稳定性。必要时可在每条支路上安装真空切换阀</td></tr>
</table>

2.8 其他回路

表 23-12-12

<table>
<tr><td rowspan="2">终端瞬时加压回路</td><td>采用 SSC 阀的终端瞬时加压回路</td><td rowspan="2">该回路使用中间排气型三位五通电磁阀 2,在气缸开始动作前,放出气缸有杆腔内的空气。当换向阀通电使气缸伸出时,由于有杆腔内没有背压,因此通过 SSC 阀 1 以进气节流调速方式和很低的工作压力驱动气缸。气缸接触到工件时,气缸内的压力升高,当压力高到一定值时,SSC 阀 1 内的二位二通阀切换,入口气体不经过节流口而直接进入气缸,以系统压力给气缸瞬时加压。如果气缸为垂直驱动,还应考虑防止落下机构</td></tr>
<tr><td>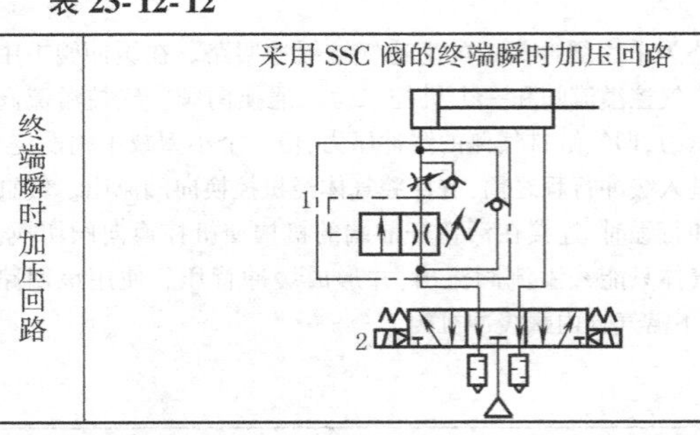</td></tr>
</table>

续表

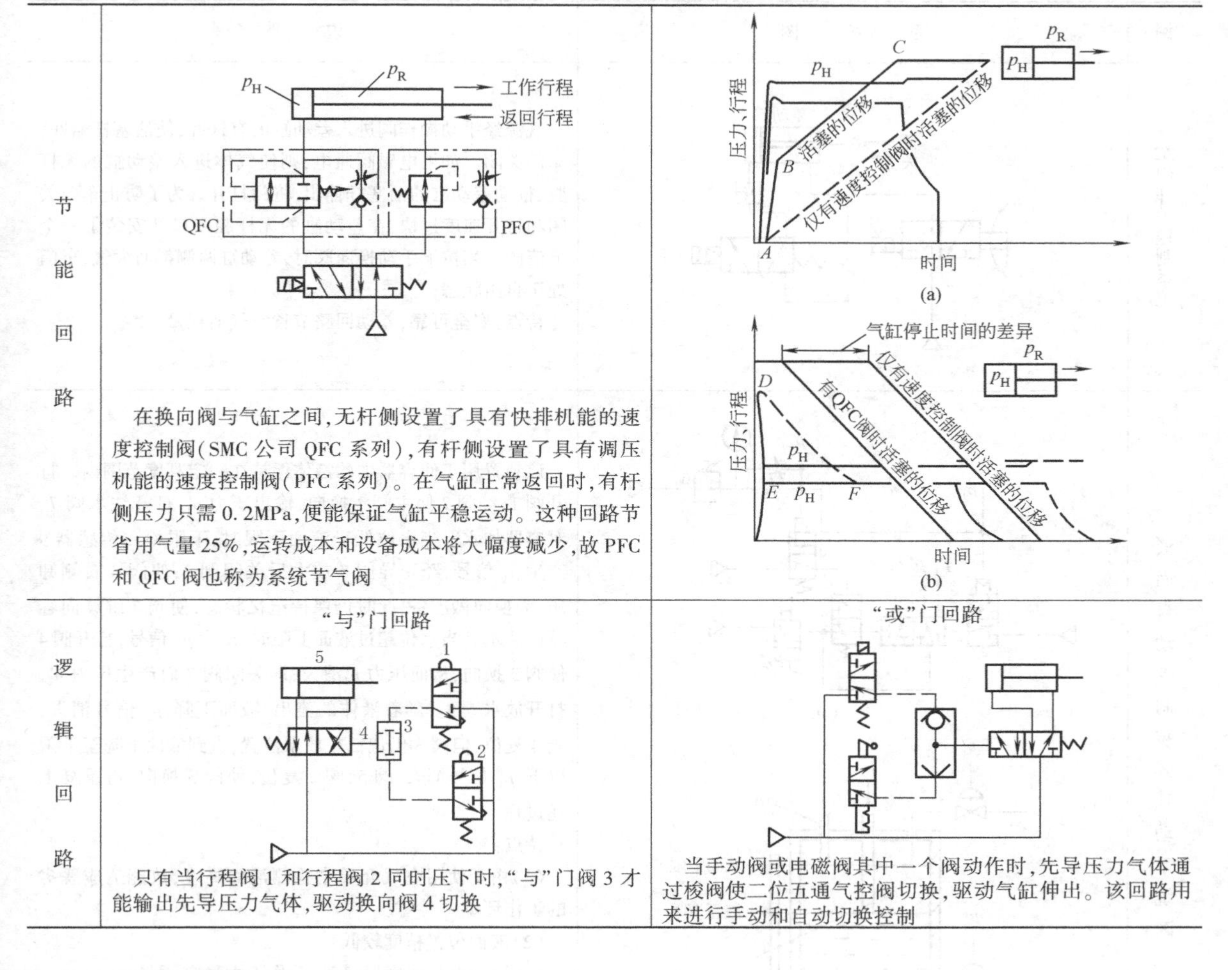

节能回路	在换向阀与气缸之间,无杆侧设置了具有快排机能的速度控制阀(SMC公司QFC系列),有杆侧设置了具有调压机能的速度控制阀(PFC系列)。在气缸正常返回时,有杆侧压力只需0.2MPa,便能保证气缸平稳运动。这种回路节省用气量25%,运转成本和设备成本将大幅度减少,故PFC和QFC阀也称为系统节气阀	
逻辑回路	"与"门回路 只有当行程阀1和行程阀2同时压下时,"与"门阀3才能输出先导压力气体,驱动换向阀4切换	"或"门回路 当手动阀或电磁阀其中一个阀动作时,先导压力气体通过梭阀使二位五通气控阀切换,驱动气缸伸出。该回路用来进行手动和自动切换控制

2.9 应用举例

表 23-12-13

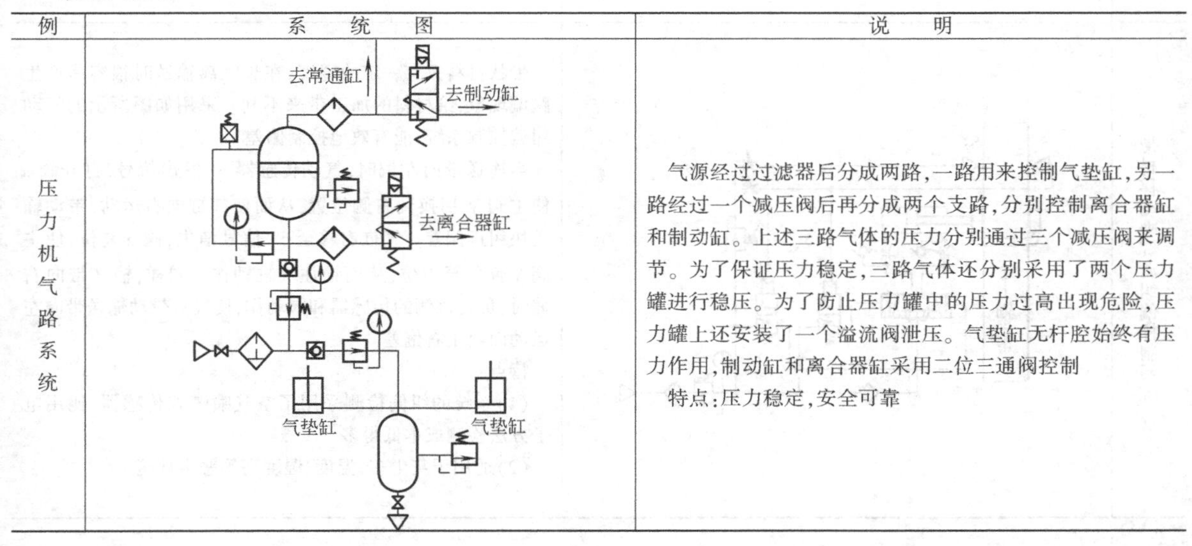

例	系统图	说明
压力机气路系统		气源经过过滤器后分成两路,一路用来控制气垫缸,另一路经过一个减压阀后再分成两个支路,分别控制离合器缸和制动缸。上述三路气体的压力分别通过三个减压阀来调节。为了保证压力稳定,三路气体还分别采用了两个压力罐进行稳压。为了防止压力罐中的压力过高出现危险,压力罐上还安装了一个溢流阀泄压。气垫缸无杆腔始终有压力作用,制动缸和离合器缸采用二位三通阀控制 特点:压力稳定,安全可靠

续表

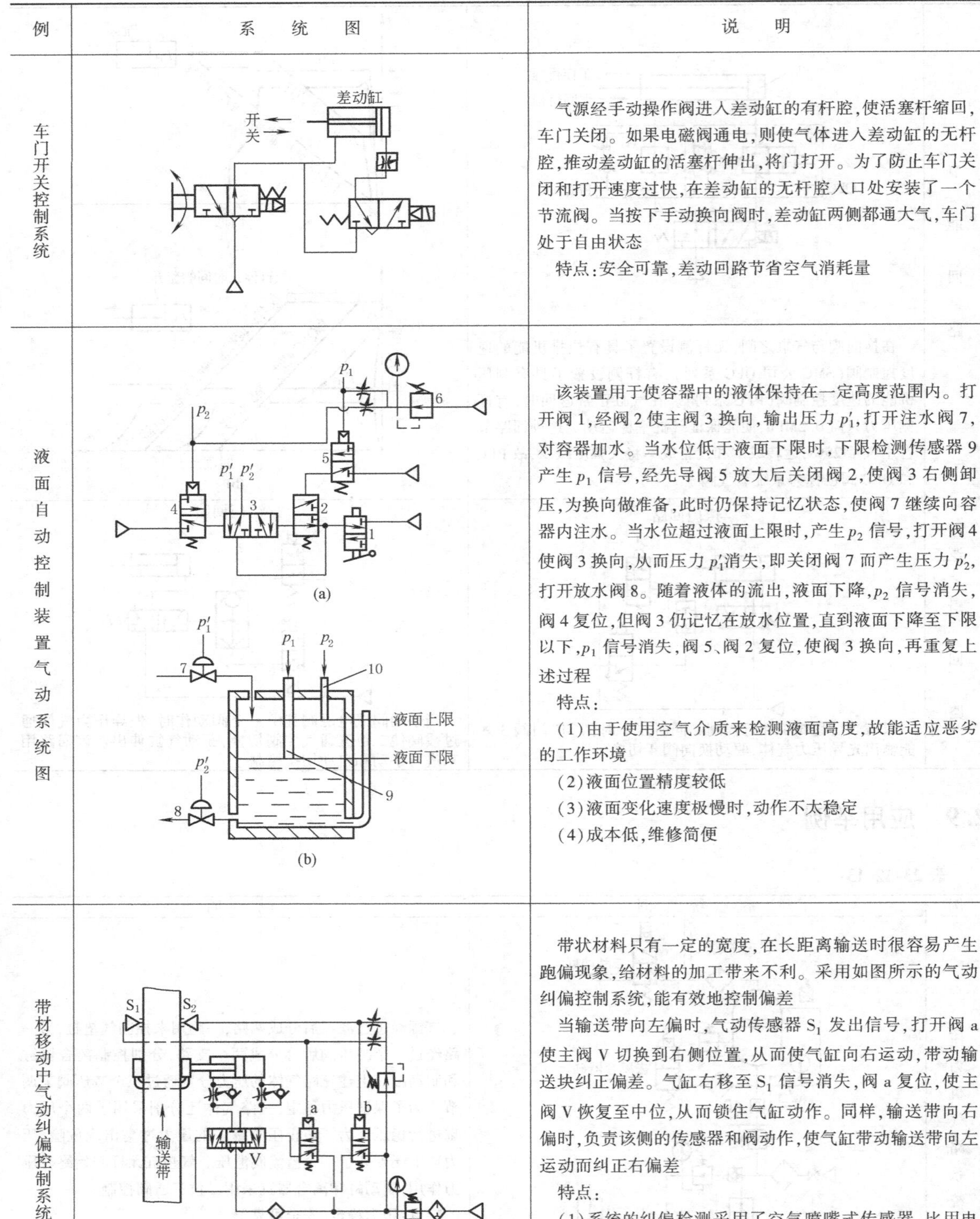

例	系统图	说明
车门开关控制系统	差动缸；开；关	气源经手动操作阀进入差动缸的有杆腔，使活塞杆缩回，车门关闭。如果电磁阀通电，则使气体进入差动缸的无杆腔，推动差动缸的活塞杆伸出，将门打开。为了防止车门关闭和打开速度过快，在差动缸的无杆腔入口处安装了一个节流阀。当按下手动换向阀时，差动缸两侧都通大气，车门处于自由状态 特点：安全可靠，差动回路节省空气消耗量
液面自动控制装置气动系统图	p_1；p_2；6；5；p'_1 p'_2；4；3；2；1；(a) p'_1；7；p_1；p_2；10；液面上限；液面下限；p'_2；9；8；(b)	该装置用于使容器中的液体保持在一定高度范围内。打开阀1，经阀2使主阀3换向，输出压力p'_1，打开注水阀7，对容器加水。当水位低于液面下限时，下限检测传感器9产生p_1信号，经先导阀5放大后关闭阀2，使阀3右侧卸压，为换向做准备，此时仍保持记忆状态，使阀7继续向容器内注水。当水位超过液面上限时，产生p_2信号，打开阀4使阀3换向，从而压力p'_1消失，即关闭阀7而产生压力p'_2，打开放水阀8。随着液体的流出，液面下降，p_2信号消失，阀4复位，但阀3仍记忆在放水位置，直到液面下降至下限以下，p_1信号消失，阀5、阀2复位，使阀3换向，再重复上述过程 特点： (1)由于使用空气介质来检测液面高度，故能适应恶劣的工作环境 (2)液面位置精度较低 (3)液面变化速度极慢时，动作不太稳定 (4)成本低，维修简便
带材移动中气动纠偏控制系统	S_1；S_2；输送带；a；b；V	带状材料只有一定的宽度，在长距离输送时很容易产生跑偏现象，给材料的加工带来不利。采用如图所示的气动纠偏控制系统，能有效地控制偏差 当输送带向左偏时，气动传感器S_1发出信号，打开阀a使主阀V切换到右侧位置，从而使气缸向右运动，带动输送块纠正偏差。气缸右移至S_1信号消失，阀a复位，使主阀V恢复至中位，从而锁住气缸动作。同样，输送带向右偏时，负责该侧的传感器和阀动作，使气缸带动输送带向左运动而纠正右偏差 特点： (1)系统的纠偏检测采用了空气喷嘴式传感器，比用电子方法检测成本低得多 (2)适用于灰尘多，温度、湿度高等恶劣环境

续表

例	系统图	说明
尺寸自动分选机气动系统	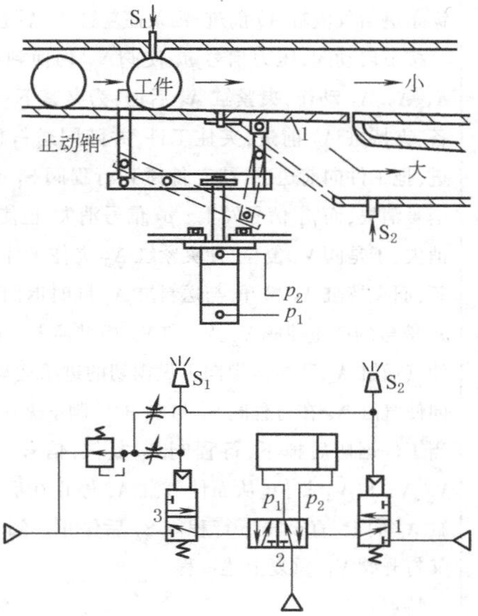	为了高效地区分出不同尺寸的工件，常采用自动分选机。如图所示，当工件通过通道时，尺寸大到某一范围内的工件通过空气喷嘴传感器 S_1 时产生信号，经阀 1 使主阀 2 切换至左位，使气缸的活塞杆做缩回运动，一方面打开门使该工件流入下通道，另一方面使止动销上升，防止后面工件继续流过去而产生误动作。当落入下通道的工件经过传感器 S_2 时发出复位信号，经阀 3 使主阀 2 复位，以使气缸伸出，门关闭，止动销退下，工件继续流动 尺寸小的工件通过 S_1 时，则不产生信号。设计该装置时应注意工件的运动速度和从传感器到阀之间气管的长度，以防止响应跟不上。实验证明当气管内径为 3mm，长度为 3m，空气压力为 0.03MPa 时，信号传递的时间为 0.01s 特点： (1)结构简单，成本低 (2)适用于不需要用空气测微计来测工件的一般精度的场合
气动振动装置气动系统	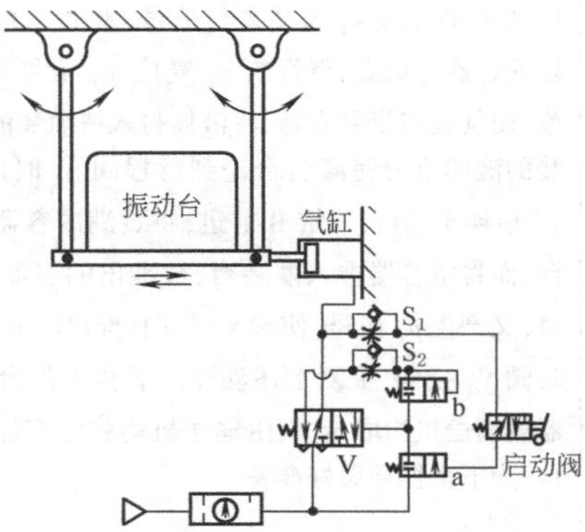	打开启动阀，流过单向节流阀 S_1 的压缩空气打开阀 a，使压缩空气进入主阀 V 的右侧，使之换向，气缸向右运动。此时从主阀 V 流出的压缩空气的一部分流过单向节流阀 S_2，因而阀 b 打开，而阀 a 此时的控制信号因主阀 V 换向而排入大气中，所以阀 a 复位关闭，主阀 V 的控制信号经阀 b 排向大气中，从而主阀 V 复位，气缸向左运动。同时从主阀 V 流出的压缩空气一部分又经单向节流阀 S_1 打开阀 a，而阀 b 因信号消失而关闭，从而又使主阀 V 换向，气缸向右运动。如此循环运动，形成振动回路。调节单向节流阀 S_1 和 S_2 可调节振动频率 特点： (1)该装置的振动频率为每秒一个往复(1Hz) (2)在振动回路中，各换向阀尽量采用膜片式阀以提高响应 (3)可用于恶劣环境，不会发生电磁振荡引起的故障 (4)振动装置的输出力可调

续表

例	系统图	说明
自动定尺切断机气动系统(轧钢、制管)	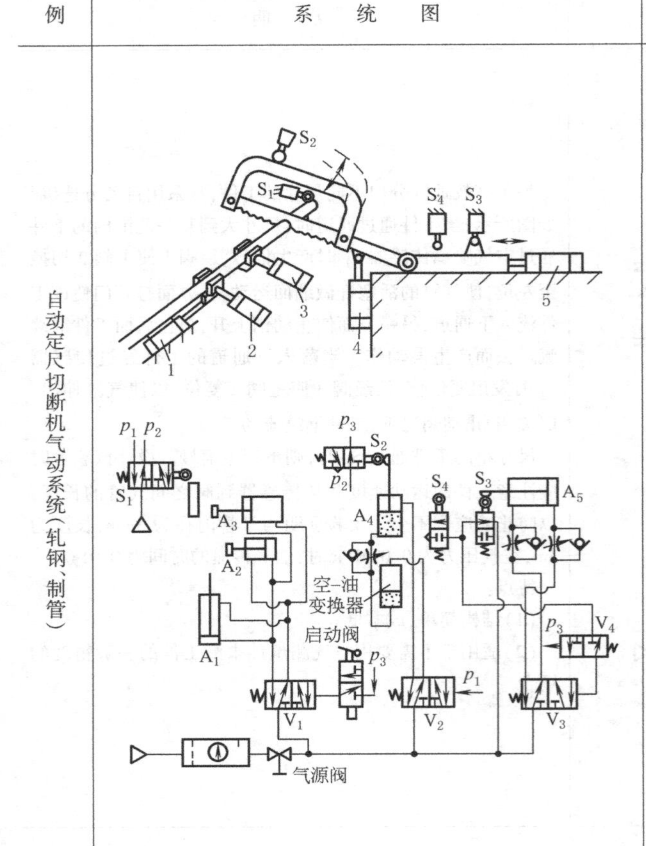	如图所示,打开气源阀,压缩空气流入各气缸,各缸初始状态为:送料缸 A_1 后退,夹持缸 A_2 后退,夹紧缸 A_3 前进;锯条进给气液缸 A_4 前进,锯条往复缸 A_5 后退 按下启动阀,压力信号 p_3 使阀 V_1 切换到右位,使气缸 A_1、A_2、A_3 动作,夹紧缸 A_3 后退,为夹紧下一段工件做准备,夹持缸 A_2 前进,夹住工件,并随同送料缸 A_1 一起前进,把工件向前送进,待工件碰到行程阀 S_1 时换向,使 p_2 信号消失,而 p_1 信号发生。p_2 信号消失,也使 p_3 信号随之消失,于是阀 V_1 复位,使夹紧缸 A_3 夹住工件,为切断做准备,而夹持缸 A_2 松开,与送料缸 A_1 同时退回到初始位置,p_1 信号的产生使阀 V_2、V_3 和 V_4 相继换向。阀 V_2 的换向使气液缸 A_4 开始缓慢向下做锯切的进给运动,阀 V_3 的换向使气缸 A_5 在行程阀 S_3 与 S_4 的控制下做往复锯切运动。当工件锯切后掉下,行程阀 S_1 复位,信号 p_1 消失,使阀 V_2、V_3 和 V_4 复位,从而使气缸 A_5 停止在后退位置上,气缸 A_4 向上,直至压下行程阀 S_2 后停止。阀 S_2 的信号 p_3 又打开阀 V_1,重复上述过程 特点: (1)使用了全气控气动系统,使结构简单、有效 (2)锯条的进给运动采用了气液缸,进给速度最低可达1mm/s,而不产生爬行
液体自动定量灌装机气动系统	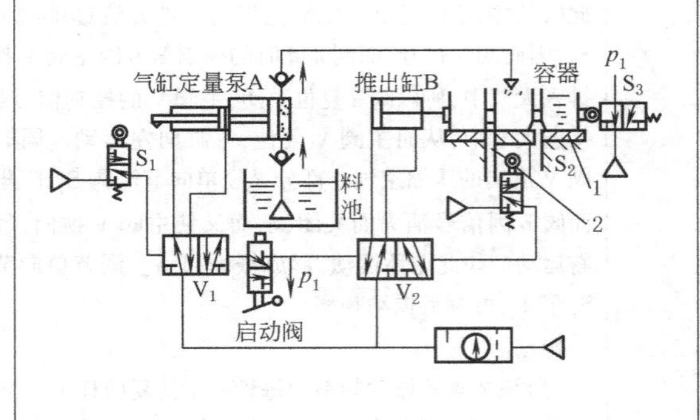 全气控液体定量灌装系统 (在一些饮料生产线上)	如图所示,打开启动阀,使阀 V_1 换至右位,因而气缸定量泵A向左移动,吸入定量液体。当泵A移至左端碰到行程阀 S_1 时,阀 V_1 发生复位信号(此时下料工作台上灌装好的容器已取走,行程阀 S_3 复位,p_1 信号消失),阀 V_1 复位,使气缸定量泵右移,将液体打入待灌装的容器中。当灌装的液体重力使灌装台碰到行程阀 S_2 时产生信号,使阀 V_2 切换至右位,气缸B前进,将装满的容器推入下料工作台,而将空容器推入灌装台,被推出的容器碰到行程阀 S_3 时,又产生 p_1 信号,使阀 V_2 换向,推出缸B后退至原位,同时阀 V_1 换向,重复上述动作。下料工作台上灌装好的容器被输送机构取走,而由输送机构将空容器运至上料工作台,为下次循环做好准备 特点: (1)使用气缸定量泵能快速地提供大量液体,效率高 (2)空气能防火,故系统运行安全 (3)结构简单,维修简便

3 气动系统的常用控制方法及设计

3.1 气动顺序控制系统

3.1.1 顺序控制的定义

顺序控制系统是工业生产领域，尤其是气动装置中广泛应用的一种控制系统。按照预先确定的顺序或条件，控制动作逐渐进行的系统叫做顺序控制系统。即在一个顺序控制系统中，下一步执行什么动作是预先确定好的。前一步的动作执行结束后，马上或经过一定的时间间隔再执行下一步动作，或者根据控制结果选择下一步应执行的动作。

图 23-12-1 列出了顺序控制系统几种动作进行方式的例子。其中图 a 的动作是按 A、B、C、D 的顺序朝一个方向进行的单往复程序；图 b 的动作是 A、B、C 完成后，返回去重复执行一遍 C 动作，然后再执行 D 动作的多往复程序；图 c 为 A、B 动作执行完成后，根据条件执行 C、D 或 C′、D′的分支程序例子。

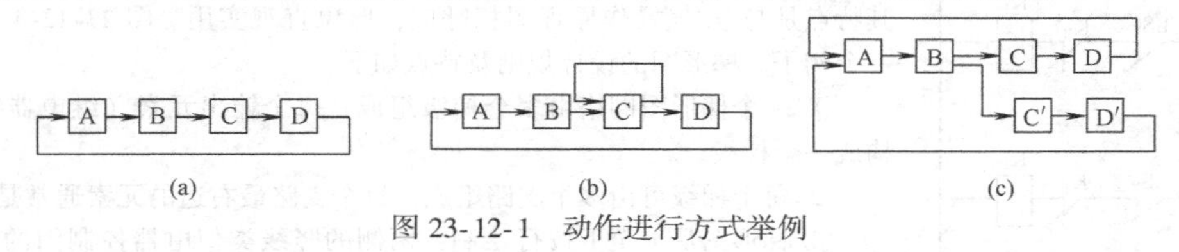

图 23-12-1 动作进行方式举例

3.1.2 顺序控制系统的组成

一个典型的气动顺序控制系统主要由 6 部分组成，如图 23-12-2 所示。

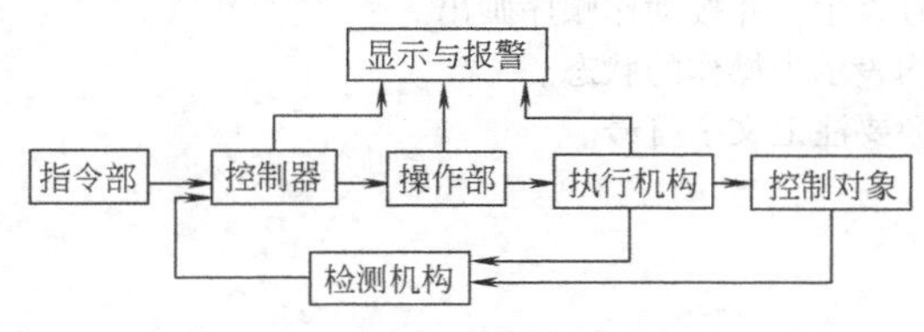

图 23-12-2 气动顺序控制系统的组成

① 指令部 这是顺序控制系统的人机接口部分，该部分使用各种按钮开关、选择开关来进行装置的启动、运行模式的选择等操作。

② 控制器 这是顺序控制系统的核心部分。它接受输入控制信号，并对输入信号进行处理，产生完成各种控制作用的输出控制信号。控制器使用的元件有继电器、IC、定时器、计数器、可编程控制器等。

③ 操作部 接受控制器的微小信号，并将其转换成具有一定压力和流量的气动信号，驱动后面的执行机构动作。常用的元件有电磁换向阀、机械换向阀、气控换向阀和各类压力、流量控制阀等。

④ 执行机构 将操作部的输出转换成各种机械动作。常用的元件有气缸、摆缸、气马达等。

⑤ 检测机构 检测执行机构、控制对象的实际工作情况，并将测量信号送回控制器。常用的元件有行程开关、接近开关、压力开关、流量开关等。

⑥ 显示与报警 监视系统的运行情况，出现故障时发出故障报警。常用的元件有压力表、显示面板、报警灯等。

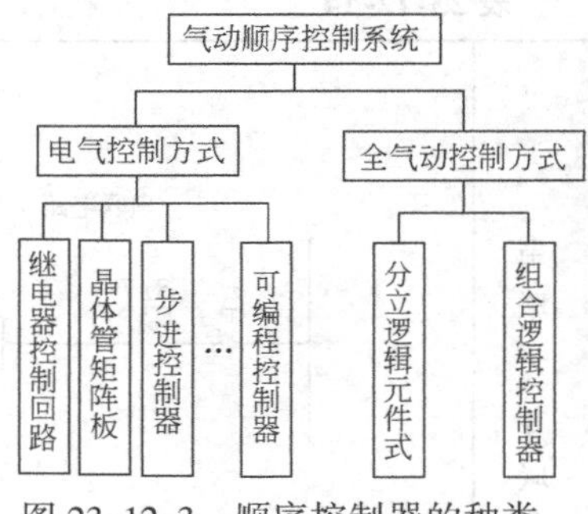

图 23-12-3 顺序控制器的种类

3.1.3 顺序控制器的种类

顺序控制系统对控制器提出的基本功能要求是：

① 禁止约束功能，即动作次序是一定的，互相制约，不得随意变动；

② 记忆功能，即要记住过去的动作，后面的动作由前面的动作情况而定。

根据控制信号的种类以及所使用的控制元件，在工业生产领域应用的气动顺序控制系统中，控制器可分为如图 23-12-3 所示的几种控制方式。

全气动控制方式是一种从控制到操作全部采用气动元件来实现的一种控制方式。使用的气动元件主要有中继阀、梭阀、延时阀、主换向阀等。由于系统构成较复杂，目前仅限于在要求防爆等特殊场合使用。

目前常用的控制器都为电气控制方式，其中又以继电器控制回路和可编程控制器应用最普及。

3.2 继电器控制系统

3.2.1 概述

用继电器、行程开关、转换开关等有触点低压电器构成的电器控制系统，称为继电器控制系统或触点控制系统。继电器控制系统的特点是动作状态一目了然，但系统接线比较复杂，变更控制过程以及扩展比较困难，灵活通用性较差，主要适合于小规模的气动顺序控制系统。

继电器控制电路中使用的主要元件为继电器。继电器有很多种，如电磁继电器、时间继电器、干簧继电器和热继电器等。时间继电器的结构与电磁继电器类似，只是使用各种办法使线圈中的电流变化减慢，使衔铁在线圈通电或断电的瞬间不能立即吸合或不能立即释放，以达到使衔铁动作延时的目的。

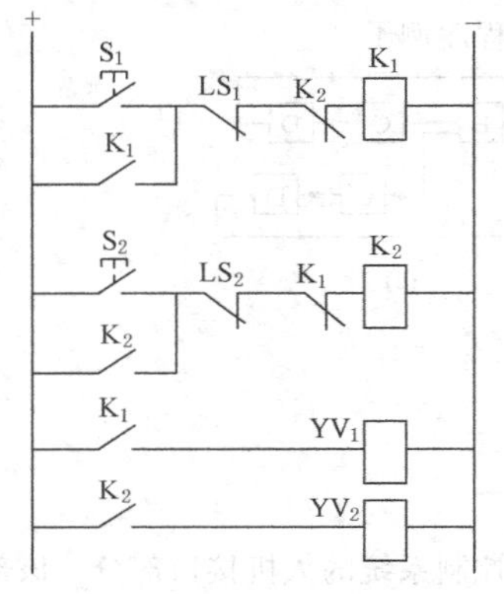

图 23-12-4 梯形图举例

梯形图是利用电器元件符号进行顺序控制系统设计的最常用的一种方法。其特点是与电/气操作原理图相呼应，形象直观实用。图 23-12-4 为梯形图的一个例子。梯形图的设计规则及特点如下。

① 一个梯形图网络由多个梯级组成，每个输出元素（继电器线圈等）可构成一个梯级。

② 每个梯级可由多个支路组成，每个支路最右边的元素通常是输出元素。

③ 梯形图从上至下按行绘制，两侧的竖线类似电器控制图的电源线，称为母线。

④ 每一行从左至右，左侧总是安排输入触点，并且把并联触点多的支路靠近左端。

⑤ 各元件均用图形符号表示，并按动作顺序画出。

⑥ 各元件的图形符号均表示未操作的状态。

⑦ 在元件的图形符号旁要注上文字符号。

⑧ 没有必要将端头和接线关系忠实地表示出来。

3.2.2 常用继电器控制电路

在气动顺序控制系统中，利用上述电器元件构成的控制电路是多种多样的。但不管系统多么复杂，其电路都是由一些基本的控制电路组成（见表 23-12-14）。

表 23-12-14 基本的控制电路

 串联/并联电路	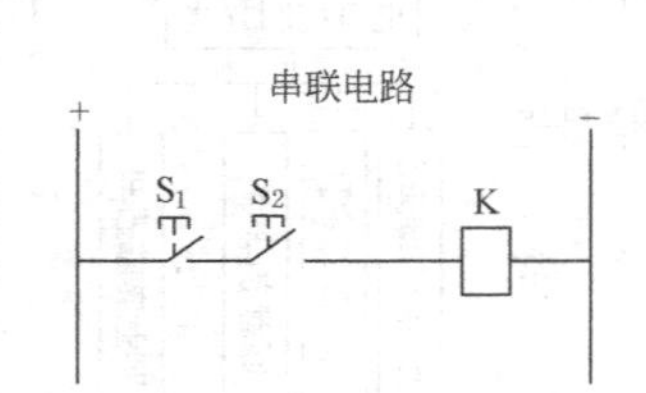 串联电路也就是逻辑“与”电路。例如一台设备为了防止误操作，保证生产安全，安装了两个启动按钮。只有操作者将两个启动按钮同时按下时，设备才能开始运行。上述功能可用串联电路来实现	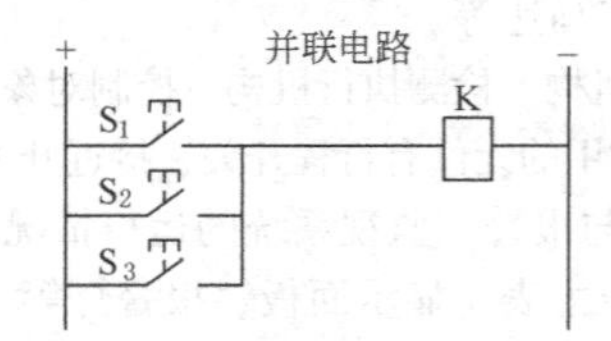 并联电路也称为逻辑“或”电路。例如一条自动化生产线上有多个操作者同时作业。为了确保安全，要求只要其中任何一个操作者按下停止开关，生产线即应停止运行。上述功能可由并联电路来实现

第23篇

续表

<table>
<tr><td>自保持电路</td><td>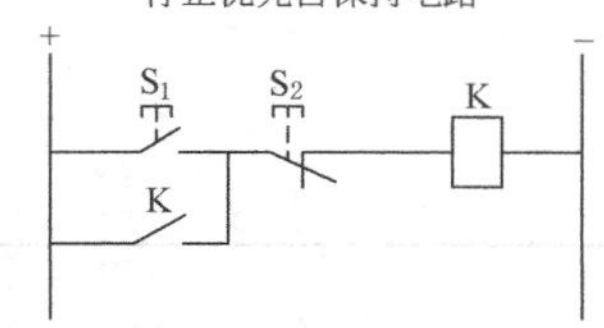自保持电路也称为记忆电路。按钮 S_1 按一下即放开，是一个短信号。但当将继电器 K 的常开触点 K 和开关 S_1 并联后，即使松开按钮 S_1，继电器 K 也将通过常开触点 K 继续保持得电状态，使继电器 K 获得记忆。图中的 S_2 是用来解除自保持的按钮，并且因为当 S_1 和 S_2 同时按下时，S_2 先切断电路，S_1 按下是无效的，因此，这种电路也称为停止优先自保持电路</td><td>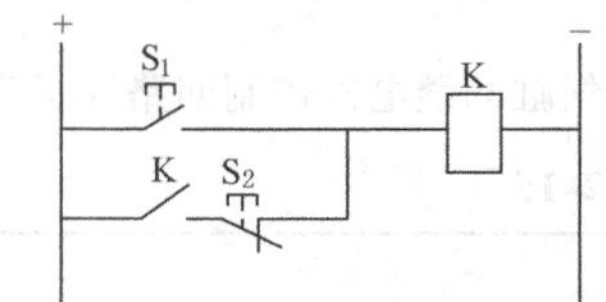在这种电路中，当 S_1 和 S_2 同时按下时，S_1 使继电器 K 动作，S_2 无效，这种电路也称为启动优先自保持电路</td></tr>
<tr><td rowspan="2">延时电路</td><td colspan="2">随着自动化设备的功能和工序越来越复杂，各工序之间需要按一定时间紧密配合，各工序时间要求可在一定范围内调节，这需要利用延时电路来实现。延时控制分为两种，即延时闭合和延时断开</td></tr>
<tr><td>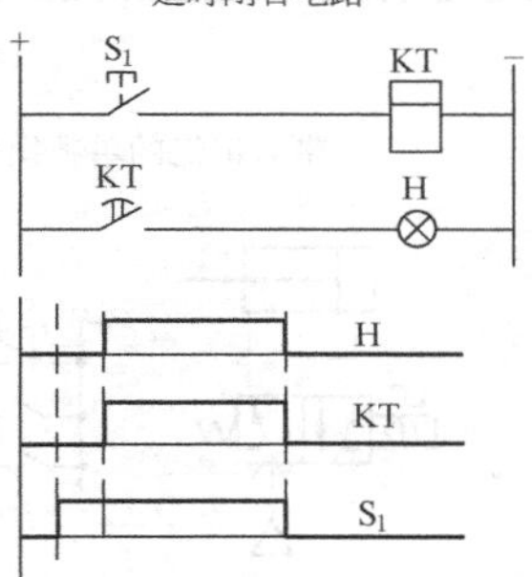当按下启动开关 S_1 后，时间继电器 KT 开始计数，经过设定的时间后，时间继电器触点接通，电灯 H 亮。放开 S_1，时间继电器触点 KT 立刻断开，电灯 H 熄灭</td><td>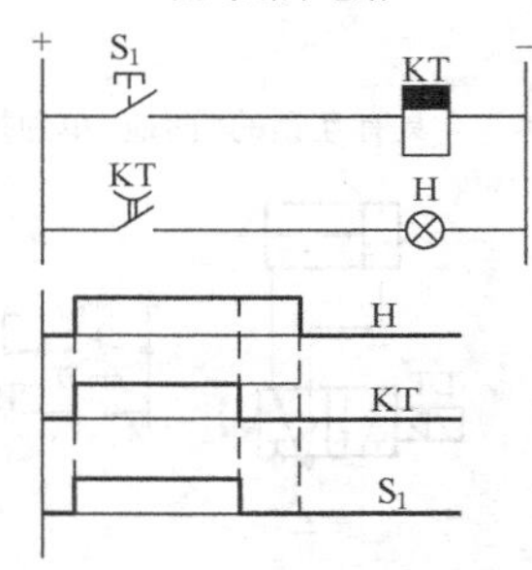当按下启动按钮 S_1 时，时间继电器触点 KT 也同时接通，电灯 H 亮。当放开 S_1 时，时间继电器开始计数，到规定时间后，时间继电器触点 KT 才断开，电灯 H 熄灭</td></tr>
<tr><td>联锁电路</td><td>当设备中存在相互矛盾动作（如电机的正转与反转，气缸的伸出与缩回）时，为了防止同时输入相互矛盾的动作信号，使电路短路或线圈烧坏，控制电路应具有联锁的功能（即电机正转时不能使反转接触器动作，气缸伸出时不能使控制气缸缩回的电磁铁通电）。图中，将继电器 K_1 的常闭触点加到行 3 上，将继电器 K_2 的常闭触点加到行 1 上，这样就保证了继电器 K_1 被励磁时继电器 K_2 不会被励磁，反之，K_2 被励磁时 K_1 不会被励磁</td><td>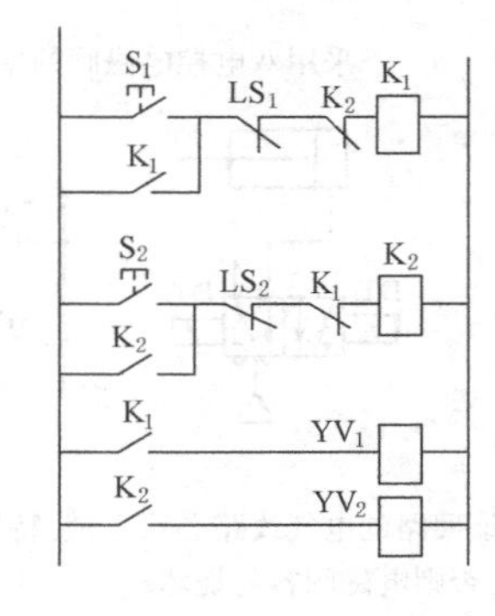</td></tr>
</table>

3.2.3 典型的继电器控制气动回路

采用继电器控制的气动系统设计时，应将电气控制梯形图和气动回路图分开画，两张图上的文字符号应一致。

（1）单气缸的继电器控制回路（见表 23-12-15）

表 23-12-15

操作回路	双手操作(串联)回路 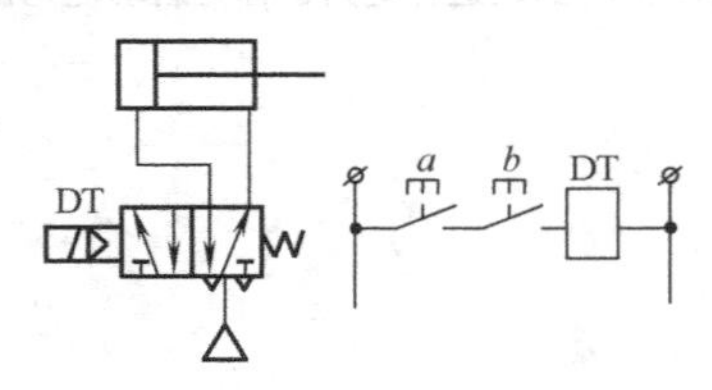 采用串联电路和单电控电磁阀构成双手同时操作回路，可确保安全	“两地”操作(并联)回路 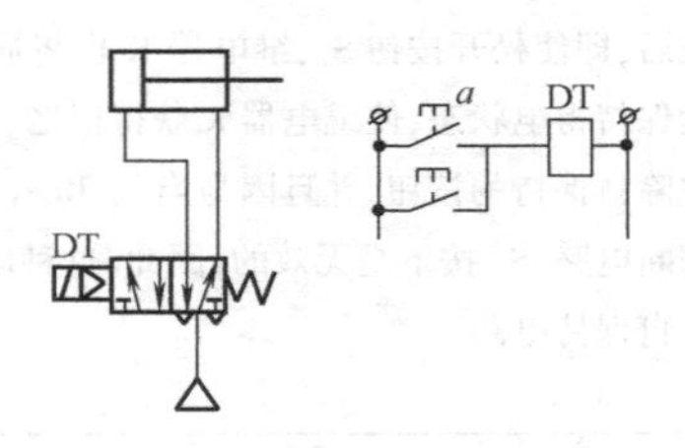 采用并联电路和电磁阀构成“两地”操作回路，两个按钮只要其中之一按下，气缸就伸出。此回路也可用于手动和自动等
	具有互锁的“两地”单独操作回路 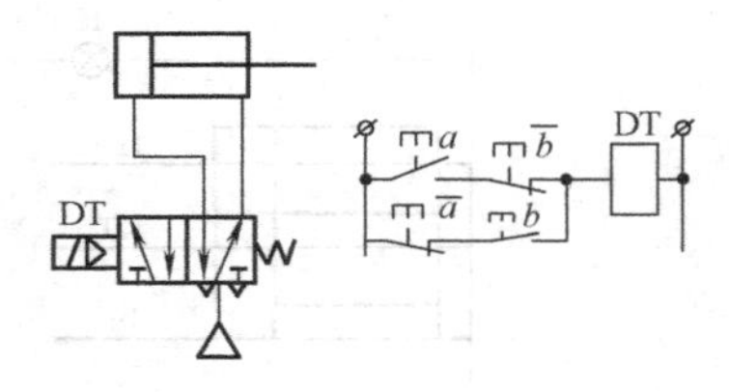 两个按钮只有其中之一按下气缸才伸出，而同时不按下或同时按下时气缸不动作	带有记忆的单独操作回路 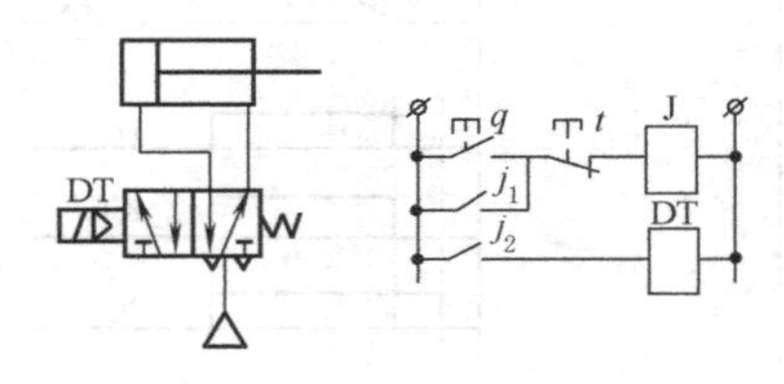 采用保持电路分别实现气缸伸出、缩回的单独操作回路。该回路在电气-气动控制系统中很常用，其中启动信号 q、停止信号 t 也可以是行程开关或外部继电器，以及它们的组合等
	采用双电控电磁阀的单独操作回路 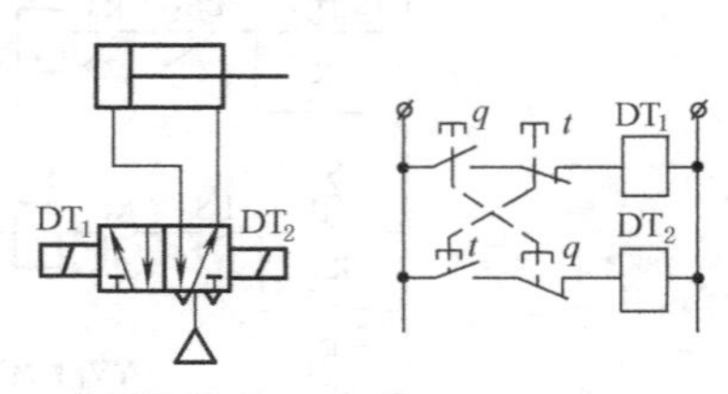 该回路的电气线路必须互锁，特别是采用直动式电磁阀时，否则电磁阀容易烧坏	单按钮操作回路 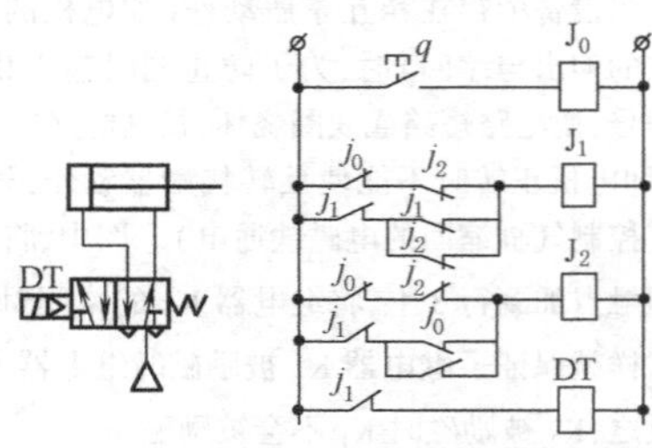 每按一次按钮，气缸不是伸出就是缩回。该回路实际是一位二进制记数回路

续表

往复回路	采用行程开关的单往复回路 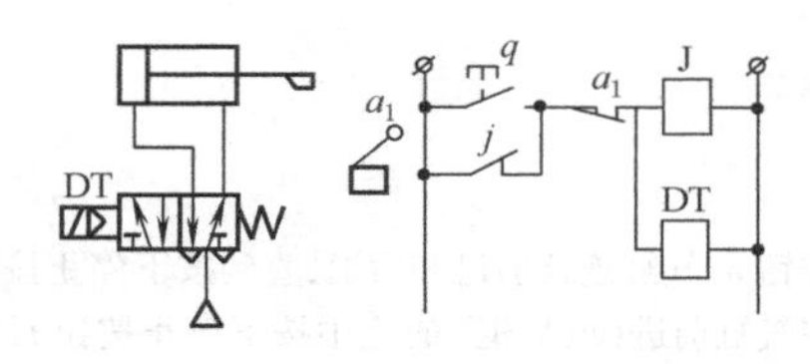 当按钮按下时，电磁阀换向，气缸伸出。当气缸碰到行程开关时，使电磁阀掉电，气缸缩回	采用压力开关的单往复回路 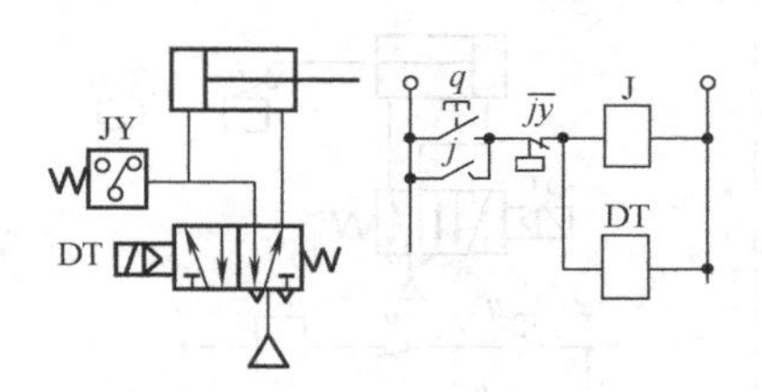 当按钮按下时，电磁阀换向，气缸伸出。当气缸碰到工件，无杆腔的压力上升到压力继电器JY的设定值时，压力继电器动作，使电磁阀掉电，气缸缩回
	时间控制式单往复回路 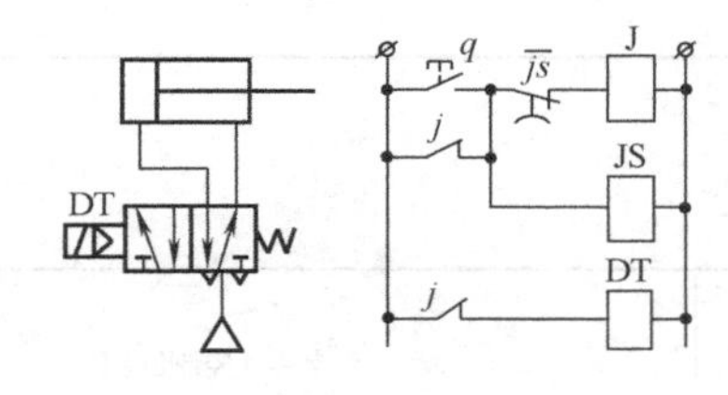 当按钮按下时，电磁阀得电，气缸伸出。同时延时继电器开始计时，当延时时间到时，使电磁阀掉电，气缸缩回	延时返回的单往复回路 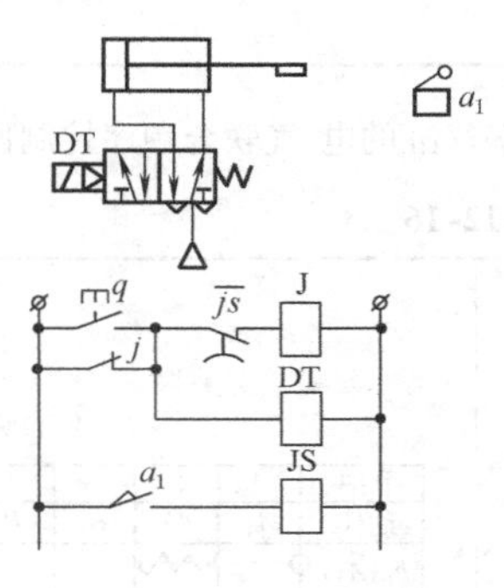 该回路可实现气缸伸出至行程端点后停留一定时间后返回
	位置控制式二次往复回路 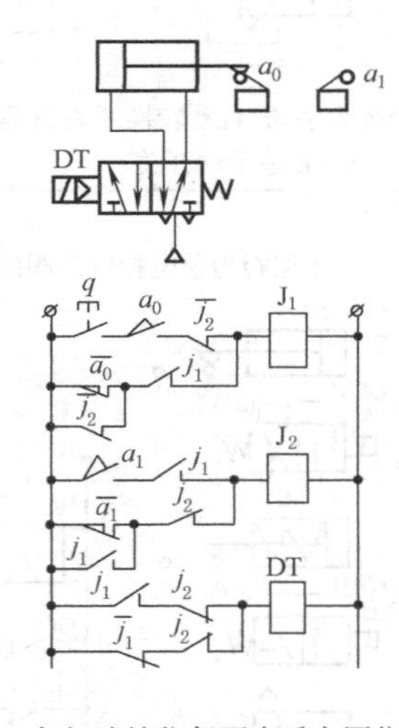 按一次按钮 q，气缸连续往复两次后在原位置停止	采用双电控电磁阀的连续往复回路 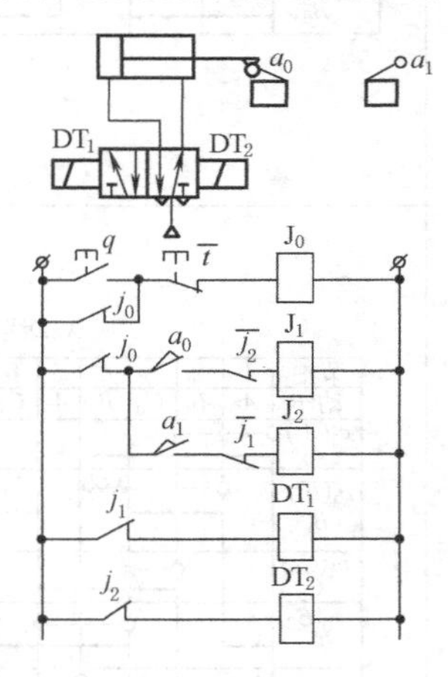 按下启动按钮 q，气缸连续前进和后退，直到按下停止按钮 t，气缸停止动作。如果在气缸前进（或后退）的途中按下停止按钮 t，气缸则在前进（或后退）终端位置停止。为了增加行程开关的触点以进行联锁，和减少行程开关的电流负载以延长使用寿命，在电气线路中增加了继电器 J_1 和 J_2

续表

往复回路	采用单电控电磁阀的连续往复回路 按下启动按钮 q，气缸连续前进和后退，直到按下停止按钮 t，气缸停止动作。如果在气缸前进（或后退）的途中按下停止按钮 t，气缸则在缩回位置停止。为了增加行程开关的触点以进行联锁，和减少行程开关的电流负载以延长使用寿命，在电气线路中增加了继电器 J_0 和 J_1

（2）多气缸的电-气联合顺序控制回路（见表 23-12-16）

表 23-12-16

程序 $A_1A_0B_1B_0$ 的电气控制回路

X-D线图

节拍 动作	1 A_1	2 A_0	3 B_1	4 B_0	双控 执行信号	单控 执行信号
$b_0(A_1)$ A_1					$A_1^*=qb_0K_{a_1}^{b_1}$	$qb_0K_{a_1}^{b_1}$
$a_1(A_0)$ A_0					$A_0^*=a_1$	
$a_0(B_1)$ B_1					$B_1^*=a_0K_{b_1}^{a_1}$	$a_0K_{b_1}^{a_1}$
$b_1(B_0)$ B_0					$B_0^*=b_1$	

电-气控制回路

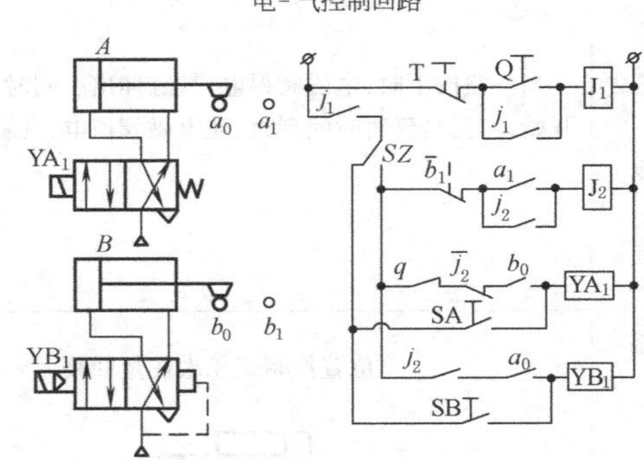

SZ 为手动/自动转换开关，S 是手动位置，Z 是自动位置，SA、SB 是手动开关

程序 $A_1B_1C_0B_0A_0C_1$ 的电-气联合控制回路

X-D线图

节拍 动作	1 A_1	2 B_1	3 C_0	4 B_0	5 A_0	6 C_1	执行信号 双控	执行信号 单控
$c_1(A_1)$ A_1							$c_1^*(A_1)=qc_1$	$c_1^*(A_1)=K_{b}^{ac_1}$
$a_1(B_1)$ B_1							c_1a_1 $a_1^*(B_1)=K_{c_0}^{c_1}$ $a_1\bar{c}_0$	$a_1^*(B_1)=a_1\bar{c}_0$
$b_1(C_0)$ C_0							$b_1^*(C_0)=b_1$	$b_1^*(C_0)=K_{a_1}^{b_1}$
$c_0(B_0)$ B_0							$c_0^*(B_0)=c_0$	
$b_0(A_0)$ A_0							b_0c_0 $b_0^*(A_0)=K_{c_1}^{c_0}$ $b_0\bar{c}_1$	
$a_0(C_1)$ C_1							$a_0^*(C_1)=a_0$	
c_1a_1								
b_0c_0								

主控阀为单电控电磁阀的电-气控制回路

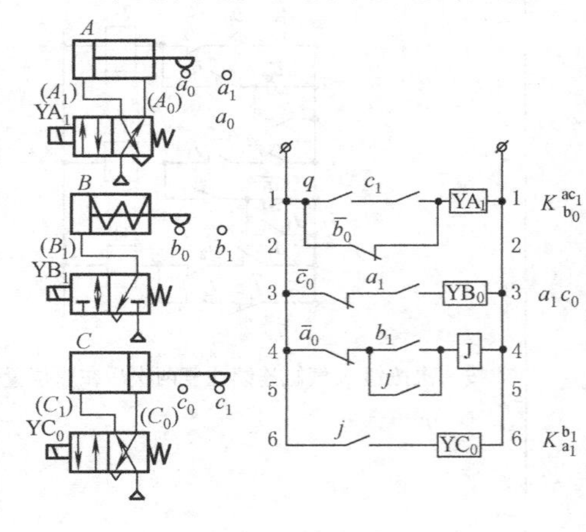

续表

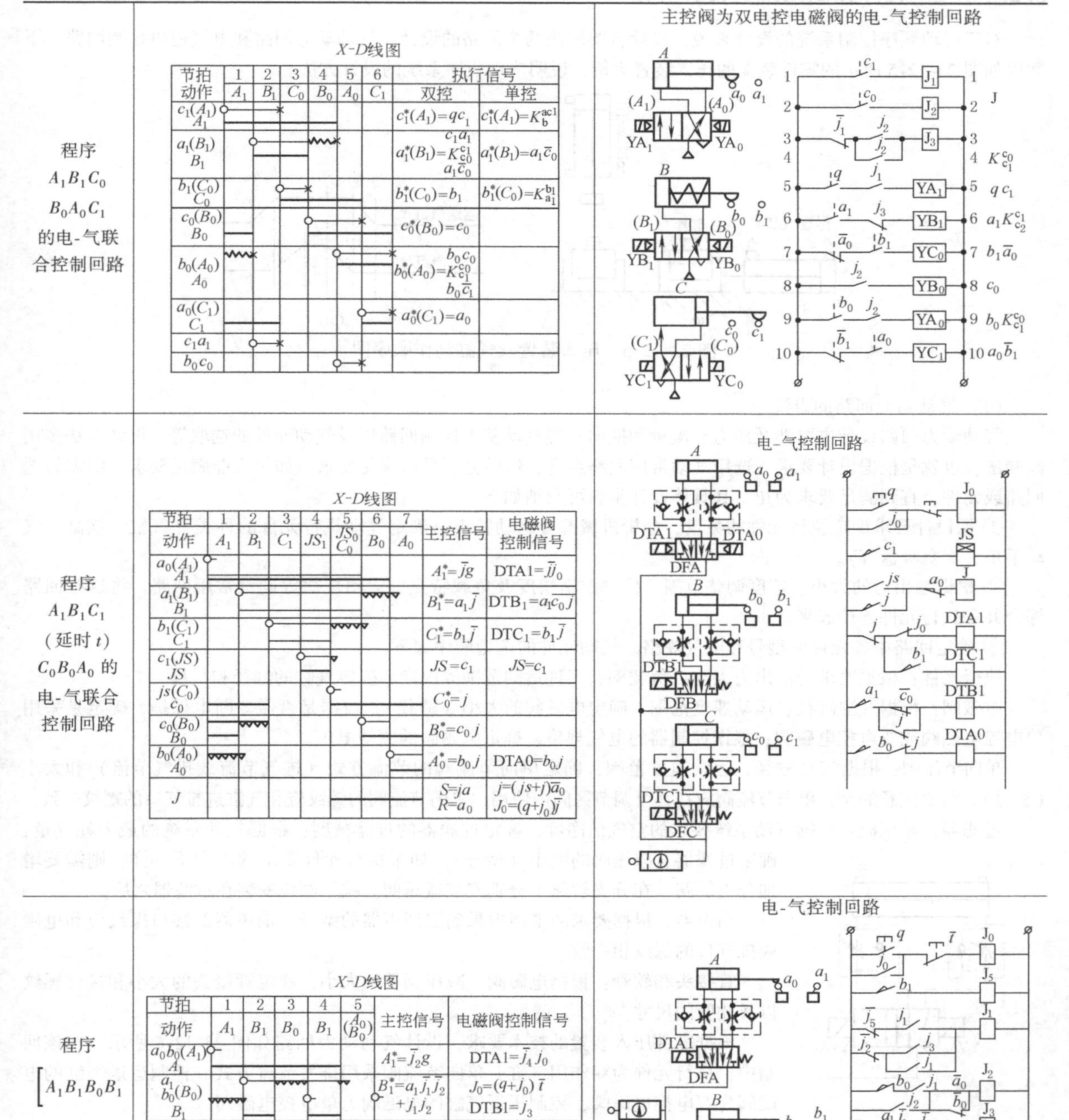

程序	X-D线图	控制回路
程序 $A_1B_1C_0B_0A_0C_1$ 的电-气联合控制回路		主控阀为双电控电磁阀的电-气控制回路
程序 $A_1B_1C_1$（延时 t）$C_0B_0A_0$ 的电-气联合控制回路		电-气控制回路
程序 $\left[A_1B_1B_0B_1\begin{pmatrix}A_0\\B_0\end{pmatrix}\right]$ 的双缸多往复电-气联合控制回路		电-气控制回路

节拍动作	主控信号	电磁阀控制信号
$a_0b_0(A_1)$ A_1	$A_1^*=\bar{j}_2g$	DTA1$=\bar{j}_4\,j_0$
a_1 $b_0(B_0)$ B_1	$B_1^*=a_1\bar{j}_1\bar{j}_2+j_1j_2$	$J_0=(q+j_0)\,\bar{t}$
		DTB1$=j_3$
$b_1(B_0)$ B_0	$B_0^*=\bar{j}_1j_2+j_1\bar{j}_2$	$j_5=b_1$
$b_2(A_0)$ A_0	$A_0^*=b_1\bar{j}_1j_2$	
J_1	$S_1=b_1j_2$ $R_1=b_1\bar{j}_2$	$J_1=\bar{j}_5j_1+\bar{j}_2(j_3+j_1)$
J_2	$S_2=b_0j_1$ $R_2=a_0b_0$	$J_2=(b_0\bar{j}_1+\bar{j}_2)(\bar{a}_0+\bar{b}_0)$
J_3		$J_3=a_1\bar{j}_1\bar{j}_2+j_1j_2$
J_4		$J_4=j_5\bar{j}_1j_2$

电磁阀为单电控电磁阀，J_0 为全程继电器，由启动按钮 q 和停止按钮 t 控制。J_1、J_2 是中间记忆元件。J_5 是用于扩展行程开关 b_1 的触点（假定行程开关只有一对常开-常闭触点）。为了满足电磁阀 DFA 的零位要求，引进了 J_4 继电器，继电器 J_1 的触点最多，应选用至少有四常开二常闭的型号

3.2.4 气动程序控制系统的设计方法

对于气动顺序控制系统的设计来说，设计者要解决两个回路的设计：气动动力回路和电气逻辑控制回路。下面以如图 23-12-5 所示的零件装配的压入装置为例，说明气动程序系统的设计方法。

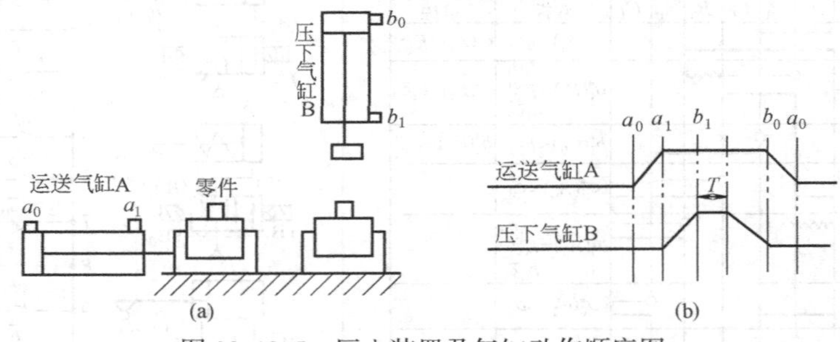

图 23-12-5　压入装置及气缸动作顺序图

（1）气动动力回路的设计

气动动力回路设计主要涉及压力、流量和换向三类气动基本控制回路以及气动元件的选取等。设计方法多用经验法，也就是根据设计要求，选用气动常用回路组合，然后分析是否满足要求，如果不能满足要求，则需另选回路或元件，直到满足要求为止。其具体设计步骤可归纳如下。

① 据设计要求确定执行元件的数量，分析机械部分运动特点，确定气动执行元件的种类（气缸、摆缸、气动手爪、真空吸盘等）。

② 根据输出力的大小、速度调整范围、位置控制精度及负载特点、运动规律等确定常用回路，将这些回路综合并和执行元件连接起来。

③ 确定回路中各元件的型号和电气规格。气动元件的选型顺序如下。

执行元件：根据要求的输出力大小、负载率、工件运动范围等因素，确定气缸的缸径和行程。

电磁阀：根据气缸缸径、运动速度范围，确定电磁阀的大小（通径）；根据是否需要断电保护，确定是采用单电控电磁阀或双电控电磁阀；根据控制器的电气规格，确定电磁阀的驱动电压。

单向节流阀：根据气缸缸径、运动速度范围，确定单向节流阀的节流方式（进气节流或排气节流）和大小（型号）。需要注意的是，单向节流阀应在其可调节区间内使用，单向节流阀的螺纹应和气缸进排气口的螺纹一致。

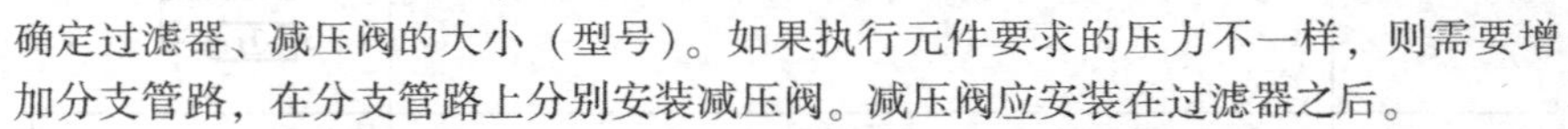

过滤器、减压阀：根据气动系统要求的空气洁净度，确定过滤器的过滤精度；根据气动系统的最大耗气量，确定过滤器、减压阀的大小（型号）。如果执行元件要求的压力不一样，则需要增加分支管路，在分支管路上分别安装减压阀。减压阀应安装在过滤器之后。

消声器：根据要求的消声效果确定消声器的型号，消声器的接口螺纹应和电磁阀排气口的螺纹相一致。

管接头和软管：根据电磁阀、减压阀等的大小，确定管接头的大小和接口螺纹以及软管的尺寸。

根据零件压入装置的技术要求，设计气动动力回路如图 23-12-6 所示。在该回路中，执行元件为双作用气缸，单向节流阀采用排气节流方式，控制运送气缸的电磁阀为双电控电磁阀，控制压下气缸的电磁阀为单电控电磁阀。

（2）电气控制回路设计

电气控制回路的设计方法有许多种，如信号-动作线图法（简称 *X-D* 线图法）、卡诺图法、步进回路图法等。这里介绍一种较常用的设计方法，即信号-动作（*X-D*）线图法。在利用 *X-D* 线图法设计电气逻辑控制回路之前，必须首先设计好气动动力回路，确定与电气逻辑控制回路有关的主要技术参数，诸如电磁阀为双电控还是单电控，二位式还是三位式，电磁铁的使用电压规格等，并根据工艺要求按顺序列出各个气缸的必要动作，画出气缸的动作顺序图，编制工作程序。

采用 *X-D* 线图法进行气动顺序控制系统的设计步骤可归纳如下：编制工作程序；绘制 *X-D* 线图；消除障碍信号；求取气缸主控信号逻辑表达式；绘制继电器控

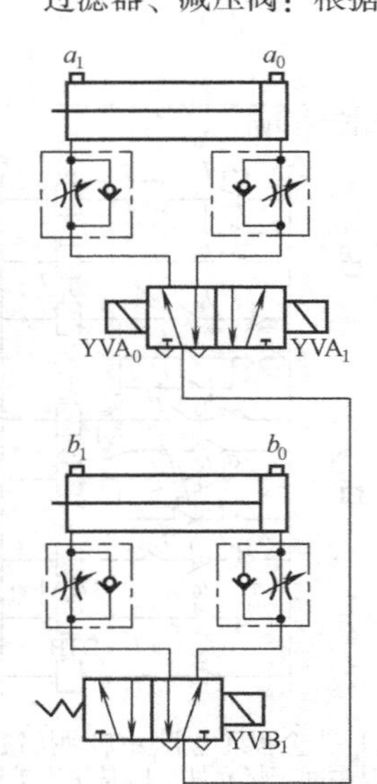

图 23-12-6　气动回路

制电路梯形图。

① 编制工作程序。首先按顺序列出各个必要的动作：

a. 将工件放在运送台上（人工）；

b. 按钮开关按下时，运送气缸伸出（A_1）；

c. 运送台到达行程末端时，压下气缸下降，将零件压入（B_1）；

d. 在零件压入状态保持 T 秒（延时 T 秒）；

e. 压入结束后，压下气缸上升（B_0）；

f. 压下气缸到达最高处后，运送气缸后退（A_0）。

节拍	1	2	3	4	5	主控信号	电磁阀控制信号
动作	A_1	B_1	KT_1	KT_0 B_0	A_0		
a_0 A_1						$A_1^*=\overline{KA}\cdot g$	$YVA_1=\overline{KA}\cdot g$
a_1 B_1						$B_1^*=a_1\cdot\overline{KA}$	$YVB_1=a_1\cdot\overline{KA}$
b_1 KT_1						$KT^*=b_1\cdot\overline{KA}$	$KT=b_1\cdot\overline{KA}$
KT_0 B_0						$B_0^*=KA$	
b_0 A_0						$A_0^*=b_0\cdot KA$	$YVA_0=b_0\cdot KA$
KA						$S=KT_0$ $R=a_0$	$KA=(KT+KA)\cdot a_0$ $K_0=(q+k_0)\cdot t$

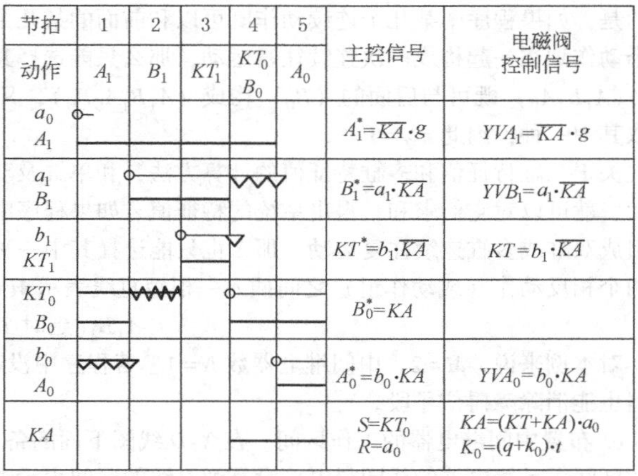

图 23-12-7 ［A_1B_1(延时 T)B_0A_0］程序的 X-D 线图

将两个气缸的顺序动作用顺序图表示出来则如图 23-12-5b 所示。顺序图中横轴表示时间，纵轴表示动作（气缸的伸缩行程）。此外，箭头表示根据主令信号决定下一步的执行动作。

工作程序的表示方法为：用大写字母 A、B、C…表示气缸；用下标 1、0 表示气缸的两个运动方向，其中下标 1 表示气缸伸出，0 表示气缸缩回。如 A_1 表示气缸 A 伸出，B_0 表示气缸 B 缩回。

经过分析可得双缸回路的程序为［A_1B_1(延时 T)B_0A_0］，如果将延时也算作一个动作节拍，则该程序共有五个顺序动作。

② 绘制 X-D 线图。步骤如下。

a. 画方格图（见图 23-12-7）。根据动作顺序，在方格图第一行从左至右填入动作顺序号（也称节拍号），在第二行内填入相应的气缸动作。以下各行用来填写各气缸的动作区间和主令切换信号区间。如果有 i 只气缸，则应有（$2i+j$）行，其中 j 行为备用行，用来布置中间继电器的工作区间。对于一般的顺序控制系统，j 取 1~2 行；对于复杂的多往复系统可多留几行。在每一行的最左一栏中，上下分别写上主令切换信号和该主令信号所要控制的动作。例如，对本例来说，在第一行的上下分别写上 a_0 和 A_1，第二行写上 a_1 和 B_1，……应该说明，填写主令信号及其相应动作的次序可以不按照动作顺序。X-D 线图右边一栏为“主控信号”栏，用来填写各个气缸控制信号的逻辑表达式。控制信号 A_1^* 表示在图 23-12-7 中，时间继电器 KT 用于实现延时 T，KT_1 表示得电状态，KT_0 表示失电状态。KA 为中间继电器。

b. 画动作区间线（简称 D 线）。用粗实线画出各个气缸的动作区间。画法如下：以纵横动作的大写字母相同，下标也相同的方格左端纵线为起点，以纵横动作的大写字母相同但下标相反的方格的左端纵线为终点，从左至右用粗实线连线。如 A_1 动作从第一节拍开始至第四节拍终止，B_1 动作线从第二节拍开始至第三节拍终止。同理可画出全部动作区间线。应说明的是，顺序动作是尾首相连的循环，因此最后一个节拍的右端纵线与第一节拍的左端纵线实际是一根线。

c. 画主令信号状态线（简称 X 线）。用细实线画出主令信号的状态线，为了区别于动作状态线，起点用小圆圈“◦”表示。a_1 信号状态线的起点在动作 A_1 的右端纵线上，终点在 A_0 的左端纵线上，但略为滞后一点。a_0 信号状态线的起点在 A_0 动作的右端纵线上，终点在 A_1 动作的左端纵线上，但略为滞后一点。按照这一原则，可画出所有主令信号的状态线。为了清楚起见，程序的第一个动作的主令信号状态线画在第一节拍的左端纵线上。对于本例，a_0 信号状态线的起点在 A_1 动作的左端纵线上，而不画在 A_0 动作的右端纵线上。

③ 消除障碍信号。

a. 判别障碍信号。所谓障碍信号是指在同一时刻，电磁阀的两个控制侧同时存在控制信号，妨碍电磁阀按预定程序换向。因此，为了使系统正常动作，就必须找出障碍信号，并设法消除它。用 X-D 图确定障碍信号的方法是，在同一行中凡存在信号线而无对应动作线的信号段即为障碍段，存在障碍段的信号为障碍信号。障碍段在 X-D 线图中用“VVV”标出。例如，a_1 信号线在第 4 节拍为障碍段，故 a_1 便是障碍信号。

b. 布置中间记忆继电器。引入中间记忆继电器是为了消除障碍信号的障碍段。所需中间继电器的数量 N 取决于顺序系统的特征值 M：

$$N=\text{INT}[(M+1)/2]$$

式中，INT表示对运算结果取整的函数。对于单往复顺序系统来说，特征值M为$M=m_1+m_2+m_3+\cdots+m_{i-1}$。对于多往复顺序系统来说，特征值$M=m_1+m_2+m_3+\cdots+m_i$。其中，$i$为气缸的数量，$m_1$为单缸特征值，$m_2$为双缸特征值，$m_3$为三缸特征值，余类推。

所谓单缸特征值是指程序中单个气缸连续往复运动的次数。例如在本例程序［A_1B_1（延时T）B_0A_0］中，有（B_1B_0），还有尾首动作（A_0A_1）也是连续往复运动，因此$m_1=2$。

双缸特征值是指某两个气缸在一段程序中连续完成一次往复运动的次数。例如程序［$A_1B_1A_0B_0B_1B_0$］中，就有（$A_1B_1A_0B_0$）或（$B_0A_1B_1A_0$）的一段程序，这表明A、B两缸在该程序中连续完成一次往复运动。需要说明的是，如果程序中某几个连续动作既可以和前面的某几个动作划在一起构成一次连续往复运动，又可与后面某几个动作划在一起构成一次连续往复运动，那么只能选择其中一种划分方法，不能同时都取。因此，在上述程序中，（$A_1B_1A_0$）既可与后面的（B_0）构成（$A_1B_1A_0B_0$），又可与前面的（B_0）一起构成（$B_0A_1B_1A_0$），我们只能选取其中一种，因此$m_2=1$。

关于三缸特征值和多缸特征值的计算方法，和单缸及双缸特征值的计算方法类似。在确定了所有单项特征值之后，就可以对它们求和，得出系统的特征值。如果程序中某个气缸的两个动作既可构成单缸连续往复运动，又可组成双缸或多缸连续往复运动，那么也只能选择其中一种划分方法。为了清楚起见，在程序中有连续往复运动的两个相反动作（或动作组）之间插入一根短直线表示$M\neq0$。对于本例的程序可表示为：

$$[A_1B_1(\text{延时}\ T)B_0A_0|]$$

对本例来说，$M=2$，中间继电器数$N=1$。若程序中没有连续往复运动，即$M=0$，则控制回路不引入中间继电器也能消除障碍信号段。

c. 布置中间继电器的工作区间。在X-D线图下面的备用行内用细直线布置中间继电器的工作区间，有细直线的区间表示继电器的线圈得电，没有细直线的区间表示继电器的线圈失电。为了能正确地消除障碍信号，布置中间继电器的工作区间时必须遵守下列规定：(a) 连续往复运动的两个动作（或动作组）之间的分界线必须是中间继电器的切换线，即置位信号或复位信号的起点必须在该线上；(b) 对于$N>2$的程序，中间继电器的切换顺序要按图23-12-8所示的方式布置。这样可保证至少有一个节拍重叠，主控信号的逻辑运算简单，回路工作可靠。

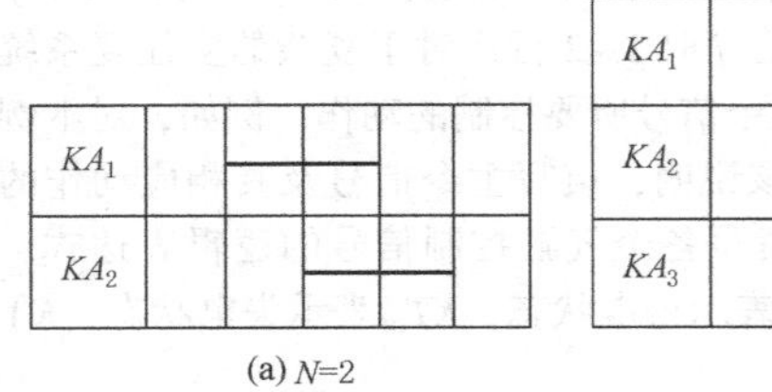

图23-12-8　中间继电器布置方法

d. 求取中间继电器的逻辑函数。首先应找出中间继电器的主令信号。由X-D图不难看出，凡信号线的起点（小圆圈）在中间继电器的切换线上，则它一定是中间继电器置位信号S或复位信号R的主令信号。在得出中间继电器的主令信号后，还必须确定其主令信号是否存在障碍段。和气缸的主令信号类似，若S的主令信号有部分线段出现在中间继电器的非工作区段，或R的主令信号有部分线段出现在中间继电器的工作区段，则这部分线段对中间继电器KA来说都是障碍段。如果S、R的主令信号存在障碍段，则必须消除，方法和消除气缸主令信号的障碍段一样。

对本例来说，S、R的主令信号均不存在障碍，所以其逻辑表达式为

$$S=KT_0;\ R=a_0$$

④ 求取气缸主控信号逻辑表达式。X-D线图中气缸的主令信号可分为无障碍主令信号和有障碍主令信号两种。

a. 对无障碍主令信号来说，可以被直接用来控制电磁阀，因此电磁阀的主控信号就是该主令信号。对于本例，无障碍主令信号有

$$A_1^*=a_0g$$

式中，g为启动/停止信号，该信号写入程序的第一个动作中。在引入中间继电器的回路中，某些动作的主令信号又作为中间继电器的S、R的主令信号。在本例中，a_0既是动作A_1的主令信号，又是R的主令信号。在设计回路时，为了使回路具有联锁性，即确保中间继电器切换后气缸才能动作，动作A_1的主令信号可以用中间继电器的输出$\overline{KA}$代替原来的主令信号a_0。但应该注意中间继电器的输出$\overline{KA}$比动作A_1的持续区间短，即没有障碍

段。因此对于本例有 $A_1^* = \overline{KA} \cdot g$。

b. 对有障碍主令信号来说，必须采用逻辑运算等方法消除掉主令信号的障碍段。常用的方法有逻辑“与”消障法，即通过将有障碍主令信号与一个称为制约信号的信号进行“与”运算，使运算后的结果不存在障碍段。能消除有主令信号障碍段的制约信号应满足以下条件，即在主令信号的起点（小圆圈）处，制约信号必须有线，而主令信号的障碍段内，制约信号必须没有线。制约信号一般选择其他动作的主令信号或将它们进行逻辑运算（如取反相）后的信号。如果回路中引入了中间继电器，则制约信号通常采用中间继电器的输出。

对于本例，动作 B_1、KT、B_0 和 A_0 的主令信号都是有障碍主令信号。对于动作 B_1 的主令信号 a_1 来说，由图 23-12-7 可知，与 a_1 起点纵线相交的信号有 b_0 和 $\overline{KA}$，但只 $\overline{KA}$ 在 a_1 的障碍段内没有线，因此可作为制约信号。为了可靠起见，采用中间继电器的输出 $\overline{KA}$ 作为制约信号。因此有

$$B_1^* = a_1 \cdot \overline{KA}$$

同理，可写出其余的主控信号

$$KT^* = b_1 \cdot \overline{KA};\ B_0^* = KA;\ A_0^* = b_0 \cdot KA$$

得出气缸的主控信号之后，就可以进一步得出电磁阀及中间继电器控制信号的逻辑表达式如下

$$YVA_1 = \overline{KA} \cdot g;\ YVA_0 = b_0 \cdot KA;\ YVB_1 = a_1 \cdot \overline{KA};$$

$$KT = b_1 \cdot \overline{KA}; KA = (KT + KA) \cdot a_0$$

⑤ 绘制继电器控制回路的梯形图。在求得电磁阀的控制信号的逻辑表达式后，即可以画出继电器控制回路的梯形图。对于本例，梯形图如图 23-12-9a 所示。在图 23-12-9 中，启动/停止信号用全程继电器 K_0 来实现，K_0 用启动按钮 q 和停止按钮 t 来控制，并且采用了如表 23-12-14 所示的停止优先自保持电路。应该指出的是，在实际应用中，通常采用一个电磁阀线圈用一个继电器控制的回路，如图 23-12-9b 所示。

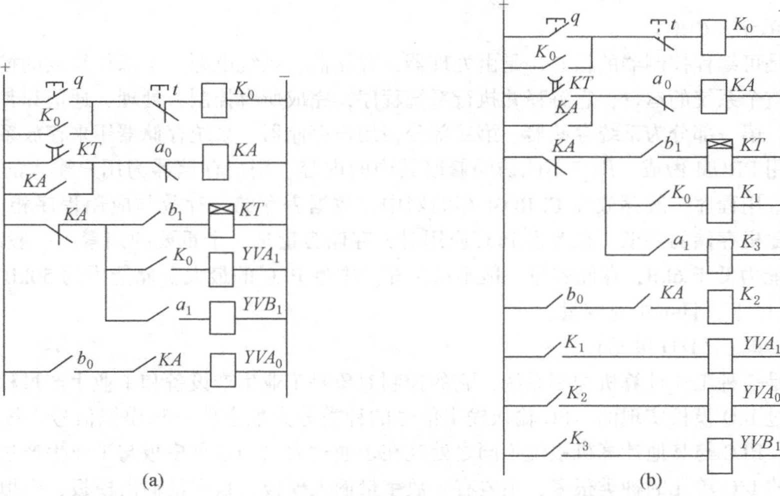

图 23-12-9　程序［A_1B_1（延时 T）B_0A_0］的电器控制回路

3.3　可编程控制器的应用

随着工业自动化的飞速发展，各种生产设备装置的功能越来越强，自动化程度越来越高，控制系统越来越复杂，因此，人们对控制系统提出了更灵活通用、易于维护、可靠经济等要求，固定接线式的继电器已不能适应这种要求，于是可编程控制器（PLC）应运而生。

由于可编程控制器的显著优点，因此在短时间内，其应用就迅速扩展到工业的各个领域。并且，随着应用领域的不断扩大，可编程控制器自身也经历了很大的发展变化，其硬件和软件得到了不断改进和提高，使得可编程序控制器的性能越来越好，功能越来越强。

3.3.1 可编程控制器的组成

可编程控制器（PLC）是微机技术和继电器常规控制概念相结合的产物，是一种以微处理器为核心的用作数字控制的特殊计算机。其硬件配置与一般微机装置类似，主要由中央处理单元（CPU）、存储器、输入/输出接口电路、编程单元、电源及其他一些电路组成。其基本构成如图 23-12-10 所示。

PLC 在结构上可分为两种：一种为固定式，一种为模块式，如图 23-12-11 所示。固定式通常为微型或小型 PLC，其 CPU、输入/输出接口和电源等做成一体，输入/输出点数是固定的（图 23-12-11a）。模块式则将 CPU、电源、输入输出接口分别做成各种模块，使用时根据需要配置，所选用的模块安装在框架中（图 23-12-11b）。装有 CPU 模块的框架称之为基本框架，其他为扩充框架。每个框架可插放的模块数一般为 3~10 块，可扩展的框架数一般为 2~5 个基架，基本框架与扩展框架之间的距离不宜太大，一般为 10cm 左右。一些中型及大型可编程控制器系统具有远程 I/O 单元，可以联网应用，主站与从站之间的通信连接多用光纤电缆来完成。

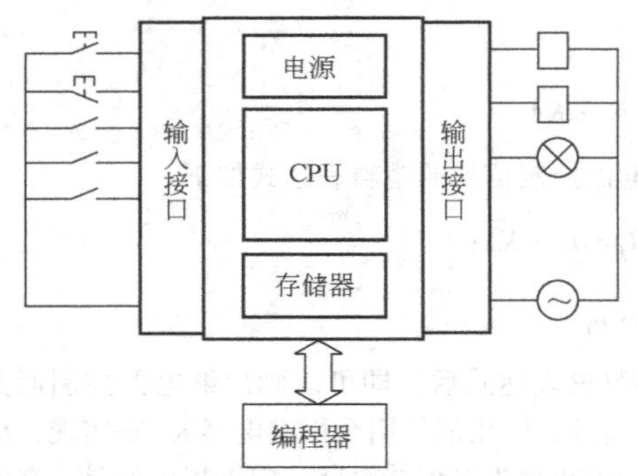

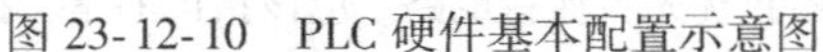
图 23-12-10　PLC 硬件基本配置示意图

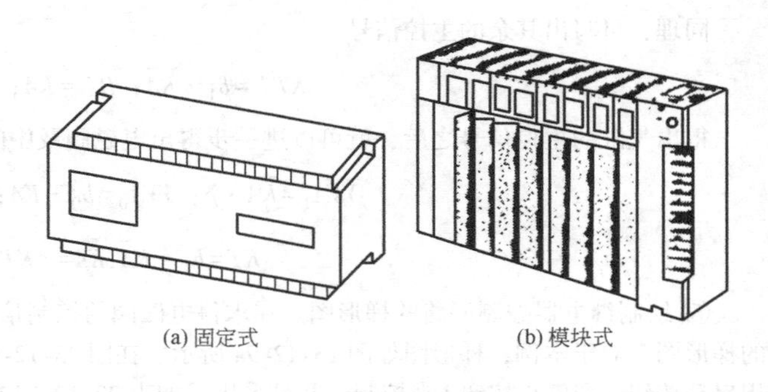

图 23-12-11　PLC 外观

（1）中央处理单元（CPU）

中央处理单元是可编程控制器的核心，是由处理器、存储器、系统电源三个部件组成的控制单元。处理器的主要功能在于控制整个系统的运行，它解释并执行系统程序，完成所有控制、处理、通信和其他功能。PLC 的存储器包括两大部分，第一部分为系统存储器，第二部分为用户存储器。系统存储器用来存放系统监控程序和系统数据表，由制造厂用 PROM 做成，用户不能访问修改其中的内容。用户存储器为用户输入的应用程序和应用数据表提供存储区，应用程序一般存放在 EPROM 存储器中，数据表存储区存放与应用程序相关的数据，用 RAM 进行存储，以适应随机存储的要求。在考虑 PLC 应用时，存储容量是一个重要的因素。一般小型 PLC（少于 64 个 I/O 点）的存储能力低于 6kB，存储容量一般不可扩充。中型 PLC 的最大存储能力约 50kB，而大型 PLC 的存储能力大都在 50kB 以上，且可扩充容量。

（2）输入/输出单元（I/O 单元）

可编程控制器是一种工业计算机控制系统，它的控制对象是工业生产设备和工业生产过程，PLC 与其控制对象之间的联系是通过 I/O 模板实现的。PC 输入输出信号的种类分为数字信号和模拟信号。按电气性能分，有交流信号和直流信号。PLC 与其他计算机系统不同之处就在于通过大量的各种模板与工业生产过程、各种外设及其他系统相连。PLC 的 I/O 单元的种类很多，主要有：数字量输入模板、数字量输出模板、模拟量输入模板、模拟量输出模板、智能 I/O 模板、特殊 I/O 模板、通信 I/O 模板等。

虽然 PLC 的种类繁多，各种类型 PLC 特性也不一样，但其 I/O 接口模板的工作原理和功能基本一样。

3.3.2 可编程控制器工作原理

（1）巡回扫描原理

PLC 的基本工作原理是建立在计算机工作原理基础上的，即在硬件的支持下，通过执行反映控制要求的用户程序来实现现场控制任务。但是，PLC 主要是用于顺序控制，这种控制是通过各种变量的逻辑组合来完成的，即控制的实现是有关逻辑关系的实现，因此，如果单纯像计算机那样，把用户程序从头到尾顺序执行一遍，并不能完全体现控制要求，而必须采取对整个程序巡回执行的工作方式，即巡回扫描方式。实际上，PLC 可看成是在系统软件支持下的一种扫描设备，它一直在周而复始地循环扫描并执行由系统软件规定好的任务。用户程序只是整个扫描周期的一个组成部分，用户程序不运行时，PLC 也在扫描，只不过在一个周期中删除了用户程序和输入输出服务这两部分任务。典型 PLC 的扫描过程如图 23-12-12 所示。

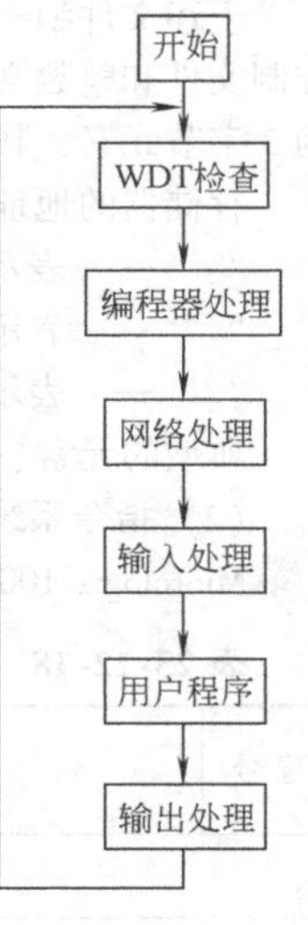

图 23-12-12　PLC 的扫描过程

（2）I/O 管理

各种 I/O 模板的管理一般采用流行的存储映像方式，即每个 I/O 点都对应内存的一个位（bit），具有字节属性的 I/O 则对应内存中的一个字。CPU 在处理用户程序时，使用的输入值不是直接从实际输入点读取的，运算结果也不是直接送到实际输出点，而是在内存中设置了两个暂存区，即一个输入暂存区，一个输出暂存区。在输入服务扫描过程中，CPU 把实际输入点的状态读入到输入状态暂存区。在输出服务扫描过程中，CPU 把输出状态暂存区的值传送到实际输出点。

由于设置了输入输出状态暂存区，用户程序具有以下特点：

① 在同一扫描周期内，某个输入点的状态对整个用户程序是一致的，不会造成运算结果的混乱；

② 在用户程序中，只应对输出赋值一次，如果多次，则最后一次有效；

③ 在同一扫描周期内，输出值保留在输出状态暂存区，因此，输出点的值在用户程序中也可当成逻辑运算的条件使用；

④ I/O 映像区的建立，使系统变为一个数字采样控制系统，只要采样周期 T 足够小，采样频率足够高，就可以认为这样的采样系统符合实际系统的工作状态；

⑤ 由于输入信息是从现场瞬时采集来的，输出信息又是在程序执行后瞬时输出去控制外设，因此可以认为实际上恢复了系统控制作用的并行性；

⑥ 周期性输入输出操作给要求快速响应的闭环控制及中断控制的实现带来了一定的困难。

（3）中断输入处理

在 PLC 中，中断处理的概念和思路与一般微机系统基本是一样的，即当有中断申请信号输入后，系统中断正在执行的程序而转向执行相关的中断子程序；多个中断之间有优先级排队，系统可由程序设定允许中断或禁止中断等。此外，PLC 中断还有以下特殊之处：

① 中断响应是在系统巡回扫描的各个阶段，不限于用户程序执行阶段；

② PLC 与一般微机系统不一样，中断查询不是在每条指令执行后进行，而是在相应程序块结束后进行；

③ 用户程序是巡回扫描反复执行的，而中断程序却只在中断申请后被执行一次，因此，要多运行几次中断子程序，则必须多进行几次中断申请；

④ 中断源的信息是通过输入点进入系统的，PLC 扫描输入点是按顺序进行的，因此，根据它们占用输入点的编号的顺序就自动进行优先级的排队；

⑤ 多中断源有优先顺序但无嵌套关系。

3.3.3　可编程控制器常用编程指令

虽然不同厂家生产的可编程控制器的硬件结构和指令系统各不相同，但基本思想和编程方法是类似的。下面以 A-B 公司的微型可编程控制器 Micrologix 1000 为例，介绍基本的编程指令和编程方法。

（1）存储器构成及编址方法

由前所述，存储器中存储的文件分为程序文件和数据文件两大类。程序文件包括系统程序和用户程序，数据文件则包括输入/输出映像表（或称为缓冲区）、位数据文件（类似于内部继电器触点和线圈）、计时器/计数器数据文件等。为了编址的目的，每个文件均由一个字母（标识符）及一个文件号来表示，如表 23-12-17 所示。

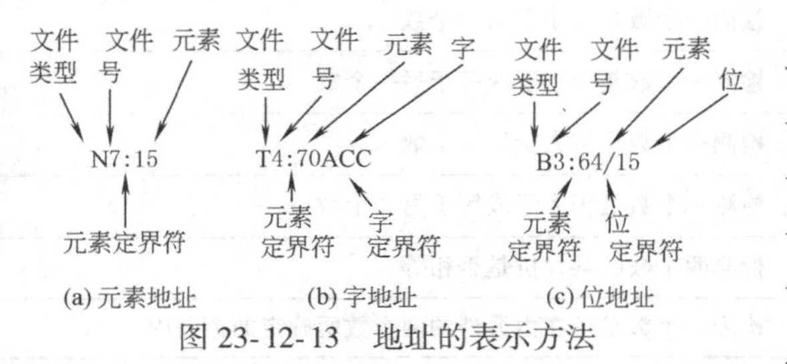

图 23-12-13　地址的表示方法

表 23-12-17　数据文件的类型及标识

文件类型	标识符	文件编号	文件类型	标识符	文件编号
输出文件	O	0	计时器文件	T	4
输入文件	I	1	计数器文件	C	5
状态文件	S	2	控制字文件	R	6
位文件	B	3	整数文件	N	7

上述文件编号为已经定义好的缺省编号，此外，用户可根据需要定义其他的位文件、计时器/计数器文件、控制文件和整数文件，文件编号可从 10~255。一个数据文件可含有多个元素。对计时器/计数器文件来说，元素为 3 字节元素，其他数据文件的元素则为单字节元素。

存储器的地址是由定界符分隔开的字母、数字、符号组成。定界符有三种，分别为：

“:”——表示后面的数字或符号为元素；

“。”——表示后面的数字或符号为字节；

“/”——表示后面的数字或符号为位。

典型的元素、字及位的地址表示方法如图 23-12-13 所示。

(2) 指令系统

Micrologix 1000 采用梯形图和语句两种指令形式。表 23-12-18 列出了其指令系统。

表 23-12-18　　Micrologix 1000 指令系统

序号	名　称	助 记 符	图形符号	意　义
继电器逻辑控制指令				
1	检查是否闭合	XIC	─┤├─	检查某一位是否闭合，类似于继电器常开触点
2	检查是否断开	XIO	─┤/├─	检查某一位是否断开，类似于继电器常闭触点
3	输出激励	OTE	─( )─	使某一位的状态为 ON 或 OFF，类似于继电器线圈
4	输出锁存 输出解锁	OTL OTU	─(L)─ ─(U)─	OTL 使某一位的状态为 ON，该位的状态保持为 ON，直到使用一条 OUT 指令使其复位
计时器/计数器指令				
5	通延时计时器	TON		利用 TON 指令，在预置时间内计时完成，可以去控制输出的接通或断开
6	断延时计时器	TOF		利用 TOF 指令，在预置时间间隔阶梯变成假时，去控制输出的接通或断开
7	保持型计时器	RTO		在预置时间内计时器工作以后，RTO 指令控制输出使能与否
8	加计数器	CTU		每一次阶梯由假变真，CTU 指令以 1 个单位增加累加值
9	减计数器	CTD		每一次阶梯由假变真，CTD 指令以 1 个单位把累加值减少 1
10	高速计数器	HSC		高速计数，累加值为真时控制输出的接通或断开
11	复位指令	RES		使计时器和计数器复位
比较指令				
12	等于	EQU		检测两个数是否相等
13	不等于	NEQ		检测一个数是否不等于另一个数
14	小于	LES		检测一个数是否小于另一个数
15	小于等于	LEQ		检测一个数是否小于或等于另一个数
16	大于	GRT		检测一个数是否大于另一个数
17	大于等于	GRQ		检测一个数是否大于或等于另一个数
18	屏蔽等于	MEQ		检测两个数的某几位是否相等
19	范围检测	LIM		检测一个数是否在由另外的两个数所确定的范围内

续表

序号	名　称	助记符	图形符号	意　义
				运算指令
20	加法	ADD		将源A和源B两个数相加,并将结果存入目的地址内
21	减法	SUB		将源A减去源B,并将结果存入目的地址内
22	乘法	MUL		将源A乘以源B,并将结果存入目的地址内
23	除法	DIV		将源A除以源B,并将结果存入目的地址和算术寄存器内
24	双除法	DDV		将算术寄存器中的内容除以源,并将结果存入目的地址和算术寄存器中
25	清零	CLR		将一个字的所有位全部清零
26	平方根	SQR		将源进行平方根运算,并将整数结果存入目的地址内
27	数据定标	SCL		将源乘以一个比例系数,加上一个偏移值,并将结果存入目的地址中
				程序流程控制指令
28	转移到标号 标号	JMP LBL		向前或向后跳转到标号指令
29	跳转到子程序 子程序 从子程序返回	JSR SBR RET		跳转到指定的子程序并返回
30	主控继电器	MCR		使一段梯形图程序有效或无效
31	暂停	TND		使程序暂停执行
32	带屏蔽立即输入	IIM		立即进行输入操作并将输入结果进行屏蔽处理
33	带屏蔽立即输出	IOM		将输出结果进行屏蔽处理并立即进行输出操作

3.3.4 控制系统设计步骤

控制系统的设计步骤可大致归纳如下。

（1）系统分析

对控制系统的工艺要求和机械动作进行分析，对控制对象要求进行粗估，如有多少开关量输入，多少开关量输出，功率要求为多少，模拟量输入输出点数为多少；有无特殊控制功能要求，如高速计数器等。在此基础上确定总的控制方案：是采用继电器控制线路还是采用PLC作为控制器。

（2）选择机型

当选定用可编程控制器的控制方案后，接下来就要选择可编程控制器的机型。目前，可编程控制器的生产厂家很多，同一厂家也有许多系列产品，例如美国A-B公司生产的可编程控制器就有微型可编程控制器Micrologix 1000系列、小型可编程控制器SLC500系列、大中型可编程控制器PLC5系列等，而每一个系列中又有许多不同规格的产品，这就要求用户在分析控制系统类型的基础上，根据需要选择最适合自己要求的产品。

（3）I/O地址分配

所谓输入输出定义就是对所有的输入输出设备进行编号，也就是赋予传感器、开关、按钮等输入设备和继电器、接触器、电磁阀等被控设备一个确定的PLC能够识别的内部地址编号，这个编号对后面的程序编制、程序调试和修改都是重要依据，也是现场接线的依据。

（4）编写程序

根据工艺要求、机械动作，利用卡诺图法或信号-动作线图法求取基本逻辑函数，或根据经验和技巧，来确定各种控制动作的逻辑关系、计数关系、互锁关系等，绘制梯形图。

梯形图画出来之后，通过编程器将梯形图输入可编程控制器 CPU。

（5）程序调试

检查所编写的程序是否全部输入、是否正确，对错误之处进行编辑、修改。然后，将 PLC 从编辑状态拨至监控状态，监视程序的运行情况。如果程序不能满足所希望的工艺要求，就要进一步修改程序，直到完全满足工艺要求为止。在程序调试完毕之后，还应把程序存储起来，以防丢失或破坏。

3.3.5 控制系统设计举例

首先以图 23-12-5 所示的系统为例说明可编程序控制器的控制程序设计方法。

（1）系统分析

本系统控制器的输入信号有：气缸行程开关输入信号 4 个，启动/停止按钮输入信号 2 个，即共有 6 个输入信号。控制器的输出为两只气缸的 3 个电磁铁的控制信号。此外，需要内部定时器一个。

（2）选择可编程控制器

对于这类小型气动顺序控制系统，采用微型固定式可编程控制器就足以满足控制要求。本例选取 A-B 公司的 I/O 点数为 16 的微型可编程控制器 Micrologix 1000 系列。其中，输入点数为 10 点，输出点数为 6 点。

（3）输入/输出分配

输入分配见表 23-12-19，输出分配见表 23-12-20。

表 23-12-19　　输入分配

输入信号	行程开关				按钮	
符　号	a_0	a_1	b_0	b_1	q	t
连接端子号	1	2	3	4	5	6
内部地址	I1/1	I1/2	I1/3	I1/4	I1/5	I1/6

表 23-12-20　　输出分配

输出信号	电磁铁		
符　号	YVA_0	YVA_1	YVB_0
连接端子号	1	2	3
内部地址	0/1	0/2	0/3

（4）编写程序

如图 23-12-14 所示，该程序采用梯形图编程语言，这种编程语言为广大电气技术人员所熟知，每个阶梯的意义见程序右说明。

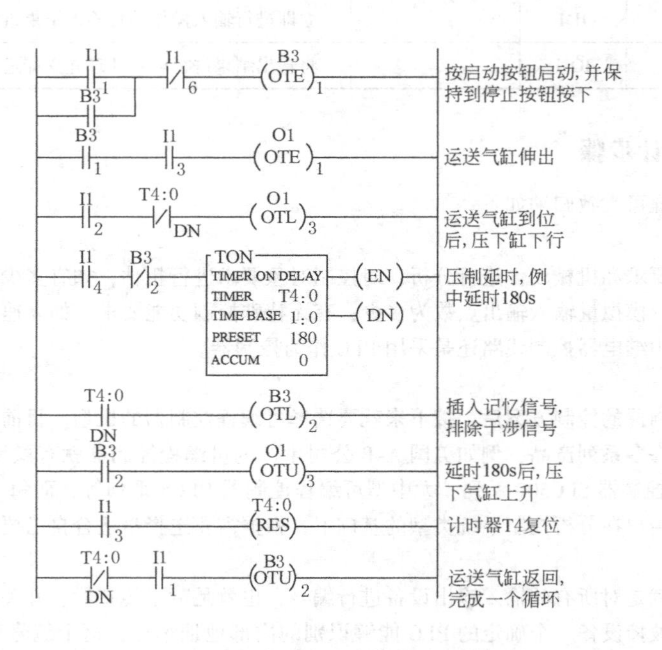

图 23-12-14　可编程序控制器梯形图

第13章 气动相关技术标准及资料

1 气动相关技术标准

表 23-13-1

	标准号	标准名称
气动的国家标准	GB/T 786.1—2009	流体传动系统及元件图形符号和回路图
	GB/T 7932—2003	气动系统　通用技术条件
	GB/T 7940.1—2008	气动　五气口气动方向控制阀　第1部分:不带电气接头的安装面
	GB/T 7940.2—2008	气动　五气口气动方向控制阀　第2部分:带可选电气接头的安装面
	GB/T 7940.3—2001	气动　五气口气动方向控制阀　第3部分:功能识别编码体系
	GB/T 8102—2008	缸内径8~25mm的单杆气缸安装尺寸
	GB/T 14038—2008	气动连接　气口和螺柱端
	GB/T 14513—1993(2001)	气动元件流量特性的测定
	GB/T 14514—2013	气动管接头试验方法
	GB/T 17446—2012	流体传动系统及元件　术语
	GB/T 20081.1—2006	气动减压阀和过滤减压阀　第1部分:商务文件中应包含的主要特性和产品标识要求
	GB/T 20081.2—2006	气动减压阀和过滤减压阀　第2部分:评定商务文件中应包含的主要特性和产品标识要求
气动的行业标准	JB/T 5923—2013	气动　气缸技术条件
	JB/T 5967—2007	气动元件及系统用空气介质质量等级
	JB/T 6377—1992	气动气口连接螺纹　型式和尺寸
	JB/T 6378—2008	气动换向阀　技术条件
	JB/T 6379—2007	缸内径32~320mm的可拆式单杆气缸　安装尺寸
	JB/T 6656—1993	气缸用密封圈安装沟槽型式、尺寸和公差
	JB/T 6657—1993(2001)	气缸用密封圈尺寸系列和公差
	JB/T 6658—2007	气动用O形橡胶密封圈沟槽尺寸和公差

续表

	标准号	标准名称
气动的行业标准	JB/T 6659—2007	气动用O形橡胶密封圈尺寸系列和公差
	JB/T 6660—1993	气动用橡胶密封圈　通用技术条件
	JB/T 7056—2008	气动管接头　通用技术条件
	JB/T 7057—2008	调速式气动管接头　技术条件
	JB/T 7058—1993	快换式气动管接头　技术条件
	JB/T 7373—2008	齿轮齿条摆动气缸
	JB/T 7374—1994	气动空气过滤器　技术条件
	JB/T 7375—2013	气动油雾器　技术条件
	JB/T 7377—2007	缸内径32~250mm整体式单杆气缸安装尺寸
	JB/T 8884—2013	气动元件产品型号编制方法
	JB/T 10606—2006	气动流量控制阀
ISO气动标准	ISO 1219-1:2006	Fluid power systems and components—Graphic symbols and circuit diagrams—Part 1:Graphic symbols 流体传动系统和元件—图形符号和回路图—第1部分:图形符号
	ISO 1219-2:1995	Fluid power systems and components—Graphic symbols and circuit diagrams—Part 2:Circuit diagrams 流体传动系统和元件—图形符号和回路图—第2部分:回路图
	ISO 2944:2000	Fluid power systems and components—Nominal pressures 流体传动系统和元件—公称压力
	ISO 3320:1987(1998)	Fluid power systems and components—Cylinder bores and piston rod diameters—Metric series 流体传动系统和元件—缸内径和活塞杆直径—米制系列
	ISO 3321:1975	Fluid power systems and components—Cylinder bores and piston rod diameters—Inch series 流体传动系统和元件—缸内径和活塞杆直径—英制系列
	ISO 3322:1985	Fluid power systems and components—Cylinders—Nominal pressures 流体传动系统和元件—缸—公称压力
	ISO 3601-1:2002	Fluid power systems—O-rings—Part 1: Inside diameters, cross-sections, tolerances and size identification code 流体传动系统—O形圈—第1部分:内径、断面、公差和规格标注代号
	ISO 3601-3:1987	Fluid systems—Sealing devices—O-rings—Part 3:Quality acceptance criteria 流体系统—密封装置—O形圈—第3部分:质量验收准则
	ISO 3601-5:2002	Fluid power systems—O-rings—Part 5:Suitability of elastomeric materials for industrial applications 流体传动系统—O形圈—第5部分:工业用合成橡胶材料的适用性
	ISO 3939:1977(2002)	Fluid power systems and components—Multiple lip packing sets—Methods for measuring stack heights 流体传动系统和元件—多层唇形密封组件—测量叠合高度的方法
	ISO 4393:1978	Fluid power systems and components—Cylinders—Basic series of piston strokes 流体传动系统和元件—缸—活塞行程基本系列
	ISO 4394-1:1980(1999)	Fluid power systems and components—Cylinder barrels—Part 1:Requirements for steel tubes with specially finished bores 流体传动系统和元件—缸筒—第1部分:对有特殊精加工内孔钢管的要求
	ISO 4395:1978(1999)	Fluid power systems and components—Cylinders—Piston rod thread dimensions and types 流体传动系统和元件—缸—活塞杆螺纹尺寸和型式
	ISO 4397:1993(2000)	Fluid power systems and components—Connectors and associated components—Nominal outside diameters of tubes and nominal inside diameters of hoses 流体传动系统和元件—管接头及其相关元件—标称的硬管外径和软管内径

续表

	标 准 号	标 准 名 称
ISO气动标准	ISO 4399:1995	Fluid power systems and components—Connectors and associated components—Nominal pressures 流体传动系统和元件—管接头及其相关元件—公称压力
	ISO 4400:1994(1999)	Fluid power systems and components—Three-pin electrical plug connectors with earth contact—Characteristics and requirements 流体传动系统和元件—带接地触点的三脚电插头—特性和要求
	ISO 5596:1999	Hydraulic fluid power—Gas-loaded accumulators with separator—Ranges of pressures and volumes and characteristic quantities 液压传动—隔离式充气蓄能器—压力和容积范围及特征量
	ISO 5598:1985	Fluid power systems and components—Vocabulary 流体传动系统和元件—术语集
	ISO 5599-1:2001	Pneumatic fluid power—Five-port directional control valves—Part 1: Mounting interface surfaces without electrical connector 气压传动—五气口方向控制阀—第1部分:不带电插头的安装面
	ISO 5599-2:2001	Pneumatic fluid power—Five-port directional control valves—Part 2: Mounting interface surfaces with optional electrical connector 气压传动—五气口方向控制阀—第2部分:带可选电插头的安装面
	ISO 5599-3:1990(2000)	Pneumatic fluid power—Five-port directional control valves—Part 3:Code system for communication of valve functions 气压传动—五气口方向控制阀—第3部分:表示阀功能的标注方法
	ISO 5782-1:1997(2002)	Pneumatic fluid power—Compressed-air filters—Part 1:Main characteristics to be included in suppliers' literature and product marking requirements 气压传动—压缩空气过滤器—第1部分:商务文件和具体要求中应包含的主要特性
	ISO 5782-2:1997(2002)	Pneumatic fluid power—Compressed-air filters—Part 2: Test methods to determine the main characteristics to be included in supplier's literature 气压传动—压缩空气过滤器—第2部分:商务文件中应包含主要特性检验的试验方法
	ISO 5784-1:1988(1999)	Fluid power systems and components—Fluid logic circuits—Part 1: Symbols for binary logic and related functions 流体传动系统和元件—流体逻辑回路—第1部分:二进制逻辑及相关功能的符号
	ISO 5784-2:1989(1999)	Fluid power systems and components—Fluid logic circuits—Part 2: Symbols for supply and exhausts as related to logic symbols 流体传动系统和元件—流体逻辑回路—第2部分:与逻辑符号相关的供气和排气符号
	ISO 5784-3:1989(1999)	Fluid power systems and components—Fluid logic circuits—Part 3: Symbols for logic sequencers and related functions 流体传动系统和元件—流体逻辑回路—第3部分:逻辑顺序器及相关功能的符号
	ISO 6099:2001	Fluid power systems and components—Cylinders—Identification code for mounting dimensions and mounting types 流体传动系统和元件—缸—安装尺寸和安装型式的标注代号
	ISO 6149-1:2006	Connections for fluid power and general use—Ports and stud ends with ISO 261 metric threads and O-ring sealing—Part 1: Ports with truncated housing for O-ring seal 用于流体传动和一般用途的管接头—管 ISO 261 米制螺纹和 O 形圈密封的油口和螺柱端—第1部分:带 O 形密封圈用锪孔沟槽的油口
	ISO 6149-2:1993	Connections for fluid power and general use—Ports and stud ends with ISO 261 threads and O-ring sealing—Part 2:Heavy-duty(S series) stud ends—Dimensions,design,test methods and requirements 用于流体传动和一般用途的管接头—管 ISO 261 螺纹和 O 形圈密封的油口和螺柱端—第2部分:重型(S 系列)螺柱端—尺寸、型式、试验方法和技术要求

续表

	标 准 号	标 准 名 称
ISO气动标准	ISO 6149-3:1993	Connections for fluid power and general use—Ports and stud ends with ISO 261 threads and O-ring sealing—Part 3:Light-duty(L series) stud ends—Dimensions,design,test methods and requirements 用于流体传动和一般用途的管接头—带 ISO 261 螺纹和 O 形圈密封的油口和螺柱端—第 3 部分:轻型(L 系列)螺柱端—尺寸、型式、试验方法和技术要求
	ISO 6149-4:2006	Connections for fluid power and general use—Ports and stud ends with ISO 261 threads and O-ring sealing—Part 4:Dimensions,design,test methods and requirements for external hex and internal hex port plugs 用于流体传动和一般用途的管接头—带 ISO 261 螺纹和 O 形圈密封的油口和螺柱端—第 4 部分:外六角和内六角油口螺塞尺寸、型式、试验方法和技术要求
	ISO 6150:1988	Pneumatic fluid power—Cylindrical quick-action couplings for maximum working pressures of 10 bar, 16 bar and 25 bar (1MPa, 1.6MPa, and 2.5MPa)—Plug connecting dimensions,specifications application guidelines and testing 气压传动—最高工作压力 10bar、16bar 和 25bar(1MPa、1.6MPa 和 2.5MPa)圆柱形快换接头—插头连接尺寸、技术要求、应用指南和试验
	ISO 6195:2002	Fluid power systems and components—Cylinder-rod wiper-ring housings in reciprocating applications—Dimensions and tolerances 流体传动系统和元件—往复运动用缸活塞杆防尘圈沟槽—尺寸和公差
	ISO 6301-1:1997(2002)	Pneumatic fluid power—Compressed-air lubricators—Part 1:Main characteristics to be included in supplier's literature and product-marking requirements 气压传动—压缩空气油雾器—第 1 部分:供应商文件和产品标志要求中应包含的主要特性
	ISO 6301-2:2006	Pneumatic fluid power—Compressed-air lubricators—Part 2:Test methods to determine the main characteristics to be included in supplier's literature 气压传动—压缩空气油雾器—第 2 部分:测定供应商文件中包含的主要特性的试验方法
	ISO 6358:1989(1999)	Pneumatic fluid power—Components using compressible fluids—Determination of flow-rate characteristics 气压传动—可压缩流体元件—流量特性的测定
	ISO 6430:1992(2002)	Pneumatic fluid power—Single rod cylinders,1000kPa(10bar) series,with integral mountings,bores from 32mm to 250mm—Mounting dimensions 气压传动—单杆缸,1000kPa(10bar)系列,整体式安装,缸内径 32~250mm—安装尺寸
	ISO 6432:1985	Pneumatic fluid power—Single rod cylinders, 10 bar(1000kPa) series—Bores from 8mm to 25mm—Mounting dimensions 气压传动—单杆缸,10bar(1000kPa)系列,缸内径 8~25mm—安装尺寸
	ISO 6537:1982	Pneumatic fluid power systems—Cylinder barrels—Requirements for non-ferrous metallic tubes 气压传动系统—缸筒—对有色金属管的要求
	ISO 6952:1994(1999)	Fluid power systems and components—Two-pin electrical plug connectors with earth contact—Characteristics and requirements 流体传动系统和元件—带接地触点的两脚电插头—特性和要求
	ISO 6953-1:2000 Cor. 1:2006	Pneumatic fluid power—Compressed air pressure regulators and filter-regulators—Part 1:Main characteristics to be included in literature from suppliers and product-marking requirements 气压传动—压缩空气调压阀和带过滤器的调压阀—第 1 部分:商务文件中包含的主要特性及产品标识要求
	ISO 6953-2:2000	Pneumatic fluid power—Compressed air pressure regulators and filter-regulators—Part 2:Test methods to determine the main characteristics to be included in literature from suppliers 气压传动—压缩空气调压阀和带过滤器的调压阀—第 2 部分:评定商务文件中包含的主要特性的试验方法

续表

	标准号	标准名称
ISO气动标准	ISO 7180:1986(1997)	Pneumatic fluid power—Cylinders—Bore and port thread sizes 气压传动—缸—缸内径和气口螺纹规格
	ISO 8139:1991(1997)	Pneumatic fluid power—Cylinders, 1000kPa (10bar) series—Rod end spherical eyes—Mounting dimensions 气压传动—缸,1000kPa(10bar)系列—杆端球面耳环—安装尺寸
	ISO 8140:1991(1997)	Pneumatic fluid power—Cylinders, 1000kPa (10bar) series—Rod end clevis—Mounting dimensions 气压传动—缸,1000kPa(10bar)系列—杆端环叉—安装尺寸
	ISO 8778:2003	Pneumatic fluid power—Standard reference atmosphere 气压传动—标准参考大气
	ISO 10099:2001(2006)	Pneumatic fluid power—Cylinders—Final examination an acceptance criteria 气压传动—缸—出厂检验和验收规范
	ISO 11727:1999	Pneumatic fluid power—Identification of ports and control mechanisms of control valves and other components 气压传动—控制阀和其他元件的气口、控制机构的标注
	ISO 12238:2001	Pneumatic fluid power—Directional control valves Measurement of shifting time 气压传动—方向控制阀—切换时间的测量
	ISO 14743:2004	Pneumatic fluid power—Push-in connectors for thermoplastic tubes 气压传动—适用于热塑性塑料管的插入式管接头
	ISO 15217:2000	Fluid power systems and components—16mm square electrical connector with earth contact—Characteristics and requirements 流体传动系统和元件—带接地点的16mm方形电插头—特性和要求
	ISO 15218:2003	Pneumatic fluid power—3/2 solenoid valves—Mounting interface surfaces 气压传动—二位三通电磁阀—安装面
	ISO 15407-1:2000	Pneumatic fluid power—Five-port directional control valves, sizes 18mm and 26mm—Part 1: Mounting interface surfaces without electrical connector 气压传动—五气口方向控制阀,18mm和26mm规格—第1部分:不带电插头的安装面
	ISO 15407-2:2003	Pneumatic fluid power—Five-port directional control valves, sizes 18mm and 26mm—Part 2: Mounting interface surfaces with optional electrical connector 气压传动—五气口方向控制阀,18mm和26mm规格—第2部分:带可选择电插头的安装面
	ISO 15552:2004	Pneumatic fluid power—Cylinders with detachable mountings, 1000kPa (10bar) series, bores from 32mm to 320mm—Basic, mounting and accessories dimensions 气压传动—可分离安装的,1000kPa(10bar)系列,缸内径32~320mm的气缸—基本尺寸、安装尺寸和附件尺寸
	ISO 16030:2001(2006) Amd. 1:2005	Pneumatic fluid power—Connections—Ports and stud ends 气压传动—连接件—气口和螺柱端
	ISO/TR 16806:2003	Pneumatic fluid power—Cylinders—Load capacity of pneumatic slides and their presentation method 气压传动—缸—气动滑块的承载能力及其表示方法
	ISO 17082:2004	Pneumatic fluid power—Valves—Data to be included in commercial literature 气压传动—阀—商务文件中应包含的资料
	ISO 20401:2005	Pneumatic fluid power systems—Directional control valves—Specification of pin assignment for electrical roud connectors of diameters 8mm and 12mm 气动系统—方向控制阀—直径8mm和12mm圆形电插头的管脚分配规范
	ISO 21287:2004	Pneumatic fluid power—Cylinders—Compact cylinders, 1000kPa (10bar) series, bores from 20mm to 100mm 气压传动—缸—紧凑型,1000kPa(10bar)系列,缸径20~100mm的紧凑型气缸

2 IP防护等级

表 23-13-2

概述	符合 DIN EN 60529 标准 带壳体的防护等级通过标准化的测试方法来表示。IP 代码用于对这类防护等级的分类。IP 代码由字母 IP 和一个两位数组成 第 1 个数字的含义：表示人员的保护。它规定了外壳的范围，以免人与危险部件接触。此外，外壳防止了人或人携带的物体进入。另外，该数字还表示对固体异物进入设备的防护程度 第 2 个数字的含义：表示设备的保护。针对由于水进入外壳而对设备造成的有害影响，它对外壳的防护等级做了评定 注意：食品加工行业通常使用防护等级为 IP 65（防尘和防水管喷水）或 IP67（防尘和能短时间浸水）的元件。采用 IP65 还是 IP67 取决于特定的应用场合，因为每种防护等级有其完全不同的测试标准。IP67 不一定比 IP65 好。因此，符合 IP67 的元件并不能自动满足 IP65 的标准

IP代码的意义

IP 6 5

代码字母	
IP	国际防护

代码编号 1	说明	定义
0	无防护	—
1	防止异物进入，50mm 或更大	直径为 50mm 的被测物体不得穿透外壳
2	防止异物进入，12.5mm 或更大	直径为 12.5mm 的被测物体不得穿透外壳
3	防止异物进入，2.5mm 或更大	直径为 2.5mm 的被测物体完全不能进入
4	防止异物进入，1.0mm 或更大	直径为 1mm 的被测物体完全不能进入
5	防止灰尘堆积	虽然不能完全阻止灰尘的进入，但灰尘进入量应不足以影响设备的良好运行或安全性
6	防止灰尘进入	灰尘不得进入

代码编号 2	说明	定义
0	无防护	—
1	防护水滴	不允许垂直落水滴对设备有危害作用
2	防护水滴	不允许斜向（偏离垂直方向不大于 15°）滴下的水滴对设备有任何危害作用
3	防护喷溅水	不允许斜向（偏离垂直方向不大于 60°）滴下的水滴对设备有任何危害作用
4	防护飞溅水	不允许从任何角度向外壳飞溅的水流对设备有任何危害作用
5	防护水流喷射	不允许从任何角度向外壳喷射的水流对设备有任何危害作用
6	防护强水流喷射	不允许从任何角度对准外壳喷射的水流对设备有任何危害作用
7	防护短时间浸入水中	在标准压力和时间条件下，外壳即使只是短时期内浸入水中，也不允许水流对设备造成任何危害作用
8	防护长期浸入水中	如果外壳长时间浸入水中，不允许水流对设备造成任何危害作用 制造商和用户之间的作用条件必须一致，该使用条件必须比代码 7 更严格
9	防护高压清洗和蒸汽喷射清洗的水流	不允许高压下从任何角度直接喷射到外壳上的水流对设备有任何危害作用

3 关于净化车间及相关受控环境空气等级标准及说明

表 23-13-3

概述

净化车间技术(cleanroom)是为适应实验研究与产品加工的精密化、微型化、高纯度、高质量和高可靠性等方面要求而诞生的一门新兴技术。20 世纪 60 年代中期,净化车间技术在美国如雨后春笋般在各种工业部门涌现。它不仅用于军事工业,也在电子、光学、微型轴承、微型电机、感光胶片、超纯化学试剂等工业部门得到推广,对当时科学技术和工业的发展起了很大的促进作用。70 年代初,净化车间技术的建设重点开始转向医疗、制药、食品及生化等行业。除美国外,其他工业先进国家,如日本、德国、英国、法国、瑞士、前苏联、荷兰等也都十分重视并先后大力发展了净化车间技术。从 80 年代中期以来,对微电子行业而言,1976 年所颁发的美国联邦标准 209B 所规定的最高洁净级别——100 级(≥0.5μm,≤100pc./cu.ft)已不能满足需要,1M 位的 DRAM(动态存储芯片)的线宽仅为 1μm,要求环境级别为 10 级(0.5μm)。事实上,从 70 年代末,为配合微电子技术的发展,更高级别的净化车间技术已在美、日陆续建成,相应的检测仪器——激光粒子计数器、凝聚核粒子计数器(CNC)也应运而生。总结这个时期的经验,为适应技术进步的需要,于 1987 年颁发了美国联邦标准 209C,将洁净等级从原有的 100~100000 四个等级扩展为 1~100000 六个级别,并将鉴定级别界限的粒径从 0.5~5μm 扩展至 0.1~5μm。90 年代初以来,净化车间技术在我国制药工厂贯彻实施 GMP 法的过程中得到了普及,全国几千家制药厂以及生产药用原材料、包装材料等非药企业,陆续进行了技术改造

微粒及微粒的散发在许多工业及应用领域起着很重要的作用,而目前尚无有关净化车间的通用标准。一些常用的有关空气洁净度的标准有

(1)ISO-14644-1(净化车间及相关受控环境空气等级标准)
(2)US FED STD 209 E(美国联邦标准"空气微粒含量的等级")
(3)VDI 2083-…(德国标准)
(4)Gost-R 50766(俄罗斯标准)
(5)JIS-B-9920(日本标准)
(6)BS 5295(英国标准)
(7)AS-1386(澳大利亚标准)
(8)AFNOR X44101(法国标准)

迄今,对于气动元件及运行设备是否适合于洁净室还没有世界统一的标准。因此,德国出台了的一个德国工程师协会的标准,使产品有一个参照,从而确定该产品是否在这方面合格

ISO-14644-1

密度限制/微粒·m^{-3}

ISO 等级		0.1μm	0.2μm	0.3μm	0.5μm	1μm	5μm
ISO Class 1	>	10	2	—	—	—	—
ISO Class 2	>	100	24	10	4	—	—
ISO Class 3	>	1000	237	102	35	8	—
ISO Class 4	>	10000	2370	1020	352	83	3
ISO Class 5	>	100000	23700	10200	3520	832	29
ISO Class 6	>	1000000	237000	102000	35200	8320	293
ISO Class 7	>	—	—	—	352000	83200	2930
ISO Class 8	>	—	—	—	3520000	832000	29300
ISO Class 9	>	—	—	—	35200000	8320000	293000

FED-STD-209E(美国联邦标准)

1988 年颁布的 FED-STD-209D

1992 年颁布的美国联邦标准 FED-STD-209E 将洁净等级从英制改为米制,洁净度等级分为 M1~M7 七个级别(见下表)。与 FED-STD-209D 相比,最高级别又向上延伸了半个级别(FED-STD-209D 的 1 级空气中≥0.5μm,尘粒≥35.3pc./m^3,而 FED-STD-209E 在颗粒的数量上,要求更严,M1 级≥0.5μm 尘粒,≥10pc./m^3)

需要注意的是,美国总服务局(GSA-U. S. General Services Administration),也就是批准美国联邦标准供联邦政府各机构使用的权威单位,于 2001 年发布公告,废止 FED-STD-209E,等同采用 ISO-14644 相关标准

续表

FED-STD-209E（美国联邦标准）

等级名称		空气为例含量极限/微粒·ft^{-3}				
公制	英制	0.1μm	0.2μm	0.3μm	0.5μm	5μm
M1		9.91	2.14	0.875	0.283	—
M1.5	1	35	7.5	3	1	—
M2		99.1	21.4	8.75	2.83	—
M2.5	10	350	75	30	10	—
M3		991	214	87.5	28.3	—
M3.5	100	—	750	300	100	—
M4		—	2140	875	283	—
M4.5	1000	—	—	—	1000	7
M5		—	—	—	2830	17.5
M5.5	10000	—	—	—	10000	70
M6		—	—	—	28300	175
M6.5	100000	—	—	—	100000	700
M7		—	—	—	283000	1750

JIS-B-9920（日本标准）及美日洁净度级别换算

粒径/μm	Class1	Class2	Class3	Class4	Class5	Class6	Class7	Class8
0.1	101	102	103	104	105	106	107	108
0.2	2	24	236	2360	23600	—	—	—
0.3	1	10	101	1010	10100	101000	1010000	10100000
0.5	—	—	35	350	3500	35000	350000	3500000
5	—	—	—	—	29	290	2900	29000

日本 JIS-B-9920 以 0.1μm 微粒为计数标准。日本标准的表示法是以 Class 1、Class 2、Class 3、…、Class 8 表示，即最好的等级为 Class 1，最差则为 Class 8，上表为日本 JIS 9920—1989 标准规定的粒子上限数（个/m^3）。其 Class 1、Class 2、…的数目以 0.1μm 粒子为基准

美日洁净度级别换算见下表

日本	级别 3	级别 4	级别 5	级别 6	级别 7	级别 8
美国	Class1	Class10	Class100	Class1000	Class10000	Class100000

制定此标准的原因

如今，一些电子半导体、生物医药等工业领域的产品，结构越来越小，对生产环境的洁净度要求越来越高。因此，对质量标准要求也越来越趋于严格。如 1970 年生产的 1kB 容量的 DRAM，其结构尺寸为 10μm，而 2000 年生产的 256MB 容量的 DRAM，其结构尺寸为 0.25μm。在这种情况下，落下一颗微粒，就会导致动态存储芯片故障

香烟燃烧所产生的烟雾中含有尼古丁和焦油，看似烟雾，其实它是由 0.5μm 的微粒所组成的。一支烟就能使空气中的微粒含量骤增到每立方英尺 40000 个。因此使用净化车间以及相关干净的环境是十分必需的。其中包括操作人员必须穿戴无菌服或洁净车间的专用工作服。用于净化车间的气动元件及被加工的材料、车间环境等的空气等级采用 0.01μm

微电子、光子、医药等行业对空气中微粒的要求

行业领域及相关产品	轻工机械	PCB 生产	清漆工艺	注射器	医药生产技术	小型继电器	微型系统技术	光学元件	微电子
临界微粒尺寸/μm	1~100	5~50	5~10	5~20	5~10	0.5~25	0.5~5	0.3~20	0.03~0.5

续表

<table>
<tr><td rowspan="5">执行此标准的有关方法和措施</td><td colspan="3">空气中微粒形成的主要原因是空气的流动方向、工件的堆放、车间的换气模式、压缩空气的质量等级、气动元件的泄漏以及振动、碰撞等因素</td></tr>
<tr><td rowspan="4">空气的流动方向</td><td>（1）在非常关键的区域，如在特殊无尘室区域，气流应先吹关键的气动元件，再流向次关键位置</td><td>气流
非常关键
（特殊无尘室气动元件）
工件
次关键（无尘室或标准气动元件）
非关键（标准气动元件）
(a)</td></tr>
<tr><td>（2）为了避免周围空气不断相互交换，应尽量采用纵向（垂直方向）的层流流动</td><td>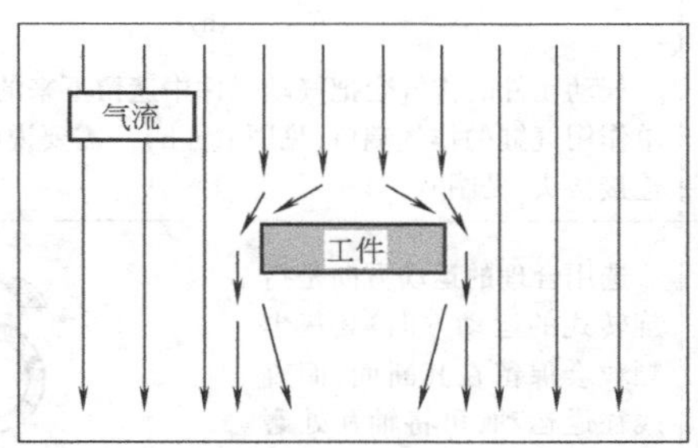
注：欲避免任何空气微尘的堆积及其他交叉污染，工件周围的空气应不断地交换。如果可能，应尽量使用纵向层流气流
(b)</td></tr>
<tr><td>（3）在电子行业净化车间，层流气流不应先经过气动元件，否则，气动元件空气中的未过滤净的灰尘油脂会吹到工件上（半导体晶体产品或线路板）</td><td>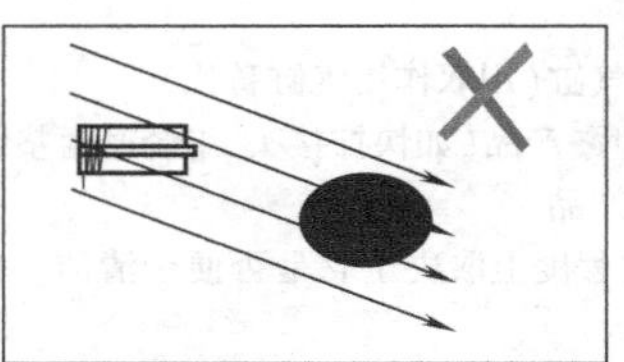 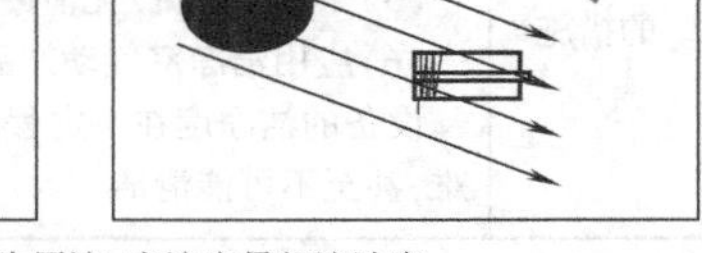
注：紊流度小于5的气流称为层流，紊流度是气流速度分布的标准偏差除以气流平均速度
(c)</td></tr>
<tr><td>（4）如气动元件和产品在同一水平位置时，层流气流应按图d所示方式</td><td>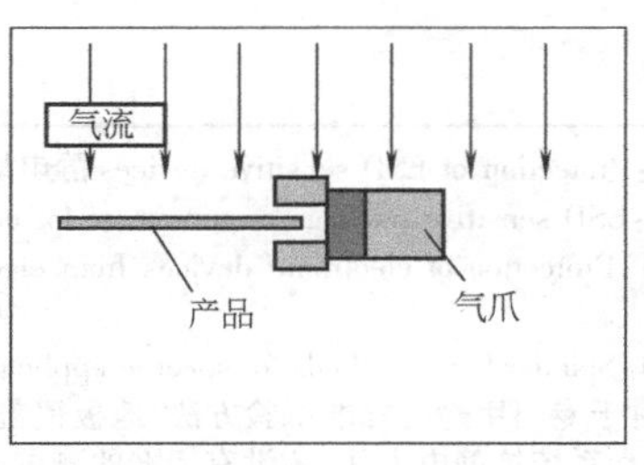
(d)</td></tr>
</table>

续表

执行此标准的有关方法和措施	气动元件的泄漏	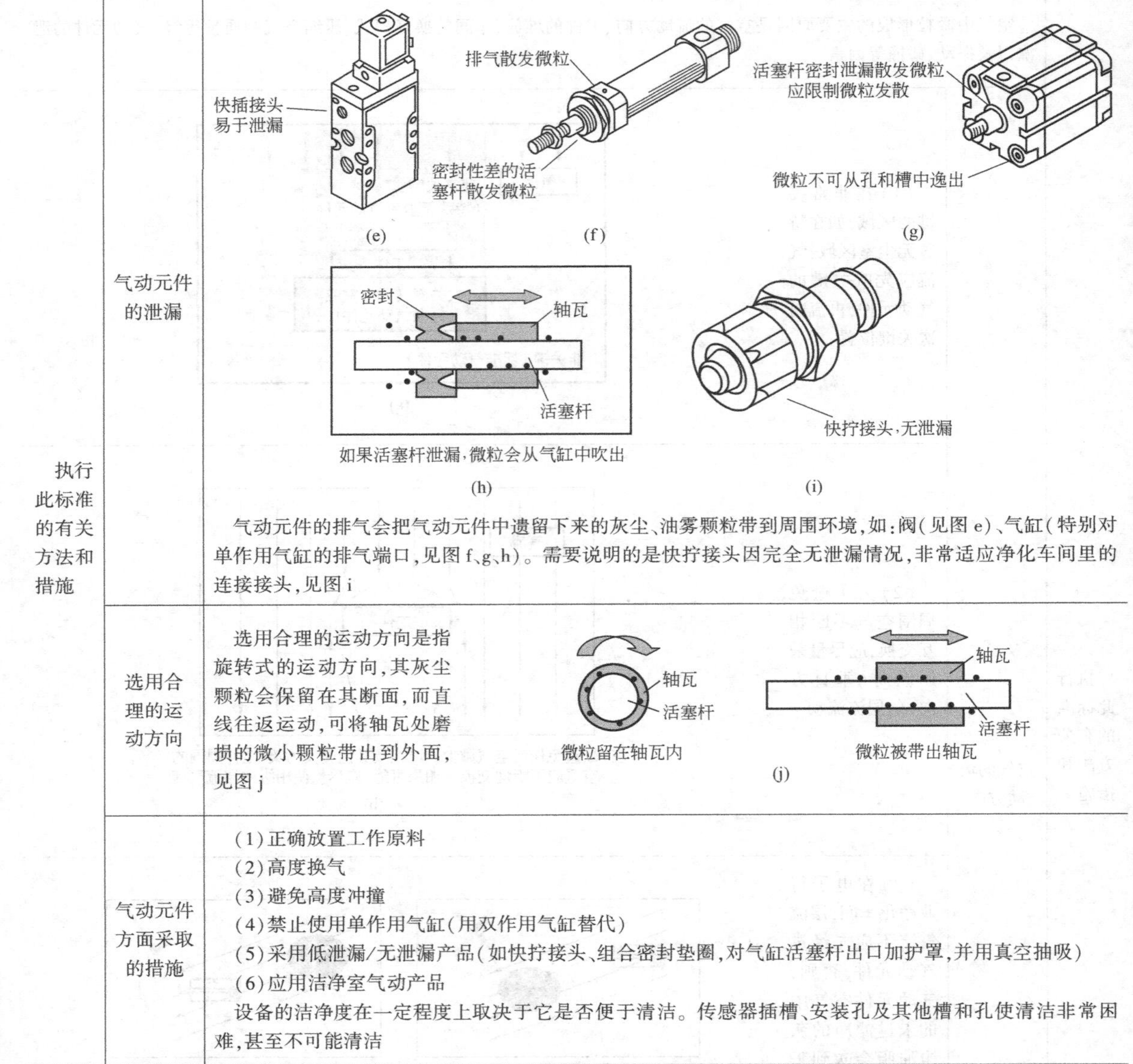 (e) (f) (g) 如果活塞杆泄漏,微粒会从气缸中吹出 (h) (i) 气动元件的排气会把气动元件中遗留下来的灰尘、油雾颗粒带到周围环境,如:阀(见图 e)、气缸(特别对单作用气缸的排气端口,见图 f、g、h)。需要说明的是快拧接头因完全无泄漏情况,非常适应净化车间里的连接接头,见图 i
	选用合理的运动方向	选用合理的运动方向是指旋转式的运动方向,其灰尘颗粒会保留在其断面,而直线往返运动,可将轴瓦处磨损的微小颗粒带出到外面,见图 j (j)
	气动元件方面采取的措施	(1)正确放置工作原料 (2)高度换气 (3)避免高度冲撞 (4)禁止使用单作用气缸(用双作用气缸替代) (5)采用低泄漏/无泄漏产品(如快拧接头、组合密封垫圈,对气缸活塞杆出口加护罩,并用真空抽吸) (6)应用洁净室气动产品 设备的洁净度在一定程度上取决于它是否便于清洁。传感器插槽、安装孔及其他槽和孔使清洁非常困难,甚至不可能清洁

4 关于静电的标准及说明

表 23-13-4

静电的标准	EN 100 015-1:Protection of ESD sensitive devices 静电敏感器件的防护 NESS 099/ 56:ESD sensitive package requirements for components 静电放电敏感元件的包装要求 IEC 61340-5-1:Protection of electronic devices from electrostatic phenomena 电子设备防静电现象的保护 IEC 61340-4-1:Standard test methods for specific applications. Electrostatic behavior of floor coverings and installed floors. 对于专门用途的标准试验方法,地板覆盖物和已装修地板的抗电性 对于气动元件和系统抗静电方面,还没有标准的测试方法。静电的标志见图 a 气动系统在正常工作环境内的静电抗电保护标准需参照 EN 100 015-1  ESD (a)

续表

什么是静电

当你去摸一个物体时(该物体没有接入任何电源线路),你会像触电一样被振一下,这是因为该物体有静电

产生静电的原因

所有的材料都是由原子组成的,原子是由核子(质子和中子)及围绕在其周围轨迹运动的电子所组成(见图b)。原子带正电荷,电子带负电荷。当原子和电子数量相等时,原子表现为中性(见图c)。通常质子和中子在核的内部位置是固定的,电子处在周围的轨道上。当一些电子吸得不够牢时,会从一个原子移到另一个原子上去,电子的移动破坏了原子和电子的平衡,使得有的原子带正电,有的原子带负电,这就产生了电流(见图d)

电子从一个物体移到另一个物体就是电荷分离。电荷分离意味着正电荷与负电荷之间的不平衡。这种不平衡就产生了静电。塑料、布料、干燥空气、玻璃是非导体,金属、潮湿空气为导体

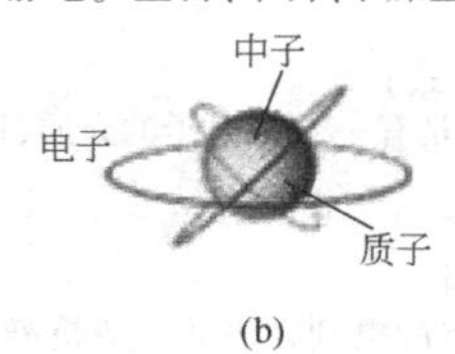

(b)

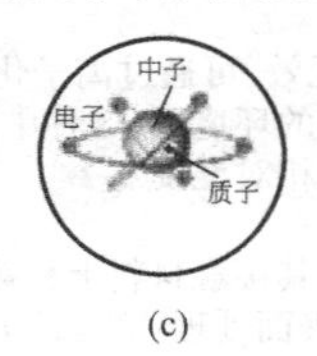

(c)

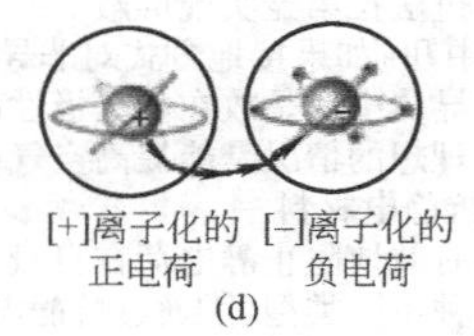

(d)

静电产生的条件及危害

摩擦两个物体(两个物体必须是由不同材质且必须是由绝缘材料组成)

摩擦越厉害,移动到另一个物体上的电子就越多,累积的电荷也就越高

气动回路中的静电

空气中有多种不同的分子,而气管、阀、接头中始终有空气的流动。空气流动时,空气中的分子摩擦气管、阀内腔等。摩擦产生的电子从空气中转移到气管或阀上,结果产生了电荷分离。气流分子带负电荷最多可累积几千伏,这就是静电放电(ESD)(见图e)

每个静电电荷产生一个静电磁场。如果电磁场超过一定程度,周围空气就会变得离子化。含离子化的空气会导电,静电会迅速被放电至地面并发出闪光。这一闪光或火花可能会损坏芯片、电子设备或在某些危险环境中引起爆炸(见图f)

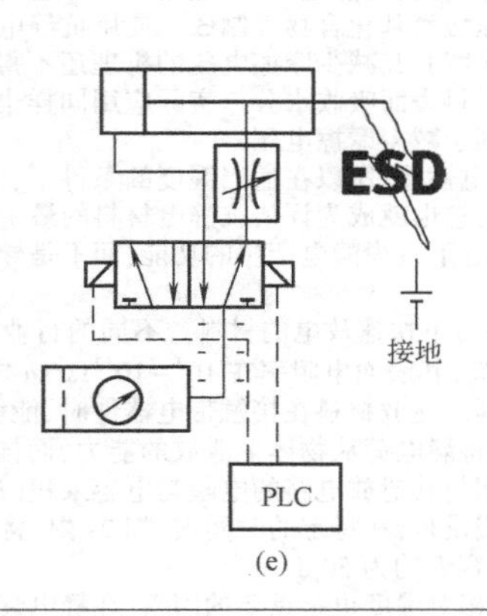

(e)

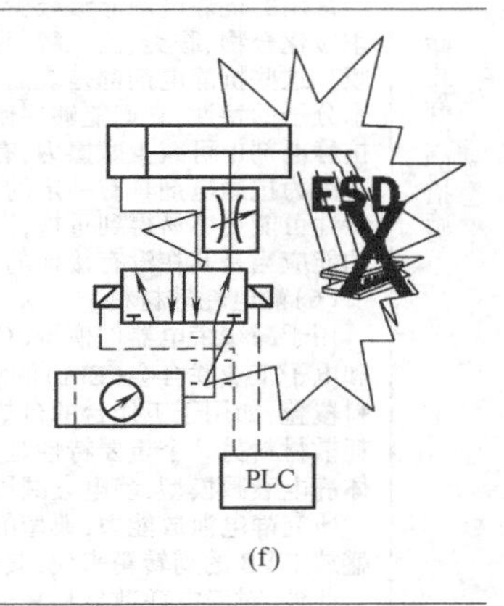

(f)

不同材料产生的静电及其测量方法

静电等级根据材料及相关质地、环境中空气相对湿度和接触程度不同,可产生不同的静电压,最多可产生3万伏静电(见下表)。对于未接地的ESD 1级敏感设备,即使仅放10V的电,也能损坏设备。根据相关资料,早期在未认识静电产生的危害之前,接近50%的气动元件的损坏是由静电引起的

产生静电的方式	10%~25%空气相对湿度能产生的最高的静电/V	65%~90%空气相对湿度能产生的最高的静电/V
从地毯上走过	35000	1500
从工作台上拿起尼龙袋	20000	1200
聚氨酯泡沫做成的椅子	18000	1500
从乙烯基瓷砖上走过	12000	250
工作台边的工人	6000	100

用户对抗静电产品的需求:希望改善产品质量;希望有一个安全的工作环境;希望在EX保护区域内保证安全措施;希望自己生产的机器能用在抗静电特性的生产车间;希望保证产品的质量,符合ISO 9000

测量静电电荷量的仪器有电荷量表,测量静电电位可用静电电压表。测量材料特性有许多测量静电的仪表,如高阻计、电荷量表等

测量塑料、橡胶、防静电地板(面)、地毯等材料的防静电性能时,通常用电阻、电阻率、体积电阻率、表面电阻率、电荷(或电压)半衰期、静电电容、介电常数等,其中最常用、最可靠的是电阻及电阻率

续表

防止静电的措施	(1)排除不必要的会产生静电电荷的因素 • 移走已知会产生电荷的不必要的材料 • 采用抗静电的材料，表面的电阻应小于 $10^6\Omega$ (2)接地 • 只适用于导体 • 将所有的导体结合在一起，统一接地 • 静电接地意味着导体材料与地面相接触，电阻应小于 $10^6\Omega$ 或者放电常量应小于 10^{-2}s (3)屏蔽 • 防止敏感的设备放电或者与放电的物体相接触 • 通过法拉第笼实现屏蔽 (4)中和(如果接地方式对非导体无效，可通过离子化中和方式) • 非导体中和是放在相反极性电荷的环境下，这种中和方式是有一个带离子的介质，该介质能交替产生正负电荷 • 最理想的情况是能提高空气中的相对湿度 (5)抗静电材料 能够有效地阻止静电荷在自身及与其接触材料上积累的材料 有三种不同类型：①通过抗静电剂表面处理；②合成时混入抗静电剂在表面形成抗静电膜的材料；③本身就有抗静电性的材料 绝缘材料与其他材料相接触会产生静电，这是因为物体接触时，会发生电荷(电子或分子离子)的迁移，抗静电材料能够让这种电荷的迁移最小化。由于摩擦起电取决于相互作用的两种物质或物体，所以单独说某种材料是抗静电的并不准确。准确的说法应该是，该种材料对另一种材料来讲是抗静电的。这里所指其他材料既有绝缘材料(如印刷线路板PWB、环氧树脂基材)，也有导电材料(如PWB上的铜带)。它们在某些过程及取放过程中都可能带电 大多数制造厂商指的抗静电材料是对生产过程中的多数材料特性具有抗静电性能的材料，因此才被称为抗静电材料 常用的抗静电剂能够减少许多材料的静电，因此应用广泛。它们一般是溶剂或载体溶液混入抗静电表面活性剂，如由季铵化合物、胺类、乙二醇、月桂酸氨基化合物等制成。使用抗静电剂能够在材料之间形成一层主导材料表面特性的薄膜。这些抗静电剂都是表面活性剂，其减少摩擦电压的机理还不得而知。然而，研究发现，这些表面活性剂都具有吸收水分子的特性，它们能够促使材料表面吸收水分。实际应用同样也是，抗静电剂的效果受环境湿度的影响很大。此外，抗静电剂也可减少摩擦力，有利于减少摩擦电压 因为抗静电剂具有一定的导电性能，所以在适当湿度的条件下，它们能够通过耗散来泄放静电。在实际当中，后一种特性可能更容易得到重视，因而它也就成为评估抗静电材料的最主要的指标。但还需要强调的是，抗静电材料更重要的功能应当是其在没有接地的状态下减少静电产生的功能，而不是导电性 (6)静电耗散材料 用于减缓带电器件模型(CDM)下快速放电的材料。不同的行业对其表面电阻有不同规定，如按照静电协会(ESDA)和电子工业联合会(EIA)的定义，其表面电阻率在 $10^5\sim10^{12}\Omega$/sq 之间。静电耗散材料具有相似的体积电阻或用导电材料覆盖，如用于工作台的台垫等。耗散材料在接触带电器件时，能够使放电的电流得到限制。除表面电阻率之外，静电耗散材料另一个重要特性是其将静电荷从物体上泄放的能力，而描述这一特性的技术指标是静电衰减率。按照孤立导体静电衰减模型，静电衰减周期与其泄放电路的电阻与电容乘积(RC)成指数关系 研究静电泄放能力，典型的假设是，在特定的时间内，如2s内，将静电电压衰减到一个特定的百分比，如1%。对一个盛放PWB的周转箱来说，其电容大约为50pF 此外，对静电耗散材料来说，相对湿度也是重要的因素，在静电衰减测试当中要予以控制和记录 (7)导静电材料 按照定义，是指表面电阻率小于 $10^2\Omega$/sq 的材料，它们通常被用于同电位器件间分流连接，在某些时候，它们还被用于区域的静电场屏蔽 抗静电材料可以将导静电材料或静电耗散材料上的静电转移到自身的表面。它通常用于分流目的，将器件的引脚连接到一起以保证引脚之间的电位相同。要想达到分流的目的，须保证两点：第一，在快速放电中保持等电位，这一限制与材料的电感有关；第二，分流必须让器件引脚闭合。许多静电放电，特别是带电器件模型(CDM)下的放电，放电的时间只有1ns，如果分流用物体距离器件几英寸远，此时器件引脚上的ESD会在电流流过分流导电材料形成的等电位连接之前就损伤了器件 在对这三种材料的理解上容易有一些误区，比如，许多材料既是抗静电材料又是静电耗散材料，很多时候导电材料与一些绝缘材料也会产生静电，但这些材料不能视为抗静电材料 要清楚材料的区别，懂得它们在什么情况下应用，对于实施和保持有效的ESD控制体系非常关键，同时也是正确评价防静电材料供应商产品有效性的关键因素。这些材料特性不能对正常的生产过程造成影响。此外，耐磨损性、热稳定性、污染的影响以及其他很多特性也应当成为评价材料特性时需要考虑的因素
小结	为了确保产品质量，必须要防止静电。迄今还没有一种可靠的技术能够消除静电放电所造成的损坏。有的日本公司开发了静电消除器，在接收到外置传感器信号后，向放电物体持续发射出带相反极性的离子，以此消除静电。标准的管子和接头是产生静电的最主要的根源。在ESD保护区域内，必须要使用防静电材料做的气动元件，主要是针对气管和接头 所以在空气流动过程中的阀、气管、接头和气缸必须是抗静电材料做成的，这个是强制规定的。金属制成的气缸和阀可通过电缆接地。在气源处理单元内，凡气流流过的部件都由金属制成

5　关于防爆的标准及说明

5.1　目前的标准

表 23-13-5

目前的标准	中国标准:GB 3836.1~GB 3836.15(爆炸性环境) 国际电工委员会 IEC:一个国际性的标准化组织,由所有的国家电工技术委员会 IEC 组成。制定了 IEC 60079:1995 欧洲电工标准化委员会(CENELEC):1973 年是由两个早期的机构[欧洲电工标准协调委员会共同市场小组(CENELCOM)和欧洲电工标准协调委员会(CENEL)]合并而成。制定了 ATEX 94/9/EC 和 ATEX 1999/92/EC 指令
中国的防爆标准(等同于 IEC 60079—10:1995 标准)	GB 3836.1—2010　爆炸性环境　第 1 部分:设备通用要求 GB 3836.2—2010　爆炸性环境　第 2 部分:由隔爆型"d"保护的设备 GB 3836.3—2010　爆炸性环境　第 3 部分:由增安型"e"保护的设备 GB 3836.4—2010　爆炸性环境　第 4 部分:由本质安全型"i"保护的设备 GB 3836.5—2004　爆炸性气体环境用电气设备　第 5 部分:正压型"Pn" GB 3836.6—2004　爆炸性气体环境用电气设备　第 6 部分:充油型"o" GB 3836.7—2004　爆炸性气体环境用电气设备　第 7 部分:充砂型"q" GB 3836.9—2006　爆炸性气体环境用电气设备　第 9 部分:浇封型"m" GB 3836.11—2008　爆炸性环境　第 11 部分:最大试验安全间隙测定方法 GB 3836.12—2008　爆炸性环境　第 12 部分:气体或蒸汽混合物按照其最大试验安全间隙和最小点燃电流的分级 GB 3836.13—2013　爆炸性环境　第 13 部分:设备的修理、检修、修复和改造 GB 3836.14—2014　爆炸性环境　第 14 部分:场所分类　爆炸性气体环境 GB 3836.15—2000　爆炸性气体环境用电气设备　第 15 部分:危险场所电气安装(煤矿除外)

5.2　关于"爆炸性气体环境用电气设备第 1 部分:通用要求"简介

表 23-13-6

爆炸性气体环境用电气设备分类	Ⅰ类:煤矿用电气设备 Ⅱ类:除煤矿外的其他爆炸性气体环境用电气设备 用于煤矿的电气设备,其爆炸性气体环境除了甲烷外,可能还含有其他成分的爆炸性气体时,应按照Ⅰ类和Ⅱ类相应气体的要求进行制造和检验。该电气设备应有相应标志,例如 Exd Ⅰ/Ⅱ BT3 或 Exd Ⅰ/Ⅱ(NH_3) Ⅱ类电气设备可以按爆炸性气体的特性进一步分类 Ⅱ类隔爆型"d"和本质安全型"i"电气设备又分为ⅡA, ⅡB 和ⅡC 类 这种分类对于隔爆型电气设备按最大试验安全间隙(MESG)、对于本质安全型电气设备按最小引燃电流(MIC)划分 标志ⅡB 的设备可适用于ⅡA 设备的使用条件,标志ⅡC 的设备可适用于ⅡA 及ⅡB 设备的使用条件 所有防爆型式的Ⅱ类电气设备分为 T1~T6 组,最高表面温度有关的标志见下表
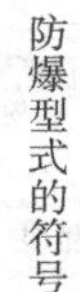 防爆型式的符号	电气设备可以按某一特定的爆炸性气体进行检验,在该情况下,电气设备应取得相应的证书和标志 标志牌(铭牌)必须包括下列各项: (1)制造厂名称或注册商标 (2)制造厂所规定的产品名称及型号 (3)符号 Ex,它表明这些电气设备符合文件 1.2 所述的某一种或几种防爆型式的规定 (4)所应用的各种防爆型式的符号如下

续表

<table>
<tr><td rowspan="11">防爆型式的符号</td><td>充油型 o:全部或部分部件浸在油内,使设备不能点燃油面以上的或外壳以外的爆炸性混合物的电气设备
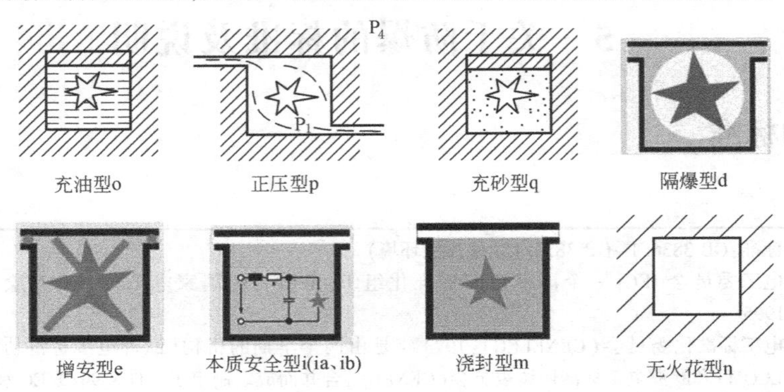
</td></tr>
<tr><td>正压型 p:保持内部保护气体的压力高于周围爆炸性环境的压力,阻止外部混合物进入外壳</td></tr>
<tr><td>充砂型 q:外壳内充填砂粒材料,使之在规定的使用条件下,壳内产生的电弧、传播的火焰、外壳壁或砂粒材料表面的过热均不能点燃周围爆炸性混合物的电气设备</td></tr>
<tr><td>隔爆型 d:电气设备的一种防爆型式,这种电气设备外壳极其坚固,能够承受通过任何接合面或结构间隙渗透到其内部的可燃性混合物在内部爆炸而不损坏,也不会引起外部爆炸性环境(由一种或多种气体或蒸气形成)点燃
注:隔爆外壳的防爆型式通常称为隔爆型,用字母“d”表示</td></tr>
<tr><td>增安型 e:对在正常运行条件下不会产生电弧或火花的电气设备进一步采取措施,提高其安全程度,防止电气设备产生危险温度、电弧和火花的防爆型式
注:(1)这种防爆型式用 e 表示
(2)该定义不包括在正常运行情况下产生火花或电弧的设备</td></tr>
<tr><td>本质安全型 i(ia、ib):在本标准规定条件(包括正常工作和规定的故障条件)下产生的任何电火花或任何热效应均不能点燃规定的爆炸性气体环境的电路</td></tr>
<tr><td>浇封型 m:防爆型式的一种。将可能产生点燃爆炸性混合物的电弧、火花或高温物质浇封在浇封剂中,使其不能点燃周围的爆炸性混合物
(1)浇封型电气设备 m:整台电气设备或其中部分浇封在浇封剂中,使其在正常运行和认可的过载或故障下不能点燃周围的爆炸性混合物
(2)浇封型部件 m:部件采取了浇封防爆措施,与采用该部件的防爆电气设备组合后才可在爆炸性环境中使用而不能单独使用
(3)浇封剂:用来浇封的材料,包括热固性的、热塑性的、室温固化的,含有或不含有填充剂或添加剂的物质,如环氧树脂</td></tr>
<tr><td>气密型 h:具有气密外壳的电气设备。用熔化、挤压或胶黏的方法进行密封的外壳。这种外壳能防止壳外部气体进入壳内</td></tr>
<tr><td>无火花型 n:在正常运行条件下,不会点燃周围爆炸性混合物,且一般不会发生有点燃作用的故障的电气设备。无火花型电气设备的正常运行,是指设备在电气、机械上符合设计技术规范要求,并在制造厂规定的限度内使用
电气设备正常运行时:
(1)不应产生电弧或火花
注:滑动触头在正常运行时,被认为是产生火花的
(2)不应产生超过电气设备相应温度组别最高温度的热表面或灼热点
注:对无火花型 n 见文件中第 1 章注 1。不符合本标准和文件中 1.2 专用标准的电气设备,如经检验单位认可,可在产品上标示符号 s 作为特殊型</td></tr>
<tr><td>电气设备的类别符号</td><td>Ⅰ(煤矿用电气设备)
Ⅱ或ⅡA,ⅡB,ⅡC(除煤矿外,其他爆炸性气体环境用电气设备)
如果电气设备只允许使用在某一特定的气体中,则在符号Ⅱ后面写上气体的化学符号或名称
Ⅱ类设备的温度组别或最高表面温度(℃),或者两者并有时应注意:当这两个符号都用时,温度组别放在后面,并用括号括上。例如:T1 或 350℃,或者 350℃(T1)
最高表面温度超过 450℃的Ⅱ类电气设备,应标出温度数值。例如:600℃
用于特殊气体的Ⅱ类电气设备,不必标出相应温度。在符合文件中 5.2 规定时,标记上应包括 Ta 或 Tamb 和环境温度范围或符号 X</td></tr>
</table>

续表

最高表面温度

对于Ⅰ类电气设备,其最高表面温度应按文件中23.2的要求规定

最高表面温度不应超过:

(1)150℃,当电气设备表面可能堆积煤尘时

(2)450℃,当电气设备表面不会堆积或采取措施(例如密封防尘或通风)可以防止堆积煤尘时

电气设备的实际最高表面温度应在铭牌上标示出来,或在防爆合格证号之后加符号"X"。当用户选用Ⅰ类电气设备时,如果温度超过150℃的设备表面上可能堆积煤尘时,则应考虑煤尘的影响及其着火温度。Ⅱ类电气设备应按照文件之27.2之第6款的规定,作出温度标志,优先按下表标出温度组别,或标出实际最高表面温度。必要时给出其限定使用的气体名称

温度组别	T1	T2	T3	T4	T5	T6
最高表面温度/℃	450	300	200	135	100	85

环境温度

电气设备应设计在环境温度为-20~+40℃下使用,在此时不需附加标志

若环境温度超出上述范围应视为特殊情况,制造厂应将环境温度范围在资料中给出,并在铭牌上标出符号Ta或Tamb和特殊环境温度范围;或按文件中27.2之第9款的规定在防爆合格证编号后加符号"X"(详见下表)

使用环境温度和附加标记

电气设备	使用环境温度/℃	附加标记
正常情况	最高+40 最低-20	无
特殊情况	制造厂需在资料中给出并标在证书上	T_a 或 T_{amb} 附加规定范围,例如"-30℃,T_a+40℃"或符号"X"

最高表面温度和引燃温度:最高表面温度应低于爆炸性气体环境的引燃温度。某些结构元件,其总表面积不大于10cm^{2}时,其最高表面温度相对于实测引燃温度对于Ⅱ类或Ⅰ类电气设备具有下列安全裕度时,该元件的最高表面温度允许超过电气设备上标志的组别温度

(1) T1、T2、T3组电气设备为50℃

(2) T4、T5、T6组和Ⅰ类电气设备为25℃

这个安全裕度应依据类似结构元件的经验,或通过电气设备在相应的爆炸性混合物中进行试验来保证

气体和蒸气按MESG和MIC分级

对"隔爆型"电气设备而言,气体和蒸气的分级是以最大试验安全间隙(MESG)为基础,在一个间隙长度为25mm的试验容器内完成的。测定MESG的标准方法是使用IEC 79-1A文件规定的试验容器。而要使用其他方法,如只在一个容积为8L的球形容器内,在间隙附近点火进行测定,只有当有新规定时才予以修改

极限值为:

(1)A级MESG大于0.9mm

(2)B级MESG 0.5~0.9mm

(3)C级MESG小于0.5mm

对于本质安全型电气设备,气体和蒸气的分级是以它们的最小点燃电流(MIC)与实验室用甲烷的最小点燃电流之比为基础确定的。测定MIC比值的标准方法,必须是采用IEC 79-3规定的"本质安全电路的火花试验装置",要用其他仪器测定,只有当有新的规定时才予以变更

极限值为:

(1)A级MIC比值大于0.8

(2)B级MIC比值0.45~0.8

(3)C级MIC比值小于0.45

续表

<table>
<tr><td>气体和蒸气按MESG和MIC分级</td><td>大多数气体和蒸气，在两种测定中只进行一种即可列入合适的级别。下列情况下只需进行一种测定即可
(1)A 级 MESG 大于 0.9mm 或 MIC 比值大于 0.9
(2)B 级 MESG 在 0.55~0.9mm 之间或 MIC 比值在 0.5~0.8 之间
(3)C 级 MESG 小于 0.5 mm 或 MIC 比值小于 0.45
在下列情况下既要测定 MESG，也要测定 MIC 比值
(1)在只测定 MIC 比值时，其值在 0.8~0.9 之间。要做出分级，就有必要再测定 MESG
(2)当只测定 MIC 比值时，其值在 0.45~0.5 之间，要做出分级，就有必要再测定 MESG
(3)当测定 MESG 时，其值在 0.5~0.55mm 之间。要做出分级，就有必要再测定 MIC 比值
同一系列的物质中某一气体或蒸气，可以从该系列分子量较小的另一物质的测定结果中，初步推算出这种气体或蒸气属于哪一级</td></tr>
<tr><td></td><td>表 23-13-7 中的气体和蒸气就是根据这个基本规则编制的
各种气体或蒸气附带的字母意义如下
a：MESG 值分级
b：MIC 比值分级
c：既测定 MESG，也测定 MIC 比值
d：化学结构相似性分级（初步分级）
注：(1)按体积计，含 15%及以下氢气的所有甲烷混合物都应列入“工业用甲烷”
(2)为了使一氧化碳和空气混合物在标准环境温度下达到饱和，一氧化碳可以含有足够的湿度。未列入表中的气体可按照 MIC 和 MESG 分类，但需注意其特殊性能（例如按照 MIC 和 MESG 列入ⅡC 类，但它的爆炸压力超过氢气和甲烷，应列在ⅡC 之外）
(3)表中列出了温度组别的参考资料。为便于设计、制造和检验，本标准在表中增加相应气体的温度组别（见表 23-13-7）</td></tr>
<tr><td>防爆产品履行的检验程序</td><td>A1 各单位按本标准及文件中 1.2 防爆型式专用标准试制的电气设备，均需送国家授权的质量监督检验部门按相应标准的规定进行检验。对已取得“防爆合格证”的产品，其他厂生产时，仍需重新履行检验程序
A2 检验工作包括技术文件审查和样机检验两项内容
A3 技术文件审查须送下列资料：
(1)产品标准（或技术条件）
(2)与防爆性能有关的产品图样（须签字完整，并装订成册）
以上资料各一式两份，审查合格后由检验部门盖章，一份存检验部门，一份存送检单位
(3)按文件中 23.2 规定检验单位认为确保电气设备安全性必要的其他资料
A4 样机检验须送下列样机及资料
(1)提供符合合格图样的完整样机，其数量应满足试验的需要，检验部门认为必要时，有权留存样机
(2)产品使用维护说明书一式两份，审查合格后由检验部门盖章，一份存检验部门，一份存送检单位
(3)提供检验需要的零部件和必要的拆卸工具
(4)有关试验报告
以上试验报告和记录各一份
(5)有关的工厂产品质量保证文件资料
A5 样机检验合格后，由检验部门发给“防爆合格证”，有效期为五年
A6 取得“防爆合格证”后的产品，当进行局部更改且涉及相应标准的有关规定时，需将更改的技术文件和有关说明一式两份送原检验部门重新检验，若更改内容不涉及相应标准的有关规定时，应将更改的技术文件和说明送原检验部门备案
A7 采用新结构、新材料、新技术制造的电气设备，经检验合格后，发给“工业试验许可证”。取得“工业试验许可证”的产品，需经工业试验（按规定的时间、地点和台数进行）。由原检验部门根据所提供的工业试验报告、本标准和专用标准的有关规定，发给“防爆合格证”后，方可投入生产
A8 对于既适用于Ⅰ类又适用于Ⅱ类的电气设备，需分别按Ⅰ类和Ⅱ类要求检验合格，取得防爆合格证
A9 检验部门有权对已发给“防爆合格证”的产品进行复查，如发现与原检验的产品质量不符且影响防爆性能时，应向制造单位提出意见，必要时撤销原发的“防爆合格证”
注：检验部门在“防爆合格证”有效期内至少应对获证产品进行一次复查，包括对制造单位产品质量保证条件核查</td></tr>
</table>

表 23-13-7　　气体和蒸气的分级

气体、蒸气名称	分子式	分级方法	温度组别
A级			
1 烃			
烷类			
甲烷	CH_4	c	T1
乙烷	C_2H_6	c	
丙烷	C_3H_8	c	T1
丁烷	C_4H_{10}	c	T2
戊烷	C_5H_{12}	c	T3
己烷	C_6H_{14}	c	T3
庚烷	C_7H_{16}	c	T3
辛烷	C_8H_{18}	a	T3
壬烷	C_9H_{20}	d	T3
癸烷	$C_{10}H_{22}$	a	T3
环丁烷	$CH_2(CH_2)_2CH_2$	d	—
环戊烷	$CH_2(CH_2)_3CH_2$	a	T2
环己烷	$CH_2(CH_2)_4CH_2$	c	T3
环庚烷	$CH_2(CH_2)_5CH_2$	d	—
甲基环丁烷	$CH_3CH(CH_2)_2CH_2$	d	—
甲基环戊烷	$CH_3CH(CH_2)_3CH_2$	d	T2
甲基环己烷	$CH_3CH(CH_2)_4CH_2$	d	T3
乙基环丁烷	$C_2H_5CH(CH_2)_2CH_2$	d	T3
乙基环戊烷	$C_2H_5CH(CH_2)_3CH_2$	d	T3
乙基环己烷	$C_2H_5CH(CH_2)_4CH_2$	d	T3
十氢化萘(萘烷)	$CH_2(CH_2)_3CHCH(CH_2)_3CH_2$	d	T3
烯类			
丙烯	$CH_3CH{=}CH_2$	a	T2
芳香烃类			
苯乙烯	$C_6H_5CH{=}CH_2$	b	T1
甲基苯乙烯	$C_6H_5C(CH_3){=}CH_2$	a	T1
苯类			
苯	C_6H_6	c	T1
甲苯	$C_6H_5CH_3$	d	T1
二甲苯	$C_6H_4(CH_3)_2$	a	T1
乙苯	$C_6H_5C_2H_5$	d	T2
三甲苯	$C_6H_3(CH_3)_3$	d	T1
萘	$C_{10}H_8$	d	T1
异丙基苯	$C_6H_5CH(CH_3)_2$	d	T2
甲基异丙基苯	$(CH_3)_2CHC_6H_4CH_3$	d	T2
烃混合物			
甲烷(工业用)		a(推算)	T1
松节油		d	T3
石脑油		d	T3
煤焦油石脑油		d	T3
石油(包括汽油)		d	T3
溶剂石油或洗净石油		d	T3
燃料油		d	T3
煤油		d	T3
柴油		d	T3
动力苯		a	T1
2 含氧化合物(包括醚)			
一氧化碳	CO	c	T1
二丙醚	$(C_3H_7)_2O$	a	—
醇类和酚类			
甲醇	CH_3OH	c	T2
乙醇	C_2H_5OH	c	T2
丙醇	C_3H_7OH	c	T2
丁醇	C_4H_9OH	a	T2
戊醇	$C_5H_{11}OH$	a	T3
己醇	$C_6H_{13}OH$	a	T3
庚醇	$C_7H_{15}OH$		—
辛醇	$C_8H_{17}OH$	d	—
壬醇	$C_9H_{19}OH$	d	—
环己醇	$CH_2(CH_2)_4CHOH$	d	T3
甲基环己醇	$CH_3CH(CH_2)_4CHOH$	d	T3
酚	C_6H_5OH	d	T1
甲酚	$CH_3C_5H_4OH$	d	T1
4-羟基-4-甲基戊酮(双丙酮醇)	$(CH_3)_2C(OH)CH_2COCH_3$	d	T1
醛类			
乙醛	CH_3CHO	a	T4
聚乙醛	$(CH_3CHO)_n$	d	—
酮类			
丙酮	$(CH_3)_2CO$	c	T1
丁酮(乙基甲基酮)	$C_2H_5COCH_3$	c	T1
戊-2-酮(甲基丙基甲酮)	$C_3H_7COCH_3$	a	T1
己-2-酮(甲基丁基甲酮)	$C_4H_9COCH_3$	a	T1
戊基甲基酮	$C_5H_{11}COCH_3$	d	—
戊-2,4-二酮(戊间二酮)	$CH_3COCH_2COCH_3$	a	T2
环己酮	$CH_2(CH_2)_4CO$	a	T2
酯类			
甲酸甲酯	$HCOOCH_3$	a	T2
甲酸乙酯	$HCOOC_2H_5$	a	T2

续表

气体、蒸气名称	分子式	分级方法	温度组别	气体、蒸气名称	分子式	分级方法	温度组别
A级							
醋酸甲酯	CH_3COOCH_3	c	T1	4 含硫化合物			
醋酸乙酯	$CH_3COOC_2H_5$	a	T2	乙硫醇	C_2H_5SH	c	T3
醋酸丙酯	$CH_3COOC_3H_7$	a	T2	丙硫醇-1	C_3H_7SH	a(推算)	—
醋酸丁酯	$CH_3COOC_4H_9$	c	T2	噻吩	$CH{=}CHCH{=}CHS$（环）	a	T2
醋酸戊酯	$CH_3COOC_5H_{11}$	d	T2				
甲基丙烯酸甲酯	$CH_2{=}C(CH_3)COOCH_3$	a	T2				
甲基丙烯酸乙酯	$CH_2{=}C(CH_3)COOC_2H_5$	d	—	四氢噻吩	$CH_2(CH_2)_2CH_2S$（环）	a	T3
醋酸乙烯酯	$CH_3COOCH{=}CH_2$	a	T2	5 含氮化合物			
乙酰基乙酸乙酯	$CH_3COCH_2COOC_2H_5$	a	T2	氨	NH_3	a	T1
酸类				氰甲烷	CH_3CN	a	T1
醋酸	CH_3COOH	b	T1	亚硝酸乙酯	CH_3CH_2ONO	a	T6
3 含卤化合物				硝基甲烷	CH_3NO_2	d	T2
无氧化合物				硝基乙烷	$C_2H_5NO_2$	d	T2
氯甲烷	CH_3Cl	a	T1	胺类			
氯乙烷	C_2H_5Cl	d	T1	甲胺	CH_3NH_2	a	T2
溴乙烷	C_2H_5Br	d	T1	二甲胺	$(CH_3)_2NH$	a	T2
1-氯丙烷	C_3H_7Cl	a	T1	三甲胺	$(CH_3)_3N$	a	T4
氯丁烷	C_4H_9Cl	a	T3	二乙胺	$(C_2H_5)_2NH$	d	T2
溴丁烷	C_4H_9Br	d	T3	三乙胺	$(C_2H_5)_3N$	d	T1
二氯乙烷	$C_2H_4Cl_2$	a	T2	正丙胺	$C_3H_7NH_2$	d	T2
二氯丙烷	$C_3H_6Cl_2$	d	T1	正丁胺	$C_4H_9NH_2$	c	T2
氯苯	C_6H_5Cl	d	T1	环己胺	$CH_2(CH_2)_4CHNH_2$（环）	d	T3
苄基氯	$C_6H_5CH_2Cl$	b	T1				
二氯苯	$C_6H_4Cl_2$	d	T1	2-氨基乙醇(乙醇胺)	$NH_2CH_2CH_2OH$	d	—
烯丙基氯	$CH_2{=}CHCH_2Cl$	d	T2	2-二乙胺基乙醇	$(C_2H_5)_2NCH_2CH_2OH$	d	—
二氯乙烯	$CHCl{=}CHCl$	a	T1	二氨基乙烷	$NH_2CH_2CH_2NH_2$	a	T2
氯乙烯	$CH_2{=}CHCl$	c	T2	苯胺	$C_6H_5NH_2$		T1
d.d.d.-三氟甲苯	$C_6H_5CF_3$	a	T1	NN-二甲基苯胺	$C_6H_5N(CH_3)_2$	d	T2
二氯甲烷	CH_2Cl_2	d	T1	苯胺基丙烷	$C_6H_5CH_2CH(NH_2)CH_3$	d	—
含氧化合物							
乙酰氯	CH_3COCl	d	T3	甲苯胺	$CH_3C_5H_4NH_2$	d	T1
氯乙醇	CH_2ClCH_2OH	d	T2	氮(杂)苯	C_5H_5N	d	T1
B级							
1 烃类				1,4-二氧杂环己烷	$CH_2CH_2OCH_2CH_2O$（环）	a	T2
丙炔(甲基乙炔)	$CH_3C{\equiv}CH$	b	T1				
乙烯	C_2H_4	c	T2	1,3,5-三氧杂环己烷	$CH_2OCH_2OCH_2O$（环）	b	T2
环丙烷	$CH_2CH_2CH_2$（环）	b	T1	羟基醋酸丁酯	$HOCH_2COOC_4H_9$	a	—
丁二烯-1,3	$CH_2{=}CH—CH{=}CH_2$	c	T2	甲氢化呋喃甲醇	$CH_2CH_2CH_2OCHCH_2OH$（环）	d	T3
2 含氮化合物				丙烯酸甲酯	$CH_2{=}CHCOOCH_3$	a	T2
丙烯腈	$CH_2{=}CHCN$	c	T1	丙烯酸乙酯	$CH_2{=}CHCOOC_2H_5$	a	T2
异丙基硝酸盐	$(CH_3)_2CHONO_2$	b	—	呋喃	$CH{=}CHCH{=}CHO$（环）	a	T2
氰化氢	HCN		T1				
3 含氧化合物				丁烯醛	$CH_3CH{=}CHCHO$	a	T3
二甲醚	$(CH_3)_2O$	c	T3	丙烯醛	$CH_2{=}CHCHO$	a(推算)	T3
乙基甲基醚	$CH_3OC_2H_5$	d	T4	四氢呋喃	$CH_2(CH_2)_2CH_2O$（环）	a	T3
二乙醚	$(C_2H_5)_2O$	c	T4	4 混合物			
二丁醚	$(C_4H_9)_2O$	c	T4	焦炉煤气			
环氧乙烷	CH_2CH_2O（环）	c	T2	5 含卤化合物			
				四氟乙烯	C_2F_4	a	T4
1,2-环氧丙烷	CH_3CHCH_2O（环）	c	T2	1-氯-2,3 环氧丙烷	OCH_2CHCH_2Cl（环）	a	T2
				6 含硫化合物			
1,3-二恶戊烷	$CH_2CH_3OCH_2O$（环）	d	—	乙硫醇	C_2H_5SH	a	T3
C级							
氢	H_2	c	T1	二硫化碳	CS_2	c	T5
乙炔	C_2H_2	c	T2				

第23篇

5.3 关于“爆炸性环境　第14部分：场所分类　爆炸性气体环境”简介

5.3.1 “危险场所分类”中的几个主题

“GB 3836.14—2014 爆炸性环境　第14部分：场所分类　爆炸性气体环境”该标准对爆炸性气体环境、危险场所/非危险场所、区域、释放源、释放等级、释放速率、通风、爆炸极限、气体或蒸气的相对密度、可燃性物质、可燃性液体、可燃性气体或蒸气、可燃性薄雾、闪点、沸点、蒸气压力、爆炸性气体环境的点燃温度等都做了规定和阐述。

5.3.2 正确划分爆炸性环境的三个区域

尤其是对安全原理和场所分类做了非常详尽的规定。

场所分类是对可能出现爆炸性气体环境的场所进行分析和分类的一种方法，以便正确选择和安装危险场所中的电气设备，达到安全使用的目的，并把气体的级别和温度组别考虑进去。

在使用可燃性物质的许多实际场所，要保证爆炸性气体环境永不出现是困难的，确保设备永不成为点燃源也是困难的。因此，在出现爆炸性气体环境的可能性很高的场所，应采用安全性能高的电气设备。相反，如果降低爆炸性气体环境出现的可能性，则可以使用安全性能较低的设备。

几乎不可能通过对工厂或工厂布置的简单检查来确定工厂中哪些部分能符合三个区域的规定（0区、1区或2区）。对此，需要一个更详细的方法，这涉及对出现爆炸性气体环境的基本概率的分析。第一步是按0区、1区和2区的定义来确定产生爆炸性气体环境的可能性。一旦确定了可能释放的频率和持续时间（释放等级）、释放速度、浓度、速率、通风和其他影响区域类型和范围的因素，对确定周围场所可能存在的爆炸性气体环境就有了可靠的根据。因此，该方法要求更详细地考虑含有可燃性物质并且可能成为释放源的每台加工设备的情况。

特别是应通过设计或适当的操作方法，将0区或1区场所在数量上或范围上减至最小，换句话说，工厂和其设备安装场所大部分应该为2区或非危险场所。对不可避免的有可燃性物质释放的场所，应限制其加工设备为2级释放源，如果做不到（即1级或连续等级释放源无法避免的场所），则应尽量限制释放量和释放速度。在进行场所分类时，这些原则应优先给予考虑。必要时，加工设备的设计、运行和设置都应保证即使在异常运行条件下释放到大气中的可燃性物质的数量被减至最小，以便缩小危险场所的范围。

一旦对工厂进行了分类并且做了必要的记录，很重要的是在未与负责场所分类的人员协商时，不允许对设备或操作程序进行修改。未经许可擅自进行场所分类无效。必须保证影响场所分类的所有加工设备在维修中和重新装配后都进行认真检查，重新投入运行之前，保证涉及安全性的原设计的完整性。

5.4 ATEX94/9/EC 指令和 ATEX1999/92/EC 指令

表 23-13-8

ATEX 防爆概述	ATEX 防爆标准是以法语“Atmosphere Explosible”命名的 20世纪初，在欧洲工业国家煤矿电气化或多或少有所发展。为了避免灾难性的甲烷爆炸事故，不同的国家当局，针对煤矿用电气设备结构和试验订立了规程和技术规范。每个国家都有自己的规程，常常相互差异很大。随着技术的发展和罗马条约的签订，欧共体成员国已经感觉到为了便于促进商业贸易，需要协调他们的国家规程。直至1968年，欧共体成员国把此任务提交欧洲电工标准协调委员会。TC31技术委员会依据不同国家的标准和规程开始了这项工作。随着成员国的增多，1973年建立了欧洲电工标准化委员会(CENELEC)。1977年CENELEC采用了EN50014系列7个潜在爆炸性环境用标准。继1975年欧洲委员会颁布了《有关潜在爆炸性危险环境用电气设备》(76/117/EEC)成员国法律趋于一致的指令之后，1979年颁布了《有关潜在爆炸性危险环境用电气设备使用确定保护类型》(79/196/EEC)的成员国法律趋于一致的指令，指令采用这些标准作为协调标准。该指令还规定了特殊的欧洲标志Ex。之后又发布了一些与地面和矿井潜在爆炸性环境用电气设备相关的指令及其修订文件。这些指令仅与电气设备有关 1994年，欧洲委员会采用了“潜在爆炸环境用的设备及保护系统”(94/9/EC)指令及ATEX 1999/92/EC 指令

续表

ATEX 94/9/EC 指令（用于设备制造厂商）

用于设备制造厂商的防爆标志见图 a

(a)

覆盖了矿井及非矿井设备，与以前的指令不同，它包括了机械设备及电气设备，把潜在爆炸危险环境扩展到空气中的粉尘及可燃性气体、可燃性蒸气与薄雾。该指令是通常称之为 ATEX 100A 的“新方法”指令，即现行的 ATEX 防爆指令。它规定了拟用于潜在爆炸性环境的设备要应用的技术要求——基本健康与安全要求和设备在其使用范围内投放到欧洲市场前必须采用的合格评定程序

该指令适用的设备范围特别大，大致上包括固定的海上平台、石化厂、面粉磨坊以及其他可能存在潜在爆炸性环境的场所适用的设备。这个指令规定了雇主的职责而不是制造商的责任

ATEX94/9/EC 指令有三个前提条件

（1）设备一定自身带有点燃源（如火源、热的表面、机械产生的火花、电火花、等电位电流、静电、闪电、电磁波、离子辐射、超声等）

（2）预期被用于潜在爆炸性环境（气体、粉尘、空气混合物）

（3）正常的大气条件下

该指令也适用于安全使用必需的部件，以及在适用范围内直接对设备安全使用有利的安全装置。这些装置可以在潜在爆炸性环境外部

ATEX94/9/EC 指令根据安装设备的保护水平将设备划分为三个类别，详见下表

1 类——非常高的防护水平

2 类——高防护水平

3 类——正常的防护水平

如果设备被用于 0、1 或 2 区，则类目数字后跟一字母 G（气体、蒸气/薄雾）

0 区	1 区	2 区
1G 类设备	2G 类设备	3G 类设备

如果设备被用于 20、21 或 22 区，则类目数字后跟一字母 D（粉尘）

20 区	21 区	22 区
1D 类设备	2D 类设备	3D 类设备

这些要求为公民提供了一个很高水平的保护，并且由“协调标准”给出技术实施方法。该指令的主要目的是对所生产的用于潜在爆炸性环境的设备，通过协调技术标准和法规以促进其在整个欧洲联盟自由流通。该指令从 1996 年开始使用，并且从 2003 年 7 月 1 日强制施行

ATEX 1999/92/EC 指令（用于潜在爆炸性环境应用的雇主）

用于使用工厂（对于工厂雇主来要求）的防爆环境的防爆标志见图 b

与 ATEX 94/9/EC 指令并行，是一个涉及改进处于潜在爆炸性危险环境的工人健康和安全保护的最低要求（1999/92/EC）指令。基于潜在的危险和欧洲法规的要求，ATEX1999/92/EC（也称作 ATEX137）规定了改进处于潜在爆炸性危险环境的工人健康和安全保护的最低要求。这个指令规定了雇主的职责而不是制造商的责任

(b)

这意味着基于所涉及的危险的评估，雇主承担大量的职责

（1）预防工作场所形成爆炸性环境或避免引燃爆炸性环境

（2）对爆炸性环境和引燃源的可能性进行危险评估

（3）依据爆炸性环境出现的频度和时间给工作场所分区

（4）在入口处给区域用符号标识（Ex 符号）

（5）建立并维护一个防爆文档

（6）根据拟使用的危险区域选择符合 ATEX94/9/EC 指令要求的设备。ATEX1999/92/EC 规定：设备组类别分为Ⅰ与Ⅱ，Ⅰ类用于地下采矿，此要求非常高，而我们目前划到的设备组类别是指非采矿应用领域，见表 a。对于非采矿领域中的设备组类别Ⅱ中划分三个气体或粉尘等区域场所。0 区场所只能用 1 类设备；1 区场所只能用 1 类和 2 类设备；2 区场所只能用 1、2 和 3 类设备（见表 b）

CE 标志是强制性标志，符合 ATEX 指令的所有条款的产品必须贴附 CE 标志。因此，防爆产品贴附了 CE 标志是其符合 ATEX 指令的基本要求及已实施指令规定的合格评定程序的特殊证明。此外，成员国必须采取适当措施保护 CE 标志

表 a　设备分组

设备组	设备种类	应用领域
Ⅰ	M1 M2	地下采矿
Ⅱ		所有非采矿应用领域

续表

ATEX 1999/92/EC指令（用于潜在爆炸性环境应用的雇主）

表b　设备分组

区气体	区粉尘	定　义	设备组	设备种类	应用领域
0	20	爆炸性气体环境连续出现或长时间存在的场所	Ⅱ	1G 1D	气体、薄雾、蒸气 粉尘
1	21	在正常运行时，可能出现爆炸性气体环境的场所	Ⅱ	2G 2D	气体、薄雾、蒸气 粉尘
2	22	在正常运行时，不可能出现爆炸性气体环境的场所，如出现也是偶尔发生并且仅是短时间存在的场所	Ⅱ	3G 3D	气体、薄雾、蒸气 粉尘

ATEX对防爆产品型号的说明

用于机械设备的防爆产品型号的说明

CE　Ex　II　2　GD　c　T4　X　T120℃　−20～+60℃

- CE：CE符号
- Ex：说明设备可用于危险区域
- II：设备组：此处用于其他区域，不用于采矿
- 2：设备种类：说明可用于各种危险区域
- GD：爆炸区域：G表示气体，D表示粉尘。这些字母可单独或组合出现
- c：点燃保护类型（结构保护）
- T4：温度组别：在潜在爆炸气体环境中使用的表面最高温度
- X：参照产品的操作说明
- T120℃：在粉尘危害区域使用时表面最高温度
- −20～+60℃：产品可在爆炸环境中使用的温度范围

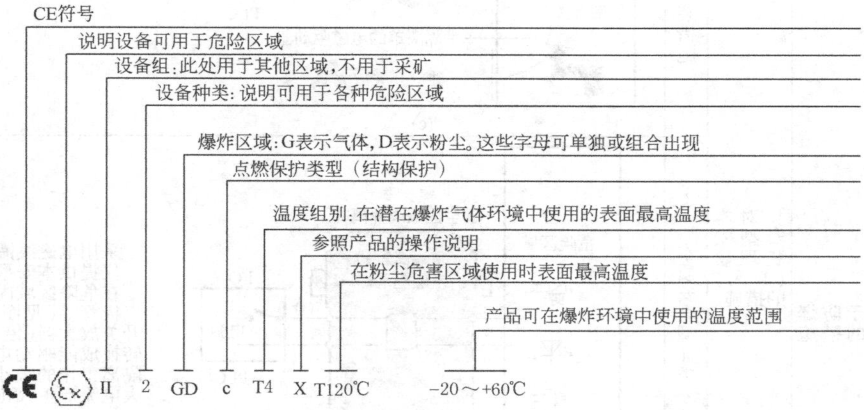

用于电子设备的防爆产品型号的说明

CE　Ex　II　2　GD　E　Ex　iA　IIC　T6　X　−5～+50℃　T80℃　IP65

- CE：制造商指定的质量管理系统认证机构的代码编号
- Ex：说明设备可用于危险区域
- II：设备组：此处用于其他区域，不用于采矿
- 2：设备种类
- GD：爆炸区域：G表示气体，D表示粉尘。这些字母可单独或组合出现
- E：通过欧洲标准的批准
- Ex：防爆设备
- iA：防护等级
- IIC：按爆炸性气体的特性分类　备注
- T6：温度组别：在潜在爆炸气体环境中使用的表面最高温度
- X：参照产品的操作说明
- −5～+50℃：产品可在爆炸环境中使用的温度范围
- T80℃：在粉尘危害区域使用时表面最高温度。如果没有温度等级（如T5）的说明，则会对温度爆炸气体环境进行说明
- IP65：防护等级

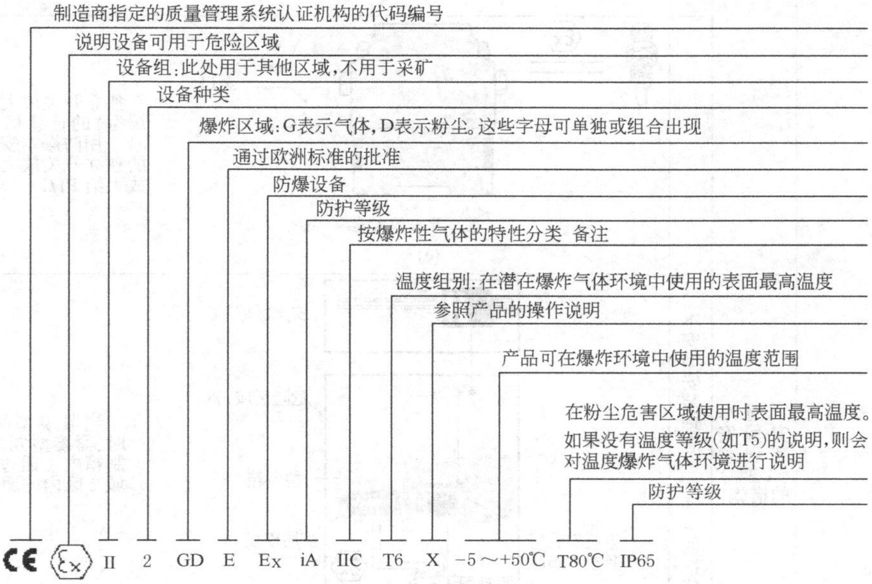

续表

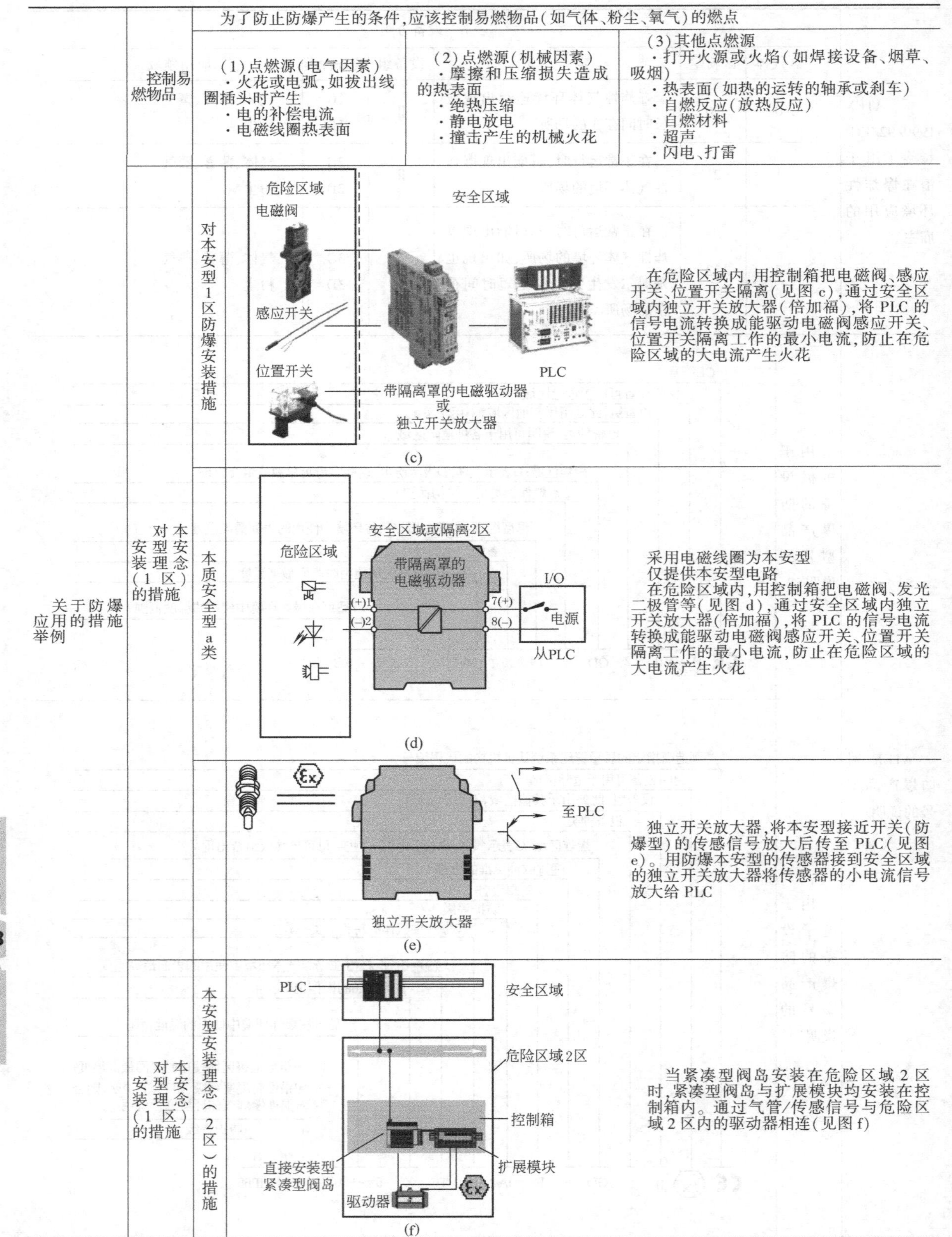
为了防止防爆产生的条件,应该控制易燃物品(如气体、粉尘、氧气)的燃点
控制易燃物品
(1)点燃源(电气因素)
·火花或电弧,如拔出线圈插头时产生
·电的补偿电流
·电磁线圈热表面
(2)点燃源(机械因素)
·摩擦和压缩损失造成的热表面
·绝热压缩
·静电放电
·撞击产生的机械火花
(3)其他点燃源
·打开火源或火焰(如焊接设备、烟草、吸烟)
·热表面(如热的运转的轴承或刹车)
·自燃反应(放热反应)
·自燃材料
·超声
·闪电、打雷
关于防爆应用的措施举例
对本安型1区防爆安装措施
危险区域
电磁阀
感应开关
位置开关
安全区域
PLC
带隔离罩的电磁驱动器
或
独立开关放大器
(c)
在危险区域内,用控制箱把电磁阀、感应开关、位置开关隔离(见图c),通过安全区域内独立开关放大器(倍加福),将PLC的信号电流转换成能驱动电磁阀感应开关、位置开关隔离工作的最小电流,防止在危险区域的大电流产生火花
对本安型安装理念(1区)的措施
本质安全型a类
危险区域
安全区域或隔离2区
带隔离罩的电磁驱动器
(+)1
(–)2
7(+)
8(–)
I/O
电源
从PLC
(d)
采用电磁线圈为本安型
仅提供本安型电路
在危险区域内,用控制箱把电磁阀、发光二极管等(见图d),通过安全区域内独立开关放大器(倍加福),将PLC的信号电流转换成能驱动电磁阀感应开关、位置开关隔离工作的最小电流,防止在危险区域的大电流产生火花
至PLC
独立开关放大器
(e)
独立开关放大器,将本安型接近开关(防爆型)的传感信号放大后传至PLC(见图e)。用防爆本安型的传感器接到安全区域的独立开关放大器将传感器的小电流信号放大给PLC
对本安型安装理念(1区)的措施
本安型安装理念(2区)的措施
PLC
安全区域
危险区域2区
控制箱
直接安装型
紧凑型阀岛
扩展模块
驱动器
(f)
当紧凑型阀岛安装在危险区域2区时,紧凑型阀岛与扩展模块均安装在控制箱内。通过气管/传感信号与危险区域2区内的驱动器相连(见图f)

第23篇

续表

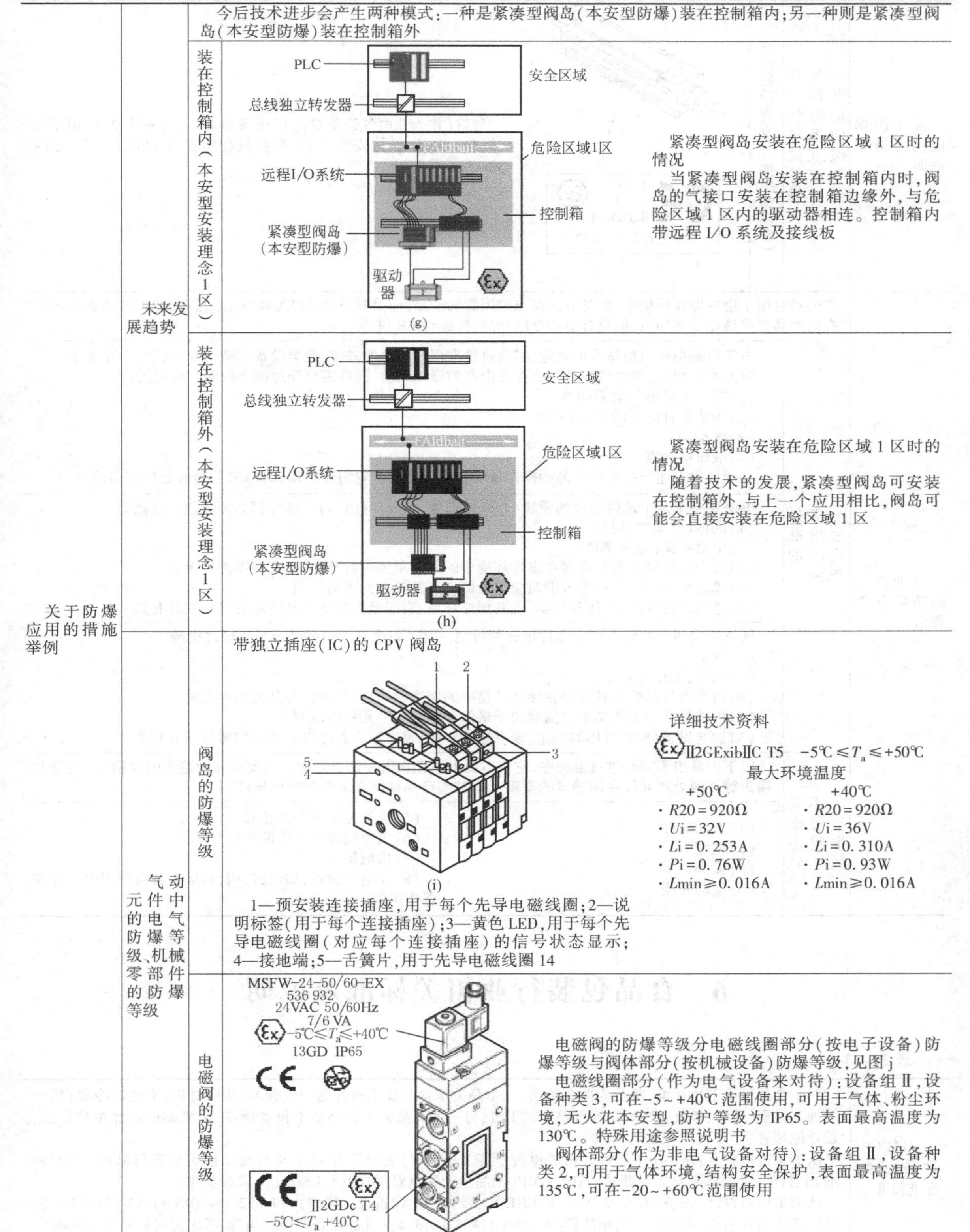

关于防爆应用的措施举例	未来发展趋势		今后技术进步会产生两种模式：一种是紧凑型阀岛（本安型防爆）装在控制箱内；另一种则是紧凑型阀岛（本安型防爆）装在控制箱外
		装在控制箱内（本安型安装理念1区）	(g) 紧凑型阀岛安装在危险区域1区时的情况 当紧凑型阀岛安装在控制箱内时，阀岛的气接口安装在控制箱边缘外，与危险区域1区内的驱动器相连。控制箱内带远程I/O系统及接线板
		装在控制箱外（本安型安装理念1区）	(h) 紧凑型阀岛安装在危险区域1区时的情况 随着技术的发展，紧凑型阀岛可安装在控制箱外，与上一个应用相比，阀岛可能会直接安装在危险区域1区
	气动中元件、电气等级、机械零部件的防爆等级	阀岛的防爆等级	带独立插座（IC）的CPV阀岛 (i) 1—预安装连接插座，用于每个先导电磁线圈；2—说明标签（用于每个连接插座）；3—黄色LED，用于每个先导电磁线圈（对应每个连接插座）的信号状态显示；4—接地端；5—舌簧片，用于先导电磁线圈14 详细技术资料 II2GExibIIC T5 -5℃≤T_a≤+50℃ 最大环境温度 +50℃：· $R20$=920Ω · Ui=32V · Li=0.253A · Pi=0.76W · Lmin≥0.016A +40℃：· $R20$=920Ω · Ui=36V · Li=0.310A · Pi=0.93W · Lmin≥0.016A
		电磁阀的防爆等级	(j) 电磁阀的防爆等级分电磁线圈部分（按电子设备）防爆等级与阀体部分（按机械设备）防爆等级，见图j 电磁线圈部分（作为电气设备来对待）：设备组II，设备种类3，可在-5～+40℃范围使用，可用于气体、粉尘环境，无火花本安型，防护等级为IP65。表面最高温度为130℃。特殊用途参照说明书 阀体部分（作为非电气设备对待）：设备组II，设备种类2，可用于气体环境，结构安全保护，表面最高温度为135℃，可在-20～+60℃范围使用

续表

关于防爆应用的措施举例	气动元件中的电气防爆等级、机械零部件的防爆等级	气缸的防爆等级（按机械设备）	CE T 120° Ⅱ2GDc T4 Ex −20℃≤T_a≤+60℃ (k) 气缸（作为非电气设备对待）：设备组Ⅱ，设备种类2，可用于气体、粉尘环境，结构安全保护，表面最高温度为135℃，可在−20～+60℃范围使用
气动产品的防爆分类要求	公司对用于潜在爆炸环境中、本身有潜在点燃风险的产品，应使其符合ATEX94/9/EC指令，并不意味着公司所有的产品都受该指令的约束，但符合该指令的产品，应标识CE符号		
	需经过批准程序的产品	电气设备根据以前指令的规定，需通过批准程序。总的来说，此类设备的唯一变化就在于等级牌 新的指令规定，非电气设备只要存在潜在的爆炸风险，同样需要经过批准程序。这包括： （1）带活塞杆的气动驱动器 （2）无活塞杆的气动驱动器 （3）气动阀 （4）液压缓冲器 必须提供上述产品组中产品的操作说明和符合证明。它们还必须标有CE符号和已经防爆的ID号	
		电磁阀是由两个部件组成的模块（非电气部件、电气部件），每个部件都必须强制经过批准 （1）阀体（非电气部件） （2）电磁线圈（电气部件） （3）每个部件都根据其在潜在爆炸环境中的用途单独进行分类，与其他零部件无关 （4）模块批准应用的结果范围对应于最低类别的单个元件的范围 （5）这与设备种类、气体和粉尘、现有爆炸环境、表面最高温度以及适用的爆炸划分有关	
		气缸是由两个或两个以上部件组成的模块，同样，每个部件也都必须强制经过批准 （1）气缸 （2）辅件，如传感器 （3）每个部件都根据其在潜在爆炸环境中的用途单独进行分类，与其他部件无关 （4）模块批准应用的结果范围对应于最低类别的单个元件的范围 （5）这与设备种类、气体和粉尘、现有爆炸环境、表面最高温度以及适用的爆炸划分有关	
	不需经过批准程序的产品	以下产品组不需经过批准程序，它们本质上不存在潜在的点燃源。只要遵守制造商的说明（如气管和接头等气源处理元件在防静电的基础上），这些产品就能在某些防爆区域使用	
		（1）气动辅件 （2）气管 （3）接头 （4）气动底座	（5）流量控制阀和截止阀 （6）气源处理单元中的非电气部件 （7）机械辅件 （8）非电气设备，如气缸、阀，如果在各自应用中不存在爆炸风险

6 食品包装行业相关标准及说明

表 23-13-9

HACCP食品行业标准简介	对于食品行业卫生标准，将分为两个大类：一个是关于食品加工过程的卫生标准，从原材料（有些需冷藏）到产品加工过程、灌装、包装、堆垛、运输等整个加工链；另一大类是关于食品加工设备标准，从机器的设计指导思想、设计原理着手 从加工过程看有：HACCP（危害分析关键控制点）、LMHV［食品卫生规定及对食品包装规定的修改（德国标准）］、FDA（美国联邦食品与药品监管）、GMP（药品生产质量管理规范）、USDA（美国农业部） 从加工机器设计（设备）看有：3-A标准、EHEDG（欧洲卫生设备设计集团）、89/392/EG、DIN 11483-1（1983）（乳品设备清洁和消毒，考虑对不锈钢的影响）、DIN 11483-2（1984）（乳品设备清洁和消毒，考虑对密封材料的影响）

续表

HACCP 食品行业标准简介	HACCP 是一个识别特定危害以及预防性措施的质量控制体系，目的是将有缺陷的生产、产品和服务的危害降到最低。由于它是一个以食品、安全为基础的预防性体系，首先要预防潜在危害食品安全问题的出现，通过评估产品或加工过程中的风险来确定可能控制这些风险所需要的必要步骤（生物：细菌、沙门氏菌；化学：清洁剂、润滑油；物理：金属、玻璃、其他材料特性危害），并分析、确定对关键控制点采取的措施，确保食品整个加工安全、卫生、可靠 HACCP 的理念来自 93/43/EWG，最初开发是在美国，由 Pillsbury 公司与美国航空航天局合作参与，它包含着在太空中对所有食品消费的每一步检查体系，100%安全卫生，制造过程的每一方面都经过深思熟虑 在 1985 年由美国国家科学院推荐这个系统，使得成为全世界以及 FAO（食品农业组织）、WHO（世界卫生组织）在食品法典中的引用法律 在 1993 年，欧洲规则 93/43EG（欧盟指导方针）规定 1993 年 7 月 14 日在食品生产中使用该系统 如今，HACCP 广泛应用在食品行业中，不仅仅针对大量操作人员，并且不应该是复杂、难解的程序，它对该工业领域所有元件都是适合的，包括小型以及大型的、不受约束的或已规定安全食品的公司 HACCP 标准有五个基本思想： （1）进行危害分析； （2）确定可能产生危害性的控制点； （3）确定控制点中哪些是必须控制的关键点； （4）确定关键点的控制体系，监视追踪，考虑对最糟糕情况下的纠正及措施； （5）存档、论证，确认 HACCP 运转良好	
食品加工设备设计的卫生要求	食品及包装工业的不同卫生区域的划分	食品/包装行业一般可分食品区（与食品相触）、飞溅区及非食品区（见图 a）
	设备设计的卫生要求	表面要求： 对于食品区（与食品相触）、飞溅区表面粗糙度 $R_a \leqslant 0.8\mu m$，可清洗的，抗破裂、表面不能有缺陷，决不允许出现粗糙的表面 在食品有可能接触到连接螺栓时，禁止螺纹裸露在外，宜用沉头内六角、沉头螺钉及在连接件外部的沉头内六角。因为这些凹进去的或螺栓开槽的地方都可能堆积流动的食品、灰尘及污垢。通常采用的如加密封件的外六角、盖型螺母或螺钉便于清洗。更为理想的是在食品流动方向上，找不到螺纹连接的痕迹（从机器部件内部往外连接） 可接受的螺栓连接方式与不可接受的螺栓连接方式见图 b 可接受的翻边（死区）与不可接受的翻边（敞开区）见图 c。为了防止灰尘、污垢的堆积，便于冲洗，翻边应按可接受的适合的解决方案。对某些特殊的翻边，可两边加盖 可接受的弯边（半径）与不可接受的弯边（半径）见图 d。为了便于冲洗、防止灰尘、污垢的堆积，弯曲半径至少≥3mm。对焊接部分不能有焊渣粘在表面

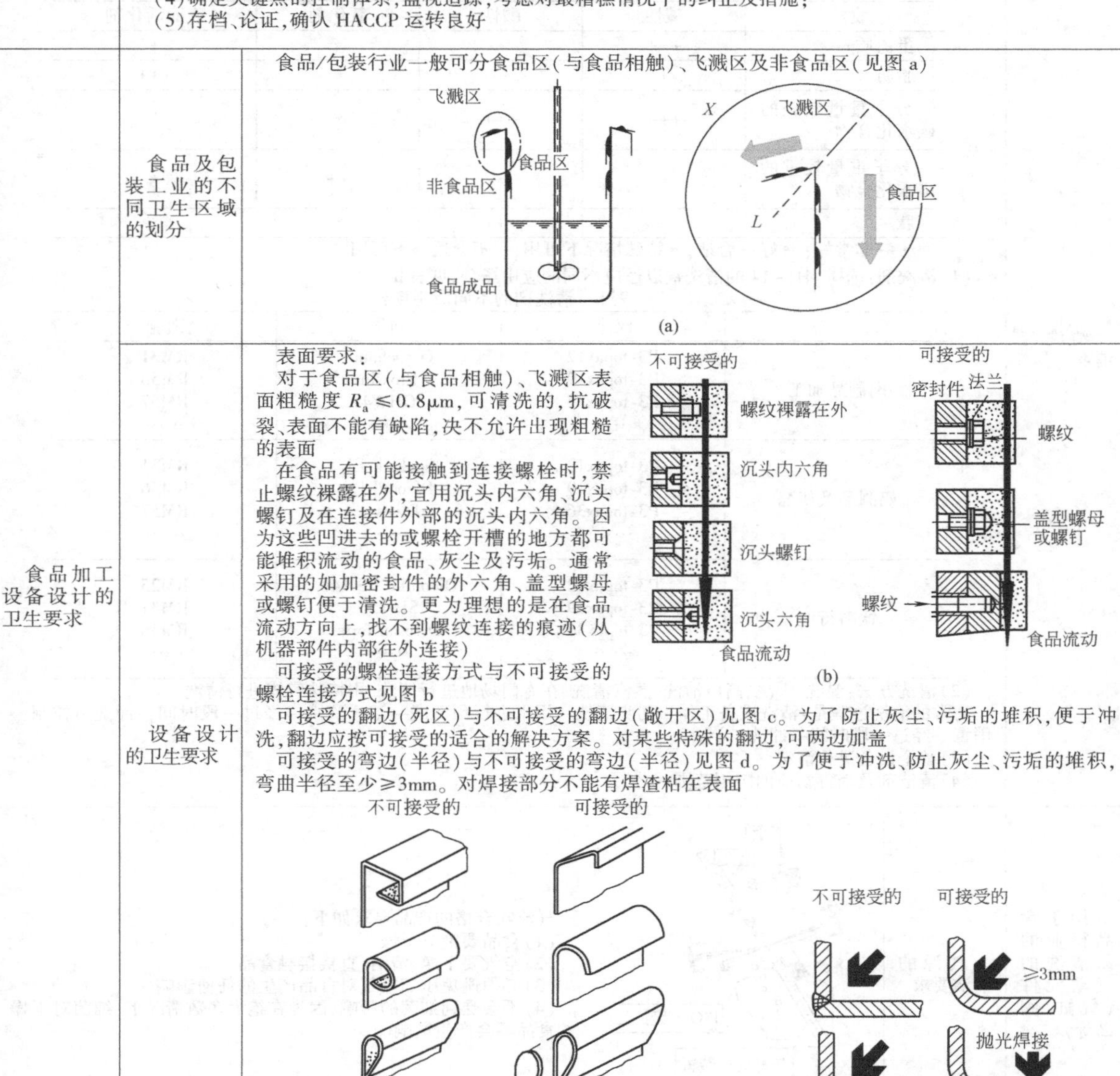

(a)

(b)

(c)

(d)

续表

食品加工设备设计的卫生要求 | **设备设计的卫生要求**

材料要求：
(1)耐腐蚀
(2)机械稳定性
(3)表面不起变化
(4)符合食用品卫生安全条件，允许与食品接触的材料有
·禁止使用的材料：锌、石墨、镉、锑、铜、黄铜、青铜、含苯、甲醛成分的塑料和柔软剂
·完全适合的材料：AISI304(美国标准)、AISI316、AISI304L、由 FDA/BGVV 认可的塑料
·有限的使用：阳极氧化铝、铜和钢的涂镍、涂铬

小结：对于食品/包装机器设计有两个主要的设计规则，一个是完整的开放(敞开)式设计；另一个是全防护的封闭设计。同时应极力避免弯曲半径小于 3mm，螺纹暴露在外或螺纹未拧紧，污垢残留，死角清洗，表面粗糙，裂口/裂缝及部件、气动元件的不易清洗

清洗与消毒

清洗、消毒四个主要因素为：温度因素、时间因素、清洗剂与消毒剂类型(碱性、酸性、氧化剂、表面活性剂)和它的浓度因素、被清洗设备的特性因素

清洗剂与消毒剂对各类食物的类型见表 a

表 a 清洗剂与消毒剂对食物的类型

食物	碱性	酸性	氧化剂	表面活化剂
蛋白质	+++	+	*	+
脂肪	+	—	*	+++
分子重量较轻的碳水化合物	+++	+++	◦	◦
分子重量较重的碳水化合物	+	+	++	*
肽	—	+++	◦	◦

+++非常好；++好；+合适；* 特殊情况下可用；—不合适；◦不可用

(1)清洗剂：选择 pH1～14 的清洗剂以适应不同的应用场合，见表 b

表 b 清洗剂的不同应用场合

	汉高	利华	凯驰
肉制品加工	P3-topax12 P3-topax19 P3-topax36 ……	Oxyschaum Proklin GHW4 ……	RM31 RM56 RM57 ……
奶制品及奶酪	P3-topax12 P3-topax19 P3-topax36 ……	Spektak EL Divomil ES Divosan ……	RM31 RM56 RM57 ……
饮料行业	P3-topax12 P3-topax19 P3-topax36 ……	Dicolube RS 148 SU 156 Divosan forte ……	RM25 RM31 RM56 ……

(2)清洗方法：湿洗、干洗、高压清洗、蒸汽清洗、在专门场地进行清洗、用特殊气体进行清洗

通常的清洗过程是：清洗准备工作→初步清洗→用水进行预清洗→正式清洗→经过一段时间→冲洗→控制→消毒→经过一段时间→冲洗

(3)整个设备进行清洗

(4)清洁剂及消毒物质的应用范围

用于食品行业的易清洗的气动元件(气缸、阀岛等) | **气源的清洁要求**

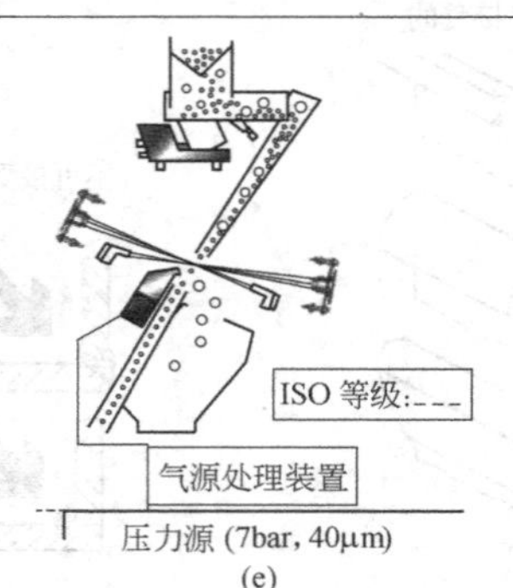

(e)

气流吹合格的产品要求如下：
(1)食品要绝对干燥
(2)空气要干净、清洁，直接接触食品
(3)必须避免压缩空气对食品产生的任何影响
(4)不会受到细菌的影响，因为在绝大多数情况下，细菌对干燥的食品不会产生影响

续表

<table>
<tr><td rowspan="2">用于食品行业的易清洗的气动元件(气缸、阀岛等)</td><td>包装过程中的要求</td><td>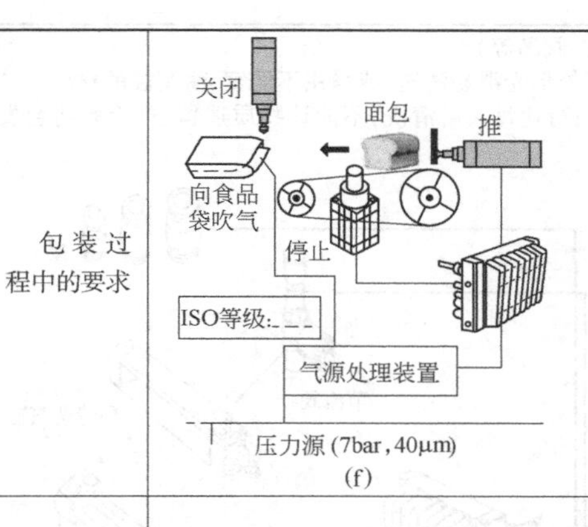

(f)
如对面包的包装要求如下:
(1)对象:面包
(2)空气接触食品袋(食品袋必须在面包装入前吹开)
(3)必须确保面包不会被气缸推开时损坏
(4)空气要干净、清洁,直接接触食品</td></tr>
<tr><td>对气动元件的要求</td><td>①HACCP 食品卫生标准体系对气动元件在食品加工设备的应用上产生了重大影响,将更多的重心引向清洁型设计,避免微生物如细菌、酶的危害(见图 h);避免化学酸碱射气管产生龟裂(见图 i)
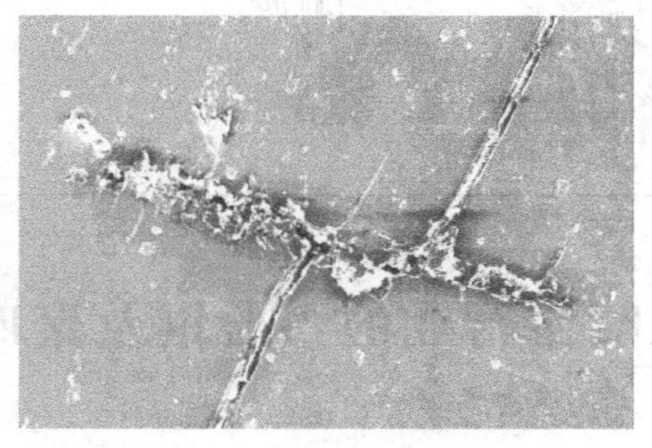
PU 材质气管受到微生物(细菌)、酶的损坏
(g)
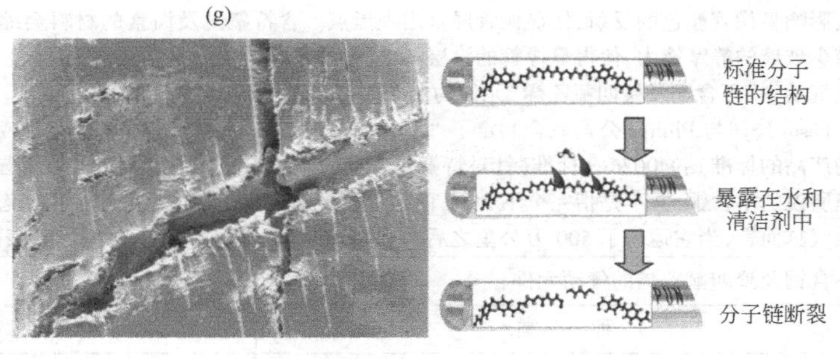

(h)
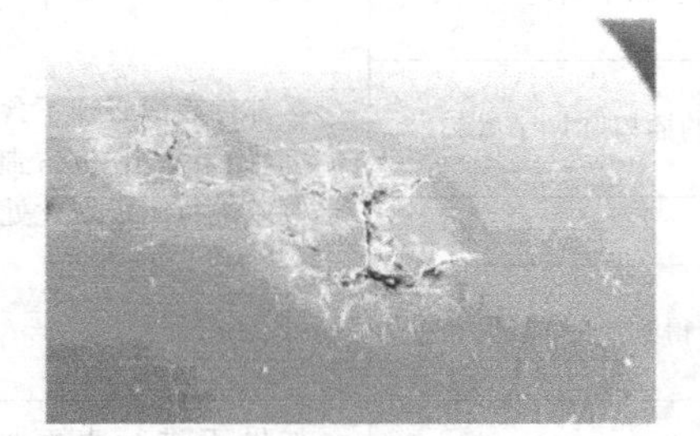
标准气管与酸碱(化学物质、清洁剂)产生反应
(i)
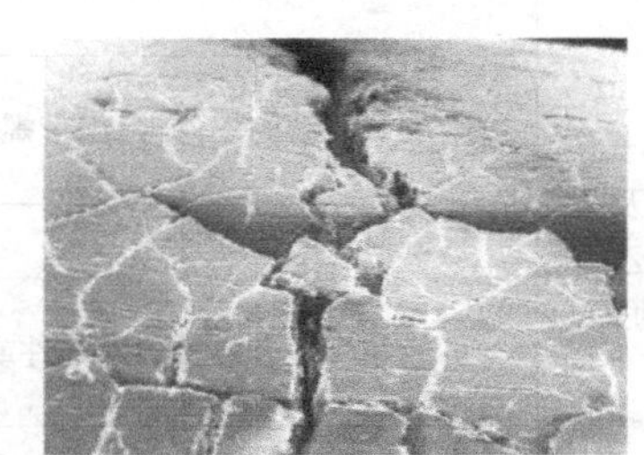
标准气管受到太阳、紫外线灯(通常用于如酿酒与奶制品中消灭细菌)照射,发生损坏
(j)</td></tr>
</table>

续表

用于食品行业的易清洗的气动元件(气缸、阀岛等)	对气动元件的要求	②采用易清洗的气动元件(气缸、阀岛等) 采用的气动元件是专门设计的(外形光滑易清洗,或采用不锈钢、耐腐蚀的材质)。在一些食品行业,如肉类、酸奶、奶酪、牛奶等饮料行业每天需清洗,不能让物质遗留下,否则将会发酵产生细菌,因此采用易清洗产品是必需的 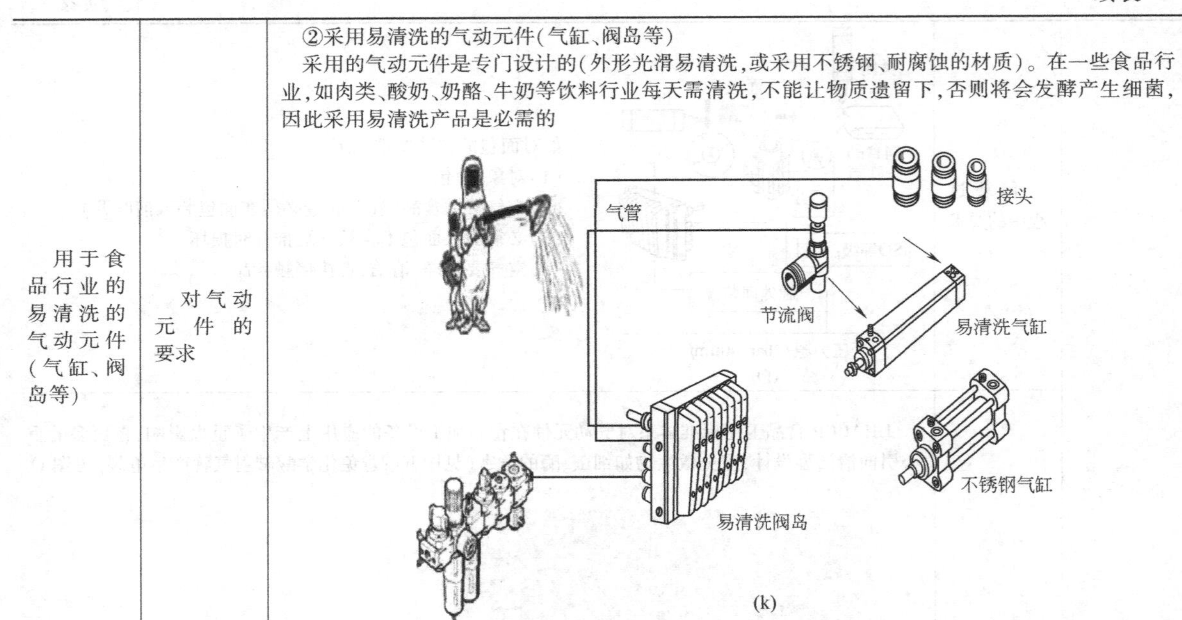 (k)

7 用于电子显像管及喷漆行业的不含铜及聚四氟乙烯的产品

表 23-13-10

<table>
<tr><td>不含铜及聚四氟乙烯概述</td><td colspan="2">在电子显像管行业和汽车喷漆车间中,严禁使用含铜、特氟龙(聚四氟乙烯)及硅的气动产品。因为含铜的材质会影响显像管颜色的反射,使显像管屏幕出现黑点。含特氟龙及卤素的材料会缩短阴极管的寿命。含硅的物质减少玻璃的静摩擦力,使得显像管的涂层不牢,寿命不长
气动中"不含铜及聚四氟乙烯"元件的标准如下:
Festo 公司与 Philips 公司联合制定了 "不含铜及聚四氟乙烯"元件的标准,如 Festo 940076-2 标准(针对铜含量的产品的标准);940076-3 标准(针对特氟龙含量的产品的标准);以及不含油漆湿润缺陷的物质 942010 标准。这里所说的不含铜,并不是指完全不含铜,而是说该材料的离子不应该处于自由状态,避免生产中受到影响(对于铝质气缸而言,当它运行了 500 万公里之后,它的表面离子处于自由活动的状态,表面的涂层已经磨损)</td></tr>
<tr><td rowspan="8">对于不含铜及聚四氟乙烯元件的措施</td><td colspan="2">不含铜及聚四氟乙烯的气动元件</td></tr>
<tr><td>种　类</td><td>措　施</td></tr>
<tr><td>运动的、动态受压的零部件,如轴承和密封件</td><td rowspan="4">零部件表面必须不含铜
例:如果是由 CuZn 制成的,则表面要镀镍或镀锌。铝可以进行阳极氧化处理或钢进行镀锌</td></tr>
<tr><td>很少被驱动的零部件,如带螺纹的插口和调节螺钉</td></tr>
<tr><td>气流通过的零部件</td></tr>
<tr><td>可能和外部有接触的零部件或看得到的零部件</td></tr>
<tr><td>静态元件,如轴承盖、密封件</td><td>如果不进行表面处理,则最多含铜量不能超过 5.5%</td></tr>
<tr><td colspan="2">注:含氟、氯、溴、碘的复合物,如 PTFE,既不能以复合物的形式,也不能作为填料来使用,在正常使用中会释放出这些物质,含氟的橡胶不能用</td></tr>
</table>

续表

<table>
<tr><td rowspan="2">不含PWIS的气动产品</td><td colspan="4">PWIS,PW 表示油漆湿润、I 表示缺陷、S 表示物质。含油漆湿润缺陷的物质如硅、脂肪、油、蜡等,在喷漆的加工过程中会影响喷涂的质量,使被喷材料表面出现凹痕,已加工完的表面需返工,或整个喷漆系统受到污染。对汽车行业喷漆操作设备而言,不准含有油漆湿润的缺陷物质,因为这将影响油漆的质量。人的眼睛不可能看出该物质或元件中含有油漆湿润缺陷物质的含量。所以德国大众汽车公司开发了测试标准 PV 3.10.7。不含油漆湿润缺陷物质的润滑剂牌号及供应商见下表
关于不含 PWIS 的气动产品,应在气动元件产品中予以注明,如气管不含 PWIS
不含油漆湿润缺陷的物质的润滑剂</td></tr>
<tr><td>商　标
Beacon2
Mobiltemo SHC100
Molykote BR 2+
F2
Centoplex 2EP
GLG 11 Uni Getr Fett
Syncogel SSC-3-001
Molykote A
Longterm W 2
Castrol Impervia T
Tri-Flon
Limolard</td><td>供应商/生产商
Esso
Mobil Oil
Dow Corning
Fuchs
K10ber
Chemie Technik
Synco(USA)
Dow Corning
Bei Dow Corning
Castrol
Festo-Holland
Festo-Ungam</td><td>商　标
G-Rapid Plus
Energrease HTG 2 2)
Molykote DX
Molub-Alloy 823FM-2
Staburags NBU 12
Urelbyn 2
Retinax A
Isoflex NB 5051
Costrac AK 301
Isoflex NBU 15
PAS 2144
Syntheso GLEP 1</td><td>供应商/生产商
Dow Corning
BP
Dow Corning
Tribol
K1über
Rainer
Shell
K1über
K1über
K1über
Faigle
K1über</td></tr>
</table>

8　气缸行程误差表

表 23-13-11　　mm

	活塞直径	行程长度	行程长度许用的偏差
ISO 6432	8、10、12、16、20、25	≤500	+1.5
ISO 6431 (旧标准)	32、40、50	≤500	+2
		>500~1250	+3.2
	63、80、100	≤500	+2.5
		>500~1250	+4
	125、160、200、250、320	≤500	+4
		>500~1250	+5

注：如果规格超过表格中所注明的规格，则制造厂商和用户需达成协议。

9　美国、欧洲、日本、德国对“阀开关时间测试”的比较

表 23-13-12

标　准	ANSI T3.21.8—1990	CETOP RP 111P (以前是欧洲气动液压气动委员会 RP 82P)	JIS B 8374—1981	Festo 以前的测试标准 RL970032 (1995 年及之前)	Festo 现在的测试标准 FN970032 (ISO/WD12238) (1995 年之后)
国家及源自于	美国	国际	日本	德国 Festo	德国 Festo
测试压力/bar	6.9	最大工作压力,根据 ISO 2944	5.0	6.0	6.0
对“开”的定义	达到测试压力的 90%	达到测试压力的 50%	压力开始上升时	达到测试压力的 90%	达到测试压力的 10%
对“关”的定义	下降到测试压力的 10%	下降到测试压力的 50%	压力开始下降时	下降到测试压力的 10%	下降到测试压力的 90%

10 流量转换表

标准额定流量 Q_n 是指转换成标准状态（1.013bar，0℃时）下的额定流量，单位为L/min。

所谓的额定流量，是指上游绝对压力为7bar、下游绝对压力为6bar、介质温度为20℃（已转换成标准状态）时测得的样机的入口流量。

标准额定流量可以转换成美国常用的 K_v 和 C_v 流量系数。见表23-13-13。

表23-13-13

Q_n/L·min^{-1}	C_v	K_v	Q_n/L·min^{-1}	C_v	K_v	Q_n/L·min^{-1}	C_v	K_v
10	0.010	0.009	10	0.01	0.009	11	0.011	0.01
20	0.020	0.018	20	0.02	0.018	22	0.022	0.02
30	0.030	0.027	30	0.03	0.027	33	0.034	0.03
40	0.041	0.036	39	0.04	0.036	44	0.045	0.04
50	0.051	0.045	49	0.05	0.045	55	0.056	0.05
60	0.061	0.055	59	0.06	0.054	66	0.067	0.06
70	0.071	0.064	69	0.07	0.062	77	0.078	0.07
80	0.081	0.073	79	0.08	0.071	88	0.090	0.08
90	0.091	0.082	89	0.09	0.080	99	0.101	0.09
100	0.102	0.091	98	0.10	0.089	110	0.112	0.10
200	0.203	0.182	197	0.20	0.179	220	0.224	0.20
300	0.305	0.273	295	0.30	0.268	330	0.336	0.30
400	0.407	0.364	394	0.40	0.357	440	0.448	0.40
500	0.508	0.455	492	0.50	0.446	550	0.560	0.50
600	0.610	0.545	590	0.60	0.536	660	0.672	0.60
700	0.711	0.636	689	0.70	0.625	770	0.784	0.70
800	0.813	0.727	787	0.80	0.714	880	0.896	0.80
900	0.915	0.818	886	0.90	0.804	990	1.008	0.90
1000	1.016	0.909	984	1.00	0.893	1100	1.120	1.00
2000	2.033	1.818	1968	2.00	1.786	2200	2.240	2.00
3000	3.049	2.727	2952	3.00	2.679	3300	3.360	3.00
4000	4.065	3.636	3936	4.00	3.571	4400	4.480	4.00
5000	5.081	4.545	4920	5.00	4.464	5500	5.600	5.00
6000	6.098	5.455	5904	6.00	5.357	6600	6.720	6.00
7000	7.114	6.364	6888	7.00	6.250	7700	7.840	7.00
8000	8.130	7.273	7872	8.00	7.143	8800	8.960	8.00
9000	9.146	8.182	8856	9.00	8.036	9900	10.080	9.00
10000	10.163	9.091	9840	10.00	8.929	11000	11.200	10.00
20000	20.325	18.182	19680	20.00	17.857	22000	22.400	20.00
30000	30.488	27.273	29520	30.00	26.786	33000	33.600	30.00

第14章 气动系统的维护及故障处理

1 维护保养

表 23-14-1 维护管理的考虑方法

维护的中心任务	保证气动系统清洁干燥的压缩空气；保证气动系统的气密性；保证油雾润滑元件得到必要的润滑；保证气动系统及元件得到规定的工作条件（如使用压力、电压等），以保证气动执行机构按预定的要求进行工作 维护工作可以分为日常性的维护工作及定期的维护工作。前者是指每天必须进行的维护工作，后者可以是每周、每月或每季度进行的维护工作。维护工作应有记录，以利于今后的故障诊断与处理		
维护管理的考虑方法	维护管理时首先应充分了解元件的功能、性能、构造 在购入元件设备时，首先应根据厂家的样本等对元件的性能、功能进行调查。样本上所表示的元件性能一般是根据厂家的试验条件而测试得到的，厂家的试验条件与用户的实际使用条件一般是不同的，因此，不应忽视两者之间的不同对产品性能的影响 在选用元件的时候，必须考虑下述事项： （1）理解决定元件型号而进行的实验条件及其理论基础，尽可能根据确实的数据来掌握元件的性能 （2）调查、研究各种实际使用条件对气动元件使用场合、性能的影响 （3）从前面所述的（1）及（2）中，了解在最恶劣的使用条件下，元件性能上有无裕度		
气动元件选定注意事项	选定元件	检查项目	摘　　要
	气动系统全体	使用温度范围 流量（ANR）/L·min^{-1} 压力	标准 5~50℃ 一般 0.4~0.6MPa
	过滤器	最大流量（ANR）/L·min^{-1} 供给压力 滤过度 排水方式 外壳类型	 一般 1.0MPa 一般 5μm、10μm、40~70μm 手动还是自动 一般耐压外壳、耐有机溶剂外壳、金属外壳
	减压阀	压力调整范围 流量（ANR）/L·min^{-1}	一般 0.1~0.8MPa（压力变动 0.05MPa 程度）
	油雾器	流量范围 给油距离 补油间隔（油槽大小） 外壳种类	无流量传感器 油雾（约 5m 以内），微雾（约 10m 以内） 通常按 10m^3 空气对应 1mL 油计算 一般耐压外壳、耐有机溶剂外壳、金属外壳
	电磁阀	控制方法 流量（有效截面积、C_V 值）（ANR）/L·min^{-1} 动作方式 电压 给油式或无给油式	单电磁铁、双电磁铁、两通、三通、四通、五通阀、两位式、三位式、直动式、先导式、交流直流、电压大小、频率等
	气缸	安装方式 输出力大小 有无缓冲 要不要防尘套 使用温度 给油、无给油	脚座式、耳轴式、法兰式 使用压力、气缸内径 速度 100mm 以上，行程 100mm 以上时使用，一般 50~500mm/s 有无粉尘 一般 5~60℃，耐热型 60~120℃

表 23-14-2 维护检修原则和项目

维修前注意事项	（1）在元件的维护检修中，必须事前搞清楚元件在停止、运转时的正常状态及不正常状态的现象。仅从数据资料及相关人员的说明等获得的知识还不够，除此之外，应在实际操作中获取经验，这是非常重要的 （2）气动系统中各类元件的使用寿命差别较大，像换向阀、气缸等有相对滑动部件的元件，其使用寿命较短。而

续表

<table>
<tr><td colspan="2">维修前注意事项</td><td colspan="3">许多辅助元件，由于可动部件少，相对寿命就长些。各种过滤器的使用寿命，主要取决于滤芯寿命，这与气源处理后空气的质量关系很大
(3)像急停开关这种不经常动作的阀，要保证其动作可靠性，就必须定期进行维护，因此，气动系统的维护周期，只能根据系统的使用频度、气动装置的重要性和日常维护、定期维护的状况来确定，一般是每年大修一次
(4)维修之前，应根据产品样本和使用说明书预先了解该元件的作用、工作原理和内部零件的运动状况。必要时，应参考维修手册
(5)根据故障的类型，在拆卸之前，对哪一部分问题较多应有所估计
(6)维修时，对日常工作中经常出问题的地方要彻底解决
(7)对重要部位的元件、经常出问题的元件和接近其使用寿命的元件，宜按原样换成一个新元件
(8)新元件通气口的保护塞，在使用时才应取下来
(9)许多元件内仅仅是少量零件损伤，如密封圈、弹簧等，为了节省经费，可只更换这些零件
(10)必须制定一套适当的制度，使元件或装置一直保持在最好的状态。尽量减少故障的发生，在故障发生时能尽快尽好地得到迅速处理</td></tr>
<tr><td colspan="2">维修保养原则</td><td colspan="3">(1)理解元件的原理、构造、性能、特征
(2)检查元件的使用条件是否合适
(3)事先掌握元件的使用方法及其注意事项
(4)事先掌握元件的寿命及其相关的使用条件
(5)事先了解故障易发的场所、发现故障的方法和预防方法
(6)准备好管理手册，定期进行检修，预防故障发生
(7)做好能正确、迅速修理并且费用最低的备件</td></tr>
<tr><td rowspan="10">元件定期检修项目</td><td>日常维护</td><td colspan="3">在设备开始运转及结束时，应养成排水的习惯。在气罐、竖管的最下端及配管端部、过滤器等需要排污的地方必须进行排水</td></tr>
<tr><td>每周一次的维护</td><td colspan="3">日常检修由操作工进行，而每周的检修最好由专责检修人员进行。此时的重点是补充油雾器的油量及检查有无漏气
空气泄漏是由于部件之间的磨损及部件变质而引起的，是元件开始损坏的初期阶段，此时应进行元件修理的准备计划，及时做好元件修理的准备工作，防止故障的突然发生</td></tr>
<tr><td rowspan="6">三个月到一年的定期维修</td><td>装置</td><td>维护内容</td><td>说明</td></tr>
<tr><td>过滤器</td><td>杯内有无污物
滤芯是否堵塞
自动排水器能否正常动作</td><td rowspan="5">表中所列为各种元件的定期检修内容，随着装置的重要性及使用频度的不同，详细的检修时间及项目也不同，应综合考虑各种情况后，决定定期检修的时间</td></tr>
<tr><td>减压阀</td><td>调压功能正常否，压力表有无窜动现象</td></tr>
<tr><td>油雾器</td><td>油杯内有无杂质等污物，油滴是否正常</td></tr>
<tr><td>电磁阀</td><td>电磁阀电磁铁处有无振动噪声
排气口是否有漏气
手动操作是否正常</td></tr>
<tr><td>气缸</td><td>活塞杆出杆处有无漏气
活塞杆有无伤痕
运动是否平稳</td></tr>
<tr><td>大修</td><td colspan="3">一般来说，一年到两年间大修。在清洗元件时，必须使用优质的煤油，清洗后上润滑油(黄油或透平油)后组装。用汽油、柴油等有机溶剂进行清洗时，对由橡胶材料及塑料构成的部件有损坏，应尽量不要使用</td></tr>
</table>

2 维护工作内容

表 23-14-3

<table>
<tr><td colspan="2">日常性维护工作</td><td colspan="4">日常维护工作的主要任务是冷凝水排放、检查润滑油和空压机系统的管理。冷凝水排放涉及整个气动系统，从空压机、后冷却器、气罐、管道系统及空气过滤器、干燥机和自动排水器等。在作业结束时，应将各处冷凝水排放掉，以防夜间温度低于零度，导致冷凝水结冰。由于夜间管道内温度下降，会进一步析出冷凝水，故气动装置在每天运转前，也应将冷凝水排出，注意查看自动排水器是否工作正常，水杯内不应存水过量
在气动装置运转时，应检查油雾器的滴油量是否符合要求，油色是否正常，即油中不应混入灰尘和水分等
空压机系统的日常管理工作是：是否向后冷却器供给了冷却水(指水冷式)；空压机有否异常声音和异常发热，润滑油位是否正常</td></tr>
<tr><td rowspan="13">定期的维护工作</td><td rowspan="13">每周的维护工作</td><td colspan="4">每周维护工作的主要内容是漏气检查和油雾器管理。漏气检查应在白天车间休息的空闲时间或下班后进行。这时气动装置已停止工作，车间内噪声小，但管道内还有一定的空气压力，根据漏气的声音便可知何处存在泄漏。泄漏的原因见下表。严重泄漏处必须立即处理，如软管破裂、连接处严重松动等。其他泄漏应做好记录</td></tr>
<tr><td>泄漏部位</td><td>泄漏原因</td><td>泄漏部位</td><td>泄漏原因</td></tr>
<tr><td>管子连接部位</td><td>连接部位松动</td><td rowspan="2">减压阀的溢流孔</td><td rowspan="2">灰尘嵌入溢流阀座，阀杆动作不良，膜片破裂。但恒量排气式减压阀有微漏是正常的</td></tr>
<tr><td>管接头连接部位</td><td>接头松动</td></tr>
<tr><td>软管</td><td>软管破裂或被拉脱</td><td>油雾器调节针阀</td><td>针阀阀座损伤，针阀未紧固</td></tr>
<tr><td>空气过滤器的排水阀</td><td>灰尘嵌入</td><td>换向阀阀体</td><td>密封不良，螺钉松动，压铸件不合格</td></tr>
<tr><td>空气过滤器的水杯</td><td>水杯龟裂</td><td rowspan="2">换向阀排气口</td><td rowspan="2">密封不良，弹簧折断或损伤，灰尘嵌入，气缸的活塞密封圈密封不良，气压不足</td></tr>
<tr><td>减压阀阀体</td><td>紧固螺钉松动</td></tr>
<tr><td>油雾器器体</td><td>密封垫不良</td><td rowspan="2">安全阀出口侧</td><td rowspan="2">压力调整不符合要求，弹簧折断，灰尘嵌入，密封圈损坏</td></tr>
<tr><td>油雾器油杯</td><td>油杯龟裂</td></tr>
<tr><td>快排阀漏气</td><td>密封圈损坏，灰尘嵌入</td><td>气缸本体</td><td>密封圈磨损，螺钉松动，活塞杆损伤</td></tr>
<tr><td colspan="4">油雾器最好选用一周补油一次的规格。补油时要注意油量减少情况。若耗油量太少，应重新调整滴油量。调整后的油量仍少或不滴油，应检查油雾器进出口是否装反，油道是否堵塞，所选油雾器的规格是否合适</td></tr>
</table>

续表

<table>
<tr><td rowspan="4">定期的维护工作</td><td rowspan="4">每月或每季的维护工作</td><td colspan="4">每月或每季度的维护工作应比每日每周的工作更仔细，但仍只限于外部能检查的范围。其主要内容是仔细检查各处泄漏情况，紧固松动的螺钉和管接头，检查换向阀排出空气的质量，检查各调节部分的灵活性，检查各指示仪表的正确性，检查电磁换向阀切换动作的可靠性，检查气缸活塞杆的质量以及一切从外部能够检查的内容</td></tr>
<tr><td colspan="4">
<table>
<tr><th>元件</th><th>维护内容</th><th>元件</th><th>维护内容</th></tr>
<tr><td>自动排水器</td><td>能否自动排水，手动操作装置能否正常动作</td><td rowspan="2">气缸</td><td rowspan="2">查气缸运动是否平稳，速度及循环周期有否明显变化，气缸安装架有否松动和异常变形，活塞杆连接有无松动，活塞杆部位有无漏气，活塞杆表面有无锈蚀、划伤和偏磨</td></tr>
<tr><td>过滤器</td><td>过滤器两侧压差是否超过允许压降</td></tr>
<tr><td>减压阀</td><td>旋转手柄，压力可否调节。当系统压力为零时，观察压力表的指针能否回零</td><td>空压机</td><td>入口过滤网眼有否堵塞</td></tr>
<tr><td>换向阀的排气口</td><td>查油雾喷出量，查有无冷凝水排出，查有无漏气</td><td>压力表</td><td>观察各处压力表指示值是否在规定范围内</td></tr>
<tr><td>电磁阀</td><td>查电磁线圈的温升，查阀的切换动作是否正常</td><td>安全阀</td><td>使压力高于设定压力，观察安全阀能否溢流</td></tr>
<tr><td>速度控制阀</td><td>调节节流阀开度，查能否对气缸进行速度控制或对其他元件进行流量控制</td><td>压力开关</td><td>在最高和最低的设定压力，观察压力开关能否正常接通与断开</td></tr>
</table>
</td></tr>
<tr><td colspan="4">检查漏气时应采用在各检查点涂肥皂液等办法，因其显示漏气的效果比听声音更灵敏。检查换向阀排出空气的质量时应注意如下几个方面：一是了解排气阀中所含润滑油量是否适度，其方法是将一张清洁的白纸放在换向阀的排气口附近，阀在工作三至四个循环后，若白纸上只有很轻的斑点，表明润滑良好；二是了解排气中是否含有冷凝水；三是了解不该排气的排气口是否有漏气。少量漏气预示着元件的早期损伤（间隙密封阀存在微漏是正常的）。若润滑不良，应考虑油雾器的安装位置是否合适，所选规格是否恰当，滴油量调节是否合理，管理方法是否符合要求。如有冷凝水排出，应考虑过滤器的位置是否合适，各类除水元件设计和选用是否合理，冷凝水管理是否符合要求。泄漏的主要原因是阀内或缸内的密封不良、复位弹簧生锈或折断、气压不足等所致。间隙密封阀的泄漏较大时，可能是阀芯、阀套磨损所致
像安全阀、紧急开关阀等，平时很少使用，定期检查时，必须确认它们的动作可靠性
让电磁换向阀反复切换，从切换声音可判断阀的工作是否正常。对交流电磁阀，如有蜂鸣声，应考虑动铁芯与静铁芯没有完全吸合，吸合面有灰尘，分磁环脱落或损坏等原因
气缸活塞杆常露在外面。观察活塞杆是否被划伤、腐蚀和存在偏磨。根据有无漏气，可判断活塞杆与端盖内的导向套、密封圈的接触情况，压缩空气的处理质量，气缸是否存在横向载荷等</td></tr>
</table>

3　故障诊断与对策

表 23-14-4

<table>
<tr><td rowspan="4">故障种类</td><td colspan="2">故障发生的时期不同，故障的内容和原因也不同</td></tr>
<tr><td>初期故障</td><td>在调试阶段和开始运转的两三个月内发生的故障称为初期故障。其产生的原因如下：
(1)元件加工、装配不良。如元件内孔的研磨不符合要求，零件毛刺未清除干净，不清洁安装，零件装错、装反，装配时对中不良，紧固螺钉拧紧力矩不恰当，零件材质不符合要求，外购零件（如密封圈、弹簧）质量差等
(2)设计错误。设计元件时对元件的材料选用不当，加工工艺要求不合理等。对元件的特点、性能和功能了解不够，造成回路设计时元件选用不当。设计的空气处理系统不能满足气动元件和系统的要求，回路设计出现错误
(3)安装不符合要求。安装时，元件及管道内吹洗不干净，使灰尘、密封材料碎片等杂质混入，造成气动系统故障，安装气缸时存在偏载。管道的固定、防振动等没有采取有效措施
(4)维护管理不善，如未及时排放冷凝水，未及时给油雾器补油等</td></tr>
<tr><td>突发故障</td><td>系统在稳定运行期间突然发生的故障。例如，油杯和水杯都是用聚碳酸酯材料制成的，如它们在有机溶剂的雾气中工作，就有可能突然破裂；空气或管路中，残留的杂质混入元件内部，突然使相对运动件卡死；弹簧突然折断、软管突然破裂、电磁阀线圈突然烧毁；突然停电造成回路误动作等
有些突发故障是有先兆的。如排出的空气中出现杂质和水分，表明过滤器已失效，应及时查明原因，予以排除，不要酿成突发故障。但有些突发故障是无法预测的，只有采取安全措施加以防范，或准备一些易损元件，以备及时更换失效元件</td></tr>
<tr><td>老化故障</td><td>个别或少数元件达到使用寿命后发生的故障称为老化故障。参照系统中各元件的生产日期、开始使用日期、使用的频度以及已经出现的某些征兆，如反常声音、泄漏越来越大、气缸运行不平稳等，大致预测老化故障的发生期限是可能的</td></tr>
</table>

续表

故障诊断方法	经验法		主要依靠实际经验,并借助简单的仪表,诊断故障发生的部位,找出故障原因的方法,称为经验法。经验法可按中医诊断病人的四字"望闻问切"进行 (1)望:如看执行元件的运动速度有无异常变化;各测压点的压力表显示的压力是否符合要求,有无大的波动;润滑油的质量和滴油量是否符合要求;冷凝水能否正常排出;换向阀排气口排出空气是否干净;电磁阀的指示灯显示是否正常;紧固螺钉及管接头有无松动;管道有无扭曲和压扁;有无明显振动存在;加工质量有无变化等 (2)闻:包括耳闻和鼻闻,如气缸及换向阀换向时有无异常声音;系统停止工作但尚未泄压时,各处有无漏气,漏气声音及其大小及其每天的变化状况;电磁线圈和密封圈有无过热而发出特殊气味等 (3)问:即查阅气动系统的技术档案,了解系统的工作程序、运行要求及主要技术参数;查阅产品样本,了解每个元件的作用、结构、功能和性能;查阅维护检查记录,了解日常维护保养工作情况;访问现场操作人员,了解设备运行情况,了解故障发生前的征兆及故障发生时的状况,了解曾经出现过的故障及其排除方法 (4)切:如触摸相对运动件外部的温度,电磁线圈处的温升等,触摸2s感到烫手,应查明原因;气缸、管道等处有无振动感,气缸有无爬行感,各接头处及元件处手感有无漏气等 经验法简单易行,但由于每个人的感觉、实际经验和判断能力的差异,诊断故障会存在一定的局限性
	推理分析方法		利用逻辑推理、步步逼近,寻找出故障的真实原因的方法称为推理分析法
		推理步骤	从故障的症状找到故障发生的真正原因,可按下面三步进行: (1)从故障的症状,推理出可能导致故障的常见原因 (2)从故障的本质原因,推理出可能导致故障的常见原因 (3)从各种可能的常见原因中,推理出故障的真实原因 如阀控气缸不动作的故障,其本质原因是气缸内气压不足或阻力太大,以致气缸不能推动负载运动。气缸、电磁换向阀、管路系统和控制线路都可能出现故障,造成气压不足,而某一方面的故障又有可能是由于不同的原因引起的。逐级进行故障原因推理,画出故障分析方框图。又故障的本质原因逐级推理出来的众多可能的故障常见原因是依靠推理及经验累积起来的。怎样从众多可能的常见故障原因中找出一个或几个故障的真实原因呢?下面介绍一些推理分析方法
		推理方法	推理的原则是:由简到繁、由易到难、由表及里地逐一进行分析,排除掉不可能的和非主要的故障原因;故障发生前曾调整或更换过的元件先查;优先查故障概率高的常见原因 (1)仪表分析法,利用监测仪器仪表,如压力表、差压计、电压表、温度计、电秒表及其他电子仪器等,检查系统中元件的参数是否符合要求 (2)部分停止法,即暂时停止气动系统某部分的工作,观察对故障征兆的影响 (3)试探反证法,即试探性地改变气动系统中的部分工作条件,观察对故障征兆的影响。如阀控气缸不动作时,除去气缸的外负载,察看气缸能否正常动作,便可反证是否是由于负载过大造成气缸不动作 (4)比较法,即用标准的或合格的元件代替系统中相同的元件,通过工作状况的对比,来判断被更换的元件是否失效
故障诊断实例			为了从各种常见的故障原因中推理出故障的真实原因,可根据上述推理原则和推理方法查找故障的真实原因 要快速准确地找到故障的真实原因,还可以画出故障诊断逻辑推理框图,以便于推理 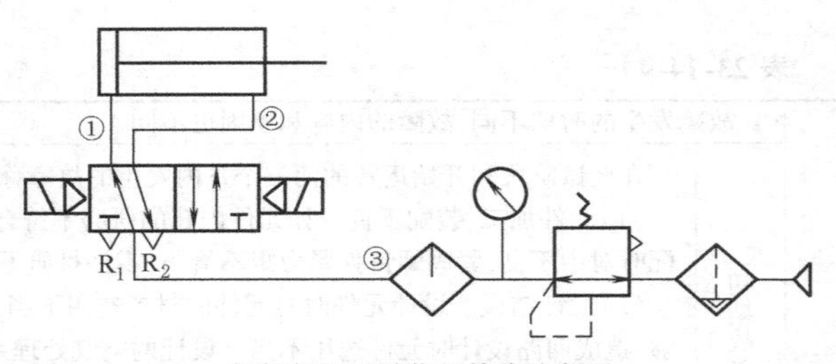 阀控气缸不动作的故障诊断图 (1)首先察看气缸和电磁阀的漏气情况,这是很容易判断的。气缸漏气大,应查明气缸漏气的原因。电磁阀漏气,包括不应排气的排气口漏气。若排气口漏气大,应查明是气缸漏气还是电磁阀漏气。如图所示回路,当气缸活塞杆已全部伸出时,R_2孔仍漏气,可卸下管道②,若气缸口漏气大,则是气缸漏气,反之为电磁阀漏气。漏气排除后,气缸动作正常,则故障真正原因即是漏气所致。若漏气排除后,气缸动作仍不正常,则漏气不是故障的真正原因,应进一步诊断 (2)若缸和阀都不漏气或漏气很少,应先判断电磁阀能否换向。可根据阀芯换向时的声音或电磁阀的换向指示灯来判断。若电磁换向阀不能换向,可使用试探反证法,操作电磁先导阀的手动按钮来判断是电磁先导阀故障还是主阀故障。若主阀能换向,及气缸动作了,则必是电磁先导阀故障。若主阀仍不能切换,便是主阀故障。然后进一步查明电磁先导阀或主阀的故障原因 (3)若电磁换向阀能切换,但气缸不动作,则应查明有压输出口是否没有气压或气压不足。可使用试探反证法,当电磁阀换向时活塞杆不动作,可卸下图中的连接管①。若阀的输出口排气充分,则必为气缸故障。若排气不足或不排气,可初步排除是气缸故障,进一步查明气路是否堵塞或供压不足。可检查减压阀上的压力表,看压力是否正常。若压力正常,再检查管路③各处有无严重泄漏或管道被扭曲、压扁等现象。若不存在上述问题,则必是主阀阀芯被卡死。若查明是气路堵塞或供压不足,即减压阀无输出压或输出压力太低,则进一步查明原因 (4)电磁阀输出压力正常,气缸却不动作,可使用部分停止法,卸去气缸外负载。若气缸动作恢复正常,则应查明负载过大的原因。若气缸仍不动作或动作不正常,则进一步查明是否摩擦力过大

4 常见故障及其对策

表 23-14-5　　气路、空气过滤器、减压阀、油雾器等的故障及对策

现象	故障原因	对　策
(1)气路没有气压	气动回路中的开关阀、速度控制阀等未打开	予以开启
	换向阀未换向	查明原因后排除
	管路扭曲、压扁	纠正或更换管路
	滤芯堵塞或冻结	更换滤芯
	介质或环境温度太低，造成管路冻结	及时清除冷凝水，增设除水设备
(2)供气不足	耗气量太大，空压机输出流量不足	选用输出流量更大的空压机
	空压机活塞环磨损	更换零件。在适当部位装单向阀，维持执行元件内压力，以保证安全
	漏气严重	更换损坏的密封件或软管。紧固管接头及螺钉
	减压阀输出压力低	调节减压阀至使用压力
	速度控制阀开度太小	将速度控制阀打开到合适开度
	管路细长或管接头选用不当，压力损失大	重新设计管路，加粗管径，选用流通能力大的管接头及气阀
	各支路流量匹配不合理	改善各支路流量匹配性能。采用环形管道供气
(3)异常高压	因外部振动冲击产生了冲击压力	在适当部位安装安全阀或压力继电器
	减压阀破坏	更换
(4)油泥过多	压缩机油选用不当	选用高温下不易氧化的润滑油
	压缩机的给油量不当	给油量过多，在排出阀上滞留时间长，助长碳化；给油量过少，造成活塞烧伤等。应注意给油量适当
	空压机连续运行时间过长	温度高，机油易碳化。应选用大流量空压机，实现不连续运转。气路中加油雾分离器，清除油泥
	压缩机运动件动作不良	当排出阀动作不良时，温度上升，机油易碳化。气路中加油雾分离
(5)空气过滤器　漏气	密封不良	更换密封件
	排水阀、自动排水器失灵	修理或更换
(5)空气过滤器　压力降太大	通过流量太大	选更大规格过滤器
	滤芯堵塞	更换或清洗
	滤芯过滤精度过高	选合适过滤器
(5)空气过滤器　水杯破裂	在有机溶剂中使用	选用金属杯
	空压机输出某种焦油	更换空压机润滑油，使用金属杯
(5)空气过滤器　从输出端流出冷凝水	未及时排放冷凝水	每天排水或安装自动排水器
	自动排水器有故障	修理或更换
	超过使用流量范围	在允许的流量范围内使用
(5)空气过滤器　输出端出现异物	滤芯破损	更换滤芯
	滤芯密封不严	更换滤芯密封垫
	错用有机溶剂清洗滤芯	改用清洁热水或煤油清洗
(6)减压阀　阀体漏气	密封件损伤	更换
	紧固螺钉受力不均	均匀紧固
(6)减压阀　输出压力波动大于10%	减压阀通径或进出口配管通径选小了，当输出流量变动大时，输出压力波动大	根据最大输出流量选用减压阀通径
	输入气量供应不足	查明原因
	进气阀芯导向不良	更换
(6)减压阀　溢流口总是漏气	进出口方向接反了	改正
	输出侧压力意外升高	查输出侧回路
	膜片破裂，溢流阀座有损伤	更换
(6)减压阀　压力调不高	膜片撕裂	更换
	弹簧断裂	更换
(6)减压阀　压力调不低输出压力升高	阀座处有异物、有伤痕，阀芯上密封垫剥离	更换
	阀杆变形	更换
	复位弹簧损坏	更换
(6)减压阀　不能溢流	溢流孔堵塞	更换
	溢流孔座橡胶太软	更换
(7)油雾器　不滴油或滴油量太少	油雾器装反了	改正
	油道堵塞，节流阀未开启或开度不够	修理或更换。调节节流阀开度
	通过油量小，压差不足以形成油滴	更换合适规格的油雾器
	气通道堵塞，油杯上腔未加压	修理或更换
	油黏度太大	换油
	气流短时间间隙流动，来不及滴油	使用强制给油方式
(7)油雾器　耗油过多	节流阀开度太大	调至合理开度
	节流阀失效	更换
(7)油雾器　油杯破损	在有机溶剂的环境中使用	选用金属杯
	空压机输出某种焦油	换空压机润滑油，使用金属杯
(7)油雾器　漏气	油杯或观察窗破损	更换
	密封不良	更换

表 23-14-6　　气缸、气液联用缸和摆动气缸故障及对策

现象		故障原因	对策
(1)外泄漏	活塞杆处	导向套、杆密封圈磨损,活塞杆偏磨	更换。改善润滑状况。使用导轨
		活塞杆有伤痕、腐蚀	更换。及时清除冷凝水
		活塞杆与导向套间有杂质	除去杂质。安装防尘圈
	缸体与端盖处缓冲阀处	密封圈损坏	更换
		固定螺钉松动	紧固
		密封圈损坏	更换
内泄漏(即活塞两侧窜气)		活塞密封圈损坏	更换
		活塞配合面有缺陷	更换
		杂质挤入密封面	除去杂质
		活塞被卡住	重新安装,消除活塞杆的偏载
(2)气缸不动作		漏气严重	见本表(1)
		没有气压或供压不足	见表 23-14-5 之(1)、(2)
		外负载太大	提高使用压力,加大缸径
		有横向负载	使用导轨消除
		安装不同轴	保证导向装置的滑动面与气缸轴线平行
		活塞杆或缸筒锈蚀、损伤而卡住	更换并检查排污装置及润滑状况
		混入冷凝水、灰尘、油泥,使运动阻力增大	检查气源处理系统是否符合要求
		润滑不良	检查给油量、油雾器规格和安装位置
(3)气缸偶而不动作		混入灰尘造成气缸卡住	注意防尘
		电磁换向阀未换向	见表 23-14-7 之(4)、(5)
(4)气缸动作不平稳		外负载变动大	提高使用压力或增大缸径
		气压不足	见表 23-14-5 之(2)
		空气中含有杂质	检查气源处理系统是否符合要求
		润滑不良	检查油雾器是否正常工作
(5)气缸爬行		使用最低使用压力	提高使用压力
		气缸内泄漏大	见本表(1)
		回路中耗气量变化大	增设气罐
		负载太大	增大缸径
(6)气缸走走停停		限位开关失控	更换
		继电器节点寿命已到	更换
		接线不良	检查并拧紧接线螺钉
		电插头接触不良	插紧或更换
		电磁阀换向动作不良	更换
		气液缸的油中混入空气	除去油中空气
(7)气缸动作速度过快		没有速度控制阀	增设
		速度控制阀尺寸不合适	速度控制阀有一定流量控制范围,用大通径阀调节微流量是困难的
		回路设计不合适	对低速控制,应使用气液阻尼缸,或利用气液转换器来控制油缸作低速运动
(8)气缸动作速度过慢		气压不足	提高压力
		负载过大	提高使用压力或增大缸径
		速度控制阀开度太小	调整速度控制阀的开度
		供气量不足	查明气源至气缸之间哪个元件节流太大,将其换成更大通径的元件或使用快排阀让气缸迅速排气
		气缸摩擦力增大	改善润滑条件
		缸筒或活塞密封圈损伤	更换

续表

现　象	故障原因	对　策
(9)气缸不能实现低速运动	速度控制阀的节流阀不良	阀针与阀座不吻合,不能将流量调至很小,更换
	速度控制阀的通径太大	通径大的速度控制阀调节小流量困难,更换通径小的阀
	缸径太小	更换较大缸径的气缸
(10)气缸行程终端存在冲击现象	无缓冲措施	增设合适的缓冲措施
	缓冲密封圈密封性能差	更换
	缓冲节流阀松动	调整好后锁定
	缓冲节流阀损伤	更换
	缓冲能力不足	重新设计缓冲机构
	活塞密封圈损伤,形不成很高背压	更换活塞密封圈
(11)端盖损伤	气缸缓冲能力不足	加外部油压缓冲器或缓冲回路
(12)活塞杆折断	活塞杆受到冲击载荷	应避免
	缸速太快	设缓冲装置
	轴销摆动缸的摆动面与负载摆动面不一致,摆动缸的摆动角过大	重新安装和设计
	负载大,摆动速度快	重新设计
(13)每天首次启动或长时间停止工作后,气动装置动作不正常	因密封圈始动摩擦力大于动摩擦力,造成回路中部分气阀、气缸及负载滑动部分的动作不正常	注意气源净化,及时排除油污及水分,改善润滑条件
(14)气缸处于中止状态仍有缓动	气缸存在内漏或外漏	更换密封圈或气缸,使用中止式三位阀
	由于负载过大,使用中止式三位阀仍不行	改用气液联用缸或锁紧气缸
	气液联用缸的油中混入了空气	除去油中空气
(15)气液联用缸内产生气泡	气液转换器、气液联用缸及油路存在漏油,造成气液转换器内油量不足	解决漏油,补足漏油
	气液转换器中的油面移动速度太快,油从电磁磁气阀溢出	合理选择气液转换器的容量
	开始加油时气泡未彻底排出	使气液联用缸走慢行程以彻底排除气泡
	油路中节流最大处出现气蚀	防止节流过大
	油中未加消泡剂	加消泡剂
(16)气液联用缸速度调节不灵	流量阀内混入杂质,使流量调节失灵	清洗
	换向阀动作失灵	见表23-14-7之(4)
	漏油	检查油路并修理
	气液联用缸内有气泡	见本表(15)
(17)摆动气缸轴损坏或齿轮损坏	惯性能量过大	减小摆动速度,减轻负载,设外部缓冲,加大缸径
	轴上承受异常的负载力	设外部轴承
	外部缓冲机构安装位置不合适	安装在摆动起点和终点的范围内
(18)摆动气缸动作终了回跳	负载过大	设外部缓冲
	压力不足	增大压力
	摆动速度过快	设外部缓冲,调节调速阀
(19)摆动气缸振动(带呼吸的动作)	超出摆动时间范围	调整摆动时间
	运动部位的异常摩擦	修理更换
	内泄增加	更换密封件
	使用压力不足	增大使用压力

表 23-14-7　　磁性开关、阀类故障原因及对策

现象		故障原因	对策
(1)磁性开关故障	开关不能闭合或有时不闭合	电源故障	查电源
		接线不良	查接线部位
		开关安装位置发生偏移	移至正确位置
		气缸周围有强磁场	加隔磁板,将强磁场或两平行气缸隔开
		两气缸平行使用,两缸筒间距小于40mm	
		缸内温度太高(高于70℃)	降温
		开关受到过大冲击,开关灵敏度降低	更换
		开关部位温度高于70℃	降温
		开关内瞬时通过了大电流,而断线	更换
	开关不能断开或有时不能断开	电压高于200V AC,负载容量高于AC2.5V·A,DC2.5W,使舌簧触点粘接	更换
		开关受过大冲击,触点粘接	更换
		气缸周围有强磁场,或两平行缸的缸筒间距小于40mm	加隔磁板
	开关闭合的时间推迟	缓冲能力太强	调节缓冲阀
(2)换向阀主阀漏气	从主阀排气口漏气	气缸活塞密封圈损伤	更换
		异物卡入滑动部位,换向不到位	清洗
		气压不足造成密封不良	提高压力
		气压过高,使密封件变形太大	使用正常压力
		润滑不良,换向不到位	改善润滑
		密封件损伤	更换
		滤芯阀套磨损	更换
	阀体漏气	密封垫损伤	更换
		阀体压铸件不合格	更换
(3)电磁先导阀的排气口漏气		异物卡住动铁芯,换向不到位	清洗
		动铁芯锈蚀,换向不到位	注意排除冷凝水
		弹簧锈蚀	
		电压太低,动铁芯吸合不到位	提高电压
(4)换向阀的主阀不换向或换向不到位		压力低于最低使用压力	找出压力低的原因
		接错管口	更正
		控制信号是短脉冲信号	找出原因,更正或使用延时阀,将短脉冲信号变成长脉冲信号
		润滑不良,滑动阻力大	改善润滑条件
		异物或油泥侵入滑动部位	清洗查气源处理系统
		弹簧损伤	更换
		密封件损伤	更换
		阀芯与阀套损伤	更换
(5)电磁先导阀不换向	无电信号	电源未接通	接通
		接线断了	接好
		电气线路的继电器故障	排除
	动铁芯不动作(无声)或动作时间过长	电压太低,吸力不够	提高电压
		异物卡住动铁芯	清洗,查气源处理状况是否符合要求
		动铁芯被油泥粘连	
		动铁芯锈蚀	
		环境温度过低	
	动铁芯不能复位	弹簧被腐蚀而折断	查气源处理状况是否符合要求
		异物卡住动铁芯	清理异物
		动铁芯被油泥粘连	清理油泥
	线圈烧毁(有过热预兆)	环境温度过高(包括日晒)	改用高温线圈
		工作频率过高	改用高频阀
		交流线圈的动铁芯被卡住	清洗,改善气源质量
		接错电源或接线头	改正
		瞬时电压过高,击穿线圈的绝缘材料,造成短路	将电磁线圈电路与电源电路隔离,设计过压保护电路
		电压过低,吸力减少,交流电磁线圈通过的电流过大	使用电压不得比额定电压低15%以上
		继电器触点接触不良	更换触点
		直动双电控阀,两个电磁铁同时通电	应设互锁电路避免同时通电
		直流线圈铁芯剩磁大	更换铁芯材料
(6)交流电磁阀振动		电磁铁的吸合面不平,有异物或生锈	修平,清除异物,除锈
		分磁环损坏	更换静铁芯
		使用电压过低,吸力不够	提高电压
		固定电磁铁的螺栓松动	紧固,加防松垫圈

表 23-14-8　　排气口、消声器、密封圈和油压缓冲器的故障和对策

现　象	故障原因	对　策
(1)排气口和消声器有冷凝水排出	忘记排放各处的冷凝水	坚持每天排放各处冷凝水，确认自动排水器能正常工作
	后冷却器能力不足	加大冷却水量。重新选型，提高后冷却器的冷却能力
	空压机进气口处于潮湿处或淋入雨水	将空压机安置在低温、温度小的地方，避免雨水淋入
	缺少除水设备	气路中增设必要的除水设备，如后冷却器、干燥器，过滤器
	除水设备太靠近空压机	为保证大量水分呈液态，以便清除，除水设备应远离空压机
	压缩机油不当	使用了低黏度油，则冷凝水多。应选用合适的压缩机油
	环境温度低于干燥器的露点	提高环境温度或重新选择干燥器
	瞬时耗气量太大	节流处温度下降太大，水分冷凝成冰，对此应提高除水装置的能力
(2)排气口和消声器有灰尘排出	从空压机入口和排气口混入灰尘等	在空压机吸气口装过滤器。在排气口装消声器或排气洁净器。灰尘多的环境中元件应加保护罩
	系统内部产生锈屑、金属末和密封材料粉末	元件及配管应使用不生锈、耐腐蚀的材料。保证良好的润滑条件
	安装维修时混入灰尘等	安装维修时应防止混入铁屑、灰尘和密封材料碎片等。安装完应用压缩空气充分吹洗干净
(3)排气口和消声器有油雾喷出	油雾器离气缸太远，油雾到达不了气缸，待阀换向油雾便排出	油雾器尽量靠近需润滑的元件。提高油雾器的安装位置。选用微雾型油雾器
	油雾器的规格、品种选用不当，油雾送不到气缸	选用与气量相适应的油雾器规格
	一个油雾器供应两个以上气缸，由于缸径大小、配管长短不一，油雾很难均等输入各气缸，待阀换向，多出油雾便排出	改用一个油雾器只供应一个气缸。使用油箱加压的遥控式油雾器供油雾
(4)密封圈损坏　挤出	压力过高	避免高压
	间隙过大	重新设计
	沟槽不合适	重新设计
	放入的状态不良	重新装配
老化	温度过高	更换密封圈材质
	低温硬化	更换密封圈材质
	自然老化	更换
扭转	有横向载荷	消除横向载荷
表面损伤	摩擦损耗	查空气质量、密封圈质量、表面加工精度
	润滑不良	查明原因，改善润滑条件
膨胀	与润滑油不相容	换润滑油或更换密封圈材质
损坏、粘着、变形	压力过高	检查使用条件、安装尺寸和安装方法、密封圈材质
	润滑不良	
	安装不良	
(5)吸收冲击不充分。活塞杆有反冲或限位器上有相当强的冲击	内部加入油量不足	从活塞补入指定油
	混入空气	
	实际能量大于计算能量	再按说明书重新验算
	可调式缓冲器的吸收能量大小与刻度指示不符	调节到正确位置
	活塞密封破损	更换
(6)不能吸收冲击。如在行程途中停止，冲击物弹回	实际负载与计算负载差别太大	按说明书重新验算
	油中混入杂质，缸内表面有伤痕，正常机能不能发挥	与厂商联系
	可调式缓冲器的吸收能量大小与刻度指示不符	调节到正确位置
(7)活塞杆完全不能复位	活塞杆上受到偏载，杆被弯曲	更换活塞杆组件
	复位弹簧破损	更换
	外部贮能器的配管故障	查损坏的密封处
(8)漏油	杆密封破损	更换
	O形圈破损	

参 考 文 献

[1] 林慧国，林钢，马跃华主编．世界钢号手册（袖珍）．第2版．北京：机械工业出版社，1997.
[2] 朱中平，薛剑峰主编．世界有色金属牌号手册．北京：中国物资出版社，1999.
[3] 机械工业部洛阳轴承研究所．最新国内外轴承代号对照手册．北京：机械工业出版社，1998.
[4] 汪德涛编．润滑技术手册．北京：机械工业出版社，1998.
[5] 成大先主编．机械设计手册．第三版．第4卷．北京：化学工业出版社，1994.
[6] 气动工程手册编委会编．气动工程手册．北京：国防工业出版社，1995.
[7] 路甬祥主编．液压与气动技术手册．北京：机械工业出版社，2003.
[8] 陆鑫盛，周洪编著．气动自动化系统的优化设计．上海：上海科学技术文献出版社，2000.
[9] 郑洪生主编．气压传动及控制（修订本）．北京．机械工业出版社，1998.
[10] 全国液压气动标准化技术委员会．中国机械工业标准汇编液压与气动卷（上、下）．北京：中国标准出版社，1999.
[11] 张利平主编．液压气动系统设计手册．北京：机械工业出版社，1997.
[12] SMC（中国）有限公司．现代实用气动技术．北京．机械工业出版社，2007.
[13] 吴振顺编．气压传动与控制．哈尔滨：哈尔滨工业大学出版社，1995.